# 가스산업기사 필기
## 과년도 출제문제 해설

서상희 편저

## 책머리에

　우리나라는 21세기에 들어서면서 반도체 및 IT산업과 함께 중화학공업이 급속도로 발전함과 동시에 생활방식이 변화됨에 따라 에너지를 대량으로 소비하는 시대에 살아가고 있습니다. 특히 각 산업현장 및 우리의 일상생활에서 가스는 수도, 전기, 통신과 함께 필수 불가결한 분야가 되었고 산업체에서 가스분야의 기술인력 또한 많이 필요하게 되어 가스산업기사 자격증을 취득하려는 공학도와 수험생들이 증가하는 추세에 있습니다.

　이에 저자는 바쁜 현대 생활에서 짧은 기간에 수험생들의 실력 배양 및 필기시험 합격에 도움이 되고자 과년도 문제풀이를 중심으로 다음과 같은 부분에 중점을 두어 출간하게 되었습니다.

**첫째,** 개정된 한국산업인력공단 가스산업기사 필기시험 출제기준에 맞추어 연소공학, 가스설비, 가스안전관리, 가스계측 4과목으로 분류하여 핵심내용을 수록하였습니다.

**둘째,** 2014년부터 시행된 과년도 출제문제를 수록하고 문제마다 상세한 해설 및 계산공식과 함께 풀이과정을 수록하여 핵심내용 정리와 과년도 문제를 공부하는 것으로 필기시험을 준비할 수 있도록 하였습니다.

**셋째,** CBT 방식에 적응하기 위하여 CBT 모의고사를 수록하였으며 문제를 과년도 출제 문제와 연관성 있도록 구성하여 실전에 대비할 수 있도록 하였습니다.

**넷째,** 각 과목의 핵심내용 정리 및 출제문제 풀이에서 공학단위와 SI단위를 혼합하여 설명함으로써 이해를 쉽게 할 수 있도록 하였습니다.

**다섯째,** 저자가 직접 카페(cafe.naver.com/gas21)를 개설, 관리하여 온라인상으로 질의 및 답변과 함께 수험정보를 공유할 수 있는 공간을 마련하였습니다.

　끝으로 이 책으로 가스산업기사 필기시험을 준비하는 수험생 여러분께 합격의 영광이 함께 하길 바라며 책이 출판될 때까지 많은 지도와 격려를 보내 주신 분들과 **일진사** 직원 여러분께 깊은 감사를 드립니다.

저자 씀

# ■가스 산업기사 출제기준■

| 필기검정방법 | | 객관식 | 문제 수 | 80문항 | 시험시간 | 2시간 |
|---|---|---|---|---|---|---|
| 필기<br>과목명 | 주요<br>항목 | 출제기준 | | | | |
| | | 세부항목 | 세세항목 | | | |
| 연소<br>공학 | 가스의<br>성질 | 1. 연소의 기초 | (1) 연소의 3요소　　　　(2) 연소의 정의<br>(3) 열역학 제법칙　　　　(4) 열역학의 일반기초 관계식<br>(5) 연소속도　　　　　　(6) 연소의 종류와 상태 | | | |
| | | 2. 연소의 계산 | (1) 연소현상 이론　　　　(2) 이론 및 실제공기량<br>(3) 공기비 및 완전연소 조건　(4) 발열량 및 열효율<br>(5) 화염온도　　　　　　(6) 화염전파이론 | | | |
| | 가스의<br>특성 | 1. 가스의 연소 및 폭발 | (1) 폭발이론　　　　　　(2) 폭발 및 확산 이론<br>(3) 폭발의 종류(열폭발, 분진폭발 등) | | | |
| | 가스안전 | 1. 가스화재 및 폭발방지<br>대책 | (1) 가스폭발의 예방 및 보호　(2) 가스화재 소화이론<br>(3) 방폭구조의 종류　　　(4) 정전기 발생 및 방지대책 | | | |
| 가스<br>설비 | 가스설비 | 1. 가스설비 | (1) 가스제조 및 충전설비　(2) 가스기화장치<br>(3) 저장설비 및 공급방식　(4) 내진설계 및 기술사항 | | | |
| | | 2. 조정기와 정압기 | (1) 조정기 및 정압기의 설치　(2) 정압기의 특성 및 구조<br>(3) 부속설비 및 유지관리 | | | |
| | | 3. 압축기 및 펌프 | (1) 압축기의 종류 및 특성<br>(2) 펌프의 분류 및 각종 현상<br>(3) 고장원인과 대책<br>(4) 압축기 및 펌프의 유지관리 | | | |
| | | 4. 저온장치 | (1) 저온생성 및 냉동사이클, 냉동장치<br>(2) 공기액화사이클 및 액화 분리장치 | | | |
| | | 5. 배관의 부식과 방식 | (1) 부식의 종류 및 원리<br>(2) 전기방식의 기본원리 및 방식<br>(3) 방식시설의 설계, 유지관리 및 측정 | | | |
| | | 6. 배관재료 및 배관설계 | (1) 강관설비, 관이음 및 가공법<br>(2) 가스관의 용접<br>(3) 관경 및 두께계산<br>(4) 재료의 강도 및 기계적 성질<br>(5) 유량결정 및 압력손실 계산<br>(6) 차단밸브의 종류 및 기능 | | | |
| | 재료의<br>선정 및<br>시험 | 1. 재료의 선정 | (1) 금속재료의 강도 및 기계적 성질<br>(2) 고압장치 및 저압장치재료 | | | |
| | | 2. 재료의 시험 | (1) 금속재료의 시험<br>(2) 비파괴 검사 | | | |
| | 가스<br>용기기 | 1. 가스사용기기 | (1) 용기 및 용기밸브　　(2) 연소기<br>(3) 콕크 및 호스　　　　(4) 특정설비<br>(5) 안전장치　　　　　　(6) 차단용밸브<br>(7) 가스누출경보/차단장치 | | | |

| | | | |
|---|---|---|---|
| 가스<br>안전<br>관리 | 가스<br>관련법 | 1. 가스제조 및 충전 등에 관한 안전 | (1) 고압가스 제조 및 충전<br>(2) 액화석유가스 제조 및 충전<br>(3) 도시가스 제조 및 충전<br>(4) 수소 제조 및 충전 |
| | 가스사용<br>시설<br>관리 및<br>검사 | 1. 가스저장 및 사용 등에 관한 안전 | (1) 저장 탱크<br>(2) 운반용 탱크<br>(3) 일반용기 및 공업용 용기<br>(4) 저장 및 사용시설 |
| | 가스사용<br>및 취급 | 1. 용기, 냉동기, 가스용품, 특정설비 등 제조 및 수리 등에 관한 안전 | (1) 고압가스 용기제조 수리 검사<br>(2) 냉동기기제조, 특정설비 제조 수리<br>(3) 가스용품 제조 |
| | | 2. 가스사용·운반·취급 등에 관한 안전 | (1) 고압가스<br>(2) 액화석유가스<br>(3) 도시가스 |
| | | 3. 가스의 성질에 관한 안전 | (1) 가연성가스<br>(2) 조연성가스<br>(3) 독성가스<br>(4) 부식성가스 |
| | 가스사고<br>원인 및<br>조사,<br>대책수립 | 1. 가스안전사고 원인 조사 분석 및 대책 | (1) 누출사고<br>(2) 가스폭발<br>(3) 질식사고<br>(4) 안전교육 및 자체검사 |
| 가스<br>계측 | 계측기기 | 1. 계측기기의 개요 | (1) 계측기 원리 및 특성<br>(2) 제어의 종류<br>(3) 측정과 오차 |
| | | 2. 가스계측기기 | (1) 압력계측<br>(2) 유량계측<br>(3) 온도계측<br>(4) 액면 및 습도계측<br>(5) 밀도 및 비중의 계측<br>(6) 열량계측 |
| | 가스분석 | 1. 가스분석 | (1) 가스 검지 및 분석<br>(2) 가스기기 분석 |
| | 가스미터 | 2. 가스미터의 기능 | (1) 가스미터의 종류 및 계량 원리<br>(2) 가스미터의 크기 선정<br>(3) 가스미터의 고장처리 |
| | 가스시설의<br>원격감시 | 1. 원격감시장치 | (1) 원격감시장치의 원리<br>(2) 원격감시장치의 이용<br>(3) 원격감시 설비의 설치·유지 |

# 차 례

## ■ 문제 풀이를 위한 핵심체크

제1과목 연소공학 ········································································· 9
제2과목 가스설비 ········································································ 20
제3과목 가스안전관리 ································································· 33
제4과목 가스계측 ········································································ 50

## ■ 과년도 출제문제

• 2014년도 ················································································· 63
• 2015년도 ················································································ 111
• 2016년도 ················································································ 154
• 2017년도 ················································································ 199
• 2018년도 ················································································ 246
• 2019년도 ················································································ 295
• 2020년도 ················································································ 342

## ■ 부록

• CBT 모의고사 1 ····································································· 378
• CBT 모의고사 2 ····································································· 387
• CBT 모의고사 3 ····································································· 397
• CBT 모의고사 4 ····································································· 407
• CBT 모의고사 5 ····································································· 417
• CBT 모의고사 6 ····································································· 426
• CBT 모의고사 7 ····································································· 436
• CBT 모의고사 8 ····································································· 445
• CBT 모의고사 9 ····································································· 454
• CBT 모의고사 10 ··································································· 463
• CBT 모의고사 11 ··································································· 473
• CBT 모의고사 정답 및 해설 ················································· 483

가스 산업기사 필기

# 문제 풀이를 위한 핵심체크

  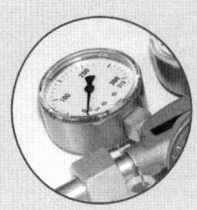

▶ 연소공학

▶ 가스설비

▶ 가스안전관리

▶ 가스계측

# Part 01 연소공학

## 1 열역학 기초

### (1) 압력

① 표준대기압 (1atm) : 760 mmHg = 76 cmHg = 29.9 inHg = 760 torr
  = 10332 kgf/m² = 1.0332 kgf/cm² = 10.332 mH₂O (mAq) = 10332 mmH₂O (mmAq)
  = 101325 N/m² = 101325 Pa = 101.325 kPa = 0.101325 MPa
  = 1.01325 bar = 1013.25 mbar = 14.7 lb/in² = 14.7 psi

② 절대압력 : 대기압 + 게이지압력 = 대기압 − 진공압력

③ 압력환산 방법

$$\text{환산압력} = \frac{\text{주어진 압력}}{\text{주어진 압력의 표준대기압}} \times \text{구하려고 하는 대기압}$$

> **참고** SI단위와 공학단위의 관계
>
> ① $1\,\text{MPa} = 10.1968\,\text{kgf/cm}^2 \fallingdotseq 10\,\text{kgf/cm}^2$, $1\,\text{kgf/cm}^2 = \dfrac{1}{10.1968}\,\text{MPa} \fallingdotseq \dfrac{1}{10}\,\text{MPa}$
>
> ② $1\,\text{kPa} = 101.968\,\text{mmH}_2\text{O} \fallingdotseq 100\,\text{mmH}_2\text{O}$, $1\,\text{mmH}_2\text{O} = \dfrac{1}{101.968}\,\text{kPa} = \dfrac{1}{100}\,\text{kPa}$

### (2) 비열

① 비열비 $k = \dfrac{C_P}{C_V}$ ($C_P > C_V$ 이므로 $k > 1$이다.)
  (가) 1원자 분자 : 1.66
  (나) 2원자 분자 : 1.4
  (다) 3원자 분자 : 1.33

② 정적비열과 정압비열의 관계
  (가) 공학단위
  $$C_P - C_V = AR \qquad C_P = \frac{k}{k-1}AR \qquad C_V = \frac{1}{k-1}AR$$
  (나) SI 단위
  $$C_P - C_V = R \qquad C_P = \frac{k}{k-1}R \qquad C_V = \frac{1}{k-1}R$$
  여기서, $R$ : 기체상수 $\left(\dfrac{8.314}{M}\,\text{kJ/kg}\cdot\text{K}\right)$

### (3) 이상기체

① 이상기체의 성질
  (가) 보일-샤를의 법칙과 아보가드로의 법칙을 만족한다.

(나) 내부에너지는 체적에 무관하며 온도에 의해 결정된다 (내부에너지는 온도만의 함수이다).
(다) 비열비는 온도에 관계없이 일정하다.
(라) 기체의 분자력과 크기도 무시되며, 분자 간의 충돌은 완전 탄성체이다.
(마) 원자수가 1 또는 2인 기체이다.

② 실제기체가 이상기체에 가까워 질 수 있는 조건 : 저압, 고온
③ 이상기체의 상태 방정식
  (가) 보일-샤를의 법칙
    ㉮ 보일의 법칙 : $P_1 \cdot V_1 = P_2 \cdot V_2$
    ㉯ 샤를의 법칙 : $\dfrac{V_1}{T_1} = \dfrac{V_2}{T_2}$
    ㉰ 보일-샤를의 법칙 : $\dfrac{P_1 \cdot V_1}{T_1} = \dfrac{P_2 \cdot V_2}{T_2}$
    여기서, $P_1$ : 변하기 전의 절대압력, $P_2$ : 변한 후의 절대압력
    $V_1$ : 변하기 전의 부피, $V_2$ : 변한 후의 부피
    $T_1$ : 변하기 전의 절대온도(K), $T_2$ : 변한 후의 절대온도(K)

  (나) 이상기체 상태 방정식
    ㉮ $PV = nRT \quad PV = \dfrac{W}{M}RT \quad PV = Z\dfrac{W}{M}RT$
    여기서, $P$ : 압력(atm), $V$ : 체적(L), $n$ : 몰(mol)수
    $M$ : 분자량(g), $W$ : 질량(g), $T$ : 절대온도(K)
    $Z$ : 압축계수, $R$ : 기체상수(0.082 L·atm/mol·K)

    ㉯ $PV = GRT$
    여기서, $P$ : 압력(kgf/m²·a), $V$ : 체적(m³), $G$ : 중량(kgf), $T$ : 절대온도(K)
    $R$ : 기체상수 $\left(\dfrac{848}{M}\text{kgf·m/kg·K}\right)$

    ㉰ SI 단위 : $PV = GRT$
    여기서, $P$ : 압력(kPa·a), $V$ : 체적(m³), $G$ : 질량(kg), $T$ : 절대온도(K)
    $R$ : 기체상수 $\left(\dfrac{8.314}{M}\text{kJ/kg·K}\right)$

(4) 이상기체의 상태변화

① 상태변화의 종류

이상기체
- 가역 변화
  - 정압(등압) 변화
  - 정적(등적) 변화
  - 정온(등온) 변화
  - 단열 변화
  - 폴리트로픽 변화
- 비가역 변화
  - 교축 변화
  - 비가역 단열변화
  - 가스의 혼합

② 이상기체의 상태변화 선도

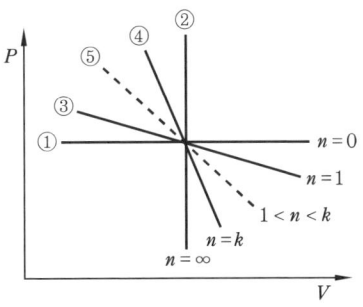

① 정압(등압) 변화
② 정적(등적) 변화
③ 정온(등온) 변화
④ 단열변화
⑤ 폴리트로픽 변화

(5) 열역학 법칙
① 열역학 제0법칙 : 열평형의 법칙
② 열역학 제1법칙 : 에너지보존의 법칙
③ 열역학 제2법칙 : 방향성의 법칙
　㈎ 열효율 및 성적계수
　　㉮ 열기관 효율
$$\eta = \frac{AW}{Q_1} \times 100 = \frac{Q_1 - Q_2}{Q_1} \times 100 = \left(1 - \frac{Q_2}{Q_1}\right) \times 100$$
$$= \frac{T_1 - T_2}{T_1} \times 100 = \left(1 - \frac{T_2}{T_1}\right) \times 100$$
　　㉯ 냉동기 성적계수
$$COP_R = \frac{Q_2}{AW} = \frac{Q_2}{Q_1 - Q_2} = \frac{T_2}{T_1 - T_2}$$
　　㉰ 히트펌프 성적계수
$$COP_H = \frac{Q_1}{AW} = \frac{Q_1}{Q_1 - Q_2} = \frac{T_1}{T_1 - T_2} = 1 + COP_R$$
　　　여기서, $\eta$ : 열기관 효율(%), $AW$ : 유효일의 열당량(kcal), $Q_1$ : 공급열량(kcal)
　　　$Q_2$ : 방출열량(kcal), $T_1$ : 작동 최고온도(K), $T_2$ : 작동 최저온도(K)
　㈏ 카르노 사이클(carnot cycle)
　　㉮ 2개의 정온과정과 2개의 단열과정으로 구성되는 가장 이상적인 사이클이며 열기관의 기준이 되는 사이클이다.
　　㉯ 작동순서 : 정온팽창 → 단열팽창 → 정온압축 → 단열압축
④ 열역학 제3법칙 : 절대온도 0도를 이룰 수 있는 기관은 없다.

## 2 연소기초

(1) 연소 (燃燒)
① 연소의 정의 : 가연성 물질이 산소와 반응하여 빛과 열을 수반하는 화학반응
② 연소의 3요소 : 가연성 물질, 산소 공급원, 점화원

⑺ 가연성 물질 : 산화되기 쉬운 물질(연료)
㈏ 산소 공급원 : 공기, 자기연소성 물질, 산화제
㈐ 점화원 : 전기불꽃, 정전기, 단열압축, 마찰 및 충격불꽃
③ 연소의 종류
㈎ 표면연소 : 목탄, 코크스와 같이 표면에서 산소와 반응하여 연소
㈏ 분해연소 : 고체연료 등과 같이 가열 분해에 의해 연소
㈐ 증발연소 : 가연성 액체의 연소
㈑ 확산연소 : 가연성 기체가 공기 중에 확산에 의하여 연소
㈒ 자기연소 : 산소를 함유하고 있는 물질(제5류 위험물)의 연소
④ 연소속도 : 가연물과 산소와의 반응속도
⑤ 인화점(착화온도) : 점화원에 의해 연소할 수 있는 최저온도
⑥ 발화점(발화온도, 착화점, 착화온도) : 점화원 없이 스스로 연소를 개시하는 최저온도
㈎ 발화점이 낮아지는 조건
　㉠ 압력이 클 때　　　　　　㉡ 발열량이 클 때
　㉢ 열전도율이 작을 때　　　㉣ 산소와 친화력이 클 때
　㉤ 산소농도가 클수록　　　　㉥ 분자구조가 복잡할수록
　㉦ 반응활성도가 클수록
㈏ 자연발화의 형태
　㉠ 분해열에 의한 발열　　　㉡ 산화열에 의한 발열
　㉢ 중합열에 의한 발열　　　㉣ 흡착열에 의한 발열
　㉤ 미생물에 의한 발열

(2) **연료의 종류**

① 고체연료 : 목재, 석탄, 코크스 등
㈎ 탄화도 증가에 따른 특성 : 수분, 휘발분이 감소하고 고정탄소의 성분이 증가
　㉠ 발열량 증가　　　　　　㉡ 연료비 증가
　㉢ 열전도율 증가　　　　　㉣ 비열 감소
　㉤ 연소속도가 늦어진다.　　㉥ 인화점, 착화온도가 높아진다.
　㉦ 수분, 휘발분이 감소
㈏ 연료비 : 고정탄소(%)와 휘발분(%)의 비
② 액체연료 : 가솔린, 등유, 경유, 중유 등 석유류
③ 기체연료 : LNG, LPG 등 기체상태의 연료

(3) **연소방법**

① 고체연료의 연소 방법
㈎ 미분탄 연소 : 석탄을 200메시 이하로 분쇄하여 연소
㈏ 화격자 연소 : 자동연소 장치로 스토커(stoker) 연소라 한다.
㈐ 유동층 연소 : 미분탄 연소와 화격자 연소의 중간 형태로 700~900℃ 정도의 저온

에서 탄층을 유동층에 가까운 상태로 형성하여 연소
② 액체연료
　㈎ 연소형태에 의한 구분
　　㉮ 액면연소(pool combustion) : 액체연료 표면에서 연소
　　㉯ 등심연소(wick combustion) : 심지를 이용하여 연소하는 것으로 공기의 유속이 낮을수록, 온도가 높을수록 화염의 높이는 높아진다.
　　㉰ 분무연소(spray combustion) : 액체연료를 무화(霧化)시켜 연소
　　㉱ 증발연소(evaporating combustion) : 액체연료를 증발시켜 기체연료와 같은 형태로 연소
③ 기체연료
　㈎ 혼합 상태에 의한 구분
　　㉮ 예혼합 연소(premixed combustion) : 연소에 필요한 공기를 미리 혼합하여 연소
　　㉯ 확산연소(diffusion combustion) : 공기와 연료를 각각 공급하여 연소
　㈏ 유동상태에 의한 구분
　　㉮ 층류연소 : 화염부근의 가스 흐름이 층류
　　㉯ 난류연소 : 화염부근의 가스 흐름이 난류

(4) **기체연료의 연소**
① 예혼합 연소 : 내부혼합형
　㈎ 가스와 공기의 사전혼합형이다.
　㈏ 화염이 짧으며 고온의 화염을 얻을 수 있다.
　㈐ 연소부하가 크고, 역화의 위험성이 크다.
　㈑ 조작범위가 좁다.
　㈒ 탄화수소가 큰 가스에 적합하다.
② 확산연소 : 외부혼합형
　㈎ 조작범위가 넓으며 역화의 위험성이 없다.
　㈏ 가스와 공기를 예열할 수 있고 화염이 안정적이다.
　㈐ 탄화수소가 적은 연료에 적당하다.
　㈑ 조작이 용이하며, 화염이 장염이다.
③ 층류 예혼합 연소
　㈎ 결정요소 : 연료와 산화제의 혼합비, 압력 및 온도, 혼합기의 물리적·화학적 성질
　㈏ 층류 연소속도 측정법
　　㉮ 비눗방울(soap bubble)법　　㉯ 슬롯 버너(slot burner)법
　　㉰ 평면화염 버너(flat flame burner)법　㉱ 분젠버너(bunsen burner)법
　㈐ 층류 연소속도가 빨라지는 경우
　　㉮ 압력이 높을수록　　㉯ 온도가 높을수록

㉰ 열전도율이 클수록　　　　　　㉱ 분자량이 적을수록
④ 난류 예혼합 연소
　㉮ 화염의 휘도가 높다.　　　　　　㉯ 화염면의 두께가 두꺼워진다.
　㉰ 연소속도가 층류화염의 수십 배이다.　㉱ 미연소분이 발생한다.

## 3 연소계산

(1) 이론산소량($O_0$) 및 이론공기량($A_0$) 계산

① 고체 및 액체연료

㉮ 연료 1 kg당 이론산소량(kg) 및 이론공기량(kg) 계산

㉠ $O_0\,[\text{kg/kg}] = 2.67C + 8\left(H - \dfrac{O}{8}\right) + S$

㉡ $A_0\,[\text{kg/kg}] = \dfrac{O_0}{0.232}$

㉯ 연료 1kg당 이론산소량($\text{Nm}^3$) 및 이론공기량($\text{Nm}^3$) 계산

㉠ $O_0\,[\text{Nm}^3/\text{kg}] = 1.867C + 5.6\left(H - \dfrac{O}{8}\right) + 0.7S$

㉡ $A_0\,[\text{Nm}^3/\text{kg}] = \dfrac{O_0}{0.21}$

② 기체연료

㉮ 탄화수소($C_mH_n$)의 완전연소 반응식

$$C_mH_n + \left(m + \dfrac{n}{4}\right)O_2 \rightarrow mCO_2 + \dfrac{n}{2}H_2O$$

㉯ 프로판의 이론산소량($O_0$) 및 이론공기량($A_0$) 계산

㉠ 프로판 1 kg당 이론산소량(kg) 및 이론공기량(kg) 계산 (단위 : kg/kg)

$C_3H_8\ +\ 5O_2\ \rightarrow\ 3CO_2 + 4H_2O$
44 kg : 5 × 32 kg = 1 kg : $X$ [kg]

∴ 이론산소량($O_0$) = $X$ [kg/kg] = $\dfrac{1 \times 5 \times 32}{44}$ = 3.636 kg/kg

∴ 이론공기량($A_0$) = $\dfrac{O_0}{0.232}$ = $\dfrac{3.636}{0.232}$ = 15.672 kg/kg

㉡ 프로판 1 kg당 이론산소량($\text{Nm}^3$) 및 이론공기량($\text{Nm}^3$) 계산 (단위 : $\text{Nm}^3/\text{kg}$)

$C_3H_8\ +\ 5O_2\ \rightarrow\ 3CO_2 + 4H_2O$
44 kg : 5 × 22.4 $\text{Nm}^3$ = 1 kg : $X$ [$\text{Nm}^3$]

∴ 이론산소량($O_0$) = $X$ [$\text{Nm}^3$/kg] = $\dfrac{1 \times 5 \times 22.4}{44}$ = 2.545 $\text{Nm}^3$/kg

∴ 이론공기량($A_0$) = $\dfrac{O_0}{0.21}$ = $\dfrac{2.545}{0.21}$ = 12.12 $\text{Nm}^3$/kg

㉢ 프로판 1 $\text{Nm}^3$당 이론산소량(kg) 및 이론공기량(kg) 계산 (단위 : kg/$\text{Nm}^3$)

$C_3H_8\ +\ 5O_2\ \rightarrow\ 3CO_2 + 4H_2O$
22.4 $\text{Nm}^3$ : 5 × 32 kg = 1 $\text{Nm}^3$ : $X$ [kg]

∴ 이론산소량 $(O_0) = X\,[\text{kg/Nm}^3] = \dfrac{1 \times 5 \times 32}{22.4} = 7.143\ \text{kg/Nm}^3$

∴ 이론공기량 $(A_0) = \dfrac{O_0}{0.232} = \dfrac{7.143}{0.232} = 30.79\ \text{kg/Nm}^3$

㈑ 프로판 $1\,\text{Nm}^3$당 이론산소량$(\text{Nm}^3)$ 및 이론공기량$(\text{Nm}^3)$ 계산 (단위 : $\text{Nm}^3/\text{Nm}^3$)

$\text{C}_3\text{H}_8\ +\ 5\text{O}_2\ \rightarrow\ 3\text{CO}_2\ +\ 4\text{H}_2\text{O}$

$22.4\ \text{Nm}^3 : 5 \times 22.4\ \text{Nm}^3 = 1\ \text{Nm}^3 : X\,[\text{Nm}^3]$

∴ 이론산소량 $(O_0) = X\,[\text{Nm}^3/\text{Nm}^3] = \dfrac{1 \times 5 \times 22.4}{22.4} = 5\ \text{Nm}^3/\text{Nm}^3$

∴ 이론공기량 $(A_0) = \dfrac{O_0}{0.21} = \dfrac{5}{0.21} = 23.81\ \text{Nm}^3/\text{Nm}^3$

> **참고** 기체연료에서 체적당 체적으로 이론산소량을 계산할 때는 몰(mol) 수가 필요로 하는 양이다.

### (2) 연소가스량 계산

① 이론 연소가스량 계산

㈎ 이론 습연소 가스량 : 완전 연소 시 생성되는 연소가스량 중 수증기를 포함한 연소가스량

㈏ 이론 건연소 가스량 : 습연소 가스량에서 수증기를 제외한 연소가스량

② 탄화수소$(\text{C}_m\text{H}_n)$의 이론 연소가스량 계산

㈎ 프로판 $1\,\text{Nm}^3$당 이론 습연소 가스량$(\text{Nm}^3)$ 및 이론 건연소 가스량$(\text{Nm}^3)$ 계산

$\text{C}_3\text{H}_8 + 5\text{O}_2 + (\text{N}_2) \rightarrow 3\text{CO}_2 + 4\text{H}_2\text{O} + (\text{N}_2)$

∴ 이론 습연소 가스량$(\text{Nm}^3/\text{Nm}^3) = 3 + 4 + (5 \times 3.76) = 25.81\ \text{Nm}^3/\text{Nm}^3$

∴ 이론 건연소 가스량$(\text{Nm}^3/\text{Nm}^3) = 3 + (5 \times 3.76) = 21.81\ \text{Nm}^3/\text{Nm}^3$

㈏ 부탄 $1\,\text{Nm}^3$당 이론 습연소 가스량$(\text{Nm}^3)$ 및 이론 건연소 가스량$(\text{Nm}^3)$ 계산

$\text{C}_4\text{H}_{10} + 6.5\text{O}_2 + (\text{N}_2) \rightarrow 4\text{CO}_2 + 5\text{H}_2\text{O} + (\text{N}_2)$

∴ 이론 습연소 가스량$(\text{Nm}^3/\text{Nm}^3) = 4 + 5 + (6.5 \times 3.76) = 33.44\ \text{Nm}^3/\text{Nm}^3$

∴ 이론 건연소 가스량$(\text{Nm}^3/\text{Nm}^3) = 4 + (6.5 \times 3.76) = 28.44\ \text{Nm}^3/\text{Nm}^3$

③ 실제 연소가스량 계산

㈎ 실제 습연소 가스량 = 이론 습연소 가스량 + 과잉공기량
$\qquad\qquad\qquad\ \ $= 이론 습연소 가스량 + $\{(m-1) \cdot A_0\}$

㈏ 실제 건연소 가스량 = 이론 건연소 가스량 + 과잉공기량
$\qquad\qquad\qquad\ \ $= 이론 건연소 가스량 + $\{(m-1) \cdot A_0\}$

### (3) 공기비

① 공기비와 관계된 사항

㈎ 공기비(과잉공기계수) : 실제공기량$(A)$과 이론공기량$(A_0)$의 비

$$m = \dfrac{A}{A_0} = \dfrac{A_0 + B}{A_0} = 1 + \dfrac{B}{A_0}$$

㈏ 과잉공기량$(B)$ : 실제공기량과 이론공기량의 차

$$B = A - A_0 = (m-1)A_0$$

(다) 과잉공기율(%) : 과잉공기량과 이론공기량의 비율(%)

$$과잉공기율(\%) = \frac{B}{A_0} \times 100 = \frac{A-A_0}{A_0} \times 100 = (m-1) \times 100$$

(라) 과잉공기비 : 과잉공기량에 대한 이론공기량의 비

$$과잉공기비 = \frac{B}{A_0} = \frac{A-A_0}{A_0} = m-1$$

② 배기가스 분석에 의한 공기비 계산

(가) 완전연소 $m = \dfrac{N_2}{N_2 - 3.76\,O_2}$

(나) 불완전연소 $m = \dfrac{N_2}{N_2 - 3.76\,(O_2 - 0.5\,CO)}$

여기서, $N_2$ : 질소 함유율(%), $O_2$ : 산소 함유율(%), $CO$ : 일산화탄소 함유율(%)

③ 연료에 따른 공기비

(가) 기체연료 : 1.1~1.3      (나) 액체연료 : 1.2~1.4

(다) 고체연료 : 1.5~2.0 (수분식), 1.4~1.7 (기계식)

④ 공기비의 특성

(가) 공기비가 클 경우

㉮ 연소실 내의 온도가 낮아진다.

㉯ 배기가스로 인한 손실열이 증가한다.

㉰ 배기가스 중 질소산화물($NO_x$)이 많아져 대기오염을 초래한다.

㉱ 연료소비량이 증가한다.

(나) 공기비가 작을 경우

㉮ 불완전연소가 발생하기 쉽다.

㉯ 미연소 가스로 인한 역화의 위험이 있다.

㉰ 연소효율이 감소한다(열손실이 증가한다).

### (4) 발열량 및 열효율

① 발열량

(가) 고위 발열량(총발열량) : 수증기의 응축잠열을 포함한 열량

(나) 저위 발열량(참발열량, 진발열량) : 수증기의 응축잠열을 포함하지 않은 열량

(다) 고위 발열량과 저위 발열량의 관계

- 고위발열량 : $Hh = Hl + 600(9H + W)$
- 저위발열량 : $Hl = Hh - 600(9H + W)$

여기서, $H$ : 수소 함유량, $W$ : 수분 함유량

② 열효율

(가) 열효율 : 공급된 열량과 유효하게 이용된 열량과의 비율

$$\eta(\%) = \frac{유효열량}{공급열량} \times 100 = \left(1 - \frac{손실열}{입열}\right) \times 100$$

(나) 연소효율 : 연료 1 kg이 완전연소할 때 발생되는 열량과 실제 발생한 열량과의 비율

$$\eta_c(\%) = \frac{\text{실제 발생한 연소열}}{\text{완전연소 시 발생한 연소열(저위발열량)}} \times 100$$

(5) 화염온도

① 이론 연소온도 : 이론공기량으로 완전연소할 때의 최고온도

$$t = \frac{Hl}{G \times C_p}$$

② 실제 연소온도 : 실제공기량으로 연소할 때의 최고온도

$$t_2 = \frac{Hl + \text{공기현열} - \text{손실열량}}{G_S \times C_p} + t_1$$

여기서, $t$ : 이론 연소온도(℃), $t_1$ : 기준온도(℃), $t_2$ : 실제 연소온도(℃)
$Hl$ : 연료의 저위발열량(kcal), $G$ : 이론 연소가스량(Nm³/kgf)
$C_P$ : 연소가스의 정압비열(kcal/Nm³·℃), $G_S$ : 실제 연소가스량(Nm³/kgf)

## 4 가스폭발

(1) 안전간격과 폭발등급

① 안전간격 : 8 L 정도의 구형 용기 안에 폭발성 혼합기체를 채우고 착화시켜 가스가 발화될 때 화염이 용기외부의 폭발성 혼합가스에 전달되는가의 여부를 보아 화염을 전달시킬 수 없는 한계의 틈을 말한다.

② 폭발등급

| 구 분 | 안전간격 | 가스의 종류 |
|---|---|---|
| 폭발 1등급 | 0.6 mm 이상 | 일산화탄소, 에탄, 프로판, 암모니아, 아세톤, 에틸에테르, 가솔린, 벤젠 등 |
| 폭발 2등급 | 0.4~0.6 mm | 석탄가스, 에틸렌 등 |
| 폭발 3등급 | 0.4 mm 미만 | 아세틸렌, 이황화탄소, 수소, 수성가스 등 |

③ 화염일주(火炎逸走) : 화염이 전파되지 않고 도중에 꺼져버리는 현상
  (가) 소염거리 : 두 면의 평행판 틈사이로 화염이 전달되지 않게 될 때의 거리
  (나) 한계직경(소염지름) : 파이프 속을 화염이 전달되지 않는 한계의 파이프 지름

(2) 위험도

폭발범위 상한과 하한의 차를 폭발범위 하한값으로 나눈 것

$$H = \frac{U - L}{L}$$

여기서, $H$ : 위험도, $U$ : 폭발범위 상한 값, $L$ : 폭발범위 하한 값

**참고** 위험도는 폭발범위에 비례하고 하한값에는 반비례하며, 위험도 값이 클수록 위험성이 크다.

### (3) 가스폭발의 종류

① 폭발원인에 의한 구분
   (개) 물리적 폭발 : 증기폭발, 금속선폭발, 고체상 전이 폭발, 압력폭발
   (내) 화학적 폭발 : 산화(酸化)폭발, 분해(分解)폭발, 중합(重合)폭발, 촉매폭발
② 폭발 물질에 의한 구분
   (개) 기체상태의 폭발 : 혼합가스 폭발, 가스의 분해폭발, 분무폭발, 분진폭발
   (내) 액체 및 고체 상태 폭발 : 혼합 위험성 물질의 폭발, 폭발성 화합물 폭발, 증기폭발, 금속선 폭발, 고체상 전이 폭발

### (4) 폭굉(detonation)

① 폭굉의 정의 : 가스 중의 음속보다도 화염 전파속도가 큰 경우로서 파면선단에 충격파라고 하는 압력파가 생겨 격렬한 파괴작용을 일으키는 현상 (폭속 : 1000~3500 m/s)
② 폭굉유도거리(DID) : 최초의 완만한 연소가 격렬한 폭굉으로 발전할 때까지의 거리로 다음과 같을 때 짧아진다.
   (개) 정상 연소속도가 큰 혼합가스일수록
   (내) 관 속에 방해물이 있거나 관지름이 가늘수록
   (대) 압력이 높을수록
   (래) 점화원의 에너지가 클수록

### (5) 기타 폭발

① BLEVE(boiling liquid expanding vapor explosion) : 비등 액체 팽창 증기폭발
② 증기운 폭발(UVCE : unconfined vapor cloud explosion)

## 5 가스화재 및 폭발방지 대책

### (1) 가스화재

① 가스화재의 종류
   (개) 플래시화재(flash fire) : 누설된 LPG가 증발되어 증기운이 형성될 때 점화원에 의해 발생되는 화재
   (내) 풀화재(pool fire) : 화염으로부터 열이 액면에 전파되어 액온이 상승됨과 동시에 증기가 발생하고 공기와 혼합하여 확산연소를 하는 것
   (대) 제트화재(jet fire) : 고압의 LPG가 누설 시 점화원에 의해 점화되어 불기둥을 이루는 경우
② 위험장소의 구분
   (개) 1종 장소 : 상용상태에서 가연성 가스가 체류 또는 정비보수, 누출 등으로 위험하게 될 수 있는 장소
   (내) 2종 장소

㉮ 밀폐된 용기 또는 설비의 파손, 오조작의 경우에 누출할 위험이 있는 장소
㉯ 환기장치에 이상, 사고가 발생한 경우에 위험하게 될 우려가 있는 장소
㉰ 1종 장소의 주변, 인접한 실내에서 가연성 가스가 종종 침입할 우려가 있는 장소
(다) 0종 장소 : 상용의 상태에서 가연성 가스 농도가 폭발한계이상으로 되는 장소
③ 정전기 발생 방지 대책
(개) 대상물을 접지한다.
(내) 공기 중 상대습도를 70 % 이상 유지한다.
(대) 주변 공기를 이온화한다.
(래) 유속을 1 m/s 이하로 유지한다.

(2) **폭발방지 대책**
① 예방대책 : 가연성과 조연성 가스가 혼합되지 않는 상태 유지 및 점화원 제거
(개) 혼합가스의 폭발범위 외의 농도 유지, 점화원 관리, 정전기 제거
(내) 비활성화 (inerting : 퍼지작업) : 최소산소농도 (MOC) 이하로 낮추는 작업
㉮ 진공 퍼지 : 용기를 진공시킨 후 불활성가스를 주입
㉯ 압력 퍼지 : 불활성가스로 용기를 가압한 후 대기 중으로 방출
㉰ 스위프 퍼지 : 한쪽으로는 불활성가스를 주입하고 반대쪽에서는 가스를 방출
㉱ 사이펀 퍼지 : 용기에 물을 충만시킨 후 물을 배출시킴과 동시에 불활성가스를 주입
② 방호대책 : 폭발의 발생을 예방할 수 없었을 때 폭발의 피해를 최소화하는 것
(개) 봉쇄(containment) : 방폭벽(blast walls), 차단물 설치
(내) 차단 (isolation) : 초고속 검지설비, 차단밸브 설치
(대) 폭발억제(explosion suppression) : 인화성 분위기 내로 소화약제를 고속 분사하는 것
(래) 폭발배출 (explosion venting) : 폭발 시 발생하는 압력 및 열을 외부로 방출

(3) **방폭구조의 종류**
① 내압 (耐壓) 방폭구조 (d)   ② 유입(油入) 방폭구조 (o)
③ 압력 방폭구조 (p)   ④ 안전증 방폭구조 (e)
⑤ 본질안전 방폭구조 (ia, ib)   ⑥ 특수 방폭구조 (s)

(4) **위험성 평가기법**
① 정성적 평가기법
(개) 체크리스트 기법   (내) 사고예상질문 분석기법(WHAT-IF)
(대) 위험과 운전 분석기법(HAZOP)
② 정량적 평가기법
(개) 작업자 실수 분석기법(HEA)   (내) 결함수 분석기법(FTA)
(대) 사건수 분석기법(ETA)   (래) 원인결과 분석기법(CCA)
③ 기타 : 상대위험순위 결정기법, 이상위험도 분석기법

# Part 02 가스설비

## 1 고압가스의 종류 및 특징

(1) 고압가스의 분류

① 상태에 의한 분류 : 압축가스, 액화가스, 용해가스
② 연소성에 의한 분류 : 가연성가스, 조연성가스, 불연성가스
③ 독성에 의한 분류 : 독성가스, 비독성가스

(2) 수소 ($H_2$)

① 무색, 무취, 무미의 가연성가스이다.
② 고온에서 강재, 금속재료를 쉽게 투과한다.
③ 열전도율이 대단히 크고, 열에 대해 안정하다.
④ 수소폭명기 : 공기 중 산소와 체적비 2 : 1로 반응하여 물을 생성한다.
$$2H_2 + O_2 \rightarrow 2H_2O + 136.6 \text{ kcal}$$
⑤ 염소폭명기 : 수소와 염소의 혼합가스는 빛(직사광선)과 접촉하면 심하게 반응한다.
$$H_2 + Cl_2 \rightarrow 2HCl + 44 \text{ kcal}$$
⑥ 수소취성 : 고온, 고압 하에서 강제중의 탄소와 반응하여 탈탄작용을 일으킨다.
$$Fe_3C + 2H_2 \rightarrow 3Fe + CH_4$$

> 참고 수소취성 방지원소 : 텅스텐(W), 바나듐(V), 몰리브덴(Mo), 티타늄(Ti), 크롬(Cr)

(3) 산소 ($O_2$)

① 상온, 상압에서 무색, 무취이며 물에는 약간 녹는다.
② 공기 중에 약 21 v% 함유하고 있다.
③ 강력한 조연성 가스이나 그 자신은 연소하지 않는다.
④ 액화산소 (액 비중 1.14)는 담청색을 나타낸다.
⑤ 모든 원소와 직접 화합하여(할로겐 원소, 백금, 금 등 제외) 산화물을 만든다.
⑥ 공기액화 분리장치의 폭발원인
　(개) 공기 취입구로부터 아세틸렌의 혼입
　(내) 압축기용 윤활유 분해에 따른 탄화수소의 생성
　(대) 공기 중 질소화합물 (NO, $NO_2$)의 혼입
　(래) 액체공기 중에 오존 ($O_3$)의 혼입

### (4) 일산화탄소 ( CO )

① 무색, 무취의 가연성 가스이다.
② 독성이 강하고 (허용농도 : TLV-TWA 50 ppm), 불완전연소 시에 발생한다.
③ 철족의 금속 (Fe, Co, Ni)과 반응하여 금속카보닐을 생성한다.
④ 상온에서 염소와 반응하여 포스겐 ($COCl_2$)을 생성한다 (촉매 : 활성탄).
⑤ 연소성에 대한 특징
　(가) 압력 증가 시 폭발범위가 좁아진다.
　(나) 공기와의 혼합가스 중 수증기가 존재하면 폭발범위는 압력과 더불어 증대된다.

### (5) 염소 ( $Cl_2$ )

① 상온에서 황록색의 심한 자극성(허용농도 : TLV-TWA 1 ppm)이 있다.
② 조연성의 액화가스이다 (충전용기 도색 : 갈색).
③ 건조한 경우 부식성이 없으나, 수분이 존재하면 염산 (HCl)이 생성되어 강을 부식시킨다.
④ 메탄과 작용하면 염소 치환제를 만든다.
⑤ 수돗물의 살균 및 섬유, 종이의 표백에 사용

### (6) 암모니아 ( $NH_3$ )

① 가연성가스 (폭발범위 : 15~28 v %)이며, 독성가스 (허용농도 : TLV-TWA 25 ppm)이다.
② 물에 잘 녹는다 (상온, 상압에서 물 1 cc에 대하여 800 cc가 용해).
③ 액화가 쉽고 (비점 : -33.3℃) 증발잠열(301.8 kcal/kg)이 커서 냉동기 냉매로 사용된다.
④ 동과 접촉 시 부식의 우려가 있다 (동 함유량 62 % 미만 사용 가능).
⑤ 액체암모니아는 할로겐, 강산과 접촉하면 심하게 반응하여 폭발, 비산하는 경우가 있다.
⑥ 염소 ($Cl_2$), 염화수소 (HCl), 황화수소 ($H_2S$)와 반응하면 백색연기가 발생한다.
⑦ 고온, 고압 하에서 탄소강에 대하여 질화 및 탈탄 (수소취성) 작용이 있다.

### (7) 아세틸렌 ( $C_2H_2$ )

① 무색의 기체이고 불순물로 인한 특유의 냄새가 있다.
② 공기 중에서의 폭발범위가 가연성 가스 중 가장 넓다.
　(가) 공기 중 : 2.5~81 v %　　　　(나) 산소 중 : 2.8~93 v %
③ 액체 아세틸렌은 불안정하나, 고체 아세틸렌은 비교적 안정하다.
④ 15℃에서 물 1 L에 1.1 L, 아세톤 1 L에 25 L 녹는다.
⑤ 아세틸렌의 폭발성
　(가) 산화폭발 : 공기 중 산소와 반응하여 폭발을 일으킨다.
　　　$C_2H_2 + 2.5O_2 \rightarrow 2CO_2 + H_2O$
　(나) 분해폭발 : 가압, 충격에 의하여 탄소와 수소로 분해되면서 폭발을 일으킨다.
　　　$C_2H_2 \rightarrow 2C + H_2 + 54.2$ kcal (흡열화합물이기 때문에 위험성이 크다.)

(다) 화합폭발 : 동(Cu), 은(Ag), 수은(Hg) 등의 금속과 접촉 반응하여 폭발성의 아세틸드가 생성된다(동 및 동 함유량 62% 미만의 것 사용).

⑥ 아세틸렌 충전작업

(가) 용제 : 아세톤($(CH_3)_2CO$), DMF(디메틸 포름아미드)

(나) 다공물질의 종류(다공도 기준 : 75~92% 미만) : 규조토, 석면, 목탄, 석회, 산화철, 탄산마그네슘, 다공성 플라스틱 등

(다) 충전 중 압력은 2.5 MPa 이하, 충전 후 압력은 15℃에서 1.5 MPa 이하로 할 것

(라) 충전용 지관은 탄소함유량 0.1% 이하의 강을 사용할 것

(8) 메탄($CH_4$)

① 파라핀계 탄화수소의 안정된 가스이며, 천연가스(NG)의 주성분이다.
② 무색, 무취, 무미의 가연성 기체이다(폭발범위 : 5~15 v%).
③ 염소와 반응하면 염소화합물이 생성된다.
④ 메탄의 분자는 무극성이고, 수(水)분자와 결합하는 성질이 없어 용해도는 적다.

## 2 LPG(액화석유가스) 설비

(1) LPG(액화석유가스)의 일반사항

① LP가스 조성 : 탄소 수가 3개에서 5개 이하인 $C_3H_8$, $C_4H_{10}$, $C_3H_6$, $C_4H_8$, $C_4H_6$ 등
② 제조법

(가) 습성천연가스 및 원유에서 회수 : 압축냉각법, 흡수유에 의한 흡수법, 활성탄에 의한 흡착법

(나) 제유소 가스(원유 정제공정)에서 회수

(다) 나프타 분해 생성물에서 회수

(라) 나프타의 수소화 분해

③ LP가스의 특징

(가) LP가스는 공기보다 무겁다.   (나) 액상의 LP가스는 물보다 가볍다.
(다) 액화, 기화가 쉽다.              (라) 기화하면 체적이 커진다.
(마) 기화열(증발잠열)이 크다.      (바) 무색, 무미, 무취이다.
(사) 용해성이 있다.

④ LP가스의 연소 특징

(가) 타 연료와 비교하여 발열량이 크다.   (나) 연소 시 공기량이 많이 필요하다.
(다) 폭발범위(연소범위)가 좁다.              (라) 연소속도가 느리다.
(마) 발화온도가 높다.

⑥ 탄소(C)수가 증가할 때 나타나는 현상

(가) 증가하는 것 : 비등점, 융점, 비중, 발열량

(나) 감소하는 것 : 증기압, 발화점, 폭발하한값, 폭발범위값, 증발잠열, 연소속도

## (2) LP가스 충전설비(처리설비)

① 차압에 의한 방법 : 탱크로리와 저장탱크의 압력차를 이용

② 액펌프에 의한 방법
- ㈎ 재액화 현상이 없다.
- ㈏ 드레인 현상이 없다.
- ㈐ 충전시간이 길다.
- ㈑ 잔가스 회수가 불가능하다.
- ㈒ 베이퍼 로크 현상이 일어나 누설의 원인이 된다.

③ 압축기에 의한 방법
- ㈎ 이송시간이 짧다.
- ㈏ 잔가스 회수가 가능하다.
- ㈐ 베이퍼 로크 현상이 없다.
- ㈑ 재액화 현상이 일어난다.
- ㈒ 압축기 오일로 인한 드레인의 원인이 된다.

④ 충전(이송) 작업 중 작업을 중단해야 하는 경우
- ㈎ 과 충전이 되는 경우
- ㈏ 충전작업 중 주변에서 화재 발생 시
- ㈐ 탱크로리와 저장탱크를 연결한 호스 등에서 누설이 되는 경우
- ㈑ 압축기 사용 시 워터해머(액 압축)가 발생하는 경우
- ㈒ 펌프 사용 시 액배관 내에서 베이퍼 로크가 심한 경우

## (3) LP가스 사용설비

① 충전용기
- ㈎ 재질 : 탄소강
- ㈏ 제조방법 : 용접용기
- ㈐ 안전밸브 : 스프링식

② 조정기(調整器 ; regulator) : 유출압력 조절로 안정된 연소와 소비가 중단되면 가스를 차단
- ㈎ 단단 감압식 조정기 : 저압 조정기, 준저압 조정기
- ㈏ 2단 감압식 조정기 : 1차, 2차 조정기 사용
- ㈐ 자동교체식 조정기 : 분리형, 일체형이 있으며 장점은 다음과 같다.
  - ㉮ 전체용기 수량이 수동교체식의 경우보다 적어도 된다.
  - ㉯ 잔액이 거의 없어질 때까지 소비된다.
  - ㉰ 용기 교환주기의 폭을 넓힐 수 있다.
  - ㉱ 분리형을 사용하면 배관의 압력손실을 크게 해도 된다.

③ 기화기(vaporizer) 사용 시 장점
- ㈎ 한랭 시에도 가스공급이 가능하다.
- ㈏ 공급가스의 조성이 일정하다.
- ㈐ 설치면적이 적어진다.
- ㈑ 기화량을 가감할 수 있다.
- ㈒ 설비비 및 인건비가 절약된다.

## (4) 배관설비

① 배관 내의 압력손실

(가) 마찰저항에 의한 압력손실
- ㉮ 유속의 2승에 비례한다.
- ㉯ 관의 길이에 비례한다.
- ㉰ 관 안지름의 5승에 반비례한다.
- ㉱ 관 내벽의 상태와 관계가 있다.
- ㉲ 유체의 점도와 관계가 있다.
- ㉳ 압력과는 관계가 없다.

(나) 입상배관에 의한 압력손실

$$H = 1.293(S-1)h$$

여기서, $H$ : 가스의 압력손실(mmH$_2$O), $S$ : 가스의 비중, $h$ : 입상높이(m)

② 유량계산

(가) 저압배관

$$Q = K\sqrt{\frac{D^5 \cdot H}{S \cdot L}}$$

여기서, $Q$ : 가스의 유량 (m$^3$/hr), $D$ : 관 안지름 (cm)
$H$ : 압력손실(mmH$_2$O), $S$ : 가스의 비중
$L$ : 관의 길이(m), $K$ : 유량계수 (폴의 상수 : 0.707)

(나) 중·고압배관

$$Q = K\sqrt{\frac{D^5 \cdot (P_1^2 - P_2^2)}{S \cdot L}}$$

여기서, $Q$ : 가스의 유량(m$^3$/hr), $D$ : 관 안지름 (cm)
$P_1$ : 초압 (kgf/cm$^2$ · a), $P_2$ : 종압 (kgf/cm$^2$ · a), $S$ : 가스의 비중
$L$ : 관의 길이(m), $K$ : 유량계수 (코크스의 상수 : 52.31)

## (5) 연소기구의 이상 현상

① 역화(back fire) : 연소속도가 가스 유출속도보다 클 때 노즐 부분에서 연소하는 현상
- (가) 염공이 크게 되었을 때
- (나) 노즐의 구멍이 너무 크게 된 경우
- (다) 콕이 충분히 개방되지 않은 경우
- (라) 가스의 공급압력이 저하되었을 때
- (마) 버너가 과열된 경우

② 선화(lifting) : 가스의 유출속도가 연소속도보다 커서 염공을 떠나 연소하는 현상
- (가) 염공이 작아졌을 때
- (나) 공급압력이 높을 경우
- (다) 배기 또는 환기가 불충분할 때(2차 공기량 부족)
- (라) 공기 조절장치를 지나치게 개방하였을 때(1차 공기량 과다)

③ 블로 오프(blow off) : 불꽃 주변 기류에 의하여 염공에서 떨어져 연소하는 현상

④ 옐로 팁(yellow tip) : 불완전연소 시에 적황색 불꽃으로 되는 현상

⑤ 불완전연소의 원인
- ㈎ 공기 공급량 부족
- ㈏ 배기 불충분
- ㈐ 환기 불충분
- ㈑ 가스 조성의 불량
- ㈒ 연소기구의 부적합
- ㈓ 프레임의 냉각

## 3 도시가스 설비

(1) 도시가스

① 도시가스의 원료
- ㈎ 천연가스(NG : natural gas) : 지하에서 생산된 가스로 전처리 공정을 거쳐 불순물을 제거한 것이다.
- ㈏ 액화천연가스(LNG : liquefied natural gas) : 천연가스 불순물을 제거한 후 −161.5℃까지 냉각, 액화한 것으로 액화하면 체적이 1/600로 감소한다.
- ㈐ 정유가스(off gas) : 석유정제 또는 석유화학 계열공장에서 부산물로 생산되는 가스
- ㈑ 나프타(naphtha) 분해가스 : 원유를 상압에서 증류할 때 얻어지는 비점이 200℃ 이하인 유분
- ㈒ LPG : 액화석유가스

② 도시가스의 제조
- ㈎ 가스화 방식에 의한 분류
  - ㉮ 열분해 공정(thermal cracking process)
  - ㉯ 접촉분해 공정(steam reforming process)
  - ㉰ 부분연소 공정(partial combustion process)
  - ㉱ 수첨분해 공정(hydrogenation cracking process)
  - ㉲ 대체천연가스 공정(substitute natural process)
- ㈏ 원료의 송입법에 의한 분류
  - ㉮ 연속식 : 원료가 연속적으로 송입되고 가스도 연속으로 발생
  - ㉯ 배치(batch)식 : 일정량의 원료를 가스화하는 방법
  - ㉰ 사이클릭(cyclic)식 : 연속식과 배치식의 중간적인 방법
- ㈐ 가열방식에 의한 분류
  - ㉮ 외열식 : 원료가 들어있는 용기를 외부에서 가열하는 방법
  - ㉯ 축열식 : 반응기를 충분히 가열한 후 원료를 송입하여 가스화하는 방법
  - ㉰ 부분 연소식 : 원료의 일부를 연소시켜 그 열을 가스화 열원하는 방법
  - ㉱ 자열식 : 발열반응에 의해 가스를 발생시키는 방식

(2) **부취제(付臭製)**

① 부취제의 종류
- ㈎ TBM(tertiary buthyl mercaptan)
- ㈏ THT(tetra hydro thiophen)
- ㈐ DMS(dimethyl sulfide)

② 부취제의 구비조건
  ㈎ 화학적으로 안정하고 독성이 없을 것
  ㈏ 보통 존재하는 냄새(생활취)와 명확하게 식별될 것
  ㈐ 극히 낮은 농도에서도 냄새가 확인될 수 있을 것
  ㈑ 가스관이나 가스미터 등에 흡착되지 않을 것
  ㈒ 배관을 부식시키지 않을 것
  ㈓ 물에 잘 녹지 않고 토양에 대하여 투과성이 클 것
  ㈔ 완전연소가 가능하고 연소 후 냄새나 유해한 성질이 남지 않을 것
③ 부취제의 주입방법
  ㈎ 액체 주입식 : 액체상태로 주입하는 방법으로 펌프 주입방식, 적하 주입방식, 미터 연결 바이패스 방식이 있다.
  ㈏ 증발식 : 기체상태로 혼입하는 방법으로 바이패스 증발식, 위크 증발식이 있다.
  ㈐ 착취농도 : $\frac{1}{1000}$의 농도 (0.1%)

(3) 도시가스 공급설비
  ① 공급방식의 분류
    ㈎ 저압 공급 방식 : 0.1 MPa 미만
    ㈏ 중압 공급 방식 : 0.1~1 MPa 미만
    ㈐ 고압 공급 방식 : 1 MPa 이상
  ② LNG 기화장치
    ㈎ 오픈랙(open rack) 기화법 : 베이스로드용으로 바닷물을 열원으로 사용
    ㈏ 중간매체법 : 베이스로드용으로 프로판($C_3H_8$), 펜탄($C_5H_{12}$) 등을 사용
    ㈐ 서브머지드(submerged)법 : 피크로드용으로 액중 버너를 사용
  ③ 가스홀더(gas holder)의 기능
    ㈎ 가스수요의 시간적 변동에 대하여 공급가스량을 확보한다.
    ㈏ 공급설비의 일시적 중단에 대하여 어느 정도 공급량을 확보한다.
    ㈐ 공급가스의 성분, 열량, 연소성 등의 성질을 균일화한다.
    ㈑ 소비지역 근처에 설치하여 피크 시의 공급, 수송효과를 얻는다.
  ④ 정압기(governer)
    ㈎ 기능(역할) : 1차 압력 및 부하 변동에 관계없이 2차 압력을 일정하게 유지한다.
    ㈏ 정압기의 특성
      ㉠ 정특성(靜特性) : 유량과 2차 압력의 관계
        • 로크업(lock up) : 유량이 0으로 되었을 때 2차 압력과 Ps와의 관계
        • 오프셋(off set) : 유량이 변화했을 때 2차 압력과 Ps와의 차이
        • 시프트(shift) : 1차 압력의 변화에 의하여 정압곡선이 전체적으로 어긋나는 것
      ㉡ 동특성(動特性) : 부하변동에 대한 응답의 신속성과 안전성이 요구됨
      ㉢ 유량특성(流量特性) : 메인밸브의 열림과 유량의 관계

㉣ 사용 최대차압 : 메인밸브에 1차와 2차 압력이 작용하여 최대로 되었을 때의 차압
㉤ 작동 최소차압 : 정압기가 작동할 수 있는 최소 차압
⑤ 웨버지수 : 가스의 발열량을 가스비중의 제곱근으로 나눈 값

$$WI = \frac{H_g}{\sqrt{d}}$$

여기서, $H_g$ : 도시가스의 발열량(kcal/m³), $d$ : 도시가스의 비중

> **참고** 허용범위 : 표준웨버지수의 ±4.5% 이내

## 4 압축기 및 펌프

(1) 압축기(compressor)

① 압축기의 분류
  ㈎ 용적형 : 왕복동식, 회전식
  ㈏ 터보형 : 원심식, 축류식

② 왕복동식 압축기 특징
  ㈎ 고압이 쉽게 형성된다.
  ㈏ 급유식, 무급유식이다.
  ㈐ 용량조정범위가 넓다.
  ㈑ 압축효율이 높다.
  ㈒ 형태가 크고 설치면적이 크다.
  ㈓ 배출가스 중 오일이 혼입될 우려가 크다.
  ㈔ 압축이 단속적이고, 맥동현상이 발생된다.
  ㈕ 고장 발생이 쉽고 수리가 어렵다.
  ㈖ 반드시 흡입 토출밸브가 필요하다.

③ 피스톤 압출량 계산
  ㈎ 이론적 피스톤 압출량 $V = \frac{\pi}{4} D^2 \times L \times n \times N \times 60$
  ㈏ 실제적 피스톤 압출량 $V' = \frac{\pi}{4} D^2 \times L \times n \times N \times \eta_v \times 60$

  여기서, $V$ : 이론적인 피스톤 압출량 (m³/hr)
  $V'$ : 실제적인 피스톤 압출량 (m³/hr)
  $D$ : 피스톤의 지름 (m), $L$ : 행정거리(m)
  $n$ : 기통수, $N$ : 분당 회전수 (rpm)
  $\eta_v$ : 체적효율

④ 다단 압축의 목적
  ㈎ 1단 단열압축과 비교한 일량의 절약
  ㈏ 이용효율의 증가
  ㈐ 힘의 평형이 양호해진다.

㈔ 온도상승을 방지할 수 있다.

⑤ 압축비($a$)

㈎ 1단 압축비 $a = \dfrac{P_2}{P_1}$  ㈏ 다단 압축비 $a = \sqrt[n]{\dfrac{P_2}{P_1}}$

여기서, $a$ : 압축비, $n$ : 단수, $P_1$ : 흡입압력(kgf/cm² · a), $P_2$ : 최종압력(kgf/cm² · a)

⑥ 각종 가스 압축기의 윤활유

㈎ 산소압축기 : 물 또는 묽은 글리세린수 (10 % 정도)

㈏ 공기압축기, 수소압축기, 아세틸렌 압축기 : 양질의 광유 (디젤 엔진유)

㈐ 염소압축기 : 진한 황산

㈑ LP가스 압축기 : 식물성유

㈒ 이산화황 (아황산가스) 압축기 : 화이트유, 정제된 용제 터빈유

㈓ 염화메탄 (메틸 클로라이드) 압축기 : 화이트유

(2) **펌프 (pump)**

① 펌프의 분류

㈎ 터보식 펌프 : 원심펌프, 사류펌프, 축류펌프

㈏ 용적식 펌프 : 왕복펌프 (피스톤 펌프, 플런저펌프, 다이어프램펌프), 회전펌프 (기어펌프, 나사펌프, 베인펌프)

㈐ 특수펌프 : 제트펌프, 기포펌프, 수격펌프

② 원심펌프 특징

㈎ 원심력에 의하여 유체를 압송한다.

㈏ 용량에 비하여 소형이고 설치면적이 작다.

㈐ 흡입, 토출밸브가 없고 액의 맥동이 없다.

㈑ 기동 시 펌프내부에 유체를 충분히 채워야 한다.

㈒ 고양정에 적합하다.

㈓ 서징현상, 캐비테이션 현상이 발생하기 쉽다.

③ 펌프의 축동력

㈎ $PS = \dfrac{\gamma \cdot Q \cdot H}{75 \cdot \eta}$  ㈏ $kW = \dfrac{\gamma \cdot Q \cdot H}{102 \cdot \eta}$

여기서, $\gamma$ : 액체의 비중량(kgf/m³), $Q$ : 유량(m³/s), $H$ : 전양정(m), $\eta$ : 효율

> **참고** 압축기의 축동력
> ① $PS = \dfrac{P \cdot Q}{75 \cdot \eta}$  ② $kW = \dfrac{P \cdot Q}{102 \cdot \eta}$
> 여기서, $P$ : 압축기의 토출압력(kgf/m²), $Q$ : 유량(m³/s), $\eta$ : 효율

④ 원심펌프의 상사법칙

㈎ 유량 $Q_2 = Q_1 \times \left(\dfrac{N_2}{N_1}\right) \times \left(\dfrac{D_2}{D_1}\right)^3$

(나) 양정 $H_2 = H_1 \times \left(\dfrac{N_2}{N_1}\right)^2 \times \left(\dfrac{D_2}{D_1}\right)^2$

(다) 동력 $L_2 = L_1 \times \left(\dfrac{N_2}{N_1}\right)^3 \times \left(\dfrac{D_2}{D_1}\right)^5$

여기서, $Q_1$, $Q_2$ : 변경 전, 후 풍량, $H_1$, $H_2$ : 변경 전, 후 양정
$L_1$, $L_2$ : 변경 전, 후 동력, $N_1$, $N_2$ : 변경 전, 후 임펠러 회전수
$D_1$, $D_2$ : 변경 전, 후 임펠러 지름

⑤ 펌프에서 발생되는 현상
  (가) 캐비테이션 (cavitation) 현상 : 유수 중에 그 수온의 증기압력보다 낮은 부분이 생기면 물이 증발을 일으키고 기포를 다수 발생하는 현상이다.
  (나) 수격작용 (water hammering) : 관 내의 유속이 급변하면 물에 심한 압력변화가 생기는 현상이다.
  (다) 서징(surging) 현상 : 맥동현상이라 하며 펌프를 운전 중 주기적으로 운동, 양정, 토출량이 규칙 바르게 변동하는 현상이다.
  (라) 베이퍼 로크 (vapor lock) 현상 : 저비점 액체 등을 이송 시 펌프의 입구에서 발생하는 현상으로 액의 끓음에 의한 동요를 말한다.

## 5 저온장치

(1) 가스 액화의 원리

① 단열 팽창 방법 : 줄-톰슨 효과 이용
② 팽창기에 의한 방법
  (가) 린데(Linde) 액화 사이클 : 단열팽창 (줄-톰슨효과)을 이용
  (나) 클라우드(Claude) 액화 사이클 : 팽창기에 의한 단열교축 팽창 이용
  (다) 캐피자 (Kapitza) 액화 사이클 : 열교환기에 축랭기 사용, 공기압축압력 7 atm
  (라) 필립스 (Philps) 액화 사이클 : 1개의 실린더에 2개의 피스톤이 있고, 수소, 헬륨을 냉매로 사용
  (마) 캐스케이드 액화 사이클 : 다원 액화 사이클이라 하며 암모니아, 에틸렌, 메탄을 냉매로 사용

(2) 저온 단열법

① 상압 단열법 : 단열공간에 분말, 섬유 등의 단열재 충전
② 진공 단열법 : 고진공 단열법, 분말진공 단열법, 다층 진공 단열법

## 6 고압가스 장치 재료

(1) 금속재료 원소의 영향

① 탄소(C) : 인장강도 항복점 증가, 연신율 충격치 감소

② 망간(Mn) : 강의 경도, 강도, 점성강도 증대
③ 인(P) : 상온취성 원인
④ 황(S) : 적열취성 원인
⑤ 규소(Si) : 단접성, 냉간 가공성 저하

(2) 열처리의 종류

① 담금질(quenching) : 강도, 경도 증가
② 불림(normalizing) : 결정조직의 미세화
③ 풀림(annealing) : 내부응력 제거, 조직의 연화
④ 뜨임(tempering) : 연성, 인장강도 부여, 내부응력 제거

(3) 비파괴 검사

① 육안검사(VT : visual test)
② 음향검사 : 간단한 공구를 이용하여 음향에 의해 결함 유무를 판단하는 방법
③ 침투검사(PT : penetrant test) : 표면의 미세한 균열, 작은 구멍, 슬러그 등을 검출하는 방법
④ 자기검사(MT : magnetic test) : 피검사물이 자화한 상태에서 표면 또는 표면에 가까운 손상에 의해 생기는 누설 자속을 사용하여 검출하는 방법
⑤ 방사선 투과 검사(RT : rediographic test) : X선이나 γ선으로 투과한 후 필름에 의해 내부 결함의 모양, 크기 등을 관찰할 수 있고 검사 결과의 기록이 가능
⑥ 초음파 검사(UT : ultrasonic test) : 초음파를 피검사물의 내부에 침입시켜 반사파를 이용하여 내부의 결함과 불균일층의 존재 여부를 검사하는 방법
⑦ 와류검사 : 동 합금, 18 - 8 STS의 부식 검사에 사용
⑧ 전위차법 : 결함이 있는 부분에 전위차를 측정하여 균열의 깊이를 조사하는 방법

(4) 충전용기

① 종류
  ㈎ 이음매 없는 용기(무계목 용기, 심리스 용기) : 주로 압축가스에 사용
    ㉮ 제조방법 : 만네스만식, 에르하트식, 딥드로잉식
    ㉯ 특징
      • 고압에 견디기 쉬운 구조이다.    • 내압에 대한 응력 분포가 균일하다.
      • 제작비가 비싸다.             • 두께가 균일하지 못할 수 있다.
  ㈏ 용접용기(계목용기, 웰딩용기, 심용기) : 주로 액화가스에 사용
    ㉮ 제조방법 : 심교용기, 종계용기
    ㉯ 특징
      • 제작비가 저렴하다.
      • 두께가 균일하다.

• 용기의 형태, 치수 선택이 자유롭다.
• 고압에 견디기 어려운 구조이다.

㈐ 초저온 용기 : 18 - 8 스테인리스강, Al 합금을 사용
㈑ 화학성분비 기준

| 구 분 | C (탄소) | P (인) | S (황) |
|---|---|---|---|
| 이음매 없는 용기 | 0.55 % 이하 | 0.04 % 이하 | 0.05 % 이하 |
| 용접용기 | 0.33 % 이하 | 0.04 % 이하 | 0.05 % 이하 |

② 용기 밸브
  ㈎ 충전구 형식에 의한 분류
    ㉮ A형 : 충전구가 숫나사     ㉯ B형 : 충전구가 암나사
    ㉰ C형 : 충전구에 나사가 없는 것
  ㈏ 충전구 나사형식에 의한 분류
    ㉮ 왼나사 : 가연성가스 용기(단, 액화암모니아, 액화브롬화메탄은 오른나사)
    ㉯ 오른나사 : 가연성가스 외의 용기

③ 충전용기 안전장치
  ㈎ LPG 용기 : 스프링식 안전밸브
  ㈏ 염소, 아세틸렌, 산화에틸렌 용기 : 가용전식 안전밸브
  ㈐ 산소, 수소, 질소, 액화이산화탄소 용기 : 파열판식 안전밸브
  ㈑ 초저온 용기 : 스프링식과 파열판식의 2중 안전밸브

## 7 배관의 부식과 방지

(1) 금속재료의 부식(腐蝕)

① 부식의 정의 : 금속이 전해질과 접할 때 금속표면에서 전류가 유출하는 양극반응
② 부식의 형태
  ㈎ 전면부식 : 전면이 부식되므로 발견이 쉬워 대처가 빠르므로 피해는 적다.
  ㈏ 국부부식 : 특정부분에 부식이 집중되는 현상으로 위험성이 높다.
  ㈐ 선택부식 : 합금의 특정부문만 선택적으로 부식되는 현상
  ㈑ 입계부식 : 결정입자가 선택적으로 부식되는 현상
③ 가스에 의한 고온부식의 종류
  ㈎ 산화 : 산소 및 탄산가스
  ㈏ 황화 : 황화수소 ($H_2S$)
  ㈐ 질화 : 암모니아 ($NH_3$)
  ㈑ 침탄 및 카보닐화 : 일산화탄소 (CO)
  ㈒ 바나듐 어택 : 오산화바나듐 ($V_2O_5$)
  ㈓ 탈탄작용 : 수소 ($H_2$)

## (2) 방식(防蝕) 방법

① 부식을 억제하는 방법
  (가) 부식환경의 처리에 의한 방식법   (나) 부식억제제(인히비터)에 의한 방식법
  (다) 피복에 의한 방식법           (라) 전기 방식법

② 전기 방식법 : 매설배관에 직류전기를 공급해 주거나 배관보다 저전위 금속을 배관에 연결하여 양극반응을 억제시켜주는 방법이다.
  (가) 종류
    ㉮ 유전 양극법(희생 양극법) : 마그네슘(Mg) 이용
    ㉯ 외부 전원법 : 한전 전원을 직류로 전환하여 가스관에 전기를 공급
    ㉰ 배류법 : 직류전기철도 이용
    ㉱ 강제 배류법 : 외부전원법과 배류법의 병용
  (나) 유지관리 기준
    ㉮ 전기방식 전류가 흐르는 상태에서 토양 중에 있는 배관 등의 방식전위는 포화황산동 기준전극으로 −0.85 V 이하(황산염환원 박테리아가 번식하는 토양에서는 −0.95 V 이하)이어야 하고, 방식전위 하한값은 전기철도 등의 간섭영향을 받는 곳을 제외하고는 포화황산동 기준전극으로 −2.5 V 이상이 되도록 노력한다.
    ㉯ 전기방식 전류가 흐르는 상태에서 자연전위와의 전위변화가 최소한 −300 mV 이하일 것
    ㉰ 배관에 대한 전위측정은 가능한 가까운 위치에서 기준전극으로 실시한다.
    ㉱ 전위 측정용 터미널(TB) 설치 기준
      • 희생양극법, 배류법 : 300 m
      • 외부전원법 : 500 m
    ㉲ 전기방식 시설의 유지관리
      • 관대지전위(管對地電位) 점검 : 1년에 1회 이상
      • 외부 전원법 전기방식시설 점검 : 3개월에 1회 이상
      • 배류법 전기방식시설 점검 : 3개월에 1회 이상
      • 절연부속품, 역 전류방지장치, 결선(bond), 보호절연체 점검 : 6개월에 1회 이상

# Part 03 가스안전관리

## 1 고압가스 안전관리

(1) 저장능력 산정기준

① 저장능력 산정 기준식

  (개) 압축가스의 저장탱크 및 용기  $Q = (10P + 1) \cdot V_1$

  (내) 액화가스 저장탱크  $W = 0.9d \cdot V_2$

  (대) 액화가스 용기(충전용기, 탱크로리)

  $$W = \frac{V_2}{C}$$

  여기서, $Q$ : 저장능력($m^3$), $P$ : 35℃에서 최고충전압력(MPa)
  $V_1$ : 내용적($m^3$), $V_2$ : 내용적(L), $W$ : 저장능력(kg)
  $C$ : 액화가스 충전상수, $d$ : 액화가스의 비중

② 저장능력 합산기준

  (개) 저장탱크 및 용기가 배관으로 연결된 경우

  (내) 저장탱크 및 용기 사이의 중심거리가 30 m 이하인 경우 및 같은 구축물에 설치되어 있는 경우

  (대) 액화가스와 압축가스가 섞여 있는 경우에는 액화가스 10 kg을 압축가스 1 $m^3$로 본다.

(2) 보호시설 및 안전거리유지 기준

① 보호시설

  (개) 제1종 보호시설(암기법 : 1320 문화재)

    ㉮ 학교, 유치원, 어린이집, 놀이방, 어린이 놀이터, 학원, 병원(의원 포함), 도서관, 청소년수련시설, 경로당, 시장, 공중목욕탕, 호텔, 여관, 극장, 교회 및 공회당(公會堂)

    ㉯ 사람을 수용하는 연면적 1000 $m^2$ 이상인 건축물

    ㉰ 예식장, 장례식장 및 전시장 및 유사한 시설로 300명 이상 수용할 수 있는 건축물

    ㉱ 아동복지시설, 장애인복지시설로서 20명 이상 수용할 수 있는 건축물

    ㉲ 문화재 보호법에 따라 지정문화재로 지정된 건축물

  (내) 제2종 보호시설

    ㉮ 주택

    ㉯ 사람을 수용하는 연면적 100 $m^2$ 이상 1000 $m^2$ 미만인 것

② 보호시설과 안전거리 유지 기준
  (가) 처리설비, 저장설비는 보호시설과 안전거리 유지

| 구 분 | 독성, 가연성 | | 산소 | | 그 밖의 가스 | |
|---|---|---|---|---|---|---|
| | 제1종 | 제2종 | 제1종 | 제2종 | 제1종 | 제2종 |
| 1만 이하 | 17 | 12 | | 8 | | 5 |
| 1만 초과 2만 이하 | 21 | 14 | | 9 | | 7 |
| 2만 초과 3만 이하 | 24 | 16 | | 11 | | 8 |
| 3만 초과 4만 이하 | 27 | 18 | | 13 | | 9 |
| 4만 초과 5만 이하 | 30 | 20 | | 14 | | 10 |
| 5만 초과 99만 이하 | 30 | 20 | – | – | – | – |
| 99만 초과 | 30 | 20 | – | – | – | – |

㈜ 1. 단위 : 압축가스는 m³, 액화가스는 kg이다.
  2. 동일사업소 안에 2개 이상의 처리설비 또는 저장설비가 있는 경우 그 처리능력, 저장능력별로 각각 안전거리를 유지한다.
  3. 가연성가스 저온저장탱크의 경우
    ① 5만 초과 99만 이하의 경우 제1종은 $\frac{3}{25}\sqrt{X+10000}$ [m], 제2종은 $\frac{2}{25}\sqrt{X+10000}$ [m]이다.
    ② 99만 초과의 경우 제1종 120 m, 제2종 80 m이다.
  4. 산소 및 그 밖의 가스는 4만 초과까지이다.

  (나) 저장설비를 지하에 설치하는 경우에는 유지거리의 $\frac{1}{2}$을 곱한 거리를 유지

(3) 고압가스 제조의 기준 (특정제조, 일반제조, 용기 및 차량에 고정된 탱크 충전)
  ① 배치기준
    (가) 화기와의 우회거리
      ㉮ 가스설비 또는 저장설비 : 2 m 이상
      ㉯ 가연성가스, 산소의 가스설비 또는 저장설비 : 8 m 이상
    (나) 설비 사이의 거리
      ㉮ 가연성과 가연성 제조시설 : 5 m 이상
      ㉯ 가연성과 산소 제조시설 : 10 m 이상
    (다) 가연성가스설비, 독성가스설비 : 안전구역에 설치(특정제조만 해당)
      ㉮ 안전구역 면적 : 20000 m² 이하
      ㉯ 고압가스 설비와의 거리 : 30 m 이상
      ㉰ 제조설비는 제조소 경계까지 : 20 m 이상
      ㉱ 가연성가스 저장탱크와 처리능력 20만 m³ 이상인 압축기 : 30 m 이상
  ② 저장설비 기준
    (가) 내진성능(耐震性能) 확보
      ㉮ 저장탱크 (가스홀더 포함)

| 구 분 | | 비가연성, 비독성 가스 | 가연성, 독성가스 | 탑 류 |
|---|---|---|---|---|
| | 압축가스 | 1000 m³ 이상 | 500 m³ 이상 | 동체부 높이가 5 m 이상인 것 |
| | 액화가스 | 10000 kg 이상 | 5000 kg 이상 | |

㉯ 세로방향으로 설치한 동체의 길이가 5 m 이상인 원통형 응축기 및 내용적 5000L 이상인 수액기, 지지구조물 및 기초

㉰ ㉮항 중 저장탱크를 지하에 매설한 경우에 대하여는 내진설계를 한 것으로 본다.

(나) 가스방출장치 설치 : 5 m³ 이상

(다) 저장탱크 사이 거리 : 저장탱크 최대지름을 더한 길이의 4분의 1 이상의 거리 유지 (1 m 미만인 경우 1 m 유지)

(라) 저장탱크 설치 기준

㉮ 지하설치 기준
- 천장, 벽, 바닥의 두께 : 30 cm 이상의 철근 콘크리트
- 저장탱크의 주위 : 마른 모래를 채울 것
- 매설깊이 : 60 cm 이상
- 2개 이상 설치 시 : 상호 간 1 m 이상 유지
- 지상에 경계표지 설치
- 안전밸브 방출관 설치(방출구 높이 : 지면에서 5 m 이상)

㉯ 실내 설치 기준
- 저장탱크실과 처리설비실은 각각 구분하여 설치하고 강제통풍시설을 갖출 것
- 천장, 벽, 바닥의 두께 : 30 cm 이상의 철근 콘크리트
- 가연성가스 또는 독성가스의 경우 : 가스누출검지 경보장치 설치
- 저장탱크 정상부와 천장과의 거리 : 60 cm 이상
- 2개 이상 설치 시 : 저장탱크실을 각각 구분하여 설치
- 저장탱크실 및 처리설비실의 출입문 : 각각 따로 설치(자물쇠 채움 등의 조치)
- 주위에 경계표지 설치
- 안전밸브 방출관 설치(방출구 높이 : 지상에서 5 m 이상)

(마) 저장탱크의 부압파괴 방지 조치

㉮ 압력계

㉯ 압력경보설비

㉰ 진공안전밸브

㉱ 다른 저장탱크 또는 시설로부터의 가스도입배관(균압관)

㉲ 압력과 연동하는 긴급차단장치를 설치한 냉동 제어설비

㉳ 압력과 연동하는 긴급차단장치를 설치한 송액설비

(바) 과충전 방지 조치 : 내용적의 90 % 초과 금지

③ 배관설치 기준

(가) 배관장치에는 적절한 장소에 압력계, 유량계, 온도계 등의 계기류를 설치

(나) 경보장치 설치 : 경보장치가 울리는 경우

㉮ 상용압력의 1.05배를 초과한 때(상용압력이 4 MPa 이상인 경우 0.2 MPa를 더한 압력)

㉯ 정상운전 시의 압력보다 15 % 이상 강하한 경우

④ 정상운전 시의 유량보다 7% 이상 변동할 경우
㉣ 긴급차단밸브가 고장 또는 폐쇄된 때
㈐ 안전제어장치 : 이상상태가 발생한 경우 압축기, 펌프, 긴급차단장치 등을 정지 또는 폐쇄
  ㉮ 압력계로 측정한 압력이 상용압력의 1.1배를 초과했을 때
  ㉯ 정상운전 시의 압력보다 30% 이상 강하했을 때
  ㉰ 정상운전 시의 유량보다 15% 이상 증가했을 때
  ㉱ 가스누출경보기가 작동했을 때
④ 사고예방설비 기준
 ㈎ 가스누출 검지 경보장치 설치 : 독성가스 및 공기보다 무거운 가연성가스
  ㉮ 종류 : 접촉연소 방식(가연성 가스), 격막 갈바니 전지방식(산소), 반도체 방식(가연성, 독성)
  ㉯ 경보농도(검지농도)
   • 가연성 가스 : 폭발하한계의 $\frac{1}{4}$ 이하
   • 독성가스 : TLV-TWA 기준농도 이하
   • 암모니아($NH_3$)를 실내에서 사용하는 경우 : 50 ppm
  ㉰ 경보기의 정밀도 : 가연성(±25% 이하), 독성가스 (±30% 이하)
  ㉱ 검지에서 발신까지 걸리는 시간
   • 경보농도의 1.6배 농도에서 30초 이내
   • 암모니아, 일산화탄소 : 1분 이내
 ㈏ 긴급차단장치 설치
  ㉮ 부착위치 : 가연성 또는 독성가스의 고압가스 설비
  ㉯ 저장탱크의 긴급차단장치 또는 역류방지밸브 부착위치
   • 저장탱크 주 밸브(main valve) 외측 및 탱크내부에 설치하되 주 밸브와 겸용금지
   • 저장탱크의 침해 또는 부상, 배관의 열팽창, 지진 그 밖의 외력의 영향을 고려
  ㉰ 차단조작 기구
   • 동력원 : 액압, 기압, 전기, 스프링
   • 조작위치 : 당해 저장탱크로부터 5 m 이상 떨어진 곳
 ㈐ 역류방지밸브 설치
  ㉮ 가연성가스를 압축하는 압축기와 충전용 주관과의 사이 배관
  ㉯ 아세틸렌을 압축하는 압축기의 유분리기와 고압건조기와의 사이 배관
  ㉰ 암모니아 또는 메탄올의 합성탑 및 정제탑과 압축기와의 사이 배관
 ㈑ 역화방지장치 설치
  ㉮ 가연성가스를 압축하는 압축기와 오토클레이브와의 사이 배관
  ㉯ 아세틸렌의 고압건조기와 충전용 교체밸브 사이 배관

ⓓ 아세틸렌 충전용 지관
　ⓜ 정전기 제거조치 : 가연성가스 제조설비
　　ⓐ 탑류, 저장탱크, 열교환기, 회전기계, 벤트스택 등은 단독으로 설치
　　ⓑ 접지 접속선 단면적 : 5.5 mm² 이상
　　ⓒ 접지 저항값 총합 : 100 Ω 이하(피뢰설비 설치 시 : 10 Ω 이하)
　ⓑ 방류둑 설치 : 액상의 가스가 누출된 경우 그 유출을 방지하기 위한 것
　　ⓐ 저장능력별 방류둑 설치 대상
　　　• 고압가스 특정제조 ⎰ 가연성 가스 : 500톤 이상
　　　　　　　　　　　　⎨ 독성가스 : 5톤 이상
　　　　　　　　　　　　⎩ 액화 산소 : 1000톤 이상
　　　• 고압가스 특정제조 외 ⎰ 가연성, 액화산소 : 1000톤 이상
　　　　　　　　　　　　　 ⎩ 독성가스 : 5톤 이상
　　　• 냉동제조 시설(독성가스 냉매 사용) : 수액기 내용적 10000 L 이상
　　　• 액화석유가스 : 1000톤 이상
　　　• 도시가스 ⎰ 도시가스 도매사업 : 500톤 이상
　　　　　　　　⎩ 일반도시가스 사업 : 1000톤 이상
　　ⓑ 구조
　　　• 방류둑의 재료 : 철근 콘크리트, 철골·철근 콘크리트, 금속, 흙 또는 이들을 혼합
　　　• 성토 기울기 : 45° 이하, 성토 윗부분 폭 : 30 cm 이상
　　　• 출입구 : 둘레 50 m 마다 1개 이상 분산 설치(둘레가 50 m 미만 : 2개 이상 설치)
　　　• 집합 방류둑 내 가연성 가스와 조연성 가스, 독성가스를 혼합 배치 금지
　　　• 방류둑은 액밀한 구조로 하고 액두압에 견디게 설치하고 액의 표면적은 적게 한다.
　　　• 방류둑에 고인 물을 외부로 배출할 수 있는 조치를 할 것 (배수조치는 방류둑 밖에서 하고 배수할 때 이외에는 반드시 닫혀 있도록 조치)
　　ⓒ 방류둑 용량 : 저장능력 상당용적
　　　• 액화산소 저장탱크 : 저장능력 상당용적의 60 %
　　　• 집합 방류둑 내 : 최대저장탱크의 상당용적 + 잔여 저장탱크 총 용적의 10 %
　　　• 냉동설비 방류둑 : 수액기 내용적의 90 % 이상
　ⓢ 방호벽 설치 : 가스폭발에 따른 충격에 견디고, 위해요소가 다른 쪽으로 전이되는 것을 방지
　　ⓐ 압축기와 충전장소 사이
　　ⓑ 압축기와 가스충전용기 보관 장소 사이
　　ⓒ 충전장소와 가스충전용기 보관 장소 사이
　　ⓓ 충전장소와 충전용 주관밸브 조작 장소 사이
　ⓞ 독성가스 누출로 인한 확산방지 : 포스겐, 황화수소, 시안화수소, 아황산가스, 산화에틸렌, 암모니아, 염소, 염화메탄
　ⓩ 이상사태가 발생하는 경우 확대 방지 설비 설치
　　ⓐ 긴급이송설비 : 특수반응설비, 연소열량 수치가 $1.2 \times 10^7$을 초과하는 고압가스설

비, 긴급차단장치를 설치한 설비에 설치
- ④ 벤트스택(vent stack) : 가연성가스 또는 독성가스설비에서 이상상태가 발생한 경우 설비 내의 내용물을 설비 밖으로 긴급하고 안전하게 이송하는 시설
- ⑤ 플레어스택(flare stack) : 가연성가스를 연소에 의하여 처리하는 시설

⑤ 제조 및 충전기준
  (가) 압축금지
   ㉮ 가연성가스($C_2H_2$, $C_2H_4$, $H_2$ 제외) 중 산소용량이 전용량의 4% 이상의 것
   ㉯ 산소 중 가연성가스($C_2H_2$, $C_2H_4$, $H_2$ 제외) 용량이 전용량의 4% 이상의 것
   ㉰ $C_2H_2$, $C_2H_4$, $H_2$ 중의 산소용량이 전용량의 2% 이상의 것
   ㉱ 산소 중 $C_2H_2$, $C_2H_4$, $H_2$의 용량 합계가 전용량의 2% 이상의 것
  (나) 공기액화 분리기에 설치된 액화산소 5L 중 아세틸렌 질량이 5mg, 탄화수소의 탄소의 질량이 500mg을 넘을 때에는 운전을 중지하고 액화산소를 방출시킬 것
  (다) 품질검사

| 가스종류 | 순도 | 시험방법 | 충전압력 |
| --- | --- | --- | --- |
| 산소 | 99.5% 이상 | 동-암모니아시약 → 오르사트법 | 35℃, 11.8MPa 이상 |
| 수소 | 98.5% 이상 | 피로갈롤, 하이드로 설파이드시약 → 오르사트법 | 35℃, 11.8MPa 이상 |
| 아세틸렌 | 98% 이상 | 발연황산 시약 → 오르사트법<br>브롬시약 → 뷰렛법<br>질산은 시약 → 정성시험 | - |

(4) 특정고압가스 사용시설
① 종류
  (가) 법에서 정한 것(법 20조) : 수소, 산소, 액화암모니아, 아세틸렌, 액화염소, 천연가스, 압축모노실란, 압축디보란, 액화알진, 그밖에 대통령령이 정하는 고압가스
  (나) 대통령령이 정한 것(시행령 16조) : 포스핀, 셀렌화수소, 게르만, 디실란, 오불화비소, 오불화인, 삼불화인, 삼불화질소, 삼불화붕소, 사불화유황, 사불화규소
  (다) 특수고압가스 : 압축모노실란, 압축디보란, 액화알진, 포스핀, 셀렌화수소, 게르만, 디실란 그밖에 반도체의 세정 등 산업통상자원부 장관이 인정하는 특수한 용도에 사용하는 고압가스

② 시설기준
  (가) 안전거리 유지 : 저장능력 500kg 이상인 액화염소 사용시설의 저장설비
   ㉮ 제1종 보호시설 : 17m 이상
   ㉯ 제2종 보호시설 : 12m 이상
  (나) 방호벽 설치 : 저장능력 300kg 이상인 용기보관실
  (다) 안전밸브 설치 : 저장능력 300kg 이상인 용기 접합장치가 설치된 곳
  (라) 화기와의 거리
   ㉮ 가연성가스 저장설비, 기화장치 : 8m 이상

㈏ 산소 저장설비 : 5 m 이상
㈐ 역화방지장치 설치 : 수소화염, 산소 – 아세틸렌 화염을 사용하는 시설

(5) 용기의 검사
① 신규검사 항목
㈎ 강으로 제조한 이음매 없는 용기 : 외관검사, 인장시험, 충격시험(Al용기 제외), 파열시험(Al용기 제외), 내압시험, 기밀시험, 압궤시험
㈏ 강으로 제조한 용접용기 : 외관검사, 인장시험, 충격시험(Al용기 제외), 용접부 검사, 내압시험, 기밀시험, 압궤시험
㈐ 초저온 용기 : 외관검사, 인장시험, 용접부 검사, 내압시험, 기밀시험, 압궤시험, 단열성능시험
㈑ 납붙임 접합용기 : 외관검사, 기밀시험, 고압가압시험

**참고** 파열시험을 한 용기는 인장시험, 압궤시험을 생략할 수 있다.

② 재검사
㈎ 재검사를 받아야 할 용기
㉮ 일정한 기간이 경과된 용기
㉯ 합격표시가 훼손된 용기
㉰ 손상이 발생된 용기
㉱ 충전가스 명칭을 변경할 용기
㉲ 열영향을 받은 용기

③ 내압시험 : 수조식 내압시험, 비수조식 내압시험
㈎ 항구 (영구)증가율 (%) 계산

$$항구 (영구)증가율 (\%) = \frac{항구증가량}{전증가량} \times 100$$

㈏ 합격기준
㉮ 신규검사 : 항구 증가율 10 % 이하
㉯ 재검사
• 질량검사 95 % 이상 : 항구 증가율 10 % 이하
• 질량검사 90 % 이상 95 % 미만 : 항구 증가율 6 % 이하

④ 초저온 용기의 단열성능시험
㈎ 침입열량 계산식

$$Q = \frac{W \cdot q}{H \cdot \Delta t \cdot V}$$

여기서, $Q$ : 침입열량(kcal/hr·℃·L), $W$ : 측정 중의 기화가스량(kg)
$q$ : 시험용 액화가스의 기화잠열(kcal/kg), $H$ : 측정시간 (hr)
$\Delta t$ : 시험용 액화가스의 비점과 외기와의 온도차 (℃), $V$ : 용기 내용적(L)

(나) 합격기준

| 내용적 | 침입열량(kcal/hr·℃·L) |
|---|---|
| 1000 L 미만 | 0.0005 이하 (2.09 J/h·℃·L) |
| 1000 L 이상 | 0.002 이하 (8.37 J/h·℃·L) |

(다) 시험용 액화가스의 종류 : 액화질소, 액화산소, 액화아르곤

(6) **용기의 표시**

① 용기의 각인

(가) V : 내용적(L)

(나) W : 용기 질량(kg)

(다) TW : 아세틸렌 용기질량에 다공물질, 용제, 용기부속품의 질량을 합한 질량(kg)

(라) TP : 내압시험압력(MPa)

(마) FP : 압축가스의 최고충전압력(MPa)

② 용기의 도색 및 표시

| 가스 종류 | 용기도색 | | 글자색깔 | | 띠의 색상 (의료용) |
|---|---|---|---|---|---|
| | 공업용 | 의료용 | 공업용 | 의료용 | |
| 산소 ($O_2$) | 녹색 | 백색 | 백색 | 녹색 | 녹색 |
| 수소 ($H_2$) | 주황색 | – | 백색 | – | – |
| 액화탄산가스 ($CO_2$) | 청색 | 회색 | 백색 | 백색 | 백색 |
| 액화석유가스 | 밝은 회색 | – | 적색 | – | – |
| 아세틸렌 ($C_2H_2$) | 황색 | – | 흑색 | – | – |
| 암모니아 ($NH_3$) | 백색 | – | 흑색 | – | – |
| 액화염소 ($Cl_2$) | 갈색 | – | 백색 | – | – |
| 질소 ($N_2$) | 회색 | 흑색 | 백색 | 백색 | 백색 |
| 아산화질소 ($N_2O$) | 회색 | 청색 | 백색 | 백색 | 백색 |
| 헬륨 (He) | 회색 | 갈색 | 백색 | 백색 | 백색 |
| 에틸렌 ($C_2H_4$) | 회색 | 자색 | 백색 | 백색 | 백색 |
| 사이크로 프로판 | 회색 | 주황색 | 백색 | 백색 | 백색 |
| 기타의 가스 | 회색 | – | 백색 | 백색 | 백색 |

(가) 스테인리스강 등 내식성재료를 사용한 용기 : 용기 동체의 외면 상단에 10 cm 이상의 폭으로 충전가스에 해당하는 색으로 도색

(나) 가연성가스(LPG 제외)는 "연"자, 독성가스는 "독"자 표시

(다) 선박용 액화석유가스 용기 : 용기 상단부에 2 cm의 백색 띠 두 줄, 백색 글씨로 "선박용" 표시

③ 용기 부속품 기호

(가) AG : 아세틸렌용기 부속품

(나) PG : 압축가스용기 부속품

(다) LG : 액화석유가스 외 액화가스용기 부속품

(라) LPG : 액화석유가스용기 부속품
(마) LT : 초저온 및 저온용기 부속품

(7) **고압가스의 운반 기준**

① 차량의 경계표지
(가) 경계표시 : "위험고압가스" 차량 앞뒤에 부착, 전화번호 표시, 운전석 외부에 적색 삼각기 게시 (독성가스 : "위험고압가스", "독성가스"와 위험을 알리는 도형 및 전화번호 표시)
(나) 가로치수 : 차체 폭의 30 % 이상
(다) 세로치수 : 가로치수의 20 % 이상
(라) 정사각형 : 600 cm$^2$ 이상

② 혼합적재 금지
(가) 염소와 아세틸렌, 암모니아, 수소
(나) 가연성가스와 산소는 충전용기 밸브가 마주보지 않도록 적재
(다) 충전용기와 소방기본법이 정하는 위험물
(라) 독성가스 중 가연성가스와 조연성가스

③ 운반책임자 동승
(가) 운반책임자 : 운반에 관한 교육이수자, 안전관리 책임자, 안전관리원
(나) 운반책임자 동승기준

| 가스의 종류 | | 기 준 |
|---|---|---|
| 압축가스 | 독성 | 100 m$^3$ 이상 |
| | 가연성 | 300 m$^3$ 이상 |
| | 조연성 | 600 m$^3$ 이상 |
| 액화가스 | 독성 | 1000 kg 이상 |
| | 가연성 | 3000 kg 이상<br>(납붙임용기 및 접합용기 : 2000 kg 이상) |
| | 조연성 | 6000 kg 이상 |

※ 독성가스 (LC50 200 ppm 이하) : 압축가스 10 m$^3$ 이상, 액화가스 100 kg 이상

④ 적재 및 하역 작업
(가) 충전용기를 차량에 적재하여 운반할 때에는 적재함에 세워서 운반할 것
(나) 충전용기와 차량과의 사이에 헝겊, 고무링을 사용하여 마찰, 홈, 찌그러짐 방지
(다) 고정된 프로텍터가 없는 용기는 보호캡을 부착
(라) 전용로프를 사용하여 충전용기 고정
(마) 충전용기를 차에 싣거나 내릴 때에는 충격을 최소한으로 방지하기 위하여 완충판을 차량 등에 갖추고 사용할 것
(바) 운반중의 충전용기는 항상 40℃ 이하를 유지할 것
(사) 충전용기는 이륜차에 적재하여 운반하지 않을 것 (단, 다음의 경우 모두에 액화석유가스 충전용기를 적재하여 운반할 수 있다).

㉮ 차량이 통행하기 곤란 지역의 경우 또는 시·도지사가 지정하는 경우
㉯ 넘어질 경우 용기에 손상이 가지 않도록 제작된 용기운반 전용적재함을 장착한 경우
㉰ 적재하는 충전용기의 충전량이 20 kg 이하이고, 적재하는 충전용기수가 2개 이하인 경우
㈀ 납붙임, 접합용기는 포장상자 외면에 가스의 종류, 용도, 취급 시 주의사항 기재
㈂ 운반하는 액화독성가스 누출 시 응급조치 약제(소석회(생석회)) 휴대
  ㉮ 대상가스 : 염소, 염화수소, 포스겐, 아황산가스
  ㉯ 휴대량
    • 1000 kg 미만 : 20 kg 이상    • 1000 kg 이상 : 40 kg 이상
⑥ 차량에 고정된 탱크
  ㈎ 내용적 제한
    ㉮ 가연성가스(LPG 제외), 산소 : 18000 L 초과 금지
    ㉯ 독성가스(액화암모니아 제외) : 12000 L 초과 금지
  ㈏ 액면요동 방지조치 등
    ㉮ 액화가스를 충전하는 탱크 : 내부에 방파판 설치
      • 방파판 면적 : 탱크 횡단면적의 40 % 이상
      • 위치 : 상부 원호부 면적이 탱크 횡단면의 20 % 이하가 되는 위치
      • 두께 : 3.2 mm 이상
      • 설치 수 : 탱크 내용적 5 m$^3$ 이하마다 1개씩
    ㉯ 탱크 정상부가 차량보다 높을 때 : 높이 측정기구 설치
  ㈐ 탱크 및 부속품 보호 : 뒷범퍼와 수평거리
    ㉮ 후부 취출식 탱크 : 40 cm 이상    ㉯ 후부 취출식 탱크 외 : 30 cm 이상
    ㉰ 조작상자 : 20 cm 이상

## 2 액화석유가스 안전관리

(1) 액화석유가스 충전사업 시설 및 기술기준
  ① 용기충전 시설기준
    ㈎ 안전거리
      ㉮ 저장설비 : 사업소경계까지 다음 거리 이상을 유지

| 저장 능력 | 사업소 경계와의 거리 |
|---|---|
| 10톤 이하 | 24 m |
| 10톤 초과 20톤 이하 | 27 m |
| 20톤 초과 30톤 이하 | 30 m |
| 30톤 초과 40톤 이하 | 33 m |
| 40톤 초과 200톤 이하 | 36 m |
| 200톤 초과 | 39 m |

> **참고** 저장설비를 지하설치, 지하에 설치된 저장설비 내 액중펌프 설치 : 사업소 경계와의 거리의 70% 유지

  ④ 충전설비 : 사업소 경계까지 24 m 이상 유지
  ④ 탱크로리 이입·충전장소 : 정차위치 표시, 사업소 경계까지 24 m 이상 유지
  ㉻ 저장설비, 충전설비 및 탱크로리 이입·충전장소 : 보호시설과 거리 유지
  ㉮ 사업소 부지는 그 한 면이 폭 8 m 이상의 도로에 접할 것
(나) 저장탱크
  ㉮ 냉각살수 장치 설치
    • 방사량 : 저장탱크 표면적 1 $m^2$ 당 5 L/min 이상의 비율
    • 준내화구조 저장탱크 : 2.5 L/min·$m^2$ 이상
    • 조작위치 : 5 m 이상 떨어진 위치
  ㉯ 폭발방지장치 설치 : 주거지역, 상업지역에 설치하는 10톤 이상의 저장탱크. 단, 다음 중 어느 하나를 설치한 경우는 폭발방지장치를 설치한 것으로 본다.
    • 물분무장치(살수장치 포함)나 소화전을 설치하는 저장탱크
    • 2중각 단열구조의 저온저장탱크로서 단열재의 두께가 화재를 고려하여 설계 시공된 경우
    • 지하에 매몰하여 설치하는 저장탱크
(다) 통풍구 및 강제 통풍시설 설치
  ㉮ 통풍구조 : 바닥면적 1 $m^2$ 마다 300 $cm^2$의 비율로 계산 (1개소 면적 : 2400 $cm^2$ 이하)
  ㉯ 환기구는 2방향 이상으로 분산 설치
  ㉰ 강제 통풍장치
    • 통풍능력 : 바닥면적 1 $m^2$ 마다 0.5 $m^3$/분 이상
    • 흡입구 : 바닥면 가까이 설치
    • 배기가스 방출구 : 지면에서 5 m 이상의 높이에 설치
② LPG 자동차 용기 충전시설
  (가) 안전거리 : 사업소 경계 및 보호시설과 안전거리 유지(용기 충전시설의 기준 준용)
  (나) 고정충전설비(dispenser : 충전기) 설치
    ㉮ 충전기 상부에는 닫집모양의 차양을 설치, 면적은 공지면적의 $\frac{1}{2}$ 이하
    ㉯ 충전기 주위에 가스누출검지 경보장치 설치
    ㉰ 충전호스 길이 : 5 m 이내, 정전기 제거장치 설치
    ㉱ 세프티 커플링 설치 : 충전기와 가스주입기가 분리될 수 있는 안전장치(인장력 : 490.4~588.4 N)
    ㉲ 가스주입기 : 원터치형
    ㉳ 충전기 보호대 설치 : 철근 콘크리트(두께 12 cm 이상) 또는 강관제(100 A 이상)로 높이 80 cm 이상
  (다) 충전소에 설치할 수 있는 건축물, 시설

㉮ 충전을 하기 위한 작업장
㉯ 충전소의 업무를 행하기 위한 사무실 및 회의실
㉰ 충전소의 관계자가 근무하는 대기실 및 종사자 숙소
㉱ 자동차의 세정을 위한 세차시설
㉲ 자동판매기 및 현금자동지급기
㉳ 액화석유가스 충전사업자가 운영하고 있는 용기를 재검사하기 위한 시설
㉴ 충전소의 종사자가 이용하기 위한 연면적 $100\,m^2$ 이하의 식당
㉵ 비상발전기, 공구 등을 보관하기 위한 연면적 $100\,m^2$ 이하의 창고
㉶ 자동차 점검 및 간이정비(화기를 사용하는 작업 및 도장작업 제외)를 하기위한 작업장
㉷ 충전소에 출입하는 사람을 대상으로 한 소매점 및 자동차 전시장, 자동차 영업소

③ 부취제 첨가장치 설치
㉮ 냄새 측정방법 : 오더(odor)미터법(냄새측정기법), 주사기법, 냄새주머니법, 무취실법
㉯ 용어의 정의
  ㉮ 패널(panel) : 미리 선정한 정상적인 후각을 가진 사람으로서 냄새를 판정하는 자
  ㉯ 시험자 : 냄새 농도 측정에 있어서 희석조작을 하여 냄새농도를 측정하는 자
  ㉰ 시험가스 : 냄새를 측정할 수 있도록 액화석유가스를 기화시킨 가스
  ㉱ 시료기체 : 시험가스를 청정한 공기로 희석한 판정용 기체
  ㉲ 희석배수 : 시료기체의 양을 시험가스의 양으로 나눈 값

④ 탱크로리(벌크로리)에서 소형저장탱크에 액화석유가스 충전 기준
㉮ 자동차에 고정된 탱크(벌크로리 포함)와 소형저장탱크와 액체라인 및 기체라인 커플링을 접속한 후 충전할 것
㉯ 소형저장탱크의 잔량을 확인 후 충전
㉰ 수요자가 채용한 안전관리자 입회하에 충전
㉱ 충전 중에는 과충전 방지 등 위해 방지를 위한 조치를 할 것
㉲ 충전 완료 시 세프티 커플링으로부터의 가스누출 여부 확인

⑤ 소형저장탱크 설치 기준
㉮ 소형 저장탱크 수 : 6기 이하, 충전질량 합계 $5000\,kg$ 미만
㉯ 지면보다 $5\,cm$ 이상 높게 콘크리트 바닥 등에 설치
㉰ 경계책 설치 : 높이 $1\,m$ 이상 (충전질량 $1000\,kg$ 이상만 해당)
㉱ 안전밸브 방출관 (방출구) 높이 : 지면으로부터 $2.5\,m$, 탱크 정상부에서 $1\,m$ 높이 중 높은 위치 이상
㉲ 방호벽 높이 : 소형저장탱크 정상부보다 $50\,cm$ 이상 높게 설치
㉳ 소형저장탱크와 기화장치와의 거리 : $3\,m$ 이상

(2) 액화석유가스 사용시설 기준

① 저장설비의 설치 방법(저장능력별)
  ㈎ 100 kg 이하 : 용기, 용기밸브 및 압력조정기가 직사광선, 눈, 빗물에 노출되지 않도록 조치
  ㈏ 100 kg 초과 : 용기보관실 설치
  ㈐ 250 kg 이상 : 고압부에 안전장치 설치
  ㈑ 500 kg 초과 : 저장탱크, 소형저장탱크 설치

② 배관 설치방법
  ㈎ 저장설비로부터 중간밸브까지 : 강관, 동관, 금속플렉시블 호스
  ㈏ 중간밸브에서 연소기 입구까지 : 강관, 동관, 호스, 금속플렉시블 호스
  ㈐ 호스 길이 : 3 m 이내

③ 저압부의 기밀시험 : 8.4 kPa 이상

④ 연소기의 설치 방법
  ㈎ 개방형 연소기 : 환풍기 환기구 설치
  ㈏ 반밀폐형 연소기 : 급기구, 배기통 설치
  ㈐ 배기통 재료 : 스테인리스강판, 내열 및 내식성 재료

## 3 도시가스 안전관리

(1) 가스도매사업의 가스공급시설의 기준

① 제조소의 위치
  ㈎ 안전거리
    ㉮ 액화천연가스의 저장설비 및 처리설비 유지거리(단, 거리가 50 m 미만의 경우에는 50 m)
    $$L = C \times \sqrt[3]{143000\,W}$$
    여기서, $L$ : 유지하여야 하는 거리(m)
      $C$ : 상수(저압 지하식 탱크 : 0.240, 그 밖의 가스저장설비 및 처리설비 : 0.576)
      $W$ : 저장탱크는 저장능력(톤)의 제곱근, 그 밖의 것은 그 시설 안의 액화천연가스의 질량(톤)
    ㉯ 액화석유가스의 저장설비 및 처리설비와 보호시설까지 거리 : 30 m 이상
  ㈏ 설비 사이의 거리
    ㉮ 고압인 가스공급시설의 안전구역 면적 : 20000 m² 미만
    ㉯ 안전구역 안의 고압인 가스공급시설과의 거리 : 30 m 이상
    ㉰ 2개 이상의 제조소가 인접하여 있는 경우 가스공급시설과 제조소 경계까지 거리 : 20 m 이상
    ㉱ 액화천연가스의 저장탱크와 처리능력이 20만 m³ 이상인 압축기와의 거리 : 30 m 이상

㉻ 저장탱크와의 거리 : 두 저장탱크의 최대지름을 합산한 길이의 $\frac{1}{4}$ 이상에 해당하는 거리 유지(1 m 미만인 경우 1 m 이상의 거리 유지) → 물분무장치 설치 시 제외

② 제조시설의 구조 및 설비
  (가) 안전시설
    ㉮ 인터로크 기구 : 안전확보를 위한 주요부분에 설비가 잘못 조작되거나 이상이 발생하는 경우에 자동으로 원재료의 공급을 차단하는 장치 설치
    ㉯ 가스누출검지 통보설비 : 가스가 누출되어 체류할 우려가 있는 장소에 설치
    ㉰ 긴급차단장치 : 고압인 가스공급시설에 설치
    ㉱ 긴급이송설비 : 가스량, 온도, 압력 등에 따라 이상사태가 발생하는 경우 설비 안의 내용물을 설비 밖으로 이송하는 설비 설치
    • 벤트스택 : 긴급이송설비에 의하여 이송되는 가스를 대기 중으로 방출시키는 시설
    • 플레어스택 : 긴급이송설비에 의하여 이송되는 가스를 안전하게 연소시키는 시설
  (나) 저장탱크
    ㉮ 방류둑 설치 : 저장능력 500톤 이상
    ㉯ 긴급차단장치 조작위치 : 10 m 이상
    ㉰ 액화석유가스 저장탱크 : 폭발방지장치 설치
  (다) 배관
    ㉮ 지하에 매설하는 경우 : 보호포 및 매설위치 확인 표시 설치
    • 보호포 설치 : 저압관 (황색), 중압이상의 관 (적색)
    • 라인마크 설치 : 50 m
    • 표지판 설치 간격 : 500 m (일반도시가스사업 : 200 m)
    • 보호판 설치 : 4 mm 이상 (고압이상 배관 : 6 mm 이상)
    ㉯ 지하매설 기준
    • 건축물 : 수평거리 1.5 m 이상    • 지하의 다른 시설물 : 0.3 m 이상
    • 매설깊이
      - 기준 : 1.2 m 이상    - 산이나 들 : 1 m 이상
      - 시가지의 도로 : 1.5 m 이상
    ㉰ 굴착으로 노출된 배관의 안전조치
    • 고압배관의 길이가 100 m 이상인 것 : 배관 양 끝에 차단장치 설치
    • 중압 이하의 배관 길이가 100 m 이상인 것 : 300 m 이내에 차단장치 설치하거나 500 m 이내에 원격조작이 가능한 차단장치 설치
    • 굴착으로 20 m 이상 노출된 배관 : 20 m 마다 가스누출경보기 설치
    • 노출된 배관의 길이가 15 m 이상일 때
      - 점검통로 설치 : 폭 80 cm 이상, 가드레일 높이 90 cm 이상
      - 조명도 : 70 lux 이상

(2) 일반도시가스사업의 가스공급시설의 기준
   ① 제조소 및 공급소의 안전설비
      ㈎ 안전거리 : 외면으로부터 사업장의 경계까지 거리
         ㉮ 가스발생기 및 가스홀더
            • 최고사용압력이 고압 : 20 m 이상
            • 최고사용압력이 중압 : 10 m 이상
            • 최고사용압력이 저압 : 5 m 이상
         ㉯ 가스혼합기, 가스정제설비, 배송기, 압송기, 가스공급시설의 부대설비(배관제외) : 3 m 이상 (단, 최고사용압력이 고압인 경우 20 m 이상)
         ㉰ 화기와의 거리 : 8 m 이상의 우회거리
      ㈏ 통풍구조 및 기계환기설비(제조소 및 정압기실)
         ㉮ 통풍구조
            • 공기보다 무거운 가스 : 바닥면에 접하게 설치
            • 공기보다 가벼운 가스 : 천장 또는 벽면상부에서 30 cm 이내에 설치
            • 환기구 통풍가능 면적 : 바닥면적 1 $m^2$당 300 $cm^2$ 비율 (1개 환기구의 면적은 2400 $cm^2$ 이하)
            • 사방을 방호벽 등으로 설치할 경우 : 환기구를 2방향 이상으로 분산 설치
         ㉯ 기계환기설비의 설치기준
            • 통풍능력 : 바닥면적 1 $m^2$ 마다 0.5 $m^3$/분 이상
            • 배기구는 바닥면 (공기보다 가벼운 경우에는 천장면) 가까이 설치
            • 방출구 높이 : 지면에서 5 m 이상 (단, 공기보다 가벼운 경우 : 3 m 이상)
         ㉰ 공기보다 가벼운 공급시설이 지하에 설치된 경우의 통풍구조
            • 환기구 : 2방향 이상 분산 설치
            • 배기구 : 천장면으로부터 30 cm 이내 설치
            • 흡입구 및 배기구 지름 : 100 mm 이상
            • 배기가스 방출구 : 지면에서 3 m 이상의 높이에 설치
      ㈐ 고압가스설비의 시험
         ㉮ 내압시험
            • 시험압력 : 최고사용압력의 1.5배 이상의 압력(5~20분 표준)
            • 내압시험을 공기 등의 기체에 의하여 하는 경우 : 상용압력의 50 % 까지 승압하고 그 후에는 상용압력의 10 %씩 단계적으로 승압
         ㉯ 기밀시험 : 최고사용압력의 1.1배 또는 8.4 kPa 중 높은 압력 이상으로 실시
   ② 가스발생설비
      ㈎ 가스발생설비(기화장치 제외)
         ㉮ 압력상승 방지장치 : 폭발구, 파열판, 안전밸브, 제어장치 등 설치
         ㉯ 긴급정지 장치 : 긴급 시에 가스발생을 정지시키는 장치 설치

㉰ 역류방지장치
- 가스가 통하는 부분에 직접 액체를 이입하는 장치가 있는 가스발생설비에 설치
- 최고사용압력이 저압인 가스발생설비에 설치

㉱ 자동조정장치 : 사이클릭식 가스발생설비에 설치

(나) 기화장치

㉮ 직화식 가열구조가 아니며, 온수로 가열하는 경우에는 동결방지 조치(부동액 첨가, 불연성 단열재로 피복)를 할 것

㉯ 액유출방지 장치 설치

㉰ 역류방지 장치 설치 : 공기를 흡입하는 구조의 기화장치에 설치

㉱ 조작용 전원 정지 시의 조치 : 자가 발전기를 설치하여 가스 공급을 계속 유지

(다) 가스정제설비

㉮ 수봉기 : 최고사용압력이 저압인 가스정제설비에 압력의 이상상승을 방지하기 위한 장치

㉯ 역류방지장치 : 가스가 통하는 부분에 직접 액체를 이입하는 장치에 설치

③ 정압기실

(가) 구조 및 재료 등

㉮ 통풍시설 설치 : 공기보다 무거운 가스의 경우 강제통풍시설 설치

㉯ 정압기실 조명도 : 150 lx

㉰ 경계책 설치(단독 사용자의 정압기 제외) : 높이 1.5 m 이상

(나) 정압기실의 시설 및 설비

㉮ 가스차단장치 설치 : 입구 및 출구

㉯ 감시장치 설치 : RTU 장치
- 경보장치(이상 압력 통보장치)
- 가스누출검지 통보설비 : 바닥면 둘레 20 m에 대하여 1개 이상의 비율
- 출입문 개폐통보장치
- 긴급차단밸브 개폐여부 경보설비 설치

㉰ 압력기록장치 : 출구 가스압력을 측정, 기록할 수 있는 자기압력 기록장치 설치

㉱ 불순물 제거장치 : 입구에 수분 및 불순물 제거장치(필터) 설치

㉲ 예비정압기 설치
- 정압기의 분해점검 및 고장에 대비
- 이상압력 발생 시에 자동으로 기능이 전환되는 구조
- 바이패스관 : 밸브를 설치하고 그 밸브에 시건 조치를 할 것

㉳ 안전밸브 방출관 : 지면에서 5 m 이상 높이(전기시설물과 접촉 우려 : 3 m 이상)

㉴ 분해점검 방법
- 정압기 : 2년에 1회 이상
- 필터 : 가스공급 개시 후 1개월 이내 및 매년 1회 이상

- 가스사용시설 정압기 및 필터 : 설치 후 3년까지는 1회 이상, 그 이후에는 4년에 1회 이상
- 작동상황 점검 : 1주일에 1회 이상

④ 배관
  ㈎ 지하매설관 재료 : 폴리에틸렌 피복강관, 가스용 폴리에틸렌관 (0.4 MPa 이하에 사용)
  ㈏ 배관의 설치(매설깊이)
      ㉮ 공동주택 등의 부지 내 : 0.6 m 이상
      ㉯ 폭 8 m 이상의 도로 : 1.2 m 이상
      ㉰ 폭 4 m 이상 8 m 미만인 도로 : 1 m 이상
      ㉱ ㉮ 내지 ㉰에 해당하지 않는 곳 : 0.8 m 이상
  ㈐ 입상관의 밸브 : 1.6 m 이상 2 m 이내에 설치
  ㈑ 공동주택 압력조정기 설치 기준
      ㉮ 중압 이상 : 150세대 미만       ㉯ 저압 : 250세대 미만

(3) 도시가스 사용시설
  ① 가스계량기
    ㈎ 화기와 2 m 이상 우회거리 유지
    ㈏ 설치 높이 : 1.6~2 m 이내(보호상자 내에 설치시 바닥으로부터 2 m 이내)
    ㈐ 유지거리
        ㉮ 전기계량기, 전기개폐기 : 60 cm 이상
        ㉯ 단열조치를 하지 않은 굴뚝, 전기점멸기, 전기접속기 : 30 cm 이상
        ㉰ 절연조치를 하지 않은 전선 : 15 cm 이상
  ② 호스 길이 : 3 m 이내, "T"형으로 연결 금지
  ③ 사용시설 압력조정기 점검주기 : 1년에 1회 이상 (필터 : 3년에 1회 이상)

(4) 도시가스의 측정 등
  ① 항목 : 열량 측정, 압력 측정, 연소성 측정, 유해성분 측정
  ② 유해성분 측정 : 0℃, 101325 Pa의 압력에서 건조한 도시가스 1 m³ 당
    ㈎ 황전량 : 0.5 g 이하
    ㈏ 황화수소 : 0.02 g 이하
    ㈐ 암모니아 : 0.2 g 이하
  ③ 웨버지수 : 표준 웨버지수의 ±4.5 % 이내 유지

$$WI = \frac{H_g}{\sqrt{d}}$$

  여기서, $H_g$ : 도시가스의 발열량 (kcal/m³), $d$ : 도시가스의 비중

# Part 04 가스계측

## 1 제어 및 계측기기

(1) 단위 및 측정

① 기본단위의 종류

| 기본량 | 길이 | 질량 | 시간 | 전류 | 물질량 | 온도 | 광도 |
|---|---|---|---|---|---|---|---|
| 기본단위 | m | kg | s | A | mol | K | cd |

② 계측기의 구비조건
  ㈎ 경년변화가 적고, 내구성이 있을 것
  ㈏ 견고하고 신뢰성이 있을 것
  ㈐ 정도가 높고 경제적일 것
  ㈑ 구조가 간단하고 취급, 보수가 쉬울 것
  ㈒ 원격 지시 및 기록이 가능할 것
  ㈓ 연속측정이 가능할 것

③ 계측기기의 보전
  ㈎ 정기점검 및 일상점검
  ㈏ 검사 및 수리
  ㈐ 시험 및 교정
  ㈑ 예비부품, 예비 계측기기의 상비
  ㈒ 보전요원의 교육
  ㈓ 관련 자료의 기록, 유지

④ 측정
  ㈎ 측정방법의 구분
    ㉮ 직접 측정법 : 길이, 시간, 무게 등
    ㉯ 간접 측정법 : 길이와 시간을 측정하여 속도를 계산, 구의 지름을 측정하여 부피 계산 등
  ㈏ 측정방법의 종류
    ㉮ 편위법 : 측정량과 관계있는 다른 양으로 변환시켜 측정(부르동관 압력계, 스프링 저울, 전류계 등)
    ㉯ 치환법 : 지시량과 미리 알고 있는 양으로부터 측정(다이얼 게이지를 이용하여 두께 측정)
    ㉰ 영위법 : 기준량과 측정량을 비교 평형시켜 측정(천칭을 이용하여 질량 측정)

㉣ 보상법 : 측정량과 차이로서 양을 알아내는 방법
⑤ 오차 및 기차, 공차
  ㈎ 오차 : 측정값과 참값과의 차이
  $$오차율(\%) = \frac{측정값 - 참값}{측정값(또는 참값)} \times 100$$
    ㉮ 과오에 의한 오차 : 측정자의 부주의, 과실에 의한 오차
    ㉯ 우연 오차 : 오차의 원인을 모르므로 보정이 불가능하다(여러 번 측정하여 통계적 처리).
    ㉰ 계통적 오차 : 원인을 알 수 있어 제거할 수 있으며, 계기오차, 환경오차, 개인오차, 이론오차 등이 있다.
  ㈏ 기차(器差) : 계측기가 제작 당시부터 가지고 있는 고유의 오차
  $$E = \frac{I - Q}{I} \times 100$$
    여기서, $E$ : 기차(%), $I$ : 시험용 미터의 지시량, $Q$ : 기준미터의 지시량
  ㈐ 공차(公差) : 계측기 고유오차의 최대 허용한도를 사회규범, 규정에 정한 것
    ㉮ 검정공차 : 검정을 받을 때의 허용기차
    ㉯ 사용공차 : 계량기 사용 시 계량법에서 허용하는 오차의 최대한도
⑥ 정도와 감도
  ㈎ 정도(精度) : 측정결과에 대한 신뢰도를 수량적으로 표시한 척도
  ㈏ 감도 : 계측기가 측정량의 변화에 민감한 정도를 나타내는 값

> **참고** 감도가 좋으면 측정시간이 길어지고, 측정범위는 좁아진다.

### (2) 자동제어

① 자동제어의 블록선도
  ㈎ 시퀀스 제어(sequence control) : 미리 순서에 입각해서 다음 동작이 연속 이루어지는 제어로 자동판매기, 보일러의 점화 등으로 일반적으로 공장 자동화에 가장 많이 응용되고 있다.
  ㈏ 피드백 제어(feed back control) : 제어량의 크기와 목표값을 비교하여 그 값이 일치하도록 되돌림 신호(피드백 신호)를 보내어 수정동작을 하는 제어방식이다.

> **참고** 블록선도 : 제어신호의 전달경로를 블록과 화살표를 이용하여 표시한 것

② 제어방법에 의한 분류
  ㈎ 정치제어 : 목표값이 일정한 제어
  ㈏ 추치제어 : 목표값을 측정하면서 제어량을 맞추는 방식(변화모양 예측 불가)
    ㉮ 추종제어 : 목표값이 시간적으로 변화되는 제어
    ㉯ 비율제어 : 목표값이 다른 양과 일정한 비율관계에 변화되는 제어
    ㉰ 프로그램 제어 : 목표값이 미리 정한 시간적 변화에 따라 변화하는 제어
  ㈐ 캐스케이드 제어 : 두 개의 제어계를 조합하는 방법

③ 조정부 동작에 의한 분류
  (가) 연속동작
    ㉮ 비례동작 (P 동작) : 동작신호에 대하여 조작량의 출력변화가 일정한 비례관계에 있는 제어로 잔류편차가 생긴다.
    ㉯ 적분동작 (I 동작) : 편차의 적분차를 가감하여 조작단의 이동 속도가 비례하는 동작으로 잔류편차가 남지 않는다.
    ㉰ 미분동작 (D 동작) : 조작량이 동작신호의 미분치에 비례하는 동작으로 비례동작과 함께 쓰이며 일반적으로 진동이 제어되어 빨리 안정된다.
    ㉱ 비례 적분 동작 (PI 동작) : 비례동작의 결점을 줄이기 위하여 비례동작과 적분동작을 합한 것으로 부하변화가 커도 잔류편차 (off set)가 남지 않는다.
    ㉲ 비례 미분 동작 (PD 동작) : 비례동작과 미분동작을 합한 것이다.
    ㉳ 비례 적분 미분 동작 (PID 동작) : 조절효과가 좋고 조절속도가 빨라 널리 이용된다.
  (나) 불연속 동작
    ㉮ 2위치 동작 (on-off 동작) : 조작부를 on, off의 동작 중 하나로 동작시키는 것으로 전자밸브 등이 있다.
    ㉯ 다위치 동작 : 조작위치가 3위치 이상이 있는 제어동작

## 2 가스검지 및 분석기기

(1) 가스 검지법
  ① 시험지법

| 검지가스 | 시험지 | 반응 | 비고 |
|---|---|---|---|
| 암모니아 ($NH_3$) | 적색리트머스지 | 청색 | 산성, 염기성가스도 검지가능 |
| 염소 ($Cl_2$) | KI-전분지 | 청갈색 | 할로겐가스도 검지가능 |
| 포스겐 ($COCl_2$) | 하리슨 시약지 | 유자색 | - |
| 시안화수소 (HCN) | 초산벤젠지 | 청색 | - |
| 일산화탄소 (CO) | 염화팔라듐지 | 흑색 | - |
| 황화수소 ($H_2S$) | 연당지 | 회흑색 | 초산납시험지라 불리운다. |
| 아세틸렌 ($C_2H_2$) | 염화제1동착염지 | 적갈색 | - |

  ② 검지관법 : 발색시약을 충전한 검지관에 시료가스를 넣은 후 착색층의 길이, 착색의 정도에서 성분의 농도를 측정하여 표준표와 비색 측정을 하는 것이다.
  ③ 가연성가스 검출기
    (가) 안전등형 : 석유램프의 일종으로 불꽃 길이로 메탄의 농도를 측정
    (나) 간섭계형 : 가스의 굴절률 차이를 이용하여 농도를 측정
    (다) 열선형 : 전기회로의 전류 차이로 가스농도를 측정하는 것으로 열전도식과 연소식이 있다.

㈜ 반도체식 : 반도체 소자에 가스를 접촉시키면 전압의 변화를 이용한 것으로 반도체 소자로 산화주석($SnO_2$)을 사용한다.

### (2) 가스 분석의 종류

① 가스분석기의 구분

㈎ 화학적 가스 분석계 : 가스의 연소열을 이용한 것, 용액 흡수제를 이용한 것, 고체 흡수제를 이용한 것

㈏ 물리적 가스 분석계 : 가스의 열전도율을 이용한 것, 가스의 밀도, 점도차를 이용한 것, 빛의 간섭을 이용한 것, 전기전도도를 이용한 것, 가스의 자기적 성질을 이용한 것, 가스의 반응성을 이용한 것, 적외선 흡수를 이용한 것

② 흡수 분석법 : 시료기체를 성분 흡수제에 흡수시켜 체적변화를 측정하는 방식

㈎ 특징
 ㉮ 구조가 간단하며 취급이 쉽다.
 ㉯ 선택성이 좋고 정도가 높다.
 ㉰ 수분은 분석할 수 없다.
 ㉱ 분석순서가 바뀌면 오차가 발생한다.

㈏ 종류 : 오르사트(Orsat)법, 헴펠(Hempel)법, 게겔(Gockel)법

**오르사트(Orsat)법 분석순서 및 흡수제**

| 순서 | 분석가스 | 흡수제 |
|---|---|---|
| 1 | $CO_2$ | KOH 30 % 수용액 |
| 2 | $O_2$ | 알칼리성 피로갈롤 용액 |
| 3 | CO | 암모니아성 염화 제1구리용액 |
| 4 | $N_2$ | 나머지 양으로 계산 |

③ 연소분석법

㈎ 폭발법 : 전기스파크에 의해 폭발시켜 분석

㈏ 완만 연소법 : $H_2$와 $CH_4$을 산출

㈐ 분별 연소법 : 탄화수소는 연소시키지 않고 $H_2$ 및 CO만을 완전 산화시키는 방법
 ㉮ 팔라듐관 연소법 : $H_2$분석, 촉매는 팔라듐 석면, 팔라듐 흑연, 백금, 실리카 겔 등
 ㉯ 산화구리법 : $H_2$ 및 CO는 연소되고 $CH_4$만 남고 정량분석에 적합

④ 화학 분석법

㈎ 적정법 : 요오드($I_2$) 적정법, 중화 적정법

㈏ 중량법 : 침전법, 황산바륨 침전법

㈐ 흡광광도법 : 램버트 – 비어 법칙을 이용

⑤ 가스크로마토그래피

㈎ 특징

㉮ 여러 종류의 가스분석이 가능하다.
㉯ 선택성이 좋고 고감도로 측정한다.
㉰ 미량성분의 분석이 가능하다.
㉱ 응답속도가 늦으나 분리 능력이 좋다.
㉲ 동일가스의 연속측정이 불가능하다.
⑷ 구성 : 분리관(칼럼), 검출기, 기록계 외 캐리어가스, 압력조정기, 유량조절밸브, 압력계 등
⑸ 캐리어 가스 : 수소($H_2$), 헬륨(He), 아르곤(Ar), 질소($N_2$)
⑹ 검출기의 종류 및 특징
  ㉮ 열전도형 검출기(TCD) : 일반적으로 가장 널리 사용
  ㉯ 수소염 이온화 검출기(FID) : 탄화수소에서 감도가 최고
  ㉰ 전자포획 이온화 검출기(ECD) : 유기 할로겐 화합물, 니트로 화합물 및 유기금속 화합물을 검출
  ㉱ 염광 광도형 검출기(FPD) : 인 또는 유황화합물을 검출
  ㉲ 알칼리성 이온화 검출기(FTD) : 유기질소 화합물 및 유기인 화합물을 검출
⑥ 적외선광 분석법 : 단원자 분자(He, Ne, Ar 등) 및 2원자 분자($H_2$, $O_2$, $N_2$, $Cl_2$ 등)는 적외선을 흡수하지 않아 분석할 수 없음

## 3 가스계측기기

(1) 압력계

① 1차 압력계의 종류
  ⑴ 액주식 압력계(manometer) : 단관식 압력계, U자관식 압력계, 경사관식 압력계 등
  ⑵ 침종식 압력계 : 아르키메데스의 원리 이용한 것, 단종식과 복종식으로 구분
  ⑶ 자유 피스톤형 압력계 : 부르동관 압력계의 교정용으로 사용
  ⑷ 액주식 액체의 구비조건
    ㉮ 점성이 적을 것
    ㉯ 열팽창계수가 적을 것
    ㉰ 항상 액면은 수평을 만들 것
    ㉱ 온도에 따라서 밀도변화가 적을 것
    ㉲ 증기에 대한 밀도변화가 적을 것
    ㉳ 모세관 현상 및 표면장력이 적을 것
    ㉴ 화학적으로 안정할 것
    ㉵ 휘발성 및 흡수성이 적을 것
    ㉶ 액주의 높이를 정확히 읽을 수 있을 것

② 2차 압력계의 종류
  ⑴ 탄성식 압력계

㉮ 부르동관(bourdon tube) 압력계 : 2차 압력계 중 대표적인 것으로 고압측정이 가능하다.
- 항상 검사를 받고, 지시의 정확성을 확인할 것
- 진동, 충격, 온도 변화가 적은 장소에 설치할 것
- 안전장치(사이펀관, 스톱밸브)을 사용할 것
- 압력계에 가스를 넣거나 빼낼 때는 조작을 서서히 할 것
- 측정범위 : 0~3000 kgf/cm²

㉯ 다이어프램식 압력계
- 응답속도가 빠르나 온도의 영향을 받는다.
- 극히 미세한 압력 측정에 적당하다.
- 부식성 유체의 측정이 가능하다.
- 압력계가 파손되어도 위험이 적다.
- 측정범위 : 20~5000 mmH₂O

㉰ 벨로스식 압력계
- 벨로스 재질 : 인청동, 스테인리스강
- 압력변동에 적응성이 떨어진다.
- 유체 내의 먼지 등의 영향을 적게 받는다.

(나) 전기식 압력계
㉮ 전기저항 압력계 : 압력변화에 따른 저항변화를 이용, 초고압 측정 사용
㉯ 피에조 전기 압력계 : 가스폭발이나 급격한 압력변화 측정에 사용
㉰ 스트레인 게이지 : 급격한 압력변화 측정에 사용

## (2) 유량계

① 직접식 유량계 : 오벌 기어식, 루트식, 로터리 피스톤식, 로터리 베인식, 습식 가스미터, 왕복피스톤식
  (가) 정도가 높아 상거래용으로 사용하고, 맥동의 영향이 적다.
  (나) 고점도 유체나 점도 변화가 있는 유체 측정에 적합
  (다) 회전자 재질로 포금, 주철, 스테인리스강이 사용되고 입구에 여과기가 필요

② 간접식 유량계
  (가) 차압식 유량계(조리개 기구식)
    ㉮ 측정원리 : 베르누이 방정식
    ㉯ 종류 : 오리피스미터, 플로어노즐, 벤투리미터
    ㉰ 유량계산

$$Q = CA\sqrt{\frac{2g}{1-m^4} \times \frac{P_1 - P_2}{\gamma}} = CA\sqrt{\frac{2gh}{1-m^4} \times \frac{\gamma_m - \gamma}{\gamma}}$$

여기서, $Q$ : 유량 (m³/s), $C$ : 유량계수, $A$ : 단면적(m²), $g$ : 중력가속도 (9.8 m/s²)

$P_1$ : 교축기구 입구 측 압력(kgf/m²), $P_2$ : 교축기구 출구 측 압력(kgf/m²)
$\gamma_m$ : 마노미터 액체 비중량(kgf/m³), $\gamma$ : 유체의 비중량(kgf/m³)
$m$ : 교축비 $\left(\dfrac{D_2^{\,2}}{D_1^{\,2}}\right)$, $h$ : 마노미터(액주계) 높이 차(m)

> **참고** 유량은 차압($\Delta P$)의 평방근에 비례한다.

(나) 면적식 유량계 : 부자식(플로트식), 로터미터
(다) 유속식 유량계
  ㉮ 임펠러식 유량계 : 임펠러의 회전수를 이용한 것(터빈식 가스미터)
  ㉯ 피토관 유량계 : 전압과 정압의 차(동압)를 이용
  ㉰ 열선식 유량계 : 유속변화에 따른 온도변화로 순간유량을 측정
(라) 기타 유량계
  ㉮ 전자식 유량계 : 패러데이의 전자유도법칙 이용(도전성 액체에 사용)
  ㉯ 와류(vortex)식 유량계 : 와류(소용돌이)를 이용한 것
  ㉰ 초음파 유량계 : 도플러 효과 이용

### (3) 온도계

① 접촉식 온도계
  (가) 유리제 봉입식 온도계, 알코올 유리 온도계, 베크만 온도계, 유점 온도계
  (나) 바이메탈 온도계 : 열팽창률이 서로 다른 2종의 얇은 금속판을 밀착시킨 것이다.
  (다) 압력식 온도계 : 액체나 기체의 체적 팽창을 이용
  (라) 전기식 온도계
    ㉮ 저항 온도계 : 백금 측온 저항체, 니켈 측온 저항체, 동 측온 저항체
    ㉯ 서미스터(thermister) : 반도체를 이용하여 온도 측정
  (마) 열전대 온도계
    ㉮ 원리 : 제베크(Seebeck) 효과
    ㉯ 종류 : 백금-백금로듐(P-R), 크로멜-알루멜(C-A), 철-콘스탄트(I-C), 동-콘스탄트(C-C)
  (바) 제게르 콘(Seger kone) : 벽돌의 내화도 측정에 사용
  (사) 서모컬러(thermo color) : 온도 변화에 따라 색이 변하는 성질 이용

② 비접촉식 온도계
  (가) 광고 온도계 : 측정 대상물체의 빛과 전구 빛을 같게 하여 저항을 측정
  (나) 광전관식 온도계 : 광전지 또는 광전관을 사용하여 자동으로 측정
  (다) 방사 온도계 : 스테판-볼츠만 법칙 이용
  (라) 색 온도계 : 물체에서 발생하는 빛의 밝고 어두움을 이용

③ 비접촉식 온도계의 특징(접촉식 온도계와 비교하여)
  (가) 접촉에 의한 열손실이 없고 측정 물체의 열적 조건을 건드리지 않는다.

(나) 내구성에서 유리하고, 이동물체와 고온 측정이 가능하다.
(다) 표면온도 측정에 사용하며, 700℃ 이하는 측정이 곤란하다.
(라) 방사율 보정이 필요하며, 측정온도의 오차가 크다.

### (4) 액면계

① 직접식 액면계의 종류 : 유리관식, 부자식(플로트식), 검척식
② 간접식 액면계의 종류
 (가) 압력식 액면계    (나) 저항 전극식 액면계
 (다) 초음파 액면계    (라) 정전 용량식 액면계
 (마) 방사선 액면계    (바) 차압식 액면계(햄프슨식 액면계)
 (사) 다이어프램식 액면계  (아) 편위식 액면계
 (자) 기포식 액면계    (차) 슬립 튜브식 액면계

## 4 가스미터

### (1) 가스미터(gas meter)의 종류 및 특징

① 가스미터의 구분
 (가) 실측식(직접식) : 건식, 습식
 (나) 추량식(간접식) : 유량과 일정한 관계에 있는 다른 양을 측정하여 가스량을 구하는 방식
② 가스미터의 필요조건
 (가) 구조가 간단하고, 수리가 용이할 것
 (나) 감도가 예민하고 압력손실이 적을 것
 (다) 소형이며 계량용량이 클 것
 (라) 기차의 조정이 용이할 것
 (마) 내구성이 클 것
③ 가스미터의 종류 및 특징

| 구 분 | 막식 가스미터 | 습식 가스미터 | roots형 가스미터 |
|---|---|---|---|
| 장 점 | ① 가격이 저렴하다.<br>② 유지관리에 시간을 요하지 않는다. | ① 계량이 정확하다.<br>② 사용 중에 오차의 변동이 적다. | ① 대유량의 가스 측정에 적합하다.<br>② 중압가스의 계량이 가능하다.<br>③ 설치면적이 적다. |
| 단 점 | 대용량의 것은 설치면적이 크다. | ① 사용 중에 수위조정 등의 관리가 필요하다.<br>② 설치면적이 크다. | ① 여과기의 설치 및 설치 후의 유지관리가 필요하다.<br>② 적은 유량($0.5\,m^3/hr$)의 것은 부동의 우려가 있다. |
| 용 도 | 일반 수용가 | 기준용, 실험실용 | 대량 수용가 |
| 용량범위 | $1.5\sim200(m^3/hr)$ | $0.2\sim3000(m^3/hr)$ | $100\sim5000(m^3/hr)$ |

④ 가스미터의 성능
  ㈎ 기밀시험 : 10 kPa
  ㈏ 가스미터 및 배관에서의 압력손실 : 0.3 kPa
  ㈐ 검정공차 : ±1.5 %
  ㈑ 사용공차 : 검정기준에서 정하는 최대 허용 오차의 2배 값
  ㈒ 감도유량 : 가스미터가 작동하는 최소유량
    ㉮ 가정용 막식 : 3 L/hr
    ㉯ LPG용 : 15 L/hr
  ㈓ 검정 유효기간 : 5년 (단, LPG 가스미터 : 3년, 기준 가스미터 : 2년)
  ㈔ 계량기 호칭 : "호"로 표시(1호의 의미 : 1 m³/hr)
  ㈕ 계량실의 체적
    ㉮ 0.5 L/rev : 계량실의 1주기 체적이 0.5 L
    ㉯ MAX 1.5 m³/hr : 사용 최대유량은 시간당 1.5 m³

(2) 가스미터의 고장
  ① 막식 가스미터
    ㈎ 부동(不動) : 가스는 계량기를 통과하나 지침이 작동하지 않는 고장
      ㉮ 계량막의 파손
      ㉯ 밸브의 탈락
      ㉰ 밸브와 밸브시트 사이에서의 누설
      ㉱ 지시장치 기어 불량
    ㈏ 불통(不通) : 가스가 계량기를 통과하지 못하는 고장
      ㉮ 크랭크축이 녹슬었을 때
      ㉯ 밸브와 밸브시트가 타르 수분 등에 의해 붙거나 동결된 경우
      ㉰ 날개 조절기 등 회전장치 부분에 이상이 있을 때
    ㈐ 누설
      ㉮ 내부 누설 : 패킹재료의 열화
      ㉯ 외부 누설 : 납땜 접합부의 파손, 케이스의 부식 등
    ㈑ 기차 (오차) 불량 : 사용공차를 초과하는 고장
      ㉮ 계량막에서의 누설
      ㉯ 밸브와 밸브시트 사이에서의 누설
      ㉰ 패킹부에서의 누설
    ㈒ 감도 불량 : 감도 유량을 통과시켰을 때 지침의 시도(示度) 변화가 나타나지 않는 고장
      ㉮ 계량막밸브와 밸브시트 사이의 누설
      ㉯ 패킹부에서의 누설
    ㈓ 이물질로 인한 불량 : 출구 측 압력이 현저하게 낮아지는 고장

㉮ 크랭크축에 이물질의 혼입으로 회전이 원활하지 않을 때
㉯ 밸브와 밸브시트 사이에 점성물질이 부착
㉰ 연동기구가 변형
(사) 기타 고장 : 계량유리의 파손, 외관의 손상, 이상음 발생, 가스 중 수증기의 응축으로 인한 고장 등
② roots 가스미터
(가) 부동(不動) : 회전자는 회전하나 지침이 작동하지 않는 고장
㉮ 마그네틱 연결 장치의 미끄럼
㉯ 감속 또는 지시장치의 기어물림 불량
(나) 불통(不通) : 회전자의 회전이 정지하여 가스가 통과하지 못하는 고장으로 회전자 베어링의 마모, 먼지, 실(seal) 등에 이물질이 부착된 경우가 원인
(다) 기차(오차) 불량 : 사용공차를 초과하는 경우로 회전자 베어링의 마모에 의한 간격의 증대, 회전부분의 마찰저항 증가가 원인이다.
(라) 기타 고장 : 계량유리의 파손, 외관의 손상, 압력 보정장치의 고장, 이상음 발생, 감도 불량 등

(3) 가스미터의 설치 기준
① 환기가 양호한 장소일 것
② 설치 높이 : 바닥으로부터 1.6~2 m 이내
③ 화기와의 우회거리 : 2 m 이상
④ 전기계량기 및 전기개폐기 : 60 cm 이상
⑤ 단열조치를 하지 않은 굴뚝, 전기점멸기, 전기접속기 : 30 cm 이상
⑥ 절연조치를 하지 않은 전선 : 15 cm 이상

**MEMO**

## 가스 산업기사 필기

# 과년도 출제 문제

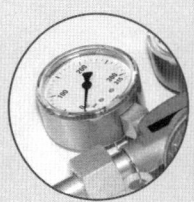

# 2014년도 시행 문제

▶ 2014년 3월 2일 시행

| 자격종목 | 종목코드 | 시험시간 | 형 별 | 수험번호 | 성 명 |
|---|---|---|---|---|---|
| 가스 산업기사 | 2471 | 2시간 | B | | |

## 제1과목 연소공학

**1.** 화학 반응속도를 지배하는 요인에 대한 설명으로 옳은 것은?
① 압력이 증가하면 반응속도는 항상 증가한다.
② 생성물질의 농도가 커지면 반응속도는 항상 증가한다.
③ 자신은 변하지 않고 다른 물질의 화학 변화를 촉진하는 물질을 부촉매라고 한다.
④ 온도가 높을수록 반응속도가 증가한다.

[해설] • 반응속도에 영향을 주는 요소
㉮ 농도 : 반응하는 물질의 농도에 비례한다.
㉯ 온도 : 온도가 상승하면 속도정수가 커져 반응속도는 증가한다 (아레니우스의 반응속도론).
㉰ 촉매 : 자신은 변하지 않고 활성화 에너지를 변화시키는 것으로 정촉매는 반응속도를 빠르게 하고 부촉매는 반응속도를 느리게 한다.
㉱ 압력 : 반응속도를 직접 변화시키지 못하나 압력이 증가하면 농도 변화를 일으켜 반응속도를 변화시킨다.
㉲ 활성화 에너지 : 활성화 에너지가 크면 반응속도가 감소하고 작으면 증가한다.

**2.** 다음 반응에서 평형을 오른쪽으로 이동시켜 생성물을 더 많이 얻으려면 어떻게 해야 하는가?

$$CO + H_2O \rightleftarrows H_2 + CO_2 + Q [kcal]$$

① 온도를 높인다.  ② 압력을 높인다.
③ 온도를 낮춘다.  ④ 압력을 낮춘다.

[해설] • 온도와 평형이동의 관계
㉮ 발열반응에서 온도를 높이면 역반응이 일어난다.
㉯ 흡열반응에서 온도를 높이면 정반응이 일어난다.
∴ 주어진 반응식은 발열반응이고 평형을 오른쪽으로 이동시켜 생성물을 더 많이 얻으려면 온도를 낮춰 정반응이 일어나도록 하여야 한다.

**3.** 다음 중 연소범위에 대한 온도의 영향으로 옳은 것은?
① 온도가 낮아지면 방열속도가 느려져서 연소범위 넓어진다.
② 온도가 낮아지면 방열속도가 느려져서 연소범위가 좁아진다.
③ 온도가 낮아지면 방열속도가 빨라져서 연소범위가 넓어진다.
④ 온도가 낮아지면 방열속도가 빨라져서 연소범위가 좁아진다.

[해설] • 연소범위에 대한 온도의 영향 : 온도가 높아지면 방열속도가 느려져서 연소범위가 넓어지고, 온도가 낮아지면 방열속도가 빨라져서 연소범위가 좁아진다.

**4.** 안전간격에 대한 설명으로 옳지 않은 것은?
① 안전간격은 방폭전기기기 등의 설계에

---

정답   1. ④   2. ③   3. ④   4. ④

중요하다.
② 한계지름은 가는 관 내부를 화염이 진행할 때 도중에 꺼지는 관의 지름이다.
③ 두 평행판 간의 거리를 화염이 전파하지 않을 때까지 좁혔을 때 그 거리를 소염거리라고 한다.
④ 발화의 제반조건을 갖추었을 때 화염이 최대한으로 전파되는 거리를 화염일주라고 한다.

[해설] • 화염일주(火炎逸走) : 온도, 압력, 조성의 조건이 갖추어져도 용기가 작으면 발화하지 않고, 또는 부분적으로 발화하여도 화염이 전파되지 않고 도중에 꺼져버리는 현상으로 소염이라 한다.

**5.** 상온, 상압하에서 에탄($C_2H_6$)이 공기와 혼합되는 경우 폭발범위는 약 몇 %인가?
① 3.0~10.5 %
② 3.0~12.5 %
③ 2.7~10.5 %
④ 2.7~12.5 %

[해설] 공기 중에서 에탄($C_2H_6$)의 폭발범위는 3.0~12.5 %이다.

**6.** 폭발과 관련한 가스의 성질에 대한 설명으로 옳지 않은 것은?
① 연소속도가 큰 것일수록 위험하다.
② 인화온도가 낮을수록 위험하다.
③ 안전간격이 큰 것일수록 위험하다.
④ 가스의 비중이 크면 낮은 곳에 체류한다.

[해설] 안전간격이 작을수록 위험하다.

**7.** 다음 반응식을 이용하여 메탄($CH_4$)의 생성열을 계산하면?

㉠ $C + O_2 \rightarrow CO_2 \quad \Delta H = -97.2 \text{ kcal/mol}$
㉡ $H_2 + \dfrac{1}{2}O_2 \rightarrow H_2O \quad \Delta H = -57.6 \text{ kcal/mol}$
㉢ $CH_4 + 2O_2 \rightarrow CO_2 + 2H_2O$
   $\Delta H = -194.4 \text{ kcal/mol}$

① $\Delta H = -17 \text{ kcal/mol}$
② $\Delta H = -18 \text{ kcal/mol}$
③ $\Delta H = -19 \text{ kcal/mol}$
④ $\Delta H = -20 \text{ kcal/mol}$

[해설] $CH_4 + 2O_2 \rightarrow CO_2 + 2H_2O + Q$
$-194.4 = -97.2 - 57.6 \times 2 + Q$
∴ $Q = 97.2 + 57.6 \times 2 - 194.4 = 18$
∴ $\Delta H = -18 \text{ kcal/mol}$

**8.** 공기 중에서 압력을 증가시켰더니 폭발범위가 좁아지다가 고압 이후부터 폭발범위가 넓어지기 시작했다. 어떤 가스인가?
① 수소
② 일산화탄소
③ 메탄
④ 에틸렌

[해설] 가연성가스는 일반적으로 압력이 증가하면 폭발범위는 넓어지나 일산화탄소(CO)와 수소($H_2$)는 압력이 증가하면 폭발범위는 좁아진다. 단, 수소는 압력이 10 atm 이상 되면 폭발범위가 다시 넓어진다.

**9.** 다음 기체 가연물 중 위험도($H$)가 가장 큰 것은?
① 수소
② 아세틸렌
③ 부탄
④ 메탄

[해설] ㉮ 위험도 계산식
∴ $H = \dfrac{U-L}{L}$
여기서, $H$ : 위험도, $U$ : 폭발범위 상한값
$L$ : 폭발범위 하한값
㉯ 각 가스의 폭발범위 및 위험도

| 가스명칭 | 폭발범위 | 위험도 |
|---|---|---|
| 수소($H_2$) | 4~75 % | 17.75 |
| 아세틸렌($C_2H_2$) | 2.5~81 % | 31.4 |
| 부탄($C_4H_{10}$) | 1.9~8.5 % | 3.47 |
| 메탄($CH_4$) | 5~15 % | 2 |

**10.** 가연성 물질의 위험성에 대한 설명으로 틀린 것은?

① 화염일주한계가 작을수록 위험성이 크다.
② 최소 점화에너지가 작을수록 위험성이 크다.
③ 위험도는 폭발상한과 하한의 차를 폭발 하한계로 나눈 값이다.
④ 암모니아는 위험도는 2이다.

[해설] 암모니아 ($NH_3$)의 폭발범위는 15~28 %이며, 위험도는 0.867이다.

**11.** 다음 연료 중 착화온도가 가장 낮은 것은?
① 벙커 C유      ② 무연탄
③ 역청탄        ④ 목재

[해설] • 각 연료의 착화온도

| 연료 명칭 | 착화온도 |
|---|---|
| 벙커 C유 | 530~580℃ |
| 무연탄 | 440~500℃ |
| 역청탄 | 320~400℃ |
| 목재 | 250~300℃ |

**12.** 어떤 기체의 확산속도가 $SO_2$의 2배였다. 이 기체는 어떤 물질로 추정되는가?
① 수소          ② 메탄
③ 산소          ④ 질소

[해설] $\dfrac{U_2}{U_1} = \sqrt{\dfrac{M_1}{M_2}}$ 에서 $SO_2$의 분자량은 64이다.

∴ $M_2 = \dfrac{U_1^2}{U_2^2} \times M_1 = \dfrac{1^2}{2^2} \times 64 = 16$

∴ 분자량이 16에 해당하는 것은 메탄 ($CH_4$)이다.

**13.** 다음 〈보기〉는 폭굉의 정의에 관한 설명이다. 공란에 알맞은 용어는?

― 〈보 기〉 ―
폭굉이란 가스의 화염(연소) [  ]가(이) [  ] 보다 큰 것으로 파면선단의 압력파에 의해 파괴작용을 일으키는 것을 말한다.

① 전파속도, 화염온도
② 폭발파, 충격파
③ 전파온도, 충격파
④ 전파속도, 음속

[해설] • 폭굉(detonation)의 정의 : 가스 중의 음속보다도 화염 전파속도가 큰 경우로서 파면선단에 충격파라고 하는 압력파가 생겨 격렬한 파괴작용을 일으키는 현상

**14.** 다음 중 층류 연소속도에 대한 설명으로 옳은 것은?
① 미연소 혼합기의 비열이 클수록 층류 연소속도는 크게 된다.
② 미연소 혼합기의 비중이 클수록 층류 연소속도는 크게 된다.
③ 미연소 혼합기의 분자량이 클수록 층류 연소속도는 크게 된다.
④ 미연소 혼합기의 열전도율이 클수록 층류 연소속도는 크게 된다.

[해설] • 층류 연소속도가 빨라지는 경우
㉮ 압력이 높을수록
㉯ 온도가 높을수록
㉰ 열전도율이 클수록
㉱ 분자량이 적을수록

**15.** 예혼합연소에 대한 설명으로 옳지 않은 것은?
① 난류연소속도는 연료의 종류, 온도, 압력에 대응하는 고유값을 갖는다.
② 전형적인 층류 예혼합화염은 원추상 화염이다.
③ 층류 예혼합화염의 경우 대기압에서의 화염두께는 대단히 얇다.
④ 난류 예혼합화염은 층류 화염보다 훨씬 높은 연소속도를 갖는다.

[해설] 예혼합연소에서 난류연소속도는 연료의 종류, 온도, 압력, 유속에 따라 각각 다른 값을 갖는다.

**16.** 일정량의 기체의 체적은 온도가 일정할 때 어떤 관계가 있는가? (단, 기체는 이상기체로 거동한다.)
① 압력에 비례한다.
② 압력에 반비례한다.
③ 비열에 비례한다.
④ 비열에 반비례한다.

[해설] • 보일의 법칙 : 일정 온도하에서 일정량의 기체가 차지하는 부피는 압력에 반비례한다.
$P_1 \cdot V_1 = P_2 \cdot V_2$

**17.** 1 kWh의 열당량은 약 몇 kcal인가? (단, 1 kcal는 4.2 J이다.)
① 427   ② 576
③ 660   ④ 857

[해설] ㉮ 1 W = 1 J/s이므로 1 kW = 1 kJ/s = 3600 kJ/h 이다.
㉯ 1 cal = 4.185 J이므로 1 kcal = 4.185 kJ ≒ 4.2 kJ 이다.
㉰ 1 kWh의 열당량(kcal) 계산 : 1 kcal는 4.2 kJ로 계산
1 kcal : 4.2 kJ = $x$ : 3600 kJ
∴ $x = \dfrac{1 \times 3600}{4.2} = 857.142$ kcal
※ 문제에서 1 kcal는 4.2 kJ로 주어져야 옳은 내용임.

**18.** 폭굉유도거리(DID)가 짧아지는 요인이 아닌 것은?
① 압력이 낮을 때
② 점화원의 에너지가 클 때
③ 관 속에 장애물이 있을 때
④ 관지름이 작을 때

[해설] • 폭굉유도거리가 짧아지는 조건
㉮ 정상 연소속도가 큰 혼합가스일수록
㉯ 관 속에 방해물이 있거나 관지름이 가늘수록
㉰ 압력이 높을수록
㉱ 점화원의 에너지가 클수록

**19.** 가로, 세로, 높이가 각각 3 m, 4 m, 3 m인 가스 저장소에 최소 몇 L의 부탄가스가 누출되면 폭발될 수 있는가? (단, 부탄가스의 폭발범위는 1.8~8.4 %이다.)
① 460   ② 560   ③ 660   ④ 760

[해설] 부탄이 폭발될 수 있는 조건은 가스 저장소 체적에 폭발범위 하한값에 해당하는 가스량이 누출되었을 때이다.
∴ 누출 가스량 = 가스 저장소 체적×폭발범위 하한값 = $(3 \times 4 \times 3) \times 0.018 \times 1000$
= 648 L

**20.** 다음 중 액체 연료의 인화점 측정방법이 아닌 것은?
① 타그법        ② 펜스키 마르텐스법
③ 에벨펜스키법  ④ 봄브법

[해설] • 액체 연료 인화점 측정방법 종류

| 구 분 | | 인화점 |
|---|---|---|
| 개방식 | 클리브렌드법 | 80℃ 이상 |
| | 타그법 | 80℃ 이하 |
| 밀폐식 | 타그법 | 80℃ 이하 |
| | 에벨펜스키법 | 50℃ 이하 |
| | 펜스키 마르텐스법 | 50℃ 이상 |

※ 타그 개방식은 휘발성 가연물질에 해당
※ 봄브법은 고체 및 고점도 액체 연료의 발열량 측정에 사용된다.

---

### 제 2 과목  가스설비

**21.** 축류 펌프의 특징에 대한 설명으로 틀린 것은?
① 비속도가 적다.
② 마감기동이 불가능하다.
③ 펌프의 크기가 작다.
④ 높은 효율을 얻을 수 있다.

[해설] • 축류 펌프의 특징

정답  16. ②  17. 정답없음  18. ①  19. ③  20. ④  21. ①

㉮ 비교회전도(비속도)가 크므로 저양정에서도 회전수를 크게 할 수 있어 전동기와 직결로 연결하여 사용할 수 있다.
㉯ 유량이 큰 것에 비하여 형태가 작고 설치 면적을 적게 차지한다.
㉰ 구조가 간단하고 펌프 내의 유로에 단면 변화가 적어 유체손실이 적다.
㉱ 가동익형으로 하면 넓은 범위의 유량에 걸쳐 높은 효율을 얻을 수 있다.
㉲ 마감기동이 불가능하다.

**22.** 가연성가스 및 독성가스 용기의 도색 구분이 옳지 않은 것은?

① LPG – 밝은 회색
② 액화암모니아 – 백색
③ 수소 – 주황색
④ 액화염소 – 청색

[해설] • 가스 종류별 용기 도색

| 가스 종류 | 용기 도색 | |
|---|---|---|
| | 공업용 | 의료용 |
| 산소 ($O_2$) | 녹색 | 백색 |
| 수소 ($H_2$) | 주황색 | – |
| 액화탄산가스 ($CO_2$) | 청색 | 회색 |
| 액화석유가스 | 밝은 회색 | – |
| 아세틸렌 ($C_2H_2$) | 황색 | – |
| 암모니아 ($NH_3$) | 백색 | – |
| 액화염소 ($Cl_2$) | 갈색 | – |
| 질소 ($N_2$) | 회색 | 흑색 |
| 아산화질소 ($N_2O$) | 회색 | 청색 |
| 헬륨 (He) | 회색 | 갈색 |
| 에틸렌 ($C_2H_4$) | 회색 | 자색 |
| 사이클로프로판 | 회색 | 주황색 |
| 기타의 가스 | 회색 | – |

**23.** 고온, 고압하에서 수소를 사용하는 장치공정의 재질은 어느 재료를 사용하는 것이 가장 적당한가?

① 탄소강
② 스테인리스강
③ 타프치동
④ 실리콘강

[해설] 고온, 고압하에서 수소를 사용하는 장치공정에 탄소강을 사용하면 수소취성이 발생하므로 5% 크롬강, 9% 크롬강이나 18-8 스테인리스강을 사용하는 것이 적당하다.

**24.** 린데식 액화장치의 구조상 반드시 필요하지 않은 것은?

① 열교환기
② 증발기
③ 팽창밸브
④ 액화기

[해설] • 린데식 액화장치 : 단열팽창(줄-톰슨효과)을 이용한 것으로 열교환기, 팽창밸브, 액화기 등으로 구성된다.

**25.** 다음 [보기] 중 비등점이 낮은 것부터 바르게 나열된 것은?

〈보기〉
㉠ $O_2$  ㉡ $H_2$  ㉢ $N_2$  ㉣ CO

① ㉡ – ㉢ – ㉣ – ㉠
② ㉡ – ㉢ – ㉠ – ㉣
③ ㉡ – ㉣ – ㉢ – ㉠
④ ㉡ – ㉣ – ㉠ – ㉢

[해설] • 대기압하에서 각 가스의 비등점

| 가스 명칭 | 비등점 |
|---|---|
| 산소 ($O_2$) | -183℃ |
| 수소 ($H_2$) | -252℃ |
| 질소 ($N_2$) | -196℃ |
| 일산화탄소 (CO) | -192℃ |

**26.** 원통형 용기에서 원주방향 응력은 축방향 응력의 얼마인가?

① 0.5배
② 1배
③ 2배
④ 4배

[해설] 원주방향과 축방향 응력의 계산식

㉮ 원주방향 응력 : $\sigma_A = \dfrac{PD}{2t}$

㉯ 길이방향 응력 : $\sigma_B = \dfrac{PD}{4t}$

∴ 원주방향 응력은 길이방향 응력의 2배이다.

정답  22. ④  23. ②  24. ②  25. ①  26. ③

**27.** LP가스의 연소방식 중 분젠식 연소방식에 대한 설명으로 옳은 것은?
① 불꽃의 색깔은 적색이다.
② 연소 시 1차 공기, 2차 공기가 필요하다.
③ 불꽃의 길이가 길다.
④ 불꽃의 온도가 900℃ 정도이다.

해설 (1) 분젠식 연소방식 : 가스를 노즐로부터 분출시켜 주위의 공기를 1차 공기로 취한 후 나머지는 2차 공기를 취하는 방식이다.
(2) 특징
㉮ 불꽃은 내염과 외염을 형성한다.
㉯ 연소속도가 크고, 불꽃길이가 짧다.
㉰ 연소온도가 높고, 연소실이 작아도 된다.
㉱ 선화현상이 발생하기 쉽다.
㉲ 소화음, 연소음이 발생한다.

**28.** 액화천연가스(LNG)의 탱크로서 저온 수축을 흡수하는 기구를 가진 금속박판을 사용한 탱크는?
① 프리스트레스트 탱크
② 동결식 탱크
③ 금속제 이중구조 탱크
④ 멤브레인 탱크

해설 • 금속제 멤브레인 탱크 : 내측의 저장조에 오스테나이트계 스테인리스 박판에 주름 가공을 한 멤브레인을 용접하여 제작한 것으로 저온 수축을 흡수할 수 있도록 한 구조의 LNG 저장탱크이다.

**29.** 성능계수가 3.2인 냉동기가 10 ton의 냉동을 하기 위하여 공급하여야 할 동력은 약 몇 kW인가?
① 10　② 12　③ 14　④ 16

해설 ㉮ 냉동능력 1 ton (1 RT)은 3320 kcal/h, 1 kW는 860 kcal/h이다.
㉯ 냉동기에 공급하여야 할 동력(kW) 계산
$COP_R = \dfrac{Q_2}{W}$ 에서

$\therefore W = \dfrac{Q_2}{COP_R} = \dfrac{10 \times 3320}{3.2 \times 860} = 12.063 \text{ kW}$

**30.** 가스용 PE 배관을 온도 40℃ 이상의 장소에 설치할 수 있는 가장 적절한 방법은?
① 단열성능을 가지는 보호판을 사용한 경우
② 단열성능을 가지는 침상재료를 사용한 경우
③ 로케팅 와이어를 이용하여 단열조치를 한 경우
④ 파이프 슬리브를 이용하여 단열조치를 한 경우

해설 • PE 배관 설치장소 제한 : PE 배관은 온도가 40℃ 이상이 되는 장소에 설치하지 아니한다. 다만, 파이프 슬리브를 이용하여 단열조치를 한 경우에는 온도가 40℃ 이상이 되는 장소에 설치할 수 있다.

**31.** 가스온수기에 반드시 부착하지 않아도 되는 안전장치는?
① 소화안전장치
② 과열방지장치
③ 불완전연소 방지장치
④ 전도안전장치

해설 • 연소기의 안전장치
㉮ 난방기 : 불완전연소 방지장치 또는 산소결핍 안전장치(가정용 및 업무용 개방형에 한함), 전도안전장치, 소화안전장치
㉯ 온수기 : 소화안전장치, 과열방지장치, 불완전연소 방지장치 또는 산소결핍 안전장치(개방형에 한함)
㉰ 세라믹버너를 사용하는 연소기 : 거버너(압력조정기)
㉱ 레인지, 그릴, 오븐 및 오븐레인지 : 소화안전장치

**32.** 에어졸 용기의 내용적은 몇 L 이하인가?
① 1　② 3　③ 5　④ 10

정답　27. ②　28. ④　29. ②　30. ④　31. ④　32. ①

[해설] • 접합 또는 납붙임 용기(에어졸 용기) : 동판 및 경판을 각각 성형하여 심(seam) 용접이나 그 밖의 방법으로 접합하거나 납붙임하여 만든 내용적 1L 이하인 일회용 용기로서 에어졸 제조용, 라이터 충전용, 연료용 가스용, 절단용 또는 용접용으로 제조한 것을 말한다.

**33.** 금속 재료에 대한 설명으로 틀린 것은?
① 탄소강은 철과 탄소를 주요성분으로 한다.
② 탄소 함유량이 0.8% 이하의 강을 저탄소강이라 한다.
③ 황동은 구리와 아연의 합금이다.
④ 강의 인장강도는 300℃ 이상이 되면 급격히 저하된다.

[해설] • 탄소 함유량에 따른 탄소강의 분류
㉮ 저탄소강 : 0.3% 이하
㉯ 중탄소강 : 0.3% 이상 0.6% 이하
㉰ 고탄소강 : 0.6% 이상

**34.** 아세틸렌 용기의 다공물질 용적이 30 L, 침윤잔용적이 6 L일 때 다공도는 몇 % 이며 관련법상 합격인지 판단하면?
① 20%로서 합격이다.
② 20%로서 불합격이다.
③ 80%로서 합격이다.
④ 80%로서 불합격이다.

[해설] ㉮ 다공도 계산
$$\therefore 다공도 = \frac{V-E}{V} \times 100$$
$$= \frac{30-6}{30} \times 100 = 80\%$$
㉯ 판단 : 다공도 기준 75% 이상 92% 미만에 해당되므로 합격이다.

**35.** LPG 저장탱크 2기를 설치하고자 할 경우, 두 저장탱크의 최대 지름이 각각 2 m, 4 m일 때 상호 유지하여야 할 최소 이격거리는?
① 0.5 m  ② 1 m  ③ 1.5 m  ④ 2 m

[해설] LPG 저장탱크 간의 유지거리 : 두 저장탱크의 최대지름을 합산한 길이의 $\frac{1}{4}$ 이상에 해당하는 거리를 유지하고, 두 저장탱크의 최대지름을 합산한 길이의 $\frac{1}{4}$ 의 길이가 1 m 미만인 경우에는 1 m 이상의 거리를 유지한다. 단, LPG 저장탱크에 물분무 장치가 설치되었을 경우에는 저장탱크 간의 이격거리를 유지하지 않아도 된다.
$$\therefore L = \frac{D_1 + D_2}{4} = \frac{2+4}{4} = 1.5 \text{ m}$$

**36.** 저압 가스 배관에서 관의 안지름이 $\frac{1}{2}$ 로 되면 압력손실은 몇 배로 되는가?(단, 다른 모든 조건은 동일한 것으로 본다.)
① 4  ② 16  ③ 32  ④ 64

[해설] $H = \frac{Q^2 S L}{K^2 D^5}$ 에서 관 안지름만 $\frac{1}{2}$ 로 되므로
$$\therefore H = \frac{1}{\left(\frac{1}{2}\right)^5} = 32\text{배}$$

**37.** 전열 온수식 기화기에서 사용되는 열매체는 무엇인가?
① 공기  ② 기름
③ 물  ④ 액화가스

[해설] 전열 온수식 기화기는 열매체로 온수를 사용하며, 전기 히팅 코일로 온수를 가열하여 일정 온도를 유지한다.

**38.** 저온 수증기 개질 프로세스의 방식이 아닌 것은?
① C.R.G식  ② M.R.G식
③ Lurgi식  ④ I.C.I식

[해설] • 저온 수증기 개질 프로세스 : 메탄($CH_4$) 성분이 많은 발열량 6500 kcal/Nm³ 전후의 가스를 제조하는 것으로 종류에는 C.R.G식, M.R.G식, Lurgi식 등이 있다.

**39.** 자동절체식 조정기 설치에 있어서 사용측과 예비측 용기의 밸브 개폐방법에 대한 설명으로 옳은 것은?

① 사용측 밸브는 열고 예비측 밸브는 닫는다.
② 사용측 밸브는 닫고 예비측 밸브는 연다.
③ 사용측, 예비측 밸브 전부 닫는다.
④ 사용측, 예비측 밸브 전부 연다.

[해설] 자동절체식 조정기를 사용할 경우 사용측과 예비측 용기 밸브를 모두 개방시켜 놓아야 사용측이 모두 소비되었을 때 가스 공급의 중단 없이 예비측에서 가스가 공급된다.

**40.** 고압가스용 기화장치에 대한 설명으로 옳은 것은?

① 증기 및 온수가열구조의 것에는 기화장치 내의 물을 쉽게 뺄 수 있는 드레인 밸브를 설치한다.
② 기화기에 설치된 안전장치는 최고충전압력에서 작동하는 것으로 한다.
③ 기화장치에는 액화가스의 유출을 방지하기 위한 액 밀봉장치를 설치한다.
④ 임계온도가 -50℃ 이하인 액화가스용 고정식 기화장치의 압력이 허용압력을 초과하는 경우 압력을 허용압력 이하로 되돌릴 수 있는 안전장치를 설치한다.

[해설] • 고압가스용 기화장치 구조
㉮ 안전장치(안전밸브) 작동압력 : 내압시험 압력의 $\frac{8}{10}$ 이하
㉯ 기화장치에는 액화가스의 유출을 방지하기 위한 액유출방지장치 또는 액유출방지기구를 설치한다. 다만, 임계온도가 -50℃ 이하인 액화가스용 기화장치와 이동식 기화장치는 그러하지 아니하다.
㉰ 기화통 또는 기화장치의 기체 부분에는 그 부분의 압력이 허용압력을 초과하는 경우 즉시 그 압력을 허용압력 이하로 되돌릴 수 있는 안전장치를 설치한다. 다만, 임계온도가 -50℃ 이하의 액화가스용 고정식 기화장치에는 적용하지 아니한다.
㉱ 기화통의 기체 부분 및 증기, 온수가열식의 배관 또는 동체에는 각각 온도계(임계온도가 -50℃ 이하인 액화가스용 기화장치는 제외) 및 압력계(온수가열방식의 온수 부분은 제외)를 설치한다.
㉲ 가연성가스(암모니아, 브롬화메탄 및 공기 중에서 자기발화하는 가스는 제외)용 기화장치에 부속된 전기설비는 방폭성능을 가진 것으로 한다.

## 제3과목  가스안전관리

**41.** 고압가스 안전관리법에서 정하고 있는 특정 고압가스가 아닌 것은?

① 천연가스   ② 액화염소
③ 게르만    ④ 염화수소

[해설] • 특정 고압가스의 종류
㉮ 법에서 정한 것 (법 20조) : 수소, 산소, 액화암모니아, 아세틸렌, 액화염소, 천연가스, 압축모노실란, 압축디보란, 액화알진, 그밖에 대통령령이 정하는 고압가스
㉯ 대통령령이 정한 것 (시행령 16조) : 포스핀, 셀렌화수소, 게르만, 디실란, 오불화비소, 오불화인, 삼불화인, 삼불화질소, 삼불화붕소, 사불화유황, 사불화규소
㉰ 특수 고압가스 : 압축모노실란, 압축디보란, 액화알진, 포스핀, 셀렌화수소, 게르만, 디실란 그밖에 반도체의 세정 등 산업통상자원부 장관이 인정하는 특수한 용도에 사용하는 고압가스

**42.** 가연성가스를 차량에 고정된 탱크에 의하여 운반할 때 갖추어야 할 소화기의 능력단위 및 비치 개수가 옳게 짝지어진 것은?

① ABC용, B-12 이상 - 차량 좌우에 각각 1개 이상

정답  39. ④  40. ①  41. ④  42. ①

② AB용, B - 12 이상 - 차량 좌우에 각각 1개 이상
③ ABC용, B - 12 이상 - 차량에 1개 이상
④ AB용, B - 12 이상 - 차량에 1개 이상

[해설] • 차량에 고정된 탱크 소화설비 기준

| 구분 | 소화기의 종류 | | 비치 개수 |
|---|---|---|---|
| | 소화약제 | 능력단위 | |
| 가연성 가스 | 분말소화제 | BC용 B-10 이상 또는 ABC용 B-12 이상 | 차량 좌우에 각각 1개 이상 |
| 산소 | 분말소화제 | BC용 B-8 이상 또는 ABC용 B-10 이상 | 차량 좌우에 각각 1개 이상 |

**43.** 저장탱크의 내용적이 몇 m³ 이상일 때 가스방출장치를 설치하여야 하는가?

① 1 m³   ② 3 m³
③ 5 m³   ④ 10 m³

[해설] 저장탱크 및 가스홀더는 가스가 누출하지 아니하는 구조로 하고, 5 m³ 이상의 가스를 저장하는 것에는 가스방출장치를 설치한다.

**44.** 안전성 평가는 관련 전문가로 구성된 팀으로 안전평가를 실시해야 한다. 다음 중 안전평가 전문가의 구성에 해당하지 않는 것은?

① 공정운전 전문가
② 안전성 평가 전문가
③ 설계 전문가
④ 기술용역 진단 전문가

[해설] 안전성 평가는 안전성 평가 전문가, 설계 전문가 및 공정운전 전문가 각 1인 이상 참여하여 구성된 팀이 실시한다.

**45.** 최고사용압력이 고압이고 내용적이 5 m³인 도시가스배관의 자기압력기록계를 이용한 기밀시험 시 기밀유지시간은?

① 24분 이상   ② 240분 이상
③ 300분 이상   ④ 480분 이상

[해설] • 압력계 및 자기압력기록계 기밀유지시간

| 구분 | 내용적 | 기밀유지시간 |
|---|---|---|
| 저압, 중압 | 1 m³ 미만 | 24분 |
| | 1 m³ 이상 10 m³ 미만 | 240분 |
| | 10 m³ 이상 300 m³ 미만 | 24×$V$분 (단, 1440분을 초과한 경우는 1440분으로 할 수 있다.) |
| 고압 | 1 m³ 미만 | 48분 |
| | 1 m³ 이상 10 m³ 미만 | 480분 |
| | 10 m³ 이상 300 m³ 미만 | 48×$V$분(단, 2880분을 초과한 경우는 2880분으로 할 수 있다.) |

※ $V$는 피시험부분의 내용적(m³)

**46.** 액화석유가스를 충전한 자동차에 고정된 탱크는 지상에 설치된 저장탱크의 외면으로부터 몇 m 이상 떨어져 정차하여야 하는가?

① 1   ② 3   ③ 5   ④ 8

[해설] 저장탱크 외면으로부터 3 m 이상 떨어져 정차하여야 하며, 저장탱크와 자동차에 고정된 탱크와의 사이에 방호벽 등을 설치한 경우에는 제외한다.

**47.** 도시가스 제조시설에서 벤트스택의 설치에 대한 설명으로 틀린 것은?

① 벤트스택 높이는 방출된 가스의 착지농도가 폭발상한계값 미만이 되도록 설치한다.
② 벤트스택에는 액화가스가 함께 방출되지 않도록 하는 조치를 한다.
③ 벤트스택 방출구는 작업원이 통행하는 장소로부터 5 m 이상 떨어진 곳에 설치한다.

정답  43. ③  44. ④  45. ④  46. ②  47. ①

④ 벤트스택에 연결된 배관에는 응축액의 고임을 제거할 수 있는 조치를 한다.

[해설] • 벤트스택의 높이(착지농도 기준)
  ㉮ 가연성가스 : 폭발하한계값 미만
  ㉯ 독성가스 : TLV – TWA 기준농도 미만

**48.** 고압가스 저장탱크 물분무장치의 설치에 대한 설명으로 틀린 것은?

① 물분무장치는 30분 이상 동시에 방사할 수 있는 수원에 접속되어야 한다.
② 물분무장치는 매월 1회 이상 작동상황을 점검하여야 한다.
③ 물분무장치는 저장탱크 외면으로부터 10 m 이상 떨어진 위치에서 조작할 수 있어야 한다.
④ 물분무장치는 표면적 1 m²당 8 L/분을 표준으로 한다.

[해설] • 조작스위치 위치
  ㉮ 물분무장치 : 15 m 이상
  ㉯ 냉각살수장치 : 5 m 이상

**49.** 가스의 종류와 용기 도색의 구분이 잘못된 것은?

① 액화염소 : 황색
② 액화암모니아 : 백색
③ 에틸렌(의료용) : 자색
④ 사이클로프로판 (의료용) : 주황색

[해설] • 가스 종류별 용기 도색 : 22번 해설 참고

**50.** 가연성가스의 폭발등급 및 이에 대응하는 내압방폭구조 폭발등급의 분류 기준이 되는 것은 무엇인가?

① 최대 안전틈새 범위
② 폭발범위
③ 최소 점화전류비 범위
④ 발화온도

[해설] • 최대 안전틈새 범위 : 내용적이 8 L이고 틈새 깊이가 25 mm인 표준용기 내에서 가스가 폭발할 때 발생한 화염이 용기 밖으로 전파하여 가연성가스에 점화되지 아니하는 최대값으로 내압방폭구조의 폭발등급 분류기준이 된다.

**51.** 다음 중 소형 저장탱크의 설치 방법으로 옳은 것은?

① 동일한 장소에 설치하는 경우 10기 이하로 한다.
② 동일한 장소에 설치하는 경우 충전질량의 합계는 7000 kg 미만으로 한다.
③ 탱크 지면에서 3 cm 이상 높게 설치된 콘크리트 바닥 등에 설치한다.
④ 탱크가 손상 받을 우려가 있는 곳에는 가드레일 등의 방호조치를 한다.

[해설] • 소형 저장탱크 설치 방법
  ㉮ 동일 장소에 설치하는 소형 저장탱크의 수는 6기 이하로 하고, 충전질량의 합계는 5000 kg 미만이 되도록 한다.
  ㉯ 소형 저장탱크는 지진, 바람 등으로 이동되지 아니하도록 설치한다.
  ㉰ 소형 저장탱크는 그 기초가 지면보다 5 cm 이상 높게 설치된 콘크리트 등에 설치한다.
  ㉱ 소형 저장탱크가 손상을 받을 우려가 있는 경우에는 가드레일 등의 방호조치를 한다.
  ㉲ 소형 저장탱크의 안전밸브 방출구 부근에는 구축물 그 밖의 장애물을 설치하지 아니한다.
  ㉳ 소형 저장탱크의 안전밸브 방출구는 수직 상방으로 분출하는 구조로 한다.

**52.** 액화가스를 차량에 고정된 탱크에 의해 250 km의 거리까지 운반하려고 한다. 운반책임자가 동승하여 감독 및 지원을 할 필요가 없는 경우는?

① 에틸렌 : 3000 kg
② 아산화질소 : 3000 kg
③ 암모니아 : 1000 kg

[정답] 48. ③  49. ①  50. ①  51. ④  52. ②

④ 산소 : 6000 kg

[해설] • 차량에 고정된 탱크의 운반책임자 동승 기준 : 운행하는 거리가 200 km를 초과하는 경우만 해당

| 구분 | 가스의 종류 | 기준 |
|---|---|---|
| 압축가스 | 독성가스 | 100 m³ 이상 |
| | 가연성가스 | 300 m³ 이상 |
| | 조연성가스 | 600 m³ 이상 |
| 액화가스 | 독성가스 | 1000 kg 이상 |
| | 가연성가스 | 3000 kg 이상 |
| | 조연성가스 | 6000 kg 이상 |

※ 아산화질소 ($N_2O$) : 조연성가스, 독성가스 (TLV – TWA 25 ppm)이다.

**53.** 가스설비 및 저장설비에서 화재폭발이 발생하였다. 원인이 화기였다면 관련법상 화기를 취급하는 장소까지 몇 m 이내이어야 하는가?

① 2 m  ② 5 m  ③ 8 m  ④ 10 m

[해설] 고압가스 저장설비 및 충전설비와 화기와의 우회거리는 2 m 이상(단, 가연성 및 산소의 충전설비 또는 저장설비는 8 m 이상이다.) 유지하여야 하는데, 화재폭발이 발생한 것은 화기와 2 m 이내에 있기 때문이다.

**54.** 용기 보관 장소에 대한 설명 중 옳지 않은 것은?

① 산소 충전용기 보관실의 지붕은 콘크리트로 견고히 하여야 한다.
② 독성가스 용기 보관실에는 가스누출검지 경보장치를 설치하여야 한다.
③ 공기보다 무거운 가연성가스의 용기 보관실에는 가스누출검지 경보장치를 설치하여야 한다.
④ 용기 보관 장소는 그 경계를 명시하여야 한다.

[해설] 용기 보관실은 불연성 재료를 사용하고 그 지붕은 불연성 재료를 사용한 가벼운 것으로 하여야 한다.

**55.** 도시가스 사업자는 가스공급시설을 효율적으로 안전관리하기 위하여 도시가스 배관망을 전산화하여야 한다. 전산화 내용에 포함되지 않는 사항은?

① 배관의 설치도면
② 정압기의 시방서
③ 배관의 시공자, 시공연월일
④ 배관의 가스 흐름 방향

[해설] • 배관망 전산화 : 가스공급시설을 효율적으로 관리할 수 있도록 배관정압기 등의 설치도면, 시방서(호칭지름과 재질 등에 관한 사항 기재), 시공자, 시공연월일 등을 전산화한다.

**56.** 일반도시가스 공급시설의 기화장치에 대한 기준으로 틀린 것은?

① 기화장치에는 액화가스가 넘쳐 흐르는 것을 방지하는 장치를 설치한다.
② 기화장치는 직화식 가열구조가 아닌 것으로 한다.
③ 기화장치로서 온수로 가열하는 구조의 것은 급수부에 동결방지를 위하여 부동액을 첨가한다.
④ 기화장치의 조작용 전원이 정지할 때에도 가스 공급을 계속 유지할 수 있도록 자가발전기를 설치한다.

[해설] 기화장치로서 온수로 가열하는 구조의 것은 온수부에 동결방지를 위하여 부동액을 첨가하거나 불연성 단열재로 피복한다.

**57.** 고압가스 일반제조의 시설기준에 대한 설명으로 옳은 것은?

① 초저온저장탱크에는 환형유리관 액면계를 설치할 수 없다.
② 고압가스설비에 장치하는 압력계는 상용압력의 1.1배 이상 2배 이하의 최고눈금이 있어야 한다.

정답 53. ① 54. ① 55. ④ 56. ③ 57. ④

③ 공기보다 가벼운 가연성가스의 가스설비실에는 1방향 이상의 개구부 또는 자연환기 설비를 설치하여야 한다.
④ 저장능력이 1000톤 이상인 가연성가스(액화가스)의 지상 저장탱크의 주위에는 방류둑을 설치하여야 한다.

[해설] ① 환형유리제 액면계를 설치할 수 있다.
② 상용압력의 1.5배 이상 2배 이하 최고눈금
③ 2방향 이상의 개구부 또는 강제환기 설비를 설치하거나 이들을 병설하여 환기를 양호하게 한다.

**58.** 고압가스 특정제조시설에서 작업원에 대한 제독작업에 필요한 보호구의 장착훈련 주기는?
① 매 15일마다 1회 이상
② 매 1개월마다 1회 이상
③ 매 3개월마다 1회 이상
④ 매 6개월마다 1회 이상

[해설] • 보호구의 장착훈련 주기 : 3개월에 1회 이상

**59.** 고압가스 특정설비 제조자의 수리범위에 해당되지 않는 것은?
① 단열재 교체
② 특정설비의 부품 교체
③ 특정설비의 부속품 교체 및 가공
④ 아세틸렌 용기 내의 다공질물 교체

[해설] • 특정설비 제조자의 수리범위
㉮ 특정설비 몸체의 용접
㉯ 특정설비 부속품(그 부품을 포함)의 교체 및 가공
㉰ 단열재의 교체
※ 아세틸렌 용기 내의 다공질물 교체는 용기제조자의 수리범위에 해당

**60.** 어떤 온도에서 압력 6.0 MPa, 부피 125 L의 산소와 8.0 MPa, 부피 200 L의 질소가 있다. 두 기체를 부피 500 L의 용기에 넣으면 용기 내 혼합기체의 압력은 약 몇 MPa이 되는가?
① 2.5
② 3.6
③ 4.7
④ 5.6

[해설] $P = \dfrac{P_1 V_1 + P_2 V_2}{V}$

$= \dfrac{(6.0 \times 125) + (8.0 \times 200)}{500} = 4.7 \text{ MPa}$

## 제 4 과목  가스계측

**61.** 다음 중 헴펠식 가스 분석에 대한 설명으로 틀린 것은?
① 산소는 염화구리 용액에 흡수시킨다.
② 이산화탄소는 30 % KOH 용액에 흡수시킨다.
③ 중탄화수소는 무수황산 25 %를 포함한 발연황산에 흡수시킨다.
④ 수소는 연소시켜 감량으로 정량한다.

[해설] • 헴펠(Hempel)법 분석 순서 및 흡수제

| 순서 | 분석 가스 | 흡수제 |
|---|---|---|
| 1 | $CO_2$ | KOH 30 % 수용액 |
| 2 | $C_m H_n$ | 발연황산 |
| 3 | $O_2$ | 피로갈롤 용액 |
| 4 | CO | 암모니아성 염화제1구리 용액 |

**62.** 접촉식 온도계의 종류와 특징을 연결한 것 중 틀린 것은?
① 유리 온도계 – 액체의 온도에 따른 팽창을 이용한 온도계
② 바이메탈 온도계 – 바이메탈이 온도에 따라 굽히는 정도가 다른 점을 이용한 온도계
③ 열전대 온도계 – 온도 차이에 의한 금속

의 열상승 속도의 차이를 이용한 온도계
④ 저항 온도계 - 온도 변화에 따른 금속의 전기저항 변화를 이용한 온도계

[해설] • 열전대식 온도계 : 제베크(Seebeck) 효과를 이용한 것으로 열전대, 보상도선, 측온접점(열접점), 기준접점(냉접점), 보호관 등으로 구성된다.

### 63. 증기압식 온도계에 사용되지 않는 것은?
① 아닐린  ② 프레온
③ 에틸에테르  ④ 알코올

[해설] • 압력식 온도계의 종류 및 사용물질
㉮ 액체 압력(팽창)식 온도계 : 수은, 알코올, 아닐린
㉯ 기체 압력식 온도계 : 질소, 헬륨, 네온, 수소
㉰ 증기 압력식 온도계 : 프레온, 에틸에테르, 염화메틸, 염화에틸, 톨루엔, 아닐린

### 64. 다음 중 포스겐가스의 검지에 사용되는 시험지는?
① 해리슨 시험지
② 리트머스 시험지
③ 연당지
④ 염화제일구리 착염지

[해설] • 가스 검지 시험지법

| 검지가스 | 시험지 | 반응(변색) |
|---|---|---|
| 암모니아 ($NH_3$) | 적색 리트머스지 | 청색 |
| 염소 ($Cl_2$) | KI 전분지 | 청갈색 |
| 포스겐 ($COCl_2$) | 해리슨 시험지 | 유자색 |
| 시안화수소 (HCN) | 초산벤젠지 | 청색 |
| 일산화탄소 (CO) | 염화팔라듐지 | 흑색 |
| 황화수소 ($H_2S$) | 연당지 | 회흑색 |
| 아세틸렌 ($C_2H_2$) | 염화제1동 착염지 | 적갈색 |

### 65. 열전대와 비교한 백금 저항온도계의 장점에 대한 설명 중 틀린 것은?
① 큰 출력을 얻을 수 있다.
② 기준접점의 온도 보상이 필요 없다.
③ 측정 온도의 상한이 열전대보다 높다.
④ 경시 변화가 적으며 안정적이다.

[해설] • 백금 측온저항체(백금 저항온도계)의 특징
㉮ 사용범위가 -200~500℃로 넓다.
㉯ 공칭 저항값(표준 저항값)은 0℃일 때 50Ω, 100Ω의 것이 표준적인 측온저항체로 사용된다.
㉰ 표준용으로 사용할 수 있을 만큼 안정성이 있고, 재현성이 뛰어나다.
㉱ 측온저항체의 소선으로 주로 사용된다.
㉲ 고온에서 열화(劣化)가 적다.
㉳ 저항온도계수가 비교적 작고, 측온 시간의 지연이 크다.
㉴ 가격이 비싸다.
※ P-R 열전대 측정범위 : 0~1600℃

### 66. 막식 가스미터 고장의 종류 중 부동(不動)의 의미를 가장 바르게 설명한 것은?
① 가스가 크랭크축이 녹슬거나 밸브와 밸브시트가 타르(tar) 접착 등으로 통과하지 않는다.
② 가스의 누출로 통과하나 정상적으로 미터가 작동하지 않아 부정확한 양만 측정된다.
③ 가스가 미터는 통과하나 계량막의 파손, 밸브의 탈락 등으로 계량기지침이 작동하지 않는 것이다.
④ 날개나 조절기에 고장이 생겨 회전장치에 고장이 생긴 것이다.

[해설] • 막식 가스미터의 부동(不動) : 가스는 계량기를 통과하나 지침이 작동하지 않는 고장으로 계량막의 파손, 밸브의 탈락, 밸브와 밸브시트 사이에서의 누설, 지시장치 기어 불량 등이 원인이다.

### 67. 가스크로마토그래피에서 운반기체(carrier gas)의 불순물을 제거하기 위하여 사용하는 부속품이 아닌 것은?
① 수분 제거 트랩(moisture trap)

정답  63. ④  64. ①  65. ③  66. ③  67. ④

② 산소 제거 트랩(oxygen trap)
③ 화학 필터(chemical filter)
④ 오일 트랩(oil trap)

[해설] • 운반기체(carrier gas)의 불순물을 제거하기 위하여 사용하는 부속품 : 수분 제거 트랩, 산소 제거 트랩, 화학 필터 등

**68.** 염소 가스를 분석하는 방법은?
① 폭발법
② 수산화나트륨에 의한 흡수법
③ 발열황산에 의한 흡수법
④ 열전도법

[해설] • 염소 가스의 분석법
㉮ 수산화나트륨에 의한 흡수
㉯ 요오드화칼륨 수용액에 흡수시켜 유리된 요소를 티오황산나트륨으로 적정

**69.** 오리피스 유량계의 유량계산식은 다음과 같다. 유량을 계산하기 위하여 설치한 유량계에서 유체를 흐르게 하면서 측정해야 할 값은?
(단, $C$ : 오리피스계수, $A_2$ : 오리피스 단면적, $H$ : 마노미터액주계 눈금, $\gamma_1$ : 유체의 비중량이다.)

$$Q = C \times A_2 \left(2gH\left[\frac{\gamma_1 - 1}{\gamma}\right]\right)^{0.5}$$

① $C$  ② $A_2$  ③ $H$  ④ $\gamma_1$

[해설] 차압식 유량계(오리피스, 플로 노즐, 벤투리미터)는 유체가 흐르는 관로 중에 조리개를 삽입하여 이때 형성되는 차압을 액주계에서 높이차를 측정하여 유량을 계산하는 간접식 유량계이다.

**70.** 가스크로마토그래피의 검출기가 갖추어야 할 구비조건으로 틀린 것은?
① 감도가 낮을 것
② 재현성이 좋을 것
③ 시료에 대하여 선형적으로 감응할 것
④ 시료를 파괴하지 않을 것

[해설] • 검출기의 구비조건
㉮ 안정성과 재현성이 좋아야 한다.
㉯ 모든 분석물에 대한 감응도가 비슷해야 좋다.
㉰ 시료에 대하여 선형적으로 감응하여야 한다.
㉱ 시료를 파괴하지 않아야 한다.
㉲ 감도가 높아야 한다.

**71.** 다음 중 편위법에 의한 계측기기가 아닌 것은?
① 스프링 저울   ② 부르동관 압력계
③ 전류계        ④ 화학천칭

[해설] • 편위법 : 측정량과 관계있는 다른 양으로 변환시켜 측정하는 방법으로 정도는 낮지만 측정이 간단하다. 부르동관 압력계, 스프링 저울, 전류계 등이 해당된다.
※ 화학천칭 : 영위법에 의하여 질량을 측정하는 기기

**72.** 도시가스 사용압력이 2.0 kPa인 배관에 설치된 막식 가스미터기의 기밀시험 압력은?
① 2.0kPa 이상   ② 4.4kPa 이상
③ 6.4kPa 이상   ④ 8.4kPa 이상

[해설] • 도시가스 사용시설 가스설비 성능 : 가스사용시설(연소기 제외)은 안전을 확보하기 위하여 최고사용압력의 1.1배 또는 8.4 kPa 중 높은 압력 이상에서 기밀 성능을 가지는 것으로 한다.
∴ 사용압력 2.0 kPa의 1.1배는 2.2 kPa이므로 기밀시험 압력은 8.4 kPa 이상으로 하여야 한다.

**73.** 고속회전형 가스미터로서 소형으로 대용량의 계량이 가능하고, 가스 압력이 높아도 사용이 가능한 가스미터는?
① 막식 가스미터
② 습식 가스미터

정답  68. ②  69. ③  70. ①  71. ④  72. ④  73. ③

③ 루츠 (roots) 가스미터
④ 로터미터

[해설] • 루트 (roots)형 가스미터의 특징
㉮ 대유량 가스 측정에 적합하다.
㉯ 중압 가스의 계량이 가능하다.
㉰ 설치면적이 작다.
㉱ 여과기의 설치 및 설치 후의 유지관리가 필요하다.
㉲ $0.5 \text{ m}^3/\text{h}$ 이하의 적은 유량에는 부동의 우려가 있다.
㉳ 용량 범위가 100~5000 $\text{m}^3/\text{h}$로 대량 수용가에 사용된다.

**74.** 스팀을 사용하여 원료 가스를 가열하기 위하여 [그림]과 같이 제어계를 구성하였다. 이 중 온도를 제어하는 방식은?

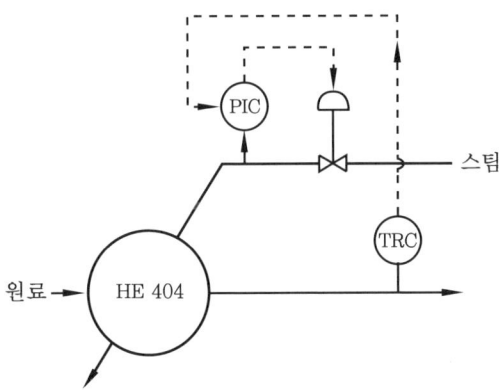

① feedback  ② forward
③ cascade  ④ 비례식

[해설] • 캐스케이드 제어 : 두 개의 제어계를 조합하여 제어량의 1차 조절계를 측정하고 그 조작 출력으로 2차 조절계의 목표값을 설정하는 방법
※ PIC : 압력 지시 조절계, TRC : 기록 조절 온도계

**75.** 수평 30°의 각도를 갖는 경사 마노미터의 액면의 차가 10 cm라면 수직 U자 마노미터의 액면차는?

① 2 cm  ② 5 cm
③ 20 cm  ④ 50 cm

[해설] ㉮ 경사 마노미터의 압력 계산
∴ $P = \gamma x \sin\theta$
 $= 1000 \times 0.1 \times \sin 30 = 50 \text{ kgf/m}^2$
㉯ U자 마노미터의 액면차 계산
$P = \gamma h$에서
∴ $h = \dfrac{P}{\gamma} = \dfrac{50}{1000} \times 100 = 5 \text{ cm}$

**76.** 공업용 액면계가 갖추어야 할 구비조건에 해당되지 않는 것은?

① 비연속적 측정이라도 정확해야 할 것
② 구조가 간단하고 조작이 용이할 것
③ 고온, 고압에 견딜 것
④ 값이 싸고 보수가 용이할 것

[해설] • 액면계의 구비조건
㉮ 온도 및 압력에 견딜 수 있을 것
㉯ 연속 측정이 가능할 것
㉰ 지시 기록의 원격 측정이 가능할 것
㉱ 구조가 간단하고 수리가 용이할 것
㉲ 내식성이 있고 수명이 길 것
㉳ 자동제어 장치에 적용이 용이할 것

**77.** 자동제어에서 블록 선도란 무엇인가?

① 제어대상과 변수 편차를 표시한다.
② 제어신호의 전달 경로를 표시한다.
③ 제어편차의 증감 변화를 나타낸다.
④ 제어회로의 구성 요소를 표시한다.

[해설] • 블록 선도 : 자동제어에서 장치와 제어신호의 전달 경로를 블록(block)과 화살표로 표시한 것이다.

**78.** 온도가 60°F에서 100°F까지 비례제어 된다. 측정 온도가 71°F에서 75°F로 변할 때 출력압력이 3 PSI에서 15 PSI로 도달하도록 조정될 때 비례대역(%)은?

① 5 %  ② 10 %
③ 20 %  ④ 33 %

정답  74. ③  75. ②  76. ①  77. ②  78. ②

[해설] 비례대 = $\dfrac{측정\ 온도차}{조절\ 온도차} \times 100$

= $\dfrac{75-71}{100-60} \times 100 = 10\ \%$

**79.** 압력계 교정 또는 검정용 표준기로 사용되는 압력계는?

① 표준 부르동관식 ② 기준 박막식
③ 표준 드럼식 ④ 기준 분동식

[해설] (1) 기준 분동식 압력계 : 탄성식 압력계의 교정에 사용되는 1차 압력계로 램, 실린더, 기름탱크, 가압펌프 등으로 구성되며 사용 유체에 따라 측정범위가 다르게 적용된다.
(2) 사용유체에 따른 측정범위
㉮ 경유 : 40~100 kgf/cm$^2$
㉯ 스핀들유, 피마자유 : 100~1000 kgf/cm$^2$
㉰ 모빌유 : 3000 kgf/cm$^2$ 이상
㉱ 점도가 큰 오일을 사용하면 5000 kgf/cm$^2$ 까지도 측정이 가능하다.

**80.** 기체 크로마토그래피에 대한 설명으로 틀린 것은?

① 액체 크로마토그래피보다 분석 속도가 빠르다.
② 컬럼에 사용되는 액체 정지상은 휘발성이 높아야 한다.
③ 운반기체로서 화학적으로 비활성인 헬륨을 주로 사용한다.
④ 다른 분석기기에 비하여 감도가 뛰어나다.

[해설] 컬럼에 사용되는 액체 정지상은 휘발성이 낮아야 한다.

**정답** 79. ④ 80. ②

▶ 2014년 5월 25일 시행

| 자격종목 | 종목코드 | 시험시간 | 형 별 | 수험번호 | 성 명 |
|---|---|---|---|---|---|
| 가스 산업기사 | 2471 | 2시간 | B | | |

## 제1과목 연소공학

**1.** 산소 32 kg과 질소 28 kg의 혼합가스가 나타내는 전압이 20 atm이다. 이때 산소의 분압은 몇 atm인가? (단, $O_2$의 분자량은 32, $N_2$의 분자량은 28이다.)

① 5  ② 10  ③ 15  ④ 20

[해설] ㉮ 산소와 질소의 몰(mol)수 계산 : 분자량이 산소는 32 g, 질소는 28 g이므로 산소와 질소의 몰수는 각각 1 kmol이다.
㉯ 산소의 분압 계산

$$\therefore PO_2 = 전압 \times \frac{성분\ 몰수}{전\ 몰수}$$

$$= 20 \times \frac{1}{1+1} = 10\ atm$$

**2.** 정전기를 제어하는 방법으로서 전하의 생성을 방지하는 방법이 아닌 것은?

① 접속과 접지(bonding and grounding)
② 도전성 재료 사용
③ 침액 파이프(dip pipes) 설치
④ 첨가물에 의한 전도도 억제

**3.** 폭발범위(폭발한계)에 대한 설명으로 옳은 것은?

① 폭발범위 내에서만 폭발한다.
② 폭발상한계에서만 폭발한다.
③ 폭발상한계 이상에서만 폭발한다.
④ 폭발하한계 이하에서만 폭발한다.

[해설] • 폭발범위 : 점화원에 의해 폭발을 일으킬 수 있는 공기 중의 가연성가스의 부피%이다.

**4.** 다음 중 공기비를 옳게 표시한 것은?

① $\dfrac{실제\ 공기량}{이론\ 공기량}$

② $\dfrac{이론\ 공기량}{실제\ 공기량}$

③ $\dfrac{사용\ 공기량}{1 - 이론\ 공기량}$

④ $\dfrac{이론\ 공기량}{1 - 사용\ 공기량}$

[해설] • 공기비(excess air ratio) : 과잉공기계수라 하며 실제공기량($A$)과 이론공기량($A_0$)의 비

$$\therefore m = \frac{A}{A_0} = \frac{A_0 + B}{A_0} = 1 + \frac{B}{A_0}$$

**5.** LP가스의 연소 특성에 대한 설명으로 옳은 것은?

① 일반적으로 발열량이 적다.
② 공기 중에서 쉽게 연소 폭발하지 않는다.
③ 공기보나 무겁기 때문에 바닥에 체류한다.
④ 금수성 물질이므로 흡수하여 발화한다.

[해설] • LP가스 특징
(1) 일반적인 특징
㉮ LP가스는 공기보다 무겁다.
㉯ 액상의 LP가스는 물보다 가볍다.
㉰ 액화, 기화가 쉽다.
㉱ 기화하면 체적이 커진다.
㉲ 기화열(증발잠열)이 크다.
㉳ 무색, 무취, 무미하다.
㉴ 용해성이 있다.
(2) 연소 특징
㉮ 타 연료와 비교하여 발열량이 크다.
㉯ 연소 시 공기량이 많이 필요하다.

**정답**  1. ②  2. ④  3. ①  4. ①  5. ③

㉰ 폭발범위(연소범위)가 좁다.
㉱ 연소속도가 느리다.
㉲ 발화온도가 높다.

**6.** 가스용기의 물리적 폭발 원인이 아닌 것은?
① 압력 조정 및 압력 방출 장치의 고장
② 부식으로 인한 용기 두께 축소
③ 과열로 인한 용기 강도의 감소
④ 누출된 가스의 점화

[해설] 누출된 가스의 점화는 화학적 폭발 원인에 해당된다.

**7.** 화재나 폭발의 위험이 있는 장소를 위험장소라 한다. 다음 중 제1종 위험장소에 해당하는 것은?
① 상용의 상태에서 가연성가스의 농도가 연속해서 폭발하한계 이상으로 되는 장소
② 상용상태에서 가연성가스가 체류해 위험하게 될 우려가 있는 장소
③ 가연성 가스가 밀폐된 용기 또는 설비의 사고로 인해 파손되거나 오조작의 경우에만 누출할 위험이 있는 장소
④ 환기장치에 이상이나 사고가 발생한 경우에 가연성 가스가 체류하여 위험하게 될 우려가 있는 장소

[해설] ① : 제0종 위험장소
③, ④ : 제2종 위험장소

**8.** 배관 내 혼합가스의 한 점에서 착화되었을 때 연소파가 일정거리를 진행한 후 급격히 화염전파속도가 증가되어 1000~3500 m/s에 도달하는 경우가 있다. 이와 같은 현상을 무엇이라 하는가?
① 폭발(explosion) ② 폭굉(detonation)
③ 충격(shock) ④ 연소(combustion)

[해설] • 폭굉(detonation)의 정의 : 가스 중의 음속보다도 화염 전파속도가 큰 경우로서 파면선

단에 충격파라고 하는 압력파가 생겨 격렬한 파괴작용을 일으키는 현상

**9.** 탄소 2 kg이 완전 연소할 경우 이론 공기량은 약 몇 kg인가?
① 5.3 ② 11.6 ③ 17.9 ④ 23.0

[해설] ㉮ 탄소 (C)의 완전연소 반응식
$C + O_2 \rightarrow CO_2$
㉯ 이론 공기량 계산 : 공기 중 산소는 23.2 % 질량비를 갖는다.
12 kg : 32 kg = 2 kg : $x(O_0)$ kg
∴ $A_0 = \dfrac{O_0}{0.232} = \dfrac{2 \times 32}{12 \times 0.232} = 22.988$ kg

**10.** 물 250 L를 30℃에서 60℃로 가열시킬 때 프로판 0.9 kg이 소비되었다면 열효율은 약 몇 % 인가? (단, 물의 비열은 1 kcal/kg · ℃, 프로판의 발열량은 12000 kcal/kg이다.)
① 58.4 ② 69.4
③ 78.4 ④ 83.3

[해설] $\eta = \dfrac{GC\Delta t}{G_f H_l} \times 100$
$= \dfrac{250 \times 1 \times (60-30)}{0.9 \times 12000} \times 100 = 69.444$ %

**11.** 분자의 운동 상태(분자의 병진운동 · 회전운동, 분자 내의 원자의 진동)와 분자의 집합 상태(고체, 액체, 기체의 상태)에 따라서 달라지는 에너지는?
① 내부에너지 ② 기계적 에너지
③ 외부에너지 ④ 비열에너지

**12.** 미연소 혼합기의 흐름이 화염부근에서 층류에서 난류로 바뀌었을 때의 현상으로 옳지 않은 것은?
① 화염의 성질이 크게 바뀌며 화염대의 두께가 증대한다.

② 예혼합연소일 경우 화염전파속도가 가속된다.
③ 적화식 연소는 난류 확산연소로서 연소율이 높다.
④ 확산연소일 경우는 단위면적당 연소율이 높아진다.

**13.** 방폭구조 종류 중 전기기기의 불꽃 또는 아크를 발생하는 부분을 기름 속에 넣어 유면상에 존재하는 폭발성 가스에 인화될 우려가 없도록 한 구조는?
① 내압방폭구조   ② 유입방폭구조
③ 안전증방폭구조   ④ 압력방폭구조

[해설] • 유입(油入) 방폭구조(o) : 용기내부에 절연유를 주입하여 불꽃, 아크 또는 고온 발생부분이 기름 속에 잠기게 함으로써 기름면 위에 존재하는 가연성 가스에 인화되지 아니하도록 한 구조

**14.** 연소한계에 대한 설명으로 옳은 것은?
① 착화온도의 상한과 하한값
② 화염온도의 상한과 하한값
③ 완전연소가 될 수 있는 산소의 농도한계
④ 공기 중 연소 가능한 가연성 가스의 최저 및 최고 농도

[해설] • 연소한계(연소범위) : 공기 중에서 가연성 가스가 연소할 수 있는 최저 및 최고 농도이다.

**15.** $CO_2$ 32 vol%, $O_2$ 5 vol%, $N_2$ 63 vol%의 혼합기체의 평균분자량은 얼마인가?
① 29.3   ② 31.3   ③ 33.3   ④ 35.3

[해설] $M = (44 \times 0.32) + (32 \times 0.05) + (28 \times 0.63)$
$= 33.32$

**16.** 고체연료의 일반적인 연소방법이 아닌 것은?

① 분무 연소   ② 화격자 연소
③ 유동층 연소   ④ 미분탄 연소

[해설] • 고체연료의 연소방법 : 화격자 연소, 유동층 연소, 미분탄 연소
※ 분무 연소 : 액체연료의 연소방법

**17.** 분진폭발에 대한 설명으로 옳지 않은 것은?
① 입자의 크기가 클수록 위험성은 더 크다.
② 분진의 농도가 높을수록 위험성은 더 크다.
③ 수분함량의 증가는 폭발위험을 감소시킨다.
④ 가연성분진의 난류확산은 일반적으로 분진위험을 증가시킨다.

[해설] 입자의 크기가 작을수록 위험성이 더 커진다.

**18.** 방폭구조 및 대책에 관한 설명으로 옳지 않은 것은?
① 방폭대책에는 예방, 국한, 소화, 피난 대책이 있다.
② 가연성가스의 용기 및 탱크 내부는 제2종 위험장소이다.
③ 분진폭발은 1차 폭발과 2차 폭발로 구분되어 발생한다.
④ 내압방폭구조는 내부폭발에 의한 내용물 손상으로 영향을 미치는 기기에는 부적당하다.

[해설] (1) 가연성가스 용기 및 탱크 내부 : 0종 장소
(2) 2종 위험장소
㉮ 밀폐된 용기 또는 설비 내에 밀봉된 가연성 가스가 그 용기 또는 설비의 사고로 인해 파손되거나 오조작의 경우에만 누출할 위험이 있는 장소
㉯ 확실한 기계적 환기조치에 의하여 가연성 가스가 체류하지 않도록 되어 있으나 환기장치에 이상이나 사고가 발생한 경우

에는 가연성 가스가 체류하여 위험하게 될 우려가 있는 장소
㊁ 1종 장소의 주변 또는 인접한 실내에서 위험한 농도의 가연성 가스가 종종 침입할 우려가 있는 장소

**19.** 다음 중 가연물의 조건으로 옳지 않은 것은?
① 열전도율이 작을 것
② 활성화 에너지가 클 것
③ 산소와의 친화력이 클 것
④ 발열량이 클 것

[해설] • 가연물의 구비조건
㉮ 발열량이 크고, 열전도율이 작을 것
㉯ 산소와 친화력이 좋고 표면적이 넓을 것
㉰ 활성화 에너지가 작을 것
㉱ 건조도가 높을 것 (수분 함량이 적을 것)

**20.** 차가운 물체에 뜨거운 물체를 접촉시키면 뜨거운 물체에서 차가운 물체로 열이 전달되지만, 반대의 과정은 자발적으로 일어나지 않는다. 이러한 비가역성을 설명하는 법칙은?
① 열역학 제0법칙  ② 열역학 제1법칙
③ 열역학 제2법칙  ④ 열역학 제3법칙

[해설] 열역학 제2법칙은 에너지 변환의 방향성을 명시한 것으로 방향성의 법칙이라 한다.

---

## 제 2 과목  가스설비

**21.** 최고충전압력이 15 MPa인 질소용기에 12 MPa로 충전되어 있다. 이 용기의 안전밸브 작동압력은 얼마인가?
① 15 MPa   ② 18 MPa
③ 20 MPa   ④ 25 MPa

[해설] 압축가스 충전용기 안전밸브 작동압력은 내압시험압력의 $\frac{8}{10}$ 이하이고 내압시험압력은 최고충전압력의 $\frac{5}{3}$ 배이다.
∴ 안전밸브 작동압력 = $TP \times \frac{8}{10}$
$= \left(FP \times \frac{5}{3}\right) \times \frac{8}{10}$
$= \left(15 \times \frac{5}{3}\right) \times \frac{8}{10} = 20$ MPa

**22.** 가연성가스 운반차량의 운행 중 가스가 누출할 경우 취해야 할 긴급조치 사항으로 가장 거리가 먼 것은?
① 신속히 소화기를 사용한다.
② 주위가 안전한 곳으로 차량을 이동시킨다.
③ 누출 방지 조치를 취한다.
④ 교통 및 화기를 통제한다.

[해설] 가스누출이 있는 경우에는 그 누출부분의 확인 및 수리를 하여야 한다.

**23.** 원심압축기의 특징에 대한 설명으로 틀린 것은?
① 맥동현상이 작다.
② 용량조정범위가 비교적 좁다.
③ 압축비가 크다.
④ 윤활유가 불필요하다.

[해설] • 원심식 압축기의 특징
㉮ 원심형 무급유식이다.
㉯ 연속토출로 맥동현상이 없다.
㉰ 형태가 작고 경량이어서 기초, 설치면적이 작다.
㉱ 용량 조정범위가 좁고 (70~100 %) 어렵다.
㉲ 압축비가 적고, 효율이 나쁘다.
㉳ 운전 중 서징(surging)현상에 주의하여야 한다.
㉴ 다단식은 압축비를 높일 수 있으나 설비비가 많이 소요된다.
㉵ 토출압력 변화에 의해 용량변화가 크다.

정답  19. ②  20. ③  21. ③  22. ①  23. ③

**24.** 터보 펌프의 특징에 대한 설명으로 옳은 것은?

① 고양정이다.
② 토출량이 크다.
③ 높은 점도의 액체용이다.
④ 시동 시 물이 필요 없다.

[해설] • 터보 펌프의 특징
  ㉮ 종류 : 원심펌프, 축류펌프, 사류펌프
  ㉯ 원심펌프는 고양정에 적합하지만 축류펌프는 저양정에 적합하다.
  ㉰ 시동 시 펌프 내부에 물을 채워야 하는 프라이밍이 필요하다.
  ㉱ 고점도 액체 이송에 적합한 펌프는 회전식 펌프 중 기어펌프이다.

**25.** 어떤 냉동기가 20℃의 물에서 -10℃의 얼음을 만드는데 톤당 50 PSh의 일이 소요되었다. 물의 융해열이 0 kcal/kg, 얼음의 비열을 0.5 kcal/kg·℃라 할 때 냉동기의 성능계수는 얼마인가? (단, 1 PSh = 632.3 kcal이다.)

① 3.05    ② 3.32
③ 4.15    ④ 5.17

[해설] ㉮ 냉동기가 흡수 제거해야 할 열량계산
  $Q_1 = 1000 \times 1 \times (20-0) = 20000$ kcal
  $Q_2 = 1000 \times 80 = 80000$ kcal
  $Q_3 = 1000 \times 0.5 \times 10 = 5000$ kcal
  ∴ $Q = Q_1 + Q_2 + Q_3$
      $= 20000 + 80000 + 5000 = 105000$
㉯ 냉동기의 성능계수 계산
  $COP_R = \dfrac{Q_2}{W} = \dfrac{105000}{50 \times 632.3} = 3.321$

※ 문제에서 물의 융해열 0 kcal/kg이 아니라 물의 응고잠열(또는 얼음의 융해잠열) 80 kcal/kg으로 주어져야 옳은 내용임
※ 문제 이의제기에 대하여 산업인력공단 담당자가 물의 융해잠열은 문제와 관계없는 조건이며 물의 응고잠열 80 kcal/kg은 수험자가 알아서 풀이에 적용하여야 할 문제라고 답변하였습니다.

**26.** LPG 용기에 대한 설명으로 옳은 것은?

① 재질은 탄소강으로서 성분은 C : 0.33% 이하, P : 0.04% 이하, S : 0.05% 이하로 한다.
② 용기는 주물형으로 제작하고 충분한 강도와 내식성이 있어야 한다.
③ 용기의 바탕색은 회색이며 가스명칭과 충전기한은 표시하지 않는다.
④ LPG는 가연성가스로서 용기에 반드시 "연"자 표시를 한다.

[해설] • LPG 용기
  ㉮ 탄소강으로 제작하며 용접용기이다(성분은 C : 0.33% 이하, P : 0.04% 이하, S : 0.05% 이하로 한다).
  ㉯ 용기 재질은 사용 중 견딜 수 있는 연성, 전성, 강도가 있어야 한다.
  ㉰ 내식성, 내마모성이 있어야 한다.
  ㉱ 안전밸브는 스프링식을 부착한다.
  ㉲ 용기 도색은 밝은 회색으로, 가스명칭과 충전기한은 적색으로 표시한다.
  ㉳ 가연성가스 용기에 "연"자를 표시하지만 LPG는 제외된다.

**27.** 정압기의 정상상태에서 유량과 2차 압력과의 관계를 의미하는 정압기의 특성은?

① 정특성
② 동특성
③ 유량특성
④ 사용 최대차압 및 작동 최소차압

[해설] • 정압기의 특성
  ㉮ 정특성(靜特性) : 정상상태에서 유량과 2차 압력의 관계
  ㉯ 동특성(動特性) : 부하변동에 대한 응답의 신속성과 안전성이 요구됨
  ㉰ 유량특성(流量特性) : 메인밸브의 열림과 유량의 관계
  ㉱ 사용 최대차압 : 메인밸브에 1차와 2차 압력이 작용하여 최대로 되었을 때의 차압
  ㉲ 작동 최소차압 : 정압기가 작동할 수 있는 최소 차압

정답  24. ②   25. ②   26. ①   27. ①

**28.** 설치위치, 사용목적에 따른 정압기의 분류에서 가스도매사업자에서 도시가스사 소유 배관과 연결되기 직전에 설치되는 정압기는?
① 저압 정압기  ② 지구 정압기
③ 지역 정압기  ④ 단독 정압기

[해설] • 도시가스 정압기의 분류
㉮ 지구 정압기 : 일반도시가스 사업자의 소유시설로서 가스도매 사업자로부터 공급받은 도시가스의 압력을 1차적으로 낮추기 위해 설치하는 정압기
㉯ 지역 정압기 : 일반도시가스 사업자의 소유시설로서 지구 정압기 또는 가스도매사업자로부터 공급받은 도시가스의 압력을 낮추어 다수의 사용자에게 가스를 공급하기 위해 설치하는 정압기

**29.** 강의 열처리 방법 중 오스테나이트 조직을 마텐자이트 조직으로 바꿀 목적으로 0℃ 이하로 처리하는 방법은?
① 담금질  ② 불림
③ 심랭 처리  ④ 염욕 처리

[해설] • 심랭 처리(sub-zero) : 강을 담금질하여 상온으로 한 다음 0℃ 이하의 냉각제 중에 넣어 경도를 저하시키는 오스테나이트 조직을 마텐자이트 조직으로 변경시킬 목적으로 하는 열처리 방법이다.

**30.** 고압가스 배관에서 발생할 수 있는 진동의 원인으로 가장 거리가 먼 것은?
① 파이프의 내부에 흐르는 유체의 온도변화에 의한 것
② 펌프 및 압축기의 진동에 의한 것
③ 안전밸브 분출에 의한 영향
④ 바람이나 지진에 의한 영향

[해설] • 배관 진동의 원인
㉮ 펌프, 압축기에 의한 영향
㉯ 유체의 압력변화에 의한 영향
㉰ 안전밸브 작동에 의한 영향
㉱ 관의 굴곡에 의해 생기는 힘의 영향
㉲ 바람, 지진 등에 의한 영향

**31.** 원심펌프로 물을 지하 10 m에서 지상 20 m 높이의 탱크에 유량 3 m³/min로 양수하려고 한다. 이론적으로 필요한 동력은?
① 10 PS  ② 15 PS
③ 20 PS  ④ 25 PS

[해설] $PS = \dfrac{\gamma Q H}{75}$
$= \dfrac{1000 \times 3 \times (10+20)}{75 \times 60} = 20\ PS$

**32.** 전기방식 시설의 유지관리를 위한 도시가스시설의 전위 측정용 터미널(T/B) 설치에 대한 설명으로 옳은 것은?
① 희생양극법에 의한 배관에는 500 m 이내 간격으로 설치한다.
② 배류법에 의한 배관에는 500 m 이내 간격으로 설치한다.
③ 외부전원법에 의한 배관에는 300 m 이내 간격으로 설치한다.
④ 직류전철 횡단부 주위에 설치한다.

[해설] • 전위 측정용 터미널 설치간격
㉮ 희생양극법, 배류법 : 300 m
㉯ 외부전원법 : 500 m

**33.** 고압가스 관련설비 중 특정설비가 아닌 것은?
① 기화장치
② 독성가스 배관용 밸브
③ 특정 고압가스용 실린더 캐비닛
④ 초저온용기

[해설] • 고압가스 관련설비(특정설비) 종류 : 안전밸브, 긴급차단장치, 기화장치, 독성가스 배관용 밸브, 자동차용 가스 자동주입기, 역화방지기, 압력용기, 특정 고압가스용 실린더 캐비닛, 자동차용 압축천연가스 완속 충전설비, 액화석유가스용 용기 잔류가스 회수장치

정답 28. ②  29. ③  30. ①  31. ③  32. ④  33. ④

**34.** 도시가스 배관 등의 용접 및 비파괴검사 중 용접부의 외관검사에 대한 설명으로 틀린 것은?

① 보강 덧붙임은 그 높이가 모재 표면보다 낮지 않도록 하고, 3 mm 이상으로 할 것
② 외면의 언더컷은 그 단면이 V자형으로 되지 않도록 하며, 1개의 언더컷 길이 및 깊이는 각각 30 mm 이하 및 0.5 mm 이하일 것
③ 용접부 및 그 부근에는 균열, 아크 스트라이크, 위해하다고 인정되는 지그의 흔적, 오버랩 및 피트 등의 결함이 없을 것
④ 비드 형상이 일정하며, 슬러그, 스패터 등이 부착되어 있지 않을 것

[해설] 보강 덧붙임은 그 높이가 모재 표면보다 낮지 않도록 하고, 3 mm 이하를 원칙으로 한다.

**35.** 다음 중 왕복펌프가 아닌 것은?

① 피스톤(piston) 펌프
② 베인(vane) 펌프
③ 플런저(plunger) 펌프
④ 다이어프램(diaphragm) 펌프

[해설] • 펌프의 분류
㉮ 터보식 펌프 : 원심 펌프 (벌류트 펌프, 터빈 펌프), 사류 펌프, 축류 펌프
㉯ 용적식 펌프 : 왕복 펌프 (피스톤 펌프, 플런저 펌프, 다이어프램 펌프), 회전 펌프 (기어 펌프, 나사 펌프, 베인 펌프)
㉰ 특수 펌프 : 재생 펌프, 제트 펌프, 기포 펌프, 수격 펌프

**36.** 다음 중 SNG에 대한 설명으로 옳은 것은?

① 순수 천연가스를 뜻한다.
② 각종 도시가스의 총칭이다.
③ 대체(합성) 천연가스를 뜻한다.
④ 부생가스로 고로가스가 주성분이다.

[해설] • SNG (Substitute Natural Gas) : 대체(합성) 천연가스

**37.** 증기압축식 냉동기에서 고온·고압의 액체 냉매를 교축작용에 의해 증발을 일으킬 수 있는 압력까지 감압시켜 주는 역할을 하는 기기는?

① 압축기
② 팽창밸브
③ 증발기
④ 응축기

[해설] • 증기압축식 냉동기의 각 기기 역할 (기능)
㉮ 압축기 : 저온, 저압의 냉매가스를 고온, 고압으로 압축하여 응축기로 보내 응축, 액화하기 쉽도록 하는 역할을 한다.
㉯ 응축기 : 고온, 고압의 냉매가스를 공기나 물을 이용하여 응축, 액화시키는 역할을 한다.
㉰ 팽창밸브 : 고온, 고압의 냉매액을 증발기에서 증발하기 쉽게 저온, 저압으로 교축 팽창시키는 역할을 한다.
㉱ 증발기 : 저온, 저압의 냉매액이 피냉각 물체로부터 열을 흡수하여 증발함으로써 냉동의 목적을 달성한다.

**38.** 가스를 충전하는 경우에 밸브 및 배관이 얼었을 때 응급조치하는 방법으로 틀린 것은?

① 석유 버너 불로 녹인다.
② 40℃ 이하의 물로 녹인다.
③ 미지근한 물로 녹인다.
④ 얼어있는 부분에 열습포를 사용한다.

[해설] 40℃ 이하의 온수나 열습포를 사용한다.

**39.** 용기의 내압시험 시 항구증가율이 몇 % 이하인 용기를 합격한 것으로 하는가?

① 3
② 5
③ 7
④ 10

[해설] • 내압시험 합격기준
(1) 신규검사 : 항구증가율 10 % 이하
(2) 재검사

정답  34. ①  35. ②  36. ③  37. ②  38. ①  39. ④

㉮ 질량검사 95 % 이상 : 항구증가율 10 % 이하
㉯ 질량검사 90 % 이상 95 % 미만 : 항구증가율 6 % 이하

**40.** 고압가스 배관의 기밀시험에 대한 설명으로 옳지 않은 것은?
① 상용압력 이상으로 하되, 1 MPa를 초과하는 경우 1 MPa 압력 이상으로 한다.
② 원칙적으로 공기 또는 불활성 가스를 사용한다.
③ 취성파괴를 일으킬 우려가 없는 온도에서 실시한다.
④ 기밀시험압력 및 기밀유지시간에서 누설 등의 이상이 없을 때 합격으로 한다.
[해설] 기밀시험압력은 상용압력 이상으로 하되, 0.7 MPa를 초과하는 경우 0.7 MPa 압력 이상으로 한다.

---

### 제 3 과목  가스안전관리

---

**41.** 독성가스가 누출할 우려가 있는 부분에는 위험표지를 설치하여야 한다. 이에 대한 설명으로 옳은 것은?
① 문자의 크기는 가로 10 cm, 세로 10 cm 이상으로 한다.
② 문자는 30 m 이상 떨어진 위치에서도 알 수 있도록 한다.
③ 위험표지의 바탕색은 백색, 글씨는 흑색으로 한다.
④ 문자는 가로 방향으로만 한다.
[해설] • 위험표지 : 독성가스가 누출할 우려가 있는 부분에 게시
㉮ 표지의 예 : 독성가스 누설 주의 부분
㉯ 문자 크기(가로×세로)는 5 cm 이상, 10 m 이상 떨어진 위치에서 알 수 있도록 한다.
㉰ 바탕색은 백색, 글씨는 흑색(단, 주의는 적색)

**42.** 용기보관장소에 고압가스용기를 보관 시 준수해야 하는 사항 중 틀린 것은?
① 용기는 항상 40℃ 이하를 유지해야 한다.
② 용기 보관장소 주위 3 m 이내에는 화기 또는 인화성 물질을 두지 아니한다.
③ 가연성가스 용기보관 장소에는 방폭형 휴대용 전등 외의 등화를 휴대하지 아니한다.
④ 용기보관 장소에는 충전용기와 잔가스 용기를 각각 구분하여 놓는다.
[해설] 용기보관장소와 인화성, 발화성 물질과의 거리는 2 m 이상의 거리를 유지하여야 한다.

**43.** 가스 관련법에서 정한 고압가스 관련 설비에 해당되지 않는 것은?
① 안전밸브    ② 압력용기
③ 기화장치    ④ 정압기
[해설] 33번 해설 참고

**44.** 독성가스 저장탱크를 지상에 설치하는 경우 몇 톤 이상일 때 방류둑을 설치하여야 하는가?
① 5    ② 10    ③ 50    ④ 100
[해설] 독성가스의 경우 고압가스 특정제조, 고압가스 일반제조 모두 5톤 이상일 때 방류둑을 설치하여야 한다.

**45.** 차량에 고정된 탱크에 설치된 긴급차단장치는 차량에 고정된 탱크 또는 이에 접속하는 배관 외면의 온도가 몇 ℃일 때 자동적으로 작동할 수 있어야 하는가?
① 40    ② 65    ③ 80    ④ 110

---

정답  40. ①  41. ③  42. ②  43. ④  44. ①  45. ④

[해설] 차량에 고정된 탱크 및 용기에는 안전밸브 등 필요한 부속품이 장치되어 있어야 하며 이 중 긴급차단장치는 그 성능이 원격조작으로 작동되고 차량에 고정된 탱크 또는 이에 접속하는 배관 외면의 온도가 110℃일 때에 자동적으로 작동할 수 있는 것으로 한다.

**46.** 고압가스설비에 설치하는 안전장치의 기준으로 옳지 않은 것은?
① 압력계는 상용압력의 1.5배 이상 2배 이하의 최고눈금이 있는 것일 것
② 가연성가스를 압축하는 압축기와 오토클레이브와의 사이의 배관에는 역화방지장치를 설치할 것
③ 가연성가스를 압축하는 압축기와 충전용 주관과의 사이에는 역류방지밸브를 설치할 것
④ 독성가스 및 공기보다 가벼운 가연성가스의 제조시설에는 가스누출검지 경보장치를 설치할 것

[해설] 독성가스 및 공기보다 무거운 가연성가스의 제조시설에는 가스누출검지 경보장치를 설치한다.

**47.** 가스 배관은 움직이지 아니하도록 고정 부착하는 조치를 하여야 한다. 관지름이 13 mm 이상 33 mm 미만의 것에는 얼마의 길이마다 고정장치를 하여야 하는가?
① 1m 마다  ② 2m 마다
③ 3m 마다  ④ 4m 마다

[해설] • 배관의 고정장치 설치거리 기준
㉮ 호칭지름 13 mm 미만 : 1 m 마다
㉯ 호칭지름 13 mm 이상 33 mm 미만 : 2 m 마다
㉰ 호칭지름 33 mm 이상 : 3 m 마다

**48.** $C_2H_2$ 가스 충전 시 희석제로 적당하지 않은 것은?

① $N_2$  ② $CH_4$
③ $CS_2$  ④ $CO$

[해설] • 희석제의 종류 : 2.5 MPa 이상으로 압축 시 사용
㉮ 안전관리 규정에 정한 것 : 질소($N_2$), 메탄($CH_4$), 일산화탄소(CO), 에틸렌($C_2H_4$)
㉯ 사용가능한 것 : 수소($H_2$), 프로판($C_3H_8$), 이산화탄소($CO_2$)

**49.** 다음 중 가연성가스가 아닌 것은?
① 아세트알데히드
② 일산화탄소
③ 산화에틸렌
④ 염소

[해설] 염소($Cl_2$) : 조연성, 독성가스 (TLV-TWA 1 ppm, LC50 293 ppm)

**50.** 시안화수소를 장기간 저장하지 못하는 주된 이유는?
① 중합폭발 때문에
② 산화폭발 때문에
③ 악취 발생 때문에
④ 가연성가스 발생 때문에

[해설] 시안화수소(HCN)는 중합폭발의 위험성 때문에 충전기한을 60일을 초과하시 못하노록 규정하고 있다(단, 순도가 98% 이상이고, 착색되지 않은 것은 60일을 초과하여 저장할 수 있다).
※ 중합폭발 방지용 안정제의 종류 : 황산, 아황산가스, 동, 동망, 염화칼슘, 인산, 오산화인

**51.** 가스설비실에 설치하는 가스누출 경보기에 대한 설명으로 틀린 것은?
① 담배연기 등 잡가스에는 경보가 울리지 않아야 한다.
② 경보기의 경보부와 검지부는 분리하여 설치할 수 있어야 한다.

정답  46. ④  47. ②  48. ③  49. ④  50. ①  51. ④

③ 경보가 울린 후 주위의 가스농도가 변화되어도 계속 경보를 울려야 한다.
④ 경보기의 검지부는 연소기의 폐가스가 접촉하기 쉬운 곳에 설치한다.

[해설] 연소기의 폐가스가 접촉하기 쉬운 곳은 경보기의 검지부 설치제외 대상에 해당된다.

**52.** 검사에 합격한 고압가스용기의 각인사항에 해당하지 않는 것은?
① 용기제조업자의 명칭 또는 약호
② 충전하는 가스의 명칭
③ 용기의 번호
④ 기밀시험압력

[해설] • 고압가스 용기 각인사항 : ①, ②, ③ 외
㉮ 내용적(V)
㉯ 용기의 질량(W) : 아세틸렌 용기의 경우 TW 추가
㉰ 내압시험에 합격한 연월
㉱ 내압시험 압력(TP)
㉲ 압축가스 충전용기는 최고충전압력(FP)
㉳ 동판 두께(내용적 500 L 초과하는 용기만 해당)

**53.** LP가스용 금속플렉시블호스에 대한 설명으로 옳은 것은?
① 배관용 호스는 플레어 또는 유니언의 접속기능을 갖추어야 한다.
② 연소기용 호스의 길이는 한쪽 이음쇠의 끝에서 다른 쪽 이음쇠까지로 하며 길이 허용오차는 +4%, -3% 이내로 한다.
③ 스테인리스강은 튜브의 재료로 사용하여서는 아니 된다.
④ 호스의 내열성시험은 100±2℃에서 10분간 유지 후 균열 등의 이상이 없어야 한다.

[해설] • 금속플렉시블호스 제조 기준
㉮ 연소기용 호스 길이는 한쪽 이음쇠의 끝에서 다른 쪽 이음쇠 끝까지로 하고 최대길이는 3 m 이내로 한다. 이 경우 길이 허용오차는 +3%, -2% 이내로 한다.
㉯ 배관용 호스는 튜브와 이음쇠로 구분하고, 튜브의 최대길이가 50 m, 이음쇠는 각 지름별로 구분한다. 튜브의 길이허용오차는 +3%, -2% 이내로 한다.
㉰ 튜브의 재료는 동합금, 스테인리스강 또는 사용상 이와 같은 수준 이상의 품질을 가지는 것으로 한다.
㉱ 연소기용 호스는 플레어이음, 경납땜 등으로 튜브와 이음쇠를 분리할 수 없는 구조로 하고, 배관용 호스는 플레어 또는 유니언의 접속기능을 가지는 것으로 한다.
㉲ 연소기용 호스의 내열성능은 427±5℃에서 15분을 유지한 후 기밀시험에서 파손 및 누출 등 이상이 없고, 배관용 호스의 내열성능은 120±2℃에서 30분 후 기밀시험에서 파손, 균열 및 누출 등 이상이 없을 것

**54.** 액화석유가스 사용시설에서 가스배관 이음부(용접이음매 제외)와 전기개폐기와는 몇 cm 이상의 거리를 두어야 하는가?
① 15 cm
② 30 cm
③ 40 cm
④ 60 cm

[해설] • 배관 이음부와의 거리(용접이음매 제외)
㉮ 전기계량기, 전기개폐기 : 60 cm 이상
㉯ 전기점멸기, 전기접속기 : 15 cm 이상
〈15. 10. 2 개정〉
㉰ 절연조치를 하지 않은 전선, 단열조치를 하지 않은 굴뚝 : 15 cm 이상
㉱ 절연전선 : 10 cm 이상

**55.** 지상에 설치된 액화석유가스 저장탱크와 가스 충전장소와의 사이에 설치하여야 하는 것은?
① 역화방지기
② 방호벽
③ 드레인 세퍼레이터
④ 정제장치

[해설] 지상에 설치된 저장탱크와 가스충전장소

정답  52. ④  53. ①  54. ④  55. ②

사이에는 그 한 쪽에서 발생하는 위험 사유로부터 다른 쪽을 보호하기 위하여 방호벽을 설치한다.

**56.** 고압가스 제조자 또는 고압가스 판매자가 실시하는 용기의 안전점검 및 유지관리 사항에 해당되지 않는 것은?

① 용기의 도색 상태
② 용기관리 기록대장의 관리 상태
③ 재검사기간 도래 여부
④ 용기밸브의 이탈방지 조치 여부

[해설] • 용기의 안전점검 기준
  ㉮ 용기의 내, 외면에 위험한 부식, 금, 주름이 있는지 확인할 것
  ㉯ 용기는 도색 및 표시가 되어 있는지 확인할 것
  ㉰ 용기의 스커트에 찌그러짐이 있는지 확인할 것
  ㉱ 유통 중 열영향을 받았는지 점검하고, 열영향을 받은 용기는 재검사를 받아야 한다.
  ㉲ 용기 캡이 씌워져 있거나 프로텍터가 부착되어 있는지 확인할 것
  ㉳ 재검사기간의 도래 여부를 확인할 것
  ㉴ 용기 아랫부분의 부식상태를 확인할 것
  ㉵ 밸브의 몸통, 충전구 나사, 안전밸브에 흠, 주름, 스프링의 부식 등이 있는지 확인할 것
  ㉶ 밸브의 그랜드너트가 고정핀에 의하여 이탈 방지 조치가 있는지 여부를 확인할 것
  ㉷ 밸브의 개폐조작이 쉬운 핸들이 부착되어 있는지 확인할 것
  ㉸ 충전가스의 종류에 맞는 용기부속품이 부착되어 있는지 확인할 것

**57.** 고압가스의 제조설비에서 사용개시 전에 점검하여야 할 항목이 아닌 것은?

① 불활성가스 등에 의한 치환 상황
② 자동제어장치의 기능
③ 가스설비의 전반적인 누출 유무
④ 배관계통의 밸브개폐 상황

[해설] • 제조설비 등의 사용개시 전 점검사항
  ㉮ 제조설비 등에 있는 내용물 상황
  ㉯ 계기류 및 인터로크(inter lock)의 기능, 긴급용 시퀀스, 경보 및 자동제어장치의 기능
  ㉰ 긴급차단 및 긴급방출장치, 통신설비, 제어설비, 정전기방지 및 제거설비 그 밖에 안전설비 기능
  ㉱ 각 배관계통에 부착된 밸브 등의 개폐상황 및 맹판의 탈착, 부착 상황
  ㉲ 회전기계의 윤활유 보급상황 및 회전구동 상황
  ㉳ 제조설비 등 당해 설비의 전반적인 누출 유무
  ㉴ 가연성가스 및 독성가스가 체류하기 쉬운 곳의 당해 가스농도
  ㉵ 전기, 물, 증기, 공기 등 유틸리티시설의 준비상황
  ㉶ 안전용 불활성가스 등의 준비상황
  ㉷ 비상전력 등의 준비상황
  ㉸ 그 밖에 필요한 사항의 이상 유무
  ※ 불활성가스 등에 의한 치환 상황은 사용 종료 시 점검 사항이다.

**58.** 고압가스 냉동제조의 기술기준에 대한 설명으로 옳지 않은 것은?

① 암모니아를 냉매로 사용하는 냉동제조 시설에는 제독제로 물을 다량 보유한다.
② 냉동기의 재료는 냉매가스 또는 윤활유 등으로 인한 화학작용에 의하여 약화되어도 상관없는 것으로 한다.
③ 독성가스를 사용하는 내용적이 1만L 이상인 수액기 주위에는 방류둑을 설치한다.
④ 냉동기의 냉매설비는 설계압력 이상의 압력으로 실시하는 기밀시험 및 설계압력의 1.5배 이상의 압력으로 하는 내압시험에 각각 합격한 것이어야 한다.

[해설] 냉동기의 재료는 냉매가스, 흡수용액, 윤활유 또는 이들 혼합물의 작용으로 열화되지 아니하는 것으로 한다.

**59.** 가스누출 자동차단기의 제품 성능에 대한 설명으로 옳은 것은?

① 고압부는 5 MPa 이상, 저압부는 0.5 MPa 이상의 압력으로 실시하는 내압시험에 이상이 없는 것으로 한다.
② 고압부는 1.8 MPa 이상, 저압부는 8.4 kPa 이상 10 kPa 이하의 압력으로 실시하는 기밀시험에서 누출이 없는 것으로 한다.
③ 전기적으로 개폐하는 자동차단기는 5000회의 개폐조작을 반복한 후 성능에 이상이 없는 것으로 한다.
④ 전기적으로 개폐하는 자동차단기는 전기충전부와 비충전 금속부와의 절연저항은 1 kΩ 이상으로 한다.

[해설] 가스누출 자동차단기의 제품 성능
㉮ 내압 성능: 고압부는 3 MPa 이상, 저압부는 0.3 MPa 이상의 압력으로 실시하는 내압시험에서 이상이 없는 것으로 한다.
㉯ 기밀 성능: 고압부는 1.8 MPa 이상, 저압부는 8.4 kPa 이상 10 kPa 이하의 압력으로 실시하는 기밀시험에서 누출이 없는 것으로 한다.
㉰ 내구 성능: 전기적으로 개폐하는 자동차단기는 6000회의 개폐조작 반복 후에 기밀시험, 과류차단 성능 및 누출점검 성능에 이상이 없는 것으로 한다.
㉱ 절연저항 성능: 전기적으로 개폐하는 자동차단기는 전기충전부와 비충전 금속부와의 절연저항은 1 MΩ 이상으로 한다.
㉲ 내전압 성능: 전기적으로 개폐하는 자동차단기는 500 V의 전압을 1분간 가하였을 때 이상이 없는 것으로 한다.
㉳ 내열 성능: 제어부는 온도 40℃ 이상, 상대습도 90% 이상에서 1시간 이상 유지한 후 10분 이내에 작동시험을 하여 이상이 없는 것으로 한다.

**60.** −162℃의 LNG (액비중 0.46, $CH_4$ 90%, $C_2H_6$ 10%) 1 m³을 20℃까지 기화시켰을 때의 부피는 약 몇 m³인가?
① 592.6
② 635.6
③ 645.6
④ 692.6

[해설] ㉮ LNG의 평균분자량 계산
$M = (16 \times 0.9) + (30 \times 0.1) = 17.4$
㉯ 기화된 부피 계산: LNG 액비중이 0.46 이므로 LNG 액체 1 m³의 질량은 460 kg에 해당된다.
$PV = GRT$ 에서
$V = \dfrac{GRT}{P}$
$= \dfrac{460 \times \dfrac{8.314}{17.4} \times (273 + 20)}{101.325}$
$= 635.579$ m³

## 제 4 과목  가스계측

**61.** 수정이나 전기석 또는 로셀염 등의 결정체의 특정방향으로 압력을 가할 때 발생하는 표면 전기량으로 압력을 측정하는 압력계는?
① 스트레인 게이지
② 피에조 전기 압력계
③ 자기변형 압력계
④ 벨로스 압력계

[해설] • 피에조 전기 압력계(압전기식): 수정이나 전기석 또는 로셀염 등의 결정체의 특정 방향에 압력을 가하면 기전력이 발생하고 발생한 전기량은 압력에 비례하는 것을 이용한 것이다. 가스 폭발이나 급격한 압력 변화 측정에 사용된다.

**62.** 가스크로마토그램에서 성분 $X$의 보유시간이 6분, 피크폭이 6 mm이었다. 이 경우 $X$에 관하여 $HETP$는 얼마인가? (단, 분리관 길이는 3 m, 기록지의 속도는 분당 15 mm이다.)
① 0.83 mm
② 8.30 mm
③ 0.64 mm
④ 6.40 mm

[해설] ㉮ 이론단 수($N$) 계산

정답  60. ②  61. ②  62. ①

$$N = 16 \times \left(\frac{Tr}{W}\right)^2$$
$$= 16 \times \left(\frac{15 \times 6}{6}\right)^2 = 3600$$

㉯ 이론단 높이 계산
$$HETP = \frac{L}{N} = \frac{3000}{3600} = 0.833 \text{ mm}$$

**63.** 두 개의 계측실이 가스 흐름에 의해 상호 보완작용으로 밸브 시스템을 작동하여 계측실의 왕복운동을 회전운동으로 변환하여 가스량을 적산하는 가스미터는?

① 오리피스 유량계  ② 막식 유량계
③ 터빈 유량계      ④ 볼텍스 유량계

[해설] • 막식 가스미터 : 가스를 일정 용적의 통속에 넣어 충만시킨 후 배출하여 그 횟수를 용적단위로 환산하여 적산(積算)한다.

**64.** 점도가 높거나 점도 변화가 있는 유체에 가장 적합한 유량계는?

① 차압식 유량계  ② 면적식 유량계
③ 유속식 유량계  ④ 용적식 유량계

[해설] • 용적식 유량계의 일반적인 특징
㉮ 정도가 높아 상거래용으로 사용된다.
㉯ 유체의 물성치(온도, 압력 등)에 의한 영향을 거의 받지 않는다.
㉰ 외부 에너지의 공급이 없어도 측정할 수 있다.
㉱ 고점도의 유체나 점도변화가 있는 유체에 적합하다.
㉲ 맥동의 영향을 적게 받고, 압력손실도 적다.
㉳ 이물질 유입을 차단하기 위하여 입구에 여과기(strainer)를 설치하여야 한다.

**65.** 니켈, 망간, 코발트, 구리 등의 금속산화물을 압축, 소결시켜 만든 온도계는?

① 바이메탈 온도계
② 서미스터 저항체 온도계
③ 제게르콘 온도계
④ 방사 온도계

[해설] • 서미스터 온도계 특징
㉮ 감도가 크고 응답성이 빨라 온도변화가 작은 부분 측정에 적합하다.
㉯ 온도 상승에 따라 저항치가 감소한다 (저항온도계수가 부특성(負特性)이다).
㉰ 소형으로 협소한 장소의 측정에 유리하다.
㉱ 소자의 균일성 및 재현성이 없다.
㉲ 흡습에 의한 열화가 발생할 수 있다.
㉳ 측정범위는 -100~300℃ 정도이다.

**66.** 다음 [그림]과 같이 시차 액주계의 높이 $H$가 60 mm일 때 유속($V$)은 약 몇 m/s인가? (단, 비중 $\gamma$와 $\gamma'$는 1과 13.6이고, 속도계수는 1, 중력가속도는 9.8 m/s²이다.)

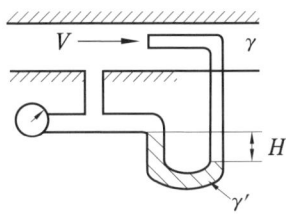

① 1.08  ② 3.36  ③ 3.85  ④ 5.00

[해설] $V = C\sqrt{2gH \times \frac{\gamma_m - \gamma}{\gamma}}$
$$= 1 \times \sqrt{2 \times 9.8 \times 60 \times 10^{-3} \times \frac{13.6 \times 10^3 - 1000}{1000}}$$
$$= 3.849 \text{ m/s}$$

**67.** 일반적으로 계측기는 크게 3부분으로 구성되어 있다. 이에 해당되지 않는 것은?

① 검출부  ② 전달부
③ 수신부  ④ 제어부

[해설] • 계측기기의 구성
㉮ 검출부 : 검출된 정보를 전달부나 수신부에 전달하기 위하여 신호로 변환하는 부분
㉯ 전달부 : 검출부에서 입력된 신호를 수신부에 전달하는 신호로 변환하거나 크기를 바꾸는 역할을 하는 부분
㉰ 수신부 : 검출부나 전달부의 출력신호를 받아 지시, 기록, 경보를 하는 부분

**68.** 가스크로마토그래피(gas chromatography)를 이용하여 가스를 검출할 때 반드시 필요하지 않은 것은?
① column      ② gas sampler
③ carrier gas   ④ UV detector

[해설] • 장치 구성 요소 : 캐리어가스, 압력조정기, 유량조절밸브, 압력계, 분리관(컬럼), 검출기, 기록계 등

**69.** 계량에 관한 법률의 목적으로 가장 거리가 먼 것은?
① 계량의 기준을 정함
② 공정한 상거래 질서유지
③ 산업의 선진화 기여
④ 분쟁의 협의 조정

[해설] • 계량에 관한 법률 목적(법 제1조) : 계량의 기준을 정하여 적정한 계량을 실시하게 함으로써 공정한 상거래 질서의 유지 및 산업의 선진화에 이바지함을 목적으로 한다.

**70.** 400 K는 몇 °R 인가?
① 400   ② 620   ③ 720   ④ 820

[해설] °R = 1.8 K = 1.8 × 400 = 720 °R

**71.** 화합물이 가지는 고유의 흡수 정도의 원리를 이용하여 정성 및 정량분석에 이용할 수 있는 분석 방법은?
① 저온 분류법
② 적외선 분광 분석법
③ 질량 분석법
④ 가스크로마토그래피법

[해설] • 적외선 분광 분석법 : 분자의 진동 중 쌍극자 힘의 변화를 일으킬 진동에 의해 적외선의 흡수가 일어나는 것을 이용한 방법으로 He, Ne, Ar 등 단원자 분자 및 $H_2$, $O_2$, $N_2$, $Cl_2$ 등 대칭 2원자 분자는 적외선을 흡수하지 않으므로 분석할 수 없다.

**72.** 다음 중 추량식 가스미터에 해당하지 않는 것은?
① 오리피스 미터   ② 벤투리 미터
③ 회전자식 미터   ④ 터빈식 미터

[해설] • 가스미터의 분류
(1) 실측식
  ㉮ 건식 : 막식형(독립내기식, 클로버식)
  ㉯ 회전식 : 루츠형, 오벌식, 로터리피스톤식
  ㉰ 습식
(2) 추량식 : 델타식, 터빈식, 오리피스식, 벤투리식

**73.** 보상도선, 측온접점 및 기준접점, 보호관 등으로 구성되어 있는 온도계는?
① 복사 온도계   ② 열전대 온도계
③ 광고 온도계   ④ 저항 온도계

[해설] • 열전대 온도계 : 제베크(Seebeck) 효과를 이용한 것으로 열전대, 보상도선, 측온접점(열접점), 기준접점(냉접점), 보호관 등으로 구성된다.

**74.** 다음 압력계 중 미세압 측정이 가능하여 통풍계로도 사용되며, 감도(정도)가 좋은 압력계는?
① 경사관식 압력계
② 분동식 압력계
③ 부르동관 압력계
④ 마노미터(U자관 압력계)

[해설] • 경사관식 액주압력계 : 수직관을 각도 θ 만큼 경사지게 부착하여 작은 압력을 정확하게 측정할 수 있어 실험실 등에서 사용한다.

**75.** 물 100 cm 높이에 해당하는 압력은 몇 Pa 인가? (단, 물의 비중량은 9803 N/m³이다.)
① 4901      ② 490150
③ 9803      ④ 980300

[해설] $P = \gamma h = 9803 \times 1 = 9803 \text{ N/m}^2$
$= 9803 \text{ Pa}$

정답  68. ④  69. ④  70. ③  71. ②  72. ③  73. ②  74. ①  75. ③

**76.** 다음 열전대 온도계 중 가장 고온에서 사용할 수 있는 것은?

① R형　　② K형
③ T형　　④ J형

[해설] • 열전대 온도계의 종류 및 측정온도

| 열전대 종류 | 측정온도 범위 |
|---|---|
| R형(백금-백금로듐) | 0~1600℃ |
| K형(크로멜-알루멜) | -20~1200℃ |
| J형(철-콘스탄탄) | -20~800℃ |
| T형(동-콘스탄탄) | -200~350℃ |
| E형(크로멜-콘스탄탄) | -200~700℃ |

**77.** 계량기 형식 승인 번호의 표시방법에서 계량기의 종류별 기호 중 가스미터의 표시기호는?

① G　　② N
③ K　　④ H

[해설] • 계량기 종류별 표시기호 : 계량법 시행규칙 별표 4

| 기호 | 계량기 종류 | 기호 | 계량기 종류 |
|---|---|---|---|
| A | 판수동 저울 | K | 주유기 |
| B | 접시지시 및 판지시 저울 | L | LPG 미터 |
| C | 전기식 지시 저울 | M | 오일미터 |
| D | 분동 | N | 눈새김탱크 |
| E | 이동식 축중기 | O | 눈새김 탱크로리 |
| F | 체온계 | P | 혈압계 |
| G | 전력량계 | Q | 적산열량계 |
| H | 가스미터 | R | 곡물수분 측정기 |
| I | 수도미터 | S | 속도측정기 |
| J | 온수미터 |  |  |

**78.** 광학적 방법인 슈리렌법(schlieren method)은 무엇을 측정하는가?

① 기체의 흐름에 대한 속도변화
② 기체의 흐름에 대한 온도변화
③ 기체의 흐름에 대한 압력변화
④ 기체의 흐름에 대한 밀도변화

[해설] 한 개의 광원과 2개의 오목렌즈 및 나이프애즈를 이용하여 유동장에서의 밀도 변화를 측정한다.

**79.** 계측기기의 측정과 오차에서 흩어짐의 정도를 나타내는 것은?

① 정밀도　　② 정확도
③ 정도　　④ 불확실성

[해설] ㉮ 정밀성(도) : 같은 계기로서 같은 양을 몇 번이고 반복하여 측정하면 측정값은 흩어진다. 이 흩어짐이 작은 정도(程度)를 정밀도라 한다.
㉯ 정확성(도) : 같은 조건하에서 무한히 많은 회수의 측정을 하여 그 측정값을 평균값으로 계산하여도 참값에는 일치하지 않으며 이 평균값과 참값의 차를 쏠림(bias)이라 하고 쏠림의 작은 정도를 정확도라 한다.
㉰ 정도 : 계측기의 측정 결과에 대한 신뢰도를 수량적으로 표시한 척도

**80.** 0℃에서 저항이 120 Ω이고 저항온도계수가 0.0025인 저항 온도계를 노 안에 삽입하였을 때 저항이 210 Ω이 되었다면 노 안의 온도는 몇 ℃인가?

① 200℃　　② 250℃
③ 300℃　　④ 350℃

[해설] $t = \dfrac{R - R_0}{R_0 \times \alpha} = \dfrac{210 - 120}{120 \times 0.0025} = 300℃$

▶ 2014년 9월 20일 시행

| 자격종목 | 종목코드 | 시험시간 | 형 별 | 수험번호 | 성 명 |
|---|---|---|---|---|---|
| 가스 산업기사 | 2471 | 2시간 | A | | |

## 제1과목  연소공학

**1.** 액체연료의 연소 형태와 가장 거리가 먼 것은?
① 분무연소  ② 등심연소
③ 분해연소  ④ 증발연소

[해설] • 분해연소 : 충분한 착화에너지를 주어 가열분해에 의해 연소하며 휘발분이 있는 고체연료(종이, 석탄, 목재 등) 또는 증발이 일어나기 어려운 액체연료(중유 등)가 이에 해당된다.

**2.** 연소한계, 폭발한계, 폭굉한계를 일반적으로 비교한 것 중 옳은 것은?
① 연소한계는 폭발한계보다 넓으며, 폭발한계와 폭굉한계는 같다.
② 연소한계와 폭발한계는 같으며, 폭굉한계보다는 넓다.
③ 연소한계는 폭발한계보다 넓고, 폭발한계는 폭굉한계보다 넓다.
④ 연소한계, 폭발한계, 폭굉한계는 같으며, 단지 연소현상으로 구분된다.

[해설] 연소한계와 폭발한계는 같은 의미이며, 폭굉한계(폭굉범위)는 폭발범위 내에 존재하므로 연소범위는 폭굉한계보다 넓다.

**3.** 다음 중 이넛 가스(inert gas)로 사용되지 않는 것은?
① 질소  ② 이산화탄소
③ 수증기  ④ 수소

[해설] • 비활성화(inerting : 퍼지작업) : 가연성 혼합가스에 불활성 가스(아르곤, 질소 등) 등을 주입하여 산소의 농도를 최소산소농도(MOC) 이하로 낮추는 작업이다.

**4.** $CO_2$ 40 vol%, $O_2$ 10 vol%, $N_2$ 50 vol%인 혼합기체의 평균분자량은 얼마인가?
① 16.8  ② 17.4
③ 33.5  ④ 34.8

[해설] $M = (44 \times 0.4) + (32 \times 0.1) + (28 \times 0.5)$
$= 34.8$

**5.** 100°C의 수증기 1kg이 100°C의 물로 응결될 때 수증기 엔트로피 변화량은 몇 kJ/K인가? (단, 물의 증발잠열은 2256.7 kJ/kg이다.)
① -4.87  ② -6.05
③ -7.24  ④ -8.67

[해설] $\Delta S = \dfrac{H}{T} = \dfrac{2256.7}{273+100} = 6.05 \, kJ/K$ (수증기에서 물로 응결되므로 부호를 "-"로 한다.)

**6.** 폭발범위가 넓은 것부터 차례로 된 것은?
① 일산화탄소＞메탄＞프로판
② 일산화탄소＞프로판＞메탄
③ 프로판＞메탄＞일산화탄소
④ 메탄＞프로판＞일산화탄소

[해설] • 각 가스의 공기 중에서의 폭발범위

| 명칭 | 폭발범위(%) |
|---|---|
| 일산화탄소 (CO) | 12.5~74 |
| 메탄 ($CH_4$) | 5~15 % |
| 프로판 ($C_3H_8$) | 2.2~9.5 |

**정답**  1. ③  2. ②  3. ④  4. ④  5. ②  6. ①

**7.** BLEVE (boiling liquid expanding vapour explosion) 현상에 대한 설명으로 옳은 것은?

① 물이 점성의 뜨거운 기름 표면 아래서 끓을 때 연소를 동반하지 않고 overflow 되는 현상
② 물이 연소유(oil)의 뜨거운 표면에 들어갈 때 발생되는 overflow 현상
③ 탱크 바닥에 물과 기름의 에멀션이 섞여있을 때 기름의 비등으로 인하여 급격하게 overflow되는 현상
④ 과열상태의 탱크에서 내부의 액화가스가 분출, 일시에 기화되어 착화, 폭발하는 현상

[해설] • 블레이브(BLEVE : 비등액체 팽창 증기폭발) : 가연성 액체 저장탱크 주변에서 화재가 발생하여 기상부의 탱크가 국부적으로 가열되면 그 부분이 강도가 약해져 탱크가 파열된다. 이때 내부의 액화가스가 급격히 유출 팽창되어 화구(fire ball)를 형성하여 폭발하는 형태를 말한다.

**8.** 과열증기온도와 포화증기온도의 차를 무엇이라 하는가?

① 포화도　　② 비습도
③ 과열도　　④ 건조도

[해설] 과열도 = 과열증기온도 − 포화증기온도

**9.** 500 L의 용기에 40 atm·abs, 30℃에서 산소($O_2$)가 충전되어 있다. 이때 산소는 몇 kg인가?

① 7.8 kg　　② 12.9 kg
③ 25.7 kg　　④ 31.2 kg

[해설] $PV = \dfrac{W}{M}RT$에서

$W = \dfrac{PVM}{RT}$

$= \dfrac{40 \times 500 \times 32}{0.082 \times (273+30) \times 1000} = 25.758 \text{ kg}$

**10.** 화학반응 중 폭발의 원인과 관련이 가장 먼 반응은?

① 산화반응　　② 중화반응
③ 분해반응　　④ 중합반응

[해설] • 폭발의 종류
㉮ 물리적 폭발 : 증기폭발, 금속선 폭발, 고체상 전이폭발, 압력폭발 등
㉯ 화학적 폭발 : 산화폭발, 분해폭발, 촉매폭발, 중합폭발 등

**11.** 액체공기 100 kg 중에는 산소가 약 몇 kg 들어 있는가? (단, 공기는 79 mol% $N_2$와 21 mol% $O_2$로 되어 있다.)

① 18.3　　② 21.1
③ 23.3　　④ 25.4

[해설] ㉮ 공기 중 산소의 질량 비율 계산
산소의 질량 비율
$= \dfrac{\text{공기 중 산소의 질량}}{\text{공기의 질량}} \times 100$
$= \dfrac{32 \times 0.21}{(28 \times 0.79) + (32 \times 0.21)} \times 100$
$= 23.3\%$

㉯ 액체공기 100kg 중 산소의 질량 계산
산소 질량 = 공기량 × 산소의 질량비
$= 100 \times 0.233$
$= 23.3 \text{ kg}$

**12.** 연소의 난이성에 대한 설명으로 옳지 않은 것은?

① 화학적 친화력이 큰 가연물이 연소가 잘 된다.
② 연소성가스가 많이 발생하면 연소가 잘 된다.
③ 환원성 분위기가 잘 조성되면 연소가 잘된다.
④ 열전도율이 낮은 물질은 연소가 잘된다.

[해설] 산화성 분위기가 잘 조성되면 연소가 잘된다.

**정답**　7. ④　8. ③　9. ③　10. ②　11. ③　12. ③

**13.** 가스를 연료로 사용하는 연소의 장점이 아닌 것은?

① 연소의 조절이 신속, 정확하며 자동제어에 적합하다.
② 온도가 낮은 연소실에서도 안정된 불꽃으로 높은 연소효율이 가능하다.
③ 연소속도가 커서 연료로서 안전성이 높다.
④ 소형 버너를 병용 사용하여 노내 온도분포를 자유로이 조절할 수 있다.

[해설] • 기체연료의 특징
 (1) 장점
  ㉮ 연소효율이 높고 연소제어가 용이하다.
  ㉯ 회분 및 황성분이 없어 전열면 오손이 없다.
  ㉰ 적은 공기비로 완전연소가 가능하다.
  ㉱ 저발열량의 연료로 고온을 얻을 수 있다.
  ㉲ 완전연소가 가능하여 공해문제가 없다.
 (2) 단점
  ㉮ 저장 및 수송이 어렵다.
  ㉯ 가격이 비싸고 시설비가 많이 소요된다.
  ㉰ 누설 시 화재, 폭발의 위험이 크다.

**14.** 상온, 상압 하에서 프로판이 공기와 혼합되는 경우 폭발범위는 약 몇 %인가?

① 1.9~8.5   ② 2.2~9.5
③ 5.3~14   ④ 4.0~75

[해설] • 공기 중에서 프로판의 폭발범위 : 2.2~9.5 % (또는 2.1~9.4 %, 2.1~9.5 %)

**15.** 불활성화 방법 중 용기에 액체를 채운 다음 용기로부터 액체를 배출시키는 동시에 증기층으로 불활성가스를 주입하여 원하는 산소농도를 만드는 퍼지방법은?

① 사이펀 퍼지   ② 스위프 퍼지
③ 압력 퍼지   ④ 진공 퍼지

[해설] • 불활성화(퍼지 : purging)방법의 종류
 ㉮ 진공 퍼지 : 용기를 진공시킨 후 불활성가스를 주입시켜 원하는 최소산소농도에 이를 때까지 실시하는 방법
 ㉯ 압력 퍼지 : 불활성가스로 용기를 가압한 후 대기 중으로 방출하는 작업을 반복하여 원하는 최소산소농도에 이를 때까지 실시하는 방법
 ㉰ 사이펀 퍼지 : 용기에 물을 충만시킨 후 용기로부터 물을 배출시킴과 동시에 불활성가스를 주입하여 원하는 최소산소농도를 만드는 작업으로 퍼지 경비를 최소화 할 수 있다.
 ㉱ 스위프 퍼지 : 한쪽으로는 불활성가스를 주입하고 반대쪽에서는 가스를 방출하는 작업을 반복하는 것으로 저장탱크 등에 사용한다.

**16.** 폭굉(detonation)에 대한 설명으로 옳지 않은 것은?

① 발열반응이다.
② 연소의 전파속도가 음속보다 느리다.
③ 충격파가 발생한다.
④ 짧은 시간에 에너지가 방출된다.

[해설] • 폭굉(detonation)의 정의 : 가스 중의 음속보다도 화염 전파속도가 큰 경우로서 파면선단에 충격파라고 하는 압력파가 생겨 격렬한 파괴작용을 일으키는 현상

**17.** 소화의 종류 중 주변의 공기 또는 산소를 차단하여 소화하는 방법은?

① 억제소화   ② 냉각소화
③ 제거소화   ④ 질식소화

[해설] • 소화방법의 종류
 ㉮ 질식소화 : 산소의 공급을 차단하여 가연물질의 연소를 소화시키는 방법
 ㉯ 냉각소화 : 점화원(발화원)을 가연물질의 연소에 필요한 활성화 에너지값 이하로 낮추어 소화시키는 방법
 ㉰ 제거소화 : 가연물질을 화재가 발생한 장소로부터 제거하여 소화시키는 방법
 ㉱ 부촉매 효과 (소화) : 순조로운 연쇄반응을 일으키는 화염의 전파물질인 수산기 또는 수소기의 활성화반응을 억제, 방해 또는 차단하여 소화시키는 방법

**정답** 13. ③  14. ②  15. ①  16. ②  17. ④

㉮ 희석효과(소화) : 수용성 가연물질인 알코올, 에탄올의 화재 시 다량의 물을 살포하여 가연성 물질의 농도를 낮게 하여 소화시키는 방법
㉯ 유화효과 (소화) : 중유에 소화약제인 물을 고압으로 분무하여 유화층을 형성시켜 소화시키는 방법

**18.** 기체상수 $R$을 계산한 결과 1.987 이었다. 이때 사용되는 단위는?

① L·atm/mol·K  ② cal/mol·K
③ erg/kmol·K  ④ Joule/mol·K

[해설] 기체상수 $R = 0.08206$ L·atm/mol·K
$= 82.06$ cm$^3$·atm/mol·K
$= 1.987$ cal/mol·K
$= 8.314 \times 10^7$ erg/mol·K
$= 8.314$ J/mol·K
$= 8.314$ m$^3$·Pa/mol·K
$= 8314$ J/kmol·K

**19.** 다음 연소와 관련된 식으로 옳은 것은?

① 과잉공기비 = 공기비$(m) - 1$
② 과잉공기량 = 이론공기량$(A_0) + 1$
③ 실제공기량 = 공기비$(m)$ + 이론공기량$(A_0)$
④ 공기비 = $\left(\dfrac{\text{이론산소량}}{\text{실제공기량}}\right) - $ 이론공기량

[해설] • 공기비와 관계된 사항
㉮ 공기비(과잉공기계수) : 실제공기량$(A)$과 이론공기량$(A_0)$의 비
$$m = \frac{A}{A_0} = \frac{A_0 + B}{A_0} = 1 + \frac{B}{A_0}$$
㉯ 과잉공기량$(B)$ : 실제공기량과 이론공기량의 차
$B = A - A_0 = (m-1)A_0$
㉰ 과잉공기율(%) : 과잉공기량과 이론공기량의 비율(%)
$$\text{과잉공기율}(\%) = \frac{B}{A_0} \times 100$$
$$= \frac{A - A_0}{A_0} \times 100$$
$$= (m-1) \times 100$$

㉱ 과잉공기비 : 과잉공기량과 이론공기량의 비
$$\text{과잉공기비} = \frac{B}{A_0} = \frac{A - A_0}{A_0}$$
$$= m - 1$$

**20.** 위험장소 분류 중 폭발성 가스의 농도가 연속적이거나 장시간 지속적으로 폭발한계 이상이 되는 장소 또는 지속적인 위험상태가 생성되거나 생성될 우려가 있는 장소는?

① 제0종 위험장소  ② 제1종 위험장소
③ 제2종 위험장소  ④ 제3종 위험장소

[해설] • 위험장소의 등급 분류
(1) 1종 장소 : 상용상태에서 가연성가스가 체류하여 위험하게 될 우려가 있는 장소, 정비보수 또는 누출 등으로 인하여 종종 가연성가스가 체류하여 위험하게 될 우려가 있는 장소
(2) 2종 장소
㉮ 밀폐된 용기 또는 설비 내에 밀봉된 가연성가스가 그 용기 또는 설비의 사고로 인해 파손되거나 오조작의 경우에만 누출할 우려가 있는 장소
㉯ 확실한 기계적 환기조치에 의하여 가연성가스가 체류하지 않도록 되어 있으나 환기장치에 이상이나 사고가 발생한 경우에는 가연성가스가 체류하여 위험하게 될 우려가 있는 장소
㉰ 1종 장소의 주변 또는 인접한 실내에서 위험한 농도의 가연성가스가 종종 침입할 우려가 있는 장소
(3) 0종 장소 : 상용의 상태에서 가연성가스의 농도가 연속해서 폭발하는 한계 이상으로 되는 장소(폭발한계를 넘는 경우에는 폭발한계 내로 들어갈 우려가 있는 경우를 포함)

## 제 2 과목  가스설비

**21.** 천연가스 중압공급방식의 특징에 대한 설명으로 옳은 것은?

**정답**  18. ②  19. ①  20. ①  21. ①

① 단시간의 정전이 발생하여도 영향을 받지 않고 가스를 공급할 수 있다.
② 고압공급방식보다 가스 수송능력이 우수하다.
③ 중압공급배관(강관)은 전기방식을 할 필요가 없다.
④ 중압배관에서 발생하는 압력감소의 주된 원인은 가스의 재응축 때문이다.

[해설] • 중압공급방식의 특징
㉮ 공급 가스량이 많고, 공급처까지 거리가 길 때 사용된다.
㉯ 저압공급방식으로는 배관비용이 많아질 경우에 사용된다.
㉰ 단시간의 정전이 발생하여도 영향을 받지 않고 가스를 공급할 수 있다.
㉱ 공급배관(강관)은 전기방식을 할 필요가 있다.
㉲ 고압공급방식보다 가스 수송능력이 떨어진다.
㉳ 압력감소의 주된 원인은 배관에서의 마찰손실이다.

**22.** 고압가스설비의 운전을 정지하고 수리할 때 일반적으로 유의하여야 할 사항이 아닌 것은?
① 가스 치환작업
② 안전밸브 작동
③ 장치내부 가스분석
④ 배관의 차단

[해설] 고압가스설비의 운전을 정지하고 수리할 때 배관의 차단, 내부가스를 치환 등을 하므로 압력이 높지 않아 안전밸브가 작동될 가능성은 낮다.

**23.** 노즐에서 분출되는 가스 분출속도에 의해 연소에 필요한 공기의 일부를 흡입하여 혼합기 내에서 잘 혼합하여 염공으로 보내 연소하고 이때 부족한 연소공기는 불꽃주위로부터 새로운 공기를 혼입하여 가스를 연소시키며 연소온도가 가장 높은 방식의 버너는?
① 분젠식 버너
② 전1차식 버너
③ 적화식 버너
④ 세미분젠식 버너

[해설] • 연소방식의 분류
㉮ 적화식 : 연소에 필요한 공기를 2차 공기로 모두 취하는 방식
㉯ 분젠식 : 가스를 노즐로부터 분출시켜 주위의 공기를 1차 공기로 취한 후 나머지는 2차 공기를 취하는 방식
㉰ 세미분젠식 : 적화식과 분젠식의 혼합형으로 1차 공기율이 40% 이하를 취하는 방식
㉱ 전1차 공기식 : 완전연소에 필요한 공기를 모두 1차 공기로 하여 연소하는 방식

**24.** 도시가스 공급관에서 전위차가 일정하고 비교적 작기 때문에 전위구배가 작은 장소에 적합한 전기방식법은?
① 외부전원법
② 희생양극법
③ 선택배류법
④ 강제배류법

[해설] • 희생양극법(유전양극법, 전기양극법, 전류양극법) : 양극(anode)과 매설배관(cathode : 음극)을 전선으로 접속하고 양극금속과 배관사이의 전지작용(고유 전위차)에 의해서 방식전류를 얻는 방법이다. 양극 재료로는 마그네슘(Mg), 아연(Zn)이 사용되며 토양 중에 매설되는 배관에는 마그네슘이 사용된다.

**25.** 도시가스 배관의 내진설계 기준에서 일반 도시가스사업자가 소유하는 배관의 경우 내진 1등급에 해당되는 압력은 최고 사용압력이 얼마의 배관을 말하는가?
① 0.1 MPa
② 0.3 MPa
③ 0.5 MPa
④ 1 MPa

[해설] • 내진등급 분류
㉮ 내진 특등급 : 배관의 손상이나 기능 상실로 인해 공공의 생명과 재산에 막대한 피해를 초래할 뿐만 아니라 사회의 정상적인 기능 유지에 심각한 지장을 가져올 수 있는 것으로서 도시가스배관의 경우에는 가스도매

정답 22. ② 23. ① 24. ② 25. ③

사업자가 소유하거나 점유한 제조소 경계 외면으로부터 최초로 설치되는 차단장치 또는 분기점에 이르는 최고사용압력이 6.9 MPa 이상인 배관을 말한다.
㉯ 내진 1등급 : 배관의 손상이나 기능 상실이 공공의 생명과 재산에 상당한 피해를 초래할 수 있는 것으로서 도시가스배관의 경우에는 내진 특등급 이외의 고압배관과 가스도매사업자가 소유한 정압기(지)에서 일반도시가스사업자가 소유하는 정압기까지에 이르는 배관 및 일반도시가스사업자가 소유하는 최고사용압력이 0.5 MPa 이상인 배관을 말한다.
㉰ 내진 2등급 : 배관의 손상이나 기능 상실이 공공의 생명과 재산에 경미한 피해를 초래할 수 있다고 판단되는 배관으로서 내진 특등급 및 내진 1등급 이외의 배관을 말한다.

**26.** 액화석유가스(LPG) 20 kg 용기를 재검사하기 위하여 수압에 의한 내압시험을 하였다. 이때 전증가량이 200 mL, 영구증가량이 20 mL 이었다면 영구증가율과 적합 여부를 판단하면?

① 10 %, 합격  ② 10 %, 불합격
③ 20 %, 합격  ④ 20 %, 불합격

[해설] ㉮ 영구증가율 계산

$$영구증가율 = \frac{영구증가량}{전증가량} \times 100$$
$$= \frac{20}{200} \times 100 = 10\,\%$$

㉯ 적합 여부 판단 : 재검사에서 질량검사 95 % 이상일 때 영구증가율 10 % 이하가 합격이므로 LPG용기는 합격이다.

**27.** 액화석유가스사용시설에서 배관의 이음부와 절연조치를 한 전선과는 최소 얼마 이상의 거리를 두어야 하는가?

① 10 cm  ② 15 cm
③ 30 cm  ④ 40 cm

[해설] • 배관 이음부와의 거리(용접이음매 제외)

㉮ 전기계량기, 전기개폐기 : 60 cm 이상
㉯ 전기점멸기, 전기접속기 : 15 cm 이상
〈15. 10. 2 개정〉
㉰ 절연조치를 하지 않은 전선, 단열조치를 하지 않은 굴뚝 : 15 cm 이상
㉱ 절연전선 : 10 cm 이상

**28.** 고압가스 냉동제조시설의 자동제어장치에 해당되지 않는 것은?

① 저압차단장치
② 과부하보호장치
③ 자동급수 및 살수장치
④ 단수보호장치

[해설] • 냉동제조시설의 자동제어장치의 종류
㉮ 고압차단장치
㉯ 저압차단장치
㉰ 오일압력저하차단장치
㉱ 과부하보호장치
㉲ 동결방지장치
㉳ 냉각수 단수보호장치
㉴ 과열방지장치

**29.** 압축기의 종류 중 구동모터와 압축기가 분리된 구조로서 벨트나 커플링에 의하여 구동되는 압축기의 형식은?

① 개방형  ② 반밀폐형
③ 밀폐형  ④ 무급유형

[해설] • 밀폐구조에 의한 압축기의 분류
㉮ 개방형 : 구동모터와 압축기가 분리된 구조로 직결 구동식과 벨트 구동식이 있다.
㉯ 반밀폐형 : 구동모터와 압축기가 한 하우징 내에 있으며, 분해 조립이 가능하다.
㉰ 밀폐형 : 구동모터와 압축기가 한 하우징 내에 있으며 외부와 완전히 밀폐되어 있어 분해조립이 어렵다.

**30.** 입구 측 압력이 0.5 MPa 이상인 정압기의 안전밸브 분출부의 크기는 얼마 이상으로 하여야 하는가?

정답  26. ①  27. ①  28. ③  29. ①  30. ④

① 20 A  ② 25 A  ③ 32 A  ④ 50 A

[해설] • 정압기 안전밸브 분출부 크기
(1) 정압기 입구측 압력이 0.5 MPa 이상 : 50 A 이상
(2) 정압기 입구측 압력이 0.5 MPa 미만
 ㉮ 정압기 설계유량이 1000 Nm³/h 이상 : 50 A 이상
 ㉯ 정압기 설계유량이 1000 Nm³/h 미만 : 25 A 이상

**31.** 배관설계 시 고려하여야 할 사항으로 가장 거리가 먼 것은?
① 가능한 옥외에 설치할 것
② 굴곡을 적게 할 것
③ 은폐하여 매설할 것
④ 최단거리로 할 것

[해설] • 배관설계 시 고려사항
㉮ 최단거리로 할 것
㉯ 구부러지거나 오르내림이 적을 것
㉰ 은폐, 매설을 피할 것
㉱ 가능한 옥외에 설치할 것

**32.** 압축가스를 저장하는 납붙임 용기의 내압시험압력은?
① 상용압력 수치의 5분의 3배
② 상용압력 수치의 3분의 5배
③ 최고충전압력 수치의 5분의 3배
④ 최고충전압력 수치의 3분의 5배

[해설] • 압축가스용 납붙임 또는 접합용기 시험압력
㉮ 최고충전압력 : 35℃의 온도에서 그 용기에 충전할 수 있는 가스의 압력 중 최고압력
㉯ 기밀시험압력 : 최고충전압력
㉰ 내압시험압력 : 최고충전압력 수치의 3분의 5배

**33.** 도시가스용 압력조정기에서 스프링은 어떤 재질을 사용하는가?
① 주물  ② 강재
③ 알루미늄합금  ④ 다이캐스팅

[해설] • 도시가스용 압력조정기 재질
㉮ 스프링 : 강재, 스테인리스강재
㉯ 몸통 : 주물, 알루미늄 및 알루미늄 합금, 다이캐스팅
㉰ 덮개 : 주물, 스테인리스강재, 알루미늄 및 알루미늄 합금, 다이캐스팅
㉱ 헤드 : 주물, 스테인리스강재, 구리 및 구리 합금 봉
㉲ 오리피스 : 스테인리스강재, 알루미늄 및 알루미늄 합금
㉳ 밸브 : 주물, 스테인리스강재, 구리 및 구리 합금 봉, 다이캐스팅

**34.** 직동식 정압기와 비교한 파일럿식 정압기의 특성에 대한 설명으로 틀린 것은?
① 대용량이다.
② 오프셋이 커진다.
③ 요구 유량제어 범위가 넓은 경우에 적합하다.
④ 높은 압력제어 정도가 요구되는 경우에 적합하다.

[해설] 파일럿에서 2차 압력이 적은 변화를 증폭하여 메인 정압기를 작동시키므로 오프셋은 적게 된다.

**35.** 배관에는 온도변화 및 여러 가지 하중을 받기 때문에 이에 견디는 배관을 설계해야 한다. 바깥지름과 안지름의 비가 1.2 미만인 경우 배관의 두께는 식 $t[\text{mm}] = \dfrac{PD}{2\dfrac{f}{s} - P} + C$ 에 의하여 계산된다. 기호 $P$의 의미로 옳게 표시된 것은?
① 충전압력  ② 상용압력
③ 사용압력  ④ 최고충전압력

[해설] • 두께 계산식 각 기호의 의미
㉮ $t$ : 배관의 두께(mm)
㉯ $P$ : 상용압력(MPa)
㉰ $D$ : 안지름에서 부식여유에 상당하는 부

분을 뺀 부분의 수치(mm)
- ㉣ $f$ : 재료의 인장강도(N/mm²) 규격 최소치이거나 항복점(N/mm²) 규격 최소치의 1.6배
- ㉤ $C$ : 관내면의 부식여유치(mm)
- ㉥ $s$ : 안전율

**36.** 고압장치의 재료로 구리관의 성질과 특징으로 틀린 것은?
① 알칼리에는 내식성이 강하지만 산성에는 약하다.
② 내면이 매끈하여 유체저항이 적다.
③ 굴곡성이 좋아 가공이 용이하다.
④ 전도 및 전기절연성이 우수하다.

[해설] • 동 및 동합금관의 특징
㉮ 담수(淡水)에 대한 내식성이 우수하다.
㉯ 열전도율 전기전도성이 좋다.
㉰ 가공성이 좋아 배관시공이 용이하다.
㉱ 아세톤, 프레온 가스 등 유기약품에 침식되지 않는다.
㉲ 관 내부에서 마찰저항이 적다.
㉳ 연수(軟水)에는 부식된다.
㉴ 외부의 기계적 충격에 약하다.
㉵ 가격이 비싸다.
㉶ 가성소다, 가성칼리 등 알칼리성에는 내식성이 강하고, 암모니아수, 습한 암모니아(NH₃)가스, 초산, 진한 황산(H₂SO₄)에는 심하게 침식된다.

**37.** 물 수송량이 6000 L/min, 전양정이 45 m, 효율이 75%인 터빈 펌프의 소요 마력은 약 몇 kW인가?
① 40  ② 47  ③ 59  ④ 68

[해설] $kW = \dfrac{\gamma QH}{102\eta}$
$= \dfrac{1000 \times (6000 \times 10^{-3}) \times 45}{102 \times 0.75 \times 60}$
$= 58.823 \text{ kW}$

**38.** 대기 중에 10 m 배관을 연결할 때 중간에 상온스프링을 이용하여 연결하려 한다면 중간 연결부에서 얼마의 간격으로 하여야 하는가? (단, 대기 중의 온도는 최저 −20℃, 최고 30℃이고, 배관의 열팽창계수는 7.2×10⁻⁵/℃이다.)
① 18 mm  ② 24 mm
③ 36 mm  ④ 48 mm

[해설] ㉮ 상온 스프링(cold spring)의 절단배관 길이(연결부 간격)는 자유 팽창량(신축길이)의 1/2로 한다.
㉯ 중간 연결부 간격 계산
연결부 간격 $= \Delta L \times \dfrac{1}{2} = L \cdot \alpha \cdot \Delta t \cdot \dfrac{1}{2}$
$= (10 \times 1000) \times (7.2 \times 10^{-5}) \times (30+20) \times \dfrac{1}{2}$
$= 18$ mm

**39.** 정압기의 이상감압에 대처할 수 있는 방법이 아닌 것은?
① 저압배관의 loop화
② 2차측 압력 감시장치 설치
③ 정압기 2계열 설치
④ 필터 설치

**40.** 원심펌프를 병렬로 연결하는 것은 무엇을 증가시키기 위한 것인가?
① 양정  ② 동력  ③ 유량  ④ 효율

[해설] • 원심펌프의 운전 특성
㉮ 직렬 운전 : 양정 증가, 유량 일정
㉯ 병렬 운전 : 유량 증가, 양정 일정

---

### 제 3 과목  가스안전관리

**41.** 용기에 의한 액화석유가스 사용시설의 기준으로 틀린 것은?
① 가스저장실 주위에 보기 쉽게 경계표시

**정답**  36. ④  37. ③  38. ①  39. ④  40. ③  41. ③

를 한다.
② 저장능력이 250 kg 이상인 사용시설에는 압력이 상승할 때를 대비하여 과압안전장치를 설치한다.
③ 용기는 용기집합설비의 저장능력이 300 kg 이하인 경우 용기, 용기밸브 및 압력조정기가 직사광선, 빗물 등에 노출되지 않도록 한다.
④ 내용적 20 L 이상의 충전용기를 옥외에서 이동하며 사용하는 때에는 용기운반 손수레에 단단히 묶어 사용한다.

[해설] • 용기에 의한 액화석유가스 사용시설 기준
㉮ 저장능력 100 kg 이하 : 용기, 용기밸브, 압력조정기가 직사광선, 눈, 빗물에 노출되지 않도록 조치
㉯ 저장능력 100 kg 초과 : 용기보관실 설치
㉰ 저장능력 250 kg 이상 : 고압부에 안전장치 설치
㉱ 저장능력 500 kg 초과 : 저장탱크 또는 소형저장탱크 설치

## 42. 발연황산시약을 사용한 오르사트법 또는 브롬시약을 사용한 뷰렛법에 의한 시험으로 품질검사를 하는 가스는?

① 산소   ② 암모니아
③ 수소   ④ 아세틸렌

[해설] ㉮ 품질검사 기준

| 구분 | 시약 | 검사법 | 순도 |
|---|---|---|---|
| 산소 | 동·암모니아 | 오르사트법 | 99.5 % 이상 |
| 수소 | 피로갈롤, 하이드로설파이드 | 오르사트법 | 98.5 % 이상 |
| 아세틸렌 | 발연황산 | 오르사트법 | 98 % 이상 |
| | 브롬시약 | 뷰렛법 | |
| | 질산은 시약 | 정성시험 | |

㉯ 1일 1회 이상 가스제조장에서 안전관리책임자가 실시, 안전관리 부총괄자와 안전관리책임자가 확인 서명

## 43. 액화석유가스 충전시설에서 가스산업기사 이상의 자격을 선임하여야 하는 저장능력의 기준은?

① 30톤 초과    ② 100톤 초과
③ 300톤 초과   ④ 500톤 초과

[해설] • 액화석유가스 충전시설 안전관리자 선임기준

| 저장능력 | 안전관리자의 구분 및 선임인원 | 자격 |
|---|---|---|
| 500톤 초과 | 안전관리 총괄자 : 1명 | - |
| | 안전관리 부총괄자 : 1명 | - |
| | 안전관리 책임자 : 1명 이상 | 가스산업기사 이상 |
| | 안전관리원 : 2명 이상 | 가스기능사 이상의 자격 또는 양성교육 이수자 |
| 100톤 초과 500톤 이하 | 안전관리 총괄자 : 1명 | - |
| | 안전관리 부총괄자 : 1명 | - |
| | 안전관리 책임자 : 1명 이상 | 가스기능사 이상 |
| | 안전관리원 : 2명 이상 | 가스기능사 이상 또는 양성교육 이수자 |
| 100톤 이하 | 안전관리 총괄자 : 1명 | - |
| | 안전관리 부총괄자 : 1명 | - |
| | 안전관리 책임자 : 1명 이상 | 가스기능사 이상 또는 현장실무 경력 5년 이상인 양성교육 이수자 |
| | 안전관리원 : 1명 이상 | 가스기능사 이상 또는 양성교육 이수자 |
| 30톤 이하 (자동차 용기 충전시설에만 해당) | 안전관리 총괄자 : 1명 | |
| | 안전관리 책임자 : 1명 이상 | 가스기능사 이상 또는 양성교육 이수자 |

**정답** 42. ④  43. ④

※ 양성교육 이수자는 "충전시설 안전관리자 양성교육 이수자"임

**44.** 소비자 1호당 1일 평균 가스소비량이 1.6 kg/day이고 소비호수 10호인 경우 자동절체조정기를 사용하는 설비를 설계하면 용기는 몇 개 정도 필요한가? (단, 표준가스 발생능력은 1.6 kg/h 이고, 평균가스 소비율은 60 %, 용기는 2계열 집합으로 사용한다.)

① 8개   ② 10개
③ 12개  ④ 14개

[해설] ㉮ 필요 최저 용기수 계산
필요 용기수
$= \dfrac{1호당\ 평균가스\ 소비량 \times 호수 \times 소비율}{가스발생능력}$
$= \dfrac{1.6 \times 10 \times 0.6}{1.6} = 6$개

㉯ 2계열 용기수 계산
∴ 2계열 용기수 = 필요 용기수 × 2
= 6 × 2 = 12개

**45.** 고압가스 운반 중 가스누출 부분에 수리가 불가능한 사고가 발생하였을 경우의 조치로서 가장 거리가 먼 것은?

① 상황에 따라 안전한 장소로 운반한다.
② 부근의 화기를 없앤다.
③ 소화기를 이용하여 소화한다.
④ 비상연락망에 따라 관계 업소에 원조를 의뢰한다.

[해설] • 운반 중 사고가 발생한 경우 조치 사항
(1) 가스누출이 있는 경우에는 그 누출부분의 확인 및 수리를 할 것
(2) 가스누출 부분의 수리가 불가능한 경우
  ㉮ 상황에 따라 안전한 장소로 운반할 것
  ㉯ 부근의 화기를 없앨 것
  ㉰ 착화된 경우 용기 파열 등의 위험이 없다고 인정될 때는 소화할 것
  ㉱ 독성가스가 누출할 경우에는 가스를 제독할 것

  ㉲ 부근에 있는 사람을 대피시키고, 동행인은 교통통제를 하여 출입을 금지시킬 것
  ㉳ 비상연락망에 따라 관계 업소에 원조를 의뢰할 것
  ㉴ 상황에 따라 안전한 장소로 대피할 것

**46.** 고압가스 저장설비에 설치하는 긴급차단장치에 대한 설명으로 틀린 것은?

① 저장설비의 내부에 설치하여도 된다.
② 동력원(動力源)은 액압, 기압, 전기 또는 스프링으로 한다.
③ 조작 버튼(button)은 저장설비에서 가장 가까운 곳에 설치한다.
④ 간단하고 확실하며 신속히 차단되는 구조라야 한다.

[해설] 긴급차단장치를 조작할 수 있는 위치는 해당 저장탱크로부터 5 m 이상 떨어진 곳(방류둑 등을 설치한 경우에는 그 외측)이고 액화가스가 대량유출 시에 대비하여 안전한 장소로 한다.

**47.** 가연성가스 또는 산소를 운반하는 차량에 휴대하여야 하는 소화기로 옳은 것은?

① 포말소화기     ② 분말소화기
③ 화학포소화기   ④ 간이소화기

[해설] 차량에 고정된 탱크로 가연성가스 또는 산소를 운반할 때, 충전용기 등을 차량에 적재하여 운반하는 경우 휴대하는 소화설비는 분말소화기이다.

**48.** 가연성가스 저장탱크 및 처리설비를 실내에 설치하는 기준에 대한 설명 중 틀린 것은?

① 저장탱크와 처리설비는 구분 없이 동일한 실내에 설치한다.
② 저장탱크 및 처리설비가 설치된 실내는 천장, 벽 및 바닥의 두께가 30 cm 이상인 철근콘크리트로 한다.
③ 저장탱크의 정상부와 저장탱크실 천장

정답 44. ③  45. ③  46. ③  47. ②  48. ①

과의 거리는 60 cm 이상으로 한다.
④ 저장탱크에 설치한 안전밸브는 지상 5 m 이상의 높이에 방출구가 있는 가스 방출관을 설치한다.

[해설] 저장탱크실과 처리설비실은 각각 구분하여 설치하고 강제환기시설을 갖춘다.

**49.** 가스위험성 평가에서 위험도가 큰 가스로부터 작은 순서대로 바르게 나열된 것은?

① $C_2H_6$, CO, $CH_4$, $NH_3$
② $C_2H_6$, $CH_4$, CO, $NH_3$
③ CO, $CH_4$, $C_2H_6$, $NH_3$
④ CO, $C_2H_6$, $CH_4$, $NH_3$

[해설] ㉮ 위험도 : 가연성가스의 폭발가능성을 나타내는 수치(폭발범위를 폭발범위 하한계로 나눈 것)로 수치가 클수록 위험하다. 즉, 폭발범위가 넓을수록, 폭발범위하한계가 낮을수록 위험성이 크다.

∴ $H = \dfrac{U-L}{L}$

㉯ 각 가스의 공기 중 폭발범위

| 가스 명칭 | 폭발범위 | 위험도 |
|---|---|---|
| 일산화탄소 (CO) | 12.5~74 % | 4.92 |
| 에탄 ($C_2H_6$) | 3~12.5 % | 3 |
| 메탄 ($CH_4$) | 5~15 % | 2 |
| 암모니아 ($NH_3$) | 15~28 % | 0.87 |

**50.** LPG 사용시설에서 용기보관실 및 용기집합설비의 설치에 대한 설명으로 틀린 것은?

① 저장능력이 100 kg을 초과하는 경우에는 옥외에 용기보관실을 설치한다.
② 용기보관실의 벽, 문, 지붕은 불연재료로 하고 복층구조로 한다.
③ 건물과 건물 사이 등 용기보관실 설치가 곤란한 경우에는 외부인의 출입을 방지하기 위한 출입문을 설치한다.
④ 용기집합설비의 양단 마감조치 시에는 캡 또는 플랜지로 마감한다.

[해설] 용기보관실의 벽, 문 및 지붕은 불연재료(지붕의 경우에는 가벼운 불연재료)로 설치하고, 단층구조로 한다.

**51.** 고압가스 일반제조시설의 배관 설치에 대한 설명으로 틀린 것은?

① 배관은 지면으로부터 최소한 1 m 이상의 깊이에 매설한다.
② 배관의 부식방지를 위하여 지면으로부터 30 cm 이상의 거리를 유지한다.
③ 배관설비는 상용압력의 2배 이상의 압력에 항복을 일으키지 아니하는 두께 이상으로 한다.
④ 모든 독성가스는 2중관으로 한다.

[해설] 2중관으로 하여야 하는 가스의 대상은 포스겐, 황화수소, 시안화수소, 아황산가스, 산화에틸렌, 암모니아, 염소, 염화메탄으로 한다.

**52.** 일반도시가스사업소에 설치된 정압기 필터 분해점검에 대하여 옳게 설명한 것은?

① 가스공급 개시 후 매년 1회 이상 실시한다.
② 가스공급 개시 후 2년에 1회 이상 실시한다.
③ 설치 후 매년 1회 이상 실시한다.
④ 설치 후 2년에 1회 이상 실시한다.

[해설] • 분해 점검 주기
㉮ 정압기 : 2년에 1회 이상
㉯ 정압기 필터 : 최초 가스공급 개시 후 1월 이내 및 1년에 1회 이상
㉰ 가스 사용시설(단독사용자시설)의 정압기 및 필터 : 설치 후 3년까지는 1회 이상, 그 이후에는 4년에 1회 이상

**53.** 저장탱크의 맞대기 용접부 기계시험 방법이 아닌 것은?

① 비파괴시험   ② 이음매 인장시험

정답  49. ④  50. ②  51. ④  52. ①  53. ①

③ 표면 굽힘시험 ④ 측면 굽힘시험

[해설] • 맞대기 용접부 기계적 검사(시험) 종류 : 이음매 인장시험, 표면 굽힘시험, 측면 굽힘시험, 이면 굽힘시험, 충격시험

**54.** 고정식 압축도시가스 이동식 충전차량 충전시설에 설치하는 가스누출검지 경보장치의 설치위치가 아닌 것은?

① 개방형 피트 외부에 설치된 배관 접속부 주위
② 압축가스설비 주변
③ 개별 충전설비 본체 내부
④ 펌프 주변

[해설] • 가스누출검지 경보장치 설치위치 및 설치 수
㉮ 압축설비 주변 : 1개 이상
㉯ 압축가스설비 주변 : 2개
㉰ 개별 충전설비 본체 내부 : 1개 이상
㉱ 밀폐형 피트 내부에 설치된 배관접속(용접접속 제외)부 주위 : 배관접속부마다 10 m 이내에 1개
㉲ 펌프 주변 : 1개 이상

**55.** 폭발방지대책을 수립하고자 할 경우 먼저 분석하여야 할 사항으로 가장 거리가 먼 것은?

① 요인 분석
② 위험성 평가 분석
③ 피해 예측 분석
④ 보험가입 여부 분석

**56.** 고압가스 운반기준에서 동일 차량에 적재하여 운반할 수 없는 것은?

① 염소와 아세틸렌 ② 질소와 산소
③ 아세틸렌과 산소 ④ 프로판과 부탄

[해설] • 혼합적재 금지 기준
㉮ 염소와 아세틸렌, 암모니아, 수소
㉯ 가연성가스와 산소는 충전용기 밸브가 마주보지 않도록 적재하면 혼합적재 가능

㉰ 충전용기와 소방기본법이 정하는 위험물
㉱ 독성가스 중 가연성가스와 조연성가스

**57.** 저장능력이 20톤인 암모니아 저장탱크 2기를 지하에 인접하여 매설할 경우 상호간에 최소 몇 m 이상의 이격거리를 유지하여야 하는가?

① 0.6 m ② 0.8 m ③ 1 m ④ 1.2 m

[해설] • 저장탱크 상호간 유지거리
㉮ 지하매설 : 1 m 이상
㉯ 지상 설치 : 두 저장탱크 최대지름을 합산한 길이의 4분의 1 이상에 해당하는 거리(4분의 1이 1 m 미만인 경우 1 m 이상의 거리)

**58.** 고압가스 안전관리법에 의한 LPG 용접 용기를 제조하고자 하는 자가 반드시 갖추지 않아도 되는 설비는?

① 성형설비 ② 원료 혼합설비
③ 열처리설비 ④ 세척설비

[해설] • LPG 용접 용기 제조설비 : 성형설비, 용접설비, 열처리설비, 부식방지도장설비, 건조설비, 각인기, 자동밸브탈착기, 용기내부 건조설비 및 진공흡입설비, 그 밖에 당해 용기제조에 필요한 설비 및 기구
※ 원료 혼합설비(원료 혼합기)는 아세틸렌 용접 용기 제조설비에 해당

**59.** 공기액화 분리기의 운전을 중지하고 액화산소를 방출해야 하는 경우는?

① 액화산소 5 L 중 아세틸렌의 질량이 1 mg을 넘을 때
② 액화산소 5 L 중 아세틸렌의 질량이 5 mg을 넘을 때
③ 액화산소 5 L 중 탄화수소의 탄소의 질량이 5 mg을 넘을 때
④ 액화산소 5 L 중 탄화수소의 탄소의 질량이 50 mg을 넘을 때

정답 54. ① 55. ④ 56. ① 57. ③ 58. ② 59. ②

[해설] • 불순물 유입금지 기준 : 액화산소 5 L 중 아세틸렌 질량이 5 mg 또는 탄화수소의 탄소 질량이 500 mg을 넘을 때는 운전을 중지하고 액화산소를 방출한다.

**60.** 독성가스가 누출되었을 경우 이에 대한 제독조치로서 적당하지 않은 것은?

① 물 또는 흡수제에 의하여 흡수 또는 중화하는 조치
② 벤트스택을 통하여 공기 중에 방출시키는 조치
③ 흡착제에 의하여 흡착제거하는 조치
④ 집액구 등으로 고인 액화가스를 펌프 등의 이송설비로 반송하는 조치

[해설] • 독성가스 제독조치
㉮ 물 또는 흡수제로 흡수 또는 중화하는 조치
㉯ 흡착제로 흡착 제거하는 조치
㉰ 저장탱크 주위에 설치된 유도구에 의하여 집액구, 피트 등에 고인 액화가스를 펌프 등의 이송설비를 이용하여 안전하게 제조설비로 반송하는 조치
㉱ 연소설비(플레어스택, 보일러 등)에서 안전하게 연소시키는 조치

## 제 4 과목 가스계측

**61.** 다음 중 접촉식 온도계에 해당하는 것은?

① 바이메탈 온도계  ② 광고 온도계
③ 방사 온도계  ④ 광전관 온도계

[해설] • 온도계의 분류 및 종류
㉮ 접촉식 온도계 : 유리제 봉입식 온도계, 바이메탈 온도계, 압력식 온도계, 열전대 온도계, 저항 온도계, 서미스터, 제겔콘, 서머컬러
㉯ 비접촉식 온도계 : 광고 온도계, 광전관 온도계, 색 온도계, 방사 온도계

**62.** 가스크로마토그래피에서 사용하는 검출기가 아닌 것은?

① 원자방출 검출기(AED)
② 황화학발광 검출기(SCD)
③ 열추적 검출기(TTD)
④ 열이온 검출기(TID)

[해설] • 가스크로마토그래피 검출기 종류
㉮ TCD : 열전도형 검출기
㉯ FID : 수소염 이온화 검출기
㉰ ECD : 전자포획 이온화 검출기
㉱ FPD : 염광 광도형 검출기
㉲ FTD : 알칼리성 이온화 검출기
㉳ DID : 방전이온화 검출기
㉴ AED : 원자방출 검출기
㉵ TID : 열이온 검출기
㉶ SCD : 황화학발광 검출기

**63.** 용적식 유량계의 특징에 대한 설명 중 옳지 않은 것은?

① 유체의 물성치(온도, 압력 등)에 의한 영향을 거의 받지 않는다.
② 점도가 높은 액의 유량 측정에는 적합하지 않다.
③ 유량계 전후의 직관길이에 영향을 받지 않는다.
④ 외부 에너지의 공급이 없어도 측정할 수 있다.

[해설] • 용적식 유량계의 일반적인 특징 : ①, ③, ④ 외
㉮ 정도가 ±0.2~0.5 %로 높아 상거래용으로 사용한다.
㉯ 고점도의 유체나 점도 변화가 있는 유체의 측정에 적합하다.
㉰ 맥동현상과 압력손실이 적다.
㉱ 이물질의 혼입을 차단하기 위하여 입구에 스트레이너(strainer)를 설치한다 (구조가 복잡하다).

**64.** 막식 가스미터의 고장에 대한 설명으로 틀

정답  60. ②  61. ①  62. ③  63. ②  64. ④

린 것은?

① 부동 : 가스가 미터기를 통과하지만 계량되지 않는 고장
② 떨림 : 가스가 통과할 때에 출구 측의 압력변동이 심하게 되어 가스의 연소형태를 불안정하게 하는 고장 형태
③ 기차불량 : 설치오류, 충격, 부품의 마모 등으로 계량정밀도가 저하되는 경우
④ 불통 : 회전자 베어링 마모에 의한 회전저항이 크거나 설치 시 이물질이 기어 내부에 들어갈 경우

[해설] • 불통(不通) : 가스가 계량기를 통과하지 못하는 고장
  ㉮ 크랭크축이 녹슬었을 때
  ㉯ 밸브와 밸브시트가 타르 수분 등에 의해 붙거나 동결된 경우
  ㉰ 날개 조절기 등 회전 장치 부분에 이상이 있을 때

**65.** 전기저항 온도계에서 측온 저항체의 공칭 저항치라고 하는 것은 몇 ℃의 온도일 때 저항소자의 저항을 의미하는가?

① -273℃  ② 0℃
③ 5℃     ④ 21℃

[해설] 공칭 저항값(표준 저항값)은 0℃일 때 50Ω, 100Ω의 것이 표준적인 측온 저항체로 사용된다.

**66.** 산소 64 kg과 질소 14 kg의 혼합기체가 나타내는 전압이 10기압이면 이때 산소의 분압은 얼마인가?

① 2기압  ② 4기압  ③ 6기압  ④ 8기압

[해설] 분압 = 전압 × $\dfrac{성분몰}{전몰}$

$= 10 \times \dfrac{\frac{64}{32}}{\frac{64}{32} + \frac{14}{28}} = 8$기압

**67.** 가스누출 검지경보장치의 기능에 대한 설명으로 틀린 것은?

① 경보농도는 가연성가스인 경우 폭발하한계의 1/4 이하, 독성가스인 경우 TLV-TWA 기준농도 이하로 할 것
② 경보를 발신한 후 5분 이내에 자동적으로 경보정지가 되어야 할 것
③ 지시계의 눈금은 독성가스인 경우 0~TLV-TWA 기준농도 3배 값을 명확하게 지시하는 것일 것
④ 가스검지에서 발신까지의 소요시간은 경보농도의 1.6배 농도에서 보통 30초 이내일 것

[해설] 경보를 발신한 후에는 원칙적으로 분위기 중 가스농도가 변화하여도 계속 경보를 울리고, 그 확인 또는 대책을 강구함에 따라 경보가 정지되는 것으로 한다.

**68.** 가스분석에서 흡수분석법에 해당하는 것은?

① 적정법      ② 중량법
③ 흡광광도법  ④ 헴펠법

[해설] • 흡수분석법 : 채취된 가스를 분석기 내부의 성분 흡수제에 흡수시켜 체적변화를 측정하는 방식으로 오르사트(Orsat)법, 헴펠(Hempel)법, 게겔(Gockel)법 등이 있다.

**69.** 전압 또는 전력증폭기, 제어밸브 등으로 되어 있으며 조절부에서 나온 신호를 증폭시켜, 제어대상을 작동시키는 장치는?

① 검출부  ② 전송기
③ 조절기  ④ 조작부

[해설] • 자동제어계의 구성 요소
  ㉮ 검출부 : 제어대상을 계측기를 사용하여 검출하는 과정이다.
  ㉯ 조절부 : 2차 변환기, 비교기, 조절기 등의 기능 및 지시기록 기구를 구비한 계기이다.

**정답**  65. ②  66. ④  67. ②  68. ④  69. ④

㉰ 비교부 : 기준입력과 주피드백량과의 차를 구하는 부분으로서 제어량의 현재값이 목표치와 얼마만큼 차이가 나는가를 판단하는 기구
㉱ 조작부 : 조작량을 제어하여 제어량을 설정치와 같도록 유지하는 기구이다.

**70.** 열전대 온도계의 일반적인 종류로서 옳지 않은 것은?

① 구리 – 콘스탄탄
② 백금 – 백금·로듐
③ 크로멜 – 콘스탄탄
④ 크로멜 – 알루멜

[해설] ㉮ 열전대의 종류 및 사용금속

| 종류 및 약호 | 사용금속 | |
|---|---|---|
| | +극 | -극 |
| R형 [백금 – 백금로듐](P – R) | 백금로듐 | Pt(백금) |
| K형 [크로멜 – 알루멜](C – A) | 크로멜 | 알루멜 |
| J형 [철 – 콘스탄탄](I – C) | 순철(Fe) | 콘스탄탄 |
| T형 [동 – 콘스탄탄](C – C) | 순구리 | 콘스탄탄 |

㉯ 크로멜 – 콘스탄탄 열전대(E-type) : 측정 범위가 −200℃~700℃로 중, 저온용으로 사용되며 일정온도에서 열기전력 값이 가장 큰 값을 나타낸다. 환원성 분위기에는 약하다.

**71.** 물체는 고온이 되면, 온도 상승과 더불어 짧은 파장의 에너지를 발산한다. 이러한 원리를 이용하는 색온도계의 온도와 색과의 관계가 바르게 짝지어진 것은?

① 800℃ – 오렌지색
② 1000℃ – 노란색
③ 1200℃ – 눈부신 황백색
④ 2000℃ – 매우 눈부신 흰색

[해설] • 색과 온도와의 관계

| 색 | 온도(℃) |
|---|---|
| 어두운색 | 600 |
| 붉은색 | 800 |
| 오렌지색 | 1000 |
| 황색 | 1200 |
| 눈부신 황백색 | 1500 |
| 매우 눈부신 흰색 | 2000 |
| 푸른기가 있는 흰백색 | 2500 |

**72.** 열전도율식 $CO_2$ 분석계 사용 시 주의사항 중 틀린 것은?

① 가스의 유속을 거의 일정하게 한다.
② 수소가스($H_2$)의 혼입으로 지시값을 높여 준다.
③ 셀의 주위 온도와 측정가스의 온도를 거의 일정하게 유지시키고 과도한 상승을 피한다.
④ 브리지의 공급 전류의 점검을 확실하게 한다.

[해설] (1) 열전도형 $CO_2$계 : $CO_2$는 공기보다 열전도율이 낮다는 것을 이용하여 분석하는 물리적 분석계이다.
(2) 분석 시 주의사항
㉮ 1차 여과기 막힘에 주의하고, 0점 조절을 철저히 한다.
㉯ 측정실의 온도상승을 방지할 것
㉰ 열전도율이 대단히 큰 $H_2$가 혼입되면 오차가 크다.
㉱ $N_2$, $O_2$, $CO$ 농도 변화에 대한 $CO_2$ 지시 오차가 거의 없다.
㉲ 브리지의 공급 전류의 점검을 확실하게 한다.
㉳ 셀의 주위 온도와 측정가스 온도는 거의 일정하게 유지시키고 온도의 과도한 상승을 피한다.
㉴ 가스의 유속을 일정하게 하여야 한다.

**73.** 다음 중 람베르트–비어의 법칙을 이용한

정답  70. ③  71. ④  72. ②  73. ①

분석법은?

① 분광 광도법
② 분별 연소법
③ 전위차 적정법
④ 가스크로마토그래피법

[해설] • 분광 광도법(흡광 광도법) : 시료가스를 반응시켜 발색을 광전 광도계 또는 광전 분광 광도계를 사용하여 흡광도의 측정으로 분석하는 방법으로 미량분석에 사용된다.

**74.** 전자유량계는 다음 중 어느 법칙을 이용한 것인가?

① 쿨롱의 전자유도법칙
② 옴의 전자유도법칙
③ 패러데이의 전자유도법칙
④ 줄의 전자유도법칙

[해설] • 전자식 유량계 : 패러데이의 전자유도법칙을 이용한 것으로 도전성 액체의 유량을 측정한다.

**75.** 유량 측정에 대한 설명으로 옳지 않은 것은 어느 것인가?

① 유체의 밀도가 변할 경우 질량유량을 측정하는 것이 좋다.
② 유체가 액체일 경우 온도와 압력에 의한 영향이 크다.
③ 유체가 기체일 때 온도나 압력에 의한 밀도의 변화는 무시할 수 없다.
④ 유체의 흐름이 층류일 때와 난류일 때의 유량측정 방법은 다르다.

[해설] 유체가 액체일 경우 온도와 압력에 의한 영향이 적어 무시할 수 있지만, 기체일 경우에는 온도와 압력에 의한 영향이 크기(밀도 변화가 크다) 때문에 무시할 수 없다.

**76.** 가스크로마토그래피의 운반기체(carrier gas)가 구비해야 할 조건으로 옳지 않은 것

은 어느 것인가?

① 비활성일 것
② 확산속도가 클 것
③ 건조할 것
④ 순도가 높을 것

[해설] • 캐리어가스의 구비조건
㉮ 시료와 반응성이 낮은 불활성 기체여야 한다.
㉯ 기체 확산을 최소로 할 수 있어야 한다.
㉰ 순도가 높고 구입이 용이해야(경제적) 한다.
㉱ 사용하는 검출기에 적합해야 한다.

**77.** 유리제 온도계 중 알코올 온도계의 특징으로 옳은 것은?

① 저온측정에 적합하다.
② 표면장력이 커 모세관현상이 적다.
③ 열팽창계수가 작다.
④ 열전도율이 좋다.

[해설] • 알코올 온도계의 특징
㉮ 저온 측정에 적합하다 (측정범위 : $-100 \sim 200$ ℃).
㉯ 표면장력이 작아 모세관현상이 크다.
㉰ 열팽창계수가 크지만, 열전도율은 나쁘다.
㉱ 액주의 복원시간이 길다.

**78.** 안지름 50 mm의 배관으로 평균유속 1.5 m/s의 속도로 흐를 때의 유량($m^3/h$)은 얼마인가?

① 10.6  ② 11.2  ③ 12.1  ④ 16.2

[해설] $Q = AV = \dfrac{\pi}{4} D^2 V$

$= \dfrac{\pi}{4} \times 0.05^2 \times 1.5 \times 3600$

$= 10.602 \ m^3/h$

**79.** 대용량 수요처에 적합하며 100~5000 $m^3/h$의 용량범위를 갖는 가스미터는?

① 막식 가스미터   ② 습식 가스미터

정답  74. ③   75. ②   76. ②   77. ①   78. ①   79. ④

③ 마노미터　　　④ 루츠미터

[해설] • 루츠(roots)형 가스미터의 특징
㉮ 대유량 가스 측정에 적합하다.
㉯ 중압가스의 계량이 가능하다.
㉰ 설치면적이 적고, 연속흐름으로 맥동현상이 없다.
㉱ 여과기의 설치 및 설치 후의 유지관리가 필요하다.
㉲ $0.5\,m^3/h$ 이하의 적은 유량에는 부동의 우려가 있다.
㉳ 구조가 비교적 복잡하다.
㉴ 용량 범위가 $100\sim5000\,m^3/h$로 대량 수용가에 적합하다.

**80.** 다음 가스계량기 중 간접측정 방법이 아닌 것은?
① 막식 계량기　　② 터빈 계량기
③ 오리피스 계량기　④ 볼텍스 계량기

[해설] • 가스미터의 분류
(1) 실측식(직접식)
　㉮ 건식 : 막식형(독립내기식, 클로버식)
　㉯ 회전식 : 루츠형, 오벌식, 로터리피스톤식
　㉰ 습식
(2) 추량식(간접식) : 델타식(볼텍스식), 터빈식, 오리피스식, 벤투리식

정답　80. ①

## 2015년도 시행 문제

▶ 2015년 3월 8일 시행

| 자격종목 | 종목코드 | 시험시간 | 형 별 |
|---|---|---|---|
| 가스 산업기사 | 2471 | 2시간 | A |

### 제1과목 연소공학

**1.** 공기압축기의 흡입구로 빨려 들어간 가연성 증기가 압축되어 그 결과로 큰 재해가 발생하였다. 이 경우 가연성 증기에 작용한 기계적인 발화원으로 볼 수 있는 것은?
① 충격  ② 마찰
③ 단열압축  ④ 정전기

[해설] 압축기가 압축되는 과정은 단열압축과정이며, 압축 후 온도가 상승하여 발화할 수 있어 점화원의 한 종류로 분류한다.

**2.** 다음 중 연소속도에 영향을 미치지 않는 것은 어느 것인가?
① 관의 단면적  ② 내염표면적
③ 염의 높이  ④ 관의 염경

[해설] • 연소속도 : 가연물과 산소와의 반응속도 (분자간의 충돌속도)를 말하는 것으로 관의 단면적, 내염표면적, 관의 염경 등이 영향을 준다.

**3.** 고체연료에 있어 탄화도가 클수록 발생하는 성질은?
① 휘발분이 증가한다.
② 매연발생이 많아진다.
③ 연소속도가 증가한다.
④ 고정탄소가 많아져 발열량이 커진다.

[해설] • 탄화도 증가에 따라 나타나는 특성
㉮ 발열량 증가
㉯ 연료비 증가
㉰ 열전도율 증가
㉱ 비열 감소
㉲ 연소속도가 늦어진다.
㉳ 수분, 휘발분이 감소
㉴ 인화점, 착화온도가 높아진다.

**4.** 폭발에 대한 설명으로 틀린 것은?
① 폭발한계란 폭발이 일어나는데 필요한 농도의 한계를 의미한다.
② 온도가 낮을 때는 폭발 시의 방열속도가 느려지므로 연소범위는 넓어진다.
③ 폭발 시의 압력을 상승시키면 반응속도는 증가한다.
④ 불활성기체를 공기와 혼합하면 폭발범위는 좁아진다.

[해설] • 연소범위에 대한 온도의 영향 : 온도가 높아지면 방열속도가 느려져서 연소범위가 넓어지고, 온도가 낮아지면 방열속도가 빨라져서 연소범위가 좁아진다.

**5.** 메탄 50 v%, 에탄 25 v%, 프로판 25 v%가 섞여 있는 혼합기체의 공기 중에서의 연소하한계(v%)는 얼마인가? (단, 메탄, 에탄, 프로판의 연소하한계는 각각 5 v%, 3 v%, 2.1 v%이다.)
① 2.3  ② 3.3  ③ 4.3  ④ 5.3

[해설] $\dfrac{100}{L} = \dfrac{V_1}{L_1} + \dfrac{V_2}{L_2} + \dfrac{V_3}{L_3} + \dfrac{V_4}{L_4}$ 에서

**정답** 1. ③  2. ③  3. ④  4. ②  5. ②

$$\therefore L = \frac{100}{\dfrac{V_1}{L_1} + \dfrac{V_2}{L_2} + \dfrac{V_3}{L_3}}$$

$$= \frac{100}{\dfrac{50}{5} + \dfrac{25}{3} + \dfrac{25}{2.1}} = 3.307\ \%$$

**6.** 다음 〈보기〉는 가스의 폭발에 관한 설명이다. 옳은 내용으로만 짝지어진 것은?

―――――〈보 기〉―――――
㉠ 안전간격이 큰 것일수록 위험하다.
㉡ 폭발 범위가 넓은 것은 위험하다.
㉢ 가스압력이 커지면 통상 폭발 범위는 넓어진다.
㉣ 연소속도가 크면 안전하다.
㉤ 가스비중이 큰 것은 낮은 곳에 체류할 위험이 있다.

① ㉢, ㉣, ㉤
② ㉡, ㉢, ㉣, ㉤
③ ㉡, ㉢, ㉤
④ ㉠, ㉡, ㉢, ㉤

[해설] • 잘못된 〈보기〉 중 옳은 설명
㉠ 안전간격이 작은 것이 위험하고 큰 것은 상대적으로 안전하다.
㉣ 연소속도가 크면 위험하다.

**7.** 활성화 에너지가 클수록 연소반응속도는 어떻게 되는가?
① 빨라진다.
② 활성화 에너지와 연소반응속도는 관계가 없다.
③ 느려진다.
④ 빨라지다가 점차 느려진다.

[해설] • 활성화 에너지 : 반응물질을 활성화물로 만드는데 필요한 최소 에너지이다.
㉮ 활성화 에너지가 클수록 반응속도는 감소한다.
㉯ 활성화 에너지가 작을수록 반응속도는 증가한다.

**8.** 액체연료의 연소에 있어서 1차 공기란?
① 착화에 필요한 공기
② 연료의 무화에 필요한 공기
③ 연소에 필요한 계산상 공기
④ 화격자 아래쪽에서 공급되어 주로 연소에 관여하는 공기

[해설] ㉮ 1차 공기 : 액체 연료의 무화에 필요한 공기 또는 연소 전에 가연성기체와 혼합되어 공급되는 공기
㉯ 2차 공기 : 완전연소에 필요한 부족한 공기를 보충 공급하는 것

**9.** 열역학법칙 중 "어떤 계의 온도를 절대온도 0K까지 내릴 수 없다"에 해당하는 것은?
① 열역학 제0법칙 ② 열역학 제1법칙
③ 열역학 제2법칙 ④ 열역학 제3법칙

[해설] • 열역학 법칙
㉮ 열역학 제0법칙 : 열평형의 법칙
㉯ 열역학 제1법칙 : 에너지보존의 법칙
㉰ 열역학 제2법칙 : 방향성의 법칙
㉱ 열역학 제3법칙 : 어떤 계 내에서 물체의 상태변화 없이 절대온도 0도에 이르게 할 수 없다.

**10.** 이산화탄소 40 v%, 질소 40 v%, 산소 20 v%로 이루어진 혼합기체의 평균분자량은 약 얼마인가?
① 17  ② 25  ③ 35  ④ 42

[해설] • 혼합기체의 평균분자량 계산 : 성분기체의 고유분자량에 체적비를 곱하여 합산하면 된다.
$\therefore M = (44 \times 0.4) + (28 \times 0.4) + (32 \times 0.2)$
$= 35.2$

**11.** 정상운전 중에 가연성가스의 점화원이 될 전기불꽃 아크 등의 발생을 방지하기 위하여 기계적, 전기적 구조상 또는 온도상승에 대해서 안전도를 증가시킨 방폭구조는?
① 내압 방폭구조

정답 6. ③  7. ③  8. ②  9. ④  10. ③  11. ③

② 압력 방폭구조
③ 안전증 방폭구조
④ 본질안전 방폭구조

[해설] • 안전증 방폭구조 (e) : 정상운전 중에 가연성 가스의 점화원이 될 전기불꽃, 아크 또는 고온부분 등의 발생을 방지하기 위하여 기계적, 전기적 구조상 또는 온도 상승에 대하여 특히 안전도를 증가시킨 구조

**12.** 시안화수소의 위험도($H$)는 약 얼마인가?

① 5.8  ② 8.8  ③ 11.8  ④ 14.8

[해설] ㉮ 시안화수소 (HCN)의 폭발범위 : 6~41 %
㉯ 위험도 계산

$$\therefore H = \frac{U-L}{L} = \frac{41-6}{6} = 5.83$$

**13.** 이상연소 현상인 리프팅(lifting)의 원인이 아닌 것은?

① 버너 내의 압력이 높아져 가스가 과다 유출할 경우
② 가스압이 이상 저하한다든지 노즐과 콕 등이 막혀 가스량이 극히 적게 될 경우
③ 공기 및 가스의 양이 많아져 분출량이 증가한 경우
④ 버너가 낡고 염공이 막혀 염공의 유효면적이 작아져 버너 내압이 높게 되어 분출속도가 빠르게 되는 경우

[해설] (1) 선화 (lifting) : 염공에서의 가스의 유출속도가 연소속도보다 커서 염공에 접하여 연소하지 않고 염공을 떠나 공간에서 연소하는 현상
(2) 원인
㉮ 염공이 작아졌을 때
㉯ 공급압력이 지나치게 높을 경우
㉰ 배기 또는 환기가 불충분할 때
㉱ 공기 조절장치를 지나치게 개방하였을 때
※ ②항은 역화(back fire)의 원인에 해당된다.

**14.** 내용적 5m³의 탱크에 압력 6 kgf/cm², 건성도 0.98의 습윤포화증기를 몇 kg 충전할 수 있는가? (단, 이 압력에서의 건성포화증기의 비용적은 0.278 m³/kg이다.)

① 3.67  ② 11.01  ③ 14.68  ④ 18.35

[해설] ㉮ 건성포화증기 질량 계산

$$\therefore 질량 = \frac{내용적(m^3)}{비용적(m^3/kg)} = \frac{5}{0.278}$$
$$= 17.985 \text{ kg}$$

㉯ 습윤포화증기의 충전량 계산 : 탱크에 충전할 수 있는 질량은 건도가 100 %인 건성포화증기량이다.
∴ 충전질량 = 습윤포화증기량 × 건도

$$\therefore 습윤포화증기량 = \frac{충전질량}{건도} = \frac{17.985}{0.98}$$
$$= 18.352 \text{ kg}$$

**15.** 상온, 표준대기압 하에서 어떤 혼합기체의 각 성분에 대한 부피가 각각 $CO_2$ 20 %, $N_2$ 20 %, $O_2$ 40 %, Ar 20 % 이면 이 혼합기체 중 $CO_2$ 분압은 약 몇 mmHg인가?

① 152  ② 252  ③ 352  ④ 452

[해설] 표준대기압은 760 mmHg이다.

$$\therefore 분압 = 전압 \times \frac{성분부피}{전부피}$$
$$= 전압 \times 성분부피비$$
$$= 760 \times 0.2 = 152 \text{ mmHg}$$

**16.** 연료 1 kg을 완전 연소시키는데 소요되는 건공기의 질량은 0.232 kg = $\frac{O_0}{A_0}$으로 나타낼 수 있다. 이때 $A_0$가 의미하는 것은?

① 이론산소량  ② 이론공기량
③ 실제산소량  ④ 실제공기량

[해설] • 각 기호의 의미
㉮ $O_0$ : 이론산소량  ㉯ $A_0$ : 이론공기량

**17.** 기체의 압력이 클수록 액체 용매에 잘 용해된다는 것을 설명한 법칙은?

정답  12. ①  13. ②  14. ④  15. ①  16. ②  17. ④

① 아보가드로    ② 게이뤼삭
③ 보일    ④ 헨리

[해설] • 헨리의 법칙 : 일정온도에서 일정량의 액체에 녹는 기체의 질량은 압력에 비례한다.
㉮ 수소($H_2$), 산소($O_2$), 질소($N_2$), 이산화탄소($CO_2$) 등과 같이 물에 잘 녹지 않는 기체만 적용된다.
㉯ 염화수소(HCl), 암모니아($NH_3$), 이산화황($SO_2$) 등과 같이 물에 잘 녹는 기체는 적용되지 않는다.

**18.** 이상기체에서 정적비열($C_v$)과 정압비열($C_p$)과의 관계로 옳은 것은?

① $C_p - C_v = R$    ② $C_p + C_v = R$
③ $C_p + C_v = 2R$    ④ $C_p - C_v = 2R$

[해설] • 정적비열($C_v$)과 정압비열($C_p$)의 관계식
㉮ $C_p - C_v = R$    ㉯ $C_p = \dfrac{k}{k-1} R$
㉰ $C_v = \dfrac{1}{k-1} R$

**19.** 액체연료의 연소 형태 중 램프 등과 같이 연료를 심지로 빨아올려 심지의 표면에서 연소시키는 것은?

① 액면연소    ② 증발연소
③ 분무연소    ④ 등심연소

[해설] • 등심연소(wick combustion) : 연료를 심지로 빨아올려 대류나 복사열에 의하여 발생한 증기가 등심(심지)의 상부나 측면에서 연소하는 것으로 공급되는 공기의 유속이 낮을수록, 온도가 높을수록 화염의 높이는 높아진다.

**20.** 다음 중 강제점화가 아닌 것은?

① 가전(加電) 점화
② 열면점화(hot surface ignition)
③ 화염점화
④ 자기점화(self ignition, auto ignition)

[해설] • 강제점화 : 혼합기(가연성 기체 + 공기)에 별도의 점화원을 사용하여 화염핵이 형성되어 화염이 전파되는 것으로 전기불꽃 점화, 열면 점화, 토치 점화(화염점화), 플라스마 점화 등이 있다.

## 제 2 과목    가스설비

**21.** 비중이 1.5인 프로판이 입상 30 m일 경우의 압력손실은 약 몇 Pa인가?

① 130    ② 190    ③ 250    ④ 450

[해설] 입상배관에서의 압력손실을 계산하면 단위가 $mmH_2O = kgf/m^2$이 되며 여기에 중력가속도 $9.8 m/s^2$을 곱하면 SI단위 Pa이 된다.
∴ $H = 1.293 \times (S-1) \times h \times g$
$= 1.293 \times (1.5-1) \times 30 \times 9.8$
$= 190.071$ Pa

**22.** 고압 원통형 저장탱크의 지지방법 중 횡형 탱크의 지지방법으로 널리 이용되는 것은?

① 새들(saddle)형    ② 지주(leg)형
③ 스커트(skirt)형    ④ 평판(flat plate)형

[해설] • 원통형 저장탱크의 지지방법
㉮ 횡형 저장탱크 : 새들형
㉯ 수직형 저장탱크 : 지주형, 스커트형

**23.** 정압기의 기본구조 중 2차 압력을 감지하여 그 2차 압력의 변동을 메인밸브로 전하는 부분은?

① 다이어프램    ② 조정밸브
③ 슬리브    ④ 웨이트

**24.** 1단 감압식 준저압 조정기의 입구압력과 조정압력으로 맞은 것은?

① 입구압력 : 0.07~1.56 MPa, 조정압력 : 2.3~3.3 kPa

[정답] 18. ①   19. ④   20. ④   21. ②   22. ①   23. ①   24. ④

② 입구압력 : 0.07~1.56 MPa, 조정압력 : 5~30 kPa 이내에서 제조자가 설정한 기준압력의 ±20 %
③ 입구압력 : 0.1~1.56 MPa, 조정압력 : 2.3~3.3 kPa
④ 입구압력 : 0.1~1.56 MPa, 조정압력 : 5~30 kPa 이내에서 제조자가 설정한 기준압력의 ±20 %

[해설] • 1단 감압식 압력조정기 압력
(1) 저압 조정기
  ㉮ 입구압력 : 0.07~1.56 MPa
  ㉯ 조정압력 : 2.3~3.3 kPa
(2) 준저압 조정기
  ㉮ 입구압력 : 0.1~1.56 MPa
  ㉯ 조정압력 : 5~30 kPa 이내에서 제조자가 설정한 기준압력의 ±20 %

**25.** 단면적이 300 mm²인 봉을 매달고 600 kgf의 추를 그 자유단에 달았더니 재료의 허용인장응력에 도달하였다. 이 봉의 인장강도가 400 kgf/cm²이라면 안전율은 얼마인가?
① 1  ② 2  ③ 3  ④ 4

[해설] ㉮ 허용응력 계산
$$허용응력 = \frac{하중}{단면적} = \frac{600}{300}$$
$$= 2 \text{ kgf/mm}^2 = 200 \text{ kgf/cm}^2$$
※ 1 kgf/mm² = 100 kgf/cm²이다.
㉯ 안전율 계산
$$안전율 = \frac{인장강도}{허용응력} = \frac{400}{200} = 2$$

**26.** 가연성 고압가스 저장탱크 외부에는 은백색의 도료를 바르고 주위에서 보기 쉽도록 가스의 명칭을 표시한다. 가스 명칭 표시의 색상은?
① 검정색    ② 녹색
③ 적색      ④ 황색

[해설] • 저장탱크 표시 : 지상에 설치하는 저장탱크의 외부에는 은색·백색도료를 바르고 주위에서 보기 쉽도록 가스 명칭을 붉은 글씨로 표시한다.

**27.** 고압가스설비에 대한 설명으로 옳은 것은?
① 고압가스 저장탱크에는 환형 유리관 액면계를 설치한다.
② 고압가스 설비에 장치하는 압력계의 최고 눈금은 상용압력의 1.1배 이상 2배 이하이어야 한다.
③ 저장능력이 1000톤 이상인 액화산소 저장탱크의 주위에는 유출을 방지하는 조치를 한다.
④ 소형저장탱크 및 충전용기는 항상 50℃ 이하를 유지한다.

[해설] • 각 항목의 옳은 내용
① 액화가스 저장탱크에는 액면계(산소 또는 불활성가스의 초저온 저장탱크의 경우에 한정하여 환형유리제 액면계도 가능)를 설치한다.
② 고압가스설비에 설치하는 압력계는 상용압력의 1.5배 이상 2배 이하의 최고눈금이 있는 것으로 한다.
④ 소형저장탱크 및 충전용기는 항상 40℃ 이하를 유지한다.

**28.** 전용 보일러실에 반드시 설치해야 하는 보일러는?
① 밀폐식 보일러
② 반밀폐식 보일러
③ 가스보일러를 옥외에 설치하는 경우
④ 전용 급기구통을 부착시키는 구조로 검사에 합격한 강제 배기식 보일러

[해설] (1) 가스보일러는 전용 보일러실(보일러실 안의 가스가 거실로 들어가지 아니하는 구조로서 보일러실과 거실 사이의 경계벽은 출입구를 제외하고 내화구조의 벽으로 한 것)에 설치한다.
(2) 전용 보일러실에 설치하지 아니할 수 있는 경우

㉮ 밀폐식 보일러
㉯ 가스보일러를 옥외에 설치하는 경우
㉰ 전용 급기통을 부착시키는 구조로 검사에 합격한 강제 배기식 보일러

**29.** 탱크로리에서 저장탱크로 LP가스 이송 시 잔가스 회수가 가능한 이송법은?
① 차압에 의한 방법
② 액송펌프 이용법
③ 압축기 이용법
④ 압축가스 용기 이용법

[해설] • 압축기에 의한 이송방법 특징
㉮ 펌프에 비해 이송시간이 짧다.
㉯ 잔가스 회수가 가능하다.
㉰ 베이퍼 로크 현상이 없다.
㉱ 부탄의 경우 재액화 현상이 일어난다.
㉲ 압축기 오일이 유입되어 드레인의 원인이 된다.

**30.** 3톤 미만의 LP가스 소형저장탱크에 대한 설명으로 틀린 것은?
① 동일 장소에 설치하는 소형저장탱크의 수는 6기 이하로 한다.
② 화기와의 우회거리는 3 m 이상을 유지한다.
③ 지상 설치식으로 한다.
④ 건축물이나 사람이 통행하는 구조물의 하부에 설치하지 아니한다.

[해설] 소형저장탱크의 주위 5 m 이내에서는 화기의 사용을 금지하고, 인화성 또는 발화성의 물질을 많이 쌓아두지 아니한다.

**31.** 원심펌프의 유량 1 m³/min, 전양정 50 m, 효율이 80 %일 때 회전수를 10 % 증가시키려면 동력은 몇 배가 필요한가?
① 1.22
② 1.33
③ 1.51
④ 1.73

[해설] $L_2 = L_1 \times \left(\dfrac{N_2}{N_1}\right)^3 = L_1 \times 1.1^3 = 1.331 L_1$

**32.** 다음 중 정특성, 동특성이 양호하며 중압용으로 주로 사용되는 정압기는?
① Fisher식
② KRF식
③ Reynolds식
④ ARF식

[해설] • 피셔(Fisher)식 정압기의 특징
㉮ 로딩(loading)형이다.
㉯ 정특성, 동특성이 양호하다.
㉰ 비교적 콤팩트하다.
㉱ 중압용에 주로 사용된다.

**33.** 고압가스 용기 충전구의 나사가 왼나사인 것은?
① 질소
② 암모니아
③ 브롬화메탄
④ 수소

[해설] • 충전구의 나사 형식
㉮ 가연성가스 : 왼나사 (단, 암모니아, 브롬화메탄은 오른나사)
㉯ 가연성 이외의 가스 : 오른나사
∴ 수소는 가연성가스이므로 충전구 나사는 왼나사이다.

**34.** 고압가스 배관의 최소두께 계산 시 고려하지 않아도 되는 것은?
① 관의 길이
② 상용압력
③ 안전율
④ 재료의 인장강도

[해설] (1) 바깥지름과 안지름의 비가 1.2 미만인 경우
$$t = \dfrac{PD}{2\dfrac{f}{s} - P} + C$$
(2) 바깥지름과 안지름의 비가 1.2 이상인 경우
$$t = \dfrac{D}{2}\left(\sqrt{\dfrac{\dfrac{f}{s}+P}{\dfrac{f}{s}-P}} - 1\right) + C$$

정답  29. ③  30. ②  31. ②  32. ①  33. ④  34. ①

(3) 각 기호의 의미
  ㉮ $t$ : 배관의 두께(mm)
  ㉯ $P$ : 상용압력(MPa)
  ㉰ $D$ : 안지름에서 부식 여유에 상당하는 부분을 뺀 부분의 수치(mm)
  ㉱ $f$ : 재료의 인장강도(N/mm²) 규격 최소치이거나 항복점(N/mm²) 규격 최소치의 1.6배
  ㉲ $C$ : 관내면의 부식 여유치(mm)
  ㉳ $s$ : 안전율

**35.** 매설배관의 경우에는 유기물질 재료를 피복재로 사용하면 방식이 된다. 이 중 타르 에폭시 피복재의 특성에 대한 설명 중 틀린 것은 어느 것인가?
① 저온에서도 경화가 빠르다.
② 밀착성이 좋다.
③ 내마모성이 크다.
④ 토양응력에 강하다.

[해설] 저온에서는 경화가 늦으므로 상온 이상에서 건조, 경화시킨다.

**36.** 재료 내·외부의 결함 검사방법으로 가장 적당한 방법은?
① 침투탐상법        ② 유침법
③ 초음파탐상법      ④ 육안검사법

[해설] • 초음파탐상검사 (UT : Ultrasonic Test) : 초음파를 피검사물의 내부에 침입시켜 반사파 (펄스 반사법, 공진법)를 이용하여 내부의 결함과 불균일층의 존재 여부를 검사하는 방법이다.

**37.** 고압가스 설비 및 배관의 두께 산정 시 용접이음매의 효율이 가장 낮은 것은?
① 맞대기 한 면 용접
② 맞대기 양면 용접
③ 플러그 용접을 하는 한 면 전두께 필릿 겹치기용접
④ 양면 전두께 필릿 겹치기용접

[해설] • 용접이음매 효율 기준값
  ㉮ 맞대기 양면 용접이음매
    ㉠ 방사선검사의 구분 A : 100%
    ㉡ 방사선검사의 구분 B : 95%
    ㉢ 방사선검사의 구분 C : 70%
  ㉯ 맞대기 한 면 용접이음매 : 60%
  ㉰ 양면 전두께 필릿 겹치기 이음매 : 55%
  ㉱ 플러그용접을 하는 한 면 전두께 필릿 겹치기 이음매 : 50%
  ㉲ 플러그용접을 하지 아니한 한 면 전두께 필릿 겹치기 이음매 : 45%

**38.** 다음 중 도시가스의 원료로서 적당하지 않은 것은?
① LPG              ② Naphtha
③ Natural gas      ④ Acetylene

[해설] • 도시가스 원료 : 천연가스(NG), 액화천연가스(LNG), 정유가스, 나프타, LPG 등

**39.** 바깥지름($D$)이 216.3 mm, 두께 5.8 mm인 200 A 배관용 탄소강관이 내압 0.99 MPa을 받았을 경우에 관에 생기는 원주방향 응력은 약 몇 MPa인가?
① 8.8       ② 17.5
③ 26.3      ④ 25.1

[해설] $\sigma_A = \dfrac{PD}{2t}$
$= \dfrac{0.99 \times (216.3 - 2 \times 5.8)}{2 \times 5.8}$
$= 17.470$ MPa

**40.** 고압가스 관이음으로 통상적으로 사용되지 않는 것은?
① 용접       ② 플랜지
③ 나사       ④ 리베팅

[해설] • 배관설비 접합
  ㉮ 고압가스 배관접합은 원칙적으로 용접으로 한다. 다만, 용접하는 것이 부적당할 때에는

안전상 필요한 강도를 가지는 플랜지 접합으로 할 수 있다.
㉴ 호칭지름 25 mm 이하의 배관에 부착하는 압력계, 액면계, 온도계 그 밖의 계기류는 용접접합으로 하지 아니할 수 있다 (나사이음으로 할 수 있음).

---

## 제 3 과목  가스안전관리

**41.** 액체염소가 누출된 경우 필요한 조치가 아닌 것은?
① 물 살포
② 가성소다 살포
③ 탄산소다 수용액 살포
④ 소석회 살포

[해설] 액체염소에 물을 살포하면 염산 (HCl)이 생성되어 장치 및 기기에 부식이 발생될 우려가 있어 사용이 부적합하다.
※ 염소의 제독제 : 가성소다수용액, 탄산소다 수용액, 소석회

**42.** 고압가스 제조허가의 종류가 아닌 것은?
① 고압가스 특정제조
② 고압가스 일반제조
③ 고압가스 충전
④ 독성가스 제조

[해설] • 고압가스 제조허가의 종류 : 고법 시행령 제3조
㉮ 고압가스 특정제조
㉯ 고압가스 일반제조
㉰ 고압가스 충전
㉱ 냉동제조

**43.** 저장탱크의 설치방법 중 위해방지를 위하여 저장탱크를 지하에 매설할 경우 저장탱크의 주위에 무엇으로 채워야 하는가?

① 흙
② 콘크리트
③ 마른모래
④ 자갈

[해설] 지하에 매설하는 저장탱크 주위에는 마른 모래를 채운다.

**44.** 다음 중 2중관으로 하여야 하는 독성가스가 아닌 것은?
① 염화메탄
② 아황산가스
③ 염화수소
④ 산화에틸렌

[해설] • 2중관으로 하여야 하는 독성가스
㉮ 고압가스 특정제조 : 포스겐, 황화수소, 시안화수소, 아황산가스, 아세트알데히드, 염소, 불소
㉯ 고압가스 일반제조 : 포스겐, 황화수소, 시안화수소, 아황산가스, 산화에틸렌, 암모니아, 염소, 염화메탄

**45.** 고압가스 용기 보관 장소에 대한 설명으로 틀린 것은?
① 용기 보관 장소는 그 경계를 명시하고, 외부에서 보기 쉬운 장소에 경계표시를 한다.
② 가연성가스 및 산소 충전용기 보관실은 불연재료를 사용하고 지붕은 가벼운 재료로 한다.
③ 가연성가스의 용기보관실은 가스가 누출될 때 체류하지 아니하도록 통풍구를 갖춘다.
④ 통풍이 잘 되지 아니하는 곳에는 자연 환기시설을 설치한다.

[해설] 가연성가스의 가스설비실 및 저장설비실에는 누출된 가스가 체류하지 아니하도록 환기설비를 설치하고 환기가 잘 되지 아니하는 곳에는 강제환기설비를 설치한다.

**46.** 액화석유가스 저장탱크에는 자동차에 고정된 탱크에서 가스를 이입할 수 있도록 로딩암을 건축물 내부에 설치할 경우 환기구를 설치

정답  41. ①  42. ④  43. ③  44. ③  45. ④  46. ③

하여야 한다. 환기구 면적의 합계는 바닥면적의 얼마 이상으로 하여야 하는가?

① 1 %   ② 3 %
③ 6 %   ④ 10 %

[해설] 로딩암을 건축물 내부에 설치하는 경우에는 건축물의 바닥면에 접하여 환기구를 2방향 이상 설치하고, 환기구 면적의 합계는 바닥면적의 6 % 이상으로 한다.

**47.** 산소가스 설비를 수리 또는 청소를 할 때는 안전관리상 탱크 내부의 산소를 농도가 몇 % 이하로 될 때까지 계속 치환하여야 하는가?

① 22 %   ② 28 %   ③ 31 %   ④ 35 %

[해설] • 가스설비 치환농도
㉮ 가연성가스 : 폭발하한계의 1/4 이하 (25 % 이하)
㉯ 독성가스 : TLV-TWA 기준농도 이하
㉰ 산소 : 22 % 이하
㉱ 위 시설에 작업원이 들어가는 경우 산소 농도 : 18~22 %

**48.** 액화가스 저장탱크의 저장능력을 산출하는 식은? (단, $Q$ : 저장능력($m^3$), $W$ : 저장능력(kg), $V$ : 내용적(L), $P$ : 35℃에서 최고충전압력(MPa), $d$ : 상용온도 내에서 액화가스 비중(kg/L), $C$ : 가스의 종류에 따른 정수이다.)

① $W = \dfrac{V}{C}$   ② $W = 0.9\,dV$
③ $Q = (10P+1)V$   ④ $Q = (P+2)V$

[해설] • 저장능력 산정식
① 액화가스 용기
② 액화가스 저장탱크
③ 압축가스 저장탱크, 용기

**49.** 국내에서 발생한 대형 도시가스 사고 중 대구 도시가스 폭발사고의 주원인은 무엇인가?

① 내부 부식
② 배관의 응력부족
③ 부적절한 매설
④ 공사 중 도시가스 배관 손상

**50.** 다음 〈보기〉의 가스 중 분해폭발을 일으키는 것을 모두 고른 것은?

―〈보 기〉―
㉠ 이산화탄소, ㉡ 산화에틸렌, ㉢ 아세틸렌

① ㉡   ② ㉢
③ ㉠, ㉡   ④ ㉡, ㉢

[해설] • 분해폭발을 일으키는 물질 : 아세틸렌($C_2H_2$), 산화에틸렌($C_2H_4O$), 히드라진($N_2H_4$), 오존($O_3$)

**51.** 압축기는 그 최종단에, 그 밖의 고압가스 설비에는 압력이 상용압력을 초과한 경우에 그 압력을 직접 받는 부분마다 각각 내압시험 압력의 10분의 8 이하의 압력에서 작동되게 설치하여야 하는 것은?

① 역류방지밸브   ② 안전밸브
③ 스톱밸브   ④ 긴급차단장치

[해설] • 과압안전장치(안전밸브) 설치 : 고압가스설비 내의 압력이 상용의 압력을 초과하는 경우 즉시 상용의 압력 이하로 되돌릴 수 있도록 하기 위하여 과압안전장치를 설치한다.

**52.** 차량에 고정된 고압가스 탱크에 설치하는 방파판의 개수는 탱크 내용적 얼마 이하마다 1개씩 설치해야 하는가?

① 3 $m^3$   ② 5 $m^3$
③ 10 $m^3$   ④ 20 $m^3$

[해설] • 방파판 설치기준
㉮ 면적 : 탱크 횡단면적의 40 % 이상
㉯ 위치 : 상부 원호부 면적이 탱크 횡단면의 20 % 이하가 되는 위치
㉰ 두께 : 3.2 mm 이상
㉱ 설치 수 : 탱크 내용적 5 $m^3$ 이하마다 1개씩

**53.** 액화석유가스 제조설비에 대한 기밀시험 시 사용되지 않는 가스는?
① 질소   ② 산소
③ 이산화탄소   ④ 아르곤

해설 기밀시험은 원칙적으로 공기 또는 위험성이 없는 기체(불연성 및 불활성)의 압력에 의하여 실시한다.

**54.** 지상에 설치하는 액화석유가스 저장탱크의 외면에는 어떤 색의 도료를 칠하여야 하는가?
① 은백색   ② 노란색
③ 초록색   ④ 빨간색

해설 • 액화석유가스 저장탱크 표시
㉮ 외면 : 은백색 도료
㉯ 가스명칭 : 붉은 글씨(적색)

**55.** 고압가스 충전용기의 운반기준으로 틀린 것은?
① 밸브가 돌출한 충전용기는 캡을 부착시켜 운반한다.
② 원칙적으로 이륜차에 적재하여 운반이 가능하다.
③ 충전용기와 위험물안전관리법에서 정하는 위험물과는 동일차량에 적재, 운반하지 않는다.
④ 차량의 적재함을 초과하여 적재하지 않는다.

해설 충전용기는 이륜차에 적재하여 운반하지 아니한다. 다만, 차량이 통행하기 곤란한 지역이나 그 밖에 시·도지사가 지정하는 경우에는 다음 기준에 적합한 경우에만 액화석유가스 충전용기를 이륜차(자전거는 제외)에 적재하여 운반할 수 있다.
㉮ 넘어질 경우 용기에 손상이 가지 아니하도록 제작된 용기운반 전용 적재함이 장착된 것인 경우
㉯ 적재하는 충전용기는 충전량이 20 kg 이하이고, 적재수가 2개를 초과하지 아니한 경우

**56.** 이동식 부탄연소기의 올바른 사용방법은?
① 바람의 영향을 줄이기 위해서 텐트 안에서 사용한다.
② 효율을 높이기 위해서 두 대를 나란히 연결하여 사용한다.
③ 사용하는 그릇은 연소기의 삼발이보다 폭이 좁은 것을 사용한다.
④ 연소기 운반 중에는 용기를 연소기 내부에 보관한다.

**57.** 고압가스용 차량에 고정된 초저온 탱크의 재검사 항목이 아닌 것은?
① 외관검사   ② 기밀검사
③ 자분탐상검사   ④ 방사선투과검사

해설 • 고압가스용 차량에 고정된 탱크 재검사 항목
㉮ 초저온 탱크 : 외관검사, 자분탐상검사 또는 침투탐상검사, 기밀검사, 단열성능검사
㉯ 초저온 이외의 탱크 : 외관검사, 두께측정검사, 자분탐상검사 또는 침투탐상검사, 방사선투과검사 또는 초음파탐상검사, 내압검사, 기밀검사

**58.** 액화석유가스 저장탱크의 설치기준으로 틀린 것은?
① 저장탱크에 설치한 안전밸브는 지면으로부터 2 m 이상의 높이에 방출구가 있는 가스 방출관을 설치한다.
② 지하저장탱크를 2개 이상 인접 설치하는 경우 상호간에 1 m 이상의 거리를 유지한다.
③ 저장탱크의 지면으로부터 지하저장탱크의 정상부까지의 깊이는 60 cm 이상으로 한다.
④ 저장탱크의 일부를 지하에 설치한 경우 지하에 묻힌 부분이 부식되지 않도록 조치한다.

해설 저장탱크에 설치한 안전밸브는 지면으로부터 5 m 이상 또는 그 저장탱크의 정상부로

정답   53. ②   54. ①   55. ②   56. ③   57. ④   58. ①

부터 2 m 이상의 높이 중 더 높은 위치에 방출구가 있는 가스 방출관을 설치한다.

**59.** 고압가스 일반제조의 시설기준 및 기술기준으로 틀린 것은?

① 가연성가스 제조시설의 고압가스설비 외면으로부터 다른 가연성가스 제조시설의 고압가스설비까지의 거리는 5 m 이상으로 한다.
② 저장설비 주위 5 m 이내에는 화기 또는 인화성 물질을 두지 않는다.
③ 5 m³ 이상의 가스를 저장하는 것에는 가스방출장치를 설치한다.
④ 가연성가스 제조시설의 고압가스설비 외면으로부터 산소 제조시설의 고압가스설비까지의 거리는 10 m 이상으로 한다.

[해설] 가스설비 및 저장설비 외면으로부터 화기를 취급하는 장소 사이에 유지하여야 하는 거리는 우회거리 2 m(가연성가스 및 산소의 가스설비 또는 저장설비는 8 m) 이상으로 한다.

**60.** 다음 중 아세틸렌을 용기에 충전하는 때의 다공도는?

① 65 % 이하　　② 65~75 %
③ 75~92 %　　④ 92 % 이상

[해설] • 아세틸렌 충전용기 다공도 : 75 % 이상 92 % 미만

---

## 제 4 과목　가스계측

---

**61.** 가스미터 중 실측식에 속하지 않는 것은?

① 건식　　　　② 회전식
③ 습식　　　　④ 오리피스식

[해설] • 가스미터의 분류
(1) 실측식
㉮ 건식 : 막식형(독립내기식, 클로버식)
㉯ 회전식 : 루츠형, 오벌식, 로터리피스톤식
㉰ 습식
(2) 추량식 : 델타식, 터빈식, 오리피스식, 벤투리식

**62.** 다음 중 온도 측정 범위가 가장 좁은 온도계는?

① 알루멜-크로멜　② 구리-콘스탄탄
③ 수은　　　　　　④ 백금-백금로듐

[해설] • 각 온도계의 측정 범위

| 온도계 명칭 | 측정 범위 |
|---|---|
| 알루멜-크로멜 | -20~1200℃ |
| 구리(동)-콘스탄탄 | -200~350℃ |
| 수은 온도계 | -35~350℃ |
| 백금-백금로듐 | 0~1600℃ |

**63.** 습도를 측정하는 가장 간편한 방법은?

① 노점을 측정　　② 비점을 측정
③ 밀도를 측정　　④ 점도를 측정

[해설] • 노점(露店 : 이슬점) : 습도를 측정하는 가장 간편한 방법으로 상대습도가 100 %일 때 대기 중의 수증기가 응축하기 시작하는 온도이다.

**64.** 가스미터 설치 시 입상배관을 금지하는 가장 큰 이유는?

① 겨울철 수분 응축에 따른 밸브, 밸브시트 동결 방지를 위하여
② 균열에 따른 누출 방지를 위하여
③ 고장 및 오차 발생 방지를 위하여
④ 계량막 밸브와 밸브시트 사이의 누출 방지를 위하여

[해설] 입상배관으로 시공하였을 때 겨울철에 배관 내부의 수분이 응축되어 가스미터로 유입될 수 있고, 응결수가 동결되어 가스미터가 고장을 일으킬 수 있어 입상배관을 금지한다.

정답　59. ②　60. ③　61. ④　62. ③　63. ①　64. ①

**65.** 적외선 분광 분석계로 분석이 불가능한 것은 어느 것인가?
① CH₄  ② Cl₂
③ COCl₂  ④ NH₃

[해설] • 적외선 분광 분석계 : 분자의 진동 중 쌍극자 힘의 변화를 일으킬 진동에 의해 적외선의 흡수가 일어나는 것을 이용한 방법으로 He, Ne, Ar 등 단원자 분자 및 H₂, O₂, N₂, Cl₂ 등 대칭 2원자 분자는 적외선을 흡수하지 않으므로 분석할 수 없다.

**66.** LPG의 성분분석에 이용되는 분석법 중 저온분류법에 의해 적용될 수 있는 것은?
① 관능기의 검출
② cis, trans의 검출
③ 방향족 이성체의 분리정량
④ 지방족 탄화수소의 분리정량

**67.** 벨로스식 압력계로 압력 측정 시 벨로스 내부에 압력이 가해질 경우 원래 위치로 돌아가지 않는 현상을 의미하는 것은?
① limited 현상  ② bellows 현상
③ end all 현상  ④ hysteresis 현상

[해설] • 히스테리시스 (hysteresis) 오차 : 계측기의 톱니바퀴 사이의 틈이나 운동부의 마찰 또는 탄성변형 등에 의하여 생기는 오차

**68.** 비중이 0.8인 액체의 압력이 2 kgf/cm²일 때 액면높이(head)는 약 몇 m인가?
① 16  ② 25
③ 32  ④ 40

[해설] $h = \dfrac{P}{\gamma} = \dfrac{2 \times 10^4}{0.8 \times 10^3} = 25 \text{ m}$

**69.** 분별연소법 중 산화구리법에 의하여 주로 정량할 수 있는 가스는?
① O₂  ② N₂
③ CH₄  ④ CO₂

[해설] • 산화구리법 : 산화구리를 250℃로 가열하여 시료가스를 통하면 H₂, CO는 연소되고 CH₄만 남는다.

**70.** 검지가스와 누출 확인 시험지가 옳은 것은 어느 것인가?
① 해리슨씨시약 : 포스겐
② KI전분지 : CO
③ 염화팔라듐지 : HCN
④ 연당지 : 할로겐

[해설] • 가스검지 시험지법

| 검지가스 | 시험지 | 반응 (변색) |
|---|---|---|
| 암모니아 (NH₃) | 적색 리트머스지 | 청색 |
| 염소 (Cl₂) | KI-전분지 | 청갈색 |
| 포스겐 (COCl₂) | 하리슨 시험지 | 유자색 |
| 시안화수소 (HCN) | 초산 벤지진지 | 청색 |
| 일산화탄소 (CO) | 염화 팔라듐지 | 흑색 |
| 황화수소 (H₂S) | 연당지 | 회흑색 |
| 아세틸렌 (C₂H₂) | 염화 제1동착염지 | 적갈색 |

※ 해리슨씨시약이 해리슨 시험지를 의미함

**71.** 깊이 5.0 m인 어떤 밀폐탱크 안에 물이 3.0 m 채워져 있고 2 kgf/cm²의 증기압이 작용하고 있을 때 탱크 밑에 작용하는 압력은 몇 kgf/cm²인가?
① 1.2  ② 2.3
③ 3.4  ④ 4.5

[해설] 탱크 밑면에 작용하는 압력은 수두압과 증기압을 합산한 압력이 작용하며, 수두압은 물의 비중량과 높이의 곱으로 표시한다.
탱크 밑면의 압력 = 수두압 + 증기압

**정답** 65. ②  66. ④  67. ④  68. ②  69. ③  70. ①  71. ②

= (1000 × 3) × 10⁻⁴ + 2
= 2.3 kgf/cm²

**72.** 편차의 크기에 비례하여 조절요소의 속도가 연속적으로 변하는 동작은?

① 적분동작   ② 비례동작
③ 미분동작   ④ 뱅뱅동작

[해설] • 적분동작(I동작 : integral action) : 제어량에 편차가 생겼을 때 편차의 적분차를 가감하여 조작단의 이동 속도가 비례하는 동작으로 잔류편차가 남지 않는다. 진동하는 경향이 있어 제어의 안정성은 떨어진다. 유량제어나 관로의 압력제어와 같은 경우에 적합하다.

**73.** 자동제어장치를 제어량의 성질에 따라 분류한 것은?

① 프로세스 제어   ② 프로그램 제어
③ 비율 제어       ④ 비례 제어

[해설] • 제어량의 성질에 의한 분류
㉮ 프로세스 제어
㉯ 다변수 제어
㉰ 서보 기구

**74.** 블록선도의 구성요소로 이루어진 것은?

① 전달요소, 가합점, 분기점
② 전달요소, 가감점, 인출점
③ 전달요소, 가합점, 인출점
④ 전달요소, 가감점, 분기점

[해설] • 블록선도(block diagram) : 자동제어계의 각 요소의 명칭이나 특성을 각 블록 내에 기입하고, 신호의 흐름을 표시한 계통도로 전달요소, 가합점, 인출점으로 구성된다.

**75.** 계측기기의 감도(sensitivity)에 대한 설명으로 틀린 것은?

① 감도가 좋으면 측정시간이 길어진다.
② 감도가 좋으면 측정범위가 좁아진다.
③ 계측기가 측정량의 변화에 민감한 정도를 말한다.
④ 측정량의 변화를 지시량의 변화로 나누어 준 값이다.

[해설] • 감도 : 계측기가 측정량의 변화에 민감한 정도를 나타내는 값으로 감도가 좋으면 측정시간이 길어지고, 측정범위는 좁아진다.

∴ 감도 = $\dfrac{\text{지시량의 변화}}{\text{측정량의 변화}}$

**76.** 흡수분석법 중 게겔법에 의한 가스분석의 순서로 옳은 것은?

① $CO_2$, $O_2$, $C_2H_2$, $C_2H_4$, $CO$
② $CO_2$, $C_2H_2$, $C_2H_4$, $O_2$, $CO$
③ $CO$, $C_2H_2$, $C_2H_4$, $O_2$, $CO_2$
④ $CO$, $O_2$, $C_2H_2$, $C_2H_4$, $CO_2$

[해설] • 게겔(Gockel)법의 분석순서 및 흡수제

| 순서 | 분석가스 | 흡수제 |
|---|---|---|
| 1 | $CO_2$ | 33 % KOH 수용액 |
| 2 | 아세틸렌 | 요오드수은 칼륨 용액 (옥소수은칼륨 용액) |
| 3 | 프로필렌, $n-C_4H_8$ | 87 % $H_2SO_4$ |
| 4 | 에틸렌 | 취화수소(HBr) 수용액 |
| 5 | $O_2$ | 알칼리성 피로갈롤용액 |
| 6 | $CO$ | 암모니아성 염화 제1구리용액 |

※ 아세틸렌 흡수제 요오드수은 칼륨 용액을 옥소수은칼륨 용액으로 불려진다.

**77.** 서보 기구에 해당되는 제어로서 목표치가 임의의 변화를 하는 제어로 옳은 것은?

① 정치 제어      ② 캐스케이드 제어
③ 추치 제어      ④ 프로세스 제어

[해설] • 추치 제어 : 목표값을 측정하면서 제어량을 목표값에 일치하도록 맞추는 방식으로 추종 제어, 비율 제어, 프로그램 제어 등이 있다.

**78.** 크로마토그래피의 피크가 그림과 같이 기록되었을 때 피크의 넓이($A$)를 계산하는 식으로 가장 적합한 것은?

정답  72. ①  73. ①  74. ③  75. ④  76. ②  77. ③  78. ③

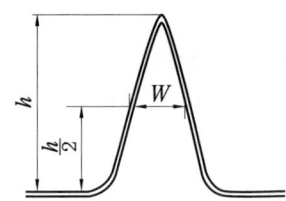

① $\dfrac{1}{4}Wh$  ② $\dfrac{1}{2}Wh$
③ $Wh$  ④ $2Wh$

[해설] 삼각형의 넓이를 구하는 식은
(밑변×높이)÷2이다.
∴ 피크의 넓이$(A) = Wh$

**79.** 액면계로부터 가스가 방출되었을 때 인화 또는 중독의 우려가 없는 장소에 주로 사용하는 액면계는?
① 플로트식 액면계
② 정전용량식 액면계
③ 슬립 튜브식 액면계
④ 전기저항식 액면계

[해설] • 슬립 튜브식 액면계 : 저장탱크 정상부에서 탱크 밑면까지 지름이 작은 스테인리스관을 부착하여 이 관을 상하로 움직여 관내에서 분출하는 가스 상태와 액체 상태의 경계면을 찾아 액면을 측정하는 것으로 고정 튜브식, 회전 튜브식, 슬립 튜브식이 있다.

**80.** 다이어프램 가스미터의 최대유량이 4 m³/h일 경우 최소 유량의 상한값은?
① 4 L/h  ② 8 L/h
③ 16 L/h  ④ 25 L/h

[해설] • 가스미터 기술기준 : 가스미터의 최대유량의 공칭값 및 최소 유량의 상한값

| 가스미터 호칭 | $Q_{max}$ (m³/h) | $Q_{min}$의 상한값 (m³/h) |
|---|---|---|
| 0.6 | 1 | 0.016 |
| 1 | 1.6 | 0.016 |
| 1.6 | 2.5 | 0.016 |
| 2.5 | 4 | 0.025 |
| 4 | 6 | 0.04 |
| 6 | 10 | 0.06 |
| 10 | 16 | 0.1 |
| 16 | 25 | 0.16 |
| 25 | 40 | 0.25 |
| 40 | 65 | 0.4 |
| 65 | 100 | 0.65 |
| 100 | 160 | 1 |
| 160 | 250 | 1.6 |
| 250 | 400 | 2.5 |
| 400 | 650 | 4 |
| 650 | 1000 | 6.5 |

※ 최대유량($Q_{max}$ m³/h)이 4일 때 최소유량 ($Q_{min}$) 0.025 m³/h는 25 L/h이다.

▶ 2015년 5월 31일 시행

| 자격종목 | 종목코드 | 시험시간 | 형 별 |
|---|---|---|---|
| 가스 산업기사 | 2471 | 2시간 | B |

## 제1과목 연소공학

**1.** 수소가 완전 연소 시 발생되는 발열량은 약 몇 kcal/kg인가? (단, 수증기 생성열은 57.8 kcal/mol이다.)

① 12000　② 24000
③ 28900　④ 57800

[해설] $Hl = 57.8 \times 10^3 \text{cal/mol} \times 1\text{mol}/2\text{g}$
$= 28900 \text{cal/g} = 28900 \text{kcal/kg}$

**2.** 전 폐쇄 구조인 용기 내부에서 폭발성 가스의 폭발이 일어났을 때 용기가 압력에 견디고 외부의 폭발성 가스에 인화할 우려가 없도록 한 방폭구조는?

① 안전증 방폭구조　② 내압 방폭구조
③ 특수 방폭구조　④ 유입 방폭구조

[해설] • 내압(耐壓) 방폭구조(d) : 방폭 전기기기의 용기 내부에서 가연성 가스의 폭발이 발생할 경우 그 용기가 폭발 압력에 견디고, 접합면, 개구부 등을 통하여 외부의 가연성 가스에 인화되지 아니하도록 한 구조

**3.** 폭굉 유도거리를 짧게 하는 요인에 해당하지 않는 것은?

① 관지름이 클수록
② 압력이 높을수록
③ 연소 열량이 클수록
④ 연소 속도가 클수록

[해설] • 폭굉 유도거리가 짧아지는 조건
㉮ 정상 연소 속도가 큰 혼합 가스일수록

㉯ 관 속에 방해물이 있거나 관지름이 작을수록
㉰ 압력이 높을수록
㉱ 점화원의 에너지가 클수록 (연소 열량이 클수록)

**4.** 연소 시 배기 가스 중의 질소 산화물(NOx)의 함량을 줄이는 방법으로 가장 거리가 먼 것은?

① 굴뚝을 높게 한다.
② 연소 온도를 낮게 한다.
③ 질소 함량이 적은 연료를 사용한다.
④ 연소 가스가 고온으로 유지되는 시간을 짧게 한다.

[해설] • 질소 산화물을 경감시키는 방법
㉮ 연소 온도를 낮게 유지한다.
㉯ 노내압을 낮게 유지한다.
㉰ 연소 가스 중 산소 농도를 저하시킨다.
㉱ 노내 가스의 잔류시간을 감소시킨다.
㉲ 과잉공기량을 감소시킨다.
㉳ 질소 성분 함유량이 적은 연료를 사용한다.

**5.** 수소의 연소 반응은 $H_2 + \frac{1}{2}O_2 \rightarrow H_2O$ 로 알려져 있으나 실제 반응은 수많은 소반응이 연쇄적으로 일어난다고 한다. 다음은 무슨 반응에 해당하는가?

$$OH + H_2 \rightarrow H_2O + H$$
$$O + HO_2 \rightarrow O_2 + OH$$

① 연쇄 창시 반응　② 연쇄 분지 반응
③ 기상 정지 반응　④ 연쇄 이동 반응

[해설] • 연쇄 이동(전파) 반응(chain propagation reaction) : 활성기의 종류가 교체되는 반응

**정답**　1. ③　2. ②　3. ①　4. ①　5. ④

**6.** 아세틸렌 ($C_2H_2$) 가스의 위험도는 얼마인가? (단, 아세틸렌의 폭발한계는 2.51~81.2 %이다.)
① 29.15
② 30.25
③ 31.35
④ 32.45

[해설] $H = \dfrac{U-L}{L} = \dfrac{81.2-2.51}{2.51} = 31.35$

**7.** 불꽃 중 탄소가 많이 생겨서 황색으로 빛나는 불꽃은?
① 휘염
② 층류염
③ 환원염
④ 확산염

[해설] ㉮ 휘염 : 불꽃 중 탄소가 많이 생겨서 황색으로 빛나는 불꽃
㉯ 불휘염(무휘염) : 수소, 일산화탄소 등의 불꽃처럼 청녹색으로 빛이 나지 않는 불꽃

**8.** 탄화도가 커질수록 연료에 미치는 영향이 아닌 것은?
① 연료비가 증가한다.
② 연소 속도가 늦어진다.
③ 매연 발생이 상대적으로 많아진다.
④ 고정 탄소가 많아지고 발열량이 커진다.

[해설] • 탄화도 증가에 따라 나타나는 특성
㉮ 고정 탄소가 많아지고 발열량 및 연료비가 증가한다.
㉯ 열전도율이 증가한다.
㉰ 비열이 감소한다.
㉱ 연소 속도가 늦어진다.
㉲ 수분, 휘발분이 감소한다.
㉳ 인화점, 착화온도가 높아진다.
㉴ 휘발분이 감소하여 매연 발생이 적어진다.

**9.** LPG가 완전 연소될 때 생성되는 물질은?
① $CH_4$, $H_2$
② $CO_2$, $H_2O$
③ $C_3H_8$, $CO_2$
④ $C_4H_{10}$, $H_2O$

[해설] • 프로판의 완전 연소 반응식
$C_3H_8 + 5O_2 \rightarrow 3CO_2 + 4H_2O$

※ 탄화수소류가 완전 연소하면 $CO_2$와 $H_2O$가 생성된다.

**10.** 다음은 고체 연료의 연소 과정에 관한 사항이다. 보통 기상에서 일어나는 반응이 아닌 것은?
① $C + CO_2 \rightarrow 2CO$
② $CO + \dfrac{1}{2}O_2 \rightarrow CO_2$
③ $H_2 + \dfrac{1}{2}O_2 \rightarrow H_2O$
④ $CO + H_2O \rightarrow CO_2 + H_2$

[해설] 탄소(C)의 경우 고체 상태에서 열분해 과정으로 연소 반응이 일어난다.

**11.** 유황 $S$ [kg]의 완전 연소 시 발생하는 $SO_2$의 양을 구하는 식은?
① $4.31 \times S$ [$Nm^3$]
② $3.33 \times S$ [$Nm^3$]
③ $0.7 \times S$ [$Nm^3$]
④ $4.38 \times S$ [$Nm^3$]

[해설] • 유황(S)의 완전 연소 반응식
$S + O_2 \rightarrow SO_2$
32 kg : 22.4 $Nm^3$ = 1 kg : $x$ [$Nm^3$]
∴ $x = \dfrac{1 \times 22.4}{32} = 0.7$ $Nm^3$

※ 유황(S)이 완전 연소할 때 유황 1 kg당 유황 질량의 0.7배에 해당하는 양 ($Nm^3$)의 $SO_2$이 발생한다.

**12.** 밀폐된 용기 속에 3 atm, 25℃에서 프로판과 산소가 2 : 8의 몰비로 혼합되어 있으며 이것이 연소하면 다음 식과 같이 된다. 연소 후 용기 내의 온도가 2500 K로 되었다면 용기 내의 압력은 약 몇 atm이 되는가?

$2C_3H_8 + 8O_2 \rightarrow 6H_2O + 4CO_2 + 2CO + 2H_2$

① 3
② 15
③ 25
④ 35

[해설] $PV = nRT$에서

**정답** 6. ③ 7. ① 8. ③ 9. ② 10. ① 11. ③ 12. ④

반응 전의 상태 $P_1V_1 = n_1R_1T_1$
반응 후의 상태 $P_2V_2 = n_2R_2T_2$라 하면
$V_1 = V_2$, $R_1 = R_2$가 되므로 생략하면
$\dfrac{P_2}{P_1} = \dfrac{n_2 T_2}{n_1 T_1}$ 이 된다.

$\therefore P_2 = \dfrac{n_2 T_2}{n_1 T_1} \times P_1$
$= \dfrac{(6+4+2+2) \times 2500}{(2+8) \times (273+25)} \times 3$
$= 35.234 \text{ atm}$

**13.** 분진 폭발에 대한 설명 중 틀린 것은?
① 분진은 공기 중에 부유하는 경우 가연성이 된다.
② 분진은 구조물 위에 퇴적하는 경우 불연성이다.
③ 분진이 발화, 폭발하기 위해서는 점화원이 필요하다.
④ 분진 폭발은 입자 표면에 열에너지가 주어져 표면 온도가 상승한다.

[해설] 분진은 공기 중에 부유하는 경우 및 구조물 위에 퇴적하는 경우 가연성이 된다.

**14.** 다음에서 설명하는 법칙은?

"임의의 화학 반응에서 발생(또는 흡수)하는 열은 변화 전과 변화 후의 상태에 의해서 정해지며 그 경로는 무관하다."

① Dalton의 법칙
② Henry의 법칙
③ Avogadro의 법칙
④ Hess의 법칙

[해설] • 헤스(Hess)의 법칙 : 총열량 불변의 법칙

**15.** 위험성 평가 기법 중 공정에 존재하는 위험 요소들과 공정의 효율을 떨어뜨릴 수 있는 운전상의 문제점을 찾아내어 그 원인을 제거하는 정성적인 안전성 평가 기법은?

① What-if
② HEA
③ HAZOP
④ FMECA

[해설] • HAZOP법 : 위험과 운전 분석(hazard and operability studies) 기법

**16.** 데토네이션(detonation)에 대한 설명으로 옳지 않은 것은?
① 발열 반응으로서 연소의 전파 속도가 그 물질 내에서 음속보다 느린 것을 말한다.
② 물질 내에서 충격파가 발생하여 반응을 일으키고 또한 반응을 유지하는 현상이다.
③ 충격파에 의해 유지되는 화학 반응 현상이다.
④ 데토네이션은 확산이나 열전도의 영향을 거의 받지 않는다.

[해설] • 폭굉(detonation) : 화염 전파 속도가 가스 중의 음속보다 큰 경우로서 파면 선단에 충격파라고 하는 압력파가 생겨 격렬한 파괴 작용을 일으키는 현상

**17.** 메탄 50 %, 에탄 40 %, 프로판 5 %, 부탄 5 %인 혼합 가스의 공기 중 폭발하한값(%)은? (단, 폭발하한값은 메탄 5 %, 에탄 3 %, 프로판 2.1 %, 부탄 1.8 %이다.)
① 3.51
② 3.61
③ 3.71
④ 3.81

[해설] $\dfrac{100}{L} = \dfrac{V_1}{L_1} + \dfrac{V_2}{L_2} + \dfrac{V_3}{L_3} + \dfrac{V_4}{L_4}$ 에서

$\therefore L = \dfrac{100}{\dfrac{V_1}{L_1} + \dfrac{V_2}{L_2} + \dfrac{V_3}{L_3} + \dfrac{V_4}{L_4}}$

$= \dfrac{100}{\dfrac{50}{5} + \dfrac{40}{3} + \dfrac{5}{2.1} + \dfrac{5}{1.8}} = 3.51 \%$

**18.** 가스 연료와 공기의 흐름이 난류일 때의 연소 상태에 대한 설명으로 옳은 것은?
① 화염의 윤곽이 명확하게 된다.

② 층류일 때보다 연소가 어렵다.
③ 층류일 때보다 열효율이 저하된다.
④ 층류일 때보다 연소가 잘되며 화염이 짧아진다.

[해설] • 난류 연소 상태의 특징
㉮ 화염의 휘도가 높다.
㉯ 화염면의 두께가 두꺼워진다.
㉰ 연소 속도가 층류 화염의 수십 배이다.
㉱ 연소 시 다량의 미연소분이 존재한다.

**19.** 설치 장소의 위험도에 대한 방폭구조의 선정에 관한 설명 중 틀린 것은?
① 0종 장소에서는 원칙적으로 내압방폭구조를 사용한다.
② 2종 장소에서 사용하는 전선관용 부속품은 KS에서 정하는 일반품으로서 나사 접속의 것을 사용할 수 있다.
③ 두 종류 이상의 가스가 같은 위험 장소에 존재하는 경우에는 그 중 위험 등급이 높은 것을 기준으로 하여 방폭전기기기의 등급을 선정하여야 한다.
④ 유입방폭구조는 1종 장소에서는 사용을 피하는 것이 좋다.

[해설] 0종 장소에서는 원칙적으로 본질안전방폭구조를 사용한다.

**20.** 프로판 1몰 연소 시 필요한 이론 공기량은 약 얼마인가? (단, 공기 중 산소량은 21 v%이다.)
① 16 mol  ② 24 mol
③ 32 mol  ④ 44 mol

[해설] ㉮ 프로판의 완전 연소 반응식
$C_3H_8 + 5O_2 \rightarrow 3CO_2 + 4H_2O$
㉯ 이론 공기량(mol) 계산 : 프로판 1몰(mol) 연소 시 산소는 5몰(mol)이 필요하다.
$\therefore A_0 = \dfrac{O_0}{0.21} = \dfrac{5}{0.21} = 23.809$ mol

## 제 2 과목  가스설비

**21.** 지름 50 mm의 강재로 된 둥근 막대가 8000 kgf의 인장하중을 받을 때의 응력은 약 몇 kgf/mm²인가?
① 2   ② 4
③ 6   ④ 8

[해설] $\sigma = \dfrac{W}{A} = \dfrac{8000}{\dfrac{\pi}{4} \times 50^2} = 4.07$ kgf/mm²

**22.** 배관의 온도 변화에 의한 신축을 흡수하는 조치로 틀린 것은?
① 루프 이음
② 나사 이음
③ 상온 스프링
④ 벨로스형 신축 이음매

[해설] • 신축 이음(joint)의 종류
㉮ 루프형(loop type)
㉯ 슬리브형(sleeve type)
㉰ 벨로스형(bellows type)
㉱ 스위블형(swivel type)
㉲ 상온 스프링(cold spring)

**23.** 정압기의 정특성에 대한 설명으로 옳지 않은 것은?
① 정상 상태에서의 유량과 2차 압력의 관계를 뜻한다.
② lock-up이란 폐쇄압력과 기준유량일 때의 2차 압력과의 차를 뜻한다.
③ 오프셋 값은 클수록 바람직하다.
④ 유량이 증가할수록 2차 압력은 점점 낮아진다.

[해설] • 오프셋(off set) : 유량이 변화했을 때 2차 압력과 기준압력($P_s$)과의 차이로 작을수록 바람직하다.

정답  19. ①  20. ②  21. ②  22. ②  23. ③

**24.** 1단 감압식 저압조정기 출구로부터 연소기 입구까지의 허용압력 손실로 옳은 것은?

① 수주 10 mm를 초과해서는 아니 된다.
② 수주 15 mm를 초과해서는 아니 된다.
③ 수주 30 mm를 초과해서는 아니 된다.
④ 수주 50 mm를 초과해서는 아니 된다.

[해설] 1단 감압식 저압조정기의 허용압력 손실은 30 mmH₂O 이하이다.

**25.** 다음 중 기화장치의 성능에 대한 설명으로 틀린 것은?

① 온수가열방식은 그 온수의 온도가 80℃ 이하이어야 한다.
② 증기가열방식은 그 증기의 온도가 120℃ 이하이어야 한다.
③ 가연성 가스용 기화장치의 접지 저항치는 100 Ω 이상이어야 한다.
④ 압력계는 계량법에 의한 검사 합격품이어야 한다.

[해설] 가연성 가스용 기화장치의 접지 저항치는 10 Ω 이하로 한다.

**26.** 염화비닐호스에 대한 규격 및 검사방법에 대한 설명으로 맞는 것은?

① 호스의 안지름은 1종, 2종, 3종으로 구분하며 2종의 안지름은 9.5 mm이고 그 허용오차는 ±0.8 mm이다.
② -20℃ 이하에서 24시간 이상 방치한 후 지체 없이 10회 이상 굽힘시험을 한 후에 기밀시험에 누출이 없어야 한다.
③ 3 MPa 이상의 압력으로 실시하는 내압시험에서 이상이 없고 4 MPa 이상의 압력에서 파열되지 아니하여야 한다.
④ 호스의 구조는 안층·보강층·바깥층으로 되어 있고 안층의 재료는 염화비닐을 사용하며, 인장강도는 65.6 N/5 mm 폭 이상이다.

[해설] • 염화비닐호스의 규격 및 검사 방법
㉮ 호스의 안지름은 1종, 2종, 3종으로 구분하며 안지름은 1종 6.3 mm, 2종 9.5 mm, 3종 12.7 mm이고 그 허용오차는 ±0.7 mm이다.
㉯ 1 m의 호스를 -20℃ 이하의 공기 중에서 24시간 이상 방치한 후 굽힘 최대 반지름으로 좌우 각 5회 이상 굽힘시험을 한 후에 기밀성능시험에 누출이 없는 것으로 한다.
㉰ 1 m의 호스를 3.0 MPa의 압력으로 5분간 실시하는 내압시험에서 누출이 없으며 파열 및 국부적인 팽창 등이 없는 것으로 한다.
㉱ 1 m의 호스를 4.0 MPa 이상의 압력에서 파열되는 것으로 한다.
㉲ 호스는 안층, 보강층, 바깥층의 구조로 하고, 안지름과 두께가 균일한 것으로 굽힘성이 좋고 흠, 기포, 균열 등 결점이 없어야 한다.
㉳ 호스 안층의 인장강도는 73.6 N/5 mm 폭 이상인 것으로 한다.
※ 공개된 답안은 ③항으로 처리되었음

**27.** 안지름 10 cm의 파이프를 플랜지에 접속하였다. 이 파이프 내에 40 kgf/cm²의 압력으로 볼트 1개에 걸리는 힘을 400 kgf 이하로 하고자 할 때 볼트는 최소 몇 개가 필요한가?

① 7개        ② 8개
③ 9개        ④ 10개

[해설] 볼트수 = $\dfrac{\text{전체에 걸리는 힘}(P \cdot A)}{\text{볼트 1개에 걸리는 힘}}$

$= \dfrac{40 \times \dfrac{\pi}{4} \times 10^2}{400} = 7.853 ≒ 8$개

**28.** 가로 15 cm, 세로 20 cm의 환기구에 철재 갤러리를 설치한 경우 환기구의 유효면적은 몇 cm²인가? (단, 개구율은 0.3이다.)

① 60         ② 90
③ 150        ④ 300

**정답** 24. ③   25. ③   26. 없음   27. ②   28. ②

[해설] 환기구 유효면적 = 환기구 면적 × 개구율
= (15 × 20) × 0.3
= 90 cm²

**29.** 액화석유가스 저장소의 저장탱크는 몇 ℃ 이하의 온도를 유지하여야 하는가?

① 20℃  ② 35℃
③ 40℃  ④ 50℃

[해설] 저장탱크는 항상 40℃ 이하의 온도를 유지하도록 한다.

**30.** 가스설비 공사 시 지반이 점토질 지반일 경우 허용지지력도(MPa)는?

① 0.02  ② 0.05
③ 0.5   ④ 1.0

[해설] • 지반의 종류에 따른 허용지지력도

| 지반의 종류 | 허용지지력도(MPa) |
|---|---|
| 암반 | 1 |
| 단단히 응결된 모래층 | 0.5 |
| 황토흙 | 0.3 |
| 조밀한 자갈층 | 0.3 |
| 모래질 지반 | 0.05 |
| 조밀한 모래질 지반 | 0.2 |
| 단단한 점토질 지반 | 0.1 |
| 점토질 지반 | 0.02 |
| 단단한 롬(loam)층 | 0.1 |
| 롬(loam)층 | 0.05 |

**31.** 고온·고압 상태의 암모니아 합성탑에 대한 설명으로 틀린 것은?

① 재질은 탄소강을 사용한다.
② 재질은 18-8 스테인리스강을 사용한다.
③ 촉매로는 보통 산화철에 CaO를 첨가한 것이 사용된다.
④ 촉매로는 보통 산화철에 K₂O 및 Al₂O₃를 첨가한 것이 사용된다.

[해설] 암모니아 합성탑은 내압용기와 내부 구조물로 구성되며 암모니아 합성의 촉매는 주로 산화철에 $Al_2O_3$, $K_2O$를 첨가한 것이나 CaO 또는 MgO 등을 첨가한 것을 사용한다. 암모니아 합성탑은 고온, 고압의 상태에서 작동되므로 18-8 스테인리스강을 사용한다.

**32.** 아세틸렌을 용기에 충전하는 경우 충전 중의 압력은 온도에 불구하고 몇 MPa 이하로 하여야 하는가?

① 2.5  ② 3.0
③ 3.5  ④ 4.0

[해설] • 아세틸렌 용기 압력
㉮ 충전 중의 압력 : 온도에 관계없이 2.5 MPa 이하
㉯ 충전 후의 압력 : 15℃에서 1.5 MPa 이하

**33.** 압축기 실린더 내부 윤활유에 대한 설명으로 옳지 않은 것은?

① 공기 압축기에는 광유(鑛油)를 사용한다.
② 산소 압축기에는 기계유를 사용한다.
③ 염소 압축기에는 진한 황산을 사용한다.
④ 아세틸렌 압축기에는 양질의 광유(鑛油)를 사용한다.

[해설] • 각종 가스 압축기의 윤활유
㉮ 산소 압축기 : 물 또는 묽은 글리세린수(10% 정도)
㉯ 공기 압축기, 수소 압축기, 아세틸렌 압축기 : 양질의 광유(디젤 엔진유)
㉰ 염소 압축기 : 진한 황산
㉱ LP 가스 압축기 : 식물성유
㉲ 이산화황(아황산가스) 압축기 : 화이트유, 정제된 용제 터빈유
㉳ 염화메탄(메틸클로라이드) 압축기 : 화이트유

**34.** 냄새가 나는 물질(부취제)의 구비 조건으로 옳지 않은 것은?

① 부식성이 없어야 한다.

정답  29. ③  30. ①  31. ①  32. ①  33. ②  34. ④

② 물에 녹지 않아야 한다.
③ 화학적으로 안정하여야 한다.
④ 토양에 대한 투과성이 낮아야 한다.

[해설] • 부취제의 구비 조건
㉮ 화학적으로 안정하고 독성이 없을 것
㉯ 일상생활의 냄새(생활취)와 명확하게 구별될 것
㉰ 극히 낮은 농도에서도 냄새가 확인될 수 있을 것
㉱ 가스관이나 가스미터 등에 흡착되지 않을 것
㉲ 배관을 부식시키지 않고, 상용온도에서 응축되지 않을 것
㉳ 물에 잘 녹지 않고 토양에 대하여 투과성이 클 것
㉴ 완전 연소가 가능하고 연소 후 유해 물질을 남기지 않을 것

**35.** 다음 중 LP 가스의 성분이 아닌 것은?
① 프로판   ② 부탄
③ 메탄올   ④ 프로필렌

[해설] • LP 가스의 조성 : 석유계 저급 탄화수소(탄소 수가 3개에서 5개 이하의 것)의 혼합물로 프로판($C_3H_8$), 부탄($C_4H_{10}$), 프로필렌($C_3H_6$), 부틸렌($C_4H_8$), 부타디엔($C_4H_6$) 등이 포함되어 있다.

**36.** 가스의 압축방식이 아닌 것은?
① 등온압축   ② 단열압축
③ 폴리트로픽압축   ④ 감열압축

[해설] • 가스의 압축방식 : 등온압축, 단열압축, 폴리트로픽압축
※ 가스를 압축하면 압력이 상승되고, 체적이 감소되므로 등압압축이나 등적압축은 해당되지 않으며, 열이 감소하는 감열압축은 존재하지 않는다.

**37.** 고압 산소 용기로 가장 적합한 것은?
① 주강용기
② 이중용접용기
③ 이음매 없는 용기
④ 접합용기

[해설] • 일반적인 고압가스 충전용기
㉮ 압축가스 : 이음매 없는 용기
㉯ 액화가스 : 용접용기

**38.** 용접장치에서 토치에 대한 설명으로 틀린 것은?
① 불변압식 토치는 니들밸브가 없는 것으로 독일식이라 한다.
② 팁의 크기는 용접할 수 있는 판 두께에 따라 선정한다.
③ 가변압식 토치를 프랑스식이라 한다.
④ 아세틸렌 토치의 사용압력은 0.1 MPa 이상에서 사용한다.

[해설] 아세틸렌 토치의 사용압력은 0.007~0.1 MPa 범위에서 사용한다.

**39.** 전기 방식 방법 중 희생양극법의 특징에 대한 설명으로 틀린 것은?
① 시공이 간단하다.
② 과방식의 우려가 없다.
③ 방식 효과 범위가 넓다.
④ 단거리 배관에 경제적이다.

[해설] • 희생양극법(유전양극법)의 특징
㉮ 시공이 간편하다.
㉯ 단거리 배관에는 경제적이다.
㉰ 다른 매설 금속체로의 장해가 없다.
㉱ 과방식의 우려가 없다.
㉲ 방식 효과 범위가 비교적 좁다.
㉳ 장거리 배관에는 비용이 많이 소요된다.
㉴ 전류 조절이 어렵다.
㉵ 관리해야 할 장소가 많게 된다.
㉶ 강한 전식에는 효과가 없다.
㉷ 양극은 소모되므로 보충해야 한다.

**40.** 수동교체 방식의 조정기와 비교한 자동절체식 조정기의 장점이 아닌 것은?

① 전체 용기 수량이 많아져서 장시간 사용할 수 있다.
② 분리형을 사용하면 1단 감압식 조정기의 경우보다 배관의 압력손실을 크게 해도 된다.
③ 잔액이 거의 없어질 때까지 사용이 가능하다.
④ 용기 교환주기의 폭을 넓힐 수 있다.

[해설] • 자동절체식 조정기의 장점
㉮ 전체 용기 수량이 수동교체식의 경우보다 적어도 된다.
㉯ 잔액이 거의 없어질 때까지 소비된다.
㉰ 용기 교환주기의 폭을 넓힐 수 있다.
㉱ 분리형을 사용하면 단단 감압식보다 배관의 압력손실을 크게 해도 된다.

## 제 3 과목  가스안전관리

**41.** LPG 저장설비 주위에는 경계책을 설치하여 외부인의 출입을 방지할 수 있도록 해야 한다. 경계책의 높이는 몇 m 이상이어야 하는가?

① 0.5 m  ② 1.5 m
③ 2.0 m  ④ 3.0 m

[해설] 가스 관련 시설에 설치되는 경계책의 높이는 1.5 m 이상이어야 한다.

**42.** 에어졸 충전시설에는 온수시험 탱크를 갖추어야 한다. 충전용기의 가스누출시험 온도는?

① 26℃ 이상 30℃ 미만
② 30℃ 이상 50℃ 미만
③ 46℃ 이상 50℃ 미만
④ 50℃ 이상 66℃ 미만

[해설] • 에어졸 누출시험시설 설치 : 에어졸 제조(충전)시설에는 온도를 46℃ 이상 50℃ 미만으로 누출시험을 할 수 있는 에어졸 충전용기의 온수시험탱크를 설치한다.

**43.** 특수가스의 하나인 실란(SiH₄)의 주요 위험성은?

① 상온에서 쉽게 분해된다.
② 분해 시 독성물질을 생성한다.
③ 태양광에 의해 쉽게 분해된다.
④ 공기 중에 누출되면 자연발화한다.

[해설] • 실란($SiH_4$)의 주요 특징
㉮ 분자량 32, 무색, 불쾌한 냄새가 난다.
㉯ 가연성가스 (1.37~100 %)로 공기 중에서 자연발화한다.
㉰ 강력한 환원성을 갖는다.
㉱ 물과 서서히 반응하며, 할로겐족과 반응한다.
㉲ 가열하면 실리콘과 수소로 분해된다.
㉳ 반도체 공정의 도핑액으로 사용된다.

**44.** 내용적 20000 L의 저장탱크에 비중량이 0.8 kg/L인 액화가스를 충전할 수 있는 양은?

① 13.6톤  ② 14.4톤
③ 16.5톤  ④ 17.7톤

[해설] $W = 0.9\,d\,V$
$= 0.9 \times 0.8 \times 20000 \times 10^{-3} = 14.4$톤

**45.** 다음 중 암모니아의 성질에 대한 설명으로 틀린 것은?

① 20℃에서 약 8.5기압의 가압으로 액화시킬 수 있다.
② 암모니아를 물에 계속 녹이면 용액의 비중은 물보다 커진다.
③ 액체 암모니아가 피부에 접촉하면 동상에 걸려 심한 상처를 입게 된다.
④ 암모니아 가스는 기도, 코, 인후의 점막을 자극한다.

[해설] 암모니아는 상온, 상압에서 기체 상태로 물에 800배 정도 용해되므로 용액의 비중에는 변화가 없다.

정답  41. ②  42. ③  43. ④  44. ②  45. ②

**46.** 기업 활동 전반을 시스템으로 보고 시스템 운영 규정을 작성·시행하여 사업장에서의 사고 예방을 위한 모든 형태의 활동 및 노력을 효과적으로 수행하기 위한 체계적이고 종합적인 안전관리체계를 의미하는 것은?
① MMS ② SMS
③ CRM ④ SSS

[해설] • SMS : Safety Management System의 약자

**47.** 용기 파열 사고의 원인으로서 가장 거리가 먼 것은?
① 염소 용기는 용기의 부식에 의하여 파열 사고가 발생할 수 있다.
② 수소 용기는 산소와 혼합 충전으로 격심한 가스 폭발에 의한 파열 사고가 발생할 수 있다.
③ 고압 아세틸렌 가스는 분해 폭발에 의한 파열 사고가 발생될 수 있다.
④ 용기 내 과다한 수증기 발생에 의한 폭발로 용기 파열이 발생할 수 있다.

[해설] 수증기는 불연성 기체로 용기 폭발과는 직접적인 관련이 없다.

**48.** 도시가스 배관을 도로 매설 시 배관의 외면으로부터 도로 경계까지 얼마 이상의 수평거리를 유지하여야 하는가?
① 0.8 m ② 1.0 m
③ 1.2 m ④ 1.5 m

[해설] • 도로 병행 매설 : 배관 외면으로부터 도로 경계까지는 1 m 이상의 수평거리를 유지한다.

**49.** 에어졸의 충전 기준에 적합한 용기의 내용적은 몇 L 이하이어야 하는가?
① 1 ② 2 ③ 3 ④ 5

[해설] • 접합 또는 납붙임용기 : 동판 및 경판을 각각 성형하여 심용접이나 그 밖의 방법으로 접합하거나 납붙임하여 만든 내용적 1L 이하인 1회용 용기로서 에어졸 제조용, 라이터 충전용, 연료용 가스용, 절단용 또는 용접용으로 제조한 것이다.

**50.** 도시가스를 지하에 매설할 경우 배관은 그 외면으로부터 지하의 다른 시설물과 얼마 이상의 거리를 유지하여야 하는가?
① 0.3 m ② 0.5 m
③ 1 m ④ 1.5 m

[해설] 배관은 그 외면으로부터 도로 밑의 다른 시설물과 0.3 m 이상의 거리를 유지한다.

**51.** 고압가스 특정제조시설에 설치되는 가스누출 검지 경보장치의 설치기준에 대한 설명으로 옳은 것은?
① 경보 농도는 가연성가스의 경우 폭발한계의 1/2 이하로 하여야 한다.
② 검지에서 발신까지 걸리는 시간은 경보 농도의 1.2배 농도에서 보통 20초 이내로 한다.
③ 경보기의 정밀도는 경보 농도 설정치에 대하여 가연성가스용은 ±25 % 이하이어야 한다.
④ 검지 경보장치의 경보 정밀도는 전원의 전압 등 변동이 ±20 % 정도일 때에도 저하되지 아니하여야 한다.

[해설] ① 경보 농도는 가연성가스의 경우 폭발한계의 1/4 이하, 독성가스는 TLV-TWA 기준농도 이하로 해야 한다.
② 검지에서 발신까지 걸리는 시간은 경보농도의 1.6배 농도에서 보통 30초 이내로 한다.
③ 경보기의 정밀도는 경보 농도 설정치에 대하여 가연성가스용은 ±25 % 이하, 독성가스용은 ±30 % 이하이어야 한다.
④ 검지 경보장치의 경보 정밀도는 전원의 전압 등 변동이 ±10 % 정도일 때에도 저하되지 아니하여야 한다.

**52.** 액화석유가스 저장설비 및 가스설비실의 통풍구조 기준에 대한 설명으로 옳은 것은?

① 사방을 방호벽으로 설치하는 경우 한 방향으로 2개소의 환기구를 설치한다.
② 환기구의 1개소 면적은 2400 cm² 이하로 한다.
③ 강제 통풍 시설의 방출구는 지면에서 2 m 이상의 높이에 설치한다.
④ 강제 통풍 시설의 통풍능력은 1 m² 마다 0.1 m³/분 이상으로 한다.

[해설] ① 사방을 방호벽으로 설치하는 경우 환기구는 2방향 이상으로 분산 설치한다.
③ 강제 통풍 시설의 배기가스 방출구는 지면에서 5 m 이상의 높이에 설치한다.
④ 강제 통풍 시설의 통풍능력은 바닥면적 1 m² 마다 0.5 m³/분 이상으로 한다.

**53.** 다음 중 수소 용기의 외면에 칠하는 도색의 색깔은?

① 주황색　　② 적색
③ 황색　　　④ 흑색

[해설] • 가스 종류별 용기 도색

| 가스 종류 | 용기 도색 | |
|---|---|---|
| | 공업용 | 의료용 |
| 산소 ($O_2$) | 녹색 | 백색 |
| 수소 ($H_2$) | 주황색 | - |
| 액화탄산가스 ($CO_2$) | 청색 | 회색 |
| 액화석유가스 | 밝은 회색 | - |
| 아세틸렌 ($C_2H_2$) | 황색 | - |
| 암모니아 ($NH_3$) | 백색 | - |
| 액화염소 ($Cl_2$) | 갈색 | - |
| 질소 ($N_2$) | 회색 | 흑색 |
| 아산화질소 ($N_2O$) | 회색 | 청색 |
| 헬륨 (He) | 회색 | 갈색 |
| 에틸렌 ($C_2H_4$) | 회색 | 자색 |
| 사이클로프로판 | 회색 | 주황색 |
| 기타의 가스 | 회색 | - |

**54.** 산화에틸렌 ($C_2H_4O$)에 대한 설명으로 틀린 것은?

① 휘발성이 큰 물질이다.
② 독성이 없고, 화염속도가 빠르다.
③ 사염화탄소, 에테르 등에 잘 녹는다.
④ 물에 녹으면 안정된 수화물을 형성한다.

[해설] 산화에틸렌 ($C_2H_4O$)의 허용 농도는 TLV-TWA 50 ppm, LC50 2900 ppm으로 독성가스에 해당된다.

**55.** 독성가스 충전시설에서 다른 제조시설과 구분하여 외부로부터 독성가스 충전시설임을 쉽게 식별할 수 있도록 설치하는 조치는?

① 충전표지　　② 경계표지
③ 위험표지　　④ 안전표지

[해설] • 표시기준
㉮ 경계표지 : 고압가스제조시설의 안전을 확보하기 위하여 필요한 곳에 고압가스를 취급하는 시설 또는 일반인의 출입을 제한하는 시설이라는 것을 명확하게 식별할 수 있도록 설치
㉯ 식별표지 : 독성가스제조시설이라는 것을 쉽게 식별할 수 있도록 해당 독성가스 제조시설 등의 보기 쉬운 곳에 게시
㉰ 위험표지 : 독성가스가 누출할 우려가 있는 부분에 안전사고를 방지하기 위하여 설치

**56.** 최대 지름이 6 m인 고압가스 저장탱크 2기가 있다. 이 탱크에 물분무장치가 없을 때 상호 유지되어야 할 최소 이격거리는?

① 1 m　　② 2 m
③ 3 m　　④ 4 m

[해설] • 저장탱크 상호간 유지거리
㉮ 지하 매설 : 1 m 이상
㉯ 지상 설치 : 두 저장탱크 최대지름을 합산한 길이의 4분의 1 이상에 해당하는 거리(4분의 1이 1 m 미만인 경우 1 m 이상의 거리)
$$\therefore L = \frac{D_1 + D_2}{4} = \frac{6+6}{4} = 3 \text{ m}$$

[정답] 52. ②　53. ①　54. ②　55. ③　56. ③

**57.** LP 가스 용기 저장소를 그림과 같이 설치할 때 자연환기시설의 위치로서 가장 적당한 곳은?

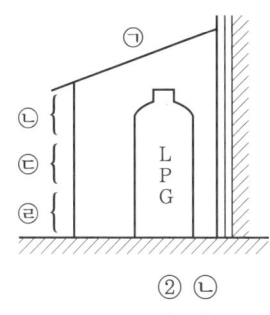

① ㉠ ② ㉡
③ ㉢ ④ ㉣

[해설] LPG는 공기보다 무거운 가스이므로 환기시설은 바닥면에 가깝게 설치한다.

**58.** LPG 판매 사업소의 시설기준으로 옳지 않은 것은?

① 가스누출경보기는 용기보관실에 설치하되 일체형으로 한다.
② 용기보관실의 전기설비 스위치는 용기보관실 외부에 설치한다.
③ 용기보관실의 실내온도는 40℃ 이하로 유지한다.
④ 용기보관실 및 사무실은 동일 부지 내에 구분하여 설치한다.

[해설] 가스누출경보기는 용기보관실에 설치하되 분리형으로 한다.

**59.** 고압가스 특정제조의 기술기준으로 옳지 않은 것은?

① 가연성가스 또는 산소의 가스설비 부근에는 작업에 필요한 양 이상의 연소하기 쉬운 물질을 두지 아니할 것
② 산소 중의 가연성가스의 용량이 전용량의 3% 이상의 것은 압축을 금지할 것
③ 석유류 또는 글리세린은 산소 압축기의 내부 윤활제로 사용하지 말 것
④ 산소 제조 시 공기 액화 분리기 내에 설치된 액화산소 통 내의 액화산소는 1일 1회 이상 분석할 것

[해설] • 압축 금지 기준
㉮ 가연성가스 ($C_2H_2$, $C_2H_4$, $H_2$ 제외) 중 산소 용량이 전용량의 4% 이상의 것
㉯ 산소 중 가연성가스 ($C_2H_2$, $C_2H_4$, $H_2$ 제외) 용량이 전용량의 4% 이상의 것
㉰ $C_2H_2$, $C_2H_4$, $H_2$ 중의 산소 용량이 전용량의 2% 이상의 것
㉱ 산소 중 $C_2H_2$, $C_2H_4$, $H_2$의 용량 합계가 전용량의 2% 이상의 것

**60.** LPG용 가스레인지를 사용하는 도중 불꽃이 치솟는 사고가 발생하였을 때 가장 직접적인 사고 원인은?

① 압력조정기 불량
② T관으로 가스 누출
③ 연소기의 연소 불량
④ 가스누출자동차단기 미작동

[해설] 압력조정기 불량으로 공급압력이 조정압력 이상으로 공급되어 사고가 발생한 것이다.

---

### 제 4 과목 가스계측

**61.** 도플러 효과를 이용한 것으로, 대유량을 측정하는 데 적합하며 압력손실이 없고, 비전도성 유체도 측정할 수 있는 유량계는?

① 임펠러 유량계 ② 초음파 유량계
③ 코리올리 유량계 ④ 터빈 유량계

[해설] • 초음파 유량계 : 초음파의 유속과 유체 유속의 합이 비례한다는 도플러 효과를 이용한 유량계로 측정체가 유체와 접촉하지 않고, 정확도가 아주 높으며, 고온, 고압, 부식성 유체에도 사용이 가능하다.

**62.** 30℃는 몇 °R (rankine)인가?

① 528°R  ② 537°R
③ 546°R  ④ 555°R

[해설] °R = (t℃ + 273) × 1.8
    = (30 + 273) × 1.8 = 545.4°R

**63.** 기본단위가 아닌 것은?
① 전류 (A)  ② 온도 (K)
③ 속도 (V)  ④ 질량 (kg)

[해설] • 기본단위의 종류

| 기본량 | 길이 | 질량 | 시간 | 전류 | 물질량 | 온도 | 광도 |
|---|---|---|---|---|---|---|---|
| 기본단위 | m | kg | s | A | mol | K | cd |

**64.** 가스 크로마토그래피의 불꽃 이온화 검출기에 대한 설명으로 옳지 않은 것은?
① $N_2$ 기체는 가장 높은 검출한계를 갖는다.
② 이온의 형성은 불꽃 속에 들어온 탄소 원자의 수에 비례한다.
③ 열전도도 검출기보다 감도가 높다.
④ $H_2$, $NH_3$ 등 비탄화수소에 대하여는 감응이 없다.

[해설] 수소염 이온화 검출기(FID : flame ionization detector)는 불꽃으로 시료 성분이 이온화됨으로써 불꽃 중에 놓여진 전극 간의 전기 전도도가 증대하는 것을 이용한 것으로 탄화수소에서 감도가 최고이고 $H_2$, $O_2$, $CO_2$, $SO_2$ 등은 감도가 없다.

**65.** 연소 분석법 중 2종 이상의 동족 탄화수소와 수소가 혼합된 시료를 측정할 수 있는 것은?
① 폭발법, 완만 연소법
② 산화구리법, 완만 연소법
③ 분별 연소법, 완만 연소법
④ 팔라듐관 연소법, 산화구리법

[해설] • 분별 연소법 : 탄화수소는 산화시키지 않고 $H_2$ 및 CO만을 분별적으로 완전 산화시키는 방법
㉮ 팔라듐관 연소법 : $H_2$를 분석하는 데 적당한 방법으로 촉매로 팔라듐 석면, 팔라듐 흑연, 백금, 실리카 겔 등이 사용된다.
㉯ 산화구리법 : 산화구리를 250℃로 가열하여 시료 가스 중 $H_2$ 및 CO는 연소되고 $CH_4$만 남는다. 메탄($CH_4$)의 정량 분석에 적합하다.

**66.** 복사에너지의 온도와 파장과의 관계를 이용한 온도계는?
① 열선 온도계  ② 색 온도계
③ 광고온계  ④ 방사 온도계

[해설] • 색 온도계의 특징
㉮ 고온 물체로부터 방사되는 빛의 밝고 어두움을 이용한 비접촉식 온도계이다.
㉯ 휴대 및 취급이 간편하나, 측정이 어렵다.
㉰ 연기나 먼지 등의 영향을 받지 않는다.
㉱ 연속 지시가 가능하다.

**67.** 다음 중 가스 크로마토그래피의 구성 요소가 아닌 것은?
① 분리관(컬럼)  ② 검출기
③ 유속조절기  ④ 단색화 장치

[해설] • 가스 크로마토그래피의 장치 구성 요소 : 캐리어가스, 압력조정기, 유량조절밸브, 압력계, 분리관(컬럼), 검출기, 기록계 등

**68.** 공업용으로 사용될 수 있는 LP 가스미터기의 용량을 가장 정확하게 나타낸 것은?
① $1.5 \, m^3/h$ 이하  ② $10 \, m^3/h$ 초과
③ $20 \, m^3/h$ 초과  ④ $30 \, m^3/h$ 초과

**69.** 가스미터 출구 측 배관을 수직배관으로 설치하지 않는 가장 큰 이유는?
① 설치 면적을 줄이기 위하여
② 화기 및 습기 등을 피하기 위하여
③ 검침 및 수리 등의 작업이 편리하도록 하기 위하여
④ 수분 응축으로 밸브의 동결을 방지하기

정답  63. ③  64. ①  65. ④  66. ②  67. ④  68. ④  69. ④

위하여

해설 입상배관으로 시공하였을 때 겨울철에 배관 내부의 수분이 응축되어 가스미터로 유입될 수 있고, 응결수가 동결되어 가스미터가 고장을 일으킬 수 있어 입상배관을 금지한다.

**70.** 제어기기의 대표적인 것을 들면 검출기, 증폭기, 조작기기, 변환기로 구분되는데 서보전동기(servo motor)는 어디에 속하는가?

① 검출기  ② 증폭기
③ 변환기  ④ 조작기기

해설 • 조작기기 : 조절기로부터 전송된 제어 동작 신호에 의해 움직이는 것으로 모튜럴모터, 댐퍼조작기, 밸브조작기, 서보전동기(servo motor) 등이 해당된다.

**71.** 도로에 매설된 도시가스가 누출되는 것을 감지하여 분석한 후 가스 누출 유무를 알려주는 가스 검출기는?

① FID  ② TCD
③ FTD  ④ FPD

해설 • 수소염 이온화 검출기(FID : flame ionization detector) : 탄화수소에서 감도가 최고로 도시가스 매설 배관의 누출 유무를 확인하는 검출기로 사용된다.

**72.** 1차 제어장치가 제어량을 측정하여 제어명령을 발하고 2차 제어장치가 이 명령을 바탕으로 제어량을 조절하는 측정 제어는?

① 비율 제어  ② 자력 제어
③ 캐스케이드 제어  ④ 프로그램 제어

해설 • 캐스케이드 제어 : 두 개의 제어계를 조합하여 제어량의 1차 조절계를 측정하고 그 조작 출력으로 2차 조절계의 목표값을 설정하는 방법으로 단일 루프 제어에 비해 외란의 영향을 줄이고 계 전체의 지연을 적게 하는 데 유효하기 때문에 출력 측에 낭비 시간이나 지연이 큰 프로세스 제어에 이용되는 제어이다.

**73.** 그림과 같은 조작량의 변화는 다음 중 어떤 동작인가?

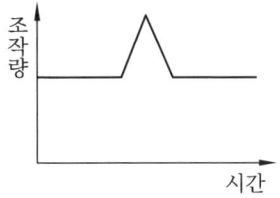

① I 동작  ② PD 동작
③ D 동작  ④ PI 동작

해설 • PD 동작(비례 미분 동작) : 비례 동작과 미분 동작을 합한 것으로 제어의 안정성이 높고, 변화 속도가 큰 곳에 크게 작용하지만 편차에 대한 직접적인 효과는 없다.

**74.** 액면계의 종류로만 나열된 것은?

① 플로트식, 퍼지식, 차압식, 정전용량식
② 플로트식, 터빈식, 액비중식, 광전관식
③ 퍼지식, 터빈식, oval식, 차압식
④ 퍼지식, 터빈식, roots식, 차압식

해설 • 액면계의 구분
㉮ 직접식 : 직관식, 플로트식(부자식), 검척식
㉯ 간접식 : 압력식, 초음파식, 저항전극식, 정전용량식, 방사선식, 차압식, 다이어프램식, 편위식, 기포식(퍼지식), 슬립튜브식 등

**75.** 기계식 압력계가 아닌 것은?

① 환상식 압력계
② 경사관식 압력계
③ 피스톤식 압력계
④ 자기변형식 압력계

해설 • 기계식 압력계의 종류 : 액주식(U자관, 경사관식 등), 링밸런스식(환상식), 피스톤식, 탄성식

**76.** MAX 1.0 m³/h, 0.5 L/rev로 표기된 가스미터가 시간당 50회전 하였을 경우 가스 유량은 얼마인가?

정답  70. ④  71. ①  72. ③  73. ②  74. ①  75. ④  76. ②

① 0.5 m³/h　② 25 L/h
③ 25 m³/h　④ 50 L/h

[해설] ㉮ MAX 1.0 m³/h : 사용 최대 유량이 시간당 1.0 m³이다.
㉯ 0.5 L/rev : 계량실의 1주기 체적이 0.5 L이다.
㉰ 가스 유량 계산 : 0.5×50 = 25 L/h

## 77. 다음 중 가연성가스 검지 방식으로 가장 적합한 것은?

① 격막전극식　② 정전위전해식
③ 접촉연소식　④ 원자흡광광도법

[해설] • 접촉연소식 : 열선(필라멘트)으로 검지된 가스를 연소시켜 생기는 온도 변화에 전기저항의 변화가 비례하는 것을 이용한 것으로 가연성가스 검출기로 사용된다.

## 78. 공업계기의 구비 조건으로 가장 거리가 먼 것은?

① 구조가 복잡해도 정밀한 측정이 우선이다.
② 주변 환경에 대하여 내구성이 있어야 한다.
③ 경제적이며 수리가 용이하여야 한다.
④ 원격 조정 및 연속 측정이 가능하여야 한다.

[해설] • 계측기기의 구비 조건
㉮ 경년 변화가 적고, 내구성이 있을 것
㉯ 견고하고 신뢰성이 있을 것
㉰ 정도가 높고 경제적일 것
㉱ 구조가 간단하고 취급, 보수가 쉬울 것
㉲ 원격 지시 및 기록이 가능할 것
㉳ 연속 측정이 가능할 것

## 79. 염소($Cl_2$) 가스 누출 시 검지하는 가장 적당한 시험지는?

① 연당지
② KI-전분지
③ 초산벤젠지
④ 염화제일구리착염지

[해설] • 가스 검지 시험지법

| 검지 가스 | 시험지 | 반응(변색) |
|---|---|---|
| 암모니아($NH_3$) | 적색리트머스지 | 청색 |
| 염소($Cl_2$) | KI 전분지 | 청갈색 |
| 포스겐($COCl_2$) | 해리슨시험지 | 유자색 |
| 시안화수소(HCN) | 초산벤젠지 | 청색 |
| 일산화탄소(CO) | 염화팔라듐지 | 흑색 |
| 황화수소($H_2S$) | 연당지 | 회흑색 |
| 아세틸렌($C_2H_2$) | 염화제일구리착염지 | 적갈색 |

## 80. 동특성 응답이 아닌 것은?

① 과도 응답　② 임펄스 응답
③ 스텝 응답　④ 정오차 응답

[해설] • 응답 : 자동 제어계의 어떤 요소에 대하여 입력을 원인이라 하면 출력은 결과가 되며, 이때의 출력을 입력에 대한 응답이라고 한다. 과도 응답, 스텝 응답, 정상 응답, 주파수 응답, 임펄스 응답이 있다.

정답　77. ③　78. ①　79. ②　80. ④

▶ 2015년 9월 19일 시행

| 자격종목 | 종목코드 | 시험시간 | 형 별 | 수험번호 | 성 명 |
|---|---|---|---|---|---|
| 가스 산업기사 | 2471 | 2시간 | A | | |

## 제1과목 연소공학

**1.** 상온, 상압에서 프로판 – 공기의 가연성 혼합기체를 완전 연소시킬 때 프로판 1 kg을 연소시키기 위하여 공기는 약 몇 kg이 필요한가? (단, 공기 중 산소는 23.15 wt%이다.)

① 13.6　　② 15.7
③ 17.3　　④ 19.2

[해설] ㉮ 프로판의 완전 연소 반응식
　　$C_3H_8 + 5O_2 \rightarrow 3CO_2 + 4H_2O$
㉯ 이론공기량 계산
　　$44 \text{ kg} : 5 \times 32 \text{ kg} = 1 \text{ kg} : x(O_0) \text{ kg}$
　　$\therefore A_0 = \dfrac{x(O_0)}{0.2315} = \dfrac{5 \times 32 \times 1}{44 \times 0.2315}$
　　$= 15.707 \text{ kg}$

**2.** 다음 중 메탄($CH_4$)에 대한 설명으로 옳은 것은?

① 고온에서 수증기와 작용하면 일산화탄소와 수소를 생성한다.
② 공기 중 메탄 성분이 60 % 정도 함유되어 있는 혼합 기체는 점화되면 폭발한다.
③ 부취제와 메탄을 혼합하면 서로 반응한다.
④ 조연성가스로서 유기화합물을 연소시킬 때 발생한다.

[해설] • 메탄($CH_4$)의 성질
㉮ 파라핀계 탄화수소의 안정된 가스이다.
㉯ 천연가스(NG)의 주성분이다.
　　(비점 : −161.5℃)
㉰ 무색, 무취, 무미의 가연성 기체이다 (폭발범위 : 5~15 %)
㉱ 유기물의 부패나 분해 시 발생한다.
㉲ 메탄의 분자는 무극성이고, 수(水)분자와 결합하는 성질이 없어 용해도는 작다.
㉳ 공기 중에서 연소가 쉽고 화염은 담청색의 빛을 발한다.
㉴ 염소와 반응하면 염소화합물이 생성된다.
㉵ 고온에서 산소, 수증기와 반응시키면 일산화탄소와 수소를 생성한다 (촉매 : 니켈).
　　$CH_4 + \dfrac{1}{2}O_2 \rightarrow CO + 2H_2 + 8.7 \text{ kcal}$
　　$CH_4 + H_2O \rightarrow CO + 3H_2 - 49.3 \text{ kcal}$

**3.** 발화지연시간(ignition delay time)에 영향을 주는 요인으로 가장 거리가 먼 것은?

① 온도
② 압력
③ 폭발하한값
④ 가연성가스의 농도

[해설] • 발화지연시간 : 어느 온도에서 가열하기 시작하여 발화에 이르기까지의 시간으로 고온, 고압일수록, 가연성가스와 산소의 혼합비가 완전 산화에 가까울수록 발화지연시간은 짧아진다.

**4.** 다음 중 폭발 범위가 가장 좁은 것은?

① 이황화탄소　　② 부탄
③ 프로판　　　　④ 시안화수소

[해설] • 가스의 공기 중에서의 폭발 범위

| 가스 | 폭발 범위 |
|---|---|
| 이황화탄소 ($CS_2$) | 1.25~44 % |
| 부탄 ($C_4H_{10}$) | 1.9~8.5 % |
| 프로판 ($C_3H_8$) | 2.2~9.5 % |
| 시안화수소 (HCN) | 6~41 % |

[정답] 1. ②　2. ①　3. ③　4. ②

**5.** 프로판($C_3H_8$) 가스 $1\,Sm^3$를 완전 연소시켰을 때의 건조 연소가스량은 약 몇 $Sm^3$인가? (단, 공기 중 산소의 농도는 21 vol%이다.)

① 19.8   ② 21.8
③ 23.8   ④ 25.8

[해설] ㉮ 공기 중 프로판의 완전 연소 반응식
$C_3H_8 + 5O_2 + (N_2) \rightarrow 3CO_2 + 4H_2O + (N_2)$
㉯ 건조 연소가스량 계산 : 연소가스 중 수분($H_2O$)을 포함하지 않은 가스량이고, 질소는 산소량의 $3.76\left(\dfrac{79}{21}\right)$배이다.
$\therefore G_{0d} = CO_2 + N_2 = 3 + (5 \times 3.76)$
$= 21.8\,Sm^3/Sm^3$

**6.** 다음 중 산소 공급원이 아닌 것은?

① 공기         ② 산화제
③ 환원제       ④ 자기연소성 물질

[해설] • 산소 공급원 : 연소를 도와주거나 촉진시켜주는 조연성 물질로 공기, 자기연소성 물질, 산화제 등이다.

**7.** LPG 저장탱크의 배관이 파손되어 가스로 인한 화재가 발생하였을 때 안전관리자가 긴급 차단장치를 조작하여 LPG 저장탱크로부터의 LPG 공급을 차단하여 소화하는 방법은?

① 질식소화     ② 억제소화
③ 냉각소화     ④ 제거소화

[해설] • 제거소화 : 연소의 3요소 중 가연물질을 화재가 발생한 장소로부터 제거하여 소화시키는 방법으로 가스 화재 시 가스 공급 밸브 등을 차단하여 가스 공급을 중지하는 방법이 해당된다.

**8.** 연소로(燃燒爐) 내의 폭발에 의한 과압을 안전하게 방출시켜 노의 파손에 의한 피해를 최소화하기 위해 폭연벤트(deflagration vent)를 설치한다. 이에 대한 설명으로 옳지 않은 것은?

① 가능한 한 곡점부에 설치한다.
② 과압으로 손쉽게 열리는 구조로 한다.
③ 과압을 안전한 방향으로 방출시킬 수 있는 장소를 선택한다.
④ 크기와 수량은 노의 구조와 규모 등에 의해 결정한다.

[해설] • 폭연벤트 : 폭연 발생 시 연소가스와 압력을 밀폐공간으로부터 안전한 외부로 신속히 방출시키기 위하여 설치하는 개방된 통기문, 폐쇄된 창문 및 판넬 등으로 곡점부에 설치하지 아니한다.

**9.** 다음 중 가연물의 위험성에 대한 설명으로 틀린 것은?

① 비등점이 낮으면 인화의 위험성이 높아진다.
② 파라핀 등 가연성 고체는 화재 시 가연성 액체가 되어 화재를 확대한다.
③ 물과 혼합되기 쉬운 가연성 액체는 물과 혼합되면 증기압이 높아져 인화점이 낮아진다.
④ 전기전도도가 낮은 인화성 액체는 유동이나 여과 시 정전기를 발생하기 쉽다.

[해설] • 가연물의 위험성을 나타내는 성질 : ①, ②, ④ 외
㉮ 물과의 혼합성 : 물과 혼합되기 쉬운 가연성 액체는 물과 혼합시켜 희석시키면 증기압은 낮아지며, 인화점은 상승한다.
㉯ 비중 : 일반적으로 가연성 액체는 물보다 비중이 작으므로 연소 시 확대된다.
㉰ 점성 : 가연성 액체는 온도가 상승되면 점성이 작아져 화재를 확대시킨다.
㉱ 연소열 : 연소열이 큰 것은 화재를 확대시킨다.

**10.** 공기와 연료의 혼합 기체의 표시에 대한 설명 중 옳은 것은?

① 공기비(excess air ratio)는 연공비의 역수와 같다.

② 연공비(fuel air ratio)라 함은 가연 혼합기 중의 공기와 연료의 질량비로 정의된다.
③ 공연비(air fuel ratio)라 함은 가연 혼합기 중의 연료와 공기의 질량비로 정의된다.
④ 당량비(equivalence ratio)는 이론연공비 대비 실제연공비로 정의한다.

[해설] • 공기와 연료의 혼합 기체의 표시
㉮ 공기비(excess air ratio) : 실제공기량($A$)과 이론공기량($A_0$)의 비로 과잉공기계수라 한다.
㉯ 연공비(F/A : fuel air ratio) : 가연 혼합기 중 연료와 공기의 질량비
㉰ 공연비(A/F : air fuel ratio) : 가연 혼합기 중 공기와 연료의 질량비
㉱ 당량비(equivalence ratio) : 이론연공비 대비 실제연공비(실제연공비와 이론연공비의 비)

**11.** 1 atm, 27℃의 밀폐된 용기에 프로판과 산소가 1 : 5 부피비로 혼합되어 있다. 프로판이 완전 연소하여 화염의 온도가 1000℃가 되었다면 용기 내에 발생하는 압력은?

① 1.95atm  ② 2.95atm
③ 3.95atm  ④ 4.95atm

[해설] ㉮ 프로판의 완전 연소 반응식
$C_3H_8 + 5O_2 \rightarrow 3CO_2 + 4H_2O$
㉯ 용기 내 발생 압력 계산
$PV = nRT$ 에서
반응 전 $P_1V_1 = n_1R_1T_1$
반응 후 $P_2V_2 = n_2R_2T_2$가 된다.
$V_1 = V_2$, $R_1 = R_2$이므로
$\dfrac{P_2}{P_1} = \dfrac{n_2T_2}{n_1T_1}$ 이 된다.
$\therefore P_2 = \dfrac{n_2T_2}{n_1T_1} \times P_1$
$= \dfrac{7 \times (273+1000)}{6 \times (273+27)} \times 1 = 4.95\,\text{atm}$

**12.** 다음 중 연소에 대한 설명으로 옳지 않은 것은?

① 열, 빛을 동반하는 발열 반응이다.
② 반응에 의해 발생하는 열에너지가 반자발적으로 반응이 계속되는 현상이다.
③ 활성물질에 의해 자발적으로 반응이 계속되는 현상이다.
④ 분자 내 반응에 의해 열에너지를 발생하는 발열 분해 반응도 연소의 범주에 속한다.

[해설] 연소란 가연성 물질이 공기 중의 산소와 반응하여 빛과 열을 발생하는 화학 반응을 말한다.

**13.** 어떤 기체가 168 kJ의 열을 흡수하면서 동시에 외부로부터 20 kJ의 열을 받으면 내부에너지의 변화는 약 얼마인가?

① 20 kJ      ② 148 kJ
③ 168 kJ     ④ 188 kJ

[해설] $U_2 = U_1 + q = 168 + 20 = 188\,\text{kJ}$

**14.** 다음 중 연소에 대한 설명으로 옳지 않은 것은?

① 착화온도는 인화온도보다 항상 낮다.
② 인화온도가 낮을수록 위험성이 크다.
③ 착화온도는 물질의 종류에 따라 다르다.
④ 기체의 착화온도는 산소의 함유량에 따라 달라진다.

[해설] 착화온도는 인화온도보다 항상 높다.

**15.** 자연발화(自然發火)의 원인으로 옳지 않은 것은?

① 건초의 발효열
② 활성탄의 흡수열
③ 셀룰로이드의 분해열
④ 불포화 유지의 산화열

정답  11. ④  12. ②  13. ④  14. ①  15. ②

[해설] • 자연발화의 형태
㉮ 분해열에 의한 발열 : 과산화수소, 염소산칼륨 등
㉯ 산화열에 의한 발열 : 건성유, 원면, 고무분말 등
㉰ 중합열에 의한 발열 : 시안화수소, 산화에틸렌, 염화비닐 등
㉱ 흡착열에 의한 발열 : 활성탄, 목탄 분말 등
㉲ 미생물에 의한 발열 : 먼지, 퇴비 등

**16.** 고압가스설비의 퍼지(purging) 방법 중 한쪽 개구부에 퍼지가스를 가하고 다른 개구부로 혼합가스를 대기 또는 스크러버로 빼내는 공정은?
① 진공 퍼지(vacuum purging)
② 압력 퍼지(pressure purging)
③ 사이펀 퍼지(siphon purging)
④ 스위프 퍼지(sweep through purging)

[해설] • 퍼지(purging) 종류
㉮ 진공 퍼지 : 용기를 진공시킨 후 불활성가스를 주입시켜 원하는 최소 산소 농도에 이를 때까지 실시하는 방법
㉯ 압력 퍼지 : 불활성가스로 용기를 가압한 후 대기 중으로 방출하는 작업을 반복하여 원하는 최소 산소 농도에 이를 때까지 실시하는 방법
㉰ 사이펀 퍼지 : 용기에 물을 충만시킨 후 용기로부터 물을 배출시킴과 동시에 불활성가스를 주입하여 원하는 최소 산소 농도를 만드는 작업으로 퍼지 경비를 최소화할 수 있다.
㉱ 스위프 퍼지 : 한쪽으로는 불활성가스를 주입하고 반대쪽에서는 가스를 방출하는 작업을 반복하는 것으로 저장탱크 등에 사용한다.

**17.** 연소가스량 10 Nm³/kg, 비열 0.325 kcal/Nm³·℃인 어떤 연료의 저위발열량이 6700 kcal/kg이었다면 이론 연소온도는 약 몇 ℃인가?
① 1962℃  ② 2062℃
③ 2162℃  ④ 2262℃

[해설] $t = \dfrac{H_l}{G_s \cdot C_p} = \dfrac{6700}{10 \times 0.325} = 2061.538\,℃$

**18.** 용기 내부에 공기 또는 불활성가스 등의 보호가스를 압입하여 용기 내의 압력이 유지됨으로써 외부로부터 폭발성가스 또는 증기가 침입하지 못하도록 한 방폭구조는?
① 내압방폭구조  ② 압력방폭구조
③ 유입방폭구조  ④ 안전증방폭구조

[해설] • 압력(壓力)방폭구조 (p) : 용기 내부에 보호가스 (신선한 공기 또는 불활성가스)를 압입하여 내부 압력을 유지함으로써 가연성가스가 용기 내부로 유입되지 아니하도록 한 구조

**19.** 메탄($CH_4$)의 기체 비중은 약 얼마인가?
① 0.55  ② 0.65
③ 0.75  ④ 0.85

[해설] 비중 $(S) = \dfrac{\text{메탄의 분자량}}{\text{공기의 분자량}} = \dfrac{16}{29} = 0.551$

**20.** 석탄이나 목재가 연소 초기에 화염을 내면서 연소하는 형태는?
① 표면연소  ② 분해연소
③ 증발연소  ④ 확산연소

[해설] • 분해연소 : 충분한 착화에너지를 주어 가열분해에 의해 연소하며 휘발분이 있는 고체 연료(종이, 석탄, 목재 등) 또는 증발이 일어나기 어려운 액체 연료(중유 등)가 이에 해당된다.

---

## 제2과목 가스설비

**21.** 구형 저장탱크의 특징이 아닌 것은?
① 모양이 아름답다.

정답  16. ④  17. ②  18. ②  19. ①  20. ②  21. ③

② 기초 구조를 간단하게 할 수 있다.
③ 동일 용량, 동일 압력의 경우 원통형 탱크보다 두께가 두껍다.
④ 표면적이 다른 탱크보다 작으며 강도가 높다.

[해설] • 구형 저장탱크의 특징
㉮ 횡형, 원통형 저장탱크에 비해 표면적이 작다.
㉯ 강도가 높으며 외관 모양이 안정적이다 (모양이 아름답다.).
㉰ 기초 구조를 간단하게 할 수 있다.
㉱ 동일 용량, 동일 압력의 경우 원통형 탱크보다 두께가 얇다.

**22.** 정류(rectification)에 대한 설명으로 틀린 것은?
① 비점이 비슷한 혼합물의 분리에 효과적이다.
② 상층의 온도는 하층의 온도보다 높다.
③ 환류비를 크게 하면 제품의 순도는 좋아진다.
④ 포종탑에서는 액량이 거의 일정하므로 접촉 효과가 우수하다.

**23.** 용기내장형 LP 가스 난방기용 압력조정기에 사용되는 다이어프램의 물성시험에 대한 설명으로 틀린 것은?
① 인장강도는 12 MPa 이상인 것으로 한다.
② 인장응력은 3.0 MPa 이상인 것으로 한다.
③ 신장영구 늘음률은 20 % 이하인 것으로 한다.
④ 압축영구 줄음률은 30 % 이하인 것으로 한다.

[해설] • 다이어프램의 물성시험
㉮ 인장강도는 12 MPa 이상이고, 신장률은 300 % 이상인 것으로 한다.
㉯ 인장응력은 2.0 MPa 이상이고, 경도는 50° 이상 90° 이하인 것으로 한다.
㉰ 신장영구 늘음률은 20 % 이하인 것으로 한다.
㉱ 압축영구 줄음률은 30 % 이하인 것으로 한다.
㉲ -25℃의 공기 중에서 24시간 방치한 후 인장강도 및 신장률을 측정하였을 때 인장강도 변화율은 ±15 % 이내, 신장 변화율은 ±30 % 이내, 경도 변화는 +15° 이하인 것으로 한다.

**24.** 가스충전구가 왼나사 구조인 가스밸브는 어느 것인가?
① 질소 용기      ② 엘피지 용기
③ 산소 용기      ④ 암모니아 용기

[해설] • 충전구 나사 형식
㉮ 왼나사 : 가연성가스 (암모니아, 브롬화메탄은 오른나사)
㉯ 오른나사 : 가연성 이외의 것
※ 질소는 불연성, 엘피지는 가연성, 산소는 조연성, 암모니아는 가연성이다.

**25.** 다음 중 도시가스 정압기의 일반적인 설치 위치는?
① 입구 밸브와 필터 사이
② 필터와 출구 밸브 사이
③ 차단용 바이패스 밸브 앞
④ 유량 조절용 바이패스 밸브 앞

[해설] 도시가스용 정압기는 정압기용 필터와 출구 밸브 사이에 설치한다.

**26.** 도시가스 제조 공정 중 가열 방식에 의한 분류로 원료에 소량의 공기와 산소를 혼합하여 가스 발생의 반응기에 넣어 원료의 일부를 연소시켜 그 열을 열원으로 이용하는 방식은?
① 자열식        ② 부분 연소식
③ 축열식        ④ 외열식

[해설] • 가열 방식에 의한 가스 제조 분류
㉮ 외열식 : 원료가 들어 있는 용기를 외부에서 가열하는 방법이다.

㉯ 축열식 : 반응기 내에서 연료를 연소시켜 충분히 가열한 후 원료를 송입하여 가스화하는 방법이다.
㉰ 부분 연소식 : 원료에 소량의 공기와 산소를 혼합하여 반응기에 넣어 원료의 일부를 연소시켜 그 열을 이용하여 원료를 가스화 열원으로 한다.
㉱ 자열식 : 가스화에 필요한 열을 발열 반응에 의해 가스를 발생시키는 방식이다.

**27.** 왕복식 압축기의 특징에 대한 설명으로 틀린 것은?
① 기체의 비중에 영향이 없다.
② 압축하면 맥동이 생기기 쉽다.
③ 원심형이어서 압축 효율이 낮다.
④ 토출압력에 의한 용량 변화가 적다.

[해설] • 왕복동식 압축기의 특징
㉮ 고압이 쉽게 형성된다.
㉯ 급유식, 무급유식이다.
㉰ 용량 조정 범위가 넓다.
㉱ 용적형이며 압축 효율이 높다.
㉲ 형태가 크고 설치 면적이 크다.
㉳ 배출 가스 중 오일이 혼입될 우려가 크다.
㉴ 압축이 단속적이고, 맥동 현상이 발생된다.
㉵ 접촉 부분이 많아 고장 발생이 쉽고 수리가 어렵다.
㉶ 반드시 흡입 토출 밸브가 필요하다.

**28.** 20 kg 용기(내용적 47 L)를 3.1 MPa 수압으로 내압시험 결과 내용적이 47.8 L로 증가하였다. 영구(항구)증가율은 얼마인가? (단, 압력을 제거하였을 때 내용적은 47.1 L이었다.)
① 8.3 %   ② 9.7 %
③ 11.4 %  ④ 12.5 %

[해설] 영구(항구)증가율
$= \dfrac{영구(항구)증가량}{전증가량} \times 100$
$= \dfrac{47.1 - 47}{47.8 - 47} \times 100 = 12.5\ \%$

**29.** 고온, 고압 장치의 가스배관 플랜지 부분에서 수소 가스가 누출되기 시작하였다. 누출 원인으로 가장 거리가 먼 것은?
① 재료 부품이 적당하지 않았다.
② 수소 취성에 의한 균열이 발생하였다.
③ 플랜지 부분의 개스킷이 불량하였다.
④ 온도의 상승으로 이상 압력이 되었다.

**30.** 안지름 10 cm의 파이프를 플랜지에 접속하였다. 이 파이프 내에 40 kgf/cm²의 압력으로 볼트 1개에 걸리는 힘을 300 kgf 이하로 하고자 할 때 볼트의 수는 최소 몇 개 필요한가?
① 7개    ② 11개
③ 15개   ④ 19개

[해설] 볼트수 $= \dfrac{전체에 걸리는 힘(P \cdot A)}{볼트\ 1개에\ 걸리는\ 힘}$
$= \dfrac{40 \times \dfrac{\pi}{4} \times 10^2}{300} = 10.471 ≒ 11\text{개}$

**31.** 배관의 부식과 그 방지에 대한 설명으로 옳은 것은?
① 매설되어 있는 배관에 있어서 일반적인 강관이 주철관보다 내식성이 좋다.
② 구상흑연 주철관의 인장강도는 강관과 거의 같지만 내식성은 강관보다 나쁘다.
③ 전식이란 땅속으로 흐르는 전류가 배관으로 흘러 들어간 부분에 일어나는 전기적인 부식을 말한다.
④ 전식은 일반적으로 천공성 부식이 많다.

[해설] ① 매설되어 있는 배관에 있어서 일반적인 주철관이 강관보다 내식성이 좋다.
② 구상흑연 주철관의 인장강도는 강관과 거의 같고 내식성은 강관보다 좋다.
③ 전식이란 땅속으로 흐르는 전류가 배관으로 흘러 들어간 후 이것이 유출되는 부분에 일어나는 전기적인 부식을 말한다.

[정답] 27. ③  28. ④  29. ④  30. ②  31. ④

**32.** 다음 중 금속 재료에 대한 충격시험의 주된 목적은?
① 피로도 측정   ② 인성 측정
③ 인장강도 측정   ④ 압축강도 측정

[해설] • 충격시험의 목적 : 재료의 인성과 취성(메짐) 측정

**33.** 다음 〈보기〉의 특징을 가진 오토클레이브는 어느 것인가?

―〈보 기〉―
- 가스 누설의 가능성이 적다.
- 고압력에서 사용할 수 있고 반응물의 오손이 없다.
- 뚜껑판에 뚫어진 구멍에 촉매가 끼어 들어갈 염려가 있다.

① 교반형   ② 진탕형
③ 회전형   ④ 가스교반형

[해설] • 진탕형 오토클레이브 : 횡형 오토클레이브 전체가 수평, 전후 운동을 하여 내용물을 혼합하는 것으로 이 형식을 일반적으로 사용한다.

**34.** LiBr-$H_2O$계 흡수식 냉동기에서 가열원으로서 가스가 사용되는 곳은?
① 증발기   ② 흡수기
③ 재생기   ④ 응축기

[해설] • 재생기(고온재생기) : 용액(LiBr)과 냉매($H_2O$)가 혼합되어 있으며 가스를 연소하여 가열하면 용액과 냉매가 분리된다.

**35.** 시안화수소를 용기에 충전하는 경우 품질검사 시 합격 최저 순도는?
① 98%   ② 98.5%   ③ 99%   ④ 99.5%

[해설] 용기에 충전하는 시안화수소는 순도가 98% 이상이고 아황산가스 또는 황산 등의 안정제를 첨가한 것으로 한다.

**36.** 다음 그림은 압력조정기의 기본 구조이다. 옳은 것으로만 나열된 것은?

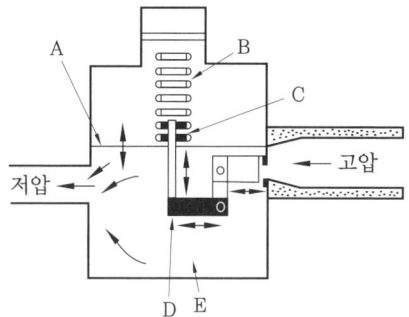

① A : 다이어프램, B : 안전장치용 스프링
② B : 안전장치용 스프링, C : 압력조정용 스프링
③ C : 압력조정용 스프링, D : 레버
④ D : 레버, E : 감압실

[해설] • 압력조정기 각부 명칭
㉮ A : 다이어프램
㉯ B : 압력조정용 스프링,
㉰ C : 안전장치용 스프링(안전 밸브)
㉱ D : 레버
㉲ E : 감압실

**37.** 정압기의 유량 특성에서 메인 밸브의 열림(스트로그 리프트)과 유량의 관계를 말하는 유량 특성에 해당되지 않는 것은?
① 직선형   ② 2차형
③ 3차형   ④ 평방근형

[해설] • 유량 특성 : 메인 밸브의 열림과 유량과의 관계
㉮ 직선형 : 메인 밸브의 개구부 모양이 장방형의 슬릿(slit)으로 되어 있으며 열림으로부터 유량을 파악하는 데 편리하다.
㉯ 2차형 : 개구부의 모양이 삼각형(V자형)의 메인 밸브로 되어 있으며 천천히 유량을 증가하는 형식으로 안정적이다.
㉰ 평방근형 : 접시형의 메인 밸브로 신속하게 열(開) 필요가 있을 경우에 사용하며 다른 것에 비하여 안정성이 좋지 않다.

**38.** 배관 설비에 있어서 유속을 5 m/s, 유량을 20 $m^3$/s이라고 할 때 관의 지름은?

① 175 cm  ② 200 cm
③ 225 cm  ④ 250 cm

[해설] $Q = A \times V = \dfrac{\pi}{4} \times D^2 \times V$에서

$\therefore D = \sqrt{\dfrac{4 \times Q}{\pi \times V}} = \sqrt{\dfrac{4 \times 20}{\pi \times 5}} \times 100$

$= 225.675$ cm

**39.** 도시가스 공급 방식에 의한 분류 방법 중 저압공급 방식이란 어떤 압력을 뜻하는가?

① 0.1 MPa 미만
② 0.5 MPa 미만
③ 1 MPa 미만
④ 0.1 MPa 이상 1 MPa 미만

[해설] • 공급 압력에 의한 분류
  ㉮ 저압 공급 방식 : 0.1 MPa 미만
  ㉯ 중압 공급 방식 : 0.1 MPa 이상 1 MPa 미만
  ㉰ 고압 공급 방식 : 1 MPa 이상

**40.** 도시가스 배관의 굴착으로 인하여 20 m 이상 노출된 배관에 대하여 누출된 가스가 체류하기 쉬운 장소에 설치하는 가스누출경보기는 몇 m마다 설치하여야 하는가?

① 10  ② 20  ③ 30  ④ 50

[해설] 노출된 가스 배관의 길이가 20 m 이상인 경우에는 가스누출검지 경보장치 등을 다음 기준에 따라 설치한다.
  ㉮ 매 20 m 마다 가스누출검지 경보장치를 설치하고 현장 관계자가 상주하는 장소에 경보음이 전달되도록 한다.
  ㉯ 작업장에는 현장 여건에 맞는 경광등을 설치한다.

## 제 3 과목  가스안전관리

**41.** 가스 안전사고를 방지하기 위하여 내압시험 압력이 25 MPa인 일반 가스용기에 가스를 충전할 때는 최고 충전압력을 얼마로 하여야 하는가?

① 42 MPa  ② 25 MPa
③ 15 MPa  ④ 12 MPa

[해설] • 압축가스 충전용기 내압시험 압력

$TP = FP \times \dfrac{5}{3}$

$\therefore FP = TP \times \dfrac{3}{5} = 25 \times \dfrac{3}{5}$

$= 15$ MPa

**42.** 공기 액화 분리에 의한 산소와 질소 제조시설에 아세틸렌 가스가 소량 혼입되었다. 이때 발생 가능한 현상으로 가장 유의하여야 할 사항은?

① 산소에 아세틸렌이 혼합되어 순도가 감소한다.
② 아세틸렌이 동결되어 파이프를 막고 밸브를 고장낸다.
③ 질소와 산소 분리 시 비점 차이의 변화로 분리를 방해한다.
④ 응고되어 이동하다가 구리 등과 접촉하면 산소 중에서 폭발할 가능성이 있다.

[해설] 공기 액화 분리장치 내에 아세틸렌이 혼입되면 응고되어 이동하다가 구리 등과 접촉하여 동 아세틸드가 생성되고 산소 중에서 폭발할 가능성이 있어 제거되어야 한다.

**43.** 액화석유가스 저장탱크에 가스를 충전할 때 액체 부피가 내용적의 90 %를 넘지 않도록 규제하는 가장 큰 이유는?

① 액체 팽창으로 인한 탱크의 파열을 방지하기 위하여
② 온도 상승으로 인한 탱크의 취약 방지를 위하여
③ 등적팽창으로 인한 온도 상승 방지를 위하여

④ 탱크 내부의 부압(negative pressure) 발생 방지를 위하여

[해설] 안전 공간을 확보하여 액체 팽창을 흡수하고, 기체가 체류할 수 있는 공간을 확보하여 탱크의 파열을 방지한다.

**44.** 냉장고 수리를 위하여 아세틸렌 용접 작업 중 산소가 떨어지자 산소에 연결된 호스를 뽑아 얼마 남지 않은 것으로 생각되는 LPG 용기에 연결하여 용접 토치에 불을 붙이자 LPG 용기가 폭발하였다. 그 원인으로 가장 가능성이 높을 것으로 예상되는 경우는?

① 용접열에 의한 폭발
② 호스 속의 산소 또는 아세틸렌이 역류되어 역화에 의한 폭발
③ 아세틸렌과 LPG가 혼합된 후 반응에 의한 폭발
④ 아세틸렌 불법 제조에 의한 아세틸렌 누출에 의한 폭발

**45.** 다음 중 고압가스 충전용기 운반 시 운반책임자의 동승이 필요한 경우는? (단, 독성가스는 허용농도가 100만분의 200을 초과한 경우이다.)

① 독성 압축가스 100 m³ 이상
② 독성 액화가스 500 kg 이상
③ 가연성 압축가스 100 m³ 이상
④ 가연성 액화가스 1000 kg 이상

[해설] • 충전용기 운반 시 운반책임자 동승 기준
(1) 비독성 고압가스

| 가스의 종류 | | 기준 |
|---|---|---|
| 압축 가스 | 가연성 | 300 m³ 이상 |
| | 조연성 | 600 m³ 이상 |
| 액화 가스 | 가연성 | 3000 kg 이상 (에어졸 용기 : 2000 kg 이상) |
| | 조연성 | 6000 kg 이상 |

(2) 독성 고압가스

| 가스의 종류 | 허용농도 | 기준 |
|---|---|---|
| 압축 가스 | 100만분의 200 이하 | 10 m³ 이상 |
| | 100만분의 200 초과 | 100 m³ 이상 |
| 액화 가스 | 100만분의 200 이하 | 100 kg 이상 |
| | 100만분의 200 초과 | 1000 kg 이상 |

**46.** 고압가스 사업소에 설치하는 경계표지에 대한 설명으로 틀린 것은?

① 경계표지는 외부에서 보기 쉬운 곳에 게시한다.
② 사업소 내 시설 중 일부만이 같은 법의 적용을 받더라도 사업소 전체에 경계표지를 한다.
③ 충전용기 및 잔가스 용기 보관장소는 각각 구획 또는 경계선에 따라 안전 확보에 필요한 용기 상태를 식별할 수 있도록 한다.
④ 경계표지는 법의 적용을 받는 시설이란 것을 외부 사람이 명확히 식별할 수 있어야 한다.

[해설] 사업소 내 시설 중 일부만이 법의 적용을 받을 때에는 당해 시설이 설치되어 있는 구획, 건축물 또는 건축물 내에 구획된 출입구 등 외부로부터 보기 쉬운 장소에 게시하여야 한다.

**47.** 독성가스 충전용기를 운반하는 차량의 경계표지 크기의 가로 치수는 차체 폭의 몇 % 이상으로 하는가?

① 5 %
② 10 %
③ 20 %
④ 30 %

[해설] • 경계표지 크기
㉮ 가로 치수 : 차체 폭의 30 % 이상
㉯ 세로 치수 : 가로 치수의 20 % 이상
㉰ 정사각형 또는 이에 가까운 형상 : 600 cm² 이상

정답  44. ②  45. ①  46. ②  47. ④

㉴ 적색 삼각기 : 400×300 mm (황색 글씨로 "위험고압가스")

**48.** 다음 중 용기의 각인 기호에 대해 잘못 나타낸 것은?

① V : 내용적
② W : 용기의 질량
③ TP : 기밀시험압력
④ FP : 최고충전압력

[해설] • 용기 각인 기호
㉮ V : 내용적(L)
㉯ W : 초저온 용기 외의 용기는 밸브 및 부속품을 포함하지 않은 용기의 질량(kg)
㉰ TW : 아세틸렌 용기는 용기의 질량에 다공물질, 용제 및 밸브의 질량을 합한 질량(kg)
㉱ TP : 내압시험압력(MPa)
㉲ FP : 압축가스를 충전하는 용기는 최고충전압력(MPa)

**49.** 다음 〈보기〉 중 용기 제조자의 수리 범위에 해당하는 것을 모두 옳게 나열한 것은?

〈보 기〉
㉠ 용기 몸체의 용접
㉡ 용기 부속품의 부품 교체
㉢ 초저온 용기의 단열재 교체
㉣ 아세틸렌 용기 내의 다공물질 교체

① ㉠, ㉡　　② ㉢, ㉣
③ ㉠, ㉡, ㉢　　④ ㉠, ㉡, ㉢, ㉣

[해설] • 용기 제조자의 수리범위
㉮ 용기 몸체의 용접
㉯ 아세틸렌 용기 내의 다공물질 교체
㉰ 용기의 스커트, 프로텍터 및 네크링의 교체 및 가공
㉱ 용기 부속품의 부품 교체
㉲ 저온 또는 초저온 용기의 단열재 교체

**50.** 고압가스용 용접용기 제조의 기준에 대한 설명으로 틀린 것은?

① 용기 동판의 최대 두께와 최소 두께의 차이는 평균 두께의 20 % 이하로 한다.
② 용기의 재료는 탄소, 인 및 황의 함유량이 각각 0.33 %, 0.04 %, 0.05 % 이하인 강으로 한다.
③ 액화석유가스용 강제용기와 스커트 접속부의 안쪽 각도는 30도 이상으로 한다.
④ 용기에는 그 용기의 부속품을 보호하기 위하여 프로텍터 또는 캡을 부착한다.

[해설] 용접용기 동판의 최대 두께와 최소 두께의 차이는 평균 두께의 10 % 이하로 한다. 〈13. 5. 20 개정〉
※ 이음매 없는 용기는 20 % 이하

**51.** 가연성가스에 대한 정의로 옳은 것은?

① 폭발한계의 하한 20 % 이하, 폭발범위 상한과 하한의 차가 20 % 이상인 것
② 폭발한계의 하한 20 % 이하, 폭발범위 상한과 하한의 차가 10 % 이상인 것
③ 폭발한계의 하한 10 % 이하, 폭발범위 상한과 하한의 차가 20 % 이상인 것
④ 폭발한계의 하한 10 % 이하, 폭발범위 상한과 하한의 차가 10 % 이상인 것

[해설] • 가연성가스 : 공기 중에서 연소하는 가스로서 폭발한계의 하한이 10 % 이하인 것과 폭발한계의 상한과 하한의 차가 20 % 이상인 것

**52.** 다음 그림은 LPG 저장탱크의 최저부이다. 이는 어떤 기능을 하는가?

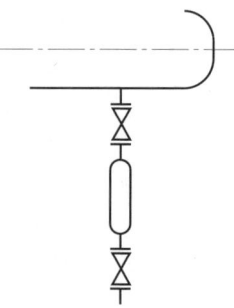

① 대량의 LPG가 유출되는 것을 방지한다.

정답　48. ③　49. ④　50. ①　51. ③　52. ③

② 일정 압력 이상 시 압력을 낮춘다.
③ LPG 내의 수분 및 불순물을 제거한다.
④ 화재 등에 의해 온도가 상승 시 긴급 차단한다.

[해설] LPG 저장탱크 하부에 고인 수분 및 불순을 제거하기 위한 드레인 밸브(drain valve)이다.

[참고] • 드레인 밸브 조작 순서

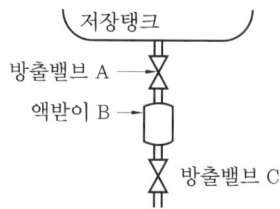

㉮ A를 열고 B로 드레인을 유입한다.
㉯ A를 닫는다.
㉰ C를 단속적으로 열고 드레인을 배출한다.
㉱ C를 닫는다.

**53.** 용기에 의한 액화석유가스 사용시설에서 용기보관실을 설치하여야 할 기준은?
① 용기 저장능력 50 kg 초과
② 용기 저장능력 100 kg 초과
③ 용기 저장능력 300 kg 초과
④ 용기 저장능력 500 kg 초과

[해설] • 액화석유가스 사용시설 기준
㉮ 저장능력 100 kg 이하 : 용기, 용기밸브, 압력조정기가 직사광선, 눈, 빗물에 노출되지 않도록 조치
㉯ 저장능력 100 kg 초과 : 용기보관실 설치
㉰ 저장능력 250 kg 이상 : 고압부에 안전장치 설치
㉱ 저장능력 500 kg 초과 : 저장탱크 또는 소형 저장탱크 설치

**54.** 허가를 받아야 하는 사업에 해당되지 않는 자는?
① 압력조정기 제조사업을 하고자 하는 자
② LPG 자동차 용기 충전사업을 하고자 하는 자
③ 가스난방기용 용기 제조사업을 하고자 하는 자
④ 도시가스용 보일러 제조사업을 하고자 하는 자

[해설] • 액화석유가스사업의 허가 : 액법 제5조, 액법 시행령 제3조
㉮ 액화석유가스 충전사업 : 용기 충전사업, 자동차에 고정된 용기 충전사업, 소형용기 충전사업, 가스난방기용 충전사업, 자동차에 고정된 탱크 충전사업, 배관을 통한 저장탱크 충전사업
㉯ 가스용품 제조사업 : 액화석유가스, 도시가스를 사용하기 위한 가스용품을 제조하는 사업
㉰ 액화석유가스 집단공급사업
㉱ 액화석유가스 판매사업
※ 용기를 제조하려는 자는 시장, 군수, 구청장에게 등록하여야 한다 (고법 제5조).

**55.** 고압가스 특정제조시설에서 안전구역 안의 고압가스설비는 그 외면으로부터 다른 안전구역 안에 있는 고압가스설비의 외면까지 몇 m 이상의 거리를 유지하여야 하는가?
① 10 m   ② 20 m
③ 30 m   ④ 50 m

[해설] 안전구역 안의 고압가스설비(배관을 제외)의 외면으로부터 다른 안전구역 안에 있는 고압가스설비의 외면까지 유지하여야 할 거리는 30 m 이상으로 한다.

**56.** 가연성가스와 공기 혼합물의 점화원이 될 수 없는 것은?
① 정전기       ② 단열압축
③ 융해열       ④ 마찰

[해설] • 점화원의 종류 : 전기불꽃(아크), 정전기, 단열압축, 마찰 및 충격불꽃 등

**57.** 액화석유가스 집단공급시설의 점검기준에

대한 설명으로 옳은 것은?

① 충전용 주관의 압력계는 매분기 1회 이상 국가표준기본법에 따른 교정을 받은 압력계로 그 기능을 검사한다.
② 안전밸브는 매월 1회 이상 설정되는 압력 이하의 압력에서 작동하도록 조정한다.
③ 물분무장치, 살수장치와 소화전은 매월 1회 이상 작동상황을 점검한다.
④ 집단공급시설 중 충전설비의 경우에는 매월 1회 이상 작동상황을 점검한다.

[해설] ① 충전용 주관의 압력계 매월 1회 이상, 그 밖의 압력계는 1년에 1회 이상 "국가표준기본법"에 따른 교정을 받은 압력계로 그 기능을 검사한다.
② 안전밸브 중 압축기의 최종단에 설치한 것은 1년에 1회 이상, 그 밖의 안전밸브는 2년에 1회 이상 설치 시 설정되는 압력 이하에서 작동하도록 조정한다.
④ 집단공급시설 중 충전설비의 경우에는 1일 1회 이상 작동상황을 점검한다.

**58.** 자동차 용기 충전시설에서 충전용 호스의 끝에 반드시 설치하여야 하는 것은?

① 긴급차단장치
② 가스누출경보기
③ 정전기 제거장치
④ 인터로크 장치

[해설] 충전기의 충전호스의 길이는 5 m 이내로 하고, 그 끝에 축적되는 정전기를 유효하게 제거할 수 있는 정전기 제거장치를 설치한다.

**59.** 다음 가스 안전성 평가 기법 중 정성적 안전성 평가 기법은?

① 체크리스트 기법
② 결함수 분석 기법
③ 원인 결과 분석 기법
④ 작업자 실수 분석 기법

[해설] • 안전성 평가 기법

㉮ 정성적 평가 기법 : 체크리스트(checklist) 기법, 사고 예상 질문 분석(WHAT-IF) 기법, 위험과 운전 분석(HAZOP) 기법
㉯ 정량적 평가 기법 : 작업자 실수 분석(HEA) 기법, 결함수 분석(FTA) 기법, 사건수 분석(ETA) 기법, 원인 결과 분석(CCA) 기법
㉰ 기타 : 상대 위험순위 결정 기법, 이상 위험도 분석

**60.** 이동식 부탄연소기와 관련된 사고가 액화석유가스 사고의 약 10 % 수준으로 발생하고 있다. 이를 예방하기 위한 방법으로 가장 부적당한 것은?

① 연소기에 접합용기를 정확히 장착한 후 사용한다.
② 과대한 조리기구를 사용하지 않는다.
③ 잔가스 사용을 위해 용기를 가열하지 않는다.
④ 사용한 접합용기는 파손되지 않도록 조치한 후 버린다.

[해설] 사용한 접합용기는 잔가스가 남아 있지 않도록 구멍을 뚫어 버린다.

## 제 4 과목    가스계측

**61.** 가스 폭발 등 급속한 압력 변화를 측정하는데 가장 적합한 압력계는?

① 다이어프램 압력계
② 벨로스 압력계
③ 부르동관 압력계
④ 피에조 전기 압력계

[해설] • 피에조 전기 압력계(압전기식) : 수정이나 전기석 또는 로셀염 등의 결정체의 특정 방향에 압력을 가하면 기전력이 발생하고 발생한 전기량은 압력에 비례하는 것을 이용한 것이다. 가스 폭발이나 급격한 압력 변화 측정에 사용된다.

**62.** 가스는 분자량에 따라 다른 비중 값을 갖는다. 이 특성을 이용하는 가스 분석기기는?
① 자기식 $O_2$ 분석기기
② 밀도식 $CO_2$ 분석기기
③ 적외선식 가스 분석기기
④ 광화학 발광식 $NO_x$ 분석기기

[해설] • 밀도식 $CO_2$ 분석기 : $CO_2$가 공기보다 약 1.5배 정도 무거운 점을 이용하여 분석하는 방법이다.

**63.** 〈보기〉에서 나타내는 제어 동작은 어느 것인가? (단, $Y$ : 제어 출력신호, $ps$ : 전 시간에서의 제어 출력신호, $K_c$ : 비례상수, $\varepsilon$ : 오차를 나타낸다.)

〈보 기〉
$$Y = ps + K_c \varepsilon$$

① O 동작   ② D 동작
③ I 동작   ④ P 동작

[해설] • 비례 동작(P 동작) : 동작신호에 대하여 조작량의 출력 변화가 일정한 비례 관계에 있는 제어로 잔류편차(off set)가 생긴다.

**64.** 직접적으로 자동 제어가 가장 어려운 액면계는?
① 유리관식   ② 부력검출식
③ 부자식     ④ 압력검출식

[해설] • 직관식(유리관식) 액면계 : 경질의 유리관을 탱크에 부착하여 내부의 액면을 직접 확인할 수 있으며 자동 제어에 적용하기가 어렵다.

**65.** 루트미터에서 회전자는 회전하고 있으나 미터의 지침이 작동하지 않는 고장의 형태로서 가장 옳은 것은?
① 부동      ② 불통
③ 기차불량  ④ 감도불량

[해설] • 부동(不動) : 회전자는 회전하고 있으나 지침이 작동하지 않는 고장으로 마그네틱 연결 장치의 미끄럼, 감속 또는 지시장치의 기어물림 불량이 원인이다.

**66.** 차압 유량계의 특징에 대한 설명으로 틀린 것은?
① 액체, 기체, 스팀 등 거의 모든 유체의 유량 측정이 가능하다.
② 관로의 수축부가 있어야 하므로 압력 손실이 비교적 높은 편이다.
③ 정확도가 우수하고, 유량 측정 범위가 넓다.
④ 기동부가 없어 수명이 길고 내구성도 좋으나, 마모에 의한 오차가 있다.

[해설] • 차압식 유량계의 특징
㉮ 관로에 오리피스, 플로 노즐 등이 설치되어 있다.
㉯ 규격품이라 정도(精度)가 좋다.
㉰ 유량은 압력차의 평방근에 비례한다.
㉱ 레이놀즈수가 $10^5$ 이상에서 유량계수가 유지된다.
㉲ 고온 고압의 액체, 기체를 측정할 수 있다.
㉳ 유량계 전후의 동일한 지름의 직선관이 필요하다.
㉴ 통과 유체는 동일한 유체이어야 하며, 압력손실이 크다.

**67.** 최대 유량이 10 m³/h인 막식 가스미터기를 설치하고 도시가스를 사용하는 시설이 있다. 가스레인지 2.5 m³/h를 1일 8시간 사용하고, 가스보일러 6 m³/h를 1일 6시간 사용했을 경우 월 가스사용량은 약 몇 m³인가? (단, 1개월은 31일이다.)
① 1570   ② 1680
③ 1736   ④ 1950

[해설] 월 가스사용량 = 가스레인지 + 가스보일러
= (2.5×8×31) + (6×6×31)
= 1736 m³

정답  62. ②  63. ④  64. ①  65. ①  66. ③  67. ③

**68.** 자동 조정의 제어량에서 물리량의 종류가 다른 것은?

① 전압  ② 위치
③ 속도  ④ 압력

[해설] • 제어량 : 제어대상에 해당되는 모든 제어량 가운데 제어하려고 하는 목적량으로 액위, 압력, 위치, 속도와 같이 측정되고 제어되는 물리량이다.

**69.** 습도에 대한 설명으로 틀린 것은?

① 상대습도는 포화증기량과 습가스 수증기와의 중량비이다.
② 절대습도는 습공기 1 kg에 대한 수증기의 양과의 비율이다.
③ 비교습도는 습공기의 절대습도와 포화증기의 절대습도와의 비이다.
④ 온도가 상승하면 상대습도는 감소한다.

[해설] • 절대습도 : 습공기 중에서 건조공기 1 kg에 대한 수증기의 양과의 비율로서 온도에 관계없이 일정하게 나타난다.

**70.** 적외선 분광 분석법으로 분석이 가능한 가스는?

① $N_2$  ② $CO_2$
③ $O_2$  ④ $H_2$

[해설] • 적외선 분광 분석법 : 분자의 진동 중 쌍극자 힘의 변화를 일으킬 진동에 의해 적외선의 흡수가 일어나는 것을 이용한 방법으로 He, Ne, Ar 등 단원자 분자 및 $H_2$, $O_2$, $N_2$, $Cl_2$ 등 대칭 2원자 분자는 적외선을 흡수하지 않으므로 분석할 수 없다.

**71.** 어떤 잠수부가 바다에서 15 m 아래 지점에서 작업을 하고 있다. 이 잠수부가 바닷물에 의해 받는 압력은 약 몇 kPa인가? (단, 해수의 비중은 1.025이다.)

① 46  ② 102  ③ 151  ④ 252

[해설] $P = \gamma \times h$
$= (1.025 \times 10^3) \times 15 \times 9.8$
$= 150675 \, Pa = 150.675 \, kPa$

**72.** 오리피스 유량계는 다음 중 어떤 형식의 유량계인가?

① 용적식  ② 오벌식
③ 면적식  ④ 차압식

[해설] • 차압식 유량계
㉮ 측정 원리 : 베르누이 방정식
㉯ 종류 : 오리피스미터, 플로 노즐, 벤투리미터
㉰ 측정 방법 : 조리개 전후에 연결된 액주계의 압력차를 이용하여 유량을 측정

**73.** 다음 중 전자 밸브(solenoid valve)의 작동 원리는?

① 토출압력에 의한 작동
② 냉매의 과열도에 의한 작동
③ 냉매 또는 유압에 의한 작동
④ 전류의 자기작용에 의한 작동

[해설] • 전자 밸브 : 전자 코일의 전자력에 의해 자동적으로 밸브를 개폐(ON, OFF)시키는 것으로 자동 제어에 이용된다.

**74.** 오르사트 분석기에 의한 배기가스의 성분을 계산하고자 한다. 〈보기〉의 식은 어떤 가스의 함량 계산식인가?

〈보 기〉

$$\frac{\text{암모니아성 염화제일구리용액 흡수량}}{\text{시료 채취량}} \times 100$$

① $CO_2$  ② $CO$
③ $O_2$  ④ $N_2$

[해설] • 오르사트법 가스 분석 순서 및 흡수제

| 순서 | 분석 가스 | 흡수제 |
|---|---|---|
| 1 | $CO_2$ | KOH 30% 수용액 |
| 2 | $O_2$ | 피로갈롤용액 |
| 3 | CO | 암모니아성 염화제1구리 용액 |

정답  68. ①  69. ②  70. ②  71. ③  72. ④  73. ④  74. ②

**75.** 압력계의 부품으로 사용되는 다이어프램의 재질로서 가장 부적당한 것은?
① 고무　　② 청동
③ 스테인리스　　④ 주철

[해설] • 다이어프램(diaphragm) 재료 : 인청동, 구리, 스테인리스, 특수고무, 천연고무, 테플론, 가죽 등

**76.** 가스미터의 원격계측(검침) 시스템에서 원격계측 방법으로 가장 거리가 먼 것은?
① 제트식　　② 기계식
③ 펄스식　　④ 전자식

[해설] • 가스미터의 원격계측 방법 : 기계식, 펄스식, 전자식

**77.** 다음 중 가스미터 선정 시 고려할 사항으로 틀린 것은?
① 가스의 최대 사용 유량에 적합한 계량 능력인 것을 선택한다.
② 가스의 기밀성이 좋고 내구성이 큰 것을 선택한다.
③ 사용 시 기차가 커서 정확하게 계량할 수 있는 것을 선택한다.
④ 내열성, 내압성이 좋고 유지 관리가 용이한 것을 선택한다.

[해설] • 가스미터 선정 시 고려사항
㉮ 사용하고자 하는 가스 전용일 것
㉯ 사용 최대 유량에 적합할 것
㉰ 사용 중 오차 변화가 없고 정확하게 계측할 수 있을 것
㉱ 내압성, 내열성이 있으며 기밀성, 내구성이 좋을 것
㉲ 부착이 쉽고 유지 관리가 용이할 것

**78.** 가스 크로마토그래피에 사용되는 운반 기체의 조건으로 가장 거리가 먼 것은?
① 순도가 높아야 한다.
② 비활성이어야 한다.
③ 독성이 없어야 한다.
④ 기체 확산을 최대로 할 수 있어야 한다.

[해설] • 운반 기체(캐리어 가스)의 구비 조건
㉮ 시료와 반응성이 낮은 불활성 기체이어야 한다.
㉯ 기체 확산을 최소로 할 수 있어야 한다.
㉰ 순도가 높고 구입이 용이해야(경제적) 한다.
㉱ 사용하는 검출기에 적합해야 한다.

**79.** 메탄, 에틸알코올, 아세톤 등을 검지하고자 할 때 가장 적합한 검지법은?
① 시험지법
② 검지관법
③ 흡광광도법
④ 가연성 가스 검출기법

[해설] 메탄, 에틸알코올, 아세톤 등은 가연성이므로 적합한 검지법은 가연성 가스검출기법이다.

**80.** 열전도형 진공계 중 필라멘트의 열전대로 측정하는 열전대 진공계의 측정 범위는?
① $10^{-5} \sim 10^{-3}$ torr　　② $10^{-3} \sim 0.1$ torr
③ $10^{-3} \sim 1$ torr　　④ $10 \sim 100$ torr

[해설] • 진공계의 측정 범위

| 명칭 | | 측정 범위 |
|---|---|---|
| 맥로드 (맥클라우드) 진공계 | | $10^{-4}$ torr |
| 열음극 전리 진공계 | | $10^{-10}$ torr |
| 열전도형 | 피라니 진공계 | $10^{-5} \sim 10$ torr |
| | 서미스터 진공계 | – |
| | 열전대 진공계 | $10^{-3} \sim 1$ torr |

# 2016년도 시행 문제

▶ 2016년 3월 6일 시행

| 자격종목 | 종목코드 | 시험시간 | 형 별 | 수험번호 | 성 명 |
|---|---|---|---|---|---|
| 가스 산업기사 | 2471 | 2시간 | A | | |

## 제1과목 연소공학

**1.** 메탄 80 v%, 프로판 5 v%, 에탄 15 v%인 혼합가스의 공기 중 폭발하한계는 약 얼마인가?

① 2.1 %　　② 3.3 %
③ 4.3 %　　④ 5.1 %

[해설] ㉮ 각 가스의 폭발범위

| 가스 | 폭발한계(vol%) | |
|---|---|---|
| | 하한계 | 상한계 |
| 메탄 (CH$_4$) | 5 | 15 |
| 프로판 (C$_3$H$_8$) | 2.2 | 9.5 |
| 에탄 (C$_2$H$_6$) | 3.0 | 12.5 |

㉯ 혼합가스 폭발범위 하한계 계산

$\dfrac{100}{L} = \dfrac{V_1}{L_1} + \dfrac{V_2}{L_2} + \dfrac{V_3}{L_3}$ 에서

$\therefore L = \dfrac{100}{\dfrac{80}{5} + \dfrac{5}{2.2} + \dfrac{15}{3.0}} = 4.296\,\%$

**2.** 1 Sm³의 합성가스 중 CO와 H$_2$의 몰비가 1 : 1일 때 연소에 필요한 이론 공기량은 약 몇 Sm³/Sm³인가?

① 0.50　　② 1.00
③ 2.38　　④ 4.76

[해설] ㉮ 일산화탄소(CO)와 수소(H$_2$)의 완전연소 반응식

$CO + \dfrac{1}{2}O_2 \rightarrow CO_2$

$H_2 + \dfrac{1}{2}O_2 \rightarrow H_2O$

㉯ 이론 공기량 계산 : 합성가스 중 CO와 H$_2$의 몰비가 1 : 1이므로 체적비는 각각 50% 함유한 것이다.

$\therefore A_0 = \dfrac{O_0}{0.21} = \dfrac{\left(\dfrac{1}{2} \times 0.5\right) + \left(\dfrac{1}{2} \times 0.5\right)}{0.21}$

$= 2.38\,Sm^3/Sm^3$

**3.** 다음 중 이론연소온도(화염온도, $t$ ℃)를 구하는 식은? (단, $H_h$ : 고발열량, $H_L$ : 저발열량, $G$ : 연소가스량, $C_p$ : 비열이다.)

① $t = \dfrac{H_L}{GC_p}$　　② $t = \dfrac{H_h}{GC_p}$

③ $t = \dfrac{GC_p}{H_L}$　　④ $t = \dfrac{GC_p}{H_h}$

[해설] • 이론연소온도 (화염온도) 계산식

$\therefore t = \dfrac{H_L}{GC_p}$

**4.** 고온체의 색깔과 온도를 나타낸 것 중 옳은 것은?

① 적색 : 1500℃　　② 휘백색 : 1300℃
③ 황적색 : 1100℃　　④ 백적색 : 850℃

[해설] • 색깔별 온도

| 구분 | 암적색 | 적색 | 휘적색 | 황적색 | 백적색 | 휘백색 |
|---|---|---|---|---|---|---|
| 온도 | 700℃ | 850℃ | 950℃ | 1100℃ | 1300℃ | 1500℃ |

[정답] 1. ③　2. ③　3. ①　4. ③

**5.** 가연성 물질을 공기로 연소시키는 경우 공기 중의 산소농도를 높게 하면 어떻게 되는가?

① 연소속도는 빠르게 되고, 발화온도는 높게 된다.
② 연소속도는 빠르게 되고, 발화온도는 낮게 된다.
③ 연소속도는 느리게 되고, 발화온도는 높게 된다.
④ 연소속도는 느리게 되고, 발화온도는 낮게 된다.

[해설] 산소는 조연성가스이므로 공기 중의 산소 농도를 높게 하면 연소속도는 빠르게 되고, 발화온도는 낮게 된다.

**6.** 다음 공기 중에서 가스가 정상연소할 때 속도는?

① 0.03~10 m/s   ② 11~20 m/s
③ 21~30 m/s     ④ 31~40 m/s

[해설] ㉮ 가스의 정상연소 속도 : 0.03~10 m/s
㉯ 가스의 폭굉속도 : 1000~3500 m/s

**7.** 폭굉을 일으킬 수 있는 기체가 파이프 내에 있을 때 폭굉 방지 및 방호에 대한 설명으로 옳지 않은 것은?

① 파이프 라인에 오리피스 같은 장애물이 없도록 한다.
② 공정 라인에서 회전이 가능하면 가급적 완만한 회전을 이루도록 한다.
③ 파이프의 지름 대 길이의 비는 가급적 작게 한다.
④ 파이프 라인에 장애물이 있는 곳은 관지름을 축소한다.

[해설] 배관지름이 작아지면 폭굉 유도거리가 짧아진다.

**8.** 연소속도에 대한 설명 중 옳지 않은 것은?

① 공기의 산소분압을 높이면 연소속도는 빨라진다.
② 단위면적의 화염면이 단위시간에 소비하는 미연소혼합기의 체적이라 할 수 있다.
③ 미연소혼합기의 온도를 높이면 연소속도는 증가한다.
④ 일산화탄소 및 수소 기타 탄화수소계 연료는 당량비가 1.1 부근에서 연소속도의 피크가 나타난다.

**9.** 점화원이 될 우려가 있는 부분을 용기 안에 넣고 불활성 가스를 용기 안에 채워 넣어 폭발성 가스가 침입하는 것을 방지한 방폭구조는?

① 압력 방폭 구조   ② 안전 증방 폭구조
③ 유입 방폭 구조   ④ 본질 방폭 구조

[해설] 압력(壓力) 방폭구조 (p) : 용기 내부에 보호 가스(신선한 공기 또는 불활성가스)를 압입하여 내부압력을 유지함으로써 가연성 가스가 용기 내부로 유입되지 아니하도록 한 구조

**10.** "착화온도가 85℃이다."를 가장 잘 설명한 것은?

① 85℃ 이하로 가열하면 인화한다.
② 85℃ 이상 가열하고 점화원이 있으면 연소한다.
③ 85℃로 가열하면 공기 중에서 스스로 발화한다.
④ 85℃로 가열해서 점화원이 있으면 연소한다.

[해설] 발화점(발화온도, 착화점, 착화온도) : 점화원 없이 스스로 연소를 개시하는 최저온도

**11.** 화재와 폭발을 구별하기 위한 주된 차이점은?

① 에너지 방출속도   ② 점화원
③ 인화점            ④ 연소한계

**정답** 5. ②  6. ①  7. ④  8. ④  9. ①  10. ③  11. ①

**12.** 용기 내의 초기 산소농도를 설정치 이하로 감소시키도록 하는 데 이용되는 퍼지방법이 아닌 것은?
① 진공 퍼지
② 온도 퍼지
③ 스위프 퍼지
④ 사이펀 퍼지

[해설] • 퍼지(purging) 종류
㉮ 진공 퍼지 : 용기를 진공시킨 후 불활성가스를 주입시켜 원하는 최소산소농도에 이를 때까지 실시하는 방법
㉯ 압력 퍼지 : 불활성가스로 용기를 가압한 후 대기 중으로 방출하는 작업을 반복하여 원하는 최소산소농도에 이를 때까지 실시하는 방법
㉰ 사이펀 퍼지 : 용기에 물을 충만시킨 후 용기로부터 물을 배출시킴과 동시에 불활성가스를 주입하여 원하는 최소산소농도를 만드는 작업으로 퍼지 경비를 최소화할 수 있다.
㉱ 스위프 퍼지 : 한쪽으로는 불활성가스를 주입하고 반대쪽에서는 가스를 방출하는 작업을 반복하는 것으로 저장탱크 등에 사용한다.

**13.** 최소 점화에너지에 대한 설명으로 옳지 않은 것은?
① 연소속도가 클수록, 열전도도가 작을수록 큰 값을 갖는다.
② 가연성 혼합기체를 점화시키는 데 필요한 최소 에너지를 최소 점화에너지라 한다.
③ 불꽃 방전 시 일어나는 점화에너지의 크기는 전압의 제곱에 비례한다.
④ 일반적으로 산소농도가 높을수록, 압력이 증가할수록 값이 감소한다.

[해설] • 최소점화 에너지가 낮아지는 조건
㉮ 연소속도가 클수록
㉯ 열전도율이 낮을수록
㉰ 산소농도가 높을수록
㉱ 압력이 높을수록
㉲ 가연성 기체의 온도가 높을수록

**14.** 다음 중 불연성 물질이 아닌 것은?
① 주기율표 0족 원소
② 산화반응 시 흡열반응을 하는 물질
③ 완전연소한 산화물
④ 발열량이 크고 계의 온도 상승이 큰 물질

[해설] 발열량이 큰 물질은 연소가 가능한 가연성 물질에 해당됨

**15.** 다음 중 가연물의 구비조건이 아닌 것은?
① 연소열량이 커야 한다.
② 열전도도가 작아야 한다.
③ 활성화 에너지가 커야 한다.
④ 산소와의 친화력이 좋아야 한다.

[해설] • 가연물의 구비조건
㉮ 발열량이 크고, 열전도율이 낮을 것
㉯ 산소와 친화력이 좋고 표면적이 넓을 것
㉰ 활성화 에너지가 작을 것
㉱ 건조도가 높을 것 (수분 함량이 적을 것)

**16.** 아세틸렌 ($C_2H_2$)의 완전연소반응식은?
① $C_2H_2 + O_2 \rightarrow CO_2 + H_2O$
② $2C_2H_2 + O_2 \rightarrow 4CO_2 + H_2O$
③ $C_2H_2 + 5O_2 \rightarrow CO_2 + 2H_2O$
④ $2C_2H_2 + 5O_2 \rightarrow 4CO_2 + 2H_2O$

[해설] 아세틸렌 ($C_2H_2$)의 완전연소반응식 : $C_2H_2 + 2.5O_2 \rightarrow 2CO_2 + H_2O$이므로 아세틸렌 2몰(mol)에 대한 반응식은 $2C_2H_2 + 5O_2 \rightarrow 4CO_2 + 2H_2O$이 된다.

**17.** LPG를 연료로 사용할 때의 장점으로 옳지 않은 것은?
① 발열량이 크다.
② 조성이 일정하다.
③ 특별한 가압장치가 필요하다.
④ 용기, 조정기와 같은 공급설비가 필요하다.

[해설] 저장시설(저장탱크, 충전용기 등)에 충전된 LPG는 자체압력을 이용하여 공급하므로 가압장치가 필요 없다.

[정답] 12. ② 13. ① 14. ④ 15. ③ 16. ④ 17. ③

**18.** 2 kg의 기체를 0.15 MPa, 15℃에서 체적이 0.1 m³가 될 때까지 등온압축할 때 압축 후 압력은 약 몇 MPa인가? (단, 비열은 각각 $C_p$ = 0.8, $C_v$ = 0.6 kJ/kg·K이다.)

① 1.10  ② 1.15
③ 1.20  ④ 1.25

[해설] ㉮ 기체상수 ($R$) 계산
∴ $R = C_p - C_v = 0.8 - 0.6$
  $= 0.2$ kJ/kg·K
㉯ 현재의 체적 계산
$PV = GRT$에서
∴ $V = \dfrac{GRT}{P}$
  $= \dfrac{2 \times 0.2 \times (273+15)}{0.15 \times 1000} = 0.768$ m³
㉰ 압축 후의 압력 계산
$\dfrac{P_1 V_1}{T_1} = \dfrac{P_2 V_2}{T_2}$ 에서 등온압축이므로
$T_1 = T_2$이다.
∴ $P_2 = \dfrac{P_1 V_1}{V_2} = \dfrac{0.15 \times 0.768}{0.1}$
  $= 1.152$ MPa
※ 압력은 절대압력으로 적용하여 계산한 것임

**19.** 다음 중 아세틸렌 가스의 위험도($H$)는 약 얼마인가?

① 21  ② 23
③ 31  ④ 33

[해설] 아세틸렌의 폭발범위는 2.5~81 %이다.
∴ $H = \dfrac{U-L}{L} = \dfrac{81-2.5}{2.5} = 31.4$

**20.** 기체연료의 주된 연소 형태는?

① 확산연소  ② 증발연소
③ 분해연소  ④ 표면연소

[해설] 확산연소 : 가연성 기체를 대기 중에 분출 확산시켜 연소하는 것으로 기체연료의 연소가 이에 해당된다.

## 제 2 과목  가스설비

**21.** 도시가스 원료의 접촉분해공정에서 반응온도가 상승하면 일어나는 현상으로 옳은 것은?

① $CH_4$, CO가 많고 $CO_2$, $H_2$가 적은 가스 생성
② $CH_4$, $CO_2$가 적고 CO, $H_2$가 많은 가스 생성
③ $CH_4$, $H_2$가 많고 $CO_2$, CO가 적은 가스 생성
④ $CH_4$, $H_2$가 적고 $CO_2$, CO가 많은 가스 생성

[해설] • 접촉분해공정에서 압력과 온도의 영향

| 구분 | | $CH_4$, $CO_2$ | $H_2$, CO |
|---|---|---|---|
| 압력 | 상승 | 증가 | 감소 |
| | 하강 | 감소 | 증가 |
| 온도 | 상승 | 감소 | 증가 |
| | 하강 | 증가 | 감소 |

**22.** 2단 감압식 2차용 저압조정기의 출구쪽 기밀시험 압력은?

① 3.3 kPa  ② 5.5 kPa
③ 8.4 kPa  ④ 10.0 kPa

[해설] • 2단 감압식 2차용 저압조정기의 기밀시험 압력
㉮ 입구쪽 : 0.5 MPa 이상
㉯ 출구쪽 : 5.5 kPa

**23.** 지하 정압실 통풍구조를 설치할 수 없는 경우 적합한 기계환기 설비기준으로 맞지 않는 것은?

① 통풍능력이 바닥면적 1 m²마다 0.5 m³/분 이상으로 한다.
② 배기구는 바닥면(공기보다 가벼운 경우는 천장면) 가까이 설치한다.

③ 배기가스 방출구는 지면에서 5 m 이상 높게 설치한다.
④ 공기보다 비중이 가벼운 경우에는 배기가스 방출구는 5 m 이상 높게 설치한다.

[해설] 공기보다 비중이 가벼운 경우에는 배기가스 방출구는 지면에서 3 m 이상 높게 설치한다.

**24.** 유체에 대한 저항은 크나 개폐가 쉽고 유량 조절에 주로 사용되는 밸브는?
① 글로브 밸브   ② 게이트 밸브
③ 플러그 밸브   ④ 버터플라이 밸브

[해설] • 배관용 밸브의 특징
㉮ 글로브 밸브(스톱밸브) : 유량조정용으로 사용, 압력손실이 크다.
㉯ 슬루스 밸브(게이트 밸브) : 유로 개폐용으로 사용, 압력손실이 적다.
㉰ 버터플라이 밸브 : 액체 배관의 유로 개폐용으로 사용, 고압배관에는 부적당하다.

**25.** 기화기에 의해 기화된 LPG에 공기를 혼합하는 목적으로 가장 거리가 먼 것은?
① 발열량 조절   ② 재액화 방지
③ 압력 조절    ④ 연소효율 증대

[해설] • 기화된 LPG에 공기를 혼합하는 목적
㉮ 발열량 조절
㉯ 재액화 방지
㉰ 연소효율 증대
㉱ 누설 시 손실 감소

**26.** 다음 중 동 및 동합금을 장치의 재료로 사용할 수 있는 것은?
① 암모니아    ② 아세틸렌
③ 황화수소    ④ 아르곤

[해설] 동 및 동합금은 암모니아, 황화수소에 의하여 부식이 발생하고, 아세틸렌은 화합폭발의 위험성이 있어 장치 재료로 사용하는 것이 부적합하다.

**27.** 고온·고압에서 수소를 사용하는 장치는 일반적으로 어떤 재료를 사용하는가?
① 탄소강     ② 크롬강
③ 조강      ④ 실리콘강

[해설] 고온·고압에서 수소는 강에 대하여 수소취성을 일으키므로 사용이 부적합하고, 수소취성을 방지하는 원소인 크롬(Cr)이 함유된 크롬강을 사용한다.

**28.** 다음 [보기]는 터보펌프의 정지 시 조치사항이다. 정지 시의 작업 순서가 올바르게 된 것은?

―〈보 기〉―
㉠ 토출밸브를 천천히 닫는다.
㉡ 전동기의 스위치를 끊는다.
㉢ 흡입밸브를 천천히 닫는다.
㉣ 드레인 밸브를 개방시켜 펌프 속의 액을 빼낸다.

① ㉠-㉡-㉢-㉣   ② ㉠-㉡-㉣-㉢
③ ㉡-㉠-㉢-㉣   ④ ㉡-㉠-㉣-㉢

[해설] 터보 펌프의 정지순서 : 토출밸브를 닫는다. → 전동기 전원을 차단한다. → 흡입밸브를 닫는다. → 드레인 밸브를 개방하여 펌프 속의 액을 빼낸다.

**29.** 다음 중 가스홀더의 기능이 아닌 것은?
① 가스수요의 시간적 변화에 따라 제조가 따르지 못할 때 가스의 공급 및 저장
② 정전, 배관공사 등에 의한 제조 및 공급설비의 일시적 중단 시 공급
③ 조성의 변동이 있는 제조가스를 받아들여 공급가스의 성분, 열량, 연소성 등의 균일화
④ 공기를 주입하여 발열량이 큰 가스로 혼합공급

[해설] • 가스홀더의 기능
㉮ 가스수요의 시간적 변동에 대하여 공급가

정답  24. ①  25. ③  26. ④  27. ②  28. ①  29. ④

스량을 확보한다.
㉴ 공급설비의 일시적 중단에 대하여 어느 정도 공급량을 확보한다.
㉵ 공급가스의 성분, 열량, 연소성 등의 성질을 균일화한다.
㉶ 소비지역 근처에 설치하여 피크 시의 공급, 수송효과를 얻는다.

**30.** 원유, 나프타 등의 분자량이 큰 탄화수소를 원료로 고온에서 분해하여 고열량의 가스를 제조하는 공정은?

① 열분해공정　　② 접촉분해공정
③ 부분연소공정　④ 수소화분해공정

[해설] 열분해 공정(thermal cracking process) : 고온하에서 탄화수소를 가열하여 수소($H_2$), 메탄($CH_4$), 에탄($C_2H_6$), 에틸렌($C_2H_4$), 프로판($C_3H_8$) 등의 가스상의 탄화수소와 벤젠, 톨루엔 등의 조경유 및 타르 나프탈렌 등으로 분해하고, 고열량 가스 (10000 kcal/Nm³)를 제조하는 방법이다.

**31.** 분젠식 버너의 특징에 대한 설명 중 틀린 것은?

① 고온을 얻기 쉽다.
② 역화의 우려가 없다.
③ 버너가 연소가스량에 비하여 크다.
④ 1차 공기와 2차 공기 모두를 사용한다.

[해설] (1) 분젠식 연소방식 : 가스를 노즐로부터 분출시켜 주위의 공기를 1차 공기로 취한 후 나머지는 2차 공기를 취하는 방식이다.
(2) 특징
㉮ 불꽃은 내염과 외염을 형성한다.
㉯ 연소속도가 크고, 불꽃길이가 짧다.
㉰ 연소온도가 높고, 연소실이 작아도 된다.
㉱ 선화현상이 발생하기 쉽다.
㉲ 소화음, 연소음이 발생한다.
㉳ 역화의 우려가 있다.

**32.** 배관재료의 허용응력($S$)이 8.4 kgf/mm² 이고, 스케줄 번호가 80일 때의 최고사용압력 $P$ [kgf/cm²]는?

① 67　　② 105
③ 210　　④ 650

[해설] $Sch\ No = 10 \times \dfrac{P}{S}$ 에서
$\therefore P = \dfrac{Sch\ No \times S}{10} = \dfrac{80 \times 8.4}{10}$
$= 67.2\ kgf/cm^2$

**33.** 공기 액화장치 중 수소, 헬륨을 냉매로 하며 2개의 피스톤이 한 실린더에 설치되어 팽창기와 압축기의 역할을 동시에 하는 형식은?

① 캐스케이드식　　② 캐피자식
③ 클라우드식　　　④ 필립스식

[해설] • 필립스식 공기 액화장치 특징
㉮ 실린더 중에 피스톤과 보조피스톤이 있다.
㉯ 냉매로 수소, 헬륨을 사용한다.

**34.** 고압가스 일반제조시설에서 저장탱크를 지하에 묻는 경우의 기준으로 틀린 것은?

① 저장탱크 정상부와 지면과의 거리는 60 cm 이상으로 할 것
② 저장탱크의 주위에 마른 흙을 채울 것
③ 저장탱크를 2개 이상 인접하여 설치하는 경우 상호간에 1 m 이상의 거리를 유지할 것
④ 저장탱크를 묻는 곳의 주위에는 지상에 경계를 표지할 것

[해설] 저장탱크 주위에 마른 모래를 채워야 한다.

**35.** 강을 연하게 하여 기계가공성을 좋게 하거나, 내부응력을 제거하는 목적으로 적당한 온도까지 가열한 다음 그 온도를 유지한 후에 서랭하는 열처리 방법은?

① Marquenching　② Quenching
③ Tempering　　 ④ Annealing

정답　30. ①　31. ②　32. ①　33. ④　34. ②　35. ④

[해설] 풀림(annealing : 소둔) : 가공 중에 생긴 내부응력을 제거하거나 가공 경화된 재료를 연화시켜 상온가공을 용이하게 할 목적으로 로 중에서 가열하여 서서히 냉각시킨다.

**36.** LPG 집단공급시설에서 입상관이란?
① 수용가에 가스를 공급하기 위해 건축물에 수직으로 부착되어 있는 배관을 말하며 가스의 흐름방향이 공급자에서 수용가로 연결된 것을 말한다.
② 수용가에 가스를 공급하기 위해 건축물에 수평으로 부착되어 있는 배관을 말하며 가스의 흐름방향이 공급자에서 수용가로 연결된 것을 말한다.
③ 수용가에 가스를 공급하기 위해 건축물에 수직으로 부착되어 있는 배관을 말하며 가스의 흐름방향과 관계없이 수직배관은 입상관으로 본다.
④ 수용가에 가스를 공급하기 위해 건축물에 수평으로 부착되어 있는 배관을 말하며 가스의 흐름방향과 관계없이 수직배관은 입상관으로 본다.

[해설] 입상관 : 수용가에 가스를 공급하기 위해 건축물에 수직으로 부착되어 있는 배관을 말하며, 가스의 흐름방향과 관계없이 수직배관은 입상관으로 본다.

**37.** 펌프에서 일반적으로 발생하는 현상이 아닌 것은?
① 서징(surging)현상
② 실링(sealing)현상
③ 캐비테이션 (공동)현상
④ 수격(water hammering)작용

[해설] • 원심펌프에서 발생하는 이상 현상
㉮ 캐비테이션 (공동)현상
㉯ 수격(water hammering)작용
㉰ 서징(surging)현상

**38.** 지름 100 mm, 행정 150 mm, 회전수 600 rpm, 체적효율이 0.8인 2기통 왕복압축기의 송출량은 약 몇 m³/min인가?
① 0.57
② 0.84
③ 1.13
④ 1.54

[해설] $V = \frac{\pi}{4} D^2 L n N \eta_v$

$= \frac{\pi}{4} \times 0.1^2 \times 0.15 \times 2 \times 600 \times 0.8$

$= 1.1309 \text{ m}^3/\text{min}$

**39.** 액화염소가스 68 kg을 용기에 충전하려면 용기의 내용적은 약 몇 L가 되어야 하는가? (단, 염소가스의 정수 $C$는 0.80이다.)
① 54.4
② 68
③ 71.4
④ 75

[해설] $G = \frac{V}{C}$ 에서

∴ $V = CG = 0.8 \times 68$
$= 54.4 \text{ L}$

**40.** 가스액화 분리장치 구성기기 중 터보 팽창기의 특징에 대한 설명으로 틀린 것은?
① 팽창비는 약 2 정도이다.
② 처리가스양은 10000 m³/h 정도이다.
③ 회전수는 10000~20000 rpm 정도이다.
④ 처리가스에 윤활유가 혼입되지 않는다.

[해설] • 팽창기의 종류 및 특징
㉮ 왕복동식 팽창기 : 팽창비는 약 40 정도로 크나 효율은 60~65 % 낮다. 처리가스양이 1000 m³/h 이상이 되면 다기통으로 제작하여야 한다.
㉯ 터보 팽창기 : 내부 윤활유를 사용하지 않으며 회전수가 10000~20000 rpm 정도이고, 처리가스양 10000 m³/h 이상도 가능하며, 팽창비는 약 5 정도이고 충동식, 반동식, 반경류 반동식이 있다.

**정답** 36. ③ 37. ② 38. ③ 39. ① 40. ①

## 제 3 과목  가스안전관리

**41.** 산소 중에서 물질의 연소성 및 폭발성에 대한 설명으로 틀린 것은?

① 기름이나 그리스 같은 가연성물질은 발화 시 산소 중에서 거의 폭발적으로 반응한다.
② 산소농도나 산소분압이 높아질수록 물질의 발화온도는 높아진다.
③ 폭발한계 및 폭굉한계는 공기 중과 비교할 때 산소 중에서 현저하게 넓어진다.
④ 산소 중에서는 물질의 점화에너지가 낮아진다.

해설 산소농도나 산소분압이 높아질수록 물질의 발화온도는 낮아지고, 연소속도는 증가한다.

**42.** 액화석유가스 판매사업소 및 영업소 용기저장소의 시설기준 중 틀린 것은?

① 용기보관소와 사무실은 동일 부지 내에 설치하지 않을 것
② 판매업소의 용기보관실 벽은 방호벽으로 할 것
③ 가스누출경보기는 용기보관실에 설치하되 분리형으로 설치할 것
④ 용기보관실은 불연성 재료를 사용한 가벼운 지붕으로 할 것

해설 용기보관실 및 사무실은 동일부지 내에 설치하되, 용기보관실 면적은 19 m², 사무실은 9 m² 이상으로 할 것

**43.** 정전기 제거 또는 발생방지 조치에 대한 설명으로 틀린 것은?

① 상대습도를 높인다.
② 공기를 이온화시킨다.
③ 대상물을 접지시킨다.
④ 전기저항을 증대시킨다.

해설 • 정전기 제거 및 발생방지 조치
㉮ 대상물을 접지한다.
㉯ 공기 중 상대습도를 높인다 (70 % 이상).
㉰ 공기를 이온화한다.

**44.** 가연성가스 및 독성가스 용기의 도색 및 문자 표기의 색상으로 틀린 것은?

① 수소 – 주황색으로 용기 도색, 백색으로 문자 표기
② 아세틸렌 – 황색으로 용기 도색, 흑색으로 문자 표기
③ 액화암모니아 – 백색으로 용기 도색, 흑색으로 문자 표기
④ 액화염소 – 회색으로 용기 도색, 백색으로 문자 표기

해설 액화염소 – 갈색으로 용기 도색, 백색으로 문자 표기

**45.** 고압가스 용기의 재검사를 받아야 할 경우가 아닌 것은?

① 손상의 발생
② 합격표시의 훼손
③ 충전한 고압가스의 소진
④ 산업통상자원부령이 정하는 기간의 경과

해설 • 재검사를 받아야 할 용기(고법 제17조)
㉮ 산업통상자원부령으로 정하는 기간이 경과된 용기
㉯ 합격표시가 훼손된 용기
㉰ 손상이 발생된 용기
㉱ 충전할 고압가스 종류를 변경할 용기
㉲ 열영향을 받은 용기

**46.** 도시가스사업이 허가된 지역에서 도로를 굴착하고자 하는 자는 가스안전영향평가를 하여야 한다. 이때 가스안전영향평가를 하여야 하는 굴착공사가 아닌 것은?

① 지하보도 공사

정답  41. ②  42. ①  43. ④  44. ④  45. ③  46. ③

② 지하차도 공사
③ 광역상수도 공사
④ 도시철도 공사

[해설] 가스안전 영향평가 (도법 시행령 제18조) : 가스안전 영향평가를 하여야 하는 자는 산업통상자원부령으로 정하는 도시가스배관이 통과하는 지점에서 도시철도(지하에 설치하는 것만 해당), 지하보도, 지하차도 또는 지하상가의 건설공사를 하려는 자로 한다.

**47.** 합격용기 각인사항의 기호 중 용기의 내압시험압력을 표시하는 기호는?

① TP  ② TW  ③ TV  ④ FP

[해설] • 용기 각인 기호
㉮ V : 내용적(L)
㉯ W : 초저온용기 외의 용기는 밸브 및 부속품을 포함하지 않은 용기의 질량(kg)
㉰ TW : 아세틸렌 용기는 용기의 질량에 다공물질, 용제 및 밸브의 질량을 합한 질량(kg)
㉱ TP : 내압시험압력(MPa)
㉲ FP : 압축가스를 충전하는 용기는 최고충전압력(MPa)

**48.** 전기방식전류가 흐르는 상태에서 토양 중에 매설되어 있는 도시가스 배관의 방식전위는 포화황산동 기준전극으로 몇 V 이하여야 하는가?

① -0.75  ② -0.85
③ -1.2   ④ -1.5

[해설] • 전기방식의 기준
㉮ 전기방식전류가 흐르는 상태에서 토양 중에 있는 배관 등의 방식전위는 포화황산동 기준전극으로 -5 V 이상 -0.85 V 이하(황산염환원 박테리아가 번식하는 토양에서는 -0.95 V 이하)일 것
㉯ 전기방식전류가 흐르는 상태에서 자연전위와의 전위변화가 최소한 -300 mV 이하일 것. 다만, 다른 금속과 접촉하는 배관 등은 제외한다.

㉰ 배관 등에 대한 전위측정은 가능한 한 가까운 위치에서 기준전극으로 실시할 것

**49.** 용기에 의한 액화석유가스 저장소에서 액화석유가스 저장설비 및 가스설비는 그 외면으로부터 화기를 취급하는 장소까지 최소 몇 m 이상의 우회거리를 두어야 하는가?

① 3  ② 5  ③ 8  ④ 10

[해설] 저장설비와 가스설비는 그 외면으로부터 화기(그 설비 안의 것을 제외)를 취급하는 장소까지 8 m 이상의 우회거리를 두거나 화기를 취급하는 장소와의 사이에는 그 저장설비와 가스설비로부터 누출된 가스가 유동하는 것을 방지하기 위한 조치를 한다.

**50.** 고압가스 운반 등의 기준에 대한 설명으로 옳은 것은?

① 염소와 아세틸렌, 암모니아 또는 수소는 동일차량에 혼합 적재할 수 있다.
② 가연성가스와 산소는 충전용기의 밸브가 서로 마주 보게 적재할 수 있다.
③ 충전용기와 경유는 동일차량에 적재하여 운반할 수 있다.
④ 가연성가스 또는 산소를 운반하는 차량에는 소화설비 및 응급조치에 필요한 자재 및 공구를 휴대한다.

[해설] • 고압가스 운반 등의 기준
㉮ 염소와 아세틸렌, 암모니아 또는 수소는 동일차량에 적재하여 운반하지 아니한다.
㉯ 가연성가스와 산소를 동일 차량에 적재하여 운반하는 때에는 그 충전용기의 밸브가 서로 마주보지 아니하도록 적재한다.
㉰ 충전용기와 위험물 안전관리법에 따른 위험물과는 동일차량에 적재하여 운반하지 아니한다.

**51.** LPG 압력조정기 중 1단 감압식 저압조정기의 용량이 얼마 미만에 대하여 조정기의 몸

정답  47. ①  48. ②  49. ③  50. ④  51. ②

통과 덮개를 일반공구(몽키렌치, 드라이버 등)로 분리할 수 없는 구조로 하여야 하는가?

① 5 kg/h
② 10 kg/h
③ 100 kg/h
④ 300 kg/h

[해설] 용량 10 kg/h 미만의 1단 감압식 저압조정기 및 1단 감압식 준저압조정기는 몸통과 덮개를 일반공구(몽키렌치, 드라이버 등)로 분리할 수 없는 구조로 한다.

**52.** 액화가스를 충전하는 탱크의 내부에 액면의 요동을 방지하기 위하여 설치하는 장치는?

① 방호벽
② 방파판
③ 방해판
④ 방지판

[해설] 액면요동방지 조치 : 액화가스를 충전하는 자동차에 고정된 탱크에는 그 내부에 액면요동을 방지하기 위한 방파판 등을 설치한다.

**53.** 가스의 분류에 대하여 바르지 않게 나타낸 것은?

① 가연성가스 : 폭발범위 하한이 10% 이하이거나, 상한과 하한의 차가 20% 이상인 가스
② 독성가스 : 공기 중에 일정량 이상 존재하는 경우 인체에 유해한 독성을 가진 가스
③ 불연성가스 : 반응을 하지 않는 가스
④ 조연성가스 : 연소를 도와주는 가스

[해설] 불연성가스 : 가스 자신이 연소하지도 않고 다른 물질도 연소시키지 않는 가스이다.

**54.** 독성가스 용기 운반차량 운행 후 조치사항에 대한 설명으로 틀린 것은?

① 충전용기를 적재한 차량은 제1종 보호시설에서 15 m 이상 떨어진 장소에 주정차한다.
② 충전용기를 적재한 차량은 제2종 보호시설에서 10 m 이상 떨어진 장소에 주정차한다.
③ 주정차 장소 선정은 지형을 고려하여 교통량이 적은 안전한 장소를 택한다.
④ 차량의 고장 등으로 인하여 정차하는 경우는 적색표지판 등을 설치하여 다른 차량과의 충돌을 피하기 위한 조치를 한다.

[해설] 충전용기를 적재한 차량은 제1종 보호시설에서 15 m 이상 떨어지고, 제2종 보호시설이 밀집되어 있는 지역과 육교 및 고가차도 등의 아래 또는 부근은 피하며, 주위의 교통장애, 화기 등이 없는 안전한 장소에 주정차한다.

**55.** 고압가스 제조시설은 안전거리를 유지해야 한다. 안전거리를 결정하는 요인이 아닌 것은 무엇인가?

① 가스사용량
② 가스저장능력
③ 저장하는 가스의 종류
④ 안전거리를 유지해야 할 건축물의 종류

[해설] • 고압가스 제조시설의 안전거리 결정 요인
  ㉮ 가스저장능력
  ㉯ 저장하는 가스의 종류
  ㉰ 안전거리를 유지해야 할 건축물의 종류

**56.** 고압가스 장치의 운전을 정지하고 수리할 때 유의할 사항으로 가장 거리가 먼 것은?

① 가스의 치환
② 안전밸브의 작동
③ 배관의 차단확인
④ 장치 내 가스분석

[해설] • 수리할 때 유의사항
  ㉮ 작업계획 수립
  ㉯ 가스의 치환 및 재치환
  ㉰ 장치 내 가스분석
  ㉱ 배관의 차단확인
  ㉲ 가스 누출방지 조치

**57.** 아세틸렌 용기에 충전하는 다공물질의 다공도값은?

정답  52. ②  53. ③  54. ②  55. ①  56. ②  57. ③

① 62~75 %  ② 72~85 %
③ 75~92 %  ④ 82~95 %

[해설] 다공도 기준 : 75 % 이상 92 % 미만

**58.** 도시가스용 압력조정기란 도시가스 정압기 이외에 설치되는 압력조정기로서 입구 쪽 호칭지름과 최대표시유량을 각각 바르게 나타낸 것은?

① 50 A 이하, 300 Nm³/h 이하
② 80 A 이하, 300 Nm³/h 이하
③ 80 A 이하, 500 Nm³/h 이하
④ 100 A 이하, 500 Nm³/h 이하

[해설] 도시가스용 압력조정기 : 도시가스 정압기 이외에 설치되는 압력조정기로서 입구 쪽 호칭지름이 50 A 이하이고, 최대표시유량이 300 Nm³/h 이하인 것을 말한다.

**59.** 전기기기의 내압방폭구조의 선택은 가연성가스의 무엇에 의해 주로 좌우되는가?

① 인화점, 폭굉한계
② 폭발한계, 폭발등급
③ 최대안전틈새, 발화온도
④ 발화도, 최소발화에너지

[해설] 최대 안전틈새 : 내용적이 8 L이고 틈새 깊이가 25 mm인 표준용기 내에서 가스가 폭발할 때 발생한 화염이 용기 밖으로 전파하여 가연성 가스에 점화되지 아니하는 최대값

**60.** HCN은 충전한 후 며칠이 경과하기 전에 다른 용기에 옮겨 충전하여야 하는가?

① 30일   ② 60일
③ 90일   ④ 120일

[해설] 시안화수소 (HCN)를 충전한 용기는 충전한 후 60일이 경과되기 전에 다른 용기에 옮겨 충전한다. 다만, 순도가 98 % 이상으로서 착색되지 아니한 것은 다른 용기에 옮겨 충전하지 아니할 수 있다.

## 제 4 과목  가스계측

**61.** 막식 가스미터에서 크랭크축이 녹슬거나, 날개 등의 납땜이 떨어지는 등 회전장치 부분에 고장이 생겨 가스가 미터기를 통과하지 않는 고장의 형태는?

① 부동   ② 불통
③ 누설   ④ 감도불량

[해설] • 불통 (不通)
(1) 가스가 계량기를 통과하지 못하는 고장
(2) 원인
㉮ 크랭크축이 녹슬었을 때
㉯ 밸브와 밸브시트가 타르 수분 등에 의해 붙거나 동결된 경우
㉰ 날개 조절기 등 회전 장치 부분에 이상이 있을 때

**62.** 수소염이온화식 가스검지기에 대한 설명으로 옳지 않은 것은?

① 검지성분은 탄화수소에 한한다.
② 탄화수소의 상대감도는 탄소수에 반비례한다.
③ 검지감도가 다른 감지기에 비하여 아주 높다.
④ 수소 불꽃 속에 시료가 들어가면 전기전도도가 증대하는 현상을 이용한 것이다.

[해설] 탄화수소의 상대감도는 탄소수에 비례한다.

**63.** 현재 산업체와 연구실에서 사용하는 가스크로마토그래피의 각 피크 (peak) 면적 측정법으로 주로 이용되는 방식은?

① 중량을 이용하는 방법
② 면적계를 이용하는 방법
③ 적분계(integrator)에 의한 방법
④ 각 기체의 길이를 총량한 값에 의한 방법

정답  58. ①  59. ③  60. ②  61. ②  62. ②  63. ③

**64.** 2원자 분자를 제외한 대부분의 가스가 고유한 흡수스펙트럼을 가지는 것을 응용한 것으로 대기오염 측정에 사용되는 가스분석기는 무엇인가?

① 적외선 가스분석기
② 가스크로마토그래피
③ 자동화학식 가스분석기
④ 용액흡수도전율식 가스분석기

[해설] • 적외선 가스분석기(적외선 분광 분석법) : 분자의 진동 중 쌍극자 힘의 변화를 일으킬 진동에 의해 적외선의 흡수가 일어나는 것을 이용한 방법으로 He, Ne, Ar 등 단원자 분자 및 $H_2$, $O_2$, $N_2$, $Cl_2$ 등 대칭 2원자 분자는 적외선을 흡수하지 않으므로 분석할 수 없다.

**65.** 안지름 50 mm인 배관으로 비중이 0.98인 액체가 분당 $1\,m^3$의 유량으로 흐르고 있을 때 레이놀즈수는 약 얼마인가? (단, 유체의 점도는 0.05 kg/m·s이다.)

① 11210  ② 8320  ③ 3230  ④ 2210

[해설] $Re = \dfrac{\rho DV}{\mu} = \dfrac{4\rho Q}{\pi D \mu}$

$= \dfrac{4 \times 0.98 \times 10^3 \times 1}{\pi \times 0.05 \times 0.05 \times 60}$

$= 8318.498$

※ 문제에서 주어진 액체의 비중 0.98을 밀도로 계산하였음 (비중이 아닌 밀도로 주어져야 함)

**66.** 가스계량기 중 추량식이 아닌 것은?

① 오리피스식  ② 벤투리식
③ 터빈식     ④ 루트식

[해설] • 가스미터의 분류
(1) 실측식
  ㉮ 건식 : 막식형(독립내기식, 클로버식)
  ㉯ 회전식 : 루트(root)식, 오벌식, 로터리피스톤식
  ㉰ 습식

(2) 추량식 : 델타식, 터빈식, 오리피스식, 벤투리식

**67.** 가스 성분과 그 분석 방법으로 가장 옳은 것은?

① 수분 : 노점법
② 전유황 : 요오드적정법
③ 나프탈렌 : 중화적정법
④ 암모니아 : 가스크로마토그래피법

[해설] • 가스 성분과 분석 방법
㉮ 전유황 : Eschka법
㉯ 나프탈렌 : 가스크로마토그래피법
㉰ 암모니아 : 중화적정법, 인도페놀 흡광광도법, 질산은 - 질산망간 시험지법

**68.** 액주식 압력계의 종류가 아닌 것은?

① U자관식    ② 단관식
③ 경사관식   ④ 단종식

[해설] 액주식 압력계의 종류 : 단관식, U자관식, 경사관식, 액주 마노미터, 호루단형 압력계 등

**69.** 같은 무게와 내용적의 빈 실린더에 가스를 충전하였다. 다음 중 가장 무거운 것은?

① 5기압, 300 K의 질소
② 10기압, 300 K의 질소
③ 10기압, 360 K의 질소
④ 10기압, 300 K의 헬륨

[해설] 이상기체 상태방정식 $PV = \dfrac{W}{M}RT$에서 $W = \dfrac{PVM}{RT}$로 예제의 조건을 갖고 무게($W$) 계산

㉮ $W = \dfrac{5 \times V \times 28}{0.082 \times 300} = 5.691\,V(g)$

㉯ $W = \dfrac{10 \times V \times 28}{0.082 \times 300} = 11.382\,V(g)$

㉰ $W = \dfrac{10 \times V \times 28}{0.082 \times 360} = 9.485\,V(g)$

㉱ $W = \dfrac{10 \times V \times 4}{0.082 \times 300} = 1.626\,V(g)$

**정답** 64. ①  65. ②  66. ④  67. ①  68. ④  69. ②

**70.** 가스검지법 중 아세틸렌에 대한 염화제1구리착염지의 반응색은?

① 청색   ② 적색
③ 흑색   ④ 황색

[해설] • 가스검지 시험지법

| 검지가스 | 시험지 | 반응 (변색) |
|---|---|---|
| 암모니아 ($NH_3$) | 적색리트머스지 | 청색 |
| 염소 ($Cl_2$) | KI 전분지 | 청갈색 |
| 포스겐 ($COCl_2$) | 해리슨시험지 | 유자색 |
| 시안화수소 (HCN) | 초산벤젠지 | 청색 |
| 일산화탄소 (CO) | 염화팔라듐지 | 흑색 |
| 황화수소 ($H_2S$) | 연당지 | 회흑색 |
| 아세틸렌 ($C_2H_2$) | 염화 제1구리착염지 | 적갈색 (적색) |

**71.** 가스미터의 필요조건이 아닌 것은?

① 구조가 간단할 것
② 감도가 좋을 것
③ 대형으로 용량이 클 것
④ 유지관리가 용이할 것

[해설] • 가스미터의 필요조건
㉮ 구조가 간단하고, 수리가 용이할 것
㉯ 감도가 예민하고 압력손실이 적을 것
㉰ 소형이며 계량용량이 클 것
㉱ 기차의 조정이 용이할 것
㉲ 내구성이 클 것

**72.** 오차에 비례한 제어 출력 신호를 발생시키며 공기식 제어기의 경우에는 압력 등을 제어 출력신호로 이용하는 제어기는?

① 비례제어기
② 비례적분제어기
③ 비례미분제어기
④ 비례적분-미분제어기

**73.** 전기식 제어방식의 장점에 대한 설명으로 틀린 것은?

① 배선작업이 용이하다.
② 신호전달 지연이 없다.
③ 신호의 복잡한 취급이 쉽다.
④ 조작속도가 빠른 비례 조작부를 만들기 쉽다.

[해설] • 전기식 제어방식의 특징
㉮ 배선작업이 용이하다.
㉯ 신호전달 지연이 없다.
㉰ 복잡한 신호에 용이하다.
㉱ 조작력이 크게 요구될 때 사용된다.
㉲ 고온, 다습한 곳은 사용이 곤란하다.
㉳ 폭발성 가연성 가스를 사용하는 곳에서는 방폭구조로 하여야 한다.
㉴ 보수 및 취급에 기술을 요한다.
㉵ 조절밸브 모터의 동작에 관성이 크다.
㉶ 조작속도가 빠른 비례 조작부를 만들기가 곤란하다.

**74.** 수면에서 20 m 깊이에 있는 지점에서의 게이지압이 3.16 kgf/cm²이였다. 이 액체의 비중량은?

① 1580 kgf/m³   ② 1850 kgf/m³
③ 15800 kgf/m³  ④ 18500 kgf/m³

[해설] $P = \gamma \cdot h$ 에서
$$\therefore \gamma = \frac{P}{h} = \frac{3.16 \times 10^4}{20} = 1580 \text{ kgf/m}^3$$

**75.** 미리 알고 있는 측정량과 측정치를 평형시켜 알고 있는 양의 크기로부터 측정량을 알아내는 방법으로, 대표적인 예로 천칭을 이용하여 질량을 측정하는 방식을 무엇이라 하는가?

① 영위법   ② 평형법
③ 방위법   ④ 편위법

[해설] • 측정방법
㉮ 편위법 : 측정량과 관계있는 다른 양으로 변환시켜 측정하는 방법으로, 정도는 낮지만 측

정답  70. ②  71. ③  72. ①  73. ④  74. ①  75. ①

정이 간단하다. 부르동관 압력계, 스프링식 저울, 전류계 등이 해당된다.
㉯ 영위법 : 기준량과 측정하고자 하는 상태량을 비교 평형시켜 측정하는 것으로, 천칭을 이용하여 질량을 측정하는 것이 해당된다.
㉰ 치환법 : 지시량과 미리 알고 있는 다른 양으로부터 측정량을 나타내는 방법으로 다이얼 게이지를 이용하여 두께를 측정하는 것이 해당된다.
㉱ 보상법 : 측정량과 거의 같은 미리 알고 있는 양을 준비하여 측정량과 그 미리 알고 있는 양의 차이로써 측정량을 알아내는 방법이다.

## 76. 다음 중 습증기의 열량을 측정하는 기구가 아닌 것은?

① 조리개 열량계   ② 분리 열량계
③ 과열 열량계     ④ 봄베 열량계

[해설] 봄베(bomb) 열량계 : 고체 및 고점도 액체 연료의 발열량을 측정하며, 단열식과 비단열식으로 구분된다.

## 77. 계측기의 원리에 대한 설명으로 가장 거리가 먼 것은?

① 기전력의 차이로 온도를 측정한다.
② 액주높이로부터 압력을 측정한다.
③ 초음파 속도 변화로 유량을 측정한다.
④ 정전용량을 이용하여 유속을 측정한다.

[해설] 정전용량을 이용하여 액면을 측정한다 (정전용량식 액면계).

## 78. 가스분석 중 화학적 방법이 아닌 것은?

① 연소열을 이용한 방법
② 고체흡수제를 이용한 방법
③ 용액흡수제를 이용한 방법
④ 가스밀도, 점성을 이용한 방법

[해설] • 분석계의 종류
(1) 화학적 가스 분석계
  ㉮ 연소열을 이용한 것
  ㉯ 용액흡수제를 이용한 것
  ㉰ 고체 흡수제를 이용한 것
(2) 물리적 가스 분석계
  ㉮ 가스의 열전도율을 이용한 것
  ㉯ 가스의 밀도, 점도차를 이용한 것
  ㉰ 빛의 간섭을 이용한 것
  ㉱ 전기전도도를 이용한 것
  ㉲ 가스의 자기적 성질을 이용한 것
  ㉳ 가스의 반응성을 이용한 것
  ㉴ 적외선 흡수를 이용한 것

## 79. 400 m 길이의 저압본관에 시간당 200 m³ 가스를 흐르도록 하려면 가스배관의 지름은 약 몇 cm가 되어야 하는가? (단, 기점, 종점간의 압력강하를 1.47 mmHg, K값 = 0.707이고, 가스비중을 0.64로 한다.)

① 12.45 cm   ② 15.93 cm
③ 17.23 cm   ④ 21.34 cm

[해설] $Q = K\sqrt{\dfrac{D^5 H}{SL}}$ 에서

$\therefore D = \sqrt[5]{\dfrac{Q^2 SL}{K^2 H}}$

$= \sqrt[5]{\dfrac{200^2 \times 0.64 \times 400}{0.707^2 \times \left(\dfrac{1.47}{760} \times 10332\right)}}$

$= 15.927$ cm

## 80. 검사절차를 자동화하려는 계측작업에서 반드시 필요한 장치가 아닌 것은?

① 자동가공장치   ② 자동급송장치
③ 자동선별장치   ④ 자동검사장치

[해설] 자동가공장치는 검사절차를 자동화하려는 계측작업과 관련이 없다.

**정답** 76. ④  77. ④  78. ④  79. ②  80. ①

▶ 2016년 5월 8일 시행

| 자격종목 | 종목코드 | 시험시간 | 형 별 | 수험번호 | 성 명 |
|---|---|---|---|---|---|
| 가스 산업기사 | 2471 | 2시간 | | | |

## 제1과목 연소공학

**1.** 다음 중 기상 폭발에 해당되지 않는 것은?
① 혼합가스 폭발   ② 분해 폭발
③ 증기 폭발       ④ 분진 폭발

[해설] • 폭발물질에 의한 폭발 분류
㉮ 기체상태 폭발 : 혼합가스의 폭발, 분해 폭발, 분진 폭발
㉯ 액체 및 고체상태 폭발 : 혼합 위험성 물질 폭발, 폭발성 화합물 폭발, 증기 폭발, 금속선 폭발, 고체상 전이 폭발

**2.** 열기관에서 온도 10℃의 엔탈피 변화가 단위중량당 100 kcal일 때 엔트로피 변화량(kcal/kg·K)은?
① 0.35   ② 0.37   ③ 0.71   ④ 10

[해설] $\Delta S = \dfrac{dQ}{T} = \dfrac{100}{273+10} = 0.353$ kcal/kg·K

**3.** 내압(耐壓) 방폭구조로 방폭 전기기기를 설계할 때 가장 중요하게 고려해야 할 사항은?
① 가연성가스의 발화점
② 가연성가스의 연소열
③ 가연성가스의 최대안전틈새
④ 가연성가스의 최소 점화에너지

[해설] • 내압(耐壓) 방폭구조(d) : 방폭 전기기기의 용기 내부에서 가연성가스의 폭발이 발생할 경우 그 용기가 폭발압력에 견디고, 접합면, 개구부 등을 통하여 외부의 가연성가스에 인화되지 아니하도록 한 구조로 설계할 때 가연성가스의 최대안전틈새를 가장 중요하게 고려해야 한다.

**4.** 가스의 폭발범위(연소범위)에 대한 설명 중 옳지 않은 것은?
① 일반적으로 고압일 경우 폭발범위가 더 넓어진다.
② 수소와 공기 혼합물의 폭발범위는 저온보다 고온일 때 더 넓어진다.
③ 프로판과 공기 혼합물에 질소를 더 가할 때 폭발범위가 더 넓어진다.
④ 메탄과 공기 혼합물의 폭발범위는 저압보다 고압일 때 더 넓어진다.

[해설] 프로판과 공기 혼합물에 불연성 가스인 질소가 첨가되면 산소의 농도가 낮아져 폭발범위는 좁아진다.

**5.** 층류확산화염에서 시간이 지남에 따라 유속 및 유량이 증대할 경우 화염의 높이는 어떻게 되는가?
① 높아진다.
② 낮아진다.
③ 거의 변화가 없다.
④ 처음에는 어느 정도 낮아지다가 점점 높아진다.

[해설] 층류확산화염에서 화학반응속도는 확산속도에 비해 충분히 빠르기 때문에 유량 및 유속이 증대하면 화염의 높이는 높아진다.

**6.** 시안화수소를 장기간 저장하지 못하는 주된 이유는?
① 산화폭발   ② 분해폭발
③ 중합폭발   ④ 분진폭발

[해설] 시안화수소(HCN)는 중합폭발의 위험성 때문에 충전기한을 60일을 초과하지 못하도록

**정답**   1. ③   2. ①   3. ③   4. ③   5. ①   6. ③

규정하고 있다 (단, 순도가 98% 이상이고, 착색되지 않은 것은 60일을 초과하여 저장할 수 있다.).
※ 중합폭발 방지용 안정제의 종류 : 황산, 아황산가스, 동, 동망, 염화칼슘, 인산, 오산화인

**7.** 상용의 상태에서 가연성가스가 체류해 위험하게 될 우려가 있는 장소를 무엇이라 하는가?
① 0종 장소  ② 1종 장소
③ 2종 장소  ④ 3종 장소

[해설] • 위험장소의 등급 분류
(1) 1종 장소 : 상용상태에서 가연성가스가 체류하여 위험하게 될 우려가 있는 장소, 정비보수 또는 누출 등으로 인하여 종종 가연성가스가 체류하여 위험하게 될 우려가 있는 장소
(2) 2종 장소
㉮ 밀폐된 용기 또는 설비 내에 밀봉된 가연성가스가 그 용기 또는 설비의 사고로 인해 파손되거나 오조작의 경우에만 누출할 우려가 있는 장소
㉯ 확실한 기계적 환기조치에 의하여 가연성가스가 체류하지 않도록 되어 있으나 환기장치에 이상이나 사고가 발생한 경우에는 가연성가스가 체류하여 위험하게 될 우려가 있는 장소
㉰ 1종 장소의 주변 또는 인접한 실내에서 위험한 농도의 가연성가스가 종종 침입할 우려가 있는 장소
(3) 0종 장소 : 상용의 상태에서 가연성가스의 농도가 연속해서 폭발하는 한계 이상으로 되는 장소 (폭발한계를 넘는 경우에는 폭발한계 내로 들어갈 우려가 있는 경우를 포함)

**8.** 자연발화온도 (autoignition temperature : AIT)에 영향을 주는 요인에 대한 설명으로 틀린 것은?
① 산소량의 증가에 따라 AIT는 감소한다.
② 압력의 증가에 의하여 AIT는 감소한다.
③ 용기의 크기가 작아짐에 따라 AIT는 감소한다.
④ 유기 화합물의 동족열 물질은 분자량이 증가할수록 AIT는 감소한다.

[해설] • 자연발화온도 (AIT) : 가연혼합기를 넣은 용기를 어느 일정한 온도로 유지하면서 어느 정도 시간이 흐르면 혼합기가 자연적으로 발화하는 현상으로 용기의 크기가 작아지면 발화가 발생되지 않을 수 있다.

**9.** 프로판 가스의 연소 과정에서 발생한 열량이 13000 kcal/kg, 연소할 때 발생된 수증기의 잠열이 2500 kcal/kg이면 프로판 가스의 연소효율(%)은 약 얼마인가? (단, 프로판 가스의 진발열량은 11000 kcal/kg이다.)
① 65.4  ② 80.8
③ 92.5  ④ 95.4

[해설] 연소효율 $= \dfrac{\text{실제발생열량}}{\text{진발열량}} \times 100$
$= \dfrac{13000 - 2500}{11000} \times 100$
$= 95.454 \%$

**10.** 융점이 낮은 고체연료가 액상으로 용융되어 발생한 가연성 증기가 착화하여 화염을 내고, 이 화염의 온도에 의하여 액체표면에서 증기의 발생을 촉진시켜 연소를 계속해 나가는 연소 형태는?
① 증발연소  ② 분무연소
③ 표면연소  ④ 분해연소

[해설] • 증발연소 : 융점이 낮은 고체연료가 액상으로 용융되어 발생한 가연성 증기 및 가연성 액체의 표면에서 기화되는 가연성 증기가 착화되어 화염을 형성하고 이 화염의 온도에 의해 액체표면이 가열되어 액체의 기화를 촉진시켜 연소를 계속하는 것으로 가솔린, 등유, 경유, 알코올, 양초 등이 이에 해당된다.

정답  7. ②  8. ③  9. ④  10. ①

**11.** 다음 중 질소산화물의 주된 발생원인은?
① 연소실 온도가 높을 때
② 연료가 불완전연소할 때
③ 연료 중에 질소분의 연소 시
④ 연료 중에 회분이 많을 때

해설 질소산화물(NOx)은 연료가 연소할 때 공기 중의 질소와 산소가 반응하여 발생되는 것으로 연소온도가 높고, 과잉공기량이 많을 때 발생량이 증가한다.

**12.** 탄소 1 mol이 불완전연소하여 전량 일산화탄소가 되었을 경우 몇 mol이 되는가?
① $\dfrac{1}{2}$  ② 1
③ $1\dfrac{1}{2}$  ④ 2

해설 탄소(C)의 불완전연소 반응식
$C + \dfrac{1}{2}O_2 \rightarrow CO$
∴ 탄소(C) 1 mol이 불완전연소하면 일산화탄소(CO) 1 mol이 발생한다.

**13.** 폭굉 유도거리(DID)에 대한 설명으로 옳은 것은?
① 관지름이 클수록 짧다.
② 압력이 낮을수록 짧다.
③ 점화원의 에너지가 약할수록 짧다.
④ 정상 연소속도가 빠른 혼합가스일수록 짧다.

해설 • 폭굉 유도거리가 짧아지는 조건
㉮ 정상 연소속도가 큰 혼합가스일수록
㉯ 관 속에 방해물이 있거나 관지름이 가늘수록
㉰ 압력이 높을수록
㉱ 점화원의 에너지가 클수록

**14.** 다음 중 염소 폭명기의 정의로서 옳은 것은 어느 것인가?
① 염소와 산소가 점화원에 의해 폭발적으로 반응하는 현상
② 염소와 수소가 점화원에 의해 폭발적으로 반응하는 현상
③ 염화수소가 점화원에 의해 폭발하는 현상
④ 염소가 물에 용해하여 염산이 되어 폭발하는 현상

해설 • 염소 폭명기 : 수소($H_2$)와 염소($Cl_2$)의 혼합가스에 빛(직사광선)이 촉매로 작용하여 일어나는 폭발로 촉매폭발로 분류한다.
※ 반응식 : $H_2 + Cl_2 \rightarrow 2HCl + 44\ kcal$

**15.** 1기압, 40 L의 공기를 4 L 용기에 넣었을 때 산소의 분압은 얼마인가? (단, 압축 시 온도 변화는 없고, 공기는 이상기체로 가정하며, 공기 중 산소는 20 %로 가정한다.)
① 1기압  ② 2기압
③ 3기압  ④ 4기압

해설 ㉮ 4 L 용기에서의 공기압력 계산
$P_1V_1 = P_2V_2$
∴ $P_2 = \dfrac{P_1V_1}{V_2} = \dfrac{1 \times 40}{4} = 10$기압
㉯ 산소의 분압 계산
∴ $P_{O_2} = $ 전압 $\times \dfrac{성분부피}{전부피}$
$= 10 \times \dfrac{4 \times 0.2}{4} = 2$기압

**16.** 가연성 혼합기체가 폭발범위 내에 있을 때 점화원으로 작용할 수 있는 정전기의 방지대책으로 틀린 것은?
① 접지를 실시한다.
② 제전기를 사용하여 대전된 물체를 전기적 중성 상태로 한다.
③ 습기를 제거하여 가연성 혼합기가 수분과 접촉하지 않도록 한다.
④ 인체에서 발생하는 정전기를 방지하기 위하여 방전복 등을 착용하여 정전기 발

정답  11. ①  12. ②  13. ④  14. ②  15. ②  16. ③

생을 제거한다.

해설 공기 중 상대습도가 70% 이상이면 정전기 발생을 방지할 수 있다.

**17.** 가연성 물질의 성질에 대한 설명으로 옳은 것은?

① 끓는점이 낮으면 인화의 위험성이 낮아진다.
② 가연성 액체는 온도가 상승하면 점성이 적어지고 화재를 확대시킨다.
③ 전기전도도가 낮은 인화성 액체는 유동이나 여과 시 정전기를 발생시키지 않는다.
④ 일반적으로 가연성 액체는 물보다 비중이 작으므로 연소 시 축소된다.

해설 • 각 항목의 옳은 설명
① 끓는점(비등점)이 낮으면 증기발생이 쉬워 인화의 위험성이 높아진다.
③ 전기전도도가 낮은 인화성 액체는 유동이나 여과 시 정전기를 발생시킬 수 있다.
④ 일반적으로 가연성 액체는 물보다 비중이 작으므로 연소 시 확대된다.

**18.** 연료와 공기를 별개로 공급하여 연료와 공기의 경계에서 연소시키는 것으로서 화염의 안정범위가 넓고 조작이 쉬우며 역화의 위험성이 적은 연소방식은?

① 예혼합연소      ② 분젠연소
③ 전1차식연소    ④ 확산연소

해설 • 확산연소 : 공기와 가스를 따로 버너 슬롯(slot)에서 연소실에 공급하고, 이것들의 경계면에서 난류와 자연확산으로 서로 혼합하여 연소하는 외부 혼합방식이다.

**19.** 다음 연료 중 착화온도가 가장 높은 것은 어느 것인가?

① 메탄      ② 목탄
③ 휘발유    ④ 프로판

해설 • 각 연료의 착화온도

| 연료 명칭 | 착화온도 |
|---|---|
| 메탄 ($CH_4$) | 632℃ |
| 목탄 | 320~370℃ |
| 휘발유 | 300~320℃ |
| 프로판 ($C_3H_8$) | 460~520℃ |

**20.** 층류의 연소속도가 작아지는 경우는?

① 압력이 높을수록
② 비중이 작을수록
③ 온도가 높을수록
④ 분자량이 작을수록

해설 • 층류 연소속도가 작아지는 경우
㉮ 압력이 낮을수록
㉯ 온도가 낮을수록
㉰ 열전도율이 작을수록
㉱ 분자량이 클수록

---

### 제 2 과목   가스설비

---

**21.** 기지국에서 발생된 정보를 취합하여 통신선로를 통해 원격감시제어소에 실시간으로 전송하고, 원격감시제어소로부터 전송된 정보에 따라 해당 설비의 원격제어가 가능하도록 제어신호를 출력하는 장치를 무엇이라 하는가?

① master station
② communication unit
③ remote terminal unit
④ 음성경보장치 및 map board

해설 • RTU (remote terminal unit) 장치 : 정압기실에 설치하여 원격으로 감시하는 장치

**22.** 프로판 ($C_3H_8$)과 부탄 ($C_4H_{10}$)의 몰비가

정답  17. ②  18. ④  19. ①  20. ②  21. ③  22. ②

2:1인 혼합가스가 3 atm (절대압력), 25℃로 유지되는 용기 속에 존재할 때 이 혼합 기체의 밀도는? (단, 이상기체로 가정한다.)

① 5.40 g/L  ② 5.98 g/L
③ 6.55 g/L  ④ 17.7 g/L

[해설] ㉮ 혼합기체의 평균분자량 계산

$$\therefore M = 44 \times \frac{2}{2+1} + 58 \times \frac{1}{2+1}$$
$$= 48.666 ≒ 48.67$$

㉯ 혼합기체 밀도 계산

$PV = \frac{W}{M}RT$ 에서

$$\therefore \rho = \frac{W}{V} = \frac{PM}{RT}$$
$$= \frac{3 \times 48.67}{0.082 \times (273+25)} = 5.975 \text{ g/L}$$

**23.** 내용적 10 m³의 액화산소 저장설비(지상설치)와 제1종 보호시설과 유지해야 할 안전거리는 몇 m인가? (단, 액화산소의 비중은 1.14이다.)

① 7  ② 9
③ 14  ④ 21

[해설] ㉮ 액화산소 저장능력 계산

$$\therefore W = 0.9dV = 0.9 \times 1.14 \times (10 \times 10^3)$$
$$= 10260 \text{ kg}$$

㉯ 액화산소 저장설비와 보호시설별 안전거리

| 저장능력(kg) | 제1종 | 제2종 |
|---|---|---|
| 1만 이하 | 12 | 8 |
| 1만 초과 2만 이하 | 14 | 9 |
| 2만 초과 3만 이하 | 16 | 11 |
| 3만 초과 4만 이하 | 18 | 13 |
| 4만 초과 | 20 | 14 |

∴ 제1종 보호시설과 유지하여야 할 안전거리는 14 m이다.

**24.** 가스 배관의 지름을 산출하는데 필요한 것으로만 짝지어진 것은?

㉠ 가스유량  ㉡ 배관길이  ㉢ 압력손실
㉣ 배관재질  ㉤ 가스의 비중

① ㉠, ㉡, ㉢, ㉣  ② ㉡, ㉢, ㉣, ㉤
③ ㉠, ㉡, ㉢, ㉤  ④ ㉠, ㉡, ㉣, ㉤

[해설] 저압배관 유량계산식

$Q = K\sqrt{\dfrac{D^5 \cdot H}{S \cdot L}}$ 에서

배관 안지름 $D = \sqrt[5]{\dfrac{Q^2 SL}{K^2 H}}$ 이므로 가스유량($Q$), 가스비중($S$), 배관길이($L$), 압력손실($H$)과 관계있다.

**25.** 배관의 기호와 그 용도 및 사용조건에 대한 설명으로 틀린 것은?

① SPPS는 350℃ 이하의 온도에서, 압력 9.8 N/mm² 이하에 사용한다.
② SPPH는 450℃ 이하의 온도에서, 압력 9.8 N/mm² 이하에 사용한다.
③ SPLT는 빙점 이하의 특히 낮은 온도의 배관에 사용한다.
④ SPPW는 정수두 100 m 이하의 급수배관에 사용한다.

[해설] • 강관의 종류
㉮ SPPS : 압력배관용 탄소강관
㉯ SPPH : 고압배관용 탄소강관 → 350℃ 이하, 100 kgf/cm² (9.8 N/mm²) 이상에 사용한다.
㉰ SPLT : 저온배관용 탄소강관
㉱ SPPW : 수도용 아연도금강관

**26.** 동일한 가스 입상배관에서 프로판가스와 부탄가스를 흐르게 할 경우 가스 자체의 무게로 인하여 입상관에서 발생하는 압력손실을 서로 비교하면? (단, 부탄 비중은 2, 프로판 비중은 1.50이다.)

① 프로판이 부탄보다 약 2배 정도 압력손실이 크다.

② 프로판이 부탄보다 약 4배 정도 압력손실이 크다.
③ 부탄이 프로판보다 약 2배 정도 압력손실이 크다.
④ 부탄이 프로판보다 약 4배 정도 압력손실이 크다.

해설 입상관에서의 압력손실 계산식 $H=1.293(S-1)h$에서 프로판($H_1$)과 부탄($H_2$)의 압력손실을 비교하면 다음과 같다.
$$\therefore \frac{H_2}{H_1} = \frac{1.293(S_2-1)h}{1.293(S_1-1)h} = \frac{2-1}{1.5-1} = 2배$$
∴ 부탄이 프로판보다 약 2배 정도 압력손실이 크다.

**27.** 작은 구멍을 통해 새어 나오는 가스의 양에 대한 설명으로 옳은 것은?
① 비중이 작을수록 많아진다.
② 비중이 클수록 많아진다.
③ 비중과는 관계가 없다.
④ 압력이 높을수록 적어진다.

해설 노즐에서 가스 분출량 계산식
$$Q = 0.011KD^2\sqrt{\frac{P}{d}} = 0.009D^2\sqrt{\frac{P}{d}}$$
여기서, $Q$ : 가스 분출량 (m³/h)
　　　　$K$ : 유출계수 (0.8)
　　　　$D$ : 노즐 지름 (mm)
　　　　$P$ : 분출 가스압력 (mmH₂O)
　　　　$d$ : 가스 비중
∴ 노즐에서 가스 분출량은 노즐 지름의 제곱에 비례하고, 분출압력의 평방근에 비례하며, 가스 비중의 평방근에 반비례한다. 가스 비중이 작을수록 분출가스량은 많아진다.

**28.** 다음 중 염소가스 압축기에 주로 사용되는 윤활제는?
① 진한 황산　② 양질의 광유
③ 식물성유　④ 묽은 글리세린

해설 • 각종 가스 압축기의 윤활제
㉮ 산소 압축기 : 물 또는 묽은 글리세린수(10 % 정도)
㉯ 공기 압축기, 수소 압축기, 아세틸렌 압축기 : 양질의 광유 (디젤 엔진유)
㉰ 염소 압축기 : 진한 황산
㉱ LP가스 압축기 : 식물성유
㉲ 이산화황 (아황산가스) 압축기 : 화이트유, 정제된 용제 터빈유
㉳ 염화메탄 (메틸 클로라이드) 압축기 : 화이트유

**29.** 프로판 용기에 $V$ : 47, $TP$ : 31로 각인이 되어 있다. 프로판의 충전상수가 2.35일 때 충전량(kg)은?
① 10 kg　② 15 kg
③ 20 kg　④ 50 kg

해설 $W = \dfrac{V}{C} = \dfrac{47}{2.35} = 20\,\text{kg}$

**30.** 다음 그림의 냉동장치와 일치하는 행정 위치를 표시한 $TS$ 선도는?

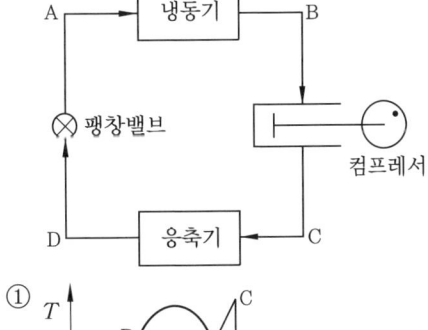

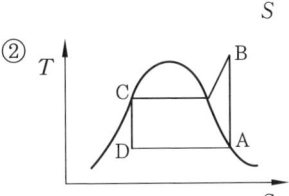

정답　27. ①　28. ①　29. ③　30. ①

③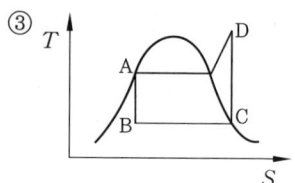

④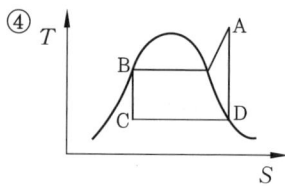

[해설] • 증기압축 냉동 사이클의 구성
㉮ A→B 과정 : 등온팽창 과정으로 냉매액이 증발기에서 주변의 열을 회수하여 기화되면서 냉동이 실제적으로 이루어지는 과정이다.
㉯ B→C 과정 : 단열압축 과정으로 증발기에서 증발된 냉매가스를 압축기로 압축하여 고온, 고압으로 만드는 과정이다.
㉰ C→D 과정 : 정압응축 과정으로 압축기에서 고온, 고압으로 토출된 냉매가스를 응축기에서 냉각하여 액화시키는 과정이다.
㉱ D→A 과정 : 단열팽창 과정으로 냉매가스가 팽창밸브를 통과하여 온도와 압력이 감소하는 과정이다.

**31.** 부식을 방지하는 효과가 아닌 것은?
① 피복한다.
② 잔류응력을 없앤다.
③ 이종 금속을 접촉시킨다.
④ 관이 콘크리트 벽을 관통할 때 절연한다.
[해설] 이종 금속의 접촉 시 양 금속 간에 전지가 형성되어 양극으로 되는 금속이 금속 이온을 용출하면서 부식이 진행된다.

**32.** 가스액화 분리장치의 구성요소에 해당되지 않는 것은?
① 한랭발생장치  ② 정류장치
③ 고온발생장치  ④ 불순물제거장치
[해설] 가스액화 분리장치는 한랭발생장치, 정류장치, 불순물제거장치로 구성된다.

**33.** LPG 저장설비 중 저온 저장탱크에 대한 설명으로 틀린 것은?
① 외부압력이 내부압력보다 저하됨에 따라 이를 방지하는 설비를 설치한다.
② 주로 탱커(tanker)에 의하여 수입되는 LPG를 저장하기 위한 것이다.
③ 내부압력이 대기압 정도로서 강재 두께가 얇아도 된다.
④ 저온액화의 경우에는 가스체적이 적어 다량 저장에 사용된다.
[해설] 내부압력이 외부압력보다 저하됨에 따라 이를 방지하는 설비(부압을 방지하는 설비)를 설치한다.
※ 부압을 방지하는 조치에 갖추어야 할 설비
㉮ 압력계
㉯ 압력경보설비
㉰ 진공안전밸브
㉱ 다른 저장탱크 또는 시설로부터의 가스 도입배관 (균압관)
㉲ 압력과 연동하는 긴급차단장치를 설치한 냉동제어설비
㉳ 압력과 연동하는 긴급차단장치를 설치한 송액설비

**34.** 나프타를 원료로 접촉분해 프로세스에 의하여 도시가스를 제조할 때 반응온도를 상승시키면 일어나는 현상으로 옳은 것은?
① $CH_4$, $CO_2$가 많이 포함된 가스가 생성된다.
② $C_3H_8$, $CO_2$가 많이 포함된 가스가 생성된다.
③ $CO$, $CH_4$가 많이 포함된 가스가 생성된다.
④ $CO$, $H_2$가 많이 포함된 가스가 생성된다.
[해설] • 나프타의 접촉분해법에서 압력과 온도의 영향

[정답] 31. ③  32. ③  33. ①  34. ④

| 구분 | | CH₄, CO₂ | H₂, CO |
|---|---|---|---|
| 압력 | 상승 | 증가 | 감소 |
| | 하강 | 감소 | 증가 |
| 온도 | 상승 | 감소 | 증가 |
| | 하강 | 증가 | 감소 |

**35.** 고압가스 일반제조시설 중 고압가스설비의 내압시험압력은 상용압력의 몇 배 이상으로 하는가?

① 1  ② 1.1
③ 1.5  ④ 1.8

[해설] • 고압가스설비의 시험압력
㉮ 내압시험압력 : 상용압력의 1.5배(공기 등으로 하는 경우 상용압력의 1.25배) 이상
㉯ 기밀시험압력 : 상용압력 이상

**36.** 그림은 수소용기의 각인이다. ⓐ V, ⓑ TP, ⓒ FP의 의미에 대하여 바르게 나타낸 것은?

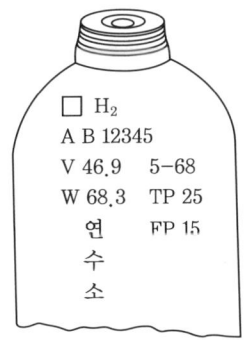

① ⓐ 내용적, ⓑ 최고충전압력, ⓒ 내압시험압력
② ⓐ 총부피, ⓑ 내압시험압력, ⓒ 기밀시험압력
③ ⓐ 내용적, ⓑ 내압시험압력, ⓒ 최고충전압력
④ ⓐ 내용적, ⓑ 사용압력, ⓒ 기밀시험압력

[해설] • 용기 각인 기호
㉮ V : 내용적(L)
㉯ W : 초저온용기 외의 용기는 밸브 및 부속품을 포함하지 않은 용기의 질량(kg)
㉰ TW : 아세틸렌 용기는 용기의 질량에 다공물질, 용제 및 밸브의 질량을 합한 질량(kg)
㉱ TP : 내압시험압력(MPa)
㉲ FP : 압축가스를 충전하는 용기는 최고충전압력(MPa)

**37.** 냉동장치에서 냉매가 냉동실에서 무슨 열을 흡수함으로써 온도를 강하시키는가?

① 융해잠열  ② 융해열
③ 증발잠열  ④ 승화잠열

[해설] 냉매가 액체에서 기체로 기화되면서 증발잠열을 흡수하여 온도를 강하시킨다.

**38.** 가스가 공급되는 시설 중 지하에 매설되는 강재 배관에는 부식을 방지하기 위하여 전기적 부식방지조치를 한다. Mg-anode를 이용하여 양극 금속과 매설배관을 전선으로 연결하여 양극 금속과 매설배관 사이의 전지작용에 의해 전기적 부식을 방지하는 방법은?

① 직접배류법  ② 외부전원법
③ 선택배류법  ④ 희생양극법

[해설] • 희생양극법(유전양극법, 전기양극법, 전류양극법) : 양극(anode)과 매설배관(cathode : 음극)을 전선으로 접속하고 양극 금속과 배관 사이의 전지작용(고유 전위차)에 의해서 방식전류를 얻는 방법이다. 양극 재료로는 마그네슘(Mg), 아연(Zn)이 사용되며 토양 중에 매설되는 배관에는 마그네슘이 사용된다.

**39.** 지하매몰 배관에 있어서 배관의 부식에 영향을 주는 요인으로 가장 거리가 먼 것은?

① pH
② 가스의 폭발성
③ 토양의 전기전도성
④ 배관주위의 지하전선

정답  35. ③  36. ③  37. ③  38. ④  39. ②

[해설] • 부식속도에 영향을 주는 요소
  ㉮ 내부적인 요소 : 금속재료의 조성, 조직, 구조, 전기화학적 특성, 표면상태, 응력상태, 온도 등
  ㉯ 외부적인 요소 : 부식액의 조성, pH (수소이온농도지수), 용존가스 농도, 외기온도, 유동상태, 생물수식, 토양의 전기전도성 등

**40.** 다음 중 도시가스 공급시설에 해당되지 않는 것은?
① 본관
② 가스계량기
③ 사용자 공급관
④ 일반도시가스사업자의 정압기
[해설] 가스계량기는 사용설비에 해당된다.

---

### 제 3 과목  가스안전관리

---

**41.** 흡수식 냉동설비에서 1일 냉동능력 1톤의 산정기준은?
① 발생기를 가열하는 1시간의 입열량 3320 kcal
② 발생기를 가열하는 1시간의 입열량 4420 kcal
③ 발생기를 가열하는 1시간의 입열량 5540 kcal
④ 발생기를 가열하는 1시간의 입열량 6640 kcal
[해설] • 1일의 냉동능력 1톤 계산
  ㉮ 원심식 압축기 : 압축기의 원동기 정격출력 1.2 kW
  ㉯ 흡수식 냉동설비 : 발생기를 가열하는 1시간의 입열량 6640 kcal
  ㉰ 그 밖의 것은 다음 식에 의한다.
  $$R = \frac{V}{C}$$

여기서, $R$ : 1일의 냉동능력(톤)
$V$ : 피스톤 압출량($m^3$/h)
$C$ : 냉매 종류에 따른 정수

**42.** 고압가스 특정제조 시설에서 배관의 도로 밑 매설기준에 대한 설명으로 틀린 것은?
① 배관의 외면으로부터 도로의 경계까지 2 m 이상의 수평거리를 유지한다.
② 배관은 그 외면으로부터 도로 밑의 다른 시설물과 0.3 m 이상의 거리를 유지한다.
③ 시가지의 도로노면 밑에 매설할 때는 노면으로부터 배관의 외면까지의 깊이를 1.5 m 이상으로 한다.
④ 포장되어 있는 차도에 매설하는 경우에는 그 포장부분의 노반 밑에 매설하고 배관의 외면과 노반의 최하부와의 거리는 0.5 m 이상으로 한다.
[해설] 배관의 외면으로부터 도로의 경계까지 1 m 이상의 수평거리를 유지한다.

**43.** 시안화수소를 용기에 충전한 후 정치해 두어야 할 기준은?
① 6시간     ② 12시간
③ 20시간    ④ 24시간
[해설] 시안화수소를 충전한 용기는 충전 후 24시간 정치하고, 그 후 1일 1회 이상 질산구리벤젠 등의 시험지로 가스의 누출검사를 하며, 용기에 충전 연월일을 명기한 표지를 붙이고, 충전한 후 60일이 경과되기 전에 다른 용기에 옮겨 충전한다. 다만, 순도가 98 % 이상으로서 착색되지 아니한 것은 다른 용기에 옮겨 충전하지 아니할 수 있다.

**44.** LPG 사용시설에서 충전질량이 500 kg인 소형저장탱크를 2개 설치하고자 할 때 탱크 간 거리는 얼마 이상을 유지하여야 하는가?
① 0.3 m  ② 0.5 m  ③ 1 m  ④ 2 m

정답  40. ②  41. ④  42. ①  43. ④  44. ①

[해설] • 소형저장탱크 설치거리 기준

| 충전질량 | 가스충전구로부터 토지경계선에 대한 수평거리 | 탱크간 거리 | 가스충전구로부터 건축물 개구부에 대한 거리 |
|---|---|---|---|
| 1000 kg 미만 | 0.5 m 이상 | 0.3 m 이상 | 0.5 m 이상 |
| 1000~2000 kg 미만 | 3.0 m 이상 | 0.5 m 이상 | 3.0 m 이상 |
| 2000 kg 이상 | 5.5 m 이상 | 0.5 m 이상 | 3.5 m 이상 |

**45.** 가스공급자가 수요자에게 액화석유가스를 공급할 때에는 체적판매방법으로 공급하여야 한다. 다음 중 중량판매방법으로 공급할 수 있는 경우는?

① 1개월 이내의 기간 동안만 액화석유가스를 사용하는 자
② 3개월 이내의 기간 동안만 액화석유가스를 사용하는 자
③ 6개월 이내의 기간 동안만 액화석유가스를 사용하는 자
④ 12개월 이내의 기간 동안만 액화석유가스를 사용하는 자

[해설] • 액화석유가스 중량판매가 허용되는 경우 : 액화석유가스 통합고시 제6장
㉮ 내용적이 30 L 미만의 용기로 액화석유가스를 사용하는 경우
㉯ 옥외에서 이동하면서 액화석유가스를 사용하는 경우
㉰ 6개월 이내의 기간 동안 액화석유가스를 사용하는 경우
㉱ 산업용, 선박용, 농·축산용으로서 액화석유가스를 사용하거나, 그 부대시설에서 액화석유가스를 사용하는 경우
㉲ 재건축·재개발·도시계획 대상으로 예정된 건축물 및 허가권자가 증·개축 또는 도시가스공급 예정건축물로 인정하는 건축물에서 액화석유가스를 사용하는 경우
㉳ 주택 외의 건축물 중 그 영업장(별도의 영업장을 구분하기 곤란한 경우에는 액화석유가스를 사용하는 장소)의 면적이 40 m² 이하인 곳에서 액화석유가스를 사용하는 경우
㉴ 노인복지법에 따른 경로당 또는 영·유아보육법에 따른 가정보육시설에서 액화석유가스를 사용하는 경우
㉵ 단독주택에서 액화석유가스를 사용하는 경우
㉶ 그 밖에 허가권자가 시설 설치장소의 부족 등으로 체적판매방법으로 액화석유가스를 판매하기가 곤란하다고 인정하는 경우

**46.** 수소의 품질검사에 사용하는 시약으로 옳은 것은?
① 동·암모니아 시약
② 피로갈롤 시약
③ 발연황산 시약
④ 브롬 시약

[해설] ㉮ 품질검사 기준

| 구분 | 시약 | 검사법 | 순도 |
|---|---|---|---|
| 산소 | 동·암모니아 | 오르사트법 | 99.5% 이상 |
| 수소 | 피로갈롤, 하이드로설파이드 | 오르사트법 | 98.5% 이상 |
| 아세틸렌 | 발연황산 | 오르사트법 | 98% 이상 |
| | 브롬 시약 | 뷰렛법 | |
| | 질산은 시약 | 정성시험 | |

㉯ 1일 1회 이상 가스제조장에서 안전관리책임자가 실시, 안전관리 부총괄자와 안전관리책임자가 확인 서명

**47.** 고압가스 특정제조시설에서 저장량 15톤인 액화산소 저장탱크의 설치에 대한 설명으로 틀린 것은?

① 저장탱크 외면으로부터 인근 주택과의 안전거리는 9 m 이상 유지하여야 한다.
② 저장탱크 또는 배관에는 그 저장탱크 또

는 배관을 보호하기 위하여 온도 상승 방지 등 필요한 조치를 하여야 한다.
③ 저장탱크는 그 외면으로부터 화기를 취급하는 장소까지 2 m 이상의 우회거리를 유지하여야 한다.
④ 저장탱크 주위에는 액상의 가스가 누출한 경우에 그 유출을 방지하기 위한 조치를 반드시 할 필요는 없다.

[해설] 가스설비와 저장설비 외면으로부터 화기를 취급하는 장소 사이에 유지하여야 하는 거리는 우회거리 2 m(가연성가스와 산소의 가스설비 또는 저장설비는 8 m) 이상으로 한다.
※ ①항의 주택은 2종 보호시설에 해당되고 보호시설과 유지거리는 23번 해설을 참고하기 바랍니다.

### 48. 수소의 성질에 대한 설명으로 옳은 것은?
① 비중이 약 0.07 정도로서 공기보다 가볍다.
② 열전도도가 아주 낮아 폭발하한계도 낮다.
③ 열에 대하여 불안정하여 해리가 잘 된다.
④ 산화제로 사용되며 용기의 색은 적색이다.

[해설] • 수소의 성질
㉮ 지구상에 존재하는 원소 중 가장 가볍다 (기체 비중이 약 0.07 정도).
㉯ 무색, 무취, 무미의 가연성이다.
㉰ 열전도율이 대단히 크고, 열에 대해 안정하다.
㉱ 확산속도가 대단히 크다.
㉲ 고온에서 강재, 금속재료를 쉽게 투과한다.
㉳ 폭굉속도가 1400~3500 m/s에 달한다.
㉴ 폭발범위가 넓다 (공기 중 : 4~75 %, 산소 중 : 4~94 %).
㉵ 충전용기 도색은 주황색이다.

### 49. 액화석유가스 사용시설의 기준에 대한 설명으로 틀린 것은?

① 용기저장능력이 100 kg 초과 시에는 용기보관실을 설치한다.
② 저장설비를 용기로 하는 경우 저장능력은 500 kg 이하로 한다.
③ 가스온수기를 목욕탕에 설치할 경우에는 배기가 용이하도록 배기통을 설치한다.
④ 사이폰 용기는 기화장치가 설치되어 있는 시설에서만 사용한다.

[해설] 가스보일러 및 가스온수기는 목욕탕, 또는 환기가 잘되지 아니하는 곳에 설치하지 아니한다.

### 50. 용접결함에 해당되지 않는 것은?
① 언더컷 (undercut)
② 피트 (pit)
③ 오버랩 (overlap)
④ 비드 (bead)

[해설] • 용접결함의 종류 : 용입불량, 언더컷, 오버랩, 슬래그 섞임, 기공, 스패터, 피트

### 51. 공기 중에 누출되었을 때 바닥에 고이는 가스로만 나열된 것은?
① 프로판, 에틸렌, 아세틸렌
② 에틸렌, 천연가스, 염소
③ 염소, 암모니아, 포스겐
④ 부탄, 염소, 포스겐

[해설] • 각 가스의 분자량

| 가스 명칭 | 분자량 |
| --- | --- |
| 프로판 ($C_3H_8$) | 44 |
| 에틸렌 ($C_2H_4$) | 28 |
| 아세틸렌 ($C_2H_2$) | 26 |
| 천연가스 (메탄 $CH_4$) | 16 |
| 염소 ($Cl_2$) | 71 |
| 암모니아 ($NH_3$) | 17 |
| 포스겐 ($COCl_2$) | 99 |
| 부탄 ($C_4H_{10}$) | 58 |

**정답** 48. ①  49. ③  50. ④  51. ④

※ 분자량이 공기의 평균분자량 29보다 큰 가스가 공기보다 무거워 바닥에 체류하는 가스에 해당된다.

**52.** 고압가스 저장탱크 및 처리설비를 실내에 설치하는 경우의 기준에 대한 설명으로 틀린 것은?

① 천장, 벽 및 바닥의 두께가 각각 30 cm 이상인 철근콘크리트로 만든 실로서 방수처리가 된 것으로 한다.
② 저장탱크실과 처리설비실은 각각 구분하여 설치하되 출입문은 공용으로 한다.
③ 저장탱크의 정상부와 저장탱크실 천장과의 거리는 60 cm 이상으로 한다.
④ 저장탱크에 설치한 안전밸브는 지상 5 m 이상의 높이에 방출구가 있는 가스방출관을 설치한다.

[해설] • 고압가스 저장탱크 및 처리설비 실내 설치 기준 : ①, ③, ④ 외
㉮ 저장탱크실과 처리설비실은 각각 구분하여 설치하고 강제환기시설을 갖춘다.
㉯ 가연성가스 또는 독성가스의 저장탱크실과 처리설비실에는 가스누출검지 경보장치를 설치한다.
㉰ 저장탱크를 2개 이상 설치하는 경우에는 저장탱크실을 각각 구분하여 설치한다.
㉱ 저장탱크 및 그 부속시설에는 부식방지도장을 한다.
㉲ 저장탱크실 및 처리설비실의 출입문은 각각 따로 설치하고, 외부인이 출입할 수 없도록 자물쇠 채움 등의 조치를 한다.
㉳ 저장탱크실 및 처리설비실을 설치한 주위에는 경계표지를 한다.

**53.** 밸브가 돌출한 용기를 용기보관소에 보관하는 경우 넘어짐 등으로 인한 충격 및 밸브의 손상을 방지하기 위한 조치를 하지 않아도 되는 용기의 내용적의 기준은?

① 1 L 미만
② 3 L 미만
③ 5 L 미만
④ 10 L 미만

[해설] • 넘어짐 등으로 인한 충격 및 밸브의 손상을 방지하기 위한 조치 : 내용적이 5 L 미만인 용기 제외
㉮ 충전용기는 바닥이 평탄한 장소에 보관한다.
㉯ 충전용기는 물건의 낙하 우려가 없는 장소에 저장한다.
㉰ 고정된 프로텍터가 없는 용기에는 캡을 씌워 보관한다.
㉱ 충전용기를 이동하면서 사용하는 때에는 손수레에 묶어 사용한다.

**54.** 내용적 50 L의 용기에 프로판을 충전할 때 최대 충전량은? (단, 프로판 충전정수는 2.35이다.)

① 21.3 kg
② 47 kg
③ 117.5 kg
④ 11.8 kg

[해설] $W = \dfrac{V}{C} = \dfrac{50}{2.35} = 21.276$ kg

**55.** 고압가스 배관을 보호하기 위하여 배관과의 수평거리 얼마 이내에서는 파일박기 작업을 하지 아니하여야 하는가?

① 0.1 m
② 0.3 m
③ 0.5 m
④ 1 m

[해설] 가스배관과 수평거리 30 cm 이내에서는 파일박기를 하지 말 것

**56.** 고압가스 충전 등에 대한 기준으로 틀린 것은?

① 산소충전작업 시 밀폐형의 수전해조에는 액면계와 자동급수장치를 설치한다.
② 습식아세틸렌 발생기의 표면은 70℃ 이하의 온도로 유지한다.
③ 산화에틸렌의 저장탱크에는 45℃에서 그 내부가스의 압력이 0.4 MPa 이상이 되도록 탄산가스를 충전한다.

[정답] 52. ② 53. ③ 54. ① 55. ② 56. ④

④ 시안화수소를 충전한 용기는 충전한 후 90일이 경과되기 전에 다른 용기에 옮겨 충전한다.

해설 시안화수소(HCN)를 충전한 용기는 충전한 후 60일이 경과되기 전에 다른 용기에 옮겨 충전한다. 다만, 순도가 98% 이상으로서 착색되지 아니한 것은 다른 용기에 옮겨 충전하지 아니할 수 있다.

**57.** 액화가스의 저장탱크 설계 시 저장능력에 따른 내용적 계산식으로 적합한 것은? (단, $V$ : 용적($m^3$), $W$ : 저장능력(톤), $d$ : 상용온도에서 액화가스의 비중)

① $V = \dfrac{W}{0.9d}$    ② $V = \dfrac{W}{0.85d}$

③ $V = \dfrac{W}{0.8d}$    ④ $V = \dfrac{W}{0.6d}$

해설 액화가스 저장탱크 저장능력 산정식

$W = 0.9dV$에서 $V = \dfrac{W}{0.9d}$ 이다.

※ 저장능력 산정식에서 저장탱크 내용적 단위가 "L"이면 저장능력은 "kg", 내용적 단위가 "$m^3$"이면 저장능력은 "톤"이 된다.

**58.** 고압가스 운반 기준에 대한 설명으로 틀린 것은?

① 충전용기와 휘발유는 동일차량에 적재하여 운반하지 못한다.
② 산소탱크의 내용적은 1만 6천 L를 초과하지 않아야 한다.
③ 액화 염소탱크의 내용적은 1만 2천 L를 초과하지 않아야 한다.
④ 가연성가스와 산소를 동일차량에 적재하여 운반하는 때에는 그 충전용기의 밸브가 서로 마주보지 않도록 적재하여야 한다.

해설 • 차량에 고정된 탱크 내용적 제한
㉮ 가연성가스(LPG 제외), 산소 : 18000 L 초과 금지
㉯ 독성가스(암모니아 제외) : 12000 L 초과 금지

**59.** 염소 누출에 대비하여 보유하여야 하는 제독제가 아닌 것은?

① 가성소다 수용액  ② 탄산소다 수용액
③ 암모니아수       ④ 소석회

해설 • 독성가스 제독제

| 가스 종류 | 제독제의 종류 |
|---|---|
| 염소 | 가성소다 수용액, 탄산소다 수용액, 소석회 |
| 포스겐 | 가성소다 수용액, 소석회 |
| 황화수소 | 가성소다 수용액, 탄산소다 수용액 |
| 시안화수소 | 가성소다 수용액 |
| 아황산가스 | 가성소다 수용액, 탄산소다 수용액, 물 |
| 암모니아, 산화에틸렌, 염화메탄 | 물 |

**60.** 고압가스 안전관리법에서 주택은 제 몇 종 보호시설로 분류되는가?

① 제0종    ② 제1종
③ 제2종    ④ 제3종

해설 • 제2종 보호시설
㉮ 주택
㉯ 사람을 수용하는 건축물(가설건축물 제외)로서 사실상 독립된 부분의 연면적이 100 $m^2$ 이상 1000 $m^2$ 미만인 것

---

### 제 4 과목  가스계측

---

**61.** 접촉연소식 가스검지기의 특징에 대한 설명으로 틀린 것은?

정답  57. ①  58. ②  59. ③  60. ③  61. ③

① 가연성가스는 검지대상이 되므로 특정한 성분만을 검지할 수 없다.
② 측정가스의 반응열을 이용하므로 가스는 일정 농도 이상이 필요하다.
③ 완전연소가 일어나도록 순수한 산소를 공급해 준다.
④ 연소반응에 따른 필라멘트의 전기저항 증가를 검출한다.

[해설] 공기 중의 산소와 반응하여 연소한다.

**62.** "계기로 같은 시료를 여러 번 측정하여도 측정값이 일정하지 않다." 여기에서 이 일치하지 않는 것이 작은 정도를 무엇이라고 하는가?
① 정밀도(精密度)  ② 정도(程度)
③ 정확도(正確度)  ④ 감도(感度)

[해설] ㉮ 정밀성(도) : 같은 계기로서 같은 양을 몇 번이고 반복하여 측정하면 측정값은 흩어진다. 이 흩어짐이 작은 정도(程度)를 정밀도라 한다.
㉯ 정확성(도) : 같은 조건하에서 무한히 많은 횟수의 측정을 하여 그 측정값을 평균값으로 계산하여도 참값에는 일치하지 않으며 이 평균값과 참값의 차를 쏠림(bias)이라 하고 쏠림의 작은 정도를 정확도라 한다.
㉰ 정도 : 계측기의 측정 결과에 대한 신뢰도를 수량적으로 표시한 척도
㉱ 감도 : 계측기가 측정량의 변화에 민감한 정도를 나타내는 값으로 감도가 좋으면 측정시간이 길어지고, 측정범위는 좁아진다.

**63.** 날개에 부딪히는 유체의 운동량으로 회전체를 회전시켜 운동량과 회전량의 변화로 가스 흐름을 측정하는 것으로 측정범위가 넓고 압력손실이 적은 가스유량계는?
① 막식 유량계     ② 터빈 유량계
③ roots 유량계    ④ vortex 유량계

[해설] • 터빈식 유량계 : 유속식 유량계 중 축류식으로 유체가 흐르는 배관 중에 임펠러를 설치하여 유속 변화에 따른 임펠러의 회전수를 이용하여 유량을 측정하는 것으로 임펠러의 축이 유체의 흐르는 방향과 일치되어 있다.

**64.** 다음 중 기체크로마토그래피에서 시료성분의 통과속도를 느리게 하여 성분을 분리시키는 부분은?
① 고정상      ② 이동상
③ 검출기      ④ 분리관

[해설] • 고정상 : 가스크로마토그래피에서 분리관에 충전된 흡착제(고체) 또는 여과지 등의 담체에 유지된 액체로 시료성분의 통과속도를 느리게 하여 성분을 분리시키는 부분이다.

**65.** 가스 유량 측정기구가 아닌 것은?
① 막식 미터     ② 토크 미터
③ 델타식 미터   ④ 회전자식 미터

[해설] • 유량계의 구분
㉮ 용적식 : 오벌기어식, 루트(roots)식, 로터리 피스톤식, 로터리 베인식, 습식 가스미터, 막식 가스미터 등
㉯ 간접식 : 차압식, 유속식, 면적식, 전자식, 와류식(델타식) 등
※ 토크 미터(torque meter) : 비틀림 동력을 측정하는 계측기

**66.** 피토관을 사용하여 유량을 구할 때의 식으로 옳은 것은? (단, $Q$ : 유량, $A$ : 관의 단면적, $C$ : 유량계수, $P_t$ : 전압, $P_s$ : 정압, $\gamma$ : 유체의 비중량)
① $Q = AC(P_t - P_s)\sqrt{2g/\gamma}$
② $Q = AC\sqrt{2g(P_t - P_s)/\gamma}$
③ $Q = \sqrt{2gAC(P_t - P_s)/\gamma}$
④ $Q = (P_t - P_s)\sqrt{2g/AC\gamma}$

[해설] • 피토관 유량 계산식
$$Q = CA\sqrt{2g \times \frac{P_t - P_s}{\gamma}}$$

**정답** 62. ①  63. ②  64. ①  65. ②  66. ②

$$= CA\sqrt{2gh \times \frac{\gamma_m - \gamma}{\gamma}}$$

여기서, $Q$ : 유량 ($m^3/s$)
$C$ : 유량계수
$A$ : 단면적 ($m^2$)
$h$ : 액주 높이차 (m)
$\gamma_m$ : 마노미터 유체 비중량 ($kgf/m^3$)
$\gamma$ : 유체의 비중량 ($kgf/m^3$)
$g$ : 중력가속도 ($9.8 m/s^2$)
$P_t$ : 전압 ($kgf/m^2$)
$P_s$ : 정압 ($kgf/m^2$)

**67.** 도시가스로 사용하는 NG의 누출을 검지하기 위하여 검지기는 어느 위치에 설치하여야 하는가?
① 검지기 하단은 천장면의 아래쪽 0.3 m 이내
② 검지기 하단은 천장면의 아래쪽 3 m 이내
③ 검지기 상단은 바닥면에서 위쪽으로 0.3 m 이내
④ 검지기 상단은 바닥면에서 위쪽으로 3 m 이내

[해설] NG (천연가스)는 주성분이 메탄 ($CH_4$)이므로 공기보다 가벼운 가스에 해당되므로 검지기는 천장면에서 검지기 아래면까지 0.3 m 이내에 설치한다.

**68.** 막식 가스미터에서 이물질로 인한 불량이 생기는 원인으로 가장 옳지 않은 것은?
① 연동기구가 변형된 경우
② 계량기의 유리가 파손된 경우
③ 크랭크축에 이물질이 들어가 회전부에 윤활유가 없어진 경우
④ 밸브와 시트 사이에 점성물질이 부착된 경우

[해설] • 막식 가스미터에서 이물질로 인한 불량 : 출구측 압력이 현저하게 낮아지는 고장
㉮ 크랭크축에 이물질의 혼입으로 회전이 원활하지 않을 때
㉯ 밸브와 밸브시트 사이에 점성물질이 부착
㉰ 연동기구가 변형

**69.** 어떤 분리관에서 얻은 벤젠의 가스크로마토그램을 분석하였더니 시료 도입점으로부터 피크 최고점까지의 길이가 85.4 mm, 봉우리의 폭이 9.6 mm이었다. 이론단수는?
① 835      ② 935
③ 1046     ④ 1266

[해설] $N = 16 \times \left(\frac{T_r}{W}\right)^2 = 16 \times \left(\frac{85.4}{9.6}\right)^2$
$= 1266$ 단

**70.** 방사고온계에 적용되는 이론은?
① 필터 효과
② 제베크 효과
③ 윈-프랑크 법칙
④ 스테판-볼츠만 법칙

[해설] ㉮ 방사온도계의 측정원리 : 스테판-볼츠만 법칙
㉯ 스테판-볼츠만 법칙 : 단위표면적당 복사되는 에너지는 절대온도의 4제곱에 비례한다.

**71.** 정확한 계량이 가능하여 기준기로 주로 이용되는 것은?
① 막식 가스미터
② 습식 가스미터
③ 회전자식 가스미터
④ 벤투리식 가스미터

[해설] • 습식 가스미터의 특징
㉮ 계량이 정확하다.
㉯ 사용 중에 오차의 변동이 적다.
㉰ 사용 중에 수위조정 등의 관리가 필요하다.
㉱ 설치면적이 크다.

**정답** 67. ①   68. ②   69. ④   70. ④   71. ②

㉮ 용도 : 기준용, 실험실용
㉯ 용량범위 : 0.2~3000 m³/h

**72.** 계통적 오차(systematic error)에 해당되지 않는 것은?
① 계기 오차   ② 환경 오차
③ 이론 오차   ④ 우연 오차

해설 • 계통적 오차 : 평균값과 진실값과의 차가 편위로서 원인을 알 수 있고 제거할 수 있다.
㉮ 계기 오차 : 계량기 자체 및 외부 요인에 의한 오차
㉯ 환경 오차 : 온도, 압력, 습도 등에 의한 오차
㉰ 개인 오차 : 개인의 버릇에 의한 오차
㉱ 이론 오차 : 공식, 계산 등으로 생기는 오차

**73.** 다음 중 부르동관 압력계의 특징으로 옳지 않은 것은?
① 정도가 매우 높다.
② 넓은 범위의 압력을 측정할 수 있다.
③ 구조가 간단하고 제작비가 저렴하다.
④ 측정 시 외부로부터 에너지를 필요로 하지 않는다.

해설 • 부르동관(bourdon tube) 압력계 : 2차 압력계 중 대표적인 것으로 측정범위가 0~3000 kgf/cm²으로 고압측정이 가능하지만, 정도는 ±1~3%로 낮다.

**74.** 계측시간이 짧은 에너지의 흐름을 무엇이라 하는가?
① 외란   ② 시정수
③ 펄스   ④ 응답

해설 • 펄스(pulse) : 짧은 시간 동안에 큰 진폭을 발생하는 전압, 전류, 파동을 의미한다.

**75.** 가스 사용시설의 가스누출 시 검지법으로 틀린 것은?

① 아세틸렌 가스누출 검지에 염화제1구리 착염지를 사용한다.
② 황화수소 가스누출 검지에 초산연지를 사용한다.
③ 일산화탄소 가스누출 검지에 염화팔라듐지를 사용한다.
④ 염소 가스누출 검지에 묽은 황산을 사용한다.

해설 • 가스검지 시험지법

| 검지가스 | 시험지 | 반응(변색) |
|---|---|---|
| 암모니아 ($NH_3$) | 적색 리트머스지 | 청색 |
| 염소 ($Cl_2$) | KI-전분지 | 청갈색 |
| 포스겐 ($COCl_2$) | 해리슨시험지 | 유자색 |
| 시안화수소 (HCN) | 초산벤젠지 | 청색 |
| 일산화탄소 (CO) | 염화팔라듐지 | 흑색 |
| 황화수소 ($H_2S$) | 연당지(초산연지) | 회흑색 |
| 아세틸렌 ($C_2H_2$) | 염화제1구리착염지 | 적갈색 |

**76.** MKS 단위에서 다음 중 중력환산 인자의 차원은?
① $kg \cdot m/s^2 \cdot kgf$   ② $kgf \cdot m/s^2 \cdot kg$
③ $kgf \cdot m^2/s \cdot kgf$   ④ $kg \cdot m^2/s \cdot kgf$

해설 $1 kgf = 1 kg \times 9.8 m/s^2 = 9.8 kg \cdot m/s^2$
∴ 중력환산 인자의 차원은 $kg \cdot m/s^2 \cdot kgf$ 이다.

**77.** 길이 2.19 mm인 물체를 마이크로미터로 측정하였더니 2.10 mm이었다. 오차율은 몇 %인가?
① +4.1%   ② -4.1%
③ +4.3%   ④ -4.3%

해설 오차율 = $\dfrac{측정값 - 참값}{참값} \times 100$
$= \dfrac{2.10 - 2.19}{2.19} \times 100$
$= -4.109\%$

**78.** 다음 중 루츠(roots) 가스미터의 특징이 아닌 것은?

① 설치공간이 적다.
② 여과기 설치를 필요로 한다.
③ 설치 후 유지관리가 필요하다.
④ 소유량에서도 작동이 원활하다.

[해설] • 루츠(roots)형 가스미터의 특징
　㉮ 대유량 가스측정에 적합하다.
　㉯ 중압가스의 계량이 가능하다.
　㉰ 설치면적이 적고, 연속흐름으로 맥동현상이 없다.
　㉱ 여과기의 설치 및 설치 후의 유지관리가 필요하다.
　㉲ $0.5\,m^3/h$ 이하의 적은 유량에는 부동의 우려가 있다.
　㉳ 구조가 비교적 복잡하다.
　㉴ 용도 : 대량 수용가
　㉵ 용량 범위 : $100 \sim 5000\,m^3/h$

**79.** 속도계수가 $C$이고 수면의 높이가 $h$인 오리피스에서 유출하는 물의 속도수두는 얼마인가?

① $h \cdot C$
② $\dfrac{h}{C}$
③ $h \cdot C^2$
④ $\dfrac{h}{C^2}$

[해설] ㉮ 높이가 $h$인 곳에서 물의 유출속도 식 $V = C\sqrt{2gh}$ 에서 루트를 없애면 $V^2 = C^2 2gh$ 이다.
㉯ 속도수두 계산식 $H = \dfrac{V^2}{2g}$ 에서 $V^2$에 유출속도 $V^2 = C^2 2gh$ 식을 대입하여 정리하면
$\therefore H = \dfrac{V^2}{2g} = \dfrac{C^2 2gh}{2g} = C^2 h$

**80.** 다음 중 분리분석법에 해당하는 것은?

① 광흡수분석법
② 전기분석법
③ polarography
④ chromatography

[해설] • 기체 크로마토그래피 측정 원리 : 운반기체(carrier gas)의 유량을 조절하면서 측정하여야 할 시료기체를 도입부를 통하여 공급하면 운반기체와 시료기체가 분리관을 통과하는 동안 분리되어 시료의 각 성분의 흡수력 차이(시료의 확산속도, 이동속도)에 따라 성분의 분리가 일어나고 시료의 각 성분이 검출기에서 측정된다.

[정답] 78. ④　79. ③　80. ④

▶ 2016년 10월 1일 시행

| 자격종목 | 종목코드 | 시험시간 | 형 별 | 수험번호 | 성 명 |
|---|---|---|---|---|---|
| 가스 산업기사 | 2471 | 2시간 | | | |

## 제1과목 연소공학

**1.** 내압 방폭구조에 대한 설명이 올바른 것은?
① 용기 내부에 보호가스를 압입하여 내부 압력을 유지하여 가연성가스가 침입하는 것을 방지한 구조
② 정상 및 사고 시에 발생하는 전기불꽃 및 고온부로부터 폭발성 가스에 점화되지 않는다는 것을 공적기관에서 시험 및 기타 방법에 의해 확인된 구조
③ 정상운전 중에 전기불꽃 및 고온이 생겨서는 안 되는 부분에 이들이 생기는 것을 방지하도록 구조상 및 온도 상승에 대비하여 특별히 안전도를 증가시킨 구조
④ 용기 내부에서 가연성가스의 폭발이 일어났을 때 용기가 압력에 견디고 또한 외부의 가연성가스에 인화되지 않도록 한 구조

[해설] 각 항의 방폭구조 명칭
① : 압력 방폭구조 (p)
② : 본질안전 방폭구조 (ia, ib)
③ : 안전증 방폭구조 (e)
④ : 내압 방폭구조 (d)

**2.** 화학반응속도를 지배하는 요인에 대한 설명으로 옳은 것은?
① 압력이 증가하면 반응속도는 항상 증가한다.
② 생성물질의 농도가 커지면 반응속도는 항상 증가한다.
③ 자신은 변하지 않고 다른 물질의 화학변화를 촉진하는 물질을 부촉매라고 한다.
④ 온도가 높을수록 반응속도가 증가한다.

[해설] 반응속도에 영향을 주는 요소
㉮ 농도 : 반응하는 물질의 농도에 비례한다.
㉯ 온도 : 온도가 상승하면 속도 정수가 커져 반응속도는 증가한다 (아레니우스의 반응속도론).
㉰ 촉매 : 자신은 변하지 않고 활성화 에너지를 변화시키는 것으로 정촉매는 반응속도를 빠르게 하고 부촉매는 반응속도를 느리게 한다.
㉱ 압력 : 반응속도를 직접 변화시키지 못하나 압력이 증가하면 농도 변화를 일으켜 반응속도를 변화시킨다.
㉲ 활성화 에너지 : 활성화 에너지가 크면 반응속도가 감소하고 작으면 증가한다.
㉳ 반응물질의 성질

**3.** 폭발범위가 넓은 것부터 옳게 나열된 것은?
① $H_2 > CO > CH_4 > C_3H_8$
② $CO > H_2 > CH_4 > C_3H_8$
③ $C_3H_8 > CH_4 > CO > H_2$
④ $H_2 > CH_4 > CO > C_3H_8$

[해설] 각 가스의 공기 중에서의 폭발범위

| 명 칭 | 폭발범위(%) |
|---|---|
| 수소 ($H_2$) | 4~75 |
| 일산화탄소 (CO) | 12.5~74 |
| 메탄 ($CH_4$) | 5~15 |
| 프로판 ($C_3H_8$) | 2.2~9.5 |

**4.** 가연물과 일반적인 연소 형태를 짝지어 놓은 것 중 틀린 것은?

정답  1. ④  2. ④  3. ①  4. ④

① 등유 – 증발연소
② 목재 – 분해연소
③ 코크스 – 표면연소
④ 니트로글리세린 – 확산연소

[해설] 니트로글리세린 [$C_3H_5(ONO_2)_3$] : 자기연소를 일으키는 제5류 위험물이다.

**5.** 다음 중 가열만으로도 폭발의 우려가 가장 높은 물질은?
① 산화에틸렌  ② 에틸렌글리콜
③ 산화철  ④ 수산화나트륨

[해설] 산화에틸렌 ($C_2H_4O$)의 성질
㉮ 무색의 가연성가스 (폭발범위 : 3~80%) 이며, 충격 등에 의해 분해폭발의 위험이 있다.
㉯ 독성가스 (TLV-TWA 50 ppm)이며, 자극성의 냄새가 있다.
㉰ 물, 알코올, 에테르에 용해된다.
㉱ 산, 알칼리, 산화철, 산화알루미늄 등에 의해 중합 폭발한다.
㉲ 액체 산화에틸렌은 연소하기 쉬우나 폭약과 같은 폭발은 없다.
㉳ 산화에틸렌 증기는 전기 스파크, 화염, 아세틸드 등에 의하여 폭발한다.
㉴ 구리와 직접 접촉을 피하여야 한다.

**6.** 이상기체에 대한 돌턴(Dalton)의 법칙을 옳게 설명한 것은?
① 혼합기체의 전 압력은 각 성분의 분압의 합과 같다.
② 혼합기체의 부피는 각 성분의 부피의 합과 같다.
③ 혼합기체의 상수는 각 성분의 상수의 합과 같다.
④ 혼합기체의 온도는 항상 일정하다.

[해설] 돌턴(Dalton)의 법칙 : 혼합기체가 나타내는 전압은 각 성분 기체의 분압의 총합과 같다.

**7.** 인화성물질이나 가연성가스가 폭발성 분위기를 생성할 우려가 있는 장소 중 가장 위험한 장소 등급은?
① 1종 장소  ② 2종 장소
③ 3종 장소  ④ 0종 장소

[해설] 0종 장소 : 상용의 상태에서 가연성가스의 농도가 연속해서 폭발하는 한계 이상으로 되는 장소(폭발한계를 넘는 경우에는 폭발한계 내로 들어갈 우려가 있는 경우를 포함)

**8.** 최소점화에너지(MIE)에 대한 설명으로 틀린 것은?
① MIE는 압력의 증가에 따라 감소한다.
② MIE는 온도의 증가에 따라 증가한다.
③ 질소 농도의 증가는 MIE를 증가시킨다.
④ 일반적으로 분진의 MIE는 가연성가스보다 큰 에너지 준위를 가진다.

[해설] (1) 최소점화에너지(MIE) : 가연성 혼합가스에 전기적 스파크로 점화시킬 때 점화하기 위한 최소한의 전기적 에너지를 말하는 것으로 유속과는 무관하다.
(2) 최소점화에너지가 낮아지는 조건
㉮ 연소속도가 클수록
㉯ 열전도율이 적을수록
㉰ 산소 농도가 높을수록
㉱ 압력이 높을수록
㉲ 가연성 기체의 온도가 높을수록

**9.** 수소의 위험도($H$)는 얼마인가? (단, 수소의 폭발하한 4%, 폭발상한 75%이다.)
① 5.25  ② 17.75
③ 27.25  ④ 33.75

[해설] $H = \dfrac{U-L}{L} = \dfrac{75-4}{4} = 17.75$

**10.** 프로판 30 v% 및 부탄 70 v%의 혼합가스 1 L가 완전연소하는데 필요한 이론공기량은 약 몇 L인가? (단, 공기 중 산소농도는 20%로 한다.)
① 26  ② 28  ③ 30  ④ 32

**정답** 5. ①  6. ①  7. ④  8. ②  9. ②  10. ③

[해설] ㉮ 프로판($C_3H_8$)과 부탄($C_4H_{10}$)의 완전연소 반응식
$C_3H_8 + 5O_2 \rightarrow 3CO_2 + 4H_2O$ : 30 v%
$C_4H_{10} + 6.5O_2 \rightarrow 4CO_2 + 5H_2O$ : 70 v%
㉯ 이론공기량 계산 : 기체 연료 1 L당 필요한 산소량(L)은 연소반응식에서 산소의 몰 수에 해당하는 양이고, 각 가스의 체적비에 해당하는 양만큼 필요한 것이다.
$$\therefore A_0 = \frac{O_0}{0.2} = \frac{(5 \times 0.3) + (6.5 \times 0.7)}{0.2}$$
$$= 30.25 \text{ L}$$

**11.** 다음 폭발 원인에 따른 종류 중 물리적 폭발은?
① 압력 폭발  ② 산화 폭발
③ 분해 폭발  ④ 촉매 폭발

[해설] 폭발의 종류
㉮ 물리적 폭발 : 증기 폭발, 금속선 폭발, 고체상 전이 폭발, 압력 폭발 등
㉯ 화학적 폭발 : 산화 폭발, 분해 폭발, 촉매 폭발, 중합 폭발 등

**12.** 증기 폭발(vapor explosion)에 대한 설명으로 옳은 것은?
① 수증기가 갑자기 응축하여 그 결과로 압력 강하가 일어나 폭발하는 현상
② 가연성 기체가 상온에서 혼합 기체가 되어 발화원에 의하여 폭발하는 현상
③ 가연성 액체가 비점 이상의 온도에서 발생한 증기가 혼합 기체가 되어 폭발하는 현상
④ 고열의 고체와 저온의 물 등 액체가 접촉할 때 찬 액체가 큰 열을 받아 갑자기 증기가 발생하여 증기의 압력에 의하여 폭발하는 현상

[해설] 증기 폭발(vapor explosion) : 높은 열에너지를 갖는 고체 등이 저온의 물 등 액체와 접촉할 때 급격히 증기가 발생되고, 이 증기의 압력에 의하여 기계적 파괴를 일으키는 현상이다.

**13.** 착화열에 대한 가장 바른 표현은?
① 연료가 착화해서 발생하는 전 열량
② 외부로부터 열을 받지 않아도 스스로 연소하여 발생하는 열량
③ 연료를 초기 온도로부터 착화온도까지 가열하는데 필요한 열량
④ 연료 1 kg이 착화해서 연소하여 나오는 총발열량

[해설] 착화열 : 연료를 초기 온도에서부터 착화온도까지 가열하는데 필요한 열량

**14.** 폭발과 관련한 가스의 성질에 대한 설명으로 옳지 않은 것은?
① 인화온도가 낮을수록 위험하다.
② 연소속도가 큰 것일수록 위험하다.
③ 안전간격이 큰 것일수록 위험하다.
④ 가스의 비중이 크면 낮은 곳에 체류한다.

[해설] 안전간격이 작을수록 위험하다.

**15.** 자연발화의 형태와 가장 거리가 먼 것은?
① 산화열에 의한 발열
② 분해열에 의한 발열
③ 미생물의 작용에 의한 발열
④ 반응생성물의 중합에 의한 발열

[해설] 자연발화의 형태
㉮ 분해열에 의한 발열 : 과산화수소, 염소산칼륨 등
㉯ 산화열에 의한 발열 : 건성유, 원면, 고무 분말 등
㉰ 중합열에 의한 발열 : 시안화수소, 산화에틸렌, 염화비닐 등
㉱ 흡착열에 의한 발열 : 활성탄, 목탄 분말 등
㉲ 미생물에 의한 발열 : 먼지, 퇴비 등

**16.** 탄소 2 kg이 완전연소할 경우 이론공기량은 약 몇 kg인가?
① 5.3  ② 11.6  ③ 17.9  ④ 23.0

[해설] ㉮ 탄소(C)의 완전연소 반응식
　　　$C + O_2 \rightarrow CO_2$
㉯ 이론공기량 계산 : 공기 중 산소는 23.2% 질량비를 갖는다.
　　$12\,kg : 32\,kg = 2\,kg : x(O_0)\,[kg]$
　　$\therefore A_0 = \dfrac{O_0}{0.232} = \dfrac{2 \times 32}{12 \times 0.232} = 22.988\,kg$

**17.** 점화지연(ignition delay)에 대한 설명으로 틀린 것은?
① 혼합기체가 어떤 온도 및 압력 상태하에서 자기점화가 일어날 때까지 약간의 시간이 걸린다는 것이다.
② 온도에도 의존하지만 특히 압력에 의존하는 편이다.
③ 자기점화가 일어날 수 있는 최저온도를 점화온도(ignition temperature)라 한다.
④ 물리적 점화지연과 화학적 점화지연으로 나눌 수 있다.
[해설] 점화지연(발화지연) : 어느 온도에서 가열하기 시작하여 발화에 이르기까지의 시간으로 고온·고압일수록, 가연성가스와 산소의 혼합비가 완전산화에 가까울수록 발화지연시간은 짧아진다 (압력보다 온도에 의존하는 편이다).

**18.** 다음 중 폭발방지를 위한 안전장치가 아닌 것은?
① 안전밸브
② 가스누출 경보장치
③ 방호벽
④ 긴급차단장치
[해설] 방호벽은 고압가스 시설 등에서 발생하는 위해 요소가 다른 쪽으로 전이되는 것을 방지하기 위하여 설치되는 피해 저감 설비에 해당된다.

**19.** 0.5 atm, 10 L의 기체 A와 1.0 atm, 5.0 L의 기체 B를 전체 부피 15 L의 용기에 넣을 경우 전체 압력은 얼마인가? (단, 온도는 일정하다.)
① $\dfrac{1}{3}$ atm
② $\dfrac{2}{3}$ atm
③ 1 atm
④ 2 atm

[해설] $P = \dfrac{P_A V_A + P_B V_B}{V}$
$= \dfrac{0.5 \times 10 + 1.0 \times 5.0}{15} = \dfrac{10}{15} = \dfrac{2}{3}$ atm

**20.** $CO_2$ 32 vol%, $O_2$ 5 vol%, $N_2$ 63 vol%의 혼합기체의 평균분자량은 얼마인가?
① 29.3
② 31.3
③ 33.3
④ 35.3

[해설] $M = (44 \times 0.32) + (32 \times 0.05) + (28 \times 0.63) = 33.32$

---

### 제 2 과목　가스설비

---

**21.** 내용적 50 L의 고압가스 용기에 대하여 내압시험을 하였다. 이 경우 30 kgf/cm²의 수압을 걸었을 때 용기의 용적이 50.4 L로 늘어났고, 압력을 제거하여 대기압으로 하였더니 용기용적은 50.04 L로 되었다. 영구증가율은 얼마인가?
① 0.5%
② 5%
③ 8%
④ 10%

[해설] 영구증가율 (%) $= \dfrac{\text{영구증가량}}{\text{전증가량}} \times 100$
$= \dfrac{50.04 - 50}{50.4 - 50} \times 100 = 10\%$

**22.** LNG의 주성분은?
① 에탄
② 프로판
③ 메탄
④ 부탄
[해설] LNG는 메탄을 주성분으로 하며 에탄, 프로판, 부탄 등이 포함되어 있다.

**23.** 저온장치에 사용되는 진공 단열법이 아닌 것은?
① 고진공 단열법
② 분말진공 단열법
③ 다층진공 단열법
④ 저위도 단층진공 단열법

[해설] 단열법의 종류
㉮ 상압 단열법: 일반적으로 사용되는 단열법으로 단열 공간에 분말, 섬유 등의 단열재를 충전하는 방법
㉯ 진공 단열법: 고진공 단열법, 분말진공 단열법, 다층진공 단열법

**24.** 양정($H$) 10 m, 송출량($Q$) 0.30 m³/min, 효율($\eta$) 0.65인 2단 터빈 펌프의 축출력($L$)은 약 몇 kW인가? (단, 수송 유체인 물의 밀도는 1000 kg/m³이다.)
① 0.75
② 0.92
③ 1.05
④ 1.32

[해설] $kW = \dfrac{\gamma \cdot Q \cdot H}{102\eta}$
$= \dfrac{1000 \times 0.30 \times 10}{102 \times 0.65 \times 60} = 0.754 \text{ kW}$

**25.** 전기방식시설 시공 시 도시가스시설의 전위 측정용 터미널(T/B) 설치 방법으로 옳은 것은?
① 희생양극법의 경우에는 배관길이 300 m 이내의 간격으로 설치한다.
② 배류법의 경우에는 배관길이 500 m 이내의 간격으로 설치한다.
③ 외부전원법의 경우에는 배관길이 300 m 이내의 간격으로 설치한다.
④ 희생양극법, 배류법, 외부전원법 모두 배관길이 500 m 이내의 간격으로 설치한다.

[해설] 전위 측정용 터미널 설치 간격
㉮ 희생양극법, 배류법: 300 m 이내
㉯ 외부전원법: 500 m 이내

**26.** 이음매 없는 고압배관을 제작하는 방법이 아닌 것은?
① 연속주조법
② 만네스만법
③ 인발하는 방법
④ 전기저항 용접법(ERW)

[해설] 전기저항 용접법: 이음매 있는 강관을 제조하는 방법으로 띠강을 롤 밀(roll mill)에 의해서 연속적으로 둥글게 성형한 후 전기저항 용접으로 길이 방향으로 용접한 배관이다.

**27.** 펌프를 운전하였을 때에 주기적으로 한숨을 쉬는 듯한 상태가 되어 입·출구 압력계의 지침이 흔들리고 동시에 송출유량이 변화하는 현상과 이에 대한 대책을 옳게 설명한 것은?
① 서징 현상: 회전차, 안내깃의 모양 등을 바꾼다.
② 캐비테이션: 펌프의 설치 위치를 낮추어 흡입양정을 짧게 한다.
③ 수격작용: 플라이 휠을 설치하여 펌프의 속도가 급격히 변하는 것을 막는다.
④ 베이퍼로크 현상: 흡입관의 지름을 크게 하고 펌프의 설치 위치를 최대한 낮춘다.

[해설] (1) 서징(surging) 현상: 맥동 현상이라 하며 펌프 운전 중에 주기적으로 운동, 양정, 토출량이 규칙적으로 변동하는 현상으로 압력계의 지침이 일정 범위 내에서 움직인다.
(2) 서징 현상 방지법
㉮ 임펠러, 가이드 베인의 형상 및 치수를 변경하여 특성을 변화시킨다.
㉯ 방출밸브를 사용하여 서징 현상이 발생할 때의 양수량 이상으로 유량을 증가시킨다.
㉰ 임펠러의 회전수를 변경시킨다.
㉱ 배관 중에 있는 불필요한 공기탱크를 제거한다.

**28.** 도시가스 배관에 사용되는 밸브 중 전개 시 유동 저항이 적고 서서히 개폐가 가능하므로

정답  23. ④  24. ①  25. ①  26. ④  27. ①  28. ③

충격을 일으키는 것이 적으나 유체 중 불순물이 있는 경우 밸브에 고이기 쉬우므로 차단능력이 저하될 수 있는 밸브는?
① 볼 밸브　　② 플러그 밸브
③ 게이트 밸브　④ 버터플라이 밸브

[해설] 게이트 밸브(gate valve)의 특징
㉮ 슬루스 밸브(sluice valve) 또는 사절 밸브라 한다.
㉯ 리프트가 커서 개폐에 시간이 걸린다.
㉰ 밸브를 완전히 열면 밸브 본체 속에 관로의 단면적과 거의 같게 된다.
㉱ 쐐기형의 밸브 본체가 밸브 시트 안을 눌러 기밀을 유지한다.
㉲ 유로의 개폐용으로 사용한다.
㉳ 밸브를 절반 정도 열고 사용하면 와류가 생겨 유체의 저항이 커지기 때문에 유량조절에는 적합하지 않다.

**29.** 저압배관의 안지름만 10 cm에서 5 cm로 변화시킬 때 압력손실은 몇 배 증가하는가? (단, 다른 조건은 모두 동일하다고 본다.)
① 4　　② 8　　③ 16　　④ 32

[해설] $H = \dfrac{Q^2 S L}{K^2 D^5}$ 에서 유량($Q$), 가스 비중($S$), 배관 길이($L$), 유량계수($K$)는 변함이 없고, 안지름이 10 cm에서 5 cm로 변화된 것은 안지름이 $\dfrac{1}{2}$로 된 것이다.

∴ $H = \dfrac{1}{\left(\dfrac{1}{2}\right)^5} = 32$ 배

**30.** 고압가스 시설에서 사용하는 다음 용어에 대한 설명으로 틀린 것은?
① 압축가스라 함은 일정한 압력에 의하여 압축되어 있는 가스를 말한다.
② 충전용기라 함은 고압가스의 충전질량 또는 충전압력의 2분의 1 이상이 충전되어 있는 상태의 용기를 말한다.
③ 잔가스용기라 함은 고압가스의 충전질량 또는 충전압력의 10분의 1 미만이 충전되어 있는 상태의 용기를 말한다.
④ 처리능력이라 함은 처리설비 또는 감압설비로 압축액화 그 밖의 방법으로 1일에 처리할 수 있는 가스의 양을 말한다.

[해설] 잔가스용기라 함은 고압가스의 충전질량 또는 충전압력의 2분의 1 미만이 충전되어 있는 상태의 용기를 말한다.

**31.** 배관을 통한 도시가스의 공급에 있어서 압력을 변경하여야 할 지점마다 설치되는 설비는?
① 압송기(壓送器)　② 정압기(governor)
③ 가스전(栓)　　　④ 홀더(holder)

[해설] 정압기의 기능 : 도시가스 압력을 사용처에 맞게 낮추는 감압 기능, 2차 측의 압력을 허용범위 내의 압력으로 유지하는 정압 기능 및 가스의 흐름이 없을 때는 밸브를 완전히 폐쇄하여 압력 상승을 방지하는 폐쇄 기능을 갖는다.

**32.** 프로판 충전용 용기로 주로 사용되는 것은?
① 용접 용기　　② 리벳 용기
③ 주철 용기　　④ 이음매 없는 용기

[해설] 일반적인 고압가스 충전용기
㉮ 압축가스 : 이음매 없는 용기
㉯ 액화가스 : 용접 용기

**33.** 도시가스 사용 시설에서 액화가스란 상용의 온도 또는 섭씨 35도의 온도에서 압력이 얼마 이상이 되는 것을 말하는가?
① 0.1 MPa　　② 0.2 MPa
③ 0.5 MPa　　④ 1 MPa

[해설] 도시가스 사용 시설에서 액화가스의 정의 : 상용의 온도 또는 섭씨 35도의 온도에서 압력이 0.2 MPa 이상이 되는 것을 말한다.

**34.** loading형으로 정특성, 동특성이 양호하

며 비교적 콤팩트한 형식의 정압기는?
① KRF식 정압기
② fisher식 정압기
③ Reynolds식 정압기
④ axial-flow식 정압기

[해설] 피셔(fisher)식 정압기의 특징
㉮ 로딩(loading)형이다.
㉯ 정특성, 동특성이 양호하다.
㉰ 비교적 콤팩트하다.
㉱ 중압용에 주로 사용된다.

**35.** 촉매를 사용하여 반응온도 400~800℃에서 탄화수소와 수증기를 반응시켜 메탄, 수소, 일산화탄소 등으로 변환시키는 공정은?
① 열분해 공정        ② 접촉분해 공정
③ 부분연소 공정     ④ 대체 천연가스 공정

[해설] 접촉분해 공정(steam reforming process) : 촉매를 사용해서 반응온도 400~800℃에서 탄화수소와 수증기를 반응시켜 메탄($CH_4$), 수소($H_2$), 일산화탄소(CO), 이산화탄소($CO_2$)로 변환하는 공정이다.

**36.** 암모니아를 냉매로 하는 냉동설비의 기밀시험에 사용하기에 가장 부적당한 가스는?
① 공기        ② 산소
③ 질소        ④ 아르곤

[해설] 냉동설비의 기밀시험 : 기밀시험에 사용하는 가스는 공기 또는 불연성가스(산소 및 독성가스를 제외)로 한다. 이때 공기압축기로 압축 공기를 공급하는 경우에는 공기의 온도를 140℃ 이하로 할 수 있다.

**37.** 탄소강 그대로는 강의 조직이 약하므로 가공이 필요하다. 다음 설명 중 틀린 것은?
① 열간가공은 고온도로 가공하는 것이다.
② 냉간가공은 상온에서 가공하는 것이다.
③ 냉간가공하면 인장강도, 신장, 교축, 충격치가 증가한다.
④ 금속을 가공하는 도중 결정 내 변형이 생겨 경도가 증가하는 것을 가공경화라 한다.

[해설] 냉간가공하면 인장강도, 경도는 증가하지만 신장(연신율), 충격치는 감소한다.

**38.** 플랜지 이음에 대한 설명 중 틀린 것은?
① 반영구적인 이음이다.
② 플랜지 접촉면에는 기밀을 유지하기 위하여 패킹을 사용한다.
③ 유니언 이음보다 관지름이 크고 압력이 많이 걸리는 경우에 사용한다.
④ 패킹 양면에 그리스 같은 기름을 발라두면 분해 시 편리하다.

[해설] 플랜지 이음은 분해가 가능한 이음법이다.

**39.** 왕복 펌프의 특징에 대한 설명으로 옳지 않은 것은?
① 진동과 설치면적이 적다.
② 고압, 고점도의 소유량에 적당하다.
③ 단속적이므로 맥동이 일어나기 쉽다.
④ 토출량이 일정하여 정량 토출할 수 있다.

[해설] (1) 왕복 펌프의 특징
㉮ 소형으로 고압, 고점도 유체에 적당하다.
㉯ 회전수가 변화되면 토출량은 변화하고 토출압력은 변화가 적다.
㉰ 토출량이 일정하여 정량 토출이 가능하고 수송량을 가감할 수 있다.
㉱ 단속적인 송출이라 맥동이 일어나기 쉽고 진동이 있다.
㉲ 고압으로 액의 성질이 변할 수 있고, 밸브의 그랜드 패킹이 고장이 많다.
㉳ 진동이 발생하고, 동일 용량의 원심 펌프에 비해 크기가 크므로 설치면적이 크다.

(2) 종류
㉮ 피스톤 펌프 : 용량이 크고, 압력이 낮은 경우에 사용
㉯ 플런저 펌프 : 용량이 적고, 압력이 높은 경우에 사용

**정답** 35. ②  36. ②  37. ③  38. ①  39. ①

㉰ 다이어프램 펌프 : 특수 약액, 불순물이 많은 유체를 이송할 수 있고 그랜드 패킹이 없어 누설을 방지할 수 있다.

**40.** 전기방식법 중 가스 배관보다 저전위의 금속 (마그네슘 등)을 전기적으로 접촉시킴으로써 목적하는 방식 대상 금속 자체를 음극화하여 방식하는 방법은?
① 외부전원법   ② 희생양극법
③ 배류법       ④ 선택법

[해설] 희생양극법(유전양극법, 전기양극법, 전류양극법) : 양극 (anode)과 매설 배관 (cathode ; 음극)을 전선으로 접속하고 양극 금속과 배관 사이의 전지작용 (고유 전위차)에 의해서 방식 전류를 얻는 방법이다. 양극 재료로는 마그네슘 (Mg), 아연 (Zn)이 사용되며 토양 중에 매설되는 배관에는 마그네슘이 사용된다.

---

### 제 3 과목  가스안전관리

---

**41.** 고압가스를 압축하는 경우 가스를 압축하여서는 아니 되는 기준으로 옳은 것은?
① 가연성가스 중 산소의 용량이 전체 용량의 10 % 이상의 것
② 산소 중의 가연성가스 용량이 전체 용량의 10 % 이상의 것
③ 아세틸렌, 에틸렌 또는 수소 중의 산소 용량이 전체 용량의 2 % 이상의 것
④ 산소 중의 아세틸렌, 에틸렌 또는 수소의 용량 합계가 전체 용량의 4 % 이상의 것

[해설] 압축 금지 기준
㉮ 가연성가스 ($C_2H_2$, $C_2H_4$, $H_2$ 제외) 중 산소 용량이 전체 용량의 4 % 이상의 것
㉯ 산소 중 가연성가스 ($C_2H_2$, $C_2H_4$, $H_2$ 제외) 용량이 전체 용량의 4 % 이상의 것
㉰ $C_2H_2$, $C_2H_4$, $H_2$ 중의 산소 용량이 전체 용량의 2 % 이상의 것

㉱ 산소 중 $C_2H_2$, $C_2H_4$, $H_2$의 용량 합계가 전체 용량의 2 % 이상의 것

**42.** 고압가스 특정제조시설에서 안전 구역의 면적의 기준은?
① 1만 $m^2$ 이하   ② 2만 $m^2$ 이하
③ 3만 $m^2$ 이하   ④ 5만 $m^2$ 이하

[해설] 고압가스 특정제조시설에서 재해가 발생할 경우 그 재해의 확대를 방지하기 위하여 가연성가스 설비 또는 독성가스의 설비는 통로, 공지 등으로 구분된 안전 구역 안에 설치하며, 안전 구역의 면적은 2만 $m^2$ 이하로 한다.

**43.** 액화석유가스 압력 조정기 중 1단 감압식 저압 조정기의 조정압력은?
① 2.3~3.3 MPa   ② 5~30 MPa
③ 2.3~3.3 kPa   ④ 5~30 kPa

[해설] 1단 감압식 저압 조정기의 입구 및 조정압력
㉮ 입구압력 : 0.07~1.56 MPa
㉯ 조정압력 : 2.3~3.3 kPa

**44.** 아세틸렌가스에 대한 설명으로 옳은 것은?
① 습식 아세틸렌 발생기의 표면은 62℃ 이하의 온도를 유지한다.
② 충전 중의 압력은 일정하게 1.5 MPa 이하로 한다.
③ 아세틸렌이 아세톤에 용해되어 있을 때에는 비교적 안정해진다.
④ 아세틸렌을 압축하는 때에는 희석제로 $PH_3$, $H_2S$, $O_2$를 사용한다.

[해설] 아세틸렌 충전작업 기준
㉮ 아세틸렌을 2.5 MPa 압력으로 압축하는 때에는 질소, 메탄, 일산화탄소 또는 에틸렌 등의 희석제를 첨가한다.
㉯ 습식 아세틸렌 발생기의 표면은 70℃ 이하의 온도로 유지하고, 그 부근에서는 불꽃이 튀는 작업을 하지 아니한다.
㉰ 아세틸렌을 용기에 충전하는 때에는 미리 용기에 다공물질을 고루 채워 다공도가 75 % 이상 92 % 미만이 되도록 한 후 아세

[정답] 40. ②   41. ③   42. ②   43. ③   44. ③

톤 또는 디메틸포름아미드를 고루 침윤시키고 충전한다.
㉔ 아세틸렌을 용기에 충전하는 때의 충전 중의 압력은 2.5 MPa 이하로 하고, 충전 후에는 압력이 15℃에서 1.5 MPa 이하로 될 때까지 정치하여 둔다.
㉕ 상하의 통으로 구성된 아세틸렌 발생장치로 아세틸렌을 제조하는 때에는 사용 후 그 통을 분리하거나 잔류가스가 없도록 조치한다.

**45.** 밀폐된 목욕탕에서 도시가스 순간온수기로 목욕하던 중 의식을 잃은 사고가 발생하였다. 사고 원인을 추정할 때 가장 옳은 것은?
① 일산화탄소 중독
② 가스 누출에 의한 질식
③ 온도 급상승에 의한 쇼크
④ 부취제(mercaptan)에 의한 질식

[해설] 밀폐된 목욕탕의 환기 불량으로 도시가스의 불완전 연소에 의하여 일산화탄소($CO$)가 발생되어 중독된 것이다.

**46.** 고압가스 안전관리법 시행규칙에서 정의하는 '처리능력'이라 함은?
① 1시간에 처리할 수 있는 가스의 양이다.
② 8시간에 처리할 수 있는 가스의 양이다.
③ 1일에 처리할 수 있는 가스의 양이다.
④ 1년에 처리할 수 있는 가스의 양이다.

[해설] 처리능력 : 처리설비 또는 감압설비에 의하여 압축, 액화나 그밖의 방법으로 1일에 처리할 수 있는 가스의 양(기준 : 온도 0℃, 게이지압력 0 Pa의 상태)을 말한다.

**47.** 용접부에서 발생하는 결함이 아닌 것은?
① 오버랩(over-lap)
② 기공(blow hole)
③ 언더컷(under-cut)
④ 클래드(clad)

[해설] 용접 결함의 종류 : 용입 불량, 언더컷, 오버랩, 슬래그 섞임, 기공, 스패터, 피트

**48.** 질소 충전용기에서 질소가스의 누출 여부를 확인하는 방법으로 가장 쉽고 안전한 방법은?
① 기름 사용
② 소리 감지
③ 비눗물 사용
④ 전기스파크 이용

[해설] 가스의 누출 여부는 비눗물을 이용하여 기포가 발생되는 부분을 확인하는 방법이 가장 손쉽고 안전한 방법이다.

**49.** 전가스 소비량이 232.6 kW 이하인 가스 온수기의 성능 기준에서 전가스 소비량은 표시치의 얼마 이내이어야 하는가?
① ±1 %  ② ±3 %  ③ ±5 %  ④ ±10 %

[해설] 가스 소비량 성능 : 전가스 소비량 및 각 버너의 가스 소비량은 표시치의 ±10 % 이내인 것으로 한다.

**50.** 고압가스 특정제조시설 중 배관의 누출 확산 방지를 위한 시설 및 기술기준으로 옳지 않은 것은?
① 시가지, 하천, 터널 및 수로 중에 배관을 설치하는 경우에는 누출된 가스의 확산 방지 조치를 한다.
② 사질토 등의 특수성 지반(해저 제외) 중에 배관을 설치하는 경우에는 누출가스의 확산 방지 조치를 한다.
③ 고압가스의 온도와 압력에 따라 배관의 유지관리에 필요한 거리를 확보한다.
④ 독성가스의 용기보관실은 누출되는 가스의 확산을 적절하게 방지할 수 있는 구조로 한다.

[해설] 고압가스의 종류 및 압력과 배관의 주위 상황에 따라 필요한 장소에는 배관을 2중관으로 하고, 가스누출검지 경보장치를 설치하여야 한다.

정답  45. ①  46. ③  47. ④  48. ③  49. ④  50. ③

**51.** 처리능력 및 저장능력이 20톤인 암모니아 (NH₃)의 처리설비 및 저장설비와 제2종 보호시설과의 안전거리의 기준은? (단, 제2종 보호시설은 사업소 및 전용 공업지역 안에 있는 보호시설이 아님)

① 12 m  ② 14 m  ③ 16 m  ④ 18 m

[해설] ㉮ 암모니아 (NH₃)는 독성 및 가연성가스이며 처리능력 및 저장능력 20톤은 20000 kg이다.
㉯ 독성 및 가연성가스의 보호시설별 안전거리

| 저장능력(m³, kg) | 제1종 | 제2종 |
|---|---|---|
| 1만 이하 | 17 | 12 |
| 1만 초과 ~ 2만 이하 | 21 | 14 |
| 2만 초과 ~ 3만 이하 | 24 | 16 |
| 3만 초과 ~ 4만 이하 | 27 | 18 |
| 4만 초과 ~ 5만 이하 | 30 | 20 |
| 5만 초과 ~ 99만 이하 | 30 | 20 |
| 99만 초과 | 30 | 20 |

※ 2종 보호시설과 유지거리는 14 m이다.

**52.** 아세틸렌용 용접용기 제조 시 다공질물의 다공도는 다공질물을 용기에 충전한 상태로 몇 ℃에서 아세톤 또는 물의 흡수량으로 측정하는가?

① 0℃  ② 15℃  ③ 20℃  ④ 25℃

[해설] 다공질물의 다공도는 다공질물을 용기에 충전한 상태로 온도 20℃에서 아세톤, 디메틸포름아미드 또는 물의 흡수량으로 측정한다.

**53.** 일반도시가스사업 제조소의 가스공급시설에 설치하는 벤트스택의 기준에 대한 설명으로 틀린 것은?

① 벤트스택 높이는 방출된 가스의 착지농도가 폭발상한계 값 미만이 되도록 설치한다.
② 액화가스가 함께 방출될 우려가 있는 경우에는 기액분리기를 설치한다.
③ 벤트스택 방출구는 작업원이 통행하는 장소로부터 10 m 이상 떨어진 곳에 설치한다.
④ 벤트스택에 연결된 배관에는 응축액의 고임을 제거할 수 있는 조치를 한다.

[해설] 일반도시가스사업의 벤트스택 설치기준
㉮ 벤트스택의 높이는 방출된 가스의 착지농도가 폭발하한계 값 미만이 되도록 충분한 높이로 한다.
㉯ 벤트스택 방출구의 위치는 작업원이 정상 작업을 하는데 필요한 장소 및 작업원이 항시 통행하는 장소로부터 10 m 이상 떨어진 곳에 설치한다 (그밖의 벤트스택의 경우 5 m 이상).
㉰ 벤트스택에는 정전기 또는 낙뢰 등으로 착화를 방지하는 조치를 강구하고 만일 착화된 경우에는 즉시 소화할 수 있는 조치를 강구한다.
㉱ 벤트스택 또는 그 벤트스택에 연결된 배관에는 응축액의 고임을 제거하거나 방지하기 위한 조치를 강구한다.
㉲ 액화가스가 함께 방출되거나 급랭될 우려가 있는 벤트스택에는 그 벤트스택과 연결된 가스공급시설의 가장 가까운 곳에 기액분리기를 설치한다.

**54.** 배관 설계 경로를 결정할 때 고려하여야 할 사항으로 가장 거리가 먼 것은?

① 최단거리로 할 것
② 가능한 한 옥외에 설치할 것
③ 건축물 기초 하부 매설을 피할 것
④ 굴곡을 많게 하여 신축을 흡수할 것

[해설] 배관 설계 경로를 결정할 때 고려사항
㉮ 최단거리로 할 것
㉯ 구부러지거나 오르내림이 적을 것
㉰ 은폐, 매설을 피할 것
㉱ 가능한 옥외에 설치할 것

**55.** 용기에 의한 고압가스 판매소에서 용기 보

정답  51. ②  52. ③  53. ①  54. ④  55. ②

관실은 그 보관할 수 있는 압축가스 및 액화가스가 얼마 이상인 경우 보관실 외면으로부터 보호시설까지의 안전거리를 유지하여야 하는가?

① 압축가스 100 m³ 이상, 액화가스 1톤 이상
② 압축가스 300 m³ 이상, 액화가스 3톤 이상
③ 압축가스 500 m³ 이상, 액화가스 5톤 이상
④ 압축가스 500 m³ 이상, 액화가스 10톤 이상

[해설] 보호시설과의 거리 : 고압가스 용기의 보관실 중 보관할 수 있는 고압가스의 용적이 300 m³ (액화가스는 3톤)를 넘는 보관실은 그 외면으로부터 보호시설까지 안전거리를 유지한다.

**56.** 일반도시가스사업 정압기실의 시설기준으로 틀린 것은?

① 정압기실 주위에는 높이 1.2 m 이상의 경계책을 설치한다.
② 지하에 설치하는 지역정압기실의 조명도는 150룩스를 확보한다.
③ 침수 위험이 있는 지하에 설치하는 정압기에는 침수 방지 조치를 한다.
④ 정압기실에는 가스공급시설 외의 시설물을 설치하지 아니한다.

[해설] 정압기실 주위에는 높이 1.5 m 이상의 경계책을 설치한다.

**57.** 액화가스를 충전한 차량에 고정된 탱크는 그 내부에 액면요동을 방지하기 위하여 무엇을 설치하는가?

① 슬립 튜브     ② 방파판
③ 긴급 차단 밸브  ④ 역류 방지 밸브

[해설] 액면요동 방지 조치 : 액화가스를 충전하는 자동차에 고정된 탱크에는 그 내부에 액면요동을 방지하기 위한 방파판 등을 설치한다.

**58.** 저장탱크에 의한 액화석유가스 저장소에 설치하는 방류둑의 구조 기준으로 옳지 않은 것은?

① 방류둑은 액밀한 것이어야 한다.
② 성토는 수평에 대하여 30° 이하의 기울기로 한다.
③ 방류둑은 그 높이에 상당하는 액화가스의 액두압에 견딜 수 있어야 한다.
④ 성토 윗부분의 폭은 30 cm 이상으로 한다.

[해설] 성토는 수평에 대하여 45° 이하의 기울기로 한다.

**59.** LPG 용기에 있는 잔가스의 처리법으로 가장 부적당한 것은?

① 폐기 시에는 용기를 분리한 후 처리한다.
② 잔가스 폐기는 통풍이 양호한 장소에서 소량씩 실시한다.
③ 되도록 사용 후 용기에 잔가스가 남지 않도록 한다.
④ 용기를 가열할 때는 온도 60℃ 이상의 뜨거운 물을 사용한다.

[해설] 용기를 가열할 때는 온도 40℃ 이하의 더운 물을 사용한다.

**60.** 다음 가스용품 중 합격표시를 각인으로 하여야 하는 것은?

① 배관용 밸브
② 전기절연 이음관
③ 금속 플렉시블 호스
④ 강제혼합식 가스버너

[해설] 배관용 밸브에는 검사에 합격한 밸브라는 것을 쉽게 식별할 수 있도록 합격표시를 바깥지름 5 mm의 KC 자 각인(刻印)을 한다.

정답  56. ①  57. ②  58. ②  59. ④  60. ①

## 제 4 과목  가스계측

**61.** 오르사트 가스분석계로 가스 분석 시 가장 적당한 온도는?

① 0~15℃   ② 10~15℃
③ 16~20℃   ④ 20~28℃

[해설] 오르사트 분석계 분석 온도 : 16~20℃

**62.** FID 검출기를 사용하는 가스크로마토그래피는 검출기의 온도가 100℃ 이상에서 작동되어야 한다. 주된 이유로 옳은 것은?

① 가스소비량을 적게 하기 위하여
② 가스의 폭발을 방지하기 위하여
③ 100℃ 이하에서는 점화가 불가능하기 때문에
④ 연소 시 발생하는 수분의 응축을 방지하기 위하여

[해설] 수소염 이온화 검출기(FID : Flame Ionization Detector) : 불꽃으로 시료 성분이 이온화됨으로써 불꽃 중에 놓여진 전극 간의 전기 전도도가 증대하는 것을 이용한 것으로 탄화수소에서 감도가 최고이고 $H_2$, $O_2$, $CO_2$, $SO_2$ 등은 감도가 없다. 연소 시 발생하는 수분의 응축을 방지하기 위하여 검출기의 온도가 100℃ 이상에서 작동되어야 한다.

**63.** 가스크로마토그래피의 컬럼(분리관)에 사용되는 충전물로 부적당한 것은?

① 실리카겔   ② 석회석
③ 규조토    ④ 활성탄

[해설] 흡착제의 종류 : ①, ③, ④ 외 활성알루미나, 몰러귤러시브 13X, porapak Q, 합성 제오라이트 등

**64.** 평균 유속이 5 m/s인 원관에서 20 kg/s의 물이 흐르도록 하려면 관의 지름은 약 몇 mm로 해야 하는가?

① 31   ② 51   ③ 71   ④ 91

[해설] 질량 유량 계산식

$m = \rho \times A \times V = \rho \times \dfrac{\pi}{4} \times D^2 \times V$ 에서

$D = \sqrt{\dfrac{4 \times m}{\rho \times \pi \times V}}$

$= \sqrt{\dfrac{4 \times 20}{1000 \times \pi \times 5}} \times 1000 = 71.364 \, mm$

**65.** 작은 압력 변화에도 크게 편향하는 성질이 있어 저기압의 압력 측정에 사용되고 점도가 큰 액체나 고체 부유물이 있는 유체의 압력을 측정하기에 적합한 압력계는?

① 다이어프램 압력계
② 부르동관 압력계
③ 벨로스 압력계
④ 맥클레오드 압력계

[해설] 다이어프램식 압력계의 특징
㉮ 응답속도가 빠르나 온도의 영향을 받는다.
㉯ 극히 미세한 압력 측정에 적당하다.
㉰ 부식성 유체의 측정이 가능하다.
㉱ 압력계가 파손되어도 위험이 적다.
㉲ 연소로의 통풍계(draft gauge)로 사용한다.
㉳ 측정 범위는 20~5000 $mmH_2O$이다.

**66.** 가스크로마토그래피에서 운반 기체(carrier gas)의 불순물을 제거하기 위하여 사용하는 부속품이 아닌 것은?

① 오일 트랩(oil trap)
② 화학 필터(chemical filter)
③ 산소 제거 트랩(oxygen trap)
④ 수분 제거 트랩(moisture trap)

[해설] 오일 트랩(oil trap) : 오일을 제거하기 위하여 사용하는 기기이다.

**67.** 오르사트 가스분석기에서 가스의 흡수 순서로 옳은 것은?

① $CO \rightarrow CO_2 \rightarrow O_2$   ② $CO_2 \rightarrow CO \rightarrow O_2$
③ $O_2 \rightarrow CO_2 \rightarrow CO$   ④ $CO_2 \rightarrow O_2 \rightarrow CO$

[해설] 오르사트법 가스 분석 순서 및 흡수제

| 순서 | 분석가스 | 흡수제 |
|---|---|---|
| 1 | $CO_2$ | KOH 30% 수용액 |
| 2 | $O_2$ | 알칼리성 피로갈롤용액 |
| 3 | CO | 암모니아성 염화제1구리용액 |

**68.** 계량기 종류별 기호에서 LPG 미터의 기호는?

① H  ② P  ③ L  ④ G

[해설] 계량기 종류별 기호 : 계량법 시행규칙 별표1

| 종류 | 기호 | 종류 | 기호 |
|---|---|---|---|
| 수동저울 | A | 온수미터 | J |
| 지시저울 | B | 주유기 | K |
| 전자식 저울 | C | LPG미터 | L |
| 분동 | D | 오일미터 | M |
| 전력량계 | G | 눈새김탱크 | N |
| 가스미터 | H | 적산열량계 | Q |
| 수도미터 | I | 요소수미터 | T |

**69.** 가스의 발열량 측정에 주로 사용되는 계측기는?

① 봄베 열량계  ② 단열 열량계
③ 융커스식 열량계  ④ 냉온수 적산 열량계

[해설] 융커스(Junker)식 열량계 : 기체 연료의 발열량 측정에 사용되며 시그마 열량계와 융커스식 유수형 열량계로 구분된다.

**70.** 소형으로 설치 공간이 적고 가스 압력이 높아도 사용 가능하지만 0.5 m³/h 이하의 소용량에서는 작동하지 않을 우려가 있는 가스 계측기는?

① 막식 가스미터
② 습식 가스미터
③ 델타형 가스미터
④ 루츠(roots)식 가스미터

[해설] 루츠식(roots type) 가스미터 : 2개의 회전자(roots)와 케이싱으로 구성되어 고속으로 회전하는 회전자에 의하여 체적 단위로 환산하여 적산하는 것으로 대유량의 가스 측정에 적합하다.

**71.** 다음 중 탄성 압력계의 종류가 아닌 것은?

① 시스턴(cistern) 압력계
② 부르동(Bourdon)관 압력계
③ 벨로스(bellows) 압력계
④ 다이어프램(diaphragm) 압력계

[해설] 탄성식 압력계의 종류 : 부르동관식, 다이어프램식, 벨로스식, 캡슐식

**72.** 기체가 흐르는 관 안에 설치된 피토관의 수주높이가 0.46 m일 때 기체의 유속은 약 몇 m/s인가?

① 3  ② 4  ③ 5  ④ 6

[해설] $V = \sqrt{2gh} = \sqrt{2 \times 9.8 \times 0.46}$
$= 3.002 \text{ m/s}$

**73.** 가스미터에서 감도 유량의 의미를 가장 바르게 설명한 것은?

① 가스미터 유량이 최대유량의 50%에 도달했을 때의 유량
② 가스미터가 작동하기 시작하는 최소유량
③ 가스미터가 정상 상태를 유지하는데 필요한 최소유량
④ 가스미터 유량이 오차 한도를 벗어났을 때의 유량

[해설] 감도 유량 : 가스미터가 작동하기 시작하는 최소유량
㉮ 막식 가스미터 : 3 L/h 이하
㉯ LPG 용 가스미터 : 15 L/h 이하

**74.** 제어계가 불안정하여 주기적으로 변화하는 좋지 못한 상태를 무엇이라 하는가?

① step 응답  ② 헌팅(난조)
③ 외란  ④ 오버슈트

정답  68. ③  69. ③  70. ④  71. ①  72. ①  73. ②  74. ②

[해설] 헌팅(hunting) : 자동제어에서 시간 또는 신호의 지연이 큰 경우에 발생하는 것으로 제어의 지연에 의해 제어량이 주기적으로 변하여 난조상태로 되는 현상이다.

**75.** 다음 유량계측기 중 압력손실 크기 순서를 바르게 나타낸 것은?

① 전자유량계 > 벤투리 > 오리피스 > 플로 노즐
② 벤투리 > 오리피스 > 전자유량계 > 플로 노즐
③ 오리피스 > 플로 노즐 > 벤투리 > 전자유량계
④ 벤투리 > 플로 노즐 > 오리피스 > 전자유량계

[해설] 차압식 유량계(오리피스, 플로 노즐, 벤투리)에서 압력손실이 가장 큰 것이 오리피스이고, 가장 작은 것이 벤투리이다. 전자유량계는 측정관 내에 장애물이 없어 압력손실이 거의 없다.

**76.** 다음 온도계 중 연결이 바르지 않은 것은?

① 상태변화를 이용한 것 – 서모 컬러
② 열팽창을 이용한 것 – 유리온도계
③ 열기전력을 이용한 것 – 열전대온도계
④ 전기저항 변화를 이용한 것 – 바이메탈온도계

[해설] 측정원리에 의한 온도계의 분류
㉮ 열팽창 : 유리제 봉입식 온도계, 바이메탈 온도계, 압력식 온도계
㉯ 열기전력 : 열전대온도계
㉰ 저항변화 : 저항온도계, 서미스터
㉱ 상태변화 : 제겨르콘, 서모 컬러
㉲ 방사(복사)에너지 : 방사온도계
㉳ 단파장 : 광고온도계, 광전관온도계, 색온도계

**77.** 표준대기압 1 atm과 같지 않은 것은?

① 1.013 bar    ② 10.332 mH$_2$O
③ 1.013 N/m$^2$    ④ 29.92 inHg

[해설] 1 atm = 760 mmHg = 76 cmHg = 0.76 mHg
= 29.9 inHg = 760 torr = 10332 kgf/m$^2$
= 1.0332 kgf/cm$^2$ = 10.332 mH$_2$O
= 10332 mmH$_2$O
= 101325 N/m$^2$ = 101325 Pa = 101.325 kPa
= 0.101325 MPa = 1013250 dyn/cm$^2$
= 1.01325 bar = 1013.25 mbar
= 14.7 lb/in$^2$ = 14.7 psi

**78.** 유황분 정량 시 표준용액으로 적절한 것은?

① 수산화나트륨    ② 과산화수소
③ 초산    ④ 요오드칼륨

[해설] 분석할 시료를 과산화수소수에 흡수시켜 황산화물을 황산으로 만든 후 수산화나트륨 용액으로 적정한다.

**79.** 다음 중 차압식 유량계에 해당하지 않는 것은?

① 벤투리미터 유량계
② 로터미터 유량계
③ 오리피스 유량계
④ 플로 노즐

[해설] 차압식 유량계
㉮ 측정 원리 : 베르누이 방정식
㉯ 종류 : 오리피스미터, 플로 노즐, 벤투리미터
㉰ 측정 방법 : 조리개 전후에 연결된 액주계의 압력차를 이용하여 유량을 측정

**80.** 수정이나 전기석 또는 로셸염 등의 결정체의 특정 방향으로 압력을 가할 때 발생하는 표면 전기량으로 압력을 측정하는 압력계는?

① 스트레인 게이지  ② 자기변형 압력계
③ 벨로스 압력계   ④ 피에조 전기 압력계

[해설] 피에조 전기 압력계(압전기식) : 수정이나 전기석 또는 로셸염 등의 결정체의 특정 방향에 압력을 가하면 기전력이 발생하고 발생한 전기량은 압력에 비례하는 것을 이용한 것이다. 가스 폭발이나 급격한 압력 변화 측정에 사용된다.

**정답** 75. ③  76. ④  77. ③  78. ①  79. ②  80. ④

# 2017년도 시행 문제

▶ 2017년 3월 5일 시행

| 자격종목 | 종목코드 | 시험시간 | 형 별 | 수험번호 | 성 명 |
|---|---|---|---|---|---|
| 가스 산업기사 | 2471 | 2시간 | A | | |

## 제1과목 연소공학

**1.** 부피로 Hexane 0.8 v%, Methane 2.0 v%, Ethylene 0.5 v%로 구성된 혼합 가스의 LFL을 계산하면 약 얼마인가? (단, Hexane, Methane, Ethylene의 폭발 하한계는 각각 1.1 v%, 5.0v%, 2.7 v%라고 한다.)

① 2.5 %  ② 3.0 %
③ 3.3 %  ④ 3.9 %

[해설] $\dfrac{100}{LFL} = \dfrac{V_1}{L_1} + \dfrac{V_2}{L_2} + \dfrac{V_3}{L_3}$ 에서

$\therefore LFL = \dfrac{0.8 + 2.0 + 0.5}{\dfrac{0.8}{1.1} + \dfrac{2.0}{5.0} + \dfrac{0.5}{2.7}} = 2.514\%$

**2.** 수소의 연소 반응식이 다음과 같을 경우 1 mol의 수소를 일정한 압력에서 이론 산소량으로 완전 연소시켰을 때의 온도는 약 몇 K인가? (단, 정압 비열은 10 cal/mol·K, 수소와 산소의 공급 온도는 25℃, 외부로의 열손실은 없다.)

$$H_2 + \dfrac{1}{2}O_2 \rightarrow H_2O(g) + 57.8 \text{ kcal/mol}$$

① 5780  ② 5805
③ 6053  ④ 6078

[해설] $T_2 = \dfrac{Q}{G \cdot C_p} + T_1$

$= \dfrac{57.8 \times 10^3}{1 \times 10} + (273 + 25)$

$= 6078 \text{ K}$

**3.** 표준 상태에서 질소 가스의 밀도는 몇 g/L 인가?

① 0.97  ② 1.00
③ 1.07  ④ 1.25

[해설] $\rho = \dfrac{분자량}{22.4} = \dfrac{28}{22.4} = 1.25 \text{ g/L}$

**4.** 프로판($C_3H_8$)과 부탄($C_4H_{10}$)의 혼합 가스가 표준 상태에서 밀도가 2.25 kg/m³이다. 프로판의 조성은 약 몇 %인가?

① 35.16  ② 42.72
③ 54.28  ④ 68.53

[해설] ㉮ 프로판과 부탄의 밀도 계산

$\therefore \rho_{프로판} = \dfrac{분자량}{22.4} = \dfrac{44}{22.4} = 1.964 \text{ kg/m}^3$

$\therefore \rho_{부탄} = \dfrac{분자량}{22.4} = \dfrac{58}{22.4} = 2.589 \text{ kg/m}^3$

㉯ 프로판의 조성비율 계산 : 혼합 가스의 체적비에서 프로판의 비를 $x$라 하면 부탄은 $(1-x)$가 되고 이것을 식으로 쓰면 다음과 같다.

$\therefore 1.964x + 2.589(1-x) = 2.25$

$1.964x + 2.589 - 2.589x = 2.25$

$x(1.964 - 2.589) = 2.25 - 2.589$

$\therefore x(\%) = \dfrac{2.25 - 2.589}{1.964 - 2.589} \times 100$

$= 54.24 \%$

정답  1. ①  2. ④  3. ④  4. ③

**5.** 열전도율 단위는 어느 것인가?
① kcal/m·h·℃   ② kcal/m²·h·℃
③ kcal/m²·℃    ④ kcal/h

해설 용어 종류별 단위
㉮ 열전도율 : kcal/m·h·℃
㉯ 열관류율 : kcal/m²·h·℃
㉰ 열전달률 : kcal/m²·h·℃
㉱ 열저항 : m²·h·℃/kcal
㉲ 대류 열전달 계수(경막 계수) : kcal/m²·h·℃

**6.** 연소의 3요소 중 가연물에 대한 설명으로 옳은 것은?
① 0족 원소들은 모두 가연물이다.
② 가연물은 산화 반응 시 발열 반응을 일으키며 열을 축적하는 물질이다.
③ 질소와 산소가 반응하여 질소 산화물을 만들므로 질소는 가연물이다.
④ 가연물은 반응 시 흡열 반응을 일으킨다.

해설 가연물(가연성 물질) : 산화(연소)하기 쉽고 산화 반응 시 발열 반응을 일으키며 열을 축적하고 일반적으로 연료로 사용하는 물질이다.

**7.** 액체 시안화 수소를 장기간 저장하지 않는 이유는?
① 산화 폭발하기 때문에
② 중합 폭발하기 때문에
③ 분해 폭발하기 때문에
④ 고결되어 장치를 막기 때문에

해설 시안화 수소(HCN)는 중합 폭발의 위험성 때문에 충전 기한이 60일을 초과하지 못하도록 규정하고 있다(단, 순도가 98% 이상이고, 착색되지 않은 것은 60일을 초과하여 저장할 수 있다).
※ 중합폭발 방지용 안정제의 종류 : 황산, 아황산 가스, 동, 동망, 염화 칼슘, 인산, 오산화인 등

**8.** 대기 중에 대량의 가연성 가스나 인화성 액체가 유출되어 발생 증기가 대기 중의 공기와 혼합하여 폭발성인 증기운을 형성하고 착화 폭발하는 현상은?
① BLEVE        ② UVCE
③ Jet fire     ④ Flash over

해설 증기운 폭발(UVCE : unconfined vapor cloud explosion) : 대기 중에 대량의 가연성 가스나 인화성 액체가 유출 시 다량의 증기가 대기 중의 공기와 혼합하여 폭발성 증기운을 형성하는데 이때 착화원에 의해 화구(fire ball)를 형성하여 폭발하는 형태를 말한다.

**9.** 다음 보기에서 설명하는 소화제의 종류는?

〈보 기〉
㉠ 유류 및 전기 화재에 적합하다.
㉡ 소화 후 잔여물을 남기지 않는다.
㉢ 연소 반응을 억제하는 효과와 냉각소화 효과를 동시에 가지고 있다.
㉣ 소화기의 무게가 무겁고, 사용 시 동상의 우려가 있다.

① 물            ② 하론
③ 이산화 탄소   ④ 드라이케미컬 분말

해설 이산화 탄소($CO_2$) 소화약제 : 불연성인 이산화 탄소에 의한 질식과 냉각 효과를 이용한 것으로 비점이 -78.5℃로 피부에 노출 시 동상의 우려가 있다.

**10.** 기체 연료의 예혼합 연소에 대한 설명 중 옳은 것은?
① 화염의 길이가 길다.
② 화염이 전파하는 성질이 있다.
③ 연료와 공기의 경계에서 주로 연소가 일어난다.
④ 연료와 공기의 혼합비가 순간적으로 변한다.

해설 예혼합 연소의 특징
㉮ 가스와 공기의 사전 혼합형이다.
㉯ 화염이 짧으며 고온의 화염을 얻을 수 있다.

정답  5. ①  6. ②  7. ②  8. ②  9. ③  10. ②

㉰ 연소 부하가 크고, 역화의 위험성이 크다.
㉱ 조작 범위가 좁다.
㉲ 탄화수소가 큰 가스에 적합하다.
㉳ 화염이 전파하는 성질이 있다.

**11.** 연료의 구비 조건이 아닌 것은?
① 발열량이 클 것
② 유해성이 없을 것
③ 저장 및 운반 효율이 낮을 것
④ 안전성이 있고 취급이 쉬울 것

해설 연료(fuel)의 구비 조건
㉮ 공기 중에서 연소하기 쉬울 것
㉯ 저장 및 운반, 취급이 용이할 것
㉰ 발열량이 클 것
㉱ 구입하기 쉽고 경제적일 것
㉲ 인체에 유해성이 없을 것
㉳ 휘발성이 좋고 내한성이 우수할 것
㉴ 연소 시 회분 등 배출물이 적을 것

**12.** 불활성화에 대한 설명으로 틀린 것은?
① 가연성 혼합 가스에 불활성 가스를 주입하여 산소의 농도를 최소 산소 농도 이하로 낮게 하는 공정이다.
② 이너트 가스로는 질소, 이산화 탄소 또는 수증기가 사용된다.
③ 이너팅은 산소 농도를 안전한 농도로 낮추기 위하여 이너트 가스를 용기에 처음 주입하면서 시작된다.
④ 일반적으로 실시되는 산소 농도의 제어점은 최소 산소 농도보다 10% 낮은 농도이다.

해설 일반적으로 실시되는 산소 농도의 제어점은 최소 산소 농도보다 4% 낮은 농도이다.

**13.** 연소 및 폭발에 대한 설명 중 틀린 것은?
① 폭발이란 주로 밀폐된 상태에서 일어나며 급격한 압력 상승을 수반한다.

② 인화점이란 가연물이 공기 중에서 가열될 때 그 산화열로 인해 스스로 발화하게 되는 온도를 말한다.
③ 폭굉은 연소파의 화염 전파 속도가 음속을 돌파할 때 그 선단에 충격파가 발달하게 되는 현상을 말한다.
④ 연소란 적당한 온도의 열과 일정 비율의 산소와 연료와의 결합 반응으로 발열 및 발광 현상을 수반하는 것이다.

해설 인화점과 발화점
㉮ 인화점(인화 온도) : 가연성 물질이 공기 중에서 점화원에 의하여 연소할 수 있는 최저 온도이다.
㉯ 발화점(발화 온도, 착화점, 착화 온도) : 점화원 없이 스스로 발화하여 연소를 시작하는 최저 온도이다.

**14.** 연소 속도를 결정하는 가장 중요한 인자는 무엇인가?
① 환원 반응을 일으키는 속도
② 산화 반응을 일으키는 속도
③ 불완전 환원 반응을 일으키는 속도
④ 불완전 산화 반응을 일으키는 속도

해설 연소 속도 : 가연물과 산소의 반응(산화 반응)을 일으키는 속도이다.

**15.** "기체 분자의 크기가 0이고 서로 영향을 미치지 않는 이상 기체의 경우, 온도가 일정할 때 가스의 압력과 부피는 서로 반비례한다."와 관련이 있는 법칙은?
① 보일의 법칙   ② 샤를의 법칙
③ 보일-샤를의 법칙 ④ 돌턴의 법칙

해설 보일의 법칙 : 일정 온도하에서 일정량의 기체가 차지하는 부피는 압력에 반비례한다.
$P_1 \cdot V_1 = P_2 \cdot V_2$

**16.** 공기와 혼합하였을 때 폭발성 혼합 가스를 형성할 수 있는 것은?

정답  11. ③   12. ④   13. ②   14. ②   15. ①   16. ①

① $NH_3$  ② $N_2$
③ $CO_2$  ④ $SO_2$

[해설] 각 가스의 연소성

| 검지 가스 | 연소성 |
|---|---|
| 암모니아 ($NH_3$) | 가연성 |
| 질소 ($N_2$) | 불연성 |
| 이산화 탄소 ($CO_2$) | 불연성 |
| 아황산 가스 ($SO_2$) | 불연성 |

※ 공기와 혼합하였을 때 폭발성 혼합 가스를 형성하는 것은 가연성 가스이다.

**17.** 상온, 상압하에서 에탄($C_2H_6$)이 공기와 혼합되는 경우 폭발 범위는 약 몇 %인가?

① 3.0~10.5  ② 3.0~12.5
③ 2.7~10.5  ④ 2.7~12.5

[해설] 공기 중에서 에탄의 폭발 범위 : 3.0~12.5%

**18.** 가연성 가스의 폭발 범위에 대한 설명으로 옳은 것은?

① 폭굉에 의한 폭풍이 전달되는 범위를 말한다.
② 폭굉에 의하여 피해를 받는 범위를 말한다.
③ 공기 중에서 가연성 가스가 연소할 수 있는 가연성 가스의 농도 범위를 말한다.
④ 가연성 가스와 공기의 혼합 기체가 연소하는 데 있어서 혼합 기체의 필요한 압력 범위를 말한다.

[해설] 폭발 범위 : 공기 중에서 점화원에 의해 폭발을 일으킬 수 있는 혼합 가스 중의 가연성 가스의 부피 범위(%)이다.

**19.** 다음 기체 가연물 중 위험도($H$)가 가장 큰 것은?

① 수소  ② 아세틸렌
③ 부탄  ④ 메탄

[해설] ㉮ 위험도 : 가연성 가스의 폭발 가능성을 나타내는 수치(폭발 범위를 폭발 범위 하한계로 나눈 것)로 수치가 클수록 위험하다. 즉, 폭발 범위가 넓을수록, 폭발 범위 하한계가 낮을수록 위험성이 크다.

∴ $H = \dfrac{U-L}{L}$

㉯ 각 가스의 공기 중 폭발 범위

| 가스 명칭 | 폭발 범위 | 위험도 |
|---|---|---|
| 수소 ($H_2$) | 4~75% | 17.75 |
| 아세틸렌 ($C_2H_2$) | 2.5~81% | 31.4 |
| 부탄 ($C_4H_{10}$) | 1.9~8.5% | 3.47 |
| 메탄 ($CH_4$) | 5~15% | 2 |

**20.** 다음 중 방폭 구조의 종류에 대한 설명으로 틀린 것은?

① 내압 방폭 구조는 용기 외부의 폭발에 견디도록 용기를 설계한 구조이다.
② 유입 방폭 구조는 기름면 위에 존재하는 가연성 가스에 인화될 우려가 없도록 한 구조이다.
③ 본질안전 방폭 구조는 공적 기관에서 점화시험 등의 방법으로 확인한 구조이다.
④ 안전증 방폭 구조는 구조상 및 온도의 상승에 대하여 특별히 안전도를 증가시킨 구조이다.

[해설] 내압(耐壓) 방폭 구조(d) : 방폭 전기 기기의 용기 내부에서 가연성 가스의 폭발이 발생할 경우 그 용기가 폭발 압력에 견디고, 접합면, 개구부 등을 통하여 외부의 가연성 가스에 인화되지 아니하도록 한 구조이다.

---

### 제 2 과목  가스설비

**21.** 공기액화 분리 장치의 폭발 원인으로 가장 거리가 먼 것은?

**정답** 17. ② 18. ③ 19. ② 20. ① 21. ①

① 공기 취입구로부터의 사염화 탄소의 침입
② 압축기용 윤활유의 분해에 따른 탄화수소의 생성
③ 공기 중에 있는 질소 화합물(산화 질소 및 과산화질소 등)의 흡입
④ 액체 공기 중의 오존의 혼입

[해설] 공기액화 분리 장치의 폭발 원인
㉮ 공기 취입구로부터 아세틸렌의 혼입
㉯ 압축기용 윤활유 분해에 따른 탄화수소의 생성
㉰ 공기 중 질소 화합물($NO$, $NO_2$)의 혼입
㉱ 액체 공기 중에 오존($O_3$)의 혼입

**22.** 원통형 용기에서 원주 방향 응력은 축방향 응력의 얼마인가?
① 0.5 ② 1배 ③ 2배 ④ 4배

[해설] 원주 방향과 축방향 응력의 계산식
㉮ 원주 방향 응력 : $\sigma_A = \dfrac{PD}{2t}$
㉯ 길이 방향 응력 : $\sigma_B = \dfrac{PD}{4t}$
※ 원주 방향 응력은 길이(축) 방향 응력의 2배이다.

**23.** 포스겐의 제조 시 사용되는 촉매는?
① 활성탄 ② 보크사이트
③ 산화철 ④ 니켈

[해설] 포스겐 제조 : 일산화 탄소와 염소를 활성탄 촉매하에 반응시켜 제조한다.
※ 반응식 : $CO + Cl_2 \rightarrow COCl_2$

**24.** 대용량의 액화가스 저장 탱크 주위에는 방류둑을 설치하여야 한다. 방류둑의 주된 설치 목적은?
① 테러범 등 불순분자가 저장 탱크에 접근하는 것을 방지하기 위하여
② 액상의 가스가 누출될 경우 그 가스를 쉽게 방류시키기 위하여
③ 빗물이 저장 탱크 주위로 들어오는 것을 방지하기 위하여
④ 액상의 가스가 누출된 경우 그 가스의 유출을 방지하기 위하여

[해설] 방류둑의 설치 목적 : 저장 탱크의 액화 가스가 누출된 경우 액체 상태의 가스가 저장 탱크 주위의 일정 범위를 벗어나 다른 곳으로 유출되는 것을 방지하기 위함이다.

**25.** 아세틸렌 제조 설비에서 정제 장치는 주로 어떤 가스를 제거하기 위해 설치하는가?
① $PH_3$, $H_2S$, $NH_3$
② $CO_2$, $SO_2$, $CO$
③ $H_2O$ (수증기), $NO$, $NO_2$, $NH_3$
④ $SiHCl_3$, $SiH_2Cl_2$, $SiH_4$

[해설] 정제 장치(가스 청정기) : 발생된 아세틸렌 가스 중의 불순물인 인화 수소($PH_3$), 황화 수소($H_2S$), 암모니아($NH_3$) 등을 제거하는 것으로 청정제의 종류는 에퓨렌(epurene), 카다리솔(catalysol), 리가솔(rigasol)을 사용한다.

**26.** 발열량이 10000 kcal/$Sm^3$, 비중이 1.2인 도시가스의 웨버지수는?
① 8333 ② 9129
③ 10954 ④ 12000

[해설] $WI = \dfrac{H_g}{\sqrt{d}} = \dfrac{10000}{\sqrt{1.2}} = 9128.71$

**27.** 스테인리스강의 조성이 아닌 것은?
① Cr ② Pb
③ Fe ④ Ni

[해설] 스테인리스강 : 탄소강에 크롬(Cr) 및 니켈(Ni)을 첨가하여 내식성을 향상시킨 강으로 Cr계 스테인리스강, Ni-Cr계 스테인리스강이 대표적이다.

**28.** 기화 장치의 구성이 아닌 것은?

정답  22. ③  23. ①  24. ④  25. ①  26. ②  27. ②  28. ①

① 검출부　　② 기화부
③ 제어부　　④ 조압부

해설 기화 장치의 구성 3요소
㉮ 기화부 : 열교환기
㉯ 제어부 : 온도 제어 장치, 과열 방지 장치, 액면 제어 장치(액유출 방지 장치)
㉰ 조압부 : 압력 조정기, 안전밸브

**29.** 산소제조 장치 설비에 사용되는 건조제가 아닌 것은?

① NaOH　　② $SiO_2$
③ $NaClO_3$　　④ $Al_2O_3$

해설 공기액화 분리 장치의 건조기의 종류 및 건조제
㉮ 소다 건조기 : 입상의 가성 소다(NaOH)가 사용되며, 수분과 $CO_2$를 제거할 수 있다.
㉯ 겔 건조기 : 활성 알루미나($Al_2O_3$), 실리카 겔($SiO_2$), 소바이드가 사용되며, 수분 제거는 가능하나 $CO_2$는 제거할 수 없다.

**30.** 피셔(Fisher)식 정압기에 대한 설명으로 틀린 것은?

① 로딩형 정압기이다.
② 동특성이 양호하다.
③ 정특성이 양호하다.
④ 다른 것에 비하여 크기가 크다.

해설 피셔식 정압기의 특징
㉮ 로딩(loading)형이다.
㉯ 정특성, 동특성이 양호하다.
㉰ 다른 것에 비하여 크기가 콤팩트하다.
㉱ 중압용에 주로 사용된다.

**31.** 제1종 보호 시설은 사람을 수용하는 건축물로서 사실상 독립된 부분의 연면적이 얼마 이상인 것에 해당되는가?

① $100\ m^2$　　② $500\ m^2$
③ $1000\ m^2$　　④ $2000\ m^2$

해설 제1종 보호 시설
㉮ 학교, 유치원, 어린이집, 놀이방, 어린이놀이터, 학원, 병원(의원 포함), 도서관, 청소년 수련시설, 경로당, 시장, 공중 목욕탕, 호텔, 여관, 극장, 교회 및 공회당(公會堂)
㉯ 사람을 수용하는 건축물(가설 건축물 제외)로서 사실상 독립된 부분의 연면적이 $1000\ m^2$ 이상인 것
㉰ 예식장, 장례식장 및 전시장, 그 밖에 이와 유사한 시설로서 300명 이상 수용할 수 있는 건축물
㉱ 아동 복지 시설 또는 장애인 복지 시설로서 20명 이상 수용할 수 있는 건축물
㉲ 「문화재 보호법」에 따라 지정 문화재로 지정된 건축물

**32.** 공기 냉동기의 표준 사이클은?

① 브레이튼 사이클
② 역 브레이튼 사이클
③ 카르노 사이클
④ 역 카르노 사이클

해설 역 브레이턴 사이클 : 가스 터빈의 이론 사이클인 브레이턴 사이클(Brayton cycle)을 반대 방향으로 작동되도록 한 것으로 두 개의 정압 과정과 두 개의 단열 과정으로 구성된 사이클로 공기압축 냉동 사이클에 적용된다.

**33.** 3단 압축기로 압축비가 다같이 3일 때 각 단의 이론 토출 압력은 각각 몇 MPa·g인가? (단, 흡입 압력은 0.1 MPa이다.)

① 0.2, 0.8, 2.6　　② 0.2, 1.2, 6.4
③ 0.3, 0.9, 2.7　　④ 0.3, 1.2, 6.4

해설 압축비 $a=\dfrac{P_2}{P_1}$이고, 전체 압축비와 각 단의 압축비는 같고, 토출 압력 $P_2 = a \times P_1$이 되고, 흡입 압력은 대기압으로 하여 계산한다.
㉮ 1단의 토출압력 계산
∴ $P_{01} = a \times P_1 = 3 \times 0.1$
　　　　　$= 0.3\ MPa \cdot a - 0.1 = 0.2\ MPa \cdot g$
㉯ 2단의 토출압력 계산

$$\therefore P_{02} = a \times P_{01} = 3 \times 0.3$$
$$= 0.9 \text{ MPa·a} - 0.1 = 0.8 \text{ MPa·g}$$
㉯ 3단의 토출압력 계산
$$\therefore P_2 = a \times P_{02} = 3 \times 0.9$$
$$= 2.7 \text{ MPa·a} - 0.1 = 2.6 \text{ MPa·g}$$

### 34. 압축기에서 압축비가 커짐에 따라 나타나는 영향이 아닌 것은?

① 소요 동력 감소
② 토출가스 온도 상승
③ 체적 효율 감소
④ 압축 일량 증가

[해설] 압축비가 클 때 나타나는 현상(영향)
 ㉮ 압축일량 증가로 소요 동력이 증대한다.
 ㉯ 실린더 내의 온도 상승으로 토출가스 온도가 상승한다.
 ㉰ 체적 효율이 감소한다.
 ㉱ 토출 가스량이 감소한다.

### 35. 배관 내 가스 중의 수분 응축 또는 배관의 부식 등으로 인하여 지하수가 침입하는 등의 장애 발생으로 가스의 공급이 중단되는 것을 방지하기 위해 설치하는 것은?

① 슬리브    ② 리시버 탱크
③ 솔레노이드  ④ 후프링

[해설] 리시버 탱크(receiver tank): 배관 내 가스 중에 함유된 수분의 응축 또는 배관 부식 등으로 지하수가 침입하는 등의 장애가 발생하여 가스의 공급이 중단되는 것을 방지하기 위해 설치하는 기기이다.

### 36. 최고 사용 온도가 100℃, 길이($L$)가 10 m인 배관을 상온(15℃)에서 설치하였다면 최고 온도로 사용 시 팽창으로 늘어나는 길이는 약 몇 mm인가? (단, 선팽창 계수 $\alpha$는 $12 \times 10^{-6}$ m/m·℃이다.)

① 5.1   ② 10.2
③ 102   ④ 204

[해설] $\Delta L = L \cdot \alpha \cdot \Delta t$
$= 10 \times 1000 \times 12 \times 10^{-6} \times (100 - 15)$
$= 10.2 \text{ mm}$

### 37. 다음은 수소의 성질에 대한 설명이다. 옳은 것으로만 나열된 것은?

㉠ 공기와 혼합된 상태에서의 폭발 범위는 4.0~65%이다.
㉡ 무색, 무취, 무미이므로 누출되었을 경우 색깔이나 냄새로 알 수 없다.
㉢ 고온, 고압하에서 강(鋼) 중의 탄소와 반응하여 수소 취성을 일으킨다.
㉣ 열전달률이 아주 낮고, 열에 대하여 불안정하다.

① ㉠, ㉡    ② ㉠, ㉢
③ ㉡, ㉢    ④ ㉡, ㉣

[해설] 수소의 성질
 ㉮ 지구상에 존재하는 원소 중 가장 가볍다 (기체 비중이 약 0.07 정도이다).
 ㉯ 무색, 무취, 무미의 가연성이다.
 ㉰ 열전도율이 대단히 크고, 열에 대해 안정하다.
 ㉱ 확산 속도가 대단히 크다.
 ㉲ 고온에서 강재, 금속 재료를 쉽게 투과한다.
 ㉳ 폭굉 속도가 1400~3500 m/s에 달한다.
 ㉴ 폭발 범위가 넓다 (공기 중 : 4~75%, 산소 중 : 4~94%).
 ㉵ 고온, 고압하에서 강 중의 탄소와 반응하여 수소 취성을 일으킨다.

### 38. 일정 압력 이하로 내려가면 가스 분출이 정지되는 안전밸브는?

① 가용전식   ② 파열식
③ 스프링식   ④ 박판식

[해설] 스프링식 안전밸브: 기상부에 설치하여 스프링 힘보다 설비 내부의 압력이 클 때 밸브시트가 열려 내부 압력을 배출하며, 설비 내부의 압력이 일정 압력 이하로 내려가면 가스 분출이 정지되는 구조로 일반적으로 가장 많이 사용되는 형식이다.

정답  34. ①  35. ②  36. ②  37. ③  38. ③

**39.** 피스톤 펌프의 특징으로 옳지 않은 것은?
① 고압, 고점도의 소유량에 적당하다.
② 회전수에 따른 토출 압력 변화가 많다.
③ 토출량이 일정하므로 정량 토출이 가능하다.
④ 고압에 의하여 물성이 변화하는 수가 있다.

[해설] 피스톤 펌프의 특징
  ㉮ 소형으로 고압·고점도 유체에 적당하다.
  ㉯ 회전수가 변해도 토출 압력의 변화는 적다.
  ㉰ 토출량이 일정하여 정량 토출이 가능하고 수송량을 가감할 수 있다.
  ㉱ 송출이 단속적이므로 맥동이 일어나기 쉽고 진동이 있다 (맥동 현상에 대한 방지로 공기실을 설치한다).
  ㉲ 고압으로 액의 성질이 변할 수 있고, 밸브의 그랜드 패킹 고장이 잦다.
  ㉳ 플런저 펌프보다 용량이 크고 압력이 낮은 곳에 사용한다.
  ※ 왕복 펌프 종류 : 피스톤 펌프, 플런저 펌프, 다이어프램 펌프

**40.** 수격 작용(water hammering)의 방지법으로 적합하지 않은 것은?
① 관 내의 유속을 느리게 한다.
② 밸브를 펌프 송출구 가까이 설치한다.
③ 서지 탱크(surge tank)를 설치하지 않는다.
④ 펌프의 속도가 급격히 변화하는 것을 막는다.

[해설] 수격 작용 방지법
  ㉮ 배관 내부의 유속을 낮춘다 (관 지름이 큰 배관을 사용한다).
  ㉯ 배관에 조압 수조(調壓水槽 : surge tank)를 설치한다.
  ㉰ 플라이휠(flywheel)을 설치하여 펌프의 속도가 급격히 변화하는 것을 막는다.
  ㉱ 밸브를 송출구 가까이 설치하고 적당히 제어한다.

## 제 3 과목  가스안전관리

**41.** 저장 능력이 20톤인 암모니아 저장 탱크 2기를 지하에 인접하여 매설할 경우 상호 간에 최소 몇 m 이상의 이격 거리를 유지하여야 하는가?
① 0.6 m   ② 0.8 m
③ 1 m     ④ 1.2 m

[해설] 저장탱크 상호 간 유지 거리
  ㉮ 지하 매설 : 1 m 이상
  ㉯ 지상 설치 : 두 저장탱크의 최대 지름을 합산한 길이의 4분의 1 이상에 해당하는 거리 (4분의 1이 1 m 미만인 경우 1 m 이상)

**42.** 가스 사용 시설에 퓨즈콕 설치 시 예방 가능한 사고 유형은?
① 가스레인지 연결호스 고의절단 사고
② 소화안전장치고장 가스누출 사고
③ 보일러 팽창탱크 과열파열 사고
④ 연소기 전도 화재사고

[해설] 퓨즈콕에는 과류차단 안전기구가 부착되어 있어 규정량 이상의 가스가 통과하면 자동으로 가스를 차단한다.

**43.** 고압가스 안전 관리법에서 정하고 있는 특정 고압가스가 아닌 것은?
① 천연가스    ② 액화 염소
③ 게르만      ④ 염화 수소

[해설] 특정 고압가스의 종류
  ㉮ 법에서 정한 것 (법 20조) : 수소, 산소, 액화 암모니아, 아세틸렌, 액화 염소, 천연가스, 압축 모노실란, 압축 디보란, 액화 알진, 그 밖에 대통령령이 정하는 고압가스
  ㉯ 대통령령이 정한 것 (시행령 16조) : 포스핀, 셀렌화수소, 게르만, 디실란, 오불화비소, 오불화인, 삼불화인, 삼불화질소, 삼불화붕소, 사불화유황, 사불화규소

[정답] 39. ②   40. ③   41. ③   42. ①   43. ④

㉰ 특수 고압가스 : 압축 모노실란, 압축 디보란, 액화 알진, 포스핀, 셀렌화수소, 게르만, 디실란 그 밖에 반도체의 세정 등 산업통상자원부 장관이 인정하는 특수한 용도에 사용하는 고압가스

## 44. 다음 중 공업용 액화 염소를 저장하는 용기의 도색은?

① 주황색  ② 회색
③ 갈색    ④ 백색

해설 가스 종류별 용기 도색

| 가스 종류 | 용기 도색 | |
|---|---|---|
| | 공업용 | 의료용 |
| 산소 ($O_2$) | 녹색 | 백색 |
| 수소 ($H_2$) | 주황색 | – |
| 액화 탄산 가스 ($CO_2$) | 청색 | 회색 |
| 액화 석유 가스 | 밝은 회색 | – |
| 아세틸렌 ($C_2H_2$) | 황색 | – |
| 암모니아 ($NH_3$) | 백색 | – |
| 액화 염소 ($Cl_2$) | 갈색 | – |
| 질소 ($N_2$) | 회색 | 흑색 |
| 아산화 질소 ($N_2O$) | 회색 | 청색 |
| 헬륨 (He) | 회색 | 갈색 |
| 에틸렌 ($C_2H_4$) | 회색 | 자색 |
| 사이크로 프로판 | 회색 | 주황색 |
| 기타의 가스 | 회색 | – |

## 45. 액화 석유 가스의 특성에 대한 설명으로 옳지 않은 것은?

① 액체는 물보다 가볍고, 기체는 공기보다 무겁다.
② 액체의 온도에 의한 부피 변화가 작다.
③ 일반적으로 LNG보다 발열량이 크다.
④ 연소 시 다량의 공기가 필요하다.

해설 액화 석유 가스(LP 가스)의 특징
㉮ LP 가스는 공기보다 무겁다.
㉯ 액상의 LP 가스는 물보다 가볍다.
㉰ 액화·기화가 쉽고, 기화하면 체적이 커진다.
㉱ LNG보다 발열량이 크고, 연소 시 다량의 공기가 필요하다.
㉲ 기화열(증발 잠열)이 크다.
㉳ 무색, 무취, 무미하다.
㉴ 용해성이 있다.
㉵ 액체의 온도 상승에 의한 부피 변화가 크다.

## 46. 고온, 고압 시 가스용기의 탈탄 작용을 일으키는 가스는?

① $CH_4$   ② $SO_3$
③ $H_2$    ④ CO

해설 수소 취성(탈탄 작용) : 수소($H_2$)는 고온, 고압 하에서 강제 중의 탄소와 반응하여 메탄이 생성되는 수소 취성(탈탄 작용)을 일으킨다.

## 47. 독성의 액화가스 저장탱크 주위에 설치하는 방류둑의 저장 능력은 몇 톤 이상의 것에 한하는가?

① 3톤     ② 5톤
③ 10톤    ④ 50톤

해설 저장 능력별 방류둑 설치 대상
(1) 고압가스 특정 제조
  ㉮ 가연성 가스 : 500톤 이상
  ㉯ 독성 가스 : 5톤 이상
  ㉰ 액화 산소 : 1000톤 이상
(2) 고압가스 일반 제조
  ㉮ 가연성, 액화 산소 : 1000톤 이상
  ㉯ 독성 가스 : 5톤 이상
(3) 냉동제조 시설(독성가스 냉매 사용) : 수액기 내용적 10000 L 이상

## 48. 가스 설비가 오조작되거나 정상적인 제조를 할 수 없는 경우 자동적으로 원재료를 차단하는 장치는?

① 인터록 기구
② 원료 제어 밸브
③ 가스 누출 기구

정답  44. ③  45. ②  46. ③  47. ②  48. ①

④ 내부반응 감시 기구

[해설] 인터록 기구 : 가연성 가스 또는 독성 가스의 제조 설비 또는 이들 제조 설비와 관련 있는 계장회로에는 제조하는 고압가스의 종류, 온도 및 압력과 제조 설비의 상황에 따라 안전 확보를 위한 주요 부문에 설비가 잘못 조작되거나 정상적인 제조를 할 수 없는 경우에 자동으로 원재료의 공급을 차단시키는 등 제조 설비 안의 제조를 제어할 수 있는 장치

**49.** 액화 암모니아 70 kg을 충전하여 사용하고자 한다. 충전 정수가 1.86일 때 안전 관리상 용기의 내용적은?

① 27 L  
② 37.6 L  
③ 75 L  
④ 131 L

[해설] $G = \dfrac{V}{C}$ 에서

∴ $V = CG = 1.86 \times 70 = 130.2\ L$

**50.** 고압가스 안전 관리법상 가스저장 탱크 설치 시 내진 설계를 하여야 하는 저장 탱크는? (단, 비가연성 및 비독성인 경우는 제외한다.)

① 저장 능력이 5톤 이상 또는 500 m³ 이상인 저장 탱크
② 저장 능력이 3톤 이상 또는 300 m³ 이상인 저장 탱크
③ 저장 능력이 2톤 이상 또는 200 m³ 이상인 저장 탱크
④ 저장 능력이 1톤 이상 또는 100 m³ 이상인 저장 탱크

[해설] 내진설계 적용 대상 시설
㉮ 저장 탱크 및 압력 용기

| 구분 | | 비가연성, 비독성 | 가연성, 독성 | 탑류 |
|---|---|---|---|---|
| 압축 가스 | | 1000 m³ 이상 | 500 m³ 이상 | 동체부 높이 5 m 이상 |
| 액화 가스 | | 10000 kg 이상 | 5000 kg 이상 | |

㉯ 세로 방향으로 설치한 동체의 길이가 5 m 이상인 원통형 응축기 및 내용적 5000 L 이상인 수액기, 지지 구조물 및 기초와 연결부
㉰ 저장 탱크를 지하에 매설한 경우에 대하여는 내진 설계를 한 것으로 본다.

**51.** 차량에 혼합 적재할 수 없는 가스끼리 짝지어져 있는 것은?

① 프로판, 부탄
② 염소, 아세틸렌
③ 프로필렌, 프로판
④ 시안화 수소, 에탄

[해설] 혼합적재 금지 기준
㉮ 염소와 아세틸렌, 암모니아, 수소
㉯ 가연성 가스와 산소는 충전용기 밸브가 마주보지 않도록 적재하면 혼합 적재 가능
㉰ 충전 용기와 소방 기본법이 정하는 위험물
㉱ 독성 가스 중 가연성 가스와 조연성 가스

**52.** 압력 방폭 구조의 표시 방법은?

① p
② d
③ ia
④ s

[해설] 방폭 전기 기기의 구조별 표시 방법

| 명칭 | 기호 | 명칭 | 기호 |
|---|---|---|---|
| 내압 방폭 구조 | d | 안전증 방폭 구조 | e |
| 유입 방폭 구조 | o | 본질안전 방폭 구조 | ia, ib |
| 압력 방폭 구조 | p | 특수 방폭 구조 | s |

**53.** 냉동기의 냉매 설비에 속하는 압력 용기의 재료는 압력 용기의 설계 압력 및 설계 온도 등에 따른 적절한 것이어야 한다. 다음 중 초음파탐상 검사를 실시하지 않아도 되는 재료는?

① 두께가 40 mm 이상인 탄소강
② 두께가 38 mm 이상인 저합금강
③ 두께가 6 mm 이상인 9 % 니켈강

49. ④  50. ①  51. ②  52. ①  53. ①

④ 두께가 19 mm 이상이고 최소 인장 강도가 568.4 N/mm² 이상인 강

[해설] 냉동용 압력용기 재료의 초음파탐상검사 대상
㉮ 두께가 50 mm 이상인 탄소강
㉯ 두께가 38 mm 이상인 저합금강
㉰ 두께가 19 mm 이상이고 최소 인장 강도가 568.4 N/mm² 이상인 강
㉱ 두께가 19 mm 이상으로서 저온(0℃ 미만)에서 사용하는 강 (알루미늄으로서 탈산 처리한 것은 제외한다.)
㉲ 두께가 13 mm 이상인 2.5 % 니켈강 또는 3.5 % 니켈강
㉳ 두께가 6 mm 이상인 9 % 니켈강

**54.** 저장량 15톤의 액화산소 저장 탱크를 지하에 설치할 경우 인근에 위치한 연면적 300 m²인 교회와 몇 m 이상의 거리를 유지하여야 하는가?

① 6 m   ② 7 m
③ 12 m  ④ 14 m

[해설] 산소 저장설비와 보호 시설별 안전 거리

| 저장 능력 | 제1종 | 제2종 |
|---|---|---|
| 1만 이하 | 12 | 8 |
| 1만 초과~2만 이하 | 14 | 9 |
| 2만 초과~3만 이하 | 16 | 11 |
| 3만 초과~4만 이하 | 18 | 13 |
| 4만 초과 | 20 | 14 |

∴ 교회는 제1종 보호 시설에 해당하고, 저장설비를 지하에 설치하는 경우에는 보호 시설과의 거리에 1/2을 곱한 거리를 유지하여야 하므로 안전거리는 14×1/2 = 7 m 이상이 된다.

**55.** 아세틸렌용 용접용기 제조 시 내압 시험 압력이란 최고 압력 수치의 몇 배의 압력을 말하는가?

① 1.2   ② 1.5
③ 2     ④ 3

[해설] 아세틸렌용 용접용기 시험 압력
㉮ 최고 충전 압력(FP) : 15℃에서 용기에 충전할 수 있는 가스의 압력 중 최고 압력
㉯ 기밀시험 압력(AP) : 최고 충전 압력의 1.8배
㉰ 내압시험 압력(TP) : 최고 충전 압력의 3배

**56.** 용기 보관실을 설치한 후 액화 석유 가스를 사용하여야 하는 시설 기준은?

① 저장 능력 1000 kg 초과
② 저장 능력 500 kg 초과
③ 저장 능력 300 kg 초과
④ 저장 능력 100 kg 초과

[해설] 액화석유가스 사용시설 기준
㉮ 저장 능력 100 kg 이하 : 용기, 용기밸브, 압력조정기가 직사광선, 눈, 빗물에 노출되지 않도록 조치
㉯ 저장 능력 100 kg 초과 : 용기 보관실 설치
㉰ 저장 능력 250 kg 이상 : 고압부에 안전장치 설치
㉱ 저장 능력 500 kg 초과 : 저장 탱크 또는 소형 저장 탱크 설치

**57.** 고압가스 제조 설비에서 기밀시험용으로 사용할 수 없는 것은?

① 질소    ② 공기
③ 탄산가스  ④ 산소

[해설] 고압가스 설비와 배관의 기밀시험은 원칙적으로 공기 또는 위험성이 없는 기체의 압력으로 실시한다 (산소는 조연성 가스에 해당되므로 기밀시험용으로 사용할 수 없다).

**58.** 다음 중 아세틸렌가스 충전 시 희석제로 적합한 것은?

① $N_2$    ② $C_3H_8$
③ $SO_2$   ④ $H_2$

[해설] 희석제 종류
㉮ 안전관리 규정에 정한 것 : 질소 ($N_2$), 메탄 ($CH_4$), 일산화 탄소 (CO), 에틸렌 ($C_2H_4$)
㉯ 희석제로 가능한 것 : 수소 ($H_2$), 프로판 ($C_3H_8$), 이산화 탄소 ($CO_2$)

**정답**  54. ②  55. ④  56. ④  57. ④  58. ①

**59.** 액화석유가스 사업자 등과 시공자 및 액화석유가스 특정 사용자의 안전 관리 등에 관계되는 업무를 하는 자는 시·도지사가 실시하는 교육을 받아야 한다. 교육 대상자의 교육 내용에 대한 설명으로 틀린 것은?

① 액화석유가스 배달원으로 신규 종사하게 될 경우 특별 교육을 1회 받아야 한다.
② 액화석유가스 특정사용시설의 안전관리 책임자로 신규 종사하게 될 경우 신규 종사 후 6개월 이내 및 그 이후에는 3년이 되는 해마다 전문 교육을 1회 받아야 한다.
③ 액화석유가스를 연료로 사용하는 자동차의 정비 작업에 종사하는 자가 한국가스안전공사에서 실시하는 액화석유가스 자동차 정비 등에 관한 전문 교육을 받은 경우에는 별도로 특별 교육을 받을 필요가 없다.
④ 액화석유가스 충전 시설의 충전원으로 신규 종사하게 될 경우 6개월 이내 전문 교육을 1회 받아야 한다.

[해설] 안전교육 실시(액법 시행규칙 66조, 별표19): 액화석유가스 충전 시설의 충전원으로 신규 종사 시 특별 교육을 1회 받아야 한다.

**60.** 정전기로 인한 화재, 폭발 사고를 예방하기 위해 취해야 할 조치가 아닌 것은?

① 유체의 분출 방지
② 절연체의 도전성 감소
③ 공기의 이온화 장치 설치
④ 유체 이·충전 시 유속의 제한

[해설] 절연체의 도전성은 증대해야 정전기 발생을 방지할 수 있다.

---

### 제 4 과목  가스계측

**61.** 토마스식 유량계는 어떤 유체의 유량을 측정하는 데 가장 적당한가?

① 용액의 유량   ② 가스의 유량
③ 석유의 유량   ④ 물의 유량

[해설] 토마스식 유량계: 유속식 유량계 중 열선식 유량계로 기체를 측정하는 데 적합하다.

**62.** 크로마토그램에서 머무름 시간이 45초인 어떤 용질을 길이 2.5 m의 컬럼에서 바닥에서의 나비를 측정하였더니 6초였다. 이론단수는 얼마인가?

① 800    ② 900
③ 1000   ④ 1200

[해설] $N = 16 \times \left(\dfrac{Tr}{W}\right)^2$
$= 16 \times \left(\dfrac{45}{6}\right)^2 = 900$

**63.** 제어량의 종류에 따른 분류가 아닌 것은?

① 서보 기구    ② 비례 제어
③ 자동 조정    ④ 프로세스 제어

[해설] 제어량 종류에 따른 자동 제어의 분류
㉮ 서보 기구: 물체의 위치, 방위, 자세 등의 기계적 변위를 제어량으로 하는 제어계로서 목표치의 임의의 변화에 항상 추종시키는 것을 목적으로 하는 제어이다.
㉯ 프로세스 제어: 온도, 유량, 압력, 액위 등 공업 프로세스의 상태를 제어량으로 하며 프로세스에 가해지는 외란의 억제를 주목적으로 하는 제어이다.
㉰ 자동 조정: 전력, 전류, 전압, 주파수, 전동기의 회수, 장력 등을 제어량으로 하며 이를 일정하게 유지하는 것을 목적으로 하는 제어이다.
㉱ 다변수 제어: 연료의 공급량, 공기의 공급량, 보일러 내의 압력, 급수량 등을 각각 자동으로 제어하면 발생 증기량을 부하 변동에 따라 일정하게 유지시켜야 한다. 그러나 각 제어량 사이에는 매우 복잡한 자동 제어를 일으키는 경우가 있는데 이러한 제어를 다변수 제어라 한다.

정답  59. ④  60. ②  61. ②  62. ②  63. ②

**64.** 전기 저항식 온도계에 대한 설명으로 틀린 것은?

① 열전대 온도계에 비하여 높은 온도를 측정하는 데 적합하다.
② 저항선의 재료는 온도에 의한 전기 저항의 변화(저항 온도 계수)가 커야 한다.
③ 저항 금속 재료는 주로 백금, 니켈, 구리가 사용된다.
④ 일반적으로 금속은 온도가 상승하면 전기 저항값이 올라가는 원리를 이용한 것이다.

[해설] 전기 저항식 온도계의 특징
㉮ 원격 측정에 적합하고 자동제어, 기록, 조절이 가능하다.
㉯ 비교적 낮은 온도(500℃ 이하)의 정밀 측정에 적합하다.
㉰ 검출 시간이 지연될 수 있다.
㉱ 측온 저항체가 가늘어($\phi$ 0.035) 진동에 단선되기 쉽다.
㉲ 구조가 복잡하고 취급이 어려워 숙련이 필요하다.
㉳ 정밀한 온도 측정에는 백금 저항 온도계가 쓰인다.
㉴ 측온 저항체에 전류가 흐르기 때문에 자기가열에 의한 오차가 발생한다.
㉵ 일반적으로 온도가 증가함에 따라 금속의 전기 저항이 증가하는 현상을 이용한 것이다 (단, 서미스터는 온도가 상승함에 따라 저항치가 감소한다).
㉶ 저항체는 저항 온도 계수가 커야 한다.
㉷ 저항체로서 주로 백금(Pt), 니켈(Ni), 동(Cu)가 사용된다.

**65.** 자동 제어에 대한 설명으로 틀린 것은?

① 편차의 정(+), 부(-)에 의하여 조작 신호가 최대, 최소가 되는 제어를 on-off 동작이라고 한다.
② 1차 제어 장치가 제어량을 측정하여 제어 명령을 하고 2차 제어 장치가 이 명령을 바탕으로 제어량을 조절하는 것을 캐스케이드 제어라고 한다.
③ 목표값이 미리 정해진 시간적 변화를 할 경우의 수치 제어를 정치 제어라고 한다.
④ 제어량 편차의 과소에 의하여 조작단을 일정한 속도로 정작동, 역작동 방향으로 움직이게 하는 동작을 부동 제어라고 한다.

[해설] 제어 방법에 의한 자동 제어의 분류
㉮ 정치 제어 : 목표값이 일정한 제어이다.
㉯ 추치 제어 : 목표값을 측정하면서 제어량을 목표값에 일치하도록 맞추는 방식으로 추종 제어, 비율 제어, 프로그램 제어 등이 있다.
㉰ 캐스케이드 제어 : 두 개의 제어계를 조합하여 제어량의 1차 조절계를 측정하고 그 조작 출력으로 2차 조절계의 목표값을 설정하는 방법으로 단일 루프 제어에 비해 외란의 영향을 줄이고 계 전체의 지연을 적게 하는 데 유효하기 때문에 출력 측에 낭비시간이나 지연이 큰 프로세스 제어에 이용되는 제어이다.
※ ③ 항은 추치 제어 중 프로그램 제어에 대한 설명임

**66.** 가스미터에 다음과 같이 표시되어 있었다. 다음 중 그 의미에 대한 설명으로 가장 옳은 것은?

$$0.6 \text{ L/rev, MAX } 1.8 \text{ m}^3/\text{h}$$

① 기준실 10주기 체적이 0.6 L, 사용 최대 유량은 시간당 1.8 $m^3$이다.
② 계량실 1주기 체적이 0.6 L, 사용 감도 유량은 시간당 1.8 $m^3$이다.
③ 기준실 10주기 체적이 0.6 L, 사용 감도 유량은 시간당 1.8 $m^3$이다.
④ 계량실 1주기 체적이 0.6 L, 사용 최대 유량은 시간당 1.8 $m^3$이다.

[해설] 가스미터의 표시 사항
㉮ 0.6 L/rev : 계량실의 1주기 체적이 0.6 L

정답  64. ①  65. ③  66. ④

㉴ MAX 1.8 m³/h : 사용최대 유량이 시간당 1.8 m³이다.

**67.** 유량의 계측 단위가 아닌 것은?
① kg/h     ② kg/s
③ Nm³/s    ④ kg/m³

[해설] 유량 계측 단위 : 단위 시간당 통과한 유량으로 질량 유량과 체적 유량으로 구분할 수 있다.
㉮ 질량 유량의 단위 : kg/h, kg/min, kg/s, g/h, g/min, g/s 등
㉯ 체적 유량의 단위 : Nm³/h, Nm³/min, Nm³/s, L/h, L/min, L/s 등

**68.** 가스미터에 공기가 통과 시 유량이 300 m³/h라면 프로판 가스를 통과하면 유량은 약 몇 kg/h로 환산되겠는가?(단, 프로판의 비중은 1.52, 밀도는 1.86 kg/m³이다.)
① 235.9    ② 373.5
③ 452.6    ④ 579.2

[해설] 저압 배관의 유량식 $Q = K\sqrt{\dfrac{D^5 \cdot H}{S \cdot L}}$ 에서 공기를 1, 프로판을 2로 하여 비례식을 쓰면 다음과 같다.

$\dfrac{Q_2}{Q_1} = \dfrac{K_2\sqrt{\dfrac{D_2^5 \cdot H_2}{S_2 \cdot L_2}}}{K_1\sqrt{\dfrac{D_1^5 \cdot H_1}{S_1 \cdot L_1}}}$ 에서 동일한 시설이므로 유량 계수($K$), 안지름($D$), 압력 손실($H$), 배관 길이($L$)는 변함이 없다.

$\therefore \dfrac{Q_2}{Q_1} = \dfrac{\dfrac{1}{\sqrt{S_2}}}{\dfrac{1}{\sqrt{S_1}}}$ 에서

$\therefore Q_2 = \dfrac{\dfrac{1}{\sqrt{S_2}}}{\dfrac{1}{\sqrt{S_1}}} \times Q_1$

$= \dfrac{\dfrac{1}{\sqrt{1.52}}}{\dfrac{1}{\sqrt{1}}} \times 300 \times 1.86$

$= 452.597$ kg/h

※ 질량 유량(kg/h) = 체적 유량(m³/h)×밀도(kg/m³)

**69.** 가스누출경보 차단 장치에 대한 설명 중 틀린 것은?
① 원격 개폐가 가능하고 누출된 가스를 검지하여 경보를 올리면서 자동으로 가스 통로를 차단하는 구조이어야 한다.
② 제어부에서 차단부의 개폐 상태를 확인할 수 있는 구조이어야 한다.
③ 차단부가 검지부의 가스 검지 등에 의하여 닫힌 후에는 복원 조작을 하지 않는 한 열리지 않는 구조이어야 한다.
④ 차단부가 전자 밸브인 경우에는 통전일 때 닫히고, 정전일 때 열리는 구조이어야 한다.

[해설] 차단부가 전자 밸브인 경우에는 통전일 때 열리고, 정전일 때 닫히는 구조이어야 한다.

**70.** 탐사침을 액 중에 넣어 검출되는 물질의 유전율을 이용하는 액면계는?
① 정전용량형 액면계
② 초음파식 액면계
③ 방사선식 액면계
④ 전극식 액면계

[해설] 정전 용량식 액면계 : 정전 용량 검출 탐사침(probe)을 액 중에 넣어 검출되는 물질의 유전율을 이용하여 액면을 측정하는 것으로 온도에 따라 유전율이 변화되는 곳에서는 사용이 부적합하다.

**71.** 일반적으로 장치에 사용되고 있는 부르동관 압력계 등으로 측정되는 압력은?

정답  67. ④  68. ③  69. ④  70. ①  71. ②

① 절대 압력　② 게이지 압력
③ 진공 압력　④ 대기압

[해설] 장치나 설비에 부착된 압력계에 지시되는 압력은 게이지 압력이다.

**72.** 측정 범위가 넓어 탄성체 압력계의 교정용으로 주로 사용되는 압력계는?

① 벨로스식 압력계
② 다이어프램식 압력계
③ 부르동관식 압력계
④ 표준 분동식 압력계

[해설] (1) 표준 분동식 압력계 : 탄성식 압력계의 교정에 사용되는 1차 압력계로 램, 실린더, 기름 탱크, 가압 펌프 등으로 구성되며 사용 유체에 따라 측정 범위가 다르게 적용된다.
(2) 사용 유체에 따른 측정 범위
㉮ 경유 : 40~100 $kgf/cm^2$
㉯ 스핀들유, 피마자유 : 100~1000 $kgf/cm^2$
㉰ 모빌유 : 3000 $kgf/cm^2$ 이상
㉱ 점도가 큰 오일을 사용하면 5000 $kgf/cm^2$ 까지도 측정이 가능하다.

**73.** 습공기의 절대 습도와 그 온도와 동일한 포화 공기의 절대 습도와의 비를 의미하는 것은?

① 비교 습도　② 포화 습도
③ 상대 습도　④ 절대 습도

[해설] 습도의 구분
㉮ 절대 습도 : 습공기 중에서 건조공기 1 kg에 대한 수증기의 양과의 비율로서 절대 습도는 온도에 관계없이 일정하게 나타난다.
㉯ 상대 습도 : 현재의 온도 상태에서 현재 포함하고 있는 수증기의 양과의 비를 백분율 (%)로 표시한 것으로 온도에 따라 변화한다.
㉰ 비교 습도 : 습공기의 절대 습도와 그 온도와 동일한 포화 공기의 절대 습도와의 비

**74.** 일반적으로 기체 크로마토그래피 분석 방법으로 분석하지 않는 가스는?

① 염소 ($Cl_2$)　② 수소 ($H_2$)
③ 이산화 탄소 ($CO_2$)　④ 부탄 (n-$C_4H_{10}$)

[해설] 흡착형 분리관 충전물과 적용 가스

| 충전물 명칭 | 적용 가스 |
| --- | --- |
| 활성탄 | $H_2$, CO, $CO_2$, $CH_4$ |
| 활성 알루미나 | CO, $C_1$~$C_3$ 탄화수소 |
| 실리카 겔 | $CO_2$, $C_1$~$C_4$ 탄화수소 |
| 몰레큘러 시브 13X | CO, $CO_2$, $N_2$, $O_2$ |
| porapack Q | $N_2O$, NO, $H_2O$ |

**75.** 가스 크로마토그래피에서 사용하는 검출기가 아닌 것은?

① 원자방출 검출기(AED)
② 황화학발광 검출기(SCD)
③ 열추적 검출기(TTD)
④ 열이온 검출기(TID)

[해설] 가스 크로마토그래피 검출기 종류
㉮ TCD : 열전도형 검출기
㉯ FID : 수소염 이온화 검출기
㉰ ECD : 전자포획 이온화 검출기
㉱ FPD : 염광 광도형 검출기
㉲ FTD : 알칼리성 이온화 검출기
㉳ DID : 방전이온화 검출기
㉴ AED : 원자방출 검출기
㉵ TID : 열이온 검출기
㉶ SCD : 황화학발광 검출기

**76.** 계량에 관한 법률의 목적으로 가장 거리가 먼 것은?

① 계량의 기준을 정함
② 공정한 상거래 질서 유지
③ 산업의 선진화 기여
④ 분쟁의 협의 조정

[해설] 계량에 관한 법률 목적(법 제1조) : 계량의 기준을 정하여 적정한 계량을 실시하게 함으로써 공정한 상거래 질서의 유지 및 산업의 선진화에 이바지함을 목적으로 한다.

정답　72. ④　73. ①　74. ①　75. ③　76. ④

**77.** 실측식 가스미터가 아닌 것은?
① 터빈식 가스미터  ② 건식 가스미터
③ 습식 가스미터    ④ 막식 가스미터

[해설] 가스미터의 분류
 (1) 실측식(직접식)
  ㉮ 건식 : 막식형(독립내기식, 클로버식)
  ㉯ 회전식 : 루츠형, 오벌식, 로터리 피스톤식
  ㉰ 습식
 (2) 추량식(간접식) : 델타식(볼텍스식), 터빈식, 오리피스식, 벤투리식

**78.** 시료 가스를 각각 특정한 흡수액에 흡수시켜 흡수 전후의 가스 체적을 측정하여 가스의 성분을 분석하는 방법이 아닌 것은?
① 오르사트(Orsat)법
② 헴펠(Hempel)법
③ 적정(滴定)법
④ 게겔(Gockel)법

[해설] 흡수 분석법 : 채취된 가스를 분석기 내부의 성분 흡수제에 흡수시켜 체적 변화를 측정하는 방식으로 오르사트법, 헴펠법, 게겔법 등이 있다.

**79.** 관이나 수로의 유량을 측정하는 차압식 유량계는 어떠한 원리를 응용한 것인가?
① 토리첼리(Torricelli's) 정리
② 패러데이(Faraday's) 법칙
③ 베르누이(Bernoulli's) 정리
④ 파스칼(Pascal) 원리

[해설] 차압식 유량계
 ㉮ 측정 원리 : 베르누이 정리(방정식)
 ㉯ 종류 : 오리피스미터, 플로 노즐, 벤투리미터
 ㉰ 측정 방법 : 조리개 전후에 연결된 액주계의 압력차(속도 변화에 의하여 생기는 압력차)를 이용하여 유량을 측정한다.

**80.** 다음 가스 분석법 중 흡수 분석법에 해당되지 않는 것은?
① 헴펠법        ② 게겔법
③ 오르사트법    ④ 우인클러법

[해설] 흡수 분석법의 종류 : 오르사트(Orsat)법, 헴펠(Hempel)법, 게겔(Gockel)법

정답  77. ①  78. ③  79. ③  80. ④

## 제1과목 연소공학

**1.** 압력이 0.1 MPa, 체적이 3 m³인 273.15 K의 공기가 이상적으로 단열 압축되어 그 체적이 1/3으로 되었다. 엔탈피의 변화량은 약 몇 kJ 인가? (단, 공기의 기체 상수는 0.287 kJ/kg·K, 비열비는 1.40이다.)

① 480　　② 580
③ 680　　④ 780

해설 ㉮ 단열과정 압축일량($W_t$) 계산

$$W_t = \frac{k}{k-1} P_1 V_1 \left\{1 - \left(\frac{V_1}{V_2}\right)^{k-1}\right\}$$

$$= \frac{1.4}{1.4-1} \times (0.1 \times 10^3) \times 3$$

$$\times \left\{1 - \left(\frac{3}{3 \times \frac{1}{3}}\right)^{1.4-1}\right\}$$

$$= -579.437 \text{ kJ}$$

㉯ 단열압축 과정 엔탈피 변화량($dU$)은 압축일량($W_t$)과 절대값이 같고 부호가 반대이다.
∴ $dU = -W_t$이므로
엔탈피 변화량은 579.437 kJ이다.

**2.** 다음 연소와 관련된 식으로 옳은 것은?

① 과잉 공기비 = 공기비($m$) - 1
② 과잉 공기량 = 이론 공기량($A_0$) + 1
③ 실제 공기량 = 공기비($m$) + 이론 공기량($A_0$)
④ 공기비 = $\dfrac{\text{이론 산소량}}{\text{실제 공기량}}$ - 이론 공기량

해설 공기비와 관계된 사항
㉮ 공기비(과잉 공기 계수): 실제 공기량($A$)과 이론 공기량($A_0$)의 비

$$m = \frac{A}{A_0} = \frac{A_0 + B}{A_0} = 1 + \frac{B}{A_0}$$

㉯ 과잉 공기량($B$): 실제 공기량과 이론 공기량의 차
$B = A - A_0 = (m-1)A_0$

㉰ 과잉 공기율(%): 과잉 공기량과 이론 공기량의 비율(%)

과잉 공기율(%) = $\dfrac{B}{A_0} \times 100$

$= \dfrac{A - A_0}{A_0} \times 100$

$= (m-1) \times 100$

㉱ 과잉 공기비: 과잉 공기량과 이론 공기량의 비

과잉 공기비 = $\dfrac{B}{A_0} = \dfrac{A - A_0}{A_0} = m - 1$

**3.** 폭굉(detonation)의 화염 전파 속도는?

① 0.1~10 m/s
② 10~100 m/s
③ 1000~3500 m/s
④ 5000~10000 m/s

해설 폭굉의 화염 전파 속도: 1000~3500 m/s

**4.** 다음 중 착화 온도가 낮아지는 이유가 되지 않는 것은?

① 반응 활성도가 클수록
② 발열량이 클수록
③ 산소 농도가 높을수록
④ 분자 구조가 단순할수록

해설 착화 온도가 낮아지는 조건

정답　1. ②　2. ①　3. ③　4. ④

㉮ 압력이 높을 때
㉯ 발열량이 높을 때
㉰ 열전도율이 작을 때
㉱ 산소와 친화력이 클 때
㉲ 산소 농도가 높을 때
㉳ 분자 구조가 복잡할수록
㉴ 반응 활성도가 클수록

**5.** 단원자 분자의 정적 비열($C_v$)에 대한 정압 비열($C_p$)의 비인 비열비($k$) 값은?

① 1.67　　② 1.44
③ 1.33　　④ 1.02

[해설] 비열비 $k = \dfrac{C_p}{C_v} > 1$이다.

㉮ 1원자 분자 (C, S, Ar, He 등) : 1.66
㉯ 2원자 분자 ($O_2$, $N_2$, $H_2$, CO, 공기 등) : 1.4
㉰ 3원자 분자 ($CO_2$, $SO_2$, $NO_2$ 등) : 1.33

**6.** 증기운 폭발에 영향을 주는 인자로서 가장 거리가 먼 것은?

① 방출된 물질의 양
② 증발된 물질의 분율
③ 점화원의 위치
④ 혼합비

[해설] 증기운 폭발에 영향을 주는 인자
㉮ 방출된 물질의 양
㉯ 점화 확률
㉰ 증기운이 점화하기까지 움직인 거리
㉱ 폭발 효율
㉲ 방출에 관련된 점화원의 위치

**7.** 시안화 수소는 장기간 저장하지 못하도록 규정되어 있다. 가장 큰 이유는?

① 분해 폭발하기 때문에
② 산화 폭발하기 때문에
③ 분진 폭발하기 때문에
④ 중합 폭발하기 때문에

[해설] 시안화 수소 (HCN)는 중합 폭발의 위험성 때문에 충전 기한 60일을 초과하지 못하도록 규정하고 있다 (단, 순도가 98 % 이상이고, 착색되지 않은 것은 60일을 초과하여 저장할 수 있다).
※ 중합 폭발 방지용 안정제의 종류 : 황산, 아황산 가스, 동, 동망, 염화칼슘, 인산, 오산화인

**8.** 다음 중 물리적 폭발에 속하는 것은?

① 가스 폭발　　② 폭발적 증발
③ 디토네이션　　④ 중합 폭발

[해설] 폭발의 종류
㉮ 물리적 폭발 : 증기 폭발, 금속선 폭발, 고체상 전이 폭발, 압력 폭발 등
㉯ 화학적 폭발 : 산화 폭발, 분해 폭발, 촉매 폭발, 중합 폭발 등

**9.** 유동층 연소의 장점에 대한 설명으로 가장 거리가 먼 것은?

① 부하 변동에 따른 적응력이 좋다.
② 광범위하게 연료에 적용할 수 있다.
③ 질소 산화물의 발생량이 감소된다.
④ 전열 면적이 적게 소요된다.

[해설] 유동층 연소의 특징
㉮ 광범위한 연료에 적용할 수 있다.
㉯ 연소 시 화염층이 작아진다.
㉰ 클링커(clinker) 장해를 경감할 수 있다.
㉱ 연소 온도가 낮아 질소 산화물의 발생량이 적다.
㉲ 화격자 단위 면적당 열부하를 크게 얻을 수 있다.
㉳ 부하 변동에 따른 적응력이 떨어진다.

**10.** 0.5 atm, 10 L의 기체 A와 1.0 atm, 5 L의 기체 B를 전체 부피 15 L의 용기에 넣을 경우, 전압은 얼마인가? (단, 온도는 항상 일정하다.)

정답　5. ①　6. ④　7. ④　8. ②　9. ①　10. ②

① $\frac{1}{3}$ atm  ② $\frac{2}{3}$ atm

③ 1.5 atm  ④ 1 atm

[해설] $P = \frac{P_A V_A + P_B V_B}{V}$

$= \frac{0.5 \times 10 + 1.0 \times 5.0}{15} = \frac{10}{15} = \frac{2}{3}$ atm

**11.** 다음 가연성 가스 중 폭발 하한값이 가장 낮은 것은?

① 메탄  ② 부탄
③ 수소  ④ 아세틸렌

[해설] 각 가스의 공기 중에서의 폭발 범위

| 명칭 | 폭발 범위(%) |
|---|---|
| 메탄 ($CH_4$) | 5~15 |
| 부탄 ($C_4H_{10}$) | 1.9~8.5% |
| 수소 ($H_2$) | 4~75% |
| 아세틸렌 ($C_2H_2$) | 2.5~81% |

**12.** 피크노미터는 무엇을 측정하는 데 사용되는가?

① 비중  ② 비열
③ 발화점  ④ 열량

[해설] 피크노미터(pycnometer): 액체의 비중을 측정하는 유리용기로 비중병이라 한다.

**13.** 피스톤과 실린더로 구성된 어떤 용기 내에 들어 있는 기체의 처음 체적은 0.1 m³이다. 200 kPa의 일정한 압력으로 체적이 0.3 m³로 변했을 때의 일은 약 몇 kJ인가?

① 0.4  ② 4
③ 40  ④ 400

[해설] $W_a = P(V_2 - V_1)$
$= 200 \times (0.3 - 0.1) = 40$ kJ

**14.** 미연소 혼합기의 흐름이 화염 부근에서 층류에서 난류로 바뀌었을 때의 현상으로 옳지 않은 것은?

① 확산 연소일 경우는 단위 면적당 연소율이 높아진다.
② 적화식 연소는 난류 확산 연소로서 연소율이 높다.
③ 화염의 성질이 크게 바뀌며 화염대의 두께가 증대한다.
④ 예혼합 연소일 경우 화염 전파 속도가 가속된다.

[해설] 버너 연소는 난류 확산 연소로 연소율이 높아진다.

**15.** 어떤 반응 물질이 반응을 시작하기 전에 반드시 흡수하여야 하는 에너지의 양을 무엇이라 하는가?

① 점화 에너지  ② 활성화 에너지
③ 형성 엔탈피  ④ 연소 에너지

[해설] 활성화 에너지: 반응 물질을 활성화물로 만드는 데 필요한 최소 에너지이다.

**16.** 압력 2 atm, 온도 27℃에서 공기 2 kg의 부피는 약 몇 m³인가? (단, 공기의 평균 분자량은 29이다.)

① 0.45  ② 0.65
③ 0.75  ④ 0.85

[해설] 1 atm은 101.325 kPa이다.
$PV = GRT$에서
$V = \frac{GRT}{P}$
$= \frac{2 \times \frac{8.314}{29} \times (273 + 27)}{2 \times 101.325}$
$= 0.8488$ m³

**17.** 정상 동작 상태에서 주변의 폭발성 가스 또는 증기에 점화시키지 않고 점화시킬 수 있는 고장이 유발되지 않도록 한 방폭 구조는?

정답  11. ②  12. ①  13. ③  14. ②  15. ②  16. ④  17. ②

① 특수 방폭 구조
② 비점화 방폭 구조
③ 본질 안전 방폭 구조
④ 몰드 방폭 구조

[해설] 비점화 방폭 구조(n) : 전기 기기가 정상 작동과 규정된 특정한 비정상 상태에서 주위의 폭발성 가스 분위기를 점화시키지 못하도록 만든 방폭 구조

**18.** 고부하 연소 중 내연 기관의 동작과 같은 흡입, 연소, 팽창, 배기를 반복하면서 연소를 일으키는 것은?
① 펄스 연소　　② 에멀션 연소
③ 촉매 연소　　④ 고농도 산소 연소

[해설] (1) 펄스(pulse) 연소 : 가솔린 기관 내의 연소와 같이 흡기, 연소, 팽창, 배기 과정을 반복하며 간헐적인 연소를 일정 주기 반복하여 연소시키는 방식
(2) 펄스 연소의 특징
　㉮ 연소실로의 연소 가스 역류로 연소 온도 상승이 제한적이다.
　㉯ 연소기의 형상 및 구조가 간단하고 설비비가 저렴하다.
　㉰ 저공기비 연소가 가능하고, 공기비 제어 장치가 불필요하다.
　㉱ 효율이 높아 연료가 절약된다.
　㉲ 연소 조절 범위가 좁다.
　㉳ 시동용 팬 설치가 필요하고, 소음이 발생한다.

**19.** 연소에서 사용되는 용어와 그 내용에 대하여 가장 바르게 연결한 것은?
① 폭발 – 정상 연소
② 착화점 – 점화 시 최대 에너지
③ 연소 범위 – 위험도의 계산 기준
④ 자연 발화 – 불씨에 의한 최고 연소 시작 온도

[해설] 연소에 사용되는 용어
　㉮ 폭발 : 화학 반응 또는 상 반응에 의해 부피가 팽창하여 압력이 급격히 상승한 후 이 압력이 해방되는 현상으로 폭발음, 빛, 고온의 폭발 생성물 방출 및 파괴 현상을 동반한다.
　㉯ 착화점 : 점화원 없이 스스로 연소를 개시하는 최저 온도(최저 에너지)이다.
　㉰ 연소 범위 : 폭발 범위라 하며 폭발 상한계와 폭발 하한계 사이에 존재하는 가연성 물질의 공기 중에서의 부피비(%)로 위험도를 계산하는 기준이다.
　㉱ 자연 발화 : 불씨가 없는 상태에서 연소가 시작되는 최저 온도이다.

**20.** 버너 출구에서 가연성 기체의 유출 속도가 연소 속도보다 큰 경우 불꽃이 노즐에 정착되지 않고 꺼져 버리는 현상을 무엇이라 하는가?
① boil over　　② flash back
③ blow off　　④ back fire

[해설] 블로 오프(blow off) : 불꽃 주위, 특히 기저부에 대한 공기의 움직임이 세지면 불꽃이 노즐에 정착하지 않고 떨어지게 되어 꺼지는 현상

## 제 2 과목　가스설비

**21.** 용기 충전구에 "V" 홈의 의미는?
① 왼나사를 나타낸다.
② 독성 가스를 나타낸다.
③ 가연성 가스를 나타낸다.
④ 위험한 가스를 나타낸다.

[해설] 용기 밸브의 그랜드 너트의 6각 모서리에 "V"형 홈을 낸 것은 충전구가 왼나사임을 표시하는 것이다.

**22.** LP 가스를 이용한 도시가스 공급 방식이 아닌 것은?

정답　18. ①　19. ③　20. ③　21. ①　22. ④

① 직접 혼입방식  ② 공기 혼합방식
③ 변성 혼입방식  ④ 생가스 혼합방식

[해설] LP 가스를 이용한 도시가스 공급 방식
- ㉮ 직접 혼입방식 : 종래의 도시가스에 기화한 LPG를 그대로 공급하는 방식이다.
- ㉯ 공기 혼합방식 : 기화된 LPG에 일정량의 공기를 혼합하여 공급하는 방식으로 발열량 조절, 재액화 방지, 누설 시 손실 감소, 연소 효율 증대 효과를 볼 수 있다.
- ㉰ 변성 혼입방식 : LPG의 성질을 변경하여 공급하는 방식이다.

**23.** 고압가스 설비 설치 시 지반이 단단한 점토질 지반일 때의 허용 지지력도는?

① 0.05 MPa   ② 0.1 MPa
③ 0.2 MPa    ④ 0.3 MPa

[해설] 지반 종류에 따른 허용 지지력도 (MPa)

| 지반의 종류 | 허용 지지력도 (MPa) |
|---|---|
| 암반 | 1 |
| 단단히 응결된 모래층 | 0.5 |
| 황토흙 | 0.3 |
| 조밀한 자갈층 | 0.3 |
| 모래질 지반 | 0.05 |
| 조밀한 모래질 지반 | 0.2 |
| 단단한 점토질 지반 | 0.1 |
| 점토질 지반 | 0.02 |
| 단단한 롬 (loam)층 | 0.1 |
| 롬 (loam)층 | 0.05 |

**24.** 가스 온수기에 반드시 부착하지 않아도 되는 안전장치는?

① 정전 안전장치   ② 역풍 방지장치
③ 전도 안전장치   ④ 소화 안전장치

[해설] 가스 온수기에 부착되는 안전장치
- ㉮ 정전 안전장치
- ㉯ 역풍 방지 장치
- ㉰ 소화 안전장치
- ㉱ 그 밖의 장치 : 거버너(세라믹 버너를 사용하는 온수기만 해당), 과열 방지 장치, 물온도 조절 장치, 점화 장치, 물빼기 장치, 수압 자동 가스밸브, 동결 방지 장치, 과압 방지 안전장치

**25.** 폴리에틸렌관(polyethylene pipe)의 일반적인 성질에 대한 설명으로 틀린 것은?

① 인장 강도가 적다.
② 내열성과 보온성이 나쁘다.
③ 염화 비닐관에 비해 가볍다.
④ 상온에도 유연성이 풍부하다.

[해설] 폴리에틸렌관의 특징
- ㉮ 염화 비닐관보다 가볍다.
- ㉯ 염화 비닐관보다 화학적, 전기적 성질이 우수하다.
- ㉰ 내한성이 좋아 한랭지 배관에 알맞다.
- ㉱ 염화 비닐관에 비해 인장 강도가 1/5 정도로 작다.
- ㉲ 화기에 극히 약하다.
- ㉳ 유연해서 관면에 외상을 받기 쉽다.
- ㉴ 장시간 직사광선 (햇빛)에 노출되면 노화된다.
- ㉵ 폴리에틸렌관의 종류 : 수도용, 가스용, 일반용

**26.** 실린더의 단면적 50 cm², 피스톤 행정 10 cm, 회전수 200 rpm, 체적 효율 80 %인 왕복압축기의 토출량은 약 몇 L/min인가?

① 60    ② 80
③ 100   ④ 120

[해설] $V = \dfrac{\pi}{4} D^2 \cdot L \cdot n \cdot N \cdot \eta_v$
$= 50 \times 10 \times 1 \times 200 \times 0.8 \times 10^{-3}$
$= 80 \text{ L/min}$

※ $\dfrac{\pi}{4} D^2$은 실린더 단면적에 해당되고, 1 L는 1000 cm³에 해당된다.

**27.** 철을 담금질하면 경도는 커지지만 탄성이 약해지기 쉬우므로 이를 적당한 온도로 재가

열했다가 공기 중에서 서랭시키는 열처리 방법은?
① 담금질(quenching)
② 뜨임(tempering)
③ 불림(normalizing)
④ 풀림(annealing)

[해설] 뜨임 : 담금질 또는 냉간 가공된 재료의 내부 응력을 제거하며 재료에 연성이나 인장 강도를 부여하기 위하여 담금질 온도보다 낮은 온도에서 재가열한 후 공기 중에서 서랭시킨다.

**28.** 금속의 시험편 또는 제품의 표면에 일정한 하중으로 일정 모양의 경질 입자를 압입하든가 또는 일정한 높이에서 해머를 낙하시키는 등의 방법으로 금속 재료를 시험하는 방법은?
① 인장 시험   ② 굽힘 시험
③ 경도 시험   ④ 크리프 시험

[해설] 경도 시험 : 금속 재료가 외력에 대하여 단단한 정도가 어느 정도인지 시험하는 것으로 브리넬 경도 시험, 로크웰 경도 시험, 비커스 경도 시험, 쇼어 경도 시험으로 분류한다.

**29.** 전기방식 방법의 특징에 대한 설명으로 옳은 것은?
① 전위차가 일정하고 방식 전류가 작아 도복장의 저항이 작은 대상에 알맞은 방식은 희생 양극법이다.
② 매설 배관과 변전소의 부극 또는 레일을 직접 도선으로 연결해야 하는 경우에 사용하는 방식은 선택 배류법이다.
③ 외부 전원법과 선택 배류법을 조합하여 레일의 전위가 높아도 방식 전류를 흐르게 할 수가 있는 방식은 강제 배류법이다.
④ 전압을 임의적으로 선정할 수 있고 전류의 방출을 많이 할 수 있어 전류 구배가 작은 장소에 사용하는 방식은 외부 전원법이다.

[해설] 각 항목의 옳은 설명
① 전위차가 일정하고 방식 전류가 작아 전위 구배가 작은 경우, 도복장의 저항이 큰 대상에 알맞은 방식은 희생 양극법이다.
② 매설 배관과 변전소의 부극 또는 레일을 직접 도선으로 연결해야 하는 경우 정류기를 조립하여 사용하는 방식은 선택 배류법이다.
④ 전압을 임의적으로 선정할 수 있고 전류의 방출을 많이 할 수 있어 전류 구배가 큰 장소, 도복장의 저항이 낮은 곳에 사용하는 방식은 외부 전원법이다.

**30.** 고압가스 용기 및 장치 가공 후 열처리를 실시하는 가장 큰 이유는?
① 재료 표면의 경도를 높이기 위하여
② 재료의 표면을 연화시켜 가공하기 쉽도록 하기 위하여
③ 가공 중 나타난 잔류 응력을 제거하기 위하여
④ 부동태 피막을 형성시켜 내산성을 증가시키기 위하여

[해설] 고압가스 용기 및 장치 가공 후 열처리를 실시하는 이유는 가공 중에 나타난 잔류 응력을 제거하기 위한 것이다.

**31.** 원유, 등유, 나프타 등의 분자량이 큰 탄화수소 원료를 고온(800~900℃)으로 분해하여 고열량의 가스를 제조하는 방법은?
① 열분해 프로세스
② 접촉 분해 프로세스
③ 수소화 분해 프로세스
④ 대체 천연가스 프로세스

[해설] 열분해 공정(thermal craking process) : 고온하에서 탄화수소를 가열하여 수소($H_2$), 메탄($CH_4$), 에탄($C_2H_6$), 에틸렌($C_2H_4$), 프로판($C_3H_8$) 등의 가스상의 탄화수소와 벤젠, 톨루엔 등의 조경유 및 타르, 나프탈렌 등으로 분해하고, 고열량 가스($10000\ kcal/Nm^3$)를 제조하는 방법이다.

정답  28. ③   29. ③   30. ③   31. ①

**32.** 고압가스용 기화 장치의 기화통의 용접하는 부분에 사용할 수 없는 재료의 기준은?

① 탄소 함유량이 0.05 % 이상인 강재 또는 저합금 강재
② 탄소 함유량이 0.10 % 이상인 강재 또는 저합금 강재
③ 탄소 함유량이 0.15 % 이상인 강재 또는 저합금 강재
④ 탄소 함유량이 0.35 % 이상인 강재 또는 저합금 강재

[해설] 기화통 또는 기화통의 부분 중 내압 부분에 사용 금지 재료
㉮ 기화통의 용접하는 부분 : 탄소 함유량이 0.35 % 이상인 강재 또는 저합금 강재
㉯ 설계 압력이 3 MPa을 초과하는 기화통 : KS D 3515 (용접 구조용 압연 강재)

**33.** 내용적 70 L의 LPG 용기에 프로판 가스를 충전할 수 있는 최대량은 몇 kg인가?

① 50      ② 45
③ 40      ④ 30

[해설] $G = \dfrac{V}{C} = \dfrac{70}{2.35} = 29.787 \text{ kg}$

**34.** 물을 전양정 20 m, 송출량 500 L/min로 이송할 경우 원심 펌프의 필요 동력은 약 몇 kW인가? (단, 펌프의 효율은 60 %이다.)

① 1.7     ② 2.7
③ 3.7     ④ 4.7

[해설] $\text{kW} = \dfrac{\gamma Q H}{102 \eta}$
$= \dfrac{1000 \times (500 \times 10^{-3}) \times 20}{102 \times 0.6 \times 60}$
$= 2.723 \text{ kW}$

**35.** 펌프에서 발생하는 캐비테이션의 방지법 중 옳은 것은?

① 펌프의 위치를 낮게 한다.
② 유효 흡입 수두를 작게 한다.
③ 펌프의 회전수를 크게 한다.
④ 흡입관의 지름을 작게 한다.

[해설] 캐비테이션(cavitation) 현상 방지법
㉮ 펌프의 위치를 낮춘다 (흡입 양정을 짧게 한다).
㉯ 수직축 펌프를 사용하여 회전차를 수중에 완전히 잠기게 한다.
㉰ 양흡입 펌프를 사용한다.
㉱ 펌프의 회전수를 낮춘다.
㉲ 두 대 이상의 펌프를 사용한다.
㉳ 유효 흡입 수두를 크게 한다.

**36.** 저온 장치용 금속 재료에서 온도가 낮을수록 감소하는 기계적 성질은?

① 인장 강도     ② 연신율
③ 항복점        ④ 경도

[해설] 금속 재료에서 온도가 낮을 때 기계적 성질
㉮ 증가 : 인장 강도, 항복점, 경도, 취성
㉯ 감소 : 연신율, 충격치, 인성

**37.** LP 가스용 조정기 중 2단 감압식 조정기의 특징에 대한 설명으로 틀린 것은?

① 1차용 조정기의 조정 압력은 25 kPa이다.
② 배관이 길어도 전 공급 지역의 압력을 균일하게 유지할 수 있다.
③ 입상 배관에 의한 압력 손실을 적게 할 수 있다.
④ 배관 지름이 작은 것으로 설계할 수 있다.

[해설] 2단 감압식 조정기의 특징
(1) 장점
㉮ 입상 배관에 의한 압력 손실을 보정할 수 있다.
㉯ 가스 배관이 길어도 공급 압력이 안정된다.
㉰ 각 연소 기구에 알맞은 압력으로 공급이 가능하다.
㉱ 중간 배관의 지름이 작아도 된다.

[정답] 32. ④  33. ④  34. ②  35. ①  36. ②  37. ①

(2) 단점
   ㉮ 설비가 복잡하고, 검사 방법이 복잡하다.
   ㉯ 조정기 수가 많아서 점검 부분이 많다.
   ㉰ 부탄의 경우 재액화의 우려가 있다.
   ㉱ 시설의 압력이 높아서 이음 방식에 주의하여야 한다.

[참고] 일반용 LPG 2단 감압식 1차용 조정기 압력

| 구분 | 용량 100 kg/h 이하 | 용량 100 kg/h 초과 |
|---|---|---|
| 입구 압력 | 0.1~1.56 MPa | 0.3~1.56 MPa |
| 조정 압력 | 57~83 kPa | 57~83 kPa |
| 입구 기밀 시험 압력 | 1.8 MPa 이상 | |
| 출구 기밀 시험 압력 | 150 kPa 이상 | |
| 최대 폐쇄 압력 | 95 kPa 이하 | |

**38.** 펌프에서 발생하는 수격 현상의 방지법으로 틀린 것은?
① 서지(surge) 탱크를 관내에 설치한다.
② 관내의 유속 흐름 속도를 가능한 적게 한다.
③ 플라이휠을 설치하여 펌프의 속도가 급변하는 것을 막는다.
④ 밸브는 펌프 주입구에 설치하고 밸브를 적당히 제어한다.

[해설] 수격 현상(water hammering) 방지법
   ㉮ 배관 내부의 유속을 낮춘다(관 지름이 큰 배관을 사용한다).
   ㉯ 배관에 조압 수조(調壓水槽 : surge tank)를 설치한다.
   ㉰ 플라이휠(flywheel)을 설치하여 펌프의 속도가 급격히 변화하는 것을 막는다.
   ㉱ 밸브를 송출구 가까이 설치하고 적당히 제어한다.

**39.** 내압 시험 압력 및 기밀시험 압력의 기준이 되는 압력으로서 사용 상태에서 해당 설비 등의 각부에 작용하는 최고 사용 압력을 의미하는 것은?
① 설계 압력  ② 표준 압력
③ 상용 압력  ④ 설정 압력

[해설] 압력의 정의
   ㉮ 상용 압력 : 내압 시험 압력 및 기밀시험 압력의 기준이 되는 압력으로서 사용 상태에서 해당 설비 등의 각부에 작용하는 최고 사용 압력을 말한다.
   ㉯ 설계 압력 : 고압가스 용기 등의 각부의 계산 두께 또는 기계적 강도를 결정하기 위하여 설계된 압력을 말한다.
   ㉰ 설정 압력 : 안전밸브의 설계상 정한 분출 압력 또는 분출 개시 압력으로서 명판에 표시된 압력을 말한다.
   ㉱ 축적 압력 : 내부 유체가 배출될 때 안전밸브에 의하여 축적되는 압력으로서 그 설비 안에서 허용될 수 있는 최대 압력을 말한다.
   ㉲ 초과 압력 : 안전밸브에서 내부 유체가 배출될 때 설정 압력 이상으로 올라가는 압력을 말한다.

**40.** 레이놀즈(Reynolds)식 정압기의 특징인 것은?
① 로딩형이다.
② 콤팩트하다.
③ 정특성, 동특성이 양호하다.
④ 정특성은 극히 좋으나 안정성이 부족하다.

[해설] 레이놀즈식 정압기의 특징
   ㉮ 언로딩(unloading)형이다.
   ㉯ 다른 정압기에 비하여 크기가 크다.
   ㉰ 정특성은 극히 좋으나 안정성이 부족하다.

### 제 3 과목  가스안전관리

**41.** 냉동용 특정 설비제조 시설에서 냉동기 냉매 설비에 대하여 실시하는 기밀시험 압력의 기준으로 적합한 것은?

정답  38. ④  39. ③  40. ④  41. ①

① 설계 압력 이상의 압력
② 사용 압력 이상의 압력
③ 설계 압력의 1.5배 이상의 압력
④ 사용 압력의 1.5배 이상의 압력

[해설] 냉동기 냉매 설비의 시험 압력
㉮ 기밀시험 압력 : 설계 압력 이상의 압력으로 공기 또는 불연성 가스(산소 및 독성 가스 제외)로 한다.
㉯ 내압 시험 압력 : 설계 압력의 1.3배(공기, 질소 등의 기체를 사용하는 경우에는 1.1배) 이상의 압력

**42.** 아세틸렌에 대한 설명이 옳은 것으로만 나열된 것은?

> ㉠ 아세틸렌이 누출하면 낮은 곳으로 체류한다.
> ㉡ 아세틸렌은 폭발 범위가 비교적 광범위하고, 아세틸렌 100%에서도 폭발하는 경우가 있다.
> ㉢ 발열 화합물이므로 압축하면 분해 폭발할 수 있다.

① ㉠　　② ㉡
③ ㉡, ㉢　　④ ㉠, ㉡, ㉢

[해설] 아세틸렌($C_2H_2$)은 공기보다 가벼워(분자량 26) 누출하면 상부로 확산하고, 흡열 화합물이므로 압축하면 분해 폭발할 수 있다.

**43.** 밀폐식 보일러에서 사고 원인이 되는 사항에 대한 설명으로 가장 거리가 먼 것은?

① 전용 보일러실에 보일러를 설치하지 아니한 경우
② 설치 후 이음부에 대한 가스 누출 여부를 확인하지 아니한 경우
③ 배기통이 수평보다 위쪽을 향하도록 설치한 경우
④ 배기통과 건물의 외벽 사이에 기밀이 완전히 유지되지 않는 경우

[해설] 밀폐식 보일러는 전용 보일러실에 설치하지 아니할 수 있다.

**44.** 용기 보관 장소에 대한 설명 중 옳지 않은 것은?

① 산소 충전용기 보관실의 지붕은 콘크리트로 견고히 한다.
② 독성 가스 용기 보관실에는 가스 누출 검지 경보장치를 설치한다.
③ 공기보다 무거운 가연성 가스의 용기 보관실에는 가스 누출 검지 경보장치를 설치한다.
④ 용기 보관 장소의 경계표지는 출입구 등 외부로부터 보기 쉬운 곳에 게시한다.

[해설] 용기 보관실은 불연성 재료를 사용하고 그 지붕은 불연성 재료를 사용한 가벼운 것으로 하여야 한다.

**45.** 다음 가스의 치환 방법으로 가장 적당한 것은?

① 아황산 가스는 공기로 치환할 필요 없이 작업한다.
② 염소는 제해시키고 허용 농도 이하가 될 때까지 불활성 가스로 치환한 후 작업한다.
③ 수소는 불활성 가스로 치환한 후 즉시 작업한다.
④ 산소는 치환할 필요도 없이 작업한다.

[해설] 각 항목의 옳은 설명
① 아황산 가스는 독성 가스이므로 허용 농도(TLV-TWA 기준 농도) 이하가 될 때까지 불활성 가스, 공기로 치환한 후 작업한다.
③ 수소는 가연성 가스이므로 폭발 하한계의 1/4 이하가 될 때까지 치환한 후 작업한다.
④ 산소는 산소 농도가 22% 이하로 될 때까지 치환한 후 작업한다.

**46.** 산소, 아세틸렌 및 수소를 제조하는 자가

실시하여야 하는 품질 검사의 주기는?
① 1일 1회 이상  ② 1주 1회 이상
③ 월 1회 이상  ④ 년 2회 이상

[해설] 품질 검사 방법
㉮ 검사는 1일 1회 이상 가스 제조장에서 실시한다.
㉯ 검사는 안전 관리 책임자가 실시하고, 검사결과를 안전 관리 부총괄자와 안전 관리 책임자가 함께 확인하고 서명 날인한다.

**47.** 내용적이 50 L인 용기에 프로판 가스를 충전하는 때에는 얼마의 충전량(kg)을 초과할 수 없는가? (단, 충전 상수 $C$는 프로판의 경우 2.35이다.)
① 20  ② 20.4
③ 21.3  ④ 24.4

[해설] $G = \dfrac{V}{C} = \dfrac{50}{2.35} = 21.276$ kg

**48.** 액화 석유 가스 제조 시설 저장 탱크의 폭발 방지 장치로 사용되는 금속은?
① 아연  ② 알루미늄
③ 철  ④ 구리

[해설] 폭발 방지 장치 : 액화 석유 가스 저장 탱크 외벽이 화염으로 국부적으로 가열될 경우 그 저장 탱크 벽면의 열을 신속히 흡수, 분산시킴으로써 탱크 벽면의 국부적인 온도 상승에 따른 저장 탱크의 파열을 방지하기 위하여 저장 탱크 내벽에 설치하는 다공성 알루미늄 합금 박판을 말한다.

**49.** 운반책임자를 동승시켜 운반해야 되는 경우에 해당되지 않는 것은?
① 압축 산소 : 100 m³ 이상
② 독성 압축가스 : 100 m³ 이상
③ 액화 산소 : 6000 kg 이상
④ 독성 액화 가스 : 1000 kg 이상

[해설] 운반 책임자 동승 기준

(1) 비독성 고압가스

| 가스 종류 | | 기준 |
|---|---|---|
| 압축 가스 | 가연성 | 300 m³ 이상 |
| | 조연성 | 600 m³ 이상 |
| 액화 가스 | 가연성 | 3000 kg 이상 (에어졸 용기 : 2000 kg 이상) |
| | 조연성 | 6000 kg 이상 |

(2) 독성 고압가스

| 가스 종류 | 허용 농도 | 기준 |
|---|---|---|
| 압축 가스 | 100만분의 200 이하 | 10 m³ 이상 |
| | 100만분의 200 초과 | 100 m³ 이상 |
| 액화 가스 | 100만분의 200 이하 | 100 kg 이상 |
| | 100만분의 200 초과 | 1000 kg 이상 |

**50.** 염소의 성질에 대한 설명으로 틀린 것은?
① 화학적으로 활성이 강한 산화제이다.
② 녹황색의 자극적인 냄새가 나는 기체이다.
③ 습기가 있으면 철 등을 부식시키므로 수분과 격리시켜야 한다.
④ 염소와 수소를 혼합하면 냉암소에서도 폭발하여 염화수소가 된다.

[해설] 염소($Cl_2$)의 성질
㉮ 비점이 −34.05℃로 쉽게 액화한다.
㉯ 상온에서 기체는 황록색, 자극성이 강한 독성 가스이다 (TLV-TWA 1 ppm).
㉰ 조연성(지연성) 가스이다.
㉱ 수분과 반응하여 염산(HCl)을 생성하고, 철을 심하게 부식시킨다.
㉲ 염소와 수소는 직사광선에 의하여 폭발한다 (염소 폭명기).
㉳ 염소와 암모니아가 접촉할 때 염소 과잉의 경우는 대단히 강한 폭발성 물질인 삼염화질소($NCl_3$)를 생성하여 사고 발생의 원인이 된다.
㉴ 염소는 120℃ 이상이 되면 철과 직접 반응하여 부식이 진행된다.

**정답** 47. ③  48. ②  49. ①  50. ④

**51.** 다음 각 고압가스를 용기에 충전할 때의 기준으로 틀린 것은?

① 아세틸렌은 수산화나트륨 또는 디메틸포름아미드를 침윤시킨 후 충전한다.
② 아세틸렌을 용기에 충전한 후에는 15℃에서 1.5 MPa 이하로 될 때까지 정치하여 둔다.
③ 시안화 수소는 아황산 가스 등의 안정제를 첨가하여 충전한다.
④ 시안화 수소는 충전 후 24시간 정치한다.

[해설] 아세틸렌을 용기에 충전하는 때에는 미리 용기에 다공 물질을 고루 채워 다공도가 75 % 이상 92 % 미만이 되도록 한 후 아세톤 또는 디메틸포름아미드를 고루 침윤시키고 충전한다.

**52.** 이동식 부탄 연소기용 용접 용기의 검사 방법에 해당하지 않는 것은?

① 고압 가압 검사  ② 반복 사용 검사
③ 진동 검사    ④ 충수 검사

[해설] 이동식 부탄 연소기용 용접 용기의 검사 방법 : 이충전 밸브 스트로크 반복 검사, 밸브 스트로크 반복 검사, 노즐부 탈부착 반복 시험, 고압가압 시험, 밸브 유량 검사, 연소기 호환 검사, 내가스성 검사, 환경 검사, 부식 검사, 반복 충전 검사, 골판지 내가스성 검사, 구조 검사, 외관 검사, 기밀 검사, 치수 검사, 진동 검사, 반복 사용 검사 등

**53.** LP 가스용 염화비닐 호스에 대한 설명으로 틀린 것은?

① 호스의 안지름 치수의 허용차는 ±0.7 mm로 한다.
② 강선 보강층은 지름 0.18 mm 이상의 강선을 상하로 겹치도록 편조하여 제조한다.
③ 바깥층의 재료는 염화비닐을 사용한다.
④ 호스는 안층과 바깥층이 잘 접착되어 있는 것으로 한다.

[해설] 염화비닐 호스의 규격
㉮ 안층의 재료는 염화비닐을 사용한다.
㉯ 호스는 안층, 보강층, 바깥층의 구조로 하고 안지름과 두께가 균일한 것으로 굽힘성이 좋고 흠, 기포, 균열 등 결점이 없어야 한다.
㉰ 호스는 안층과 바깥층이 잘 접착되어 있는 것으로 한다.
㉱ 호스의 안지름은 1종, 2종, 3종으로 구분하며 안지름은 1종 6.3 mm, 2종 9.5 mm, 3종 12.7 mm이고 그 허용 오차는 ±0.7 mm이다.
㉲ 강선 보강층은 지름 0.18 mm 이상의 강선을 상하로 겹치도록 편조하여 제조한다.
㉳ 1 m의 호스를 3.0 MPa의 압력으로 5분간 실시하는 내압 시험에서 누출이 없으며, 파열 및 국부적인 팽창 등이 없는 것으로 한다.
㉴ 1 m의 호스를 4.0 MPa 이상의 압력에서 파열되는 것으로 한다.
㉵ 1 m의 호스를 2.0 MPa의 압력에서 실시하는 기밀시험에서 3분간 누출이 없고, 국부적인 팽창 등이 없는 것으로 한다.

**54.** 도시가스 사용 시설에 설치하는 가스 누출 경보기의 기능에 대한 설명으로 틀린 것은?

① 가스의 누출을 검지하여 그 농도를 지시함과 동시에 경보를 울리는 것으로 한다.
② 미리 설정된 가스 농도에서 60초 이내에 경보를 울리는 것으로 한다.
③ 담배 연기 등 잡가스에 경보가 울리지 아니하는 것으로 한다.
④ 경보가 울린 후 주위의 가스 농도가 기준 이하가 되면 멈추는 구조로 한다.

[해설] 경보를 울린 후에는 주위의 가스 농도가 변화되어도 계속 경보를 울리며, 그 확인 또는 대책을 강구함에 따라 경보가 정지되는 것으로 한다.

정답  51. ①  52. ④  53. ③  54. ④

**55.** 이동식 부탄 연소기의 올바른 사용 방법은?
① 바람의 영향을 줄이기 위해서 텐트 안에서 사용한다.
② 효율을 높이기 위해서 두 대를 나란히 연결하여 사용한다.
③ 사용하는 그릇은 연소기의 삼발이보다 폭이 좁은 것을 사용한다.
④ 연소기 운반 중에는 용기를 연소기 내부에 보관한다.
해설 각 항목의 옳은 설명
① 바람의 영향을 줄이기 위하여 텐트, 자동차 안에서 사용하는 것을 금지한다.
② 효율을 높이기 위해서 두 대를 나란히 연결하여 사용하지 않는다.
④ 연소기 운반 중에는 용기를 연소기 내부에 보관하지 않는다.

**56.** 고압가스 용기의 파열 사고의 큰 원인 중 하나는 용기의 내압(內壓)의 이상 상승이다. 이상 상승의 원인으로 가장 거리가 먼 것은?
① 가열
② 일광의 직사
③ 내용물의 중합 반응
④ 적정 충전
해설 내압의 이상 상승 원인
㉮ 가열
㉯ 직사광선에 노출 (일광의 직사)
㉰ 화재 등으로 인한 용기 온도의 상승
㉱ 과잉 충전
㉲ 내용물의 중합 반응이나 분해 반응 등에 기인하는 것

**57.** 액화 석유 가스 자동차용 충전 시설의 충전호스의 설치 기준으로 옳은 것은?
① 충전호스의 길이는 5 m 이내로 한다.
② 충전호스에 과도한 인장력을 가하여도 호스와 충전기는 안전하여야 한다.
③ 충전호스에 부착하는 가스 주입기는 더블 터치형으로 한다.
④ 충전기와 가스 주입기는 일체형으로 하여 분리되지 않도록 하여야 한다.
해설 충전호스 설치 기준
㉮ 충전기의 충전호스의 길이는 5 m 이내로 하고, 그 끝에 축적되는 정전기를 유효하게 제거할 수 있는 정전기 제거 장치를 설치한다.
㉯ 충전호스에 과도한 인장력이 가해졌을 때 충전기와 가스 주입기가 분리될 수 있는 안전장치를 설치한다.
㉰ 충전호스에 부착하는 가스 주입기는 원터치형으로 한다.

**58.** 고압가스 특정 제조 시설의 특수 반응 설비로 볼 수 없는 것은?
① 암모니아 2차 개질로
② 고밀도 폴리에틸렌 분해 중합기
③ 에틸렌 제조 시설의 아세틸렌 수첨탑
④ 사이크로 헥산 제조 시설의 벤젠 수첨 반응기
해설 특수 반응 설비의 종류 : 암모니아 2차 개질로, 에틸렌 제조 시설의 아세틸렌 수첨탑, 산화에틸렌 제조 시설의 에틸렌과 산소 또는 공기와의 반응기, 사이클로 헥산 제조 시설의 벤젠 수첨 반응기, 석유 정제에 있어서 중유 직접 수첨 탈황 반응기 및 수소화 분해 반응기, 저밀도 폴리에틸렌 중합기 또는 메탄올 합성 반응탑

**59.** 독성 가스 용기 운반 등의 기준으로 옳지 않은 것은?
① 충전 용기를 운반하는 가스 운반 전용 차량의 적재함에는 리프트를 설치한다.
② 용기의 충격을 완화하기 위하여 완충판 등을 배치한다.
③ 충전 용기를 용기 보관 장소로 운반할 때에는 가능한 손수레를 사용하거나 용기의 밑부분을 이용하여 운반한다.

정답 55. ③ 56. ④ 57. ① 58. ② 59. ④

④ 충전 용기를 차량에 적재할 때에는 운행 중의 동요로 인하여 용기가 충돌하지 않도록 눕혀서 적재한다.

해설 충전 용기를 차량에 적재할 때에는 차량 운행 중의 동요로 인하여 용기가 충돌하지 아니 하도록 고무링을 씌우거나 적재함에 세워서 적재한다. 다만, 압축가스의 충전 용기 중 그 형태 및 운반 차량의 구조상 세워서 적재하기 곤란한 때에는 적재함 높이 이내로 눕혀서 적재할 수 있다.

**60.** 액화 석유 가스 설비의 가스 안전사고 방지를 위한 기밀시험 시 사용이 부적합한 가스는?

① 공기   ② 탄산가스
③ 질소   ④ 산소

해설 기밀시험은 공기 또는 불연성 가스(산소 및 독성 가스 제외)로 한다.

## 제 4 과목  가스계측

**61.** 가스계량기의 검정 유효 기간은 몇 년인가? (단, 최대 유량 10 m³/h 이하이다.)

① 1년   ② 2년
③ 3년   ④ 5년

해설 검정·재검정 유효 기간 : 계량에 관한 법률 시행령 제21조, 별표13

| 계량기 | 유효 기간 | |
|---|---|---|
| | 검정 | 재검정 |
| 최대 유량 10 m³/h 이하의 가스 미터 | 5년 | 5년 |
| 그 밖의 가스 미터 | 8년 | 8년 |
| LPG 미터 | 3년 | 3년 |

**62.** 헴펠식 분석 장치를 이용하여 가스 성분을 정량하고자 할 때 흡수법에 의하지 않고 연소법에 의해 측정하여야 하는 가스는?

① 수소   ② 이산화탄소
③ 산소   ④ 일산화탄소

해설 연소법 : 시료 가스를 공기, 산소 또는 산화제에 의해 연소하고 생성된 체적의 감소, $CO_2$의 생성량, $O_2$의 소비량 등을 측정하여 성분을 산출하는 방법이다. 폭발법, 완만 연소법, 분별 연소법으로 분류하며 분별 연소법 중 팔라듐관 연소법이 수소를 분석하는 데 적합하다.

**63.** 공업용 액면계(액위계)로서 갖추어야 할 조건으로 틀린 것은?

① 연속 측정이 가능하고 고온, 고압에 잘 견디어야 한다.
② 지시 기록 또는 원격 측정이 가능하고 부식에 약해야 한다.
③ 액면의 상, 하한계를 간단히 계측할 수 있어야 하며, 적용이 용이해야 한다.
④ 자동 제어 장치에 적용이 가능하고, 보수가 용이해야 한다.

해설 액면계의 구비 조건
㉮ 온도 및 압력에 견딜 수 있을 것
㉯ 연속 측정이 가능할 것
㉰ 지시 기록의 원격 측정이 가능할 것
㉱ 구조가 간단하고 수리가 용이할 것
㉲ 내식성이 있고 수명이 길 것
㉳ 자동 제어 장치에 적용이 용이할 것

**64.** 산소($O_2$) 중에 포함되어 있는 질소($N_2$) 성분을 가스 크로마토그래피로 정량하는 방법으로 옳지 않은 것은?

① 열전도도 검출기(TCD)를 사용한다.
② 캐리어 가스로는 헬륨을 쓰는 것이 바람직하다.
③ 산소($O_2$)의 피크가 질소($N_2$)의 피크보다 먼저 나오도록 컬럼을 선택한다.
④ 산소 제거 트랩(oxygen trap)을 사용하는

정답  60. ④  61. ④  62. ①  63. ②  64. ③

것이 좋다.

[해설] 산소($O_2$) 중에 포함되어 있는 질소($N_2$) 성분을 정량하는 것이므로 산소의 피크보다 질소의 피크가 먼저 나오도록 컬럼을 선택한다.

**65.** 수은을 이용한 U자관식 액면계에서 그림과 같이 높이가 70 cm일 때 $P_2$는 절대압으로 약 얼마인가?

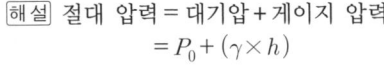

① 1.92 kgf/cm²
② 1.92 atm
③ 1.87 bar
④ 20.24 mH₂O

[해설] 절대 압력 = 대기압 + 게이지 압력
$= P_0 + (\gamma \times h)$
$= \dfrac{1.0332 + (13.6 \times 10^3 \times 0.7 \times 10^{-4})}{1.0332}$
$= 1.921$ atm

**66.** 오리피스 플레이트 설계 시 일반적으로 반영되지 않아도 되는 것은?

① 표면 거칠기  ② 엣지 각도
③ 베벨각      ④ 스월

[해설] 오리피스 플레이트(orifice plate, 조리개) 설계 시 반영할 사항 : 표면 거칠기, 베벨각, 엣지 각도

**67.** 기체의 열전도율을 이용한 진공계가 아닌 것은?

① 피라니 진공계
② 열전쌍 진공계
③ 서미스터 진공계
④ 매클라우드 진공계

[해설] ㉮ 열전도형 진공계 : 피라니 진공계, 서미스터 진공계, 열전쌍 진공계(열전대 진공계)
㉯ 매클라우드(Mcleod) 진공계 : 일종의 폐관식 수은 마노미터(manometer)로 다른 진공계의 교정용으로 사용되며 측정 범위가 $1 \times 10^{-2}$ Pa 정도이다.

**68.** 게이지 압력(gauge pressure)의 의미를 가장 잘 나타낸 것은?

① 절대 압력 0을 기준으로 하는 압력
② 표준 대기압을 기준으로 하는 압력
③ 임의의 압력을 기준으로 하는 압력
④ 측정 위치에서의 대기압을 기준으로 하는 압력

[해설] 게이지 압력 : 측정 위치에서의 대기압을 기준으로 압력계에 지시하는 압력이다.

**69.** 아르키메데스의 원리를 이용한 것은?

① 부르동관식 압력계
② 침종식 압력계
③ 벨로스식 압력계
④ U자관식 압력계

[해설] 침종식 압력계의 특징
㉮ 액체 중의 침종의 상하 이동으로 압력을 측정하는 것으로 아르키메데스의 원리를 이용한 것이다.
㉯ 진동이나 충격의 영향이 비교적 적다.
㉰ 미소 차압의 측정이 가능하다.
㉱ 압력이 낮은 기체 압력을 측정하는 데 사용된다.
㉲ 측정 범위는 단종식이 100 mmH₂O, 복종식이 5~30 mmH₂O이다.

**70.** H₂와 O₂ 등에는 감응이 없고 탄화수소에 대한 감응이 아주 우수한 검출기는?

① 열이온(TID) 검출기
② 전자 포획(ECD) 검출기
③ 열전도도(TCD) 검출기
④ 불꽃 이온화(FID) 검출기

[해설] 수소 불꽃 이온화 검출기(FID : Flame Ionization Detector) : 불꽃으로 시료 성분이 이온화됨으로써 불꽃 중에 놓여진 전극 간의 전기 전도도가 증대하는 것을 이용한 것으로 탄화수소에서 감도가 최고이고 H₂, O₂, CO₂, SO₂ 등은 감도가 없다. 연소 시 발생하는 수분의 응축

을 방지하기 위하여 검출기의 온도가 100℃ 이상에서 작동되어야 한다.

**71.** 다음 가스 분석법 중 물리적 가스 분석법에 해당하지 않는 것은?

① 열전도율법
② 오르자트법
③ 적외선 흡수법
④ 가스 크로마토그래피법

해설 분석계의 종류
 (1) 화학적 가스 분석계
  ㉮ 연소열을 이용한 것
  ㉯ 용액 흡수제를 이용한 것
  ㉰ 고체 흡수제를 이용한 것
 (2) 물리적 가스 분석계
  ㉮ 가스의 열전도율을 이용한 것
  ㉯ 가스의 밀도, 점도차를 이용한 것
  ㉰ 빛의 간섭을 이용한 것
  ㉱ 전기 전도도를 이용한 것
  ㉲ 가스의 자기적 성질을 이용한 것
  ㉳ 가스의 반응성을 이용한 것
  ㉴ 적외선 흡수를 이용한 것
 ※ 오르자트법(Orsat)은 용액 흡수제를 이용한 화학적 가스 분석계에 해당된다.

**72.** 가스 누출 경보기의 검지 방법으로 가장 거리가 먼 것은?

① 반도체식   ② 접촉 연소식
③ 확산 분해식   ④ 기체 열전도식

해설 가스 누출 경보기의 검지 방법 : 반도체식, 접촉 연소식, 기체 열전도도식

**73.** 측정 지연 및 조절 지연이 작을 경우 좋은 결과를 얻을 수 있으며 제어량의 편차가 없어질 때까지 동작을 계속하는 제어 동작은?

① 적분 동작   ② 비례 동작
③ 평균 2위치 동작   ④ 미분 동작

해설 적분 동작 (동작 : integral action) : 제어량에 편차가 생겼을 때 편차의 적분차를 가감하여 조작단의 이동 속도가 비례하는 동작으로 잔류 편차가 남지 않는다. 진동하는 경향이 있어 제어의 안정성은 떨어진다. 유량 제어나 관로의 압력 제어와 같은 경우에 적합하다.

**74.** 기체 크로마토그래피의 일반적인 특성에 해당하지 않는 것은?

① 연속 분석이 가능하다.
② 분리 능력과 선택성이 우수하다.
③ 적외선 가스 분석계에 비해 응답 속도가 느리다.
④ 여러 가지 가스 성분이 섞여 있는 시료 가스 분석에 적당하다.

해설 가스 크로마토그래피의 특징
 ㉮ 여러 종류의 가스 분석이 가능하다.
 ㉯ 선택성이 좋고 고감도로 측정한다.
 ㉰ 미량 성분의 분석이 가능하다.
 ㉱ 응답 속도가 늦으나 분리 능력이 좋다.
 ㉲ 동일 가스의 연속 측정이 불가능하다.
 ㉳ 캐리어 가스는 검출기에 따라 수소, 헬륨, 아르곤, 질소를 사용한다.

**75.** 오리피스, 플로 노즐, 벤투리 유량계의 공통점은?

① 직접식
② 얼선대를 사용
③ 압력 강하 측정
④ 초음속 유체만의 유량 측정

해설 차압식 유량계
 ㉮ 측정 원리 : 베르누이 방정식
 ㉯ 종류 : 오리피스 미터, 플로 노즐, 벤투리 미터
 ㉰ 측정 방법 : 조리개 전후에 연결된 액주계의 압력차를 이용하여 유량을 측정

**76.** 시료 가스 채취 장치를 구성하는 데 있어 다음 설명 중 틀린 것은?

① 일반 성분의 분석 및 발열량, 비중을 측정할 때 시료 가스 중의 수분이 응축될

정답  71. ②  72. ③  73. ①  74. ①  75. ③  76. ②

염려가 있을 때는 도관 가운데에 적당한 응축액 트랩을 설치한다.
② 특수 성분을 분석할 때, 시료 가스 중의 수분 또는 기름 성분이 응축되어 분석 결과에 영향을 미치는 경우는 흡수 장치를 보온하든가 또는 적당한 방법으로 가온한다.
③ 시료 가스에 타르류, 먼지류를 포함하는 경우는 채취관 또는 도관 가운데에 적당한 여과기를 설치한다.
④ 고온의 장소로부터 시료 가스를 채취하는 경우는 도관 가운데에 적당한 냉각기를 설치한다.

[해설] 시료 가스 채취 장치를 구성하는 데 있어 특수 성분을 분석할 때, 시료 가스 중의 수분 또는 기름 성분이 응축되어 분석 결과에 영향을 미치는 경우에는 배관을 경사지게 설치하고 말단부에는 드레인 장치를 설치한다.

### 77. 가스 미터의 구비 조건으로 틀린 것은?
① 내구성이 클 것
② 소형으로 계량 용량이 적을 것
③ 감도가 좋고 압력 손실이 적을 것
④ 구조가 간단하고 수리가 용이할 것

[해설] 가스 미터의 구비 조건
㉠ 구조가 간단하고 수리가 용이할 것
㉡ 감도가 예민하고 압력 손실이 적을 것
㉢ 소형이며 계량 용량이 클 것
㉣ 기차의 조정이 용이할 것
㉤ 내구성이 클 것

### 78. 계통적 오차에 대한 설명으로 옳지 않은 것은?
① 계기 오차, 개인 오차, 이론 오차 등으로 분류된다.
② 참값에 대하여 치우침이 생길 수 있다.
③ 측정 조건 변화에 따라 규칙적으로 생긴다.
④ 오차의 원인을 알 수 없어 제거할 수 없다.

[해설] 계통적 오차(systematic error) : 평균값과 진실값과의 차가 편위로서 원인을 알 수 있고 제거할 수 있다.
㉠ 계기 오차 : 계량기 자체 및 외부 요인에 의한 오차
㉡ 환경 오차 : 온도, 압력, 습도 등에 의한 오차
㉢ 개인 오차 : 개인의 버릇에 의한 오차
㉣ 이론 오차 : 공식, 계산 등으로 생기는 오차

### 79. 산소 농도를 측정할 때 기전력을 이용하여 분석하는 계측 기기는?
① 세라믹 $O_2$계
② 연소식 $O_2$계
③ 자기식 $O_2$계
④ 밀도식 $O_2$계

[해설] 세라믹식 $O_2$ 분석기(지르코니아식 $O_2$ 분석기) : 지르코니아($ZrO_2$)를 주원료로 한 특수 세라믹은 온도 850℃ 이상에서 산소 이온만 통과시키는 특수한 성질을 이용한 것으로 산소 이온이 통과할 때 발생되는 기전력을 측정하여 산소 농도를 분석하는 것이다.

### 80. 루트미터(roots meter)에 대한 설명 중 틀린 것은?
① 유량이 일정하거나 변화가 심한 곳, 깨끗하거나 건조하거나 관계없이 많은 가스 타입을 계량하기에 적합하다.
② 액체 및 아세틸렌, 바이오 가스, 침전 가스를 계량하는 데에는 다소 부적합하다.
③ 공업용에 사용되고 있는 이 가스 미터는 칼만(karman)식과 스월(swirl)식의 두 종류가 있다.
④ 측정의 정확도와 예상 수명은 가스 흐름 내에 먼지의 과다 퇴적이나 다른 종류의 이물질에 따라 다르다.

[해설] 칼만(karman)식과 스월(swirl)식은 와류식 유량계에 해당된다.

**정답** 77. ② 78. ④ 79. ① 80. ③

▶ 2017년 9월 23일 시행

| 자격종목 | 종목코드 | 시험시간 | 형 별 |
|---|---|---|---|
| 가스 산업기사 | 2471 | 2시간 | |

## 제 1 과목  연소공학

**1.** 1 kg의 공기를 20℃, 1 kgf/cm²인 상태에서 일정 압력으로 가열 팽창시켜 부피를 처음의 5배로 하려고 한다. 이때 온도는 초기 온도와 비교하여 몇 ℃ 차이가 나는가?

① 1172  ② 1292  ③ 1465  ④ 1561

[해설] ㉮ 부피가 5배로 되었을 때 온도($T_2$) 계산

$$\frac{P_1 V_1}{T_1} = \frac{P_2 V_2}{T_2}$$ 에서

$P_1 = P_2$이고, $V_2 = 5 V_1$이다.

$$\therefore T_2 = \frac{V_2 T_1}{V_1} = \frac{5 V_1 \times (273 + 20)}{V_1}$$
$$= 1465 K - 273 = 1192℃$$

㉯ 초기 온도와 비교한 온도차 계산

∴ 상승 온도 = 부피가 변한 온도 − 초기 온도
$$= 1192 - 20 = 1172℃$$

**2.** 95℃의 온수를 100 kg/h 발생시키는 온수 보일러가 있다. 이 보일러에서 저위 발열량이 45 MJ/Nm³인 LNG를 1 m³/h 소비할 때 열효율은 얼마인가? (단, 급수의 온도는 25℃이고, 물의 비열은 4.184 kJ/kg·K이다.)

① 60.07 %  ② 65.08 %
③ 70.09 %  ④ 75.10 %

[해설] $\eta = \dfrac{G \times C \times \Delta t}{G_f \times H_l} \times 100$

$$= \frac{100 \times 4.184 \times (95 - 25)}{1 \times (45 \times 1000)} = 65.084 \%$$

**3.** 완전 기체에서 정적 비열($C_v$), 정압 비열($C_p$)의 관계식을 옳게 나타낸 것은? (단, $R$은 기체 상수이다.)

① $\dfrac{C_p}{C_v} = R$   ② $C_p - C_v = R$

③ $\dfrac{C_v}{C_p} = R$   ④ $C_p + C_v = R$

[해설] 정적 비열($C_v$)과 정압 비열($C_p$)의 관계식

㉮ $C_p - C_v = R$

㉯ $C_p = \dfrac{k}{k-1} R$

㉰ $C_v = \dfrac{1}{k-1} R$

**4.** 다음 중 열역학 제2법칙에 대한 설명이 아닌 것은?

① 열은 스스로 저온체에서 고온체로 이동할 수 없다.
② 효율이 100 %인 열기관을 제작하는 것은 불가능하다.
③ 자연계에 아무런 변화도 남기지 않고 어느 열원의 열을 계속해서 일로 바꿀 수 없다.
④ 에너지의 한 형태인 열과 일은 본질적으로 서로 같고, 열은 일로, 일은 열로 서로 전환이 가능하며, 이때 열과 일 사이의 변환에는 일정한 비례 관계가 성립한다.

[해설] 열역학 제2법칙 : 열은 고온도의 물질로부터 저온도의 물질로 옮겨질 수 있지만, 그 자체는 저온도의 물질로부터 고온도의 물질로 옮겨갈 수 없다. 또 일이 열로 바뀌는 것은 쉽지만 반대로 열이 일로 바뀌는 것은 힘을 빌리지 않는 한 불가능한 일이다. 이와 같이

정답  1. ①  2. ②  3. ②  4. ④

열역학 제2법칙은 에너지 변환의 방향성을 명시한 것으로 방향성의 법칙이라 한다.
※ ④항은 열역학 제1법칙에 대한 설명이다.

**5.** 프로판 5 L를 완전 연소시키기 위한 이론 공기량은 약 몇 L인가?

① 25    ② 87    ③ 91    ④ 119

[해설] ㉮ 프로판($C_3H_8$)의 완전 연소 반응식
$C_3H_8 + 5O_2 \rightarrow 3CO_2 + 4H_2O$
㉯ 이론 공기량 계산
$22.4\,L : 5 \times 22.4\,L = 5\,L : x(O_0)\,L$
$\therefore A_0 = \dfrac{O_0}{0.21} = \dfrac{5 \times 22.4 \times 5}{22.4 \times 0.21} = 119.047\,L$

**6.** 이상 기체를 일정한 부피에서 냉각하면 온도와 압력의 변화는 어떻게 되는가?

① 온도 저하, 압력 강하
② 온도 상승, 압력 강하
③ 온도 상승, 압력 일정
④ 온도 저하, 압력 상승

[해설] 이상 기체를 일정한 부피(정적 상태)에서
㉮ 가열 : 온도 상승, 압력 증가
㉯ 냉각 : 온도 저하, 압력 강하

**7.** 가연성 물질을 공기로 연소시키는 경우에 공기 중의 산소 농도를 높게 하면 연소 속도와 발화 온도는 어떻게 되는가?

① 연소 속도는 느리게 되고, 발화 온도는 높아진다.
② 연소 속도는 빠르게 되고, 발화 온도는 높아진다.
③ 연소 속도는 빠르게 되고, 발화 온도는 낮아진다.
④ 연소 속도는 느리게 되고, 발화 온도는 낮아진다.

[해설] 산소는 조연성 가스이므로 공기 중의 산소농도를 높게 하면 연소 속도는 빠르게 되고, 발화 온도는 낮게 된다.

**8.** 프로판과 부탄이 각각 50 % 부피로 혼합되어 있을 때 최소 산소 농도(MOC)의 부피 %는? (단, 프로판과 부탄의 연소 하한계는 각각 2.2 v%, 1.8 v%이다.)

① 1.9 %    ② 5.5 %
③ 11.4 %   ④ 15.1 %

[해설] ㉮ 프로판($C_3H_8$), 부탄($C_4H_{10}$)의 완전 연소 반응식
$C_3H_8 + 5O_2 \rightarrow 3CO_2 + 4H_2O$
$C_4H_{10} + 6.5O_2 \rightarrow 4CO_2 + 5H_2O$
㉯ 혼합 가스의 폭발 범위 하한값(LFL) 계산
$\therefore L = \dfrac{100}{\dfrac{V_1}{L_1} + \dfrac{V_2}{L_2}}$
$= \dfrac{100}{\dfrac{50}{2.2} + \dfrac{50}{1.8}} = 1.98\,v\%$
㉰ 최소 산소 농도 계산 : 완전 연소 반응식에서 필요한 산소 몰수는 체적 비율만큼 필요하다.
$\therefore MOC = LFL \times \dfrac{\text{산소 몰수}}{\text{연료 몰수}}$
$= 1.98 \times \dfrac{(5 \times 0.5) + (6.5 \times 0.5)}{(1 \times 0.5) + (1 \times 0.5)}$
$= 11.385\,\%$

**9.** 방폭 구조 및 대책에 관한 설명으로 옳지 않은 것은?

① 방폭 대책에는 예방, 국한, 소화, 피난 대책이 있다.
② 가연성 가스의 용기 및 탱크 내부는 제2종 위험 장소이다.
③ 분진 폭발은 1차 폭발과 2차 폭발로 구분되어 발생한다.
④ 내압 방폭 구조는 내부 폭발에 의한 내용물 손상으로 영향을 미치는 기기에는 부적당하다.

[해설] 2종 위험 장소의 종류
㉮ 밀폐된 용기 또는 설비 내에 밀봉된 가연

[정답] 5. ④  6. ①  7. ③  8. ③  9. ②

성 가스가 그 용기 또는 설비의 사고로 인해 파손되거나 오조작의 경우에만 누출할 위험이 있는 장소
㉯ 확실한 기계적 환기 조치에 의하여 가연성 가스가 체류하지 않도록 되어 있으나 환기 장치에 이상이나 사고가 발생한 경우에는 가연성 가스가 체류하여 위험하게 될 우려가 있는 장소
㉰ 1종 장소의 주변 또는 인접한 실내에서 위험한 농도의 가연성 가스가 종종 침입할 우려가 있는 장소

**10.** "압력이 일정할 때 기체의 부피는 온도에 비례하여 변화한다"라는 법칙은?

① 보일(Boyle)의 법칙
② 샤를(Charles)의 법칙
③ 보일-샤를의 법칙
④ 아보가드로의 법칙

[해설] 샤를의 법칙 : 일정 압력하에서 일정량의 기체가 차지하는 부피는 절대 온도에 비례한다.

**11.** 다음 가스 중 공기와 혼합될 때 폭발성 혼합 가스를 형성하지 않는 것은?

① 아르곤     ② 도시가스
③ 암모니아   ④ 일산화탄소

[해설] 아르곤(Ar) : 불연성 가스이고, 비독성 가스이다.

**12.** 액체 연료를 수$\mu$m에서 수백 $\mu$m으로 만들어 증발 표면적을 크게 하여 연소시키는 것으로서 공업적으로 주로 사용되는 연소 방법은?

① 액면 연소   ② 등심 연소
③ 확산 연소   ④ 분무 연소

[해설] 분무 연소(spray combustion) : 액체 연료를 노즐에서 고속으로 분출, 무화(霧化)시켜 표면적을 크게 하여 공기나 산소와의 혼합을 좋게 하여 연소시키는 것으로 공업적으로 많이 사용되는 방법이다.

**13.** 폭굉이 발생하는 경우 파면의 압력은 정상 연소에서 발생하는 것보다 일반적으로 얼마나 큰가?

① 2배   ② 5배   ③ 8배   ④ 10배

[해설] 폭굉 발생 시 현상
㉮ 밀폐 용기 내에서 폭굉이 발생하는 경우 파면 압력은 정상 연소 때보다 2배가 된다.
㉯ 폭굉파가 벽에 충돌하면 파면 압력은 약 2.5배 치솟는다.
㉰ 폭굉파는 반응 후 온도와 압력이 상승하나, 연소파는 반응 후 온도는 상승하지만 압력은 일정하다.

**14.** 메탄 80 vol%와 아세틸렌 20 vol%로 혼합된 혼합 가스의 공기 중 폭발 하한계는 약 얼마인가? (단, 메탄과 아세틸렌의 폭발 하한계는 5.0 %와 2.5 %이다.)

① 6.2 %   ② 5.6 %
③ 4.2 %   ④ 3.4 %

[해설] $\dfrac{100}{L} = \dfrac{V_1}{L_1} + \dfrac{V_2}{L_2} + \dfrac{V_3}{L_3}$ 에서

$\therefore L = \dfrac{100}{\dfrac{V_1}{L_1} + \dfrac{V_2}{L_2}}$

$= \dfrac{100}{\dfrac{80}{5.0} + \dfrac{20}{2.5}} = 4.166\,\%$

**15.** 연소 부하율에 대하여 가장 바르게 설명한 것은?

① 연소실의 염공 면적당 입열량
② 연소실의 단위 체적당 열발생률
③ 연소실의 염공 면적과 입열량의 비율
④ 연소 혼합기의 분출 속도와 연소 속도와의 비율

[해설] 연소 부하율(열발생률) : 연소실 단위 체적($m^3$)당 1시간 동안에 발생되는 열량의 비율
∴ 연소실 열부하(kcal/h·$m^3$)

**정답** 10. ② 11. ① 12. ④ 13. ① 14. ③ 15. ②

$$= \frac{G_f(H_l + Q_1 + Q_2)}{\text{연소실 체적}}$$

여기서, $G_f$ : 매시 연료 사용량(kg/h)
$H_l$ : 연료의 저위 발열량(kcal/kg)
$Q_1$ : 연료의 현열(kcal/kg)
$Q_2$ : 공기의 현열(kcal/kg)

**16.** 열분해를 일으키기 쉬운 불안전한 물질에서 발생하기 쉬운 연소로 열분해로 발생한 휘발분이 자기 점화 온도보다 낮은 온도에서 표면연소가 계속되기 때문에 일어나는 연소는?

① 분해 연소  ② 그을음 연소
③ 분무 연소  ④ 증발 연소

[해설] 그을음 연소(smouldering combustion) : 열분해를 일으키기 쉬운 불안정한 물질에서 발생하기 쉬운 연소로 열분해로 발생한 휘발분이 점화되지 않을 경우에 다량의 발연을 수반한 표면 연소를 일으키는 현상이다. 이러한 현상이 일어나는 것은 휘발분의 자기 점화 온도보다 낮은 온도에서 표면 연소가 계속되기 때문에 일어나는 것이며 매연 중에는 다량의 가연성 성분이 포함되어 있어 에너지 면에서 손실을 가져온다. 종이, 목재, 향(香) 등 반응성이 좋고 저온에서 표면 연소가 가능한 물질에서 일어나기 쉽다.

**17.** 다음 [보기]는 가연성 가스의 연소에 대한 설명이다. 이 중 옳은 것으로만 나열된 것은?

─〈보 기〉─
㉠ 가연성 가스가 연소하는 데에는 산소가 필요하다.
㉡ 가연성 가스가 이산화탄소와 혼합할 때 잘 연소된다.
㉢ 가연성 가스는 혼합하는 공기의 양이 적을 때 완전 연소한다.

① ㉠, ㉡  ② ㉡, ㉢
③ ㉠    ④ ㉢

[해설] 보기의 옳은 설명
㉡ 가연성 가스가 불연성인 이산화탄소와 혼합되면 가연성 가스의 농도(또는 공기(산소)농도)가 낮아져 불완전 연소가 된다.
㉢ 가연성 가스는 혼합하는 공기의 양이 적으면 산소 부족으로 불완전 연소한다.

**18.** 자연 발화 온도(Autoignition temperature : AIT)에 영향을 주는 요인 중에서 증기의 농도에 관한 사항이다. 가장 바르게 설명한 것은?

① 가연성 혼합 기체의 AIT는 가연성 가스와 공기의 혼합비가 1 : 1일 때 가장 낮다.
② 가연성 증기에 비하여 산소의 농도가 클수록 AIT는 낮아진다.
③ AIT는 가연성 증기의 농도가 양론 농도보다 약간 높을 때가 가장 낮다.
④ 가연성 가스와 산소의 혼합비가 1 : 1일 때 AIT는 가장 낮다.

[해설] 자연 발화 온도(AIT) : 가연 혼합기의 온도를 점차 높여가면 외부로부터 불꽃이나 화염 등을 가까이 접근하지 않더라도 발화에 이르는 최저 온도이다. 가연성 가스의 조성이 화학 양론적 농도(완전 연소 조성)보다 약간 높을 때 가장 낮아진다.

**19.** 가스를 연료로 사용하는 연소의 장점이 아닌 것은?

① 연소의 조절이 신속, 정확하며 자동 제어에 적합하다.
② 온도가 낮은 연소실에서도 안정된 불꽃으로 높은 연소 효율이 가능하다.
③ 연소 속도가 커서 연료로서 안전성이 높다.
④ 소형 버너를 병용 사용하여 로내 온도 분포를 자유로이 조절할 수 있다.

[해설] 기체 연료의 특징
(1) 장점
 ㉮ 연소 효율이 높고 연소 제어가 용이하다.
 ㉯ 회분 및 황 성분이 없어 전열면 오손이 없다.

**정답** 16. ② 17. ③ 18. ③ 19. ③

㉢ 적은 공기비로 완전 연소가 가능하다.
㉣ 저발열량의 연료로 고온을 얻을 수 있다.
㉤ 완전 연소가 가능하여 공해 문제가 없다.
(2) 단점
㉮ 저장 및 수송이 어렵다.
㉯ 가격이 비싸고 시설비가 많이 소요된다.
㉰ 누설 시 화재, 폭발의 위험이 크다.

**20.** 액체 프로판($C_3H_8$) 10 kg이 들어 있는 용기에 가스 미터가 설치되어 있다. 프로판 가스가 전부 소비되었다고 하면 가스 미터에서의 계량값은 약 몇 m³로 나타나 있겠는가? (단, 가스 미터에서의 온도와 압력은 각각 $T$ = 15℃와 $P_g$ = 200 mmHg이고 대기압은 0.101 MPa 이다.)

① 5.3  ② 5.7  ③ 6.1  ④ 6.5

[해설] ㉮ 대기압 상태의 체적으로 계산
$PV = GRT$에서
$$\therefore V = \frac{GRT}{P}$$
$$= \frac{10 \times \frac{8.314}{44} \times (273+15)}{0.101 \times 1000}$$
$$= 5.388 \text{ m}^3$$

㉯ 가스 미터를 통과하는 압력 상태의 체적 계산
$$\therefore V = \frac{GRT}{P}$$
$$= \frac{10 \times \frac{8.314}{44} \times (273+15)}{\left(\frac{200+760}{760}\right) \times 0.101 \times 1000}$$
$$= 4.265 \text{ m}^3$$

## 제 2 과목  가스설비

**21.** 연소기의 이상 연소 현상 중 불꽃이 염공 속으로 들어가 혼합관 내에서 연소하는 현상을 의미하는 것은?

① 황염  ② 역화
③ 리프팅  ④ 블로 오프

[해설] 역화(back fire) : 가스의 연소 속도가 염공에서의 가스 유출 속도보다 크게 됐을 때 불꽃은 염공에서 버너 내부에 침입하여 노즐의 선단, 또는 혼합관 내에서 연소하는 현상

**22.** 양정[H] 20 m, 송수량[Q] 0.25 m³/min, 펌프 효율[$\eta$] 0.65인 2단 터빈 펌프의 축동력은 약 몇 kW인가?

① 1.26  ② 1.37  ③ 1.57  ④ 1.72

[해설] $kW = \frac{\gamma \cdot Q \cdot H}{102\eta}$
$= \frac{1000 \times 0.25 \times 20}{102 \times 0.65 \times 60} = 1.256 \text{ kW}$

**23.** 고압가스 충전 용기의 가스 종류에 따른 색깔이 잘못 짝지어진 것은?

① 아세틸렌 : 황색
② 액화 암모니아 : 백색
③ 액화 탄산가스 : 갈색
④ 액화 석유 가스 : 밝은 회색

[해설] 가스 종류별 용기 도색

| 가스 종류 | 용기 도색 ||
| --- | --- | --- |
| | 공업용 | 의료용 |
| 산소 ($O_2$) | 녹색 | 백색 |
| 수소 ($H_2$) | 주황색 | – |
| 액화 탄산가스 ($CO_2$) | 청색 | 회색 |
| 액화 석유 가스 | 밝은 회색 | – |
| 아세틸렌 ($C_2H_2$) | 황색 | – |
| 암모니아 ($NH_3$) | 백색 | – |
| 액화염소 ($Cl_2$) | 갈색 | – |
| 질소 ($N_2$) | 회색 | 흑색 |
| 아산화질소 ($N_2O$) | 회색 | 청색 |
| 헬륨 (He) | 회색 | 갈색 |
| 에틸렌 ($C_2H_4$) | 회색 | 자색 |
| 사이크로 프로판 | 회색 | 주황색 |
| 기타의 가스 | 회색 | – |

[정답] 20. ①  21. ②  22. ①  23. ③

**24.** 용기의 내압 시험 시 항구 증가율이 몇 % 이하인 용기를 합격한 것으로 하는가?

① 3    ② 5    ③ 7    ④ 10

[해설] 내압 시험의 항구 증가율 합격 기준
㉮ 신규 검사 : 항구 증가율 10% 이하
㉯ 재검사
　㉠ 질량 검사 95% 이상 : 항구 증가율 10% 이하
　㉡ 질량 검사 90% 이상 95% 미만 : 항구 증가율 6% 이하

**25.** 금속 재료에서 어느 온도 이상에서 일정 하중이 작용할 때 시간의 경과와 더불어 그 변형이 증가하는 현상을 무엇이라고 하는가?

① 크리프    ② 시효 경과
③ 응력 부식    ④ 저온 취성

[해설] 크리프(creep) : 어느 온도(탄소강의 경우 350℃) 이상에서 재료에 일정한 하중을 가하여 그대로 방치하면 시간의 경과와 더불어 변형이 증대하고 때로는 파괴되는 현상

**26.** 도시가스 배관 공사 시 주의 사항으로 틀린 것은?

① 현장마다 그날의 작업 공정을 정하여 기록한다.
② 작업 현장에는 소화기를 준비하여 화재에 주의한다.
③ 현장 감독자 및 작업원은 지정된 안전모 및 완장을 착용한다.
④ 가스의 공급을 일시 차단할 경우에는 사용자에게 사전 통보하지 않아도 된다.

[해설] 가스의 공급을 일시 차단할 경우에는 사용자에게 사전 통보하여야 한다.

**27.** 지름이 150 mm, 행정 100 mm, 회전수 800 rpm, 체적 효율 85%인 4기통 압축기의 피스톤 압출량은 몇 m³/h인가?

① 10.2    ② 28.8    ③ 102    ④ 288

[해설] $V = \dfrac{\pi}{4} D^2 L n N \eta_v$

$= \dfrac{\pi}{4} \times 0.15^2 \times 0.1 \times 4 \times 800 \times 0.85 \times 60$

$= 288.398 \, \text{m}^3/\text{h}$

**28.** 가정용 LP 가스 용기로 일반적으로 사용되는 용기는?

① 납땜 용기    ② 용접 용기
③ 구리 용기    ④ 이음새 없는 용기

[해설] 일반적인 고압가스 충전 용기
㉮ 액화 가스 : 용접 용기
㉯ 압축가스 : 이음새 없는 용기

**29.** 도시가스 제조 설비에서 수소화 분해(수첨 분해)법의 특징에 대한 설명으로 옳은 것은?

① 탄화수소의 원료를 수소 기류 중에서 열분해 혹은 접촉 분해로 메탄을 주성분으로 하는 고열량의 가스를 제조하는 방법이다.
② 탄화수소의 원료를 산소 또는 공기 중에서 열분해 혹은 접촉 분해로 수소 및 일산화탄소를 주성분으로 하는 가스를 제조하는 방법이다.
③ 코크스를 원료로 하여 산소 또는 공기 중에서 열분해 혹은 접촉 분해로 메탄을 주성분으로 하는 고열량의 가스를 제조하는 방법이다.
④ 메탄을 원료로 하여 산소 또는 공기 중에서 부분 연소로 수소 및 일산화탄소를 주성분으로 하는 저열량의 가스를 제조하는 방법이다.

[해설] 수소화 분해법(수첨 분해법 ; hydrogenation cracking process) : 고온, 고압하에서 탄화수소를 수소 기류 중에서 열분해 또는 접촉 분해하여 메탄($CH_4$)을 주성분으로 하는 고열량의 가스를 제조하는 방법이다.

**정답** 24. ④  25. ①  26. ④  27. ④  28. ②  29. ①

**30.** 냉동 장치에서 냉매의 일반적인 구비 조건으로 옳지 않은 것은?
① 증발열이 커야 한다.
② 증기의 비체적이 작아야 한다.
③ 임계 온도가 낮고, 응고점이 높아야 한다.
④ 증기의 비열은 크고, 액체의 비열은 작아야 한다.

해설 냉매의 구비 조건
㉮ 응고점이 낮고 임계 온도가 높으며 응축, 액화가 쉬울 것
㉯ 증발 잠열이 크고 기체의 비체적이 적을 것
㉰ 오일과 냉매가 작용하여 냉동 장치에 악영향을 미치지 않을 것
㉱ 화학적으로 안정하고 분해하지 않을 것
㉲ 금속에 대한 부식성 및 패킹 재료에 악영향이 없을 것
㉳ 인화 및 폭발성이 없을 것
㉴ 인체에 무해할 것(비독성 가스일 것)
㉵ 액체의 비열은 작고, 기체의 비열은 클 것
㉶ 경제적일 것(가격이 저렴할 것)
㉷ 단위 냉동량당 소요 동력이 적을 것

**31.** 대기 중에 10 m 배관을 연결할 때 중간에 상온 스프링을 이용하여 연결하려 한다면 중간 연결부에서 얼마의 간격으로 하여야 하는가? (단, 대기 중의 온도는 최저 −20℃, 최고 30℃이고, 배관의 열팽창 계수는 $7.2 \times 10^{-5}$/℃이다.)
① 18 mm    ② 24 mm
③ 36 mm    ④ 48 mm

해설 ㉮ 상온 스프링(cold spring)의 절단 배관 길이는 자유 팽창량(신축 길이)의 1/2로 한다.
㉯ 중간 연결부 간격 계산
∴ 연결부 간격 $= \Delta L \times \dfrac{1}{2} = L \cdot \alpha \cdot \Delta t \cdot \dfrac{1}{2}$
$= (10 \times 1000) \times (7.2 \times 10^{-5})$
$\times (30+20) \times \dfrac{1}{2} = 18$

**32.** 펌프의 운전 중 공동 현상(cavitation)을 방지하는 방법으로 적합하지 않은 것은?
① 흡입 양정을 크게 한다.
② 손실 수두를 적게 한다.
③ 펌프의 회전수를 줄인다.
④ 양흡입 펌프 또는 두 대 이상의 펌프를 사용한다.

해설 공동 현상 방지법
㉮ 펌프의 위치를 낮춘다(흡입 양정을 짧게 한다).
㉯ 수직축 펌프를 사용하여 회전차를 수중에 완전히 잠기게 한다.
㉰ 양흡입 펌프를 사용한다.
㉱ 펌프의 회전수를 낮춘다.
㉲ 두 대 이상의 펌프를 사용한다.
㉳ 유효 흡입 수두를 크게 한다.
㉴ 손실 수두를 적게 한다.

**33.** 표면은 견고하게 하여 내마멸성을 높이고, 내부는 강인하게 하여 내충격성을 향상시킨 이중 조직을 가지게 하는 열처리는?
① 불림        ② 담금질
③ 표면 경화    ④ 풀림

해설 표면 경화법: 금속의 표면을 경화시키는 열처리 방법으로 강의 표면에만 경화시키는 물리적 표면 경화법과 강 표면의 화학 조성을 바꾸어 경화시키는 화학적 표면 경화법으로 분류한다.

**34.** 다음 중 신축 조인트 방법이 아닌 것은?
① 루프(loop)형
② 슬라이드(slide)형
③ 슬립-온(slip-on)형
④ 벨로스(bellows)형

해설 신축 이음(joint)의 종류
㉮ 루프형(loop type)
㉯ 슬리브형(sleeve type) 또는 슬라이드형 (slide type)
㉰ 벨로스형(bellows type) 또는 팩리스형 (packless type)
㉱ 스위블형(swivel type) 또는 지블 이음,

지웰 이음, 회전 이음
㉯ 상온 스프링(cold spring)

**35.** 왕복 압축기의 특징이 아닌 것은?
① 용적형이다.
② 효율이 낮다.
③ 고압에 적당하다.
④ 맥동 현상을 갖는다.

[해설] 왕복동식 압축기의 특징
㉮ 고압이 쉽게 형성된다.
㉯ 급유식, 무급유식이다.
㉰ 용량 조정 범위가 넓다.
㉱ 용적형이며 압축 효율이 높다.
㉲ 형태가 크고 설치 면적이 크다.
㉳ 배출 가스 중 오일이 혼입될 우려가 크다.
㉴ 압축이 단속적이고, 맥동 현상이 발생된다.
㉵ 접촉 부분이 많아 고장 발생이 쉽고 수리가 어렵다.
㉶ 반드시 흡입 토출밸브가 필요하다.

**36.** 다음 지상형 탱크 중 내진 설계 적용 대상 시설이 아닌 것은?
① 고법의 적용을 받는 3톤 이상의 암모니아 탱크
② 도법의 적용을 받는 3톤 이상의 저장 탱크
③ 고법의 적용을 받는 10톤 이상의 아르곤 탱크
④ 액법의 적용을 받는 3톤 이상의 액화 석유 가스 저장 탱크

[해설] 지상형 탱크 중 내진 설계 적용 대상
㉮ 고법 적용 대상 시설
㉠ 저장 탱크

| 구분 | 비가연성, 비독성 | 가연성, 독성 | 탑류 |
|---|---|---|---|
| 압축 가스 | 1000 m³ 이상 | 500 m³ 이상 | 동체부 높이 5 m 이상 |
| 액화 가스 | 10톤 이상 | 5톤 이상 | |

㉡ 지지 구조물 및 기초와 이들의 연결부
㉯ 액법 적용 대상 시설 : 3톤 이상의 액화 석유 가스 저장 탱크, 지지 구조물 및 기초와 이들의 연결부
㉰ 도법 적용 대상 시설 : 저장 능력 3톤(압축 가스 300 m³) 이상인 저장 탱크 또는 가스 홀더, 지지 구조물 및 기초와 이들의 연결부

**37.** 액화 석유 가스 지상 저장 탱크 주위에는 저장 능력이 얼마 이상일 때 방류둑을 설치하여야 하는가?
① 6톤    ② 20톤
③ 100톤    ④ 1000톤

[해설] 액화 석유 가스 저장 탱크에 방류둑을 설치하여야 할 대상 : 저장 능력 1000톤 이상

**38.** 다음과 같이 작동되는 냉동 장치의 성적 계수($\epsilon_R$)는?

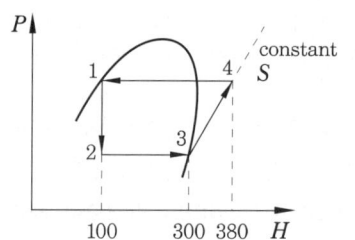

① 0.4    ② 1.4    ③ 2.5    ④ 3.0

[해설] $\epsilon_R = \dfrac{Q_2}{W} = \dfrac{H_3 - H_2}{H_4 - H_3}$

$= \dfrac{300 - 100}{380 - 300} = 2.5$

**39.** 기계적인 일을 사용하지 않고 고온도의 열을 직접 적용시켜 냉동하는 방법은?
① 증기 압축식 냉동기
② 흡수식 냉동기
③ 증기 분사식 냉동기
④ 역브레이턴 냉동기

[해설] 흡수식 냉동기 : 기계적인 일(압축기)을 사용하지 않고 고온도의 열을 발생기(고온 재

[정답] 35. ② 36. ① 37. ④ 38. ③ 39. ②

생기)에 직접 적용시켜 냉매와 흡수제를 분리하여 냉동의 목적을 달성하는 장치로 증발기 내부는 진공으로 유지된다. 흡수식 냉동기의 4대 구성 요소는 흡수기, 발생기, 응축기, 증발기이다.

**40.** 특정 고압가스이면서 그 성분이 독성 가스인 것으로 나열된 것은?

① 산소, 수소
② 액화염소, 액화질소
③ 액화 암모니아, 액화염소
④ 액화 암모니아, 액화 석유 가스

해설 특정 고압가스의 종류(고법 제20조) : 수소, 산소, 액화 암모니아, 아세틸렌, 액화염소, 천연가스, 압축모노실란, 압축디보란, 액화알진, 그밖에 대통령령이 정하는 고압가스
※ 특정 고압가스 중 독성 가스인 것 : 액화 암모니아, 액화염소, 압축모노실란, 압축디보란, 액화알진

---

### 제 3 과목   가스안전관리

---

**41.** 다음 중 독성 가스의 제독 조치로서 가장 부적당한 것은?

① 흡수제에 의한 흡수
② 중화제에 의한 중화
③ 국소 배기 장치에 의한 포집
④ 제독제 살포에 의한 제독

해설 독성 가스의 제독 조치
㉮ 물 또는 흡수제로 흡수 또는 중화하는 조치
㉯ 흡착제로 흡착 제거하는 조치
㉰ 저장 탱크 주위에 설치된 유도구에 의하여 집액구, 피트 등에 고인 액화 가스를 펌프 등의 이송 설비를 이용하여 안전하게 제조 설비로 반송하는 조치
㉱ 연소 설비(플레어 스택(flare stack), 보일러 등)에서 안전하게 연소시키는 조치
㉲ 제독제 살포에 의한 제독

**42.** 사람이 사망한 도시가스 사고 발생 시 사업자가 한국 가스 안전 공사에 상보(서면으로 제출하는 상세한 통보)를 할 때 그 기한은 며칠 이내인가?

① 사고 발생 후 5일
② 사고 발생 후 7일
③ 사고 발생 후 14일
④ 사고 발생 후 20일

해설 사고의 종류별 통보 방법과 기한
(1) 사람이 사망한 사고
㉮ 통보 방법 : 속보 및 상보
㉯ 통보 기한 : 속보 – 즉시, 상보 – 사고 발생 후 20일 이내
(2) 사람이 부상당하거나 중독된 사고
㉮ 통보 방법 : 속보 및 상보
㉯ 통보 기한 : 속보 – 즉시, 상보 – 사고 발생 후 10일 이내
※ 속보 : 전화 또는 팩스를 이용한 통보
상보 : 서면으로 제출하는 상세한 통보

**43.** 20 kg의 LPG가 누출하여 폭발할 경우 TNT 폭발 위력으로 환산하면 TNT 약 몇 kg에 해당하는가? (단, LPG의 폭발 효율은 3 % 이고, 발열량은 12000 kcal/kg, TNT의 연소열은 1100 kcal/kg이다.)

① 0.6    ② 6.5    ③ 16.2    ④ 26.6

해설 $TNT당량 = \dfrac{총\ 발생\ 열량}{TNT\ 방출\ 에너지}$
$= \dfrac{20 \times 12000 \times 0.03}{1100} = 6.5\ kg$

**44.** 고압가스 안전 관리법에서 정한 특정 설비가 아닌 것은?

① 기화 장치    ② 안전밸브
③ 용기          ④ 압력 용기

해설 고압가스 관련 설비(특정 설비) 종류 : 안전밸브, 긴급 차단 장치, 기화 장치, 독성 가스 배관용 밸브, 자동차용 가스 자동 주입기, 역화 방지기, 압력 용기, 특정 고압가스용 실린더 캐

정답   40. ③   41. ③   42. ④   43. ②   44. ③

비닛, 자동차용 압축 천연가스 완속 충전설비, 액화 석유 가스용 용기 잔류 가스 회수 장치

**45.** 소비 중에는 물론 이동, 저장 중에도 아세틸렌 용기를 세워 두는 이유는?
① 정전기를 방지하기 위해서
② 아세톤의 누출을 막기 위해서
③ 아세틸렌이 공기보다 가볍기 때문에
④ 아세틸렌이 쉽게 나오게 하기 위해서

[해설] 아세틸렌 용기를 눕혀서 소비, 이동, 저장할 때 밸브가 개방되는 경우 용기 내부의 용제에 해당되는 아세톤이 액체 상태로 누설될 수 있으므로 세워서 취급하여야 한다.

**46.** 도시가스 압력 조정기의 제품 성능에 대한 설명 중 틀린 것은?
① 입구 쪽은 압력 조정기에 표시된 최대 입구 압력의 1.5배 이상의 압력으로 내압시험을 하였을 때 이상이 없어야 한다.
② 출구 쪽은 압력 조정기에 표시된 최대 출구 압력 및 최대 폐쇄 압력의 1.5배 이상의 압력으로 내압 시험을 하였을 때 이상이 없어야 한다.
③ 입구 쪽은 압력 조정기에 표시된 최대 입구 압력 이상의 압력으로 기밀시험하였을 때 누출이 없어야 한다.
④ 출구 쪽은 압력 조정기에 표시된 최대 출구 압력 및 최대 폐쇄 압력의 1.5배 이상의 압력으로 기밀시험하였을 때 누출이 없어야 한다.

[해설] 도시가스 압력 조정기의 제품 성능
(1) 내압 성능: 다음의 압력으로 실시하였을 때 이상이 없는 것으로 한다.
㉮ 입구 쪽은 압력 조정기에 표시된 최대 입구 압력의 1.5배 이상의 압력
㉯ 출구 쪽은 압력 조정기에 표시된 최대 출구 압력 및 최대 폐쇄 압력 1.5배 이상의 압력

(2) 기밀 성능: 다음의 압력으로 실시하였을 경우 누출이 없는 것으로 한다.
㉮ 입구 쪽은 압력 조정기에 표시된 최대 입구 압력 이상
㉯ 출구 쪽은 압력 조정기에 표시된 최대 출구 압력 및 최대 폐쇄 압력의 1.1배 이상의 압력

**47.** 고압가스의 운반 기준에서 동일 차량에 적재하여 운반할 수 없는 것은?
① 염소와 아세틸렌  ② 질소와 산소
③ 아세틸렌과 산소  ④ 프로판과 부탄

[해설] 혼합 적재 금지 기준
㉮ 염소와 아세틸렌, 암모니아, 수소는 동일 차량에 적재하여 운반하지 아니한다.
㉯ 가연성 가스와 산소를 동일 차량에 적재하여 운반하는 때에는 그 충전 용기의 밸브가 서로 마주보지 아니하도록 적재한다.
㉰ 충전 용기와 위험물 안전 관리법에서 정하는 위험물과는 동일 차량에 적재하여 운반하지 아니한다.
㉱ 독성 가스 중 가연성 가스와 조연성 가스는 동일 차량 적재함에 운반하지 아니한다.

**48.** 물 분무 장치 등은 저장 탱크의 외면에서 몇 m 이상 떨어진 위치에서 조작이 가능하여야 하는가?
① 5 m  ② 10 m  ③ 15 m  ④ 20 m

[해설] 물 분무 장치 등은 그 저장 탱크의 외면에서 15 m 이상 떨어진 안전한 위치에서 조작할 수 있도록 하며, 방류둑을 설치한 저장 탱크에는 그 방류둑 밖에서 조작할 수 있도록 한다.

**49.** 고압가스 특정 제조 시설에서 고압가스 배관을 시가지 외의 도로 노면 밑에 매설하고자 할 때 노면으로부터 배관 외면까지의 매설 깊이는?
① 1.0 m 이상  ② 1.2 m 이상
③ 1.5 m 이상  ④ 2.0 m 이상

정답  45. ②  46. ④  47. ①  48. ③  49. ②

[해설] 고압가스 특정 제조 시설의 매설 깊이
  ㉮ 산이나 들에서는 1 m 이상, 그 밖의 지역에서는 1.2 m 이상
  ㉯ 시가지의 도로 노면 밑에 매설하는 경우 1.5 m 이상
  ㉰ 시가지 외의 도로 노면 밑에 매설하는 경우 1.2 m 이상
  ㉱ 철도 부지에 매설하는 경우 1.2 m 이상

**50.** 국내에서 발생한 대형 도시가스 사고 중 대구 도시가스 폭발 사고의 주원인은?
① 내부 부식
② 배관의 응력 부족
③ 부적절한 매설
④ 공사 중 도시가스 배관 손상

[해설] 대구 도시가스 폭발 사고는 지하철 공사 중 도시가스 배관 손상에 의한 가스 누설이 주원인에 해당된다.

**51.** 초저온 용기 제조 시 적합 여부에 대하여 실시하는 설계 단계 검사 항목이 아닌 것은?
① 외관 검사    ② 재료 검사
③ 마멸 검사    ④ 내압 검사

[해설] 초저온 용기의 설계 단계 검사 항목 : 설계 검사, 외관 검사, 재료 검사, 용접부 검사, 용접부 단면 매크로 검사, 방사선 투과 검사, 침투 탐상 검사, 내압 검사, 기밀 검사, 단열 성능 검사

**52.** 우리나라는 1970년부터 시범적으로 동부이촌동의 3000가구를 대상으로 LPG/AIR 혼합 방식의 도시가스를 공급하기 시작하여 사용한 적이 있다. LPG에 AIR를 혼합하는 주된 이유는?
① 가스의 가격을 올리기 위해서
② 공기로 LPG 가스를 밀어내기 위해서
③ 재액화를 방지하고 발열량을 조정하기 위해서
④ 압축기로 압축하려면 공기를 혼합해야 하므로

[해설] LPG에 공기를 혼합하는 이유
  ㉮ 발열량 조절
  ㉯ 재액화 방지
  ㉰ 연소 효율 증대
  ㉱ 누설 시 손실 감소

**53.** 도시가스 사용 시설의 압력 조정기 점검 시 확인하여야 할 사항이 아닌 것은?
① 압력 조정기의 A/S 기간
② 압력 조정기의 정상 작동 유무
③ 필터 또는 스트레이너의 청소 및 손상유무
④ 건축물 내부에 설치된 압력 조정기의 경우는 가스 방출구의 실외 안전 장소의 설치 여부

[해설] 압력 조정기의 안전 점검 사항
  ㉮ 압력 조정기의 정상 작동 유무
  ㉯ 필터 또는 스트레이너의 청소 및 손상 유무
  ㉰ 압력 조정기의 몸체 및 연결부의 가스 누출 유무
  ㉱ 격납상자 내부에 설치된 압력 조정기는 격납상자의 견고한 고정 여부
  ㉲ 건축물 내부에 설치된 압력 조정기의 경우는 가스 방출구의 실외 안전 장소로 설치 여부
  ※ 압력 조정기의 점검 주기 : 매 1년에 1회 이상(필터 또는 스트레이너의 청소는 설치 후 3년까지는 1회 이상, 그 이후에는 4년에 1회 이상)

**54.** 가연성 가스 및 독성 가스의 충전 용기 보관실의 주위 몇 m 이내에서는 화기를 사용하거나 인화성 물질 또는 발화성 물질을 두지 않아야 하는가?
① 1    ② 2    ③ 3    ④ 5

[해설] 화기와의 거리 : 가연성 가스 및 독성 가스의 충전 용기 보관실의 주위 2 m 이내에서는 충전 용기 보관실에 악영향을 미치지 아니하도록 화기를 사용하거나 인화성 물질이나 발화성 물질을 두지 아니한다.

**정답** 50. ④  51. ③  52. ③  53. ①  54. ②

**55.** 가연성 가스를 운반하는 경우 반드시 휴대하여야 하는 장비가 아닌 것은?
① 소화 설비　　② 방독 마스크
③ 가스 누출 검지기　④ 누출 방지 공구

[해설] 방독 마스크는 독성 가스를 운반하는 경우에 휴대하여야 한다.

**56.** 독성 가스 저장 탱크를 지상에 설치하는 경우 몇 톤 이상일 때 방류둑을 설치하여야 하는가?
① 5　② 10　③ 50　④ 100

[해설] 저장 능력별 방류둑 설치 대상
(1) 고압가스 특정 제조
　㉮ 가연성 가스 : 500톤 이상
　㉯ 독성 가스 : 5톤 이상
　㉰ 액화 산소 : 1000톤 이상
(2) 고압가스 일반 제조
　㉮ 가연성, 액화산소 : 1000톤 이상
　㉯ 독성 가스 : 5톤 이상
(3) 냉동 제조 시설(독성 가스 냉매 사용) : 수액기 내용적 10000 L 이상

**57.** 다량의 고압가스를 차량에 적재하여 운반할 경우 운전상의 주의 사항으로 옳지 않은 것은?
① 부득이한 경우를 제외하고는 장시간 정차해서는 아니 된다.
② 차량의 운반 책임자와 운전자가 동시에 차량에서 이탈하지 아니하여야 한다.
③ 300 km 이상의 거리를 운행하는 경우에는 중간에 충분한 휴식을 취한 후 운행하여야 한다.
④ 가스의 명칭, 성질 및 이동 중의 재해 방지를 위하여 필요한 주의 사항을 기재한 서면을 운반 책임자 또는 운전자에게 교부하고 운반 중에 휴대를 시켜야 한다.

[해설] 200 km 이상의 거리를 운행하는 경우에는 중간에 충분한 휴식을 취하도록 하고 운행시킨다.

**58.** 시안화 수소를 충전, 저장하는 시설에서 가스 누출에 따른 사고 예방을 위하여 누출 검사 시 사용하는 시험지(액)는?
① 묽은 염산 용액
② 질산구리 벤젠지
③ 수산화나트륨 용액
④ 묽은 질산 용액

[해설] 시안화 수소를 충전한 용기는 충전 후 24시간 정치하고, 그 후 1일 1회 이상 질산구리 벤젠 등의 시험지로 가스의 누출 검사를 한다.

**59.** 특정 설비의 부품을 교체할 수 없는 수리 자격자는?
① 용기 제조자　② 특정 설비 제조자
③ 고압가스 제조자　④ 검사 기관

[해설] 특정 설비 부품을 교체할 수 있는 수리 자격자 : 특정 설비 제조자, 고압가스 제조자, 용기 등의 검사 기관

**60.** 다음 중 불연성 가스가 아닌 것은?
① 아르곤　　② 탄산 가스
③ 질소　　　④ 일산화탄소

[해설] 일산화탄소(CO) : 가연성 가스(폭발 범위 12.5~74 %), 독성 가스(TLV-TWA 50 ppm)

---

### 제 4 과목　가스계측

**61.** 물의 화학 반응을 통해 시료의 수분 함량을 측정하며 휘발성 물질 중의 수분을 정량하는 방법은?
① 램프법　　② 칼피셔법
③ 메틸렌블루법　④ 다트와이라법

[해설] 칼피셔법(Karl Fischer's method) : 칼-피셔 시약(요오드, 이산화황 및 피리딘 등을 무수 메탄올 용액으로 한 것)을 수분과 반응시켜 휘발성 물질 중의 수분을 정량하는 방법이다.

[정답] 55. ②　56. ①　57. ③　58. ②　59. ①　60. ④　61. ②

**62.** 25℃, 1 atm에서 0.21 mol%의 $O_2$와 0.79 mol%의 $N_2$로 된 공기 혼합물의 밀도는 약 몇 $kg/m^3$인가?

① 0.118  ② 1.18  ③ 0.134  ④ 1.34

[해설] ㉮ 공기의 평균 분자량 계산
∴ M = (32×0.21) + (28×0.79) = 28.84
㉯ 공기의 밀도 계산
$PV = GRT$에서
$$\therefore \rho = \frac{G}{V} = \frac{P}{RT}$$
$$= \frac{101.325}{\frac{8.314}{28.84} \times (273+25)} = 1.179 \, kg/m^3$$

**63.** 압력에 대한 다음 값 중 서로 다른 것은?

① 101325 $N/m^2$  ② 1013.25 hPa
③ 76 cmHg  ④ 10000 mmAq

[해설] 1 atm = 760 mmHg = 76 cmHg = 0.76 mHg
= 29.9 inHg = 760 torr = 10332 $kgf/m^2$
= 1.0332 $kgf/cm^2$ = 10.332 $mH_2O$
= 10332 $mmH_2O$
= 101325 $N/m^2$ = 101325 Pa = 1013.25 hPa
= 101.325 kPa = 0.101325 MPa
= 1013250 $dyne/cm^2$ = 1.01325 bar
= 1013.25 mbar = 14.7 $lb/in^2$ = 14.7 psi

**64.** 이동상으로 캐리어 가스를 이용, 고정상으로 액체 또는 고체를 이용해서 혼합 성분의 시료를 캐리어 가스로 공급하여, 고정상을 통과할 때 시료 중의 각 성분을 분리하는 분석법은?

① 자동 오르자트법
② 화학 발광식 분석법
③ 가스 크로마토그래피법
④ 비분산형 적외선 분석법

[해설] 가스 크로마토그래피법 : 운반 기체(carrier gas)의 유량을 조절하면서 측정하여야 할 시료 기체를 도입부를 통하여 공급하면 운반 기체와 시료 기체가 분리관을 통과하는 동안 분리되어 시료의 각 성분의 흡수력 차이(시료의 확산 속도, 이동 속도)에 따라 성분의 분리가 일어나고 시료의 각 성분이 검출기에서 측정된다.

**65.** 감도(感度)에 대한 설명으로 틀린 것은?

① 감도는 측정량의 변화에 대한 지시량 변화의 비로 나타낸다.
② 감도가 좋으면 측정 시간이 길어진다.
③ 감도가 좋으면 측정 범위는 좁아진다.
④ 감도는 측정 결과에 대한 신뢰도의 척도이다.

[해설] 감도 : 계측기가 측정량의 변화에 민감한 정도를 나타내는 값으로 감도가 좋으면 측정 시간이 길어지고, 측정 범위는 좁아진다.
$$\therefore 감도 = \frac{지시량의 \; 변화}{측정량의 \; 변화}$$

**66.** 400 K는 약 몇 °R인가?

① 400  ② 620  ③ 720  ④ 820

[해설] °R = 1.8 T = 1.8×400 = 720°R

**67.** 되먹임 제어계에서 설정한 목표값을 되먹임 신호와 같은 종류의 신호로 바꾸는 역할을 하는 것은?

① 조절부  ② 조작부
③ 검출부  ④ 설정부

[해설] 자동 제어계의 구성 요소
㉮ 검출부 : 제어 대상을 계측기를 사용하여 검출하는 과정이다.
㉯ 조절부 : 2차 변환기, 비교기, 조절기 등의 기능 및 지시 기록 기구를 구비한 계기이다.
㉰ 비교부 : 기준 입력과 주피드백량과의 차를 구하는 부분으로서 제어량의 현재값이 목표치와 얼마만큼 차이가 나는가를 판단하는 기구
㉱ 조작부 : 조작량을 제어하여 제어량을 설정치와 같도록 유지하는 기구이다.
㉲ 설정부 : 설정한 목표값을 되먹임 신호와 같은 종류의 신호로 바꾸는 역할을 한다.

정답  62. ②  63. ④  64. ③  65. ④  66. ③  67. ④

**68.** 어느 수용가에 설치한 가스 미터의 기차를 측정하기 위하여 지시량을 보니 100 m³를 나타내었다. 사용 공차를 ±4 %로 한다면 이 가스 미터에는 최소 얼마의 가스가 통과되었는가?

① 40 m³   ② 80 m³   ③ 96 m³   ④ 104 m³

해설 사용 공차가 ±4 %이므로 최소 통과량은 지시량의 96 %, 최대 통과량은 지시량의 104 %에 해당된다.
  ㉮ 최소 통과량 = 지시량 × (1 − 0.04)
            = 100 × (1 − 0.04) = 96 m³
  ㉯ 최대 통과량 = 지시량 × (1 + 0.04)
            = 100 × (1 + 0.04) = 104 m³

**69.** 가스계량기의 구비 조건이 아닌 것은?

① 감도가 낮아야 한다.
② 수리가 용이하여야 한다.
③ 계량이 정확하여야 한다.
④ 내구성이 우수해야 한다.

해설 가스 미터의 구비 조건
  ㉮ 구조가 간단하고, 수리가 용이할 것
  ㉯ 감도가 예민하고 압력 손실이 적을 것
  ㉰ 소형이며 계량 용량이 클 것
  ㉱ 기차의 변동이 작고, 조정이 용이할 것
  ㉲ 내구성이 클 것

**70.** 가스 크로마토그래피 분석계에서 가장 널리 사용되는 고체 지지체 물질은?

① 규조토   ② 활성탄
③ 활성 알루미나   ④ 실리카 겔

해설 가스 크로마토그래피 분석장치의 컬럼(분리관)은 비활성 지지체인 규조토로 채워진다.

참고 흡착형 분리관 충전물과 적용 가스

| 충전물 명칭 | 적용 가스 |
|---|---|
| 활성탄 | $H_2$, $CO$, $CO_2$, $CH_4$ |
| 활성 알루미나 | $CO$, $C_1 \sim C_3$ 탄화수소 |
| 실리카 겔 | $CO_2$, $C_1 \sim C_4$ 탄화수소 |
| 몰레큘러 시브 13X | $CO$, $CO_2$, $N_2$, $O_2$ |
| porapack Q | $N_2O$, $NO$, $H_2O$ |

**71.** 자동 제어계의 일반적인 동작 순서로 맞는 것은?

① 비교 → 판단 → 조작 → 검출
② 조작 → 비교 → 검출 → 판단
③ 검출 → 비교 → 판단 → 조작
④ 판단 → 비교 → 검출 → 조작

해설 자동 제어계의 동작 순서
  ㉮ 검출 : 제어 대상을 계측기를 사용하여 측정하는 부분
  ㉯ 비교 : 목표값(기준 입력)과 주피드백량과의 차를 구하는 부분
  ㉰ 판단 : 제어량의 현재값이 목표치와 얼마만큼 차이가 나는가를 판단하는 부분
  ㉱ 조작 : 판단된 조작량을 제어하여 제어량을 목표값과 같도록 유지하는 부분

**72.** 가스 누출 검지기의 검지(sensor) 부분에서 일반적으로 사용하지 않는 재질은?

① 백금   ② 리듐   ③ 동   ④ 바나듐

해설 가스 누출 검지기의 검지 부분 사용 재질 : 백금, 리듐, 바나듐

**73.** 제어계의 상태를 교란시키는 외란의 원인으로 가장 거리가 먼 것은?

① 가스 유출량   ② 탱크 주위의 온도
③ 탱크의 외관   ④ 가스 공급 압력

해설 ㉮ 외란(disturbance) : 제어계의 상태를 혼란시키는 외적 작용(잡음)으로 제어량이 변화해서 목표치와 어긋나게 되고 제어 편차가 발생한다.
  ㉯ 외란의 종류 : 가스 유출량, 탱크 주위의 온도, 가스 공급 압력, 가스 공급 온도, 목표값 변경 등

**74.** 수소의 품질 검사에 사용되는 시약은?

① 네슬러 시약   ② 동·암모니아
③ 요오드칼륨   ④ 하이드로설파이트

해설 품질 검사 기준

정답  68. ③   69. ①   70. ①   71. ③   72. ③   73. ③   74. ④

| 구분 | 시약 | 검사법 | 순도 |
|---|---|---|---|
| 산소 | 동·암모니아 | 오르자트법 | 99.5% 이상 |
| 수소 | 피로갈롤, 하이드로설파이트 | 오르자트법 | 98.5% 이상 |
| 아세틸렌 | 발연 황산 | 오르자트법 | 98% 이상 |
|  | 브롬 | 뷰렛법 |  |
|  | 질산은 | 정성 시험 |  |

**75.** 나프탈렌의 분석에 가장 적당한 분석 방법은?

① 중화 적정법
② 흡수 평량법
③ 요오드 적정법
④ 가스 크로마토그래피법

[해설] 나프탈렌($C_{10}H_8$) : 방향족 탄화수소로 상온에서 승화하며 특유의 냄새가 있어 방충제로 사용된다. 분석 시 가스 크로마토그래피법을 사용한다.

**76.** 다음 ( ) 안에 알맞은 것은?

> 가스 미터(최대 유량 10 m³/h 이하)의 재검정 유효 기간은 ( )년이다. 재검정의 유효 기간은 재검정을 완료한 날의 다음 달 1일부터 기산한다.

① 1년  ② 2년  ③ 3년  ④ 5년

[해설] 검정·재검정 유효 기간 : 계량에 관한 법률 시행령 제21조, 별표13

| 계량기 | 유효 기간 | |
|---|---|---|
|  | 검정 | 재검정 |
| 최대 유량 10 m³/h 이하의 가스 미터 | 5년 | 5년 |
| 그 밖의 가스 미터 | 8년 | 8년 |
| LPG 미터 | 3년 | 3년 |

**77.** 유속이 6 m/s인 물속에 피토(Pitot)관을 세울 때 수주의 높이는 약 몇 m인가?

① 0.54   ② 0.92
③ 1.63   ④ 1.83

[해설] $h = \dfrac{V^2}{2g} = \dfrac{6^2}{2 \times 9.8} = 1.836 \text{ m}$

**78.** 회로의 두 접점 사이의 온도차로 열기전력을 일으키고 그 전위차를 측정하여 온도를 알아내는 온도계는?

① 열전대 온도계   ② 저항 온도계
③ 광고 온도계    ④ 방사 온도계

[해설] 열전대 온도계 : 2종류의 금속선을 접속하여 하나의 회로를 만들어 2개의 접점에 온도차를 부여하면 회로에 접점의 온도에 거의 비례한 전류(열기전력)가 흐르는 현상인 제베크 효과(Seebeck effect)를 이용한 것으로 열기전력은 전위차계를 이용하여 측정한다.

**79.** 증기압식 온도계에 사용되지 않는 것은?

① 아닐린    ② 알코올
③ 프레온    ④ 에틸에테르

[해설] 압력식 온도계의 종류 및 사용 물질
㉮ 액체 압력(팽창)식 온도계 : 수은, 알코올, 아닐린
㉯ 기체 압력식 온도계 : 질소, 헬륨, 네온, 수소
㉰ 증기 압력식 온도계 : 프레온, 에틸에테르, 염화메틸, 염화에틸, 톨루엔, 아닐린

**80.** 가스 분석용 검지관법에서 검지관의 검지 한도가 가장 낮은 가스는?

① 염소    ② 수소
③ 프로판  ④ 암모니아

[해설] 검지관의 검지 한도 및 측정 농도 범위

| 측정 가스 | 검지 한도(ppm) | 측정 농도(vol%) |
|---|---|---|
| 염소 | 0.1 | 0~0.004 |
| 수소 | 250 | 0~1.5 |
| 프로판 | 100 | 0~5.0 |
| 암모니아 | 5 | 0~25 |

**정답**  75. ④  76. ④  77. ④  78. ①  79. ②  80. ①

## 2018년도 시행 문제

▶ 2018년 3월 4일 시행

| 자격종목 | 종목코드 | 시험시간 | 형 별 | 수험번호 | 성 명 |
|---|---|---|---|---|---|
| 가스 산업기사 | 2471 | 2시간 | B | | |

### 제1과목 연소공학

**1.** 다음 중 메탄의 완전연소 반응식을 옳게 나타낸 것은?

① $CH_4 + 2O_2 \rightarrow CO_2 + 2H_2O$
② $CH_4 + 3O_2 \rightarrow 2CO_2 + 2H_2O$
③ $CH_4 + 3O_2 \rightarrow 2CO_2 + 3H_2O$
④ $CH_4 + 5O_2 \rightarrow 3CO_2 + 4H_2O$

[해설] ㉮ 탄화수소($C_mH_n$)의 완전연소 반응식
$C_mH_n + \left(m + \dfrac{n}{4}\right)O_2 \rightarrow mCO_2 + \dfrac{n}{2}H_2O$
㉯ 메탄($CH_4$)의 완전연소 반응식
$CH_4 + 2O_2 \rightarrow CO_2 + 2H_2O$

**2.** 최소 발화에너지(MIE)에 영향을 주는 요인 중 MIE의 변화를 가장 작게 하는 것은?

① 가연성 혼합 기체의 압력
② 가연성 물질 중 산소의 농도
③ 공기 중에서 가연성 물질의 농도
④ 양론농도하에서 가연성 기체의 분자량

[해설] (1) 최소 발화에너지(MIE) : 가연성 혼합가스에 전기적 스파크로 점화시킬 때 점화하기 위한 최소한의 전기적 에너지
(2) MIE에 영향을 주는 것
 ㉮ 가연성 혼합 기체의 압력
 ㉯ 가연성 물질 중 산소의 농도
 ㉰ 공기 중에서 가연성 물질의 농도
 ㉱ 가연성 물질의 연소속도
 ㉲ 가연성 물질 및 공기의 온도
 ㉳ 가연성 물질의 열전도율

**3.** 에탄의 공기 중 폭발범위가 3.0~12.4 %라고 할 때 에탄의 위험도는?

① 0.76 ② 1.95
③ 3.13 ④ 4.25

[해설] $H = \dfrac{U-L}{L} = \dfrac{12.4 - 3.0}{3.0} = 3.133$

**4.** 액체연료의 연소 형태 중 램프 등과 같이 연료를 심지로 빨아올려 심지의 표면에서 연소시키는 것은?

① 액면연소 ② 증발연소
③ 분무연소 ④ 등심연소

[해설] • 등심연소(wick combustion) : 연료를 심지로 빨아올려 대류나 복사열에 의하여 발생한 증기가 등심(심지)의 상부나 측면에서 연소하는 것으로 공급되는 공기의 유속이 낮을수록, 온도가 높을수록 화염의 높이는 높아진다.

**5.** 가스의 특성에 대한 설명 중 가장 옳은 내용은?

① 염소는 공기보다 무거우며 무색이다.
② 질소는 스스로 연소하지 않는 조연성이다.
③ 산화에틸렌은 분해폭발을 일으킬 위험이 있다.
④ 일산화탄소는 공기 중에서 연소하지 않는다.

[해설] • 각 항목의 옳은 설명

**정답** 1. ① 2. ④ 3. ③ 4. ④ 5. ③

① 염소는 공기보다 무거우며, 황록색의 독성가스, 조연성가스이다.
② 질소는 스스로 연소하지 않는 불연성가스이다.
④ 일산화탄소는 공기 중에서 연소하는 가연성가스(폭발범위 : 12.5~74 %)이며, 독성가스이다.

**6.** 메탄 50 v%, 에탄 25 v%, 프로판 25 v%가 섞여 있는 혼합기체의 공기 중에서의 연소하한계(v%)는 얼마인가? (단, 메탄, 에탄, 프로판의 연소하한계는 각각 5 v%, 3 v%, 2.1 v% 이다.)

① 2.3  ② 3.3  ③ 4.3  ④ 5.3

[해설] $\frac{100}{L} = \frac{V_1}{L_1} + \frac{V_2}{L_2} + \frac{V_3}{L_3}$ 에서

$\therefore L = \frac{100}{\frac{V_1}{L_1} + \frac{V_2}{L_2} + \frac{V_3}{L_3}}$

$= \frac{100}{\frac{50}{5} + \frac{25}{3} + \frac{25}{2.1}} = 3.307 \%$

**7.** 연료가 구비하여야 할 조건으로 틀린 것은?
① 발열량이 클 것
② 구입하기 쉽고 가격이 저렴할 것
③ 연소 시 유해가스 발생이 적을 것
④ 공기 중에서 쉽게 연소되지 않을 것

[해설] • 연료(fuel)의 구비조건
  ㉮ 공기 중에서 연소하기 쉬울 것
  ㉯ 저장 및 운반, 취급이 용이할 것
  ㉰ 발열량이 클 것
  ㉱ 구입하기 쉽고 경제적일 것
  ㉲ 인체에 유해성이 없을 것
  ㉳ 휘발성이 좋고 내한성이 우수할 것
  ㉴ 연소 시 회분 등 배출물이 적을 것

**8.** 다음 연료 중 표면연소를 하는 것은?
① 양초         ② 휘발유
③ LPG         ④ 목탄

[해설] • 표면연소 : 고체 가연물이 열분해나 증발을 하지 않고 표면에서 산소와 반응하여 연소하는 것으로 목탄(숯), 코크스 등의 연소가 이에 해당된다.

**9.** 자연발화를 방지하는 방법으로 옳지 않은 것은?
① 통풍을 잘 시킬 것
② 저장실의 온도를 높일 것
③ 습도가 높은 것을 피할 것
④ 열이 축적되지 않게 연료의 보관방법에 주의할 것

[해설] • 자연발화의 방지법
  ㉮ 통풍이 잘 되게 한다.
  ㉯ 저장실의 온도를 낮춘다.
  ㉰ 습도가 높은 것을 피한다.
  ㉱ 열의 축적을 방지한다.

**10.** 연소의 3요소가 바르게 나열된 것은?
① 가연물, 점화원, 산소
② 수소, 점화원, 가연물
③ 가연물, 산소, 이산화탄소
④ 가연물, 이산화탄소, 점화원

[해설] • 연소의 3요소 : 가연물, 산소 공급원, 점화원

**11.** 연료발열량($H_L$) 10000 kcal/kg, 이론공기량 11 m³/kg, 과잉공기율 30 %, 이론습가스량 11.5 m³/kg, 외기온도 20℃일 때의 이론연소온도는 약 몇 ℃인가? (단, 연소가스의 평균비열은 0.31 kcal/m³·℃이다.)

① 1510  ② 2180  ③ 2200  ④ 2530

[해설] ㉮ 연소가스량 계산
  $\therefore$ 연소가스량 = 이론습가스량 + 과잉공기량
  = 이론습가스량 + {이론공기량 × $(m-1)$}
  = 11.5 + (11 × 0.3) = 14.8 m³/kg
㉯ 이론연소온도 계산

$$\therefore t_2 = \frac{H_L}{G_s \times C_p} + t_1$$
$$= \frac{10000}{14.8 \times 0.31} + 20 = 2199.598 \,°C$$

**12.** 다음 〈보기〉 중 산소농도가 높을 때 연소의 변화에 대하여 올바르게 설명한 것으로만 나열한 것은?

―〈보 기〉―
㉠ 연소속도가 느려진다.
㉡ 화염온도가 높아진다.
㉢ 연료 kg당의 발열량이 높아진다.

① ㉠   ② ㉡
③ ㉠, ㉡   ④ ㉡, ㉢

[해설] • 산소농도가 높아질 때 나타나는 현상
  ㉮ 증가(상승) : 연소속도 증가, 화염온도 상승, 발열량 증가, 폭발범위 증가, 화염길이 증가
  ㉯ 감소(저하) : 발화온도 저하, 발화에너지 감소
  ※ 연료 kg당의 발열량은 완전 연소하였을 때의 이론적인 발열량에 해당되는 것이므로 산소농도가 증가하여도 변동이 없다.

**13.** 가스화재 소화대책에 대한 설명으로 가장 거리가 먼 것은?

① LNG에 착화할 때에는 노출된 탱크, 용기 및 장비를 냉각시키면서 누출원을 막아야 한다.
② 소규모 화재 시 고성능 포말소화액을 사용하여 소화할 수 있다.
③ 큰 화재나 폭발로 확대된 위험이 있을 경우에는 누출원을 막지 않고 소화부터 해야 한다.
④ 진화원을 막는 것이 바람직하다고 판단되면 분말소화약제, 탄산가스, 하론소화기를 사용할 수 있다.

[해설] 큰 화재나 폭발로 확대된 위험이 있을 경우에는 누출원을 막고 소화를 해야 한다.

**14.** 폭발의 정의를 가장 잘 나타낸 것은?
① 화염의 전파 속도가 음속보다 큰 강한 파괴작용을 하는 흡열반응
② 화염이 음속 이하의 속도로 미반응 물질 속으로 전파되어 가는 발열반응
③ 물질이 산소와 반응하여 열과 빛을 발생하는 현상
④ 물질을 가열하기 시작하여 발화할 때까지의 시간이 극히 짧은 반응

[해설] • 폭발 : 혼합기체의 온도를 고온으로 상승시켜 자연착화를 일으키고, 혼합기체의 전부분이 극히 단시간 내에 연소하는 것으로서 압력 상승이 급격한 현상 또는 화염이 음속 이하의 속도로 미반응 물질 속으로 전파되어 가는 발열반응을 말한다.

**15.** 프로판($C_3H_8$)의 표준 총발열량이 −530600 cal/g·mol일 때 표준 진발열량은 약 몇 cal/g·mol인가? [단, $H_2O(L) \to H_2O(g)$, $\Delta H$ = 10519 cal/g·mol이다.]

① −530600   ② −488524
③ −520081   ④ −430432

[해설] ㉮ 프로판($C_3H_8$)의 완전연소 반응식
  $C_3H_8 + 5O_2 \to 3CO_2 + 4H_2O$
㉯ 표준 진발열량 계산 : 프로판 연소 시 발생되는 수증기 몰수와 물의 증발잠열을 곱한 수치를 고위발열량에서 뺀 값이 표준 진발열량이 된다 (수증기의 생성엔탈피($\Delta H$)와 물의 증발잠열은 절댓값은 같고 부호가 반대이다).
$\therefore H_L = H_h$ − 물의 증발잠열량
  $= -530600 - (-10519 \times 4)$
  $= -488524 \text{ cal/g·mol}$

**16.** 이상기체를 정적하에서 가열하면 압력과 온도의 변화는 어떻게 되는가?

정답 12. ② 13. ③ 14. ② 15. ② 16. ①

① 압력 증가, 온도 상승
② 압력 일정, 온도 일정
③ 압력 일정, 온도 상승
④ 압력 증가, 온도 일정

[해설] 이상기체를 일정한 부피(정적 상태)에서
㉮ 가열 : 압력 증가, 온도 상승
㉯ 냉각 : 압력 강하, 온도 저하

**17.** 가연물질이 연소하는 과정 중 가장 고온일 경우의 불꽃색은?
① 황적색  ② 적색
③ 암적색  ④ 회백색

[해설] • 색깔별 온도

| 구분 | 암적색 | 적색 | 휘적색 | 황적색 | 백적색 | 휘백색 |
|---|---|---|---|---|---|---|
| 온도 | 700℃ | 850℃ | 950℃ | 1100℃ | 1300℃ | 1500℃ |

※ ④항은 휘백색으로 주어져야 함

**18.** 연소에 대한 설명 중 옳은 것은?
① 착화온도와 연소온도는 항상 같다.
② 이론연소온도는 실제연소온도보다 높다.
③ 일반적으로 연소온도는 인화점보다 상당히 낮다.
④ 연소온도가 그 인화점보다 낮게 되어도 연소는 계속 된다.

[해설] • 각 항목의 옳은 설명
① 연소온도는 착화온도와 같거나 높다 (일반적으로 연소온도는 착화온도보다 높다).
③ 일반적으로 연소온도는 인화점보다 높다.
④ 연소온도가 그 인화점보다 낮게 되면 연소가 중단된다.

**19.** 폭굉유도거리에 대한 올바른 설명은?
① 최초의 느린 연소가 폭굉으로 발전할 때까지의 거리
② 어느 온도에서 가열, 발화, 폭굉에 이르기까지의 거리
③ 폭굉 등급을 표시할 때의 안전간격을 나타내는 거리
④ 폭굉이 단위시간당 전파되는 거리

[해설] • 폭굉유도거리(DID) : 최초의 완만한 연소가 격렬한 폭굉으로 발전될 때까지의 거리

**20.** 어떤 혼합가스가 산소 10 mol, 질소 10 mol, 메탄 5 mol을 포함하고 있다. 이 혼합가스의 비중은 약 얼마인가? (단, 공기의 평균분자량은 29이다.)
① 0.88  ② 0.94  ③ 1.00  ④ 1.07

[해설] ㉮ 혼합가스의 평균분자량 계산

$\therefore M =$ 성분분자량×몰비율
$=$ 성분분자량$\times \dfrac{성분몰수}{전몰수}$
$= \left(32 \times \dfrac{10}{25}\right) + \left(28 \times \dfrac{10}{25}\right) + \left(16 \times \dfrac{5}{25}\right)$
$= 27.2$

㉯ 혼합가스의 비중 계산
$\therefore d = \dfrac{M}{29} = \dfrac{27.2}{29} = 0.9379$

---

### 제 2 과목  가스설비

**21.** 다단압축기에서 실린더 냉각이 목적으로 옳지 않은 것은?
① 흡입효율을 좋게 하기 위하여
② 밸브 및 밸브스프링에서 열을 제거하여 오손을 줄이기 위하여
③ 흡입 시 가스에 주어진 열을 가급적 높이기 위하여
④ 피스톤링에 탄소산화물이 발생하는 것을 막기 위하여

[해설] • 실린더 냉각의 목적
㉮ 흡입 시 가스에 주어진 열을 제거하여 흡입효율을 높이기 위하여
㉯ 밸브 및 밸브스프링에서 열을 제거하여 오손을 줄이고 그 수명을 연장하기 위하여

정답  17. ④  18. ②  19. ①  20. ②  21. ③

㉰ 활동면을 냉각시켜 윤활이 원활하도록 하여 피스톤링에 탄소산화물이 발생하는 것을 막기 위하여

**22.** 도시가스용 압력조정기에서 스프링은 어떤 재질을 사용하는가?
① 주물  ② 강재
③ 알루미늄합금  ④ 다이캐스팅

[해설] • 도시가스용 압력조정기 재질
㉮ 스프링 : 강재, 스테인리스강재
㉯ 몸통 : 주물, 알루미늄 및 알루미늄합금, 다이캐스팅
㉰ 덮개 : 주물, 스테인리스강재, 알루미늄 및 알루미늄합금, 다이캐스팅
㉱ 헤드 : 주물, 스테인리스강재, 구리 및 구리합금 봉
㉲ 오리피스 : 스테인리스강재, 알루미늄 및 알루미늄합금
㉳ 밸브 : 주물, 스테인리스강재, 구리 및 구리합금 봉, 다이캐스팅

**23.** 강의 열처리 중 일반적으로 연화를 목적으로 적당한 온도까지 가열한 다음 그 온도에서 서서히 냉각하는 방법은?
① 담금질  ② 뜨임
③ 표면경화  ④ 풀림

[해설] • 풀림(annealing : 소둔) : 가공 중에 생긴 내부응력을 제거하거나 가공 경화된 재료를 연화시켜 상온가공을 용이하게 할 목적으로 로 중에서 가열하여 서서히 냉각시킨다.

**24.** 외부의 전원을 이용하여 그 양극을 땅에 접속시키고 땅속에 있는 금속체에 음극을 접속함으로써 매설된 금속체로 전류를 흘러 보내 전기부식을 일으키는 전류를 상쇄하는 방법이다. 전식방지방법으로 매우 유효한 수단이며 압출에 의한 전식을 방지할 수 있는 이 방법은?
① 희생양극법  ② 외부전원법

③ 선택배류법  ④ 강제배류법

[해설] • 강제배류법 : 외부전원법과 배류법의 혼합형으로 외부전원법에 비해 경제적이고, 전식에 대해서도 방식이 가능하다. 다른 매설 금속체로의 장해 및 전철의 신호장해에 대해 검토가 필요하다.

**25.** 고압장치의 재료로 구리관의 성질과 특징으로 틀린 것은?
① 알칼리에는 내식성이 강하지만 산성에는 약하다.
② 내면이 매끈하여 유체저항이 적다.
③ 굴곡성이 좋아 가공이 용이하다.
④ 전도 및 전기절연성이 우수하다.

[해설] • 동 및 동합금 관의 특징
㉮ 담수(淡水)에 대한 내식성이 우수하다.
㉯ 열전도율, 전기전도성이 좋다.
㉰ 가공성이 좋아 배관시공이 용이하다.
㉱ 아세톤, 프레온 가스 등 유기약품에 침식되지 않는다.
㉲ 관 내부에서 마찰저항이 적다.
㉳ 연수(軟水)에는 부식된다.
㉴ 외부의 기계적 충격에 약하다.
㉵ 가격이 비싸다.
㉶ 가성소다, 가성칼리 등 알칼리성에는 내식성이 강하고, 암모니아수, 습한 암모니아($NH_3$)가스, 초산, 진한 황산($H_2SO_4$)에는 심하게 침식된다.

**26.** 소비자 1호당 1일 평균가스 소비량 1.6 kg/day, 소비호수 10호 자동절체조정기를 사용하는 설비를 설계하려면 용기는 몇 개가 필요한가? (단, 액화석유가스 50 kg 용기 표준가스 발생능력은 1.6 kg/h이고, 평균가스 소비율은 60 %, 용기는 2계열 집합으로 사용한다.)
① 3개  ② 6개
③ 9개  ④ 12개

[해설] ㉮ 필요 최저 용기수 계산
∴ 필요 용기수

정답  22. ②  23. ④  24. ④  25. ④  26. ④

$$= \frac{1호당\ 평균가스\ 소비량 \times 호수 \times 소비율}{가스발생능력}$$

$$= \frac{1.6 \times 10 \times 0.6}{1.6} = 6개$$

㉯ 2계열 용기수 계산

∴ 2계열 용기수 = 필요 용기수 × 2
= 6 × 2 = 12개

**27.** 도시가스에 첨가하는 부취제로서 필요한 조건으로 틀린 것은?

① 물에 녹지 않을 것
② 토양에 대한 투과성이 좋을 것
③ 인체에 해가 없고 독성이 없을 것
④ 공기 혼합비율이 1/200의 농도에서 가스냄새가 감지될 수 있을 것

[해설] • 부취제의 필요조건(구비조건)
㉮ 화학적으로 안정하고 독성이 없을 것
㉯ 일상생활의 냄새(생활취)와 명확하게 구별될 것
㉰ 극히 낮은 농도에서도 냄새가 확인될 수 있을 것
㉱ 가스관이나 가스미터 등에 흡착되지 않을 것
㉲ 배관을 부식시키지 않고, 상용온도에서 응축되지 않을 것
㉳ 물에 잘 녹지 않고 토양에 대하여 투과성이 클 것
㉴ 완전연소가 가능하고 연소 후 유해 물질을 남기지 않을 것
㉵ 공기 혼합비율이 1/1000의 농도에서 가스냄새가 감지될 수 있을 것

**28.** 액화석유가스 압력조정기 중 1단 감압식 준저압 조정기의 입구압력은?

① 0.07~1.56 MPa
② 0.1~1.56 MPa
③ 0.3~1.56 MPa
④ 조정압력 이상~1.56 MPa

[해설] • 1단 감압식 조정기의 입구 및 조정(출구)압력
(1) 저압 조정기
㉮ 입구압력 : 0.07~1.56 MPa
㉯ 조정압력 : 2.3~3.3 kPa
(2) 준저압 조정기
㉮ 입구압력 : 0.1~1.56 MPa
㉯ 조정압력 : 5.0~30.0 kPa 이내에서 제조자가 설정한 기준압력의 ±20 %

**29.** 고압가스설비를 운전하는 중 플랜지부에서 가연성가스가 누출하기 시작할 때 취해야 할 대책으로 가장 거리가 먼 것은?

① 화기 사용 금지
② 가스 공급 즉시 중지
③ 누출 전, 후단 밸브 차단
④ 일상적인 점검 및 정기점검

[해설] 고압가스설비를 운전하는 중 가연성가스가 누출하기 시작할 때 일상적인 점검 및 정기점검보다는 화기 사용을 금지하고, 가스 공급을 즉시 중지하며, 누출 전, 후단의 밸브를 차단하여 누출된 가스가 확산되는 것을 방지하여야 한다.

**30.** 배관의 자유팽창을 미리 계산하여 관의 길이를 약간 짧게 절단하여 강제배관을 함으로써 열팽창을 흡수하는 방법은?

① 콜드 스프링
② 신축이음
③ U형 벤드
④ 파열이음

[해설] • 콜드 스프링(cold spring : 상온 스프링) : 배관의 자유팽창량을 미리 계산하여 자유팽창량의 1/2만큼 짧게 절단하여 강제배관을 함으로써 신축(열팽창)을 흡수하는 방법

**31.** 성능계수가 3.2인 냉동기가 10 ton을 냉동하기 위해 공급하여야 할 동력은 약 몇 kW인가?

① 10  ② 12  ③ 14  ④ 16

[해설] ㉮ 냉동능력 1 ton(1 RT)는 3320 kcal/h, 1 kW는 860 kcal/h이다.
㉯ 냉동기에 공급해야 할 동력(kW) 계산

**정답** 27. ④  28. ②  29. ④  30. ①  31. ②

$COP_R = \dfrac{Q_2}{W}$ 에서

$\therefore W = \dfrac{Q_2}{COP_R} = \dfrac{10 \times 3320}{3.2 \times 860} = 12.063 \text{ kW}$

**32.** 터보압축기에 대한 설명이 아닌 것은?
① 유급유식이다.
② 고속회전으로 용량이 크다.
③ 용량 조정이 어렵고 범위가 좁다.
④ 연속적인 토출로 맥동현상이 적다.

[해설] • 터보형 압축기의 특징
㉮ 원심형 무급유식이다.
㉯ 연속 토출로 맥동현상이 적다.
㉰ 고속회전으로 용량이 크다.
㉱ 형태가 작고 경량이어서 설치면적이 작다.
㉲ 압축비가 작고, 효율이 낮다.
㉳ 운전 중 서징현상이 발생할 수 있다.
㉴ 용량 조정이 어렵고 범위가 좁다.

**33.** 산소 압축기의 내부 윤활제로 주로 사용되는 것은?
① 물
② 유지류
③ 석유류
④ 진한 황산

[해설] • 각종 가스 압축기의 윤활유
㉮ 산소 압축기 : 물 또는 묽은 글리세린수 (10 % 정도)
㉯ 공기 압축기, 수소 압축기, 아세틸렌 압축기 : 양질의 광유(디젤 엔진유)
㉰ 염소 압축기 : 진한 황산
㉱ LP가스 압축기 : 식물성유
㉲ 이산화황(아황산가스) 압축기 : 화이트유, 정제된 용제 터빈유
㉳ 염화메탄(메틸 클로라이드) 압축기 : 화이트유

**34.** −5℃에서 열을 흡수하여 35℃에 방열하는 역카르노 사이클에 의해 작동하는 냉동기의 성능계수는?
① 0.125
② 0.15
③ 6.7
④ 9

[해설] $COP_R = \dfrac{Q_2}{W} = \dfrac{Q_2}{Q_1 - Q_2} = \dfrac{T_2}{T_1 - T_2}$

$= \dfrac{273 - 5}{(273 + 35) - (273 - 5)} = 6.7$

**35.** 가연성가스 및 독성가스 용기의 도색 구분이 옳지 않은 것은?
① LPG − 밝은 회색
② 액화암모니아 − 백색
③ 수소 − 주황색
④ 액화염소 − 청색

[해설] • 가스 종류별 용기 도색

| 가스 종류 | 용기 도색 | |
|---|---|---|
| | 공업용 | 의료용 |
| 산소 (O₂) | 녹색 | 백색 |
| 수소 (H₂) | 주황색 | − |
| 액화탄산가스 (CO₂) | 청색 | 회색 |
| 액화석유가스 | 밝은 회색 | − |
| 아세틸렌 (C₂H₂) | 황색 | − |
| 암모니아 (NH₃) | 백색 | − |
| 액화염소 (Cl₂) | 갈색 | − |
| 질소 (N₂) | 회색 | 흑색 |
| 아산화질소 (N₂O) | 회색 | 청색 |
| 헬륨 (He) | 회색 | 갈색 |
| 에틸렌 (C₂H₄) | 회색 | 자색 |
| 사이클로프로판 | 회색 | 주황색 |
| 기타의 가스 | 회색 | − |

**36.** 고압가스 제조 장치의 재료에 대한 설명으로 틀린 것은?
① 상온, 건조 상태의 염소가스에서는 탄소강을 사용할 수 있다.
② 암모니아, 아세틸렌의 배관재료에는 구리제를 사용한다.

[정답] 32. ① 33. ① 34. ③ 35. ④ 36. ②

③ 탄소강에 나타나는 조직의 특성은 탄소(C)의 양에 따라 달라진다.
④ 암모니아 합성탑 내통의 재료에는 18-8 스테인리스강을 사용한다.

[해설] 고압가스 제조 장치 재료 중 구리(동)는 암모니아의 경우 부식의 우려가 있고, 아세틸렌의 경우 화합 폭발의 우려가 있어 사용이 금지된다.

### 37. 저온 및 초저온 용기의 취급 시 주의사항으로 틀린 것은?

① 용기는 항상 누운 상태를 유지한다.
② 용기를 운반할 때는 별도 제작된 운반용구를 이용한다.
③ 용기를 물기나 기름이 있는 곳에 두지 않는다.
④ 용기 주변에서 인화성 물질이나 화기를 취급하지 않는다.

[해설] • 저온 및 초저온 용기의 취급 시 주의사항
㉮ 용기에 낙하, 외부의 충격을 금한다.
㉯ 용기는 직사광선, 빗물, 눈 등을 피한다.
㉰ 습기, 인화성물질, 염류 등이 있는 곳을 피하여 보관한다.
㉱ 통풍이 양호한 곳에 보관한다.
㉲ 기름 묻은 장갑, 면장갑을 사용하지 말고, 가죽장갑을 사용하여 취급한다.
㉳ 전선, 어스선 등 전기시설물 근처를 피하여 보관한다.
㉴ 용기를 운반할 때는 별도 제작된 운반용구를 이용한다.

### 38. 웨버지수에 대한 설명으로 옳은 것은?

① 정압기의 동특성을 판단하는 중요한 수치이다.
② 배관 관경을 결정할 때 사용되는 수치이다.
③ 가스의 연소성을 판단하는 중요한 수치이다.

④ LPG 용기 설치본수 산정 시 사용되는 수치로 지역별 기화량을 고려한 값이다.

[해설] • 웨버(Webbe)지수 : 가스의 발열량을 가스비중의 제곱근으로 나눈 값으로 가스의 연소성을 판단하는 수치이다.

$$\therefore WI = \frac{H_g}{\sqrt{d}}$$

여기서, $H_g$ : 도시가스의 발열량(kcal/m³)
$d$ : 도시가스의 비중

### 39. 두 개의 다른 금속이 접촉되어 전해질 용액 내에 존재할 때 다른 재질의 금속 간 전위차에 의해 용액 내에서 전류가 흐르는데, 이에 의해 양극부가 부식이 되는 현상을 무엇이라 하는가?

① 공식                ② 침식부식
③ 갈바닉 부식      ④ 농담부식

[해설] • 갈바닉(galvanic) 부식 : 전위차가 다른 두 금속을 전해질 속에 넣어 두 금속을 전선으로 연결하면 전류가 형성되며 전위가 낮은 금속(비금속 : mean metal)이 양극(anode), 전위가 높은 금속(귀금속 : noble metal)이 음극(cathode)이 되어 양극부가 부식이 촉진되는 현상

### 40. 고압장치 배관에 발생된 열응력을 제거하기 위한 이음이 아닌 것은?

① 루프형            ② 슬라이드형
③ 벨로스형        ④ 플랜지형

[해설] • 신축이음(joint)의 종류
㉮ 루프형(loop type)
㉯ 슬리브형(sleeve type) 또는 슬라이드형(slide type)
㉰ 벨로스형(bellows type) 또는 팩리스형(packless type)
㉱ 스위블형(swivel type) 또는 지블이음, 지웰이음, 회전이음
㉲ 상온 스프링(cold spring)

**정답** 37. ① 38. ③ 39. ③ 40. ④

## 제 3 과목  가스안전관리

**41.** 염소가스 취급에 대한 설명 중 옳지 않은 것은?
① 재해제로 소석회 등이 사용된다.
② 염소 압축기의 윤활유는 진한 황산이 사용된다.
③ 산소와 염소폭명기를 일으키므로 동일 차량에 적재를 금한다.
④ 독성이 강하여 흡입하면 호흡기가 상한다.
[해설] • 염소폭명기 : 수소와 염소의 혼합가스가 빛(직사광선)과 접촉하면 심하게 반응하는 현상으로 염소와 수소는 운반차량에 혼합적재가 금지된다.

**42.** 가연성가스의 폭발등급 및 이에 대응하는 내압방폭구조 폭발등급의 분류기준이 되는 것은?
① 폭발범위
② 발화온도
③ 최대 안전틈새 범위
④ 최소 점화전류비 범위
[해설] • 최대 안전틈새 범위 : 내용적이 8 L이고 틈새 깊이가 25 mm인 표준용기 내에서 가스가 폭발할 때 발생한 화염이 용기 밖으로 전파하여 가연성가스에 점화되지 아니하는 최댓값으로 가연성가스의 폭발등급 및 이에 대응하는 내압방폭구조 폭발등급의 분류기준이 된다.

**43.** 액화석유가스의 안전관리 및 사업법에서 규정한 용어의 정의 중 틀린 것은?
① "방호벽"이란 높이 1.5미터, 두께 10센티미터의 철근콘크리트 벽을 말한다.
② "충전용기"란 액화석유가스 충전 질량의 2분의 1 이상이 충전되어 있는 상태의 용기를 말한다.
③ "소형저장탱크"란 액화석유가스를 저장하기 위하여 지상 또는 지하에 고정 설치된 탱크로서 그 저장능력이 3톤 미만인 탱크를 말한다.
④ "가스설비"란 저장설비 외의 설비로서 액화석유가스가 통하는 설비(배관은 제외한다)와 그 부속설비를 말한다.
[해설] • 방호벽 : 높이 2 m 이상, 두께 12 cm 이상의 철근콘크리트 또는 이와 같은 수준 이상의 강도를 가지는 벽을 말한다.

**44.** 동절기의 습도 50 % 이하인 경우에는 수소용기 밸브의 개폐를 서서히 하여야 한다. 주된 이유는?
① 밸브 파열
② 분해 폭발
③ 정전기 방지
④ 용기압력 유지
[해설] 습도가 낮을 때 용기밸브를 급격히 개폐하면 정전기가 발생할 가능성이 높고 정전기가 점화원이 되어 수소가스에 착화될 수 있으므로 용기밸브의 개폐는 서서히 하여야 한다.

**45.** LPG 압력조정기를 제조하고자 하는 자가 반드시 갖추어야 할 검사설비가 아닌 것은?
① 유량측정설비
② 내압시험설비
③ 기밀시험설비
④ 과류차단성능시험설비
[해설] • LPG 압력조정기 제조 검사설비 종류
㉮ 버니어캘리퍼스, 마이크로미터, 나사게이지 등 치수측정설비
㉯ 액화석유가스액 또는 도시가스 침적설비
㉰ 염수분무시험설비
㉱ 내압시험설비
㉲ 기밀시험설비
㉳ 안전장치 작동시험설비
㉴ 출구압력측정시험설비
㉵ 내구시험설비
㉶ 저온시험설비

정답  41. ③  42. ③  43. ①  44. ③  45. ④

㋛ 유량측정설비
㋜ 그 밖에 필요한 검사설비 및 기구

## 46. 동일 차량에 적재하여 운반할 수 없는 가스는?

① $C_2H_4$와 HCN  ② $C_2H_4$와 $NH_3$
③ $CH_4$와 $C_2H_2$  ④ $Cl_2$와 $C_2H_2$

해설 • 혼합적재 금지 기준
㉮ 염소와 아세틸렌, 암모니아, 수소는 동일 차량에 적재하여 운반하지 아니한다.
㉯ 가연성가스와 산소를 동일 차량에 적재하여 운반하는 때에는 그 충전용기의 밸브가 서로 마주보지 아니하도록 적재한다.
㉰ 충전용기와 위험물 안전관리법에서 정하는 위험물과는 동일 차량에 적재하여 운반하지 아니한다.
㉱ 독성가스 중 가연성가스와 조연성가스는 동일 차량 적재함에 운반하지 아니한다.

## 47. 액화석유가스 자동차 충전소에 설치할 수 있는 건축물 또는 시설은?

① 액화석유가스 충전사업자가 운영하고 있는 용기를 재검사하기 위한 시설
② 충전소의 종사자가 이용하기 위한 연면적 200 m² 이하의 식당
③ 충전소를 출입하는 사람을 위한 연면적 200 m² 이하의 매점
④ 공구 등을 보관하기 위한 연면적 200 m² 이하의 창고

해설 • LPG 자동차 충전소에 설치 가능한 시설
㉮ 충전을 하기 위한 작업장
㉯ 충전소의 업무를 행하기 위한 사무실 및 회의실
㉰ 충전소의 관계자가 근무하는 대기실
㉱ 액화석유가스 충전사업자가 운영하고 있는 용기를 재검사하기 위한 시설
㉲ 충전소 종사자의 숙소
㉳ 충전소의 종사자가 이용하기 위한 연면적 100 m² 이하의 식당
㉴ 비상발전기 또는 공구 등을 보관하기 위한 연면적 100 m² 이하의 창고
㉵ 자동차의 세정을 위한 자동세차시설
㉶ 충전소에 출입하는 사람을 대상으로 한 자동판매기와 현금자동지급기
㉷ 자동차 등의 점검 및 간이정비(용접, 판금 등 화기를 사용하는 작업 및 도장작업을 제외)를 하기 위한 작업장
㉸ 충전소에 출입하는 사람을 대상으로 한 소매점 및 전시장(LPG 자동차 전시용에 한함)
㉹ ㉯, ㉰, ㉱, ㉳, ㉴, ㉵, ㉷의 용도에 제공하는 부분의 연면적의 합은 500 m² 초과할 수 없다.
㉺ 허용된 건축물 또는 시설은 저장설비, 가스설비 및 탱크로리 이입, 충전장소의 외면과 직선거리 8 m 이상의 거리 유지할 것
※ ③항은 2018년 출제 당시에는 부적합 시설이었지만 2022년 규정을 적용하면 설치 가능한 시설임

## 48. 가스보일러 설치 후 설치·시공확인서를 작성하여 사용자에게 교부하여야 한다. 이때 가스보일러 설치·시공 확인사항이 아닌 것은?

① 사용 교육의 실시 여부
② 최근의 안전점검 결과
③ 배기가스 적정 배기 여부
④ 연통의 접속부 이탈 여부 및 막힘 여부

해설 • 가스보일러 설치·시공 확인사항
㉮ 급기구, 상부환기구의 적합 여부
㉯ 연통의 접속부 이탈 여부 및 막힘 여부
㉰ 가스 누출 여부
㉱ 보일러의 정상 작동 여부
㉲ 배기가스 적정 배기 여부
㉳ 사용 교육의 실시 여부
㉴ 연돌 기밀 확인 여부
㉵ 기타 특이사항

## 49. 냉동기에 반드시 표기하지 않아도 되는 기호는?

① RT  ② DP  ③ TP  ④ DT

해설 • 냉동기 제품 표시 항목 및 기호

㉮ 냉동기 제조자의 명칭 또는 약호
㉯ 냉매가스의 종류
㉰ 냉동능력(단위 : RT) 다만, 압력용기의 경우에는 내용적(단위 : L)을 표시한다.
㉱ 원동기 소요전력 및 전류(단위 : kW, A) 다만, 압축기의 경우에 한정한다.
㉲ 제조번호
㉳ 검사에 합격한 연월
㉴ 내압시험압력(기호 : TP, 단위 : MPa)
㉵ 최고사용압력(기호 : DP, 단위 : MPa)

**50.** 액화염소가스를 운반할 때 운반책임자가 반드시 동승하여야 할 경우로 옳은 것은?
① 100 kg 이상 운반할 때
② 1000 kg 이상 운반할 때
③ 1500 kg 이상 운반할 때
④ 2000 kg 이상 운반할 때

[해설] ㉮ 액화염소는 독성가스이며, 허용농도 (LC50)는 293 ppm이다.
㉯ 독성가스 운반책임자 동승 기준

| 가스의 종류 | 허용농도 | 기준 |
|---|---|---|
| 압축 가스 | 100만분의 200 이하 | 10 m³ 이상 |
|  | 100만분의 200 초과 | 100 m³ 이상 |
| 액화 가스 | 100만분의 200 이하 | 100 kg 이상 |
|  | 100만분의 200 초과 | 1000 kg 이상 |

**51.** 충전설비 중 액화석유가스의 안전을 확보하기 위하여 필요한 시설 또는 설비에 대하여는 작동상황을 주기적으로 점검, 확인하여야 한다. 충전설비의 경우 점검주기는?
① 1일 1회 이상   ② 2일 1회 이상
③ 1주일 1회 이상  ④ 1월 1회 이상

[해설] 충전시설 중 액화석유가스의 안전을 확보하기 위하여 필요한 시설 또는 설비에 대하여 작동상황을 주기적(충전설비의 경우에는 1일 1회 이상)으로 점검하고, 이상이 있을 경우에는 그 시설 또는 설비가 정상적으로 작동될 수 있도록 필요한 조치를 한다.

**52.** 시안화수소는 충전 후 며칠이 경과되기 전에 다른 용기에 옮겨 충전하여야 하는가?
① 30일    ② 45일
③ 60일    ④ 90일

[해설] 시안화수소를 충전한 용기는 충전 후 24시간 정치하고, 그 후 1일 1회 이상 질산구리벤젠 등의 시험지로 가스의 누출검사를 하며, 용기에 충전 연월일을 명기한 표지를 붙이고, 충전한 후 60일이 경과되기 전에 다른 용기에 옮겨 충전한다. 다만, 순도가 98 % 이상으로서 착색되지 아니한 것은 다른 용기에 옮겨 충전하지 아니할 수 있다.

**53.** 액체염소가 누출된 경우 필요한 조치가 아닌 것은?
① 물 살포
② 소석회 살포
③ 가성소다 살포
④ 탄산소다 수용액 살포

[해설] • 염소의 제독제 : 가성소다 수용액, 탄산가스 수용액, 소석회
※ 염소가 누출된 경우 물을 살포하면 물과 반응하여 염산이 생성되어 부식의 우려가 있으므로 사용해서는 안 된다.

**54.** 고압가스 용기의 취급 및 보관에 대한 설명으로 틀린 것은?
① 충전용기와 잔가스용기는 넘어지지 않도록 조치한 후 용기보관장소에 놓는다.
② 용기는 항상 40℃ 이하의 온도를 유지한다.
③ 가연성가스 용기보관장소에는 방폭형 손전등 외의 등화를 휴대하고 들어가지 아니한다.
④ 용기보관장소 주위 2 m 이내에는 화기 등을 두지 아니한다.

[해설] 충전용기와 잔가스용기는 각각 구분하여 용기보관실에 놓는다.

**정답** 50. ② 51. ① 52. ③ 53. ① 54. ①

**55.** 액화석유가스의 일반적인 특징으로 틀린 것은?

① 증발잠열이 작다.
② 기화하면 체적이 커진다.
③ LP가스는 공기보다 무겁다.
④ 액상의 LP가스는 물보다 가볍다.

[해설] • 액화석유가스(LP가스)의 일반적인 특징
㉮ LP가스는 공기보다 무겁다.
㉯ 액상의 LP가스는 물보다 가볍다.
㉰ 액화, 기화가 쉽고, 기화하면 체적이 커진다.
㉱ 액체의 온도 상승에 의한 부피 변화가 크다.
㉲ 기화열(증발잠열)이 크다.
㉳ 무색, 무취, 무미하다.
㉴ 용해성이 있다.

**56.** 용기 내장형 가스 난방기용으로 사용하는 부탄 충전용기에 대한 설명으로 옳지 않은 것은?

① 용기 몸통부의 재료는 고압가스 용기용 강판 및 강대이다.
② 프로텍터의 재료는 일반구조용 압연강재이다.
③ 스커트의 재료는 고압가스 용기용 강판 및 강대이나.
④ 넥크링의 재료는 탄소함유량이 0.48 % 이하인 것으로 한다.

[해설] • 용기 내장형 난방기용 용기 재료 기준
㉮ 몸통부 재료 : KS D 3553(고압가스 용기용 강판 및 강대)의 재료 또는 이와 동등 이상의 기계적 성질 및 가공성을 가지는 것
㉯ 프로텍터 재료 : KS D 3503(일반구조용 압연강재) SS 400의 규격에 적합한 것 또는 이와 동등 이상의 화학적 성분 및 기계적 성질을 가지는 것
㉰ 스커트 재료 : KS D 3533(고압가스용 강판 및 강대) SG 295 이상의 강도 및 성질을 가지는 것이거나 KS D 3503(일반구조용 압연강재) SS400 또는 이와 동등 이상의 기계적 성질 및 가공성을 가지는 것
㉱ 넥크링 재료 : KS D 3752(기계구조용 탄소강재)의 규격에 적합한 것 또는 이와 동등 이상의 기계적 성질 또는 가공성을 가지는 것으로서 탄소함유량이 0.28 % 이하인 것

**57.** 내용적이 50 L인 가스용기에 내압시험압력 3.0 MPa의 수압을 걸었더니 용기의 내용적이 50.5 L로 증가하였고 다시 압력을 제거하여 대기압으로 하였더니 용적이 50.002 L가 되었다. 이 용기의 영구증가율을 구하고 합격인가, 불합격인가 판정한 것으로 옳은 것은?

① 0.2 %, 합격
② 0.2 %, 불합격
③ 0.4 %, 합격
④ 0.4 %, 불합격

[해설] ㉮ 영구증가율 계산

$$\therefore 영구증가율 = \frac{영구증가량}{전증가량} \times 100$$

$$= \frac{50.002 - 50}{50.5 - 50} \times 100 = 0.4 \%$$

㉯ 판정 : 영구증가율이 10 % 이하이므로 합격이다.

**58.** 호칭지름 25 A 이하이고 상용압력 2.94 MPa 이하의 나사식 배관용 볼밸브는 10회/min 이하의 속도로 몇 회 개폐동작 후 기밀시험에서 이상이 없어야 하는가?

① 3000회
② 6000회
③ 30000회
④ 60000회

[해설] • 내구성능 : 볼밸브는 분당 10회 이하의 속도로 6천회 개폐조작 후 기밀시험을 하였을 때 누출이 없는 것으로 한다. → 호칭지름 25 A 이하의 나사식 밸브에만 적용한다.

**59.** 암모니아 저장탱크에는 가스 용량이 저장탱크 내용적의 몇 %를 초과하는 것을 방지하기 위하여 과충전 방지조치를 하여야 하는가?

① 65 %  ② 80 %  ③ 90 %  ④ 95 %

[해설] • 저장탱크 과충전 방지조치 : 아황산가스,

정답  55. ①  56. ④  57. ③  58. ②  59. ③

암모니아, 염소, 염화메탄, 산화에틸렌, 시안화수소, 포스겐 또는 황화수소의 저장탱크에는 그 가스의 용량이 그 저장탱크 내용적의 90 %를 초과하는 것을 방지하기 위하여 과충전 방지조치를 강구한다.

**60.** 다음 물질 중 아세틸렌을 용기에 충전할 때 침윤제로 사용되는 것은?
① 벤젠   ② 아세톤
③ 케톤   ④ 알데히드

[해설] • 침윤제의 종류 : 아세톤, 디메틸포름아미드

## 제 4 과목   가스계측

**61.** 전기저항 온도계에서 측온 저항체의 공칭 저항치는 몇 ℃의 온도일 때 저항소자의 저항을 의미하는가?
① -273℃   ② 0℃
③ 5℃   ④ 21℃

[해설] 공칭 저항값(표준 저항값)은 0℃일 때 50 Ω, 100 Ω 의 것이 표준적인 측온 저항체로 사용된다.

**62.** 적외선 흡수식 가스분석계로 분석하기에 가장 어려운 가스는?
① $CO_2$   ② CO   ③ $CH_4$   ④ $N_2$

[해설] • 적외선 가스분석계(적외선 분광 분석법) : 헬륨(He), 네온(Ne), 아르곤(Ar) 등 단원자 분자 및 수소($H_2$), 산소($O_2$), 질소($N_2$), 염소($Cl_2$) 등 대칭 2원자 분자는 적외선을 흡수하지 않으므로 분석할 수 없다.

**63.** 기준입력과 주피드백량의 차로 제어동작을 일으키는 신호는?
① 기준입력 신호   ② 조작 신호
③ 동작 신호   ④ 주피드백 신호

[해설] • 동작 신호 : 기준입력과 제어량과의 차이로 제어동작을 일으키는 신호로 편차라고 한다.

**64.** 다음 중 가스미터의 구비조건으로 옳지 않은 것은?
① 감도가 예민할 것
② 기계오차 조정이 쉬울 것
③ 대형이며 계량용량이 클 것
④ 사용가스량을 정확하게 지시할 수 있을 것

[해설] • 가스미터의 구비조건
㉮ 구조가 간단하고, 수리가 용이할 것
㉯ 감도가 예민하고 압력손실이 적을 것
㉰ 소형이며 계량용량이 클 것
㉱ 기차의 조정이 용이할 것
㉲ 내구성이 클 것

**65.** 물체에서 방사된 빛의 강도와 비교된 필라멘트의 밝기가 일치되는 점을 비교 측정하여 약 3000℃ 정도의 고온도까지 측정이 가능한 온도계는?
① 광고 온도계   ② 수은 온도계
③ 베크만 온도계   ④ 백금저항 온도계

[해설] • 광고온계 : 측정대상 물체에서 방사되는 빛과 표준전구에서 나오는 필라멘트의 휘도를 같게 하여 표준전구의 전류 또는 저항을 측정하여 온도를 측정하는 것으로 비접촉식 온도계이다.

**66.** 가스누출 검지경보장치의 기능에 대한 설명으로 틀린 것은?
① 경보농도는 가연성가스인 경우 폭발하한계의 1/4 이하, 독성가스인 경우 TLV-TWA 기준농도 이하로 할 것
② 경보를 발신한 후 5분 이내에 자동적으로 경보정지가 되어야 할 것
③ 지시계의 눈금은 독성가스인 경우 0~ TLV-TWA 기준농도 3배 값을 명확하게

정답   60. ②   61. ②   62. ④   63. ③   64. ③   65. ①   66. ②

지시하는 것일 것
④ 가스검지에서 발신까지의 소요시간은 경보농도의 1.6배 농도에서 보통 30초 이내일 것

[해설] 경보를 발신한 후에는 원칙적으로 분위기 중 가스농도가 변화하여도 계속 경보를 울리고, 그 확인 또는 대책을 강구함에 따라 경보가 정지되는 것으로 한다.

## 67. 상대습도가 '0'이라 함은 어떤 뜻인가?

① 공기 중에 수증기가 존재하지 않는다.
② 공기 중에 수증기가 760 mmHg만큼 존재한다.
③ 공기 중에 포화상태의 습증기가 존재한다.
④ 공기 중에 수증기압이 포화증기압보다 높음을 의미한다.

[해설] • 상대습도 : 현재의 온도상태에서 현재 포함하고 있는 수증기의 양과의 비를 백분율(%)로 표시한 것으로 온도에 따라 변화한다. 상대습도가 '0'이라 함은 공기 중에 수증기가 존재하지 않고, 상대습도가 100%라 함은 현재 공기 중에 있는 수증기량이 현재 온도의 포화수증기량과 같다는 뜻이다.

## 68. 가스크로마토그래피(gas chromatography)에서 전개제로 주로 사용되는 가스는?

① He        ② CO
③ Rn        ④ Kr

[해설] • 캐리어가스(전개제)의 종류 : 수소($H_2$), 헬륨(He), 아르곤(Ar), 질소($N_2$)

## 69. 다음 중 전자유량계의 원리는?

① 옴(Ohm)의 법칙
② 베르누이(Bernoulli)의 법칙
③ 아르키메데스(Archimedes)의 원리
④ 페러데이(Faraday)의 전자유도법칙

[해설] • 전자식 유량계 : 패러데이의 전자유도법칙을 이용한 것으로 도전성 액체의 유량을 측정한다.

## 70. 초음파 유량계에 대한 설명으로 옳지 않은 것은?

① 정확도가 아주 높은 편이다.
② 개방수로에는 적용되지 않는다.
③ 측정체가 유체와 접촉하지 않는다.
④ 고온, 고압, 부식성 유체에도 사용이 가능하다.

[해설] • 초음파 유량계 : 초음파의 유속과 유체 유속의 합이 비례한다는 도플러 효과를 이용한 유량계로 측정체가 유체와 접촉하지 않고, 정확도가 아주 높으며 고온, 고압, 부식성 유체에도 사용이 가능하고, 개방수로에서도 측정할 수 있다.

## 71. 계측계통의 특성을 정특성과 동특성으로 구분할 경우 동특성을 나타내는 표현과 가장 관계가 있는 것은?

① 직선성(linerity)
② 감도(sensitivity)
③ 히스테리시스(hysteresis) 오차
④ 과도응답(transient response)

[해설] • 과도응답 : 정상상태에 있는 요소의 입력측에 어떤 변화를 주었을 때 출력측에 생기는 변화의 시간적 경과를 말한다.

## 72. 가스미터 설치 시 입상배관을 금지하는 가장 큰 이유는?

① 균열에 따른 누출 방지를 위하여
② 고장 및 오차 발생 방지를 위하여
③ 겨울철 수분 응축에 따른 밸브, 밸브시트 동결 방지를 위하여
④ 계량막 밸브와 밸브시트 사이의 누출 방지를 위하여

정답  67. ①  68. ①  69. ④  70. ②  71. ④  72. ③

[해설] 입상배관으로 시공하였을 때 겨울철에 배관 내부의 수분이 응축되어 가스미터로 유입될 수 있고, 응결수가 동결되어 가스미터가 고장을 일으킬 수 있어 입상배관을 금지한다.

**73.** 가스크로마토그래피 캐리어가스의 유량이 70 mL/min에서 어떤 성분시료를 주입하였더니 주입점에서 피크까지의 길이가 18cm이었다. 지속용량이 450 mL라면 기록지의 속도는 약 몇 cm/min인가?

① 0.28  ② 1.28
③ 2.8   ④ 3.8

[해설] • 지속용량 = $\dfrac{유량 \times 피크길이}{기록지 속도}$ 에서

∴ 기록지 속도 = $\dfrac{유량 \times 피크길이}{지속용량}$

$= \dfrac{70 \times 18}{450} = 2.8 \, cm/min$

**74.** 방사성 동위원소의 자연붕괴 과정에서 발생하는 베타입자를 이용하여 시료의 양을 측정하는 검출기는?

① ECD  ② FID
③ TCD  ④ TID

[해설] • 전자포획 이온화 검출기(ECD : Electron Capture Detector) : 방사선으로 캐리어가스가 이온화되어 생긴 자유전자를 시료 성분이 포획하면 이온전류가 감소하는 것을 이용한 것으로 유기 할로겐 화합물, 니트로 화합물 및 유기금속 화합물을 선택적으로 검출할 수 있다.

**75.** 막식 가스미터에서 계량막의 파손, 밸브의 탈락, 밸브와 밸브시트 간격에서의 누설이 발생하여 가스는 미터를 통과하나 지침이 작동하지 않는 고장 형태는?

① 부동  ② 누출
③ 불통  ④ 기차불량

[해설] • 막식 가스미터의 부동(不動) : 가스는 계량기를 통과하나 지침이 작동하지 않는 고장으로 계량막의 파손, 밸브의 탈락, 밸브와 밸브시트 사이에서의 누설, 지시장치 기어 불량 등이 원인이다.

**76.** 계량기의 감도가 좋으면 어떠한 변화가 오는가?

① 측정시간이 짧아진다.
② 측정범위가 좁아진다.
③ 측정범위가 넓어지고, 정도가 좋다.
④ 폭넓게 사용할 수가 있고, 편리하다.

[해설] • 감도 : 계측기가 측정량의 변화에 민감한 정도를 나타내는 값으로 감도가 좋으면 측정시간이 길어지고, 측정범위는 좁아진다.

**77.** 온도 25℃, 노점 19℃인 공기의 상대습도를 구하면? (단, 25℃ 및 19℃에서의 포화수증기압은 각각 23.76 mmHg 및 16.47 mmHg이다.)

① 56 %  ② 69 %
③ 78 %  ④ 84 %

[해설] $\phi = \dfrac{P_w}{P_s} \times 100$

$= \dfrac{16.47}{23.76} \times 100 = 69 \%$

**78.** 50 mL의 시료가스를 $CO_2$, $O_2$, $CO$ 순으로 흡수시켰을 때 이때 남은 부피가 각각 32.5 mL, 24.2 mL, 17.8 mL이었다면 이들 가스의 조성 중 $N_2$의 조성은 몇 %인가? (단, 시료가스는 $CO_2$, $O_2$, $CO$, $N_2$로 혼합되어 있다.)

① 24.2 %  ② 27.2 %
③ 34.2 %  ④ 35.6 %

[해설] 시료가스 50 mL를 $CO_2$, $O_2$, $CO$ 순으로 흡수시켰을 때 최종적으로 남은 부피가 17.8 mL이고, 이 양이 전체시료량에서 체적감량에 해당하는 양을 뺀 것과 같은 양이다.

**정답**  73. ③  74. ①  75. ①  76. ②  77. ②  78. ④

$$\therefore 조성(\%) = \frac{전체시료량 - 체적감량}{시료량} \times 100$$
$$= \frac{17.8}{50} \times 100 = 35.6\,\%$$

**79.** 오리피스 유량계의 유량계산식은 다음과 같다. 유량을 계산하기 위하여 설치한 유량계에서 유체를 흐르게 하면서 측정해야 할 값은? (단, $C$ : 오리피스계수, $A_2$ : 오리피스 단면적, $H$ : 마노미터액주계 눈금, $\gamma_1$ : 유체의 비중량이다.)

$$Q = C \times A_2 \times \left[2gH\left(\frac{\gamma_1 - 1}{\gamma}\right)\right]^{0.5}$$

① $C$  ② $A_2$
③ $H$  ④ $\gamma_1$

[해설] 차압식 유량계(오리피스, 플로 노즐, 벤투리미터)는 유체가 흐르는 관로 중에 조리개를 삽입하여 이때 형성되는 차압을 액주계에서 높이차($H$)로 측정하여 유량을 계산하는 간접식 유량계이다.

**80.** 목표치가 미리 정해진 시간적 순서에 따라 변할 경우의 추치 제어 방법의 하나로서 가스크로마토그래피의 오븐 온도 제어 등에 사용되는 제어 방법은?

① 정격치 제어  ② 비율 제어
③ 추종 제어  ④ 프로그램 제어

[해설] • 프로그램 제어 : 목표값이 미리 정한 시간적 변화에 따라 변화하는 추치 제어로 가스크로마토그래피의 오븐 온도 제어 및 금속이나 유리 등의 열처리에 응용할 수 있다.

▶ 2018년 4월 28일 시행

| 자격종목 | 종목코드 | 시험시간 | 형 별 | 수험번호 | 성 명 |
|---|---|---|---|---|---|
| 가스 산업기사 | 2471 | 2시간 | B | | |

## 제1과목 연소공학

**1.** 다음 중 조연성가스에 해당하지 않는 것은?
① 공기  ② 염소
③ 탄산가스  ④ 산소

[해설] • 각 가스의 성질

| 명칭 | 성질 |
|---|---|
| 공기 | 조연성, 비독성 |
| 염소($Cl_2$) | 조연성, 독성 |
| 탄산가스($CO_2$) | 불연성, 비독성 |
| 산소($O_2$) | 조연성, 비독성 |

**2.** 다음 중 연소의 3요소에 해당하는 것은?
① 가연물, 산소, 점화원
② 가연물, 공기, 질소
③ 불연재, 산소, 열
④ 불연재, 빛, 이산화탄소

[해설] • 연소의 3요소 : 가연물, 산소 공급원, 점화원

**3.** 연소범위에 대한 설명 중 틀린 것은?
① 수소가스의 연소범위는 약 4~75 v%이다.
② 가스의 온도가 높아지면 연소범위는 좁아진다.
③ 아세틸렌은 자체 분해폭발이 가능하므로 연소상한계를 100%로도 볼 수 있다.
④ 연소범위는 가연성 기체의 공기와의 혼합에 있어 점화원에 의해 연소가 일어날 수 있는 범위를 말한다.

[해설] • 연소범위 : 공기 중에서 가연성가스가 연소할 수 있는 가연성가스의 농도범위로 가스의 온도가 높아지면 연소범위는 넓어진다.

**4.** 아세톤, 톨루엔, 벤젠이 제4류 위험물로 분류되는 주된 이유는?
① 공기보다 밀도가 큰 가연성 증기를 발생시키기 때문에
② 물과 접촉하여 많은 열을 방출하여 연소를 촉진시키기 때문에
③ 니트로기를 함유한 폭발성 물질이기 때문에
④ 분해 시 산소를 발생하여 연소를 돕기 때문에

[해설] • 제4류 위험물의 공통 성질
㉮ 상온에서 액체이며 인화하기가 매우 쉽다.
㉯ 물보다 가볍고($CS_2$ 제외), 물에 대부분 잘 녹지 않는다.
㉰ 증기는 공기보다 무겁다.
㉱ 증기가 공기와 약간 혼합되어 있어도 연소한다.

※ 3가지 물질의 성질

| 명칭 | 액비중 | 기체비중 |
|---|---|---|
| 아세톤($CH_3COCH_3$) | 0.792 | 2.00 |
| 톨루엔($C_6H_5CH_3$) | 0.871 | 3.14 |
| 벤젠($C_6H_6$) | 0.88 | 2.77 |

**5.** 비중(60/60°F)이 0.95인 액체연료의 API도는?
① 15.45  ② 16.45
③ 17.45  ④ 18.45

[해설] API도 = $\dfrac{141.5}{비중(60°F/60°F)} - 131.5$

**정답**  1. ③  2. ①  3. ②  4. ①  5. ③

$$= \frac{141.5}{0.95} - 131.5 = 17.447$$

※ API : American Petroleum Institute

**6.** 기체 연료가 공기 중에서 정상 연소할 때 정상 연소속도의 값으로 가장 옳은 것은?

① 0.1~10 m/s　　② 11~20 m/s
③ 21~30 m/s　　④ 31~40 m/s

[해설] ㉮ 가스의 정상 연소속도 : 0.1~10 m/s
㉯ 가스의 폭굉속도 : 1000~3500 m/s
※ 2016. 1회 출제문제에서는 0.03~10 m/s를 정답으로 처리하였음

**7.** 방폭구조 중 점화원이 될 우려가 있는 부분을 용기 내에 넣고 신선한 공기 또는 불연성 가스 등의 보호기체를 용기의 내부에 넣음으로써 용기 내부에는 압력이 형성되어 외부로부터 폭발성가스 또는 증기가 침입하지 못하도록 한 구조는?

① 내압 방폭구조
② 안전증 방폭구조
③ 본질안전 방폭구조
④ 압력 방폭구조

[해설] • 압력(壓力) 방폭구조(p) : 용기 내부에 보호 가스(신선한 공기 또는 불활성가스)를 압입하여 내부압력을 유지함으로써 가연성가스가 용기 내부로 유입되지 아니하도록 한 구조

**8.** 다음 반응식을 이용하여 메탄($CH_4$)의 생성열을 계산하면?

$$C + O_2 \rightarrow CO_2$$
$$\Delta H = -97.2 \text{ kcal/mol}$$
$$H_2 + \frac{1}{2}O_2 \rightarrow H_2O$$
$$\Delta H = -57.6 \text{ kcal/mol}$$
$$CH_4 + 2O_2 \rightarrow CO_2 + 2H_2O$$
$$\Delta H = -194.4 \text{ kcal/mol}$$

① $\Delta H = -17$ kcal/mol
② $\Delta H = -18$ kcal/mol
③ $\Delta H = -19$ kcal/mol
④ $\Delta H = -20$ kcal/mol

[해설] ㉮ 메탄($CH_4$)의 완전연소 반응식
　　$CH_4 + 2O_2 \rightarrow CO_2 + 2H_2O + Q$
㉯ 생성열 계산
　　$-194.4 = -97.2 - 57.6 \times 2 + Q$
　　$Q = 97.2 + 2 \times 57.6 - 194.4 = 18$
　　∴ $\Delta H = -18$ kcal/mol

**9.** 공기비($m$)에 대한 가장 옳은 설명은?

① 연료 1 kg당 실제로 혼합된 공기량과 완전연소에 필요한 공기량의 비를 말한다.
② 연료 1 kg당 실제로 혼합된 공기량과 불완전연소에 필요한 공기량의 비를 말한다.
③ 기체 1 $m^3$당 실제로 혼합된 공기량과 완전연소에 필요한 공기량의 차를 말한다.
④ 기체 1 $m^3$당 실제로 혼합된 공기량과 불완전연소에 필요한 공기량의 차를 말한다.

[해설] • 공기비 : 과잉공기계수라 하며 완전연소에 필요한 공기량(이론공기량[$A_0$])에 대한 실제로 혼합된 공기량(실제공기량[$A$])의 비를 말한다.

$$\therefore m = \frac{A}{A_0} = \frac{A_0 + B}{A_0} = 1 + \frac{B}{A_0}$$

**10.** 메탄을 공기비 1.1로 완전연소시키고자 할 때 메탄 1 $Nm^3$당 공급해야 할 공기량은 약 몇 $Nm^3$인가?

① 2.2　　② 6.3
③ 8.4　　④ 10.5

[해설] ㉮ 메탄($CH_4$)의 완전연소 반응식
　　$CH_4 + 2O_2 \rightarrow CO_2 + 2H_2O$
㉯ 실제공기량($A$) 계산
　　22.4 $Nm^3$ : 2×22.4 $Nm^3$
　　= 1 $Nm^3$ : $x(O_0)$ $Nm^3$

정답　6. ①　7. ④　8. ②　9. ①　10. ④

$$\therefore A = m \times A_0 = m \times \frac{O_0}{0.21}$$
$$= 1.1 \times \frac{2 \times 22.4 \times 1}{22.4 \times 0.21} = 10.476 \, \text{Nm}^3$$

**11.** 화염전파속도에 영향을 미치는 인자와 가장 거리가 먼 것은?

① 혼합기체의 농도
② 혼합기체의 압력
③ 혼합기체의 발열량
④ 가연 혼합기체의 성분조성

[해설] • 화염전파속도(연소속도)에 영향을 주는 인자
㉮ 기체의 확산 및 산소(공기)와의 혼합
㉯ 연소용 공기 중 산소의 농도
㉰ 연소 반응물질 주위의 압력
㉱ 온도
㉲ 촉매

**12.** 공기 중 폭발한계의 상한 값이 가장 높은 가스는?

① 프로판       ② 아세틸렌
③ 암모니아     ④ 수소

[해설] • 각 가스의 공기 중에서의 폭발범위

| 명칭 | 폭발범위(%) |
|---|---|
| 프로판 ($C_3H_8$) | 2.2~9.5 |
| 아세틸렌 ($C_2H_2$) | 2.5~81 |
| 암모니아 ($NH_3$) | 15~28 |
| 수소 ($H_2$) | 4~75 |

**13.** 기체연료의 연소에서 일반적으로 나타나는 연소의 형태는?

① 확산연소     ② 증발연소
③ 분무연소     ④ 액면연소

[해설] • 확산연소 : 가연성 기체를 대기 중에 분출 확산시켜 연소하는 것으로 기체연료의 연소가 이에 해당된다.

**14.** 다음 중 가스 연소 시 기상 정지반응을 나타내는 기본 반응식은?

① $H + O_2 \rightarrow OH + O$
② $O + H_2 \rightarrow OH + H$
③ $OH + H_2 \rightarrow H_2O + H$
④ $H + O_2 + M \rightarrow HO_2 + M$

[해설] ①항, ②항 : 연쇄 분지반응
③항 : 연쇄 이동(전파)반응
④항 : 기상 정지반응

**15.** 폭발에 관한 가스의 일반적인 성질에 대한 설명 중 틀린 것은?

① 안전간격이 클수록 위험하다.
② 연소속도가 클수록 위험하다.
③ 폭발범위가 넓은 것이 위험하다.
④ 압력이 높아지면 일반적으로 폭발범위가 넓어진다.

[해설] 안전간격이 작을수록 위험하다.

**16.** 아세틸렌($C_2H_2$, 연소범위 : 2.5~81%)의 연소범위에 따른 위험도는?

① 30.4       ② 31.4
③ 32.4       ④ 33.4

[해설] $H = \dfrac{U - L}{L} = \dfrac{81 - 2.5}{2.5} = 31.4$

**17.** 표준상태에서 고발열량(총발열량)과 저발열량(진발열량)과의 차이는 얼마인가? (단, 표준상태에서 물의 증발잠열은 540 kcal/kg이다.)

① 540 kcal/kg · mol
② 1970 kcal/kg · mol
③ 9720 kcal/kg · mol
④ 15400 kcal/kg · mol

[해설] 고위발열량과 저위발열량의 차이는 수소(H) 성분에 의한 것이고, 수소 1 kg · mol이 완전연소하면 $H_2O(g)$ 18 kg이 생성되며, 여기에 물의 증발잠열 540 kcal/kg에 해당하는 열량이 차이가 된다.

**정답** 11. ③  12. ②  13. ①  14. ④  15. ①  16. ②  17. ③

$$H_2 + \frac{1}{2}O_2 \rightarrow H_2O$$
$$\therefore 18 \text{ kg/kg} \cdot \text{mol} \times 540 \text{ kcal/kg}$$
$$= 9720 \text{ kcal/kg} \cdot \text{mol}$$

**18.** 기체혼합물의 각 성분을 표현하는 방법에는 여러 가지가 있다. 혼합가스의 성분비를 표현하는 방법 중 다른 값을 갖는 것은?
① 몰분율   ② 질량분율
③ 압력분율  ④ 부피분율

[해설] 각 가스의 분자량이 서로 달라 질량분율은 다른 값을 나타낸다.

**19.** 발화지연에 대한 설명으로 가장 옳은 것은?
① 저온, 저압일수록 발화지연은 짧아진다.
② 화염의 색이 적색에서 청색으로 변하는 데 걸리는 시간을 말한다.
③ 특정 온도에서 가열하기 시작하여 발화 시까지 소요되는 시간을 말한다.
④ 가연성가스와 산소의 혼합비가 완전산화에 근접할수록 발화지연은 길어진다.

[해설] • 발화지연 : 어느 온도에서 가열하기 시작하여 발화에 이르기까지의 시간으로 고온, 고압일수록, 가연성가스와 산소의 혼합비가 완전산화에 가까울수록 발화지연은 짧아진다.

**20.** BLEVE(Boiling Liquid Expanding Vapour Explosion)현상에 대한 설명으로 옳은 것은?
① 물이 점성이 있는 뜨거운 기름 표면 아래서 끓을 때 연소를 동반하지 않고 overflow되는 현상
② 물이 연소유(oil)의 뜨거운 표면에 들어갈 때 발생되는 overflow 현상
③ 탱크바닥에 물과 기름의 에멀션이 섞여 있을 때 기름의 비등으로 인하여 급격하게 overflow되는 현상
④ 과열상태의 탱크에서 내부의 액화가스가 분출, 일시에 기화되어 착화, 폭발하는 현상

[해설] • 블레이브(BLEVE : 비등액체 팽창 증기폭발) : 가연성 액체 저장탱크 주변에서 화재가 발생하여 기상부의 탱크가 국부적으로 가열되면 그 부분이 강도가 약해져 탱크가 파열된다. 이때 내부의 액화가스가 급격히 유출 팽창되어 화구(fire ball)를 형성하여 폭발하는 형태를 말한다.

---

## 제 2 과목   가스설비

**21.** 황화수소($H_2S$)에 대한 설명으로 틀린 것은?
① 각종 산화물을 환원시킨다.
② 알칼리와 반응하여 염을 생성한다.
③ 습기를 함유한 공기 중에는 대부분 금속과 작용한다.
④ 발화온도가 약 450℃ 정도로서 높은 편이다.

[해설] • 황화수소($H_2S$)의 특징
㉮ 무색이며 계란 썩는 특유의 냄새가 난다.
㉯ 독성가스(TLV-TWA 10 ppm)이며, 가연성가스(4.3~45 %)이다.
㉰ 공기 중에서 파란 불꽃을 발생하며 연소하고, 불완전연소 시에는 황을 유리시킨다.
㉱ 건조한 상태에서는 부식성이 없으나 수분을 함유하면 금속을 심하게 부식시킨다.
㉲ 가열 시 격렬한 연소 또는 폭발을 일으키며, 알칼리 금속 및 일부 플라스틱과 반응한다.
㉳ 알칼리와 반응하여 염을 생성하고, 각종 산화물을 환원시킨다.
㉴ 자연발화온도는 260℃이다.

정답  18. ②  19. ③  20. ④  21. ④

**22.** 탱크에 저장된 액화프로판($C_3H_8$)을 시간당 50 kg씩 기체로 공급하려고 증발기에 전열기를 설치했을 때 필요한 전열기의 용량은 약 몇 kW인가? (단, 프로판의 증발열은 3740 cal/gmol, 온도변화는 무시하고, 1 cal는 $1.163 \times 10^{-6}$ kW이다.)

① 0.2　　② 0.5
③ 2.2　　④ 4.9

[해설] 전열기 용량
= 기화에 필요한 잠열 × 1 cal당 kW
$= \left\{50 \times 1000 \times \left(\dfrac{3740}{44}\right)\right\} \times 1.163 \times 10^{-6}$
= 4.942 kW

**23.** 배관의 관경을 50 cm에서 25 cm로 변화시키면 일반적으로 압력손실은 몇 배가 되는가?

① 2배　　② 4배
③ 16배　　④ 32배

[해설] $H = \dfrac{Q^2 SL}{K^2 D^5}$ 에서 유량($Q$), 가스비중($S$), 배관길이($L$), 유량계수($K$)는 변함이 없고, 안지름이 50 cm에서 25 cm로 변화된 것은 안지름이 $\dfrac{1}{2}$로 된 것이다.

$\therefore H = \dfrac{1}{\left(\dfrac{1}{2}\right)^5} = 32$ 배

**24.** LPG 배관의 압력손실 요인으로 가장 거리가 먼 것은?

① 마찰저항에 의한 압력손실
② 배관의 이음류에 의한 압력손실
③ 배관의 수직 하향에 의한 압력손실
④ 배관의 수직 상향에 의한 압력손실

[해설] • 저압배관에서 압력손실의 원인
㉮ 마찰저항에 의한 손실
㉯ 배관의 입상(수직상향)에 의한 손실
㉰ 밸브 및 엘보 등 배관 부속품에 의한 손실
㉱ 배관 길이에 의한 손실
※ LPG는 공기보다 무겁기 때문에 배관에 수직 하향으로 공급하면 압력이 상승될 수 있다.

**25.** 저온, 고압 재료로 사용되는 특수강의 구비조건이 아닌 것은?

① 크리프 강도가 작을 것
② 접촉 유체에 대한 내식성이 클 것
③ 고압에 대하여 기계적 강도를 가질 것
④ 저온에서 재질의 노화를 일으키지 않을 것

[해설] 저온, 고압 재료로 사용되는 특수강은 크리프 강도가 커야 한다.

**26.** 매설관의 전기방식법 중 유전양극법에 대한 설명으로 옳은 것은?

① 타 매설물에의 간섭이 거의 없다.
② 강한 전식에 대해서도 효과가 좋다.
③ 양극만 소모되므로 보충할 필요가 없다.
④ 방식전류의 세기(강도) 조절이 자유롭다.

[해설] • 유전양극법의 특징
㉮ 시공이 간편하다.
㉯ 단거리 배관에는 경제적이다.
㉰ 다른 매설 금속체로의 장해가 없다.
㉱ 과방식의 우려가 없다.
㉲ 효과범위가 비교적 좁다.
㉳ 장거리 배관에는 비용이 많이 소요된다.
㉴ 방식전류의 조절이 어렵다.
㉵ 관리하여야 할 장소가 많게 된다.
㉶ 강한 전식에는 효과가 없다.
㉷ 양극은 소모되므로 보충하여야 한다.

**27.** 케이싱 내에 모인 임펠러가 회전하면서 기체가 원심력 작용에 의해 임펠러의 중심부에서 흡입되어 외부로 토출하는 구조의 압축기는?

[정답] 22. ④　23. ④　24. ③　25. ①　26. ①　27. ④

① 회전식 압축기  ② 축류식 압축기
③ 왕복식 압축기  ④ 원심식 압축기

[해설] • 원심식 압축기 : 케이싱 내에 모인 기체를 출구각이 90°인 임펠러가 회전하면서 기체의 원심력 작용에 의해 임펠러의 중심부에 흡입되어 외부로 토출하는 구조이다.

**28.** 정압기의 부속설비가 아닌 것은?
① 수취기
② 긴급차단장치
③ 불순물 제거설비
④ 가스누출검지 통보설비

[해설] • 정압기의 부속설비 : 불순물 제거설비(필터), 긴급차단장치, 가스누출검지 통보설비, 이상압력 통보설비, 정압기 안전밸브, 자기압력 측정 기록장치, 출입문개폐 통보설비 등

**29.** 부탄의 C/H 중량비는 얼마인가?
① 3    ② 4
③ 4.5  ④ 4.8

[해설] ㉮ 부탄의 분자식 : $C_4H_{10}$
㉯ 부탄의 탄소와 수소의 중량비 계산 : 메탄 1 mol 중 탄소의 질량은 12×4 = 48g, 수소의 질량은 1×10 = 10 g이다.
$$\therefore \frac{C}{H} = \frac{48}{10} = 4.8$$

**30.** 용기종류별 부속품의 기호가 틀린 것은?
① 초저온용기 및 저온용기의 부속품-LT
② 액화석유가스를 충전하는 용기의 부속품-LPG
③ 아세틸렌을 충전하는 용기의 부속품 -AG
④ 압축가스를 충전하는 용기의 부속품 -LG

[해설] • 용기 부속품 기호
㉮ AG : 아세틸렌가스 용기 부속품
㉯ PG : 압축가스 충전용기 부속품
㉰ LG : 액화석유가스 외의 액화가스 용기 부속품
㉱ LPG : 액화석유가스 용기 부속품
㉲ LT : 초저온, 저온용기 부속품

**31.** 도시가스 제조에서 사이클링식 접촉분해(수증기 개질)법에 사용하는 원료에 대한 설명으로 옳은 것은?
① 메탄만 사용할 수 있다.
② 프로판만 사용할 수 있다.
③ 석탄 또는 코크스만 사용할 수 있다.
④ 천연가스에서 원유에 이르는 넓은 범위의 원료를 사용할 수 있다.

[해설] • 접촉분해(수증기 개질)법 원료 : 천연가스에서 원유에 이르기까지 넓은 범위의 원료를 사용할 수 있다.

**32.** LPG 이송설비 중 압축기를 이용한 방식의 장점이 아닌 것은?
① 펌프에 비해 충전시간이 짧다.
② 재액화현상이 일어나지 않는다.
③ 사방밸브를 이용하면 가스의 이송방향을 변경할 수 있다.
④ 압축기를 사용하기 때문에 베이퍼 로크 현상이 생기지 않는다.

[해설] • 압축기에 의한 이송방법 특징
㉮ 펌프에 비해 이송시간이 짧다.
㉯ 잔가스 회수가 가능하다.
㉰ 베이퍼 로크 현상이 없다.
㉱ 부탄의 경우 재액화 현상이 일어난다.
㉲ 압축기 오일이 유입되어 드레인의 원인이 된다.

**33.** 저압배관의 관경 결정 공식이 다음 [보기]와 같을 때 ( )에 알맞은 것은? (단, $H$ : 압력손실, $Q$ : 유량, $L$ : 배관길이, $D$ : 배관관경, $S$ : 가스 비중, $K$ : 상수)

[정답] 28. ① 29. ④ 30. ④ 31. ④ 32. ② 33. ①

$$H = \frac{(\boxed{\ ㉠\ }) \times S \times (\boxed{\ ㉡\ })}{K^2 \times (\boxed{\ ㉢\ })}$$

① ㉠ : $Q^2$, ㉡ : $L$, ㉢ : $D^5$
② ㉠ : $L$, ㉡ : $D^5$, ㉢ : $Q^2$
③ ㉠ : $D^5$, ㉡ : $L$, ㉢ : $Q^2$
④ ㉠ : $L$, ㉡ : $Q^5$, ㉢ : $D^2$

[해설] • 저압배관 유량 계산식
$Q = K\sqrt{\dfrac{D^5 \cdot H}{S \cdot L}}$ 에서
$H = \dfrac{Q^2 SL}{K^2 D^5}$
$= \dfrac{(Q^2) \times S \times (L)}{K^2 \times (D^5)}$ 이다.

**34.** 펌프에서 공동현상(cavitation)의 발생에 따라 일어나는 현상이 아닌 것은?
① 양정효율이 증가한다.
② 진동과 소음이 생긴다.
③ 임펠러의 침식이 생긴다.
④ 토출량이 점차 감소한다.

[해설] • 공동현상(cavitation) 발생 시 일어나는 현상
 ㉮ 소음과 진동이 발생
 ㉯ 깃(임펠러)의 침식
 ㉰ 특성곡선, 양정곡선의 저하
 ㉱ 양수 불능

**35.** 다음 중 암모니아의 공업적 제조방식은?
① 수은법        ② 고압합성법
③ 수성가스법    ④ 엔드류소오법

[해설] • 암모니아의 공업적 제조법
 ㉮ 고압합성법 : 클라우드법, 카자레법
 ㉯ 중압합성법 : IG법, 뉴파우더법, 뉴데법, 동공시법, JCI법, 케미크법
 ㉰ 저압합성법 : 구데법, 켈로그법

**36.** 고압가스용 안전밸브에서 밸브 몸체를 밸브 시트에 들어 올리는 장치를 부착하는 경우에는 안전밸브 설정압력의 얼마 이상일 때 수동으로 조작되고 압력해지 시 자동으로 폐지되는가?
① 60 %        ② 75 %
③ 80 %        ④ 85 %

[해설] • 고압가스용 안전밸브 구조 : 밸브 몸체를 밸브 시트에서 들어 올리는 장치를 부착하는 경우에는 안전밸브 설정압력의 75 % 이상의 압력일 때 수동으로 조작되고 압력 해제 시 자동으로 폐지되는 구조이어야 한다.

**37.** LPG 공급, 소비설비에서 용기의 크기와 개수를 결정할 때 고려할 사항으로 가장 거리가 먼 것은?
① 소비자 가구 수
② 피크 시의 기온
③ 감압방식의 결정
④ 1가구당 1일의 평균가스소비량

[해설] • 용기 개수 결정 시 고려할 사항
 ㉮ 피크(peck) 시의 기온
 ㉯ 소비자 가구 수
 ㉰ 1가구당 1일의 평균가스소비량
 ㉱ 피크 시 평균가스소비율
 ㉲ 피크 시 용기에서의 가스발생능력
 ㉳ 용기의 크기(질량)

**38.** 아세틸렌 용기의 다공물질의 용적이 30 L, 침윤 잔용적이 6 L일 때 다공도는 몇 %이며 관련법상 합격 여부의 판단으로 옳은 것은?
① 20 %로서 합격이다.
② 20 %로서 불합격이다.
③ 80 %로서 합격이다.
④ 80 %로서 불합격이다.

[해설] ㉮ 다공도 계산
다공도 $= \dfrac{V - E}{V} \times 100$
$= \dfrac{30 - 6}{30} \times 100 = 80 \%$

정답  34. ①  35. ②  36. ②  37. ③  38. ③

㉯ 판단 : 다공도 기준 75 % 이상 92 % 미만에 해당되므로 합격이다.

**39.** 구형(spherical type) 저장탱크에 대한 설명으로 틀린 것은?

① 강도가 우수하다.
② 부지면적과 기초공사가 경제적이다.
③ 드레인이 쉽고 유지관리가 용이하다.
④ 동일 용량에 대하여 표면적이 가장 크다.

[해설] • 구형 저장탱크의 특징
 ㉮ 횡형 원통형 저장탱크에 비해 표면적이 작다.
 ㉯ 강도가 높으며 외관 모양이 안정적이다.
 ㉰ 기초 구조를 간단하게 할 수 있다.
 ㉱ 동일 용량, 동일 압력의 경우 원통형 탱크보다 두께가 얇다.
 ㉲ 드레인이 쉽고 유지관리가 용이하다.

**40.** 오토클레이브(auto clave)의 종류 중 교반효율이 떨어지기 때문에 용기벽에 장애판을 설치하거나 용기 내에 다수의 볼을 넣어 내용물의 혼합을 촉진시켜 교반효과를 올리는 형식은?

① 교반형  ② 정치형
③ 진탕형  ④ 회전형

[해설] • 회전형 : 오토클레이브 자체가 회전하는 형식으로 고체를 액체나 기체로 처리할 경우에 적합한 형식이지만, 교반효과가 다른 형식에 비하여 떨어진다.

## 제 3 과목  가스안전관리

**41.** 산화에틸렌의 제독제로 적당한 것은?

① 물  ② 가성소다 수용액
③ 탄산소다 수용액  ④ 소석회

[해설] • 독성가스 제독제

| 가스 종류 | 제독제의 종류 |
|---|---|
| 염소 | 가성소다 수용액, 탄산소다 수용액, 소석회 |
| 포스겐 | 가성소다 수용액, 소석회 |
| 황화수소 | 가성소다 수용액, 탄산소다 수용액 |
| 시안화수소 | 가성소다 수용액 |
| 아황산가스 | 가성소다 수용액, 탄산소다 수용액, 물 |
| 암모니아, 산화에틸렌, 염화메탄 | 물 |

**42.** 고압가스의 처리시설 및 저장시설기준으로 독성가스와 제1종 보호시설의 이격거리를 바르게 연결한 것은?

① 1만 이하 – 13 m 이상
② 1만 초과 2만 이하 – 17 m 이상
③ 2만 초과 3만 이하 – 20 m 이상
④ 3만 초과 4만 이하 – 27 m 이상

[해설] • 독성 및 가연성가스의 보호시설별 안전거리

| 저장능력(kg) | 제1종 | 제2종 |
|---|---|---|
| 1만 이하 | 17 | 12 |
| 1만 초과 2만 이하 | 21 | 14 |
| 2만 초과 3만 이하 | 24 | 16 |
| 3만 초과 4만 이하 | 27 | 18 |
| 4만 초과 5만 이하 | 30 | 20 |
| 5만 초과 99만 이하 | 30 | 20 |
| 99만 초과 | 30 | 20 |

**43.** 에어졸의 충전 기준에 적합한 용기의 내용적은 몇 L 이하여야 하는가?

① 1  ② 2
③ 3  ④ 5

[정답]  39. ④  40. ④  41. ①  42. ④  43. ①

[해설] 접합 또는 납붙임용기 : 동판 및 경판을 각각 성형하여 심용접 그 밖의 방법으로 접합하거나 납붙임하여 만든 내용적 1 L 이하인 1회용 용기로서 에어졸 제조용, 라이터 충전용, 연료용 가스용, 절단용 또는 용접용으로 제조한 것이다.

**44.** 액화석유가스에 주입하는 부취제(냄새나는 물질)의 측정방법으로 볼 수 없는 것은?
① 무취실법   ② 주사기법
③ 시험가스주입법   ④ 오더(Odor)미터법

[해설] • 부취제 측정방법 : 오더미터법, 주사기법, 무취실법, 냄새주머니법

**45.** 가연성 및 독성가스의 용기 도색 후 그 표기 방법으로 틀린 것은?
① 가연성가스는 빨간색 테두리에 검정색 불꽃 모양이다.
② 독성가스는 빨간색 테두리에 검정색 해골 모양이다.
③ 내용적 2 L 미만의 용기는 그 제조자가 정한 바에 의한다.
④ 액화석유가스 용기 중 프로판가스를 충전하는 용기는 프로판가스임을 표시하여야 한다.

[해설] • 가연성가스 및 독성가스 용기 표시 방법
㉮ 가연성가스(액화석유가스용은 제외)는 빨간색 테두리에 검정색 불꽃 모양이다.
㉯ 독성가스는 빨간색 테두리에 검정색 해골 모양이다.
㉰ 액화석유가스 용기 중 부탄가스를 충전하는 용기는 부탄가스임을 표시한다.
㉱ 그 밖의 가스에는 가스명칭 하단에 용도(절단용, 자동차용 등)를 표시한다.
㉲ 내용적 2 L 미만의 용기는 제조자가 정하는 바에 따라 도색할 수 있다.

**46.** 고압가스를 운반하는 차량의 안전 경계표지 중 삼각기의 바탕과 글자색은?
① 백색바탕 – 적색글씨
② 적색바탕 – 황색글씨
③ 황색바탕 – 적색글씨
④ 백색바탕 – 청색글씨

[해설] • 경계표지 크기
㉮ 가로치수 : 차체 폭의 30 % 이상
㉯ 세로치수 : 가로치수의 20 % 이상
㉰ 정사각형 또는 이에 가까운 형상 : 600 cm² 이상
㉱ 적색 삼각기 : 400×300 mm(황색글씨로 "위험고압가스")

**47.** 차량에 고정된 탱크로 고압가스를 운반할 때의 기준으로 틀린 것은?
① 차량의 앞뒤 보기 쉬운 곳에 붉은 글씨로 "위험고압가스"라는 경계표지를 한다.
② 액화가스를 충전하는 탱크는 그 내부에 방파판을 설치한다.
③ 산소탱크의 내용적은 1만 8천 L를 초과하지 아니하여야 한다.
④ 염소탱크의 내용적은 1만 5천 L를 초과하지 아니하여야 한다.

[해설] • 차량에 고정된 탱크 내용적 제한
㉮ 가연성(LPG 제외), 산소 : 18000 L 초과 금지
㉯ 독성가스(암모니아 제외) : 12000 L 초과 금지
※ 염소는 독성가스이므로 내용적은 1만 2천 L를 초과하지 않아야 한다.

**48.** 고압가스 안전관리법에 적용받는 고압가스 중 가연성가스가 아닌 것은?
① 황화수소
② 염화메탄
③ 공기 중에서 연소하는 가스로서 폭발한계의 하한이 10 % 이하인 가스

[정답] 44. ③   45. ④   46. ②   47. ④   48. ④

④ 공기 중에서 연소하는 가스로서 폭발한
계의 상한과 하한의 차가 20 % 미만인
가스

[해설] • 가연성가스의 정의 : 공기 중에서 연소하는 가스로서 폭발한계의 하한이 10 % 이하인 것과 폭발한계의 상한과 하한의 차가 20 % 이상인 것

**49.** 고압가스용 이음매 없는 용기의 재검사는 그 용기를 계속 사용할 수 있는지 확인하기 위하여 실시한다. 재검사 항목이 아닌 것은?

① 외관검사  ② 침입검사
③ 음향검사  ④ 내압검사

[해설] • 고압가스용 용기의 재검사 항목
㉮ 이음매 없는 용기 : 외관검사, 음향검사, 내압검사
㉯ 용접용기 : 외관검사, 내압검사, 누출검사, 다공질물 충전검사, 단열성능검사

**50.** 다음 중 가장 무거운 기체는?

① 산소  ② 수소
③ 암모니아  ④ 메탄

[해설] • 각 기체의 분자량 및 비중

| 명칭 | 분자량 | 비중 |
|---|---|---|
| 산소($O_2$) | 32 | 1.103 |
| 수소($H_2$) | 2 | 0.069 |
| 암모니아($NH_3$) | 17 | 0.586 |
| 메탄($CH_4$) | 16 | 0.551 |

※ 분자량이 큰 것이 무거운 기체에 해당된다.

**51.** 내용적이 50 L인 이음매 없는 용기 재검사 시 용기에 깊이가 0.5 mm를 초과하는 점부식이 있을 경우 용기의 합격 여부는?

① 등급분류 결과 3급으로서 합격이다.
② 등급분류 결과 3급으로서 불합격이다.
③ 등급분류 결과 4급으로서 불합격이다.

④ 용접부 비파괴시험을 실시하여 합격 여부 결정한다.

[해설] 내용적 5 L 이상 125 L 미만 용기 검사 외관검사
(1) 등급분류 : 외관검사 결과를 4등급으로 분류하고 등급분류 결과 4급에 해당하는 용기는 재검사에 불합격한 것으로 한다.
(2) 부식의 4급
㉮ 원래의 금속표면을 알 수 없을 정도로 부식되어 부식 깊이 측정이 곤란한 것
㉯ 부식점의 깊이가 0.5 mm를 초과하는 점부식이 있을 것
㉰ 길이가 100 mm 이하이고 부식 깊이가 0.3 mm를 초과하는 선부식이 있는 것
㉱ 길이가 100 mm를 초과하는 부식 깊이가 0.25 mm를 초과하는 선부식이 있는 것
㉲ 부식 깊이가 0.25 mm를 초과하는 일반부식이 있는 것

**52.** 유해물질의 사고 예방 대책으로 가장 거리가 먼 것은?

① 작업의 일원화
② 안전보호구 착용
③ 작업시설의 정돈과 청소
④ 유해물질과 발화원 제거

[해설] • 유해물질의 사고 예방 대책
㉮ 안전보호구를 착용한다.
㉯ 작업시설의 정돈과 청소를 실시한다.
㉰ 유해물질과 발화원을 제거한다.
㉱ 위험물 및 유해물질은 지정된 장소에 보관한다.
㉲ 인화성 액체의 반응 또는 취급은 폭발범위 이외의 농도로 한다.

**53.** 고압가스 특정제조시설의 저장탱크 설치방법 중 위해방지를 위하여 고압가스 저장탱크를 지하에 매설할 경우 저장탱크 주위에 무엇으로 채워야 하는가?

① 흙  ② 콘크리트
③ 모래  ④ 자갈

[정답] 49. ②  50. ①  51. ③  52. ①  53. ③

해설 고압가스 저장탱크를 지하에 매설할 경우 저장탱크의 주위에는 마른모래를 채운다.

**54.** 초저온 용기의 정의로 옳은 것은?
① 섭씨 -30℃ 이하의 액화가스를 충전하기 위한 용기
② 섭씨 -50℃ 이하의 액화가스를 충전하기 위한 용기
③ 섭씨 -70℃ 이하의 액화가스를 충전하기 위한 용기
④ 섭씨 -90℃ 이하의 액화가스를 충전하기 위한 용기

해설 • 초저온용기의 정의 : -50℃ 이하의 액화가스를 충전하기 위한 용기로서 단열재를 씌우거나 냉동설비로 냉각시키는 등의 방법으로 용기 내의 가스온도가 상용 온도를 초과하지 아니하도록 한 것을 말한다.

**55.** 의료용 산소 가스용기를 표시하는 색깔은?
① 갈색  ② 백색
③ 청색  ④ 자색

해설 • 가스 종류별 용기 도색

| 가스 종류 | 용기 도색 | |
|---|---|---|
| | 공업용 | 의료용 |
| 산소 ($O_2$) | 녹색 | 백색 |
| 수소 ($H_2$) | 주황색 | – |
| 액화탄산가스 ($CO_2$) | 청색 | 회색 |
| 액화석유가스 | 밝은 회색 | – |
| 아세틸렌 ($C_2H_2$) | 황색 | – |
| 암모니아 ($NH_3$) | 백색 | – |
| 액화염소 ($Cl_2$) | 갈색 | – |
| 질소 ($N_2$) | 회색 | 흑색 |
| 아산화질소 ($N_2O$) | 회색 | 청색 |
| 헬륨 (He) | 회색 | 갈색 |
| 에틸렌 ($C_2H_4$) | 회색 | 자색 |
| 사이크로 프로판 | 회색 | 주황색 |
| 기타의 가스 | 회색 | – |

**56.** 용기의 파열사고의 원인으로서 가장 거리가 먼 것은?
① 염소용기는 용기의 부식에 의하여 파열사고가 발생할 수 있다.
② 수소용기는 산소와 혼합충전으로 격심한 가스폭발에 의하여 파열사고가 발생할 수 있다.
③ 고압 아세틸렌가스는 분해폭발에 의하여 파열사고가 발생할 수 있다.
④ 용기 내 수증기 발생에 의해 파열사고가 발생할 수 있다.

해설 대기압 상태에서 물의 비등점은 100℃이므로 용기 내 물이 증발을 일으켜 수증기가 발생될 가능성은 낮으므로 파열사고는 발생되지 않는다.

**57.** 차량에 고정된 탱크에 의하여 가연성가스를 운반할 때 비치하여야 할 소화기의 종류와 최소 수량은? (단, 소화기의 능력단위는 고려하지 않는다.)
① 분말소화기 1개  ② 분말소화기 2개
③ 포말소화기 1개  ④ 포말소화기 2개

해설 • 차량에 고정된 탱크 소화설비 기준

| 구분 | 소화기의 종류 | | 비치개수 |
|---|---|---|---|
| | 소화약제 | 능력단위 | |
| 가연성 가스 | 분말 소화제 | BC용 B-10 이상 또는 ABC용 B-12 이상 | 차량 좌우에 각각 1개 이상 |
| 산소 | 분말 소화제 | BC용 B-8 이상 또는 ABC용 B-10 이상 | 차량 좌우에 각각 1개 이상 |

**58.** 최고사용압력이 고압이고 내용적이 5 $m^3$인 일반도시가스 배관의 자기압력기록계를 이용한 기밀시험 시 기밀유지시간은?

정답  54. ②  55. ②  56. ④  57. ②  58. ④

① 24분 이상   ② 240분 이상
③ 48분 이상   ④ 480분 이상

[해설] • 압력계 및 자기압력기록계 기밀유지시간

| 구분 | 내용적 | 기밀유지시간 |
|---|---|---|
| 저압, 중압 | 1 m³ 미만 | 24분 |
| | 1 m³ 이상 10 m³ 미만 | 240분 |
| | 10 m³ 이상 300 m³ 미만 | 24×$V$분 (단, 1440분을 초과한 경우는 1440분으로 할 수 있다.) |
| 고압 | 1 m³ 미만 | 48분 |
| | 1 m³ 이상 10 m³ 미만 | 480분 |
| | 10 m³ 이상 300 m³ 미만 | 48×$V$분 (단, 2880분을 초과한 경우는 2880분으로 할 수 있다.) |

※ $V$는 피시험부분의 내용적(m³)

**59.** 시안화수소(HCN)에 첨가되는 안정제로 사용되는 중합방지제가 아닌 것은?

① NaOH   ② $SO_2$
③ $H_2SO_4$   ④ $CaCl_2$

[해설] • 중합폭발방지용 안정제의 종류
황산($H_2SO_4$), 아황산가스($SO_2$), 동, 동망, 염화칼슘($CaCl_2$), 인산($H_3PO_4$), 오산화인($P_2O_5$) 등

**60.** 수소의 특성에 대한 설명으로 옳은 것은?

① 가스 중 비중이 큰 편이다.
② 냄새는 있으나 색깔은 없다.
③ 기체 중에서 확산속도가 가장 빠르다.
④ 산소, 염소와 폭발반응을 하지 않는다.

[해설] 수소의 성질
㉮ 지구상에 존재하는 원소 중 가장 가볍다.
㉯ 무색, 무취, 무미의 가연성이다.
㉰ 열전도율이 대단히 크고, 열에 대해 안정하다.
㉱ 확산속도가 대단히 크다.
㉲ 고온에서 강제, 금속재료를 쉽게 투과한다.
㉳ 폭굉속도가 1400~3500 m/s에 달한다.
㉴ 폭발범위가 넓다 (공기 중 : 4~75 %, 산소 중 : 4~94 %).
㉵ 산소와 수소폭명기, 염소와 염소폭명기의 폭발반응이 발생한다.

---

## 제 4 과목   가스계측

**61.** HCN 가스의 검지반응에 사용하는 시험지와 반응색이 옳게 짝지어진 것은?

① KI 전분지 – 청색
② 질산구리벤젠지 – 청색
③ 염화파라듐지 – 적색
④ 염화제일구리착염지 – 적색

[해설] • 가스검지 시험지법

| 검지가스 | 시험지 | 반응 (변색) |
|---|---|---|
| 암모니아 ($NH_3$) | 적색리트머스지 | 청색 |
| 염소 ($Cl_2$) | KI 전분지 | 청갈색 |
| 포스겐 ($COCl_2$) | 해리슨시험지 | 유자색 |
| 시안화수소 (HCN) | 초산벤젠지 | 청색 |
| 일산화탄소 (CO) | 염화팔라듐지 | 흑색 |
| 황화수소 ($H_2S$) | 연당지 | 회흑색 |
| 아세틸렌 ($C_2H_2$) | 염화제1구리착염지 | 적갈색 (적색) |

※ '초산벤젠지'를 '질산구리벤젠지'로 부르기도 한다.

**62.** 아르키메데스 부력의 원리를 이용한 액면계는?

① 기포식 액면계
② 차압식 액면계
③ 정전용량식 액면계
④ 편위식 액면계

**정답**   59. ①   60. ③   61. ②   62. ④

[해설] • 편위식 액면계 : 측정액 중에 잠겨 있는 플로트의 부력으로 액면을 측정하는 것으로 아르키메데스의 원리를 이용한 것이다.

**63.** 가스크로마토그래피와 관련이 없는 것은?
① 컬럼  ② 고정상
③ 운반기체  ④ 슬릿

[해설] • 가스크로마토그래피의 장치 구성 요소 : 캐리어가스(운반기체), 압력조정기, 유량조절밸브, 압력계, 분리관(컬럼), 검출기, 기록계, 고정상 등

**64.** 시정수(time constant)가 10초인 1차 지연형 계측기의 스텝응답에서 전체 변화의 95%까지 변화시키는데 걸리는 시간은?
① 13초  ② 20초
③ 26초  ④ 30초

[해설] $Y = 1 - e^{-\frac{t}{T}}$ 을 정리하면
$1 - Y = e^{-\frac{t}{T}}$ 가 되며, 양변에 ln을 곱하면
$\ln(1-Y) = -\frac{t}{T}$ 이다.
$\therefore t = -\ln(1-Y) \times T$
$= -\ln(1-0.95) \times 10 = 29.957$ 초
※ $Y$ : 스텝응답
   $t$ : 변화시간(초)
   $T$ : 시정수

**65.** 압력계 교정 또는 검정용 표준기로 사용되는 압력계는?
① 기준 분동식  ② 표준 침종식
③ 기준 박막식  ④ 표준 부르동관식

[해설] (1) 기준 분동식 압력계 : 탄성식 압력계의 교정에 사용되는 1차 압력계로 램, 실린더, 기름탱크, 가압펌프 등으로 구성되며 사용유체에 따라 측정범위가 다르게 적용된다.
(2) 사용유체에 따른 측정범위
㉮ 경유 : 40~100 kgf/cm²

㉯ 스핀들유, 피마자유 : 100~1000 kgf/cm²
㉰ 모빌유 : 3000 kgf/cm² 이상
㉱ 점도가 큰 오일을 사용하면 5000 kgf/cm² 까지도 측정이 가능하다.

**66.** 다음 중 건습구 습도계에 대한 설명으로 틀린 것은?
① 통풍형 건습구 습도계는 연료 탱크 속에 부착하여 사용한다.
② 2개의 수은 유리온도계를 사용한 것이다.
③ 자연 통풍에 의한 간이 건습구 습도계도 있다.
④ 정확한 습도를 구하려면 3~5 m/s 정도의 통풍이 필요하다.

[해설] • 건습구 습도계 특징
㉮ 2개의 수은 온도계를 사용하여 습도, 온도를 측정한다.
㉯ 휴대용으로 사용되는 통풍형 건습구 습도계와 자연 통풍에 의한 간이 건습구 습도계가 있다.
㉰ 구조가 간단하고 취급이 쉽다.
㉱ 가격이 저렴하고, 휴대하기 편리하다.
㉲ 헝겊이 감긴 방향, 바람에 따라 오차가 발생한다.
㉳ 물이 항상 있어야 하며, 상대습도를 바로 나타내지 않는다.
㉴ 정확한 습도를 측정하기 위하여 3~5 m/s 정도의 통풍(바람)이 필요하다.

**67.** 시험대상인 가스미터의 유량이 350 m³/h이고 기준 가스미터의 지시량이 330 m³/h일 때 기준 가스미터의 기차는 약 몇 %인가?
① 4.4%  ② 5.7%
③ 6.1%  ④ 7.5%

[해설] $E = \frac{I-Q}{I} \times 100$
$= \frac{350-330}{350} \times 100$
$= 5.714 \%$

**정답** 63. ④  64. ④  65. ①  66. ①  67. ②

**68.** 차압식 유량계 중 벤투리식(venturi type)에서 교축기구 전후의 관계에 대한 설명으로 옳지 않은 것은?

① 유량은 유량계수에 비례한다.
② 유량은 차압의 평방근에 비례한다.
③ 유량은 관지름의 제곱에 비례한다.
④ 유량은 조리개 비의 제곱에 비례한다.

[해설] • 차압식 유량계 유량 계산식

$$Q = CA \frac{1}{\sqrt{1-m^2}} \sqrt{2g \times \frac{P_1 - P_2}{\gamma}}$$

$$= CA \frac{1}{\sqrt{1-m^2}} \sqrt{2gh \times \frac{\gamma_m - \gamma}{\gamma}}$$

∴ 유량은 유량계수에 비례하고, 조리개 단면적에 비례하고, 조리개 지름의 제곱에 비례하고, 차압의 평방근에 비례한다.

**69.** 다음 중 유량의 단위가 아닌 것은?

① $m^3/s$   ② $ft^3/h$
③ $m^2/min$   ④ $L/s$

[해설] • 유량 계측 단위 : 단위 시간당 통과한 유량으로 질량유량과 체적유량으로 구분할 수 있다.
㉮ 질량유량의 단위 : kg/h, kg/min, kg/s, g/h, g/min, g/s 등
㉯ 체적유량의 단위 : $m^3/h$, $m^3/min$, $m^3/s$, L/h, L/min, L/s 등

**70.** 압력의 종류와 관계를 표시한 것으로 옳은 것은?

① 전압 = 동압 - 정압
② 전압 = 게이지압 + 동압
③ 절대압 = 대기압 + 진공압
④ 절대압 = 대기압 + 게이지압

[해설] • 압력의 관계식
㉮ 절대압력 = 대기압 + 게이지압력
        = 대기압 - 진공압력
㉯ 전압 = 정압 + 동압

**71.** 연속동작 중 비례동작(P동작)의 특징에 대한 설명으로 옳은 것은?

① 잔류편차가 생긴다.
② 사이클링을 제거할 수 없다.
③ 외란이 큰 제어계에 적당하다.
④ 부하변화가 적은 프로세스에는 부적당하다.

[해설] 비례동작(P 동작) : 동작신호에 대하여 조작량의 출력변화가 일정한 비례관계에 있는 제어로 잔류편차(off set)가 생긴다.

**72.** 신호의 전송방법 중 유압전송 방법의 특징에 대한 설명으로 틀린 것은?

① 전송거리가 최고 300 m이다.
② 조작력이 크고 전송지연이 적다.
③ 파일럿 밸브식과 분사관식이 있다.
④ 내식성, 방폭이 필요한 설비에 적당하다.

[해설] • 유압식 신호전달 방식의 특징
㉮ 비압축성이므로 조작속도 및 응답이 빠르다.
㉯ 전달의 지연이 적고 조작력이 강하다.
㉰ 조작부의 동특성이 적다.
㉱ 오일의 누설로 인화의 위험성이 따른다.
㉲ 파일럿 밸브식과 분사관식이 있다.
㉳ 주위의 온도변화에 영향을 받는다.
㉴ 높은 압력을 발생시키는 유압원을 필요로 한다.
㉵ 기름의 유동 저항을 고려하여야 한다.
㉶ 신호전송거리가 최고 300 m이다.

**73.** 습식 가스미터의 계량 원리를 가장 바르게 나타낸 것은?

① 가스의 압력 차이를 측정
② 원통의 회전수를 측정
③ 가스의 농도를 측정
④ 가스의 냉각에 따른 효과를 이용

[해설] • 습식 가스미터 : 고정된 원통 안에 4개로 구성된 내부드럼이 있고, 입구에서 받은 물

에 잠겨 있는 내부드럼으로 가스가 들어가 압력으로 내부드럼을 밀어 올려 1회전하는 동안 통과한 가스 체적을 환산한다.

**74.** 가스설비에 사용되는 계측기기의 구비조건으로 틀린 것은?
① 견고하고 신뢰성이 높을 것
② 주위 온도, 습도에 민감하게 반응할 것
③ 원거리 지시 및 기록이 가능하고 연속 측정이 용이할 것
④ 설치방법이 간단하고 조작이 용이하며 보수가 쉬울 것

[해설] • 계측기기의 구비조건
㉮ 경년 변화가 적고, 내구성이 있을 것
㉯ 견고하고 신뢰성이 있을 것
㉰ 정도가 높고 경제적일 것
㉱ 구조가 간단하고 취급, 보수가 쉬울 것
㉲ 원격 지시 및 기록이 가능할 것
㉳ 연속 측정이 가능할 것

**75.** 가스분석에서 흡수분석법에 해당하는 것은?
① 적정법　　② 중량법
③ 흡광광도법　④ 헴펠법

[해설] • 흡수분석법 : 채취된 가스를 분석기 내부의 성분 흡수제에 흡수시켜 체적변화를 측정하는 방식으로 오르사트(Orsat)법, 헴펠(Hempel)법, 게겔(Gockel)법 등이 있다.

**76.** 화학공장 내에서 누출된 유독가스를 현장에서 신속히 검지할 수 있는 방식으로 가장 거리가 먼 것은?
① 열선형　　② 간섭계형
③ 분광광도법　④ 검지관법

[해설] • 현장에서 누출 여부를 확인하는 방법 : 검지관법, 시험지법, 가연성가스 검출기(간섭계형, 열선형, 반도체식)

**77.** 도시가스 제조소에 설치된 가스누출검지경보장치는 미리 설정된 가스농도에서 자동적으로 경보를 울리는 것으로 하여야 한다. 이때 미리 설정된 가스농도란?
① 폭발하한계 값
② 폭발상한계 값
③ 폭발하한계의 1/4 이하 값
④ 폭발하한계의 1/2 이하 값

[해설] • 가스누출검지경보장치 기능
㉮ 가스의 누출을 검지하여 그 농도를 지시함과 동시에 경보를 울리는 것으로 한다.
㉯ 미리 설정된 가스농도(폭발하한계의 4분의 1 이하 값)에서 자동적으로 경보를 울리는 것으로 한다.
㉰ 경보를 울린 후에는 주위의 가스농도가 변화되어도 계속 경보를 울리며, 그 확인 또는 대책을 강구함에 따라 경보가 정지되도록 한다.
㉱ 담배연기 등 잡가스에 경보를 울리지 아니하는 것으로 한다.

**78.** 파이프나 조절밸브로 구성된 계는 어떤 공정에 속하는가?
① 유동공정　　② 1차계 액위공정
③ 데드타임공정　④ 적분계 액위공정

[해설] 파이프나 조절밸브는 유체가 유동하고 있는 공정(process)에 사용되는 것으로 유동공정이라 한다.

**79.** 2가지 다른 도체의 양끝을 접합하고 두 접점을 다른 온도로 유지할 경우 회로에 생기는 기전력에 의해 열전류가 흐르는 현상을 무엇이라고 하는가?
① 제베크 효과
② 존슨 효과
③ 스테판-볼츠만 법칙
④ 스케링 삼승근 법칙

**정답** 74. ② 75. ④ 76. ③ 77. ③ 78. ① 79. ①

[해설] • 제베크 효과(Seebeck effect) : 2종류의 금속선을 접속하여 하나의 회로를 만들어 2개의 접점에 온도차를 부여하면 회로에 접점의 온도에 거의 비례한 전류(열기전력)가 흐르는 현상으로 열전대 온도계의 측정원리이다.

**80.** 고속회전이 가능하므로 소형으로 대유량의 계량이 가능하나 유지관리로서 스트레이너가 필요한 가스미터는?

① 막식 가스미터  ② 베인미터
③ 루트미터  ④ 습식미터

[해설] • 루트(roots)형 가스미터의 특징
㉮ 대유량 가스 측정에 적합하다.
㉯ 중압가스의 계량이 가능하다.
㉰ 설치면적이 적고, 연속흐름으로 맥동현상이 없다.
㉱ 여과기의 설치 및 설치 후의 유지관리가 필요하다.
㉲ $0.5\,m^3/h$ 이하의 적은 유량에는 부동의 우려가 있다.
㉳ 구조가 비교적 복잡하다.
㉴ 용도 : 대량 수용가
㉵ 용량 범위 : $100\sim5000\,m^3/h$

정답 80. ③

▶ 2018년 9월 15일 시행

| 자격종목 | 종목코드 | 시험시간 | 형 별 | 수험번호 | 성 명 |
|---|---|---|---|---|---|
| 가스 산업기사 | 2471 | 2시간 | A | | |

## 제 1 과목  연소공학

**1.** 어떤 기체가 열량 80 kJ을 흡수하여 외부에 대하여 20 kJ의 일을 하였다면 내부에너지 변화는 몇 kJ인가?

① 20    ② 60
③ 80    ④ 100

[해설] 엔탈피 변화량 = 내부에너지+외부에너지
∴ 내부에너지 변화
   = 엔탈피 변화량-외부에너지
   = 80-20 = 60 kJ

**2.** 가스화재 시 밸브 및 콕을 잠그는 소화 방법은?

① 질식소화    ② 냉각소화
③ 억제소화    ④ 제거소화

[해설] 소화방법의 종류
㉮ 질식소화 : 산소의 공급을 차단하여 가연물질의 연소를 소화시키는 방법
㉯ 냉각소화 : 점화원(발화원)을 가연물질의 연소에 필요한 활성화 에너지 값 이하로 낮추어 소화시키는 방법
㉰ 제거소화 : 가연물질을 화재가 발생한 장소로부터 제거하여 소화시키는 방법
㉱ 부촉매 효과(소화) : 순조로운 연쇄반응을 일으키는 화염의 전파물질인 수산기 또는 수소기의 활성화반응을 억제, 방해 또는 차단하여 소화시키는 방법
㉲ 희석효과(소화) : 수용성 가연물질인 알코올, 에탄올의 화재 시 다량의 물을 살포하여 가연성 물질의 농도를 낮게 하여 소화시키는 방법
㉳ 유화효과(소화) : 중유에 소화약제인 물을 고압으로 분무하여 유화층을 형성시켜 소화시키는 방법

**3.** 어떤 연료의 저위발열량은 9000 kcal/kg이다. 이 연료 1 kg을 연소시킨 결과 발생한 연소열은 6500 kcal/kg이었다. 이 경우의 연소효율은 약 몇 %인가?

① 38 %    ② 62 %
③ 72 %    ④ 138 %

[해설] 연소효율(%) = $\dfrac{실제발열량}{저위발열량} \times 100$

$= \dfrac{6500}{9000} \times 100 = 72.222 \%$

**4.** 연소에 대하여 가장 적절하게 설명한 것은?

① 연소는 산화반응으로 속도가 느리고, 산화열이 발생한다.
② 물질의 열전도율이 클수록 가연성이 되기 쉽다.
③ 활성화 에너지가 큰 것은 일반적으로 발열량이 크므로 가연성이 되기 쉽다.
④ 가연성 물질이 공기 중의 산소 및 그 외의 산소원의 산소와 작용하여 열과 빛을 수반하는 화학반응이다.

[해설] ㉮ 연소의 정의 : 연소란 가연성 물질이 공기 중의 산소와 반응하여 빛과 열을 발생하는 화학반응을 말한다.
㉯ 각 항목의 옳은 설명
① 연소는 산화반응으로 속도가 빠르고, 산화열이 발생한다.
② 물질의 열전도율이 작을수록 가연성이 되기 쉽다.
③ 활성화 에너지가 작은 것은 일반적으로 발열량이 크므로 가연성이 되기 쉽다.

[정답] 1. ②   2. ④   3. ③   4. ④

**5.** 파열의 원인이 될 수 있는 용기 두께 축소의 원인으로 가장 거리가 먼 것은?

① 과열　　② 부식
③ 침식　　④ 화학적 침해

해설 • 용기 두께 축소의 원인 : 부식 및 침식, 화학적 침해

**6.** 1kg의 공기가 100℃ 하에서 열량 25kcal를 얻어 등온팽창할 때 엔트로피의 변화량은 약 몇 kcal/K인가?

① 0.038　　② 0.043
③ 0.068　　④ 0.067

해설 $\Delta s = \dfrac{dQ}{T} = \dfrac{25}{273+100} = 0.067 \text{ kcal/K}$

**7.** 목재, 종이와 같은 고체 가연물질의 주된 연소 형태는?

① 표면연소　　② 자기연소
③ 분해연소　　④ 확산연소

해설 • 분해연소 : 충분한 착화에너지를 주어 가열분해에 의해 연소하며 휘발분이 있는 고체연료(종이, 석탄, 목재 등) 또는 증발이 일어나기 어려운 액체연료(중유 등)가 이에 해당된다.

**8.** 탄소(C) 1g을 완전연소시켰을 때 발생되는 연소가스인 $CO_2$는 약 몇 g 발생하는가?

① 2.7g　　② 3.7g
③ 4.7g　　④ 8.9g

해설 ㉮ 탄소(C)의 완전연소 반응식
　　$C + O_2 \rightarrow CO_2$
　㉯ $CO_2$ 발생량 계산
　　12g : 44g = 1g : $x$[g]
　　∴ $x = \dfrac{44 \times 1}{12} = 3.666\text{ g}$

**9.** 일반 기체상수의 단위를 바르게 나타낸 것은?

① kg·m/kg·K　　② kcal/kmol
③ kg·m/kmol·K　　④ kcal/kg·℃

해설 이상기체 1kmol이 표준상태(0℃, 1기압)에서의 기체상수($R$)를 계산하며, 1기압은 10332 kgf/m²이고, 1kmol이 차지하는 부피는 22.4 m³이다.
$PV = GRT$에서
∴ $R = \dfrac{PV}{GT}$
　　$= \dfrac{10332 \text{ kgf/m}^2 \times 22.4 \text{ m}^3}{1 \text{ kmol} \times 273 \text{ K}}$
　　$= 847.753$ kgf·m/kmol·K
　　$\fallingdotseq 848$ kgf·m/kmol·K

**10.** 실제기체가 완전기체의 특성식을 만족하는 경우는?

① 고온, 저압　　② 고온, 고압
③ 저온, 고압　　④ 저온, 저압

해설 실제기체가 이상기체(완전기체)의 특성식(이상기체 상태방정식)이 적용되는 조건은 높은 온도(고온), 낮은 압력(저압)이다.

**11.** LPG에 대한 설명 중 틀린 것은?

① 포화탄화수소 화합물이다.
② 휘발유 등 유기용제에 용해된다.
③ 액체 비중은 물보다 무겁고, 기체 상태에서는 공기보다 가볍다.
④ 상온에서는 기체이나 가압하면 액화된다.

해설 • 액화석유가스(LP가스)의 일반적인 특징
　㉮ LP가스는 공기보다 무겁다.
　㉯ 액상의 LP가스는 물보다 가볍다.
　㉰ 액화, 기화가 쉽고, 기화하면 체적이 커진다.
　㉱ 액체의 온도 상승에 의한 부피변화가 크다.
　㉲ 기화열(증발잠열)이 크다.
　㉳ 무색, 무취, 무미하다.
　㉴ 용해성이 있다.

**12.** 이상기체에 대한 설명이 틀린 것은?

① 실제로는 존재하지 않는다.

② 체적이 커서 무시할 수 없다.
③ 보일의 법칙에 따르는 가스를 말한다.
④ 분자 상호 간에 인력이 작용하지 않는다.

[해설] • 이상기체의 성질
㉮ 보일-샤를의 법칙을 만족한다.
㉯ 아보가드로의 법칙에 따른다.
㉰ 내부에너지는 온도만의 함수이다.
㉱ 온도에 관계없이 비열비는 일정하다.
㉲ 기체의 분자력과 크기도 무시되며 분자간의 충돌은 완전 탄성체이다.
㉳ 분자와 분자 사이의 거리가 매우 멀다.
㉴ 분자 사이의 인력이 없다.
㉵ 압축성 인자가 1이다.

**13.** 상온, 상압 하에서 메탄-공기의 가연성 혼합기체를 완전연소시킬 때 메탄 1 kg을 완전연소시키기 위해서는 공기 약 몇 kg이 필요한가?

① 4  ② 17
③ 19  ④ 64

[해설] ㉮ 메탄의 완전연소 반응식
$CH_4 + 2O_2 \rightarrow CO_2 + 2H_2O$
㉯ 이론공기량 계산 : 공기 중 산소의 질량비율은 23.2 %이다.
$16 \, kg : 2 \times 32 \, kg = 1 \, kg : x(O_0) \, kg$
$\therefore A_0 = \dfrac{x(O_0)}{0.232} = \dfrac{2 \times 32 \times 1}{16 \times 0.232}$
$= 17.241 \, kg$

**14.** 다음 중 중합폭발을 일으키는 물질은?

① 히드라진  ② 과산화물
③ 부타디엔  ④ 아세틸렌

[해설] • 중합폭발 물질 : 시안화수소(HCN), 산화에틸렌($C_2H_4O$), 염화비닐($C_2H_3Cl$), 부타디엔($C_4H_6$) 등

**15.** 다음 반응식을 이용하여 메탄($CH_4$)의 생성열을 구하면?

$C + O_2 \rightarrow CO_2$
$\Delta H = -97.2 \, kcal/mol$
$H_2 + \dfrac{1}{2} O_2 \rightarrow H_2O$
$\Delta H = -57.6 \, kcal/mol$
$CH_4 + 2O_2 \rightarrow CO_2 + 2H_2O$
$\Delta H = -194.4 \, kcal/mol$

① $\Delta H = -20 \, kcal/mol$
② $\Delta H = -18 \, kcal/mol$
③ $\Delta H = 18 \, kcal/mol$
④ $\Delta H = 20 \, kcal/mol$

[해설] ㉮ 메탄($CH_4$)의 완전연소 반응식
$CH_4 + 2O_2 \rightarrow CO_2 + 2H_2O + Q$
㉯ 생성열 계산
$-194.4 = -97.2 - 57.6 \times 2 + Q$
$Q = 97.2 + 2 \times 57.6 - 194.4 = 18$
$\therefore \Delta H = -18 \, kcal/mol$

**16.** 다음은 폭굉의 정의에 관한 설명이다. ( )에 알맞은 용어는?

폭굉이란 가스의 화염[연소]( )가[이] ( )보다 큰 것으로 파면선단의 압력파에 의해 파괴작용을 일으키는 것을 말한다.

① 전파속도, 음속
② 폭발파, 충격파
③ 전파온도, 충격파
④ 전파속도, 화염온도

[해설] • 폭굉(detonation) : 가스 중의 음속보다도 화염 전파속도가 큰 경우로서 파면선단에 충격파라고 하는 압력파가 생겨 격렬한 파괴작용을 일으키는 현상

**17.** 화재나 폭발의 위험이 있는 장소를 위험장소라 한다. 다음 중 제1종 위험장소에 해당하는 것은?

① 상용의 상태에서 가연성가스의 농도가 연속해서 폭발하한계 이상으로 되는 장소

정답  13. ②  14. ③  15. ②  16. ①  17. ②

② 상용상태에서 가연성가스가 체류해 위험해질 우려가 있는 장소
③ 가연성가스가 밀폐된 용기 또는 설비의 사고로 인해 파손되거나 오조작의 경우에만 누출될 위험이 있는 장소
④ 환기장치에 이상이나 사고가 발생한 경우에 가연성가스가 체류하여 위험하게 될 우려가 있는 장소

[해설] • 1종 장소 : 상용상태에서 가연성가스가 체류하여 위험하게 될 우려가 있는 장소, 정비 보수 또는 누출 등으로 인하여 종종 가연성가스가 체류하여 위험하게 될 우려가 있는 장소

**18.** 연소가스의 폭발 및 안전에 대한 다음 내용은 무엇에 관한 설명인가?

> 두 면의 평행판 거리를 좁혀가며 화염이 전파하지 않게 될 때의 면간거리

① 안전간격  ② 한계직경
③ 소염거리  ④ 화염일주

[해설] • 화염일주(火炎逸走) : 온도, 압력, 조성의 조건이 갖추어져도 용기가 작으면 발화하지 않고 또는 부분적으로 발화하여도 화염이 전파되지 않고 도중에 꺼져버리는 현상으로 소염이라고도 한다.
㉮ 소염거리 : 두 면의 평행판 거리를 좁혀가며 화염이 틈 사이로 전달되지 않게 될 때의 평행판 사이의 거리
㉯ 한계직경 : 파이프 속을 화염이 진행할 때 화염이 전달되지 않고 도중에서 꺼져버리는 한계의 파이프 지름으로 소염지름이라 한다.

**19.** 다음 중 가연성가스만으로 나열된 것은?

> ㉠ 수소      ㉡ 이산화탄소  ㉢ 질소
> ㉣ 일산화탄소  ㉤ LNG        ㉥ 수증기
> ㉦ 산소      ㉧ 메탄

① ㉠, ㉡, ㉢, ㉧   ② ㉠, ㉣, ㉤, ㉧
③ ㉠, ㉡, ㉤, ㉧   ④ ㉡, ㉣, ㉤, ㉧

[해설] • 각 가스의 연소성

| 가스명칭 | 연소성 | 가스명칭 | 연소성 |
|---|---|---|---|
| 수소 | 가연성 | LNG | 가연성 |
| 이산화탄소 | 불연성 | 수증기 | 불연성 |
| 질소 | 불연성 | 산소 | 조연성 |
| 일산화탄소 | 가연성 | 메탄 | 가연성 |

**20.** 폭발한계가 가장 낮은 가스는?

① 부탄  ② 프로판
③ 에탄  ④ 메탄

[해설] • 각 가스의 공기 중에서의 폭발범위

| 명칭 | 폭발범위(%) |
|---|---|
| 부탄($C_4H_{10}$) | 1.9 ~ 8.5 |
| 프로판($C_3H_8$) | 2.2 ~ 9.5 |
| 에탄($C_2H_6$) | 3 ~ 12.5 |
| 메탄($CH_4$) | 5 ~ 15 |

---

## 제 2 과목 가스설비

**21.** 카르노 사이클 기관이 27℃와 -33℃ 사이에서 작동될 때 이 냉동기의 열효율은?

① 0.2   ② 0.25
③ 4     ④ 5

[해설] $\eta = \dfrac{W}{Q_1} = \dfrac{T_1 - T_2}{T_1}$

$= \dfrac{(273+27)-(273-33)}{273+27} = 0.2$

**22.** 다음은 용접용기의 동판 두께를 계산하는 식이다. 이 식에서 $S$는 무엇을 나타내는가?

$$t = \dfrac{PD}{2S\eta - 1.2P} + C$$

정답  18. ③  19. ②  20. ①  21. ①  22. ④

① 여유 두께     ② 동판의 내경
③ 최고충전압력   ④ 재료의 허용응력

[해설] • 용접용기 동판 두께 계산식
$P$ : 최고충전압력의 수치(MPa)
$D$ : 안지름(mm)
$S$ : 재료의 허용응력 수치(N/mm²)
$\eta$ : 용접효율
$C$ : 부식 여유 두께(mm)

**23.** 강을 열처리하는 주된 목적은?
① 표면에 광택을 내기 위하여
② 사용시간을 연장하기 위하여
③ 기계적 성질을 향상시키기 위하여
④ 표면에 녹이 생기지 않게 하기 위하여

[해설] • 강의 열처리 목적 : 기계적 성질을 향상시키기 위하여 열처리를 한다.

**24.** 고압가스 냉동기의 발생기는 흡수식 냉동설비에 사용하는 발생기에 관계되는 설계온도가 몇 ℃를 넘는 열교환기를 말하는가?
① 80℃        ② 100℃
③ 150℃       ④ 200℃

[해설] • 용어의 정의(KGS AA111 고압가스용 냉동기 제조기준) : 발생기란 흡수식 냉동설비에 사용하는 발생기에 관계되는 설계온도가 200℃를 넘는 열교환기 및 이들과 유사한 것을 말한다.

**25.** 물을 양정 20 m, 유량 2 m³/min으로 수송하고자 한다. 축동력 12.7 PS를 필요로 하는 원심펌프의 효율은 약 몇 %인가?
① 65 %        ② 70 %
③ 75 %        ④ 80 %

[해설] $PS = \dfrac{\gamma QH}{75 \eta}$ 이다.
$\therefore \eta = \dfrac{\gamma QH}{75 PS} \times 100$
$= \dfrac{1000 \times 2 \times 20}{75 \times 12.7 \times 60} \times 100 = 69.991 \%$

**26.** 공기액화 장치에 들어가는 공기 중 아세틸렌가스가 혼입되면 안 되는 가장 큰 이유는?
① 산소의 순도가 저하된다.
② 액체 산소 속에서 폭발을 일으킨다.
③ 질소와 산소의 분리작용에 방해가 된다.
④ 파이프 내에서 동결되어 막히기 때문이다.

[해설] 공기액화 분리장치 내에 아세틸렌이 혼입되었을 경우 응고되어 이동하다가 구리 등과 접촉하여 동 아세틸드가 생성되고 액체 산소 중에서 폭발할 가능성이 있어 제거되어야 한다.

**27.** 다음 중 신축이음이 아닌 것은?
① 벨로스형 이음   ② 슬리브 이음
③ 루프형 이음     ④ 턱걸이형 이음

[해설] • 신축 이음(joint)의 종류
㉮ 루프형(loop type)
㉯ 슬리브형(sleeve type)
㉰ 벨로스형(bellows type) 또는 팩리스형(packless type)
㉱ 스위블형(swivel type) 또는 지블이음, 지웰이음, 회전이음
㉲ 상온 스프링(cold spring)

**28.** 냉간가공의 영역 중 약 210~360℃에서 기계적 성질인 인장강도는 높아지나 연신율이 갑자기 감소하여 취성을 일으키는 현상을 의미하는 것은?
① 저온메짐      ② 뜨임메짐
③ 청열메짐      ④ 적열메짐

[해설] • 청열메짐(青熱脆性 : blue shortness) : 탄소강을 고온도에서 인장시험을 할 때 210~360℃에서 인장강도가 최대로 되고 연신율이 최소가 되어 취성(메짐)을 일으키는 현상으로 이 온도에서 철강재가 산화하여 청색이 나타나게 되어 청열이라 한다.

정답  23. ③  24. ④  25. ②  26. ②  27. ④  28. ③

**29.** 원심펌프는 송출구경을 흡인구경보다 작게 설계한다. 이에 대한 설명으로 틀린 것은?

① 흡인구경보다 와류실을 크게 설계한다.
② 회전차에서 빠른 속도로 송출된 액체를 갑자기 넓은 와류실에 넣게 되면 속도가 떨어지기 때문이다.
③ 에너지 손실이 커져서 펌프효율이 저하되기 때문이다.
④ 대형펌프 또는 고양정의 펌프에 적용된다.

[해설] 원심펌프의 와류실은 임펠러로부터 고속으로 유출하는 유체가 펌프 토출구에 도달하기까지 속도수두를 감소시키고, 압력수두를 증가시키는 역할을 하는 것으로 벌류트(volute) 펌프에 해당하고 안내깃에 의하여 일으키는 것이 터빈(turbine) 펌프이다.

**30.** 용접장치에서 토치에 대한 설명으로 틀린 것은?

① 아세틸렌 토치의 사용압력은 0.1 MPa 이상에서 사용한다.
② 가변압식 토치를 프랑스식이라 한다.
③ 불변압식 토치는 니들밸브가 없는 것으로 독일식이라 한다.
④ 팁의 크기는 용접할 수 있는 판 두께에 따라 선정한다.

[해설] 아세틸렌 토치의 사용압력은 0.007~0.1 MPa 범위에서 사용한다.

**31.** 고압가스 용기의 안전밸브 중 밸브 부근의 온도가 일정 온도를 넘으면 퓨즈 메탈이 녹아 가스를 전부 방출시키는 방식은?

① 가용전식   ② 스프링식
③ 파열판식   ④ 수동식

[해설] • 고압가스 용기 안전밸브 종류
㉮ 스프링식 : 기상부에 설치하여 스프링의 힘보다 용기내부의 압력이 클 때 밸브시트가 열려 내부의 압력을 배출하며 일반적으로 액화가스 용기에 사용한다.
㉯ 파열판식 : 얇은 평판 또는 돔 모양의 원판 주위를 고정하여 용기나 설비에 설치하며, 구조가 간단하며 취급, 점검이 용이하다. 일반적으로 압축가스 용기에 사용한다.
㉰ 가용전식 : 용기의 온도가 일정온도 이상이 되면 용전이 녹아 내부의 가스를 모두 배출하며 가용전의 재료는 구리, 주석, 납, 안티몬 등이 사용된다. 아세틸렌 용기, 염소 용기 등에 사용한다.

**32.** 정압기의 이상감압에 대처할 수 있는 방법이 아닌 것은?

① 필터 설치
② 정압기 2계열 설치
③ 저압배관의 loop화
④ 2차측 압력 감시장치 설치

[해설] • 정압기의 이상감압에 대처할 수 있는 방법
㉮ 저압배관의 루프(loop)화
㉯ 2차측 압력 감시장치 설치
㉰ 정압기 2계열 설치

**33.** 도시가스의 저압공급방식에 대한 설명으로 틀린 것은?

① 수요량의 변동과 거리에 무관하게 공급압력이 일정하다.
② 압송비용이 저렴하거나 불필요하다.
③ 일반수용가를 대상으로 하는 방식이다.
④ 공급계통이 간단하므로 유지관리가 쉽다.

[해설] • 저압공급방식의 특징
㉮ 직접 수용가의 사용압력으로 공급하는 방식이다.
㉯ 공급량이 적고 공급구역이 좁은 경우에 적합하다.
㉰ 압송비용이 저렴하거나 불필요하다.
㉱ 공급계통이 간단하므로 유지관리가 쉽다.
㉲ 수요량의 변동에 따라 공급압력이 일정하지 않다.

정답  29. ①  30. ①  31. ①  32. ①  33. ①

### 34. 액화암모니아 용기의 도색 색깔로 옳은 것은?

① 밝은 회색  ② 황색
③ 주황색    ④ 백색

[해설] • 가스 종류별 용기 도색

| 가스 종류 | 용기 도색 | |
|---|---|---|
| | 공업용 | 의료용 |
| 산소 ($O_2$) | 녹색 | 백색 |
| 수소 ($H_2$) | 주황색 | – |
| 액화탄산가스 ($CO_2$) | 청색 | 회색 |
| 액화석유가스 | 밝은 회색 | – |
| 아세틸렌 ($C_2H_2$) | 황색 | – |
| 암모니아 ($NH_3$) | 백색 | – |
| 액화염소 ($Cl_2$) | 갈색 | – |
| 질소 ($N_2$) | 회색 | 흑색 |
| 아산화질소 ($N_2O$) | 회색 | 청색 |
| 헬륨 (He) | 회색 | 갈색 |
| 에틸렌 ($C_2H_4$) | 회색 | 자색 |
| 사이클로프로판 | 회색 | 주황색 |
| 기타의 가스 | 회색 | – |

### 35. 가스시설의 전기방식에 대한 설명으로 틀린 것은?

① 전기방식이란 강제배관 외면에 전류를 유입시켜 양극반응을 저지함으로써 배관의 전기적 부식을 방지하는 것을 말한다.
② 방식전류가 흐르는 상태에서 토양 중에 있는 방식전위는 포화황산동 기준전극으로 −0.85V 이하로 한다.
③ "희생양극법"이란 매설배관의 전위가 주위의 타 금속 구조물의 전위보다 높은 장소에서 매설배관과 주위의 타 금속구조물을 전기적으로 접속시켜 매설 배관에 유입된 누출전류를 전기회로적으로 복귀시키는 방법을 말한다.
④ "외부전원법"이란 외부직류 전원장치의 양극은 매설배관이 설치되어 있는 토양에 접속하고, 음극은 매설배관에 접속시켜 부식을 방지하는 방법을 말한다.

[해설] • 희생양극법 : 지중 또는 수중에 설치된 양극금속과 매설배관을 전선으로 연결해 양극금속과 매설배관 사이의 전지작용으로 부식을 방지하는 방법이다.
※ ③항은 배류법에 대한 설명이다.

### 36. 특수강에 내식성, 내열성 및 자경성을 부여하기 위하여 주로 첨가하는 원소는?

① 니켈    ② 크롬
③ 몰리브덴  ④ 망간

[해설] • 크롬(Cr)의 영향 : 내식성, 내열성을 증가시키며 탄화물의 생성을 용이하게 하여 내마모성을 증가시킨다.
[참고] • 자경성(自硬性 : self hardening) : 담금질 온도에서 대기 중에 방랭하는 것만으로도 마텐자이트 조직이 생성되어 단단해지는 성질로서 니켈(Ni), 크롬(Cr), 망간(Mn) 등이 함유된 특수강에서 나타난다.

### 37. 직경 5m 및 7m인 두 구형 가연성 고압가스 저장탱크가 유지해야 할 간격은?(단, 저장탱크에 물분무 장치는 설치되어 있지 않음)

① 1m 이상   ② 2m 이상
③ 3m 이상   ④ 4m 이상

[해설] • 저장탱크 상호간 유지거리
㉮ 지하매설 : 1m 이상
㉯ 지상 설치 : 두 저장탱크 최대지름을 합산한 길이의 4분의 1 이상에 해당하는 거리(4분의 1이 1m 미만인 경우 1m 이상의 거리)

$$\therefore L = \frac{D_1 + D_2}{4} = \frac{5+7}{4} = 3\,m$$

### 38. 그림은 가정용 LP가스 소비시설이다. $R_1$에 사용되는 조정기의 종류는?

정답  34. ④  35. ③  36. ②  37. ③  38. ①

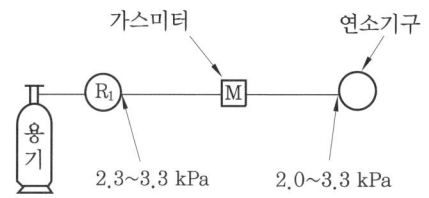

① 1단 감압식 저압조정기
② 1단 감압식 준저압조정기
③ 2단 감압식 1차용 조정기
④ 2단 감압식 2차용 조정기

[해설] 가정용 LP가스 소비시설에 설치되는 조정기는 1단 감압식 저압조정기를 사용한다.

**39.** 부식에 대한 설명으로 옳지 않은 것은?

① 혐기성 세균이 번식하는 토양 중의 부식속도는 매우 빠르다.
② 전식 부식은 주로 전철에 기인하는 미주 전류에 의한 부식이다.
③ 콘크리트와 흙이 접촉된 배관은 토양 중에서 부식을 일으킨다.
④ 배관이 점토나 모래에 매설된 경우 점토보다 모래중의 관이 더 부식되는 경향이 있다.

[해설] 배관이 점토나 모래에 매설된 경우 모래보다 점토중의 관이 더 부식되는 경향이 있다.

**40.** 공기액화 분리장치의 폭발원인과 대책에 대한 설명으로 옳지 않은 것은?

① 장치 내에 여과기를 설치하여 폭발을 방지한다.
② 압축기의 윤활유에는 안전한 물을 사용한다.
③ 공기 취입구에서 아세틸렌의 침입으로 폭발이 발생한다.
④ 질화화합물의 혼입으로 폭발이 발생한다.

[해설] (1) 공기액화 분리장치의 폭발원인
㉮ 공기 취입구로부터 아세틸렌의 혼입
㉯ 압축기용 윤활유 분해에 따른 탄화수소의 생성
㉰ 공기 중 질소화합물(NO, NO₂)의 혼입
㉱ 액체공기 중에 오존(O₃)의 혼입
(2) 공기액화 분리장치 폭발방지 대책
㉮ 장치 내 여과기를 설치한다.
㉯ 아세틸렌이 흡입되지 않는 장소에 공기 흡입구를 설치한다.
㉰ 양질의 압축기 윤활유를 사용한다.
㉱ 장치는 1년에 1회 정도 내부를 사염화탄소(CCl₄)를 사용하여 세척한다.

---

### 제 3 과목  가스안전관리

**41.** 소형저장탱크의 가스방출구의 위치를 지면에서 5 m 이상 또는 소형저장탱크 정상부로부터 2 m 이상 중 높은 위치에 설치하지 않아도 되는 경우는?

① 가스방출구의 위치를 건축물 개구부로부터 수평거리 0.5 m 이상 유지하는 경우
② 가스방출구의 위치를 연소기의 개구부 및 환기용 공기흡입구로부터 각각 1 m 이상 유지하는 경우
③ 가스방출구의 위치를 건축물 개구부로부터 수평거리 1 m 이상 유지하는 경우
④ 가스방출구의 위치를 건축물 연소기의 개구부 및 환기용 공기흡입구로부터 각각 1.2 m 이상 유지하는 경우

[해설] (1) 소형저장탱크 설치거리에 대한 경과조치(KGS FU432) : 2005년 3월 8일 이전에 허가검사 또는 기술검토를 받은 시설은 현재의 기준에 불구하고 다음 기준에 따른다.
㉮ 소형저장탱크의 안전밸브에는 가스방출관을 설치한다. 이 경우 가스방출구의 위치를 건축물 개구부로부터 수평거리 1m 이상, 연소기의 개구부 및 환기용 공기흡입구로부터 각각 1.5 m 이상 떨어지게 한 경우에는 지면에서 5m 이상 또는 소형저

장탱크 정상부로부터 2 m 이상 중 높은 위치에 설치하지 아니할 수 있다.
(2) 현재의 가스방출관 설치 기준[KGS FU432 2.8.1.8.1] : 가스방출관의 방출구는 건축물 밖에 화기가 없는 위치로서 지면으로부터 2.5m 이상 또는 소형저장탱크의 정상부로부터 1m 이상의 높이 중 높은 위치에 설치한다. 다만, 다음의 조건을 모두 충족하는 경우에는 가스방출관의 위치를 지면으로부터 2 m 이상 또는 소형저장탱크의 정상부로부터 50 cm 이상 높이 중 높은 위치에 설치할 수 있다.
㉮ 소형저장탱크의 저장능력(2개 이상의 소형저장탱크가 가스방출관을 같이 사용하는 경우에는 합산 저장능력)이 1톤 미만인 경우
㉯ 가스방출관 방출구의 수직 상방향 연장선으로부터 2 m 이내에 화기나 다른 건축물이 없는 경우

**42.** 다음은 고압가스를 제조하는 경우 품질검사에 대한 내용이다. ( ) 안에 들어갈 사항을 알맞게 나열한 것은?

> 산소, 아세틸렌 및 수소를 제조하는 자는 일정한 순도 이상의 품질유지를 위하여 ( ㉠ ) 이상 적절한 방법으로 품질검사를 하여 그 순도가 산소의 경우에는 ( ㉡ )%, 아세틸렌의 경우에는 ( ㉢ )%, 수소의 경우에는 ( ㉣ )% 이상이어야 하고 그 검사 결과를 기록할 것

① ㉠ 1일 1회, ㉡ 99.5, ㉢ 98, ㉣ 98.5
② ㉠ 1일 1회, ㉡ 99, ㉢ 98.5, ㉣ 98
③ ㉠ 1주 1회, ㉡ 99.5, ㉢ 98, ㉣ 98.5
④ ㉠ 1주 1회, ㉡ 99, ㉢ 98.5, ㉣ 98

[해설] (1) 품질검사 : 산소, 아세틸렌 및 수소를 제조하는 경우에는 1일 1회 이상 가스제조장에서 품질검사를 실시한다.
(2) 품질검사결과 판정기준
㉮ 산소는 구리·암모니아 시약을 사용한 오르사트법에 의한 시험결과 순도가 99.5 % 이상이고 용기 안의 가스충전압력이 35℃에서 11.8 MPa 이상으로 한다.
㉯ 아세틸렌은 발연황산 시약을 사용한 오르사트법 또는 브롬 시약을 사용한 뷰렛법에 의한 시험에서 순도가 98 % 이상이고, 질산은 시약을 사용한 정성시험에서 합격한 것으로 한다.
㉰ 수소는 피로갈롤 또는 하이드로설파이드 시약을 사용한 오르사트법에 의한 시험에서 순도가 98.5 % 이상이고, 용기 안의 가스충전압력이 35℃에서 11.8 MPa 이상의 것으로 한다.

**43.** 아세틸렌 품질 검사에 사용하는 시약으로 맞는 것은?
① 발연황산 시약
② 구리, 암모니아 시약
③ 피로갈롤 시약
④ 하이드로 설파이드 시약

[해설] • 품질검사 시약 및 검사법

| 구분 | 시약 | 검사법 |
|---|---|---|
| 산소 | 구리·암모니아 | 오르사트법 |
| 수소 | 피로갈롤, 하이드로설파이드 | 오르사트법 |
| 아세틸렌 | 발연황산 | 오르사트법 |
| | 브롬 시약 | 뷰렛법 |
| | 질산은 시약 | 정성시험 |

**44.** 저장탱크에 의한 액화석유가스 사용시설에서 배관이음부와 절연조치를 한 전선과의 이격거리는?
① 10 cm 이상
② 20 cm 이상
③ 30 cm 이상
④ 60 cm 이상

[해설] • 저장탱크에 의한 액화석유가스 사용시설에서 배관이음부와 유지거리 기준
㉮ 전기계량기, 전기개폐기 : 60 cm 이상
㉯ 전기점멸기, 전기접속기 : 15 cm 이상
〈15. 10. 2 개정〉

정답 42. ① 43. ① 44. ①

㉰ 절연조치를 하지 않은 전선, 단열조치를 하지 않은 굴뚝 : 15 cm 이상
㉱ 절연전선 : 10 cm 이상

## 45. 고압가스 사용상 주의할 점으로 옳지 않은 것은?

① 저장탱크의 내부압력이 외부압력보다 낮아짐에 따라 그 저장탱크가 파괴되는 것을 방지하기 위하여 긴급차단 장치를 설치한다.
② 가연성가스를 압축하는 압축기와 오토클레이브 사이의 배관에 역화방지장치를 설치해 두어야 한다.
③ 밸브, 배관, 압력게이지 등의 부착부로부터 누출(leakage) 여부를 비눗물, 검지기 및 검지액 등으로 점검한 후 작업을 시작해야 한다.
④ 각각의 독성에 적합한 방독마스크, 가급적이면 송기식 마스크, 공기 호흡기 및 보안경 등을 준비해 두어야 한다.

[해설] • 저장탱크 부압파괴 방지조치 : 가연성가스 저온저장탱크에는 그 저장탱크의 내부압력이 외부압력보다 낮아짐에 따라 그 저장탱크가 파괴되는 것을 방지하기 위하여 부압파괴방지설비를 설치한다.

## 46. 이동식 부탄연소기 및 접합용기(부탄캔) 폭발사고의 예방 대책이 아닌 것은?

① 이동식 부탄연소기보다 큰 과대 불판을 사용하지 않는다.
② 접합용기(부탄캔) 내 가스를 다 사용한 후에는 용기에 구멍을 내어 내부의 가스를 완전히 제거한 후 버린다.
③ 이동식 부탄연소기를 사용하여 음식물을 조리한 경우에는 조리 완료 후 이동식 부탄연소기의 용기 체결 홀더 밖으로 접합용기(부탄캔)를 분리한다.
④ 접합용기(부탄캔)는 스틸이므로 가스를 다 사용한 후에는 그대로 재활용 쓰레기통에 버린다.

[해설] 접합용기(부탄캔) 내 가스를 다 사용한 후에는 용기에 구멍을 내어 내부의 가스를 완전히 제거한 후에 재활용 쓰레기통에 분리수거한다.

## 47. 독성가스의 처리설비로서 1일 처리능력이 15000 m³인 저장시설과 21 m 이상 이격하지 않아도 되는 보호시설은?

① 학교
② 도서관
③ 수용능력이 15인 이상인 아동복지시설
④ 수용능력이 300인 이상인 교회

[해설] ㉮ 독성 및 가연성가스의 보호시설별 안전거리

| 저장능력 | 제1종 | 제2종 |
|---|---|---|
| 1만 이하 | 17 | 12 |
| 1만 초과 2만 이하 | 21 | 14 |
| 2만 초과 3만 이하 | 24 | 16 |
| 3만 초과 4만 이하 | 27 | 18 |
| 4만 초과 5만 이하 | 30 | 20 |
| 5만 초과 99만 이하 | 30 | 20 |
| 99만 초과 | 30 | 20 |

㉯ 제1종 보호시설인 아동복지시설 또는 장애인복지시설은 20명 이상 수용할 수 있는 건축물이다.

## 48. 고압호스 제조시설 설비가 아닌 것은?

① 공작기계
② 절단설비
③ 동력용 조립설비
④ 용접설비

[해설] • 일반용 고압고무호스 제조 기준
 (1) 제조설비

정답 45. ① 46. ④ 47. ③ 48. ④

㉮ 나사가공, 구멍가공 및 외경절삭이 가능한 공작기계
㉯ 금속 및 고압고무호스의 절단이 가능한 절단설비
㉰ 연결기구와 고압고무호스를 조립할 수 있는 동력용 조립설비, 작업공구 및 작업대

(2) 검사설비
㉮ 버니어캘리퍼스, 마이크로미터, 나사게이지 등 치수 측정 설비
㉯ 액화석유가스액 또는 도시가스 침적 설비
㉰ 염수분무시험설비
㉱ 내압시험설비
㉲ 기밀시험설비
㉳ 저온시험설비
㉴ 이탈력 시험설비

**49.** 차량에 고정된 탱크로 고압가스를 운반하는 차량의 운반기준으로 적합하지 않은 것은?
① 액화가스를 충전하는 탱크에는 그 내부에 방파판을 설치한다.
② 액화가스 중 가연성가스, 독성가스 또는 산소가 충전된 탱크에는 손상되지 아니하는 재료로 된 액면계를 사용한다.
③ 후부취출식 외의 저장탱크는 저장탱크 후면과 차량 뒷범퍼와의 수평거리가 20 cm 이상 유지하여야 한다.
④ 2개 이상의 탱크를 동일한 차량에 고정하여 운반하는 경우에는 탱크마다 탱크의 주밸브를 설치한다.

[해설] • 뒷범퍼와의 거리
㉮ 후부취출식 탱크 : 40 cm 이상
㉯ 후부취출식 탱크 외 : 30 cm 이상
㉰ 조작상자 : 20 cm 이상

**50.** 공기의 조성 중 질소, 산소, 아르곤, 탄산가스 이외의 비활성기체에서 함유량이 가장 많은 것은?
① 헬륨
② 크립톤
③ 제논
④ 네온

[해설] • 비활성기체(희가스)의 공기 중 조성 순위

| 순위 | 명칭 | 조성(체적 %) |
|---|---|---|
| 1 | 아르곤(Ar) | 0.93 |
| 2 | 네온(Ne) | 0.0018 |
| 3 | 헬륨(He) | 0.0005 |
| 4 | 크립톤(Kr) | 0.00011 |
| 5 | 크세논(Xe) | $9 \times 10^{-5}$ |
| 6 | 라돈(Rn) | — |

**51.** 가스레인지를 점화시키기 위하여 점화동작을 하였으나 점화가 이루어지지 않았다. 다음 중 조치방법으로 가장 거리가 먼 내용은?
① 가스용기 밸브 및 중간 밸브가 완전히 열렸는지 확인한다.
② 버너캡 및 버너보디를 바르게 조립한다.
③ 창문을 열어 환기시킨 다음 다시 점화동작을 한다.
④ 점화플러그 주위를 깨끗이 닦아준다.

[해설] 창문을 열어 환기시킨 다음 다시 점화동작을 하는 것은 점화동작 중 누설된 가스에 의한 폭발을 방지하기 위한 방법이다.

**52.** 고압가스 충전 용기의 운반 기준 중 운반책임자가 동승하지 않아도 되는 경우는?
① 가연성 압축가스 400 m³을 차량에 적재하여 운반하는 경우
② 독성 압축가스 90 m³을 차량에 적재하여 운반하는 경우
③ 조연성 액화가스 6500 kg을 차량에 적재하여 운반하는 경우
④ 독성 액화가스 1200 kg을 차량에 적재하여 운반하는 경우

[해설] • 운반책임자 동승 기준
㉮ 비독성 고압가스

| 가스의 종류 | | 기준 |
|---|---|---|
| 압축 가스 | 가연성 | 300 m³ 이상 |
| | 조연성 | 600 m³ 이상 |
| 액화 가스 | 가연성 | 3000 kg 이상 (에어졸 용기 : 2000 kg 이상) |
| | 조연성 | 6000 kg 이상 |

㉯ 독성 고압가스

| 가스의 종류 | 허용농도 | 기준 |
|---|---|---|
| 압축 가스 | 100만분의 200 이하 | 10 m³ 이상 |
| | 100만분의 200 초과 100만분의 5000 이하 | 100 m³ 이상 |
| 액화 가스 | 100만분의 200 이하 | 100 kg 이상 |
| | 100만분의 200 초과 100만분의 5000 이하 | 1000 kg 이상 |

※ 독성가스의 허용농도가 100만분의 200 초과 100만분의 5000 이하인 경우 운반책임자가 동승하지 않아도 되지만 허용농도가 100만분의 200 이하인 경우에는 운반책임자가 동승하여야 한다.

**53.** 특정고압가스 사용시설기준 및 기술상 기준으로 옳은 것은?

① 산소의 저장설비 주위 20 m 이내에는 화기취급을 하지 말 것
② 사용시설은 당해설비의 작동상황을 연 1회 이상 점검할 것
③ 액화가스의 저장능력이 300 kg 이상인 고압가스설비에는 안전밸브를 설치할 것
④ 액화가스 저장량이 10 kg 이상인 용기 보관실의 벽은 방호벽으로 할 것

해설 각 항목의 옳은 내용
① 산소저장 설비 5 m 이내에는 화기를 취급하지 않는다.
② 사용시설은 1일 1회 이상 작동상황을 점검한다.
④ 고압가스 저장량이 300 kg(압축가스의 경우에는 1 m³를 5 kg으로 본다) 이상인 용기보관실 벽은 방호벽으로 설치한다.

**54.** 특정고압가스 사용시설의 기준에 대한 설명 중 옳은 것은?

① 산소 저장설비 주위 8 m 이내에는 화기를 취급하지 않는다.
② 고압가스 설비는 상용압력 2.5배 이상의 내압시험에 합격한 것을 사용한다.
③ 독성가스 감압 설비와 당해 가스반응 설비 간의 배관에는 역류방지장치를 설치한다.
④ 액화가스 저장량이 100 kg 이상인 용기 보관실에는 방호벽을 설치한다.

해설 각 항목의 옳은 내용
① 산소 저장설비 주위 5 m 이내에는 화기를 취급하지 않는다.
② 고압가스 설비는 상용압력 1.5배 이상의 내압시험에 합격한 것이고, 상용압력 이상의 압력으로 기밀시험을 실시하여 이상이 없어야 한다.
④ 고압가스 저장량이 300 kg(압축가스의 경우에는 1 m³를 5 kg으로 본다) 이상인 용기 보관실 벽은 방호벽으로 설치한다.

**55.** 다음 액화가스 저장탱크 중 방류둑을 설치하여야 하는 것은?

① 저장능력이 5톤인 염소 저장탱크
② 저장능력이 8백톤인 산소 저장탱크
③ 저장능력이 5백톤인 수소 저장탱크
④ 저장능력이 9백톤인 프로판 저장탱크

해설 • 저장능력별 방류둑 설치 대상
(1) 고압가스 특정제조
㉮ 가연성가스 : 500톤 이상
㉯ 독성가스 : 5톤 이상
㉰ 액화산소 : 1000톤 이상

(2) 고압가스 일반제조
   ㉮ 가연성, 액화산소 : 1000톤 이상
   ㉯ 독성가스 : 5톤 이상
(3) 냉동제조 시설(독성가스 냉매 사용) : 수액기 내용적 10000 L 이상
(4) 액화석유가스 충전사업 : 1000톤 이상
(5) 도시가스
   ㉮ 가스도매사업 : 500톤 이상
   ㉯ 일반 도시가스사업 : 1000톤 이상

**56.** 고압가스 저장설비에 설치하는 긴급차단장치에 대한 설명으로 틀린 것은?
① 저장설비의 내부에 설치하여도 된다.
② 조작 버튼(button)은 저장설비에서 가장 가까운 곳에 설치한다.
③ 동력원(動力源)은 액압, 기압, 전기 또는 스프링으로 한다.
④ 간단하고 확실하며 신속히 차단되는 구조로 한다.

[해설] 긴급차단장치를 조작할 수 있는 위치는 해당 저장탱크로부터 5 m 이상 떨어진 곳(방류둑 등을 설치한 경우에는 그 외측)이고 액화가스가 대량유출 시에 대비하여 안전한 장소로 한다.

**57.** 1일 처리능력이 6만 m³인 가연성가스 저온저장탱크와 제2종 보호시설과의 안전거리의 기준은?
① 20.0 m    ② 21.2 m
③ 22.0 m    ④ 30.0 m

[해설] 가연성가스 저온저장탱크와 보호시설과의 안전거리(처리능력 5만 초과 99만 m³ 이하)
㉮ 제1종 보호시설 = $\frac{3}{25}\sqrt{X+10000}$
㉯ 제2종 보호시설 = $\frac{2}{25}\sqrt{X+10000}$
∴ 제2종 보호시설과의 안전거리 계산
안전거리 = $\frac{2}{25}\sqrt{X+10000}$

= $\frac{2}{25} \times \sqrt{60000+10000}$

= 21.166 m

**58.** 독성가스 누출을 대비하기 위하여 충전설비에 제해설비를 한다. 제해설비를 하지 않아도 되는 독성가스는?
① 아황산가스
② 암모니아
③ 염소
④ 사염화탄소

[해설] • 제독설비(제해설비)를 갖추어야 할 가스 : 포스겐, 황화수소, 시안화수소, 아황산가스, 산화에틸렌, 암모니아, 염소, 염화메탄

**59.** 공기액화 분리장치의 폭발원인이 아닌 것은?
① 이산화탄소와 수분제거
② 액체공기 중 오존의 혼입
③ 공기 취입구에서 아세틸렌 혼입
④ 윤활유 분해에 따른 탄화수소의 생성

[해설] • 공기액화 분리장치의 폭발원인
㉮ 공기 취입구로부터 아세틸렌의 혼입
㉯ 압축기용 윤활유 분해에 따른 탄화수소의 생성
㉰ 공기 중 질소 화합물(NO, NO₂)의 혼입
㉱ 액체공기 중에 오존(O₃)의 혼입
※ 공기액화 분리장치의 폭발방지 대책은 40번 해설을 참고한다.

**60.** 액화석유가스 판매사업소 용기보관실의 안전사항으로 틀린 것은?
① 용기는 2단 이상 쌓지 말 것
② 용기보관실 주위의 2 m 이내에는 인화성 및 가연성물질을 두지 말 것
③ 용기보관실 내에서 사용하는 손전등은 방폭형일 것
④ 용기보관실에는 계량기 등 작업에 필요한 물건 외에는 두지 말 것

[해설] • 용기보관실 유지관리 기준
㉮ 용기보관실 주위의 2 m(우회거리) 이내에는 화기취급을 하거나 인화성물질과 가연성물질을 두지 아니한다.
㉯ 용기보관실에서 사용하는 휴대용 손전등은 방폭형으로 한다.
㉰ 용기보관실에는 계량기 등 작업에 필요한 물건 외에는 두지 아니한다.
㉱ 용기는 2단 이상으로 쌓지 아니한다. 다만, 내용적 30 L 미만의 용접용기는 2단으로 쌓을 수 있다.

| 검지가스 | 시험지 | 반응(변색) |
|---|---|---|
| 암모니아($NH_3$) | 적색리트머스지 | 청색 |
| 염소($Cl_2$) | KI 전분지 | 청갈색 |
| 포스겐($COCl_2$) | 해리슨시험지 | 유자색 |
| 시안화수소(HCN) | 초산벤젠지 | 청색 |
| 일산화탄소(CO) | 염화팔라듐지 | 흑색 |
| 황화수소($H_2S$) | 연당지 | 회흑색 |
| 아세틸렌($C_2H_2$) | 염화제1구리착염지 | 적갈색(적색) |

## 제 4 과목  가스계측

**61.** 표준전구의 필라멘트 휘도와 복사에너지의 휘도를 비교하여 온도를 측정하는 온도계는?
① 광고온도계
② 복사온도계
③ 색온도계
④ 서미스터(thermister)

[해설] • 광고온도계 : 측정대상 물체에서 빙사되는 빛과 표준전구에서 나오는 필라멘트의 휘도를 같게 하여 표준전구의 전류 또는 저항을 측정하여 온도를 측정하는 것으로 비접촉식 온도계이다.

**62.** 일산화탄소 검지 시 흑색반응을 나타내는 시험지는?
① KI 전분지
② 연당지
③ 해리슨 시약
④ 염화팔라듐지

[해설] • 가스검지 시험지법

**63.** 가스분석법 중 흡수분석법에 해당하지 않는 것은?
① 헴펠법
② 산화구리법
③ 오르사트법
④ 게겔법

[해설] • 흡수분석법 : 채취된 가스를 분석기 내부의 성분 흡수제에 흡수시켜 체적변화를 측정하는 방식으로 오르사트(Orsat)법, 헴펠(Hempel)법, 게겔(Gockel)법 등이 있다.

**64.** 정밀도(precision degree)에 대한 설명 중 옳은 것은?
① 산포가 큰 측정은 정밀도가 높다.
② 산포가 적은 측정은 정밀도가 높다.
③ 오차가 큰 측정은 정밀도가 높다.
④ 오차가 적은 측정은 정밀도가 높다.

[해설] • 정밀도 : 같은 계기로서 같은 양을 몇 번이고 반복하여 측정하면 측정값은 흩어진다. 이 흩어짐(산포)이 적은 측정이 정밀도가 높다.

**65.** 가연성가스 검출기의 종류가 아닌 것은?
① 안전등형
② 간섭계형
③ 광조사형
④ 열선형

[해설] • 가연성가스 검출기 종류(형식) : 안전등형, 간섭계형, 열선형(열전도식, 접촉연소식), 반도체식

정답  61. ①  62. ④  63. ②  64. ②  65. ③

**66.** 액면계의 구비조건으로 틀린 것은?
① 내식성이 있을 것
② 고온, 고압에 견딜 것
③ 구조가 복잡하더라도 조작은 용이할 것
④ 지시, 기록 또는 원격 측정이 가능할 것

[해설] • 액면계의 구비조건
  ㉮ 온도 및 압력에 견딜 수 있을 것
  ㉯ 연속 측정이 가능할 것
  ㉰ 지시 기록의 원격 측정이 가능할 것
  ㉱ 구조가 간단하고 수리가 용이할 것
  ㉲ 내식성이 있고 수명이 길 것
  ㉳ 자동제어 장치에 적용이 용이할 것

**67.** 어느 가정에 설치된 가스미터의 기차를 검사하기 위해 계량기의 지시량을 보니 100 m³이었다. 다시 기준기로 측정하였더니 95 m³이었다면 기차는 약 몇 %인가?
① 0.05      ② 0.95
③ 5          ④ 95

[해설] $E = \dfrac{I-Q}{I} \times 100$
$= \dfrac{100-95}{100} \times 100 = 5\,\%$

**68.** Roots 가스미터에 대한 설명으로 옳지 않은 것은?
① 설치 공간이 적다.
② 대유량 가스 측정에 적합하다.
③ 중압가스의 계량이 가능하다.
④ 스트레이너의 설치가 필요 없다.

[해설] • 루트(roots)형 가스미터의 특징
  ㉮ 대유량 가스 측정에 적합하다.
  ㉯ 중압가스의 계량이 가능하다.
  ㉰ 설치면적이 적고, 연속흐름으로 맥동현상이 없다.
  ㉱ 여과기의 설치 및 설치 후의 유지관리가 필요하다.
  ㉲ 0.5 m³/h 이하의 적은 유량에는 부동의 우려가 있다.
  ㉳ 용량 범위가 100~5000 m³/h로 대량 수용가에 사용된다.

**69.** 국제단위계(SI단위) 중 압력단위에 해당되는 것은?
① Pa          ② bar
③ atm         ④ kgf/cm²

[해설] • SI단위 중 압력단위 : 파스칼(Pa), kPa, MPa

**70.** 가스분석계 중 화학반응을 이용한 측정 방법은?
① 연소열법
② 열전도율법
③ 적외선 흡수법
④ 가시광선 분광광도법

[해설] • 분석계의 종류
 (1) 화학적 가스 분석계
  ㉮ 연소열을 이용한 것
  ㉯ 용액 흡수제를 이용한 것
  ㉰ 고체 흡수제를 이용한 것
 (2) 물리적 가스 분석계
  ㉮ 가스의 열전도율을 이용한 것
  ㉯ 가스의 밀도, 점도차를 이용한 것
  ㉰ 빛의 간섭을 이용한 것
  ㉱ 전기전도도를 이용한 것
  ㉲ 가스의 자기적 성질을 이용한 것
  ㉳ 가스의 반응성을 이용한 것
  ㉴ 적외선 흡수를 이용한 것

**71.** 오리피스 유량계의 측정원리로 옳은 것은?
① 패닝의 법칙
② 베르누이의 원리
③ 아르키메데스의 원리
④ 하이젠-포아제의 원리

[해설] • 차압식 유량계
  ㉮ 측정원리 : 베르누이 방정식(원리)
  ㉯ 종류 : 오리피스미터, 플로 노즐, 벤투리 미터

㉰ 측정방법 : 조리개 전후에 연결된 액주계의 압력차를 이용하여 유량을 측정

**72.** 다음 [그림]과 같이 시차 액주계를 높이 $H$가 60 mm일 때 유속($V$)은 약 몇 m/s인가? (단, 비중 $\gamma$와 $\gamma'$는 1과 13.6이고, 속도계수는 1, 중력가속도는 9.8 m/s²이다.)

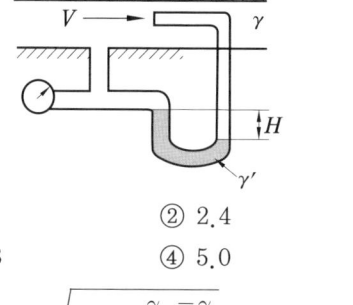

① 1.1  ② 2.4
③ 3.8  ④ 5.0

[해설] $V = C\sqrt{2gH \times \dfrac{\gamma_m - \gamma}{\gamma}}$

$= 1 \times \sqrt{2 \times 9.8 \times 60 \times 10^{-3} \times \dfrac{13.6 \times 10^3 - 1000}{1000}}$

$= 3.849 \text{ m/s}$

**73.** 일반적인 계측기기의 구조에 해당하지 않는 것은?

① 검출부  ② 보상부
③ 전달부  ④ 수신부

[해설] • 계측기기의 구성
㉮ 검출부 : 검출된 정보를 전달부나 수신부에 전달하기 위하여 신호로 변환하는 부분
㉯ 전달부 : 검출부에서 입력된 신호를 수신부에 전달하는 신호로 변환하거나 크기를 바꾸는 역할을 하는 부분
㉰ 수신부 : 검출부나 전달부의 출력신호를 받아 지시, 기록, 경보를 하는 부분

**74.** 건습구 습도계에서 습도를 정확히 하려면 얼마 정도의 통풍속도가 가장 적당한가?

① 3~5 m/s  ② 5~10 m/s
③ 10~15 m/s  ④ 30~50 m/s

[해설] 건습구 습도계에서 정확한 습도를 측정하기 위하여 3~5 m/s 정도의 통풍(바람)이 필요하다.

**75.** 차압식 유량계의 교축기구로 사용되지 않는 것은?

① 오리피스  ② 피스톤
③ 플로노즐  ④ 벤투리

[해설] • 차압식 유량계의 교축기구
㉮ 오리피스미터 : orifice plate(오리피스 플레이트)
㉯ 플로노즐 : nozzle(노즐)
㉰ 벤투리미터 : venturi nozzle(벤투리 노즐)

**76.** dial gauge는 다음 중 어느 측정 방법에 속하는가?

① 비교측정  ② 절대측정
③ 간접측정  ④ 직접측정

[해설] • 비교측정 : 측정되는 양을 이것과 같은 종류의 기준량과 비교하여 측정하는 방법으로 기준량인 블록게이지와 제품을 측정하는 다이얼 게이지(dial gauge)로 비교하여 그 차이를 읽을 수 있는 측정법이다.
[참고] • 다이얼 게이지 : 스핀들의 직선변위를 래크와 피니언에 의해 회전변위로 바꾸고 이것을 기어로 확대하여 회전바늘 운동으로 변환시켜 원형눈금에 지시하도록 한 측정기로 정반에 블록게이지를 이용하여 높이 등을 측정하는 비교측정기이다.

**77.** 다음 중 막식 가스미터는?

① 클로버식  ② 루트식
③ 오리피스식  ④ 터빈식

[해설] • 가스미터의 분류
(1) 실측식
㉮ 건식 : 막식형(독립내기식, 클로버식)
㉯ 회전식 : 루트형, 오벌식, 로터리피스톤식
㉰ 습식
(2) 추량식 : 델타식, 터빈식, 오리피스식, 벤투리식

72. ③   73. ②   74. ①   75. ②   76. ①   77. ①

**78.** 다음 [그림]은 불꽃이온화 검출기(FID)의 구조를 나타낸 것이다. ㉮~㉱의 명칭으로 부적당한 것은?

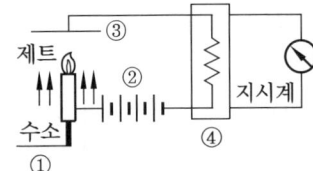

① ㉮ 시료가스   ② ㉯ 직류전압
③ ㉰ 전극       ④ ㉱ 가열부

해설 • 각 부분의 명칭
㉮ 시료가스
㉯ 직류전압
㉰ 전극
㉱ 증폭부

**79.** 공정제어에서 비례미분(PD) 제어동작을 사용하는 주된 목적은?

① 안정도      ② 이득
③ 속응성      ④ 정상특성

해설 • PD 동작(비례 미분 동작) : 비례동작과 미분동작을 합한 것으로 제어의 안정성이 높고, 변화속도가 큰 곳에 크게 작용하지만 편차에 대한 직접적인 효과는 없다.

※ 속응성(速應性) : 자동 조정 체계가 설정값의 변동에 신속히 응답하는 성질로 동작속도, 응답속도를 특징짓는 과도 과정의 질 지표, 속응도, 교차 주파수, 통과 대역 따위에 따라 평가한다.

**80.** 다음 [보기]에서 설명하는 액주식 압력계의 종류는?

─〈보 기〉─
- 통풍계로도 사용한다.
- 정도가 0.01~0.05 mmH₂O로서 아주 좋다.
- 미세압 측정이 가능하다.
- 측정범위는 약 10~50 mmH₂O 정도이다.

① U자관 압력계
② 단관식 압력계
③ 경사관식 압력계
④ 링밸런스 압력계

해설 • 경사관식 압력계 : 수직관을 각도 $\theta$만큼 경사지게 부착하여 작은 압력을 정확하게 측정할 수 있어 실험실 등에서 사용한다.

## 2019년도 시행 문제

▶ 2019년 3월 3일 시행

| 자격종목 | 종목코드 | 시험시간 | 형 별 | 수험번호 | 성 명 |
|---|---|---|---|---|---|
| 가스 산업기사 | 2471 | 2시간 | A | | |

---

### 제 1 과목  연소공학

**1.** (CO₂)max는 어느 때의 값인가?
① 실제 공기량으로 연소시켰을 때
② 이론 공기량으로 연소시켰을 때
③ 과잉 공기량으로 연소시켰을 때
④ 부족 공기량으로 연소시켰을 때

[해설] • 이론 공기량으로 연소할 때 연소 가스량이 최소가 되므로 연소 가스 중 $CO_2$의 함유율은 최대가 된다.

[참고] • 배기가스 조성(%)으로부터 $(CO_2)$max 계산
㉮ 완전연소 시
$$CO_2 max = \frac{21\,CO_2}{21 - O_2} = m \cdot CO_2$$
㉯ 불완전연소 시
$$CO_2 max = \frac{21(CO_2 + CO)}{21 - O_2 + 0.395\,CO}$$

**2.** 배관 내 혼합가스의 한 점에서 착화되었을 때 연소파가 일정거리를 진행한 후 급격히 화염 전파속도가 증가되어 1000~3500 m/s 에 도달하는 경우가 있다. 이와 같은 현상을 무엇이라 하는가?
① 폭발(explosion)   ② 폭굉(detonation)
③ 충격(shock)      ④ 연소(combustion)

[해설] • 폭굉 : 가스 중의 음속보다도 화염 전파속도가 큰 경우로서 파면선단에 충격파라고 하는 압력파가 생겨 격렬한 파괴작용을 일으키는 현상

**3.** 폭굉을 일으킬 수 있는 기체가 파이프 내에 있을 때 폭굉 방지 및 방호에 대한 설명으로 틀린 것은?
① 파이프 라인에 오리피스 같은 장애물이 없도록 한다.
② 공정 라인에서 회전이 가능하면 가급적 완만한 회전을 이루도록 한다.
③ 파이프의 지름대 길이의 비는 가급적 작게 한다.
④ 파이프 라인에 장애물이 있는 곳은 관경을 축소한다.

[해설] 배관 지름(관경)이 작아지면 폭굉 유도거리가 짧아지므로 파이프 라인에 장애물이 있는 곳은 관경을 확대시킨다.

**4.** 동일 체적의 에탄, 에틸렌, 아세틸렌을 완전연소시킬 때 필요한 공기량의 비는?
① 3.5 : 3.0 : 2.5   ② 7.0 : 6.0 : 6.0
③ 4.0 : 3.0 : 5.0   ④ 6.0 : 6.5 : 5.0

[해설] • 각 가스의 완전연소 반응식
㉮ 에탄 : $C_2H_6 + 3.5O_2 \rightarrow 2CO_2 + 3H_2O$
㉯ 에틸렌 : $C_2H_4 + 3O_2 \rightarrow 2CO_2 + 2H_2O$
㉰ 아세틸렌 : $C_2H_2 + 2.5O_2 \rightarrow 2CO_2 + H_2O$
※ 체적 1Nm³를 완전연소시킬 때 필요한 공기량은 완전연소 반응식에서 산소의 몰 수와 같다.
∴ 공기량 비 = 3.5 : 3 : 2.5

**5.** 이상기체에 대한 설명 중 틀린 것은?
① 이상기체는 분자 상호 간의 인력을 무

---

정답   1. ②   2. ②   3. ④   4. ①   5. ④

시한다.
② 이상기체에 가까운 실제기체로는 H₂, He 등이 있다.
③ 이상기체는 분자 자신이 차지하는 부피를 무시한다.
④ 저온, 고압일수록 이상기체에 가까워진다.

[해설] • 이상기체의 성질
㉮ 보일-샤를의 법칙을 만족한다.
㉯ 아보가드로의 법칙에 따른다.
㉰ 내부에너지는 온도만의 함수이다.
㉱ 온도에 관계없이 비열비는 일정하다.
㉲ 기체의 분자력과 크기도 무시되며 분자 간의 충돌은 완전 탄성체이다.
㉳ 분자와 분자 사이의 거리가 매우 멀다.
㉴ 분자 사이의 인력이 없다.
㉵ 압축성 인자가 1이다.
※ 실제기체가 이상기체(완전 기체)에 가깝게 될 조건은 압력이 낮고(저압), 온도가 높을 때(고온)이다.

**6.** 가연물의 연소형태를 나타낸 것 중 틀린 것은?
① 금속분 - 표면연소
② 파라핀 - 증발연소
③ 목재 - 분해연소
④ 유황 - 확산연소

[해설] • 유황은 증발연소에 해당된다.

**7.** 층류 연소속도에 대한 설명으로 옳은 것은?
① 미연소 혼합기의 비열이 클수록 층류 연소속도는 크게 된다.
② 미연소 혼합기의 비중이 클수록 층류 연소속도는 크게 된다.
③ 미연소 혼합기의 분자량이 클수록 층류 연소속도는 크게 된다.
④ 미연소 혼합기의 열전도율이 클수록 층류 연소속도는 크게 된다.

[해설] • 층류 연소속도가 빨라지는 경우
㉮ 압력이 높을수록
㉯ 온도가 높을수록
㉰ 열전도율이 클수록
㉱ 분자량이 적을수록

**8.** 수소 가스의 공기 중 폭발범위로 가장 가까운 것은?
① 2.5~81 %   ② 3~80 %
③ 4.0~75 %   ④ 12.5~74 %

[해설] • 각 가스의 공기 중 폭발범위

| 명칭 | 폭발범위(%) |
|---|---|
| 아세틸렌($C_2H_2$) | 2.5~81 % |
| 산화에틸렌($C_2H_4O$) | 3~80 % |
| 수소($H_2$) | 4.0~75 % |
| 일산화탄소(CO) | 12.5~74 % |

**9.** 기체 연료 중 수소가 산소와 화합하여 물이 생성되는 경우에 있어 $H_2 : O_2 : H_2O$의 비례 관계는?
① 2 : 1 : 2   ② 1 : 1 : 2
③ 1 : 2 : 1   ④ 2 : 2 : 3

[해설] • 수소의 완전연소 반응식(또는 수소폭명기)
$2H_2 + O_2 \rightarrow 2H_2O + 136.6$ kcal
∴ $H_2 : O_2 : H_2O$의 비례 관계는 2 : 1 : 2이다.

**10.** 액체 연료가 공기 중에서 연소하는 현상은 다음 중 어느 것에 해당하는가?
① 증발연소   ② 확산연소
③ 분해연소   ④ 표면연소

[해설] • 증발연소 : 융점이 낮은 고체 연료가 액상으로 용융되어 발생한 가연성 증기 및 가연성 액체의 표면에서 기화되는 가연성 증기가 착화되어 화염을 형성하고, 이 화염의 온도에 의해 액체 표면이 가열되어 액체의 기화를 촉진시켜 연소를 계속하는 것으로 가솔린, 등유, 경유, 알코올, 양초 등이 이에 해당한다.

[정답] 6. ④  7. ④  8. ③  9. ①  10. ①

**11.** 기상폭발에 대한 설명으로 틀린 것은?

① 반응이 기상으로 일어난다.
② 폭발상태는 압력에너지의 축적상태에 따라 달라진다.
③ 반응에 의해 발생하는 열에너지는 반응기 내 압력상승의 요인이 된다.
④ 가연성 혼합기를 형성하면 혼합기의 양에 관계없이 압력파가 생겨 압력상승을 기인한다.

[해설] • 기상폭발 : 가연성 가스 또는 가연성 액체의 증기와 조연성 가스가 일정한 비율(폭발범위 내에 존재)로 혼합된 가스에 발화원에 의하여 착화되어 일어나는 폭발로 혼합가스의 폭발, 분해폭발, 분무폭발, 분진폭발 등이 있다. 발화원은 전기불꽃, 화염, 충격파, 열선 등이 해당된다.

**12.** 임계상태를 가장 올바르게 표현한 것은?

① 고체, 액체, 기체가 평형으로 존재하는 상태
② 순수한 물질이 평형에서 기체-액체로 존재할 수 있는 최고 온도 및 압력 상태
③ 액체상과 기체상이 공존할 수 있는 최소한의 한계상태
④ 기체를 일정한 온도에서 압축하면 밀도가 아주 작아져 액화가 되기 시작하는 상태

[해설] • 임계상태 : 포화수가 증발현상 없이 증기로 변화할 때(순수한 물질이 평형에서 기체-액체로 존재할 수 있는 때)의 상태로, 이 상태점을 임계점이라고 한다. 이때의 온도를 임계온도, 이때의 압력을 임계압력이라고 한다.

**13.** 에틸렌(Ethylene) $1\,m^3$를 완전연소시키는 데 필요한 산소의 양은 약 몇 $m^3$인가?

① 2.5   ② 3
③ 3.5   ④ 4

[해설] ㉮ 에틸렌($C_2H_4$)의 완전연소 반응식
$C_2H_4 + 3O_2 \rightarrow 2CO_2 + 2H_2O$

㉯ 이론 산소량($m^3$) 계산
$22.4\,m^3 : 3 \times 22.4\,m^3 = 1\,m^3 : x(O_2)\,m^3$
$\therefore x(O_2) = \dfrac{3 \times 22.4 \times 1}{22.4} = 3\,m^3$

**14.** 폭발에 관련된 가스의 성질에 대한 설명으로 틀린 것은?

① 폭발범위가 넓은 것은 위험하다.
② 압력이 높게 되면 일반적으로 폭발범위가 좁아진다.
③ 가스의 비중이 큰 것은 낮은 곳에 체류할 염려가 있다.
④ 연소속도가 빠를수록 위험하다.

[해설] • 가연성 가스는 일반적으로 압력이 증가하면 폭발범위는 넓어지나 일산화탄소(CO)와 수소($H_2$)는 압력이 증가하면 폭발범위는 좁아진다. 단, 수소는 압력이 10 atm 이상 되면 폭발범위가 다시 넓어진다.

**15.** 다음 중 연소속도에 영향을 미치지 않는 것은?

① 관의 단면적     ② 내염표면적
③ 염의 높이       ④ 관의 염경

[해설] • 연소속도 : 가연물과 산소와의 반응속도(분자 간의 충돌속도)를 말하는 것으로 관의 단면적, 내염표면적, 관의 염경 등이 영향을 준다.

**16.** 가스의 성질을 바르게 설명한 것은?

① 산소는 가연성이다.
② 일산화탄소는 불연성이다.
③ 수소는 불연성이다.
④ 산화에틸렌은 가연성이다.

[해설] • 각 가스의 성질

| 명칭 | 성질 |
|---|---|
| 산소($O_2$) | 조연성, 비독성 |
| 일산화탄소(CO) | 가연성, 독성 |
| 수소($H_2$) | 가연성, 비독성 |
| 산화에틸렌($C_2H_4O$) | 가연성, 독성 |

정답  11. ④  12. ②  13. ②  14. ②  15. ③  16. ④

**17.** 휘발유의 한 성분인 옥탄의 완전연소 반응식으로 옳은 것은?

① $C_8H_{18} + O_2 \rightarrow CO_2 + H_2O$
② $C_8H_{18} + 25O_2 \rightarrow CO_2 + 18H_2O$
③ $2C_8H_{18} + 25O_2 \rightarrow 16CO_2 + 18H_2O$
④ $2C_8H_{18} + O_2 \rightarrow 16CO_2 + H_2O$

[해설] (1) 탄화수소($C_mH_n$)의 완전연소 반응식
$$C_mH_n + (m + \frac{n}{4})O_2 \rightarrow mCO_2 + \frac{n}{2}H_2O$$
(2) 옥탄($C_8H_{18}$)의 완전연소 반응식
㉮ 1 mol 연소 : $C_8H_{18} + 12.5O_2 \rightarrow 8CO_2 + 9H_2O$
㉯ 2 mol 연소 : $2C_8H_{18} + 25O_2 \rightarrow 16CO_2 + 18H_2O$

**18.** 다음 탄화수소 연료 중 착화온도가 가장 높은 것은?

① 메탄　　② 가솔린
③ 프로판　④ 석탄

[해설] • 각 연료의 착화온도

| 연료 명칭 | 착화온도 |
|---|---|
| 메탄 | 632℃ |
| 가솔린 | 300~320℃ |
| 프로판 | 460~520℃ |
| 석탄(무연탄) | 440~500℃ |

**19.** 메탄 80 v%, 프로판 5 v%, 에탄 15 v%인 혼합가스의 공기 중 폭발하한계는 약 얼마인가?

① 2.1 %　② 3.3 %
③ 4.3 %　④ 5.1 %

[해설] ㉮ 각 가스의 공기 중 폭발범위

| 가스 명칭 | 폭발범위 |
|---|---|
| 메탄($CH_4$) | 5~15 % |
| 프로판($C_3H_8$) | 2.2~9.5 % |
| 에탄($C_2H_6$) | 3.0~12.4 % |

㉯ 혼합가스의 폭발하한계 계산
$\frac{100}{L} = \frac{V_1}{L_1} + \frac{V_2}{L_2} + \frac{V_3}{L_3}$ 에서

∴ $L = \dfrac{100}{\dfrac{V_1}{L_1} + \dfrac{V_2}{L_2} + \dfrac{V_3}{L_3}}$

$= \dfrac{100}{\dfrac{80}{5} + \dfrac{5}{2.2} + \dfrac{15}{3.0}} = 4.296\,\%$

**20.** 착화온도가 낮아지는 조건이 아닌 것은?

① 발열량이 높을수록
② 압력이 작을수록
③ 반응활성도가 클수록
④ 분자구조가 복잡할수록

[해설] • 착화온도가 낮아지는 조건
㉮ 압력이 높을 때
㉯ 발열량이 높을 때
㉰ 열전도율이 작을 때
㉱ 산소와 친화력이 클 때
㉲ 산소농도가 높을 때
㉳ 분자구조가 복잡할수록
㉴ 반응활성도가 클수록

---

## 제 2 과목　가스설비

**21.** 전기방식을 실시하고 있는 도시가스 매몰배관에 대하여 전위측정을 위한 기준전극으로 사용되고 있으며, 방식전위 기준으로 상한값 −0.85 V 이하를 사용하는 것은?

① 수소 기준전극
② 포화 황산동 기준전극
③ 염화은 기준전극
④ 칼로멜 기준전극

[해설] • 전기방식의 기준
㉮ 전기방식 전류가 흐르는 상태에서 토양 중에 있는 배관 등의 방식전위는 포화황산동 기준전극으로 −5 V 이상 −0.85 V 이하(황산염환원 박테리아가 번식하는 토양에서는 −0.95 V 이하)일 것

정답　17. ③　18. ①　19. ③　20. ②　21. ②

㉯ 전기방식 전류가 흐르는 상태에서 자연전위와의 전위변화가 최소한 -300 mV 이하일 것. 다만, 다른 금속과 접촉하는 배관 등은 제외한다.
㉰ 배관 등에 대한 전위측정은 가능한 가까운 위치에서 기준전극으로 실시할 것

**22.** 냉간가공과 열간가공을 구분하는 기준이 되는 온도는?

① 끓는 온도
② 상용 온도
③ 재결정 온도
④ 섭씨 0도

[해설] • 재결정 온도 : 금속재료를 적당한 시간 동안 가열하면 새로운 결정핵이 생기는데, 그 핵으로부터 새로운 결정입자가 형성될 때의 온도로 냉간가공과 열간가공을 구분하는 기준이 된다.

**23.** 냉동기의 성적(성능)계수를 $\epsilon_R$로 하고 열펌프의 성적계수를 $\epsilon_H$로 할 때 $\epsilon_R$과 $\epsilon_H$ 사이에는 어떠한 관계가 있는가?

① $\epsilon_R < \epsilon_H$
② $\epsilon_R = \epsilon_H$
③ $\epsilon_R > \epsilon_H$
④ $\epsilon_R > \epsilon_H$ 또는 $\epsilon_R < \epsilon_H$

[해설] ㉮ 냉동기의 성적계수
$$\epsilon_R = \frac{Q_2}{AW} = \frac{Q_2}{Q_1 - Q_2} = \frac{T_2}{T_1 - T_2}$$
㉯ 열펌프의 성적계수
$$\epsilon_H = \frac{Q_1}{AW} = \frac{Q_1}{Q_1 - Q_2} = \frac{T_1}{T_1 - T_2} = \epsilon_R + 1$$
∴ 열펌프의 성적계수는 냉동기의 성적계수보다 항상 크다.

**24.** 다층 진공 단열법에 대한 설명으로 틀린 것은?

① 고진공 단열법과 같은 두께의 단열재를 사용해도 단열효과가 더 우수하다.
② 최고의 단열성능을 얻기 위해서는 높은 진공도가 필요하다.
③ 단열층이 어느 정도의 압력에 잘 견딘다.
④ 저온부일수록 온도분포가 완만하여 불리하다.

[해설] • 다층 진공 단열법의 특징
㉮ 고진공 단열법과 큰 차이가 없는 50 mm의 두께로 고진공 단열법보다 좋은 효과를 얻을 수 있다.
㉯ 최고의 단열성능을 얻으려면 $10^{-5}$ torr 정도의 높은 진공도를 필요로 한다.
㉰ 단열층 내의 온도 분포가 복사 전열의 영향으로 저온부일수록 온도 분포가 급하다.
㉱ 단열층이 어느 정도 압력에 견디므로 내층의 지지력이 있다.

**25.** 1단 감압식 저압 조정기의 최대 폐쇄압력 성능은?

① 3.5 kPa 이하
② 5.5 kPa 이하
③ 95 kPa 이하
④ 조정압력의 1.25배 이하

[해설] • 일반용 LPG 1단 감압식 저압 조정기 압력

| 구분 | | 압력범위 |
|---|---|---|
| 입구 압력 | | 0.07~1.56 MPa |
| 조정 압력 | | 2.3~3.3 kPa |
| 내압시험 압력 | 입구 쪽 | 3 MPa 이상 |
| | 출구 쪽 | 0.3 MPa 이상 |
| 기밀시험 압력 | 입구 쪽 | 1.56 MPa 이상 |
| | 출구 쪽 | 5.5 kPa |
| 최대 폐쇄압력 | | 3.5 kPa 이하 |

[참고] • 일반용 LPG 압력 조정기 최대 폐쇄압력
㉮ 1단 감압식 저압 조정기, 2단 감압식 2차용 저압 조정기, 자동절체식 일체형 저압 조정기 : 3.5 kPa 이하
㉯ 2단 감압식 1차용 조정기 : 95.0 kPa 이하
㉰ 1단 감압식 준저압 조정기, 자동절체식 일체형 준저압 조정기, 그 밖의 압력 조정기 : 조정압력의 1.25배 이하

**26.** LPG 용기의 내압시험 압력은 얼마 이상이어야 하는가? (단, 최고 충전압력은 1.56 MPa이다.)

① 1.56 MPa   ② 2.08 MPa
③ 2.34 MPa   ④ 2.60 MPa

[해설] • 내압시험 압력 = 최고 충전압력 × $\frac{5}{3}$
$= 1.56 \times \frac{5}{3} = 2.6$ MPa

※ 풀이에 적용한 내압시험 압력은 "압축가스 및 저온용기에 충전하는 액화가스"의 기준을 적용한 것이다.

[참고] • 액화 프로판 용기의 내압시험 압력
㉮ 내용적이 500 L 이상인 용기로서 두께 50 mm 이상의 코르크로 피복되어 있는 것, 내용적 500 L 미만인 용기 : 2.5 MPa
㉯ 그 밖의 용기 : 2.9 MPa

**27.** LPG 충전소 내의 가스 사용시설 수리에 대한 설명으로 옳은 것은?

① 화기를 사용하는 경우에는 설비내부의 가연성 가스가 폭발하한계의 $\frac{1}{4}$ 이하인 것을 확인하고 수리한다.
② 충격에 의한 불꽃에 가스가 인화할 염려는 없다고 본다.
③ 내압이 완전히 빠져 있으면 화기를 사용해도 좋다.
④ 볼트를 조일 경우에는 한쪽만 잘 조이면 된다.

[해설] • 각 항목의 옳은 설명
② 충격에 의한 불꽃에 가스가 인화할 염려가 있으므로 베릴륨 합금으로 만든 공구를 사용한다.
③ 내압이 완전히 빠져 있어도 설비 내부의 가연성 가스가 폭발하한계의 $\frac{1}{4}$ 이하인 것을 확인하고 화기를 사용한다.
④ 볼트를 조일 경우에는 대각선 방향으로 양쪽을 조여준다.

**28.** 소형저장탱크에 대한 설명으로 틀린 것은?

① 옥외에 지상 설치식으로 설치한다.
② 소형저장탱크를 기초에 고정하는 방식은 화재 등의 경우에도 쉽게 분리되지 않는 것으로 한다.
③ 건축물이나 사람이 통행하는 구조물의 하부에 설치하지 아니한다.
④ 동일 장소에 설치하는 소형저장탱크의 수는 6기 이하로 한다.

[해설] • 소형저장탱크를 기초에 고정하는 방식은 화재 등의 경우 쉽게 분리될 수 있는 것으로 한다.

**29.** 냉동설비에 사용되는 냉매가스의 구비조건으로 틀린 것은?

① 안전성이 있어야 한다.
② 증기의 비체적이 커야 한다.
③ 증발열이 커야 한다.
④ 응고점이 낮아야 한다.

[해설] • 냉매의 구비조건
㉮ 응고점이 낮고 임계온도가 높으며 응축, 액화가 쉬울 것
㉯ 증발잠열이 크고 기체의 비체적이 적을 것
㉰ 오일과 냉매가 작용하여 냉동장치에 악영향을 미치지 않을 것
㉱ 화학적으로 안정하고 분해하지 않을 것
㉲ 금속에 대한 부식성 및 패킹재료에 악영향이 없을 것
㉳ 인화 및 폭발성이 없을 것
㉴ 인체에 무해할 것(비독성 가스일 것)
㉵ 액체의 비열은 작고, 기체의 비열은 클 것
㉶ 경제적일 것(가격이 저렴할 것)
㉷ 단위 냉동량당 소요 동력이 적을 것

**30.** 용기 내압시험 시 뷰렛의 용적은 300 mL이고 전증가량은 200 mL, 항구증가량은 15 mL일 때 이 용기의 항구증가율은?

① 5 %   ② 6 %
③ 7.5 %  ④ 8.5 %

**정답** 26. ④   27. ①   28. ②   29. ②   30. ③

[해설] 항구증가율(%) = $\frac{항구증가량}{전증가량} \times 100$
= $\frac{15}{200} \times 100 = 7.5\%$

**31.** 내진설계 시 지반의 분류는 몇 종류로 하고 있는가?

① 6  ② 5
③ 4  ④ 3

[해설] • 내진설계 시 지반의 분류 : 기반암의 깊이 ($H$)와 기반암 상부 토층의 평균 전단파속도 ($V_{s,soil}$)에 근거하여 6종류로 분류한다.

| 지반분류 | 호칭 |
|---|---|
| $S_1$ | 암반 지반 |
| $S_2$ | 얕고 단단한 지반 |
| $S_3$ | 얕고 연약한 지반 |
| $S_4$ | 깊고 단단한 지반 |
| $S_5$ | 깊고 연약한 지반 |
| $S_6$ | 부지 고유의 특성 평가 및 지반응답해석이 요구되는 지반 |

※ 기반암 : 전단파속도 760 m/s 이상을 나타내는 지층

**32.** LPG 저장탱크에 가스를 충전하려면 가스의 용량이 상용온도에서 저장탱크 내용적의 얼마를 초과하지 아니하여야 하는가?

① 95%  ② 90%
③ 85%  ④ 80%

[해설] • 액화석유가스 충전량
㉮ 저장탱크 : 내용적의 90%를 넘지 않도록 한다.
㉯ 소형저장탱크 : 내용적의 85%를 넘지 않도록 한다.

**33.** 고압 산소 용기로 가장 적합한 것은?

① 주강용기
② 이중 용접용기
③ 이음매 없는 용기
④ 접합용기

[해설] • 일반적인 고압가스 충전용기
㉮ 압축가스 : 이음매 없는 용기
㉯ 액화가스 : 용접용기

**34.** 산소 또는 불활성 가스 초저온 저장탱크의 경우에 한정하여 사용이 가능한 액면계는?

① 평형반사식 액면계
② 슬립튜브식 액면계
③ 환형유리제 액면계
④ 플로트식 액면계

[해설] • 액면계 설치 : 액화가스 저장탱크에는 액면계를 설치한다. 단, 산소 또는 불활성 가스의 초저온 저장탱크의 경우에 한정하여 환형유리제 액면계도 가능하다.

**35.** 고압가스 일반제조시설에서 고압가스설비의 내압시험 압력은 상용 압력의 몇 배 이상으로 하는가?

① 1  ② 1.1
③ 1.5  ④ 1.8

[해설] • 고압가스 설비의 시험 압력
㉮ 내압시험 압력 : 상용 압력의 1.5배(공기 등으로 하는 경우 상용 압력의 1.25배) 이상
㉯ 기밀시험 압력 : 상용 압력 이상

**36.** 유체가 흐르는 관의 지름이 입구 0.5 m, 출구 0.2 m이고, 입구 유속이 5 m/s라면 출구 유속은 약 몇 m/s인가?

① 21  ② 31
③ 41  ④ 51

[해설] $Q_1 = Q_2$이므로 $A_1 V_1 = A_2 V_2$이다.

∴ $V_2 = \frac{A_1}{A_2} V_1 = \frac{\frac{\pi}{4} \times 0.5^2}{\frac{\pi}{4} \times 0.2^2} \times 5 = 31.25 \text{ m/s}$

**37.** 압축기 실린더 내부 윤활유에 대한 설명으로 틀린 것은?

① 공기 압축기에는 광유(鑛油)를 사용한다.
② 산소 압축기에는 기계유를 사용한다.
③ 염소 압축기에는 진한 황산을 사용한다.
④ 아세틸렌 압축기에는 양질의 광유(鑛油)를 사용한다.

[해설] • 각종 가스 압축기의 윤활유
㉮ 산소 압축기 : 물 또는 묽은 글리세린 수
㉯ 공기 압축기, 수소 압축기, 아세틸렌 압축기 : 양질의 광유(디젤 엔진유)
㉰ 염소 압축기 : 진한 황산
㉱ LP 가스 압축기 : 식물성유
㉲ 이산화황(아황산가스) 압축기 : 화이트유, 정제된 용제 터빈유
㉳ 염화메탄(메틸 클로라이드) 압축기 : 화이트유

**38.** 저온장치에서 $CO_2$와 수분이 존재할 때 그 영향에 대한 설명으로 옳은 것은?

① $CO_2$는 저온에서 탄소와 산소로 분리된다.
② $CO_2$는 저온장치에서 촉매 역할을 한다.
③ $CO_2$는 가스로서 별로 영향을 주지 않는다.
④ $CO_2$는 드라이아이스가 되고 수분은 얼음이 되어 배관, 밸브를 막아 흐름을 저해한다.

[해설] • 저온장치에서 이산화탄소($CO_2$)는 드라이아이스(고체 탄산)가 되고, 수분은 얼음이 되어 밸브 및 배관을 폐쇄하므로 제거하여야 한다.

**39.** 알루미늄(Al)의 방식법이 아닌 것은?

① 수산법   ② 황산법
③ 크롬산법 ④ 메타인산법

[해설] • 알루미늄(Al)의 방식법 : 알루미늄 표면에 적당한 전해액 중에서 양극 산화처리하여 방식성이 우수하고 치밀한 산화피막이 만들어지도록 하는 방법이다.
㉮ 수산법 : 알루미늄 제품을 2% 수산용액에서 직류, 교류 또는 직류에 교류를 동시에 송전하여 표면에 단단하고 치밀한 산화피막을 만드는 방법이다.
㉯ 황산법 : 15~20% 황산액이 사용되며 농도가 낮은 경우 단단하고 투명한 피막이 형성되고, 일반적으로 많이 이용되는 방법이다.
㉰ 크롬산법 : 3%의 산화크롬($Cr_2O_3$) 수용액을 사용하며 전해액의 온도는 40℃ 정도로 유지시킨다. 크롬피막은 내마멸성은 적으나 내식성이 매우 크다.

**40.** 탄소강에 대한 설명으로 틀린 것은?

① 용도가 다양하다.
② 가공 변형이 쉽다.
③ 기계적 성질이 우수하다.
④ C의 양이 적은 것은 스프링, 공구강 등의 재료로 사용된다.

[해설] • 탄소강의 특징
㉮ 보통강이라 하며 철(Fe)과 탄소(C)를 주성분으로 하고 망간(Mn), 규소(Si), 인(P), 황(S), 기타 원소를 소량 함유하고 있다.
㉯ 기계적 성질이 우수하고 가공 변형이 쉬워 기계 재료로 가장 많이 사용되고 있다.
㉰ 탄소량이 증가하면 인장강도, 항복점, 경도가 증가하고(단, 0.9% 이상이 되면 반대로 감소한다.) 연신율, 충격치는 감소한다.
㉱ 탄소 함유량에 따라 저탄소강(0.3% 이하), 중탄소강(0.3~0.6%), 고탄소강(0.6% 이상)으로 분류한다.
㉲ 탄소 함유량 0.3% 이하의 것을 연강, 0.3% 이상의 것을 경강이라 한다.

### 제 3 과목   가스안전관리

**41.** 액화 프로판을 내용적이 4700 L인 차량에 고정된 탱크를 이용하여 운행 시 기준으로

정답  37. ②  38. ④  39. ④  40. ④  41. ①

적합한 것은? (단, 폭발방지장치가 설치되지 않았다.)

① 최대 저장량이 2000 kg이므로 운반책임자 동승이 필요 없다.
② 최대 저장량이 2000 kg이므로 운반책임자 동승이 필요하다.
③ 최대 저장량이 5000 kg이므로 200 km 이상 운행 시 운반책임자 동승이 필요하다.
④ 최대 저장량이 5000 kg이므로 운행거리에 관계없이 운반책임자 동승이 필요 없다.

**[해설]** ㉮ 저장량 계산

$$\therefore G = \frac{V}{C} = \frac{4700}{2.35} = 2000 \text{ kg}$$

㉯ 차량에 고정된 탱크의 운반책임자 동승 기준 : 운행하는 거리가 200 km를 초과하는 경우만 해당하고 폭발방지장치가 설치된 경우는 운반책임자를 동승시키지 아니할 수 있다.

| 구분 | 가스의 종류 | 기준 |
|---|---|---|
| 압축 가스 | 독성 가스 | 100 m³ 이상 |
| | 가연성 가스 | 300 m³ 이상 |
| | 조연성 가스 | 600 m³ 이상 |
| 액화 가스 | 독성 가스 | 1000 kg 이상 |
| | 가연성 가스 | 3000 kg 이상 |
| | 조연성 가스 | 6000 kg 이상 |

㉰ 판단 : 액화 가스 가연성 가스의 운반책임자 동승 기준이 3000 kg이지만 문제에서 제시된 차량에 고정된 탱크의 저장량은 2000 kg에 해당하므로 운반책임자 동승이 필요 없다.

**42.** 가연성 액화 가스 저장탱크에서 가스누출에 의해 화재가 발생했다. 다음 중 그 대책으로 가장 거리가 먼 것은?

① 즉각 송입 펌프를 정지시킨다.
② 소정의 방법으로 경보를 울린다.
③ 즉각 저조 내부의 액을 모두 플로우-다운(flow-down) 시킨다.
④ 살수 장치를 작동시켜 저장탱크를 냉각한다.

**[해설]** • 가스누출에 의한 화재가 발생한 경우이므로 저조(저장탱크) 내부의 액을 플로우-다운시키는 것보다는 누출되는 부분을 차단시켜야 한다.

**43.** 고압가스 저장시설에서 가스누출 사고가 발생하여 공기와 혼합하여 가연성, 독성 가스로 되었다면 누출된 가스는?

① 질소             ② 수소
③ 암모니아       ④ 아황산가스

**[해설]** • 각 가스의 성질

| 명칭 | 성질 |
|---|---|
| 질소(N₂) | 불연성, 비독성 |
| 수소(H₂) | 가연성, 비독성 |
| 암모니아(NH₃) | 가연성, 독성 |
| 아황산가스(SO₂) | 불연성, 독성 |

∴ 누출된 가연성, 독성 가스는 암모니아(NH₃)이다.

**44.** 가스사용시설에 상자콕 설치 시 예방 가능한 사고 유형으로 가장 옳은 것은?

① 연소기 과열 화재사고
② 연소기 폐가스 중독 질식사고
③ 연소기 호스 이탈 가스 누출사고
④ 연소기 소화안전장치 고장 가스 폭발사고

**[해설]** • 상자콕은 상자에 넣어 바닥, 벽 등에 설치하는 것으로 3.3 kPa 이하의 압력과 1.2 m³/h 이하의 표시유량에 사용하는 콕이다. 표시유량 이상의 가스량이 통과되었을 경우 가스유로를 차단하는 과류차단 안전기구가 설치되어 있으므로 예방 가능한 사고 유형은 연소기 호스가 이탈되었을 때 가스 누출사고가 해당된다.

**45.** LP 가스 용기를 제조하여 분체도료(폴리에

**정답** 42. ③   43. ③   44. ③   45. ③

스테르계) 도장을 하려 한다. 최소 도장 두께와 도장 횟수는?

① 25 $\mu m$, 1회 이상
② 25 $\mu m$, 2회 이상
③ 60 $\mu m$, 1회 이상
④ 60 $\mu m$, 2회 이상

[해설] • 고압가스용 용접용기(LPG 용기) 분체도료 도장 방법

| 구분 | 기준 |
|---|---|
| 도료 종류 | 폴리에스테르계 |
| 최소 도장 두께 | 60 $\mu m$ 이상 |
| 도장 횟수 | 1회 이상 |
| 건조 방법 | 당해 도료 제조업소에서 지정한 조건 |

**46.** 도시가스사업법상 배관 구분 시 사용되지 않는 것은?

① 본관  ② 사용자 공급관
③ 가정관  ④ 공급관

[해설] • 도시가스 배관의 종류
㉮ 배관 : 본관, 공급관, 내관
㉯ 본관 : 도시가스 제조사업소의 부지경계에서 정압기까지 이르는 배관
㉰ 공급관
 ㉠ 공동주택의 경우 정압기에서 가스 사용자가 구분하여 소유하거나 점유하는 건축물 외벽에 설치하는 계량기 전단밸브까지에 이르는 배관
 ㉡ 공동주택 외의 경우 정압기에서 가스 사용자가 소유하거나 점유하고 있는 토지의 경계까지 이르는 배관
 ㉢ 가스도매사업의 경우 정압기에서 일반도시가스사업자의 가스공급시설이나 대량 수요자의 가스사용시설까지 이르는 배관
㉱ 사용자 공급관 : ㉰항 ㉠의 공급관 중 가스 사용자가 소유하거나 점유하고 있는 토지의 경계에서 가스 사용자가 구분하여 소유하거나 점유하는 건축물 외벽에 설치된 계량기의 전단밸브(계량기가 건축물의 내부에 설치된 경우에는 그 건축물의 외벽)까지 이르는 배관
㉲ 내관 : 가스 사용자가 소유하거나 점유하고 있는 토지의 경계에서 연소기까지 이르는 배관

**47.** 포스핀($PH_3$)의 저장과 취급 시 주의사항에 대한 설명으로 가장 거리가 먼 것은?

① 환기가 양호한 곳에서 취급하고 용기는 40℃ 이하를 유지한다.
② 수분과의 접촉을 금지하고 정전기 발생 방지시설을 갖춘다.
③ 가연성이 매우 강하여 모든 발화원으로부터 격리한다.
④ 방독면을 비치하여 누출 시 착용한다.

[해설] • 포스핀($PH_3$)의 특징
㉮ 독성(TLV-TWA 0.3 ppm, LC50 20 ppm), 가연성의 무색의 불쾌한 냄새 혹은 생선 썩는 냄새가 있다.
㉯ 흡입 시 치명적일 가능성이 있다.
㉰ 다량 흡입 시 기침, 호흡곤란, 갈증, 메스꺼움, 구토, 위통, 설사 등의 통증, 한기, 졸도, 전신경련, 폐수종 등을 일으키고 사망에 도달한다.
㉱ 피부에 접촉하면 붉게 변색시키며 자국이 있고, 눈에 들어가면 충혈을 일으키며 자극이 있다.
㉲ 가연성 가스로 증발연소를 일으킬 수 있고, 공기에 노출되면 자연발화될 수도 있다.
※ 포스핀은 독성 가스이므로 누출되었을 때에는 독성가스 종류에 따라 구비하여야 하는 보호구를 착용하여야 한다.

[참고] 독성가스 종류에 따라 구비하는 보호구 종류
㉮ 공기 호흡기 또는 송기식 마스크(전면형)
㉯ 방독 마스크(농도에 따라 전면 고농도형, 중농도형, 저농도형 등)
㉰ 안전장갑 및 안전화
㉱ 보호복

**48.** 고압가스 특정설비 제조자의 수리범위에 해당되지 않는 것은?

정답 46. ③  47. ④  48. ④

① 단열재 교체
② 특정설비의 부품 교체
③ 특정설비의 부속품 교체 및 가공
④ 아세틸렌 용기 내의 다공질물 교체

[해설] • 특정설비 제조자의 수리범위
  ㉮ 특정설비 몸체의 용접
  ㉯ 특정설비의 부속품(그 부품을 포함)의 교체 및 가공
  ㉰ 단열재 교체
  ※ ④항 : 용기 제조자의 수리범위에 해당

**49.** 저장능력 18000 m³인 산소 저장시설은 전시장, 그 밖에 이와 유사한 시설로서 수용능력이 300인 이상인 건축물에 대하여 몇 m의 안전거리를 두어야 하는가?
① 12 m  ② 14 m
③ 16 m  ④ 18 m

[해설] • 산소 저장설비와 보호시설별 안전거리

| 저장능력(kg, m³) | 제1종 | 제2종 |
|---|---|---|
| 1만 이하 | 12 | 8 |
| 1만 초과 2만 이하 | 14 | 9 |
| 2만 초과 3만 이하 | 16 | 11 |
| 3만 초과 4만 이하 | 18 | 13 |
| 4만 초과 | 20 | 14 |

∴ 수용능력 300인 이상인 건축물은 제1종 보호시설에 해당하므로 안전거리는 14 m 이상을 유지하여야 한다.

**50.** 고압가스 용기의 파열사고 주 원인은 용기의 내압력(耐壓力) 부족에 기인한다. 내압력 부족의 원인으로 가장 거리가 먼 것은?
① 용기 내벽의 부식
② 강재의 피로
③ 적정 충전
④ 용접 불량

[해설] • 용기의 내압력(耐壓力) 부족 원인
 ㉮ 용기 재료의 불균일
 ㉯ 용기 내벽의 부식
 ㉰ 강재의 피로
 ㉱ 용접 부분의 불량
 ㉲ 용기 자체의 결함
 ㉳ 낙하, 충돌 등으로 용기에 가해지는 충격
 ㉴ 용기에 절단 및 구멍 등을 가공
 ㉵ 검사받지 않은 용기 사용

**51.** 고압가스 용기(공업용)의 외면에 도색하는 가스 종류별 색상이 바르게 짝지어진 것은?
① 수소 – 갈색
② 액화염소 – 황색
③ 아세틸렌 – 밝은 회색
④ 액화암모니아 – 백색

[해설] • 가스 종류별 용기 도색

| 가스 종류 | 용기 도색 | |
|---|---|---|
| | 공업용 | 의료용 |
| 산소 ($O_2$) | 녹색 | 백색 |
| 수소 ($H_2$) | 주황색 | – |
| 액화탄산가스 ($CO_2$) | 청색 | 회색 |
| 액화석유가스 | 회색 | – |
| 아세틸렌 ($C_2H_2$) | 황색 | – |
| 암모니아 ($NH_3$) | 백색 | – |
| 액화염소 ($Cl_2$) | 갈색 | – |
| 질소 ($N_2$) | 회색 | 흑색 |
| 아산화질소 ($N_2O$) | 회색 | 청색 |
| 헬륨 (He) | 회색 | 갈색 |
| 에틸렌 ($C_2H_4$) | 회색 | 자색 |
| 사이클로프로판 | 회색 | 주황색 |
| 기타의 가스 | 회색 | – |

**52.** 산소, 수소 및 아세틸렌의 품질검사에서 순도는 각각 얼마 이상이어야 하는가?
① 산소 : 99.5%, 수소 : 98.0%, 아세틸렌 : 98.5%
② 산소 : 99.5%, 수소 : 98.5%, 아세틸렌 : 98.0%
③ 산소 : 98.0%, 수소 : 99.5%, 아세틸렌 :

**정답** 49. ② 50. ③ 51. ④ 52. ②

98.5 %
④ 산소 : 98.5 %, 수소 : 99.5 %, 아세틸렌 : 98.0 %

[해설] ㉮ 품질검사 기준

| 구분 | 시약 | 검사법 | 순도 |
|---|---|---|---|
| 산소 | 구리, 암모니아 | 오르사트법 | 99.5 % 이상 |
| 수소 | 피로갈롤, 하이드로설파이드 | 오르사트법 | 98.5 % 이상 |
| 아세틸렌 | 발연 황산 | 오르사트법 | 98 % 이상 |
| | 브롬 | 뷰렛법 | |
| | 질산은 | 정성 시험 | |

㉯ 1일 1회 이상 가스제조장에서 안전관리 책임자가 실시, 안전관리 부총괄자와 안전관리 책임자가 확인 서명

**53.** 액화석유가스의 안전관리 및 사업법에 의한 액화석유가스의 주성분에 해당되지 않는 것은?
① 액화된 프로판  ② 액화된 부탄
③ 기화된 프로판  ④ 기화된 메탄

[해설] • 액화석유가스(액법 제2조) : 프로판이나 부탄을 주성분으로 한 가스를 액화한 것(기화된 것을 포함)을 말한다.

**54.** 액화석유가스 집단공급사업 허가 대상인 것은?
① 70개소 미만의 수요자에게 공급하는 경우
② 전체 수용 가구 수가 100세대 미만인 공동주택의 단지 내인 경우
③ 시장 또는 군수가 집단공급사업에 의한 공급이 곤란하다고 인정하는 공동주택단지에 공급하는 경우
④ 고용주가 종업원의 후생을 위하여 사원주택, 기숙사 등에게 직접 공급하는 경우

[해설] (1) LPG 집단공급사업 허가 대상 : 액법 시행령 제3조
㉮ 70개소 이상의 수요자(공동주택단지의 경우에는 전체 가구 수가 70가구 이상인 경우를 말한다)
㉯ 70개소 미만의 수요자로서 산업통상자원부령으로 정하는 수요자
㉠ 저장능력이 1톤을 초과하는 액화석유가스 공동저장시설을 설치할 것
㉡ 공동저장시설에서 도로 또는 타인의 토지에 매설된 배관을 통하여 액화석유가스를 공급받을 것
(2) 집단공급사업 허가 제외대상 : 액법 시행규칙 제5조
㉮ 시장, 군수, 구청장이 집단공급사업으로 공급이 곤란하다고 인정하는 공동주택단지에 공급하는 경우
㉯ 고용주가 종업원의 후생을 위하여 사원주택, 기숙사 등에 직접 공급하는 경우
㉰ 자치관리를 하는 공동주택의 관리주체가 입주자 등에게 직접 공급하는 경우
㉱ 관광진흥법에 따른 휴양 콘도미니엄 사업자가 그 시설을 통하여 이용자에게 직접 공급하는 경우

**55.** 다음 〈보기〉에서 고압가스 제조설비의 사용 개시 전 점검사항을 모두 나열한 것은?

〈보 기〉
㉠ 가스설비에 있는 내용물의 상황
㉡ 전기, 물 등 유틸리티 시설의 준비상황
㉢ 비상전력 등의 준비사항
㉣ 회전 기계의 윤활유 보급상황

① ㉠, ㉢  ② ㉡, ㉢
③ ㉠, ㉡, ㉢  ④ ㉠, ㉡, ㉢, ㉣

[해설] • 고압가스 제조설비의 사용 개시 전 점검사항
㉮ 가스설비에 있는 내용물의 상황
㉯ 계기류 및 인터로크, 긴급용 시퀀스, 경보 및 자동제어장치의 기능
㉰ 긴급차단 및 긴급방출장치, 통신설비, 제어설비, 정전기방지 및 제거설비, 그 밖에 안전설비의 기능
㉱ 각 배관계통에 부착된 밸브 등의 개폐상황 및 맹판의 탈착, 부착 상황

정답 53. ④  54. ②  55. ④

㉤ 회전 기계의 윤활유 보급상황 및 회전 구동상황
㉥ 가스설비의 전반적인 누출 유무
㉦ 가연성 가스 및 독성 가스가 체류하기 쉬운 곳의 해당 가스 농도
㉧ 전기, 물, 증기, 공기 등 유틸리티시설의 준비상황
㉨ 안전용 불활성 가스 등의 준비상황
㉩ 비상전력 등의 준비상황
㉪ 그 밖에 필요한 사항의 이상 유무

**56.** 시안화수소를 저장하는 때에는 1일 1회 이상 다음 중 무엇으로 가스의 누출검사를 실시하는가?
① 질산구리벤젠지
② 묽은 질산은 용액
③ 묽은 황산 용액
④ 염화팔라듐지

[해설] • 시안화수소를 충전한 용기는 충전 후 24시간 정치하고, 그 후 1일 1회 이상 질산구리벤젠 등의 시험지로 가스의 누출검사를 한다.

**57.** 고압가스 특정제조시설에서 고압가스 설비의 수리 등을 할 때의 가스 치환에 대한 설명으로 옳은 것은?
① 가연성 가스의 경우 가스의 농도가 폭발하한계의 $\frac{1}{2}$에 도달할 때까지 치환한다.
② 가스 치환 시 농도의 확인은 관능법에 따른다.
③ 불활성 가스의 경우 산소의 농도가 16 % 이하에 도달할 때까지 공기로 치환한다.
④ 독성 가스의 경우 독성 가스 농도가 TLV-TWA 기준 농도 이하로 될 때까지 치환을 계속한다.

[해설] • 각 항목의 옳은 내용
① 가연성 가스의 경우 가스의 농도가 폭발하한계의 $\frac{1}{4}$에 도달할 때까지 치환한다.
② 가스 치환 시 농도 확인은 가스검지기, 그 밖에 해당 가스 농도 식별에 적합한 분석방법으로 한다.
③ 산소 설비의 경우 산소 측정기 등으로 치환결과를 수시 측정하여 산소 농도가 22 % 이하로 될 때까지 치환을 계속한다.
※ 불연성 가스 설비에 대하여는 치환작업을 생략할 수 있다.

**58.** 일반도시가스사업 제조소의 가스홀더 및 가스발생기는 그 외면으로부터 사업장의 경계까지 최고 사용압력이 중압인 경우 몇 m 이상의 안전거리를 유지하여야 하는가?
① 5 m
② 10 m
③ 20 m
④ 30 m

[해설] • 일반도시가스사업 제조소의 가스홀더 및 가스발생기 그 외면으로부터 사업장의 경계까지의 거리
㉮ 최고 사용압력이 고압인 것 : 20 m 이상
㉯ 최고 사용압력이 중압인 것 : 10 m 이상
㉰ 최고 사용압력이 저압인 것 : 5 m 이상

**59.** 저장탱크에 부착된 배관에 유체가 흐르고 있을 때 유체의 온도 또는 주위의 온도가 비정상적으로 높아진 경우 또는 호스 커플링 등의 접속이 빠져 유체가 누출될 때 신속하게 작동하는 밸브는?
① 온도조절밸브
② 긴급차단밸브
③ 감압밸브
④ 전자밸브

[해설] • 긴급차단밸브(장치) : 저장탱크에 부착된 배관에 긴급 시 가스의 누출을 효과적으로 차단할 수 있도록 설치하는 밸브이다.

**60.** 냉매설비에는 안전을 확보하기 위하여 액면계를 설치하여야 한다. 가연성 또는 독성 가스를 냉매로 사용하는 수액기에 사용할 수 없는 액면계는?
① 환형유리관 액면계
② 정전용량식 액면계
③ 편위식 액면계

④ 회전튜브식 액면계

[해설] • 액면계 설치 : 냉매설비에는 안전을 확보하기 위하여 액면계를 설치한다. 다만, 가연성 가스 또는 독성 가스를 냉매로 사용하는 수액기의 경우에는 환형유리관 액면계 외의 액면계를 설치한다.

## 제 4 과목   가스계측

**61.** 액위(level) 측정 계측기기의 종류 중 액체용 탱크에 사용되는 사이트 글라스(sight glass)의 단점에 해당하지 않는 것은?
① 측정범위가 넓은 곳에서 사용이 곤란하다.
② 동결방지를 위한 보호가 필요하다.
③ 파손되기 쉬우므로 보호대책이 필요하다.
④ 내부 설치 시 요동(turbulence) 방지를 위해 stilling chamber 설치가 필요하다.

[해설] • 사이트 글라스식은 액체용 저장탱크 외부에 설치하며, 액체의 변위를 직접 관찰하여 액면을 측정하는 것으로 저장탱크 내부에 설치하는 것은 부적합하다.

**62.** 열전도형 진공계 중 필라멘트의 열전대로 측정하는 열전대 진공계의 측정 범위는?
① $10^{-5} \sim 10^{-3}$ torr   ② $10^{-3} \sim 0.1$ torr
③ $10^{-3} \sim 1$ torr   ④ $10 \sim 100$ torr

[해설] • 진공계의 측정범위

| 명칭 | | 측정범위 |
|---|---|---|
| 매클라우드 진공계 | | $10^{-4}$ torr |
| 전리 진공계 | | $10^{-10}$ torr |
| 열전도형 | 피라니 진공계 | $10 \sim 10^{-5}$ torr |
| | 서미스터 진공계 | – |
| | 열전대 진공계 | $1 \sim 10^{-3}$ torr |

**63.** 제어동작에 따른 분류 중 연속되는 동작은 무엇인가?
① on-off 동작   ② 다위치 동작
③ 단속도 동작   ④ 비례 동작

[해설] • 제어동작에 의한 분류
㉮ 연속동작 : 비례 동작, 적분 동작, 미분 동작, 비례 적분 동작, 비례 미분 동작, 비례 적분 미분 동작
㉯ 불연속 동작 : 2위치 동작(on-off 동작), 다위치 동작, 불연속 속도 동작(단속도 제어 동작)

**64.** 다음 〈보기〉에서 설명하는 열전대 온도계는 무엇인가?

〈보 기〉
㉠ 열전대 중 내열성이 가장 우수하다.
㉡ 측정온도 범위가 0~1600℃ 정도이다.
㉢ 환원성 분위기에 약하고 금속 증기 등에 침식되기 쉽다.

① 백금 – 백금·로듐 열전대
② 크로멜 – 알루멜 열전대
③ 철 – 콘스탄탄 열전대
④ 동 – 콘스탄탄 열전대

[해설] • 백금 – 백금·로듐(P-R) 열전대의 특징
㉮ 다른 열전대 온도계보다 안정성이 우수하여 고온 측정(0~1600℃)에 적합하다.
㉯ 산화성 분위기에 강하지만 환원성 분위기에 약하다.
㉰ 내열도, 정도가 높고 정밀 측정용으로 주로 사용된다.
㉱ 열기전력이 다른 열전대에 비하여 작다.
㉲ 가격이 비싸다.
㉳ 단자 구성은 양극에 백금 – 백금·로듐, 음극에 백금을 사용한다.

**65.** 가스 사용시설의 가스누출 시 검지법으로 틀린 것은?
① 아세틸렌 가스누출 검지에 염화제1구

[정답] 61. ④   62. ③   63. ④   64. ①   65. ④

리 착염지를 사용한다.
② 황화수소 가스누출 검지에 초산납 시험지를 사용한다.
③ 일산화탄소 가스누출 검지에 염화팔라듐지를 사용한다.
④ 염소 가스누출 검지에 묽은 황산을 사용한다.

[해설] • 염소 가스누출 검지에는 요오드칼륨(KI) 전분지를 사용한다.

**66.** 차압식 유량계로 유량을 측정하였더니 교축기구 전후의 차압이 20.25 Pa일 때 유량이 25 m³/h이었다. 차압이 10.50 Pa일 때의 유량은 약 몇 m³/h인가?

① 13  ② 18
③ 23  ④ 28

[해설] • 차압식 유량계에서 유량은 차압의 제곱근에 비례한다.

$$\therefore Q_2 = \sqrt{\frac{\Delta P_2}{\Delta P_1}} \times Q_1$$
$$= \sqrt{\frac{10.50}{20.25}} \times 25 = 18.002 \text{ m}^3/\text{h}$$

**67.** 오르사트 분석법은 어떤 시약이 CO를 흡수하는 방법을 이용하는 것이다. 이때 사용하는 흡수액은?

① 수산화나트륨 25 % 용액
② 암모니아성 염화제1구리 용액
③ 30 % KOH 용액
④ 알칼리성 피로갈롤 용액

[해설] • 오르사트식 가스분석 순서 및 흡수제

| 순서 | 분석가스 | 흡수제 |
|---|---|---|
| 1 | $CO_2$ | KOH 30 % 수용액 |
| 2 | $O_2$ | 알칼리성 피로갈롤 용액 |
| 3 | CO | 암모니아성 염화제1구리 용액 |

**68.** 계량이 정확하고 사용 기차의 변동이 크지 않아 발열량 측정 및 실험실의 기준 가스미터로 사용되는 것은?

① 막식 가스미터  ② 건식 가스미터
③ Roots 미터   ④ 습식 가스미터

[해설] • 습식 가스미터의 특징
㉮ 계량이 정확하다.
㉯ 사용 중에 오차의 변동이 적다.
㉰ 사용 중에 수위조정 등의 관리가 필요하다.
㉱ 설치면적이 크다.
㉲ 용도는 기준용, 실험실용에 사용한다.
㉳ 용량 범위는 0.2~3000 m³/h이다.

**69.** 가스는 분자량에 따라 다른 비중 값을 갖는다. 이 특성을 이용하는 가스 분석기기는?

① 자기식 $O_2$ 분석기기
② 밀도식 $CO_2$ 분석기기
③ 적외선식 가스 분석기기
④ 광화학 발광식 $NO_x$ 분석기기

[해설] • 밀도식 $CO_2$계 : $CO_2$는 공기에 비하여 밀도가 크다는 것을 이용한 것으로 비중식 $CO_2$계라 한다. 취급 및 보수가 비교적 용이하고 측정실과 비교실 내의 온도와 압력을 같도록 하여야 하며, 가스 및 공기는 항상 동일 습도로 유지하여야 한다.

**70.** 화학공장에서 누출된 유독가스를 신속하게 현장에서 검지 정량하는 방법은?

① 전위적정법  ② 흡광광도법
③ 검지관법   ④ 적정법

[해설] • 검지관법 : 검지관은 안지름 2~4 mm의 유리관 중에 발색시약을 흡착시킨 검지제를 충전하여 양 끝을 막은 것이다. 사용할 때에는 양 끝을 절단하여 가스 채취기로 시료가스를 넣은 후 착색층의 길이, 착색의 정도에서 성분의 농도를 측정하여 표준표와 비색 측정을 하는 것으로, 국지적인 가스 누출 검지에 사용한다.

**정답** 66. ② 67. ② 68. ④ 69. ② 70. ③

**71.** 다음 중 기본단위가 아닌 것은?
① 킬로그램(kg)  ② 센티미터(cm)
③ 켈빈(K)      ④ 암페어(A)

해설 • 기본단위의 종류

| 기본량 | 길이 | 질량 | 시간 | 전류 | 물질량 | 온도 | 광도 |
|---|---|---|---|---|---|---|---|
| 기본단위 | m | kg | s | A | mol | K | cd |

**72.** 다음 중 정도가 가장 높은 가스미터는?
① 습식 가스미터
② 벤투리 미터
③ 오리피스 미터
④ 루트 미터

해설 • 습식 가스미터는 계량이 정확하고 사용 시 오차의 변동이 크지 않아(정도가 높아) 발열량 측정 및 실험실의 기준 가스미터로 사용한다.

**73.** 도시가스로 사용하는 NG의 누출을 검지하기 위하여 검지기는 어느 위치에 설치하여야 하는가?
① 검지기 하단은 천장면의 아래쪽 0.3 m 이내
② 검지기 하단은 천장면의 아래쪽 3 m 이내
③ 검지기 상단은 바닥면에서 위쪽으로 0.3 m 이내
④ 검지기 상단은 바닥면에서 위쪽으로 3 m 이내

해설 • NG(천연가스)는 주성분이 메탄($CH_4$)으로 공기보다 가벼운 가스에 해당되므로 검지기는 천장면에서 검지기 하단까지 0.3 m 이내에 설치한다.

**74.** 제어기기의 대표적인 것을 들면 검출기, 증폭기, 조작기기, 변환기로 구분되는데 서보전동기(servo motor)는 어디에 속하는가?

① 검출기    ② 증폭기
③ 변환기    ④ 조작기기

해설 • 서보전동기 : 서보기구의 조작부로서 제어신호에 의해 부하를 구동하는 장치로 제어기기의 조작기기에 해당된다.

**75.** 다음 온도계 중 가장 고온을 측정할 수 있는 것은?
① 저항 온도계
② 서미스터 온도계
③ 바이메탈 온도계
④ 광고온계

해설 • 각 온도계의 측정범위

| 온도계 | 측정범위 |
|---|---|
| 저항(백금) 온도계 | -200~500℃ |
| 서미스터 온도계 | -100~300℃ |
| 바이메탈 온도계 | -50~500℃ |
| 광고온계 | 700~3000℃ |

**76.** 온도 49℃, 압력 1 atm의 습한 공기 205 kg이 10 kg의 수증기를 함유하고 있을 때 이 공기의 절대습도는? (단, 49℃에서 물의 증기압은 88 mmHg이다.)
① 0.025 kg・$H_2O$/kg・dryair
② 0.048 kg・$H_2O$/kg・dryair
③ 0.051 kg・$H_2O$/kg・dryair
④ 0.062 kg・$H_2O$/kg・dryair

해설 $X = \dfrac{G_w}{G_a} = \dfrac{G_w}{G - G_w} = \dfrac{10}{205 - 10}$
$= 0.0512$ kg・$H_2O$/kg・dryair

**77.** 시안화수소(HCN) 가스 누출 시 검지기와 변색상태로 옳은 것은?
① 염화파라듐지 – 흑색

정답  71. ②  72. ①  73. ①  74. ④  75. ④  76. ③  77. ④

② 염화제1구리착염지 – 적색
③ 연당지 – 흑색
④ 초산(질산) 구리벤젠지 – 청색

[해설] • 가스검지 시험지법

| 검지가스 | 시험지 | 반응(변색) |
|---|---|---|
| 암모니아 ($NH_3$) | 적색 리트머스지 | 청색 |
| 염소 ($Cl_2$) | KI 전분지 | 청갈색 |
| 포스겐 ($COCl_2$) | 해리슨 시험지 | 유자색 |
| 시안화수소 (HCN) | 초산벤젠지 | 청색 |
| 일산화탄소 (CO) | 염화팔라듐지 | 흑색 |
| 황화수소 ($H_2S$) | 연당지 | 회흑색 |
| 아세틸렌 ($C_2H_2$) | 염화제1구리 착염지 | 적갈색 |

**78.** 피드백(feed back) 제어에 대한 설명으로 틀린 것은?

① 다른 제어계보다 판단, 기억의 논리기능이 뛰어나다.
② 입력과 출력을 비교하는 장치는 반드시 필요하다.
③ 다른 제어계보다 정확도가 증가된다.
④ 제어대상 특성이 다소 변하더라도 이것에 의한 영향을 제어할 수 있다.

[해설] • 피드백 제어(feed back control : 폐[閉]회로) : 제어량의 크기와 목표값을 비교하여 그 값이 일치하도록 되돌림 신호(피드백 신호)를 보내어 수정동작을 하는 제어방식이다. 다른 제어계보다 판단, 기억의 논리기능이 떨어진다.

**79.** 최대 유량이 10 $m^3$/h인 막식 가스미터기를 설치하여 도시가스를 사용하는 시설이 있다. 가스레인지 2.5 $m^3$/h를 1일 8시간 사용하고, 가스보일러 6 $m^3$/h를 1일 6시간 사용했을 경우 월 가스 사용량은 약 몇 $m^3$인가? (단, 1개월은 31일이다.)

① 1570   ② 1680
③ 1736   ④ 1950

[해설] 월 가스 사용량
= 가스레인지 사용량 + 가스보일러 사용량
= $(2.5 \times 8 \times 31) + (6 \times 6 \times 31)$ = 1736 $m^3$/월

**80.** 면적유량계의 특징에 대한 설명으로 틀린 것은?

① 압력손실이 아주 크다.
② 정밀 측정용으로는 부적당하다.
③ 슬러리 유체의 측정이 가능하다.
④ 균등 유량 눈금으로 측정치를 얻을 수 있다.

[해설] • 면적식 유량계의 특징
㉮ 유량에 따라 직선 눈금이 얻어진다.
㉯ 유량계수는 레이놀즈 수가 낮은 범위까지 일정하다.
㉰ 고점도 유체나 작은 유체에 대해서도 측정힐 수 있나.
㉱ 차압이 일정하면 오차의 발생이 적다.
㉲ 측정하려는 유체의 밀도를 미리 알아야 한다.
㉳ 압력손실이 적고 균등 유량을 얻을 수 있다.
㉴ 슬러리나 부식성 액체의 측정이 가능하다.
㉵ 정도는 ±1~2 % 정도로 정밀측정에는 부적당하다.

정답  78. ①  79. ③  80. ①

▶ 2019년 4월 27일 시행

| 자격종목 | 종목코드 | 시험시간 | 형 별 |
|---|---|---|---|
| 가스 산업기사 | 2471 | 2시간 | A |

## 제1과목 연소공학

**1.** 가연성 물질의 인화 특성에 대한 설명으로 틀린 것은?
① 비점이 낮을수록 인화위험이 커진다.
② 최소점화에너지가 높을수록 인화위험이 커진다.
③ 증기압을 높게 하면 인화위험이 커진다.
④ 연소범위가 넓을수록 인화위험이 커진다.

해설 • 최소 점화에너지(MIE) : 가연성 혼합가스에 전기적 스파크로 점화시킬 때 점화하기 위한 최소한의 전기적 에너지로 최소 점화에너지가 높을수록 인화위험은 작아진다.

**2.** 프로판 1 kg을 완전 연소시키면 약 몇 kg의 $CO_2$가 생성되는가?
① 2 kg   ② 3 kg
③ 4 kg   ④ 5 kg

해설 ㉮ 프로판의 완전 연소반응식
$C_3H_8 + 5O_2 \rightarrow 3CO_2 + 4H_2O$
㉯ 이산화탄소($CO_2$) 생성량 계산
44 kg : 3×44 kg = 1 kg : $x$ kg
∴ $x = \dfrac{3 \times 44 \times 1}{44} = 3$ kg

**3.** 분진폭발은 가연성 분진이 공기 중에 분산되어 있다가 점화원이 존재할 때 발생한다. 분진폭발이 전파되는 조건과 다른 것은?
① 분진은 가연성이어야 한다.
② 분진은 적당한 공기를 수송할 수 있어야 한다.
③ 분진의 농도는 폭발범위를 벗어나 있어야 한다.
④ 분진은 화염을 전파할 수 있는 크기로 분포해야 한다.

해설 • 분진폭발의 발생조건
㉮ 분진이 가연성이며 폭발범위 내에 있어야 한다.
㉯ 분진이 화염을 전파할 수 있는 크기의 분포를 가져야 한다.
㉰ 조연성 가스 중에서 교반과 유동이 일어나야 한다.
㉱ 충분한 점화원(착화원)을 가져야 한다.

**4.** 오토 사이클에서 압축비($\epsilon$)가 10일 때 열효율은 약 몇 %인가? (단, 비열비[$k$]는 1.4이다.)
① 58.2   ② 59.2
③ 60.2   ④ 61.2

해설 $\eta = \left\{ 1 - \left(\dfrac{1}{\epsilon}\right)^{k-1} \right\} \times 100$
$= \left\{ 1 - \left(\dfrac{1}{10}\right)^{1.4-1} \right\} \times 100 = 60.189 \%$

**5.** 가연성 고체의 연소에서 나타나는 연소현상으로 고체가 열분해 되면서 가연성 가스를 내며 연소열로 연소가 촉진되는 연소는?
① 분해연소   ② 자기연소
③ 표면연소   ④ 증발연소

해설 • 분해연소 : 충분한 착화에너지를 주어 가열분해에 의해 연소하며 휘발분이 있는 고체연료(종이, 석탄, 목재 등) 또는 증발이 일어나기 어려운 액체연료(중유 등)가 이에 해당된다.

정답  1. ②  2. ②  3. ③  4. ③  5. ①

**6.** 완전가스의 성질에 대한 설명으로 틀린 것은 어느 것인가?
① 비열비는 온도에 의존한다.
② 아보가드로의 법칙에 따른다.
③ 보일-샤를의 법칙을 만족한다.
④ 기체의 분자력과 크기는 무시된다.

[해설] • 완전가스(이상기체)의 성질
㉮ 보일-샤를의 법칙을 만족한다.
㉯ 아보가드로의 법칙에 따른다.
㉰ 내부에너지는 온도만의 함수이다.
㉱ 온도에 관계없이 비열비는 일정하다.
㉲ 기체의 분자력과 크기도 무시되며 분자간의 충돌은 완전 탄성체이다.
㉳ 분자와 분자 사이의 거리가 매우 멀다.
㉴ 분자 사이의 인력이 없다.
㉵ 압축성인자가 1이다.

**7.** 용기의 내부에서 가스폭발이 발생하였을 때 용기가 폭발압력에 견디고 외부의 가연성 가스에 인화되지 않도록 한 구조는?
① 특수(特殊) 방폭구조
② 유입(油入) 방폭구조
③ 내압(耐壓) 방폭구조
④ 안전증(安全增) 방폭구조

[해설] • 내압(耐壓) 방폭구조(d) : 방폭전기 기기의 용기 내부에서 가연성가스의 폭발이 발생할 경우 그 용기가 폭발압력에 견디고, 접합면, 개구부 등을 통하여 외부의 가연성가스에 인화되지 아니하도록 한 구조로 설계할 때 가연성가스의 최대안전틈새(안전간극)를 가장 중요하게 고려해야 한다.

**8.** 혼합기체의 온도를 고온으로 상승시켜 자연 착화를 일으키고, 혼합기체의 전 부분이 극히 단시간 내에 연소하는 것으로서 압력 상승의 급격한 현상을 무엇이라 하는가?
① 전파연소   ② 폭발
③ 확산연소   ④ 예혼합연소

[해설] • 폭발의 정의 : 혼합기체의 온도를 고온으로 상승시켜 자연착화를 일으키고, 혼합기체의 전부분이 극히 단시간 내에 연소하는 것으로서 압력 상승이 급격한 현상 또는 화염이 음속 이하의 속도로 미반응 물질 속으로 전파되어 가는 발열반응을 말한다.

**9.** 가스 용기의 물리적 폭발의 원인으로 가장 거리가 먼 것은?
① 누출된 가스의 점화
② 부식으로 인한 용기의 두께 감소
③ 과열로 인한 용기의 강도 감소
④ 압력 조정 및 압력 방출 장치의 고장

[해설] 누출된 가스의 점화는 화학적 폭발원인에 해당된다.

**10.** $CO_2max$[%]는 어느 때의 값인가?
① 실제공기량으로 연소시켰을 때
② 이론공기량으로 연소시켰을 때
③ 과잉공기량으로 연소시켰을 때
④ 부족 공기량으로 연소시켰을 때

[해설] 이론공기량으로 연소할 때 연소가스량이 최소가 되므로 연소가스 중 $CO_2$의 함유율은 최대가 된다.

**11.** 다음 혼합가스 중 폭굉이 발생되기 가장 쉬운 것은?
① 수소 - 공기   ② 수소 - 산소
③ 아세틸렌 - 공기   ④ 아세틸렌 - 산소

[해설] • 각 가스의 폭발범위 및 폭굉범위

| 가스 명칭 | 폭발범위 | 폭굉범위 |
|---|---|---|
| 수소 + 공기 | 4~75 % | 18.3~59 % |
| 수소 + 산소 | 4~94 % | 15~90 % |
| 아세틸렌 + 공기 | 2.5~81 % | 4.2~50 % |
| 아세틸렌 + 산소 | 2.5~93 % | 3.5~92 % |

※ 폭굉범위 하한값이 낮고 폭굉범위가 넓은 것이 폭굉이 발생되기 가장 쉬운 것이 된다.

정답  6. ①  7. ③  8. ②  9. ①  10. ②  11. ④

**12.** 프로판 가스 1 kg을 완전 연소시킬 때 필요한 이론 공기량은 약 몇 $Nm^3/kg$인가? (단, 공기 중 산소는 21 v%이다.)

① 10.1  ② 11.2
③ 12.1  ④ 13.2

[해설] ㉮ 프로판의 완전 연소반응식
$C_3H_8 + 5O_2 \rightarrow 3CO_2 + 4H_2O$
㉯ 이론공기량($Nm^3/kg$) 계산
$44\,kg : 5 \times 22.4\,Nm^3 = 1\,kg : x(O_0)\,Nm^3$
$\therefore A_0 = \dfrac{x(O_0)}{0.21} = \dfrac{5 \times 22.4 \times 1}{44 \times 0.21}$
$= 12.121\,Nm^3/kg$

**13.** 자연발화를 방지하기 위해 필요한 사항이 아닌 것은?

① 습도를 높여 준다.
② 통풍을 잘 시킨다.
③ 저장실 온도를 낮춘다.
④ 열이 쌓이지 않도록 주의한다.

[해설] • 자연발화의 방지법
㉮ 통풍이 잘 되게 한다.
㉯ 저장실의 온도를 낮춘다.
㉰ 습도가 높은 것을 피한다.
㉱ 열의 축적을 방지한다.

**14.** 불완전 연소의 원인으로 가장 거리가 먼 것은?

① 불꽃의 온도가 높을 때
② 필요량의 공기가 부족할 때
③ 배기가스의 배출이 불량할 때
④ 공기와의 접촉 혼합이 불충분할 때

[해설] • 불완전 연소의 원인
㉮ 연소에 필요한 공기량이 부족할 때
㉯ 공기와의 접촉 및 혼합이 불충분할 때
㉰ 연소실이 고온으로 유지되지 못할 때
㉱ 배기가스 배출이 원활하지 않을 때
㉲ 연소에 필요한 연소실 공간이 부족할 때
㉳ 연소에 필요한 시간이 유지되지 못할 때

[참고] • 완전연소의 조건
㉮ 적절한 공기 공급과 혼합을 잘 시킬 것
㉯ 연소실 온도를 착화온도 이상으로 유지할 것
㉰ 연소실을 고온으로 유지할 것
㉱ 연소에 충분한 연소실과 시간을 유지할 것

**15.** 다음 중 연소 및 폭발 등에 대한 설명 중 틀린 것은?

① 점화원의 에너지가 약할수록 폭굉 유도거리는 길어진다.
② 가스의 폭발범위는 측정 조건을 바꾸면 변화한다.
③ 혼합가스의 폭발한계는 르샤틀리에 식으로 계산한다.
④ 가스 연료의 최소점화에너지는 가스농도에 관계없이 결정되는 값이다.

[해설] 가스 연료의 최소점화 에너지는 공기와의 혼합비(산소농도), 압력, 연소속도, 온도 등에 따라 다르게 측정될 수 있다.

**16.** 고체연료의 성질에 대한 설명 중 옳지 않은 것은?

① 수분이 많으면 통풍불량의 원인이 된다.
② 휘발분이 많으면 점화가 쉽고, 발열량이 높아진다.
③ 착화온도는 산소량이 증가할수록 낮아진다.
④ 회분이 많으면 연소를 나쁘게 하여 열효율이 저하된다.

[해설] • 휘발분이 증가할 때 영향
㉮ 연소 시 매연(그을음)이 발생된다.
㉯ 점화(착화)가 쉽다.
㉰ 불꽃이 장염이 되기 쉽다.
㉱ 역화(back fire)를 일으키기 쉽다.
㉲ 발열량이 감소한다.

**17.** 물질의 화재 위험성에 대한 설명으로 틀

[정답] 12. ③  13. ①  14. ①  15. ④  16. ②  17. ②

린 것은?

① 인화점이 낮을수록 위험하다.
② 발화점이 높을수록 위험하다.
③ 연소범위가 넓을수록 위험하다.
④ 착화에너지가 낮을수록 위험하다.

[해설] • 물질의 화재 위험성
  ㉮ 인화점, 발화점이 낮을수록 위험하다.
  ㉯ 연소범위(폭발범위)가 넓을수록 위험하다.
  ㉰ 착화에너지가 낮을수록 위험하다.
  ㉱ 안전간격이 좁을수록 위험하다.

**18.** 열역학 제1법칙을 바르게 설명한 것은?

① 열평형에 관한 법칙이다.
② 제2종 영구기관의 존재 가능성을 부인하는 법칙이다.
③ 열은 다른 물체에 아무런 변화도 주지 않고, 저온 물체에서 고온 물체로 이동하지 않는다.
④ 에너지보존 법칙 중 열과 일의 관계를 설명한 것이다.

[해설] • 열역학 법칙
  ㉮ 열역학 제0법칙 : 열평형의 법칙
  ㉯ 열역학 제1법칙 : 에너지보존의 법칙
  ㉰ 열역학 제2법칙 : 방향성의 법칙
  ㉱ 열역학 제3법칙 : 어떤 계 내에서 물체의 상태변화 없이 절대온도 0도에 이르게 할 수 없다.
  ※ ①항 : 열역학 제0법칙 설명
     ②항 : 열역학 제2법칙 설명
     ③항 : 열역학 제2법칙 설명

[참고] • 영구기관
  ㉮ 제1종 영구기관 : 입력보다 출력이 더 큰 기관으로 효율이 100% 이상인 것으로 열역학 제1법칙에 위배된다.
  ㉯ 제2종 영구기관 : 입력과 출력이 같은 기관으로 효율이 100%인 것으로 열역학 제2법칙에 위배된다.

**19.** 다음 반응에서 평형을 오른쪽으로 이동시켜 생성물을 더 많이 얻으려면 어떻게 해야 하는가?

$$CO + H_2O \rightarrow H_2 + CO_2 + Q \text{ kcal}$$

① 온도를 높인다.  ② 압력을 높인다.
③ 온도를 낮춘다.  ④ 압력을 낮춘다.

[해설] • 온도와 평형이동의 관계
  ㉮ 발열반응에서 온도를 높이면 역반응이 일어난다.
  ㉯ 흡열반응에서 온도를 높이면 정반응이 일어난다.
  ∴ 주어진 반응식은 발열반응이고 평형을 오른쪽으로 이동시켜 생성물을 더 많이 얻으려면 온도를 낮춰 정반응이 일어나도록 하여야 한다.

**20.** 탄소 2 kg을 완전 연소시켰을 때 발생된 연소가스($CO_2$)의 양은 얼마인가?

① 3.66 kg  ② 7.33 kg
③ 8.89 kg  ④ 12.34 kg

[해설] ㉮ 탄소(C)의 완전연소 반응식
  $C + O_2 \rightarrow CO_2$
  ㉯ $CO_2$ 발생량 계산
  12 kg : 44 kg = 2 kg : $x$ kg
  ∴ $x = \dfrac{44 \times 2}{12} = 7.333$ kg

---

### 제 2 과목  가스설비

**21.** 도시가스 제조공정 중 촉매 존재 하에 약 400~800℃의 온도에서 수증기와 탄화수소를 반응시켜 $CH_4$, $H_2$, CO, $CO_2$ 등으로 변화시키는 프로세스는?

① 열분해 프로세스
② 부분연소 프로세스
③ 접촉분해 프로세스
④ 수소화분해 프로세스

[해설] • 접촉분해 공정(steam reforming process) :

**정답**  18. ④  19. ③  20. ②  21. ③

촉매를 사용해서 반응온도 400~800℃에서 탄화수소와 수증기를 반응시켜 메탄($CH_4$), 수소($H_2$), 일산화탄소(CO), 이산화탄소($CO_2$)로 변환하는 공정이다.

**22.** 직류전철 등에 의한 누출 전류의 영향을 받는 배관에 적합한 전기방식법은?

① 희생양극법　② 교호법
③ 배류법　　　④ 외부전원법

[해설] • 전기방식 방법
㉮ 누출전류의 영향이 없는 경우 : 외부전원법, 희생양극법
㉯ 누출전류의 영향을 받는 배관 : 배류법
㉰ 누출전류의 영향을 받는 배관으로 방식효과가 충분하지 않을 경우 : 외부전원법 또는 희생양극법을 병용

**23.** 전양정이 54 m, 유량이 1.2 m³/min인 펌프로 물을 이송하는 경우, 이 펌프의 축동력은 약 몇 PS인가? (단, 펌프의 효율은 80 %, 물의 밀도는 1 g/cm³이다.)

① 13　　② 18
③ 23　　④ 28

[해설] $PS = \dfrac{\gamma \cdot Q \cdot H}{75\eta}$
$= \dfrac{1000 \times 1.2 \times 54}{75 \times 0.8 \times 60} = 18\,PS$

※ 물의 밀도 $1\,g/cm^3 = 1000\,kg/m^3$이고, 물의 비중량값에 적용하였음

**24.** LNG 수입기지에서 LNG를 NG로 전환하기 위하여 가열원을 해수로 기화시키는 방법은?

① 냉열기화
② 중앙매체식 기화기
③ open rack vaporizer
④ submerged conversion vaporizer

[해설] • LNG 기화장치의 종류
㉮ 오픈 랙(open rack) 기화법 : 베이스로드용으로 바닷물을 열원으로 사용하므로 초기시설비가 많으나 운전비용이 저렴하다.
㉯ 중간매체법 : 베이스로드용으로 프로판($C_3H_8$), 펜탄($C_5H_{12}$) 등을 사용한다.
㉰ 서브머지드(submerged)법 : 피크로드용으로 액중 버너를 사용한다. 초기시설비가 적으나 운전비용이 많이 소요된다.

**25.** vapor-rock 현상의 원인과 방지 방법에 대한 설명으로 틀린 것은?

① 흡입관 지름을 작게 하거나 펌프의 설치위치를 높게 하여 방지할 수 있다.
② 흡입관로를 청소하여 방지할 수 있다.
③ 흡입관로의 막힘, 스케일 부착 등에 의해 저항이 증대했을 때 원인이 된다.
④ 액 자체 또는 흡입배관 외부의 온도가 상승될 때 원인이 될 수 있다.

[해설] (1) 베이퍼로크(vapor-lock) 현상 : 저비점 액체 등을 이송 시 펌프의 입구에서 발생하는 현상으로 액의 끓음에 의한 동요를 말한다.
(2) 방지법
㉮ 실린더 라이너 외부를 냉각한다.
㉯ 흡입배관을 크게 하고 단열처리 한다.
㉰ 펌프의 설치위치를 낮춘다.
㉱ 흡입관로를 청소한다.

**26.** 저압 가스 배관에서 관의 내경이 1/2로 되면 압력손실은 몇 배가 되는가? (단, 다른 모든 조건은 동일한 것으로 본다.)

① 4　② 16　③ 32　④ 64

[해설] $H = \dfrac{Q^2 SL}{K^2 D^5}$ 에서 관지름만 $\dfrac{1}{2}$ 배로 되므로
∴ $H = \dfrac{1}{\left(\dfrac{1}{2}\right)^5} = 32(배)$

**27.** 사용압력이 60 kgf/cm², 관의 허용응력이 20 kgf/mm²일 때의 스케줄 번호는 얼마

정답　22. ③　23. ②　24. ③　25. ①　26. ③　27. ③

인가?
① 15　　　② 20
③ 30　　　④ 60

[해설] $Sch\ NO = 10 \times \dfrac{P}{S} = 10 \times \dfrac{60}{20} = 30$

**28.** 도시가스 배관 등의 용접 및 비파괴검사 중 용접부의 육안검사에 대한 설명으로 틀린 것은?

① 보강 덧붙임은 그 높이가 모재 표면보다 낮지 않도록 하고, 3 mm 이상으로 할 것
② 외면의 언더컷은 그 단면이 V자형으로 되지 않도록 하며, 1개의 언더컷 길이 및 깊이는 각각 30 mm 이하 및 0.5 mm 이하일 것
③ 용접부 및 그 부근에는 균열, 아크 스트라이크, 위해하다고 인정되는 지그의 흔적, 오버랩 및 피트 등의 결함이 없을 것
④ 비드 형상이 일정하며 슬러그, 스패터 등이 부착되어 있지 않을 것

[해설] 보강 덧붙임은 그 높이가 모재 표면보다 낮지 않도록 하고, 3 mm 이하를 원칙으로 한다.

**29.** 기화장치의 성능에 대한 설명으로 틀린 것은?

① 온수가열방식은 그 온수의 온도가 80℃ 이하이어야 한다.
② 증기가열방식은 그 온수의 온도가 120℃ 이하이어야 한다.
③ 기화통 내부는 밀폐구조로 하며 분해할 수 없는 구조로 한다.
④ 액유출 방지장치로서의 전자식 밸브는 액화가스 인입부의 필터 또는 스트레이너 후단에 설치한다.

[해설] 기화통 내부는 점검구 등을 통하여 확인할 수 있거나 분해점검을 통하여 확인할 수 있는 구조로 한다.

**30.** 동일한 펌프로 회전수를 변경시킬 경우 양정을 변화시켜 상사 조건이 되려면 회전수와 유량은 어떤 관계가 있는가?

① 유량에 비례한다.
② 유량에 반비례한다.
③ 유량의 2승에 비례한다.
④ 유량의 2승에 반비례한다.

[해설] • 원심펌프의 상사법칙

㉮ 유량 $Q_2 = Q_1 \times \left(\dfrac{N_2}{N_1}\right)$

∴ 유량은 회전수 변화에 비례한다.

㉯ 양정 $H_2 = H_1 \times \left(\dfrac{N_2}{N_1}\right)^2$

∴ 양정은 회전수 변화의 2승에 비례한다.

㉰ 동력 $L_2 = L_1 \times \left(\dfrac{N_2}{N_1}\right)^3$

∴ 동력은 회전수 변화의 3승에 비례한다.

※ 회전수가 변경되어 상사조건이 되었을 때 양정은 회전수 변화의 2승에 비례하는 것이고, 회전수가 2승으로 변화되면 유량도 2승으로 변화된다.

**31.** 도시가스 정압기 출구 측의 압력이 설정압력보다 비정상적으로 상승하거나 낮아지는 경우에 이상 유무를 상황실에서 알 수 있도록 알려 주는 설비는?

① 압력기록장치
② 이상압력 통보설비
③ 가스 누출경보장치
④ 출입문 개폐통보장치

[해설] • 이상압력 통보설비 : 정압기 출구측의 압력이 설정압력보다 상승하거나 낮아지는 경우에 이상유무를 상황실에서 알 수 있도록 경보음(70 dB 이상) 등으로 알려주는 설비이다.

**32.** 가연성가스를 충전하는 차량에 고정된 탱크 및 용기에 부착되어 있는 안전밸브의 작동압력으로 옳은 것은?

① 상용압력의 1.5배 이상
② 상용압력의 10분의 8 이하
③ 내압시험 압력의 1.5배 이하
④ 내압시험 압력의 10분의 8 이하

[해설] 안전밸브의 작동압력 = 내압시험 압력의 10분의 8 이하[46번에서 정답을 문제에서 설명]

**33.** 자연기화와 비교한 강제기화기 사용 시 특징에 대한 설명으로 틀린 것은?
① 기화량을 가감할 수 있다.
② 공급가스의 조성이 일정하다.
③ 설비장소가 커지고 설비비는 많이 든다.
④ LPG 종류에 관계없이 한랭 시에도 충분히 기화된다.

[해설] • 강제기화기 사용 시 특징(장점)
㉮ 한랭시에도 연속적으로 가스공급이 가능하다.
㉯ 공급가스의 조성이 일정하다.
㉰ 설치면적이 적어진다.
㉱ 기화량을 가감할 수 있다.
㉲ 설비비 및 인건비가 절약된다.

**34.** 재료의 성질 및 특성에 대한 설명으로 옳은 것은?
① 비례한도 내에서 응력과 변형은 반비례한다.
② 안전율은 파괴강도와 허용응력에 각각 비례한다.
③ 인장시험에서 하중을 제거시킬 때 변형이 원상태로 되돌아가는 최대 응력값을 탄성한도라 한다.
④ 탄성한도 내에서 가로와 세로 변형율의 비는 재료에 관계없이 일정한 값이 된다.

[해설] • 각 항목의 옳은 설명
㉮ 비례한도 내에서 응력과 변형은 비례한다.
㉯ 안전율 = $\dfrac{인장강도}{허용응력}$ 이므로 안전율은 인장강도에 비례하고 허용응력에 반비례한다.
㉰ 인장시험의 응력-변형율 선도에서 하중을 제거시킬 때 변형이 원상태로 되돌아가는 한계점을 탄성한도라 한다.
※ 탄성한도 내에서 가로와 세로 변형율의 비는 재료에 관계없이 일정한 값이 되며 이 비를 푸와송의 비라 하고 $\dfrac{1}{m}$ 로 나타낸다.
※ $\dfrac{1}{m} = \dfrac{가로변형율}{세로변형율}$ ($m$ : 푸와송의 수)

**35.** 펌프에서 일어나는 현상 중 송출압력과 송출유량 사이에 주기적인 변동이 일어나는 현상은?
① 서징현상      ② 공동현상
③ 수격현상      ④ 진동현상

[해설] • 서징(surging) 현상 : 맥동현상이라 하며 펌프 운전 중에 주기적으로 운동, 양정, 토출량이 규칙적으로 변동하는 현상으로 압력계의 지침이 일정범위 내에서 움직인다.

**36.** 냉동기에 대한 옳은 설명으로만 모두 나열된 것은?

┌─────────────────────────────┐
│ ㉠ CFC 냉매는 염소, 불소, 탄소만으로 화합된 냉매이다.
│ ㉡ 물은 비체적이 커서 증기 압축식 냉동기에 적당하다.
│ ㉢ 흡수식 냉동기는 서로 잘 용해하는 두 가지 물질을 사용한다.
│ ㉣ 냉동기의 냉동효과는 냉매가 흡수한 열량을 뜻한다.
└─────────────────────────────┘

① ㉠, ㉡      ② ㉡, ㉢
③ ㉠, ㉣      ④ ㉠, ㉢, ㉣

[해설] 물은 대기압상태에서 비점이 100℃에 해당되어 증기 압축식 냉동기의 냉매로는 부적당하다.

**37.** 정류(rectification)에 대한 설명으로 틀린 것은?
① 비점이 비슷한 혼합물의 분리에 효과적

정답  33. ③  34. ④  35. ①  36. ④  37. ②

이다.
② 상층의 온도는 하층의 온도보다 높다.
③ 환류비를 크게 하면 제품의 순도는 좋아진다.
④ 포종탑에서는 액량이 거의 일정하므로 접촉효과가 우수하다.

[해설] 정류장치에서 상층의 온도는 하층의 온도보다 낮다.(공기액화분리장치에서 하층에서는 산소가, 상층에서는 질소가 분리 정류된다.)

**38.** 고압가스 설비에 설치하는 압력계의 최고 눈금은?
① 상용압력의 2배 이상, 3배 이하
② 상용압력의 1.5배 이상, 2배 이하
③ 내압시험 압력의 1배 이상, 2배 이하
④ 내압시험 압력의 1.5배 이상, 2배 이하

[해설] 고압가스 설비에 설치하는 압력계는 상용압력의 1.5배 이상, 2배 이하의 최고눈금이 있는 것으로 하고, 사업소에는 국가표준기본법에 의한 제품인증을 받은 압력계를 2개 이상 비치한다.

**39.** 천연가스의 비점은 약 몇 ℃인가?
① -84    ② -162
③ -183   ④ -192

[해설] 천연가스(NG)의 주성분은 메탄($CH_4$)이므로 비점은 -161.5℃에 해당된다.

**40.** 가스 용기재료의 구비조건으로 가장 거리가 먼 것은?
① 내식성을 가질 것
② 무게가 무거울 것
③ 충분한 강도를 가질 것
④ 가공 중 결함이 생기지 않을 것

[해설] • 용기 재료의 구비조건
㉮ 내식성, 내마모성을 가질 것
㉯ 가볍고 충분한 강도를 가질 것
㉰ 저온 및 사용 중 충격에 견디는 연성, 전성을 가질 것
㉱ 가공성, 용접성이 좋고 가공 중 결함이 생기지 않을 것

---

## 제 3 과목  가스안전관리

**41.** 고압가스 용기의 보관에 대한 설명으로 틀린 것은?
① 독성가스, 가연성가스 및 산소용기는 구분한다.
② 충전용기 보관은 직사광선 및 온도와 관계없다.
③ 잔가스 용기와 충전용기는 구분한다.
④ 가연성가스 용기보관장소에는 방폭형 휴대용 손전등 외의 등화를 휴대하지 않는다.

[해설] 용기는 항상 40℃ 이하의 온도를 유지하고, 직사광선을 받지 아니하도록 조치한다.

**42.** 고압가스 분출 시 정전기가 가장 발생하기 쉬운 경우는?
① 가스의 온도가 높을 경우
② 가스의 분자량이 적을 경우
③ 가스 속에 액체 미립자가 섞여 있을 경우
④ 가스가 충분히 건조되어 있을 경우

[해설] 고압가스가 분출될 때 가스 속에 액체 미립자가 섞여 있을 경우 정전기가 발생할 가능성이 높다.

**43.** 냉동기를 제조하고자 하는 자가 갖추어야 할 제조설비가 아닌 것은?
① 프레스 설비    ② 조립 설비
③ 용접 설비      ④ 도막 측정기

38. ②  39. ②  40. ②  41. ②  42. ③  43. ④

[해설] • 냉동기 제조 시 갖추어야 할 제조설비
   ㉮ 프레스 설비
   ㉯ 제관 설비
   ㉰ 압력용기의 제조에 필요한 설비 : 성형설비, 세척설비, 열처리로
   ㉱ 구멍가공기, 외경절삭기, 내경절삭기, 나사전용 가공기 등 공작기계설비
   ㉲ 전처리설비 및 부식방지 도장설비
   ㉳ 건조설비
   ㉴ 용접설비
   ㉵ 조립설비
   ㉶ 그 밖에 제조에 필요한 설비 및 기구

**44.** 일반도시가스사업 제조소의 도로 밑 도시가스배관 직상단에는 배관의 위치, 흐름방향을 표시한 라인마크(line mark)를 설치(표시)하여야 한다. 직선 배관인 경우 라인마크의 최소 설치간격은?

① 25 m   ② 50 m
③ 100 m  ④ 150 m

[해설] • 라인마크 설치 : 라인마크는 배관길이 50 m 마다 1개 이상 설치하되, 주요 분기점, 굴곡지점, 관말지점 및 그 주위 50 m 이내에 설치한다. 다만, 밸브박스 또는 배관 직상부에 설치된 전위측정용 터미널이 라인마크 설치기준에 적합한 기능을 갖도록 설치된 경우에는 이를 라인마크로 볼 수 있다.

**45.** 액화석유가스 저장탱크에는 자동차에 고정된 탱크에서 가스를 이입할 수 있도록 로딩암을 건축물 내부에 설치할 경우 환기구를 설치하여야 한다. 환기구 면적의 합계는 바닥면적의 얼마 이상을 기준으로 하는가?

① 1%    ② 3%
③ 6%    ④ 10%

[해설] 로딩암을 건축물 내부에 설치하는 경우에는 건축물의 바닥면에 접하여 환기구를 2방향 이상 설치하고, 환기구 면적의 합계는 바닥면적의 6% 이상으로 한다.

**46.** 가연성가스를 충전하는 차량에 고정된 탱크에 설치하는 것으로, 내압시험 압력의 10분의 8 이하의 압력에서 작동하는 것은?

① 역류방지밸브   ② 안전밸브
③ 스톱밸브      ④ 긴급차단장치

[해설] 안전밸브의 작동압력 = 내압시험 압력의 10분의 8 이하[32번 문제에서 정답 설명]

**47.** 차량에 고정된 탱크의 운반기준에서 가연성가스 및 산소탱크의 내용적은 얼마를 초과할 수 없는가?

① 18000 L   ② 12000 L
③ 10000 L   ④ 8000 L

[해설] • 차량에 고정된 탱크 내용적 제한
   ㉮ 가연성(LPG 제외), 산소 : 18000 L 초과 금지
   ㉯ 독성가스(암모니아 제외) : 12000 L 초과 금지

**48.** 공기액화 분리장치의 액화산소 5 L 중에 메탄 360 mg, 에틸렌 196 mg이 섞여 있다면 탄화수소 중 탄소의 질량(mg)은 얼마인가?

① 438   ② 458
③ 469   ④ 500

[해설] ㉮ 불순물 유입금지 기준 : 액화산소 5 L 중 아세틸렌 질량이 5 mg 또는 탄화수소의 탄소 질량이 500 mg을 넘을 때는 운전을 중지하고 액화산소를 방출한다.
㉯ 탄화수소 중 탄소질량 계산 : 메탄($CH_4$)의 분자량 16, 에틸렌($C_2H_4$)의 분자량 28이다.
∴ 탄소질량
$= \dfrac{\text{탄화수소 중 탄소질량}}{\text{탄화수소의 분자량}} \times \text{탄화수소량}$
$= \left(\dfrac{12}{16} \times 360\right) + \left(\dfrac{24}{28} \times 196\right) = 438$ mg

**49.** 산소 용기를 이동하기 전에 취해야 할 사

정답  44. ②  45. ③  46. ②  47. ①  48. ①  49. ①

항으로 가장 거리가 먼 것은?

① 안전밸브를 떼어 낸다.
② 밸브를 잠근다.
③ 조정기를 떼어 낸다.
④ 캡을 확실히 부착한다.

[해설] 산소 용기를 이동하기 전에 용기 밸브를 폐쇄하고, 압력조정기를 분리하고, 용기 밸브 보호용 캡을 부착한다.

**50.** 고압가스 용기 파열사고의 주요 원인으로 가장 거리가 먼 것은?

① 용기의 내압력(耐壓力) 부족
② 용기밸브의 용기에서의 이탈
③ 용기 내압(內壓)의 이상 상승
④ 용기 내에서의 폭발성혼합가스의 발화

[해설] • 용기 파열사고의 주요 원인
㉮ 용기의 내압력(耐壓力) 부족
㉯ 용기 내부압력의 이상 상승
㉰ 용기 내에서의 폭발성혼합가스의 발화
㉱ 안전장치의 불량으로 작동 미비
㉲ 용기 취급 불량

**51.** 내용적이 25000 L인 액화산소 저장탱크의 저장능력은 얼마인가? (단, 비중은 1.04이다.)

① 26000 kg
② 23400 kg
③ 22780 kg
④ 21930 kg

[해설] $W = 0.9dV = 0.9 \times 1.04 \times 25000 = 23400$ kg

**52.** 다음 중 독성가스와 그 제독제가 옳지 않게 짝지어진 것은?

① 아황산가스 : 물
② 포스겐 : 소석회
③ 황화수소 : 물
④ 염소 : 가성소다 수용액

[해설] • 독성가스 제독제

| 가스 종류 | 제독제의 종류 |
|---|---|
| 염소 | 가성소다 수용액, 탄산소다 수용액, 소석회 |
| 포스겐 | 가성소다 수용액, 소석회 |
| 황화수소 | 가성소다 수용액, 탄산소다 수용액 |
| 시안화수소 | 가성소다 수용액 |
| 아황산가스 | 가성소다 수용액, 탄산소다 수용액, 물 |
| 암모니아, 산화에틸렌, 염화메탄 | 물 |

**53.** 용기에 의한 액화석유가스 사용시설에서 과압안전장치 설치 대상은 자동절체기가 설치된 가스설비의 경우 저장능력의 몇 kg 이상인가?

① 100 kg
② 200 kg
③ 400 kg
④ 500 kg

[해설] 저장능력이 250 kg 이상(자동절체기를 사용하여 용기를 집합한 경우에는 저장능력 500 kg 이상)인 저장설비, 가스설비 및 배관에는 그 안의 압력이 허용압력을 초과하는 경우 즉시 그 압력을 허용압력 이하로 되돌릴 수 있게 하기 위하여 과압안전장치를 설치한다.

[참고] • 용기에 의한 액화석유가스 사용시설 기준
㉮ 저장능력 100 kg 이하 : 용기, 용기밸브, 압력조정기가 직사광선, 눈, 빗물에 노출되지 않도록 조치
㉯ 저장능력 100 kg 초과 : 용기보관실 설치
㉰ 저장능력 250 kg 이상 : 과압안전장치 설치
㉱ 저장능력 500 kg 초과 : 저장탱크 또는 소형저장탱크 설치

**54.** 용접부의 용착상태의 양부를 검사할 때 가장 적당한 시험은?

① 인장시험
② 경도시험
③ 충격시험
④ 피로시험

정답  50. ②  51. ②  52. ③  53. ④  54. ①

[해설] 인장시험편을 용접부에서 채취하여 인장시험을 하여 용접부 용착상태가 적합한지, 부적합한지 판단한다.

**55.** 수소의 성질에 관한 설명으로 틀린 것은?
① 모든 가스 중에 가장 가볍다.
② 열전달률이 아주 작다.
③ 폭발범위가 아주 넓다.
④ 고온, 고압에서 강재 중의 탄소와 반응한다.

[해설] • 수소의 성질
㉮ 지구상에 존재하는 원소 중 가장 가볍다. (기체 비중이 약 0.07 정도)
㉯ 무색, 무취, 무미의 가연성이다.
㉰ 열전도율이 대단히 크고, 열에 대해 안정하다.
㉱ 확산속도가 대단히 크다.
㉲ 고온에서 강재, 금속재료를 쉽게 투과한다.
㉳ 폭굉속도가 1400~3500 m/s에 달한다.
㉴ 폭발범위가 넓다.(공기 중 : 4~75 %, 산소 중 : 4~94 %)
㉵ 고온, 고압 하에서 강(鋼)중의 탄소와 반응하여 수소취성을 일으킨다.

**56.** 일정 기준 이상의 고압가스를 적재 운반 시에는 운반책임자가 동승한다. 다음 중 운반책임자의 동승기준으로 틀린 것은?
① 가연성 압축가스 : 300 m³ 이상
② 조연성 압축가스 : 600 m³ 이상
③ 가연성 액화가스 : 4000 kg 이상
④ 조연성 액화가스 : 6000 kg 이상

[해설] • 비독성 고압가스 운반책임자 동승 기준

| 가스의 종류 | | 기준 |
|---|---|---|
| 압축 가스 | 가연성 | 300 m³ 이상 |
| | 조연성 | 600 m³ 이상 |
| 액화 가스 | 가연성 | 3000 kg 이상 (에어졸 용기 : 2000 kg 이상) |
| | 조연성 | 6000 kg 이상 |

**57.** 다음 중 특정고압가스에 해당하는 것만으로 나열된 것은?
① 수소, 아세틸렌, 염화수소, 천연가스, 포스겐
② 수소, 산소, 액화석유가스, 포스핀, 압축 디보레인
③ 수소, 염화수소, 천연가스, 포스겐, 포스핀
④ 수소, 산소, 아세틸렌, 천연가스, 포스핀

[해설] • 특정고압가스의 종류
㉮ 법에서 정한 것(법 20조) : 수소, 산소, 액화암모니아, 아세틸렌, 액화염소, 천연가스, 압축모노실란, 압축디보란, 액화알진, 그 밖에 대통령령이 정하는 고압가스
㉯ 대통령령이 정한 것(시행령 16조) : 포스핀, 셀렌화수소, 게르만, 디실란, 오불화비소, 오불화인, 삼불화인, 삼불화질소, 삼불화붕소, 사불화유황, 사불화규소
㉰ 특수고압가스 : 압축모노실란, 압축디보란, 액화알진, 포스핀, 셀렌화수소, 게르만, 디실란 그밖에 반도체의 세정 등 산업통상자원부 장관이 인정하는 특수한 용도에 사용하는 고압가스

**58.** 아세틸렌가스를 2.5 MPa의 압력으로 압축할 때 첨가하는 희석제가 아닌 것은?
① 질소  ② 메탄
③ 일산화탄소  ④ 산소

[해설] • 희석제의 종류
㉮ 안전관리 규정에 정한 것 : 질소($N_2$), 메탄($CH_4$), 일산화탄소(CO), 에틸렌($C_2H_4$)
㉯ 희석제로 가능한 것 : 수소($H_2$), 프로판($C_3H_8$), 이산화탄소($CO_2$)

**59.** LP가스 사용시설의 배관 내용적이 10 L인 저압 배관에 압력계로 기밀시험을 할 때 기밀시험 압력 유지시간은 얼마인가?
① 5분 이상  ② 10분 이상
③ 24분 이상  ④ 48분 이상

**정답** 55. ②  56. ③  57. ④  58. ④  59. ①

[해설] • 압력계에 의한 배관설비 기밀시험

| 종류 | 최고 사용압력 | 용적 | 기밀 유지시간 |
|---|---|---|---|
| 압력계 또는 자기압력 기록계 | 0.3 MPa 이하 | 10 L 이하 | 5분 |
| | | 10 L 초과 50 L 이하 | 10분 |
| | | 50 L 초과 1 m³ 미만 | 24분 |
| | | 1 m³ 이상 10 m³ 미만 | 240분 |
| | | 10 m³ 이상 300 m³ 미만 | 24×V분 |
| | 0.3 MPa 초과 | 10 L 이하 | 5분 |
| | | 10 L 초과 50 L 이하 | 10분 |
| | | 50 L 초과 1 m³ 미만 | 48분 |
| | | 1 m³ 이상 10 m³ 미만 | 480분 |
| | | 10 m³ 이상 300 m³ 미만 | 48×V분 |

※ 기밀시험 시 기밀유지시간 이상을 유지한다.
※ V는 피시험부분의 용적(m³)이다.

**60.** 액화염소 2000 kg을 차량에 적재하여 운반할 때 휴대하여야 할 소석회는 몇 kg 이상을 기준으로 하는가?

① 10  ② 20  ③ 30  ④ 40

[해설] • 독성가스 운반 시 휴대하여야 할 약제
㉮ 1000 kg 미만 : 소석회 20 kg 이상
㉯ 1000 kg 이상 : 소석회 40 kg 이상
㉰ 적용가스 : 염소, 염화수소, 포스겐, 아황산가스

---

### 제 4 과목　가스계측

---

**61.** 바이메탈 온도계에 사용되는 변환 방식은?

① 기계적 변환　② 광학적 변환
③ 유도적 변환　④ 전기적 변환

[해설] • 기계적 변환 방식의 분류
㉮ 직선변위→회전변위 : 지렛대, 톱니바퀴, 나사, 비틀림 금속 박편(탄성 지렛대식)
㉯ 힘→직선변위→회전변위 : 스프링과 중력을 이용
㉰ 온도→직선변위 : 바이메탈 이용
㉱ 전류→힘 또는 토크 : 전기계기에서 전류를 힘 또는 토크로 변환

**62.** 계량, 계측기의 교정이라 함은 무엇을 뜻하는가?

① 계량, 계측기의 지시값과 표준기의 지시값과의 차이를 구하여 주는 것
② 계량, 계측기의 지시값을 평균하여 참값과의 차이가 없도록 가산하여 주는 것
③ 계량, 계측기의 지시값과 참값과의 차를 구하여 주는 것
④ 계량, 계측기의 지시값을 참값과 일치하도록 수정하는 것

[해설] • 보정 : 측정값(지시값)이 참값에 가깝도록 행하는 조작으로 오차와의 크기는 같으나 부호가 반대이다.

**63.** 주로 기체연료의 발열량을 측정하는 열량계는?

① Richter 열량계　② Scheel 열량계
③ Junker 열량계　④ Thomson 열량계

[해설] • 융커스(Junker)식 열량계 : 기체 연료의 발열량 측정에 사용되며 시그마 열량계와 융커스식 유수형 열량계로 구분된다.

**64.** 염소($Cl_2$)가스 누출 시 검지하는 가장 적당한 시험지는?

① 연당지
② KI-전분지
③ 초산벤젠지

---

정답　60. ④　61. ①　62. ④　63. ③　64. ②

④ 염화제일구리착염지

[해설] • 가스검지 시험지법

| 검지가스 | 시험지 | 반응(변색) |
|---|---|---|
| 암모니아($NH_3$) | 적색리트머스지 | 청색 |
| 염소($Cl_2$) | KI 전분지 | 청갈색 |
| 포스겐($COCl_2$) | 해리슨시험지 | 유자색 |
| 시안화수소(HCN) | 초산벤젠지 | 청색 |
| 일산화탄소(CO) | 염화팔라듐지 | 흑색 |
| 황화수소($H_2S$) | 연당지 (초산납시험지) | 회흑색 |
| 아세틸렌($C_2H_2$) | 염화 제1구리착염지 | 적갈색 (적색) |

**65.** 전기식 제어방식의 장점으로 틀린 것은?
① 배선작업이 용이하다.
② 신호전달 지연이 없다.
③ 신호의 복잡한 취급이 쉽다.
④ 조작속도가 빠른 비례 조작부를 만들기 쉽다.

[해설] • 전기식 제어방식의 특징
㉮ 배선작업이 용이하다.
㉯ 신호전달 지연이 없다.
㉰ 복잡한 신호에 용이하다.
㉱ 조작력이 크게 요구될 때 사용된다.
㉲ 고온, 다습한 곳은 사용이 곤란하다.
㉳ 폭발성 가연성 가스를 사용하는 곳에서는 방폭구조로 하여야 한다.
㉴ 보수 및 취급에 기술을 요한다.
㉵ 조절밸브 모터의 동작에 관성이 크다.
㉶ 조작속도가 빠른 비례 조작부를 만들기가 곤란하다.

**66.** 오리피스로 유량을 측정하는 경우 압력차가 4배로 증가하면 유량은 몇 배로 변하는가?
① 2배 증가     ② 4배 증가
③ 8배 증가     ④ 16배 증가

[해설] • 차압식 유량계에서 유량은 차압의 평방근에 비례한다.

$$\therefore Q_2 = \sqrt{\frac{\Delta P_2}{\Delta P_1}} \times Q_1 = \sqrt{4} \times Q_1 = 2Q_1$$

∴ 오리피스 유량계에서 압력차가 4배로 증가하면 유량은 2배로 증가한다.

**67.** 내경 50 mm의 배관에서 평균유속 1.5 m/s의 속도로 흐를 때의 유량($m^3$/h)은 얼마인가?
① 10.6     ② 11.2
③ 12.1     ④ 16.2

[해설] $Q = AV = \frac{\pi}{4}D^2 V$
$= \frac{\pi}{4} \times 0.05^2 \times 1.5 \times 3600 = 10.602 \, m^3/h$

**68.** 습증기의 열량을 측정하는 기구가 아닌 것은?
① 조리개 열량계     ② 분리 열량계
③ 과열 열량계     ④ 봄베 열량계

[해설] • 봄베(bomb) 열량계 : 고체 및 고점도 액체 연료의 발열량을 측정하며 단열식과 비단열식으로 구분된다.

**69.** 가스크로마토그래피에 사용되는 운반기체의 조건으로 가장 거리가 먼 것은?
① 순도가 높아야 한다.
② 비활성이어야 한다.
③ 독성이 없어야 한다.
④ 기체 확산을 최대로 할 수 있어야 한다.

[해설] • 캐리어가스의 구비조건
㉮ 시료와 반응성이 낮은 불활성 기체여야 한다.
㉯ 기체 확산을 최소로 할 수 있어야 한다.
㉰ 순도가 높고 구입이 용이해(경제적) 한다.
㉱ 사용하는 검출기에 적합해야 한다.

**70.** 막식 가스미터 고장의 종류 중 부동(不動)의 의미를 가장 바르게 설명한 것은?

정답  65. ④  66. ①  67. ①  68. ④  69. ④  70. ③

① 가스가 크랭크축이 녹슬거나 밸브와 밸브시트가 타르(tar)접착 등으로 통과하지 않는다.
② 가스의 누출로 통과하나 정상적으로 미터가 작동하지 않아 부정확한 양만 측정된다.
③ 가스가 미터는 통과하나 계량막의 파손, 밸브의 탈락 등으로 계량기 지침이 작동하지 않는 것이다.
④ 날개나 조절기에 고장이 생겨 회전장치에 고장이 생긴 것이다.

[해설] • 막식 가스미터의 부동(不動) : 가스는 계량기를 통과하나 지침이 작동하지 않는 고장으로 계량막의 파손, 밸브의 탈락, 밸브와 밸브시트 사이에서의 누설, 지시장치 기어 불량 등이 원인이다.

**71.** 오르사트 가스분석기에서 CO 가스의 흡수액은?

① 30% KOH 용액
② 염화제1구리 용액
③ 피로카롤 용액
④ 수산화나트륨 25% 용액

[해설] • 오르사트식 가스분석 순서 및 흡수제

| 순서 | 분석가스 | 흡수제 |
|---|---|---|
| 1 | $CO_2$ | KOH 30% 수용액 |
| 2 | $O_2$ | 알칼리성 피로갈롤 용액 |
| 3 | CO | 암모니아성 염화제1구리 용액 |

**72.** 1 kΩ 저항에 100 V의 전압이 사용되었을 때 소모된 전력은 몇 W인가?

① 5
② 10
③ 20
④ 50

[해설] $P = E[V] \times I[A] = \dfrac{E^2[V]}{R[\Omega]}$

$= \dfrac{100^2}{1 \times 1000} = 10\,W$

**73.** 공업용 계측기의 일반적인 주요 구성으로 가장 거리가 먼 것은?

① 전달부
② 검출부
③ 구동부
④ 지시부

[해설] • 계측기기의 구성
㉮ 검출부 : 검출된 정보를 전달부나 수신부에 전달하기 위하여 신호로 변환하는 부분
㉯ 전달부 : 검출부에서 입력된 신호를 수신부에 전달하는 신호로 변환하거나 크기를 바꾸는 역할을 하는 부분
㉰ 수신부(지시부) : 검출부나 전달부의 출력 신호를 받아 지시, 기록, 경보를 하는 부분

**74.** 다음 [그림]과 같은 자동제어 방식은?

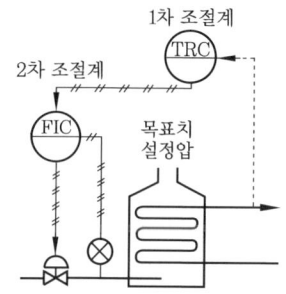

① 피드백 제어
② 시퀀스 제어
③ 캐스케이드 제어
④ 프로그램 제어

[해설] • 캐스케이드 제어 : 1차 제어장치가 제어량을 측정하고 2차 조절계의 목표값을 설정하는 것으로서 외란의 영향이나 낭비시간 지연이 큰 프로세서에 적용되는 제어방식이다.

**75.** 가스의 자기성(磁氣性)을 이용하여 검출하는 분석기기는?

① 가스크로마토그래피
② $SO_2$계
③ $O_2$계
④ $CO_2$계

[해설] • 자기식 $O_2$계(분석기) : 일반적인 가스는 반자성체에 속하지만 $O_2$는 자장에 흡입되는 강력한 상자성체인 것을 이용한 산소 분석

기이다.
㉮ 가동부분이 없고 구조도 비교적 간단하며, 취급이 용이하다.
㉯ 측정가스 중에 가연성 가스가 포함되면 사용할 수 없다.
㉰ 가스의 유량, 압력, 점성의 변화에 대하여 지시오차가 거의 발생하지 않는다.
㉱ 열선은 유리로 피복되어 있어 측정가스 중의 가연성가스에 대한 백금의 촉매작용을 막아 준다.

**76.** 가스미터의 종류 중 정도(정확도)가 우수하여 실험실용 등 기준기로 사용되는 것은?
① 막식 가스미터
② 습식 가스미터
③ Roots 가스미터
④ Orifice 가스미터

[해설] • 습식 가스미터의 특징
㉮ 계량이 정확하다.
㉯ 사용 중에 오차의 변동이 적다.
㉰ 사용 중에 수위조정 등의 관리가 필요하다.
㉱ 설치면적이 크다.
㉲ 기준용, 실험실용에 사용된다.
㉳ 용량범위는 $0.2 \sim 3000 \, m^3/h$이다.

**77.** 후크의 법칙에 의해 작용하는 힘과 변형이 비례한다는 원리를 이용한 압력계는?
① 액주식 압력계
② 점성 압력계
③ 부르동관식 압력계
④ 링밸런스 압력계

[해설] • 부르동관(bourdon tube) 압력계 : 2차 압력계 중에서 가장 대표적인 것으로 부르동관의 탄성을 이용한 것으로 곡관에 압력이 가해지면 곡률반지름이 증대되고, 압력이 낮아지면 수축하는 원리를 이용한 것이다. 부르동관의 종류는 C자형, 스파이럴형(spiral type), 헬리컬형(helical type), 버튼형 등이 있다.

[참고] • 후크의 법칙(Hooke's law) : 탄성이 있는 용수철(spring)과 같은 물체가 외력에 의해 늘어나거나 줄어드는 등 변형이 발생하였을 때 본래 자신의 모습으로 돌아오려고 저항하는 복원력의 크기와 변형의 정도 관계를 나타내는 법칙이다.

**78.** 루트 가스미터에서 일반적으로 일어나는 고장의 형태가 아닌 것은?
① 부동
② 불통
③ 감도
④ 기차 불량

[해설] • 루트(roots) 가스미터의 고장 종류 : 부동(不動), 불통(不通), 기차(오차) 불량, 계량막의 파손, 외관 손상, 감도 불량 등

**79.** 수분 흡수제로 사용하기에 가장 부적당한 것은?
① 염화칼륨
② 오산화인
③ 황산
④ 실리카겔

[해설] • 수분 흡수제의 종류 : 황산, 염화칼슘, 실리카겔, 오산화인

**80.** 다음 중 계통오차가 아닌 것은?
① 계기오차
② 환경오차
③ 과오오차
④ 이론오차

[해설] • 계통적 오차(systematic error) : 평균값과 진실값과의 차가 편위로서 원인을 알 수 있고 제거할 수 있다.
㉮ 계기오차 : 계량기 자체 및 외부 요인에 의한 오차
㉯ 환경오차 : 온도, 압력, 습도 등에 의한 오차
㉰ 개인오차 : 개인의 버릇에 의한 오차
㉱ 이론오차 : 공식, 계산 등으로 생기는 오차
※ 과오에 의한 오차 : 측정자의 부주의, 과실에 의한 오차로 원인을 알 수 있기 때문에 제거가 가능하다.

## 제1과목 연소공학

**1.** 수소 25 v%, 메탄 50 v%, 에탄 25 v%인 혼합가스가 공기와 혼합된 경우 폭발하한계(v%)는 약 얼마인가?(단, 폭발하한계는 수소 4 v%, 메탄 5 v%, 에탄 3 v%이다.)

① 3.1   ② 3.6   ③ 4.1   ④ 4.6

[해설] $\dfrac{100}{L} = \dfrac{V_1}{L_1} + \dfrac{V_2}{L_2} + \dfrac{V_3}{L_3}$ 에서

$\therefore L = \dfrac{100}{\dfrac{V_1}{L_1} + \dfrac{V_2}{L_2} + \dfrac{V_3}{L_3}}$

$= \dfrac{100}{\dfrac{25}{4} + \dfrac{50}{5} + \dfrac{25}{3}} = 4.067\,\%$

**2.** $C_mH_n$ $1\,Sm^3$을 완전 연소시켰을 때 생기는 $H_2O$의 양은?

① $\dfrac{n}{2}\,Sm^3$   ② $n\,Sm^3$

③ $2n\,Sm^3$   ④ $4n\,Sm^3$

[해설] • 탄화수소($C_mH_n$)의 완전 연소반응식

$C_mH_n + \left(m + \dfrac{n}{4}\right)O_2 \to mCO_2 + \dfrac{n}{2}H_2O$

**3.** 실제가스가 이상기체 상태방정식을 만족하기 위한 조건으로 옳은 것은?

① 압력이 낮고, 온도가 높을 때
② 압력이 높고, 온도가 낮을 때
③ 압력과 온도가 낮을 때
④ 압력과 온도가 높을 때

[해설] 실제 기체가 이상기체(완전 기체) 상태방정식을 만족시키는 조건은 압력이 낮고(저압), 온도가 높을 때(고온)이다.

**4.** 0℃, 1 atm에서 2 L의 산소와 0℃, 2 atm에서 3 L의 질소를 혼합하여 1 L로 하면 압력은 약 몇 atm이 되는가?

① 1   ② 2
③ 6   ④ 8

[해설] $P = \dfrac{P_1V_1 + P_2V_2}{V}$

$= \dfrac{(1\times 2) + (2\times 3)}{1} = 8\,atm$

**5.** 가연성 가스의 위험성에 대한 설명으로 틀린 것은?

① 폭발범위가 넓을수록 위험하다.
② 폭발범위 밖에서는 위험성이 감소한다.
③ 일반적으로 온도나 압력이 증가할수록 위험성이 증가한다.
④ 폭발범위가 좁고 하한계가 낮은 것은 위험성이 매우 적다.

[해설] 폭발범위가 넓고 하한계가 낮은 것은 위험성이 매우 크다. 폭발범위 하한계가 낮은 것이 위험성이 큰 이유는 아주 작은 양이라도 누설되면 폭발할 가능성이 있기 때문이다.

**6.** 메탄을 이론공기로 연소시켰을 때 생성물 중 질소의 분압은 약 몇 kPa인가?(단, 메탄과 공기는 100 kPa, 25℃에서 공급되고 생성물의 압력은 100 kPa이다.)

① 36   ② 71   ③ 81   ④ 92

**정답** 1. ③  2. ①  3. ①  4. ④  5. ④  6. ②

[해설] ㉮ 이론공기량에 의한 메탄의 완전 연소 반응식
$CH_4 + 2O_2 + (N_2) \rightarrow CO_2 + 2H_2O + (N_2)$
㉯ 질소의 분압 계산 : 질소의 몰(mol)수는 산소 몰(mol)수의 3.76배에 해당되며 배기가스의 전몰수는 $CO_2$ 1몰, $H_2O$ 2몰에 $N_2$의 몰수(2×3.76)를 합한 것이다.

$\therefore$ 분압 = 전압 × $\dfrac{성분몰수}{전몰수}$

$= 100 \times \dfrac{2 \times 3.76}{1 + 2 + (2 \times 3.76)}$

$= 71.482\ kPa$

**7.** 아세틸렌 가스의 위험도($H$)는 약 얼마인가?
① 21  ② 23
③ 31  ④ 33

[해설] ㉮ 공기 중에서 아세틸렌의 폭발범위 : 2.5~81%
㉯ 위험도 계산
$\therefore H = \dfrac{U-L}{L} = \dfrac{81-2.5}{2.5} = 31.4$

**8.** 물질의 상변화는 일으키지 않고 온도만 상승시키는데 필요한 열을 무엇이라고 하는가?
① 잠열  ② 현열
③ 증발열  ④ 융해열

[해설] ㉮ 현열(감열) : 물질이 상태변화는 없이 온도변화에 총 소요된 열량
㉯ 잠열 : 물질이 온도변화는 없이 상태변화에 총 소요된 열량

**9.** 불꽃 중 탄소가 많이 생겨서 황색으로 빛나는 불꽃을 무엇이라 하는가?
① 휘염  ② 층류염
③ 환원염  ④ 확산염

[해설] ㉮ 휘염 : 불꽃 중 탄소가 많이 생겨서 황색으로 빛나는 불꽃
㉯ 불휘염(무휘염) : 수소, 일산화탄소 등의 불꽃처럼 청녹색으로 빛이 나지 않는 불꽃

**10.** 전 폐쇄 구조인 용기 내부에서 폭발성가스의 폭발이 일어났을 때, 용기가 압력을 견디고 외부의 폭발성 가스에 인화할 우려가 없도록 한 방폭구조는?
① 안전증 방폭구조
② 내압 방폭구조
③ 특수 방폭구조
④ 유입 방폭구조

[해설] • 내압(耐壓) 방폭구조(d) : 방폭 전기기기의 용기 내부에서 가연성가스의 폭발이 발생할 경우 그 용기가 폭발압력에 견디고, 접합면, 개구부 등을 통하여 외부의 가연성가스에 인화되지 아니하도록 한 구조로 설계할 때 가연성가스의 최대안전틈새를 가장 중요하게 고려해야 한다.

**11.** 공기 중에서 압력을 증가시켰더니 폭발범위가 좁아지다가 고압 이후부터 폭발범위가 넓어지기 시작했다. 이는 어떤 가스인가?
① 수소  ② 일산화탄소
③ 메탄  ④ 에틸렌

[해설] 가연성가스는 일반적으로 압력이 증가하면 폭발범위는 넓어지나 일산화탄소(CO)와 수소($H_2$)는 압력이 증가하면 폭발범위는 좁아진다. 단, 수소는 압력이 10 atm 이상 되면 폭발범위가 다시 넓어진다.

**12.** 일정온도에서 발화할 때까지의 시간을 발화지연이라 한다. 발화지연이 짧아지는 요인으로 가장 거리가 먼 것은?
① 가열온도가 높을수록
② 압력이 높을수록
③ 혼합비가 완전산화에 가까울수록
④ 용기의 크기가 작을수록

[해설] • 발화지연 : 어느 온도에서 가열하기 시작하여 발화에 이르기까지의 시간으로 고온, 고압일수록, 가연성가스와 산소의 혼합비가 완전산화에 가까울수록 발화지연은 짧아진다.

정답  7. ③  8. ②  9. ①  10. ②  11. ①  12. ④

**13.** 다음 중 공기비를 옳게 표시한 것은?

① $\dfrac{\text{실제 공기량}}{\text{이론 공기량}}$

② $\dfrac{\text{이론 공기량}}{\text{실제 공기량}}$

③ $\dfrac{\text{사용 공기량}}{1-\text{이론 공기량}}$

④ $\dfrac{\text{이론 공기량}}{1-\text{사용 공기량}}$

[해설] • 공기비(excess air ratio) : 과잉공기계수라 하며 실제공기량($A$)과 이론공기량($A_0$)의 비이다.

$$\therefore m = \dfrac{A}{A_0} = \dfrac{A_0 + B}{A_0} = 1 + \dfrac{B}{A_0}$$

**14.** B, C급 분말소화기의 용도가 아닌 것은?

① 유류 화재   ② 가스 화재
③ 전기 화재   ④ 일반 화재

[해설] • 화재의 종류(분류)
㉠ A급 : 목재, 종이와 같은 일반 가연물의 화재
㉡ B급 : 석유류, 가스와 같은 인화성물질의 화재
㉢ C급 : 전기 화재
㉣ D급 : 금속 화재

**15.** 기체동력 사이클 중 가장 이상적인 이론 사이클로, 열역학 제2법칙과 엔트로피의 기초가 되는 사이클은?

① 카르노 사이클(Carnot cycle)
② 사바테 사이클(Sabathe cycle)
③ 오토 사이클(Otto cycle)
④ 브레이턴 사이클(Brayton cycle)

[해설] • 카르노 사이클(Carnot cycle) : 2개의 단열과정과 2개의 등온과정으로 구성된 열기관의 이론적인 사이클이다.

**16.** 가스의 연소속도에 영향을 미치는 인자에 대한 설명으로 틀린 것은?

① 연소속도는 주변 온도가 상승함에 따라 증가한다.
② 연소속도는 이론혼합기 근처에서 최대이다.
③ 압력이 증가하면 연소속도는 급격히 증가한다.
④ 산소농도가 높아지면 연소범위가 넓어진다.

[해설] • 연소속도에 영향을 주는 인자
㉠ 기체의 확산 및 산소와의 혼합
㉡ 연소용 공기 중 산소의 농도 : 산소 농도가 높아지면 연소범위가 넓어지고, 연소속도도 증가한다.
㉢ 연소 반응물질 주위의 압력 : 압력이 높을수록 연소속도는 증가한다.(급격히 증가하지는 않는다)
㉣ 온도 : 주변 온도가 상승하면 연소속도가 증가한다.
㉤ 촉매

**17.** 난류확산화염에서 유속 또는 유량이 증대할 경우 시간이 지남에 따라 화염의 높이는 어떻게 되는가?

① 높아진다.
② 낮아진다.
③ 거의 변화가 없다.
④ 어느 정도 낮아지다가 높아진다.

[해설] 난류확산화염은 단위체적당 연소율(반응량)이 층류확산화염에 비해 크게 증가하기 때문에 유속 또는 유량이 증대할 경우 시간이 지남에 따라 화염의 높이는 거의 변화가 없다.

[참고] 층류확산화염에서 화학반응속도는 확산속도에 비해 충분히 빠르기 때문에 유량 및 유속이 증대하면 화염의 높이는 높아진다.

**18.** 층류 연소속도 측정법 중 단위화염 면적당 단위시간에 소비되는 미연소 혼합기체의 체적을 연소속도로 정의하여 결정하며, 오차가 크지만 연소속도가 큰 혼합기체에 편리하

[정답] 13. ①   14. ④   15. ①   16. ③   17. ③   18. ②

게 이용되는 측정방법은?
① Slot 버너법
② Bunsen 버너법
③ 평면 화염 버너법
④ Soap bubble법

[해설] • 층류연소속도 측정법
㉮ 비눗방울(soap bubble)법 : 미연소 혼합기로 비눗방울을 만들어 그 중심에서 전기점화를 시키면 화염은 구상화염으로 바깥으로 전파되고 비눗방울은 연소의 진행과 함께 팽창된다. 이때 점화전후의 비눗방울 체적, 반지름을 이용하여 연소속도를 측정한다.
㉯ 슬롯 버너(slot burner)법 : 균일한 속도분포를 갖는 노즐을 이용하여 V자형의 화염을 만들고, 미연소 혼합기 흐름을 화염이 둘러 싸여 있어 혼합기가 화염대에 들어갈 때까지 혼합기의 유선은 직선을 유지한다.
㉰ 평면화염 버너(flat flame burner)법 : 미연소 혼합기의 속도분포를 일정하게 하여 유속과 연소속도를 균형화시켜 유속으로 연소속도를 측정한다.
㉱ 분젠 버너(bunsen burner)법 : 단위화염 면적당 단위시간에 소비되는 미연소 혼합기의 체적을 연소속도로 정의하여 결정하며, 오차가 크지만 연소속도가 큰 혼합기체에 편리하게 이용된다.

## 19. 최소 점화에너지에 대한 설명으로 옳은 것은?
① 유속이 증가할수록 작아진다.
② 혼합기 온도가 상승함에 따라 작아진다.
③ 유속 20 m/s까지는 점화 에너지가 증가하지 않는다.
④ 점화 에너지의 상승은 혼합기 온도 및 유속과는 무관하다.

[해설] • 최소 점화에너지(MIE) : 가연성 혼합가스에 전기적 스파크로 점화시킬 때 점화하기 위한 최소한의 전기적 에너지를 말하는 것으로 혼합기 온도가 상승함에 따라 작아지지만, 유속과는 무관하다.

## 20. 분젠버너에서 공기의 흡입구를 닫았을 때의 연소나 가스라이터의 연소 등 주변에서 볼 수 있는 전형적인 기체연료의 연소형태로서 화염이 전파하는 특징을 갖는 연소는?
① 분무연소 ② 확산연소
③ 분해연소 ④ 예비혼합연소

[해설] • 확산연소(擴散燃燒) : 촛불, 가스라이터 화염과 같이 주변에서 볼 수 있는 것으로 연료와 공기가 경계를 형성하여 연료와 산소가 확산, 혼합하면서 유지되는 연소형태로 화염이 전파하는 특징을 갖는다.

---

### 제 2 과목   가스설비

---

## 21. 펌프의 토출량이 6 m³/min이고, 송출구의 안지름이 20 cm일 때 유속은 약 몇 m/s인가?
① 1.5  ② 2.7  ③ 3.2  ④ 4.5

[해설] $Q = A \times V = \dfrac{\pi}{4} \times D^2 \times V$에서 펌프의 토출량($Q$)을 m³/s로, 송출구 안지름($D$)을 미터(m)로 환산하여 계산한다.

$\therefore V = \dfrac{4Q}{\pi \times D^2} = \dfrac{4 \times 6}{\pi \times 0.2^2 \times 60} = 3.183$ m/s

## 22. 탄소강에서 탄소 함유량의 증가와 더불어 증가하는 성질은?
① 비열 ② 열팽창율
③ 탄성계수 ④ 열전도율

[해설] • 탄소강의 성질
㉮ 물리적 성질 : 탄소함유량이 증가와 더불어 비중, 선팽창계수, 세로 탄성율, 열전도율은 감소되나 고유 저항과 비열은 증가한다.
㉯ 화학적 성질 : 탄소가 많을수록 내식성이 감소한다.
㉰ 기계적 성질 : 탄소가 증가할수록 인장강

---

**정답** 19. ② 20. ② 21. ③ 22. ①

도, 경도, 항복점은 증가하나 탄소함유량이 0.9 % 이상이 되면 반대로 감소한다. 또 연신율, 충격치는 반대로 감소하고 취성을 증가시킨다.

**23.** 탱크로리로부터 저장탱크로 LPG 이송 시 잔가스 회수가 가능한 이송방법은?

① 압축기 이용법
② 액송펌프 이용법
③ 차압에 의한 방법
④ 압축가스 용기 이용법

해설 • 압축기에 의한 이송방법 특징
㉮ 펌프에 비해 이송시간이 짧다.
㉯ 잔가스 회수가 가능하다.
㉰ 베이퍼 로크 현상이 없다.
㉱ 부탄의 경우 재액화 현상이 일어난다.
㉲ 압축기 오일이 유입되어 드레인의 원인이 된다.

**24.** 메탄가스에 대한 설명으로 옳은 것은?

① 담청색의 기체로서 무색의 화염을 낸다.
② 고온에서 수증기와 작용하면 일산화탄소와 수소를 생성한다.
③ 공기 중에 30 %의 메탄가스가 혼합된 경우 점화하면 폭발한다.
④ 올레핀계 탄화수소로서 가장 간단한 형의 화합물이다.

해설 • 메탄($CH_4$)의 성질
㉮ LNG의 주성분이며, 폭발범위는 5~15 %이다.
㉯ 무색, 무취의 기체로 연소 시 담청색의 화염을 발한다.
㉰ 메탄($CH_4$)과 수증기($H_2O$)의 반응식
$CH_4 + H_2O \rightarrow CO + 3H_2O - 49.3$ kcal
㉱ 파라핀계 탄화수소로 안정된 가스이다.
㉲ 메탄 분자는 무극성이며, 물($H_2O$)분자와 결합하는 성질이 없으므로 용해도는 적다.

**25.** 조정압력이 3.3 kPa 이하이고 노즐 지름이 3.2 mm 이하인 일반용 LP가스 압력조정기의 안전장치 분출용량은 몇 L/h 이상이어야 하는가?

① 100  ② 140  ③ 200  ④ 240

해설 • 조정압력 3.3 kPa 이하인 압력조정기의 안전장치 분출용량
㉮ 노즐 지름이 3.2 mm 이하일 때 : 140 L/h 이상
㉯ 노즐 지름이 3.2 mm 초과일 때 : 다음 계산식에 의한 값 이상
$Q = 44D$
여기서, $Q$ : 안전장치 분출량(L/h)
$D$ : 조정기의 노즐 지름(mm)

**26.** 시간당 50000 kcal를 흡수하는 냉동기의 용량은 약 몇 냉동톤인가?

① 3.8  ② 7.5  ③ 15  ④ 30

해설 1 한국 냉동톤 : 0℃ 물 1톤(1000 kg)을 0℃ 얼음으로 만드는데 1일 동안 제거하여야 할 열량으로 3320 kcal/h에 해당된다.
∴ 냉동기 용량 = $\dfrac{흡수(제거)열량}{3320}$
$= \dfrac{50000}{3320} = 15.060$ 냉동톤

**27.** 메탄염소화에 의해 염화메틸($CH_3Cl$)을 제조할 때 반응 온도는 얼마 정도로 하는가?

① 100℃  ② 200℃
③ 300℃  ④ 400℃

해설 • 메탄염소화에 의한 염화메틸($CH_3Cl$) 제조법 : 메탄을 염소와 함께 400℃로 가열하면 염화메틸을 얻는다.

**28.** 동관용 공구 중 동관 끝을 나팔형으로 만들어 압축이음 시 사용하는 공구는?

① 익스팬더  ② 플레어링 툴
③ 사이징 툴  ④ 리머

해설 • 동관 작업용 공구
㉮ 튜브 커터(tube cutter) : 동관을 절단할 때 사용
㉯ 튜브 벤더(tube bender) : 동관의 구부릴

정답  23. ①  24. ②  25. ②  26. ③  27. ④  28. ②

때 사용
㉰ 플레어링 툴 : 압축이음하기 위하여 관끝을 나팔관 모양으로 넓힐 때 사용
㉱ 리머(reamer) : 관 내면의 거스러미를 제거하는 데 사용
㉲ 사이징 툴(sizing tools) : 동관 끝부분을 원형으로 교정할 때 사용
㉳ 확관기(expander) : 관 끝을 넓혀 소켓으로 만들 때 사용
㉴ 티 뽑기(extractor) : 직관에서 분기관 성형 시 사용

**29.** 원심펌프의 회전수가 1200 rpm일 때 양정 15 m, 송출유량 2.4 m³/min, 축동력 10 PS이다. 이 펌프를 2000 rpm으로 운전할 때의 양정($H$)은 약 몇 m가 되겠는가? (단, 펌프의 효율은 변하지 않는다.)
① 41.67  ② 33.75  ③ 27.78  ④ 22.72

[해설] $H_2 = H_1 \times \left(\dfrac{N_2}{N_1}\right)^2 = 15 \times \left(\dfrac{2000}{1200}\right)^2$
$= 41.666$ m

**30.** 금속의 열처리에서 풀림(annealing)의 주된 목적은?
① 강도 증가
② 인성 증가
③ 조직의 미세화
④ 강을 연하게 하여 기계 가공성을 향상

[해설] • 풀림(annealing : 소둔) : 가공 중에 생긴 내부응력을 제거하거나 가공 경화된 재료를 연화시켜 상온가공을 용이하게 할 목적으로 로 중에서 가열하여 서서히 냉각시킨다.

**31.** 기밀성 유지가 양호하고 유량조절이 용이하지만 압력손실이 비교적 크고 고압의 대구경 밸브로는 적합하지 않은 특징을 가지는 밸브는?
① 플러그 밸브   ② 글로브 밸브
③ 볼 밸브       ④ 게이트 밸브

[해설] • 글로브 밸브(glove valve)의 특징
㉮ 유체의 흐름에 따라 마찰손실(저항)이 크다.
㉯ 주로 유량 조절용으로 사용된다.
㉰ 유체의 흐름 방향과 평행하게 밸브가 개폐된다.
㉱ 밸브의 디스크 모양은 평면형, 반구형, 원뿔형 등의 형상이 있다.
㉲ 슬루스밸브에 비하여 가볍고 가격이 저렴하다.
㉳ 고압의 대구경 밸브에는 부적당하다.

**32.** 가스 배관의 구경을 산출하는데 필요한 것으로만 짝지어진 것은?

| ㉠ 가스유량  ㉡ 배관길이  ㉢ 압력손실 |
| ㉣ 배관재질  ㉤ 가스의 비중 |

① ㉠, ㉡, ㉢, ㉣   ② ㉡, ㉢, ㉣, ㉤
③ ㉠, ㉡, ㉢, ㉤   ④ ㉠, ㉡, ㉣, ㉤

[해설] • 저압배관 유량계산식
$Q = K\sqrt{\dfrac{D^5 \cdot H}{S \cdot L}}$ 에서

배관 안지름 $D = \sqrt[5]{\dfrac{Q^2 SL}{K^2 H}}$ 이므로 가스유량($Q$), 가스비중($S$), 배관길이($L$), 압력손실($H$)이 관계있다.

**33.** LPG 소비설비에서 용기의 개수를 결정할 때 고려사항으로 가장 거리가 먼 것은?
① 감압방식
② 1가구당 1일 평균가스 소비량
③ 소비자 가구수
④ 사용가스의 종류

[해설] • 용기 개수 결정 시 고려할 사항
㉮ 피크(peck) 시의 기온
㉯ 소비자 가수 수
㉰ 1가구당 1일의 평균 가스소비량
㉱ 피크 시 평균가스 소비율
㉲ 피크 시 용기에서의 가스발생능력
㉳ 용기의 크기(질량)

[정답] 29. ①  30. ④  31. ②  32. ③  33. ①

**34.** 밀폐식 가스연소기의 일종으로 시공성은 물론 미관상도 좋고, 배기가스 중독사고의 우려도 적은 연소기 유형은?

① 자연배기(CF)식
② 강제배기(FE)식
③ 자연급배기(BF)식
④ 강제급배기(FF)식

[해설] • 강제급배기(FF)식 : 연소용 공기는 실외에서 급기하고, 배기가스는 실외로 배기하며, 송풍기를 사용하여 강제적으로 급기 및 배기하는 연소기로 배기가스로 인한 중독사고의 우려가 적다.

**35.** 가스 충전구의 나사방향이 왼나사이어야 하는 것은?

① 암모니아
② 브롬화메틸
③ 산소
④ 아세틸렌

[해설] • 충전구 나사형식
㉮ 왼나사 : 가연성가스(암모니아, 브롬화메틸은 오른나사)
㉯ 오른나사 : 가연성 이외의 것

**36.** 펌프의 공동현상(cavitation) 방지방법으로 틀린 것은?

① 흡입양정을 짧게 한다.
② 양흡입 펌프를 사용한다.
③ 흡입 비교 회전도를 크게 한다.
④ 회전차를 물속에 완전히 잠기게 한다.

[해설] • 캐비테이션(cavitation)현상 방지법
㉮ 펌프의 위치를 낮춘다. (흡입양정을 짧게 한다.)
㉯ 수직축 펌프를 사용하여 회전차를 수중에 완전히 잠기게 한다.
㉰ 양흡입 펌프를 사용한다.
㉱ 펌프의 회수를 낮춘다.
㉲ 두 대 이상의 펌프를 사용한다.
㉳ 유효흡입수두를 크게 한다.

**37.** 공기 액화장치 중 수소, 헬륨을 냉매로 하며 2개의 피스톤이 한 실린더에 설치되어 팽창기와 압축기의 역할을 동시에 하는 형식은?

① 캐스케이드식
② 캐피자식
③ 클라우드식
④ 필립스식

[해설] • 필립스식 액화장치 특징
㉮ 실린더 중에 피스톤과 보조피스톤이 있다.
㉯ 냉매로 수소, 헬륨을 사용한다.

**38.** 가스액화 분리장치의 구성이 아닌 것은?

① 한랭 발생장치
② 불순물 제거장치
③ 정류(분축, 흡수)장치
④ 내부연소식 반응장치

[해설] • 가스액화 분리장치의 구성 : 한랭 발생장치, 정류장치, 불순물 제거장치

**39.** 강제 급배기식 가스 온수보일러에서 보일러의 최대 가스소비량과 각 버너의 가스소비량은 표시치의 얼마 이내의 것으로 하여야 하는가?

① ±5%
② ±8%
③ ±10%
④ ±15%

[해설] • 가스소비량 성능 : 전가스소비량 및 각 버너의 가스소비량은 표시치의 ±10% 이내인 것으로 한다.

**40.** 공기액화 분리장치의 폭발원인이 될 수 없는 것은?

① 공기 취입구에서 아르곤 혼입
② 공기 취입구에서 아세틸렌 혼입
③ 공기 중 질소 화합물(NO, $NO_2$) 혼입
④ 압축기용 윤활유의 분해에 의한 탄화수소의 생성

[해설] • 공기액화 분리장치의 폭발원인
㉮ 공기 취입구로부터 아세틸렌의 혼입
㉯ 압축기용 윤활유 분해에 따른 탄화수소의 생성

**정답** 34. ④ 35. ④ 36. ③ 37. ④ 38. ④ 39. ③ 40. ①

㉰ 공기 중 질소 화합물(NO, NO₂)의 혼입
㉱ 액체공기 중에 오존(O₃)의 혼입

## 제 3 과목  가스안전관리

**41.** 다음의 액화가스를 이음매 없는 용기에 충전할 경우 그 용기에 대하여 음향검사를 실시하고 음향이 불량한 용기는 내부조명검사를 하지 않아도 되는 것은?
① 액화프로판   ② 액화암모니아
③ 액화탄산가스  ④ 액화염소

[해설] • 충전용기의 검사 : 압축가스(아세틸렌을 제외한다) 및 액화가스(액화암모니아, 액화탄산가스 및 액화염소만을 말한다)를 이음매 없는 용기에 충전할 때에는 그 용기에 대하여 음향검사를 실시하고 음향이 불량한 용기는 내부조명검사를 하며, 내부에 부식, 이물질 등이 있을 때에는 그 용기를 사용하지 아니한다.

**42.** 고압가스 냉동제조시설에서 해당 냉동설비의 냉동능력에 대응하는 환기구의 면적을 확보하지 못하는 때에는 그 부족한 환기구 면적에 대하여 냉동능력 1 ton당 얼마 이상의 강제환기장치를 설치해야 하는가?
① 0.05 m³/분    ② 1 m³/분
③ 2 m³/분      ④ 3 m³/분

[해설] • 체류방지 조치 : 가연성가스 또는 독성가스를 냉매로 사용하는 냉매설비에는 냉매가스가 누출될 경우 그 냉매가스가 체류하지 아니하도록 다음 조치를 강구한다.
㉮ 냉동능력 1톤당 0.05 m² 이상의 면적을 갖는 환기구를 직접 외기에 닿도록 설치한다.
㉯ 해당 냉동설비의 냉동능력에 대응하는 환기구의 면적을 확보하지 못하는 때에는 그 부족한 환기구 면적에 대하여 냉동능력 1 ton당 2 m³/분 이상의 환기능력을 갖는 강제환기장치를 설치한다.

**43.** 산소와 혼합가스를 형성할 경우 화염온도가 가장 높은 가연성가스는?
① 메탄      ② 수소
③ 아세틸렌   ④ 프로판

[해설] 아세틸렌을 산소와 혼합시켜 연소시키면 3000℃를 넘는 화염온도를 만들 수 있어 금속의 용접, 절단에 사용한다. 수소의 경우는 2000℃ 정도의 화염온도를 얻을 수 있다.

**44.** 신규검사 후 경과연수가 20년 이상 된 액화석유가스용 100 L 용접용기의 재검사 주기는?
① 1년마다   ② 2년마다
③ 3년마다   ④ 5년마다

[해설] • LPG용 용접용기 재검사 주기

| 구분 | 15년 미만 | 15년 이상~ 20년 미만 | 20년 이상 |
|---|---|---|---|
| 500 L 이상 | 5년 | 2년 | 1년 |
| 500 L 미만 | 5년 | | 2년 |

**45.** 용기에 의한 액화석유가스 사용시설에서 호칭지름이 20 mm인 가스배관을 노출하여 설치할 경우 배관이 움직이지 않도록 고정장치를 몇 m마다 설치하여야 하는가?
① 1 m  ② 2 m  ③ 3 m  ④ 4 m

[해설] • 배관 고정장치 설치간격 기준
㉮ 호칭지름 13 mm 미만 : 1 m마다
㉯ 호칭지름 13 mm 이상 33 mm 미만 : 2 m마다
㉰ 호칭지름 33 mm 이상 : 3 m마다
㉱ 호칭지름 100 mm 이상의 것에는 별도의 조건에 따라 3 m를 초과하여 설치할 수 있다.

**46.** 기업활동 전반을 시스템으로 보고 시스템 운영 규정을 작성·시행하여 사업장에서의 사고 예방을 위하여 모든 형태의 활동 및 노력을 효과적으로 수행하기 위한 체계적이고

종합적인 안전관리체계를 의미하는 것은?

① MMS  ② SMS
③ CRM  ④ SSS

[해설] • SMS(Safety Management System) : 안전성향상계획서→고법 시행령 제10조, 규칙 제24조에 안전성향상계획을 제출하여야 하는 사업자 등은 안전성 평가 대상시설을 설치, 이전하거나 산업통상자원부장관이 정하는 주요부분을 변경할 때에는 단위 공정별로 안전성 평가를 하고 안전성향상계획서를 작성하여 허가관청에 제출하도록 규정하고 있음

**47.** 도시가스용 압력조정기란 도시가스 정압기 이외에 설치되는 압력조정기로서 입구 쪽 호칭지름과 최대표시유량을 각각 바르게 나타낸 것은?

① 50 A 이하, 300 Nm³/h 이하
② 80 A 이하, 300 Nm³/h 이하
③ 80 A 이하, 500 Nm³/h 이하
④ 100 A 이하, 500 Nm³/h 이하

[해설] • 도시가스용 압력조정기 : 도시가스 정압기 이외에 설치되는 압력조정기로서 입구쪽 호칭지름이 50 A 이하이고, 최대표시유량이 300 Nm³/h 이하인 것을 말한다.

**48.** 일반도시가스시설에서 배관 매설 시 사용하는 보호포의 기준으로 틀린 것은?

① 일반형 보호포와 내압력형 보호포로 구분한다.
② 잘 끊어지지 않는 재질로 직조한 것으로 두께는 0.2 mm 이상으로 한다.
③ 최고 사용압력이 중압 이상인 배관의 경우에는 보호판의 상부로부터 30 cm 이상 떨어진 곳에 보호포를 설치한다.
④ 보호포는 호칭지름에 10 cm를 더한 폭으로 설치한다.

[해설] • 보호포 기준
㉮ 보호포는 일반형 보호포와 탐지형 보호포(지면에서 매설된 보호포의 설치위치를 탐지할 수 있도록 제조된 것을 말한다)로 구분한다.
㉯ 보호포는 폴리에틸렌수지, 폴리프로필렌 수지 등 잘 끊어지지 않는 재질로 직조한 것으로서 두께는 0.2 mm 이상으로 한다.
㉰ 보호포의 폭은 15 cm 이상으로 하며, 설치할 때에는 호칭지름에 10 cm를 더한 폭으로 설치하고, 2열 이상으로 설치할 경우 보호포간의 간격은 해당 보호포 폭 이내로 한다.
㉱ 보호포의 바탕색은 최고사용압력이 저압인 관은 황색, 중압 이상인 관은 적색으로 하고 가스명, 최고사용압력, 공급자명 등을 표시한다.
㉲ 최고사용압력이 중압 이상인 배관의 경우에는 보호판의 상부로부터 30 cm 이상 떨어진 곳에 보호포를 설치한다.
㉳ 최고사용압력이 저압인 배관으로서 매설깊이가 1.0 m 이상인 경우에는 배관 정상부로부터 60 cm 이상, 매설깊이가 1.0 m 미만인 경우에는 배관 정상부로부터 40 cm 이상 떨어진 곳에 보호포를 설치한다.
㉴ 공동주택 등의 부지 안에 설치하는 배관의 경우에는 배관 정상부로부터 40 cm 떨어진 곳에 보호포를 설치한다.

**49.** 다음 중 용기의 각인 기호에 대해 잘못 나타낸 것은?

① V : 내용적
② W : 용기의 질량
③ TP : 기밀시험압력
④ FP : 최고충전압력

[해설] • 용기 각인 기호
㉮ V : 내용적(L)
㉯ W : 초저온용기 외의 용기는 밸브 및 부속품을 포함하지 않은 용기의 질량(kg)
㉰ TW : 아세틸렌 용기는 용기의 질량에 다공물질, 용제 및 밸브의 질량을 합한 질량(kg)
㉱ TP : 내압시험압력(MPa)
㉲ FP : 압축가스를 충전하는 용기는 최고충전압력(MPa)

**정답** 47. ① 48. ① 49. ③

**50.** 공업용 용기의 도색 및 문자표시의 색상으로 틀린 것은?
① 수소-주황색으로 용기도색, 백색으로 문자표기
② 아세틸렌-황색으로 용기도색, 흑색으로 문자표기
③ 액화암모니아-백색으로 용기 도색, 흑색으로 문자표기
④ 액화염소-회색으로 용기도색, 백색으로 문자표기

[해설] 액화염소-갈색으로 용기도색, 백색으로 문자표기

**51.** 차량에 고정된 탱크의 내용적에 대한 설명으로 틀린 것은?
① 액화천연가스 탱크의 내용적은 1만 8천 L를 초과할 수 없다.
② 산소 탱크의 내용적은 1만 8천L를 초과할 수 없다.
③ 염소 탱크의 내용적은 1만 2천L를 초과할 수 없다.
④ 암모니아 탱크의 내용적은 1만 2천L를 초과할 수 없다.

[해설] • 차량에 고정된 탱크 내용적 제한
㉮ 가연성(LPG제외), 산소 : 18000 L 초과 금지
㉯ 독성가스(암모니아 제외) : 12000 L 초과 금지

**52.** 액화석유가스의 안전관리 및 사업법상 허가대상이 아닌 콕은?
① 퓨즈콕
② 상자콕
③ 주물연소기용 노즐콕
④ 호스콕

[해설] • 콕의 종류 및 구조
㉮ 퓨즈콕 : 가스유로를 볼로 개폐하고, 과류차단 안전기구가 부착된 것으로서 배관과 호스, 호스와 호스, 배관과 배관 또는 배관과 커플러를 연결하는 구조이다.
㉯ 상자콕 : 상자에 넣어 바닥, 벽 등에 설치하는 것으로서 3.3 kPa 이하의 압력과 1.2 m³/h 이하의 표시유량에 사용하는 콕이다.
㉰ 주물연소기용 노즐콕 : 주물연소기부품으로 사용하는 것으로서 볼로 개폐하는 구조이다.
㉱ 업무용 대형 연소기용 노즐콕 : 업무용 대형 연소기 부품으로 사용하는 것으로서 가스 흐름을 볼로 개폐하는 구조이다.

**53.** 가스안전성평가기법 중 정성적 안전성 평가기법은?
① 체크리스트 기법
② 결함수분석 기법
③ 원인결과분석 기법
④ 작업자실수분석 기법

[해설] • 안전성 평가기법
㉮ 정성적 평가기법 : 체크리스트(checklist) 기법, 사고예상 질문 분석(WHAT-IF) 기법, 위험과 운전 분석(HAZOP) 기법
㉯ 정량적 평가 기법 : 작업자 실수 분석(HEA) 기법, 결함수 분석(FTA) 기법, 사건수 분석(ETA) 기법, 원인 결과 분석(CCA) 기법
㉰ 기타 : 상대 위험순위 결정 기법, 이상 위험도 분석

**54.** 다음 중 가연성가스가 아닌 것은?
① 아세트알데히드
② 일산화탄소
③ 산화에틸렌
④ 염소

[해설] • 가연성가스의 종류 : 아크릴로니트릴, 아크릴알데히드, 아세트알데히드, 아세틸렌, 암모니아, 수소, 황화수소, 시안화수소, 일산화탄소, 메탄, 염화메탄, 브롬화메탄, 에탄, 염화에탄, 염화비닐, 에틸렌, 산화에틸렌, 프로판, 싸이크로프로판, 프로필렌, 산화프로필렌, 부탄, 부타디엔, 부틸렌, 메틸에테르, 모노메틸아민, 디메틸아민, 트리메틸아민, 에틸아민, 벤젠, 에틸벤젠 그 밖에 공기 중에서 연소하

는 가스로서 폭발한계의 하한이 10% 이하인 것과 폭발한계의 상한과 하한의 차가 20% 이상인 것

※ 염소 : 조연성 가스, 독성 가스에 해당된다.

**55.** 용기에 의한 액화석유가스 사용시설에서 저장능력이 100 kg을 초과하는 경우에 설치하는 용기보관실의 설치기준에 대한 설명으로 틀린 것은?

① 용기는 용기보관실 안에 설치한다.
② 단층구조로 설치한다.
③ 용기보관실의 지붕은 무거운 방염재료로 설치한다.
④ 보기 쉬운 곳에 경계표지를 설치한다.

[해설] • 용기보관실의 설치기준 : 저장능력이 100 kg을 초과하는 경우
㉮ 옥외에 용기보관실을 설치하고, 용기는 용기보관실 안에 설치한다.
㉯ 용기보관실의 벽, 문 및 지붕은 불연재료(지붕의 경우에는 가벼운 불연재료)로 설치하고, 단층구조로 한다.
㉰ 건물과 건물사이 등 용기보관실 설치가 곤란한 경우에는 외부인의 출입을 방지하기 위한 출입문을 설치하고 보기 쉬운 곳에 경계표지를 설치한다.
㉱ 용기보관실을 건물 벽의 일부를 이용하여 설치코자 할 경우에는 용기보관실에서 가스가 누출되어 건물로 유입되지 않는 구조로 한다.

**56.** 안전관리규정의 실시기록은 몇 년간 보존하여야 하는가?

① 1년　② 2년　③ 3년　④ 5년

[해설] • 안전관리규정의 실시기록(고법 시행규칙 제19조) : 안전관리규정의 실시기록(전산보조기억장치에 입력된 경우에는 그 입력된 자료를 말한다)은 5년간 보존하여야 한다.

**57.** 다음 중 특정고압가스가 아닌 것은?

① 수소　② 질소
③ 산소　④ 아세틸렌

[해설] • 특정고압가스의 종류
㉮ 법에서 정한 것(법 20조) : 수소, 산소, 액화암모니아, 아세틸렌, 액화염소, 천연가스, 압축모노실란, 압축디보란, 액화알진, 그밖에 대통령령이 정하는 고압가스
㉯ 대통령령이 정한 것(시행령 16조) : 포스핀, 셀렌화수소, 게르만, 디실란, 오불화비소, 오불화인, 삼불화인, 삼불화질소, 삼불화붕소, 사불화유황, 사불화규소
㉰ 특수고압가스 : 압축모노실란, 압축디보란, 액화알진, 포스핀, 셀렌화수소, 게르만, 디실란 그밖에 반도체의 세정 등 산업통상자원부 장관이 인정하는 특수한 용도에 사용하는 고압가스

**58.** 사람이 사망하거나 부상, 중독 가스사고가 발생하였을 때 사고의 통보 내용에 포함되는 사항이 아닌 것은?

① 통보자의 인적사항
② 사고발생 일시 및 장소
③ 피해자 보상 방안
④ 사고내용 및 피해현황

[해설] • 사고의 통보 내용에 포함되는 사항 : 속보인 경우 ㉲, ㉳의 내용을 생략할 수 있다.
㉮ 통보자의 소속, 직위, 성명 및 연락처
㉯ 사고발생 일시
㉰ 사고발생 장소
㉱ 사고내용
㉲ 시설현황
㉳ 피해현황(인명 및 재산)
※ 속보 : 전화 또는 팩스를 이용한 통보
　상보 : 서면으로 제출하는 상세한 통보

**59.** 고압가스 일반제조시설의 설치기준에 대한 설명으로 틀린 것은?

① 아세틸렌의 충전용 교체밸브는 충전하는 장소에서 격리하여 설치한다.
② 공기액화 분리기로 처리하는 원료공기의 흡입구는 공기가 맑은 곳에 설치한다.

③ 공기액화 분리기의 액화공기탱크와 액화산소 증발기 사이에는 석유류, 유지류, 그 밖의 탄화수소를 여과, 분리하기 위한 여과기를 설치한다.
④ 에어졸 제조시설에는 정압충전을 위한 레벨장치를 설치하고 공업용 제조시설에는 불꽃길이 시험장치를 설치한다.

[해설] • 에어졸 자동충전기 설치 : 에어졸 제조시설에는 정량을 충전할 수 있는 자동충전기를 설치하고, 인체에 사용하거나 가정에서 사용하는 에어졸의 제조시설에는 불꽃길이 시험장치를 설치한다.

**60.** 저장탱크에 의한 액화석유가스저장소에서 지상에 설치하는 저장탱크, 그 받침대, 저장탱크에 부속된 펌프 등이 설치된 가스설비실에는 그 외면으로부터 몇 m 이상 떨어진 위치에서 조작할 수 있는 냉각장치를 설치하여야 하는가?

① 2 m   ② 5 m   ③ 8 m   ④ 10 m

[해설] 저장탱크, 그 받침대, 저장탱크에 부속된 펌프, 압축기 등이 설치된 가스설비실에는 외면으로부터 5 m 이상 떨어진 위치에서 조작할 수 있는 냉각장치를 설치한다.

### 제 4 과목  가스계측

**61.** 가스누출검지기 중 가스와 공기의 열전도도가 다른 것을 측정원리로 하는 검지기는?

① 반도체식 검지기
② 접촉연소식 검지기
③ 서머스테드식 검지기
④ 불꽃이온화식 검지기

[해설] • 서머스테드(thermostat)식 : 가스와 공기의 열전도도가 다른 특성을 이용한 가스검지기이다.

**62.** 렌즈 또는 반사경을 이용하여 방사열을 수열판으로 모아 고온 물체의 온도를 측정할 때 주로 사용하는 온도계는?

① 열전온도계      ② 저항온도계
③ 열팽창온도계   ④ 복사온도계

[해설] • 방사(복사)온도계의 특징
㉮ 측정시간 지연이 적고, 연속 측정, 기록, 제어가 가능하다.
㉯ 측정거리 제한을 받고 오차가 발생되기 쉽다.
㉰ 광로에 먼지, 연기 등이 있으면 정확한 측정이 곤란하다.
㉱ 방사율에 의한 보정량이 크고 정확한 보정이 어렵다.
㉲ 수증기, 탄산가스의 흡수에 주의하여야 한다.
㉳ 측정 범위는 50~3000℃ 정도이다.

**63.** 계량기 형식 승인 번호의 표시방법에서 계량기의 종류별 기호 중 가스미터의 표시기호는?

① G    ② M    ③ L    ④ H

[해설] • 계량기 종류별 기호 : 계량법 시행규칙 별표1

| 종류 | 기호 | 종류 | 기호 |
|---|---|---|---|
| 수동저울 | A | 온수미터 | J |
| 지시저울 | B | 주유기 | K |
| 전자식저울 | C | LPG미터 | L |
| 분동 | D | 오일미터 | M |
| 전력량계 | G | 눈새김탱크 | N |
| 가스미터 | H | 적산열량계 | Q |
| 수도미터 | I | 요소수미터 | T |

**64.** 화씨[°F]와 섭씨[°C]의 온도눈금 수치가 일치하는 경우의 절대온도[K]는?

① 201   ② 233   ③ 313   ④ 345

[해설] ㉮ 화씨온도와 섭씨온도가 일치하는 온도눈금 수치 계산

[정답]  60. ②  61. ③  62. ④  63. ④  64. ②

°F = $\frac{9}{5}$℃ + 32에서 화씨[°F]와 섭씨[℃]가 같으므로 $x$로 놓으면 $x = \frac{9}{5}x + 32$가 된다.

∴ $x - \frac{9}{5}x = 32$

$x\left(1 - \frac{9}{5}\right) = 32$

∴ $x = \dfrac{32}{1 - \frac{9}{5}} = -40$

㉣ 절대온도[K] 계산
∴ $T = t℃ + 273 = -40 + 273 = 233\,K$

**65.** 가스계량기의 1주기 체적의 단위는?
① L/min  ② L/h
③ L/rev  ④ cm³/g

[해설] • L/rev : 가스계량기 계량실의 1주기 체적으로 단위는 L이다.

**66.** 오리피스로 유량을 측정하는 경우 압력차가 2배로 변했다면 유량은 몇 배로 변하겠는가?
① 1배  ② $\sqrt{2}$ 배
③ 2배  ④ 4배

[해설] 차압식 유량계에서 유량은 차압의 평방근에 비례한다.
∴ $Q_2 = \sqrt{\dfrac{\Delta P_2}{\Delta P_1}} \times Q_1 = \sqrt{\dfrac{2}{1}} \times Q_1 = \sqrt{2}\,Q_1$

∴ 압력차가 2배로 변하면 유량은 $\sqrt{2}$ 배로 변화한다.

**67.** 기체크로마토그래피의 측정 원리로서 가장 옳은 것은?
① 흡착제를 충전한 관속에 혼합시료를 넣고, 용제를 유동시키면 흡수력 차이에 따라 성분의 분리가 일어난다.
② 관속을 지나가는 혼합기체 시료가 운반기체에 따라 분리가 일어난다.
③ 혼합기체의 성분이 운반기체에 녹는 용해도 차이에 따라 성분의 분리가 일어난다.
④ 혼합기체의 성분은 관내에 자기장의 세기에 따라 분리가 일어난다.

[해설] • 기체크로마토그래피 측정원리 : 운반기체(carrier gas)의 유량을 조절하면서 측정하여야 할 시료기체를 도입부를 통하여 공급하면 운반기체와 시료기체가 분리관을 통과하는 동안 분리되어 시료의 각 성분의 흡수력 차이(시료의 확산속도, 이동속도)에 따라 성분의 분리가 일어나고 시료의 각 성분이 검출기에서 측정된다.

**68.** 압력계와 진공계 두 가지 기능을 갖춘 압력 게이지를 무엇이라고 하는가?
① 전자 압력계
② 초음파 압력계
③ 부르동관(Bourdon tube) 압력계
④ 컴파운드 게이지(Compound gauge)

[해설] • 컴파운드 게이지(compound gauge) : 연성계라고 하며 부르동관을 이용한 것으로 대기압 이하의 압력(진공압력)과 대기압 이상의 압력(게이지 압력)을 측정할 수 있다.

**69.** 전기세탁기, 자동판매기, 승강기, 교통신호기 등에 기본적으로 응용되는 제어는?
① 피드백 제어  ② 시퀀스 제어
③ 정치 제어   ④ 프로세스 제어

[해설] • 시퀀스 제어(sequence control) : 미리 순서에 입각해서 다음 동작이 연속 이루어지는 제어로 자동판매기, 보일러의 점화, 교통신호기 등에 적용된다.

**70.** 다음 중 기기분석법이 아닌 것은?
① Chromatography  ② Iodometry
③ Colorimetry    ④ Polarography

[해설] • 기기분석법의 종류

㉮ 가스 크로마토그래피법(Chromatography)
㉯ 질량분석법(Mass spectrometry) : 전기장과 자기장 속에 있는 기체상태의 이온들을 분류하여 물질을 확인하는 분석법이다.
㉰ 적외선 분광분석법(Infrared spectrophoto-meter) : 적외선 흡수가 일어나는 현상을 이용한 분석법이다.
㉱ 폴라그래피(Polarography)법 : 산화성물질 또는 환원성 물질로 이루어진 용액을 분석하는 전기화학적인 방법이다.
㉲ 비색법(Colorimetry) : 가시광선 영역에서 전자기파의 파장과 강도를 측정하는 방법이다.
※ Iodometry : 요오드 적정법으로 화학적 분석법에 해당된다.

**71.** 다음 중 루트미터에 대한 설명으로 가장 옳은 것은?
① 설치면적이 작다.
② 실험실용으로 적합하다.
③ 사용 중에 수위 조정 등의 유지관리가 필요하다.
④ 습식 가스미터에 비해 유량이 정확하다.

[해설] • 루트(roots)형 가스미터의 특징
㉮ 대유량 가스측정에 적합하다.
㉯ 중압가스의 계량이 가능하다.
㉰ 설치면적이 적고, 연속흐름으로 맥동현상이 없다.
㉱ 여과기의 설치 및 설치 후의 유지관리가 필요하다.
㉲ $0.5 \, m^3/h$ 이하의 적은 유량에는 부동의 우려가 있다.
㉳ 구조가 비교적 복잡하다.
㉴ 용도는 대량 수용가에 사용된다.
㉵ 용량 범위는 $100 \sim 5000 \, m^3/h$이다.

**72.** 가스 누출 시 사용하는 시험지의 변색 현상이 옳게 연결된 것은?
① $H_2S$ : 전분지 → 청색
② CO : 염화팔라듐지 → 적색
③ HCN : 하리슨씨 시약 → 황색
④ $C_2H_2$ : 염화제일동 착염지 → 적색

[해설] • 가스검지 시험지법

| 검지가스 | 시험지 | 반응(변색) |
|---|---|---|
| 암모니아 ($NH_3$) | 적색 리트머스지 | 청색 |
| 염소 ($Cl_2$) | KI 전분지 | 청갈색 |
| 포스겐 ($COCl_2$) | 해리슨 시험지 | 유자색 |
| 시안화수소 (HCN) | 초산벤젠지 | 청색 |
| 일산화탄소 (CO) | 염화팔라듐지 | 흑색 |
| 황화수소 ($H_2S$) | 연당지 | 회흑색 |
| 아세틸렌($C_2H_2$) | 염화제1구리 착염지 | 적갈색 |

※ 아세틸렌 시험지 반응색을 '적색'으로 표현하는 경우도 있음

**73.** 목표치에 따른 자동제어의 종류 중 목표값이 미리 정해진 시간적 변화를 행할 경우 목표값에 따라서 변동하도록 한 제어는?
① 프로그램제어  ② 캐스케이드제어
③ 추종제어  ④ 프로세스제어

[해설] • 추치제어 : 목표값이 변화되는 제어로서 목표값을 측정하면서 제어량을 목표값에 일치하도록 맞추는 방식이다.
㉮ 추종제어 : 목표치가 시간적(임의적)으로 변화하는 제어로서 자기 조정제어라 한다.
㉯ 비율제어 : 목표값이 다른 양과 일정한 비율 관계에서 변화되는 제어로 유량 비율 제어, 공기비 제어가 해당된다.
㉰ 프로그램제어 : 목표값이 미리 정해진 계획에 따라서 시간적으로 변화하는 제어이다.

**74.** 도로에 매설된 도시가스가 누출되는 것을 감지하여 분석한 후 가스누출 유무를 알려주는 가스검출기는?
① FID  ② TCD  ③ FTD  ④ FPD

[해설] • 수소 불꽃 이온화 검출기(FID : Flame Ionization Detector) : 불꽃으로 시료 성분이 이온화됨으로써 불꽃 중에 놓여진 전극간의 전기 전도도가 증대하는 것을 이용한 것으로

정답 71. ①  72. ④  73. ①  74. ①

$H_2$, $O_2$, $CO_2$, $SO_2$ 등은 감도가 없고 탄화수소에서 감도가 최고로 도시가스 매설배관의 누출 유무를 확인하는 검출기로 사용된다.

**75.** 다음 중 유체에너지를 이용하는 유량계는?
① 터빈 유량계　② 전자기 유량계
③ 초음파 유량계　④ 열 유량계

[해설] • 터빈식 유량계 : 날개에 부딪치는 유체의 운동량으로 회전체를 회전시켜 운동량과 회전량의 변화량으로 가스 흐름량을 측정하는 계량기로 측정범위가 넓고 압력손실이 적다.

**76.** 오르사트 가스분석계에서 알칼리성 피로갈롤을 흡수액으로 하는 가스는?
① CO　② $H_2S$
③ $CO_2$　④ $O_2$

[해설] • 오르사트식 가스분석 순서 및 흡수제

| 순서 | 분석가스 | 흡수제 |
|---|---|---|
| 1 | $CO_2$ | KOH 30% 수용액 |
| 2 | $O_2$ | 알칼리성 피로갈롤 용액 |
| 3 | CO | 암모니아성 염화제1구리 용액 |

**77.** 고압으로 밀폐된 탱크에 가장 적합한 액면계는?
① 기포식　② 차압식
③ 부자식　④ 편위식

[해설] • 차압식 액면계 : 액화산소와 같은 극저온의 저장조의 상하부를 U자관에 연결하여 차압에 의하여 액면을 측정하는 방식으로 햄프슨식 액면계라 한다.

**78.** 출력이 일정한 값에 도달한 이후의 제어계의 특성을 무엇이라고 하는가?
① 스텝응답　② 과도특성
③ 정상특성　④ 주파수응답

[해설] • 정상특성 : 자동제어계의 요소가 완전히 정상 상태로 이루어졌을 때 제어계의 응답으로 정상응답(ordinary response)이라고 한다.

**79.** 공업용 액면계가 갖추어야 할 조건으로 옳지 않은 것은?
① 자동제어장치에 적용 가능하고, 보수가 용이해야 한다.
② 지시, 기록 또는 원격측정이 가능해야 한다.
③ 연속측정이 가능하고 고온, 고압에 견디어야 한다.
④ 액위의 변화속도가 느리고, 액면의 상, 하한계의 적용이 어려워야 한다.

[해설] • 액면계의 구비조건
㉮ 온도 및 압력에 견딜 수 있을 것
㉯ 연속 측정이 가능할 것
㉰ 지시 기록의 원격 측정이 가능할 것
㉱ 구조가 간단하고 수리가 용이할 것
㉲ 내식성이 있고 수명이 길 것
㉳ 자동제어 장치에 적용이 용이할 것
※ 액면의 상, 하한계를 간단히 계측할 수 있어야 하며, 적용이 용이해야 한다.

**80.** 감도에 대한 설명으로 옳지 않은 것은?
① 지시량 변화/측정량 변화로 나타낸다.
② 측정량의 변화에 민감한 정도를 나타낸다.
③ 감도가 좋으면 측정시간은 짧아지고 측정범위는 좁아진다.
④ 감도의 표시는 지시계의 감도와 눈금 나비로 표시한다.

[해설] • 감도 : 계측기가 측정량의 변화에 민감한 정도를 나타내는 값으로 감도가 좋으면 측정시간이 길어지고, 측정범위는 좁아진다.
$$\therefore 감도 = \frac{지시량의\ 변화}{측정량의\ 변화}$$

**정답** 75. ①　76. ④　77. ②　78. ③　79. ④　80. ③

# 2020년도 시행 문제

▶ 2020년 6월 13일 시행

| 자격종목 | 종목코드 | 시험시간 | 형 별 | 수험번호 | 성 명 |
|---|---|---|---|---|---|
| 가스 산업기사 | 2471 | 2시간 | B | | |

---

### 제 1 과목  연소공학

**1.** 등심연소 시 화염의 길이에 대하여 옳게 설명한 것은?
① 공기 온도가 높을수록 길어진다.
② 공기 온도가 낮을수록 길어진다.
③ 공기 유속이 높을수록 길어진다.
④ 공기 유속 및 공기 온도가 낮을수록 길어진다.

[해설] 공급되는 공기 유속이 낮을수록, 공기 온도가 높을수록 화염의 길이는 길어진다.

**2.** 메탄올 96 g과 아세톤 116 g을 함께 진공상태의 용기에 넣고 기화시켜 25℃의 혼합기체를 만들었다. 이때 전압력은 약 몇 mmHg인가? (단, 25℃에서 순수한 메탄올과 아세톤의 증기압 및 분자량은 각각 96.5 mmHg, 56 mmHg, 및 32, 58이다.)
① 76.3
② 80.3
③ 152.5
④ 170.5

[해설] ㉮ 메탄올과 아세톤의 몰(mol)수 계산 :
메탄올($CH_3OH$)의 분자량은 32, 아세톤 [$(CH_3)_2CO$]의 분자량은 58이다.

$$\therefore n_1 = \frac{W_1}{M_1} = \frac{96}{32} = 3 \text{ mol}$$

$$\therefore n_2 = \frac{W_2}{M_2} = \frac{116}{58} = 2 \text{ mol}$$

㉯ 전압력 계산

$$\therefore P = \left(P_1 \times \frac{n_1}{n_1+n_2}\right) + \left(P_2 \times \frac{n_2}{n_1+n_2}\right)$$
$$= \left(96.5 \times \frac{3}{3+2}\right) + \left(56 \times \frac{2}{3+2}\right)$$
$$= 80.3 \text{ mmHg}$$

**3.** 완전 연소의 구비 조건으로 틀린 것은?
① 연소에 충분한 시간을 부여한다.
② 연료를 인화점 이하로 냉각하여 공급한다.
③ 적정량의 공기를 공급하여 연료와 잘 혼합한다.
④ 연소실 내의 온도를 연소 조건에 맞게 유지한다.

[해설] • 완전 연소의 조건
㉮ 적절한 공기 공급과 혼합을 잘 시킬 것
㉯ 연소실 온도를 착화온도 이상으로 유지할 것
㉰ 연소실을 고온으로 유지할 것
㉱ 연소에 충분한 연소실과 시간을 유지할 것

**4.** 위험성 평가 기법 중 공정에 존재하는 위험 요소들과 공정의 효율을 떨어뜨릴 수 있는 운전상의 문제점을 찾아내어 그 원인을 제거하는 정성적인 안전성 평가 기법은?
① What-if
② HEA
③ HAZOP
④ FMECA

[해설] 위험과 운전 분석(hazard and operability studies : HAZOP) 기법 : 공정에 존재하는 위험

정답  1. ①  2. ②  3. ②  4. ③

요소들과 공정의 효율을 떨어뜨릴 수 있는 운전상의 문제점을 찾아내어 그 원인을 제거하는 위험성 평가 기법이다.

**5.** 중유의 저위발열량이 10000 kcal/kg의 연료 1 kg을 연소시킨 결과 연소열은 5500 kcal/kg이었다. 연소 효율은 얼마인가?
① 45 %   ② 55 %
③ 65 %   ④ 75 %

[해설] 연소 효율 = $\dfrac{실제\ 발생\ 열량}{저위발열량} \times 100$
$= \dfrac{5500}{10000} \times 100 = 55\%$

**6.** 연소반응이 일어나기 위한 필요 충분 조건으로 볼 수 없는 것은?
① 점화원   ② 시간
③ 공기    ④ 가연물

[해설] ㉮ 연소반응의 필요 충분 조건은 연소의 3요소를 만족시키는 것이다.
㉯ 연소의 3요소 : 가연물, 산소 공급원(공기), 점화원

**7.** 기체 연료-공기 혼합기체의 최대연소속도(대기압, 25℃)가 가장 빠른 가스는?
① 수소     ② 메탄
③ 일산화탄소  ④ 아세틸렌

[해설] 동일한 조건일 때 반응물이 적고, 산소가 적게 필요한 수소($H_2$)가 최대연소속도가 가장 빠르다.

**8.** 일반적인 연소에 대한 설명으로 옳은 것은?
① 온도의 상승에 따라 폭발범위는 넓어진다.
② 압력 상승에 따라 폭발범위는 좁아진다.
③ 가연성가스에서 공기 또는 산소의 농도 증가에 따라 폭발범위는 좁아진다.
④ 공기 중에서보다 산소 중에서 폭발범위는 좁아진다.

[해설] • 폭발범위에 영향을 주는 요소
㉮ 온도 : 온도가 높아지면 폭발범위는 넓어진다.
㉯ 압력 : 압력이 상승하면 일반적으로 폭발범위는 넓어진다.
㉰ 산소 농도 : 산소 농도가 증가하면 폭발범위는 넓어진다.
㉱ 불연성가스 : 불연성가스가 혼합되면 산소 농도를 낮추며 이로 인해 폭발범위는 좁아진다.

**9.** 이상기체에 대한 설명으로 틀린 것은?
① 이상기체 상태방정식을 따르는 기체이다.
② 보일-샤를의 법칙을 따르는 기체이다.
③ 아보가드로 법칙을 따르는 기체이다.
④ 반데르발스 법칙을 따르는 기체이다.

[해설] • 이상기체의 성질
㉮ 보일-샤를의 법칙을 만족한다.
㉯ 아보가드로의 법칙에 따른다.
㉰ 내부에너지는 온도만의 함수이다.
㉱ 온도에 관계없이 비열비는 일정하다.
㉲ 기체의 분자력과 크기도 무시되며 분자간의 충돌은 완전 탄성체이다.
㉳ 분자와 분자 사이의 거리가 매우 멀다.
㉴ 분자 사이의 인력이 없다.
㉵ 압축성 인자가 1이다.
※ 반데르발스 법칙을 따르는 기체는 실제기체이다.

**10.** 이산화탄소로 가연물을 덮는 방법은 소화의 3대 효과 중 다음 어느 것에 해당하는가?
① 제거효과   ② 질식효과
③ 냉각효과   ④ 촉매효과

[해설] • 소화효과(방법)의 종류
㉮ 질식효과 : 산소의 공급을 차단하여 가연물질의 연소를 소화시키는 방법
㉯ 냉각효과 : 점화원(발화원)을 가연물질의 연소에 필요한 활성화 에너지 값 이하로 낮추

**정답** 5. ②  6. ②  7. ①  8. ①  9. ④  10. ②

어 소화시키는 방법
㉰ 제거효과 : 가연물질을 화재가 발생한 장소로부터 제거하여 소화시키는 방법
㉱ 부촉매 효과 : 순조로운 연쇄반응을 일으키는 화염의 전파물질인 수산기 또는 수소기의 활성화 반응을 억제, 방해 또는 차단하여 소화시키는 방법
㉲ 희석효과 : 수용성 가연물질인 알코올, 에탄올의 화재 시 다량의 물을 살포하여 가연성 물질의 농도를 낮게 하여 소화시키는 방법
㉳ 유화효과 : 중유에 소화약제인 물을 고압으로 분무하여 유화층을 형성시켜 소화시키는 방법
※ 소화의 3대 효과는 질식효과, 냉각효과, 제거효과이다.

**11.** 표면연소란 다음 중 어느 것을 말하는가?
① 오일 표면에서 연소하는 현상
② 고체 연료가 화염을 길게 내면서 연소하는 상태
③ 화염의 외부 표면에 산소가 접촉하여 연소하는 현상
④ 적열된 코크스 또는 숯의 표면 또는 내부에 산소가 접촉하여 연소하는 상태

[해설] • 표면연소 : 고체 가연물이 열분해나 증발을 하지 않고 표면에서 산소와 반응하여 연소하는 것으로 목탄(숯), 코크스 등의 연소가 이에 해당된다.

**12.** 화재와 폭발을 구별하기 위한 주된 차이는?
① 에너지 방출속도  ② 점화원
③ 인화점  ④ 연소한계

[해설] • 화재와 폭발의 구별
㉮ 화재 : 건축물, 임야, 위험물 등에 의도하지 않은 불이 나서 인적, 물적인 피해를 입는 것으로 소화시설을 이용해 끌 필요가 있는 것이다.
㉯ 폭발 : 혼합기체의 전부분이 극히 단시간 내에 연소하는 것으로서 압력 상승이 급격한 현상 또는 화염이 음속 이하의 속도로 미반응 물질 속으로 전파되어 가는 발열반응을 말한다.
※ 화재와 폭발을 구별하는 주된 차이점은 에너지의 방출속도이다.

**13.** 시안화수소의 위험도($H$)는 약 얼마인가?
① 5.8  ② 8.8
③ 11.8  ④ 14.8

[해설] ㉮ 시안화수소(HCN)의 폭발범위 : 6~41%
㉯ 위험도 계산
$$\therefore H = \frac{U-L}{L} = \frac{41-6}{6} = 5.833$$

**14.** 폭굉유도거리(DID)에 대한 설명으로 옳은 것은?
① 관경이 클수록 짧다.
② 압력이 낮을수록 짧다.
③ 점화원의 에너지가 약할수록 짧다.
④ 정상 연소속도가 빠른 혼합가스일수록 짧다.

[해설] • 폭굉유도거리가 짧아지는 조건
㉮ 정상 연소속도가 큰 혼합가스일수록
㉯ 관 속에 방해물이 있거나 관지름이 가늘수록
㉰ 압력이 높을수록
㉱ 점화원의 에너지가 클수록

**15.** 최소 점화에너지(MIE)에 대한 설명으로 틀린 것은?
① MIE는 압력의 증가에 따라 감소한다.
② MIE는 온도의 증가에 따라 증가한다.
③ 질소 농도의 증가는 MIE를 증가시킨다.
④ 일반적으로 분진의 MIE는 가연성가스보다 큰 에너지 준위를 가진다.

[해설] (1) 최소 점화에너지(MIE) : 가연성 혼합가스에 전기적 스파크로 점화시킬 때 점화하기 위한 최소한의 전기적 에너지를 말

정답 11. ④ 12. ① 13. ① 14. ④ 15. ②

하는 것으로 유속과는 무관하다.
(2) 최소 점화에너지가 낮아지는 조건
　㉮ 연소속도가 클수록
　㉯ 열전도율이 작을수록
　㉰ 산소 농도가 높을수록
　㉱ 압력이 높을수록
　㉲ 가연성 기체의 온도가 높을수록

## 16. 프로판 1 Sm³를 완전 연소시키는 데 필요한 이론공기량은 몇 Sm³인가?

① 5.0　② 10.5　③ 21.0　④ 23.5

[해설] ㉮ 프로판($C_3H_8$)의 완전 연소 반응식
$C_3H_8 + 5O_2 \rightarrow 3CO_2 + 4H_2O$

㉯ 이론공기량 계산
$22.4\ Sm^3 : 5 \times 22.4\ Sm^3 = 1\ Sm^3 : x(O_0)\ [m^3]$

$\therefore A_0 = \dfrac{O_0}{0.21} = \dfrac{1 \times 5 \times 22.4}{22.4 \times 0.21} = 23.809\ Sm^3$

## 17. 증기운 폭발에 영향을 주는 인자로서 가장 거리가 먼 것은?

① 혼합비
② 점화원의 위치
③ 방출된 물질의 양
④ 증발된 물질의 분율

[해설] • 증기운 폭발에 영향을 주는 인자
　㉮ 방출된 물질의 양
　㉯ 점화 확률
　㉰ 증기운이 점화하기까지 움직인 거리
　㉱ 폭발 효율
　㉲ 방출에 관련된 점화원의 위치

## 18. 다음 기체 연료 중 CH₄ 및 H₂를 주성분으로 하는 가스는?

① 고로가스　② 발생로가스
③ 수성가스　④ 석탄가스

[해설] • 부생(副生)가스의 종류
㉮ 고로가스 : 고로에 철광석과 코크스를 장입해 선철을 제조하는 과정에서 코크스가 연소해 철광석과 환원작용으로 발생하는 가스로 발열량은 약 750 kcal/m³이다.

㉯ 전로가스 : 제강공장의 전로에 용선을 장입하고 산소를 취입하는 과정에서 용선 중의 탄소가 산소와 반응해 발생되는 가스로 발열량은 약 2000 kcal/m³이다.

㉰ 발생로 가스 : 석탄이나 코크스를 불완전 연소시키고 여기에 수증기를 첨가하여 분해반응을 시켜 제조된 것으로 질소가 대부분 성분을 차지하며 일산화탄소와 메탄, 수소가 함유되어 있다. 발열량이 약 1300 kcal/m³ 정도이다.

㉱ 석탄가스 : 석탄을 1000℃ 내외로 건류할 때 얻어지는 가스로 메탄($CH_4$)과 수소($H_2$)가 주성분이며, 발열량이 5000 kcal/m³ 정도이다.

㉲ 코크스로 가스 : 유연탄을 건류하여 코크스로 만들 때 발생되는 가스로 발열량은 약 4400 kcal/m³이다.

㉳ 수성가스 : 적열된 코크스나 무연탄에 수증기를 작용시켜 얻는 수소($H_2$)와 일산화탄소(CO)를 주성분으로 하는 혼합가스를 의미한다.

## 19. 메탄 85 v%, 에탄 10 v%, 프로판 4 v%, 부탄 1 v%의 조성을 갖는 혼합가스의 공기 중 폭발하한계는 약 얼마인가?

① 4.4 %　② 5.4 %
③ 6.2 %　④ 7.2 %

[해설] ㉮ 각 성분가스의 폭발범위

| 명칭 | 조성비 | 폭발범위(%) |
|---|---|---|
| 메탄($CH_4$) | 85 v% | 5 ~ 15 |
| 에탄($C_2H_6$) | 10 v% | 3 ~ 12.5 |
| 프로판($C_3H_8$) | 4 v% | 2.2 ~ 9.5 |
| 부탄($C_4H_{10}$) | 1 v% | 1.9 ~ 8.5 |

㉯ 혼합가스의 폭발하한계 계산
$\dfrac{100}{L} = \dfrac{V_1}{L_1} + \dfrac{V_2}{L_2} + \dfrac{V_3}{L_3} + \dfrac{V_4}{L_4}$ 에서

$\therefore L = \dfrac{100}{\dfrac{85}{5} + \dfrac{10}{3} + \dfrac{4}{2.2} + \dfrac{1}{1.9}} = 4.409\ \%$

정답　16. ④　17. ①　18. ④　19. ①

**20.** LPG를 연료로 사용할 때의 장점으로 옳지 않은 것은?
① 발열량이 크다.
② 조성이 일정하다.
③ 특별한 가압장치가 필요하다.
④ 용기, 조정기와 같은 공급설비가 필요하다.

[해설] • 연료로서 LPG의 특징
㉮ 타 연료와 비교하여 발열량이 크다.
㉯ 연소 시 공기량이 많이 필요하다.
㉰ 자체 압력을 이용하므로 특별한 가압장치가 필요 없다.
㉱ 연소속도가 느리고, 발화온도가 높다.
㉲ 충전용기, 조정기와 같은 공급설비가 필요하다.
㉳ 공기보다 무겁기 때문에 누설 시 바닥에 체류한다.

## 제 2 과목  가스설비

**21.** 아세틸렌가스를 2.5 MPa의 압력으로 압축할 때 주로 사용되는 희석제는?
① 질소   ② 산소
③ 이산화탄소   ④ 암모니아

[해설] • 희석제의 종류
㉮ 안전관리규정에 정한 것 : 질소, 메탄, 일산화탄소, 에틸렌
㉯ 희석제로 가능한 것 : 수소, 프로판, 이산화탄소
※ 안전관리규정(KGS code)에 정해진 것을 답안으로 우선적으로 적용해야 하는 문제임

**22.** 2개의 단열과정과 2개의 등압과정으로 이루어진 가스터빈의 이상 사이클은?
① 에릭슨 사이클   ② 브레이턴 사이클
③ 스털링 사이클   ④ 아트킨슨 사이클

[해설] • 브레이턴(Brayton) 사이클 : 2개의 단열과정과 2개의 정압(등압)과정으로 이루어진 가스터빈의 이상 사이클

**23.** 전기방식에 대한 설명으로 틀린 것은?
① 전해질 중 물, 토양, 콘크리트 등에 노출된 금속에 대하여 전류를 이용하여 부식을 제어하는 방식이다.
② 전기방식은 부식 자체를 제거할 수 있는 것이 아니고 음극에서 일어나는 부식을 양극에서 일어나도록 하는 것이다.
③ 방식전류는 양극에서 양극반응에 의하여 전해질로 이온이 누출되어 금속 표면으로 이동하게 되고 음극 표면에서는 음극반응에 의하여 전류가 유입되게 된다.
④ 금속에서 부식을 방지하기 위해서는 방식전류가 부식전류 이하가 되어야 한다.

[해설] • 전기방식(電氣防蝕) : 지중 및 수중에 설치하는 강재배관 및 저장탱크 외면에 전류를 유입시켜 양극반응을 저지함으로써 배관의 전기적 부식을 방지하는 것으로 금속에서 부식을 방지하기 위해서는 방식전류가 부식전류 이상으로 되어야 한다.

**24.** 암모니아 압축기 실린더에 일반적으로 워터재킷을 사용하는 이유가 아닌 것은?
① 윤활유의 탄화를 방지한다.
② 압축 소요 일량을 크게 한다.
③ 압축 효율의 향상을 도모한다.
④ 밸브 스프링의 수명을 연장시킨다.

[해설] • 실린더 냉각 효과(이유)
㉮ 체적 효율, 압축 효율 증가
㉯ 소요 동력의 감소
㉰ 윤활 기능의 유지 및 향상
㉱ 윤활유 열화, 탄화 방지
㉲ 습동부품의 수명 유지
※ 워터재킷(water jacket) : 실린더 블록 및 실린더 헤드에 냉각수가 채워져 있는 부분

정답  20. ③  21. ①  22. ②  23. ④  24. ②

으로 냉각수를 순환시켜 압축열을 제거하는 역할을 한다.

**25.** 일반도시가스사업자의 정압기에서 시공감리 기준 중 기능검사에 대한 설명으로 틀린 것은?

① 2차 압력을 측정하여 작동압력을 확인한다.
② 주정압기의 압력 변화에 따라 예비정압기가 정상작동 되는지 확인한다.
③ 가스차단장치의 개폐상태를 확인한다.
④ 지하에 설치된 정압기실 내부에 100 lux 이상의 조명도가 확보되는지 확인한다.

[해설] • 정압기에서 시공감리 기준 중 기능검사 항목
㉮ 2차 압력을 측정하여 작동압력을 확인한다.
㉯ 주정압기의 압력 변화에 따라 예비정압기가 정상가동 되는지를 확인한다.
㉰ 가스차단장치의 개폐 작동 성능을 확인한다.
㉱ 가스누출검지통보설비, 이상압력통보설비, 정압기실 출입문 개폐 여부, 긴급차단밸브 개폐 여부 등이 연결된 원격감시장치의 기능을 작동시험에 따라 확인한다.
㉲ 압력계와 압력기록장치의 기록압력 오차 여부를 확인한다.
㉳ 강제통풍시설이 있을 경우 작동시험에 따라 확인한다.
㉴ 이상압력통보설비, 긴급차단장치 및 안전밸브의 설정압력 적정 여부와 정압기 입구측 압력 및 설계유량에 따른 안전밸브 규격의 크기 및 방출구의 높이를 확인한다.
㉵ 정압기로 공급되는 전원을 차단 후 비상전력의 작동 여부를 확인한다.
㉶ 지하에 설치된 정압기실 내부에 150룩스 이상의 조명도가 확보되는지 확인한다.

**26.** 금속 재료에 대한 풀림의 목적으로 옳지 않은 것은?

① 인성을 향상시킨다.
② 내부응력을 제거한다.
③ 조직을 조대화하여 높은 경도를 얻는다.
④ 일반적으로 강의 경도가 낮아져 연화된다.

[해설] • 풀림(annealing : 소둔) : 가공 중에 생긴 내부응력을 제거하거나 가공 경화된 재료를 연화시켜 상온가공을 용이하게 할 목적으로 로 중에서 가열하여 서서히 냉각시킨다.

**27.** LPG를 탱크로리에서 저장탱크로 이송 시 작업을 중단해야 하는 경우로서 가장 거리가 먼 것은?

① 누출이 생긴 경우
② 과충전이 된 경우
③ 작업 중 주위에 화재 발생 시
④ 압축기 이용 시 베이퍼록 발생 시

[해설] • LPG 이송 시 작업을 중단해야 하는 경우
㉮ 과충전이 되는 경우
㉯ 작업 중 주변에서 화재가 발생한 경우
㉰ 호스 등에서 누설이 되는 경우
㉱ 압축기 이용 시 액압축이 발생하는 경우
㉲ 펌프 이용 시 베이퍼록이 심한 경우

**28.** 발열량 10500 kcal/m³인 가스를 출력 12000 kcal/h인 연소기에서 연소 효율 80 %로 연소시켰다. 이 연소기의 용량은?

① $0.70 \, m^3/h$   ② $0.91 \, m^3/h$
③ $1.14 \, m^3/h$   ④ $1.43 \, m^3/h$

[해설] 출력 12000 kcal/h인 연소기를 만족시키기 위해서 발열량 10500 kcal/m³인 가스를 연소 효율 80 %로 $x\,[m^3/h]$를 연소시켜야 한다.
12000 kcal/h = (10500 kcal/m³ × 0.8) × $x\,[m^3/h]$
∴ $x = \dfrac{12000}{10500 \times 0.8} = 1.428 \, m^3/h$

[별해] • 연소기의 효율
$\eta = \dfrac{연소기\ 출력(kcal/h)}{공급된\ 열량} \times 100$에서 공급된 열량은 연료사용량($G_f$)에 연료발열량($H_l$)을 곱한 값이다.

$$\therefore G_f = \frac{\text{연소기 출력}}{H_l \times \eta} = \frac{12000}{10500 \times 0.8}$$
$$= 1.428 \, \text{m}^3/\text{h}$$

**29.** 액화프로판 400kg을 내용적 50 L의 용기에 충전 시 필요한 용기의 개수는?

① 13개 ② 15개
③ 17개 ④ 19개

[해설] ㉮ 용기 1개당 충전량 계산 : 프로판의 경우 충전상수($C$)는 2.35이다.

$$\therefore W = \frac{V}{C} = \frac{50}{2.35} = 21.276 \, \text{kg}$$

㉯ 용기수 계산
∴ 필요 용기수
$$= \frac{\text{전체 가스량(kg)}}{\text{용기 1개당 충전량(kg)}}$$
$$= \frac{400}{21.276} = 18.8005 = 19 \, \text{개}$$

**30.** 조정압력이 3.3 kPa 이하인 액화석유가스 조정기의 안전장치 작동정지압력은?

① 7 kPa ② 5.04~8.4 kPa
③ 5.6~8.4 kPa ④ 8.4~10 kPa

[해설] • 조정압력이 3.3 kPa 이하인 조정기의 안전장치 압력
㉮ 작동표준압력 : 7.0 kPa
㉯ 작동개시압력 : 5.60~8.40 kPa
㉰ 작동정지압력 : 5.04~8.40 kPa

**31.** 도시가스 저압 배관의 설계 시 반드시 고려하지 않아도 되는 사항은?

① 허용 압력손실 ② 가스 소비량
③ 연소기의 종류 ④ 관의 길이

[해설] • 저압 배관의 설계 시 반드시 고려할 사항
㉮ 가스 소비량
㉯ 허용 압력손실
㉰ 가스 비중
㉱ 관 길이
※ 저압 배관 유량 계산식(Pole식)

$Q = K \sqrt{\dfrac{D^5 \cdot H}{S \cdot L}}$ 에서 적용되는 항목을 고려한다.

여기서, $Q$ : 가스의 유량($\text{m}^3/\text{h}$)
$D$ : 관 안지름(cm)
$H$ : 압력손실($\text{mmH}_2\text{O}$)
$S$ : 가스의 비중
$L$ : 관의 길이(m)
$K$ : 유량계수

**32.** 유수식 가스홀더의 특징에 대한 설명으로 틀린 것은?

① 제조설비가 저압인 경우에 사용한다.
② 구형 홀더에 비해 유효 가동량이 많다.
③ 가스가 건조하면 물탱크의 수분을 흡수한다.
④ 부지면적과 기초공사비가 적게 소요된다.

[해설] • 유수식 가스홀더의 특징
㉮ 제조설비가 저압인 경우에 적합하다.
㉯ 구형 가스홀더에 비해 유효 가동량이 크다.
㉰ 대량의 물이 필요하므로 초기 설비비가 많이 소요된다.
㉱ 가스가 건조하면 물탱크의 수분을 흡수한다.
㉲ 압력이 가스탱크의 수에 따라 변동한다.
㉳ 한랭지에서는 탱크 내 물의 동결을 방지하여야 한다.

**33.** 정압기(governor)의 기본 구성 중 2차 압력을 감지하고 변동사항을 알려주는 역할을 하는 것은?

① 스프링 ② 메인밸브
③ 다이어프램 ④ 웨이트

[해설] • 정압기의 기본 구성 요소
㉮ 다이어프램 : 2차 압력을 감지하고 2차 압력의 변동사항을 메인밸브에 전달하는 역할을 한다.
㉯ 스프링 : 조정할 2차 압력을 설정하는 역할을 한다.
㉰ 메인밸브(조정밸브) : 가스의 유량을 메인

**정답** 29. ④ 30. ② 31. ③ 32. ④ 33. ③

**34.** LP 가스를 이용한 도시가스 공급방식이 아닌 것은?

① 직접 혼입방식  ② 공기 혼합방식
③ 변성 혼입방식  ④ 생가스 혼합방식

[해설] • LP 가스를 이용한 도시가스 공급방식
㉮ 직접 혼입방식 : 종래의 도시가스에 기화한 LPG를 그대로 공급하는 방식이다.
㉯ 공기 혼합방식 : 기화된 LPG에 일정량의 공기를 혼합하여 공급하는 방식으로 발열량 조절, 재액화 방지, 누설 시 손실 감소, 연소 효율 증대 효과를 볼 수 있다.
㉰ 변성 혼입방식 : LPG의 성질을 변경하여 공급하는 방식이다.

[참고] • LPG 강제기화 공급방식
㉮ 생가스 공급방식
㉯ 변성가스 공급방식
㉰ 공기혼합가스 공급방식

**35.** loading형으로 정특성, 동특성이 양호하며 비교적 콤팩트한 형식의 정압기는?

① KRF식 정압기
② Fisher식 정압기
③ Reynolds식 정압기
④ axial-flow식 정압기

[해설] • 피셔(Fisher)식 정압기의 특징
㉮ 로딩(loading)형이다.
㉯ 정특성, 동특성이 양호하다.
㉰ 다른 것에 비하여 크기가 콤팩트하다.
㉱ 중압용에 주로 사용된다.

**36.** 다음 중 염소 가스 압축기에 주로 사용되는 윤활제는?

① 진한 황산    ② 양질의 광유
③ 식물성유    ④ 묽은 글리세린

[해설] • 각종 가스 압축기의 윤활제
㉮ 산소 압축기 : 물 또는 묽은 글리세린수 (10% 정도)
㉯ 공기 압축기, 수소 압축기, 아세틸렌 압축기 : 양질의 광유(디젤 엔진유)
㉰ 염소 압축기 : 진한 황산
㉱ LP 가스 압축기 : 식물성유
㉲ 이산화황(아황산가스) 압축기 : 화이트유, 정제된 용제 터빈유
㉳ 염화메탄(메틸클로라이드) 압축기 : 화이트유

**37.** 캐비테이션 현상의 발생 방지책에 대한 설명으로 가장 거리가 먼 것은?

① 펌프의 회전수를 높인다.
② 흡입 관경을 크게 한다.
③ 펌프의 위치를 낮춘다.
④ 양흡입 펌프를 사용한다.

[해설] • 공동 현상(cavitation) 방지법
㉮ 펌프의 위치를 낮춘다.(흡입양정을 짧게 한다.)
㉯ 수직축 펌프를 사용하여 회전차를 수중에 완전히 잠기게 한다.
㉰ 양흡입 펌프를 사용한다.
㉱ 펌프의 회전수를 낮춘다.
㉲ 두 대 이상의 펌프를 사용한다.
㉳ 유효흡입수두를 크게 한다.
㉴ 손실수두를 적게 한다.

**38.** 가스용 폴리에틸렌 관의 장점이 아닌 것은?

① 부식에 강하다.
② 일광, 열에 강하다.
③ 내한성이 우수하다.
④ 균일한 단위제품을 얻기 쉽다.

[해설] • 폴리에틸렌 관(polyethylene pipe)의 특징
㉮ 부식에 강하고, 균일한 단위제품을 생산할 수 있다.
㉯ 염화비닐 관보다 화학적, 전기적 성질이 우수하다.
㉰ 내한성이 좋아 한랭지 배관에 알맞다.
㉱ 염화비닐 관에 비해 인장강도가 1/5 정도로 작다.
㉲ 화기에 극히 약하다.

[정답] 34. ④  35. ②  36. ①  37. ①  38. ②

㉕ 유연해서 관면에 외상을 받기 쉽다.
㉖ 장시간 직사광선(햇빛)에 노출되면 노화된다.
㉗ 폴리에틸렌 관의 종류 : 수도용, 가스용, 일반용

**39.** 어떤 냉동기에 0℃의 물로 0℃의 얼음 2톤을 만드는 데 50 kW · h의 일이 소요되었다. 이 냉동기의 성능계수는? (단, 물의 응고열은 80 kcal/kg이다.)

① 3.7  ② 4.7
③ 5.7  ④ 6.7

[해설] ㉮ 얼음 1톤의 무게는 1000 kg이고, 1 kW · h의 열량은 860 kcal이다.
㉯ 냉동기 성능계수 계산 : 저온체에서 제거하는 열량($Q_2$)과 열량을 제거하는 데 소요되는 일량($W$)의 비가 냉동기 성능계수($COP_R$)이다.

$$\therefore COP_R = \frac{Q_2}{W} = \frac{(2 \times 1000) \times 80}{50 \times 860} = 3.720$$

**40.** 터보형 펌프에 속하지 않는 것은?

① 사류 펌프
② 축류 펌프
③ 플런저 펌프
④ 센트리퓨걸 펌프

[해설] • 펌프의 분류
(1) 터보식 펌프
 ㉮ 원심 펌프(centrifugal pump) : 벌류트 펌프, 터빈 펌프
 ㉯ 사류 펌프
 ㉰ 축류 펌프
(2) 용적식 펌프
 ㉮ 왕복 펌프 : 피스톤 펌프, 플런저 펌프, 다이어프램 펌프
 ㉯ 회전 펌프 : 기어 펌프, 나사 펌프, 베인 펌프
(3) 특수 펌프 : 재생 펌프, 제트 펌프, 기포 펌프, 수격 펌프

### 제 3 과목   가스안전관리

**41.** 액화석유가스 자동차에 고정된 용기충전의 시설에 설치되는 안전밸브 중 압축기의 최종 단에 설치된 안전밸브의 작동조정의 최소주기는?

① 6개월에 1회 이상  ② 1년에 1회 이상
③ 2년에 1회 이상  ④ 3년에 1회 이상

[해설] • 안전밸브 작동조정 주기 : 설정압력 이하의 압력에서 작동하도록 조정한다.
 ㉮ 압축기의 최종단에 설치한 것 : 1년에 1회 이상
 ㉯ 그 밖의 안전밸브 : 2년에 1회 이상
 ㉰ 다만, 종합적 안전관리대상의 시설에 설치된 안전밸브의 조정 주기는 저장탱크 및 압력용기에 대한 재검사 주기로 한다.

**42.** 특정설비에 대한 표시 중 기화장치에 각인 또는 표시해야 할 사항이 아닌 것은?

① 내압시험압력
② 가열방식 및 형식
③ 설비별 기호 및 설명
④ 사용하는 가스의 명칭

[해설] • 기화장치에 각인 또는 표시해야 할 사항
 ㉮ 제조자의 명칭 또는 약호
 ㉯ 사용하는 가스의 명칭
 ㉰ 제조번호 및 제조연월일
 ㉱ 내압시험에 합격한 연월
 ㉲ 내압시험압력(기호 : $TP$, 단위 : MPa)
 ㉳ 가열방식 및 형식
 ㉴ 최고사용압력(기호 : $DP$, 단위 : MPa)
 ㉵ 기화능력(kg/h 또는 m³/h)

**43.** 고압가스 특정제조시설에서 안전구역 안의 고압가스설비는 그 외면으로부터 다른 안전구역 안에 있는 고압가스설비의 외면까지 몇 m 이상의 거리를 유지하여야 하는가?

[정답]   39. ①   40. ③   41. ㉯   42. ③   43. ③

① 10 m　　② 20 m
③ 30 m　　④ 50 m

[해설] 안전구역 안의 고압가스설비(배관을 제외)의 외면으로부터 다른 안전구역 안에 있는 고압가스설비의 외면까지 유지하여야 할 거리는 30 m 이상으로 한다.

**44.** 고압가스 운반차량의 운행 중 조치사항으로 틀린 것은?

① 400 km 이상 거리를 운행할 경우 중간에 휴식을 취한다.
② 독성가스를 운반 중 도난당하거나 분실한 때에는 즉시 그 내용을 경찰서에 신고한다.
③ 독성가스를 운반하는 때는 그 고압가스의 명칭, 성질 및 이동 중의 재해방지를 위하여 필요한 주의사항을 기재한 서류를 운전자 또는 운반책임자에게 교부한다.
④ 고압가스를 적재하여 운반하는 차량은 차량의 고장, 교통사정, 운전자 또는 운반책임자의 휴식할 경우 운반책임자와 운전자가 동시에 이탈하지 아니한다.

[해설] • 고압가스 운반차량의 운행 중 조치사항 : 고압가스를 차량에 적재·운반할 때 200 km 이상의 거리를 운행하는 경우에는 중간에 충분한 휴식을 취하도록 하고 운행시킨다.

**45.** 고압가스 안전성 평가 기준에서 정한 위험성 평가 기법 중 정성적 평가 기법에 해당되는 것은?

① check list 기법　② HEA 기법
③ FTA 기법　　　④ CCA 기법

[해설] • 위험성 평가 기법 분류
㉮ 정성적 평가 기법 : 체크 리스트(check list) 기법, 사고 예상 질문 분석(WHAT-IF) 기법, 위험과 운전 분석(HAZOP) 기법
㉯ 정량적 평가 기법 : 작업자 실수 분석(HEA) 기법, 결함수 분석(FTA) 기법, 사건수 분석(ETA) 기법, 원인 결과 분석(CCA) 기법
㉰ 기타 : 상대 위험순위 결정 기법, 이상 위험도 분석

**46.** 일반적인 독성가스의 제독제로 사용되지 않는 것은?

① 소석회　　　② 탄산소다 수용액
③ 물　　　　　④ 암모니아 수용액

[해설] • 독성가스 제독제의 종류

| 가스 종류 | 제독제의 종류 |
|---|---|
| 염소 | 가성소다 수용액, 탄산소다 수용액, 소석회 |
| 포스겐 | 가성소다 수용액, 소석회 |
| 황화수소 | 가성소다 수용액, 탄산소다 수용액 |
| 시안화수소 | 가성소다 수용액 |
| 아황산가스 | 가성소다 수용액, 탄산소다 수용액, 물 |
| 암모니아, 산화에틸렌, 염화메탄 | 물 |

**47.** 암모니아 저장탱크에는 가스의 용량이 저상탱크 내용적의 몇 %를 초과하는 것을 방지하기 위한 과충전 방지조치를 강구하여야 하는가?

① 85 %　② 90 %　③ 95 %　④ 98 %

[해설] • 저장탱크 과충전 방지조치 : 아황산가스, 암모니아, 염소, 염화메탄, 산화에틸렌, 시안화수소, 포스겐 또는 황화수소의 저장탱크에는 그 가스의 용량이 그 저장탱크 내용적의 90 %를 초과하는 것을 방지하기 위하여 과충전 방지조치를 강구한다.

**48.** 고압가스용 이음매 없는 용기 제조 시 탄소함유량은 몇 % 이하를 사용하여야 하는가?

**정답** 44. ①　45. ①　46. ④　47. ②　48. ④

① 0.04　　② 0.05
③ 0.33　　④ 0.55

[해설] • 용기 제조방법에 따른 C, P, S 함유량

| 구분 | 탄소(C) | 인(P) | 황(S) |
|---|---|---|---|
| 용접용기 | 0.33% 이하 | 0.04% 이하 | 0.05% 이하 |
| 이음매 없는 용기 | 0.55% 이하 | 0.04% 이하 | 0.05% 이하 |

**49.** 가스를 충전하는 경우에 밸브 및 배관이 얼었을 때의 응급조치하는 방법으로 부적절한 것은?

① 열습포를 사용한다.
② 미지근한 물로 녹인다.
③ 석유 버너 불로 녹인다.
④ 40℃ 이하의 물로 녹인다.

[해설] • 충전용 밸브의 가열 : 고압가스를 용기에 충전하기 위하여 밸브 또는 충전용 지관을 가열할 때에는 열습포 또는 40℃ 이하의 물을 사용한다.

**50.** 고압가스 일반제조의 시설기준에 대한 설명으로 옳은 것은?

① 산소 초저온저장탱크에는 환형유리관 액면계를 설치할 수 없다.
② 고압가스설비에 장치하는 압력계는 상용압력의 1.1배 이상 2배 이하의 최고눈금이 있어야 한다.
③ 공기보다 가벼운 가연성가스의 가스설비실에는 1방향 이상의 개구부 또는 자연환기 설비를 설치하여야 한다.
④ 저장능력이 1000톤 이상인 가연성 액화가스의 지상 저장탱크의 주위에는 방류둑을 설치하여야 한다.

[해설] • 각 항목의 옳은 설명
① 액화가스 저장탱크에 액면계를 설치할 때 산소 또는 불활성가스의 초저온저장탱크의 경우에 한정하여 환형유리제 액면계 설치가 가능하다.
② 고압가스설비에 설치하는 압력계는 상용압력의 1.5배 이상, 2배 이하의 최고눈금이 있는 것으로 하고 2개 이상 비치한다.
③ 공기보다 가벼운 가연성가스의 가스설비실에는 충분한 면적을 가진 2방향 이상의 개구부 또는 강제환기 설비를 설치하거나 이들을 병설하여 환기를 양호하게 한 구조로 한다.

**51.** 포스겐가스($COCl_2$)를 취급할 때의 주의사항으로 옳지 않은 것은?

① 취급 시 방독마스크를 착용할 것
② 공기보다 가벼우므로 환기시설은 보관 장소의 위쪽에 설치할 것
③ 사용 후 폐가스를 방출할 때에는 중화시킨 후 옥외로 방출시킬 것
④ 취급장소는 환기가 잘 되는 곳일 것

[해설] 포스겐($COCl_2$)은 분자량 99로 공기보다 무거운 독성가스에 해당되므로 환기시설은 보관장소 바닥면에 접한 부분의 환기를 양호하게 한 구조로 한다.

**52.** 초저온 용기의 재료로 적합한 것은?

① 오스테나이트계 스테인리스강 또는 알루미늄 합금
② 고탄소강 또는 Cr 강
③ 마텐자이트계 스테인리스강 또는 고탄소강
④ 알루미늄 합금 또는 Ni-Cr 강

[해설] 초저온 용기의 재료는 그 용기의 안전성을 확보하기 위하여 오스테나이트계 스테인리스강 또는 알루미늄 합금으로 한다.

**53.** 지름이 각각 8 m인 LPG 지상 저장탱크 사이에 물분무장치를 하지 않은 경우 탱크 사이에 유지해야 되는 간격은?

① 1 m　② 2 m　③ 4 m　④ 8 m

[정답] 49. ③　50. ④　51. ②　52. ①　53. ③

[해설] • LPG 저장탱크 간의 유지거리 : 두 저장탱크의 최대지름을 합산한 길이의 $\frac{1}{4}$ 이상에 해당하는 거리를 유지하고, 두 저장탱크의 최대지름을 합산한 길이의 $\frac{1}{4}$ 의 길이가 1 m 미만인 경우에는 1 m 이상의 거리를 유지한다. 다만, LPG 저장탱크에 물분무장치가 설치되었을 경우에는 저장탱크 간의 이격거리를 유지하지 않아도 된다.

$$\therefore L = \frac{D_1 + D_2}{4} = \frac{8+8}{4} = 4 \text{ m}$$

**54.** 고압가스 일반제조시설에서 저장탱크 및 처리설비를 실내에 설치하는 경우의 기준으로 틀린 것은?

① 저장탱크실과 처리설비실은 각각 구분하여 설치하고 강제환기시설을 갖춘다.
② 저장탱크실의 천장, 벽 및 바닥의 두께는 20 cm 이상으로 한다.
③ 저장탱크를 2개 이상 설치하는 경우에는 저장탱크실을 각각 구분하여 설치한다.
④ 저장탱크에 설치한 안전밸브는 지상 5 m 이상의 높이에 방출구가 있는 가스방출관을 설치한다.

[해설] • 고압가스 저장탱크 및 처리설비 실내 설치 기준
㉮ 저장탱크실과 처리설비실은 각각 구분하여 설치하고 강제환기시설을 갖춘다.
㉯ 저장탱크실 및 처리설비실은 천장·벽 및 바닥의 두께가 30 cm 이상인 철근콘크리트로 만든 실로서 방수처리가 된 것으로 한다.
㉰ 가연성가스 또는 독성가스의 저장탱크실과 처리설비실에는 가스누출검지 경보장치를 설치한다.
㉱ 저장탱크의 정상부와 저장탱크실 천장과의 거리는 60 cm 이상으로 한다.
㉲ 저장탱크를 2개 이상 설치하는 경우에는 저장탱크실을 각각 구분하여 설치한다.
㉳ 저장탱크 및 그 부속시설에는 부식방지도장을 한다.
㉴ 저장탱크실 및 처리설비실의 출입문은 각각 따로 설치하고, 외부인이 출입할 수 없도록 자물쇠 채움 등의 조치를 한다.
㉵ 저장탱크실 및 처리설비실을 설치한 주위에는 경계표지를 한다.
㉶ 저장탱크에 설치한 안전밸브는 지상 5 m 이상의 높이에 방출구가 있는 가스방출관을 설치한다.

**55.** 액화가스 저장탱크의 저장능력을 산출하는 식은? (단, $Q$ : 저장능력($m^3$), $W$ : 저장능력 (kg), $V$ : 내용적(L), $P$ : 35℃에서 최고충전압력(MPa), $d$ : 상용온도 내에서 액화가스 비중(kg/L), $C$ : 가스의 종류에 따른 정수이다.)

① $W = \dfrac{V}{C}$  ② $W = 0.9dV$
③ $Q = (10P+1)V$  ④ $Q = (P+2)V$

[해설] • 저장능력 산정 기준식
① : 액화가스 용기 저장능력 산정식
② : 액화가스 저장탱크 저장능력 산정식
③ : 압축가스 저장탱크, 용기 저장능력 산정식

**56.** 폭발 및 인화성 위험물 취급 시 주의하여야 할 사항으로 틀린 것은?

① 습기가 없고 양지바른 곳에 둔다.
② 취급자 외에는 취급하지 않는다.
③ 부근에서 화기를 사용하지 않는다.
④ 용기는 난폭하게 취급하거나 충격을 주어서는 아니 된다.

[해설] 폭발 및 인화성 위험물을 취급할 때 양지바른 곳에 두면 직사광선에 의해 온도가 상승되고 이로 인해 압력이 상승되면서 누설, 파열 등의 위험성이 높아지게 되므로 직사광선을 피해서 보관하여야 한다.

**정답** 54. ② 55. ② 56. ①

**57.** 폭발 예방 대책을 수립하기 위하여 우선적으로 검토하여야 할 사항으로 가장 거리가 먼 것은?
① 요인 분석  ② 위험성 평가
③ 피해 예측  ④ 피해 보상

[해설] 피해 보상은 폭발사고가 발생한 이후에 검토하여야 할 사항이다.

**58.** 아세틸렌용 용접용기 제조 시 내압시험압력이란 최고충전압력 수치의 몇 배의 압력을 말하는가?
① 1.2  ② 1.8
③ 2    ④ 3

[해설] • 아세틸렌용 용접용기 시험압력
 ㉮ 최고충전압력($FP$) : 15℃에서 용기에 충전할 수 있는 가스의 압력 중 최고압력
 ㉯ 기밀시험압력($AP$) : 최고충전압력의 1.8배
 ㉰ 내압시험압력($TP$) : 최고충전압력의 3배

**59.** 질소 충전용기에서 질소 가스의 누출 여부를 확인하는 방법으로 가장 쉽고 안전한 방법은?
① 기름 사용   ② 소리 감지
③ 비눗물 사용  ④ 전기스파크 이용

[해설] 고압가스 충전용기에서 가스의 누출 여부를 확인하는 가장 쉽고 안전한 방법은 비눗물을 이용하여 검사하는 것이다.

**60.** 2단 감압식 1차용 액화석유가스 조정기를 제조할 때 최대폐쇄압력은 얼마 이하로 해야 하는가? (단, 입구 압력이 0.1~1.56 MPa이다.)
① 3.5 kPa
② 83 kPa
③ 95 kPa
④ 조정압력의 2.5배 이하

[해설] • 일반용 LPG 2단 감압식 1차용 조정기 압력

| 구분 | 용량 100 kg/h 이하 | 용량 100 kg/h 초과 |
|---|---|---|
| 입구 압력 | 0.1~1.56 MPa | 0.3~1.56 MPa |
| 조정 압력 | 57~83 kPa | 57~83 kPa |
| 입구 기밀시험압력 | 1.8 MPa 이상 | |
| 출구 기밀시험압력 | 150 kPa 이상 | |
| 최대폐쇄압력 | 95 kPa 이하 | |

## 제 4 과목  가스계측

**61.** 되먹임 제어에 대한 설명으로 옳은 것은?
① 열린 회로 제어이다.
② 비교부가 필요 없다.
③ 되먹임이란 출력신호를 입력신호로 다시 되돌려 보내는 것을 말한다.
④ 되먹임 제어 시스템은 선형 제어 시스템에 속한다.

[해설] • 되먹임 제어
 ㉮ 피드백 제어(feedback control)로 폐(閉) 회로 제어이다.
 ㉯ 되먹임이란 출력신호를 입력 측으로 되돌려 입력으로 사용하는 것을 말한다.
 ㉰ 입력과 출력을 비교하는 장치가 필요하다.
 ㉱ 목표값에 정확히 도달할 수 있어 다른 제어계보다 정확도가 증가한다.
 ㉲ 외부 조건의 변화에 의한 영향을 줄일 수 있다.
 ㉳ 제어대상 특성이 다소 변하더라도 이것에 의한 영향을 제어할 수 있다.
 ㉴ 되먹임 제어 시스템은 비선형 제어 시스템 (nonlinear control system)에 속한다.
 ㉵ 제어 시스템의 설계가 복잡하고 제어기기의 제작비용이 많이 소요된다.

**62.** He 가스 중 불순물로서 $N_2$ : 2%, CO : 5%,

정답  57. ④  58. ④  59. ③  60. ③  61. ③  62. ①

$CH_4$ : 1%, $H_2$ : 5%가 들어 있는 가스를 가스 크로마토그래피로 분석하고자 한다. 다음 중 가장 적당한 검출기는?

① 열전도검출기(TCD)
② 불꽃이온화검출기(FID)
③ 불꽃광도검출기(FPD)
④ 환원성가스검출기(RGD)

[해설] 열전도검출기(TCD)는 캐리어가스($H_2$, He)와 시료 성분 가스의 열전도도 차를 금속 필라멘트 또는 서미스터의 저항 변화로 검출하는 형식으로 헬륨(He)은 열전도검출기에서 캐리어가스로 사용되고 있고, 헬륨 중에 불순물을 분석하는 것이므로 열전도검출기가 가장 적당하다.

**63.** 다음 가스 분석법 중 흡수분석법에 해당되지 않는 것은?

① 헴펠법  ② 게겔법
③ 오르사트법  ④ 우인클러법

[해설] • 흡수분석법의 종류 : 오르사트(Orsat)법, 헴펠(Hempel)법, 게겔(Gockel)법

**64.** block 선도의 등가변환에 해당하는 것만으로 짝지어진 것은?

① 전달요소 결합, 가합점 치환, 직렬 결합, 피드백 치환
② 전달요소 치환, 인출점 치환, 병렬 결합, 피드백 결합
③ 인출점 치환, 가합점 결합, 직렬 결합, 병렬 결합
④ 전달요소 이동, 가합점 결합, 직렬 결합, 피드백 결합

[해설] • 블록(block) 선도의 등가변환 종류 : 전달요소 치환, 인출점 치환, 병렬 결합, 피드백 결합
※ 등가변환 : 어떤 회로를 특성이 같지만 회로 구성이 다른 것으로 변환하는 것이다.

**65.** 가스 센서에 이용되는 물리적 현상으로 가장 옳은 것은?

① 압전효과  ② 조셉슨효과
③ 흡착효과  ④ 광전효과

[해설] • 흡착효과 : 기체 성분이 표면에 달라붙는 물리적 현상으로 반도체에 흡착된 기체가 화학반응을 일으킴으로써 전기저항이 변화하는 것을 원리로 하여 가연성가스를 감지하는 센서(소자)에 이용한다.

**66.** 접촉식 온도계의 종류와 특징을 연결한 것 중 틀린 것은?

① 유리 온도계 – 액체의 온도에 따른 팽창을 이용한 온도계
② 바이메탈 온도계 – 바이메탈이 온도에 따라 굽히는 정도가 다른 점을 이용한 온도계
③ 열전대 온도계 – 온도 차이에 의한 금속의 열상승 속도의 차이를 이용한 온도계
④ 저항 온도계 – 온도 변화에 따른 금속의 전기저항 변화를 이용한 온도계

[해설] • 열전대 온도계 : 2종류의 금속선을 접속하여 하나의 회로를 만들어 2개의 접점에 온도차를 부여하면 회로에는 접점의 온도에 거의 비례한 전류(열기전력)가 흐르는 현상인 제베크효과(Seebeck effect)를 이용한 접촉식 온도계이다.

**67.** 여과기(strainer)의 설치가 필요한 가스 미터는?

① 터빈 가스 미터  ② 루트 가스 미터
③ 막식 가스 미터  ④ 습식 가스 미터

[해설] • 루트식(roots type) 가스 미터 : 2개의 회전자(roots)와 케이싱으로 구성되어 고속으로 회전하는 회전자에 의하여 체적 단위로 환산하여 적산하는 것으로 여과기(strainer)의 설치 및 설치 후의 관리가 필요하다.

정답  63. ④  64. ②  65. ③  66. ③  67. ②

**68.** 초음파 유량계에 대한 설명으로 틀린 것은?
① 압력손실이 거의 없다.
② 압력은 유량에 비례한다.
③ 대구경 관로의 측정이 가능하다.
④ 액체 중 고형물이나 기포가 많이 포함되어 있어도 정도가 좋다.

[해설] • 초음파 유량계의 특징
㉮ 초음파의 유속과 유체 유속의 합이 비례한다는 도플러 효과를 이용한 유량계이다.
㉯ 측정체가 유체와 접촉하지 않아 압력손실이 없다.
㉰ 정확도가 아주 높으며 대유량 측정용으로 적합하다.
㉱ 비전도성 액체의 유량 측정이 가능하다.
㉲ 고온, 고압, 부식성 유체에도 사용이 가능하다.
㉳ 액체 중에 고형물이나 기포가 많이 포함되어 있으면 정도가 좋지 않다.

**69.** 외란의 영향으로 인하여 제어량이 목표치 50 L/min에서 53 L/min으로 변하였다면 이때 제어편차는 얼마인가?
① +3 L/min   ② −3 L/min
③ +6.0 %   ④ −6.0 %

[해설] ㉮ 제어편차 : 제어계에서 목표값의 변화나 외란의 영향으로 목표값과 제어량의 차이에서 생긴 편차이다.
㉯ 제어편차 계산
∴ 제어편차 = 목표치 − 제어량
= 50 − 53 = −3 L/min

**70.** 가스 미터의 원격계측(검침) 시스템에서 원격계측 방법으로 가장 거리가 먼 것은?
① 제트식   ② 기계식
③ 펄스식   ④ 전자식

[해설] • 가스 미터의 원격계측(검침) 방법 : 기계식, 전자식, 펄스식

**71.** 전극식 액면계의 특징에 대한 설명으로 틀린 것은?
① 프로브 형성 및 부착위치와 길이에 따라 정전용량이 변화한다.
② 고유저항이 큰 액체에는 사용이 불가능하다.
③ 액체의 고유저항 차이에 따라 동작점의 차이가 발생하기 쉽다.
④ 내식성이 강한 전극봉이 필요하다.

[해설] • 전극식 액면계의 특징
㉮ 전도성 액체 내부에 전극을 설치하고 낮은 전압을 이용하여 액면 검지, 수위 표시 및 경보, 급수 및 배수 등의 자동운전을 행하기 위한 제어장치로 사용된다.
㉯ 고유저항이 큰 액체에는 사용이 불가능하다.
㉰ 액체의 고유저항 차이에 따라 동작점의 차이가 발생하기 쉽다.
㉱ 내식성이 강한 전극봉이 필요하다.
㉲ 전압 변동이 큰 곳에서는 사용을 피한다.
※ ①항은 정전용량식 액면계의 설명이다.

**72.** 가스보일러에서 가스를 연소시킬 때 불완전 연소로 발생하는 가스에 중독될 경우 생명을 잃을 수도 있다. 이때 이 가스를 검지하기 위해 사용하는 시험지는?
① 연당지   ② 염화팔라듐지
③ 해리슨씨 시약   ④ 질산구리벤젠지

[해설] ㉮ 가스보일러에서 불완전 연소에 의하여 발생되는 가스는 일산화탄소(CO)이다.
㉯ 가스검지 시험지법

| 검지가스 | 시험지 | 반응 |
|---|---|---|
| 암모니아($NH_3$) | 적색 리트머스지 | 청색 |
| 염소($Cl_2$) | KI 전분지 | 청갈색 |
| 포스겐($COCl_2$) | 해리슨시험지 | 유자색 |
| 시안화수소(HCN) | 초산벤젠지 | 청색 |
| 일산화탄소(CO) | 염화팔라듐지 | 흑색 |
| 황화수소($H_2S$) | 연당지 (초산납시험지) | 회흑색 |
| 아세틸렌($C_2H_2$) | 염화제1구리착염지 | 적갈색 |

정답  68. ④  69. ②  70. ①  71. ①  72. ②

**73.** 헴펠(Hempel)법에 의한 분석순서가 바른 것은?

① $CO_2 \rightarrow C_mH_n \rightarrow O_2 \rightarrow CO$
② $CO \rightarrow C_mH_n \rightarrow O_2 \rightarrow CO_2$
③ $CO_2 \rightarrow O_2 \rightarrow C_mH_n \rightarrow CO$
④ $CO \rightarrow O_2 \rightarrow C_mH_n \rightarrow CO_2$

[해설] • 헴펠(Hempel)법 분석순서 및 흡수제

| 순서 | 분석가스 | 흡수제 |
|---|---|---|
| 1 | $CO_2$ | KOH 30% 수용액 |
| 2 | $C_mH_n$ | 발연황산 |
| 3 | $O_2$ | 피로갈롤 용액 |
| 4 | $CO$ | 암모니아성 염화제1구리 용액 |

**74.** 실측식 가스 미터가 아닌 것은?

① 터빈식    ② 건식
③ 습식      ④ 막식

[해설] • 가스 미터의 분류
(1) 실측식
 ㉮ 건식 : 막식형(독립내기식, 클로버식)
 ㉯ 회전식 : 루츠(roots)형, 오벌식, 로터리 피스톤식
 ㉰ 습식
(2) 추량식 : 델타식, 터빈식, 오리피스식, 벤 부리식

**75.** 습식 가스 미터의 특징에 대한 설명으로 옳지 않은 것은?

① 계량이 정확하다.
② 설치공간이 작다.
③ 사용 중에 기차의 변동이 거의 없다.
④ 사용 중에 수위 조정 등의 관리가 필요하다.

[해설] • 습식 가스 미터의 특징
 ㉮ 계량이 정확하다.
 ㉯ 사용 중에 오차의 변동이 적다.
 ㉰ 사용 중에 수위 조정 등의 관리가 필요하다.
 ㉱ 설치면적이 크다.
 ㉲ 용도 : 기준용, 실험실용
 ㉳ 용량범위 : 0.2~3000 $m^3/h$

**76.** 계측에 사용되는 열전대 중 다음 〈보기〉의 특징을 가지는 온도계는?

〈보 기〉
- 열기전력이 크고 저항 및 온도계수가 작다.
- 수분에 의한 부식에 강하므로 저온 측정에 적합하다.
- 비교적 저온의 실험용으로 주로 사용한다.

① R형    ② T형
③ J형    ④ K형

[해설] • T형(동-콘스탄탄) 열전대 특징
 ㉮ (+)극에 순구리(동), (-)극에 콘스탄탄을 사용한 열전대이다.
 ㉯ 열기전력이 크고 저항 및 온도계수가 작다.
 ㉰ 수분에 의한 부식에 강하므로 저온 측정에 적합하다.
 ㉱ 비교적 저온의 실험용으로 주로 사용된다.
 ㉲ 측정범위는 -200~350℃(또는 -180~350℃)이다.

**77.** 전기저항식 습도계의 특징에 대한 설명 중 틀린 것은?

① 저온도의 측정이 가능하고, 응답이 빠르다.
② 고습도에 장기간 방치하면 감습막이 유동한다.
③ 연속기록, 원격측정, 자동제어에 주로 이용된다.
④ 온도계수가 비교적 작다.

[해설] • 전기저항식 습도계의 특징
 ㉮ 저온도의 측정이 가능하고 응답이 빠르다.
 ㉯ 상대습도 측정이 가능하다.
 ㉰ 연속기록, 원격측정, 자동제어에 이용된다.
 ㉱ 감도가 크다.
 ㉲ 전기저항의 변화가 쉽게 측정된다.

정답   73. ①   74. ①   75. ②   76. ②   77. ④

㉺ 고습도 중에 장시간 방치하면 감습막(感濕膜)이 유동한다.
㉻ 다소의 경년 변화가 있어 온도계수가 비교적 크다.

**78.** 평균유속이 3 m/s인 파이프를 25 L/s의 유량이 흐르도록 하려면 이 파이프의 지름은 약 몇 mm로 해야 하는가?

① 88 mm  ② 93 mm
③ 98 mm  ④ 103 mm

[해설] $Q = A \times V = \dfrac{\pi}{4} \times D^2 \times V$에서 체적유량 $(Q) = 25$ L/s $= 25 \times 10^{-3}$ m³/s이고, 1 m = 1000 mm이다.

$$\therefore D = \sqrt{\dfrac{4 \times Q}{\pi \times V}}$$

$$= \sqrt{\dfrac{4 \times (25 \times 10^{-3})}{\pi \times 3}} \times 1000$$

$$= 103.006 \text{ mm}$$

**79.** 반도체 스트레인 게이지의 특징이 아닌 것은?

① 높은 저항
② 높은 안정성
③ 큰 게이지 상수
④ 낮은 피로수명

[해설] (1) 스트레인 게이지(strain gauge) : 금속, 합금이나 반도체 등의 변형계 소자는 압력에 의해 변형을 받으면 전기저항이 변하는 것을 이용한 전기식 압력계이다.
(2) 반도체 스트레인 게이지 특징
  ㉮ 변형계 소자는 반도체를 이용한 것이다.
  ㉯ 높은 저항에 견딜 수 있다.
  ㉰ 큰 게이지 상수를 갖는다.
  ㉱ 높은 안정성을 유지한다.
  ㉲ 피로에 의한 수명이 높다.

**80.** 아르키메데스의 원리를 이용하는 압력계는?

① 부르동관 압력계
② 링밸런스식 압력계
③ 침종식 압력계
④ 벨로스식 압력계

[해설] • 침종식 압력계의 특징
  ㉮ 액체 중의 침종의 상하 이동으로 압력을 측정하는 것으로 아르키메데스의 원리를 이용한 것이다.
  ㉯ 진동이나 충격의 영향이 비교적 적다.
  ㉰ 미소 차압의 측정이 가능하다.
  ㉱ 압력이 낮은 기체 압력을 측정하는 데 사용된다.
  ㉲ 측정범위는 단종식이 100 mmH₂O, 복종식이 5~30 mmH₂O이다.

※ 2020년 제1회 필기시험은 코로나19로 인하여 연기되어 제2회 필기시험과 통합하여 시행되었습니다.

[정답] 78. ④  79. ④  80. ③

▶ 2020년 8월 23일 시행

| 자격종목 | 종목코드 | 시험시간 | 형 별 | 수험번호 | 성 명 |
|---|---|---|---|---|---|
| 가스 산업기사 | 2471 | 2시간 | | | |

## 제1과목  연소공학

**1.** 연소열에 대한 설명으로 틀린 것은?
① 어떤 물질이 완전연소할 때 발생하는 열량이다.
② 연료의 화학적 성분은 연소열에 영향을 미친다.
③ 이 값이 클수록 연료로서 효과적이다.
④ 발열반응과 함께 흡열반응도 포함한다.

[해설] • 연소열 : 가연성 물질이 공기 중의 산소와 반응(화학반응)하여 완전연소할 때 발생하는 열량(발열반응)으로 흡열반응은 포함하지 않는다.

**2.** 연소가스량 10 m³/kg, 비열 0.325 kcal/m³·℃인 어떤 연료의 저위발열량이 6700 kcal/kg이었다면 이론 연소온도는 약 몇 ℃인가?
① 1962℃  ② 2062℃
③ 2162℃  ④ 2262℃

[해설] $t = \dfrac{H_l}{G_s \cdot C_p} = \dfrac{6700}{10 \times 0.325} = 2061.538\,℃$

**3.** 황(S) 1 kg이 이산화황(SO₂)으로 완전연소할 경우 이론산소량(kg/kg)과 이론공기량(kg/kg)은 각각 얼마인가?
① 1, 4.31  ② 1, 8.62
③ 2, 4.31  ④ 2, 8.62

[해설] ㉮ 황(S)의 완전연소 반응식
S + O₂ → SO₂
㉯ 이론산소량 계산 : 황(S) 분자량 32, 산소(O₂) 분자량 32이다.
32 kg : 32 kg = 1 kg : $x(O_0)$ kg

$\therefore x(O_0) = \dfrac{1 \times 32}{32} = 1\,kg/kg$

㉰ 이론공기량 계산 : 공기 중 산소는 23.2% 질량비를 갖는다.

$\therefore A_0 = \dfrac{O_0}{0.232} = \dfrac{1}{0.232} = 4.310\,kg/kg$

**4.** 메탄 60 v%, 에탄 20 v%, 프로판 15 v%, 부탄 5 v%인 혼합가스의 공기 중 폭발 하한계(v%)는 약 얼마인가? (단, 각 성분의 폭발 하한계는 메탄 5.0 v%, 에탄 3.0 v%, 프로판 2.1 v%, 부탄 1.8 v%로 한다.)
① 2.5  ② 3.0
③ 3.5  ④ 4.0

[해설] $\dfrac{100}{L} = \dfrac{V_1}{L_1} + \dfrac{V_2}{L_2} + \dfrac{V_3}{L_3} + \dfrac{V_4}{L_4}$ 에서

$\therefore L = \dfrac{100}{\dfrac{V_1}{L_1} + \dfrac{V_2}{L_2} + \dfrac{V_3}{L_3} + \dfrac{V_4}{L_4}}$

$= \dfrac{100}{\dfrac{60}{5.0} + \dfrac{20}{3.0} + \dfrac{15}{2.1} + \dfrac{5}{1.8}} = 3.498\,v\%$

**5.** 기체연료의 확산연소에 대한 설명으로 틀린 것은?
① 확산연소는 폭발의 경우에 주로 발생하는 형태이며 예혼합연소에 비해 반응대가 좁다.
② 연료가스와 공기를 별개로 공급하여 연소하는 방법이다.
③ 연소형태는 연소기기의 위치에 따라 달라지는 비균일 연소이다.
④ 일반적으로 확산과정은 화학반응이나 화

정답  1. ④  2. ②  3. ①  4. ③  5. ①

염의 전파과정보다 늦기 때문에 확산에 의한 혼합속도가 연소속도를 지배한다.

해설 • 확산연소(擴散燃燒) : 공기와 가스를 따로 버너 슬롯(slot)에서 연소실에 공급하고, 이것들의 경계면에서 난류와 자연확산으로 서로 혼합하여 연소하는 외부 혼합방식이다. 화염이 전파하는 특징을 갖고 반응대는 가연성 기체와 산화제의 경계에 존재하며 반응대를 향해 가연성 기체 및 산화제가 확산해 간다.

**6.** 프로판 가스의 분자량은 얼마인가?
① 17
② 44
③ 58
④ 64

해설 • 프로판($C_3H_8$) 분자량 계산 : 탄소(C)의 원자량은 12, 수소(H)의 원자량은 1이다.
∴ $M = (12 \times 3) + (1 \times 8) = 44$ g/mol
※ 일반적으로 분자량 단위는 생략한다.

**7.** 0℃, 1기압에서 $C_3H_8$ 5kg의 체적은 약 몇 $m^3$인가? (단, 이상기체로 가정하고, C의 원자량은 12, H의 원자량은 1이다.)
① 0.6
② 1.5
③ 2.5
④ 3.6

해설 표준상태(0℃, 1기압)에서 프로판($C_3H_8$) 44 kg의 체적은 22.4 $m^3$이다.
44 kg : 22.4 $m^3$ = 5 kg : $x$ [$m^3$]
∴ $x = \dfrac{5 \times 22.4}{44} = 2.545 \ m^3$

별해 이상기체 상태방정식을 이용하여 계산
$PV = GRT$에서 1기압은 101.325 kPa이다.
∴ $V = \dfrac{GRT}{P} = \dfrac{5 \times \dfrac{8.314}{44} \times (273+0)}{101.325}$
$= 2.545 \ m^3$
※ 이상기체 상태방정식을 적용하여 풀이하는 방법은 온도와 압력이 표준상태가 아닌 경우에 적용할 수 있다.

**8.** 다음 [보기]의 성질을 가지고 있는 가스는?

─〈보 기〉─
- 무색, 무취, 가연성 기체
- 폭발범위 : 공기 중 4~75 vol%

① 메탄
② 암모니아
③ 에틸렌
④ 수소

해설 • 수소의 성질
㉮ 지구상에 존재하는 원소 중 가장 가볍다.
㉯ 무색, 무취, 무미의 가연성이다.
㉰ 열전도율이 대단히 크고, 열에 대해 안정하다.
㉱ 확산속도가 대단히 크다.
㉲ 고온에서 강재, 금속재료를 쉽게 투과한다.
㉳ 폭굉속도가 1400~3500 m/s에 달한다.
㉴ 폭발범위가 넓다(공기 중 : 4~75%, 산소 중 : 4~94%).
㉵ 산소와 수소폭명기, 염소와 염소폭명기의 폭발반응이 발생한다.
㉶ 확산속도가 1.8 km/s 정도로 대단히 크다.

**9.** 공기비가 적을 경우 나타나는 현상과 가장 거리가 먼 것은?
① 매연발생이 심해진다.
② 폭발사고 위험성이 커진다.
③ 연소실 내의 연소온도가 저하된다.
④ 미연소로 인한 열손실이 증가한다.

해설 • 공기비의 영향
(1) 공기비가 클 경우
㉮ 연소실 내의 온도가 낮아진다.
㉯ 배기가스로 인한 손실열이 증가한다.
㉰ 배기가스 중 질소산화물(NOx)이 많아져 대기오염을 초래한다.
㉱ 연료소비량이 증가한다.
(2) 공기비가 작을 경우
㉮ 불완전연소가 발생하기 쉽다.
㉯ 미연소 가스로 인한 역화의 위험이 있다.
㉰ 연소효율이 감소한다(열손실이 증가한다).

**10.** 1 atm, 27℃의 밀폐된 용기에 프로판과 산

정답 6. ② 7. ③ 8. ④ 9. ③ 10. ④

소가 1:5 부피비로 혼합되어 있다. 프로판이 완전 연소하여 화염의 온도가 1000℃가 되었다면 용기 내에 발생하는 압력은 약 몇 atm 인가?

① 1.95 atm　　② 2.95 atm
③ 3.95 atm　　④ 4.95 atm

해설 ㉮ 프로판의 완전연소 반응식
　　$C_3H_8 + 5O_2 \rightarrow 3CO_2 + 4H_2O$
㉯ 용기 내 발생 압력 계산
　$PV = nRT$ 에서
　반응 전 : $P_1V_1 = n_1R_1T_1$
　반응 후 : $P_2V_2 = n_2R_2T_2$ 로 각각 구분하고,
　반응 전후의 $V_1 = V_2$, $R_1 = R_2$ 이므로
　$\dfrac{P_2}{P_1} = \dfrac{n_2T_2}{n_1T_1}$ 가 된다.
　여기서, 반응 전후의 몰수($n_1$, $n_2$)는 프로판의 완전연소 반응식에서 $n_1$은 $C_3H_8$ 1몰과 $O_2$ 5몰이고, $n_2$는 $CO_2$ 3몰과 $H_2O$ 4몰이다.
　$\therefore P_2 = \dfrac{n_2T_2}{n_1T_1} \times P_1$
　$= \dfrac{(3+4) \times (273+1000)}{(1+5) \times (273+27)} \times 1$
　$= 4.95$ atm

**11.** 기체상수 $R$을 계산한 결과 1.987이었다. 이때 사용되는 단위는?

① cal/mol·K　　② erg/kmol·K
③ Joule/mol·K　　④ L·atm/mol·K

해설 기체상수 $R = 0.08206$ L·atm/mol·K
　$= 82.06$ cm$^3$·atm/mol·K
　$= 1.987$ cal/mol·K
　$= 8.314 \times 10^7$ erg/mol·K
　$= 8.314$ J/mol·K
　$= 8.314$ m$^3$·Pa/mol·K
　$= 8314$ J/kmol·K

**12.** 분진폭발과 가장 관련이 있는 물질은?

① 소맥분　　② 에테르
③ 탄산가스　　④ 암모니아

해설 • 분진폭발 : 가연성 고체의 미분(微粉) 등이 어떤 농도 이상으로 공기 등 조연성 가스 중에 분산된 상태에 놓여 있을 때 폭발성 혼합기체와 같은 폭발을 일으키는 것으로 폭연성 분진(금속분 : Mg, Al, Fe분 등)과 가연성 분진(소맥분, 전분, 합성수지류, 황, 코코아, 리그닌, 석탄분, 고무분말 등)이 있다.
참고 • 소맥분과 소백분
㉮ 소맥분(小麥粉) : 밀을 곱게 갈아서 만든 가루로 밀가루를 말한다.
㉯ 소백분(小白粉) : 하얀가루라는 의미로 일반적으로 밀가루를 지칭한다.
※ '소백분'보다는 '소맥분'이 정확한 명칭임

**13.** 폭굉이란 가스 중의 음속보다 화염 전파속도가 큰 경우를 말하는데 마하수 약 얼마를 말하는가?

① 1~2　　② 3~12
③ 12~21　　④ 21~30

해설 • 폭굉(detonation)
㉮ 폭굉의 정의 : 가스 중의 음속보다도 화염 전파속도가 큰 경우로서 파면선단에 충격파라고 하는 압력파가 생겨 격렬한 파괴작용을 일으키는 현상
㉯ 폭굉의 화염 전파속도 : 1000~3500m/s
㉰ 공기 중의 음속($C$)은 약 340m/s이고, 마하수($M_a$)는 어떤 물질의 속도($V$)를 음속으로 나눈 값이다.
$\therefore M_a = \dfrac{V}{C} = \dfrac{1000 \sim 3500}{340} = 2.94 \sim 10.29$

**14.** 다음 중 자기연소를 하는 물질로만 나열된 것은?

① 경유, 프로판
② 질화면, 셀룰로이드
③ 황산, 나프탈렌
④ 석탄, 플라스틱(FRP)

해설 • 자기연소 : 가연성 고체가 자체 내에 산소를 함유하고 있어 산소(공기)를 공급하지 않아도 (또는 산소가 없는 경우) 그 자체의 산소로 연

소하는 것으로 니트로셀룰로오스(질화면), 셀룰로이드, 니트로글리세린 등이 해당되며 위험물 안전관리법에서 제5류 위험물로 분류한다.

**15.** 가연물의 위험성에 대한 설명으로 틀린 것은?
① 비등점이 낮으면 인화의 위험성이 높아진다.
② 파라핀 등 가연성 고체는 화재 시 가연성 액체가 되어 화재를 확대한다.
③ 물과 혼합되기 쉬운 가연성 액체는 물과 혼합되면 증기압이 높아져 인화점이 낮아진다.
④ 전기전도도가 낮은 인화성 액체는 유동이나 여과 시 정전기를 발생하기 쉽다.
[해설] 알코올과 같은 물과 혼합되기 쉬운 가연성 액체는 물과 혼합되면 농도가 낮아져 인화의 위험성이 낮아진다.

**16.** 정전기를 제어하는 방법으로서 전하의 생성을 방지하는 방법이 아닌 것은?
① 접속과 접지(bonding and grounding)
② 도전성 재료 사용
③ 침액 파이프(dip pipes) 설치
④ 첨가물에 의한 전도도 억제
[해설] • 전하의 생성을 방지하는 방법
㉮ 접속과 접지(bonding and grounding)를 한다.
㉯ 도전성 재료를 사용한다.
㉰ 침액 파이프(dip pipe)를 설치한다.
㉱ 정전기 전하를 제거하거나 전하의 생성을 방지하는 정전기 방지제를 사용한다.
※ 침액 파이프 : 액체가 자유 낙하할 때 정전기 전하를 감소시키기 위해 용기(저장시설) 내부 바닥 가까이까지 설치하는 확장라인을 말함

**17.** 어떤 반응물질이 반응을 시작하기 전에 반드시 흡수하여야 하는 에너지의 양을 무엇이라 하는가?

① 점화에너지　② 활성화에너지
③ 형성엔탈피　④ 연소에너지
[해설] • 활성화 에너지 : 반응물질을 활성화물로 만드는 데 필요한 최소 에너지이다.
㉮ 활성화 에너지가 클수록 반응속도는 감소한다.
㉯ 활성화 에너지가 작을수록 반응속도는 증가한다.

**18.** 연료의 발열량 계산에서 유효수소를 옳게 나타낸 것은?
① $\left(H + \dfrac{O}{8}\right)$　② $\left(H - \dfrac{O}{8}\right)$
③ $\left(H + \dfrac{O}{16}\right)$　④ $\left(H - \dfrac{O}{16}\right)$
[해설] • 유효수소 : 연료 속에 산소가 함유되어 있을 경우에는 수소 중의 일부는 이 산소와 반응하여 결합수($H_2O$)를 생성하므로 수소의 전부가 연소하지 않고 이 산소의 상당량만큼의 수소 $\left(\dfrac{1}{8}O\right)$가 연소하지 않는다. 그러므로 실제로 연소할 수 있는 수소는 $\left(H - \dfrac{O}{8}\right)$에 해당되며 이것을 유효수소라 한다.

**19.** 표준상태에서 기체 1 $m^3$는 약 몇 몰인가?
① 1　② 2
③ 22.4　④ 44.6
[해설] 표준상태(0℃, 1기압)에서 1몰(mol)은 분자량($M$)에 해당하는 질량($W$), 22.4 L의 체적을 갖는다.
∴ $n = \dfrac{W}{M} = \dfrac{V}{22.4} = \dfrac{1000}{22.4} = 44.642 \text{ mol}$

**20.** 다음 중 열전달계수의 단위는?
① kcal/h　② kcal/$m^2$·h·℃
③ kcal/m·h·℃　④ kcal/℃
[해설] • 열전달계수 : 고체면과 유체와의 사이 열의 이동으로서 단위면적 1$m^2$당 고체면과 유

정답　15. ③　16. ④　17. ②　18. ②　19. ④　20. ②

체면 사이의 온도차가 1℃일 때 1시간에 이동하는 열량으로 단위는 kcal/m² · h · ℃이다.

---

## 제 2 과목   가스설비

---

**21.** 조정기 감압방식 중 2단 감압방식의 장점이 아닌 것은?
① 공급압력이 안정하다.
② 장치와 조작이 간단하다.
③ 배관의 지름이 가늘어도 된다.
④ 각 연소기구에 알맞은 압력으로 공급이 가능하다.

해설 • 2단 감압식 조정기의 특징
 (1) 장점
  ㉮ 입상배관에 의한 압력손실을 보정할 수 있다.
  ㉯ 가스 배관이 길어도 공급압력이 안정된다.
  ㉰ 각 연소기구에 알맞은 압력으로 공급이 가능하다.
  ㉱ 중간 배관의 지름이 작아도 된다.
 (2) 단점
  ㉮ 설비가 복잡하고 검사방법이 복잡하다.
  ㉯ 조정기 수가 많아서 점검 부분이 많다.
  ㉰ 부탄의 경우 재액화의 우려가 있다.
  ㉱ 시설의 압력이 높아서 이음방식에 주의하여야 한다.

**22.** 지하 도시가스 매설배관에 Mg과 같은 금속을 배관과 전기적으로 연결하여 방식하는 방법은?
① 희생양극법    ② 외부전원법
③ 선택배류법    ④ 강제배류법

해설 • 희생양극법(유전양극법, 전기양극법, 전류양극법) : 양극(anode)과 매설배관(cathode : 음극)을 전선으로 접속하고 양극 금속과 배관 사이의 전지작용(고유 전위차)에 의해서 방식전류를 얻는 방법이다. 양극 재료로는 마그네슘(Mg), 아연(Zn)이 사용되며 토양 중에 매설되는 배관에는 마그네슘이 사용된다.

**23.** 고압가스 설비 내에서 이상사태가 발생한 경우 긴급이송 설비에 의하여 이송되는 가스를 안전하게 연소시킬 수 있는 안전장치는?
① 벤트스택      ② 플레어스택
③ 인터록기구    ④ 긴급차단장치

해설 • 이상사태가 발생한 경우 처리설비
 ㉮ 벤트스택 : 설비 내의 내용물을 대기 중으로 방출하는 설비이다.
 ㉯ 플레어스택 : 긴급이송 설비에 의하여 이송되는 가연성가스를 연소에 의하여 처리하는 설비이다.

**24.** 도시가스시설에서 전기방식효과를 유지하기 위하여 빗물이나 이물질의 접촉으로 인한 절연의 효과가 상쇄되지 아니하도록 절연 이음매 등을 사용하여 절연한다. 절연조치를 하는 장소에 해당되지 않는 것은?
① 교량횡단 배관의 양단
② 배관과 철근콘크리트 구조물 사이
③ 배관과 배관지지물 사이
④ 타 시설물과 30 cm 이상 이격되어 있는 배관

해설 • 도시가스시설 중 절연조치를 하는 장소
 ㉮ 교량횡단 배관 양단(다만, 외부전원법에 따른 전기방식을 한 경우에는 제외할 수 있다)
 ㉯ 배관과 철근콘크리트 구조물 사이
 ㉰ 배관과 강재 보호관 사이
 ㉱ 지하에 매설된 배관 부분과 지상에 설치된 부분의 경계. 이 경우 가스 사용자에게 공급하기 위해 지중에서 지상으로 연결되는 배관에만 한다.
 ㉲ 다른 시설물과 접근 교차지점. 다만, 다른 시설물과 30 cm 이상 이격 설치된 경우에는 제외할 수 있다.
 ㉳ 배관과 배관지지물 사이

정답   21. ②   22. ①   23. ②   24. ④

㈃ 그밖에 절연이 필요한 장소

**25.** 원심펌프를 병렬로 연결하는 것은 무엇을 증가시키기 위한 것인가?
① 양정　　　　② 동력
③ 유량　　　　④ 효율
[해설] • 원심펌프의 운전 특성
　㉮ 직렬 운전 : 양정 증가, 유량 일정
　㉯ 병렬 운전 : 유량 증가, 양정 일정

**26.** 저온장치에서 저온을 얻을 수 있는 방법이 아닌 것은?
① 단열교축팽창　　② 등엔트로피팽창
③ 단열압축　　　　④ 기체의 액화
[해설] • 저온장치에서 저온을 얻는 방법
　㉮ 단열교축팽창 : 줄-톰슨 효과를 이용한 것으로 등엔트로피 팽창이다.
　㉯ 팽창기에 의한 방법 : 피스톤식과 터빈식 사용
　㉰ 기체의 액화

**27.** 두께 3 mm, 내경 20 mm 강관에 내압이 2 kgf/cm²일 때, 원주방향으로 강관에 작용하는 응력은 약 몇 kgf/cm²인가?
① 3.33　　　　② 6.67
③ 9.33　　　　④ 12.67
[해설] $\sigma_A = \dfrac{PD_i}{2t} = \dfrac{2 \times 20}{2 \times 3} = 6.666 \text{ kgf/cm}^2$
※ 계산식에 적용되는 지름($D_i$)은 안지름(내경)이다.

**28.** 용적형 압축기에 속하지 않는 것은?
① 왕복 압축기　　② 회전 압축기
③ 나사 압축기　　④ 원심 압축기
[해설] (1) 용적형 압축기 : 일정 용적의 기체를 흡입하고 기체에 압력을 가하여 토출구로 압출하는 것을 반복하는 형식이다.

(2) 종류
　㉮ 왕복 압축기 : 피스톤의 왕복운동으로 기체를 흡입하여 압축한다.
　㉯ 회전 압축기 : 회전체의 회전에 의해 일정 용적의 가스를 연속으로 흡입, 압축하는 것을 반복한다.
　㉰ 나사(screw) 압축기 : 두 개의 암(female), 수(male) 치형을 가진 로터의 맞물림에 의해 압축한다.

**29.** 비교회전도 175, 회전수 3000 rpm, 양정 210 m인 3단 원심펌프의 유량은 약 몇 m³/min 인가?
① 1　　　　② 2
③ 3　　　　④ 4
[해설] $N_s = \dfrac{N \times \sqrt{Q}}{\left(\dfrac{H}{Z}\right)^{\frac{3}{4}}}$ 에서

$\sqrt{Q} = \dfrac{N_s \times \left(\dfrac{H}{Z}\right)^{\frac{3}{4}}}{N}$ 이다.

∴ $Q = \left\{\dfrac{N_s \times \left(\dfrac{H}{Z}\right)^{\frac{3}{4}}}{N}\right\}^2 = \left\{\dfrac{175 \times \left(\dfrac{210}{3}\right)^{\frac{3}{4}}}{3000}\right\}^2$
$= 1.9928 \text{ m}^3/\text{min}$

**30.** 다음 중 고압고무호스의 제품성능 항목이 아닌 것은?
① 내열 성능　　② 내압 성능
③ 호스부 성능　　④ 내이탈 성능
[해설] • 일반용 고압고무호스의 성능
　㉮ 제품 성능 : 내압 성능, 기밀 성능, 내한 성능, 내구 성능, 내이탈 성능, 호스부 성능
　㉯ 재료 성능 : 내가스 성능, 내충격 성능, 각형패킹 성능
　㉰ 작동 성능 : 체크밸브 성능

**31.** 이중각식 구형 저장탱크에 대한 설명으로 틀린 것은?

정답　25. ③　26. ③　27. ②　28. ④　29. ②　30. ①　31. ①

① 상온 또는 -30℃ 전후까지의 저온의 범위에 적합하다.
② 내구에는 저온 강재, 외구에는 보통 강판을 사용한다.
③ 액체산소, 액체질소, 액화메탄 등의 저장에 사용된다.
④ 단열성이 아주 우수하다.

해설 • 이중각식 구형 저장탱크의 특징
㉮ 내구에는 저온 강재, 외구에는 보통 강판을 사용한 것으로 내외 공간은 진공 또는 건조공기 및 질소가스를 넣고 펄라이트와 같은 보냉재를 충전한다.
㉯ 이 형식의 탱크는 단열성이 높으므로 -50℃ 이하의 저온에서 액화가스를 저장하는 데 적합하다.
㉰ 액체산소, 액체질소, 액화메탄, 액화에틸렌 등의 저장에 사용된다.
㉱ 내구는 스테인리스강, 알루미늄, 9% 니켈강 등을 사용한다.
㉲ 지지방법은 외구의 중심이 통과하는 부근에서 하중로드로 메어달고, 진동은 수평로드로 방지하고 있다.
※ 상온 또는 -30℃ 전후까지의 저온의 범위에 사용되는 것은 '단각식 구형 저장탱크'이다.

**32.** 저온($T_2$)으로부터 고온($T_1$)으로 열을 보내는 냉동기의 성능계수 산정식은?

① $\dfrac{T_2}{T_1}$ ② $\dfrac{T_2}{T_1-T_2}$

③ $\dfrac{T_1}{T_1-T_2}$ ④ $\dfrac{T_1-T_2}{T_1}$

해설 • 냉동기 성능계수(성적계수) : 저온체에서 제거하는 열량($Q_2$)과 열량을 제거하는 데 소요되는 일량($W$)의 비이다.
∴ $COP_R = \dfrac{Q_2}{W} = \dfrac{Q_2}{Q_1-Q_2} = \dfrac{T_2}{T_1-T_2}$

**33.** 액화석유가스를 소규모 소비하는 시설에서 용기수량을 결정하는 조건으로 가장 거리가 먼 것은?

① 용기의 가스 발생능력
② 조정기의 용량
③ 용기의 종류
④ 최대 가스 소비량

해설 • 소규모 소비시설의 용기 수량을 결정하는 조건
㉮ 최대 소비수량(최대 가스 소비량)
㉯ 용기의 종류(크기)
㉰ 용기로부터의 가스 증발량(가스 발생능력)

**34.** LPG 용기 충전시설의 저장설비실에 설치하는 자연 환기설비에서 외기에 면하여 설치된 환기구의 통풍 가능면적의 합계는 어떻게 하여야 하는가?

① 바닥면적 1 m²마다 100 cm²의 비율로 계산한 면적 이상
② 바닥면적 1 m²마다 300 cm²의 비율로 계산한 면적 이상
③ 바닥면적 1 m²마다 500 cm²의 비율로 계산한 면적 이상
④ 바닥면적 1 m²마다 600 cm²의 비율로 계산한 면적 이상

해설 • 자연환기설비 설치 : 외기에 면하여 설치된 환기구의 통풍가능면적의 합계는 바닥면적 1 m²마다 300 cm²의 비율로 계산한 면적 이상으로 하고, 환기구 1개의 면적은 2400 cm² 이하로 한다.

**35.** 정압기를 사용 압력별로 분류한 것이 아닌 것은?

① 단독사용자용 정압기
② 중압 정압기
③ 지역 정압기
④ 지구 정압기

정답  32. ②  33. ②  34. ②  35. ②

[해설] • 정압기 분류
㉮ 지구 정압기(city gate governor) : 일반도시가스 사업자의 소유시설로서 가스도매사업자로부터 공급받은 도시가스의 압력을 1차적으로 낮추기 위해 설치하는 정압기를 말한다.
㉯ 지역 정압기(district governor) : 일반도시가스 사업자의 소유시설로서 지구 정압기 또는 가스도매사업자로부터 공급받은 도시가스의 압력을 낮추어 다수의 사용자에게 가스를 공급하기 위해 설치하는 정압기를 말한다.
㉰ 단독사용자용 정압기 : 관리주체가 1인이고 특정한 가스 사용자가 가스를 공급받기 위하여 가스 사용자가 설치하는 정압기로 설치에 따른 비용과 유지관리는 사용자가 부담한다.
※ 정압기를 사용 압력별로 고압 정압기, 중압 정압기, 저압 정압기로 분류하므로 문제에서 요구하는 것은 '사용 압력별로 분류한 것'을 묻는 내용으로 제시되어야 타당하며, 출제문제 오류로 이의제기를 하였지만 최종 답안에는 반영되지 않고 ②번을 정답으로 처리하였음

**36.** 액화 사이클 중 비점이 점차 낮은 냉매를 사용하여 저비점의 기체를 액화하는 사이클은?
① 린데 공기 액화 사이클
② 가역가스 액화 사이클
③ 캐스케이드 액화 사이클
④ 필립스 공기 액화 사이클

[해설] • 캐스케이드(cascade) 액화 사이클 : 비점이 점차 낮은 냉매를 사용하여 저비점의 기체를 액화하는 사이클로 다원액화 사이클이라고 부르며, 공기 액화 및 천연가스를 액화하는 데 사용하고 있다.

**37.** 추의 무게가 5 kg이며, 실린더의 지름이 4 cm일 때 작용하는 게이지 압력은 약 몇 kgf/cm²인가?
① 0.3　② 0.4　③ 0.5　④ 0.6

[해설] 부유피스톤 압력계에서 추의 무게($W$)만 주어지고 피스톤의 무게($W'$)는 언급이 없으므로 생략한다.
$$\therefore P = \frac{W + W'}{A} = \frac{5}{\frac{\pi}{4} \times 4^2} = 0.397 \text{ kgf/cm}^2$$

**38.** 시안화수소를 용기에 충전하는 경우 품질검사 시 합격 최저 순도는?
① 98 %　② 98.5 %
③ 99 %　④ 99.5 %

[해설] • 시안화수소 충전작업 : 용기에 충전하는 시안화수소는 순도가 98 % 이상이고 아황산가스 또는 황산 등의 안정제를 첨가한 것으로 한다.

**39.** 다음 중 용적형(왕복식) 펌프에 해당하지 않는 것은?
① 플런저 펌프
② 다이어프램 펌프
③ 피스톤 펌프
④ 제트 펌프

[해설] • 펌프의 분류
㉮ 터보식 펌프 : 원심 펌프(볼류트 펌프, 터빈 펌프), 사류 펌프, 축류 펌프
㉯ 용적식 펌프 : 왕복 펌프(피스톤 펌프, 플런저 펌프, 다이어프램 펌프), 회전 펌프(기어 펌프, 나사 펌프, 베인 펌프)
㉰ 특수 펌프 : 재생 펌프, 제트 펌프, 기포 펌프, 수격 펌프

**40.** 조정기의 주된 설치 목적은?
① 가스의 유속조절
② 가스의 발열량조절
③ 가스의 유량조절
④ 가스의 압력조절

[해설] • 조정기의 기능 : 유출압력 조절로 안정된 연소를 도모하고, 소비가 중단되면 가스를 차단한다.

## 제 3 과목  가스안전관리

**41.** 고압가스 저장탱크를 지하에 묻는 경우 지면으로부터 저장탱크의 정상부까지의 깊이는 최소 얼마 이상으로 하여야 하는가?

① 20 cm   ② 40 cm
③ 60 cm   ④ 1 m

해설 • 저장탱크 지하설치 기준
㉮ 저장탱크실 천정, 벽 및 바닥의 두께 : 30 cm 이상
㉯ 지면으로부터 저장탱크의 정상부까지의 깊이 : 60 cm 이상
㉰ 저장탱크를 2개 이상 인접하여 설치하는 경우 상호간의 거리 : 1 m 이상
㉱ 안전밸브 방출구 높이 : 지면에서 5 m 이상
※ 문제에서 최소 깊이를 물었으므로 60 cm 가 된다.

**42.** 다음 중 동일 차량에 적재하여 운반이 가능한 것은?

① 염소와 수소   ② 염소와 아세틸렌
③ 염소와 암모니아 ④ 암모니아와 LPG

해설 • 혼합적재 금지 기준
㉮ 염소와 아세틸렌, 암모니아, 수소는 동일 차량에 적재하여 운반하지 아니한다.
㉯ 가연성가스와 산소를 동일차량에 적재하여 운반하는 때에는 그 충전용기의 밸브가 서로 마주보지 아니하도록 적재한다.
㉰ 충전용기와 위험물 안전관리법에서 정하는 위험물과는 동일차량에 적재하여 운반하지 아니한다.
㉱ 독성가스 중 가연성가스와 조연성가스는 동일 차량적재함에 운반하지 아니한다.

**43.** 다음 중 고압가스 제조 시 압축하면 안 되는 경우는?

① 가연성가스(아세틸렌, 에틸렌 및 수소를 제외) 중 산소용량이 전용량의 2%일 때
② 산소 중의 가연성가스(아세틸렌, 에틸렌 및 수소를 제외)의 용량이 전용량의 2%일 때
③ 아세틸렌, 에틸렌 또는 수소 중의 산소 용량이 전용량의 3%일 때
④ 산소 중 아세틸렌, 에틸렌 및 수소의 용량 합계가 전용량의 1%일 때

해설 • 압축금지 기준
㉮ 가연성가스($C_2H_2$, $C_2H_4$, $H_2$ 제외) 중 산소 용량이 전체 용량의 4% 이상의 것
㉯ 산소 중 가연성가스($C_2H_2$, $C_2H_4$, $H_2$ 제외) 용량이 전체 용량의 4% 이상의 것
㉰ $C_2H_2$, $C_2H_4$, $H_2$ 중 산소 용량이 전체 용량의 2% 이상의 것
㉱ 산소 중 $C_2H_2$, $C_2H_4$, $H_2$의 용량 합계가 전체 용량의 2% 이상의 것

**44.** 액화석유가스의 특성에 대한 설명으로 옳지 않은 것은?

① 액체는 물보다 가볍고, 기체는 공기보다 무겁다.
② 액체의 온도에 의한 부피변화가 작다.
③ LNG보다 발열량이 크다.
④ 연소 시 다량의 공기가 필요하다.

해설 • 액화석유가스(LP가스)의 특징
㉮ LP가스는 공기보다 무겁다.
㉯ 액상의 LP가스는 물보다 가볍다.
㉰ 액화, 기화가 쉽고, 기화하면 체적이 커진다.
㉱ LNG보다 발열량이 크고, 연소 시 다량의 공기가 필요하다.
㉲ 기화열(증발잠열)이 크다.
㉳ 무색, 무취, 무미하다.
㉴ 용해성이 있다.
㉵ 액체의 온도 상승에 의한 부피변화가 크다.

**45.** 자기압력기록계로 최고사용압력이 중압인 도시가스배관에 기밀시험을 하고자 한다. 배관의 용적이 15 $m^3$일 때 기밀 유지시간은 몇

정답  41. ③  42. ④  43. ③  44. ②  45. ④

분 이상이어야 하는가?

① 24분  ② 36분
③ 240분  ④ 360분

해설 ㉮ 압력계 및 자기압력기록계 기밀유지시간 기준

| 구 분 | 내용적 | 기밀유지시간 |
|---|---|---|
| 저압, 중압 | 1 m³ 미만 | 24분 |
| | 1 m³ 이상 10 m³ 미만 | 240분 |
| | 10 m³ 이상 300 m³ 미만 | 24×V분 (단, 1440분을 초과한 경우는 1440분으로 할 수 있다.) |
| 고압 | 1 m³ 미만 | 48분 |
| | 1 m³ 이상 10 m³ 미만 | 480분 |
| | 10 m³ 이상 300 m³ 미만 | 48×V분 (단, 2880분을 초과한 경우는 2880분으로 할 수 있다.) |

※ $V$는 피시험부분의 내용적(m³)

㉯ 기밀 유지시간 계산
∴ 기밀 유지시간 = 24×15 = 360분

**46.** 차량에 고정된 탱크 운행 시 반드시 휴대하지 않아도 되는 서류는?

① 고압가스 이동계획서
② 탱크 내압시험 성적서
③ 차량등록증
④ 탱크용량 환산표

해설 • 안전운행 서류철에 포함할 사항
㉮ 고압가스 이동계획서
㉯ 고압가스 관련 자격증(양성교육 및 정기교육 이수증)
㉰ 운전 면허증
㉱ 탱크 테이블(용량환산표)
㉲ 차량 운행일지
㉳ 차량 등록증
㉴ 그밖에 필요한 서류

**47.** 이동식 부탄연소기와 관련된 사고가 액화석유가스 사고의 약 10 % 수준으로 발생하고 있다. 이를 예방하기 위한 방법으로 가장 부적당한 것은?

① 연소기에 접합용기를 정확히 장착한 후 사용한다.
② 과대한 조리기구를 사용하지 않는다.
③ 잔가스 사용을 위해 용기를 가열하지 않는다.
④ 사용한 접합용기는 파손되지 않도록 조치한 후 버린다.

해설 접합용기(부탄캔) 내 가스를 다 사용한 후에는 용기에 구멍을 내어 내부의 가스를 완전히 제거한 후에 재활용 쓰레기통에 분리수거한다.

**48.** 액화석유가스 사용시설의 시설기준에 대한 안전사항으로 다음 ( ) 안에 들어갈 수치가 모두 바르게 나열된 것은?

- 가스계량기와 전기계량기와의 거리는 ( ㉠ ) 이상, 전기점멸기와의 거리는 ( ㉡ ) 이상, 절연조치를 하지 아니한 전선과의 거리는 ( ㉢ ) 이상의 거리를 유지할 것
- 주택에 설치된 저장설비는 그 설비 안의 것을 제외한 화기 취급장소와 ( ㉣ ) 이상의 거리를 유지하거나 누출된 가스가 유동되는 것을 방지하기 위한 시설을 설치할 것

① ㉠ 60 cm ㉡ 30 cm ㉢ 15 cm ㉣ 8 m
② ㉠ 30 cm ㉡ 20 cm ㉢ 15 cm ㉣ 8 m
③ ㉠ 60 cm ㉡ 30 cm ㉢ 15 cm ㉣ 2 m
④ ㉠ 30 cm ㉡ 20 cm ㉢ 15 cm ㉣ 2 m

해설 • 액화석유가스 사용시설 기준
㉮ 가스계량기와 전기계량기 및 전기개폐기와의 거리는 60 cm 이상, 단열조치를 하지 않은 굴뚝(배기통을 포함하되 밀폐형 강제급배기식 보일러에 설치하는 2중 구조의 배기통은 제외한다)·전기점멸기 및 전기접속기와의 거리는 30 cm 이상, 절연조치를 하지 않은 전선과의 거리는 15 cm 이상

의 거리를 유지한다.
⑭ 저장설비·감압설비·고압배관 및 저압배관 이음매의 외면과 화기(해당 시설 안에서 사용하는 자체 화기를 제외한다)를 취급하는 장소와의 사이에 유지하여야 하는 적절한 거리는 8 m(주거용 시설은 2 m) 이상으로 한다. 다만, 누출된 가연성가스가 화기를 취급하는 장소로 유동하는 것을 방지하기 위하여 기준에 적합하게 유동방지시설을 설치하는 경우에는 거리를 유지하지 아니할 수 있다.

※ 주택에 설치(주거용 시설)된 저장설비이므로 유지거리는 2 m 이상이 된다.

## 49. 독성가스 용기 운반 등의 기준으로 옳은 것은?

① 밸브가 돌출한 운반용기는 이동식 프로텍터 또는 보호구를 설치한다.
② 충전용기를 차에 실을 때에는 넘어짐 등으로 인한 충격을 고려할 필요가 없다.
③ 기준 이상의 고압가스를 차량에 적재하여 운반할 경우 운반책임자가 동승하여야 한다.
④ 시·도지사가 지정한 장소에서 이륜차에 적재할 수 있는 충전용기는 충전량이 50 kg 이하이고 적재 수는 2개 이하이다.

[해설] • 각 항목의 옳은 내용
① 밸브가 돌출한 충전용기는 고정식 프로텍터나 캡을 부착시켜 밸브의 손상을 방지하는 조치를 한 후 차량에 싣고 운반한다.
② 충전용기를 차에 실을 때에는 넘어지거나 부딪침 등으로 충격을 받지 아니하도록 주의하여 취급하며, 충격을 최소한으로 방지하기 위하여 완충판을 차량 등에 갖추고 이를 사용한다.
③ 충전용기는 이륜차(자전거를 포함한다)에 적재하여 운반하지 아니한다.
※ 독성가스 외의 충전용기는 시·도지사가 지정하는 장소에서 액화석유가스 충전용기를 충전량이 20 kg 이하이고 적재 수가 2개를 초과하지 않는 경우 용기운반 전용 적재함이 장착된 이륜차에 적재하여 운반할 수 있다.

## 50. 독성가스이면서 조연성가스인 것은?

① 암모니아   ② 시안화수소
③ 황화수소   ④ 염소

[해설] • 독성가스이면서 조연성가스 : 염소($Cl_2$), 불소($F_2$), 오존($O_3$), 산화질소(NO), 이산화질소($NO_2$) 등

[참고] • 각 가스의 허용농도

| 명칭 | 허용농도(ppm) | |
|---|---|---|
| | TLV-TWA | LC50 |
| 염소($Cl_2$) | 1 | 293 |
| 불소($F_2$) | 1 | 185 |
| 오존($O_3$) | 0.1 | * |
| 산화질소(NO) | 25 | 115 |
| 이산화질소($NO_2$) | 3 | * |

※ 정확한 자료가 없음

## 51. 다음 각 용기의 기밀시험 압력으로 옳은 것은?

① 초저온가스용 용기는 최고 충전압력의 1.1배의 압력
② 초저온가스용 용기는 최고 충전압력의 1.5배의 압력
③ 아세틸렌용 용접용기는 최고 충전압력의 1.1배의 압력
④ 아세틸렌용 용접용기는 최고 충전압력의 1.6배의 압력

[해설] • 각 용기의 시험압력
(1) 초저온가스용 용기
㉮ 최고 충전압력 : 상용압력 중 최고 압력
㉯ 기밀시험압력 : 최고 충전압력의 1.1배
㉰ 내압시험압력 : 최고 충전압력 수치의 5/3배 압력
(2) 아세틸렌용 용접용기 시험 압력
㉮ 최고 충전압력 : 15℃에서 용기에 충전

정답 49. ③  50. ④  51. ①

할 수 있는 가스의 압력 중 최고 압력
㉯ 기밀시험압력 : 최고 충전압력의 1.8배
㉰ 내압시험압력 : 최고 충전압력의 3배

**52.** LPG용 가스레인지를 사용하는 도중 불꽃이 치솟는 사고가 발생하였을 때 가장 직접적인 사고 원인은?
① 압력조정기 불량
② T관으로 가스누출
③ 연소기의 연소불량
④ 가스누출자동차단기 미작동

[해설] LPG용 가스레인지를 사용하는 도중 불꽃이 치솟는 사고의 직접적인 원인은 압력조정기 불량으로 적정압력 이상의 고압의 LPG가 공급되어 발생한 것이다.

**53.** 고압가스용 이음매 없는 용기에서 내용적 50 L인 용기에 4 MPa의 수압을 걸었더니 내용적이 50.8 L가 되었고 압력을 제거하여 대기압으로 하였더니 내용적이 50.02 L가 되었다면 이 용기의 영구증가율은 몇 %이며, 이 용기는 사용이 가능한지를 판단한다면?
① 1.6 %, 가능
② 1.6 %, 불능
③ 2.5 %, 가능
④ 2.5 %, 불능

[해설] ㉮ 영구증가율 계산
$$\therefore \text{영구증가율} = \frac{\text{영구증가량}}{\text{전증가량}} \times 100$$
$$= \frac{50.02 - 50}{50.8 - 50} \times 100 = 2.5 \%$$
㉯ 판단 : 합격 기준인 영구증가율이 10 % 이하이므로 사용이 가능하다.

**54.** 산소와 함께 사용하는 액화석유가스 사용시설에서 압력조정기와 토치 사이에 설치하는 안전장치는?
① 역화방지기
② 안전밸브
③ 파열판
④ 조정기

[해설] • 역화방지장치(역화방지기) : 아세틸렌, 수소 그 밖에 가연성가스의 제조 및 사용설비에 부착하는 건식 또는 수봉식(아세틸렌에만 적용한다)의 역화방지장치로서 상용압력이 0.1 MPa 이하인 것을 말한다.

**55.** 아세틸렌을 2.5 MPa의 압력으로 압축할 때 첨가하는 희석제가 아닌 것은?
① 질소
② 에틸렌
③ 메탄
④ 황화수소

[해설] 아세틸렌을 2.5 MPa 압력으로 압축할 때에는 질소, 메탄, 일산화탄소 또는 에틸렌 등의 희석제를 첨가한다.

**56.** LPG 충전기의 충전호스의 길이는 몇 m 이내로 하여야 하는가?
① 2 m
② 3 m
③ 5 m
④ 8 m

[해설] 충전기의 충전호스의 길이는 5 m 이내로 하고, 그 끝에 축적되는 정전기를 유효하게 제거할 수 있는 정전기 제거장치를 설치한다.

**57.** 염소 누출에 대비하여 보유하여야 하는 제독제가 아닌 것은?
① 가성소다 수용액
② 탄산소다 수용액
③ 암모니아 수용액
④ 소석회

[해설] • 독성가스 제독제

| 가스 종류 | 제독제의 종류 |
|---|---|
| 염소 | 가성소다 수용액, 탄산소다 수용액, 소석회 |
| 포스겐 | 가성소다 수용액, 소석회 |
| 황화수소 | 가성소다 수용액, 탄산소다 수용액 |
| 시안화수소 | 가성소다 수용액 |
| 아황산가스 | 가성소다 수용액, 탄산소다 수용액, 물 |
| 암모니아, 산화에틸렌, 염화메탄 | 물 |

정답  52. ①  53. ③  54. ①  55. ④  56. ③  57. ③

**58.** 가스설비가 오조작되거나 정상적인 제조를 할 수 없는 경우 자동적으로 원재료를 차단하는 장치는?

① 인터록기구
② 원료제어밸브
③ 가스누출기구
④ 내부반응 감시기구

해설 • 인터록 기구 : 가연성가스 또는 독성가스의 제조설비 또는 이들 제조설비와 관련 있는 계장회로에는 제조하는 고압가스의 종류, 온도 및 압력과 제조설비의 상황에 따라 안전 확보를 위한 주요 부문에 설비가 잘못 조작되거나 정상적인 제조를 할 수 없는 경우 자동으로 원재료의 공급을 차단시키는 등 제조설비 안의 제조를 제어할 수 있는 장치이다.

**59.** 도시가스 사업법에서 정한 가스사용시설에 해당되지 않는 것은?

① 내관
② 본관
③ 연소기
④ 공동주택 외벽에 설치된 가스계량기

해설 • 가스사용시설
 (1) 도법 제2조 : 가스공급시설 외의 가스사용자의 시실로서 산업통상자원부령으로 정하는 것을 말한다.
 (2) 도법 시행규칙 제2조 : 산업통상자원부령으로 정하는 것
  ㉮ 내관·연소기 및 그 부속설비. 다만, 선박에 설치된 것은 제외한다.
  ㉯ 공동주택 등의 외벽에 설치된 가스계량기
  ㉰ 도시가스를 연료로 사용하는 자동차
  ㉱ 자동차용 압축천연가스 완속 충전설비

**60.** 도시가스 사용시설에서 입상관은 환기가 양호한 장소에 설치하며 입상관의 밸브는 바닥으로부터 몇 m 이내에 설치하는가?

① 1 m 이상~1.3 m 이내
② 1.3 m 이상~1.5 m 이내
③ 1.5 m 이상~1.8 m 이내
④ 1.6 m 이상~2 m 이내

해설 • 도시가스 사용시설 입상관 설치 기준
 (1) 입상관은 환기가 양호한 장소에 설치하며 입상관의 밸브는 바닥으로부터 1.6 m 이상 2 m 이내에 설치한다.
 (2) 부득이 1.6 m 이상 2 m 이내에 설치하지 못할 경우의 기준
  ㉮ 입상관 밸브를 1.6 m 미만으로 설치 시 보호상자 안에 설치한다.
  ㉯ 입상관 밸브를 2.0 m 초과하여 설치할 경우에는 다음 중 어느 하나의 기준에 따른다.
   ㉠ 입상관 밸브 차단을 위한 전용계단을 견고하게 고정·설치한다.
   ㉡ 원격으로 차단이 가능한 전동밸브를 설치한다. 이 경우 차단장치의 제어부는 바닥으로부터 1.6 m 이상 2.0 m 이내에 설치하며, 전동밸브 및 제어부는 빗물을 받을 우려가 없도록 조치한다.

## 제 4 과목  가스계측

**61.** 다음 중 기본단위가 아닌 것은?

① 길이
② 광도
③ 물질량
④ 압력

해설 • 기본단위의 종류

| 기본량 | 길이 | 질량 | 시간 | 전류 | 물질량 | 온도 | 광도 |
|---|---|---|---|---|---|---|---|
| 기본단위 | m | kg | s | A | mol | K | cd |

**62.** 기체크로마토그래피를 이용하여 가스를 검출할 때 반드시 필요하지 않은 것은?

① column
② gas sampler
③ carrier gas
④ UV detector

해설 • 장치구성요소 : 캐리어가스, 압력조정기,

정답  58. ①  59. ②  60. ④  61. ④  62. ④

유량조절밸브, 압력계, 분리관(컬럼), 검출기, 기록계 등

**63.** 적분동작이 좋은 결과를 얻기 위한 조건이 아닌 것은?
① 불감시간이 적을 때
② 전달지연이 적을 때
③ 측정지연이 적을 때
④ 제어대상의 속응도(速應度)가 적을 때

[해설] • 적분동작이 좋은 결과를 얻을 수 있는 조건
㉮ 측정지연 및 조절지연이 작은 경우
㉯ 제어대상이 자기평형성을 가진 경우
㉰ 제어대상의 속응도(速應度)가 큰 경우
㉱ 전달지연과 불감시간(不感時間)이 작은 경우

**64.** 보상도선의 색깔이 갈색이며 매우 낮은 온도를 측정하기에 적당한 열전대 온도계는?
① PR 열전대
② IC 열전대
③ CC 열전대
④ CA 열전대

[해설] • CC(T형 : 동-콘스탄탄) 열전대의 특징
㉮ (+)극에 순구리(동), (-)극에 콘스탄탄을 사용한 열전대이다.
㉯ 열기전력이 크고 저항 및 온도계수가 작다.
㉰ 수분에 의한 부식이 강하므로 저온 측정에 적합하다.
㉱ 비교적 저온의 실험용으로 주로 사용된다.
㉲ 측정범위는 -200~350℃(또는 -180~350℃)이다.

**65.** 측정기의 감도에 대한 일반적인 설명으로 옳은 것은?
① 감도가 좋으면 측정시간이 짧아진다.
② 감도가 좋으면 측정범위가 넓어진다.
③ 감도가 좋으면 아주 작은 양의 변화를 측정할 수 있다.
④ 측정량의 변화를 지시량의 변화로 나누어 준 값이다.

[해설] • 감도 : 계측기가 측정량의 변화에 민감한 정도를 나타내는 값으로, 감도가 좋으면 측정시간이 길어지고 측정범위는 좁아진다.

$$\therefore 감도 = \frac{지시량의\ 변화}{측정량의\ 변화}$$

**66.** 가스누출 확인 시험지와 검지가스가 옳게 연결된 것은?
① KI 전분지-CO
② 연당지-할로겐가스
③ 염화팔라듐지-HCN
④ 리트머스시험지-알칼리성가스

[해설] ㉮ 가스검지 시험지법

| 검지가스 | 시험지 | 반응(변색) |
|---|---|---|
| 암모니아($NH_3$) | 적색 리트머스지 | 청색 |
| 염소($Cl_2$) | KI 전분지 | 청갈색 |
| 포스겐($COCl_2$) | 해리슨 시험지 | 유자색 |
| 시안화수소(HCN) | 초산벤젠지 | 청색 |
| 일산화탄소(CO) | 염화팔라듐지 | 흑색 |
| 황화수소($H_2S$) | 연당지 (초산납시험지) | 회흑색 |
| 아세틸렌($C_2H_2$) | 염화제1구리 착염지 | 적갈색 |

㉯ 청색 및 적색 리트머스시험지는 산성과 알칼리성가스를 검지하는 데 사용한다.

**67.** 시료 가스를 각각 특정한 흡수액에 흡수시켜 흡수 전후의 가스체적을 측정하여 가스의 성분을 분석하는 방법이 아닌 것은?
① 적정(滴定)법
② 게겔(Gockel)법
③ 헴펠(Hempel)법
④ 오르사트(Orsat)법

[해설] • 흡수분석법 : 채취된 가스를 분석기 내부의 성분 흡수제에 흡수시켜 체적변화를 측정하는 방식으로 오르사트(Orsat)법, 헴펠(Hempel)법, 게겔(Gockel)법 등이 있다.

정답  63. ④  64. ③  65. ③  66. ④  67. ①

**68.** 가연성가스 누출검지기에는 반도체 재료가 널리 사용되고 있다. 이 반도체 재료로 가장 적당한 것은?

① 산화니켈(NiO)
② 산화주석($SnO_2$)
③ 이산화망간($MnO_2$)
④ 산화알루미늄($Al_2O_3$)

[해설] 반도체식 가스 검지기의 반도체의 재료는 산화주석($SnO_2$), 산화아연(ZnO)를 사용한다.

**69.** 접촉식 온도계 중 알코올 온도계의 특징에 대한 설명으로 옳은 것은?

① 열전도율이 좋다.
② 열팽창계수가 적다.
③ 저온 측정에 적합하다.
④ 액주의 복원시간이 짧다.

[해설] • 알코올 온도계의 특징
 ㉮ 측정범위가 −100~200℃로 저온 측정에 적합하다.
 ㉯ 표면장력이 작아 모세관 현상이 크다.
 ㉰ 열팽창계수가 크지만 열전도율은 나쁘다.
 ㉱ 액주의 복원시간이 길다.

**70.** 계량이 정확하고 사용 중 기차의 변동이 거의 없는 특징의 가스미터는?

① 벤투리 미터
② 오리피스 미터
③ 습식 가스미터
④ 로터리피스톤식 미터

[해설] • 습식 가스미터의 특징
 ㉮ 계량이 정확하다.
 ㉯ 사용 중에 오차의 변동이 적다.
 ㉰ 사용 중에 수위조정 등의 관리가 필요하다.
 ㉱ 설치면적이 크다.
 ㉲ 기준용, 실험실용으로 사용한다.

**71.** 전기저항식 습도계의 특징에 대한 설명으로 틀린 것은?

① 자동제어에 이용된다.
② 연속기록 및 원격측정이 용이하다.
③ 습도에 의한 전기저항의 변화가 적다.
④ 저온도의 측정이 가능하고, 응답이 빠르다.

[해설] • 전기저항식 습도계의 특징
 ㉮ 저온도의 측정이 가능하고 응답이 빠르다.
 ㉯ 상대습도 측정이 가능하다.
 ㉰ 연속기록, 원격측정, 자동제어에 이용된다.
 ㉱ 감도가 크다.
 ㉲ 전기저항의 변화가 쉽게 측정된다.
 ㉳ 고습도 중에 장시간 방치하면 감습막(感濕膜)이 유동한다.
 ㉴ 다소의 경년 변화가 있어 온도계수가 비교적 크다.

**72.** FID 검출기를 사용하는 기체크로마토그래피는 검출기의 온도가 100℃ 이상에서 작동되어야 한다. 주된 이유로 옳은 것은?

① 가스소비량을 적게 하기 위하여
② 가스의 폭발을 방지하기 위하여
③ 100℃ 이하에서는 점화가 불가능하기 때문에
④ 연소 시 발생하는 수분의 응축을 방지하기 위하여

[해설] • 수소염 이온화 검출기(FID : Flame Ionization Detector) : 불꽃으로 시료 성분이 이온화됨으로써 불꽃 중에 놓여진 전극 간의 전기 전도가 증대하는 것을 이용한 것으로 탄화수소에서 감도가 최고이고 $H_2$, $O_2$, $CO_2$, $SO_2$ 등은 감도가 없다. 연소 시 발생하는 수분의 응축을 방지하기 위하여 검출기의 온도가 100℃ 이상에서 작동되어야 한다.

**73.** 가스시험지법 중 염화제일구리 착염지로 검지하는 가스 및 반응색으로 옳은 것은?

**정답** 68. ② 69. ③ 70. ③ 71. ③ 72. ④ 73. ①

① 아세틸렌-적색
② 아세틸렌-흑색
③ 할로겐화물-적색
④ 할로겐화물-청색

[해설] 가스시험지법 중 아세틸렌은 염화제일구리 착염지로 검지하며 반응색은 적갈색(또는 적색)으로 나타난다.
※ 시험지법으로 검지하는 가스 및 반응색은 66번 해설을 참고하기 바랍니다.

**74.** 탄성식 압력계에 속하지 않는 것은?

① 박막식 압력계
② U자관형 압력계
③ 부르동관식 압력계
④ 벨로스식 압력계

[해설] • 탄성식 압력계의 종류 : 부르동관식, 다이어프램식, 벨로스식, 캡슐식

**75.** 도시가스 사용압력이 2.0 kPa인 배관에 설치된 막식 가스미터의 기밀시험 압력은?

① 2.0 kPa 이상
② 4.4 kPa 이상
③ 6.4 kPa 이상
④ 8.4 kPa 이상

[해설] • 가스설비 성능 : 도시가스사용시설은 안전을 확보하기 위하여 최고 사용압력의 1.1배 또는 8.4 kPa 중 높은 압력 이상에서 기밀성능을 가지는 것으로 한다.
∴ 기밀시험 압력 = 2.0×1.1 = 2.2 kPa
∴ 기밀시험 압력은 8.4 kPa 이상이다.

**76.** 가스계량기의 검정 유효기간은 몇 년인가? (단, 최대 유량은 10 m³/h 이하이다.)

① 1년    ② 2년
③ 3년    ④ 5년

[해설] • 가스미터(계량기) 검정 유효기간 : 계량에 관한 법률 시행령 제21조, 별표13

㉮ 최대 유량 10 m³/h 이하 : 5년
㉯ 그 외 : 8년
㉰ LPG 미터 : 3년

**77.** 습한 공기 200 kg 중에 수증기가 25 kg 포함되어 있을 때의 절대습도는?

① 0.106    ② 0.125
③ 0.143    ④ 0.171

[해설] $X = \dfrac{G_w}{G_a} = \dfrac{G_w}{G - G_w}$

$= \dfrac{25}{200-25} = 0.1428$ kg/kg · DA

**78.** 계측기의 원리에 대한 설명으로 가장 거리가 먼 것은?

① 기전력의 차이로 온도를 측정한다.
② 액주 높이로부터 압력을 측정한다.
③ 초음파 속도변화로 유량을 측정한다.
④ 정전용량을 이용하여 유속을 측정한다.

[해설] • 계측 원리에 해당하는 계측기
㉮ 열전대 온도계 : 제베크효과 → 열기전력의 차 이용
㉯ 액주식 압력계 : 액주의 높이차 이용
㉰ 초음파 유량계 : 도플러효과 → 초음파의 속도 변화 이용
㉱ 정전용량식 액면계 : 정전용량 이용

**79.** 전기 저항식 온도계에 대한 설명으로 틀린 것은?

① 열전대 온도계에 비하여 높은 온도를 측정하는 데 적합하다.
② 저항선의 재료는 온도에 의한 전기저항의 변화(저항 온도계수)가 커야 한다.
③ 저항 금속재료는 주로 백금, 니켈, 구리가 사용된다.
④ 일반적으로 금속은 온도가 상승하면 전기 저항값이 올라가는 원리를 이용한 것

정답 74. ②  75. ④  76. ④  77. ③  78. ④  79. ①

이다.

해설 • 전기 저항식 온도계의 특징
㉮ 원격 측정에 적합하고 자동제어, 기록, 조절이 가능하다.
㉯ 비교적 낮은 온도(500℃ 이하)의 정밀측정에 적합하다.
㉰ 검출시간이 지연될 수 있다.
㉱ 측온 저항체가 가늘어(ϕ0.035) 진동에 단선되기 쉽다.
㉲ 구조가 복잡하고 취급이 어려워 숙련이 필요하다.
㉳ 정밀한 온도 측정에는 백금 저항 온도계가 쓰인다.
㉴ 측온 저항체에 전류가 흐르기 때문에 자기가열에 의한 오차가 발생한다.
㉵ 일반적으로 온도가 증가함에 따라 금속의 전기 저항이 증가하는 현상을 이용한 것이다(단, 서미스터는 온도 상승에 따라 저항치가 감소한다).
㉶ 저항체는 저항 온도계수가 커야 한다.
㉷ 저항체로서 주로 백금(Pt), 니켈(Ni), 동(Cu)가 사용된다.

**80.** 평균유속이 5 m/s인 배관 내에 물의 질량유속이 15 kg/s가 되기 위해서는 관의 지름을 약 몇 mm로 해야 하는가?

① 42  ② 52  ③ 62  ④ 72

해설 • 질량유량 계산식

$m = \rho \times A \times V = \rho \times \dfrac{\pi}{4} \times D^2 \times V$에서 물의 밀도($\rho$)는 1000 kg/m³을 적용한다.

$\therefore D = \sqrt{\dfrac{4 \times m}{\pi \times \rho \times V}}$

$= \sqrt{\dfrac{4 \times 15}{\pi \times 1000 \times 5}} \times 1000 = 61.803$ mm

※ 문제에서 제시된 "질량유속이 15 kg/s"는 "질량유량이 15 kg/s"로 주어져야 하며 출제문제 오류로 이의제기를 하였지만 최종 답안에는 반영되지 않았음

※ 코로나19로 인하여 제1회 필기시험이 제2회 필기시험과 통합 시행되어 제3회 필기시험이 추가로 실시되었습니다.
※ 2020년 제4회부터 산업기사 전종목 필기시험이 CBT시험으로 시행되어 문제가 공개되지 않고 있습니다.

# 부록

# CBT 모의고사

- CBT 모의고사 1
- CBT 모의고사 2
- CBT 모의고사 3
- CBT 모의고사 4
- CBT 모의고사 5
- CBT 모의고사 6
- CBT 모의고사 7
- CBT 모의고사 8
- CBT 모의고사 9
- CBT 모의고사 10
- CBT 모의고사 11
- CBT 모의고사 정답 및 해설

**일러두기** : [CBT 모의고사 정답 및 해설]은 저자가 운영하는 카페에서 PDF로 다운로드하여 활용할 수 있습니다.
저자 카페 : 가·에·위·공 자격증을 공부하는 모임 cafe.naver.com/gas21

# CBT 모의고사 1

### 제1과목  연소공학

**1.** CO₂ 40 vol%, O₂ 10 vol%, N₂ 50 vol%인 혼합기체의 평균분자량은 얼마인가?
① 16.8
② 17.4
③ 33.5
④ 34.8

**2.** 다음 연소반응식 중 불완전연소에 해당하는 것은?
① $S+O_2 \rightarrow SO_2$
② $C+\frac{1}{2}O_2 \rightarrow CO$
③ $2H_2+O_2 \rightarrow 2H_2O$
④ $2CH_4+4O_2 \rightarrow 2CO_2+4H_2O$

**3.** 자연발화가 발생하는 물질에 대한 설명으로 틀린 것은?
① 알루미늄 분말, 인화칼슘 등은 습기를 흡수했을 때 발화가 가능하다.
② 석탄이나 고무분말은 산화 시의 열에 의해 발화가 가능하다.
③ 활성탄이나 목탄은 흡착열에 의하여 발화될 수 있다.
④ 퇴비와 먼지 등은 발효열에 의해 발화될 수 있다.

**4.** 다음 중 가연물의 구비조건이 아닌 것은?
① 발열량이 커야 한다.
② 열전도율이 커야 한다.
③ 활성화 에너지가 작아야 한다.
④ 산소와의 친화력이 좋아야 한다.

**5.** 폭발에 관련된 가스의 일반적인 성질에 대한 설명으로 옳지 않은 것은?
① 안전간격이 큰 것일수록 위험성이 크다.
② 연소속도가 큰 것일수록 안전하지 못하다.
③ 압력이 높아지면 일반적으로 폭발범위가 넓어진다.
④ 가스의 비중이 큰 것은 낮은 곳에 체류하여 위험성이 크다.

**6.** 다음 연소파와 폭굉파에 관한 설명 중 옳은 것은?
① 연소파 : 반응 후 온도 감소
② 폭굉파 : 반응 후 온도 상승
③ 연소파 : 반응 후 밀도 상승
④ 폭굉파 : 반응 후 밀도 감소

**7.** 기체 연료의 특성을 설명한 것 중 옳은 것은?
① 저산소 연소를 시키기 쉽기 때문에 대기오염 물질인 질소산화물($NO_x$)의 생성이 많으나, 분진이나 매연의 발생은 거의 없다.
② 단위 체적당 발열량이 액체나 고체 연료에 비해 크기 때문에 저장이나 수송에 큰 시설이 필요하다.
③ 기체연료는 연소성이 뛰어나기 때문에 연소조절이 간단하고 자동화가 용이하다.
④ 가스연료의 화염은 방사율이 크기 때문에 복사에 의한 열전달이 작다.

**8.** 다음 중 폭발방지를 위한 안전장치가 아닌 것은?

① 안전밸브
② 가스누출 경보장치
③ 방호벽
④ 긴급차단장치

**9.** 연소에 대한 설명 중에서 옳은 것은?
① 착화온도와 연소온도는 같다.
② 이론연소온도는 실제연소온도보다 항상 높다.
③ 기체의 착화온도는 산소의 함유량에 관계 없다.
④ 연소온도가 연료의 인화점보다 낮게 되어도 연소는 계속된다.

**10.** 폭굉을 일으킬 수 있는 기체가 파이프 내에 있을 때 폭굉 방지 및 방호에 관한 설명으로 옳지 않은 것은?
① 파이프라인에 오리피스 같은 장애물이 없도록 한다.
② 파이프의 지름대 길이의 비는 가급적 작게 한다.
③ 파이프라인에 장애물이 있는 곳은 관경을 축소한다.
④ 공정 라인에서 회전이 가능하면 가급적 완만한 회전을 이루도록 한다.

**11.** 가연성 가스의 농도 범위를 결정하는 것은 무엇인가?
① 체적, 비중    ② 압력, 비중
③ 온도, 압력    ④ 온도, 체적

**12.** 수소의 연소반응식이 다음과 같을 경우 1 mol의 수소를 일정한 압력에서 이론산소량만으로 완전연소 시켰을 때의 온도는 약 몇 K인가? (단, 정압비열은 10 cal/mol·K, 수소와 산소의 공급온도는 25℃, 외부로의 열손실은 없다.)

$$H_2 + \frac{1}{2}O_2 \rightarrow H_2O(g) + 57.8 \text{ kcal/mol}$$

① 5780  ② 5805  ③ 6053  ④ 6078

**13.** 고체연료의 연소형태에 해당되는 것은?
① 예혼합 연소    ② 분무연소
③ 분해연소       ④ 확산연소

**14.** 다음 중 대기압 상태에서 비점이 가장 높은 것은?
① $C_3H_8$        ② $n-C_4H_{10}$
③ $C_2H_6$        ④ $CH_4$

**15.** 프로판 1 Nm³를 이론공기량을 사용하여 완전연소시킬 때 배출되는 습(wet)배기 가스량은 몇 Nm³인가? (단, 공기 중 산소함유량은 21 vol%이다.)
① 7.0  ② 12.7  ③ 21.8  ④ 25.8

**16.** 500 L의 용기에 산소($O_2$)가 40 atm, 30℃로 충전되어 있을 때 산소는 몇 kg인가?
① 12.9  ② 17.8  ③ 25.7  ④ 31.2

**17.** 기체동력 사이클 중 가장 이상적인 이론 사이클로, 열역학 제2법칙과 엔트로피의 기초가 되는 사이클은?
① 카르노 사이클(Carnot cycle)
② 사바테 사이클(Sabathe cycle)
③ 오토 사이클(Otto cycle)
④ 브레이턴 사이클(Brayton cycle)

**18.** 탄화수소에서 탄소의 수가 증가함에 따라 각 사항의 변화를 설명한 것 중 틀린 것은?
① 연소열 - 증가한다.

② 착화열 – 낮아진다.
③ 증기압 – 낮아진다.
④ 폭발한계 – 높아진다.

**19.** 절대습도(絶對濕度)에 대하여 가장 바르게 나타낸 것은?
① 건공기 1 kg에 대한 수증기의 중량
② 건공기 1 m³에 대한 수증기의 중량
③ 건공기 1 kg에 대한 수증기의 체적
④ 습공기 1 m³에 대한 수증기의 체적

**20.** 열분해를 일으키기 쉬운 불안정한 물질에서 발생하기 쉬운 연소로 열분해로 발생한 휘발분이 자기점화온도보다 낮은 온도에서 표면연소가 계속되기 때문에 일어나는 연소는?
① 분해연소    ② 그을음연소
③ 분무연소    ④ 증발연소

---

## 제 2 과목  가스설비

**21.** 고압장치의 재료로 사용되는 구리관의 성질과 특징에 대한 설명 중 틀린 것은?
① 알칼리에는 내식성이 강하지만 산성에는 약하다.
② 내면이 매끈하여 유체저항이 적다.
③ 굴곡성이 좋아 가공이 용이하다.
④ 전도 및 전기절연성이 우수하다.

**22.** 도시가스 배관에서 가스 공급이 불량하게 되는 원인으로 가장 거리가 먼 것은?
① 배관의 파손
② Terminal Box의 불량

③ 정압기의 고장 또는 능력부족
④ 배관 내의 물의 고임, 녹으로 인한 폐쇄

**23.** 메탄가스에 대한 설명으로 옳은 것은?
① 공기 중에 30%의 메탄가스가 혼합된 경우 점화하면 폭발한다.
② 고온도에서 수증기와 작용하면 일산화탄소와 수소를 생성한다.
③ 올레핀계 탄화수소로서 가장 간단한 형의 화합물이다.
④ 담청색의 기체로서 무색의 화염을 낸다.

**24.** −160℃의 LNG(액비중 0.48, 메탄 90%, 에탄 10%)를 1 atm, 10℃로 기화시키면 부피는 약 몇 m³가 되겠는가?
① 640.6    ② 6406
③ 128.1    ④ 1281.2

**25.** 최고 사용온도가 100℃, 길이($L$)가 10 m인 배관을 15℃에서 설치하였다면 최고 온도로 사용 시 팽창으로 늘어나는 길이는 약 몇 mm인가? (단, 선팽창계수 $\alpha$는 $12 \times 10^{-6}$ m/m·℃이다.)
① 5.1   ② 10.2   ③ 102   ④ 204

**26.** LPG 공급설비에서 용기의 크기와 개수를 결정할 때에 고려할 사항에 속하지 않는 것은?
① 소비자 가구 수
② 피크 시의 기온
③ 감압방식의 결정
④ 1가구당 1일의 평균 가스소비량

**27.** 원심펌프로 물을 2 m³/min의 유량으로 20 m 높이에 양수하고자 할 때 축동력이

12.7 PS 소요되었다. 이 펌프의 효율은 약 몇 %인가?

① 65 %  ② 70 %
③ 75 %  ④ 80 %

**28.** 연소기구에서 발생하는 역화(back fire)의 원인이 아닌 것은?
① 부식에 의하여 염공이 크게 된 경우
② 가스의 압력이 저하된 경우
③ 콕이 충분하게 열리지 않은 경우
④ 노즐의 지름이 너무 작게 된 경우

**29.** 배관에는 온도변화 및 여러 가지 하중을 받기 때문에 이에 견디는 배관을 설계해야 한다. 바깥지름과 안지름의 비가 1.2 미만인 경우 배관의 두께는 식 $t(mm) = \dfrac{PD}{2\dfrac{f}{s} - P} + C$

에 의하여 계산된다. 기호 $P$의 의미로 옳게 표시된 것은?
① 충전압력
② 상용압력
③ 사용압력
④ 최고충전압력

**30.** 공기액화 분리장치의 폭발원인으로 가장 거리가 먼 것은?
① 액체 공기 중에 오존의 혼입
② 공기 취입구로부터의 사염화탄소의 침입
③ 압축기용 윤활유의 분해에 따른 탄화수소의 생성
④ 공기 중에 있는 질소 화합물(산화질소 및 과산화질소 등)의 흡입

**31.** 고압장치 중 금속재료의 부식 억제 방법이 아닌 것은?

① 전기적인 방식
② 부식 억제제에 의한 방식
③ 도금, 라이닝, 표면처리에 의한 방식
④ 유해물질 제거 및 pH를 높이는 방식

**32.** 원심펌프에서 캐비테이션 발생에 따라 일어나는 현상이 아닌 것은?
① 깃에 대한 침식이 발생한다.
② 소음과 진동이 발생한다.
③ 양정곡선이 증가한다.
④ 효율곡선이 저하한다.

**33.** 일반용 LPG 2단 감압식 1차용 압력조정기의 최대폐쇄압력으로 옳은 것은?
① 3.3 kPa 이하
② 3.5 kPa 이하
③ 95 kPa 이하
④ 조정압력의 1.25배 이하

**34.** 가스용 나프타(Naphtha)의 구비조건으로 옳지 않은 것은?
① 유황분이 적을 것
② 카본 석출이 적을 것
③ 나프텐계 탄화수소가 많을 것
④ 유출온도 종점이 높지 않을 것

**35.** 고압가스 용기의 안전밸브 중 밸브 부근의 온도가 일정 온도를 넘으면 퓨즈 메탈이 녹아 가스를 전부 방출시키는 방식은?
① 가용전식  ② 스프링식
③ 파열판식  ④ 수동식

**36.** 대기압에서 1.5 MPa·g까지 2단 압축기로 압축하는 경우 압축동력을 최소로 하기 위해서는 중간압력을 얼마로 하는 것이 좋

은가?

① 0.2 MPa·g  ② 0.3 MPa·g
③ 0.5 MPa·g  ④ 0.75 MPa·g

**37.** 구형 저장탱크의 특징이 아닌 것은?
① 모양이 아름답다.
② 기초구조를 간단하게 할 수 있다.
③ 표면적이 다른 탱크보다 적으며 강도가 높다.
④ 동일 용량, 동일 압력의 경우 원통형 탱크보다 두께가 두껍다.

**38.** 다음 중 임계압력을 가장 잘 표현한 것으로 옳은 것은?
① 액체가 증발하기 시작할 때의 압력을 말한다.
② 액체가 비등점에 도달했을 때의 압력을 말한다.
③ 액체, 기체, 고체가 공존할 수 있는 최소 압력을 말한다.
④ 임계온도에서 기체를 액화시키는데 필요한 최저의 압력을 말한다.

**39.** 부피비로 헥산 0.8 %, 메탄 2.0 %, 에틸렌 0.5 %로 구성된 혼합가스의 폭발하한계를 계산하면 얼마인가? (단, 헥산, 메탄, 에틸렌의 폭발하한계는 각각 1.1 %, 5.0 %, 2.7 %이다.)
① 2.5 %  ② 3.0 %
③ 3.3 %  ④ 3.9 %

**40.** 시간당 66400 kcal의 열을 흡수 제거하는 냉동기의 용량은 몇 냉동톤인가?
① 20  ② 24
③ 28  ④ 32

## 제 3 과목  가스안전관리

**41.** 고압가스 제조설비에서 기밀시험용으로 사용할 수 없는 것은?
① 질소  ② 공기
③ 탄산가스  ④ 산소

**42.** 다음 중 산소와 혼합가스를 형성할 경우 화염온도가 가장 높은 가스는?
① 메탄  ② 수소
③ 아세틸렌  ④ 일산화탄소

**43.** 도시가스 매설배관 보호용 보호포에 표시하지 않아도 되는 사항은?
① 가스명  ② 최고사용압력
③ 공급자명  ④ 배관매설 년도

**44.** 독성가스 사용시설 중 배관·플랜지 및 밸브의 접합은 용접을 원칙으로 하되 안전상 필요한 강도를 가지는 플랜지 접합을 할 수 있다. 플랜지 접합을 할 수 있는 경우에 해당되는 것이 아닌 것은?
① 수시로 분해하여 청소·점검을 해야 하는 부분을 접합할 경우
② 정기적으로 분해하여 청소·점검·수리를 해야되는 설비와 접합되는 이음매의 모든 부분
③ 부식되기 쉬운 곳으로서 수시점검 또는 교환할 필요가 있는 곳
④ 수리·청소·철거 시 맹판설치를 필요로 하는 부분을 접합하는 경우

**45.** 고압가스 특정제조시설에서 분출원인이 화재인 경우 안전밸브의 축적압력은 안전밸

브의 수량과 관계없이 최고허용압력의 몇 % 이하로 하여야 하는가?

① 110 %  ② 116 %
③ 121 %  ④ 150 %

**46.** 가스위험성 평가에서 위험도가 큰 것부터 작은 순서대로 바르게 나열된 것은?

① $C_2H_6$, CO, $CH_4$, $NH_3$
② $C_2H_6$, $CH_4$, CO, $NH_3$
③ CO, $CH_4$, $C_2H_6$, $NH_3$
④ CO, $C_2H_6$, $CH_4$, $NH_3$

**47.** 아세틸렌 용기의 내용적이 10 L 이하이고, 다공성 물질의 다공도가 82 %일 때 디메틸포름아미드의 최대 충전량은 얼마인가?

① 36.3 %  ② 38.7 %
③ 41.1 %  ④ 43.5 %

**48.** 어느 온도에서 압력 6.0 atm, 부피 125 L의 산소와 8.0 atm, 200 L의 질소가 있다. 두 기체를 부피 500 L의 용기에 넣으면 용기 내 혼합기체의 압력은 몇 atm인가?

① 2.5 atm  ② 3.6 atm
③ 4.7 atm  ④ 5.6 atm

**49.** 액화가스가 통하는 가스공급시설 등에서 발생하는 정전기를 제거하기 위하여 단독으로 정전기 방지조치를 하여야 하는 설비가 아닌 것은?

① 벤트스택  ② 플레어스택
③ 열교환기  ④ 저장탱크

**50.** 차량에 고정된 탱크에 의한 운반기준에서 독성가스를 운반할 때 탱크의 내용적은 몇 L를 초과하지 않아야 하는가? (단, 철도차량 및 견인운반 차량은 제외한다.)

① 10000 L  ② 12000 L
③ 18000 L  ④ 20000 L

**51.** 물분무 설비가 설치된 액화석유가스 저장탱크 2개의 최대지름이 각각 3.5 m, 2.5 m일 때 저장탱크간 유지하여야 할 이격거리로 옳은 것은?

① 0.5 m 이상 유지한다.
② 1 m 이상 유지한다.
③ 1.5 m 이상 유지한다.
④ 거리를 유지하지 않아도 된다.

**52.** 저장탱크에 액화가스를 충전할 때 가스의 용량이 저장탱크 내용적의 90 %를 초과하지 않도록 해야 하는 이유로 옳은 것은?

① 외부의 충격을 흡수하기 위하여
② 온도에 따른 액 팽창이 현저히 커지므로 안전공간을 유지하기 위하여
③ 추가로 충전할 때를 대비하기 위하여
④ 액의 요동을 방지하기 위하여

**53.** 분출압력 2 MPa에서 작동되는 스프링식 안전밸브의 밸브 지름이 5 cm라면 스프링의 힘은 약 몇 N인가?

① 3926  ② 3953
③ 3984  ④ 4013

**54.** 일반도시가스 공급시설에서 도로가 평탄할 경우 배관의 기울기는?

① $\frac{1}{50} \sim \frac{1}{100}$  ② $\frac{1}{150} \sim \frac{1}{300}$
③ $\frac{1}{500} \sim \frac{1}{1000}$  ④ $\frac{1}{1500} \sim \frac{1}{2000}$

**55.** 도시가스 배관 설계도면 작성 시 종단면도에 기입할 사항이 아닌 것은?
① 설계 가스배관 및 기 설치된 가스배관의 위치
② 설계가스배관 계획 정상높이 및 깊이
③ 교차하는 타매설물, 구조물
④ 기울기 및 포장종류

**56.** 방류둑의 구조 기준에 대한 설명 중 적합하지 않은 것은?
① 흙으로 방류둑을 설치할 경우 경사를 30° 이하로 하고, 성토 윗부분의 폭은 45 cm 이상으로 한다.
② 방류둑은 그 높이에 상당하는 해당 액화가스의 액두압에 견딜 수 있는 것으로 한다.
③ 배관 관통부는 내진성을 고려하여 틈새를 통한 누출방지 및 부식방지를 위한 조치를 한다.
④ 방류둑의 배수조치는 방류둑 밖에서 배수 및 차단 조작을 할 수 있도록 하고, 배수할 때 이외에는 반드시 닫아 둔다.

**57.** 일반용 액화석유가스 압력조정기의 제품 성능 항목이 아닌 것은?
① 다이어프램 성능  ② 내압 성능
③ 기밀 성능  ④ 내가스 성능

**58.** 고정식 압축도시가스자동차 충전시설에 설치하는 긴급분리장치에 대한 설명 중 틀린 것은?
① 각 충전설비마다 설치한다.
② 유연성을 확보하기 위하여 고정설치하지 아니한다.
③ 수평방향으로 당길 때 666.4 N 미만의 힘에 의하여 분리되어야 한다.
④ 긴급분리장치와 충전설비 사이에는 충전자가 접근하기 쉬운 위치에 90° 회전의 수동밸브를 설치한다.

**59.** 충전된 수소용기가 운반 도중 파열사고가 일어났다. 다음 중 사고원인 가능성을 예시한 것으로 관계가 가장 적은 것은?
① 과충전에 의하여 파열되었다.
② 용기가 수소취성을 일으켰다.
③ 용기 취급 부주의로 충격에 의하여 일어났다.
④ 용기에 균열이 있었는데 확인하지 않고 충전하였다.

**60.** 다음 중 독성가스 용기 운반차량의 적재함 재질은?
① SS200  ② SPPS200
③ SS400  ④ SPPS400

## 제 4 과목  가스계측

**61.** 비중이 0.8인 액체의 압력이 2 kgf/cm$^2$일 때 액면높이(head)는 약 몇 m인가?
① 16  ② 25
③ 32  ④ 40

**62.** 가스크로마토그래피의 장치구성 요소에 속하는 것이 아닌 것은?
① 유량조절기  ② 가스시료
③ 분리관(컬럼)  ④ 검출기

**63.** 다음 가스분석법 중 물리적 가스분석법에 해당하지 않는 것은?
① 열전도율법
② 오르사트법
③ 적외선흡수법
④ 가스크로마토그래피법

**64.** 가스미터의 필요조건이 아닌 것은?
① 감도가 좋을 것
② 구조가 간단할 것
③ 대형으로 용량이 클 것
④ 유지관리가 용이할 것

**65.** 자동제어에서 블록선도는 무엇을 표시하는 것인가?
① 제어대상과 변수편차를 표시한다.
② 제어신호의 전달경로를 표시한다.
③ 제어회로의 기준압력을 표시한다.
④ 제어편차의 증감크기를 표시한다.

**66.** 냉각식 노점계에서 노점의 측정에 주로 이용히는 유기화합물은 무잇인가?
① 벤젠        ② 알코올
③ 에테르      ④ 물

**67.** 가스누출 확인 시험지와 검지가스가 옳게 연결된 것은?
① 리트머스지 – 산성, 염기성 가스
② 염화팔라듐지 – HCN
③ 초산벤젠지 – 할로겐가스
④ KI 전분지 – CO

**68.** 다음 중 간접계측 방법에 해당되는 것은?
① 압력을 부르동관 압력계로 측정
② 압력을 분동식 압력계로 측정
③ 질량을 천칭으로 측정
④ 길이를 줄자로 측정

**69.** 아르키메데스의 원리를 이용한 것은?
① 벨로스식 압력계
② U자관식 압력계
③ 부르동관식 압력계
④ 침종식 압력계

**70.** 헴펠식 분석장치를 이용하여 가스 성분을 정량하고자 할 때 흡수법에 의하지 않고 연소법에 의해 측정하여야 하는 가스는?
① 수소        ② 이산화탄소
③ 산소        ④ 일산화탄소

**71.** 가스미터 중 실측식에 속하지 않는 것은?
① 건식        ② 회전식
③ 습식        ④ 오리피스식

**72.** 국제단위계(SI단위계)의 기본단위가 아닌 것은?
① 길이(m)     ② 압력(Pa)
③ 시간(s)     ④ 광도(cd)

**73.** 부르동관(Bourdon tube) 압력계를 설명한 것으로 틀린 것은?
① 공정 압력과 대기압의 차를 측정한다.
② C자형에 비하여 나선형관은 작은 압력차에 민감하다.
③ 두 공정간의 압력차를 측정하는데 사용한다.
④ 곡관에 압력이 가해지면 곡률반지름이 증가하는 원리를 이용한 것이다.

**74.** 계량에 관한 법률 제정의 목적으로 가장 거리가 먼 것은?
① 계량의 기준을 정함
② 공정한 상거래 질서유지
③ 산업의 선진화 기여
④ 분쟁의 협의 조정

**75.** 공업용 액면계가 갖추어야 할 조건으로 옳지 않은 것은?
① 자동제어장치에 적용이 가능하고, 보수가 용이해야 한다.
② 액위의 변화속도가 느리고, 액면의 상, 하한계의 적용이 어려워야 한다.
③ 지시, 기록 또는 원격측정이 가능해야 한다.
④ 연속측정이 가능하고 고온, 고압에 견디어야 한다.

**76.** 다음 온도계 중 가장 고온을 측정할 수 있는 것은?
① 저항 온도계   ② 열전대 온도계
③ 바이메탈 온도계 ④ 광고온계

**77.** 추치 제어에 대한 설명으로 맞는 것은?
① 목표값이 시간에 따라 변하지만 변화의 모양이 미리 정해져 있다.
② 목표값이 시간에 따라 변하지만 변화의 모양은 예측할 수 없다.
③ 목표값이 시간에 따라 변하지 않지만 변화의 모양이 일정하다.
④ 목표값이 시간에 따라 변하지 않지만 변화의 모양이 불규칙하다.

**78.** 가스미터를 통과하는 동일량의 프로판 가스의 온도를 겨울에 0℃, 여름에 32℃로 유지한다고 했을 때 여름철 프로판 가스의 체적은 겨울철의 얼마 정도인가? (단, 여름철 프로판 가스의 체적 : $V_1$, 겨울철 프로판 가스의 체적 : $V_2$이다.)
① $V_1 = 0.80\, V_2$
② $V_1 = 0.90\, V_2$
③ $V_1 = 1.12\, V_2$
④ $V_1 = 1.22\, V_2$

**79.** 고압가스 관리용 계측기기에 포함되지 않는 것은 어느 것인가?
① 유량계      ② 온도계
③ 압력계      ④ 탁도계

**80.** 스테판 볼츠만(Stefan-Boltzmann) 법칙을 이용한 온도계는 어느 것인가?
① 열전대 온도계
② 방사 온도계
③ 수은 온도계
④ 베크만 온도계

# CBT 모의고사 2

## 제1과목  연소공학

**1.** 수소의 성질을 설명한 것 중 틀린 것은?
① 고온에서 금속산화물을 환원시킨다.
② 불완전연소하면 일산화탄소가 발생된다.
③ 고온, 고압에서 철에 대해 탈탄작용을 한다.
④ 염소와의 혼합기체에 일광(日光)을 비추면 폭발적으로 반응한다.

**2.** 다음 중 연소속도와 가장 밀접한 관계가 있는 것은?
① 산화속도
② 착화속도
③ 화염의 발생속도
④ 환원속도

**3.** 어떤 혼합가스가 산소 10몰, 질소 10몰, 메탄 5몰을 포함하고 있을 때 비중은 얼마인가? (단, 공기의 평균분자량은 29이다.)
① 0.52
② 0.62
③ 0.72
④ 0.93

**4.** 증발 연소할 때 발생되는 화염으로 옳은 것은?
① 표면화염
② 확산화염
③ 분해화염
④ 확반화염

**5.** 연료가 완전 연소할 때 이론상 필요한 공기량을 $M_0(m^3)$, 실제로 사용한 공기량을 $M(m^3)$라 하면 과잉공기 백분율을 바르게 표시한 식은?
① $\dfrac{M}{M_0} \times 100$
② $\dfrac{M_0}{M} \times 100$
③ $\dfrac{M-M_0}{M} \times 100$
④ $\dfrac{M-M_0}{M_0} \times 100$

**6.** 다음 중 폭발범위에 영향을 주는 요인이 아닌 것은?
① 온도
② 발화지연시간
③ 압력
④ 산소량

**7.** 프로판($C_3H_8$) 1 kg을 완전 연소시킬 때 필요한 이론공기량은 약 몇 $Nm^3/kg$인가? (단, 공기 중 산소는 21 v%이다.)
① 10.1
② 11.3
③ 12.1
④ 13.2

**8.** 점화원에 의하여 연소하기 위한 최저온도를 무엇이라 하는가?
① 인화점
② 폭굉점
③ 발화점
④ 착화점

**9.** 액체 연료를 연소시키는 방법 중 공업용으로 가장 많이 사용하는 것으로 수 $\mu m$에서 수백 $\mu m$으로 만들어 증발 표면적을 크게 하여 연소시키는 방법의 명칭으로 옳은 것은?
① 액면연소
② 등심연소
③ 확산연소
④ 분무연소

**10.** 메탄올 96 g과 아세톤 116 g을 함께 진공상태의 용기에 넣고 기화시켜 25℃의 혼합기체를 만들었다. 이때 전압력은 약 몇 mmHg인가? (단, 25℃에서 순수한 메탄올과 아세톤의 증기압은 96.5 mmHg, 56 mmHg이고 분자량은 32, 58이다.)
① 76.3
② 80.3
③ 152.5
④ 170.5

**11.** 다음 가스에서 공기 중에 압력을 증가시키면 폭발범위가 좁아지다가 보다 고압으로 되면 반대로 넓어지는 것은?
① 메탄        ② 에틸렌
③ 일산화탄소   ④ 수소

**12.** 방폭에 대한 설명으로 틀린 것은?
① 분진 처리시설에서 호흡을 하는 경우 분진을 제거하는 장치가 필요하다.
② 분해 폭발을 일으키는 가스에 비활성 기체를 혼합하는 이유는 화염온도를 낮추고 화염전파능력을 소멸시키기 위함이다.
③ 방폭 대책은 크게 예방, 긴급대책 등 2가지로 나누어진다.
④ 분진을 다루는 압력을 대기압보다 낮게 하는 것도 분진 대책 중 하나이다.

**13.** 다음 중 연소에 대하여 가장 적절하게 설명한 것은?
① 연소는 산화반응으로 속도가 느리고, 산화열이 발생한다.
② 물질의 열전도율이 클수록 가연성이 되기 쉽다.
③ 활성화 에너지가 큰 것은 일반적으로 발열량이 크므로 가연성이 되기 쉽다.
④ 가연성 물질이 공기 중의 산소 및 그 외의 산소원의 산소와 작용하여 열과 빛을 수반하는 화학반응이다.

**14.** 연소온도에 영향을 미치는 요인들을 설명한 것 중 옳은 것은?
① 공기비가 커지면 완전연소되므로 연소온도가 높다.
② 연료나 공기를 예열시키더라도 연소온도는 높아질 수 없다.
③ 가연성분이 일정한 연료 중에 불연성분이 적으면 연소온도가 높다.
④ 연소 공기 중의 산소함량이 높으면 연소가스량은 적어지나 연소온도는 영향을 받지 않는다.

**15.** 다음 각 가스의 폭발에 대한 설명으로 틀린 것은?
① 아세틸렌은 조연성 가스와 공존하지 않아도 폭발할 수 있다.
② 일산화탄소는 가연성이므로 공기와 공존하면 폭발할 수 있다.
③ 가연성 고체 가루가 공기 중에서 산소 분자와 접촉하면 폭발할 수 있다.
④ 이산화황은 산소가 없어도 자기분해 폭발을 일으킬 수 있다.

**16.** 기체혼합물의 각 성분을 표현하는 방법으로 여러 가지가 있다. 혼합가스의 성분비를 표현하는 방법 중 다른 값을 갖는 것은?
① 몰분율    ② 질량분율
③ 부피분율  ④ 압력분율

**17.** 가연성가스 제조소에서 화재의 원인이 될 수 있는 착화원이 모두 나열된 것은?

┌─────────────────────────────┐
│ ㉠ 정전기                    │
│ ㉡ 베릴륨 합금제 공구에 의한 타격 │
│ ㉢ 안전증방폭구조의 전기기기 사용 │
│ ㉣ 사용 촉매의 접촉작용       │
│ ㉤ 밸브의 급격한 조작         │
└─────────────────────────────┘

① ㉠, ㉣, ㉤    ② ㉠, ㉡, ㉢
③ ㉠, ㉢, ㉣    ④ ㉡, ㉢, ㉤

**18.** 1 kmol의 가스가 0℃, 1기압에서 22.4 $m^3$의 부피를 갖고 있을 때 기체상수는 얼

마인가?

① 848 kJ/kmol·K
② 848 cal/kmol·K
③ 8.314 kJ/kmol·K
④ 8.314 kgf·m/kmol·K

**19.** 연소가스의 폭발 및 안전에 관한 [보기]의 내용은 무엇에 관한 설명인가?

〈보 기〉
두 면의 평행판 거리를 좁혀가며 화염이 전파하지 않게 될 때의 면간거리

① 화염일주　　② 소염거리
③ 안전간격　　④ 한계지름

**20.** 연소기기의 배기가스를 분석하는 목적으로 가장 거리가 먼 것은?

① 연소상태를 파악하기 위하여
② 배기가스의 조성을 알기 위하여
③ 열정산의 자료를 얻기 위하여
④ 시료가스 채취장치의 작동상태를 파악하기 위해

## 제 2 과목　가스설비

**21.** 고압배관에서 진동이 발생하는 원인으로 가장 거리가 먼 것은?

① 안전밸브의 작동
② 유체의 압력 변화
③ 펌프 및 압축기의 진동
④ 부품의 무게에 의한 진동

**22.** 다음 중 가연성가스가 아닌 것은?

① 아세트알데히드　② 일산화탄소
③ 산화에틸렌　　　④ 염소

**23.** 공기액화 사이클에서 관련이 없는 장치가 연결되어 있는 것은?

① 린데식 공기액화 사이클 – 액화기
② 클라우드 공기액화 사이클 – 축랭기
③ 캐피자 공기액화 사이클 – 압축기
④ 필립스 공기액화 사이클 – 보조 피스톤

**24.** 원심펌프에서 일반적으로 발생하는 현상이 아닌 것은?

① 실링(sealing)현상
② 서징(surging)현상
③ 캐비테이션(공동)현상
④ 수격(water hammering)작용

**25.** 냉동장치에서 온도를 강하시키는 것은 냉매가 냉동실에서 무슨 열을 흡수하는 것인가?

① 증발잠열　　② 승화잠열
③ 융해잠열　　④ 용해열

**26.** 피스톤 행정용량 0.003 m³, 회전수 160 rpm의 압축기로 1시간에 토출구로 100 kg의 가스가 통과하고 있을 때 가스의 토출효율은 약 몇 %인가? (단, 토출가스 1 kg을 흡입한 상태로 환산한 체적은 0.2 m³이다.)

① 62　② 69　③ 76　④ 83

**27.** 염화메틸의 특징에 대한 설명 중 가장 거리가 먼 것은?

① 상온에서 무색, 무취의 기체이다.
② 공기보다 무겁다.
③ 수분 존재 시 금속과 반응한다.
④ 가연성가스이며 유독한 독성 가스이다.

**28.** 다음 가스 중 헨리법칙에 잘 적용되지 않는 것은?
① 수소　　　　② 산소
③ 이산화탄소　④ 암모니아

**29.** [보기]와 같이 가스가 충전되어 있는 용기에 대한 설명 중 옳은 것은?

〈보 기〉
㉠ 일정 질량의 가스를 충전시키고, 온도와 압력을 높이면 질량이 증가된다.
㉡ 일정 질량의 가스를 내용적이 큰 용기에 충전시킬 경우에 내용적이 큰 용기 중의 가스 밀도는 작은 용기보다 작다.
㉢ 크기가 같은 용기에 분자량이 다른 두 가스를 같은 양씩 각각 충전시키면 분자량이 작은 쪽 용기의 압력이 크다.

① ㉠　　　　　② ㉠, ㉡
③ ㉡, ㉢　　　④ ㉠, ㉢

**30.** 저온장치의 단열법 중 일반적으로 사용되는 단열법으로 단열공간에 분말, 섬유 등의 단열재를 충전하는 방법은?
① 고진공 단열법　② 다층진공 단열법
③ 상압 단열법　　④ 진공 단열법

**31.** 촉매를 사용하여 반응온도 400~800℃로서 탄화수소와 수증기를 반응시켜 메탄, 수소, 일산화탄소, 이산화탄소로 변환시키는 공정을 무엇이라 하는가?
① 열분해 공정
② 접촉분해 공정
③ 부분연소 공정
④ 대체 천연가스 공정

**32.** 기화기에 의해 기화된 LPG에 공기를 혼합하는 목적으로 가장 거리가 먼 것은?

① 연소효율 증대　② 발열량 조절
③ 압력 조절　　　④ 재액화 방지

**33.** 자동절체식 조정기 설치에 있어서 사용측과 예비측 용기의 밸브 개폐에 관하여 옳은 것은?
① 사용측, 예비측 밸브를 전부 연다.
② 사용측, 예비측 밸브를 전부 닫는다.
③ 사용측 밸브는 닫고, 예비측 밸브는 연다.
④ 사용측 밸브는 열고, 예비측 밸브는 닫는다.

**34.** 저온장치용 금속재료로 적합하지 않은 것은?
① 탄소강
② 황동
③ 9% 니켈강
④ 18-8 스테인리스강

**35.** 탄화수소에서 아세틸렌가스를 제조할 경우의 반응에 관한 설명이다. 다음 중 맞는 것은?
① 탄화수소 분해반응 온도는 보통 600~1000℃이고, 고온일수록 아세틸렌을 많이 얻는다.
② 탄화수소의 분해반응 온도는 보통 1000~3000℃이고, 고온일수록 아세틸렌을 많이 얻는다.
③ 반응압력은 저압일수록 아세틸렌이 적게 생성된다.
④ 중축합 반응을 촉진시켜 아세틸렌 수용을 높인다.

**36.** LP가스 충전용기에서 가스 증발량 추산과 무관한 것은?

① LP가스의 조성
② 용기 내 가스 잔류량
③ 용기의 체적
④ LP가스 최대 소비량

**37.** 평균유속이 5 m/s인 배관 내에 물이 20 m³/s로 흐르도록 하려면 관 지름은 약 몇 cm로 하여야 하는가?

① 25　　② 125
③ 225　　④ 325

**38.** 양정 25 m, 송출량 0.15 m³/min로 물을 송출하는 펌프가 있다. 효율 65%일 때 펌프의 축동력은 몇 kW인가?

① 0.68　　② 0.74
③ 0.83　　④ 0.94

**39.** 탄소강에서 탄소 함유량의 증가와 더불어 증가하는 성질은?

① 비열　　② 열팽창율
③ 탄성계수　　④ 열전도율

**40.** 정압기의 정특성과 관련 있는 것으로만 나열된 것은?

① 응답속도, 안정성, 로크업
② 직선형, 2차형, 평방근형
③ 응답속도, 시프트, 2차형
④ 로크업, 오프셋, 시프트

## 제 3 과목　가스안전관리

**41.** 일반용 액화석유가스 압력조정기의 다이어프램 성능 기준에 관한 설명 중 옳은 것은?

① 다이어프램의 재료는 전체 배합성분 중 NBR의 성분 함유량이 50% 이상이고, 가소제 성분은 20% 이상인 것으로 한다.
② 다이어프램의 재료는 전체 배합성분 중 NBR의 성분 함유량이 50% 이상이고, 가소제 성분은 18% 이상인 것으로 한다.
③ 다이어프램의 재료는 전체 배합성분 중 NBR의 성분 함유량이 40% 이상이고, 가소제 성분은 20% 이상인 것으로 한다.
④ 다이어프램의 재료는 전체 배합성분 중 NBR의 성분 함유량이 40% 이상이고, 가소제 성분은 18% 이상인 것으로 한다.

**42.** 가연성가스 제조시설의 고압가스 설비는 그 외면으로부터 산소 제조시설의 고압가스 설비와 몇 m 이상의 거리를 유지하여야 하는가?

① 3　　② 5
③ 8　　④ 10

**43.** 고압가스를 충전하는 내용적 200 L인 용접용기가 제조 후 경과 년수가 15년일 때 재검사 주기는 얼마인가?

① 1년마다　　② 2년마다
③ 3년마다　　④ 5년마다

**44.** 공업용인 산소용기 외면 도색과 에틸렌 용기 가스명칭 문자 색상 표시가 바르게 된 것은?

① 백색, 백색　　② 백색, 자색
③ 녹색, 백색　　④ 녹색, 자색

**45.** 도시가스 배관에 대한 설명 중 본관으로 옳은 것은?

① 도시가스제조사업소의 부지 경계에서

정압기까지 이르는 배관
② 정압기에서 가스사용자가 구분하여 소유하거나 점유하는 건축물의 외벽에 설치하는 계량기의 전단밸브까지 이르는 배관
③ 가스도매사업자의 정압기지에서 일반도시가스 사업자의 가스공급시설까지의 배관
④ 공동주택등 공급관 중 가스사용자가 소유하거나 점유하고 있는 토지의 경계에서 가스사용자가 구분하여 소유하거나 점유하는 건축물의 외벽에 설치된 계량기의 전단밸브까지에 이르는 배관

**46.** 고압가스 용접용기 중 오목부에 내압을 받는 접시형 경판의 두께를 계산하고자 한다. 다음 계산식 중 어떤 계산식 이상의 두께로 하여야 하는가? (단, $P$는 최고충전압력의 수치(MPa), $D$는 중앙만곡부 내면의 반지름(mm), $W$는 접시형 경판의 형상에 따른 계수, $S$는 재료의 허용응력 수치(N/mm²), $\eta$는 경판 중앙부이음매의 용접효율, $C$는 부식여유두께(mm)이다.)

① $t(\mathrm{mm}) = \dfrac{PDW}{S\eta - P} + C$

② $t(\mathrm{mm}) = \dfrac{PDW}{S\eta - 0.5P} + C$

③ $t(\mathrm{mm}) = \dfrac{PDW}{2S\eta - 0.2P} + C$

④ $t(\mathrm{mm}) = \dfrac{PDW}{2S\eta - 1.2P} + C$

**47.** 액화석유가스 사용시설의 압력조정기 출구에서 연소기 입구까지의 배관 또는 호스에 실시하는 기밀시험압력으로 옳은 것은?

① 2.3~3.3 kPa  ② 5.0~30 kPa
③ 5.6~8.4 kPa  ④ 8.4 kPa 이상

**48.** 초저온용기에 대한 정의를 가장 바르게 나타낸 것은?

① 영하 50℃ 이하의 액화가스를 충전하기 위한 용기로서 단열재를 씌우거나 냉동설비로 냉각시키는 등의 방법으로 용기 내의 가스온도가 상용온도를 초과하지 않도록 한 용기
② 대기압에서 비점이 0℃ 이하인 가스를 상용압력이 0.1 MPa 이하의 액체 상태로 저장하기 위한 용기로서 단열재로 피복하여 가스온도가 상용온도를 초과하지 않도록 한 용기
③ 액화가스를 충전하기 위한 용기로서 단열재로 피복하여 용기 내의 가스온도가 상용온도를 초과하지 않도록 한 용기
④ 액화가스를 냉동설비로 냉각하여 용기 내의 가스의 온도가 영하 70℃ 이하로 유지하도록 한 용기

**49.** 내용적이 25000 L인 액화산소 저장탱크와 내용적이 3 m³인 압축산소 용기가 배관으로 연결된 경우 총 저장능력은 약 몇 m³인가? (단, 액화산소의 비중량은 1.14 kg/L이고, 35℃에서 산소의 최고충전압력은 15 MPa이다.)

① 2818  ② 2918
③ 3018  ④ 3118

**50.** 동일한 재질과 두께로 된 가스용기에 있어서 안지름에 따라서 용기가 견딜 수 있는 압력에 대한 설명 중 옳은 것은?

① 안지름이 작을수록 높은 압력에 견딜 수 없다.
② 안지름이 작을수록 높은 압력에 견딜 수 있다.

③ 안지름에 관계없고 용기 길이에 관계된다.
④ 안지름에 관계없이 같은 압력에 견딜 수 있다.

**51.** 도시가스 정압기 부속설비 종류에 해당하지 않는 것은?
① 압력기록장치
② 이상압력 통보설비
③ 정압기실 조명등
④ 긴급차단장치

**52.** 자동차에 고정된 탱크로부터 저장탱크에 액화석유가스를 이입 받을 때에 접속할 수 있는 최대시간은?
① 3시간      ② 5시간
③ 10시간     ④ 제한 없다.

**53.** 고압가스 특정제조시설에 설치되는 가스누출검지 경보장치에 대한 설명으로 옳은 것은?
① 가연성가스의 경보농도는 폭발하한계의 1/2 이하로 한다.
② 특수반응설비로서 누출된 가스가 체류하기 쉬운 장소에는 그 바닥면 둘레 20 m 마다 1개 이상의 비율로 계산한 수의 검출부를 설치한다.
③ 경보기의 정밀도는 경보농도 설정치에 대하여 가연성가스용은 ±25% 이하로 한다.
④ 가열로 등 발화원이 있는 제조설비가 누출된 가스가 체류하기 쉬운 장소에는 그 바닥면 둘레 10 m 마다 1개 이상 비율로 계산한 수의 검출부를 설치한다.

**54.** 고압가스 충전 용기를 차량에 적재하여 운반할 때 운반 책임자를 동승시켜야 할 경우로 옳은 것은?
① 가연성 액화가스 100 kg
② 가연성 압축가스 100 m³
③ 독성 액화가스 50 kg
④ 독성 압축가스 100 m³

**55.** 공기압축기의 내부 윤활유로 사용할 수 있는 것은?
① 잔류탄소의 질량이 전질량의 1% 이하이며 인화점이 200℃ 이상으로서 170℃에서 8시간 이상 교반하여 분해되지 않는 것
② 잔류탄소의 질량이 전질량의 1% 이하이며 인화점이 270℃ 이상으로서 170℃에서 12시간 이상 교반하여 분해되지 않는 것
③ 잔류탄소의 질량이 1% 초과 1.5% 이하이며 인화점이 200℃ 이상으로서 170℃에서 8시간 이상 교반하여 분해되지 않는 것
④ 잔류탄소의 질량이 1% 초과 1.5% 이하이며 인화점이 270℃ 이상으로서 170℃에서 12시간 이상 교반하여 분해되지 않는 것

**56.** 일반도시가스 공급시설에 설치된 압력조정기는 매 6개월에 1회 이상 안전점검을 실시한다. 압력조정기의 점검기준으로 틀린 것은?
① 입구압력을 측정하고 입구압력이 명판에 표시된 입구압력 범위 이내인지 여부
② 격납상자 내부에 설치된 압력조정기는 격납상자의 견고한 고정 여부
③ 조정기의 몸체와 연결부의 가스누출 유무

④ 필터 또는 스트레이너의 청소 및 손상 유무

**57.** 고압가스 설비 중 플레어스택의 설치위치 및 높이는 플레어스택 바로 밑의 지표면에 미치는 복사열이 얼마 이하가 되도록 하여야 하는가?
① 2000 kcal/m² · h
② 3000 kcal/m² · h
③ 4000 kcal/m² ·
④ 5000 kcal/m² · h

**58.** 독성가스의 배관 중 2중관의 외층관 내경은 내층관 외경의 몇 배로 하는 것이 표준으로 적당한가?
① 1.2배 이상
② 1.5배 이상
③ 2.0배 이상
④ 2.5배 이상

**59.** 지하에 설치하는 액화석유가스 저장탱크실 재료인 레디믹스트 콘크리트 규격으로 옳은 것은?
① 설계강도 : 25 MPa 이상
② 물-결합재비 : 25 % 이하
③ 슬럼프(slump) : 50~150 mm
④ 굵은 골재의 최대 치수 : 25 mm

**60.** 고압가스의 분출 또는 누출의 원인이 아닌 것은?
① 용기에서 용기밸브의 이탈
② 안전밸브의 작동
③ 용기의 부속된 압력계의 파열
④ 과잉 충전

## 제 4 과목  가스계측

**61.** 오리피스 미터와 벤투리 미터는 어떤 형식의 유량계인가?
① 차압식 유량계   ② 전자식 유량계
③ 면적식 유량계   ④ 용적식 유량계

**62.** 가스크로마토그래피의 일반적인 특징에 해당하지 않는 것은?
① 여러 성분의 분석을 한 장치로 할 수 있다.
② 분리능력이 극히 좋고 선택성이 우수하다.
③ 여러 가지 가스 성분이 섞여 있는 시료 가스는 분석할 수 없다.
④ 일정한 프로그램 조작을 하는 시퀀스가 조합되어 주기적으로 연속측정이 가능하다.

**63.** 응답이 빠르고 일반 기체에 부식되지 않는 장점을 가지며 급격한 압력변화를 측정하는데 가장 적절한 압력계는?
① 피에조 전기압력계
② 아네로이드 압력계
③ 벨로스 압력계
④ 격막식 압력계

**64.** 열전도율식 $CO_2$ 분석계 사용 시 주의사항 중 틀린 것은?
① 가스의 유속을 거의 일정하게 한다.
② 브리지의 공급 전류의 점검을 확실하게 한다.
③ 수소가스($H_2$)의 혼입으로 지시값을 높여 준다.

④ 셀의 주위 온도와 측정가스의 온도를 거의 일정하게 유지시키고 과도한 상승을 피한다.

**65.** 관의 길이 250 cm에서 벤젠의 가스크로마토그램을 재었더니 머무른 부피가 82.2 mm, 봉우리의 폭(띠나비)이 9.2 mm이었다. 이때 이론단수는?
① 812  ② 995
③ 1063  ④ 1277

**66.** 기기 분석법에 해당하는 것은?
① 가스크로마토그래피
② 흡광광도법
③ 중화적정법
④ 오르사트법

**67.** 물속에 피토관을 설치하였더니 전압이 12 mH$_2$O, 정압이 6 mH$_2$O이었다. 이때 유속은 약 몇 m/s인가?
① 12.4  ② 10.8
③ 9.8  ④ 7.6

**68.** 탄성식 압력계의 교정 또는 검정용 표준기로 사용되는 것은?
① 표준 기압계
② 부르동관식 압력계
③ 환상 천평식 압력계
④ 기준 분동식 압력계(중추형)

해설 (1) 기준 분동식 압력계 : 탄성식 압력계의 교정에 사용되는 1차 압력계로 램, 실린더, 기름탱크, 가압펌프 등으로 구성되며 사용 유체에 따라 측정범위가 다르게 적용된다.
(2) 사용유체에 따른 측정범위
㉮ 경유 : 40~100 kgf/cm$^2$
㉯ 스핀들유, 피마자유 : 100~1000 kgf/cm$^2$
㉰ 모빌유 : 3000 kgf/cm$^2$ 이상

㉱ 점도가 큰 오일을 사용하면 5000 kgf/cm$^2$까지도 측정이 가능하다.

**69.** 계량이 정확하고 사용 기차의 변동이 크지 않아 발열량 측정 및 실험실의 기준 가스미터로 사용되는 것은?
① 막식 가스미터
② 루트 가스미터
③ 습식 가스미터
④ 오리피스미터

**70.** 도로에 매설된 도시가스 배관의 누출여부를 검사하는 장비로서 적외선 흡광 특성을 이용한 가스누출검지기는?
① FID  ② OMD
③ CO 검지기  ④ 반도체식 검지기

**71.** 도시가스 사용시설의 가스계량기는 바닥으로부터 얼마의 높이로 설치하는가? (단, 보호상자 내에 설치된 경우가 아니다.)
① 0.5 m 이상 1 m 이내
② 1.2 m 이상 1.5 m 이내
③ 1.6 m 이상 2.0 m 이내
④ 2.5 m 이상 3 m 이내

**72.** 다음 중 접촉식 온도계에 대한 설명으로 틀린 것은?
① 일반적으로 1000℃ 이하의 측정에 적합하다.
② 측정오차가 비교적 적다.
③ 방사율에 의한 보정을 필요로 한다.
④ 측온 소자를 접촉시킨다.

**73.** 어떤 가스의 유량을 막식 가스미터로 측정하였더니 65 L이었다. 표준 가스미터로 측

정하였더니 71 L이었다면 이 가스미터의 기차는 약 몇 %인가?
① -8.4   ② -9.2
③ -10.9   ④ -12.5

**74.** 주로 탄광 내 $CH_4$ 가스의 농도를 측정하는데 사용되는 방법은?
① 질량분석법   ② 안전등형
③ 시험지법   ④ 검지관법

**75.** 다음 중 방전을 이용한 진공계는?
① 피라니   ② 서미스터
③ 휘스톤 브리지   ④ 가이슬러관

**76.** 가스를 분석할 때 표준표와 비색 측정을 하는 것은?
① 검지관
② 적외선 흡수법
③ 오르사트법
④ 가스크로마토그래피

**77.** 편위법에 의한 계측기기가 아닌 것은?
① 스프링 저울   ② 부르동관 압력계
③ 전류계   ④ 화학 천칭

**78.** 가스미터에 표시되어 있는 '0.5 L/rev'의 의미에 대한 설명으로 옳은 것은?
① 사용 최대 유량이 0.5 L이다.
② 계량실의 1주기 체적이 0.5 L이다.
③ 사용 최소 유량이 0.5 L이다.
④ 계량실의 효율 속도가 0.5 L이다.

**79.** 액면계는 액면의 측정방법에 따라 직접법과 간접법으로 구분한다. 간접법 액면계의 종류가 아닌 것은?
① 플로트식   ② 압력검출식
③ 방사선식   ④ 퍼지식

**80.** 비례동작 제어장치에서 비례대(帶)가 40%일 경우 비례감도는 얼마인가?
① 0.5   ② 1
③ 2.5   ④ 4

# CBT 모의고사 3

## 제1과목 연소공학

**1.** 프로판의 완전연소 반응식으로 옳은 것은?
① $C_3H_8 + 2O_2 \rightarrow 3CO_2 + 4H_2O$
② $C_3H_8 + 5O_2 \rightarrow 3CO_2 + 4H_2O$
③ $C_3H_8 + 3O_2 \rightarrow 3CO_2 + 4H_2O$
④ $C_3H_8 + \dfrac{8}{2}O_2 \rightarrow 3CO_2 + 2H_2O$

**2.** 가스의 폭발범위(연소범위)에 대한 일반적인 설명 중 옳은 것은?
① 온도 상승에 따라 폭발범위는 증대한다.
② 압력 상승에 따라 폭발범위는 감소한다.
③ 온도의 감소에 따라 폭발범위는 증대한다.
④ 가연성가스와 지연성가스의 혼합비율로서 산소의 농도 증가에 따라 폭발범위는 감소한다.

**3.** 연소관리에 있어서 배기가스를 분석하는 가장 직접적인 목적은?
① 노내압 조절
② 공기비 계산
③ 연소열량 계산
④ 매연농도 산출

**4.** 다음 방폭구조의 종류를 설명한 것 중 틀린 것은?
① 본질안전 방폭구조는 공적기관에서 점화시험 등의 방법으로 확인한 구조이다.
② 안전증 방폭구조는 구조상 및 온도의 상승에 대하여 특별히 안전도를 증가시킨 구조이다.
③ 유입 방폭구조는 유면상에 존재하는 폭발성 가스에 인화될 우려가 없도록 한 구조이다.
④ 내압 방폭구조는 용기 외부의 폭발에 견디도록 용기를 설계한 구조이다.

**5.** 화재 및 폭발 시의 피난대책에 대한 내용 중 잘못 설명된 것은?
① 폭발 시에는 급히 복도나 계단에 있는 방화문을 부수어 내부 압력을 소멸시켜 주어야 한다.
② 옥외의 피난계단은 방의 창문에서 나오는 화염을 받지 않는 위치에 놓아야 한다.
③ 피난통로나 유도등을 설치해야 한다.
④ 필요시에는 완강대를 설치, 운영해야 한다.

**6.** 실제가스가 이상기체 상태방정식을 만족하기 위한 조건으로 옳은 것은?
① 압력이 낮고, 온도가 높을 때
② 압력이 높고, 온도가 낮을 때
③ 압력과 온도가 낮을 때
④ 압력과 온도가 높을 때

**7.** 폭발유도거리(DID)에 대하여 가장 올바르게 설명한 것은?
① 어느 온도에서 가열하기 시작하여 발화에 이를 때까지의 시간을 말한다.
② 최초의 완만한 연소가 격렬한 폭굉으로 발전할 때까지를 말한다.
③ 폭발등급을 나타낼 때의 안전간격의 거

리를 말한다.
④ 폭굉이 전파되는 속도를 의미한다.

**8.** 화학 반응속도를 지배하는 요인을 설명한 것으로 옳은 것은?
① 온도가 높을수록 반응속도가 증가한다.
② 압력이 증가하면 항상 반응속도가 증가한다.
③ 생성 물질의 농도가 커지면 반응속도가 증가한다.
④ 자신은 변하지 않고 다른 물질의 화학변화를 촉진하는 물질을 부촉매라고 한다.

**9.** 고체연료의 연소에서 화염 전파속도에 대한 설명 중 옳지 않은 것은?
① 발열량이 클수록 화염 전파속도가 빠르다.
② 석탄화도가 클수록 화염 전파속도가 빠르다.
③ 입자 지름이 작을수록 화염 전파속도가 빠르다.
④ 1차 공기의 온도가 높을수록 화염 전파속도가 빠르다.

**10.** 이상기체에서 정적비열($C_v$)과 정압비열($C_p$)과의 관계로 옳은 것은?
① $C_p - C_v = R$   ② $C_p + C_v = R$
③ $C_p + C_v = 2R$   ④ $C_p - C_v = 2R$

**11.** 0℃, 1atm의 암모니아 1몰을 온도를 일정하게 하고 부피를 1/3로 감소시켰다. 이때 암모니아의 최종 압력은 얼마인가?
① 1/3 atm   ② 2/3 atm
③ 1 atm    ④ 3 atm

**12.** 유동층 연소의 장점에 대한 설명으로 가장 거리가 먼 것은?
① 화염층이 커진다.
② 클링커 장해를 경감할 수 있다.
③ 질소산화물의 발생량이 경감된다.
④ 화격자 단위 면적당의 열부하를 크게 얻을 수 있다.

**13.** 어떤 가스가 완전연소할 때 이론상 필요한 공기량을 $A_0$[m³], 실제로 사용한 공기량을 $A$[m³]라고 하면 과잉공기 백분율을 올바르게 표시한 식은?
① $\dfrac{A-A_0}{A} \times 100$   ② $\dfrac{A-A_0}{A_0} \times 100$
③ $\dfrac{A}{A_0} \times 100$   ④ $\dfrac{A_0}{A} \times 100$

**14.** 가연물과 그 연소 형태를 짝지어 놓은 것 중 잘못된 것은?
① 니트로글리세린-확산연소
② 코크스-표면연소
③ 등유-증발연소
④ 목재-분해연소

**15.** 체적비로 프로판 30 % 및 부탄 70 %인 혼합가스 1 L가 완전 연소하는 데 필요한 이론공기량은 약 몇 L인가? (단, 공기 중 산소 농도는 20 %로 한다.)
① 10   ② 20
③ 30   ④ 40

**16.** 소화의 원리에 대한 설명에서 틀린 것은?
① 연소 중에 있는 물질의 표면을 불활성 가스로 덮어 씌워 가연성 물질과 공기를 분리시킨다.

② 연소 중에 있는 물질에 공기를 많이 공급하여 혼합기체의 농도를 높게 한다.
③ 연소 중에 있는 물질에 물이나 특수냉각제를 뿌려 온도를 낮춘다.
④ 가연성가스나 가연성증기의 공급을 차단시킨다.

**17.** 습증기 1 kg 중에 증기가 $x$[kg]이라고 하면 액체는 $(1-x)$[kg]이다. 이때 습도는 어떻게 표시되는가?
① $x-1$
② $1-x$
③ $x$
④ $(x/1)-x$

**18.** 가연성가스의 최소 점화에너지에 대한 설명으로 옳은 것은?
① 유속이 증가할수록 작아진다.
② 혼합기 온도가 상승함에 따라 작아진다.
③ 유속 20 m/s까지는 점화에너지가 증가하지 않는다.
④ 점화에너지의 상승은 혼합기 온도 및 유속과는 무관하다.

**19.** 물 500L를 10℃에서 60℃로 1시간 가열하는 데 발열량이 50.232 MJ/kg인 프로판가스를 사용할 때 필요한 프로판 가스의 양(kg/h)은 얼마인가? (단, 연소기의 효율은 75 %이다.)
① 2.61
② 2.78
③ 2.91
④ 3.07

**20.** 완전가스의 성질에 대한 설명으로 틀린 것은?
① 비열비는 온도에 의존한다.
② 아보가드로의 법칙에 따른다.
③ 보일-샤를의 법칙을 만족한다.
④ 기체의 분자력과 크기는 무시된다.

### 제 2 과목  가스설비

**21.** 다음 중 정압기의 종류와 특징이 잘못된 것은?
① 피셔(fisher)식 정압기는 파일럿식 로딩형 정압기와 작동원리가 같다.
② 레이놀즈식 정압기는 파일럿식 언로딩형의 작동원리에 의해 압력을 조정하는 방식이다.
③ 피셔식 정압기는 복좌 밸브식과 단좌 밸브식으로 구분된다.
④ 레이놀즈식 정압기는 본체가 단좌 밸브식으로 구성되어 있다.

**22.** 최고충전압력 2.0 MPa, 동체의 안지름 65 cm인 강재 용접용기의 동판 두께는 약 몇 mm인가? (단, 재료의 인장강도 500 N/mm², 용접효율 100 %, 부식여유 1 mm이다.)
① 2.30
② 6.25
③ 8.30
④ 10.25

**23.** 고압가스설비의 내압시험 및 기밀시험에 대한 설명으로 틀린 것은?
① 기밀시험은 상용압력 이상이다.
② 내압시험은 물을 사용하여 행한다.
③ 기밀시험의 가압 유체는 공기, 질소 또는 산소이다.
④ 내압시험에서 가하는 압력은 상용압력의 1.5배 이상이다.

**24.** 액화가스를 용기에 충전 시에는 얼마 이

하로 충전하여야 하는가?
① 최고 충전압력
② 내압시험 압력
③ 안전밸브 작동압력
④ 최고 충전질량

**25.** 배관의 스케줄 번호를 정하기 위한 식으로 옳은 것은? (단, $P$는 사용압력(kg/cm²), $S$는 허용응력(kgf/cm²)이다.)
① $100 \times \dfrac{P}{S}$　② $100 \times \dfrac{S}{P}$
③ $1000 \times \dfrac{P}{S}$　④ $1000 \times \dfrac{S}{P}$

**26.** 다음 가스홀더의 기능 설명 중 거리가 먼 것은?
① 가스수요의 시간적 변화에 따라 제조가 따르지 못할 때 가스의 공급 및 저장
② 정전, 배관공사 등에 의한 제조 및 공급 설비의 일시적 중단 시 공급
③ 조성의 변동이 있는 제조가스를 받아들여 공급가스의 성분, 열량, 연소성 등의 균일화
④ 공기를 주입하여 발열량이 큰 가스로 혼합 공급

**27.** 시간당 10 m³의 LP가스를 길이 100 m 떨어진 곳에 저압으로 공급하고자 한다. 압력손실이 30 mmH₂O 이면 필요한 배관의 최소 관지름은 약 몇 mm인가? (단, pole 상수는 0.7, 가스비중은 1.50이다.)
① 30　② 40
③ 50　④ 60

**28.** 다음 중 도시가스의 원료로서 적당하지 않은 것은?
① LPG　② naphtha
③ natural gas　④ acetylene

**29.** 금속재료의 충격시험을 통하여 알 수 있는 것은?
① 피로도　② 취성
③ 인장강도　④ 압출강도

**30.** 시간당 50000 kcal의 열을 흡수하는 냉동기의 용량은 약 몇 냉동톤인가?
① 3.8　② 7.5
③ 15　④ 30

**31.** 일반배관용 탄소 강관의 설명으로 틀린 것은?
① SPPS관이다.
② 흑관과 백관이 있다.
③ 관지름에 따라 두께가 일정하다.
④ 사용압력이 1 MPa(10 kgf/cm²) 이내로 낮다.

**32.** 저장탱크에 LPG를 충전하는 때에는 가스의 용량이 상용의 온도에서 저장탱크 내용적의 몇 %를 넘지 말아야 하는가?
① 80 %　② 85 %
③ 90 %　④ 95 %

**33.** 전기방식을 실시하고 있는 도시가스 매몰 배관에 대하여 전위측정을 위한 기준전극으로 사용되고 있으며, 방식전위 기준으로 상한값 −0.85 V 이하를 사용하는 것은?
① 수소 기준전극
② 포화 황산동 기준전극
③ 염화은 기준전극

④ 칼로멜 기준전극

**34.** 표준상태의 조직을 가지는 탄소강에서 탄소의 함유량이 증가함에 따라 감소하는 성질은? (단, 1.0 % 이하일 경우에 한한다.)
① 인장강도　　② 충격값
③ 경도　　　　④ 항복점

**35.** 공기액화 분리장치에 대한 설명 중 틀린 것은?
① 수분은 건조기에서 제거된다.
② $CO_2$는 배관을 폐쇄시키므로 제거하여야 한다.
③ 원료 공기 중의 염소는 심한 부식의 원인이 된다.
④ $CO_2$는 활성알루미나, 실리카겔 등에 의하여 제거된다.

**36.** 유량 조절용으로 주로 사용되고 있는 밸브는?
① 글로브 밸브　　② 게이트 밸브
③ 플러그 밸브　　④ 버터플라이 밸브

**37.** 양정 20 m, 송출량 0.25 $m^3$/min, 펌프 효율 0.65인 2단 터빈 펌프의 축동력(kW)은 얼마인가?
① 1.25　　② 1.37
③ 1.57　　④ 1.72

**38.** 액화천연가스(LNG)를 기화시키기 위한 방법으로 맞지 않는 것은?
① 증발잠열 이용법
② open rack 기화법
③ 중간 매체법
④ 수중 버너법

**39.** 지름 100 mm, 행정 150 mm, 회전수 600 rpm, 체적효율 0.8인 왕복압축기의 송출량은 몇 $m^3$/min인가?
① 0.565　　② 0.842
③ 1.047　　④ 1.540

**40.** 바깥지름이 20 cm이고 두께가 5 mm인 강관이 내압 10 $kgf/cm^2$을 받을 때 관에 생기는 원주방향 응력은?
① 190 $kgf/cm^2$　　② 195 $kgf/cm^2$
③ 380 $kgf/cm^2$　　④ 390 $kgf/cm^2$

---

### 제 3 과목　가스안전관리

**41.** 독성가스인 포스겐을 운반하고자 할 경우에 반드시 갖추어야 할 보호구 및 자재가 아닌 것은?
① 방독마스크　　② 보호장갑
③ 제독제 및 공구　　④ 소화설비 및 공구

**42.** 아세틸렌가스 충전 시 희석재료로 적합하지 않은 것은?
① $N_2$　　② $C_3H_8$
③ $SO_2$　　④ $H_2$

**43.** 산소를 수송하기 위한 배관과 이에 접속하는 압축기 사이에는 무엇을 설치해야 하는가?
① 역지밸브와 역화방지시설
② 드레인 세퍼레이터
③ 여과기
④ 압력계

**44.** 정전기 제거 또는 발생 방지조치에 대한 설명으로 틀린 것은?
① 상대습도를 높인다.
② 공기를 이온화시킨다.
③ 대상물을 접지시킨다.
④ 전기저항을 증가시킨다.

**45.** thermal expansively $\left\{\alpha = \dfrac{1}{V}\left(\dfrac{\partial V}{\partial T}\right)_P\right\}$가 $2\times10^{-2}\,℃^{-1}$이고 isothermal compressibility $\left\{\beta = \dfrac{1}{V}\left(\dfrac{\partial V}{\partial P}\right)_T\right\}$가 $4\times10^{-3}\,\text{atm}^{-1}$인 액화가스가 빈 공간 없이 용기 속에 완전히 충전된 상태에서 외기온도가 3℃ 상승하게 되면 용기가 추가로 받아야 할 압력은?
① 15 atm  ② 5 atm
③ 0.6 atm  ④ 0.2 atm

**46.** 도시가스 사용시설에 사용하는 배관재료 선정기준에 대한 설명으로 틀린 것은?
① 배관의 재료는 배관 내의 가스흐름이 원활한 것으로 한다.
② 배관의 재료는 절단, 가공을 어렵게 하여 임의로 고칠 수 없도록 한다.
③ 배관의 재료는 배관의 접합이 용이하고 가스의 누출을 방지할 수 있는 것으로 한다.
④ 배관의 재료는 내부의 가스압력과 외부로부터의 하중 및 충격하중 등에 견디는 강도를 갖는 것으로 한다.

**47.** LPG용 가스레인지를 사용하는 도중 불꽃이 치솟아 사고가 발생하였을 때 직접적인 사고 원인에 해당되는 것은?
① 가스누출 자동차단기 미작동
② T관으로 가스 누출
③ 연소기의 연소 불량
④ 압력조정기 불량

**48.** 고압가스 저온저장 탱크의 내부압력이 외부압력보다 낮아져 저장탱크가 파괴되는 것을 방지하기 위한 조치로 설치하여야 할 설비로 가장 거리가 먼 것은?
① 압력계  ② 압력경보설비
③ 진공안전밸브  ④ 역류방지밸브

**49.** 고압가스 특정제조 사업소의 액화가스 저장탱크에 방류둑을 설치해야 하는 규정이 틀린 것은?
① 독성가스 : 5톤 이상
② 가연성가스 : 500톤 이상
③ 액화산소 : 1000톤 이상
④ 불활성가스 : 3000톤 이상

**50.** 저장탱크 설치방법 중 위해 방지를 위하여 저장탱크를 매설할 경우 저장탱크의 주위에 채우는 것은?
① 흙  ② 콘크리트
③ 모래  ④ 자갈

**51.** 고압가스 충전용기를 운반할 때의 기준으로 옳지 않은 것은?
① 충전용기 밸브에는 캡을 부착시킨다.
② 충전용기 운반차량의 경계표시는 차량의 앞뒤 보기 쉬운 곳에 "위험 고압가스"라고 표시한다.
③ 운반 중의 충전용기는 항상 40℃ 이하로 유지해야 한다.
④ 자전거에는 20 kg 용기를 2개까지 적재하여 운반할 수 있다.

**52.** 1단 감압식 준저압 조정기의 조정압력이 2.5 kPa일 때 폐쇄압력은? (단, 입구압력은 0.1~1.56 MPa이다.)
① 2.075 kPa 이하  ② 2.75 kPa 이하
③ 3.125 kPa 이하  ④ 3.75 kPa 이하

**53.** 저장탱크에 의한 LPG 사용시설에서 실시하는 기밀시험에 대한 설명으로 틀린 것은?
① 상용압력 이상의 기체의 압력으로 실시한다.
② 지하매설 배관은 3년마다 기밀시험을 실시한다.
③ 기밀시험에 필요한 조치는 안전관리총괄자가 한다.
④ 가스누출검지기로 시험하여 누출이 검지되지 않은 경우 합격으로 한다.

**54.** 도시가스 사용시설에서 입상관 밸브를 바닥으로부터 1.6 m 이상 2 m 이내에 설치하지 못할 경우의 설치기준으로 옳지 않은 것은?
① 입상관 밸브를 1.6 m 미만으로 설치 시 보호상자 안에 설치한다.
② 입상관 밸브를 2.0 m 초과하여 설치할 경우 전용계단을 설치한다.
③ 입상관 밸브를 2.0 m를 초과하여 설치할 경우 원격으로 차단이 가능한 전동밸브를 설치한다.
④ 전동밸브의 차단장치는 조작하기 쉬운 적당한 높이에 설치한다.

**55.** 고압가스의 설비 내부에 들어가 수리를 할 경우의 가스 치환방법으로 옳은 것은?
① 암모니아는 질소로 치환한 후 작업을 시작한다.
② 이산화탄소는 공기로 치환한 후에 작업을 시작한다.
③ 질소의 경우는 치환할 필요가 없이 작업을 시작한다.
④ 수소의 경우는 불활성가스로 치환한 후에 작업을 시작한다.

**56.** 고압가스 취급상태에 따른 분류에 해당하지 않는 것은?
① 압축가스  ② 액화가스
③ 용해가스  ④ 조연성가스

**57.** 고압가스 저장탱크에 설치하는 긴급차단장치에 관한 설명으로 옳지 않은 것은?
① 저장탱크의 주밸브와 겸용으로 하여 신속하게 차단할 수 있어야 한다.
② 조작 스위치(기구)는 저장탱크의 외면으로부터 5m 이상 떨어진 곳에 설치한다.
③ 저장탱크 주밸브 외측으로부터 가능한 한 저장탱크에 가까운 위치에 설치한다.
④ 액상의 가연성 가스, 독성가스를 이입하기 위하여 설치된 배관에는 역류방지밸브로 갈음할 수 있다.

**58.** 고압가스 안전관리법에 의한 산업통상자원부령이 정하는 고압가스 관련설비에 해당되지 않는 것은?
① 역화방지장치
② 기화장치
③ 자동차용 가스 자동주입기
④ 일체형 냉동기

**59.** 액화가스를 배관에 의하여 수송할 경우 그 배관에 설치해야 할 기기로 옳은 것은? (단, 초저온 또는 저온의 액화가스의 배관이 아니다.)

① 안전밸브, 압력계
② 온도계, 유량계
③ 안전밸브, 온도계
④ 온도계, 압력계

**60.** 다음 중 방호벽의 설치 목적과 가장 관계가 적은 것은?
① 파편 비산을 방지하기 위함
② 충격파를 저지하기 위함
③ 폭풍을 방지하기 위함
④ 차량 등의 접근을 방지하기 위함

## 제 4 과목  가스계측

**61.** 1기압에 해당되지 않는 것은?
① 1.013 bar
② $1013 \times 10^3$ dyne/cm$^2$
③ 1 torr
④ 29.9 inHg

**62.** 열전대식 온도계 중에서 고온 측정 시 안정성이 좋으며, 산화성 분위기에도 침식되지 않는 것은?
① 철-콘스탄트(I-C)
② 백금-백금로듐(P-R)
③ 크로멜-알루멜(C-A)
④ 구리-콘스탄트(C-C)

**63.** 가스크로마토그래피의 검출기 중 전기 음성적인 원소가 열전자와 반응하여 음이온을 형성하는 현상을 이용한 검출기는?
① TCD        ② FID
③ ECD        ④ FPD

**64.** LPG의 정량분석에서 흡광도의 원리를 이용한 가스 분석법은?
① 저온 분류법
② 질량 분석법
③ 적외선 흡수법
④ 가스크로마토그래피법

**65.** 소형 가스미터를 선택할 때 가스 사용량이 가스미터의 최대 용량의 몇 %가 되도록 선택하는 것이 좋은가?
① 60 %        ② 70 %
③ 80 %        ④ 90 %

**66.** 미리 알고 있는 측정량과 측정치를 평형시켜 알고 있는 양의 크기로부터 측정량을 알아내는 방법으로 대표적인 예로서 천칭을 이용하여 질량을 측정하는 방식을 무엇이라 하는가?
① 영위법        ② 평형법
③ 방위법        ④ 편위법

**67.** 압력 변화에 의한 탄성 범위를 이용한 압력계가 아닌 것은?
① 부르동관식
② 벨로스식
③ 다이어프램식
④ 링밸런스식

**68.** 다음 중 가장 높은 압력을 측정할 수 있는 압력계는?
① 부르동관식
② 다이어프램식
③ 액주식
④ 벨로스식

**69.** 오리피스로 유량을 측정하는 경우 압력차가 4배로 증가하면 유량은 몇 배로 변하는가?
① 2배 증가  ② 4배 증가
③ 8배 증가  ④ 16배 증가

**70.** 진동이 발생하는 장치에서 진동을 억제시키는 데 가장 적합한 제어동작은?
① D 동작
② P 동작
③ I 동작
④ ON-OFF 동작

**71.** 기차가 -5%인 루트 가스미터로 측정한 유량이 30.4 m³/h이었다면 기준기로 측정한 유량은 몇 m³/h 인가?
① 31.0  ② 31.6
③ 31.9  ④ 32.4

**72.** 니켈 저항 측온체의 측정온도 범위는 어느 것인가?
① -200~500℃
② -100~300℃
③ 0~120℃
④ -50~150℃

**73.** 산소($O_2$) 중에 포함되어 있는 질소($N_2$) 성분을 가스크로마토그래피로 정량하고자 한다. 다음 중 옳지 않은 것은?
① 열전도식 검출기(TCD)를 사용한다.
② 캐리어 가스로는 헬륨을 쓰는 것이 바람직하다.
③ 산소 제거 트랩(oxygen trap)을 사용하는 것이 좋다.
④ 산소($O_2$)의 피크가 질소($N_2$)의 피크보다 먼저 나오도록 컬럼을 선택하여야 한다.

**74.** 유속 10 m/s의 물속에 피토(pitot)관을 세울 때 수주의 높이는 약 몇 m인가?
① 0.5  ② 5.1
③ 5.6  ④ 6.6

**75.** 막식 가스미터 고장의 종류 중 부동(不動)의 의미를 가장 바르게 설명한 것은?
① 가스가 크랭크축이 녹슬거나 밸브와 밸브시트가 타르(tar)접착 등으로 통과하지 않는다.
② 가스의 누출로 통과하나 정상적으로 미터가 작동하지 않아 부정확한 양만 측정된다.
③ 가스가 미터는 통과하나 계량막의 파손, 밸브의 탈락 등으로 계량기 지침이 작동하지 않는 것이다.
④ 날개나 조절기에 고장이 생겨 회전장치에 고장이 생긴 것이다.

**76.** 다음 중 압력의 단위는?
① Pascal
② Watt
③ dyne
④ Joule

**77.** 공업용 액면계가 갖추어야 할 구비조건에 해당되지 않는 것은?
① 비연속적 측정이라도 정확해야 할 것
② 구조가 간단하고 조작이 용이할 것
③ 고온, 고압에 견딜 것
④ 값이 싸고 보수가 용이할 것

**78.** 온도 49℃, 압력 1 atm의 습한 공기 205 kg이 10 kg의 수증기를 함유하고 있을 때 이 공기의 절대습도는 약 몇 kgH₂O/kg dryair인가?(단, 49℃에서 물의 증기압은 88 mmHg이다.)
① 0.025　　② 0.048
③ 0.051　　④ 0.062

**79.** 가스검지기의 경보방식이 아닌 것은?
① 즉시 경보형　② 경보 지연형
③ 중계 경보형　④ 반시한 경보형

**80.** 습식 가스미터의 특징에 대한 설명으로 옳지 않은 것은?
① 계량이 정확하다.
② 설치공간이 작다.
③ 사용 중에 기차의 변동이 거의 없다.
④ 사용 중에 수위 조정 등의 관리가 필요하다.

# CBT 모의고사 4

## 제1과목 연소공학

**1.** 아세틸렌은 흡열 화합물로서 그 생성열은 -54.2 kcal/mol이다. 아세틸렌이 탄소와 수소로 분해하는 폭발반응의 폭발열은 얼마인가?

① -54.2 kcal/mol  ② -5.42 kcal/mol
③ +54.2 kcal/mol  ④ +5.42 kcal/mol

**2.** 다음은 기체 연료의 특성을 설명한 것이다. 맞는 것은?

① 가스 연료의 화염은 방사율이 크기 때문에 복사에 의한 열전달률이 작다.
② 기체연료는 연소성이 뛰어나기 때문에 연소조절이 간단하고 자동화가 용이하다.
③ 단위 체적당 발열량이 액체나 고체 연료에 비해 대단히 크기 때문에 저장이나 수송에 큰 시설을 필요로 한다.
④ 저산소 연소를 시키기 쉽기 때문에 대기오염 물질인 질소산화물($NO_x$)의 생성이 많으나 분진이나 매연의 발생은 거의 없다.

**3.** 분진폭발의 위험성을 방지하기 위한 조건으로 틀린 것은?

① 환기장치는 공동 집진기를 사용한다.
② 정기적으로 분진 퇴적물을 제거한다.
③ 분진 취급 공정을 습식으로 운영한다.
④ 분진이 발생하는 곳에 습식 스크러버를 설치한다.

**4.** 고위발열량과 저위발열량의 차이는 어떤 성분과 관련이 있는가?

① 황  ② 탄소
③ 질소  ④ 수소

**5.** 프로판 44 kg을 완전 연소시키면 760 mmHg, 0°C에서 발생하는 $CO_2$의 부피는 몇 $m^3$인가?

① 22.4  ② 44.8
③ 67.2  ④ 69.6

**6.** 기체 연료의 예혼합 연소에 관한 설명 중 옳은 것은?

① 화염의 길이가 길다.
② 화염이 전파하는 성질이 있다.
③ 연료와 공기의 경계에서 연소가 일어난다.
④ 연료와 공기의 혼합비가 순간적으로 변한다.

**7.** 다음 중 연료의 위험도를 바르게 나타낸 것은?

① 폭발범위를 폭발 하한값으로 나눈 값
② 폭발 상한값에서 폭발 하한값을 뺀 값
③ 폭발 상한값을 폭발 하한값으로 나눈 값
④ 폭발범위를 폭발 상한값으로 나눈 값

**8.** 비열에 대한 설명으로 옳지 않은 것은?

① 정압비열은 정적비열보다 항상 크다.
② 비열은 물질의 종류와 온도에 따라 달라진다.
③ 비열비가 큰 물질일수록 압축 후의 온도가 더 높다.

④ 물은 비열이 작아 공기보다 온도를 증가시키기 어렵고 열용량도 적다.

**9.** 연소에 관련된 용어의 설명 중 옳지 않은 것은?
① 발화지연이란 어느 온도에서 가열하기 시작하여 발화에 이르기까지의 시간이다.
② 지연성가스란 가연성가스를 연소시키는데 필요한 공기 또는 산소를 말한다.
③ 인화온도는 공기 중에서 점화원에 의하여 연소를 시작하는데 필요한 최저온도이다.
④ 폭굉의 경우에는 연소 전파속도가 음속보다 늦다.

**10.** 연소범위에 관한 설명 중 잘못된 것은?
① 수소($H_2$)가스의 연소범위는 4~75 %이다.
② 가스의 온도가 높아지면 연소범위는 좁아진다.
③ 아세틸렌($C_2H_2$)은 자체 분해폭발이 가능하므로 연소 상한계를 100 %로도 볼 수 있다.
④ 연소범위는 가연성 기체의 공기와의 혼합물에 있어서 점화원에 의해 일반적으로 연소가 일어날 수 있는 범위를 말한다.

**11.** 일반적으로 온도가 10℃ 상승하면 반응속도는 약 2배 빨라진다. 40℃의 반응온도를 100℃로 상승시키면 반응속도는 몇 배 빨라지는가?
① $2^3$  ② $2^4$
③ $2^5$  ④ $2^6$

**12.** 메탄을 공기비 1.1로 완전 연소시키고자 할 때 메탄 1 $Nm^3$당 공급해야 할 공기량은 약 몇 $Nm^3$인가?
① 2.2  ② 6.3
③ 8.4  ④ 10.5

**13.** 기체의 압력이 클수록 액체 용매에 잘 용해된다는 것을 설명한 법칙은?
① 아보가드로  ② 게이뤼삭
③ 보일  ④ 헨리

**14.** 프로판($C_3H_8$)의 표준 총발열량이 −530600 cal/g·mol일 때 표준 진발열량은 몇 cal/g·mol인가? (단, $H_2O(L) \rightarrow H_2O(g)$, $\Delta H = 10519$ cal/g·mol이다.)
① −530600  ② −488524
③ −520081  ④ −430432

**15.** 공기와 혼합될 때 폭발성 혼합가스를 형성하지 않는 것은?
① 염소  ② 도시가스
③ 암모니아  ④ 일산화탄소

**16.** 폭발사고 후의 긴급안전대책에 해당되지 않는 것은?
① 위험 물질을 다른 곳으로 옮긴다.
② 타 공장에 파급되지 않도록 가열원, 동력원을 모두 끈다.
③ 장치 내 가연성 기체를 긴급히 비활성 기체로 치환시킨다.
④ 폭발의 위험성이 있는 건물은 방화구조와 내화구조로 한다.

**17.** 메탄올을 합성하는 반응식이 다음과 같을 때 메탄올 1톤을 합성하기 위해 필요한

가스는 표준상태에서 몇 m³인가?

$$CO + 2H_2 \rightarrow CH_3OH$$

① 1100　　② 2100
③ 3100　　④ 4100

**18.** 가연물의 연소형태를 나타낸 것 중 틀린 것은?
① 금속분 – 표면연소
② 파라핀 – 증발연소
③ 목재 – 분해연소
④ 유황 – 확산연소

**19.** 연소 시의 실제공기량 $A$와 이론공기량 $A_0$ 사이에 $A = m \cdot A_0$의 공식이 성립될 때 $m$은 무엇이라 하는가?
① 연소효율　　② 열전도율
③ 압력계수　　④ 과잉공기계수

**20.** 부탄($C_4H_{10}$)이 공기 중에서 완전 연소하기 위한 화학양론농도가 3.1%일 때 폭발하한계와 상한계는 각각 얼마인가?
① 하한계 : 0.1%, 상한계 : 9.2%
② 하한계 : 1.7%, 상한계 : 8.5%
③ 하한계 : 2.6%, 상한계 : 7.4%
④ 하한계 : 2.0%, 상한계 : 4.1%

## 제 2 과목　가스설비

**21.** 아세틸렌의 압축 시 분해폭발의 위험을 줄이기 위한 반응장치는?
① 겔로그 반응장치
② IG 반응장치
③ 파우서 반응장치
④ 레페 반응장치

**22.** 지상에 설치하는 저장탱크의 외부에는 은색·백색 도료를 바르고 주위에서 보기 쉽도록 가스의 명칭을 표시하여야 한다. 가스 명칭 표시의 색상은?
① 검은 글씨　　② 초록 글씨
③ 붉은 글씨　　④ 노란 글씨

**23.** 고압가스 냉동제조설비의 냉매설비에 설치하는 자동제어장치 설치기준으로 틀린 것은?
① 압축기의 고압측 압력이 상용압력을 초과하는 때에 압축기의 운전을 정지하는 고압차단장치를 설치한다.
② 개방형 압축기에서 저압측 압력이 상용압력보다 이상 저하할 때 압축기의 운전을 정지하는 저압차단장치를 설치한다.
③ 압축기를 구동하는 동력장치에 과열방지장치를 설치한다.
④ 쉘형 액체 냉각기에 동결방지장치를 설치한다.

**24.** 다량의 메탄을 액화시키려면 어떤 액화사이클을 사용해야 하는가?
① 캐스케이드 사이클
② 필립스 사이클
③ 캐피자 사이클
④ 클라우드 사이클

**25.** 고압가스 충전용기의 정의 중 가스충전질량이 옳게 표현된 것은?
① $\frac{1}{2}$ 이상 충전되어 있는 상태의 용기
② $\frac{2}{3}$ 이상 충전되어 있는 상태의 용기

③ $\frac{3}{5}$ 이상 충전되어 있는 상태의 용기

④ $\frac{4}{5}$ 이상 충전되어 있는 상태의 용기

**26.** 용접용기의 구비조건으로 틀린 것은?
① 고온 및 사용 중에 견디는 연성, 전성을 가질 것
② 가볍고 충분한 강도를 가질 것
③ 내식성, 내마모성을 가질 것
④ 가공성, 용접성이 좋을 것

**27.** 다음 중 용어에 대한 설명으로 잘못된 것은?
① 냉동효과는 냉매 1 kg이 흡수하는 열량이다.
② 냉동능력은 1일간 냉동기가 흡수하는 열량이다.
③ 1냉동톤은 0℃의 물 1톤을 1일간 0℃의 얼음으로 냉동시키는 능력이다.
④ 냉동기 성적계수는 저온체에서 흡수한 열량을 공급된 일로 나눈 값이다.

**28.** 도시가스에 부취제를 첨가하는 주목적은?
① 냄새가 나게 하는 것
② 응결되지 않게 하는 것
③ 연소효율을 높이기 위한 것
④ 발열량을 크게 하기 위한 것

**29.** 도시가스 공급 방식에 의한 분류방법 중 저압공급 방식이란 다음 중 어떤 압력을 뜻하는가?
① 0.1 MPa 미만
② 0.5 MPa 미만
③ 0.1 MPa 이상 1 MPa 미만
④ 1 MPa 미만

**30.** 공기가 없어도 스스로 분해하여 폭발할 수 있는 가스는?
① 히드라진, 사이클로프로판
② 아세틸렌, 수성가스
③ 사이클로프로판, 수성가스
④ 아세틸렌, 히드라진

**31.** 도시가스 제조공정 중 프로판을 공기로 희석시켜 공급하는 방법이 있다. 이때 공기로 희석시키는 가장 큰 이유는 무엇인가?
① 원가 절감
② 안전성 증가
③ 재액화 방지
④ 가스 조성 일정

**32.** LNG의 주성분은 무엇인가?
① 메탄
② 에탄
③ 프로판
④ 부탄

**33.** 증기압축 냉동기에서 등엔트로피 과정은 어느 곳에서 이루어지는가?
① 응축기
② 압축기
③ 증발기
④ 팽창밸브

**34.** 고압가스 저장시설에서 가스누출 사고가 발생하여 공기와 혼합하여 가연성, 독성가스로 되었다면 누출된 가스는?
① 질소
② 수소
③ 암모니아
④ 아황산가스

**35.** 고압가스 저장설비에서 수소와 산소가 동일한 조건에서 대기 중에 누출되었다면 확산속도는 어떻게 되겠는가?
① 수소가 산소보다 2배 빠르다.
② 수소가 산소보다 4배 빠르다.
③ 수소가 산소보다 8배 빠르다.
④ 수소가 산소보다 16배 빠르다.

**36.** 고압가스 제조장치 재료에 대한 설명으로 틀린 것은?
① 상온 상압에서 건조 상태의 염소가스에 탄소강을 사용한다.
② 아세틸렌은 철, 니켈 등의 철족의 금속과 반응하여 금속 카르보닐을 생성한다.
③ 9% 니켈강은 액화천연가스에 대하여 저온취성에 강하다.
④ 상온 상압에서 수증기가 포함된 탄산가스 배관에 18-8 스테인리스강을 사용한다.

**37.** 다음 중 LPG의 주성분이 아닌 것은?
① $C_3H_8$   ② $C_4H_{10}$
③ $C_2H_4$   ④ $C_4H_8$

**38.** 조정압력이 3.3 kPa 이하이고 노즐 지름이 3.2 mm 이하인 일반용 LP가스 압력조정기의 안전장치 분출용량은 몇 L/h 이상이어야 하는가?
① 100   ② 140
③ 200   ④ 240

**39.** 가스시설의 전기방식 공사 시 매설배관 주위에 기준전극을 매설하는 경우 기준전극은 배관으로부터 얼마 이내에 설치하여야 하는가?
① 30 cm   ② 50 cm
③ 60 cm   ④ 100 cm

**40.** 가스배관의 플랜지(flange) 이음에 사용되는 부품이 아닌 것은?
① 플랜지   ② 가스켓
③ 체결용 볼트   ④ 플러그

## 제 3 과목  가스안전관리

**41.** 액화석유가스 용기 충전사업소의 저장탱크에 설치된 긴급차단장치 차단조작기구 설치 장소로 적절하지 못한 것은?
① 충전기 주변
② 안전관리자가 상주하는 사무실 내부
③ 자동차에 고정된 탱크의 주정차 장소 주변
④ 액화석유가스의 대량 유출에 대비하여 충분히 안전이 확보되고 조작이 용이한 곳

**42.** 플레어스택 용량 산정 시 가장 큰 영향을 주는 것은?
① 인터로크 기구
② 긴급차단장치
③ 내부반응 감시장치
④ 긴급이송설비

**43.** 물분무장치가 설치되지 않은 액화석유가스 저장탱크를 지상에 2개 이상 인접하여 설치하는 경우에 탱크 상호 간에 유지하여야 하는 거리는 얼마인가?
① 1 m 이상   ② 2 m 이상
③ 3 m 이상   ④ 4 m 이상

**44.** 가스설비의 수리 및 청소 요령 중 가스치환작업이 올바른 것은?
① 독성가스설비는 TLV-TWA 기준농도 이하로 될 때까지 치환한다.
② 산소가스설비는 산소농도가 24% 이하로 될 때까지 치환한다.
③ 가연성 가스설비는 가스의 폭발하한계

이하가 될 때까지 치환한다.
④ 불연성 가스설비는 산소농도가 18~24 % 되도록 공기로 재치환한다.

**45.** 고압가스 특정제조시설 안에 액화석유가스 충전시설을 함께 설치하는 경우 부취제 혼합설비의 주입작업 안전기준 중 틀린 것은?
① 부취제 주입작업 중 정전이 되면 주입설비는 작동이 정지될 수 있도록 조치한다.
② 부취제 주입작업 시 주위에 화기 사용을 금지하고 인화성 또는 발화성 물질이 없도록 한다.
③ 누출된 부취제는 중화 또는 소화작업을 하여 그 중화된 부취제 등을 안전하게 폐기한다.
④ 부취제 주입작업 시에는 안전관리자가 상주하여 이를 확인하여야 하고, 작업관련자 이외에는 출입을 통제한다.

**46.** 고압가스 제조시설에 설치된 물분무장치의 작동상황 점검주기는?
① 매일 1회 이상
② 매주 1회 이상
③ 매월 1회 이상
④ 3개월에 1회 이상

**47.** 일반용 액화석유가스 압력조정기의 내압 성능에 대한 설명으로 옳은 것은?
① 입구 쪽 시험압력은 2 MPa 이상으로 한다.
② 출구 쪽 시험압력은 0.2 MPa 이상으로 한다.
③ 2단 감압식 2차용 조정기의 경우에는 입구 쪽 시험압력을 0.8 MPa 이상으로 한다.
④ 2단 감압식 2차용 조정기 및 자동절체식 분리형 조정기의 경우에는 출구 쪽 시험압력을 0.8 MPa 이상으로 한다.

**48.** 고압가스 설비에 설치하는 압력계의 최고눈금은 얼마로 하여야 하는가?
① 내압시험압력의 1.0배 이상 2배 이하
② 내압시험압력의 1.5배 이상 2배 이하
③ 상용압력의 1.0배 이상 2배 이하
④ 상용압력의 1.5배 이상 2배 이하

**49.** 액화석유가스의 저장실 통풍구조에 대한 설명으로 옳지 않은 것은?
① 강제 환기설비 흡입구는 바닥면 가까이에 설치한다.
② 강제 환기설비 배기가스 방출구는 지면에서 3 m 이상 높이에 설치한다.
③ 저장실 사방을 방호벽 등으로 설치할 경우 환기구의 방향은 2방향 이상으로 분산 설치해야 한다.
④ 환기구의 통풍 가능면적 합계는 바닥면적 1 $m^2$당 300 $cm^2$의 비율로 계산한 면적 이상이어야 한다.

**50.** 액화석유가스 충전사업소의 경계표지에 관한 설명 중 틀린 것은?
① 경계표지는 외부에서 보기 쉬운 곳에 게시해야 한다.
② 사업소 안 시설 중 일부만이 액화석유가스의 안전관리 및 사업법의 적용을 받더라도 사업소 전체에 경계표지를 해야 한다.
③ 충전용기 및 빈 용기 보관장소는 각각 구획 또는 경계선으로 안전확보에 필요한 용기상태를 명확히 식별할 수 있도록 해야 한다.

④ 경계표지는 액화석유가스의 안전관리 및 사업법의 적용을 받는 사업소 또는 시설임을 외부사람이 명확히 식별할 수 있는 크기로 한다.

**51.** PE배관의 매설위치를 지상에서 탐지할 수 있는 로케팅 와이어 전선의 규격(mm²)으로 맞는 것은?
① 3 ② 4
③ 5 ④ 6

**52.** 고압가스 용기의 파열사고 주원인은 용기의 내압력(耐壓力) 부족에 기인한다. 내압력 부족의 원인으로 가장 거리가 먼 것은?
① 용기 내벽의 부식
② 강재의 피로
③ 적정 충전
④ 용접 불량

**53.** 내압시험압력이 25 MPa인 충전용기에 가스를 충전할 때 최고충전압력을 얼마로 해야 하는가?
① 15 MPa ② 20 MPa
③ 30 MPa ④ 40 MPa

**54.** 용기에 의한 액화석유가스 사용시설에서 호스의 길이는 연소기까지 몇 m 이내로 해야 하는가? (단, 용접 또는 용단 작업용 시설이 아닌 경우이다.)
① 2 m ② 3 m
③ 4 m ④ 5 m

**55.** 2개 이상의 탱크를 동일한 차량에 고정하여 운반할 때 충전관에 설치하지 않아도 되는 것은?

① 역류방지밸브 ② 안전밸브
③ 압력계 ④ 긴급탈압밸브

**56.** 맞대기 융착이음을 하는 가스용 폴리에틸렌관의 두께가 20 mm일 때 비드 폭의 최소치는 몇 mm인가?
① 10 ② 13
③ 15 ④ 20

**57.** 도시가스 배관의 밸브박스 설치기준 중 틀린 것은?
① 밸브 등에는 부식방지 도장을 한다.
② 밸브박스 내부에 물이 고여 있지 않도록 유지관리한다.
③ 밸브박스의 내부는 밸브의 조작이 쉽도록 충분한 공간을 확보한다.
④ 밸브박스의 뚜껑이나 문은 충분한 강도를 가지고 임의로 열지 못하도록 개폐하기 어려운 구조로 한다.

**58.** 일반도시가스사업 주정압기에 설치되는 긴급차단장치의 설정압력은?
① 3.2 kPa 이하 ② 3.6 kPa 이하
③ 4.0 kPa 이하 ④ 4.4 kPa 이하

**59.** 도시가스 배관의 손상된 부분을 전체 원주를 덮는 슬리브로 감싸도록 하여 축방향으로는 용접하나, 원주방향으로는 용접을 하지 않는 보수방법을 무엇이라 하는가?
① A형 슬리브 보수
② B형 슬리브 보수
③ 복합재료 보수
④ 육성(적층)용접

**60.** 고정식 압축도시가스자동차 충전시설에

설치하는 긴급분리장치는 수평방향으로 당기는 힘이 얼마일 때 분리되어야 하는가?
① 490.4 N 미만   ② 588.4 N 미만
③ 666.4 N 미만   ④ 768.4 N 미만

③ 검지기 상단은 바닥면 등에서 위쪽으로 0.3 m 이내에 부착한다.
④ 검지기 상단은 바닥면 등에서 위쪽으로 3 m 이내에 부착한다.

## 제 4 과목  가스계측

**61.** 비접촉식 온도계의 특징에 대한 설명 중 옳지 않은 것은?
① 접촉에 의하여 열을 빼앗는 일이 없고, 피측정 물체의 열적 조건을 교란하는 일이 없다.
② 고온의 측정이 가능하고 구조와 내구성 면에서 접촉식 온도계보다 유리하다.
③ 측정부의 온도는 고온의 측정대상과 동일할 필요가 없다.
④ 응답이 느려 이동체의 측정에는 곤란하다.

**62.** 내부의 액체와 그 액면을 외부에서 검사하여 측정하는 방법으로 주로 경질유리를 사용하는 직관식 액면계는 어떤 성질을 이용하는 것인가?
① 고진성   ② 반사성
③ 투과성   ④ 굴절성

**63.** 도시가스로 사용하는 LNG의 누출을 검지하기 위하여 검지기는 어느 위치에 설치하여야 하는가?
① 검지기 하단은 천장면 등의 아래쪽 0.3 m 이내에 부착한다.
② 검지기 하단은 천장면 등의 아래쪽 3 m 이내에 부착한다.

**64.** 액주식 압력계에 사용하는 액체가 갖추어야 할 조건으로 거리가 먼 것은?
① 순수한 액체일 것
② 온도에 대한 액의 밀도변화가 작을 것
③ 액체의 점도가 클 것
④ 유독한 증기를 내지 말 것

**65.** 정확한 계량이 가능하여 다른 가스미터의 기준기로 사용되고, 가스발열량의 측정에도 이용되는 가스미터는 어느 것인가?
① 습식 가스미터
② 터빈식 가스미터
③ 건식 가스미터
④ 델타형 가스미터

**66.** 공기의 유속을 피토관으로 측정하였을 때 차압이 60 mmH$_2$O이었다. 피토관 계수를 1로 하여 유속을 계산하면 몇 m/s인가? (단, 공기의 비중량은 1.20 kgf/m$^3$이다.)
① 28.3   ② 31.3
③ 34.3   ④ 37.3

**67.** 부식성 유체의 측정에 가장 효과적인 것은?
① 벨로스식 압력계
② 다이어프램식 압력계
③ 부르동관식 압력계
④ 경사관식 압력계

**68.** 1 kΩ 저항에 100 V의 전압이 사용되었

을 때 소모된 전력은 몇 W인가?
① 5     ② 10
③ 20    ④ 50

**69.** 편차의 크기에 비례하여 조절요소의 속도가 연속적으로 변하는 동작은?
① 적분동작   ② 비례동작
③ 미분동작   ④ 뱅뱅동작

**70.** 가스 크로마토그래피에서 사용하는 carrier gas에 대한 설명으로 옳은 것은?
① 가격이 저렴하고 경제적인 공기를 사용해도 좋다.
② 캐리어가스로 산소, 질소, 아르곤, 헬륨을 사용한다.
③ 검출기의 종류에 관계없이 구입이 용이한 것을 사용한다.
④ 주입된 시료를 컬럼과 검출기로 이동시켜 주는 운반기체 역할을 한다.

**71.** 3 atm에서 6 L이던 기체를 온도가 일정하게 하고 압력을 9 atm으로 높이면 부피는 몇 L가 되겠는가?
① 18   ② 6
③ 4    ④ 2

**72.** 날개에 부딪히는 유체의 운동량으로 회전체를 회전시켜 운동량과 회전량의 변화로 가스 흐름량을 측정하는 것으로 측정범위가 넓고 압력손실이 적은 가스 유량계는?
① 막식 유량계
② 터빈식 유량계
③ roots 유량계
④ vortex 유량계

**73.** 오르사트(Orsat) 가스분석기에서 $CO_2$를 흡수하는 용액은?
① KOH 용액
② 알칼리성 피로갈롤 용액
③ 황산용액
④ 암모니아성 염화 제1동 용액

**74.** 일반 가정용 막식 가스미터에서 감도유량은 가스미터가 작동하기 시작하는 최소유량으로서 그 값으로 옳은 것은?
① 3 L/h 이하    ② 5 L/h 이하
③ 10 L/h 이하   ④ 15 L/h 이하

**75.** 부르동관 압력계를 용도로 구분할 때 사용하는 기호로 내진(耐震)형에 해당하는 것은?
① M   ② H
③ V   ④ C

**76.** 유체의 압력 및 온도변화에 영향이 적고, 소유량이며 정확한 유량제어가 가능하여 혼합가스 제조 등에 유용한 유량계는?
① roots meter
② 벤투리 유량계
③ 터빈식 유량계
④ mass flow controller

**77.** 50 mL의 시료가스를 $CO_2$, $O_2$, CO 순으로 흡수시켰을 때 이때 남은 부피가 각각 32.5 mL, 24.2 mL, 17.8 mL이었다면 이들 가스의 조성 중 $N_2$의 조성은 몇 %인가? (단, 시료가스는 $CO_2$, $O_2$, CO, $N_2$로 혼합되어 있다.)
① 24.2 %   ② 27.2 %
③ 34.2 %   ④ 35.6 %

**78.** 가스 크로마토그래피의 분석기에서 황화물과 인화합물에 대하여 선택성이 높은 검출기는?
① 열전도도 검출기(TCD)
② 불꽃이온 검출기(FID)
③ 전자포획 검출기(ECD)
④ 염광광도 검출기(FPD)

**79.** roots 가스미터의 장점으로 옳지 않은 것은?
① 설치면적이 작다.
② 중압가스의 계량이 가능하다.
③ 대유량의 가스 측정에 적합하다.
④ 설치 후의 유지관리에 시간을 요하지 않는다.

**80.** 태엽의 힘으로 통풍하는 통풍형 건습구 습도계로서 휴대가 편리하고 필요 풍속이 약 3 m/s인 습도계는?
① 아스만 습도계
② 모발 습도계
③ 간이건습구 습도계
④ Dewcel식 노점계

# CBT 모의고사 5

## 제1과목 연소공학

**1.** 프로판가스에 대한 최소산소농도값(MOC)을 추산하면 얼마인가? (단, $C_3H_8$의 폭발하한치는 2.1 v%이다.)
① 8.5 %  ② 9.5 %
③ 10.5 %  ④ 11.5 %

**2.** 기체의 압력이 높을수록 액체 용매에 잘 용해된다는 것을 설명한 법칙은?
① 아보가드로  ② 게르뤼삭
③ 보일  ④ 헨리

**3.** 다음 중 기상 폭발에 해당되지 않는 것은?
① 혼합가스 폭발  ② 분해 폭발
③ 증기 폭발  ④ 분진 폭발

**4.** 메탄 80 v%, 프로판 5 v%, 에탄 15 v%인 혼합가스의 공기 중 폭발하한계는 약 얼마인가?
① 2.1 %  ② 3.3 %
③ 4.3 %  ④ 5.1 %

**5.** 폭발등급은 안전간격에 따라 구분할 수 있다. 다음 중 안전간격이 가장 넓은 것은?
① 이황화탄소  ② 수성가스
③ 수소  ④ 프로판

**6.** 연소 시 발생하는 분진을 제거하는 장치가 아닌 것은?
① 백 필터  ② 사이클론
③ 스크린  ④ 스크러버

**7.** 다음 ( ) 안에 알맞은 내용은?

> 폭굉이란 ( ⓐ )보다도 ( ⓑ )가[이] 큰 것으로 파면선단의 압력파에 의해 파괴작용을 일으킨다.

① ⓐ 음속, ⓑ 폭발속도
② ⓐ 연소, ⓑ 폭발속도
③ ⓐ 화염온도, ⓑ 충격파
④ ⓐ 폭발속도, ⓑ 음속

**8.** 미분탄 연소의 특징으로 틀린 것은?
① 가스화 속도가 낮다.
② 2상류 상태에서 연소한다.
③ 완전 연소에 시간과 거리가 필요하다.
④ 화염이 연소실 전체에 퍼지지 않는다.

**9.** 가스버너의 연소 중 화염이 꺼지는 현상과 거리가 먼 것은?
① 공기연료비가 정상범위를 벗어났다.
② 연료 공급라인이 불안정하다.
③ 점화에너지가 부족하다.
④ 공기량의 변동이 크다.

**10.** 난류 예혼합화염의 특징에 관한 설명으로 옳은 것은?
① 화염의 배후에 미량의 미연소분이 존재한다.
② 층류 예혼합화염에 비하여 화염의 휘도가 높다.
③ 연소속도는 층류 예혼합화염의 연소속도와 같은 수준이다.

④ 난류 예혼합화염의 구조는 교란 없이 연소되는 분젠 화염 형태이다.

**11.** $CH_4$ 1톤이 완전 연소할 때 필요한 이론 공기량은 약 몇 $Nm^3$인가?
① 13333　　② 23333
③ 33333　　④ 43333

**12.** 프로판가스의 연소 과정에서 발생한 열량은 50232 MJ/kg이었고, 연소 시 발생한 수증기의 잠열이 8372 MJ/kg이면 프로판가스의 저발열량 기준 연소효율은 약 몇 %인가? (단, 연소에 사용된 프로판가스의 저발열량은 46046 MJ/kg이다.)
① 91　　② 93
③ 96　　④ 97

**13.** 다음 중 가연성가스에 해당되는 것이 아닌 것은?
① 산소　　② 부탄
③ 수소　　④ 일산화탄소

**14.** 대기압 760 mmHg하에서 게이지압력이 2 atm이었다면 절대압력은 약 몇 psi인가?
① 22.3　　② 33.2
③ 44.1　　④ 56.1

**15.** 다음 가스폭발 범위에 관한 사항 중 옳은 것은?
① 가스의 온도가 높아지면 폭발범위는 좁아진다.
② 폭발상한과 폭발하한의 차이가 작을수록 위험도는 커진다.
③ 혼합가스의 폭발범위는 그 가스의 폭굉범위보다 좁다.
④ 고온, 고압 상태의 경우에는 가스압이 높아지면 폭발범위는 넓어진다.

**16.** 저발열량이 46 MJ/kg인 연료 1 kg을 완전 연소시켰을 때 연소가스의 평균 정압비열이 1.3 kJ/kg·K이고 연소 가스량은 22 kg이 되었다. 연소 전의 온도가 25℃이었을 때 단열 화염온도는 약 몇 ℃인가?
① 1341　　② 1608
③ 1633　　④ 1728

**17.** 다음 반응식을 가지고 $CH_4$의 생성엔탈피를 구하면 약 몇 kJ인가?

$$C + O_2 \rightarrow CO_2 + 394\ kJ$$
$$H_2 + \frac{1}{2}O_2 \rightarrow H_2O + 241\ kJ$$
$$CH_4 + 2O_2 \rightarrow CO_2 + 2H_2O + 802\ kJ$$

① -66　　② -70
③ -74　　④ -78

**18.** 정상 동작 상태에서 주변의 폭발성 가스 또는 증기에 점화시키지 않고 점화시킬 수 있는 고장이 유발되지 않도록 한 방폭구조는?
① 특수 방폭구조
② 비점화 방폭구조
③ 본질안전 방폭구조
④ 몰드 방폭구조

**19.** 압력 2 atm, 온도 27℃에서 공기 2 kg의 부피는 약 몇 $m^3$인가? (단, 공기의 평균분자량은 29이다.)
① 0.45　　② 0.65
③ 0.75　　④ 0.85

**20.** 발화지연시간(ignition delay time)에 영

향을 주는 요인이 아닌 것은?
① 온도
② 압력
③ 폭발하한값의 크기
④ 가연성가스의 농도

---

## 제 2 과목  가스설비

**21.** 직류전철 등에 의한 누출 전류의 영향을 받는 배관에 적합한 전기방식법은?
① 희생양극법    ② 교호법
③ 배류법        ④ 외부전원법

**22.** 다음의 수치를 이용하여 고압가스용 용접용기의 동판 두께를 계산하면 얼마인가? (단, 아세틸렌 용기 및 액화석유가스 용기는 아니며, 부식여유 두께는 고려하지 않는다.)

- 최고충전압력 : 4.5 MPa
- 동체의 안지름 : 200 mm
- 재료의 허용응력 : 200 N/mm$^2$
- 용접효율 : 1.00

① 1.98 mm      ② 2.28 mm
③ 2.84 mm      ④ 3.45 mm

**23.** 공기액화 분리장치에서 이산화탄소 7.2 kg을 제거하기 위해 필요한 건조제의 양은 약 몇 kg인가?
① 6        ② 9
③ 13       ④ 15

**24.** 다음 중 피복 등 방식처리를 한 배관이 아닌 것은?

① 피복배관
② 도장배관
③ 폴리에틸렌 피복강관
④ 가스용 플렉시블 호스

**25.** 도시가스 공급시설에 설치되는 정압기의 관리 소홀로 인하여 발생할 수 있는 사고 유형이 아닌 것은?
① 가스 누출로 인한 화재, 폭발
② 과열방지장치 작동으로 가스 공급 중단
③ 정압기실 환기 불량에 의한 산소 결핍 사고
④ 2차 압력 상승으로 사용처의 가스레인지 불꽃 불안정

**26.** 가스 압축기에 따른 윤활유로 옳지 않은 것은?
① 수소 – 양질의 광유
② 아세틸렌 – 양질의 광유
③ 이산화황 – 정제된 용제 터빈유
④ 산소 – 디젤 엔진유

**27.** 고압가스 설비의 배관재료로서 내압 부분에 사용해서는 안 되는 재료의 탄소함량의 기준은?
① 0.35 % 이상    ② 0.35 % 미만
③ 0.5 % 이상     ④ 0.5 % 미만

**28.** 강을 열처리하는 주된 목적은?
① 표면에 광택을 내기 위하여
② 사용시간을 연장하기 위하여
③ 기계적 성질을 향상시키기 위하여
④ 표면에 녹이 생기지 않게 하기 위하여

**29.** 내용적 117.5 L의 LP가스 용기에 상온에서 액화 프로판을 최대로 충전하였다. 이 용기 내의 잔여 공간은 약 몇 % 정도인가? (단, 액화 프로판의 비중은 상온에서는 약 0.5이고, 프로판가스 정수는 2.35이다.)
① 5   ② 6   ③ 10   ④ 15

**30.** 액화 사이클의 종류가 아닌 것은?
① 클라우드식 사이클
② 린데식 사이클
③ 필립스식 사이클
④ 오토 사이클

**31.** LP가스의 제법으로 가장 거리가 먼 것은?
① 원유를 정제하여 부산물로 생산
② 석유 정제공정에서 부산물로 생산
③ 석탄을 건류하여 부산물로 생산
④ 나프타 분해공정에서 부산물로 생산

**32.** $LiBr-H_2O$형 흡수식 냉·난방기에 대한 설명으로 옳지 않은 것은?
① 냉매는 LiBr이다.
② 증발기 내부의 압력은 진공상태이다.
③ LiBr은 수증기를 흡수할 때 흡수열이 발생한다.
④ 증발기 내부압력을 5~6 mmHg로 할 경우 물은 약 5℃에서 증발한다.

**33.** 탄소강에 소량씩 함유하고 있는 각종 원소가 미치는 영향을 설명한 것으로 틀린 것은?
① 망간(Mn)은 연신율 감소를 억제한다.
② 규소(Si)는 냉간 가공성을 높인다.
③ 구리(Cu)는 인장강도와 탄성한도를 높인다.
④ 인(P)은 상온에서 충격값을 감소시킨다.

**34.** 내압시험압력 30 MPa(절대압력)의 오토클레이브에 15℃에서 수소를 10 MPa(절대압력)로 충전하였다. 그리고 오토클레이브의 온도를 점차 상승시켰더니 안전밸브에서 수소(g)가 분출하였다. 이때의 온도는 약 몇 ℃가 되겠는가? (단, 수소는 이상기체로 가정하고, 안전밸브의 작동압력은 내압시험압력의 0.8로 한다.)
① 418   ② 547
③ 591   ④ 691

**35.** 액화석유가스 사용시설에 설치되는 조정압력 3.3 kPa 이하인 조정기의 안전장치 작동정지압력의 기준은?
① 7 kPa   ② 5.04~8.4 kPa
③ 5.6~8.4 kPa   ④ 8.4~10 kPa

**36.** 이중각식 구형 저장탱크에 대한 설명으로 틀린 것은?
① 상온 또는 -30℃ 전후까지의 저온의 범위에 적합하다.
② 내구에는 저온 강재, 외구에는 보통 강판을 사용한다.
③ 액체산소, 액체질소, 액화메탄 등의 저장에 사용된다.
④ 단열성이 아주 우수하다.

**37.** 용접결함 중 접합부의 일부분이 녹지 않아 간극이 생긴 현상은?
① 용입불량   ② 융합불량
③ 언더컷   ④ 슬러그

**38.** 단속적인 송출로 인하여 유량이 균일하지 못한 것을 해결하기 위하여 서지탱크(surge tank)를 설치할 필요가 있는 펌프는?

① 기어펌프　② 원심펌프
③ 베인펌프　④ 왕복펌프

**39.** 도시가스 배관에 사용되는 밸브 중 전개 시 유동 저항이 적고 서서히 개폐가 가능하므로 충격을 일으키는 것이 적으나 유체 중 불순물이 있는 경우 밸브에 고이기 쉬우므로 차단능력이 저하될 수 있는 밸브는?
① 볼 밸브　② 플러그 밸브
③ 게이트 밸브　④ 버터플라이 밸브

**40.** LNG 저장탱크에서 상이한 액체 밀도로 인하여 층상화된 액체의 불안정한 상태가 바로잡힐 때 생기는 LNG의 급격한 물질 혼합 현상으로 상당한 양의 증발가스가 발생하는 현상은?
① 롤 오버(roll-over) 현상
② 증발(boil-off) 현상
③ BLEVE 현상
④ 파이어 볼(fire ball) 현상

## 제 3 과목　가스안전관리

**41.** 고압가스 제조시설에서 2개 이상의 저장탱크에 설치하는 집합 방류둑에 저장탱크마다 칸막이를 설치할 때 칸막이의 높이는 방류둑보다 최소 몇 cm 이상 낮게 하는가?
① 5　② 10　③ 30　④ 50

**42.** 고압가스를 압축하는 경우 가스를 압축하여서는 안 되는 기준으로 옳은 것은?
① 가연성가스 중 산소의 용량이 전체 용량의 10 % 이상의 것
② 산소 중의 가연성가스 용량이 전체 용량의 10 % 이상의 것
③ 아세틸렌, 에틸렌 또는 수소 중의 산소 용량이 전체 용량의 2 % 이상의 것
④ 산소 중의 아세틸렌, 에틸렌 또는 수소의 용량 합계가 전체 용량의 4 % 이상의 것

**43.** 차량에 고정된 탱크의 설계기준으로 틀린 것은?
① 탱크의 길이이음 및 원주이음은 맞대기 양면 용접으로 한다.
② 용접하는 부분의 탄소강은 탄소함유량이 1.0 % 미만이어야 한다.
③ 탱크에는 지름 375 mm 이상의 원형 맨홀 또는 긴 지름 375 mm 이상, 짧은 지름 275 mm 이상의 타원형 맨홀 1개 이상 설치한다.
④ 초저온 탱크의 원주이음에 있어서 맞대기 양면 용접이 곤란한 경우에는 맞대기 한 면 용접을 할 수 있다.

**44.** 압축기 정지 시 주의사항 중 틀린 것은?
① 냉각수 밸브를 잠근다.
② 드레인 밸브를 잠근다.
③ 전동기 스위치를 열어 둔다.
④ 각 단의 압력을 0으로 하여 놓고 정지시킨다.

**45.** 도시가스 사업법상 배관 구분 시 사용되지 않는 것은?
① 본관　② 사용자 공급관
③ 가정관　④ 공급관

**46.** 가연성 및 독성가스의 용기 도색 후 그 표기 방법이 틀린 것은?

① 가연성가스는 빨간색 테두리에 검정색 불꽃 모양이다.
② 독성가스는 빨간색 테두리에 검정색 해골 모양이다.
③ 내용적 2 L 미만의 용기는 그 제조자가 정한 바에 의한다.
④ 액화석유가스 용기 중 프로판가스를 충전하는 용기는 프로판가스임을 표시하여야 한다.

**47.** 고압가스용 이음매 없는 용기 재검사 기준에서 정한 용기의 상태에 따른 등급분류 중 3급에 해당하는 것은?
① 깊이가 0.1 mm 미만이라고 판단되는 홈
② 깊이가 0.3 mm 미만이라고 판단되는 홈
③ 깊이가 0.5 mm 미만이라고 판단되는 홈
④ 깊이가 1 mm 미만이라고 판단되는 홈

**48.** 용기에 의한 액화석유가스 사용시설에서 옥외에 용기 보관실을 설치한 후 사용하는 곳의 저장능력은 얼마인가?
① 저장능력 500 kg 초과
② 저장능력 300 kg 초과
③ 저장능력 250 kg 초과
④ 저장능력 100 kg 초과

**49.** 충전용기 등을 차량에 적재하여 운행 시에는 현저하게 우회하는 도로와 번화가 및 사람이 붐비는 장소를 피하도록 하고 있는데, "번화가"에 대하여 옳게 설명한 것은?
① 차량의 너비에 2.5 m를 더한 너비 이하인 통로 주위
② 차량의 길이에 3.5 m를 더한 너비 이하인 통로 주위
③ 차량의 너비에 3.5 m를 더한 너비 이하인 통로 주위
④ 차량의 길이에 3 m를 더한 너비 이하인 통로 주위

**50.** 액화석유가스에 주입하는 부취제(냄새나는 물질)의 측정 방법으로 볼 수 없는 것은?
① 오더(odor)미터법
② 주사기법
③ 무취실법
④ 시험가스 주입법

**51.** 고압가스 특정제조시설에서 안전구역의 면적의 기준은?
① 1만 $m^2$ 이하
② 2만 $m^2$ 이하
③ 3만 $m^2$ 이하
④ 5만 $m^2$ 이하

**52.** 도시가스 배관을 지하에 매설하는 때에 되메움 작업을 하는 재료 중 "침상재료"를 옳게 설명한 것은?
① 배관 침하를 방지하기 위해 배관 하부에 포설하는 재료
② 배관 기초에서부터 노면까지 포설하는 배관 주위 모든 재료
③ 배관에 작용하는 하중을 분산시켜 주고 도로의 침하를 방지하기 위해 포설하는 재료
④ 배관에 작용하는 하중을 수직방향 및 횡방향에서 지지하고 하중을 기초 아래로 분산하기 위한 재료

**53.** 고압가스 충전용기의 운반기준으로 틀린 것은?
① 밸브가 돌출한 충전용기는 캡을 부착시켜 운반한다.
② 원칙적으로 이륜차에 적재하여 운반이

가능하다.
③ 충전용기와 위험물안전관리법에서 정하는 위험물과는 동일차량에 적재, 운반하지 않는다.
④ 차량의 적재함을 초과하여 적재하지 않는다.

**54.** LPG 압력조정기를 제조하고자 하는 자가 갖추어야 할 검사설비가 아닌 것은?
① 치수측정설비
② 주조 및 다이캐스팅 설비
③ 내압시험설비
④ 기밀시험설비

**55.** 도시가스 전기방식시설의 유지관리에 관한 설명 중 잘못된 것은?
① 관대지전위(管對地電位)는 1년에 1회 이상 점검한다.
② 외부 전원법의 정류기 출력은 3개월에 1회 이상 점검한다.
③ 배류법의 배류기 출력은 3개월에 1회 이상 점검한다.
④ 질연부속품, 억 전류장치 등의 효과는 1년에 1회 이상 점검한다.

**56.** 이음매 없는 용기를 제조할 때 재료시험에 속하지 않는 것은?
① 인장시험  ② 충격시험
③ 압궤시험  ④ 내압시험

**57.** 지상에 설치하는 액화석유가스의 저장탱크 안전밸브에 가스방출관을 설치하고자 한다. 저장탱크의 정상부가 지면에서 8 m일 경우 방출구의 높이는 지면에서 몇 m 이상이어야 하는가?

① 8   ② 10
③ 12  ④ 14

**58.** 도시가스용 압력조정기를 출구압력에 따라 구분할 경우의 기준으로 틀린 것은?
① 고압 : 1 MPa 이상
② 중압 : 0.1~1 MPa 미만
③ 준저압 : 4~100 kPa 미만
④ 저압 : 1~4 kPa 미만

**59.** 주거용 가스보일러 설치기준에 따라 반드시 내열실리콘으로 마감조치를 하여 기밀이 유지되도록 하여야 하는 부분은?
① 급기통과 급기통의 접속부
② 급기통과 연통의 접속부
③ 가스보일러와 급기통의 접속부
④ 연통과 가스보일러의 접속부

**60.** 아세틸렌을 용기에 충전할 때 다공물질 다공도의 범위로 옳은 것은?
① 72 % 이상 92 % 미만
② 72 % 이상 95 % 미만
③ 75 % 이상 92 % 미만
④ 75 % 이상 95 % 미만

## 제 4 과목　가스계측

**61.** 가스 크로마토그래피 분석계에서 가장 널리 사용되는 고체 지지체 물질은?
① 규조토        ② 활성탄
③ 활성알루미나   ④ 실리카겔

**62.** 산소의 품질검사에 사용되는 시약은?

① 네슬러 시약
② 동·암모니아
③ 요오드칼륨
④ 하이드로설파이드

**63.** 산소를 분석하는 방법이 아닌 것은?
① 차아황산소다 용액에 의한 흡수법
② 수산화나트륨 수용액에 의한 흡수법
③ 알칼리성 피로갈롤 용액에 의한 흡수법
④ 탄산동의 암모니아성 용액에 의한 흡수법

**64.** 기계식 압력계가 아닌 것은?
① 환상식 압력계
② 경사관식 압력계
③ 피스톤식 압력계
④ 자기변형식 압력계

**65.** 가스 크로마토그래피에 대한 설명으로 틀린 것은?
① 다른 분석기기에 비하여 감도가 뛰어나다.
② 액체 크로마토그래피보다 분석 속도가 빠르다.
③ 컬럼에 사용되는 액체 정지상은 휘발성이 높아야 한다.
④ 운반기체로서 화학적으로 비활성인 헬륨을 주로 사용한다.

**66.** 계량기의 검정기준에서 정하는 가스미터의 사용공차의 범위는? (단, 최대유량이 1000 m³/h 이하이다.)
① 최대허용오차의 1배의 값으로 한다.
② 최대허용오차의 1.2배의 값으로 한다.
③ 최대허용오차의 1.5배의 값으로 한다.
④ 최대허용오차의 2배의 값으로 한다.

**67.** 50 L 물이 들어있는 욕조에 온수기를 사용하여 온수를 넣은 결과 17분 후에 욕조의 온도가 42℃, 온수량 150 L가 되었다. 이때 온수기로부터 물에 주는 열량은 몇 kcal인가? (단, 가스 발열량은 5000 kcal/m³, 물의 비열은 1 kcal/kg·℃, 수도 및 욕조의 최초 온도는 5℃로 한다.)
① 5550   ② 7083
③ 5000   ④ 3700

**68.** 대유량 가스 측정에 적합한 가스미터는?
① 막식 가스미터
② 습식 가스미터
③ 스프링식 가스미터
④ 루트(roots)식 가스미터

**69.** 가스계량기에 관한 설명으로 틀린 것은?
① 가스미터 입구에는 드레인 밸브를 부착한다.
② 화기와 1 m 이상의 우회거리를 가진 곳에 설치한다.
③ 소형 가스미터의 경우 최대 가스사용량이 가스미터 용량의 60 %가 되도록 선정한다.
④ 설치높이는 바닥으로부터 계량기 지시장치의 중심까지 1.6 m 이상 2.0 m 이내에 수직·수평으로 설치한다.

**70.** 시정수가 20초인 1차 지연형 계측기가 스텝응답의 최대 출력의 80 %에 이르는 시간은?
① 12초   ② 18초
③ 25초   ④ 32초

**71.** 반도체 측온저항체의 일종으로 니켈, 코

발트, 망간 등 금속산화물을 소결시켜 만든 것으로 온도계수가 부(-)특성을 지닌 것은?
① 서미스터 측온체
② 백금 측온체
③ 니켈 측온체
④ 동 측온체

**72.** 차압식 유량계에 있어서 조리개 전후의 압력차가 처음보다 2배만큼 커졌을 때 유량은 어떻게 변하는가? (단, 다른 조건은 모두 같으며, $Q_1$, $Q_2$는 각각 처음과 나중의 유량을 나타낸다.)
① $Q_2 = \sqrt{2} Q_1$
② $Q_2 = Q_1$
③ $Q_2 = 4 Q_1$
④ $Q_2 = 2 Q_1$

**73.** 가스분석에서 흡수분석법에 해당하는 것은?
① 적정법
② 중량법
③ 흡광광도법
④ 헴펠법

**74.** 그림과 같은 조작량의 변화는 어떤 동작인가?

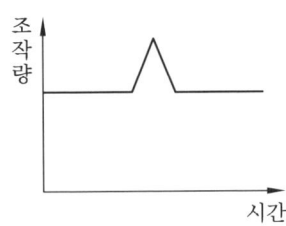

① I 동작
② PD 동작
③ D 동작
④ PI 동작

**75.** 유량계가 나타내는 유량이 98 m³이고 기준계기(가스미터)가 지시하는 양이 100 m³일 때 기차는 약 몇 %인가?
① -0.02
② -0.2
③ -2
④ -2.04

**76.** 설정값에 대해 얼마의 차이(off-set)를 갖는 출력으로 제어되는 방식은?
① 비례 적분 동작
② 비례 미분 동작
③ 비례 적분 미분 동작
④ 비례 동작

**77.** 계측기기의 측정 방법이 아닌 것은?
① 편위법
② 영위법
③ 대칭법
④ 보상법

**78.** 용적식 유량계에 해당하는 것은?
① 오리피스식
② 격막식
③ 벤투리관식
④ 피토관식

**79.** 염화팔라듐지로 일산화탄소의 누출 유무를 확인할 경우 누출이 되었다면 이 시험지는 무슨 색으로 변하는가?
① 검은색
② 청색
③ 적색
④ 오렌지색

**80.** 다음 중 비중의 단위를 차원으로 표시한 것은?
① $ML^{-3}$
② $ML^{-3}T^2$
③ $ML^{-1}T^{-2}$
④ 무차원

## 제 1 과목  연소공학

**1.** 고체가 액체로 되었다가 기체로 되어 불꽃을 내면서 연소하는 경우를 무슨 연소라 하는가?
① 확산연소  ② 자기연소
③ 표면연소  ④ 증발연소

**2.** 다음 중 연료의 총발열량(고발열량) $H_h$를 구하는 식으로 옳은 것은? (단, $H_L$는 저위발열량, $W$는 수분(%), $H$는 수소 원소(%)이다.)
① $H_h = H_L - 600(9H - W)$
② $H_h = H_L - 600(9H + W)$
③ $H_h = H_L + 600(9H + W)$
④ $H_h = H_L + 600(9H - W)$

**3.** 다음 중 연소속도에 영향을 미치지 않는 것은?
① 관의 단면적  ② 내염 표면적
③ 염의 높이  ④ 관의 염경

**4.** BLEVE(Boiling Expanding Vapour Explosion)현상에 대한 설명으로 옳은 것은?
① 물이 점성이 뜨거운 기름 표면 아래서 끓을 때 연소를 동반하지 않고 오버플로(overflow) 되는 현상이다.
② 물이 연소유(oil)의 뜨거운 표면에 들어갈 때 발생되는 오버플로(overflow) 현상이다.
③ 탱크 바닥에 물과 기름의 에멀션이 섞여 있을 때 기름의 비등으로 인하여 급격하게 오버플로(overflow) 되는 현상이다.
④ 과열상태의 탱크에서 내부의 액화가스가 분출, 기화되어 착화되었을 때 폭발적으로 증발하는 현상이다.

**5.** 액체연료의 연소형태 중 램프 등과 같이 연료를 심지로 빨아올려 심지의 표면에서 연소시키는 것은?
① 액면연소  ② 증발연소
③ 분무연소  ④ 등심연소

**6.** LPG에 대한 설명으로 옳은 것은?
① 공기보다 가볍다.
② 상온에서는 액화시킬 수 없다.
③ 완전연소하면 탄산가스만 생성된다.
④ 1몰의 LPG를 완전연소하는 데 5몰의 산소가 필요하다.

**7.** 공기비($m$)에 대하여 가장 바르게 설명한 것은?
① 실제공기량에서 이론공기량을 뺀 것
② 완전연소에서 계산상 필요한 공기량
③ 실제공기량을 이론공기량으로 나눈 것
④ 이론공기량에 대한 과잉공기량을 백분율(%)로 나타낸 것

**8.** 오토사이클에서 압축비($\epsilon$)가 10일 때 열효율은 약 몇 %인가? (단, 비열비($k$)는 1.4이다.)
① 58.2  ② 59.2
③ 60.2  ④ 61.2

**9.** 층류 연소속도 측정법 중 단위화염 면적당 단위시간에 소비되는 미연소 혼합기체의 체적을 연소속도로 정의하여 결정하며, 오차가 크지만 연소속도가 큰 혼합기체에 편리하게 이용되는 측정 방법은?

① 슬롯(slot) 버너법
② 분젠(bunsen) 버너법
③ 평면 화염 버너법
④ 비눗방울(soap bubble)법

**10.** 메탄올(g), 물(g) 및 이산화탄소(g)의 생성열은 각각 50 kcal, 60 kcal 및 95 kcal일 때 메탄올의 완전연소 발열량은 약 몇 kcal인가?

① 120   ② 145
③ 165   ④ 180

**11.** 파라핀계 탄화수소에서 탄소수 증가에 따른 일반적인 성질 변화에 대한 설명으로 틀린 것은?

① 연소속도는 느려진다.
② 발화온도는 낮아진다.
③ 폭발하한계는 높아진다.
④ 발열량($kcal/m^3$)은 커진다.

**12.** 다음 중 분해에 의하여 가스폭발이 일어나는 것은?

① 프로판가스의 점화 폭발
② 용기의 불량 및 과다한 압력
③ 110℃ 이상의 아세틸렌가스 폭발
④ 수소와 염소가스의 혼합물에 직사일광

**13.** 프로판($C_3H_8$)가스 1 $Sm^3$를 완전 연소시켰을 때의 건조 연소가스량은 약 몇 $Sm^3$인가? (단, 공기 중 산소의 농도는 21 vol%이다.)

① 19.8   ② 21.8
③ 23.8   ④ 25.8

**14.** 연소속도 등에 대한 설명으로 옳지 않은 것은?

① 화염속도는 화염면이 진행하는 속도를 말한다.
② 어떤 물질의 화염속도는 그 물질의 고유상수이다.
③ 화염속도는 연소속도에 미연소가스의 전방 이동속도를 합한 것이다.
④ 연소속도는 미연소가스가 화염면에 직각으로 들어오는 속도를 말한다.

**15.** 폭굉(detonation)에 대한 설명으로 옳은 것은?

① 폭굉범위는 폭발(연소)범위보다 넓다.
② 폭속은 정상 연소속도의 10배 정도이다.
③ 폭굉의 상한계값는 폭발(연소)의 상한계 값보다 작다.
④ 가스 중의 연소 전파속도가 음속 이하로서, 파면선단에 충격파가 발생한다.

**16.** 프로판 1몰을 완전연소시키기 위하여 공기 870 g을 불어 넣어 주었을 때 과잉공기는 약 몇 %인가? (단, 공기의 평균분자량은 29이며, 공기 중 산소는 21 vol%이다.)

① 9.8   ② 17.6
③ 26.0   ④ 58.6

**17.** 가연물의 연소형태를 나타낸 것 중 옳은 것은?

① 휘발유 – 확산연소
② 알루미늄 박 – 분해연소
③ 경유 – 증발연소
④ 목재 – 표면연소

**18.** 메탄 80 vol%와 아세틸렌 20 vol%로 혼합된 혼합가스의 공기 중 폭발하한계는 약 얼마인가? (단, 메탄과 아세틸렌의 폭발하한계는 5.0 %와 2.5 %이다.)
① 3.4 %  ② 4.2 %
③ 5.6 %  ④ 6.2 %

**19.** 폭발범위에 대한 설명으로 옳은 것은?
① 점화원에 의해 폭발을 일으킬 수 있는 혼합가스 중의 지연성가스의 부피 %
② 점화원에 의해 폭발을 일으킬 수 있는 혼합가스 중의 가연성가스의 부피 %
③ 점화원에 의해 폭발을 일으킬 수 있는 혼합가스 중의 지연성가스의 중량 %
④ 점화원에 의해 폭발을 일으킬 수 있는 혼합가스 중의 가연성가스의 중량 %

**20.** 위험성 평가기법 중 공정에 존재하는 위험요소들과 공정의 효율을 떨어뜨릴 수 있는 운전상의 문제점을 찾아내어 그 원인을 제거하는 정성(定性)적인 안전성 평가기법은?
① What-if  ② HEA
③ HAZOP   ④ FMECA

## 제 2 과목  가스설비

**21.** 도시가스 원료의 접촉분해공정에서 반응압력에 따른 가스 조성과의 관계가 옳은 것은?
① 압력이 상승하면 $H_2$, CO 증가
② 압력이 상승하면 $CH_4$, $CO_2$ 감소
③ 압력이 하강하면 $H_2$, CO 감소
④ 압력이 하강하면 $CH_4$, $CO_2$ 감소

**22.** 압축기 실린더 내부 윤활유에 대한 설명으로 틀린 것은?
① 산소 압축기에는 기계유를 사용한다.
② 공기 압축기에는 광유(鑛油)를 사용한다.
③ 염소 압축기에는 진한 황산을 사용한다.
④ 아세틸렌 압축기에는 양질의 광유(鑛油)를 사용한다.

**23.** 저온장치에 사용되는 진공 단열법이 아닌 것은?
① 단층·저진공단열법
② 분말진공 단열법
③ 다층진공 단열법
④ 고진공 단열법

**24.** 지하에 매설된 도시가스 배관에 Mg와 같은 금속을 배관과 전기적으로 연결하여 방식하는 방법은?
① 희생양극법  ② 외부전원법
③ 선택배류법  ④ 강제배류법

**25.** 케이싱 내에 모인 임펠러가 회전하면서 기체가 원심력 작용에 의해 임펠러의 중심부에서 흡입되어 외부로 토출하는 구조의 압축기는?
① 회전식 압축기  ② 축류식 압축기
③ 왕복식 압축기  ④ 원심식 압축기

**26.** -5℃에서 열을 흡수하여 35℃에 방열하는 역카르노 사이클에 의해 작동하는 냉동기의 성능계수는 약 얼마인가?
① 0.125  ② 0.15
③ 6.7    ④ 7.7

**27.** 다음 중 수소 저장합금에 대한 설명으로 틀린 것은?

① 수소의 중량당 에너지 밀도가 높아 에너지 저장법으로 매우 유용하다.
② 금속수소화물의 형태로 수소를 흡수하지만 방출은 하지 않는 특성을 이용한 합금이다.
③ LaNi$_5$계는 란탄의 가격이 높고 밀도가 큰 것이 단점이지만 수소저장과 방출 특성이 우수하다.
④ TiFe는 가격이 낮지만 수소와의 초기반응속도가 늦어서 반응시키기 전에 진공속에서 여러 시간 가열이 필요하다.

**28.** 밸브 스핀들부 중 그랜드 너트가 없는 밸브의 구성이 아닌 것은?

① O링   ② 스템
③ 스핀들   ④ 백

**29.** 지름이 150 mm, 행정 100 mm, 회전수 800 rpm, 체적효율 85 %인 4기통 압축기의 피스톤 압출량은 약 몇 m$^3$/h인가?

① 10.2   ② 102
③ 28.8   ④ 288

**30.** 직경 50 mm의 강재로 된 둥근 막대가 8000 kgf의 인장하중을 받을 때의 응력은 약 몇 kgf/mm$^2$인가?

① 2   ② 4
③ 6   ④ 8

**31.** 압연재나 단조재에서 비금속 개재물이 원인이 되어 두 층 이상으로 벗겨지기 쉬운 결함을 무엇이라 하는가?

① 라미네이션(lamination)
② 핫티어(hot tear)
③ 공식(pitting)
④ 편석(segregation)

**32.** 상온의 질소가스는 압력을 상승시키면 가스점도가 어떻게 변화하는가? (단, 다른 조건은 동일하다고 본다.)

① 감소한다.   ② 변하지 않는다.
③ 낮게 된다.   ④ 높아진다.

**33.** 긴급차단장치의 부분 중 용접구조용 압연 강재를 사용할 수 없는 기준으로 옳은 것은?

① 설계압력이 1 MPa를 초과하는 긴급차단장치
② 설계압력이 2 MPa를 초과하는 긴급차단장치
③ 설계압력이 3 MPa를 초과하는 긴급차단장치
④ 설계압력이 4 MPa를 초과하는 긴급차단장치

**34.** 탄소강 그대로는 강의 조직이 약하므로 가공이 필요하다. 다음 설명 중 틀린 것은?

① 냉간가공은 상온에서 가공하는 것이다.
② 열간가공은 고온도로 가공하는 것이다.
③ 냉간가공하면 인장강도, 신장, 교축, 충격치가 증가한다.
④ 금속을 가공하는 도중 결정 내 변형이 생겨 경도가 증가하는 것을 가공경화라 한다.

**35.** 내진등급의 분류기준으로 틀린 것은?

① 영향도 등급은 A, B, C로 분류한다.
② 중요도 등급은 특등급, 1등급, 2등급

으로 분류한다.
③ 관리등급은 핵심시설, 중요시설, 일반시설로 분류한다.
④ 내진등급은 내진 특A등급, 내진 특등급, 내진 Ⅰ등급, 내진 Ⅱ등급으로 분류한다.

**36.** 증기압축식 냉동기에서 고온, 고압의 액체 냉매를 교축작용에 의해 증발을 일으킬 수 있는 압력까지 감압시켜 주는 역할을 하는 기기는?
① 압축기　　② 팽창밸브
③ 증발기　　④ 응축기

**37.** 조정압력이 3.3 kPa 이하이고, 노즐 지름이 3.2 mm 이하인 LPG용 압력조정기의 안전장치 분출용량은?
① 100 L/h 이상　② 140 L/h 이상
③ 240 L/h 이상　④ 300 L/h 이상

**38.** 흡수식 냉동기의 기본 사이클에 해당하지 않는 것은?
① 응축　　② 증발
③ 압축　　④ 흡수

**39.** 언로딩(unloading)형으로 정특성은 극히 좋으나, 안정성이 부족한 정압기의 형식은?
① KRF식　　② Axial flow식
③ Fisher식　　④ Reynolds식

**40.** 고압가스용 냉동기 제조 시 사용하는 탄소강 강재의 허용전단응력 값은 설계온도에서 허용인장응력값의 몇 %로 하여야 하는가?
① 설계온도에서 허용인장응력값의 80%
② 설계온도에서 허용인장응력값의 85%
③ 설계온도에서 허용인장응력값의 90%
④ 설계온도에서 허용인장응력값 이하

## 제 3 과목　가스안전관리

**41.** 액화석유가스 자동차용 충전시설의 충전호스의 설치기준으로 옳은 것은?
① 충전호스의 길이는 3 m 이내로 한다.
② 충전호스에 부착하는 가스주입기는 원터치형으로 한다.
③ 충전기와 가스주입기는 일체형으로 하여 분리되지 않도록 한다.
④ 충전호스에 과도한 인장력이 가하여도 호스와 충전기는 안전하여야 한다.

**42.** 고정식 압축도시가스 자동차 충전시설에서 저장탱크 침하방지조치 대상으로 적합한 것은?
① 저장능력이 압축가스는 1000 m³ 이상, 액화가스는 10톤 이상인 저장탱크
② 저장능력이 압축가스는 500 m³ 이상, 액화가스는 5톤 이상인 저장탱크
③ 저장능력이 압축가스는 100 m³ 이상, 액화가스는 1톤 이상인 저장탱크
④ 저장능력이 압축가스는 300 m³ 이상, 액화가스는 3톤 이상인 저장탱크

**43.** 다음 독성가스 중 공기보다 가벼운 가스는 어느 것인가?
① 염소
② 산화에틸렌
③ 황화수소
④ 암모니아

**44.** 가연성가스의 폭발등급 및 이에 대응하는 내압방폭구조 폭발등급의 분류기준이 되는 것은?
① 최대안전틈새 범위
② 발화온도
③ 최소점화전류비 범위
④ 폭발범위

**45.** 고압가스 특정제조시설에서 처리능력이 30톤인 암모니아의 처리설비와 제2종 보호시설과의 안전거리 기준은? (단, 제2종 보호시설은 사업소 및 전용공업지역 안에 있는 보호시설이 아니다.)
① 18 m      ② 16 m
③ 14 m      ④ 12 m

**46.** 가스보일러의 물탱크의 수위를 다이어프램에 의해 압력변화로 검출하여 전기접점에 의해 가스회로를 차단하는 안전장치는?
① 헛불방지장치      ② 동결방지장치
③ 소화안전장치      ④ 과열방지장치

**47.** 방폭전기기기 중 압력방폭구조를 나타내는 기호는?
① s      ② d
③ p      ④ ia

**48.** 독성가스 충전용기를 운반하는 차량에 용기 승하차용 리프트와 밀폐된 구조의 적재함이 부착된 전용차량으로 하는 허용농도는 얼마인가?
① 300 ppm 이하
② 200 ppm 이하
③ 100 ppm 이하
④ 1 ppm 이하

**49.** 충전용기에 아세틸렌을 충전하는 방법 중 가장 적합한 것은?
① 질소 및 탄산가스로 치환한 후 디메틸포름아미드에 용해하여 충전한다.
② 미리 용기에 다공물질을 넣고 아황산가스 등의 안정제를 첨가한 후 아세틸렌을 용해하여 충전한다.
③ 미리 용기에 아세톤 등을 넣어 용기 내부의 유지류 등을 제거한 후 아세틸렌을 용해하여 충전한다.
④ 미리 용기에 다공물질을 넣고 아세톤을 침윤시킨 후 아세틸렌을 용해하여 충전한다.

**50.** 특정설비 중 차량에 고정된 탱크에 대한 설명으로 틀린 것은?
① 스테인리스강의 허용응력의 수치는 인장강도의 $\frac{1}{3.5}$로 한다.
② 탱크의 재료는 압력용기용 강판, 저온 압력용기용 탄소강판 등으로 한다.
③ 탱크에 타원형 맨홀을 1개 이상 설치할 때에는 긴 지름 375 mm 이상, 짧은 지름 275 mm 이상으로 한다.
④ 동체의 안지름은 동체 축에 수직한 동일면에서의 최대 안지름과 최소 안지름의 차는 어떤 단면에 대한 기준 안지름의 2%를 초과하지 아니하도록 한다.

**51.** 로딩암을 고압가스 충전시설에 설치하는 것에 대한 설명으로 틀린 것은?
① 로딩암은 배관부와 구동부로 구성한다.
② 가연성 가스를 이입·이송하는 로딩암은 단독으로 접지한다.
③ 로딩암에 연결하는 항만 측의 배관부에는 긴급차단장치를 1개 이상 설치한다.

④ 이입·이송 작업 중 눈에 띄는 곳에 경계표지를 설치하고 그 크기는 10 cm×60 cm 이상으로 한다.

**52.** 액화석유가스 일반 집단공급시설의 입상관에 설치하는 신축흡수 조치방법의 기준으로 틀린 것은?
① 분기관에는 90° 엘보 1개 이상을 포함하는 굴곡부를 설치한다.
② 건축물에 노출하여 설치하는 배관의 분기관 길이는 50 cm 이상으로 한다.
③ 외벽 관통 시 사용하는 보호관의 내경은 분기관 외경의 1.2배 이상으로 한다.
④ 횡지관의 길이가 50 m 이하인 경우에는 신축흡수조치를 하지 아니할 수 있다.

**53.** 브롬화수소에 대한 설명으로 가장 거리가 먼 것은?
① 가연성가스이다.
② 공기보다 무겁다.
③ 수용액은 강산이다.
④ 금속과 반응하여 가연성가스를 생성한다.

**54.** 내용적 50 L의 LPG 용기에 프로판을 충전할 때 최대 충전량은 몇 kg인가? (단, 프로판의 충전상수는 2.35이다.)
① 19.15      ② 21.28
③ 32.62      ④ 117.5

**55.** 차량에 고정된 탱크의 운행 중 조치사항에 대한 설명으로 틀린 것은?
① 저장탱크에 이입 또는 송출하는 때를 제외하고 제1종 보호시설에서 15 m 이상 떨어지도록 한다.
② 화기를 사용하는 수리는 가스를 완전히 빼고 질소나 불활성가스 등으로 치환한 후 작업을 한다.
③ 고압가스를 운반하는 자는 운행 장소 소속 경찰서 및 소방서가 지정하는 도로·시간·속도에 따라 운행한다.
④ 저장탱크에 이입 또는 송출하는 때를 제외하고 제2종 보호시설이 밀집되어 있는 지역과 육교 및 고가차도 등의 아래 또는 부근을 피한다.

**56.** 냉동용 특정설비의 제조에서 고장력강을 사용하는 특정설비는 용접부 내면의 보강 덧붙임을 깎아내도록 되어 있다. 이때 고장력강이란 탄소강으로서 규격 최소인장강도($N/mm^2$)의 기준은?
① 412.4      ② 488.4
③ 516.3      ④ 568.4

**57.** 가스용 이형질이음관의 내압 및 내인장 성능 기준으로 옳은 것은?
① 23±2℃의 온도에서 이음관을 100±10 mm/min 속도로 당겼을 때 접합 부위에서 파단이 일어나지 않아야 한다.
② 23±2℃의 온도에서 이음관을 50±5 mm/min 속도로 당겼을 때 접합 부위에서 파단이 일어나지 않아야 한다.
③ 23±2℃의 온도에서 이음관의 내부에 물을 채우고 6.4 MPa까지의 압력을 가하였을 때 파열과 이탈이 없는 것으로 한다.
④ 23±2℃의 온도에서 이음관의 내부에 물을 채우고 4.4 MPa까지의 압력을 가하였을 때 파열과 이탈이 없는 것으로 한다.

**58.** 다음 액화가스 저장탱크 중 방류둑을 설치하여야 하는 것은?
① 저장능력이 5톤인 염소 저장탱크
② 저장능력이 8백톤인 산소 저장탱크
③ 저장능력이 5백톤인 수소 저장탱크
④ 저장능력이 9백톤인 프로판 저장탱크

**59.** 독성가스가 누출되었을 경우 이에 대한 제독조치로서 적당하지 않은 것은?
① 흡착제에 의하여 흡착 제거하는 조치
② 벤트스택을 통하여 공기 중에 방출시키는 조치
③ 물 또는 흡수제에 의하여 흡수 또는 중화하는 조치
④ 집액구 등으로 고인 액화가스를 펌프 등의 이송설비로 반송하는 조치

**60.** 고압가스 특정제조 허가 대상의 기준이 아닌 것은?
① 석유정제업자의 석유정제시설로서 저장능력이 100톤 이상
② 철강공업자의 철강공업시설로서 처리능력 10만 $m^3$ 이상
③ 비료생산업자의 비료제조시설로서 처리능력 10만 $m^3$ 이상
④ 석유화학공업자의 석유화학공업시설로서 처리능력 10만 $m^3$ 이상

## 제 4 과목  가스계측

**61.** 가스크로마토그래피는 시료 고유의 어떤 성질을 이용한 분석기인가?
① 점성   ② 비열
③ 반응속도   ④ 확산속도

**62.** 열전대 온도계에 적용되는 원리(효과, 법칙)로 옳은 것은?
① 제베크 효과
② 스테판–볼츠만 법칙
③ 톰슨 효과
④ 패러데이 법칙

**63.** SI단위계의 기본단위가 아닌 것은?
① 힘(N)   ② 전류(A)
③ 광도(cd)   ④ 시간(s)

**64.** 전기저항 온도계에서 측온 저항체의 공칭 저항치라고 하는 것은 몇 ℃의 온도일 때 저항소자의 저항을 의미하는가?
① −273℃   ② 0℃
③ 5℃   ④ 21℃

**65.** 대기압 750 mmHg에서 게이지압력이 325 kPa이다. 이때 절대압력은 약 몇 kPa인가?
① 223   ② 327
③ 425   ④ 501

**66.** 다음 시료가스 중에서 적외선 분광법으로 측정할 수 있는 것은?
① $O_2$   ② $SO_2$
③ $N_2$   ④ $Cl_2$

**67.** 다음 [보기] 중 압력계에 대한 설명으로 옳은 것은?

─ 〈보 기〉 ─
㉠ 압전기식 압력계는 망간선이 사용된다.
㉡ U자관식 압력계는 저압의 차압 측정에 적합하다.
㉢ 부르동관식 압력계는 중추형 압력계의 검정에 사용된다.

① ㉠  ② ㉡
③ ㉢  ④ ㉠, ㉡, ㉢

**68.** 어떤 분리관에서 얻은 벤젠의 기체 크로마토그램을 분석하였더니 시료 도입점으로부터 피크 최고점까지의 길이가 85.4 mm, 봉우리 폭이 9.6 mm일 때 이론단수는 얼마인가?

① 835단  ② 935단
③ 1046단  ④ 1266단

**69.** 유량의 계측 단위가 아닌 것은?

① kg/h  ② kg/s
③ $Nm^3/s$  ④ $kg/m^3$

**70.** 가스미터의 필요조건으로 적당하지 않은 것은?

① 수리하기 쉬울 것
② 정확하게 계량될 것
③ 소형이며 용량이 클 것
④ 감도는 적으나 정밀성이 클 것

**71.** 시험용 미터인 루트 가스미터로 측정한 유량이 $5\,m^3/h$이다. 기준용 가스미터로 측정한 유량이 $4.75\,m^3/h$라면 이 가스미터의 기차는 약 몇 %인가?

① 2.5 %  ② 3 %
③ 5 %  ④ 10 %

**72.** 보일러에 점화를 행하려고 할 때 적용되는 자동제어로 옳은 것은?

① 시퀀스 제어  ② 피드백 제어
③ 인터로크  ④ 캐스케이드 제어

**73.** 기체 연료의 발열량을 측정하는 열량계는?

① Richter 열량계
② Scheel 열량계
③ Junker 열량계
④ Thomson 열량계

**74.** 가스미터를 설치할 때 유의할 사항이 아닌 것은?

① 수평으로 설치한다.
② 배관 상호간에 부담을 배제한다.
③ 입구 배관에 드레인을 부착한다.
④ 입구와 출구를 구분할 필요가 없다.

**75.** 오르사트 분석법은 어떤 시약이 CO를 흡수하는 방법을 이용하는 것이다. 이때 사용하는 흡수액은?

① 30 % KOH 용액
② 알칼리성 피로갈롤용액
③ 수산화나트륨 25 % 용액
④ 암모니아성 염화 제1구리용액

**76.** 작은 압력 변화에도 크게 편향하는 성질이 있어 저기압의 압력 측정에 사용되고 점도가 큰 액체나 고체 부유물이 있는 유체의 압력을 측정하기에 적합한 압력계는?

① 다이어프램 압력계
② 부르동관 압력계
③ 벨로스 압력계
④ 맥클레오드 압력계

**77.** 방사고온계에 적용되는 이론은?
① 필터 효과
② 제베크 효과
③ 윈 – 프랑크 법칙
④ 스테판 – 볼츠만 법칙

**78.** 도로에 매설된 도시가스가 누출되는 것을 감지하여 분석한 후 가스누출 유무를 알려 주는 가스 검출기는?
① FID
② TCD
③ FTD
④ FPD

**79.** 가스분석법 중 흡수분석법에 해당하지 않는 것은?
① 헴펠법
② 산화구리법
③ 오르사트법
④ 게겔법

**80.** 막식 가스미터의 경우 계량막 밸브의 누설, 밸브와 밸브 시트 사이의 누설 등이 원인이 되는 고장은?
① 부동(不動)
② 불통(不通)
③ 누설(漏泄)
④ 기차(器差) 불량

# CBT 모의고사 7

## 제1과목 연소공학

**1.** 탄소 1 mol이 불완전연소하여 전량 일산화탄소가 되었을 경우 몇 mol이 되는가?
① $\frac{1}{2}$　　② 1
③ $1\frac{1}{2}$　　④ 2

**2.** 액체연료를 버너에서 연소시킬 때 1차 공기란 무엇인가?
① 착화에 필요한 공기
② 인화에 필요한 공기
③ 연료의 무화에 필요한 공기
④ 공급 공기량에서 이론공기량을 뺀 것

**3.** 정전기 제거방법이 아닌 것은?
① 공기를 건조하게 만든다.
② 대상물을 접지시킨다.
③ 공기를 이온화시킨다.
④ 도전성 재료를 사용한다.

**4.** 불활성화(inerting)가스로 사용할 수 없는 가스는?
① 수소　　② 질소
③ 이산화탄소　　④ 수증기

**5.** 프로판가스의 연소과정에서 발생한 열량은 50232 MJ/kg이었다. 연소 시 발생한 수증기의 잠열이 8372 MJ/kg이면 프로판가스의 저발열량 기준 연소효율은 약 몇 %인가? (단, 연소에 사용된 프로판가스의 저발열량은 46046 MJ/kg이다.)
① 97　　② 91
③ 93　　④ 96

**6.** 1기압, 40 L의 공기를 4 L 용기에 넣었을 때 산소의 분압은 얼마인가? (단, 압축 시 온도변화는 없고, 공기는 이상기체로 가정하며, 공기 중 산소는 20 %로 가정한다.)
① 1기압　　② 2기압
③ 3기압　　④ 4기압

**7.** 공기 20 kg과 증기 5 kg이 내용적 15 m³인 용기 속에 들어 있다. 이 혼합가스의 온도가 50℃라면 용기의 압력은 약 몇 kPa이 되겠는가? (단, 공기와 증기의 기체상수는 각각 0.287 kJ/kg · K, 0.462 kJ/kg · K이다.)
① 38.6　　② 98.7
③ 127.2　　④ 173.4

**8.** $C_3H_8$을 공기와 혼합하여 완전연소시킬 때 혼합기체 중 $C_3H_8$의 최대농도는 약 얼마인가? (단, 공기 중 산소는 20.9 %이다.)
① 3 vol%　　② 4 vol%
③ 5 vol%　　④ 6 vol%

**9.** 다양한 종류의 방폭구조 관련 지식, 위험장소 구분 관련 지식 및 방폭전기기기 설치 실무 관련 지식 등을 보유한 자를 무엇이라 하는가?
① 방폭점검사　　② 방폭관리사
③ 방폭실무자　　④ 방폭감독자

**10.** 플라스틱, 합성수지와 같은 고체 가연물의 연소형태로 옳은 것은?
① 표면연소    ② 자기연소
③ 확산연소    ④ 분해연소

**11.** 가연성가스의 연소 및 폭발에 대한 [보기] 설명 중 옳은 것은?

〈보 기〉
㉠ 가연성가스가 연소할 때에는 산소가 필요하다.
㉡ 가연성가스가 이산화탄소와 혼합할 때 연소가 잘 된다.
㉢ 가연성가스는 혼합하는 공기의 양이 적을 때 완전연소한다.

① ㉠    ② ㉢
③ ㉠, ㉡    ④ ㉡, ㉢

**12.** 냉동기의 성적계수를 구하는 공식으로 옳은 것은? (단, $T_1$은 고열원의 절대온도, $T_2$는 저열원의 절대온도이다.)

① $\dfrac{T_2}{T_1 - T_2}$    ② $\dfrac{T_1}{T_1 - T_2}$

③ $\dfrac{T_1 - T_2}{T_1}$    ④ $\dfrac{T_1 - T_2}{T_2}$

**13.** 이상기체에 대한 설명으로 틀린 것은?
① 보일-샤를의 법칙을 만족한다.
② 아보가드로의 법칙에 따른다.
③ 비열비 $\left(k = \dfrac{C_p}{C_v}\right)$는 온도에 관계없이 일정하다.
④ 내부에너지는 체적과 관계있고, 온도와는 무관하다.

**14.** 메탄 60%, 에탄 30%, 프로판 5%, 부탄 5%인 혼합가스의 공기 중 폭발하한값은? (단, 각 성분의 하한값은 메탄 5%, 에탄 3%, 프로판 2.1%, 부탄 1.8%이다.)
① 3.8    ② 7.6
③ 13.5    ④ 18.3

**15.** 가연성가스의 폭발등급 및 이에 대응하는 내압방폭구조 폭발등급의 분류기준이 되는 것은?
① 폭발범위
② 발화온도
③ 최대안전틈새 범위
④ 최소점화전류비 범위

**16.** 다음 중 프로판의 완전연소 반응식을 옳게 나타낸 것은?
① $C_3H_8 + 2O_2 \rightarrow 3CO_2 + 4H_2O$
② $C_3H_8 + 5O_2 \rightarrow 3CO_2 + 4H_2O$
③ $C_3H_8 + 3O_2 \rightarrow 3CO_2 + 4H_2O$
④ $C_3H_8 + \dfrac{8}{2}O_2 \rightarrow 3CO_2 + 2H_2O$

**17.** 방폭전기기기의 구조별 표시방법으로 틀린 것은?
① s - 특수 방폭구조
② o - 안전증 방폭구조
③ d - 내압(耐壓) 방폭구조
④ p - 압력(壓力) 방폭구조

**18.** 다음 중 폭발범위에 영향을 주는 요인이 아닌 것은?
① 온도    ② 압력
③ 산소량    ④ 발화지연시간

**19.** 아세틸렌 가스의 위험도($H$)는 약 얼마인가?
① 21　　② 23
③ 31　　④ 33

**20.** 가스 안전성 평가 기법 중 정성적 평가 기법에 해당하는 것은?
① 결함수 분석(FTA) 기법
② 원인 결과 분석(CCA) 기법
③ 작업자 실수 분석(HEA) 기법
④ 위험과 운전 분석(HAZOP) 기법

## 제 2 과목  가스설비

**21.** 아세틸렌을 용기에 충전하는 작업에 대한 내용으로 틀린 것은?
① 아세틸렌을 2.5 MPa의 압력으로 압축하는 때에는 질소, 메탄, 일산화탄소 또는 에틸렌 등의 희석제를 첨가할 것
② 습식 아세틸렌 발생기의 표면은 70℃ 이하의 온도로 유지하여야 하며, 그 부근에서는 불꽃이 튀는 작업을 하지 아니할 것
③ 아세틸렌을 용기에 충전하는 때에는 미리 용기에 다공성물질을 고루 채워 다공도가 80 % 이상 92 % 미만이 되도록 한 후 아세톤 또는 디메틸포름아미드를 고루 침윤시키고 충전할 것
④ 아세틸렌을 용기에 충전하는 때의 충전 중의 압력은 2.5 MPa 이하로 하고, 충전 후에는 압력이 15℃에서 1.5 MPa 이하로 될 때까지 정치하여 둘 것

**22.** 물 18 kg을 전기분해에 의하여 산소를 제조하여 내용적 40 L 용기에 13.4 MPa·g로 충전한다면 최소 용기는 몇 개가 필요한가?
① 3　　② 5
③ 7　　④ 10

**23.** 정압기 정특성과 관계없는 것은?
① 시프트(shift)　　② 로크업(lock up)
③ 다이어프램　　④ 오프셋(off set)

**24.** 왕복펌프에 비해 소형이며 구조가 간단하고 맥동 현상이 적은 반면 공기 바인딩 현상이 나타날 수 있는 펌프는?
① 피스톤펌프　　② 원심펌프
③ 제트펌프　　④ 플런저펌프

**25.** LNG 기화장치 중 해수를 가열원으로 이용하여 기화시키는 것은?
① IFV　　② ORV
③ SCV　　④ EHV

**26.** 입상관 높이가 50 m인 곳에 비중이 1.5인 프로판을 공급할 때 발생하는 압력손실은 약 몇 Pa인가?
① 127.9　　② 192.4
③ 316.8　　④ 752.8

**27.** 액화석유가스 압력조정기 중 1단 감압식 저압조정기의 조정압력은?
① 2.3~3.3 MPa
② 5~30 MPa
③ 2.3~3.3 kPa
④ 5~30 kPa

**28.** 펌프의 송출유량이 $Q[m^3/s]$, 양정이 $H$[m], 송출하는 액체의 비중량이 $\gamma[kgf/m^3]$일 때 수동력 $L_w[kW]$을 구하는 식은?

① $L_w = \dfrac{\gamma HQ}{75}$  ② $L_w = \dfrac{\gamma HQ}{102}$
③ $L_w = \dfrac{\gamma HQ}{550}$  ④ $L_w = \dfrac{\gamma HQ}{4500}$

**29.** 압축기에 관한 용어에 대한 설명으로 틀린 것은?
① 상사점 : 실린더 체적이 최소가 되는 점
② 압축비 : 실린더 체적과 간극 체적과의 비
③ 행정 : 실린더 내에서 피스톤이 이동하는 거리
④ 간극용적 : 피스톤이 상사점과 하사점의 사이를 왕복할 때의 가스의 체적

**30.** LP가스 용기 저장설비를 강제기화방식으로 설치할 때에 대한 설명 중 틀린 것은?
① 용기는 사이펀 용기를 설치해야 한다.
② 용기의 액라인이 설치되어서는 안 된다.
③ 집합관은 액상과 기상의 2계열로 설치한다.
④ 설비의 점검, 보수 시에는 가스의 공급이 가능하도록 조치를 한다.

**31.** 고온·고압의 일산화탄소(CO)를 취급하는 시설에서 사용하는 재료로서 가장 적합한 것은?
① 탄소강
② 저합금강
③ 철 및 알루미늄
④ 니켈 크롬계 스테인리스강

**32.** 가단주철제 관 이음쇠의 종류가 아닌 것은?
① 소켓   ② 니플
③ 티     ④ 개스킷

**33.** 도시가스 제조설비 중 접촉분해 방식으로 높은 열량의 가스를 제조하려고 할 때 적합한 방법은?
① 반응온도는 낮게, 반응압력은 높게
② 반응온도는 낮게, 반응압력도 낮게
③ 반응온도는 높게, 반응압력은 낮게
④ 반응온도는 높게, 반응압력도 높게

**34.** 동일한 펌프로 회전수를 변경시킬 경우 양정을 변화시켜 상사 조건이 되려면 회전수와 유량은 어떤 관계가 있는가?
① 유량에 비례한다.
② 유량에 반비례한다.
③ 유량의 2승에 비례한다.
④ 유량의 2승에 반비례한다.

**35.** 최고사용압력이 6.5 MPa인 곳에 인장강도가 380 MPa인 SPPS를 사용할 때 스케줄 번호는 얼마인가? (단, 안전율은 4를 적용한다.)
① 40    ② 80
③ 100   ④ 120

**36.** 액화석유가스의 주성분이 아닌 것은?
① 프로판    ② 프로필렌
③ 부틸렌    ④ 에탄

**37.** LPG 공급방식에서 강제기화방식의 특징이 아닌 것은?
① 기화량을 가감할 수 있다.

② 설치 면적이 작아도 된다.
③ 한랭 시에는 연속적인 가스 공급이 어렵다.
④ 공급 가스의 조성을 일정하게 유지할 수 있다.

**38.** 고압가스 용기의 충전구의 나사가 왼나사인 것은?
① $N_2$
② $H_2$
③ He
④ $NH_3$

**39.** 다음 중 수소취성에 대한 설명으로 가장 옳은 것은?
① 탄소강은 수소취성을 일으키지 않는다.
② 수소는 환원성가스로 상온에서도 부식을 일으킨다.
③ 수소는 고온, 고압하에서 철과 화합하며 이것이 수소취성의 원인이 된다.
④ 수소는 고온, 고압하에서 강 중의 탄소와 화합하여 메탄을 생성하여 이것이 수소취성의 원인이 된다.

**40.** 흡수식 냉동기의 구성요소가 아닌 것은?
① 압축기
② 응축기
③ 증발기
④ 흡수기

---

### 제 3 과목  가스안전관리

---

**41.** 액화석유가스를 차량에 고정된 내용적 $V$(L)인 탱크에 충전할 때 충전량 산정식은? (단, $W$ : 저장능력(kg), $P$ : 최고충전압력(MPa), $d$ : 비중(kg/L), $C$ : 가스의 종류에 따른 정수이다.)

① $W = \dfrac{V}{C}$
② $W = C(V+1)$
③ $W = 0.9 dV$
④ $W = (10P+1)V$

**42.** 의료용 산소용기의 표시방법으로 옳은 것은?
① 용기의 상단부에 2 cm 크기의 백색 띠를 한 줄로 표시한다.
② 용기의 상단부에 3 cm 크기의 녹색 띠를 두 줄로 표시한다.
③ 용기의 상단부에 3 cm 크기의 백색 띠를 한 줄로 표시한다.
④ 용기의 상단부에 2 cm 크기의 녹색 띠를 두 줄로 표시한다.

**43.** 지상에 설치하는 저장탱크 주위에 방류둑을 설치하지 않아도 되는 경우는?
① 저장능력 10톤의 염소탱크
② 저장능력 2000톤의 액화산소탱크
③ 저장능력 1000톤의 부탄탱크
④ 저장능력 5000톤의 액화질소탱크

**44.** 내압시험압력 및 기밀시험압력의 기준이 되는 압력으로서 사용 상태에서 해당 설비 등의 각부에 작용하는 최고사용압력을 의미하는 것은?
① 설계압력
② 표준압력
③ 상용압력
④ 설정압력

**45.** 액화석유가스 자동차에 고정된 용기 충전소 내 지상에 태양광발전설비 집광판을 설치하려는 경우에 충전설비, 저장설비, 가스설비, 배관 등과의 이격거리는 몇 m 이상인가?

① 2　　　　② 5
③ 8　　　　④ 10

**46.** 액화석유가스에 첨가하는 부취제의 측정 방법으로 볼 수 없는 것은?
① 오더(odor)미터법
② 고무풍선 이용법
③ 주사기법
④ 무취실법

**47.** 내진설계 시 최대 4800년 재현 주기로 지진에 대해 붕괴 방지 수준의 내진 성능을 확보하도록 관리하는 시설로 옳은 것은?
① 핵심 시설　　② 일반 시설
③ 중요 시설　　④ 특정 시설

**48.** 내진등급 분류가 아닌 것은?
① 중요도 등급　　② 영향도 등급
③ 관리등급　　　④ 일반등급

**49.** 고압가스를 운반하는 차량의 경계표지 크기의 가로치수는 차체 폭의 몇 % 이상으로 하는가?
① 5　　　　② 10
③ 20　　　　④ 30

**50.** 차량에 고정된 탱크로 가연성가스를 적재하여 운반할 때 휴대하여야 할 소화설비의 기준으로 옳은 것은?
① BC용, B-10 이상 분말소화제를 2개 이상 비치
② BC용, B-8 이상 분말소화제를 2개 이상 비치
③ ABC용, B-10 이상 포말소화제를 1개 이상 비치
④ ABC용, B-8 이상 포말소화제를 1개 이상 비치

**51.** 염화메탄을 냉매가스로 사용하는 냉동기에 사용해서는 안 되는 재료는?
① 탄소강재　　② 주강품
③ 구리　　　　④ 알루미늄 합금

**52.** 가스용 폴리에틸렌관을 설치할 때 시공 방법이 잘못 설명된 것은?
① 관은 매몰하여 시공하여야 한다.
② 관의 굴곡 허용반경은 외경의 30배 이상으로 한다.
③ 관은 40℃ 이상이 되는 장소에 설치하지 않아야 한다.
④ 관의 매설 위치를 지상에서 탐지할 수 있는 로케팅 와이어 등을 설치한다.

**53.** 카바이드를 이용하여 아세틸렌을 제조할 때 공업적으로 가장 많이 사용되는 발생장치는?
① 수수식　　② 침지식
③ 투입식　　④ 연속식

**54.** 수소용품에 해당되지 않는 것은?
① 수소가스설비
② 연료전지
③ 수전해설비
④ 수소추출설비

**55.** 도시가스 정압기 출구 측의 압력이 설정 압력보다 비정상적으로 상승하거나 낮아지는 경우에 이상 유무를 상황실에서 알 수 있도록 알려주는 설비는?

① 압력기록장치
② 이상압력 통보설비
③ 가스 누출경보장치
④ 출입문 개폐통보장치

**56.** 메탄의 공기 중 폭발하한계는 5 %이다. 이 경우 혼합가스 1 Nm³에 함유된 메탄의 질량은 약 몇 g인가? (단, 메탄은 이상기체로 가정한다.)
① 35.7
② 357.0
③ 24.4
④ 244.0

**57.** 기존설비 또는 안전성향상계획서를 제출 · 심사 받은 설비에 대하여 설비의 설계 · 건설 · 운전 및 정비의 경험을 바탕으로 위험성을 평가 · 분석하는 방법은?
① 예비 위험 분석 기법
② 공정 위험 분석 기법
③ 원인 결과 분석 기법
④ 위험과 운전 분석 기법

**58.** 산소를 충전하기 위한 배관에 접속하는 압축기와의 사이에 설치해야 할 것은? (단, 압축기의 내부윤활제는 물을 사용한다.)
① 증발기
② 정지 장치
③ 드레인 세퍼레이터
④ 유분리기

**59.** 흡수식 냉동설비에서 1일 냉동능력 1톤의 산정기준은?
① 발생기를 가열하는 1시간의 입열량 3320 kcal
② 발생기를 가열하는 1시간의 입열량 4420 kcal
③ 발생기를 가열하는 1시간의 입열량 5540 kcal
④ 발생기를 가열하는 1시간의 입열량 6640 kcal

**60.** 고압가스 설비의 수리를 할 때 가스치환에 관하여 바르게 설명한 것은?
① 산소의 경우 산소의 농도가 22 % 이하에 도달할 때까지 공기로 치환한다.
② 독성가스의 경우 산소의 농도가 16 % 이상 도달할 때까지 공기로 치환한다.
③ 가연성가스의 경우 가스의 농도가 폭발하한계의 1/2에 도달할 때까지 치환한다.
④ 독성가스의 경우 독성가스의 농도가 TLV-TWA 기준농도 이상에 도달할 때까지 불활성가스로 치환한다.

## 제 4 과목  가스계측

**61.** 오리피스로 유량을 측정하는 경우 압력차가 4배로 증가하면 유량은 몇 배로 변하는가?
① 2배 증가
② 4배 증가
③ 8배 증가
④ 16배 증가

**62.** 날개에 부딪히는 유체의 운동량으로 회전체를 회전시켜 운동량과 회전량의 변화로 가스흐름을 측정하는 것으로 점도가 낮은 유체일수록 측정 범위가 넓고 압력손실이 적은 가스유량계는?
① 막식 유량계
② 터빈 유량계
③ roots 유량계
④ vortex 유량계

**63.** 계측시간이 짧은 에너지의 흐름을 무엇이라 하는가?
① 외란  ② 시정수
③ 펄스  ④ 응답

**64.** 다음 중 추량식 가스미터는?
① 막식  ② 습식
③ 루트식  ④ 오리피스식

**65.** 유기화합물의 분리에 가장 적합한 기체크로마토그래피의 검출기는?
① TCD  ② FID
③ ECD  ④ FPD

**66.** 정확한 계량이 가능하여 기준기로 많이 사용되는 가스미터는?
① 막식 가스미터
② 습식 가스미터
③ 회전자식 가스미터
④ 벤투리식 가스미터

**67.** 도시가스 제조소에 설치된 가스누출검지 경보장치는 미리 설정된 가스농도에서 자동적으로 경보를 울리는 것으로 하여야 한다. 이때 미리 설정된 가스농도란?
① 폭발한계 값
② 폭발상한계 값
③ 폭발하한계의 1/4 이하 값
④ 폭발하한계의 1/2 이하 값

**68.** 벤투리 유량계의 특성에 대한 설명으로 틀린 것은?
① 내구성이 좋다.
② 압력손실이 적다.
③ 침전물의 생성 우려가 적다.
④ 좁은 장소에 설치할 수 있다.

**69.** 가스누출검지기 중 가스와 공기의 열전도도가 다른 것을 측정원리로 하는 검지기는?
① 반도체식 검지기
② 접촉연소식 검지기
③ 서모스탯식 검지기
④ 불꽃이온화식 검지기

**70.** 25℃, 1 atm에서 21 mol%의 $O_2$와 79 mol%의 $N_2$로 된 공기혼합물의 밀도는 약 몇 $kg/m^3$인가?
① 0.118  ② 1.18
③ 0.134  ④ 1.34

**71.** 기체 크로마토그래피(gas chromatography)의 일반적인 특성에 해당하지 않는 것은?
① 연속분석이 가능하다.
② 분리능력과 선택성이 우수하다.
③ 적외선 가스분석계에 비해 응답속도가 느리다.
④ 여러 가지 가스 성분이 섞여 있는 시료 가스 분석에 적당하다.

**72.** 다음 중 전자유량계의 원리는?
① 옴(Ohm's)의 법칙
② 베르누이(Bernoulli)의 법칙
③ 아르키메데스(Archimedes)의 원리
④ 패러데이(Faraday)의 전자유도법칙

**73.** 밀도와 비중에 대한 설명으로 틀린 것은?
① 액체나 고체의 밀도는 압력보다 온도에 의한 변화가 크다.

② 밀도는 물질의 단위 부피당 질량이다.
③ 석유제품의 부피나 °API 비중의 기준 온도는 32°F이다.
④ 비중은 어떤 부피의 물질에 대한 같은 부피의 표준물질과의 질량비로 나타낸다.

**74.** 측정지연 및 조절지연이 작을 경우 좋은 결과를 얻을 수 있으며 제어량의 편차가 없어질 때까지 동작을 계속하는 제어 동작은?
① 적분 동작　　② 비례 동작
③ 평균 2위치 동작　④ 미분 동작

**75.** 계량막이 신축하여 부피가 변화한 경우 계량 관련법에 규정된 사용공차를 넘어서는 현상을 무엇이라 하는가?
① 불통　　　　② 기차 불량
③ 부동　　　　④ 감도 불량

**76.** 다음 중 유량의 단위가 아닌 것은?
① $m^3/s$　　　② $ft^3/h$
③ $m^2/min$　　④ $L/s$

**77.** 기체 크로마토그래피(gas chromatography)에 사용되는 운반가스(carrier gas)로 부적당한 것은?
① He　　　　② $N_2$
③ $H_2$　　　　④ $C_2H_2$

**78.** 외란의 영향으로 인하여 제어량이 목표치 50 L/min에서 53 L/min으로 변하였다면 이때 제어편차는 얼마인가?
① +3 L/min
② -3 L/min
③ +6.0 %
④ -6.0 %

**79.** 다음 가스분석법 중 물리적 가스분석법에 해당하지 않는 것은?
① 열전도율법
② 오르사트법
③ 적외선흡수법
④ 가스크로마토그래피법

**80.** 수정이나 전기석 또는 로셸염 등의 결정체의 특정 방향으로 압력을 가할 때 발생하는 표면 전기량으로 압력을 측정하는 압력계는?
① 스트레인 게이지
② 피에조 전기 압력계
③ 자기변형 압력계
④ 벨로스 압력계

# CBT 모의고사 8

## 제 1 과목  연소공학

**1.** 다음 연료 중 인화점이 가장 낮은 것은?
① 메탄  ② 가솔린
③ 벤젠  ④ 에테르

**2.** 800℃의 고열원과 100℃의 저열원 사이에서 작동하는 카르노 사이클의 효율은 약 몇 %인가?
① 55  ② 58
③ 65  ④ 88

**3.** 메탄 60 v%, 에탄 20 v%, 프로판 15 v%, 부탄 5 v%인 혼합가스의 공기 중 폭발 하한계(v%)는 약 얼마인가? (단, 각 성분의 폭발 하한계는 메탄 5.0 v%, 에탄 3.0 v%, 프로판 2.1 v%, 부탄 1.8 v%로 한다.)
① 2.5  ② 3.0
③ 3.5  ④ 4.0

**4.** 방폭 전기기기 중 압력 방폭구조를 나타내는 기호는?
① s  ② d
③ p  ④ ia

**5.** 용기의 내부에서 가스폭발이 발생하였을 때 용기가 폭발압력에 견디고 외부의 가연성가스에 인화되지 않도록 한 구조는?
① 특수(特殊) 방폭구조
② 유입(油入) 방폭구조
③ 내압(耐壓) 방폭구조
④ 안전증(安全增) 방폭구조

**6.** 프로판 $1 Sm^3$를 완전연소시키는데 필요한 이론공기량은 약 몇 $Sm^3$인가?
① 5.0  ② 10.5
③ 21.0  ④ 23.8

**7.** 이상기체에 대한 설명 중 틀린 것은?
① 저온, 고압일수록 이상기체에 가까워진다.
② 이상기체는 분자 상호간의 인력을 무시한다.
③ 이상기체는 분자 자신이 차지하는 부피를 무시한다.
④ 이상기체에 가까운 실제기체로는 $H_2$, He 등이 있다.

**8.** 가연성가스의 폭발범위에 대한 설명으로 옳은 것은?
① 폭굉에 의한 폭풍이 전달되는 범위를 말한다.
② 폭굉에 의하여 피해를 받는 범위를 말한다.
③ 공기 중에서 가연성가스가 연소할 수 있는 가연성가스의 농도범위를 말한다.
④ 가연성가스와 공기의 혼합기체가 연소하는데 있어서 혼합기체의 필요한 압력 범위를 말한다.

**9.** 과잉공기가 너무 많은 경우의 현상이 아닌 것은?
① 열효율을 감소시킨다.
② 연소온도가 증가한다.
③ 배기가스의 열손실을 증대시킨다.
④ 연소가스량이 증가하여 통풍을 저해한다.

**10.** 연소에 대한 설명으로 옳지 않은 것은?
① 열, 빛을 동반하는 발열반응이다.
② 활성물질에 의해 자발적으로 반응이 계속되는 현상이다.
③ 반응에 의해 발생하는 열에너지가 반자발적으로 반응이 계속되는 현상이다.
④ 분자 내 반응에 의해 열에너지를 발생하는 발열 분해 반응도 연소의 범주에 속한다.

**11.** 1 atm, 27℃의 밀폐된 용기에 프로판과 산소가 1 : 5 부피비로 혼합되어 있다. 프로판이 완전연소하여 화염의 온도가 1000℃가 되었다면 용기 내에 발생하는 압력은 약 몇 atm인가?
① 1.95
② 2.95
③ 3.95
④ 4.95

**12.** 탄소 1 mol이 불완전연소하여 전량 일산화탄소가 되었을 경우 몇 mol이 되는가?
① $\frac{1}{2}$
② 1
③ $1\frac{1}{2}$
④ 2

**13.** 액체연료의 연소용 공기 공급방식에서 2차 공기란 어떤 공기를 말하는가?
① 연료를 분사시키기 위해 필요한 공기
② 연료를 안개처럼 만들어 연소를 돕는 공기
③ 완전연소에 필요한 부족한 공기를 보충하는 공기
④ 연소된 가스를 굴뚝으로 보내기 위해 고압, 송풍하는 공기

**14.** 공정에 존재하는 위험요소들과 공정의 효율을 떨어뜨릴 수 있는 운전상의 문제점을 찾아낼 수 있는 정성적인 위험평가기법으로 산업체(화학공장)에서 가장 일반적으로 사용되는 것은?
① check list 법
② FTA 법
③ ETA 법
④ HAZOP 법

**15.** 아세틸렌($C_2H_2$)가스의 위험도는 얼마인가? (단, 아세틸렌의 폭발한계는 2.51~81.2 % 이다.)
① 29.15
② 30.25
③ 31.35
④ 32.45

**16.** 정전기 제거 또는 발생방지 조치에 대한 설명으로 틀린 것은?
① 상대습도를 낮춘다.
② 대상물을 접지시킨다.
③ 공기를 이온화시킨다.
④ 도전성 재료를 사용한다.

**17.** 폭발원인에 따른 분류 중 물리적 폭발은?
① 압력폭발
② 산화폭발
③ 분해폭발
④ 촉매폭발

**18.** 기체 연료가 공기 중에서 정상연소할 때 정상연소 속도의 값으로 가장 옳은 것은?
① 0.1~10 m/s
② 11~20 m/s
③ 21~30 m/s
④ 31~40 m/s

**19.** 폭굉(detonation)에 대한 설명으로 틀린 것은?
① 폭굉범위는 폭발범위보다 좁다.
② 폭굉한계는 폭발한계보다 낮다.

③ 폭굉파는 미연소가스 속으로 음속 이상이다.
④ 폭굉이 발생하면 압력이 순간적으로 상승되었다가 원래 상태로 돌아오므로 큰 파괴현상이 동반된다.

**20.** 다음 반응식으로부터 프로판 1 kg이 완전 연소할 때 고위발열량은 약 몇 MJ/kg인가? (단, 물의 증발잠열이 2.5 MJ/kg이다.)

$$C + O_2 \rightarrow CO_2 + 360 \text{ MJ}$$
$$H_2 + \frac{1}{2}O_2 \rightarrow H_2O + 280 \text{ MJ}$$

① 50　　② 54
③ 58　　④ 62

---

## 제 2 과목　가스설비

**21.** 실린더 안지름 20 cm, 피스톤 행정 15 cm, 매분 회전수 300 rpm, 효율이 90 %인 4기통 압축기의 지시평균 유효압력이 0.2 MPa이면 압축기에 필요한 축동력은 약 몇 kW인가? (단, 1 MPa은 10 kgf/cm²으로 한다.)
① 28.8　② 288　③ 20.5　④ 205

**22.** 다이어프램과 메인 밸브를 고무슬리브 1개로 해결한 콤팩트한 정압기로서 변칙 언로딩형인 정압기는?
① 피셔식　　② 레이놀즈식
③ AFV식　　④ KRF식

**23.** 상온의 질소가스는 압력을 상승시키면 가스점도가 어떻게 변화하는가? (단, 다른 조건은 동일하다고 본다.)
① 감소한다.　　② 변하지 않는다.
③ 낮게된다.　　④ 높아진다.

**24.** 다음 중 용기밸브의 충전구 구조가 왼나사인 것은?
① 염소　　② 수소
③ 브롬화메탄　　④ 산소

**25.** 브롬화수소에 대한 설명으로 가장 거리가 먼 것은?
① 가연성가스이다.
② 공기보다 무겁다.
③ 수용액은 강산이다.
④ 금속과 반응하여 가연성가스를 생성한다.

**26.** 도시가스 원료의 접촉분해공정에서 반응 온도가 상승하면 일어나는 현상으로 옳은 것은?
① $CH_4$, $CO$가 많고 $CO_2$, $H_2$가 적은 가스 생성
② $CH_4$, $CO_2$가 적고 $CO$, $H_2$가 많은 가스 생성
③ $CH_4$, $H_2$가 많고 $CO_2$, $CO$가 적은 가스 생성
④ $CH_4$, $H_2$가 적고 $CO_2$, $CO$가 많은 가스 생성

**27.** 프로판을 완전 연소시키는데 필요한 이론공기량은 메탄의 몇 배인가? (단, 공기 중 산소의 비율은 21 v%이다.)
① 1.5　　② 2.0
③ 2.5　　④ 3.0

**28.** 액화석유가스의 일반적인 특징으로 틀린 것은?
① 증발잠열이 크다.
② 기화하면 체적이 커진다.
③ LP가스는 공기보다 가볍다.
④ 액상의 LP가스는 물보다 가볍다.

**29.** 다음 중 고유의 색깔을 가지는 가스는?
① 염소　　　② 황화수소
③ 암모니아　④ 산화에틸렌

**30.** 폴리에틸렌관(polyethylene pipe)의 일반적인 성질에 대한 설명 중 옳지 않은 것은?
① 인장강도가 적다.
② 염화비닐관에 비해 가볍다.
③ 내열성과 보온성이 나쁘다.
④ 상온에도 유연성이 풍부하다.

**31.** 다음 가스 중에서 제일 가벼운 것은?
① 염소　② 질소
③ 산소　④ 암모니아

**32.** LPG 공급방식에서 강제기화방식의 특징이 아닌 것은?
① 기화량을 가감할 수 있다.
② 설치 면적이 작아도 된다.
③ 한랭시에는 연속적인 가스공급이 어렵다.
④ 공급가스의 조성을 일정하게 유지할 수 있다.

**33.** 공기액화 분리장치의 폭발원인이 될 수 없는 것은?
① 공기 취입구에서 아르곤 혼입
② 공기 취입구에서 아세틸렌 혼입
③ 공기 중 질소 화합물($NO$, $NO_2$) 혼입
④ 압축기용 윤활유의 분해에 의한 탄화수소의 생성

**34.** 정압기의 기능으로 거리가 먼 것은?
① 압력 감소　② 압력 증가
③ 압력 유지　④ 폐쇄

**35.** 0℃ 물 20톤을 24시간 동안 0℃ 얼음으로 만들 때 소요되는 냉동기의 용량은 몇 RT인가?
① 10　② 20
③ 30　④ 40

**36.** 정압기 특성 중 동특성과 관련 있는 것은?
① 오프셋(offset)　② 로크업(lock up)
③ 헌팅(hunting)　④ 시프트(shift)

**37.** 도시가스 제조 설비에서 수소화분해(수첨분해)법의 특징에 대한 설명으로 옳은 것은?
① 탄화수소의 원료를 수소기류 중에서 열분해 혹은 접촉분해로 메탄을 주성분으로 하는 고열량의 가스를 제조하는 방법이다.
② 탄화수소의 원료를 산소 또는 공기 중에서 열분해 혹은 접촉분해로 수소 및 일산화탄소를 주성분으로 하는 가스를 제조하는 방법이다.
③ 코크스를 원료로 하여 산소 또는 공기 중에서 열분해 혹은 접촉분해로 메탄을 주성분으로 하는 고열량의 가스를 제조하는 방법이다.
④ 메탄을 원료로 하여 산소 또는 공기 중에서 부분연소로 수소 및 일산화탄소를 주성분으로 하는 저열량의 가스를 제조하는 방법이다.

**38.** 고압가스 반응기 중 암모니아 합성탑의 구조로서 옳은 것은?
① 암모니아 합성탑은 내압용기와 내부 구조물로 되어 있다.
② 암모니아 합성탑은 이음새 없는 둥근 용기로 되어 있다.
③ 암모니아 합성탑은 내부 가열식 용기와 내부 구조물로 되어 있다.
④ 암모니아 합성탑은 오토클레이브(autoclave)내에 회전형 구조이다.

**39.** 베인펌프의 특징에 대한 설명으로 옳지 않은 것은?
① 맥동현상이 발생한다.
② 설치공간이 많이 필요하다.
③ 제작할 때 높은 정도가 요구된다.
④ 고장이 적고 유지보수가 용이하다.

**40.** 공기 중 폭발하한계의 값이 가장 낮은 것은?
① 수소       ② 암모니아
③ 산화에틸렌  ④ 프로판

## 제 3 과목  가스안전관리

**41.** 액화석유가스 판매사업소 용기보관실의 시설기준 중 틀린 것은?
① 전기스위치는 용기보관실의 외부에 설치할 것
② 용기보관실과 사무실은 동일한 부지에 설치하지 않을 것
③ 용기보관실은 불연성 재료를 사용한 가벼운 지붕으로 할 것
④ 가스누출 경보기는 용기보관실에 설치하되 분리형으로 설치할 것

**42.** 액화가스 저장탱크 중 방류둑을 설치하여야 하는 것은?
① 저장능력이 5톤인 염소 저장탱크
② 저장능력이 8백톤인 산소 저장탱크
③ 저장능력이 4백톤인 수소 저장탱크
④ 저장능력이 9백톤인 프로판 저장탱크

**43.** 액화가스 저장탱크의 침하로 인한 위해를 예방하기 위하여 주기적으로 침하상태를 측정하는 것에서 제외되는 저장능력은?
① 1톤 미만   ② 2톤 미만
③ 3톤 미만   ④ 5톤 미만

**44.** 고압가스 특정제조허가의 대상 시설로서 옳은 것은?
① 석유정제업자의 석유정제시설 또는 그 부대시설에서 고압가스를 제조하는 것으로서 그 저장능력이 10톤 이상인 것
② 석유화학공업자의 석유화학공업시설 또는 그 부대시설에서 고압가스를 제조하는 것으로서 그 저장능력이 10톤 이상인 것
③ 석유화학공업자의 석유화학공업시설 또는 그 부대시설에서 고압가스를 제조하는 것으로서 그 처리능력이 1천세제곱미터 이상인 것
④ 철강공업자의 철강공업시설 또는 그 부대시설에서 고압가스를 제조하는 것으로서 그 처리능력이 10만세제곱미터 이상인 것

**45.** 아세틸렌가스에 대한 설명으로 옳은 것은?
① 충전 중의 압력은 일정하게 1.5 MPa 이하로 한다.
② 아세틸렌이 아세톤에 용해되어 있을 때에는 비교적 안정하다.
③ 습식 아세틸렌 발생기의 표면은 62℃ 이하의 온도를 유지한다.
④ 아세틸렌을 압축하는 때에는 희석제로 $PH_3$, $H_2S$, $O_2$를 사용한다.

**46.** 내용적 50 L의 LPG 용기에 프로판을 충전할 때 최대 충전량은 몇 kg인가?
① 19.15   ② 21.28
③ 32.62   ④ 117.5

**47.** 흡수식 냉동설비는 발생기를 가열하는 1시간의 입열량이 몇 kcal인 것을 1일의 냉동능력 1톤으로 보는가?
① 3400   ② 5540
③ 6640   ④ 7200

**48.** 독성가스가 누출되었을 경우 이에 대한 제독조치로서 적당하지 않은 것은?
① 흡착제에 의하여 흡착 제거하는 조치
② 벤트스택을 통하여 공기 중에 방출시키는 조치
③ 물 또는 흡수제에 의하여 흡수 또는 중화하는 조치
④ 집액구 등으로 고인 액화가스를 펌프 등의 이송설비로 반송하는 조치

**49.** 독성가스 용기 운반 등의 기준으로 옳지 않은 것은?
① 용기의 충격을 완화하기 위하여 완충판 등을 배치한다.
② 충전용기를 운반하는 가스운반 전용차량의 적재함에는 리프트를 설치한다.
③ 충전용기를 차량에 적재할 때에는 운행 중의 동요로 인하여 용기가 충돌하지 않도록 눕혀서 적재한다.
④ 충전용기를 용기보관장소로 운반할 때에는 가능한 손수레를 사용하거나 용기의 밑부분을 이용하여 운반한다.

**50.** 액화석유가스를 저장탱크 또는 차량에 고정된 탱크에 이입·충전할 때 사용하는 로딩암의 구조 및 성능에 대한 설명 중 틀린 것은?
① 로딩암은 연결되었을 경우 누출이 없는 것으로 한다.
② 로딩암은 가스의 흐름에 지장이 없는 유효면적을 가지는 것으로 한다.
③ 상용압력 이상의 압력으로 기밀시험을 실시하여 누출이 없는 것으로 한다.
④ 상용압력의 1.5배 이상의 수압으로 내압시험을 실시하여 이상이 없는 것으로 한다.

**51.** 고압가스용 저장탱크 및 압력용기를 제조할 때 용접이음매의 용접효율이 가장 낮은 것은?
① 맞대기 양면 용접이음매
② 맞대기 한면 용접 이음매
③ 양면 전두께 필렛용접 이음매
④ 플러그용접을 하는 한면 전두께 필렛용접 이음매

**52.** 가연성가스 설비 내부에서 수리 또는 청소작업을 할 때에는 설비내부의 가스농도가 폭발하한계의 얼마 이하가 될 때까지 치환하여야 하는가?
① 1/2  ② 1/3  ③ 1/4  ④ 1/5

**53.** 암모니아 제독제로 적합한 것은?
① 물  ② 탄산소다 수용액
③ 소석회  ④ 가성소다 수용액

**54.** 액화석유가스 사용시설에 설치하는 가스계량기에 대한 설명으로 틀린 것은?
① 가스계량기는 화기와 2 m 이상의 우회거리를 유지한다.
② 가스계량기와 전기계량기와의 거리는 0.6 m 이상을 유지한다.
③ 방이나 거실 및 주방 등에 설치할 때에는 내구성이 있는 재질의 격납상자에 내에 설치한다.
④ 가스계량기 설치높이는 바닥으로부터 계량기 지시장치 중심까지 1.6 m 이상 2 m 이내에 수직·수평으로 설치한다.

**55.** 도시가스배관을 지하에 매설할 때 되메움작업에 대한 설명 중 틀린 것은?
① 기초재료를 포설한 후 침상재료를 포설한다.
② 침상재료는 운반차량에서 되메움 작업을 하는 곳에 직접 포설한다.
③ 배관에 작용하는 하중을 분산시켜주고 도로의 침하 등을 방지하기 위하여 되메움재료를 포설한다.
④ 배관에 작용하는 하중을 수직방향 및 횡방향에서 지지하고 하중을 기초 아래로 분산시키기 위해 침상재료를 포설한다.

**56.** 고압가스를 충전하는 내용적 500 L 미만의 용접용기가 제조 후 경과 년수가 15년 미만일 경우 재검사 주기는?
① 1년마다  ② 2년마다
③ 3년마다  ④ 5년마다

**57.** 차량에 고정된 탱크에 의하여 가연성가스를 운반할 때 비치하여야 할 소화기의 종류와 최소 수량은? (단, 소화기의 능력단위는 고려하지 않는다.)
① 분말소화기 1개  ② 분말소화기 2개
③ 포말소화기 1개  ④ 포말소화기 2개

**58.** 수소화염 또는 산소·아세틸렌 화염을 사용하는 시설 중 분기되는 각각의 배관에 반드시 설치해야 하는 장치는?
① 역류방지장치  ② 역화방지장치
③ 긴급이송장치  ④ 긴급차단장치

**59.** 가스사용시설에 퓨즈콕 설치 시 예방 가능한 사고 유형은?
① 연소기 전도 화재사고
② 보일러 팽창탱크과열 파열사고
③ 소화안전장치고장 가스누출사고
④ 가스레인지 연결호스 노후화로 인한 가스누출사고

**60.** 초저온 용기의 재료로 적합한 것은?
① 고탄소강 또는 Cr 강
② 알루미늄합금 또는 Ni-Cr 강
③ 마텐자이트계 스테인리스강 또는 고탄소강
④ 오스테나이트계 스테인리스강 또는 알루미늄 합금

## 제 4 과목  가스계측

**61.** 오르사트(Orast)법에서 가스 흡수의 순서를 바르게 나타낸 것은?
① $CO_2 \rightarrow O_2 \rightarrow CO$  ② $CO_2 \rightarrow CO \rightarrow O_2$
③ $O_2 \rightarrow CO \rightarrow CO_2$  ④ $O_2 \rightarrow CO_2 \rightarrow CO$

**62.** 가스크로마토그래피의 특징에 대한 설명으로 옳은 것은?
① 다성분의 분석은 1대의 장치로는 할 수 없다.
② 적외선 가스분석계에 비해 응답속도가 느리다.
③ 캐리어가스는 수소, 염소, 산소 등이 이용된다.
④ 분리 능력은 극히 좋으나 선택성이 우수하지 않다.

**63.** 크로마토그램에서 머무름 시간이 45초인 어떤 용질을 길이 2.5 m의 컬럼에서 바닥에서의 너비를 측정하였더니 6초이었다면 이론단수는 얼마인가?
① 800  ② 900
③ 1000  ④ 1200

**64.** 자동제어계의 구성 요소와 관계가 먼 것은?
① 조작부  ② 검출부
③ 기록부  ④ 조절부

**65.** 가스 유량 측정기구가 아닌 것은?
① 막식 미터  ② 토크 미터
③ 델타식 미터  ④ 회전자식 미터

**66.** 국제단위계(SI단위계)[the international system unit]의 기본단위는 몇 개인가?
① 5  ② 6
③ 7  ④ 8

**67.** 유속이 6m/s인 물속에 피토(Pitot)관을 세울 때 수주의 높이는 약 몇 m인가?
① 0.54  ② 0.92
③ 1.63  ④ 1.83

**68.** 날개에 부딪히는 유체의 운동량으로 회전체를 회전시켜 운동량과 회전량의 변화로 가스흐름을 측정하는 것으로 측정범위가 넓고 압력손실이 적은 가스유량계는?
① 막식 유량계  ② 터빈 유량계
③ Roots 유량계  ④ Vortex 유량계

**69.** 탱크 내부의 액체에 뜨는 물체의 부력을 이용한 것으로 액면의 위치에 따라 움직이는 물체의 위치를 직접 확인하여 액면을 측정하는 것은?
① 직관식 액면계
② 플로트식 액면계
③ 검척식 액면계
④ 퍼지식 액면계

**70.** 가스미터 출구 측 배관을 수직배관으로 설치하지 않는 가장 큰 이유는?
① 설치면적을 줄이기 위하여
② 화기 및 습기 등을 피하기 위하여
③ 수분응축으로 밸브의 동결을 방지하기 위하여
④ 검침 및 수리 등의 작업이 편리하도록 하기 위하여

**71.** 수직 유리관 속에 원뿔 모양의 플로트를 넣어 관속을 흐르는 유체의 유량에 의해 밀어 올리는 위치로서 구할 수 있는 유량 계측기는?
① 로터리 피스톤형  ② 로터 미터
③ 전자 유량계  ④ 와류 유량계

**72.** 다음 중 유량의 단위가 아닌 것은?
① $m^3/s$  ② $ft^3/h$
③ $m^2/min$  ④ $L/s$

**73.** 유기화합물의 분리에 가장 적합한 기체 크로마토그래피의 검출기는?
① TCD  ② FID
③ ECD  ④ FPD

**74.** 정확한 계량이 가능하여 기준기로 주로 이용되는 것은?
① 막식 가스미터
② 습식 가스미터
③ 회전자식 가스미터
④ 벤투리식 가스미터

**75.** 벤투리 유량계의 특성에 대한 설명으로 틀린 것은?
① 내구성이 좋다.
② 압력손실이 적다.
③ 침전물의 생성우려가 적다.
④ 좁은 장소에 설치할 수 있다.

**76.** 가스누출검지기 중 가스와 공기의 열전도도가 다른 것을 측정원리로 하는 검지기는?
① 반도체식 검지기
② 접촉연소식 검지기
③ 서모스탯식 검지기
④ 불꽃이온화식 검지기

**77.** 전자유량계의 측정 원리는 어느 법칙을 이용한 것인가?
① 쿨롱의 전자유도법칙
② 오옴의 전자유도법칙
③ 페러데이의 전자유도법칙
④ 줄의 전자유도법칙

**78.** 다음 중 되먹임 제어의 요소가 아닌 것은?
① 가스 공급 속도
② 가스 공급 온도
③ 탱크 외기 온도
④ 가스 공급 압력

**79.** 제베크(Seebeck)효과의 원리를 이용한 온도계는?
① 열전대 온도계  ② 서미스터 온도계
③ 팽창식 온도계  ④ 광전관 온도계

**80.** 다음 중 탄성 압력계의 종류가 아닌 것은?
① 시스턴(cistern) 압력계
② 부르동(Bourdon)관 압력계
③ 벨로스(bellows) 압력계
④ 다이어프램(diaphargm) 압력계

# CBT 모의고사 9

## 제 1 과목  연소공학

**1.** 다음 중 중합폭발을 일으키는 물질은?
① 히드라진   ② 과산화물
③ 부타디엔   ④ 아세틸렌

**2.** 석탄이나 목재가 연소 초기에 화염을 내면서 연소하는 형태는?
① 표면연소   ② 분해연소
③ 증발연소   ④ 확산연소

**3.** 고부하 연소 중 내연기관의 동작과 같은 흡입, 연소, 팽창, 배기를 반복하면서 연소를 일으키는 것은?
① 펄스연소   ② 에멀전연소
③ 촉매연소   ④ 고농도산소연소

**4.** 완전연소를 이루기 위한 수단으로 적합하지 않은 것은?
① 연소실의 용적을 작게 한다.
② 연소실의 온도를 높게 유지한다.
③ 연소에 필요한 충분한 시간을 부여한다.
④ 연료와 공기를 적당하게 예열하여 공급한다.

**5.** 공기 중에서 $C_{10}H_{20}$이 완전연소하였을 때 산소와 탄산가스의 몰비로 옳은 것은?
① 10 : 15   ② 15 : 10
③ 10 : 20   ④ 20 : 10

**6.** 다음 체적비(%)를 갖는 기체연료 10 Nm³를 완전연소시키기 위하여 필요한 이론공기량은 약 몇 Nm³인가?

| $H_2$ 10 %, | CO 15 %, | $CH_4$ 25 %, | $N_2$ 50 % |

① 8.7   ② 16.8
③ 20.6   ④ 29.8

**7.** −5℃에서 열을 흡수하여 35℃에 방열하는 역카르노 사이클에 의해 작동하는 냉동기의 성능계수는?
① 0.125   ② 0.15
③ 6.7   ④ 9

**8.** 폭굉(detonation)의 화염전파속도는?
① 0.1∼10 m/s   ② 10∼100 m/s
③ 1000∼3500 m/s   ④ 5000∼10000 m/s

**9.** 다음 중 BLEVE와 관련이 없는 것은?
① Boiling   ② Leak
③ Expanding   ④ Vapor

**10.** 기체가 168 kJ의 열을 흡수하면서 동시에 외부로부터 20 kJ의 일을 받으면 내부에너지의 변화는 약 몇 kJ인가?
① 20   ② 148
③ 168   ④ 188

**11.** 0℃, 1기압에서 $C_3H_8$ 5 kg의 체적은 약 몇 m³인가? (단, 이상기체로 가정하고, C의 원자량은 12, H의 원자량은 1이다.)
① 0.6   ② 1.5
③ 2.5   ④ 3.6

**12.** 가정용 연료가스는 프로판과 부탄가스를 액화한 혼합물이다. 이 액화한 혼합물이 30℃에서 프로판과 부탄의 몰비가 5:1로 되어 있다면 이 용기 내의 압력은 약 몇 기압(atm)인가? (단, 30℃에서의 증기압은 프로판이 9000 mmHg, 부탄이 2400 mmHg이다.)
① 2.6      ② 5.5
③ 8.8      ④ 10.4

**13.** 가연물의 구비조건이 아닌 것은?
① 연소열량이 커야 한다.
② 열전도도가 작아야 한다.
③ 활성화 에너지가 커야 한다.
④ 산소와의 친화력이 좋아야 한다.

**14.** 도시가스의 분류는 연소특성에 따라 4A부터 13A까지 구분한다. 여기에서 숫자 4 또는 13이 의미하는 것은?
① 밀도계수    ② 기체상수
③ 연소속도    ④ 웨버지수

**15.** 위험장소 분류 중 폭발성 가스의 농도가 연속적이거나 장시간 지속적으로 폭발한계 이상이 되는 장소 또는 지속적인 위험상태가 생성되거나 생성될 우려가 있는 장소는?
① 제0종 위험장소  ② 제1종 위험장소
③ 제2종 위험장소  ④ 제3종 위험장소

**16.** 등심연소의 화염 높이에 대하여 옳게 설명한 것은?
① 공기 유속이 낮을수록 화염의 높이는 커진다.
② 공기 온도가 낮을수록 화염의 높이는 커진다.
③ 공기 유속이 낮을수록 화염의 높이는 낮아진다.
④ 공기 유속이 높고 공기 온도가 높을수록 화염의 높이는 커진다.

**17.** 프로판과 부탄이 각각 50 % 부피로 혼합되어 있을 때 최소산소농도(MOC)의 부피 %는 약 얼마인가? (단, 프로판과 부탄의 연소하한계는 각각 2.2 v%, 1.8 v%이다.)
① 1.9      ② 5.5
③ 11.4     ④ 15.1

**18.** 다음 설명 중 옳은 것은?
① 최소 점화에너지는 유속이 증가할수록 작아진다.
② 최소 점화에너지는 혼합기 온도가 상승함에 따라 작아진다.
③ 최소 점화에너지의 상승은 혼합기 온도 및 유속과는 무관하다.
④ 최소 점화에너지는 유속 20 m/s까지는 점화에너지가 증가하지 않는다.

**19.** 일정량의 기체의 체적은 온도가 일정할 때 어떤 관계가 있는가? (단, 기체는 이상기체로 거동한다.)
① 압력에 비례한다.
② 압력에 반비례한다.
③ 비열에 비례한다.
④ 비열에 반비례한다.

**20.** B, C급용 분말소화기의 용도가 아닌 것은?
① 유류 화재   ② 가스 화재
③ 전기 화재   ④ 일반 화재

## 제 2 과목  가스설비

**21.** 정압기 유량특성과 관계 없는 것은?
① 직선형  ② 평방근형
③ 2차형   ④ 3차형

**22.** 애드벌룬, 비행선 등과 같은 부양용 기구에 수소 대용으로 사용하는 것은?
① 헬륨   ② 산소
③ 아르곤  ④ 질소

**23.** 왕복동형 압축기에서 윤활유 온도가 상승하는 원인으로 틀린 것은?
① 베어링 간극 과다
② 오일 펌프 불량
③ 오일 쿨러 불량
④ 습동부의 발열 과대

**24.** 가연성가스에 공기 대신 산소와 혼합되었을 때 폭발범위는 어떻게 변화되는가?
① 폭발상한계가 올라간다.
② 폭발하한계가 내려간다.
③ 폭발범위는 변화가 없다.
④ 폭발범위는 좁아진다.

**25.** 도시가스에 부취제를 첨가하는 주목적으로 옳은 것은?
① 연소효율을 높이기 위하여
② 발열량을 증가시키기 위하여
③ 응축되는 것을 방지하기 위하여
④ 가스 누출을 조기에 발견하기 위하여

**26.** 포스겐의 성질에 대한 설명 중 틀린 것은?
① 공기보다 무겁다.
② 무색, 무취의 독성가스이다.
③ 건조제로 진한 황산을 사용한다.
④ 가열하면 일산화탄소와 염산이 생성된다.

**27.** 하버-보쉬법, 클라우드법, 카자레법 등과 관련이 있는 것은?
① 암모니아    ② 아세틸렌
③ 산화에틸렌  ④ 시안화수소

**28.** 펌프에서 발생하는 현상이 아닌 것은?
① 초킹(choking)
② 서징(surging)
③ 캐비테이션(cavitation)
④ 수격작용(water hammering)

**29.** 질소가스를 상온에서 압력을 가하면(승압) 밀도는 어떻게 변화되는가?
① 커진다.
② 작아진다.
③ 변함없다.
④ 작아진 후 다시 커진다.

**30.** 희생양극법 전기방식시설의 유지관리를 위해 배관을 따라 전위측정용 터미널을 설치할 때 얼마 이내의 간격으로 하는가?
① 100 m 이내  ② 200 m 이내
③ 300 m 이내  ④ 500 m 이내

**31.** 정압기(governor)의 기본 구성품에 해당되지 않는 것은?
① 스프링     ② 메인밸브
③ 다이어프램  ④ 공기구멍

**32.** 다음 가스장치의 사용재료 중 구리 및 구리합금이 사용 가능한 가스는?
① 산소　　② 황화수소
③ 암모니아　④ 아세틸렌

**33.** [보기]의 특징을 가진 오토클레이브는?

[보 기]
- 가스누설의 가능성이 적다.
- 고압력에서 사용할 수 있고 반응물의 오손이 없다.
- 뚜껑판에 뚫어진 구멍에 촉매가 끼어 들어갈 염려가 있다.

① 교반형　　② 진탕형
③ 회전형　　④ 가스교반형

**34.** 린데식 액화장치의 구조상 반드시 필요하지 않은 것은?
① 열교환기　② 팽창기
③ 팽창밸브　④ 액화기

**35.** 용접부에서 발생하는 결함이 아닌 것은?
① 오버랩(over-lap)
② 기공(blow hole)
③ 언더컷(under-cut)
④ 클래드(clad)

**36.** 유체에 대한 저항은 크나 개폐가 쉽고 유량 조절에 주로 사용되는 밸브는?
① 글로브 밸브
② 게이트 밸브
③ 플러그 밸브
④ 버터플라이 밸브

**37.** 펌프에서 전체 양정 10 m, 유량 15 m³/min, 회전수 700 rpm을 기준으로 한 비속도(rpm·m³/min·m)는 약 얼마인가?
① 271　　② 482
③ 858　　④ 1060

**38.** 냉동능력에서 1 RT를 kcal/h로 환산하면?
① 1660　　② 3320
③ 39840　④ 79680

**39.** 지하매설물 탐사방법 중 주로 가스배관을 탐사하는 기법으로 전도체에 전기가 흐르면 도체 주변에 자장이 형성되는 원리를 이용한 탐사법은?
① 전자유도탐사법　② 레이더탐사법
③ 음파탐사법　　　④ 전기탐사법

**40.** 불소가스에 대한 설명 중 틀린 것은?
① 강산화제이다.
② 분자기호는 HF이다.
③ 연소를 도와주는 조연성가스이다.
④ 심한 자극성이 있는 독성가스이다.

### 제 3 과목　가스안전관리

**41.** 용기에 의한 액화석유가스 사용시설에서 사용하는 가스계량기의 용량은 몇 m³/h 미만으로 설치하여야 하는가?
① 0.5　　② 1
③ 5　　　④ 30

**42.** 다음 ( ) 안에 들어갈 알맞은 수치는?

"초저온 용기의 충격시험은 3개의 시험편 온도를 섭씨 ( )℃ 이하로 하여 그 충격치의 최저가 ( )J/cm² 이상이고, 평균 ( )J/cm² 이상의 경우를 적합한 것으로 한다."

① 100, 30, 20
② -100, 20, 30
③ 150, 30, 20
④ -150, 20, 30

**43.** 도시가스사업법에 정한 본관의 정의로 틀린 것은?
① 가스도매사업의 경우에는 도시가스제조사업소의 부지 경계에서 정압기지의 경계까지 이르는 배관으로 밸브기지 안의 배관은 포함한다.
② 일반도시가스사업의 경우에는 도시가스제조사업소의 부지 경계 또는 가스도매사업자의 가스시설 경계에서 정압기까지 이르는 배관을 말한다.
③ 나프타부생가스·바이오가스제조사업의 경우에는 해당 제조사업소의 부지 경계에서 가스도매사업자 또는 일반도시가스사업자의 가스시설 경계 또는 사업소 경계까지 이르는 배관을 말한다.
④ 합성천연가스제조사업의 경우에는 해당 제조사업소의 부지 경계에서 가스도매사업자의 가스시설 경계 또는 사업소 경계까지 이르는 배관을 말한다.

**44.** 지상 가스배관의 내진등급 분류기준으로 틀린 것은?
① 내진 특등급
② 내진 I등급
③ 내진 II등급
④ 내진 III등급

**45.** 고압가스용 용접용기 제조 시 탄소함유량은 몇 % 이하를 사용하여야 하는가?
① 0.04
② 0.05
③ 0.33
④ 0.55

**46.** 고압가스 안전관리법상 가스저장탱크 설치 시 내진설계를 하여야 하는 저장탱크는? (단, 비가연성 및 비독성인 경우는 제외한다.)
① 저장능력이 5톤 이상 또는 500 m³ 이상인 저장탱크
② 저장능력이 3톤 이상 또는 300 m³ 이상인 저장탱크
③ 저장능력이 2톤 이상 또는 200 m³ 이상인 저장탱크
④ 저장능력이 1톤 이상 또는 100 m³ 이상인 저장탱크

**47.** 용기의 도색 및 표시에 대한 설명으로 옳은 것은?
① 의료용 산소 용기의 문자 색상은 백색이다.
② 액화석유가스 용기는 외부에 "연"자 표시를 한다.
③ 액화석유가스 용기 중 부탄가스를 충전하는 용기는 부탄가스임을 표시한다.
④ 선박용 액화석유가스 용기는 용기 상단부에 폭 2 cm의 백색 띠를 한 줄로 표시한다.

**48.** 액화석유가스를 운반하는 차량에 고정된 탱크에 [보기]와 같은 조건으로 폭발방지장치를 설치할 때 후프링과 탱크 동체의 접촉압력은 약 몇 MPa인가?

- 폭발방지제의 중량+지지봉의 중량+후
  프링의 자중 : 100000 N
- 동체의 안지름 : 400 cm
- 후프링의 접촉폭 : 10 cm
- 안전율 : 4

① 1  ② 2
③ 3  ④ 4

**49.** 의료용 용기 중 백색 용기에 충전하는 가스는?

① 수소  ② 산소
③ 아세틸렌  ④ 암모니아

**50.** 고압가스용 안전밸브의 구성 부품이 아닌 것은?

① 스프링  ② 밸브디스크
③ 밸브시트  ④ 스커트

**51.** 고압가스 냉동제조시설에서 해당 냉동설비의 냉동능력에 대응하는 환기구의 면적을 확보하지 못하는 때에는 그 부족한 환기구 면적에 대하여 냉동능력 1톤당 얼마 이상의 강제환기장치를 설치해야 하는가?

① 0.05 $m^3$/분  ② 1 $m^3$/분
③ 2 $m^3$/분  ④ 3 $m^3$/분

**52.** 고압가스 안전관리법에서 정하고 있는 특정고압가스가 아닌 것은?

① 천연가스  ② 액화염소
③ 게르만  ④ 염화수소

**53.** 정전기 제거설비를 정상상태로 유지하기 위한 검사항목이 아닌 것은?

① 지상에서 접지 저항치
② 지상에서의 접속부의 접속 상태
③ 지상에서의 접지접속선의 절연여부
④ 지상에서의 절선 그밖에 손상부분의 유무

**54.** 검사에 합격한 용기등에 대하여 각인 또는 표시 사항에 대한 설명 중 틀린 것은?

① 납붙임 또는 접합용기에는 그 제조공정 중에 "R"자의 각인을 한다.
② 검사에 합격한 용기 부속품에 대하여는 3 mm×5 mm 크기의 "KC"자의 각인을 한다.
③ 재검사에 불합격되어 수리를 한 저장탱크의 경우에는 "KC"자의 각인과 함께 "R"자의 각인을 한다.
④ 용기(접합용기 또는 납붙임용기 제외)에는 그 어깨부분 또는 프로텍터 부분 등 보이기 쉬운 곳에 "KC"자의 각인을 한다.

**55.** 접합 또는 납붙임용기와 이동식 부탄연소기용 용접용기에 액화석유가스를 충전할 때 가스의 압력은 40℃에서 얼마인가?

① 0.15 MPa 이하  ② 0.52 MPa 이하
③ 1.05 MPa 이하  ④ 1.53 MPa 이하

**56.** 아세틸렌 충전용 용기의 안전을 확보하기 위한 다공도의 기준으로 틀린 것은?

① 용해제 및 다공물질을 고루 채워 다공도를 75 % 이상 92 % 미만으로 한다.
② 다공질물은 아세톤, 디메틸포름아미드 또는 아세틸렌으로 인해 충분히 침식되도록 한다.
③ 다공도는 다공질물을 용기에 충전한 상태로 20℃에서 아세톤, 디메틸포름아미드 등의 흡수량으로 측정한다.

④ 아세틸렌을 충전하는 용기는 밸브 바로 밑의 가스 취입·취출 부분을 제외하고 다공질물을 빈틈없이 채운다.

**57.** 일반도시가스사업 정압기실의 시설기준으로 틀린 것은?
① 정압기실 주위에는 높이 1.2 m 이상의 경계책을 설치한다.
② 정압기실에는 가스공급시설 외의 시설물을 설치하지 아니한다.
③ 지하에 설치하는 지역정압기실의 조명도는 150룩스를 확보한다.
④ 침수위험이 있는 지하에 설치하는 정압기에는 침수방지 조치를 한다.

**58.** 가스 중에 포화수분이 있거나 가스배관의 부식구멍 등에서 지하수가 침입 또는 공사 중에 물이 침입하는 경우를 대비해 관로의 저부에 설치하는 것은?
① 에어밸브     ② 수취기
③ 콕           ④ 체크밸브

**59.** 고압가스 특정제조시설에 설치되는 가스누출검지 경보장치에 대한 설명으로 틀린 것은?
① 경보를 발신한 후 원칙적으로 5분이 경과하면 자동으로 정지되는 것으로 한다.
② 검지에서 발신까지 걸리는 시간은 경보농도의 1.6배 농도에서 30초 이내로 한다.
③ 경보농도는 가연성가스의 경우 폭발한계의 1/4 이하, 독성가스는 TLV-TWA 기준농도 이하로 한다.
④ 검지경보장치의 경보정밀도는 전원의 전압 등 변동이 ±10% 정도일 때에도 저하되지 않는 것으로 한다.

**60.** 고압가스의 분출 또는 누출의 원인이 아닌 것은?
① 적정 압력
② 안전밸브의 작동
③ 용기에서 용기밸브의 이탈
④ 용기의 부속된 압력계의 파열

## 제 4 과목  가스계측

**61.** 유량계가 지시하는 양이 50%이고, 기준계기가 지시하는 양이 52%일 때 기차는 약 몇 %인가?
① -2           ② +2
③ -4           ④ +4

**62.** 액체 압력식 온도계에 사용하는 물질의 구비조건으로 틀린 것은?
① 열팽창계수가 작을 것
② 휘발성이 작을 것
③ 모세관 현상이 클 것
④ 온도에 따른 밀도 변화가 작을 것

**63.** 막식 가스미터에서 발생할 수 있는 고장의 형태 중 가스미터에 감도 유량을 흘렸을 때, 미터 지침의 시도(示度)에 변화가 나타나지 않는 고장을 의미하는 것은?
① 감도불량      ② 부동
③ 불통          ④ 기차불량

**64.** 오리피스로 유량을 측정하는 경우 압력차가 2배로 변했다면 유량은 몇 배로 변하겠는가?

① 1배  ② $\sqrt{2}$배
③ 2배  ④ 4배

**65.** 25℃, 1 atm에서 21 mol%의 $O_2$와 79 mol%의 $N_2$로 된 공기혼합물의 밀도는 약 몇 kg/m³인가?

① 0.118  ② 1.18
③ 0.134  ④ 1.34

**66.** 가스계량기에 표시되어 있는 'L/rev'의 의미에 대한 설명으로 옳은 것은?

① 사용 최대유량의 단위
② 사용 최소유량의 단위
③ 계량실의 1주기 효율의 단위
④ 계량실의 1주기 체적의 단위

**67.** 밀도와 비중에 대한 설명으로 틀린 것은?

① 밀도는 물질의 단위 부피당 질량이다.
② 석유제품의 부피나 °API 비중의 기준 온도는 32°F이다.
③ 액체나 고체의 밀도는 압력보다 온도에 의한 변화가 크다.
④ 비중은 어떤 부피의 물질에 대한 같은 부피의 표준물질과의 질량비로 나타낸다.

**68.** 표준 계측기기의 구비조건으로 옳지 않은 것은?

① 정도가 높을 것
② 안정성이 높을 것
③ 경년 변화가 클 것
④ 외부조건에 대한 변형이 적을 것

**69.** 가스보일러의 배기가스를 오르사트 분석기를 이용하여 시료 50 mL를 채취하여 흡수피펫을 통과한 후 남은 시료 부피는 각각 $CO_2$ 40 mL, $O_2$ 20 mL, CO 17 mL이었다. 이 가스 중 $N_2$의 조성은?

① 30 %  ② 34 %
③ 64 %  ④ 70 %

**70.** 압력계의 눈금이 1.2 MPa를 나타내고 있으며, 대기압이 750 mmHg일 때 절대압력은 약 몇 kPa인가?

① 1000  ② 1100
③ 1200  ④ 1300

**71.** 용적식 유량계에 해당되지 않는 것은?

① 루트식  ② 피토관
③ 오벌식  ④ 로터리 피스톤식

**72.** 침종식 압력계에 대한 설명으로 옳지 않은 것은?

① 진동, 충격의 영향을 적게 받는다.
② 복종식의 측정범위는 5~30 mmH₂O이다.
③ 아르키메데스의 원리를 이용한 계기이다.
④ 압력이 높은 기체의 압력을 측정하는 데 쓰인다.

**73.** 열전대 온도계의 특징에 대한 설명으로 틀린 것은?

① 원격 측정이 가능하다.
② 고온의 측정에 적합하다.
③ 보상도선에 의한 오차가 발생할 수 있다.
④ 장기간 사용하여도 재질이 변하지 않는다.

**74.** 외란의 영향으로 인하여 제어량이 목표치 50 L/min에서 53 L/min으로 변하였다면 이때 제어편차는 얼마인가?
① +3 L/min
② -3 L/min
③ +6.0 %
④ -6.0 %

**75.** 과열증기로부터 부르동관(Bourdon) 압력계를 보호하기 위한 방법으로 가장 적당한 것은?
① 밀폐액 충전
② 과부하 예방판 설치
③ 사이펀(siphon) 설치
④ 격막(diaphragm) 설치

**76.** 물체에서 방사된 빛의 강도와 비교된 필라멘트의 밝기가 일치되는 점을 비교 측정하여 약 3000℃ 정도의 고온도까지 측정이 가능한 온도계는?
① 광고온도계
② 수은 온도계
③ 베크만 온도계
④ 백금저항 온도계

**77.** 계량기 형식 승인 번호의 표시방법에서 계량기 종류별 기호 중 LPG 미터의 기호는?
① H
② P
③ L
④ G

**78.** 가스누출 경보기의 검지방법으로 가장 거리가 먼 것은?
① 반도체식
② 접촉연소식
③ 확산분해식
④ 기체 열전도도식

**79.** 휴대용으로 사용되며 상온에서 비교적 정도가 좋으나 물이 필요한 습도계는?
① 모발 습도계
② 광전관식 노점계
③ 통풍형 건습구 습도계
④ 저항온도계식 건습구 습도계

**80.** 가스미터의 구비조건으로 거리가 먼 것은?
① 소형으로 용량이 작을 것
② 기차의 변화가 없을 것
③ 감도가 예민할 것
④ 구조가 간단할 것

# CBT 모의고사 10

## 제1과목  연소공학

**1.** 연소범위에 대한 일반적인 설명으로 틀린 것은?
① 압력이 높아지면 연소범위는 넓어진다.
② 온도가 올라가면 연소범위는 넓어진다.
③ 산소 농도가 증가하면 연소범위는 넓어진다.
④ 불활성 가스의 양이 증가하면 연소범위는 넓어진다.

**2.** 30℃, 1기압에서 수소 0.15 g, 질소 0.90 g, 암모니아 0.68 g으로 된 혼합가스의 부피는 약 몇 L인가? (단, 원자량은 각각 H는 1, N는 14이다.)
① 0.01   ② 1.73
③ 2.97   ④ 3.66

**3.** 기체상수 $R$을 계산한 결과 1.987이었다. 이때 사용되는 단위는?
① L·atm/mol·K
② cal/mol·K
③ erg/kmol·K
④ Joule/mol·K

**4.** 전 폐쇄구조인 용기 내부에서 폭발성 가스의 폭발이 일어났을 때 용기가 폭발압력을 견디고 외부의 폭발성 가스에 인화할 우려가 없도록 한 방폭구조는?
① 특수 방폭구조
② 유입 방폭구조
③ 내압 방폭구조
④ 안전증 방폭구조

**5.** 폭발에 관련된 가스의 성질에 대한 설명으로 틀린 것은?
① 연소속도가 빠를수록 위험하다.
② 폭발범위가 넓은 것은 위험하다.
③ 압력이 높게 되면 일반적으로 폭발범위가 좁아진다.
④ 가스의 비중이 큰 것은 낮은 곳에 체류할 염려가 있다.

**6.** 중유의 저위발열량이 10000 kcal/kg의 연료 1 kg을 연소시킨 결과 연소열은 5500 kcal/kg이었다. 연소효율은 얼마인가?
① 45 %   ② 55 %
③ 65 %   ④ 75 %

**7.** 사고에 대하여 원인을 파악하는 연역적 기법으로 사고를 일으키는 장치의 이상이나 운전자 실수의 상관관계를 분석하는 안전성 평가 기법은?
① 결함수 분석 기법(FTA)
② 사건수 분석 기법(ETA)
③ 원인-결과 분석법(CCA)
④ 위험도 평가 기법(RBI)

**8.** 액체공기 100 kg 중에는 산소가 약 몇 kg 들어 있는가? (단, 공기는 79 mol% $N_2$와 21 mol% $O_2$로 되어 있다.)
① 18.3   ② 21.1
③ 23.3   ④ 25.4

**9.** [보기]에서 설명하는 연소방식으로 옳은 것은?

> [보 기]
> - 연소에 필요한 공기는 모두 2차 공기로 취한다.
> - 가스를 대기 중에 분출하여 연소하는 형식이다.
> - 역화현상과 소화 시 소음이 발생하지 않는다.
> - 공기의 조절이 불필요한다.

① 적화식
② 분젠식
③ 전1차 공기식
④ 전2차 공기식

**10.** 파라핀계 탄화수소의 탄소수 증가에 따른 일반적인 성질 변화로 옳지 않은 것은?

① 착화점이 높아진다.
② 인화점이 높아진다.
③ 연소범위가 좁아진다.
④ 발열량(kcal/m³)이 커진다.

**11.** 기체연료와 공기의 온도가 모두 25℃인 경우 이론화염온도가 옳게 표시된 것은?

① 수소 : 2252℃
② 프로판 : 5123℃
③ 메탄 : 3122℃
④ 일산화탄소 : 4315℃

**12.** 다음 중 착화온도가 낮아지는 조건으로 틀린 것은?

① 압력이 낮을 때
② 발열량이 높을 때
③ 산소농도가 진할 때
④ 분자구조가 복잡할 때

**13.** 가스의 성질을 설명한 것 중 옳은 것은?

① 수소는 불연성이다.
② 산소는 가연성이다.
③ 황화수소는 가연성이다.
④ 일산화탄소는 불연성이다.

**14.** 자연발화온도(Autoignition temperature : AIT)에 영향을 주는 요인 중에서 증기의 농도에 관한 사항이다. 가장 바르게 설명한 것은?

① 가연성 혼합기체의 AIT는 가연성 가스와 공기의 혼합비가 1 : 1일 때 가장 낮다.
② 가연성 증기에 비하여 산소의 농도가 클수록 AIT는 낮아진다.
③ AIT는 가연성 증기의 농도가 양론 농도보다 약간 높을 때가 가장 낮다.
④ 가연성 가스와 산소의 혼합비가 1 : 1일 때 AIT는 가장 낮다.

**15.** 다음 반응식으로부터 프로판 10 kg이 완전연소할 때 발열량은 약 몇 kcal인가?

$$C + O_2 \rightarrow CO_2 + 97 \text{ kcal/mol}$$
$$H_2 + \frac{1}{2}O_2 \rightarrow H_2O + 58 \text{ kcal/mol}$$

① 5230
② 52300
③ 11886
④ 118864

**16.** 가스화재 시 밸브 및 콕을 잠그는 경우 어떤 소화효과를 기대할 수 있는가?

① 질식소화
② 제거소화
③ 냉각소화
④ 억제소화

**17.** 기체동력 사이클 중 가장 이상적인 이론 사이클로, 열역학 제2법칙과 엔트로피의 기초가 되는 사이클은?

① 카르노 사이클(Carnot cycle)
② 사바테 사이클(Sabathe cycle)
③ 오토 사이클(Otto cycle)
④ 브레이턴 사이클(Brayton cycle)

**18.** 100℃, 50 atm에서 일산화탄소와 수소의 부피비가 3 : 7인 혼합가스의 밀도는 약 몇 g/L인가? (단, 이상기체로 가정한다.)
① 16
② 18
③ 21
④ 23

**19.** 다음 중 점화원이 될 수 있는 것은?
① 증발잠열
② 기압
③ 산화제
④ 정전기 및 방전

**20.** 과잉공기량이 지나치게 많을 때 나타나는 현상으로 틀린 것은?
① 연료소비량 증가
② 연소실 온도 저하
③ 배기가스 온도의 상승
④ 배기가스에 의한 열손실 발생

## 제 2 과목   가스설비

**21.** 냉동설비에 사용되는 냉매가스의 구비조건으로 틀린 것은?
① 증발열이 커야 한다.
② 응고점이 낮아야 한다.
③ 안전성이 있어야 한다.
④ 증기의 비체적이 커야 한다.

**22.** 용기 내에 A와 B의 액체가 같은 몰(mol)수로 혼합되어 있다. 같은 온도에서 순수한 A와 B의 증기압은 각각 2 MPa, 10 MPa이라면 용기 내의 증기압은 몇 MPa인가? (단, 라울의 법칙이 성립한다고 가정한다.)
① 5
② 6
③ 7
④ 8

**23.** 다음 중 알진(Arsine)에 대한 설명으로 틀린 것은?
① 마늘냄새가 난다.
② 분자식은 $AsH_4$이다.
③ 공기보다 무겁다.
④ 무색의 독성가스이다.

**24.** 가스 조정기(regulator)의 주된 역할에 대한 설명으로 옳은 것은?
① 가스의 불순물을 정제한다.
② 용기 내로의 역화를 방지한다.
③ 공기의 혼입량을 일정하게 유지해 준다.
④ 가스의 공급압력을 일정하게 유지해 준다.

**25.** 다음 밸브류 중 전개(全開) 시(모두 열었을 때) 유체의 저항이 가장 적은 것은?
① 체크 밸브
② 앵글 밸브
③ 슬루스 밸브
④ 글로브 밸브

**26.** 디보레인(diborane)에 대한 설명 중 옳은 것으로만 나열된 것은?

| ⓐ 무색의 가스로 자극적인 냄새가 있다.
| ⓑ 공기 중에서 자연발화의 위험성이 있다.
| ⓒ 공기보다 무거워 누설 시 바닥에 체류한다.

① ⓐ
② ⓑ
③ ⓐ, ⓑ
④ ⓐ, ⓑ, ⓒ

**27.** 노즐에서 분출되는 가스 분출속도에 의해 연소에 필요한 공기의 일부를 흡입하여 혼합기 내에서 잘 혼합하여 염공으로 보내 연소하고 이때 부족한 연소공기는 불꽃주위로부터 새로운 공기를 혼입하여 가스를 연소시키며 연소온도가 가장 높은 방식의 버너는?
① 분젠식 버너  ② 전1차식 버너
③ 적화식 버너  ④ 세미분젠식 버너

**28.** 산소를 압축하는 왕복동 압축기에 설치되는 안전밸브의 1시간당 분출 가스량이 6000 kg이고, 27℃에서 작동압력이 8 MPa이라면 안전밸브 분출부의 유효면적은 약 몇 $cm^2$인가?
① 0.09  ② 0.99
③ 1.09  ④ 1.99

**29.** 정압기의 이상감압에 대처할 수 있는 방법이 아닌 것은?
① 필터 설치
② 정압기 2계열 설치
③ 저압배관의 loop화
④ 2차측 압력 감시장치 설치

**30.** LP가스를 이용한 도시가스 공급방식이 아닌 것은?
① 직접 혼입방식
② 공기 혼합방식
③ 변성 혼입방식
④ 생가스 혼합방식

**31.** 원유, 등유, 나프타 등의 분자량이 큰 탄화수소 원료를 고온(800~900℃)으로 분해하여 고열량의 가스를 제조하는 방법은?
① 열분해 프로세스
② 접촉분해 프로세스
③ 수소화분해 프로세스
④ 대체 천연가스 프로세스

**32.** 정압기 설치에 대한 설명으로 가장 거리가 먼 것은?
① 입구에는 가스차단 장치를 설치한다.
② 출구에는 가스압력 측정 장치를 설치한다.
③ 출구에는 수분 및 불순물 제거장치를 설치한다.
④ 정압기의 분해점검 및 고장을 대비하여 예비 정압기를 설치한다.

**33.** 도시가스 원료인 액화석유가스(LPG) 저장법으로 옳은 것은?
① 가압식 저장법, 고온 증발식 저장법
② 가압식 저장법, 저온식(냉동식) 저장법
③ 고온 저압식 저장법, 예열 증발식 저장법
④ 고온 저압식 저장법, 저온식(냉동식) 저장법

**34.** 갈바닉 부식에 대한 설명으로 틀린 것은?
① 이종금속 접촉부식이라 한다.
② 전위가 낮은 금속표면에서 방식이 된다.
③ 전위가 낮은 금속표면에서 양극반응이 진행된다.
④ 두 종류의 금속이 접촉에 의해서 일어나는 부식이다.

**35.** 대기압에서 1.5 MPa·g까지 2단 압축기로 압축하는 경우 압축동력을 최소로 하기 위해서는 중간압력을 약 몇 MPa·g로 하는 것이 좋은가?

① 0.2    ② 0.3
③ 0.5    ④ 0.75

**36.** 1냉동톤은 0℃ 물 1톤을 24시간 동안 0℃ 얼음으로 냉동시키는 능력으로 정의된다. 1냉동톤($RT$)을 환산하면 몇 kcal/h가 되는가?

① 332    ② 3320
③ 2241    ④ 22410

**37.** 가스가 공급되는 시설 중 지하에 매설되는 배관에는 부식을 방지하기 위하여 전기적 부식방지 조치를 한다. Mg-Anode를 이용하여 양극 금속과 매설배관을 전선으로 연결하여, 양극 금속과 매설배관 사이의 전지작용에 의해 전기적 부식을 방지하는 방법은?

① 직접 배류법    ② 외부 전원법
③ 선택 배류법    ④ 희생 양극법

**38.** 펌프의 특성 곡선상 체절운전(체절양정)이란 무엇인가?

① 유량이 0일 때의 양정
② 유량이 최대일 때의 양정
③ 유량이 이론값일 때의 양정
④ 유량이 평균값일 때의 양정

**39.** [보기]의 성질을 가지고 있는 가스는?

[보 기]
- 무색, 무취, 가연성기체
- 폭발범위: 공기 중 4~75 vol%

① 메탄    ② 암모니아
③ 에틸렌    ④ 수소

**40.** 가스액화 분리장치의 축랭기에 사용되는 축랭체는?

① 규조토    ② 자갈

③ 암모니아    ④ 희가스

## 제 3 과목    가스안전관리

**41.** 고압가스 판매자가 실시하는 안전점검 결과 용기가 부적합할 경우의 기준으로 옳은 것은?

① 고압가스 제조자에게 용기를 반송한다.
② 고압가스 제조자에게 폐기를 요청한다.
③ 고압가스 제조자에게 용기를 수리 또는 보수하게 한다.
④ 고압가스 제조자에게 보수 또는 수선하거나 보수할 수 없을 때에는 폐기를 요청한다.

**42.** 고압가스 냉동제조시설에서 독성가스 종류에 따라 구비하여야 할 보호구 수량의 기준으로 옳은 것은?

① 상시 작업에 종사하는 작업원 5인당 2개의 비율로 계산한 수량 이상 구비한다.
② 상시 작업에 종사하는 작업원 5인낭 3개의 비율로 계산한 수량 이상 구비한다.
③ 상시 작업에 종사하는 작업원 10인당 2개의 비율로 계산한 수량 이상 구비한다.
④ 상시 작업에 종사하는 작업원 10인당 3개의 비율로 계산한 수량 이상 구비한다.

**43.** 독성가스 용기 운반 기준으로 틀린 것은?

① 차량의 최대 적재량을 초과하여 운반하지 않을 것

② 충전용기를 차량에 적재하여 운반할 때에는 운반차량에 눕혀서 운반할 것
③ 독성가스 중 가연성가스와 조연성가스는 동일 차량 적재함에 운반하지 않을 것
④ 밸브가 돌출한 충전용기는 고정식 프로텍터 또는 캡을 부착하여 밸브의 손상을 방지하는 조치를 할 것

**44.** 고압가스 제조소의 가연성가스 제조설비의 고압가스설비는 그 외면으로부터 다른 가연성가스 제조시설의 고압가스설비와 몇 m 이상의 거리를 유지하여야 하는가?
① 3   ② 5
③ 8   ④ 10

**45.** 독성가스와 그 제독제가 옳지 않게 짝지어진 것은?
① 염소 – 소석회
② 암모니아 – 물
③ 황화수소 – 가성소다 수용액
④ 시안화수소 – 탄산소다 수용액

**46.** 고압가스의 설비 내부에 들어가 수리를 할 경우의 가스 치환방법으로 옳은 것은?
① 암모니아는 질소로 치환한 후 작업을 시작한다.
② 이산화탄소는 공기로 치환한 후에 작업을 시작한다.
③ 질소의 경우는 치환할 필요가 없이 작업을 시작한다.
④ 수소의 경우는 불활성가스로 치환한 후에 작업을 시작한다.

**47.** 주거지역의 지상에 설치된 액화석유가스 저장탱크 중 저장능력 몇 톤 이상인 저장탱크에 폭발방지장치를 설치하여야 하는가?

① 3톤   ② 10톤
③ 30톤  ④ 100톤

**48.** 고압가스 운반 중 가스누출 부분에 수리가 불가능한 사고가 발생하였을 경우의 조치로서 가장 거리가 먼 것은?
① 상황에 따라 안전한 장소로 대피한다.
② 상황에 따라 안전한 장소로 운반한다.
③ 비상연락망에 따라 소속 직원에게 협조를 요청한다.
④ 착화된 경우 용기파열 등의 위험이 없다고 인정될 때에는 소화한다.

**49.** 용기 제조자의 수리범위에 해당하지 않는 것은?
① 냉동기의 단열재 교체
② 용기의 스커트 교체 및 가공
③ 초저온 용기 부속품의 탈·부착
④ 아세틸렌 용기 내의 다공물질 교체

**50.** 방폭전기기기 중 압력방폭구조의 표시기호로 옳은 것은?
① d   ② s
③ p   ④ o

**51.** 수소자동차 충전시설의 가스설비와 고압전선과 유지하여야 할 수평거리는 얼마인가?
① 3 m 이상   ② 5 m 이상
③ 8 m 이상   ④ 10 m 이상

**52.** 용기에 의한 액화석유가스 사용시설의 LP 가스 용기의 밸브가 얼어서 가스가 공급되지 않을 때 조치방법으로 옳은 것은?
① 용기를 힘차게 흔든다.
② 가스토치를 이용하여 녹여 사용한다.

③ 40℃ 이하의 열습포로 녹여 사용한다.
④ 60℃ 이상의 더운물로 녹여 사용한다.

**53.** 습도 50 % 이하인 동절기의 경우에는 가스용기밸브의 개폐를 서서히 하여야 하는 주된 이유로 옳은 것은?
① 밸브 파열 방지
② 정전기 방지
③ 용기 압력 유지
④ 분해 폭발 방지

**54.** 도시가스 사업법에서 정하고 있는 저압의 기준으로 옳은 것은?
① 0.01 MPa 미만
② 0.1 MPa 미만
③ 0.2 MPa 미만
④ 1 MPa 미만

**55.** 도시가스 배관보호 기준에서 정한 굴착현장 복구에 대한 설명으로 틀린 것은?
① 되메움 공사 완료 후 3개월 이상 침하 유무를 확인한다.
② 가스배관의 주위에 매설물을 부설하고자 할 때에는 30 cm 이상 이격하여 설치한다.
③ 되메우기 작업은 다짐장비를 활용하여 기계다짐, 물다짐 등의 방법으로 충분한 다짐을 실시한다.
④ 되메움용 토사는 지반의 침하를 고려하여 운반차로부터 직접 투입하는 방법으로 한다.

**56.** 독성가스가 누출되었을 경우 이에 대한 제독조치로서 적당하지 않은 것은?
① 흡착제에 의하여 흡착 제거하는 조치
② 벤트스택을 통하여 공기 중에 방출시키는 조치
③ 물 또는 흡수제에 의하여 흡수 또는 중화하는 조치
④ 집액구 등으로 고인 액화가스를 펌프 등의 이송설비로 반송하는 조치

**57.** 소형저장탱크에 의한 액화석유가스 사용시설에서 자동차 등에 의해 소형저장탱크가 손상을 받을 우려가 있는 경우에는 보호대 등의 방호조치를 한다. 이에 대한 설명으로 옳지 않은 것은?
① 철근콘크리트제 보호대는 기초에 25 cm 이상의 깊이로 묻는다.
② 보호대가 말뚝형태인 경우 말뚝은 2개 이상으로서 간격은 1.5 m 이하로 한다.
③ 호칭지름 80 A 이상의 배관용 탄소강관 또는 이와 동등 이상의 강도를 가진 강관으로 한다.
④ 저장탱크와 보호대 간 거리는 보호대가 전도되어도 전도된 보호대가 저장탱크에 닿지 않은 거리로 한다.

**58.** 고압가스 안전관리법에서 규정하고 있는 독성가스의 허용농도(LC50)는 얼마 이하인가?
① 100만분의 1000
② 100만분의 2000
③ 100만분의 3000
④ 100만분의 5000

**59.** 도시가스용 압력조정기란 도시가스 정압기 이외에 설치되는 압력조정기로서 입구 쪽 호칭지름과 최대표시유량을 각각 바르게 나타낸 것은?

① 50 A 이하, 300 Nm³/h 이하
② 80 A 이하, 300 Nm³/h 이하
③ 80 A 이하, 500 Nm³/h 이하
④ 100 A 이하, 500 Nm³/h 이하

**60.** 고압가스용 재충전금지 용기의 기준으로 틀린 것은?
① 용기와 용기 부속품을 분리할 수 없는 구조로 한다.
② 용기 몸통에는 용기에 부착하는 부속품 및 부속물이 없는 구조로 한다.
③ 개구부의 수평면은 용기의 길이 방향 축에 대하여 수직인 구조로 한다.
④ 최초 충전 후 1회 사용으로 내용 연한이 끝나 재검사를 받아야 하는 용기를 말한다.

## 제 4 과목  가스계측

**61.** 신호의 변환 방식에서 기계적 변환 방식에 해당하는 것은?
① 광전관을 이용한 기전력의 발생
② 온도차에 의한 열전대 온도계의 열기전력 발생
③ 톱니바퀴를 이용하여 직선변위를 회전변위로 변환
④ 스트레인 게이지를 이용하여 비틀림을 저항으로 변환

**62.** 시험용 가스미터로 유량을 측정하였더니 50 m³/h이었다. 같은 가스를 기준 가스미터로 측정하였더니 52 m³/h이었다면 이 시험용 가스미터의 기차는 약 몇 %인가?

① −2.0 %  ② −4.0 %
③ +2.0 %  ④ +4.0 %

**63.** 국제단위계(SI단위계)[the international system unit]의 기본단위는 몇 개인가?
① 5  ② 6
③ 7  ④ 8

**64.** 압력계의 눈금이 1.2 MPa를 나타내고 있으며, 대기압이 750 mmHg일 때 절대압력은 약 몇 kPa인가?
① 1000  ② 1100
③ 1200  ④ 1300

**65.** 오르사트(Orsat) 가스분석기에서 $CO_2$를 흡수하는 용액은?
① 황산용액
② KOH 용액
④ 암모니아성 염화 제1동 용액
④ 알칼리성 피로갈롤(pyrogallol) 용액

**66.** 도시가스 사용압력이 2.0 kPa인 배관에 설치된 막식 가스미터의 기밀시험 압력은?
① 2.0 kPa 이상  ② 4.4 kPa 이상
③ 6.4 kPa 이상  ④ 8.4 kPa 이상

**67.** 추량식 가스미터는?
① 막식  ② 습식
③ 루트식  ④ 오리피스식

**68.** 가스크로마토그래피의 구성요소가 아닌 것은?
① 검출기  ② 유속조절기
③ 분리관(컬럼)  ④ 단색화 장치

**69.** 용적식 유량계에 해당되지 않는 것은?
① 오벌형 유량계
② 피토관 유량계
③ 원판형 유량계
④ 로터리 피스톤식 유량계

**70.** 액주식 압력계에 사용하는 액체가 갖추어야 할 조건으로 거리가 먼 것은?
① 순수한 액체일 것
② 액체의 점도가 클 것
③ 유독한 증기를 내지 말 것
④ 온도에 대한 액의 밀도변화가 작을 것

**71.** 구조 및 취급이 간편하여 휴대용 사용되며 비교적 정도가 좋으나 물이 필요하며 상대습도를 나타내지 않는 습도계는?
① 듀셀 습도계
② 모발 습도계
③ 건습구 습도계
④ 전기저항식 습도계

**72.** 습공기의 절대습도와 그 온도와 동일한 포화공기의 절대습도와의 비를 의미하는 것은?
① 비교습도  ② 절대습도
③ 포화습도  ④ 상대습도

**73.** 연소분석법 중 2종 이상의 동족 탄화수소와 수소가 혼합된 시료를 측정할 수 있는 것은?
① 폭발법, 완만 연소법
② 산화구리법, 완만 연소법
③ 분별 연소법, 완만 연소법
④ 팔라듐관 연소법, 산화구리법

**74.** 가스누출 검지경보장치의 기능에 대한 설명으로 틀린 것은?
① 경보를 발신한 후 5분 이내에 자동적으로 경보정지가 되어야 할 것
② 가스검지에서 발신까지의 소요시간은 경보농도의 1.6배 농도에서 보통 30초 이내일 것
③ 지시계의 눈금은 독성가스인 경우 0~TLV-TWA 기준농도 3배 값을 명확하게 지시하는 것일 것
④ 경보농도는 가연성가스인 경우 폭발하한계의 1/4 이하, 독성가스인 경우 TLV-TWA 기준농도 이하로 할 것

**75.** 접촉식 온도계의 종류와 특징을 연결한 것 중 틀린 것은?
① 유리 온도계 - 액체의 온도에 따른 팽창을 이용한 온도계
② 저항 온도계 - 온도 변화에 따른 금속의 전기저항 변화를 이용한 온도계
③ 열전대 온도계 - 온도 차이에 의한 금속의 열상승 속도의 차이를 이용한 온도계
④ 바이메탈 온도계 - 바이메탈이 온도에 따라 굽히는 정도가 다른 점을 이용한 온도계

**76.** 제어계의 상태를 교란시키는 외란의 원인으로 가장 거리가 먼 것은?
① 가스 유출량
② 탱크 주위의 온도
③ 탱크의 외관
④ 가스 공급압력

**77.** 계통적 오차에 대한 설명 중 옳지 않은 것은?
① 참값에 대하여 치우침이 생길 수 있다.
② 오차의 원인을 알 수 없어 제거할 수 없다.
③ 측정 조건 변화에 따라 규칙적으로 생긴다.
④ 계기오차, 개인오차, 이론오차 등으로 분류된다.

**78.** 가스압력식 온도계의 봉입액으로 사용되는 액체로 가장 부적당한 것은?
① 벤젠  ② 아닐린
③ 프레온  ④ 에틸에테르

**79.** 가스크로마토그래피에서 사용하는 검출기가 아닌 것은?
① 원자방출 검출기(AED)
② 황화학발광 검출기(SCD)
③ 열추적 검출기(TTD)
④ 광이온화 검출기(PID)

**80.** $H_2$, $N_2$, $CO_2$ 등에는 검출되지 않고, 거의 모든 탄화수소 화합물에 감응하는 검지기는?
① 서미스터 검지기
② 검지관식 검지기
③ 반도체식 가스검지기
④ 불꽃이온화식 가스검지기

## 제1과목 연소공학

**1.** 이상기체에 대한 설명이 틀린 것은?
① 실제로는 존재하지 않는다.
② 체적이 커서 무시할 수 없다.
③ 보일의 법칙에 따르는 가스를 말한다.
④ 분자 상호 간에 인력이 작용하지 않는다.

**2.** 가연물의 연소형태를 나타낸 것 중 틀린 것은?
① 금속분 - 표면연소
② 파라핀 - 증발연소
③ 목재 - 분해연소
④ 유황 - 확산연소

**3.** 층류 연소속도에 대한 설명으로 옳은 것은?
① 미연소 혼합기의 비열이 클수록 층류 연소속도는 크게 된다.
② 미연소 혼합기의 비중이 클수록 층류 연소속도는 크게 된다.
③ 미연소 혼합기의 분자량이 클수록 층류 연소속도는 크게 된다.
④ 미연소 혼합기의 열전도율이 클수록 층류 연소속도는 크게 된다.

**4.** 오토 사이클에서 압축비($\epsilon$)가 10일 때 열효율은 약 몇 %인가? (단, 비열비[$k$]는 1.4이다.)
① 58.2        ② 59.2
③ 60.2        ④ 61.2

**5.** 가연성 고체의 연소에서 나타나는 연소현상으로 고체가 열분해되면서 가연성 가스를 내며 연소열로 연소가 촉진되는 연소는?
① 분해연소        ② 자기연소
③ 표면연소        ④ 증발연소

**6.** 프로판 가스 1 kg을 완전 연소시킬 때 필요한 이론 공기량은 약 몇 $Nm^3/kg$인가? (단, 공기 중 산소는 21 v%이다.)
① 10.1        ② 11.2
③ 12.1        ④ 13.2

**7.** 자연발화를 방지하기 위해 필요한 사항이 아닌 것은?
① 습도를 높여 준다.
② 통풍을 잘 시킨다.
③ 저장실 온도를 낮춘다.
④ 열이 쌓이지 않도록 주의한다.

**8.** 증기폭발(Vapor explosion)에 대한 설명으로 옳은 것은?
① 수증기가 갑자기 응축하여 그 결과로 압력강하가 일어나 폭발하는 현상
② 가연성 기체가 상온에서 혼합 기체가 되어 발화원에 의하여 폭발하는 현상
③ 가연성 액체가 비점 이상의 온도에서 발생한 증기가 혼합기체가 되어 폭발하는 현상
④ 고열의 고체와 저온의 물 등 액체가 접촉할 때 찬 액체가 큰 열을 받아 갑자기 증기가 발생하여 증기의 압력에 의하여 폭발하는 현상

**9.** 이상기체에서 정적비열 $C_v$와 정압비열 $C_p$와의 관계를 나타낸 것으로 옳은 것은? (단, $R$은 기체상수이고, $k$는 비열비이다.)

① $C_v = k \times C_p$
② $C_v = \dfrac{1}{2} \times C_p$
③ $C_v = C_p + R$
④ $C_v = C_p - R$

**10.** 메탄 50 v%, 에탄 25 v%, 프로판 25 v%가 섞여 있는 혼합기체의 공기 중에서의 연소하한계(v%)는 얼마인가? (단, 메탄, 에탄, 프로판의 연소하한계는 각각 5 v%, 3 v%, 2.1 v%이다.)

① 2.3
② 3.3
③ 4.3
④ 5.3

**11.** 공기비($m$)에 대한 가장 옳은 설명은?

① 연료 1 kg당 실제로 혼합된 공기량과 완전연소에 필요한 공기량의 비를 말한다.
② 연료 1 kg당 실제로 혼합된 공기량과 불완전연소에 필요한 공기량의 비를 말한다.
③ 기체 1 m³당 실제로 혼합된 공기량과 완전연소에 필요한 공기량의 차를 말한다.
④ 기체 1 m³당 실제로 혼합된 공기량과 불완전연소에 필요한 공기량의 차를 말한다.

**12.** 휘발유의 한 성분인 옥탄의 완전연소 반응식으로 옳은 것은?

① $C_8H_{18} + O_2 \rightarrow CO_2 + H_2O$
② $C_8H_{18} + 25O_2 \rightarrow CO_2 + 18H_2O$
③ $2C_8H_{18} + O_2 \rightarrow 16CO_2 + H_2O$
④ $2C_8H_{18} + 25O_2 \rightarrow 16CO_2 + 18H_2O$

**13.** 최소 점화에너지(MIE)에 대한 설명으로 틀린 것은?

① MIE는 압력의 증가에 따라 감소한다.
② MIE는 온도의 증가에 따라 증가한다.
③ 질소 농도의 증가는 MIE를 증가시킨다.
④ 일반적으로 분진의 MIE는 가연성가스보다 큰 에너지 준위를 가진다.

**14.** 밀폐된 용기 속에 3 atm, 25℃에서 프로판과 산소가 2 : 8의 몰비로 혼합되어 있으며 이것이 연소하면 다음 식과 같이 된다. 연소 후 용기 내의 온도가 2500 K로 되었다면 용기 내의 압력은 약 몇 atm이 되는가?

$$2C_3H_8 + 8O_2 \rightarrow 6H_2O + 4CO_2 + 2CO + 2H_2$$

① 3
② 15
③ 25
④ 35

**15.** 그림의 냉동장치와 일치하는 행정 위치를 표시한 $TS$ 선도는?

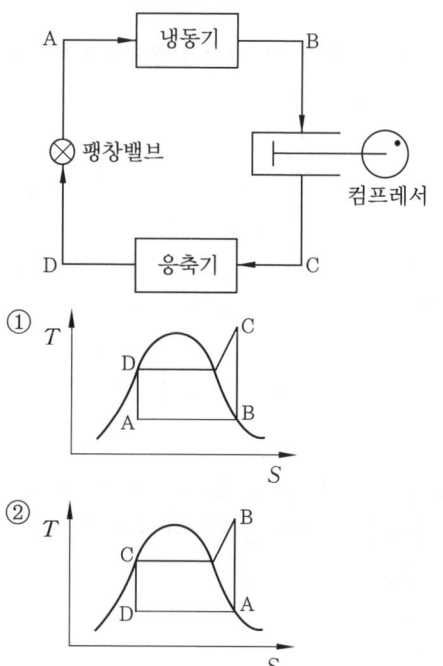

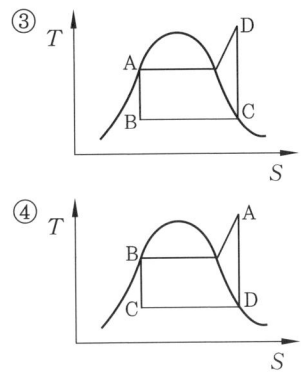

**16.** 최초의 완만한 연소가 격렬한 폭굉으로 발전할 때까지의 거리를 폭굉유도거리(DID)라 하는데 폭굉유도거리가 짧아지는 경우가 아닌 것은?
① 압력이 낮을수록
② 관경이 가늘수록
③ 관속에 방해물이 있을 때
④ 정상 연소속도가 큰 혼합가스일 때

**17.** 폭발과 관련한 가스의 성질에 대한 설명으로 옳지 않은 것은?
① 인화온도가 낮을수록 위험하다.
② 연소속도가 큰 것일수록 위험하다.
③ 안전간격이 큰 것일수록 위험하다.
④ 가스의 비중이 크면 낮은 곳에 체류한다.

**18.** 메탄올(g), 물(g) 및 이산화탄소(g)의 생성열이 각각 50 kcal, 60 kcal 및 95 kcal일 때 메탄올이 완전연소하면 연소열은 약 몇 kcal인가?
① 120
② 145
③ 165
④ 180

**19.** 어느 과열증기의 온도가 350℃일 때 과열도는? (단, 이 증기의 포화온도는 573 K이다.)
① 23
② 30
③ 40
④ 50

**20.** $C_mH_n$ 1 Nm³이 연소하여 생기는 수증기의 양(Nm³)은 얼마인가?
① $\dfrac{n}{4}$
② $\dfrac{n}{2}$
③ $n$
④ $2n$

---

## 제 2 과목  가스설비

**21.** 물 18 kg을 전기분해에 의하여 산소를 제조하여 내용적 40 L 용기에 13.9 MPa·g로 충전하려면 필요한 용기는 몇 개가 필요한가?
① 2
② 3
③ 4
④ 5

**22.** 도시가스 정압기에 설치되어 있는 원격감시 장치가 아닌 것은?
① 경보장치
② 가스차단장치
③ 출입문 개폐통보장치
④ 가스누출검지통보설비

**23.** LP가스 용기 중 일반적으로 가정용으로 사용되는 용기는?
① 용접 용기
② 주물 용기
③ 납땜 용기
④ 이음매 없는 용기

**24.** 저온장치에서 $CO_2$와 수분이 존재할 때 그 영향에 대한 설명으로 옳은 것은?
① $CO_2$는 저온에서 탄소와 산소로 분리된다.
② $CO_2$는 저온장치에서 촉매 역할을 한다.
③ $CO_2$는 가스로서 별로 영향을 주지 않는다.
④ $CO_2$는 드라이아이스가 되고 수분은 얼음이 되어 배관, 밸브를 막아 흐름을 저해한다.

**25.** 다음 중 원심펌프의 양수 원리를 옳게 설명한 것은?
① 익형 날개차의 양력을 이용한다.
② 익형 날개차의 양력과 원심력을 이용한다.
③ 회전차의 원심력을 압력에너지로 변환한다.
④ 회전차의 케이싱과 회전차 사이의 마찰력을 이용한다.

**26.** 매설 가스배관 내진설계 기준에서 지진 피해 시 수급 차질이 심각하게 우려되는 시설로서 내진 특등급, 재현 주기 4800년 지진에 붕괴 방지 수준의 내진 성능을 확보하도록 관리하는 시설은?
① 일반 시설  ② 보통 시설
③ 중요 시설  ④ 핵심 시설

**27.** 흡수식 냉동기의 구성요소가 아닌 것은?
① 압축기  ② 응축기
③ 증발기  ④ 흡수기

**28.** 왕복식 압축기의 특징이 아닌 것은?
① 압축효율이 높다.
② 용량조절의 범위가 넓다.
③ 고압을 쉽게 얻을 수 있다.
④ 고속 회전하므로 형태가 작고, 설치면적이 적다.

**29.** 가스시설 내진설계 시 내진등급 분류항목이 아닌 것은?
① 관리등급  ② 재현등급
③ 중요도등급  ④ 영향도등급

**30.** LP가스용 조정기 중 2단 감압식 조정기의 특징에 대한 설명으로 옳지 않은 것은?
① 1차용 조정기의 조정압력은 25 kPa이다.
② 배관구경이 작은 것으로 설계할 수 있다.
③ 입상배관에 의한 압력손실을 적게 할 수 있다.
④ 배관이 길어도 전 공급지역의 압력을 균일하게 유지할 수 있다.

**31.** 강의 열처리 방법 중 오스테나이트 조직을 마텐자이트 조직으로 바꿀 목적으로 0℃ 이하로 처리하는 방법은?
① 불림  ② 담금질
③ 심냉 처리  ④ 염욕 처리

**32.** 수소취성에 대한 설명으로 옳은 것은?
① 크롬은 수소취성에 대하여 취약한 재료이다.
② 수소는 환원성 가스이므로 상온에서 취성문제를 고려해야 한다.
③ 수소는 고온·고압에서 강 중의 탄소와 결합하여 메탄을 생성한다.
④ 수소는 고온·고압에서 강 중의 철과 화합한다. 이것은 수소취성의 원인이 된다.

**33.** 가스설비 재료 중 금속의 성질로 틀린 것은?
① 특유의 광택을 갖는다.
② 열을 잘 전달하는 양도체이다.
③ 고체 상태에서 결정구조를 갖는다.
④ 전성 및 연성이 크므로 변형이 어렵다.

**34.** 고압가스 용기 충전구의 나사가 왼나사인 것은?
① 수소   ② 질소
③ 암모니아   ④ 브롬화메탄

**35.** 정압기 정특성과 관련이 없는 것은?
① 시프트(shift)   ② 로크업(lock up)
③ 리프트(lift)   ④ 오프셋(off set)

**36.** 탄소강의 종류를 구분할 때 어떤 성분의 함유량에 따르는가?
① C   ② O
③ N   ④ H

**37.** LNG 기화장치 중 천연가스 연소열을 이용하여 기화시키는 것은?
① IFV   ② AAV
③ ORV   ④ SCV

**38.** 전기 방식에 대한 설명 중 옳지 않은 것은 무엇인가?
① 금속에서 부식을 방지하기 위해서는 방식 전류가 부식전류 이하가 되어야 한다.
② 전해질 중 물, 토양 그리고 콘크리트에 노출된 금속에 대하여 전류를 이용하여 부식을 제어하는 것이다.
③ 전기방식은 부식 자체를 제거할 수 있는 것이 아니고 음극에서 일어나는 부식을 양극에서 일어나도록 하는 것이다.
④ 방식 전류는 양극에서 양극반응에 의하여 전해질로 이온이 누출되어 금속 표면으로 이동하게 되고 음극 표면에서는 음극반응에 의하여 전류가 유입되게 된다.

**39.** 원심 펌프의 축봉장치에 메커니컬 실이 필요한 경우로 옳은 것은?
① 저속 회전하는 경우
② 밀도가 큰 액체인 경우
③ 이송 액체가 독성, 부식성, 인화성인 경우
④ 수봉 장치에서 공기가 흡입될 우려가 있는 경우

**40.** 가스누출 자동차단기에서 규정된 유량보다 많은 양의 가스가 통과할 때 가스를 자동 차단하는 성능을 무엇이라 하는가?
① 과압차단성능   ② 과류차단성능
③ 과속차단성능   ④ 과민차단성능

## 제 3 과목  가스안전관리

**41.** 고압가스 특정제조시설에서 안전구역 안의 고압가스설비는 그 외면으로부터 다른 안전구역 안에 있는 고압가스설비의 외면까지 몇 m 이상의 거리를 유지하여야 하는가?
① 10   ② 20
③ 30   ④ 50

**42.** 액화석유가스 충전시설에서 영상정보처리기기(CCTV)로 24시간 운영상태를 감시하기 위해 촬영하는 장소가 아닌 곳은?
① 안전관리상 필요한 장소
② 충전시설에 출입하는 차량 진출입로
③ 자동차에 고정된 탱크 이입·충전장소
④ 저장설비, 가스설비 및 충전설비 설치장소

**43.** 다음 중 소형저장탱크에 대한 설명으로 틀린 것은?
① 옥외에 지상 설치식으로 설치한다.
② 동일 장소에 설치하는 소형저장탱크의 수는 6기 이하로 한다.
③ 건축물이나 사람이 통행하는 구조물의 하부에 설치하지 아니한다.
④ 소형저장탱크를 기초에 고정하는 방식은 화재 등의 경우에도 쉽게 분리되지 않는 것으로 한다.

**44.** 고압가스 용기의 파열사고 주 원인은 용기의 내압력(耐壓力) 부족에 기인한다. 내압력 부족의 원인으로 가장 거리가 먼 것은?
① 용접 불량
② 적정 충전
③ 강재의 피로
④ 용기 내벽의 부식

**45.** 액화석유가스 충전사업자 시설에서 사고가 발생하게 되면 사업자는 한국가스안전공사에 알리도록 되어 있다. 다음 중 가스사고 발생 시 사업자가 서면으로 통보해야 할 사항이 아닌 것은?
① 사고 원인   ② 사고 내용
③ 사고 발생 장소   ④ 사고 발생 일시

**46.** 검사에 합격한 용기등에 대하여 각인 또는 표시 사항에 대한 설명 중 틀린 것은?
① 납붙임 또는 접합용기에는 그 제조공정 중에 "R"자의 각인을 한다.
② 검사에 합격한 용기 부속품에 대하여는 3 mm×5 mm 크기의 "KC"자의 각인을 한다.
③ 재검사에 불합격되어 수리를 한 저장탱크의 경우에는 "KC"자의 각인과 함께 "R"자의 각인을 한다.
④ 용기(접합용기 또는 납붙임용기 제외)에는 그 어깨 부분 또는 프로텍터 부분 등 보이기 쉬운 곳에 "KC"자의 각인을 한다.

**47.** 액화석유가스 사용시설에 설치하는 가스계량기에 대한 설명으로 틀린 것은?
① 가스계량기는 화기와 2 m 이상의 우회거리를 유지한다.
② 가스계량기와 전기계량기와의 거리는 0.6 m 이상을 유지한다.
③ 방이나 거실 등에 설치할 때에는 내구성이 있는 재질의 격납상자 내에 설치한다.
④ 가스계량기 설치높이는 바닥으로부터 계량기 지시장치 중심까지 1.6 m 이상 2 m 이내에 수직·수평으로 설치한다.

**48.** 액화석유가스의 안전관리 및 사업법상 허가대상이 아닌 콕은?
① 퓨즈콕
② 상자콕
③ 주물연소기용 노즐콕
④ 호스콕

**49.** 가스사용시설에 상자콕 설치 시 예방 가능한 사고유형으로 가장 옳은 것은?
① 연소기 과열 화재사고
② 연소기 폐가스 중독 질식사고
③ 연소기 호스 이탈 가스 누출사고
④ 연소기 소화안전장치 고장 가스 폭발사고

**50.** 냉동용 특정설비의 제조에서 고장력강을 사용하는 특정설비는 용접부 내면의 보강 덧붙임을 깎아내도록 되어 있다. 이때 고장력강이란 탄소강으로서 규격 최소인장강도($N/mm^2$)의 기준은?
① 412.4
② 488.4
③ 516.3
④ 568.4

**51.** 고압가스 안전관리법에서 정한 가스에 대한 설명으로 옳은 것은?
① 트리메틸아민은 가연성가스이지만 독성가스는 아니다.
② 일정한 압력에 의하여 압축되어 있는 가스를 압축가스라 한다.
③ 독성가스 분류기준은 허용농도가 백만분의 2000 이하인 것을 말한다.
④ 가압, 냉각 등의 방법에 의하여 액체 상태로 되어 있는 것으로서 대기압에서의 비점이 섭씨 40도 이상 또는 상용의 온도 이하인 것을 가연성가스라 한다.

**52.** 액화가스 저장탱크의 저장능력을 산출하는 식은? [단, $Q$ : 저장능력($m^3$), $W$ : 저장능력(kg), $V$ : 내용적(L), $P$ : 35℃에서 최고충전압력(MPa), $d$ : 상용온도 내에서 액화가스 비중(kg/L), $C$ : 가스의 종류에 따른 정수이다.]

① $W = \dfrac{V}{C}$
② $W = 0.9dV$
③ $Q = (10P+1)V$
④ $Q = (P+2)V$

**53.** 내용적 10 $m^3$의 액화산소 저장설비(지상설치)와 제1종 보호시설과 유지해야 할 안전거리는 몇 m인가? (단, 액화산소의 비중은 1.14이다.)
① 7
② 9
③ 14
④ 21

**54.** 냉동기의 냉매 가스와 접하는 부분은 냉매가스의 종류에 따라 금속재료의 사용이 제한된다. 다음 중 사용 가능한 가스와 그 금속재료가 옳게 연결된 것은?
① 탄산 : 스테인리스강
② 암모니아 : 동 및 동합금
③ 염화메탄 : 알루미늄 합금
④ 프레온 : 2% 초과 마그네슘을 함유한 알루미늄 합금

**55.** 특정고압가스이면서 그 성분이 독성가스인 것으로 나열된 것은?
① 산소, 수소
② 액화염소, 액화질소
③ 액화암모니아, 액화염소
④ 액화암모니아, 액화석유가스

**56.** 고압가스판매 허가를 득하여 사업을 하려는 경우 각각의 용기보관실 면적은 몇 $m^2$ 이상이어야 하는가?
① 7
② 10
③ 12
④ 15

**57.** 독성가스 운반차량의 뒷면에 완충장치로 설치하는 범퍼의 설치 기준은?
① 두께 3 mm 이상, 폭 100 mm 이상
② 두께 3 mm 이상, 폭 200 mm 이상
③ 두께 5 mm 이상, 폭 100 mm 이상
④ 두께 5 mm 이상, 폭 200 mm 이상

**58.** 공동주택 등에 압력조정기를 설치할 경우 설치기준으로 맞는 것은?
① 공동주택 등에 공급되는 가스압력이 중압 이상으로서 전세대수가 200세대 미만인 경우 설치할 수 있다.
② 공동주택 등에 공급되는 가스압력이 저압으로서 전세대수가 250세대 미만인 경우 설치할 수 있다.
③ 공동주택 등에 공급되는 가스압력이 중압 이상으로서 전세대수가 300세대 미만인 경우 설치할 수 있다.
④ 공동주택 등에 공급되는 가스압력이 저압으로서 전세대수가 350세대 미만인 경우 설치할 수 있다.

**59.** 도시가스 사업자는 가스공급시설을 효율적으로 관리하기 위하여 도시가스 배관망을 전산화하여야 한다. 전산화 내용에 포함되지 않는 사항은?
① 배관의 설치도면
② 정압기의 시방서
③ 배관의 가스 흐름 방향
④ 배관의 시공자, 시공연월일

**60.** 고압가스 충전용기의 운반 시 용기 사이에 용기 충격을 최소한으로 방지하기 위해 설치하는 것은?
① 프로텍터　　② 캡
③ 완충판　　　④ 방파판

## 제 4 과목　가스계측

**61.** 표준전구의 필라멘트 휘도와 복사에너지의 휘도를 비교하여 온도를 측정하는 온도계는?
① 색온도계
② 복사온도계
③ 광고온도계
④ 서미스터(thermister)

**62.** 일산화탄소 검지 시 흑색반응을 나타내는 시험지는?
① 연당지　　　② KI 전분지
③ 해리슨 시약　④ 염화팔라듐지

**63.** 액면계의 구비조건으로 틀린 것은?
① 내식성 있을 것
② 고온, 고압에 견딜 것
③ 구조가 복잡하더라도 조작은 용이할 것
④ 지시, 기록 또는 원격 측정이 가능할 것

**64.** 어느 가정에 설치된 가스미터의 기차를 검사하기 위해 계량기의 지시량을 보니 $100 \, m^3$이었다. 다시 기준기로 측정하였더니 $95 \, m^3$이었다면 기차는 약 몇 %인가?
① 0.05　　　② 0.95
③ 5　　　　 ④ 95

**65.** [보기]에서 설명하는 열전대 온도계는?

[보 기]
- 열전대 중 내열성이 가장 우수하다.
- 측정온도 범위가 0~1600℃ 정도이다.
- 환원성 분위기에 약하고 금속 증기 등에 침식하기 쉽다.

① 백금 – 백금·로듐 열전대
② 크로멜 – 알루멜 열전대
③ 철 – 콘스탄탄 열전대
④ 동 – 콘스탄탄 열전대

**66.** [그림]과 같은 자동제어 방식은?

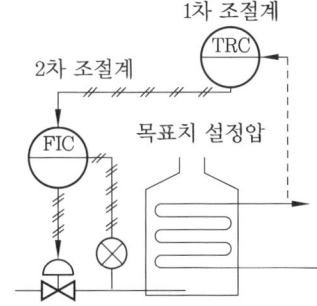

① 피드백 제어
② 시퀀스 제어
③ 캐스케이드 제어
④ 프로그램 제어

**67.** 물리적 가스분석계 중 가스의 상자성(常磁性)체에 있어서 자장에 대해 흡인되는 성질을 이용한 것은?
① $O_2$ 가스계
② $SO_2$ 가스계
③ $CO_2$ 가스계
④ 가스크로마토그래피

**68.** 전압 또는 전력증폭기, 제어밸브 등으로 되어 있으며 조절부에서 나온 신호를 증폭시켜, 제어대상을 작동시키는 장치는?
① 검출부  ② 전송기
③ 조절기  ④ 조작부

**69.** 평균유속이 5 m/s인 원관에서 20 kg/s의 물이 흐르도록 하려면 관의 지름은 약 몇 mm로 해야 하는가?
① 31  ② 51
③ 71  ④ 91

**70.** 가스크로마토그래피 분석계에서 가장 널리 사용되는 고체 지지체 물질은?
① 규조토  ② 활성탄
③ 활성알루미나  ④ 실리카겔

**71.** 가스누출검지기 중 가스와 공기의 열전도도가 다른 것을 측정원리로 하는 검지기는?
① 반도체식 검지기
② 접촉연소식 검지기
③ 서머스탯식 검지기
④ 불꽃이온화식 검지기

**72.** 막식 가스미터의 경우 계량막 밸브의 누설, 밸브와 밸브 시트 사이의 누설 등이 원인이 되는 고장은?
① 부동(不動)  ② 불통(不通)
③ 누설(漏泄)  ④ 기차(器差)불량

**73.** 황화합물과 인화합물에 대하여 선택성이 높은 검출기는?
① 불꽃이온 검출기(FID)
② 열전도도 검출기(TCD)
③ 전자포획 검출기(ECD)
④ 염광광도형 검출기(FPD)

**74.** MAX 1.0 m³/h, 0.5 L/rev로 표기된 가스미터가 시간당 50회전하였을 경우 가스 유량은?
① 0.5 m³/h  ② 25 L/h
③ 25 m³/h  ④ 50 L/h

**75.** 추량식 가스미터에 해당하지 않는 것은?
① 터빈식 미터
② 벤투리 미터
③ 회전자식 미터
④ 오리피스 미터

**76.** 수소의 품질검사에 사용되는 시약은?
① 네슬러 시약
② 동·암모니아
③ 요오드칼륨
④ 하이드로설파이드

**77.** 유체의 운동방정식(베르누이의 원리)을 적용하는 유량계는?
① 오벌기어식
② 오리피스식
③ 터빈 유량계
④ 로터리 베인식

**78.** 비중이 1인 물과 비중이 13.6인 수은으로 구성된 U자형 마노미터의 압력차가 0.2 기압일 때 마노미터에서 수은의 높이차는 약 몇 cm인가?
① 13  ② 16
③ 19  ④ 22

**79.** 다음 중 자동제어계의 동작순서로 맞는 것은?
① 비교 → 판단 → 조작 → 검출
② 조작 → 비교 → 검출 → 판단
③ 검출 → 비교 → 판단 → 조작
④ 판단 → 비교 → 검출 → 조작

**80.** 차압식 유량계에서 압력차가 처음보다 2배 커지고 관의 지름이 1/2배로 되었다면 두 번째 유량($Q_2$)과 처음 유량($Q_1$)의 관계로 옳은 것은? (단, 나머지 조건은 모두 동일하다.)
① $Q_2 = \dfrac{1}{4} Q_1$
② $Q_2 = 0.707 Q_1$
③ $Q_2 = 0.3535 Q_1$
④ $Q_2 = 1.4142 Q_1$

# CBT 모의고사 정답 및 해설

## CBT 모의고사 1

### 정답

| | 1 | 2 | 3 | 4 | 5 | 6 | 7 | 8 | 9 | 10 |
|---|---|---|---|---|---|---|---|---|---|---|
| 연소공학 | ④ | ② | ① | ② | ① | ② | ③ | ③ | ② | ③ |
| | 11 | 12 | 13 | 14 | 15 | 16 | 17 | 18 | 19 | 20 |
| | ③ | ④ | ③ | ③ | ② | ③ | ① | ④ | ① | ② |
| 가스설비 | 21 | 22 | 23 | 24 | 25 | 26 | 27 | 28 | 29 | 30 |
| | ④ | ② | ② | ① | ② | ③ | ② | ④ | ② | ② |
| | 31 | 32 | 33 | 34 | 35 | 36 | 37 | 38 | 39 | 40 |
| | ④ | ③ | ③ | ③ | ① | ② | ④ | ④ | ① | ① |
| 가스안전관리 | 41 | 42 | 43 | 44 | 45 | 46 | 47 | 48 | 49 | 50 |
| | ④ | ③ | ④ | ③ | ③ | ④ | ② | ③ | ② | ② |
| | 51 | 52 | 53 | 54 | 55 | 56 | 57 | 58 | 59 | 60 |
| | ④ | ② | ① | ③ | ① | ③ | ④ | ② | ② | ③ |
| 가스계측 | 61 | 62 | 63 | 64 | 65 | 66 | 67 | 68 | 69 | 70 |
| | ② | ② | ② | ③ | ② | ③ | ① | ① | ④ | ① |
| | 71 | 72 | 73 | 74 | 75 | 76 | 77 | 78 | 79 | 80 |
| | ④ | ④ | ③ | ④ | ② | ④ | ② | ③ | ④ | ② |

---

## 제1과목 연소공학

**1.** 혼합가스의 평균분자량은 성분가스의 고유분자량에 체적비를 곱한값을 합산한 것이다.
∴ $M = (44 \times 0.4) + (32 \times 0.1) + (28 \times 0.5)$
     $= 34.8$

**2.** ㉮ 불완전연소 : 가연성물질이 연소반응할 때 산소부족으로 일산화탄소(CO), 수소($H_2$) 등이 발생하는 것이 불완전연소에 해당된다.
㉯ 탄소(C)의 완전연소 반응식
∴ $C + O_2 \rightarrow CO_2$
㉰ 메탄($CH_4$)의 완전연소 반응식

㉠ 1몰 연소 : $CH_4 + 2O_2 \rightarrow CO_2 + 2H_2O$
㉡ 2몰 연소 : $2CH_4 + 4O_2 \rightarrow 2CO_2 + 4H_2O$

**3.** 자연발화의 형태
㉮ 분해열에 의한 발열 : 과산화수소, 염소산칼륨 등
㉯ 산화열에 의한 발열 : 건성유, 원면, 석탄, 고무분말, 액체산소, 발연질산 등
㉰ 중합열에 의한 발열 : 시안화수소, 산화에틸렌, 염화비닐, 부타디엔 등
㉱ 흡착열에 의한 발열 : 활성탄, 목탄 분말 등
㉲ 미생물에 의한 발열 : 퇴비, 먼지 등
※ 알루미늄 분말은 물과 반응하여 수소를 발생하며, 할로겐원소와 접촉하면 자연발화와 공기 중에 일정 농도 이상 부유할 때 분진폭발의 위험성이 있는 제2류 위험물이다.
※ 인화칼슘($Ca_3P_2$ : 인화석회)은 물과 반응하여 맹독성, 가연성가스인 인화수소($PH_3$ : 포스핀)를 발생하는 제3류 위험물이다.

**4.** 가연물의 구비조건
㉮ 발열량이 크고, 열전도율이 작을 것
㉯ 산소와 친화력이 좋고 표면적이 넓을 것
㉰ 활성화 에너지가 작을 것
㉱ 건조도가 높을 것(수분 함량이 적을 것)
※ 가연물의 열전도율이 크면 보유하고 있는 열에너지가 작아서 착화 및 연소가 어렵다.

**5.** 안전간격 : 내용적 8 L 정도의 구형 용기 안에 폭발성 혼합가스를 채우고 착화시켜 가스가 발화될 때 화염이 용기 외부의 폭발성 혼합가스에 화염을 전달시킬 수 없는 한계의 틈으로 안전간격이 작은 가스일수록 위험성이 크다.

**6.** 반응 후 연소파와 폭굉파 비교

| 구 분 | 온도 | 압력 | 밀도 |
|---|---|---|---|
| 연소파 | 상승 | 일정 | 감소 |
| 폭굉파 | 상승 | 상승 | 상승 |

**7.** 각 항목의 옳은 설명
① 저산소 연소를 시키기 쉽기 때문에(공기비가 작아도 완전연소가 가능하기 때문에) 대기오염 물질인 질소산화물($NO_x$)의 생성이 적다.
② 기체연료는 압축 또는 액화시켜 저장이나 수송하므로 큰 시설이 필요하지 않지만, 저장 및 수송이 어렵다.
④ 가스연료의 화염은 방사율이 낮기 때문에 복사에 의한 열전달이 작다.

**8.** 방호벽은 고압가스 시설 등에서 발생하는 위해 요소가 다른 쪽으로 전이되는 것을 방지하기 위하여 설치되는 피해저감설비에 해당된다.

**9.** 각 항목의 옳은 설명
① 착화온도와 연소온도는 다르다.
③ 착화온도는 산소의 함유량에 따라 달라지며 일반적으로 산소 농도가 높으면 착화온도는 낮아진다.
④ 연소온도가 연료의 인화점보다 낮게 되면 연소가 중지(소화)된다.
※ 이론연소온도는 손실이 없으므로 손실이 있는 실제연소보다 항상 높다.

**10.** 관경(배관지름)이 작아지면 폭굉유도거리가 짧아지므로 파이프라인에 장애물이 있는 곳은 관경을 확대시킨다.
※ 파이프의 지름대 길이의 비를 작게 하는 것은 파이프의 지름을 크게 하는 것이므로 옳은 사항이다.

**11.** 농도(濃度)란 일정한 영역 내에 존재하는 물질의 양이므로 가연성 가스의 농도 범위는 온도, 압력에 의해 결정된다.

**12.** ㉮ 정압비열의 단위가 'cal/mol·K'이므로 수소($H_2$) 1 mol이 완전연소하였을 때 발열량은 $57.8 \times 10^3$ cal를 적용한다.
㉯ 반응 후의 온도 계산 : $Q = G \cdot C_p \cdot (T_2 - T_1)$에서 $T_2$를 구한다.
$$\therefore T_2 = T_1 + \frac{Q}{G \cdot C_p}$$
$$= (273 + 25) + \frac{57.8 \times 10^3}{1 \times 10} = 6078 \text{ K}$$

**13.** 연소 형태에 따른 가연물 종류
㉮ 표면연소 : 목탄(숯), 코크스
㉯ 분해연소 : 종이, 석탄, 목재, 중유
㉰ 증발연소 : 가솔린, 등유, 경유, 알코올, 양초, 유황
㉱ 확산연소 : 가연성 기체(수소, 프로판, 부탄, 아세틸렌 등)
㉲ 자기연소 : 제5류 위험물(니트로셀룰로오스, 셀룰로이드, 니트로글리세린 등)
※ 분무연소는 액체연료, 예혼합 연소 및 확산연소는 기체연료의 연소방식에 해당된다.

**14.** 각 가스의 비점

| 명칭 | 비점 |
|---|---|
| 프로판($C_3H_8$) | $-42.1$℃ |
| 노멀 부탄($n-C_4H_{10}$) | $-0.5$℃ |
| 에탄($C_2H_6$) | $-96$℃ |
| 메탄($CH_4$) | $-161.5$℃ |

※ 탄화수소에서 탄소(C)수가 많을수록 비점이 높아진다.

**15.** ㉮ 공기 중 프로판의 완전연소 반응식
$C_3H_8 + 5O_2 + (N_2) \rightarrow 3CO_2 + 4H_2O + (N_2)$
㉯ 습(wet)배기 가스량 계산 : 연소가스 중 수분($H_2O$)을 포함한 가스량이고, 프로판

1 Nm³가 연소하면 발생되는 가스량(Nm³)은 반응식에서 몰(mol)수에 해당하고, 질소($N_2$)량은 산소($O_2$)량의 3.76배이다(3.76배는 질소와 산소의 체적비 $\frac{79}{21}$에서 산출된 수치임).

∴ $G_{ow}$ = $CO_2$+$H_2O$+$N_2$ = 3+4+(5×3.76)
      = 25.8 Nm³

**16.** ㉮ 산소($O_2$)의 분자량은 32이다.

㉯ 이상기체 상태방정식 $PV=\frac{W}{M}RT$에서 질량 $W$를 구하며, 단위가 'g'이므로 'kg'으로 환산하기 위해 1000으로 나눠준다.

∴ $W=\frac{PVM}{RT}=\frac{40\times500\times32}{0.082\times(273+30)\times1000}$
   = 25.758 kg

**17.** 카르노 사이클(Carnot cycle) : 2개의 단열과정과 2개의 등온과정으로 구성된 열기관의 이론적인 사이클이다.

**18.** 탄화수소에서 탄소(C)수가 증가할 때
㉮ 증가하는 것 : 비등점, 융점, 비중, 발열량(연소열)
㉯ 감수하는 것 : 증기압, 반하점, 폭발하한값, 폭발범위값, 증발잠열

**19.** ㉮ 절대습도 : 습공기 중에서 건조공기 1 kg에 대한 수증기의 중량과의 비율로서 절대습도는 온도에 관계 없이 일정하게 나타난다.
㉯ 단위 : kg·$H_2O$/kg·dry air

**20.** 그을음연소(smouldering combustion) : 열분해를 일으키기 쉬운 불안정한 물질에서 발생하기 쉬운 연소로 열분해로 발생한 휘발분이 점화되지 않을 경우에 다량의 발연을 수반한 표면연소를 일으키는 현상이다. 이러한 현상이 일어나는 것은 휘발분의 자기점화온도보다 낮은 온도에서 표면연소가 계속되기 때문에 일어나는 것이며 매연 중에는 다량의 가연성 성분이 포함되어 있어 에너지 면에서 손실을 가져온다. 종이, 목재, 향(香) 등 반응성이 좋고 저온에서 표면연소가 가능한 물질에서 일어나기 쉽다.

## 제 2 과목  가스설비

**21.** 동 및 동합금 관의 특징
㉮ 담수(淡水)에 대한 내식성이 우수하다.
㉯ 열전도율 전기전도성이 좋다.
㉰ 가공성이 좋아 배관시공이 용이하다.
㉱ 아세톤 등 유기약품에 침식되지 않는다.
㉲ 관 내면이 매끈하여 마찰저항이 적다.
㉳ 연수(軟水)에는 부식된다.
㉴ 외부의 기계적 충격에 약하다.
㉵ 가격이 비싸다.
㉶ 가성소다, 가성칼리 등 알칼리성에는 내식성이 강하고, 암모니아($NH_3$)가스, 초산, 진한 황산($H_2SO_4$)에는 심하게 침식된다.

**22.** 도시가스 배관의 공급 불량 원인
㉮ 배관의 파손 또는 이물질로 인한 막힘
㉯ 배관의 수송 능력부족
㉰ 정압기의 고장 또는 능력부족
㉱ 배관 내의 물의 고임, 녹으로 인한 폐쇄
※ 터미널 박스(Terminal Box)는 전기방식시설의 전위측정용 시설이다.

**23.** 메탄($CH_4$)의 성질
㉮ 파라핀계 탄화수소로 안정된 가스이다.
㉯ LNG의 주성분이며, 폭발범위는 5~15 %이다.
㉰ 무색, 무취의 기체로 연소 시 담청색의 화염을 낸다.

㉣ 고온에서 수증기와 작용하면 일산화탄소와 수소를 생성한다.
$CH_4 + H_2O \rightarrow CO + 3H_2O - 49.3$ kcal
㉤ 메탄 분자는 무극성이며, 물($H_2O$)분자와 결합하는 성질이 없으므로 용해도는 적다.

**24.** ㉮ LNG의 평균분자량 계산 : 메탄($CH_4$)의 분자량 16, 에탄($C_2H_6$)의 분자량 30이다.
∴ $M = (16 \times 0.9) + (30 \times 0.1) = 17.4$
㉯ 기화 된 부피 계산 : LNG 액비중이 0.48이므로 LNG 액체 1 $m^3$의 질량은 480 kg에 해당된다(기화된 부피와 액체 부피에 같은 단위를 적용한다).
∴ 이상기체 상태방정식 $PV = GRT$에서 부피(체적) $V$를 SI단위로 계산한다.
∴ $V = \dfrac{GRT}{P} = \dfrac{480 \times \dfrac{8.314}{17.4} \times (273+10)}{101.325}$
$= 640.577$ $m^3$

**25.** 관의 신축량을 계산할 때 늘어나는 길이($\Delta L$)와 배관길이($L$)는 같은 단위를 적용하여 계산한다.
∴ $\Delta L = L \cdot \alpha \cdot \Delta t$
$= (10 \times 10^3) \times 12 \times 10^{-6} \times (100 - 15)$
$= 10.2$ mm
※ 선팽창계수는 분모, 분자에 길이 단위가 'm'이기 때문에 약분되어 풀이 과정에 그대로 대입하여 계산해도 이상이 없는 것이다.

**26.** 용기 개수 결정 시 고려할 사항
㉮ 피크(peck) 시의 기온
㉯ 소비자 가구 수
㉰ 1가구당 1일의 평균 가스소비량
㉱ 피크 시 평균 가스소비율
㉲ 피크 시 용기에서의 가스발생능력
㉳ 용기의 크기(질량)

**27.** 물의 비중량($\gamma$)은 1000 $kgf/m^3$이고 축동력

계산식 $PS = \dfrac{\gamma QH}{75\eta}$ 에서 효율($\eta$)을 구한다.
∴ $\eta = \dfrac{\gamma QH}{75 PS} \times 100 = \dfrac{1000 \times 2 \times 20}{75 \times 12.7 \times 60} \times 100$
$= 69.991$ %

**28.** 역화(back fire)의 원인
㉮ 염공이 크게 되었을 때
㉯ 노즐의 구멍이 너무 크게 된 경우
㉰ 콕이 충분히 개방되지 않은 경우
㉱ 가스의 공급압력이 저하되었을 때
㉲ 버너가 과열된 경우

**29.** (1) 배관 두께 계산식
㉮ 바깥지름과 안지름의 비가 1.2 미만인 경우
$$t = \dfrac{PD}{2 \cdot \dfrac{f}{S} - P} + C$$
㉯ 바깥지름과 안지름의 비가 1.2 이상인 경우
$$t = \dfrac{D}{2}\left\{\sqrt{\dfrac{2\dfrac{f}{S} + P}{2\dfrac{f}{S} - P}}\right\} + C$$

(2) 각 기호의 의미
㉮ $t$ : 배관의 두께(mm)
㉯ $P$ : 상용압력(MPa)
㉰ $D$ : 안지름에서 부식여유에 상당하는 부분을 뺀 부분의 수치(mm)
㉱ $f$ : 재료의 인장강도($N/mm^2$) 규격 최소치이거나 항복점($N/mm^2$) 규격 최소치의 1.6배
㉲ $C$ : 관내면의 부식여유치(mm)
㉳ $S$ : 안전율

**30.** 공기액화 분리장치의 폭발원인
㉮ 공기 취입구로부터 아세틸렌의 혼입
㉯ 압축기용 윤활유 분해에 따른 탄화수소의 생성

㉰ 공기 중 질소 화합물(NO, NO₂)의 혼입
㉱ 액체공기 중에 오존(O₃)의 혼입

### 31. 부식을 억제하는 방법
㉮ 부식환경 처리에 의한 방법
㉯ 부식 억제제에 의한 방법
㉰ 도금, 라이닝, 표면처리 등 피복에 의한 방법
㉱ 전기방식법
※ 유해물질을 제거하는 것은 '부식환경 처리에 의한 방법'에 해당되지만 pH를 높이면 부식이 촉진 됨

### 32. 캐비테이션 발생에 따라 일어나는 현상
㉮ 소음과 진동이 발생한다.
㉯ 깃(임펠러)에 대한 침식이 발생한다.
㉰ 특성곡선, 양정곡선이 저하한다.
㉱ 양수 불능이 된다.

### 33. 일반용 LPG 2단 감압식 1차용 조정기 압력

| 구분 | 용량 100 kg/h 이하 | 용량 100kg/h 초과 |
|---|---|---|
| 입구압력 | 0.1~1.56 MPa | 0.3~1.56 MPa |
| 조정압력 | 57~83 kPa | 57~83 kPa |
| 입구 기밀시험압력 | 1.8 MPa 이상 | |
| 출구 기밀시험압력 | 150 kPa 이상 | |
| 최대폐쇄압력 | 95 kPa 이하 | |

### 34. 가스용 나프타의 구비조건
㉮ 파라핀계 탄화수소가 많을 것
㉯ 유황분이 적을 것
㉰ 카본(carbon) 석출이 적을 것
㉱ 촉매의 활성에 영향을 미치지 않는 것
㉲ 유출온도 종점이 높지 않을 것

### 35. 고압가스 용기 안전밸브 종류
㉮ 스프링식 : 기상부에 설치하여 스프링의 힘 보다 용기내부의 압력이 클 때 밸브시트가 열려 내부의 압력을 배출하며 일반적으로 액화가스 용기에 사용한다.
㉯ 파열판식 : 얇은 평판 또는 돔 모양의 원판 주위를 고정하여 용기나 설비에 설치하며, 구조가 간단하며 취급, 점검이 용이하다. 일반적으로 압축가스 용기에 사용한다.
㉰ 가용전식 : 용기의 온도가 일정온도 이상이 되면 용전이 녹아 내부의 가스를 모두 배출하며 가용전의 재료는 구리, 주석, 납, 안티몬 등이 사용된다. 아세틸렌 용기, 염소 용기 등에 사용한다.

### 36.
㉮ 압축비를 계산할 때 적용하는 압력은 절대압력이므로 계산된 압력도 절대압력이다. 그러므로 중간압력은 게이지압력이므로 계산된 절대압력에서 대기압을 빼 주어야 한다(대기압은 약 0.1 MPa에 해당된다).
㉯ 중간압력 계산
$$\therefore P_0 = \sqrt{P_1 \times P_2} = \sqrt{0.1 \times (1.5+0.1)}$$
$$= 0.4 \text{ MPa} \cdot a - 0.1 = 0.3 \text{ MPa} \cdot g$$

### 37. 구형 저상탱크의 특징
㉮ 횡형 원통형 저장탱크에 비해 표면적이 작다.
㉯ 강도가 높으며 외관 모양이 안정적이다(모양이 아름답다).
㉰ 기초구조를 간단하게 할 수 있다.
㉱ 동일 용량, 동일 압력의 경우 원통형 탱크보다 두께가 얇다.

### 38.
㉮ 임계점(critical point) : 액상과 기상이 평형 상태로 존재할 수 있는 최고온도(임계온도) 및 최고압력(임계압력)으로 액상과 기상을 구분할 수 없다.
㉯ 액화의 조건이 임계온도 이하, 임계압력 이

상이므로 기체를 액화할 때 임계온도는 액화시키는데 필요한 최고온도, 임계압력은 액화시키는 필요한 최저의 압력이 된다.

**39.** $\dfrac{100}{L} = \dfrac{V_1}{L_1} + \dfrac{V_2}{L_2} + \dfrac{V_3}{L_3}$ 에서 가연성가스가 차지하는 체적비율이 3.3%이므로 공식의 100에 3.3을 적용해 계산한다.

$$\therefore L = \dfrac{3.3}{\dfrac{V_1}{L_1} + \dfrac{V_2}{L_2} + \dfrac{V_3}{L_3}} = \dfrac{3.3}{\dfrac{0.8}{1.1} + \dfrac{2.0}{5.0} + \dfrac{0.5}{2.7}}$$

$$= 2.514\%$$

**40.** ㉮ 1냉동톤(1RT)은 시간당 3320 kcal의 열을 흡수, 제거하는 능력이다.
㉯ 냉동톤 계산

$$\therefore \text{냉동톤} = \dfrac{Q_2}{3320} = \dfrac{66400}{3320} = 20\,RT$$

---

### 제 3 과목 가스안전관리

---

**41.** 고압가스설비와 배관의 기밀시험은 원칙적으로 공기 또는 위험성이 없는 기체의 압력으로 실시한다(산소는 조연성가스에 해당되므로 기밀시험용으로 사용할 수 없다).

**42.** ㉮ 아세틸렌을 산소와 혼합하여 연소시키면 3000℃를 넘는 화염을 만들 수 있다.
㉯ 수소를 산소와 혼합하여 연소시키면 2000℃ 이상의 화염을 만들 수 있다.

**43.** 보호포 표시 : 보호포의 바탕색은 최고사용압력이 저압인 관은 황색, 중압 이상인 관은 적색으로 하고, 가스명ㆍ최고사용압력ㆍ공급자명 등을 표시한다.

**44.** 특정고압가스 독성가스 사용시설 중 배관ㆍ플랜지 및 밸브의 접합을 플랜지 접합으로 할 수 있는 경우
㉮ 수시로 분해하여 청소ㆍ점검을 해야 하는 부분을 접합할 경우나 특히 부식되기 쉬운 곳으로서 수시점검 또는 교환할 필요가 있는 곳
㉯ 정기적으로 분해하여 청소ㆍ점검ㆍ수리를 해야되는 반응기, 탑, 저장탱크, 열교환기 또는 회전기계와 접합하는 곳(해당 설비 전ㆍ후의 첫 번째 이음매에 한정한다.)
㉰ 수리ㆍ청소ㆍ철거 시 맹판설치를 필요로 하는 부분을 접합하는 경우 및 신축이음매의 접합부분을 접합하는 경우

**45.** 과압안전장치 축적압력
㉮ 분출원인이 화재가 아닌 경우
  ㉠ 안전밸브를 1개 설치한 경우 : 최고허용압력의 110% 이하
  ㉡ 안전밸브를 2개 이상 설치한 경우 : 최고허용압력의 116% 이하
㉯ 분출원인이 화재인 경우 : 안전밸브의 수량에 관계없이 최고허용압력의 121% 이하로 한다.

**46.** ㉮ 위험도 : 가연성가스의 폭발가능성을 나타내는 수치(폭발범위를 폭발범위 하한계로 나눈 것)로 수치가 클수록 위험하다. 즉, 폭발범위가 넓을수록, 폭발범위하한계가 낮을수록 위험성이 크다.

$$\therefore H = \dfrac{U - L}{L}$$

㉯ 각 가스의 공기 중 폭발범위 및 위험도

| 가스 명칭 | 폭발범위 | 위험도 |
|---|---|---|
| 일산화탄소(CO) | 12.5~74% | 4.92 |
| 에탄($C_2H_6$) | 3~12.5% | 3 |
| 메탄($CH_4$) | 5~15% | 2 |
| 암모니아($NH_3$) | 15~28% | 0.87 |

**47.** 디메틸포름아미드 충전량 기준

| 다공도(%) | 내용적 10 L 이하 | 내용적 10 L 초과 |
|---|---|---|
| 90~92 이하 | 43.5% 이하 | 43.7% 이하 |
| 85~90 미만 | 41.1% 이하 | 42.8% 이하 |
| 80~85 미만 | 38.7% 이하 | 40.3% 이하 |
| 75~80 미만 | 36.3% 이하 | 37.8% 이하 |

**48.** $P = \dfrac{P_1 V_1 + P_2 V_2}{V}$

$= \dfrac{(6 \times 125) + (8 \times 200)}{500} = 4.7 \text{ atm}$

**49.** 제조설비의 정전기 제거설비 설치기준

㉮ 탑류, 저장탱크, 열교환기, 회전기계, 벤트 스택 등은 단독으로 접지한다.

㉯ 접지 접속선은 단면적 $5.5 \text{ mm}^2$ 이상인 것(단선은 제외)을 사용하고 경납붙임, 용접, 접속금구 등을 사용하여 확실히 접속한다.

㉰ 접지 저항치는 총합 $100\,\Omega$ 이하로 한다(단, 피뢰설비를 설치한 것은 $10\,\Omega$ 이하).

**50.** 차량에 고정된 탱크 내용적 제한

㉮ 가연성(LPG 제외), 산소 : 18000 L 초과 금지

㉯ 독성가스($NH_3$ 제외) : 12000 L 초과 금지

**51.** LPG 저장탱크 간의 유지거리 : 두 저장탱크의 최대지름을 합산한 길이의 $\dfrac{1}{4}$ 이상에 해당하는 거리를 유지하고, 두 저장탱크의 최대지름을 합산한 길이의 $\dfrac{1}{4}$의 길이가 1 m 미만인 경우에는 1 m 이상의 거리를 유지한다. 다만, LPG 저장탱크에 물분무 장치가 설치되었을 경우에는 저장탱크간의 이격거리를 유지하지 않아도 된다.

**52.** 액화가스를 저장탱크에 충전할 때 온도변화에 따른 액 팽창을 흡수하고, 기화된 가스가 체류할 수 있는 안전공간을 확보하기 위하여 내용적의 90%를 초과하지 않도록 충전한다.

**53.** ㉮ 분출압력 $2 \text{ MPa} = 2 \times 10^6 \text{ Pa} = 2 \times 10^6 \text{ N/m}^2$이고, 밸브 지름 $5 \text{ cm} = 0.05 \text{ m}$이다.

㉯ 스프링 힘 계산 : $P = \dfrac{F}{A}$에서 스프링 힘 $F$를 구한다.

∴ $F = A \times P = \left(\dfrac{\pi}{4} \times 0.05^2\right) \times (2 \times 10^6)$

$= 3926.99 \text{ N}$

**54.** 배관의 기울기 : 배관의 기울기는 도로의 기울기에 따르고 도로가 평탄한 경우에는 1/500 ~1/1000 정도의 기울기로 한다.

**55.** 도시가스 배관 설계도면 종단면도에 기입하는 사항

㉮ 설계가스배관 계획 정상높이 및 깊이

㉯ 신설 배관 및 부속설비[밸브, 수취기(LNG는 제외), 보호관 등]

㉰ 교차하는 타매설물, 구조물

㉱ 기울기(LNG는 제외)

㉲ 포장종류

**56.** 성토는 수평에 대하여 45° 이하의 기울기로 하여 쉽게 허물어지지 아니하도록 충분히 다져 쌓고, 강우 등으로 인하여 유실되지 아니하도록 그 표면에 콘크리트 등으로 보호하고, 성토 윗부분의 폭은 30 cm 이상으로 한다.

**57.** 일반용 액화석유가스 압력조정기의 성능

㉮ 제품성능 : 내압성능, 기밀성능, 내구성능, 내한성능, 다이어프램 성능

㉯ 재료성능 : 내가스 성능, 각형패킹 성능

㉰ 작동성능 : 최대폐쇄압력 성능

㉱ 안전장치 성능 : 안전장치 작동압력, 안전장치 분출용량, 조정성능, 절체성능

**58.** 자동차가 충전호스와 연결된 상태로 출발할 경우 가스의 흐름이 차단될 수 있도록 긴급분리장치를 지면 또는 지지대에 고정 설치한다.

**59.** ㉮ 수소취성이 발생할 수 있는 조건은 고온, 고압의 상태이다.
㉯ 운반 중 충전용기는 40℃ 이하로 유지하므로 고온의 조건이 충족되지 않기 때문에 수소취성이 발생할 가능성은 없다.

**60.** 독성가스 충전용기를 운반하는 차량 적재함은 적재할 충전용기 최대높이의 3/5 이상까지 SS400 또는 이와 동등 이상의 강도를 갖는 재질 (가로·세로·두께가 75×40×5 mm 이상인 ㄷ형강 또는 호칭지름·두께가 50×3.2 mm 이상의 강관)로 보강하여 용기 고정이 용이하도록 한다.

## 제 4 과목  가스계측

**61.** ㉮ 비중 0.8인 액체의 비중량은 $0.8 \times 10^3$ kgf/m$^3$이고, 압력 2 kgf/cm$^2$은 $2 \times 10^4$ kgf/m$^2$이다.
㉯ 압력 수두(head) 계산
$$\therefore h = \frac{P}{\gamma} = \frac{2 \times 10^4}{0.8 \times 10^3} = 25 \text{ m}$$

**62.** 가스크로마토그래피의 장치 구성요소 : 캐리어가스, 압력조정기, 유량조절밸브, 압력계, 분리관(컬럼), 검출기, 기록계 등
※ 가스시료는 분석해야 할 대상에 해당된다.

**63.** 분석계의 종류
(1) 화학적 가스 분석계
  ㉮ 연소열을 이용한 것
  ㉯ 용액흡수제를 이용한 것
  ㉰ 고체 흡수제를 이용한 것
(2) 물리적 가스 분석계
  ㉮ 가스의 열전도율을 이용한 것
  ㉯ 가스의 밀도, 점도차를 이용한 것
  ㉰ 빛의 간섭을 이용한 것
  ㉱ 전기전도도를 이용한 것
  ㉲ 가스의 자기적 성질을 이용한 것
  ㉳ 가스의 반응성을 이용한 것
  ㉴ 적외선 흡수를 이용한 것
※ 오르사트법은 용액흡수제를 이용한 화학적 가스 분석계에 해당된다.

**64.** 가스미터의 필요조건
㉮ 구조가 간단하고, 수리가 용이할 것
㉯ 감도가 예민하고 압력손실이 적을 것
㉰ 소형이며 계량용량이 클 것
㉱ 기차의 조정이 용이할 것
㉲ 내구성이 클 것

**65.** 블록선도 : 자동제어에서 장치와 제어신호의 전달경로를 블록(block)과 화살표로 표시하는 것이다.

**66.** 냉각식 노점계 중 Lambrecht 노점계는 수동식으로 에테르 등을 사용해서 그 증발열로 거울의 온도를 서서히 낮추어 거울표면에 결로(結露) 현상이 일어났을 때의 온도를 읽는다.

**67.** ㉮ 가스검지 시험지법

| 검지가스 | 시험지 | 반응(변색) |
|---|---|---|
| 암모니아($NH_3$) | 적색리트머스지 | 청색 |
| 염소($Cl_2$) | KI 전분지 | 청갈색 |
| 포스겐($COCl_2$) | 해리슨시험지 | 유자색 |
| 시안화수소(HCN) | 초산벤젠지 | 청색 |
| 일산화탄소(CO) | 염화팔라듐지 | 흑색 |
| 황화수소($H_2S$) | 연당지 (초산납시험지) | 회흑색 |
| 아세틸렌($C_2H_2$) | 염화제1구리착염지 | 적갈색 (적색) |

㉯ 청색 및 적색 리트머스시험지는 산성과 염

기성 가스를 검지하는데 사용한다.

## 68. 측정(계측) 방법
㉮ 직접 계측 : 측정하고자 하는 양을 직접 접촉시켜 그 크기를 구하는 방법으로 길이를 줄자로 측정, 질량을 천칭으로 측정, 압력을 분동식 압력계로 측정하는 것 등이 해당된다.
㉯ 간접 계측 : 측정량과 일정한 관계가 있는 몇 개의 양을 측정하고 이로부터 계산 등에 의하여 측정값을 유도해 내는 경우로 압력을 부르동관 압력계로 측정, 유량을 차압식 유량계로 측정, 온도를 비접촉식 온도계로 측정하는 것 등이 해당된다.

## 69. 침종식 압력계의 특징
㉮ 액체 중의 침종의 상하 이동으로 압력을 측정하는 것으로 아르키메데스의 원리를 이용한 것이다.
㉯ 진동이나 충격의 영향이 비교적 적다.
㉰ 미소 차압의 측정이 가능하다.
㉱ 압력이 낮은 기체 압력을 측정하는데 사용된다.
㉲ 측정범위는 단종식이 100 mmH$_2$O, 복종식이 5~30 mmH$_2$O이다.

## 70. 연소법
시료가스를 공기, 산소 또는 산화제에 의해 연소하고 생성된 체적의 감소, $CO_2$의 생성량, $O_2$의 소비량 등을 측정하여 성분을 산출하는 방법이다. 폭발법, 완만 연소법, 분별 연소법으로 분류하며 분별 연소법 중 팔라듐관 연소법이 수소를 분석하는데 적합하다.

## 71. 가스미터의 분류
(1) 실측식
 ㉮ 건식 : 막식형(독립내기식, 클로버식)
 ㉯ 회전식 : 루츠(roots)형, 오벌식, 로터리 피스톤식
 ㉰ 습식

(2) 추량식 : 델타식, 터빈식, 오리피스식, 벤투리식

## 72. 기본단위의 종류

| 기본량 | 길이 | 질량 | 시간 | 전류 | 물질량 | 온도 | 광도 |
|---|---|---|---|---|---|---|---|
| 기본단위 | m | kg | s | A | mol | K | cd |

## 73.
부르동관 압력계는 측정할 대상에 부착하여 압력을 측정하므로 계기 하나로 2공정의 압력 차를 측정하기 곤란하다.

## 74. 계량에 관한 법률 목적(법 제1조)
계량의 기준을 정하여 적정한 계량을 실시하게 함으로써 공정한 상거래 질서의 유지 및 산업의 선진화에 이바지함을 목적으로 한다.

## 75. 액면계의 구비조건
㉮ 온도 및 압력에 견딜 수 있을 것
㉯ 연속측정이 가능할 것
㉰ 지시, 기록의 원격측정이 가능할 것
㉱ 구조가 간단하고 수리가 용이할 것
㉲ 내식성이 있고 수명이 길 것
㉳ 자동제어장치에 적용이 용이할 것
※ 액면의 상, 하한계를 간단히 계측할 수 있어야 하며, 적용이 용이해야 한다.

## 76.
(1) 온도계의 분류 및 종류
 ㉮ 접촉식 온도계 : 유리제 봉입식 온도계, 바이메탈 온도계, 압력식 온도계, 열전대 온도계, 저항 온도계, 서미스터, 제겔콘, 서머컬러
 ㉯ 비접촉식 온도계 : 광고온도계, 광전관 온도계, 색온도계, 방사온도계
(2) 온도계의 측정범위 구분
 ㉮ 접촉식 온도계 : 최고 온도측정에 한계가 있음
 ㉯ 비접촉식 온도계 : 고온 및 움직이는 물체 측정에 적합

**77.** 추치 제어 : 목표값을 측정하면서 제어량을 목표값에 일치하도록 맞추는 방식으로 변화 모양을 예측할 수 없다.

**78.** $\dfrac{P_1 V_1}{T_1} = \dfrac{P_2 V_2}{T_2}$ 에서 $P_1 = P_2$ 이다.

∴ $V_1 = \dfrac{T_1}{T_2} V_2 = \dfrac{273+32}{273+0} \times V_2 = 1.117 V_2$

**79.** 탁도계(濁度計) : 물의 탁한 정도를 측정하는 기기로 고압가스 관리용과는 관련이 없는 계측기기이다.

**80.** ㉮ 방사 온도계의 측정원리 : 스테판-볼츠만 법칙
  ㉯ 스테판-볼츠만 법칙 : 단위표면적당 복사되는 에너지는 절대온도의 4제곱에 비례한다.

## CBT 모의고사 2

### 정답

| | 1 | 2 | 3 | 4 | 5 | 6 | 7 | 8 | 9 | 10 |
|---|---|---|---|---|---|---|---|---|---|---|
| 연소공학 | ② | ① | ④ | ② | ④ | ② | ③ | ① | ④ | ② |
| | 11 | 12 | 13 | 14 | 15 | 16 | 17 | 18 | 19 | 20 |
| | ④ | ③ | ④ | ③ | ④ | ② | ① | ③ | ② | ④ |
| | 21 | 22 | 23 | 24 | 25 | 26 | 27 | 28 | 29 | 30 |
| 가스설비 | ④ | ④ | ② | ① | ① | ② | ① | ④ | ③ | ③ |
| | 31 | 32 | 33 | 34 | 35 | 36 | 37 | 38 | 39 | 40 |
| | ② | ③ | ① | ② | ② | ④ | ③ | ④ | ① | ④ |
| | 41 | 42 | 43 | 44 | 45 | 46 | 47 | 48 | 49 | 50 |
| 가스안전관리 | ② | ④ | ② | ① | ③ | ④ | ① | ③ | ① | ② |
| | 51 | 52 | 53 | 54 | 55 | 56 | 57 | 58 | 59 | 60 |
| | ③ | ② | ③ | ② | ① | ① | ③ | ① | ③ | ④ |
| | 61 | 62 | 63 | 64 | 65 | 66 | 67 | 68 | 69 | 70 |
| 가스계측 | ① | ③ | ① | ③ | ④ | ① | ② | ④ | ③ | ② |
| | 71 | 72 | 73 | 74 | 75 | 76 | 77 | 78 | 79 | 80 |
| | ③ | ④ | ② | ② | ① | ④ | ② | ④ | ① | ③ |

## 제1과목 연소공학

**1. 수소의 성질**

㉮ 지구상에 존재하는 원소 중 가장 가볍다.
㉯ 무색, 무취, 무미의 가연성이다.
㉰ 열전도율이 대단히 크고, 열에 대해 안정하다.
㉱ 확산속도가 대단히 크다.
㉲ 고온에서 강제, 금속재료를 쉽게 투과한다.
㉳ 폭굉속도가 1400~3500 m/s에 달한다.
㉴ 폭발범위가 넓다(공기 중 : 4~75 %, 산소 중 : 4~94 %).
㉵ 산소와 수소폭명기, 염소와 염소폭명기의 폭발반응이 발생한다.
㉶ 확산속도가 1.8 km/s 정도로 대단히 크다.
※ 불완전연소 시 일산화탄소가 발생하는 것은 가연성분 중 탄소(C)성분이 있어야 가능하다.

**2. 연소속도** : 가연물과 산소와의 반응속도(산화속도)로 화염면이 그 면에 직각으로 미연소부에 진입하는 속도이다.

**3.** ㉮ 각 성분가스의 분자량

| 가스 명칭 | 분자량 |
|---|---|
| 산소($O_2$) | 32 |
| 질소($N_2$) | 28 |
| 메탄($CH_4$) | 16 |

㉯ 혼합가스의 평균분자량 계산 : 몰비율 $= \dfrac{\text{성분몰}}{\text{전몰}}$ 이고, 몰(mol)비율은 체적비율과 같으므로 성분가스의 분자량에 몰비율을 곱하여 합산한다.

∴ $M = \left(32 \times \dfrac{10}{25}\right) + \left(28 \times \dfrac{10}{25}\right) + \left(16 \times \dfrac{5}{25}\right)$

$= \dfrac{(32 \times 10) + (28 \times 10) + (16 \times 5)}{25} = 27.2$

㉱ 혼합가스 비중 계산

$$\therefore S = \frac{M}{29} = \frac{27.2}{29} = 0.9379$$

**4.** 연소용 공기의 공급 방법에 의한 화염 구분

㉮ 확산염(적화염) : 가연물의 표면에서 증발하는 가연성 기체가 공기와의 접촉면 또는 가연성 기체가 1차 공기와 혼합되지 않고 공기 중으로 유출하면서 연소하는 불꽃형태로 불꽃의 색은 적황색이고 화염의 온도는 비교적 저온이다.

㉯ 혼합기염(예혼염) : 연소용 공기와 가연성 기체가 이미 혼합된 상태에서 생기는 불꽃(炎)

㉰ 전1차 공기염 : 연소용 공기를 100 % 또는 그 이상을 1차 공기로 공급할 때 생기는 불꽃

**5.** 과잉공기 백분율(%) : 과잉공기량($B$)과 이론공기량($M_0$)의 비율(%)이고, 과잉공기량($B$)은 실제공기량($M$)과 이론공기량($M_0$)의 차이다.

$$\therefore \text{과잉공기율}(\%) = \frac{B}{M_0} \times 100$$
$$= \frac{M - M_0}{M_0} \times 100$$
$$= (m - 1) \times 100$$

**6.** 폭발범위(연소범위) : 공기 중에서 점화원에 의해 폭발을 일으킬 수 있는 혼합가스 중의 가연성가스의 부피범위(%)로 온도, 압력, 산소량의 영향을 받는다.

※ 발화지연시간 : 어느 온도에서 가열하기 시작하여 발화에 이르기까지의 시간으로 고온, 고압일수록, 가연성가스와 산소의 혼합비가 완전 산화에 가까울수록 발화지연시간은 짧아진다.

**7.** 프로판의 완전 연소반응식

C$_3$H$_8$ + 5O$_2$ → 3CO$_2$+4H$_2$O
 ↓         ↓
44 kg : 5×22.4 Nm$^3$

1 kg : $x(O_0)$ Nm$^3$

$$\therefore A_0 = \frac{x(O_0)}{0.21} = \frac{5 \times 22.4 \times 1}{44 \times 0.21}$$
$$= 12.121 \text{ Nm}^3/\text{kg}$$

**8.** 인화점과 착화점

㉮ 인화점 : 가연성 물질이 공기 중에서 점화원에 의하여 연소할 수 있는 최저온도이다.

㉯ 착화점(착화온도) : 가연성 물질이 공기 중에서 온도를 상승시킬 때 점화원 없이 스스로 연소를 개시할 수 있는 최저의 온도로 발화점, 발화온도라 한다.

**9.** 분무연소(spray combustion) : 액체연료를 노즐에서 고속으로 분출, 무화(霧化)시켜 표면적을 크게 하여 공기나 산소와의 혼합을 좋게 하여 연소시키는 것으로 공업적으로 많이 사용되는 방법이다.

**10.** ㉮ 메탄올(CH$_3$OH)과 아세톤[(CH$_3$)$_2$CO]의 몰(mol)수 계산

$$\therefore n_1 = \frac{W_1}{M_1} = \frac{96}{32} = 3 \text{ mol}$$
$$\therefore n_2 = \frac{W_2}{M_2} = \frac{116}{58} = 2 \text{ mol}$$

㉯ 전압력 계산 : 메탄올과 아세톤의 증기압에 몰(mol)비율을 곱하여 합산한다.

$$\therefore P = \left(P_1 \times \frac{n_1}{n_1+n_2}\right) + \left(P_2 \times \frac{n_2}{n_1+n_2}\right)$$
$$= \left(96.5 \times \frac{3}{3+2}\right) + \left(56 \times \frac{2}{3+2}\right)$$
$$= 80.3 \text{ mmHg}$$

**11.** 가연성가스는 일반적으로 압력이 증가하면 폭발범위가 넓어지나 일산화탄소(CO)와 수소(H$_2$)는 압력이 증가하면 폭발범위가 좁아진다. 단, 수소는 압력이 10 atm 이상이 되면 폭발범위가 다시 넓어진다.

**12.** 방폭 대책에는 예방, 국한, 소화, 피난 대책이 있다.

**13.** (1) 연소의 정의 : 연소란 가연성 물질이 공기 중의 산소와 반응하여 빛과 열을 발생하는 화학반응을 말한다.
(2) 각 항목의 옳은 설명
① 연소는 산화반응으로 속도가 빠르고, 산화열이 발생한다.
② 물질의 열전도율이 작을수록 가연성이 되기 쉽다.
③ 활성화 에너지가 작은 것은 일반적으로 발열량이 크므로 가연성이 되기 쉽다.

**14.** 각 항목의 옳은 설명
① 공기비가 커지면 완전연소가 되지만 배기가스에 의한 손실열이 증대하여 연소온도가 낮아진다.
② 연료나 공기를 예열시키면 완전연소가 될 수 있으므로 연소온도는 높아진다.
④ 연소 공기 중의 산소함량이 높으면 연소가스량이 적어져 손실열이 감소하므로 연소온도는 높아진다(공기 중 산소함량이 높아지면 상대적으로 질소 함유량이 낮아지는 것이기 때문에 연소가스량이 적어지는 것임).

**15.** 이산화황($SO_2$)은 불연성가스이므로 폭발을 일으키지 않는다.

**16.** 각 가스의 분자량이 서로 달라 질량분율은 다른 값을 나타낸다.

**17.** ⓑ항의 베릴륨 합금제 공구는 타격(충격)에 의하여 불꽃이 발생하지 않는 방폭공구이고 ⓒ항의 방폭전기기기는 폭발을 방지하는 전기기기이다.

**18.** ㉮ 1기압은 101.325 kPa이고, SI단위 이상기체 상태방정식 $PV = GRT$에서 기체상수 $R$을 구한다.

$$\therefore R = \frac{PV}{GT} = \frac{101.325\,\text{kPa} \times 22.4\,\text{m}^3}{1\,\text{kmol} \times 273\,\text{K}}$$
$$= 8.3138\,\text{kJ/kmol} \cdot \text{K}$$

㉯ J = N·m이므로 kJ = kN·m이고, Pa = $N/m^2$이다.
$\therefore$ kPa×$m^3$ = $kN/m^2$×$m^3$ = kN·m = kJ이다.

**19.** 화염일주(火焰逸走) : 온도, 압력, 조성의 조건이 갖추어져도 용기가 작으면 발화하지 않고 또는 부분적으로 발화하여도 화염이 전파되지 않고 도중에 꺼져버리는 현상으로 소염이라고도 한다.
㉮ 소염거리 : 두 면의 평행판 거리를 좁혀가며 화염이 틈 사이로 전달되지 않게 될 때의 평행판사이의 거리
㉯ 한계직경 : 파이프 속을 화염이 진행할 때 화염이 전달되지 않고 도중에서 꺼져버리는 한계의 파이프지름으로 소염지름이라 한다.

**20.** 연소 배기가스 분석 목적
㉮ 배기가스 조성을 알기 위하여
㉯ 공기비를 계산하여 연소상태를 파악하기 위하여
㉰ 적정 공기비를 유지시켜 열효율을 증가시키기 위하여
㉱ 열정산 자료를 얻기 위하여

## 제 2 과목  가스설비

**21.** 배관 진동의 원인
㉮ 펌프, 압축기에 의한 영향
㉯ 유체의 압력 변화에 의한 영향
㉰ 안전밸브 작동에 의한 영향

㉣ 관의 굴곡에 의해 생기는 힘의 영향
㉤ 바람, 지진 등에 의한 영향
※ ④항목은 배관에서의 응력의 원인에 해당된다.

**22.** 가연성가스의 종류 : 아크릴로니트릴, 아크릴알데히드, 아세트알데히드, 아세틸렌, 암모니아, 수소, 황화수소, 시안화수소, 일산화탄소, 메탄, 염화메탄, 브롬화메탄, 에탄, 염화에탄, 염화비닐, 에틸렌, 산화에틸렌, 프로판, 싸이크로프로판, 프로필렌, 산화프로필렌, 부탄, 부타디엔, 부틸렌, 메틸에테르, 모노메틸아민, 디메틸아민, 트리메틸아민, 에틸아민, 벤젠, 에틸벤젠 그 밖에 공기 중에서 연소하는 가스로서 폭발한계의 하한이 10 % 이하인 것과 폭발한계의 상한과 하한의 차가 20 % 이상인 것
※ 염소 : 조연성 가스, 독성 가스에 해당된다.

**23.** 클라우드(Claude) 공기액화 사이클 : 팽창기에 의한 단열교축 팽창을 이용한 것으로 피스톤식 팽창기를 사용한다.

**24.** 원심펌프에서 발생하는 이상 현상
㉮ 캐비테이션(공동)현상
㉯ 수격(water hammering)작용
㉰ 서징(surging)현상

**25.** 냉매가 액체에서 기체로 기화되면서 증발잠열을 흡수하여 온도를 강하시킨다.

**26.** ㉮ 토출효율 : 흡입된 기체부피에 대한 토출기체의 부피를 흡입된 상태로 환산한 부피비이다.
㉯ 흡입된 상태의 기체부피는 피스톤 행정용량에 분당 회전수(rpm)를 곱한 값이고, 토출된 가스량이 시간당이므로 단위시간을 맞춰 주어야 한다.
㉰ 토출효율 계산

∴ $\eta'$ = (토출기체를 흡입상태로 환산한 부피 /흡입된 기체부피)×100

$$= \frac{100 \times 0.2}{0.003 \times 160 \times 60} \times 100 = 69.444\,\%$$

**27.** 염화메탄($CH_3Cl$)의 특징
㉮ 상온에서 무색의 기체로 에테르취의 냄새와 단맛이 난다.
㉯ 수분이 존재할 때 가열하면 가수분해하여 메탄올($CH_3OH$)과 염화수소(HCl)가 된다.
$CH_3Cl + H_2O \rightarrow CH_3OH + HCl$
㉰ 건조된 염화메틸은 알칼리, 알칼리토금속, 마그네슘, 아연, 알루미늄 이외의 금속과는 반응하지 않는다.
㉱ 메탄과 염소 반응 시 생성되며 냉동기 냉매로 사용된다.
㉲ 독성 가스(50 ppm), 가연성가스(8.1~17.4 %)이다.

**28.** 헨리의 법칙 : 일정온도에서 일정량의 액체에 녹는 기체의 질량은 압력에 정비례한다.
㉮ 수소($H_2$), 산소($O_2$), 질소($N_2$), 이산화탄소($CO_2$) 등과 같이 물에 잘 녹지 않는 기체만 적용된다.
㉯ 염화수소(HCl), 암모니아($NH_3$), 이산화황($SO_2$) 등과 같이 물에 잘 녹는 기체는 적용되지 않는다.

**29.** 〈보기〉의 각 항목을 이상기체 상태방정식 $PV = \frac{W}{M}RT$를 이용하여 확인한다.

ⓐ항목 : $W = \frac{PVM}{RT}$ 이므로 질량($W$)은 압력($P$)에 비례하고 절대온도($T$)에는 반비례하지만 체적 변화가 없는 용기에 일정 질량의 가스를 충전시킨 것이므로 충전된 질량에는 변화가 없다.

ⓑ항목 : $\rho = \frac{W}{V} = \frac{PM}{RT}$ 이므로 밀도($\rho$)는 내용적[체적]($V$)에 반비례하므로 내용적이 크면 밀도는 작아진다.

ⓒ항목 : $P=\dfrac{WRT}{VM}$ 이므로 압력($P$)은 분자량($M$)에 반비례하므로 분자량이 작으면 압력은 크게 된다.

**30.** 단열법의 종류
  ㉮ 상압 단열법 : 일반적으로 사용되는 단열법으로 단열공간에 분말, 섬유 등의 단열재를 충전하는 방법
  ㉯ 진공 단열법 : 고진공 단열법, 분말진공 단열법, 다층 진공 단열법

**31.** 접촉분해 공정(steam reforming process) : 촉매를 사용해서 반응온도 400~800℃에서 탄화수소와 수증기를 반응시켜 메탄($CH_4$), 수소($H_2$), 일산화탄소(CO), 이산화탄소($CO_2$)로 변환하는 공정이다.

**32.** 기화된 LPG에 공기를 혼합하는 목적
  ㉮ 발열량 조절
  ㉯ 재액화 방지
  ㉰ 연소효율 증대
  ㉱ 누설 시 손실감소

**33.** 자동절체식 조정기를 사용할 경우 사용측과 예비측 용기 밸브를 모두 개방시켜 놓아야 사용측이 모두 소비되었을 때 가스 공급의 중단이 없이 예비측에서 가스가 공급된다.

**34.** 탄소강은 −70℃ 이하에서는 충격치가 0에 가깝게 되어 저온취성이 발생하므로 액화천연가스와 같은 초저온장치의 재료로서는 부적합하다.

**35.** 탄화수소에서 아세틸렌의 제조 방법
  ㉮ 통상 메탄 또는 나프타를 열분해함으로써 얻어진다.
  ㉯ 분해 반응온도는 1000~3000℃이고 고온일수록 아세틸렌이 증가하고 저온에서는 아세틸렌 생성이 감소한다.
  ㉰ 반응압력은 저압일수록 아세틸렌 생성에 유리하다.
  ㉱ 흡열 반응이므로 반응열의 공급은 보통 연소열을 이용한다.
  ㉲ 원료 나프타는 파라핀계 탄화수소가 가장 적합하다.
  ㉳ 중축합 반응을 억제하기 위하여 분해 생성 가스를 빨리 냉각시킨다.

**36.** LPG용기 가스발생 능력에 영향을 주는 것
  ㉮ 용기의 크기(체적)
  ㉯ 용기 내의 LP가스 조성
  ㉰ 용기 내의 가스 잔류량
  ㉱ 연속 소비량
  ㉲ 용기 주위의 분위기 온도
  ㉳ 용기 주위의 통풍 상태

**37.** $Q=AV=\dfrac{\pi}{4}D^2V$ 에서 지름 $D$의 단위는 'm'이므로 'cm'로 구한다.
  $\therefore D=\sqrt{\dfrac{4Q}{\pi V}}=\sqrt{\dfrac{4\times 20}{\pi \times 5}}\times 100$
  $\quad =225.675$ cm

**38.** $\text{kW}=\dfrac{\gamma\cdot Q\cdot H}{102\eta}=\dfrac{1000\times 0.15\times 25}{102\times 0.65\times 60}$
  $\quad =0.942$ kW

**39.** 탄소강의 성질
  ㉮ 물리적 성질 : 탄소 함유량이 증가와 더불어 비중, 선팽창계수, 세로 탄성율, 열전도율은 감소되나 고유 저항과 비열은 증가한다.
  ㉯ 화학적 성질 : 탄소가 많을수록 내식성이 감소한다.
  ㉰ 기계적 성질 : 탄소가 증가할수록 인장강도, 경도, 항복점은 증가하나 탄소 함유량이 0.9% 이상이 되면 반대로 감소한다. 또 연신율, 충격치는 반대로 감소하고 취성을 증가시킨다.

## 40. 정압기의 특성

㉮ 정특성(靜特性) : 유량과 2차 압력의 관계이다.
　㉠ 로크업(lock up) : 유량이 0으로 되었을 때 2차 압력과 기준압력($P_s$)과의 차이
　㉡ 오프셋(off set) : 유량이 변화했을 때 2차 압력과 기준압력($P_s$)과의 차이
　㉢ 시프트(shift) : 1차 압력의 변화에 의하여 정압곡선이 전체적으로 어긋나는 것
㉯ 동특성(動特性) : 부하변동에 대한 응답의 신속성과 안정성이 요구된다.
㉰ 유량특성(流量特性) : 메인밸브의 열림과 유량의 관계이다.
　㉠ 직선형 : 메인밸브의 개구부 모양이 장방향의 슬릿(slit)으로 되어 있으며 열림으로부터 유량을 파악하는데 편리하다.
　㉡ 2차형 : 개구부의 모양이 삼각형(V자형)의 메인밸브로 되어 있으며 천천히 유량을 증가하는 형식으로 안정적이다.
　㉢ 평방근형 : 접시형의 메인밸브로 신속하게 열(開) 필요가 있을 경우에 사용하며 다른 것에 비하여 안정성이 좋지 않다.
㉱ 사용 최대차압 : 메인밸브에 1차와 2차 압력이 작용하여 최대로 되었을 때의 차압이다.
㉲ 작동 최소차압 : 정압기가 작동할 수 있는 최소 차압이다.

---

## 제 3 과목　가스안전관리

**41.** 압력조정기의 다이어프램에 사용하는 고무 재료는 전체 배합성분 중 NBR의 성분 함유량이 50 % 이상이고, 가소제 성분은 18 % 이상인 것으로 한다.
※ NBR(Nitrile Butadiene rubber) : 합성고무
※ 가소제(可塑劑) : 고분자에 배합되어 탄성률과 유연성을 부여하는 한편 용융 점도를 저하해 수지의 가공성을 향상하기 위한 첨가제를 말한다.

## 42. 설비사이의 거리

㉮ 가연성가스 충전(제조)시설과 가연성가스 충전(제조)시설 : 5 m 이상
㉯ 가연성가스 충전(제조)시설과 산소 충전(제조)시설 : 10 m 이상

## 43. 용접용기 재검사 주기

㉮ 고압가스 용접용기 : LPG용 용접용기 제외

| 구분 | 15년 미만 | 15년 이상 ~20년 미만 | 20년 이상 |
|---|---|---|---|
| 500 L 이상 | 5년 | 2년 | 1년 |
| 500 L 미만 | 3년 | 2년 | 1년 |

㉯ LPG용 용접용기

| 구분 | 15년 미만 | 15년 이상 ~20년 미만 | 20년 이상 |
|---|---|---|---|
| 500 L 이상 | 5년 | 2년 | 1년 |
| 500 L 미만 | 5년 | | 2년 |

## 44. 산소 및 에틸렌 용기 표시

| 가스 종류 | 용기 도색 공업용 | 용기 도색 의료용 | 문자 색상 공업용 | 문자 색상 의료용 |
|---|---|---|---|---|
| 산소 | 녹색 | 백색 | 백색 | 녹색 |
| 에틸렌 | 회색 | 자색 | 백색 | 백색 |
| 수소 | 주황색 | – | 백색 | – |
| 탄산가스 | 청색 | 회색 | 백색 | 백색 |
| LPG | 밝은 회색 | – | 적색 | – |
| 아세틸렌 | 황색 | – | 흑색 | – |
| 암모니아 | 백색 | – | 흑색 | – |
| 염소 | 갈색 | – | 백색 | – |
| 질소 | 회색 | 흑색 | 백색 | 백색 |
| 아산화질소 | 회색 | 청색 | 백색 | 백색 |
| 헬륨 | 회색 | 갈색 | 백색 | 백색 |
| 사이클로 프로판 | 회색 | 주황색 | 백색 | 백색 |
| 기타 | 회색 | 회색 | 백색 | – |

**45.** (1) 본관 : 다음 중 어느 하나를 말한다.
  ㉮ 가스도매사업의 경우에는 도시가스제조사업소(액화천연가스의 인수기지를 포함)의 부지 경계에서 정압기지(整壓基地)의 경계까지 이르는 배관. 다만, 밸브기지 안의 배관은 제외한다.
  ㉯ 일반도시가스사업의 경우에는 도시가스 제조사업소의 부지 경계 또는 가스도매사업자의 가스시설 경계에서 정압기(整壓器)까지 이르는 배관
(2) 각 항목의 배관 명칭
  ① 일반도시가스사업의 본관
  ② 공동주택등 공급관
  ③ 가스도매사업자의 공급관
  ④ 사용자 공급관

**46.** 동판 및 경판 두께 계산식
  ㉮ 동판 : $t = \dfrac{PD}{2S\eta - 1.2P} + C$
  ㉯ 접시형 경판 : $t = \dfrac{PDW}{2S\eta - 0.2P} + C$
  ㉰ 반타원체형 경판 : $t = \dfrac{PDV}{2S\eta - 0.2P} + C$

**47.** 사용시설 기밀시험 압력
  ㉮ LPG 사용시설 : 8.4 kPa 이상
  ㉯ 도시가스 사용시설 : 8.4 kPa 또는 최고사용압력의 1.1배 중 높은 압력이상으로 실시

**48.** 초저온용기의 정의 : 영하 50℃ 이하의 액화가스를 충전하기 위한 용기로서 단열재로 피복하거나 냉동설비로 냉각하는 등의 방법으로 용기 안의 가스온도가 상용의 온도를 초과하지 아니하도록 한 것을 말한다.

**49.** ㉮ 압축산소 용기 저장능력($m^3$) 계산
  ∴ $Q_1 = (10P + 1) \times V$
  $= (10 \times 15 + 1) \times 3 = 453 \, m^3$
  ㉯ 액화산소의 저장능력(kg) 계산
  ∴ $W = 0.9 dV$
  $= 0.9 \times 1.14 \times 25000 = 25650 \, kg$
  ㉰ 액화산소 질량(kg)을 체적($m^3$)으로 계산 : 액화가스와 압축가스가 섞여 있을 경우 액화가스 10 kg을 압축가스 1 $m^3$의 비율로 계산하는 기준을 적용하여 계산한다(액화가스 충전량($W$)을 10으로 나눠주면 체적이 된다).
  ∴ $Q_2 = \dfrac{W}{10} = \dfrac{25650}{10} = 2565 \, m^3$
  ㉱ 총 저장능력($m^3$) 계산
  ∴ $Q = Q_1 + Q_2 = 453 + 2565 = 3018 \, m^3$

**50.** 용기가 견딜 수 있는 압력은 원주방향 응력 계산식 $\sigma_A = \dfrac{PD}{2t}$ 에서 $P = \dfrac{2t\sigma_A}{D}$ 이므로 압력은 용기 안지름($D$)에 반비례한다. 그러므로 동일한 재질과 두께로 된 용기에서 안지름($D$)이 작을수록 높은 압력에 견딜 수 있다.

**51.** 정압기 부속설비 : 정압기실 내부의 1차측(inlet) 최초 밸브로부터 2차측(outlet) 말단밸브 사이에 설치된 배관, 가스차단장치(valve), 정압기용 필터(gas filter), 긴급차단장치(slam shut valve), 안전밸브, 압력기록장치, 각종 통보설비 및 이들과 연결된 배관과 전선

**52.** 자동차에 고정된 탱크로부터 저장탱크에 액화석유가스를 이입 받을 때에는 5시간 이상 연속하여 자동차에 고정된 탱크를 저장탱크에 접속하지 않는다.

**53.** 가스누출검지 경보장치
(1) 경보농도
  ㉮ 가연성가스 : 폭발하한계의 1/4 이하
  ㉯ 독성가스 : TLV-TWA 기준농도 이하

㉰ $NH_3$(실내사용) : 50 ppm
(2) 경보기 정밀도
　㉮ 가연성가스 : ±25 % 이하
　㉯ 독성가스 : ±30 % 이하
(3) 제조시설의 검출부 설치 수량
　㉮ 특수반응설비 : 바닥면 둘레 10 m 마다 1개 이상
　㉯ 가열로 등 : 바닥면 둘레 20 m 마다 1개 이상
　㉰ 계기실 내부 : 1개 이상
　㉱ 독성가스의 충전용 접속구 군의 주위 : 1개 이상

## 54 운반 책임자 동승 기준

㉮ 비독성 고압가스

| 가스의 종류 | | 기 준 |
|---|---|---|
| 압축 가스 | 가연성 | 300 m³ 이상 |
| | 조연성 | 600 m³ 이상 |
| 액화 가스 | 가연성 | 3000 kg 이상 (에어졸 용기 : 2000 kg 이상) |
| | 조연성 | 6000 kg 이상 |

㉯ 독성 고압가스

| 가스의 종류 | 허용농도 | 기 준 |
|---|---|---|
| 압축 가스 | 100만분의 200 이하 | 10 m³ 이상 |
| | 100만분의 200 초과 100만분의 5000 이하 | 100 m³ 이상 |
| 액화 가스 | 100만분의 200 이하 | 100 kg 이상 |
| | 100만분의 200 초과 100만분의 5000 이하 | 1000 kg 이상 |

※ 독성 가스의 경우 허용농도가 제시되지 않았지만 독성 액화가스는 운반책임자가 동승하여야 할 가스량 어디에도 해당되지 않고, 독성 압축가스는 운반책임자가 동승하여야 할 가스량에 모두 해당된다.

## 55. 공기압축기 내부윤활유 : 재생유 사용 금지

| 잔류탄소 질량 | 인화점 | 170℃에서 교반시간 |
|---|---|---|
| 1% 이하 | 200℃ 이상 | 8시간 |
| 1% 초과 1.5% 이하 | 230℃ 이상 | 12시간 |

## 56. 도시가스 공급시설에 설치된 압력조정기의 점검기준

㉮ 압력조정기의 정상 작동 유무
㉯ 필터나 스트레이너의 청소 및 손상 유무
㉰ 압력조정기의 몸체와 연결부의 가스누출 유무
㉱ 출구압력을 측정하고 출구압력이 명판에 표시된 출구압력 범위 이내로 공급되는지 여부
㉲ 격납상자 내부에 설치된 압력조정기는 격납상자의 견고한 고정 여부
㉳ 건축물 내부에 설치된 압력조정기의 경우는 가스방출구의 실외 안전장소에의 설치 여부
※ 안전점검 주기 : 6개월에 1회 이상(필터 또는 스트레이너의 청소는 매 2년에 1회 이상)

## 57. 플레어스택의 설치위치 및 높이는 플레어스택 바로 밑의 지표면에 미치는 복사열이 4000 kcal/m²·h 이하로 되도록 한다. 다만, 4000 kcal/m²·h를 초과하는 경우로서 출입이 통제되어 있는 지역은 그러하지 아니하다.

## 58. 독성가스 배관 중 2중관의 외층관 내경은 내층관 외경의 1.2배 이상을 표준으로 하고 재료·두께 등에 관한 사항은 배관설비 두께에 따른다.

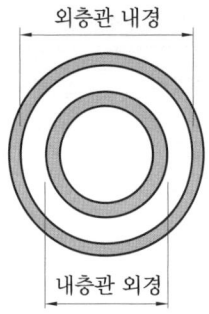

∴ 외층관 내경 = 내층관 외경의 1.2배 이상

### 59. 저장탱크실 재료의 규격

| 항목 | 규격 |
| --- | --- |
| 굵은 골재의 최대치수 | 25 mm |
| 설계강도 | 21 MPa 이상 |
| 슬럼프(slump) | 120~150 mm |
| 공기량 | 4 % 이하 |
| 물-결합재비 | 50 % 이하 |
| 그 밖의 사항 | KS F 4009(레디믹스트 콘크리트)에 따른 규정 |
| [비고] 수밀콘크리트의 시공기준은 국토교통부가 제정한 "콘크리트표준 시방서"를 준용한다. ||

### 60.
과잉 충전이 되었을 때 과잉 충전된 양만큼 즉시 분출(누출)되는 상태가 아니라 외부적인 조건이나 환경 등에 의해 압력이 상승되면 안전밸브 작동, 용기 파열 등에 의하여 가스가 분출 또는 누출되는 상태가 된다.

---

## 제 4 과목   가스계측

### 61. 차압식 유량계
㉮ 측정원리 : 베르누이 정리(방정식)
㉯ 종류 : 오리피스미터, 플로 노즐, 벤투리 미터
㉰ 측정방법 : 조리개 전후에 연결된 액주계의 압력차(속도 변화에 의하여 생기는 압력차)를 이용하여 유량을 측정

### 62. 가스 크로마토그래피의 특징
㉮ 여러 종류의 가스분석이 가능하다.
㉯ 선택성이 좋고 고감도로 측정한다.
㉰ 미량성분의 분석이 가능하다.
㉱ 응답속도가 늦으나 분리 능력이 좋다.
㉲ 동일가스의 연속측정이 불가능하다.
㉳ 캐리어가스는 검출기에 따라 수소, 헬륨, 아르곤, 질소를 사용한다.

### 63. 피에조 전기압력계(압전기식) : 수정이나 전기석 또는 로셸염 등의 결정체의 특정 방향에 압력을 가하면 기전력이 발생하고 발생한 전기량이 압력에 비례하는 것을 이용한 것이다. 가스 폭발이나 급격한 압력 변화 측정에 사용된다.

### 64.
(1) 열전도형 $CO_2$계 : $CO_2$는 공기보다 열전도율이 낮다는 것을 이용하여 분석하는 물리적 분석계이다.
(2) 분석 시 주의사항
㉮ 1차 여과기 막힘에 주의하고, 0점 조절을 철저히 한다.
㉯ 측정실의 온도상승을 방지한다.
㉰ 열전도율이 대단히 큰 수소($H_2$)가 혼입되면 오차가 크다.
㉱ $N_2$, $O_2$, CO 농도 변화에 대한 $CO_2$ 지시오차가 거의 없다.
㉲ 브리지의 공급 전류의 점검을 확실하게 한다.
㉳ 셀의 주위 온도와 측정가스 온도는 거의 일정하게 유지시키고 온도의 과도한 상승을 피한다.
㉴ 가스의 유속을 일정하게 하여야 한다.

**65.** $N = 16 \times \left(\dfrac{Tr}{W}\right)^2 = 16 \times \left(\dfrac{82.2}{9.2}\right)^2 = 1277.285$

**66.** 기기분석법의 종류
  ㉮ 가스크로마토그래피법(Chromatography)
  ㉯ 질량분석법(Mass spectrometry)
  ㉰ 적외선 분광분석법(Infrared spectrophotometer)
  ㉱ 폴라그래피(Polarography)법 : 산화성 물질 또는 환원성 물질로 이루어진 용액을 분석하는 전기화학적인 방법이다.
  ㉲ 비색법(Colorimetry) : 가시광선 영역에서 전자기파의 파장과 강도를 측정하는 방법이다.
  ※ 흡광광도법, 중화적정법은 화학 분석법에, 오르사트법은 흡수분석법에 해당된다.

**67.** mmH$_2$O단위와 kgf/m$^2$단위는 환산없이 변환이 가능하므로 전압과 정압의 단위는 mmH$_2$O로 변환하여 풀이에 적용한다.

$\therefore V = \sqrt{2g\dfrac{P_t - P_s}{\gamma}}$

$= \sqrt{2 \times 9.8 \times \dfrac{(12 \times 10^3) - (6 \times 10^3)}{1000}}$

$= 10.844 \text{ m/s}$

**68.** (1) 기준 분동식 압력계 : 탄성식 압력계의 교정에 사용되는 1차 압력계로 램, 실린더, 기름탱크, 가압펌프 등으로 구성되며 사용유체에 따라 측정범위가 다르게 적용된다.
  (2) 사용유체에 따른 측정범위
   ㉮ 경유 : 40~100 kgf/cm$^2$
   ㉯ 스핀들유, 피마자유 : 100~1000 kgf/cm$^2$
   ㉰ 모빌유 : 3000 kgf/cm$^2$ 이상
   ㉱ 점도가 큰 오일을 사용하면 5000 kgf/cm$^2$까지도 측정이 가능하다.

**69.** 습식 가스미터의 특징
  ㉮ 계량이 정확하다.
  ㉯ 사용 중에 오차의 변동이 적다.
  ㉰ 사용 중에 수위조정 등의 관리가 필요하다.
  ㉱ 설치면적이 크다.
  ㉲ 기준용, 실험실용에 사용된다.
  ㉳ 용량범위는 0.2~3000 m$^3$/h이다.

**70.** OMD(Optical Methane Detector) : 적외선 흡광방식으로 차량에 탑재하여 50 km/h로 운행하면서 도로상 누출과 반경 50 m 이내의 누출을 동시에 측정할 수 있고, GPS와 연동되어 누출지점 표시 및 실시간 데이터를 저장하고 위치를 표시하는 것으로 차량용 레이저 메탄 검지기(또는 광학 메탄 검지기)라 한다.

**71.** 가스계량기(30 m$^3$/h 미만에 한한다.)의 설치높이는 바닥으로부터 1.6 m 이상 2 m 이내에 수직·수평으로 설치하고 밴드·보호가대 등 고정장치로 고정한다. 다만, 보호상자 내에 설치하는 경우 2 m 이내에 설치할 수 있다.

**72.** 접촉식 온도계의 특징
  ㉮ 측온 소자 접촉에 의한 열손실이 있다.
  ㉯ 내구성이 비접촉식에 비하여 떨어진다.
  ㉰ 이동물체와 고온 측정이 어렵다.
  ㉱ 방사율에 의한 보정이 필요 없다.
  ㉲ 일반적으로 1000℃ 이하의 측정에 적합하다.
  ㉳ 측정온도의 오차가 적다.
  ㉴ 내부온도 측정이 가능하다.
  ※ 방사율 보정이 필요한 것은 비접촉식 온도계에 해당된다.

**73.** $E = \dfrac{I - Q}{I} \times 100 = \dfrac{65 - 71}{65} \times 100 = -9.23\%$

**74.** 안전등형 : 탄광 내에서 메탄(CH$_4$)가스를 검출하는데 사용되는 석유램프의 일종으로 메탄이 존재하면 불꽃의 모양이 커지며, 푸른

불꽃(청염) 길이로 메탄의 농도를 대략적으로 알 수 있다.

**75.** 가이슬러(Geissler)관 진공계 : 2개의 전극 사이에 수천~수만 볼트(V)의 전압을 걸면 관 속의 기체의 압력에 의해 방전의 형과 색의 변화가 생기며 이것을 이용하여 진공압력을 측정하는 계기이다.

**76.** 검지관법 : 검지관은 안지름 2~4 mm의 유리관 중에 발색시약을 흡착시킨 검지제를 충전하여 양끝을 막은 것이다. 사용할 때에는 양끝을 절단하여 가스 채취기로 시료가스를 넣은 후 착색층의 길이, 착색의 정도에서 성분의 농도를 측정하여 표준표와 비색 측정을 하는 것으로 국지적인 가스 누출 검지에 사용한다.

**77.** 편위법 : 측정량과 관계있는 다른 양으로 변환시켜 측정하는 방법으로 정도는 낮지만 측정이 간단하다. 부르동관 압력계, 스프링 저울, 전류계 등이 해당된다.
※ 화학 천칭은 영위법에 해당된다.

**78.** 0.5 L/rev : 가스계량기 계량실의 1주기 체적이 0.5 L이라는 의미이다.

**79.** 액면계의 구분 및 종류
㉮ 직접식 : 직관식, 플로트식(부자식), 검척식
㉯ 간접식 : 압력식, 초음파식, 저항전극식, 정전용량식, 방사선식, 차압식, 다이어프램식, 편위식, 기포식, 슬립 튜브식 등

**80.** 비례감도 $= \dfrac{1}{비례대} = \dfrac{1}{0.4} = 2.5$

# CBT 모의고사 3

## 정답

| | 1 | 2 | 3 | 4 | 5 | 6 | 7 | 8 | 9 | 10 |
|---|---|---|---|---|---|---|---|---|---|---|
| 연소공학 | ② | ① | ② | ④ | ① | ① | ② | ① | ② | ① |
| | 11 | 12 | 13 | 14 | 15 | 16 | 17 | 18 | 19 | 20 |
| | ④ | ① | ② | ① | ③ | ② | ② | ② | ② | ① |
| 가스설비 | 21 | 22 | 23 | 24 | 25 | 26 | 27 | 28 | 29 | 30 |
| | ④ | ② | ③ | ④ | ③ | ④ | ② | ④ | ② | ③ |
| | 31 | 32 | 33 | 34 | 35 | 36 | 37 | 38 | 39 | 40 |
| | ① | ③ | ② | ② | ④ | ① | ① | ① | ① | ① |
| 가스안전관리 | 41 | 42 | 43 | 44 | 45 | 46 | 47 | 48 | 49 | 50 |
| | ④ | ② | ② | ④ | ① | ② | ④ | ④ | ④ | ③ |
| | 51 | 52 | 53 | 54 | 55 | 56 | 57 | 58 | 59 | 60 |
| | ④ | ③ | ③ | ② | ② | ④ | ① | ④ | ④ | ④ |
| 가스계측 | 61 | 62 | 63 | 64 | 65 | 66 | 67 | 68 | 69 | 70 |
| | ③ | ② | ③ | ③ | ① | ③ | ① | ④ | ① | ① |
| | 71 | 72 | 73 | 74 | 75 | 76 | 77 | 78 | 79 | 80 |
| | ③ | ④ | ④ | ② | ① | ① | ① | ③ | ③ | ② |

## 제1과목 연소공학

**1.** ㉮ 탄화수소($C_mH_n$)의 완전연소 반응식
$$C_mH_n + \left(m + \dfrac{n}{4}\right)O_2 \rightarrow mCO_2 + \dfrac{n}{2}H_2O$$
㉯ 프로판($C_3H_8$)의 완전연소 반응식
∴ $C_3H_8 + 5O_2 \rightarrow 3CO_2 + 4H_2O$

**2.** 폭발범위는 공기 중에서보다 산소 중에서 넓어지며, 온도와 압력이 상승함에 따라 넓어진다(단, 압력 상승 시 CO와 $H_2$는 제외).

**3.** 배기가스 분석 목적
㉮ 배기가스 조성을 알기 위하여

㉯ 공기비를 계산하여 연소상태를 파악하기 위하여
㉰ 적정 공기비를 유지시켜 열효율을 증가시키기 위하여
㉱ 열정산 자료를 얻기 위하여

**4.** 내압(耐壓) 방폭구조(d) : 방폭 전기기기의 용기 내부에서 가연성가스의 폭발이 발생할 경우 그 용기가 폭발압력에 견디고, 접합면, 개구부 등을 통하여 외부의 가연성가스에 인화되지 아니하도록 한 구조이다.

**5.** 방화문은 화재 등이 발생하였을 때 화재가 다른 장소로 확대되는 것을 방지하는 역할을 하므로 방화문의 기능이 유지될 수 있도록 관리하여야 한다.

**6.** 실제기체가 이상기체(완전기체) 상태방정식을 만족시키는 조건은 압력이 낮고(저압), 온도가 높을 때(고온)이다.

**7.** 폭굉유도거리(DID : Detonation Induction Distance) : 최초의 완만한 연소로부터 격렬한 폭굉으로 발전될 때까지의 거리이다.
※ ①번 항목은 '발화지연', ④번 항목은 '폭속'에 대한 설명이다.

**8.** 반응속도에 영향을 주는 요소
㉮ 농도 : 반응하는 물질의 농도에 비례한다.
㉯ 온도 : 온도가 상승하면 속도정수가 커져 반응속도는 증가한다(아레니우스의 반응속도론).
㉰ 촉매 : 자신은 변하지 않고 활성화 에너지를 변화시키는 것으로 정촉매는 반응속도를 빠르게 하고 부촉매는 반응속도를 느리게 한다.
㉱ 압력 : 반응속도를 직접 변화시키지 못하나 압력이 증가하면 농도변화를 일으켜 반응속도를 변화시킨다.
㉲ 활성화 에너지 : 활성화 에너지가 크면 반응속도가 감소하고 작으면 증가한다.
㉳ 반응물질의 성질

**9.** 고체연료의 화염 전파속도(이동속도)
㉮ 발열량이 높을수록 화염 전파속도는 커진다.
㉯ 입자지름이 작을수록 화염 전파속도는 커진다.
㉰ 1차 공기의 온도가 높을수록 화염 전파속도는 커진다.
㉱ 석탄화도가 낮을수록 화염 전파속도는 커진다(석탄화도가 클수록 화염 전파속도는 감소한다).
※ 석탄화도(석탄의 탄화도)가 클수록 화염 전파속도가 감소하는 것은 휘발분이 감소하기 때문이다.

**10.** 정적비열($C_v$)과 정압비열($C_p$)의 관계식
㉮ $C_p - C_v = R$
㉯ $C_p = \dfrac{k}{k-1} R$
㉰ $C_v = \dfrac{1}{k-1} R$

여기서, $C_p$ : 정압비열(kJ/kg · K)
$C_v$ : 정적비열(kJ/kg · K)
$R$ : 기체상수 $\left( \dfrac{8.314}{M} \text{kJ/kg·K} \right)$

**11.** 보일의 법칙 $P_1 V_1 = P_2 V_2$에서 나중의 압력 $P_2$를 구한다.

$$\therefore P_2 = \frac{P_1 V_1}{V_2} = \frac{1 \times V_1}{\frac{1}{3} \times V_1} = 3 \text{ atm}$$

**12.** 유동층 연소 및 특징
(1) 유동층 연소 : 화격자 연소와 미분탄 연소

방식을 혼합한 형식으로 화격자 하부에서 강한 공기를 송풍기로 불어넣어 화격자 위의 탄층을 유동층에 가까운 상태로 형성하면서 700~900℃ 정도의 저온에서 연소시키는 방법이다.

(2) 특징
㉮ 광범위한 연료에 적용할 수 있다.
㉯ 연소 시 화염층이 작아진다.
㉰ 클링커 장해를 경감할 수 있다.
㉱ 연소온도가 낮아 질소산화물의 발생량이 적다.
㉲ 화격자 단위 면적당 열부하를 크게 얻을 수 있다.
㉳ 부하변동에 따른 적응력이 떨어진다.
※ 클링커 장해 : 석탄과 같은 고체연료 연소 후 발생되는 회분(灰分[재] : ash)이 고열로 녹아서 전열면에 부착한 후 굳어서 전열을 저해하는 현상이다.

**13.** 과잉공기 백분율(%) : 과잉공기량($B$)과 이론공기량($A_0$)의 비율(%)이고, 과잉공기량($B$)은 실제공기량($A$)과 이론공기량($A_0$)의 차이다.

$$\therefore 과잉공기율(\%) = \frac{B}{A_0} \times 100$$
$$= \frac{A - A_0}{A_0} \times 100$$
$$= (m - 1) \times 100$$

**14.** 연소 형태에 따른 가연물
㉮ 표면연소 : 목탄(숯), 코크스
㉯ 분해연소 : 종이, 석탄, 목재, 중유
㉰ 증발연소 : 가솔린, 등유, 경유, 알코올, 양초, 유황
㉱ 확산연소 : 가연성 기체(수소, 프로판, 부탄, 아세틸렌 등)
㉲ 자기연소 : 제5류 위험물(니트로셀룰로오스, 셀룰로이드, 니트로글리세린 등)
※ 니트로글리세린 : 자기연소성 물질(제5류 위험물)로 가열, 충격, 마찰 등에 매우 민감한 물질이다.

**15.** ㉮ 프로판($C_3H_8$)과 부탄($C_4H_{10}$)의 완전연소 반응식
$C_3H_8 + 5O_2 \rightarrow 3CO_2 + 4H_2O : 30\ v\%$
$C_4H_{10} + 6.5O_2 \rightarrow 4CO_2 + 5H_2O : 70\ v\%$
㉯ 이론공기량 계산 : 기체 연료 1 L당 필요한 산소량(L)은 연소반응식에서 산소의 몰수에 해당하는 양이고, 각 가스의 체적비에 해당하는 양만큼 필요한 것이다.

$$\therefore A_0 = \frac{O_0}{0.2} = \frac{(5 \times 0.3) + (6.5 \times 0.7)}{0.2}$$
$$= 30.25\ L$$

**16.** 소화효과(방법)의 종류
㉮ 질식효과 : 산소의 공급을 차단하여 가연물질의 연소를 소화시키는 방법
㉯ 냉각효과 : 점화원(발화원)을 가연물질의 연소에 필요한 활성화 에너지 값 이하로 낮추어 소화시키는 방법
㉰ 제거효과 : 가연물질을 화재가 발생한 장소로부터 제거하여 소화시키는 방법
㉱ 부촉매 효과 : 순조로운 연쇄반응을 일으키는 화염의 전파물질인 수산기 또는 수소기의 활성화반응을 억제, 방해 또는 차단하여 소화시키는 방법
㉲ 희석효과 : 수용성 가연물질인 알코올, 에탄올의 화재 시 다량의 물을 살포하여 가연성 물질의 농도를 낮게 하여 소화시키는 방법
㉳ 유화효과 : 중유에 소화약제인 물을 고압으로 분무하여 유화층을 형성시켜 소화시키는 방법
※ 소화의 3대 효과는 질식효과, 냉각효과, 제거효과이다.

**17.** 건도 $x$, 습도 $y$라 하면 $x + y = 1$이므로 습도 $y = 1 - x$가 된다.

※ 건조도[건도]($x$) : 증기 속에 함유되어 있는 물방울의 혼용률
  ㉮ 건조도($x$)가 1인 경우 : 건포화증기
  ㉯ 건조도($x$)가 0인 경우 : 포화수
  ㉰ 건조도($x$)가 $0<x<1$인 경우 : 습증기

**18.** (1) 최소 점화에너지 : 가연성 혼합가스를 전기적 스파크로 점화시킬 때 점화하기 위한 최소한의 전기적 에너지를 말한다.
(2) 최소 점화에너지가 낮아지는 조건
  ㉮ 연소속도가 클수록
  ㉯ 열전도율이 작을수록
  ㉰ 산소농도가 높을수록
  ㉱ 압력이 높을수록
  ㉲ 가연성기체의 온도가 높을수록
  ㉳ 혼합기의 온도가 상승할수록
※ 최소 점화에너지는 유속과는 무관하다.

**19.** ㉮ 물의 비중은 1이므로 물 500 L는 500 kg에 해당되고, 비열은 4.185 kJ/kg·℃이다.
㉯ 연소기의 효율 $\eta = \dfrac{G \cdot C \cdot \Delta t}{G_f \cdot H_l} \times 100$에서 프로판 사용량 $G_f$를 구한다.

$$\therefore G_f = \dfrac{G \times C \times \Delta t}{H_l \times \eta}$$
$$= \dfrac{500 \times 4.185 \times (60-10)}{(50.232 \times 1000) \times 0.75} = 2.777 \text{ kg/h}$$

**20.** 완전가스(이상기체)의 성질
  ㉮ 보일-샤를의 법칙을 만족한다.
  ㉯ 아보가드로의 법칙에 따른다.
  ㉰ 내부에너지는 온도만의 함수이다.
  ㉱ 비열비는 온도에 관계없이 일정하다.
  ㉲ 기체의 분자력과 크기는 무시되며 분자간의 충돌은 완전 탄성체이다.
  ㉳ 분자와 분자 사이의 거리가 매우 멀다.
  ㉴ 분자 사이의 인력이 없다.
  ㉵ 압축성인자가 1이다.

## 제 2 과목  가스설비

**21.** 레이놀즈(Reynolds)식 정압기의 특징
  ㉮ 언로딩(unloading)형이다.
  ㉯ 다른 정압기에 비하여 크기가 크다.
  ㉰ 정특성은 극히 좋으나 안정성이 부족하다.
  ㉱ 레이놀즈식 정압기는 본체가 복좌 밸브식으로 구성되어 있으며 상부에 다이어프램을 갖는다.

**22.** ㉮ 허용응력($S$)은 인장강도의 $\dfrac{1}{4}$에 해당된다.
㉯ 동판 두께 계산

$$\therefore t = \dfrac{PD}{2S\eta - 1.2P} + C$$
$$= \dfrac{2.0 \times 650}{2 \times \left(500 \times \dfrac{1}{4}\right) \times 1 - 1.2 \times 2.0} + 1$$
$$= 6.25 \text{ mm}$$

**23.** 내압시험 및 기밀시험
  ㉮ 내압시험은 물, 기밀시험은 기체의 압력으로 행한다.
  ㉯ 고압가스설비와 배관의 기밀시험은 원칙적으로 공기 또는 위험성이 없는 기체의 압력으로 실시한다.
  ㉰ 산소는 조연성가스에 해당되므로 기밀시험용으로 사용할 수 없다.

**24.** ㉮ 액화가스를 용기에 충전할 때에는 액체를 충전하는 것이므로 충전량은 질량으로 표시한다.
㉯ 액화가스 용기 및 차량에 고정된 탱크의 저장능력 산정식
$$W = \dfrac{V}{C}$$
㉰ 저장능력 산정식 각 기호의 의미
$W$ : 저장능력(kg) → 최고 충전질량의 의미임
$V$ : 내용적(L)

$C$ : 저온용기 및 차량에 고정된 저온탱크와 초저온용기 및 차량에 고정된 초저온탱크에 충전하는 액화가스의 경우에는 그 용기 및 탱크의 상용온도 중 최고 온도에서의 그 가스의 비중(kg/L)의 수치에 10분의 9를 곱한 수치의 역수, 그 밖의 액화가스의 충전용기 및 차량에 고정된 탱크의 경우에는 가스 종류에 따른 정수

## 25. 스케줄 번호 계산식

㉮ $P$ : 사용압력($kgf/cm^2$), $S$ : 허용응력($kgf/cm^2$)일 때

$$\therefore \text{Sch No} = 1000 \times \frac{P}{S}$$

㉯ $P$ : 사용압력($kgf/cm^2$), $S$ : 허용응력($kgf/mm^2$)일 때

$$\therefore \text{Sch No} = 10 \times \frac{P}{S}$$

※ 단위에 따른 스케줄 번호 계산식은 단위까지 감안하여 정리된 것이므로 별도로 단위를 정리하면 단위가 맞춰지지 않습니다.

## 26. 가스홀더의 기능

㉮ 가스수요의 시간적 변동에 대하여 공급가스량을 확보한다.
㉯ 공급설비의 일시적 중단에 대하여 어느 정도 공급량을 확보한다.
㉰ 공급가스의 성분, 열량, 연소성 등의 성질을 균일화한다.
㉱ 소비지역 근처에 설치하여 피크 시의 공급, 수송효과를 얻는다.

## 27. 저압배관 유량식 $Q = K\sqrt{\dfrac{D^5 H}{SL}}$ 에서 안지름 $D$를 구하는 식을 유도하여 계산하며, 공식에서 안지름의 단위는 'cm'이므로 'mm'로 변환하기 위해 10을 곱해 준다.

$$\therefore D = \sqrt[5]{\frac{Q^2 SL}{K^2 H}}$$

$$= \sqrt[5]{\frac{10^2 \times 1.5 \times 100}{0.7^2 \times 30}} \times 10 = 39.971 \text{ mm}$$

## 28.
㉮ 아세틸렌(acetylene)은 폭발(산화, 화합, 분해)의 위험성이 있어 도시가스 원료로는 부적합하다.
㉯ 도시가스 원료 : 천연가스(NG), 액화천연가스(LNG), 정유가스, 나프타(naphtha), LPG 등

## 29. 충격시험

㉮ 금속재료의 충격시험은 인성과 취성을 측정하기 위하여 실시한다.
㉯ 인성 : 금속재료에 굽힘이나 비틀림 작용을 반복하여 가할 때 이 외력에 저항하는 성질 (또는 끈기 있고 질긴 성질)이다.
㉰ 취성 : 물체의 변형에 견디지 못하고 파괴되는 성질로 인성에 반대되며, 메짐이라 한다.

## 30.
㉮ 1 한국 냉동톤 : 0℃ 물 1톤(1000 kg)을 0℃ 얼음으로 만드는 데 1일 동안 제거하여야 할 열량으로 3320 kcal/h에 해당된다.
㉯ 냉동기 용량 계산

$$\therefore 냉동기용량 = \frac{흡수(제거)열량}{3320}$$

$$= \frac{50000}{3320} = 15.060 \text{ 냉동톤}$$

## 31. 일반배관용 탄소 강관의 특징

㉮ 배관 명칭에 따른 규격기호가 SPP이다.
㉯ 사용압력이 비교적 낮은(1 MPa[10 $kgf/cm^2$]) 증기, 물, 기름, 가스, 공기 등의 배관용으로 사용된다.
㉰ 표면에 아연을 도금하지 않은 흑관과 도금을 한 백관으로 제조된다.
㉱ 관 호칭(관지름)에 따라 두께가 일정하다.
※ SPPS : 압력배관용 탄소 강관

**32.** 액화석유가스 충전량
- ㉮ 저장탱크 : 내용적의 90 %를 넘지 않도록 한다.
- ㉯ 소형저장탱크 : 내용적의 85 %를 넘지 않도록 한다.

**33.** 전기방식의 기준
- ㉮ 전기방식전류가 흐르는 상태에서 토양 중에 있는 배관 등의 방식전위는 포화 황산동 기준전극으로 −5 V 이상 −0.85 V 이하 (황산염 환원 박테리아가 번식하는 토양에서는 −0.95 V 이하)일 것
- ㉯ 전기방식전류가 흐르는 상태에서 자연전위와의 전위변화가 최소한 −300 mV 이하일 것. 다만, 다른 금속과 접촉하는 배관 등은 제외한다.
- ㉰ 배관 등에 대한 전위측정은 가능한 가까운 위치에서 기준전극으로 실시할 것

**34.** 탄소량이 증가하면 인장강도, 항복점은 증가하며(0.9 % 이상이 되면 감소) 연신율, 충격값은 감소하여 취성을 증가시킨다.

**35.** ㉮ $CO_2$ 제거 : 소다건조기에서 입상의 가성소다(NaOH)를 사용하여 제거한다.
㉯ 겔 건조기 : 실리카겔($SiO_2$), 활성알루미나($Al_2O_3$), 소바이드를 사용하며 수분은 제거하나 $CO_2$는 제거하지 못한다.

**36.** 글로브 밸브(globe valve)의 특징
- ㉮ 유체의 흐름에 따라 마찰손실(저항)이 크다.
- ㉯ 주로 유량 조절용으로 사용된다.
- ㉰ 유체의 흐름 방향과 평행하게 밸브가 개폐된다.
- ㉱ 밸브의 디스크 모양은 평면형, 반구형, 원뿔형 등의 형상이 있다.
- ㉲ 슬루스 밸브에 비하여 가볍고 가격이 저렴하다.
- ㉳ 고압의 대구경 밸브에는 부적당하다.

※ 배관용 밸브의 특징
- ㉮ 글로브 밸브(스톱 밸브) : 유량 조절용으로 사용, 압력손실이 크다.
- ㉯ 슬루스 밸브(게이트 밸브) : 유로 개폐용으로 사용, 압력손실이 작다.
- ㉰ 버터플라이 밸브 : 액체 배관의 유로 개폐용으로 사용, 고압배관에는 부적당하다.

**37.** $kW = \dfrac{\gamma \cdot Q \cdot H}{102\eta}$
$= \dfrac{1000 \times 0.25 \times 20}{102 \times 0.65 \times 60} = 1.256 \text{ kW}$

**38.** LNG 기화장치의 종류
- ㉮ 오픈 랙(open rack) 기화법 : 베이스로드용으로 바닷물을 열원으로 사용하므로 초기 시설비가 많으나 운전비용이 저렴하다.
- ㉯ 중간 매체법 : 베이스로드용으로 프로판($C_3H_8$), 펜탄($C_5H_{12}$) 등을 사용한다.
- ㉰ 서브머지드(submerged)법 : 피크로드용으로 액중 버너를 사용하여 수중 버너법이라 한다. 초기시설비가 적으나 운진비용이 많이 소요된다.

**39.** $V = \dfrac{\pi}{4} \times D^2 \times L \times n \times N \times \eta_v$
$= \dfrac{\pi}{4} \times 0.1^2 \times 0.15 \times 1 \times 600 \times 0.8$
$= 0.565 \text{ m}^3/\text{min}$

**40.** ㉮ 응력의 계산식에서 지름($D$)은 안지름이므로 바깥지름에서 좌우의 양쪽 두께를 빼주면 안지름이 된다. 안지름($D$)과 두께($t$)는 동일한 단위를 적용하면 약분된다.
㉯ 원주방향(원둘레방향) 응력 계산

$$\therefore \sigma_A = \frac{PD}{2t} = \frac{10 \times (20 - 2 \times 0.5)}{2 \times 0.5}$$
$$= 190 \text{ kgf/cm}^2$$

---

## 제3과목  가스안전관리

**41.** 보호장비 비치
  ㉮ 독성가스의 종류에 따른 방독면(방독마스크), 고무장갑, 고무장화 그 밖의 보호구와 재해 발생 방지를 위한 응급조치에 필요한 제독제, 자재 및 공구 등을 비치한다.
  ㉯ 독성가스 중 가연성가스를 차량에 적재하여 운반하는 경우에 소화설비를 비치한다.
  ※ 포스겐은 독성가스에 해당되지만 불연성 가스이기 때문에 소화설비는 갖추지 않아도 된다.

**42.** 희석제의 종류
  ㉮ 안전관리 규정에 정한 것 : 질소, 메탄, 일산화탄소, 에틸렌
  ㉯ 희석제로 사용 가능한 것 : 수소, 프로판, 이산화탄소

**43.** 산소 또는 천연메탄을 수송하기 위한 배관과 이에 접속하는 압축기(산소를 압축하는 압축기는 물을 내부 윤활제로 사용하는 것에 한정한다) 사이에는 수취기(드레인 세퍼레이터 : drain separator)를 설치한다.

**44.** 정전기 제거 및 발생 방지조치 방법
  ㉮ 대상물을 접지한다.
  ㉯ 공기 중 상대습도를 높인다(70 % 이상).
  ㉰ 공기를 이온화한다.
  ㉱ 도전성 재료를 사용한다.
  ㉲ 접촉 전위차가 작은 재료를 선택한다.
  ㉳ 전기저항을 감소시킨다.

**45.** ㉮ 열팽창(thermal expansively)에 대한 등온 압축비(isothermal compressibility) 계산 : 용기 내용적은 일정하므로 열팽창에 의한 체적 증가($\Delta V = V \cdot \alpha \cdot \Delta t$)와 발생한 압력에 의해서 압축된 체적($\Delta V = V \cdot \beta \cdot \Delta P$)은 같다. 즉 $V \cdot \alpha \cdot \Delta t = V \cdot \beta \cdot \Delta P$ 이다.
$$\therefore \frac{\Delta P}{\Delta t} = \frac{\alpha}{\beta} = \frac{2 \times 10^{-2}/\text{℃}}{4 \times 10^{-3}/\text{atm}} = 5 \text{ atm/℃}$$
  ㉯ 온도변화에 따른 압력변화 계산 : $\frac{\Delta P}{\Delta t} = 5$ atm/℃에서 압력변화 $\Delta P$를 계산한다.
$$\therefore \Delta P = \Delta t \times 5 \text{ atm/℃}$$
$$= 3\text{℃} \times 5 \text{ atm/℃} = 15 \text{ atm}$$

**46.** 도시가스 배관재료 선정기준
  ㉮ 배관의 재료는 배관 내의 가스흐름이 원활한 것으로 한다.
  ㉯ 배관의 재료는 내부의 가스압력과 외부로부터의 하중 및 충격하중 등에 견디는 강도는 갖는 것으로 한다.
  ㉰ 배관의 재료는 토양·지하수 등에 대하여 내식성을 갖는 것으로 한다.
  ㉱ 배관의 재료는 배관의 접합이 용이하고 가스의 누출을 방지할 수 있는 것으로 한다.
  ㉲ 배관의 재료는 절단 가공이 용이한 것으로 한다.

**47.** LPG용 가스레인지를 사용하는 도중 불꽃이 치솟는 사고의 직접적인 원인은 압력조정기 불량으로 적정압력 이상의 고압의 LPG가 공급되어 발생한 것이다.

**48.** 부압을 방지하는 조치에 갖추어야 할 설비
  ㉮ 압력계
  ㉯ 압력경보설비
  ㉰ 진공안전밸브
  ㉱ 다른 저장탱크 또는 시설로부터의 가스도입배관(균압관)

㉮ 압력과 연동하는 긴급차단장치를 설치한 냉동제어설비
㉯ 압력과 연동하는 긴급차단장치를 설치한 송액설비

**49.** 저장능력별 방류둑 설치 대상
㉮ 고압가스 특정제조
  ㉠ 가연성가스 : 500톤 이상
  ㉡ 독성가스 : 5톤 이상
  ㉢ 액화산소 : 1000톤 이상
㉯ 고압가스 일반제조
  ㉠ 가연성, 액화산소 : 1000톤 이상
  ㉡ 독성가스 : 5톤 이상
㉰ 냉동제조 시설(독성가스 냉매 사용) : 수액기 내용적 10000 L 이상
㉱ 액화석유가스 충전사업 : 1000톤 이상
㉲ 도시가스
  ㉠ 도시가스 도매사업 : 500톤 이상
  ㉡ 일반도시가스 사업 : 1000톤 이상
※ 불활성가스는 저장능력에 관계없이 방류둑 설치대상에 해당사항이 없음

**50.** 저장탱크를 지하에 매설할 때 저장탱크의 주위에는 마른 모래를 채운다.

**51.** 충전용기는 이륜차에 적재하여 운반하지 아니한다. 다만, 차량이 통행하기 곤란한 지역이나 그 밖에 시·도지사가 지정하는 경우에는 다음 기준에 적합한 경우에만 액화석유가스 충전용기를 이륜차(자전거는 제외)에 적재하여 운반할 수 있다.
㉮ 넘어질 경우 용기에 손상이 가지 아니하도록 제작된 용기운반 전용적재함이 장착된 것인 경우
㉯ 적재하는 충전용기는 충전량이 20 kg 이하이고, 적재수가 2개를 초과하지 아니한 경우

**52.** 일반용 LPG 압력조정기 최대 폐쇄압력
㉮ 1단 감압식 저압조정기, 2단 감압식 2차용 저압조정기, 자동절체식 일체형 저압조정기 : 3.5 kPa 이하
㉯ 2단 감압식 1차용 조정기 : 95.0 kPa 이하
㉰ 1단 감압식 준저압조정기, 자동절체식 일체형 준저압조정기, 그 밖의 압력조정기 : 조정압력의 1.25배 이하
∴ 폐쇄압력 = 조정압력 × 1.25배 이하
= 2.5 × 1.25 = 3.125 kPa 이하

**53.** 기밀시험 실시 방법
㉮ 상용압력 이상의 기체의 압력으로 실시한다.
㉯ 지하매설 배관은 3년마다 기밀시험을 실시한다.
㉰ 노출된 가스설비 및 배관은 가스검지기 등으로 누출 여부를 검사하여 누출이 검지되지 않은 경우 기밀시험을 한 것으로 볼 수 있다.
㉱ 내압 및 기밀시험에 필요한 조치는 검사 신청인이 한다.

**54.** 도시가스 사용시설 입상관 설치기준
(1) 입상관은 환기가 양호한 장소에 설치하며 입상관의 밸브는 바닥으로부터 1.6 m 이상 2 m 이내에 설치한다.
(2) 부득이 1.6 m 이상 2 m 이내에 설치하지 못할 경우 기준
㉮ 입상관 밸브를 1.6 m 미만으로 설치 시 보호상자 안에 설치한다.
㉯ 입상관 밸브를 2.0 m 초과하여 설치할 경우에는 다음 중 어느 하나의 기준에 따른다.
  ㉠ 입상관 밸브 차단을 위한 전용계단을 견고하게 고정·설치한다.
  ㉡ 원격으로 차단이 가능한 전동밸브를 설치한다. 이 경우 차단장치의 제어부는 바닥으로부터 1.6 m 이상 2.0 m 이내에 설치하며, 전동밸브 및 제어부는 빗물을 받을 우려가 없도록 조치한다.

**55.** 설비 내부에 사람이 들어가 수리를 할 경우 산소 농도는 18~22%를 유지하여야 한다. 그러므로 불연성가스인 이산화탄소 설비를 공기로 치환한 후에 작업을 시작하는 방법이 4가지 중에 옳은 방법이다.

**56.** 고압가스의 분류
㉮ 취급상태에 따른 분류 : 압축가스, 액화가스, 용해가스
㉯ 연소성에 따른 분류 : 가연성 가스, 지연성 (조연성) 가스, 불연성 가스
㉰ 독성에 의한 분류 : 독성가스, 비독성 가스

**57.** 저장탱크에 설치하는 긴급차단장치는 저장탱크 주밸브(main valve)와 겸용하지 아니한다.
※ 긴급차단장치 조작 스위치(기구) 위치
㉮ 고압가스 특정제조 : 10 m 이상
㉯ 고압가스 일반제조 : 5 m 이상

**58.** 고압가스 관련설비(특정설비) 종류 : 안전밸브, 긴급차단장치, 기화장치, 독성가스 배관용 밸브, 자동차용 가스 자동주입기, 역화방지기, 압력용기, 특정고압가스용 실린더 캐비닛, 자동차용 압축천연가스 완속 충전설비, 액화석유가스용 용기 잔류가스 회수장치, 냉동용 특정설비, 차량에 고정된 탱크

**59.** 배관은 그 배관에 대한 위해(危害)의 우려가 없도록 배관의 적당한 곳에 압축가스 배관의 경우에는 압력계를, 액화가스 배관의 경우에는 압력계 및 온도계를 설치한다. 다만, 초저온 또는 저온의 액화가스 배관의 경우에는 온도계 설치를 생략할 수 있다.

**60.** 방호벽
㉮ 설치 목적(기능) : 가스 관련시설에서 발생하는 위해요소가 다른 쪽으로 전이되는 것을 방지하기 위하여 설치한다.
㉯ 위해요소 : 가스폭발이 발생하였을 때 파편 비산, 충격파, 폭풍 등이 해당된다.

## 제 4 과목  가스계측

**61.** 1 atm = 760 mmHg = 76 cmHg = 0.76 mHg
= 29.9 inHg = 760 torr = 10332 kgf/m$^2$
= 1.0332 kgf/cm$^2$ = 10.332 mH$_2$O
= 10332 mmH$_2$O
= 101325 N/m$^2$ = 101325 Pa = 101.325 kPa
= 0.101325 MPa = 1013250 dyne/cm$^2$
= 1.01325 bar
= 1013.25 mbar = 14.7 lb/in$^2$ = 14.7 psi

**62.** 백금-백금로듐(P-R) 열전대 특징
㉮ 다른 열전대 온도계보다 안정성이 우수하여 고온 측정(0~1600℃)에 적합하다.
㉯ 산화성 분위기에 강하지만, 환원성 분위기에 약하다.
㉰ 내열도, 정도가 높고 정밀 측정용으로 주로 사용된다.
㉱ 열기전력이 다른 열전대에 비하여 작다.
㉲ 가격이 비싸다.
㉳ 단자 구성은 양극에 백금-백금로듐, 음극에 백금을 사용한다.

**63.** 전자포획 이온화 검출기(ECD : Electron Capture Detector)는 방사선 동위원소로부터 방출되는 β선으로 캐리어가스가 이온화되어 생긴 자유전자를 시료 성분이 포획하면 이온 전류가 감소하는 것을 이용한 것이다.
㉮ 캐리어가스는 질소(N$_2$), 헬륨(He)을 사용한다.
㉯ 유기할로겐 화합물, 니트로 화합물 및 유기금속 화합물을 선택적으로 검출할 수 있다.

㉰ 할로겐 및 산소 화합물에서의 감도는 최고이며 탄화수소는 감도가 나쁘다.

**64.** **적외선 흡수법** : 분자의 진동 중 쌍극자 힘의 변화를 일으킬 진동에 의해 적외선의 흡수가 일어나는 것을 이용한 방법으로 He, Ne, Ar 등 단원자 분자 및 $H_2$, $O_2$, $N_2$, $Cl_2$ 등 대칭 2원자 분자는 적외선을 흡수하지 않으므로 분석할 수 없다.

**65.** **가스미터의 크기 선정** : 15호 이하의 소형 가스미터는 최대 사용 가스량이 가스미터 용량의 60 %가 되도록 선정한다. 다만, 1개의 가스기구가 가스미터의 최대 통과량의 80 %를 초과한 경우에는 1등급 더 큰 가스미터를 선정한다.

**66.** **측정방법**
  ㉮ 편위법 : 부르동관 압력계와 같이 측정량과 관계있는 다른 양으로 변환시켜 측정하는 방법으로 정도는 낮지만 측정이 간단하다.
  ㉯ 영위법 : 기준량과 측정하고자 하는 상태량을 비교 평형시켜 측정하는 것으로 천칭을 이용하여 질량을 측정하는 것이 해당된다.
  ㉰ 치환법 : 지시량과 미리 알고 있는 다른 양으로부터 측정량을 나타내는 방법으로 다이얼게이지를 이용하여 두께를 측정하는 것이 해당된다.
  ㉱ 보상법 : 측정량과 거의 같은 미리 알고 있는 양을 준비하여 측정량과 그 미리 알고 있는 양의 차이로써 측정량을 알아내는 방법이다.

**67.** **탄성 압력계의 종류** : 부르동관식, 벨로스식, 다이어프램식, 캡슐식

**68.** **부르동관(bourdon tube) 압력계** : 2차 압력계 중 대표적인 것으로 측정범위가 0~3000 kgf/cm² 이며 고압 측정이 가능하지만, 정도는 ±1~3 %로 낮다.

**69.** 차압식 유량계에서 유량은 차압의 평방근에 비례한다.

$$\therefore Q_2 = \sqrt{\frac{\Delta P_2}{\Delta P_1}} \times Q_1 = \sqrt{4} \times Q_1 = 2Q_1$$

∴ 오리피스 유량계에서 압력차가 4배로 증가하면 유량은 2배로 증가한다.

**70.** **미분(D) 동작** : 조작량이 동작신호의 미분치에 비례하는 동작으로 비례 동작과 함께 쓰이며 일반적으로 진동이 제어되어 빨리 안정된다.

**71.** $E = \frac{I-Q}{I} \times 100$ 에서 $I - Q = E \times I$ 이다.

$$\therefore Q = I - (E \times I)$$
$$= 30.4 - \{(-0.05) \times 30.4\} = 31.92 \, m^3/h$$

**72.** **측온 저항체(저항 온도계)의 측정범위**
  ㉮ 백금 측온 저항체 : −200~500℃
  ㉯ 니켈 측온 저항체 : −50~150℃
  ㉰ 동 측온 저항체 : 0~120℃

**73.** 산소($O_2$) 중에 포함되어있는 질소($N_2$) 성분을 정량하는 것이므로 산소($O_2$)의 피크보다 질소($N_2$)의 피크가 먼저 나오도록 컬럼을 선택한다.

**74.** $h = \frac{V^2}{2g} = \frac{10^2}{2 \times 9.8} = 5.102 \, m$

**75.** **막식 가스미터의 부동(不動)** : 가스는 계량기를 통과하나 지침이 작동하지 않는 고장으로 계량막의 파손, 밸브의 탈락, 밸브와 밸브시트 사이에서의 누설, 지시장치 기어 불량 등이 원인이다.

**76.** 물리량의 SI 단위

㉮ 힘 : N(Newton) = $1 \text{kg} \cdot \text{m/s}^2$ → MKS 단위
  dyne = $1 \text{g} \cdot \text{cm/s}^2$ → CGS 단위
㉯ 압력 : Pa(Pascal) = $N/m^2$
㉰ 일, 에너지, 열량 : J(Joule) = $N \cdot m$
㉱ 동력 : W(Watt) = J/s

**77.** 액면계의 구비조건

㉮ 온도 및 압력에 견딜 수 있을 것
㉯ 연속 측정이 가능할 것
㉰ 지시 기록의 원격 측정이 가능할 것
㉱ 구조가 간단하고 수리가 용이할 것
㉲ 내식성이 있고 수명이 길 것
㉳ 자동제어 장치에 적용이 용이할 것

**78.** $X = \dfrac{G_w}{G_a} = \dfrac{G_w}{G-G_w} = \dfrac{10}{205-10}$

= 0.051 kgH₂O/kgdryair

**79.** 가스검지기의 경보방식

㉮ 즉시 경보형 : 가스농도가 설정치에 도달하면 즉시 경보를 울리는 형식
㉯ 경보 지연형 : 가스농도가 설정치에 도달한 후 그 농도 이상으로 계속해서 20~60초 정도 지속되는 경우에 경보를 울리는 형식
㉰ 반시한 경보형 : 가스농도가 설정치에 도달한 후 그 농도 이상으로 계속해서 지속되는 경우에 가스농도가 높을수록 경보지연 시간을 짧게 한 형식

**80.** 습식 가스미터의 특징

㉮ 계량이 정확하다.
㉯ 사용 중에 오차의 변동이 적다.
㉰ 사용 중에 수위 조정 등의 관리가 필요하다.
㉱ 설치면적이 크다.
㉲ 기준용, 실험실용에 사용된다.
㉳ 용량범위는 0.2~3000 m³/h이다.

---

## CBT 모의고사 4

### 정답

| | 1 | 2 | 3 | 4 | 5 | 6 | 7 | 8 | 9 | 10 |
|---|---|---|---|---|---|---|---|---|---|---|
| 연소공학 | ③ | ② | ① | ④ | ③ | ② | ① | ④ | ④ | ② |
| | 11 | 12 | 13 | 14 | 15 | 16 | 17 | 18 | 19 | 20 |
| | ④ | ④ | ④ | ④ | ① | ① | ④ | ② | ④ | ② |
| 가스설비 | 21 | 22 | 23 | 24 | 25 | 26 | 27 | 28 | 29 | 30 |
| | ④ | ③ | ③ | ① | ① | ① | ② | ① | ① | ④ |
| | 31 | 32 | 33 | 34 | 35 | 36 | 37 | 38 | 39 | 40 |
| | ③ | ① | ③ | ② | ② | ③ | ② | ② | ② | ④ |
| 가스안전관리 | 41 | 42 | 43 | 44 | 45 | 46 | 47 | 48 | 49 | 50 |
| | ③ | ④ | ① | ① | ① | ③ | ③ | ④ | ② | ② |
| | 51 | 52 | 53 | 54 | 55 | 56 | 57 | 58 | 59 | 60 |
| | ④ | ③ | ① | ② | ① | ② | ④ | ② | ① | ③ |
| 가스계측 | 61 | 62 | 63 | 64 | 65 | 66 | 67 | 68 | 69 | 70 |
| | ④ | ④ | ④ | ① | ③ | ② | ② | ④ | ② | ④ |
| | 71 | 72 | 73 | 74 | 75 | 76 | 77 | 78 | 79 | 80 |
| | ④ | ② | ① | ① | ③ | ④ | ④ | ④ | ④ | ① |

---

### 제1과목  연소공학

**1.** ㉮ 아세틸렌 생성 반응식
  $2C + H_2 \rightarrow C_2H_2 - 54.2$ kcal/mol
㉯ 아세틸렌의 분해폭발 반응식
  $C_2H_2 \rightarrow 2C + H_2 + 54.2$ kcal/mol
㉰ 아세틸렌이 분해폭발할 때 발생하는 폭발열은 +54.2 kcal/mol이다.

**2.** 각 항목의 옳은 설명
① 가스 연료의 화염은 방사율이 낮기 때문에 복사에 의한 열전달률이 작다.
③ 단위 체적당 발열량이 액체나 고체 연료에 비해 대단히 크고, 저장이나 수송에 시설이 작아도 된다.

④ 저산소 연소를 시키기 쉽기 때문에 대기오염 물질인 질소산화물($NO_x$)의 생성이 적고, 분진이나 매연의 발생도 거의 없다.

**3.** 분진폭발의 위험성을 방지하기 위한 조건
　㉮ 환기장치는 단독 집진기를 사용한다.
　㉯ 분진 취급 공정을 습식으로 운영한다.
　㉰ 분진이 발생하는 곳에 습식 스크러버를 설치한다.
　㉱ 분진발생 또는 분진취급 지역에서 흡연 등 불꽃을 발생시키는 기기 사용을 금지한다.
　㉲ 공기로 분진물질을 수송하는 설비 및 수송 덕트의 접속부위에는 접지를 실시한다.
　㉳ 질소 등의 불활성가스 봉입을 통해 산소를 폭발최소농도 이하로 낮춘다.
　㉴ 여과포를 사용하는 제진설비에는 차압계를 설치하고, 내부 고착물에 의한 열축적 등의 우려가 있는 경우에는 온도계를 설치한다.
　㉵ 정기적으로 분진 퇴적물을 제거한다.

**4.** 고위발열량과 저위발열량의 차이는 연소 시 생성된 물의 증발잠열에 의한 것이고, 물($H_2O$)은 수소($H_2$)와 산소($O_2$)로 이루어진 것이므로 연료 성분 중 수소와 관련이 있는 것이다.

**5.** ㉮ 프로판($C_3H_8$)의 완전 연소 반응식
　　$C_3H_8 + 5O_2 \rightarrow 3CO_2 + 4H_2O$
　㉯ 표준상태(0℃, 1기압)에서 발생하는 $CO_2$의 부피($m^3$) 계산 : 프로판 1 kmol은 44 kg이고, 완전 연소 반응식에서 $CO_2$ 발생량은 3 kmol이다.
　　∴ $CO_2 = 3 \times 22.4 = 67.2 \ m^3$

**6.** 예혼합 연소의 특징
　㉮ 가스와 공기의 사전혼합형이다.
　㉯ 화염이 짧으며 고온의 화염을 얻을 수 있다.
　㉰ 연소부하가 크고, 역화의 위험성이 크다.
　㉱ 조작범위가 좁다.
　㉲ 탄화수소가 큰 가스에 적합하다.
　㉳ 화염이 전파하는 성질이 있다.

**7.** 위험도 : 폭발범위 상한과 하한의 차이(폭발범위)를 폭발 하한값으로 나눈 것으로 $H$로 표시한다.
　∴ $H = \dfrac{U - L}{L}$
　여기서, $U$ : 폭발범위 상한값
　　　　　$L$ : 폭발범위 하한값

**8.** ㉮ 물은 공기보다 비열이 커 온도를 증가시키기 어렵고, 열용량도 크다.
　㉯ 물의 비열은 1 kcal/kgf · ℃, 0℃ 공기의 정압비열은 0.240 kcal/kgf · ℃이다.

**9.** 폭굉(detonation)의 정의 : 가스 중의 음속보다도 화염 전파속도가 큰 경우로서 파면선단에 충격파라고 하는 압력파가 생겨 격렬한 파괴작용을 일으키는 현상이다.

**10.** 연소범위 : 공기 중에서 가연성가스가 연소할 수 있는 가연성가스의 농도범위로 가스의 온도가 높아지면 연소범위는 넓어진다.

**11.** 아레니우스의 반응속도론에 따르면 온도가 10℃ 상승함에 따라 반응속도는 2배씩 빨라진다.
　∴ $100 - 40 = 60$℃ 상승 → $2^6$배 빨라진다.

**12.** ㉮ 메탄($CH_4$)의 완전 연소 반응식
　　$CH_4 + 2O_2 \rightarrow CO_2 + 2H_2O$
　㉯ 실제공기량($A$) 계산
　　$22.4 \ Nm^3 : 2 \times 22.4 \ Nm^3$
　　$= 1 \ Nm^3 : x \ (O_0) \ Nm^3$

$$\therefore A = m \times A_0 = m \times \frac{O_0}{0.21}$$
$$= 1.1 \times \frac{2 \times 22.4 \times 1}{22.4 \times 0.21} = 10.476 \, \text{Nm}^3$$

**13.** 헨리의 법칙 : 일정온도에서 일정량의 액체에 녹는 기체의 질량은 압력에 정비례한다.
㉮ 수소($H_2$), 산소($O_2$), 질소($N_2$), 이산화탄소($CO_2$) 등과 같이 물에 잘 녹지 않는 기체만 적용된다.
㉯ 염화수소(HCl), 암모니아($NH_3$), 이산화황($SO_2$) 등과 같이 물에 잘 녹는 기체는 적용되지 않는다.

**14.** ㉮ 프로판($C_3H_8$)의 완전 연소 반응식
$C_3H_8 + 5O_2 \rightarrow 3CO_2 + 4H_2O$
㉯ 표준 진발열량 계산 : 프로판 연소 시 발생되는 수증기 몰수와 물의 증발잠열을 곱한 수치를 고위발열량에서 뺀 값이 표준 진발열량이 된다(수증기의 생성엔탈피($\Delta H$)와 물의 증발잠열은 절대값은 같고 부호가 반대이다).
$\therefore H_l = H_h -$ 물의 증발잠열량
$= -530600 - (-10519 \times 4)$
$= -488524 \, \text{cal/g} \cdot \text{mol}$

**15.** 각 가스의 연소성

| 명칭 | 연소성 |
| --- | --- |
| 염소($Cl_2$) | 조연성 |
| 도시가스 | 가연성 |
| 암모니아($NH_3$) | 가연성 |
| 일산화탄소(CO) | 가연성 |

※ 공기와 혼합하였을 때 폭발성 혼합가스를 형성하는 것은 가연성가스이다.

**16.** 폭발의 위험성이 있는 건물을 방화구조와 내화구조로 하는 것은 화재가 발생하였을 때 화재가 확산되지 않도록 하는 방호대책에 해당된다.

**17.** ㉮ 메탄올 합성 반응식에서 반응 전의 mol수는 일산화탄소 1 mol, 수소 2 mol로 합계 3 mol이다.
㉯ 메탄올 1000 kg을 합성하기 위한 가스량 계산 : 메탄올의 분자량은 32이다.
[CO+$H_2$]　　　　[$CH_3OH$]
$3 \times 22.4 \, \text{Nm}^3 : 32 \, \text{kg}$

$x \, [\text{Nm}^3]$　　　:　　$1000 \, \text{kg}$
$$\therefore x = \frac{3 \times 22.4 \times 1000}{32} = 2100 \, \text{Nm}^3$$

**18.** 유황, 양초, 나프탈렌 등은 고체 상태이지만 증발연소를 한다.

**19.** 과잉공기계수 : 공기비라 하며 완전 연소에 필요한 공기량(이론공기량[$A_0$])에 대한 실제로 사용된 공기량(실제공기량[$A$])의 비를 말한다.
$$\therefore m = \frac{A}{A_0} = \frac{A_0 + B}{A_0} = 1 + \frac{B}{A_0}$$

**20.** 존슨(Jones)의 연소범위 관계식
㉮ 폭발하한계 계산
$\therefore x_1 = 0.55 \, x_0 = 0.55 \times 3.1 = 1.705 \, \%$
㉯ 폭발상한계 계산
$\therefore x_2 = 4.8 \sqrt{x_0} = 4.8 \times \sqrt{3.1} = 8.451 \, \%$

## 제 2 과목　가스설비

**21.** 레페(reppe) 반응장치 : 아세틸렌을 압축하면 분해폭발의 위험이 있기 때문에 이것을 최소화하기 위하여 반응장치 내부에 질소($N_2$)가 49 % 또는 이산화탄소($CO_2$)가 42 %가 되면 분해폭발이 일어나지 않는다는 것을 이용하여 고안된 반응장치로 종래에 합성되지 않았던 화합물을 제조할 수 있게 되었다.

**22.** 지상에 설치하는 저장탱크의 외부에는 은색·백색 도료를 바르고 주위에서 보기 쉽도록 가스의 명칭을 붉은 글씨로 표시한다. 다만, 국가보안목표시설로 지정된 것은 표시를 하지 않을 수 있다.

**23.** 냉매설비 자동제어장치 설치기준 : ①, ②, ④ 외 다음과 같다.
  ㉮ 압축기를 구동하는 동력장치에 과부하보호장치를 설치한다.
  ㉯ 강제윤활장치를 갖는 개방형 압축기인 경우는 윤활유 압력이 운전에 지장을 주는 상태에 이르는 압력까지 저하할 때 압축기를 정지하는 장치를 설치한다. 다만, 작용하는 유압이 0.1 MPa 이하의 경우는 생략할 수 있다.
  ㉰ 수냉식 응축기인 경우는 냉각수 단수보호장치(냉각수 펌프가 운전되지 않으면 압축기가 운전되지 않도록 하는 기계적 또는 전기적 연동기구를 갖는 장치를 포함한다)를 설치한다.
  ㉱ 공랭식 응축기 및 증발식 응축기인 경우는 해당 응축기용 송풍기가 운전되지 않는 한 압축기가 작동되지 않도록 하는 연동장치를 설치한다. 다만, 상용압력 이하의 상태를 유지하게 하는 응축온도 제어장치가 있는 경우에는 그러하지 아니하다.
  ㉲ 난방용 전열기를 내장한 에어콘 또는 이와 유사한 전열기를 내장한 냉동설비에는 과열방지장치를 설치한다.

**24.** 캐스케이드 액화 사이클 : 비점이 점차 낮은 냉매를 사용하여 저비점의 기체를 액화하는 사이클로 다원액화 사이클이라고 부르며, 공기 액화 및 천연가스를 액화시키는데 사용하고 있다.

**25.** 충전용기와 잔가스 용기의 정의
  ㉮ 충전용기 : 고압가스의 충전질량 또는 충전압력이 $\frac{1}{2}$ 이상 충전되어 있는 상태의 용기
  ㉯ 잔가스 용기 : 고압가스의 충전질량 또는 충전압력이 $\frac{1}{2}$ 미만 충전되어 있는 상태의 용기

**26.** 용기 재료의 구비조건
  ㉮ 내식성, 내마모성을 가질 것
  ㉯ 가볍고 충분한 강도를 가질 것
  ㉰ 저온 및 사용 중 충격에 견디는 연성(延性), 전성(展性)을 가질 것
  ㉱ 가공성, 용접성이 좋고 가공 중 결함이 생기지 않을 것
  [참고] **연성과 전성**
  ㉮ 연성(延性) : 물질이 탄성한계를 넘는 힘을 받아도 파괴되지 않고 실처럼 늘어나는 성질
  ㉯ 전성(展性) : 두드리거나 압력을 가하면 얇게 펴지는 금속의 성질

**27.** 냉동능력 : 1시간에 냉동기가 흡수하는 열량으로 '1 한국 냉동톤'은 3320 kcal/h, '1 미국 냉동톤'은 3024 kcal/h이다.

**28.** 도시가스 원료로 사용하는 천연가스(NG), LPG, 나프타 등은 냄새가 없어 누설 시 조기에 발견하기 어렵기 때문에 냄새가 나는 물질인 부취제를 첨가하여 누설을 확인할 수 있도록 한다.

**29.** 공급 방식에 의한 분류 중 압력 구분
  ㉮ 저압공급 방식 : 0.1 MPa 미만
  ㉯ 중압공급 방식 : 0.1 MPa 이상 1 MPa 미만
  ㉰ 고압공급 방식 : 1 MPa 이상

**30.** 분해폭발을 일으키는 물질 : 아세틸렌($C_2H_2$), 산화에틸렌($C_2H_4O$), 히드라진($N_2H_4$), 오존($O_3$)

**31.** 공기혼합(희석)의 목적
 ㉮ 발열량 조절
 ㉯ 재액화 방지
 ㉰ 누설 시 손실 감소
 ㉱ 연소효율 증대

**32.** 액화천연가스(LNG)는 메탄을 주성분으로 하며 에탄, 프로판, 부탄 등이 일부 포함되어 있다.

**33.** ㉮ 압축기 : 단열압축 과정이므로 엔트로피 변화가 없는 등엔트로피 과정이다.
 ㉯ 팽창밸브 : 고온, 고압의 냉매액을 교축 팽창시키는 역할을 하며 엔탈피 변화가 없는 등엔탈피 과정이다.

**34.** 각 가스의 성질

| 명칭 | 성질 |
|---|---|
| 질소($N_2$) | 불연성, 비독성 |
| 수소($H_2$) | 가연성, 비독성 |
| 암모니아($NH_3$) | 가연성, 독성 |
| 아황산가스($SO_2$) | 불연성, 독성 |

∴ 누출된 가연성, 독성가스는 암모니아($NH_3$)이다.

**35.** $\dfrac{U_{H_2}}{U_{O_2}} = \sqrt{\dfrac{M_{O_2}}{M_{H_2}}}$ 에서 수소의 확산속도($U_{H_2}$)를 구한다.

∴ $U_{H_2} = \sqrt{\dfrac{M_{O_2}}{M_{H_2}}} \times U_{O_2} = \sqrt{\dfrac{32}{2}} \times U_{O_2} = 4U_{O_2}$

∴ 수소($H_2$)가 산소($O_2$)보다 4배 빠르다.

**36.** 금속 재료와 아세틸렌, 일산화탄소
 ㉮ 아세틸렌은 구리, 은, 수은 등의 금속과 반응하여 아세틸드를 생성하여 화합폭발의 원인이 된다.
 ㉯ 일산화탄소는 고온, 고압의 상태에서 철, 니켈, 코발트 등 철족의 금속과 반응하여 금속 카르보닐을 생성한다.

**37.** LP가스의 조성 : 석유계 저급 탄화수소의 혼합물로 탄소 수가 3개에서 5개 이하의 것으로 프로판($C_3H_8$), 부탄($C_4H_{10}$), 프로필렌($C_3H_6$), 부틸렌($C_4H_8$), 부타디엔($C_4H_6$) 등이 포함되어 있다.

**38.** 조정압력 3.3 kPa 이하인 압력조정기의 안전장치 분출용량
 ㉮ 노즐 지름이 3.2 mm 이하일 때 : 140 L/h 이상
 ㉯ 노즐 지름이 3.2 mm 초과일 때 : 다음 계산식에 의한 값 이상
 $Q = 44D$
 여기서, $Q$ : 안전장치 분출량(L/h)
 $D$ : 조정기의 노즐 지름(mm)

**39.** 전기방식 기준전극 설치 : 매설배관 주위에 기준전극을 매설하는 경우 기준전극은 배관으로부터 50 cm 이내에 설치한다. 다만, 데이터로거 등을 이용하여 방식전위를 원격으로 측정하는 경우 기준전극은 기존에 설치된 전위측정용 터미널(T/B) 하부에 설치할 수 있다.(KGS GC202)

**40.** ㉮ 플랜지 이음에 사용되는 부품 : 플랜지, 가스켓, 체결용 볼트 및 너트, 와셔 등
 ㉯ 플러그(plug) : 배관 끝을 막을 때 사용하는 부품이다.

## 제 3 과목 가스안전관리

**41.** 긴급차단장치의 차단조작기구는 해당 저장탱크(지하에 매몰하여 설치하는 저장탱크를 제외한다)로부터 5 m 이상 떨어진 곳(방류둑을 설치한 경우에는 그 외측)으로서 다음 장소마다 1개 이상 설치한다.

㉠ 안전관리자가 상주하는 사무실 내부
㉡ 충전기 주변
㉢ 액화석유가스의 대량 유출에 대비하여 충분히 안전이 확보되고 조작이 용이한 곳

**42.** 긴급이송설비에 부속된 처리설비는 이송되는 설비 안의 내용물을 다음 중 어느 하나의 방법으로 처리할 수 있는 것으로 한다.
㉠ 플레어스택에서 안전하게 연소시킨다.
㉡ 안전한 장소에 설치되어 있는 저장탱크 등에 임시 이송한다.
㉢ 벤트스택에서 안전하게 방출한다.
㉣ 독성가스는 제독조치 후 안전하게 폐기한다.

**43.** LPG 저장탱크 간의 유지거리 : 두 저장탱크의 최대지름을 합산한 길이의 $\frac{1}{4}$ 이상에 해당하는 거리를 유지하고, 두 저장탱크의 최대지름을 합산한 길이의 $\frac{1}{4}$ 의 길이가 1 m 미만인 경우에는 1 m 이상의 거리를 유지한다. 단, LPG 저장탱크에 물분무장치가 설치되었을 경우에는 저장탱크 간의 이격거리를 유지하지 않아도 된다.

**44.** 치환농도
㉠ 가연성 가스설비 : 폭발하한계의 $\frac{1}{4}$ 이하 (25 % 이하)
㉡ 독성가스설비 : TLV-TWA 기준농도 이하
㉢ 산소가스설비 : 산소농도 22 % 이하
㉣ 불연성 가스설비 : 치환작업을 생략할 수 있다.
㉤ 사람이 작업할 경우 산소농도 : 18~22 %

**45.** 부취제 혼합설비의 주입작업 안전기준 : ②, ③, ④ 외 다음과 같다.
㉠ 정전 시에도 주입설비가 정상작동 될 수 있도록 조치한다.
㉡ 공기 중의 혼합비율이 용량의 1천분의 1의 상태에서 감지할 수 있도록 적합한 양의 부취제가 액화석유가스 중에 첨가될 수 있도록 한다.

**46.** 물분무장치 등 점검 : 물분무장치 등은 매월 1회 이상 작동상황을 점검하여 원활하고 확실하게 작동하는지 확인하고 그 기록을 작성·유지한다. 다만, 동결될 우려가 있는 경우에는 펌프구동만으로 통수시험을 갈음할 수 있다.

**47.** 일반용 액화석유가스 압력조정기의 내압성능
㉠ 입구 쪽 내압시험은 3 MPa 이상으로 1분간 실시한다. 다만, 2단 감압식 2차용 조정기의 경우에는 0.8 MPa 이상으로 한다.
㉡ 출구 쪽 내압시험은 0.3 MPa 이상으로 1분간 실시한다. 다만, 2단 감압식 1차용 조정기의 경우에는 0.8 MPa 이상 또는 조정압력의 1.5배 이상 중 높은 것으로 한다.

**48.** 고압가스 설비에 설치하는 압력계는 상용압력의 1.5배 이상 2배 이하의 최고눈금이 있는 것으로 하고, 압축·액화 그 밖의 방법으로 처리할 수 있는 가스의 용적이 1일 1000 m$^3$ 이상인 사업소에는 국가표준기본법에 의한 제품인증을 받은 압력계를 2개 이상 비치한다.

**49.** 강제 환기설비 배기가스 방출구는 지면에서 5 m 이상의 높이에 설치한다.

**50.** 사업소 안 시설 중 일부만이 법의 적용을 받을 때에는 해당 시설이 설치되어 있는 구획 건축물 또는 건축물 안에 구획된 출입구 등의 외부에서 보기 쉬운 곳에 게시한다.

**51.** PE배관 매몰설치 기준
㉠ PE배관의 굴곡허용반경은 외경의 20배 이상으로 한다. 다만, 굴곡반경이 외경의 20

배 미만일 경우에는 엘보를 사용한다.
㉯ PE배관의 매설위치를 지상에서 탐지할 수 있는 탐지형 보호포, 로케팅 와이어(전선의 굵기는 6 mm² 이상) 등을 설치한다.

## 52. 용기의 내압력(耐壓力) 부족 원인
㉮ 용기 재료의 불균일
㉯ 용기 내벽의 부식
㉰ 강재의 피로
㉱ 용접 부분의 불량
㉲ 용기 자체의 결함
㉳ 낙하, 충돌 등으로 용기에 가해지는 충격
㉴ 용기에 절단 및 구멍 등을 가공
㉵ 검사받지 않은 용기 사용

## 53. 압축가스 충전용기의 내압시험압력($TP$)은 최고충전압력($FP$) × $\frac{5}{3}$ 이다.

∴ $FP = TP \times \frac{3}{5} = 25 \times \frac{3}{5} = 15$ MPa

## 54. 호스 설치 : 호스(금속플렉시블 호스를 제외한다)의 길이는 연소기까지 3 m 이내(용접 또는 용단 작업용 시설을 제외한다)로 하고, T형으로 연결하지 않는다.

## 55. 2개 이상의 탱크를 동일 차량에 고정하여 운반하는 경우 기준
㉮ 탱크마다 탱크의 주밸브를 설치한다.
㉯ 탱크 상호 간 또는 탱크와 차량과의 사이를 단단하게 부착하는 조치를 한다.
㉰ 충전관에는 안전밸브, 압력계 및 긴급탈압밸브를 설치한다.

## 56. $B_{\min} = 3 + 0.5t = 3 + 0.5 \times 20 = 13$ mm
[참고] ㉮ 비드 폭의 최대치 계산
∴ $B_{\max} = 5 + 0.75t = 5 + 0.75 \times 20$
$= 20$ mm
㉯ 비드 폭의 최소 및 최대치

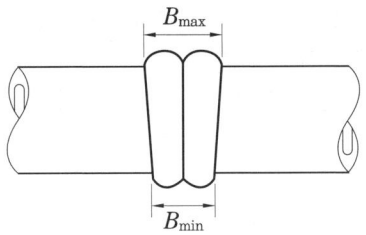

## 57. 밸브박스 설치기준
㉮ 밸브박스의 내부는 밸브의 조작이 쉽도록 충분한 공간을 확보한다.
㉯ 밸브박스의 뚜껑이나 문은 충분한 강도를 가지도록 하고, 긴급한 사태가 발생하였을 때 신속하게 개폐할 수 있는 구조로 한다.
㉰ 밸브박스는 내부에 물이 고여 있지 않도록 유지관리하고 밸브 등에는 부식방지 도장을 한다.

## 58. 상용압력 2.5 kPa인 정압기 안전장치 설정압력

| 구분 | | 설정압력 |
| --- | --- | --- |
| 이상압력통보설비 | 상한값 | 3.2 kPa 이하 |
| | 하한값 | 1.2 kPa 이상 |
| 주정압기에 설치하는 긴급차단장치 | | 3.6 kPa 이하 |
| 안전밸브 | | 4.0 kPa 이하 |
| 예비정압기에 설치하는 긴급차단장치 | | 4.4 kPa 이하 |

## 59. 도시가스 배관의 보수·보강
㉮ A형 슬리브 보수 : 배관의 손상된 부분을 전체 원주를 덮는 슬리브로 감싸도록 하여 결함을 보수하는 방법으로서 축방향으로는 용접하나, 원주방향으로는 용접을 하지 않는 보수방법이다.
㉯ B형 슬리브 보수 : 배관의 손상된 부분을 전체 원주를 덮는 슬리브로 감싸도록 하여 결함을 보수하는 방법으로서 축방향 용접뿐만 아니라 슬리브의 끝단을 원주방향으로 필렛용접하는 보수방법이다.

㈐ 복합재료 보수 : 배관의 손상된 부분을 금속으로 된 슬리브 대신 유리섬유 또는 탄소섬유와 같은 복합재료를 여러 겹으로 감싸 결함을 보수하는 방법이다.
㈑ 육성(적층)용접 : 배관의 손상된 부분을 용접으로 채워서 결함을 제거하고 배관의 연속성과 기능을 회복하는 보수방법이다.
㈒ 패치(패드) 보수 : 배관의 손상된 부분을 강판을 이용하여 필렛용접하여 보수하는 방법이다.
㈓ 교체 보수 : 가스 공급을 중단한 상태에서 손상된 배관을 원통(cylinder) 형태로 절단하고 동등 이상의 설계강도를 갖는 배관으로 교체하는 보수방법이다.

[참고] ㉮ A형 슬리브

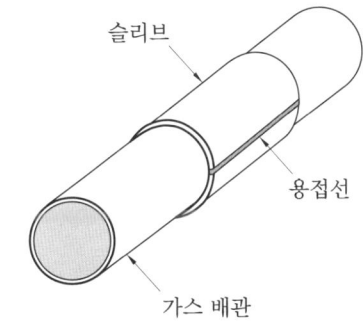

㉯ B형 슬리브

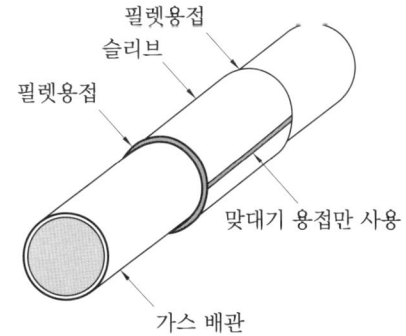

## 60. 긴급분리장치 설치기준
㉮ 충전호스에는 충전 중 자동차의 오발진으로 인한 충전기 및 충전호스의 파손을 방지하기 위하여 긴급분리장치를 설치한다.
㉯ 자동차가 충전호스와 연결된 상태로 출발할 경우 가스의 흐름이 차단될 수 있도록 긴급분리장치를 지면 또는 지지대에 고정하여 설치한다.
㉰ 긴급분리장치는 각 충전설비마다 설치한다.
㉱ 긴급분리장치는 수평방향으로 당길 때 666.4 N 미만의 힘으로 분리되는 것으로 한다.
㉲ 긴급분리장치와 충전설비 사이에는 충전자가 접근하기 쉬운 위치에 90° 회전의 수동밸브를 설치한다.

## 제 4 과목  가스계측

### 61. 비접촉식 온도계의 특징
㉮ 접촉에 의한 열손실이 없고 측정 물체의 열적 조건을 건드리지 않는다.
㉯ 내구성에서 유리하다.
㉰ 이동물체와 고온 측정이 가능하다.
㉱ 방사율 보정이 필요하다.
㉲ 700℃ 이하의 온도 측정이 곤란하다 (단, 방사온도계의 측정범위는 50~3000℃).
㉳ 측정온도의 오차가 크다.
㉴ 표면온도 측정에 사용된다 (내부온도 측정이 불가능하다).

### 62. 굴절성 : 광선이나 음파가 휘어져 꺾이는 성질로 광파, 음파, 수파 따위가 한 매질에서 다른 매질로 들어갈 때 경계면에서 그 진행방향이 바뀌는 현상이다. 굴절성은 경질유리를 사용하는 직관식 액면계에서 이용하는 성질이다.

### 63. 검지기 설치위치
㉮ 공기보다 무거운 경우 : 검지기 상단은 바닥면 등에서 위쪽으로 0.3 m 이내에 부착
㉯ 공기보다 가벼운 경우 : 검지기 하단은 천장면 등의 아래쪽 0.3 m 이내에 부착

**64.** 액주식 액체의 구비조건
  ㉮ 점성이 적을 것
  ㉯ 열팽창계수가 적을 것
  ㉰ 항상 액면은 수평을 만들 것
  ㉱ 온도에 따라서 밀도변화가 적을 것
  ㉲ 증기에 대한 밀도변화가 적을 것
  ㉳ 모세관 현상 및 표면장력이 적을 것
  ㉴ 화학적으로 안정할 것
  ㉵ 휘발성 및 흡수성이 적을 것
  ㉶ 액주의 높이를 정확히 읽을 수 있을 것

**65.** 습식 가스미터의 특징
  ㉮ 계량이 정확하다.
  ㉯ 사용 중에 오차의 변동이 적다.
  ㉰ 사용 중에 수위조정 등의 관리가 필요하다.
  ㉱ 설치면적이 크다.
  ㉲ 기준용, 실험실용에 사용된다.
  ㉳ 용량범위는 0.2~3000 m³/h이다.

**66.** 차압 60 mmH₂O는 60 kgf/m²과 같다.
$$\therefore V = C\sqrt{2g\frac{\Delta P}{\gamma}}$$
$$= 1 \times \sqrt{2 \times 9.8 \times \frac{60}{1.20}} = 31.304 \text{ m/s}$$

**67.** 다이어프램식 압력계 특징
  ㉮ 응답속도가 빠르나 온도의 영향을 받는다.
  ㉯ 극히 미세한 압력 측정에 적당하다.
  ㉰ 부식성 유체의 측정이 가능하다.
  ㉱ 압력계가 파손되어도 위험이 적다.
  ㉲ 연소로의 통풍계(draft gauge)로 사용한다.
  ㉳ 측정범위는 20~5000 mmH₂O이다.

**68.** $P = E[V] \times I[A] = \dfrac{E^2[V]}{R[\Omega]}$
$$= \frac{100^2}{1 \times 1000} = 10 \text{ W}$$

**69.** 적분동작(I 동작 : integral action) : 제어량에 편차가 생겼을 때 편차의 적분차를 가감하여 조작단의 이동 속도가 비례하는 동작으로 잔류편차가 남지 않는다. 진동하는 경향이 있어 제어의 안정성은 떨어진다. 유량제어나 관로의 압력제어와 같은 경우에 적합하다.

**70.** 캐리어가스(carrier gas)
  ㉮ 역할 : 주입된 시료를 컬럼과 검출기로 이동시켜 주는 운반기체 역할을 한다.
  ㉯ 종류 : 수소(H₂), 헬륨(He), 아르곤(Ar), 질소(N₂)
  ㉰ 캐리어가스는 검출기 종류에 맞는 것을 선택하여 사용하여야 한다.

**71.** 보일의 법칙 $P_1V_1 = P_2V_2$에서 압력이 변한 후의 부피 $V_2$를 구한다.
$$\therefore V_2 = \frac{P_1V_1}{P_2} = \frac{3 \times 6}{9} = 2 \text{ L}$$

**72.** 터빈식 유량계 : 유속식 유량계 중 축류식으로 유체가 흐르는 배관 중에 임펠러를 설치하여 유속 변화에 따른 임펠러의 회전수를 이용하여 유량을 측정하는 것으로 임펠러의 축이 유체의 흐르는 방향과 일치되어 있다.

**73.** 오르사트법 가스분석 순서 및 흡수제

| 순서 | 분석가스 | 흡수제 |
| --- | --- | --- |
| 1 | CO₂ | KOH 30 % 수용액 |
| 2 | O₂ | 알칼리성 피로갈롤 용액 |
| 3 | CO | 암모니아성 염화제1구리 용액 |

**74.** 감도유량 : 가스미터가 작동하는 최소유량
  ㉮ 가정용 막식 가스미터 : 3 L/h 이하
  ㉯ LPG용 가스미터 : 15 L/h 이하

**75.** 부르동관 압력계 용도에 따른 기호 : KS B 5305

| 용도 구분 | 기호 |
|---|---|
| 증기형 보통형 | M |
| 내열형 | H |
| 내진형 | V |
| 증기용 내진형 | MV |
| 내열 내진형 | HV |

**76.** mass flow controller : 유량을 측정 및 제어하는데 사용되는 장치의 유체 및 가스를 특정 영역에서 특정 유형을 제어하도록 조정하는 것으로 하나 이상의 유체나 가스를 제어할 수 있지만 높은 압력이 불안정 유량의 원인이 될 수 있다.

**77.** 시료가스 50 mL를 $CO_2$, $O_2$, CO 순으로 흡수시켰을 때 최종적으로 남은 부피가 17.8 mL 이고, 이 양이 전체시료량에서 체적감량에 해당하는 양을 뺀 것과 같은 양이다.

$$\therefore 조성 = \frac{전체시료량 - 체적감량}{시료량} \times 100$$
$$= \frac{17.8}{50} \times 100 = 35.6\%$$

**78.** 염광광도형 검출기(FPD) : 수소염에 의하여 시료성분을 연소시키고 이때 발생하는 불꽃의 광도를 측정하여 황화합물과 인화합물을 선택적으로 검출한다.

**79.** 루트(roots)형 가스미터의 특징
㉮ 대유량 가스 측정에 적합하다.
㉯ 중압가스의 계량이 가능하다.
㉰ 설치면적이 작다.
㉱ 여과기의 설치 및 설치 후의 유지관리가 필요하다.
㉲ $0.5 m^3/h$ 이하의 적은 유량에는 부동의 우려가 있다.
㉳ 용량범위가 $100 \sim 5000 m^3/h$로 대량 수용가에 사용된다.

**80.** 통풍형 건습구 습도계 : 휴대용으로 사용되며 시계 장치(태엽)로 팬(fan)을 돌려 3 m/s 정도의 바람을 흡인하여 건습구에 통풍하는 형식으로 아스만(Asman) 습도계가 대표적이다.

## CBT 모의고사 5

### 정답

| | 1 | 2 | 3 | 4 | 5 | 6 | 7 | 8 | 9 | 10 |
|---|---|---|---|---|---|---|---|---|---|---|
| 연소공학 | ③ | ④ | ③ | ③ | ④ | ③ | ① | ④ | ③ | ② |
| | 11 | 12 | 13 | 14 | 15 | 16 | 17 | 18 | 19 | 20 |
| | ① | ① | ① | ③ | ④ | ③ | ③ | ② | ④ | ③ |
| | 21 | 22 | 23 | 24 | 25 | 26 | 27 | 28 | 29 | 30 |
| 가스설비 | ③ | ② | ③ | ④ | ② | ④ | ① | ③ | ④ | ④ |
| | 31 | 32 | 33 | 34 | 35 | 36 | 37 | 38 | 39 | 40 |
| | ③ | ① | ② | ① | ② | ① | ① | ① | ③ | ① |
| | 41 | 42 | 43 | 44 | 45 | 46 | 47 | 48 | 49 | 50 |
| 가스안전관리 | ② | ③ | ② | ② | ② | ④ | ② | ④ | ③ | ④ |
| | 51 | 52 | 53 | 54 | 55 | 56 | 57 | 58 | 59 | 60 |
| | ② | ④ | ② | ② | ④ | ④ | ② | ① | ④ | ③ |
| | 61 | 62 | 63 | 64 | 65 | 66 | 67 | 68 | 69 | 70 |
| 가스계측 | ① | ② | ② | ④ | ② | ④ | ① | ④ | ② | ④ |
| | 71 | 72 | 73 | 74 | 75 | 76 | 77 | 78 | 79 | 80 |
| | ① | ① | ④ | ② | ④ | ④ | ④ | ② | ① | ④ |

### 제 1 과목   연소공학

**1.** ㉮ 프로판의 완전 연소 반응식
  $C_3H_8 + 5O_2 \rightarrow 3CO_2 + 4H_2O$
㉯ 최소산소농도 계산 : 프로판 1몰(mol)이 연소할 때 필요로 하는 산소는 5몰이다.

$$\therefore MOC = LFL \times \frac{산소\ 몰수}{연료\ 몰수}$$

$$= 2.1 \times \frac{5}{1} = 10.5\ \%$$

**2. 헨리의 법칙** : 일정온도에서 일정량의 액체에 녹는 기체의 질량은 압력에 정비례한다.
  ㉮ 수소($H_2$), 산소($O_2$), 질소($N_2$), 이산화탄소($CO_2$) 등과 같이 물에 잘 녹지 않는 기체만 적용된다.
  ㉯ 염화수소(HCl), 암모니아($NH_3$), 이산화황($SO_2$) 등과 같이 물에 잘 녹는 기체는 적용되지 않는다.

**3. 폭발물질에 의한 폭발 분류**
  ㉮ 기체상태 폭발 : 혼합가스의 폭발, 분해 폭발, 분진 폭발
  ㉯ 액체 및 고체상태 폭발 : 혼합 위험성 물질 폭발, 폭발성 화합물 폭발, 증기 폭발, 금속선 폭발, 고체상 전이 폭발

**4.** ㉮ 각 가스의 폭발범위

| 가스 명칭 | 폭발범위 |
|---|---|
| 메탄($CH_4$) | 5~15 % |
| 프로판($C_3H_8$) | 2.2~9.5 % |
| 에탄($C_2H_6$) | 3.0~12.4 % |

  ㉯ 혼합가스의 폭발하한계 계산
  $\frac{100}{L} = \frac{V_1}{L_1} + \frac{V_2}{L_2} + \frac{V_3}{L_3}$ 에서 혼합가스 폭발하한계값 $L$을 구한다.

  $$\therefore L = \frac{100}{\frac{V_1}{L_1} + \frac{V_2}{L_2} + \frac{V_3}{L_3}}$$

  $$= \frac{100}{\frac{80}{5} + \frac{5}{2.2} + \frac{15}{3.0}} = 4.296\ \%$$

**5. 폭발등급별 안전간격**

| 폭발등급 | 안전간격 | 가스종류 |
|---|---|---|
| 1등급 | 0.6 mm 이상 | 일산화탄소, 에탄, 프로판, 암모니아, 아세톤, 에틸에테르, 가솔린, 벤젠 등 |
| 2등급 | 0.4~0.6 mm | 석탄가스, 에틸렌 등 |
| 3등급 | 0.4 mm 미만 | 아세틸렌, 이황화탄소, 수소, 수성가스 등 |

**6. 집진장치의 분류 및 종류**
  ㉮ 건식 집진장치 : 중력식 집진장치, 관성력식 집진장치, 원심력식 집진장치, 여과 집진장치 등
  ㉯ 습식 집진장치 : 벤투리 스크러버, 제트 스크러버, 사이클론 스크러버, 충전탑(세정탑) 등
  ㉰ 전기식 집진장치 : 코트렐 집진기

**7. 폭굉(detonation)의 정의** : 가스 중의 음속보다도 화염 전파속도가 큰 경우로서 파면선단에 충격파라고 하는 압력파가 생겨 격렬한 파괴작용을 일으키는 현상이다.

**8. 미분탄 연소의 특징**
  ㉮ 가스화 속도가 낮고, 2상류 상태에서 연소한다.
  ㉯ 적은 공기비로 완전 연소가 가능하다.
  ㉰ 점화, 소화가 쉽고 부하변동에 대응하기 쉽다.
  ㉱ 대용량에 적당하고, 사용연료 범위가 넓다.
  ㉲ 연소실 공간을 유효하게 이용할 수 있다.
  ㉳ 설비비, 유지비가 많이 소요된다.
  ㉴ 회(灰), 먼지 등이 많이 발생하여 집진장치가 필요하다.
  ㉵ 연소실 면적이 크고, 폭발의 위험성이 있다.
  ㉶ 완전 연소에 시간과 거리가 필요하다.
  ㉷ 연소 완료시간은 표면 연소속도에 의해 결정된다.

**9.** 점화에너지가 부족하면 점화가 되지 않는 현상이 발생한다.

**10.** 난류 예혼합화염(연소)의 특징
㉮ 화염의 휘도가 높다.
㉯ 화염면의 두께가 두꺼워진다.
㉰ 연소속도가 층류화염의 수십 배이다.
㉱ 연소 시 다량의 미연소분이 존재한다.

**11.** ㉮ 메탄($CH_4$)의 완전 연소 반응식
$CH_4 + 2O_2 \rightarrow CO_2 + 2H_2O$
㉯ 이론공기량 계산 : 메탄 1톤은 1000 kg이다.
$16 \text{ kg} : 2 \times 22.4 \text{ Nm}^3 = 1000 \text{ kg} : x(O_0) \text{ Nm}^3$
$\therefore A_0 = \dfrac{O_0}{0.21} = \dfrac{2 \times 22.4 \times 1000}{16 \times 0.21}$
$= 13333.333 \text{ Nm}^3$

**12.** 프로판가스가 실제로 발생한 열량은 연소 과정에서 발생한 열량에서 연소 시 발생한 수증기의 잠열을 제외한 열량이 된다.
$\therefore$ 연소효율 $= \dfrac{\text{실제 발생열량}}{\text{저발열량}} \times 100$
$= \dfrac{50232 - 8372}{46046} \times 100 = 90.909 \%$

**13.** 산소($O_2$)는 연소성에 의하여 구분하면 조연성가스(또는 지연성가스)에 해당된다.

**14.** ㉮ 1 atm = 760 mmHg = 76 cmHg = 0.76 mHg
$= 14.7 \text{ lb/in}^2 = 14.7 \text{ psi}$
㉯ 절대압력 계산
$\therefore$ 절대압력 = 대기압 + 게이지압력
$= \left(\dfrac{760}{760} \times 14.7\right) + (2 \times 14.7)$
$= 44.1 \text{ psi}$

**15.** 각 항목의 옳은 설명
① 가스의 온도가 높아지면 폭발범위는 넓어진다.
② 폭발상한과 폭발하한의 차이가 작을수록 위험도는 낮아진다 (또는 폭발상한과 하한의 차이가 클수록 위험도는 커진다).
③ 폭굉범위는 가연성가스의 폭발하한계와 상한계값 사이에 존재한다.

**16.** ㉮ 연료의 저발열량은 비열과 같은 'kJ' 단위로 환산하여 화염온도를 구한다.
$\therefore T_2 = \dfrac{H_l}{G_s \times C_p} + T_1$
$= \dfrac{46 \times 10^3}{22 \times 1.3} + (273 + 25)$
$= 1906.391 \text{ K}$
㉯ 화염온도를 절대온도(K)에서 섭씨온도(℃)로 계산
$t_2 = 1906.391 \text{ K} - 273 = 1633.391 \text{ ℃}$

**17.** ㉮ 탄소(C), 수소($H_2$), 메탄($CH_4$)의 반응식에 주어진 열량은 발생열량이다. 각각의 발생열량은 생성열량과 절댓값이 같고 부호가 반대이며, 발생열량을 이용하여 계산한 값이 생성열량이다.
㉯ 메탄($CH_4$)의 생성열량 계산 : 메탄의 완전 연소 반응식을 이용하여 계산한다.
$CH_4 + 2O_2 \rightarrow CO_2 + 2H_2O + Q[\text{kJ}]$
$\downarrow \quad\quad\quad \downarrow \quad\quad \downarrow \quad\quad \downarrow$
$802 \quad\quad = 394 + (241 \times 2) + Q$
$\therefore Q = 802 - 394 - (241 \times 2) = -74 \text{ kJ}$
$\therefore$ 생성열량은 $-74 \text{ kJ}$이다.

**18.** 비점화 방폭구조(n) : 전기기기가 정상 작동과 규정된 특정한 비정상 상태에서 주위의 폭발성 가스 분위기를 점화시키지 못하도록 만든 방폭구조

**19.** 이상기체 상태방정식 $PV = GRT$에서 부피 $V$를 구하며, 1 atm은 101.325 kPa이다.

$$\therefore V = \frac{GRT}{P} = \frac{2 \times \frac{8.314}{29} \times (273+27)}{2 \times 101.325}$$
$$= 0.8488 \text{ m}^3$$

**20.** 발화지연시간 : 어느 온도에서 가열하기 시작하여 발화에 이르기까지의 시간으로 고온, 고압일수록, 가연성가스와 산소의 혼합비가 완전 산화에 가까울수록 발화지연시간은 짧아진다.
※ 발화의 4대 요소 : 온도, 압력, 조성(농도), 용기의 크기

## 제 2 과목   가스설비

**21.** 전기방식 방법
㉮ 누출전류의 영향이 없는 경우 : 외부전원법, 희생양극법
㉯ 누출전류의 영향을 받는 배관 : 배류법
㉰ 누출전류의 영향을 받는 배관으로 방식효과가 충분하지 않을 경우 : 외부전원법 또는 희생양극법을 병용

**22.** $t = \frac{PD}{2S\eta - 1.2P} + C$
$= \frac{4.5 \times 200}{2 \times 200 \times 1.00 - 1.2 \times 4.5} = 2.28 \text{ mm}$

**23.** ㉮ 가성소다(NaOH)에 의한 이산화탄소 제거 반응식 : $2NaOH + CO_2 \rightarrow Na_2CO_3 + H_2O$
㉯ 건조제(가성소다)양 계산 : NaOH의 분자량은 40이다.
$2 \times 40 \text{ kg} : 44 \text{ kg} = x \text{[kg]} : 7.2 \text{ kg}$
$x = \frac{2 \times 40 \times 7.2}{44} = 13.090 \text{ kg}$

**24.** 가스용 플렉시블 호스 : 사용압력이 3.3 kPa 이하인 액화석유가스 또는 도시가스용으로 사용되는 것으로 플렉시블 튜브와 이음쇠의 결합체이다. 튜브의 재료는 구리합금과 스테인리스강 또는 사용상 이와 같은 수준 이상의 품질을 가진 것으로 한다.

**25.** 과열방지장치는 정압기에 설치되는 부속설비에 해당되지 않는다.
[참고] 과열방지장치 : 연소기구(목욕솥, 탕비기의 열교환기 등) 등에서 이상 고온이 되었을 때 가스의 유로를 차단하여 연소기구의 작동을 정지시키는 것으로 바이메탈식, 액체 팽창식, 퓨즈메탈식(가용금속식)이 있다.

**26.** 각종 가스 압축기의 윤활유
㉮ 산소 압축기 : 물 또는 묽은 글리세린수 (10 % 정도)
㉯ 공기 압축기, 수소 압축기, 아세틸렌 압축기 : 양질의 광유
㉰ 염소 압축기 : 진한 황산
㉱ LP가스 압축기 : 식물성유
㉲ 이산화황(아황산가스) 압축기 : 화이트유, 정제된 용제 터빈유
㉳ 염화메탄(메틸 클로라이드) 압축기 : 화이트유

**27.** 고압가스 배관 등의 내압 부분에 사용해서는 안 되는 재료
㉮ 탄소 함유량이 0.35 % 이상의 탄소강재 및 저합금강재로서 용접구조에 사용되는 재료
㉯ KS D 3507(배관용 탄소강관)
㉰ KS D 3583(배관용 아크용접 탄소강관)
㉱ KS D 4301(회주철)

**28.** 강의 열처리 목적 : 기계적 성질을 향상시키기 위하여 열처리를 한다.

**29.** ㉮ 액화 프로판 충전량 계산
$\therefore W = \frac{V}{C} = \frac{117.5}{2.35} = 50 \text{ kg}$

⑷ 액화 프로판의 체적($E$) 계산

∴ $E = \dfrac{\text{액체 질량}}{\text{액비중}} = \dfrac{50}{0.5} = 100\,\text{L}$

⑷ 안전 공간 계산

∴ 안전 공간(%) $= \dfrac{V-E}{V} \times 100$

$= \dfrac{117.5 - 100}{117.5} \times 100$

$= 14.893\,\%$

**30.** 가스액화 사이클의 종류 : 린데식, 클라우드식, 캐피쟈식, 필립스식, 캐스케이드식

**31.** LP가스 제조법
㉮ 습성천연가스 및 원유에서 생산 : 압축냉각법, 흡수법, 흡착법
㉯ 원유를 정제하는 과정에서 부산물로 생산
㉰ 나프타 분해공정에서 부산물로 생산
㉱ 나프타 수소화 분해공정에서 부산물로 생산

**32.** LiBr – $H_2O$형 흡수식 냉·난방기에서 냉매는 물($H_2O$)이고, 용액은 리튬브로마이드(LiBr)이다.

**33.** 규소(Si)의 영향 : 유동성을 좋게 하나 단접성 및 냉간 가공성을 나쁘게 하며, 연신율, 충격치를 감소시킨다.

**34.** $\dfrac{P_1 V_1}{T_1} = \dfrac{P_2 V_2}{T_2}$ 에서 오토클레이브의 내용적 변화는 없으므로 $V_1 = V_2$이다.

∴ $T_2 = \dfrac{P_2 T_1}{P_1} = \dfrac{(30 \times 0.8) \times (273 + 15)}{10}$

$= 691.2\,\text{K} - 273 = 418.2\,℃$

**35.** 조정압력 3.3 kPa 이하인 조정기의 안전장치 압력
㉮ 작동표준압력 : 7.0 kPa
㉯ 작동개시압력 : 5.60~8.40 kPa
㉰ 작동정지압력 : 5.04~8.40 kPa

**36.** 이중각식 구형 저장탱크의 특징
㉮ 내구에는 저온 강재, 외구에는 보통 강판을 사용한 것으로 내외 공간은 진공 또는 건조공기 및 질소가스를 넣고 펄라이트와 같은 보냉재를 충전한다.
㉯ 이 형식의 탱크는 단열성이 높으므로 –50℃ 이하의 저온에서 액화가스를 저장하는데 적합하다.
㉰ 액체산소, 액체질소, 액화메탄, 액화에틸렌 등의 저장에 사용된다.
㉱ 내구는 스테인리스강, 알루미늄, 9% 니켈강 등을 사용한다.
㉲ 지지방법은 외구의 중심이 통과하는 부근에서 하중로드로 메어달고, 진동은 수평로드로 방지하고 있다.
※ 상온 또는 –30℃ 전후까지의 저온의 범위에 사용되는 것은 '단각식 구형 저장탱크'이다.

**37.** 용접결함의 종류
㉮ 오버랩(over-lap) : 용융금속이 모재와 융합되어 모재 위에 겹쳐지는 상태의 결함
㉯ 슬래그 혼입 : 녹은 피복제가 용착금속 표면에 떠 있거나 용착금속 속에 남아 있는 현상
㉰ 언더컷(under-cut) : 용접선 끝에 생기는 작은 홈 상태의 결함
㉱ 용입불량 : 접합부의 일부분이 녹지 않아 용착이 되지 않는 상태로 간극이 생기는 현상
㉲ 기공(blow hole) : 용착금속 속에 남아 있는 가스로 인한 구멍 상태의 결함
㉳ 스패터(spatter) : 용접 중 비산하는 용융금속이 모재 등에 부착되는 현상

**38.** 왕복펌프는 단속적인 송출로 인하여 유량이 일정하지 못한 것을 해결하기 위해 토출 측에 서지탱크(surge tank)를 설치한다.

**39.** 게이트 밸브(gate valve)의 특징
㉮ 슬루스 밸브(sluice valve) 또는 사절변이

라 한다.
㉯ 리프트가 커서 개폐에 시간이 걸린다.
㉰ 밸브를 완전히 열면 밸브 본체 속에 관로의 단면적과 거의 같게 된다.
㉱ 쐐기형의 밸브 본체가 밸브 시트 안을 눌러 기밀을 유지한다.
㉲ 유로의 개폐용으로 사용한다.
㉳ 밸브를 절반 정도 열고 사용하면 와류가 생겨 유체의 저항이 커지기 때문에 유량조절에는 적합하지 않다.

**40.** LNG 저장탱크에서 발생하는 현상
㉮ 롤 오버(roll-over) : 상이한 액체 밀도로 인하여 층상화된 액체의 불안정한 상태가 바로잡히며 생기는 LNG의 급격한 물질 혼합 현상을 말하며, 일반적으로 상당한 양의 증발가스가 탱크 내부에서 방출되는 현상이 수반된다.
㉯ 증발(boil-off) : 저장탱크 외부로부터 전도되는 열에 의해 저온 액체 중 극소량이 기화하는 과정을 말한다.

---

## 제 3 과목  가스안전관리

**41.** 집합 방류둑 안에 설치한 저장탱크마다 칸막이를 설치할 때 칸막이의 높이는 방류둑보다 최소 10 cm 이상 낮게 한다.

**42.** 압축금지 기준
㉮ 가연성가스($C_2H_2$, $C_2H_4$, $H_2$ 제외) 중 산소 용량이 전체 용량의 4 % 이상의 것
㉯ 산소 중 가연성가스($C_2H_2$, $C_2H_4$, $H_2$ 제외) 용량이 전체 용량의 4 % 이상의 것
㉰ $C_2H_2$, $C_2H_4$, $H_2$ 중의 산소 용량이 전체 용량의 2 % 이상의 것
㉱ 산소 중 $C_2H_2$, $C_2H_4$, $H_2$의 용량 합계가 전체 용량의 2 % 이상의 것

**43.** 탱크의 재료에는 KS D 3521(압력용기용 강판), KS D 3541(저온 압력용기용 탄소강판), 스테인리스강 또는 이와 동등 이상의 화학적 성분, 기계적 성질 및 가공성을 갖는 재료를 사용한다. 다만, 용접을 하는 부분의 탄소강은 탄소함유량이 0.35 % 미만인 것으로 한다.

**44.** 압축기 정지 시 주의사항
㉮ 드레인 밸브를 개방시킨다.
㉯ 조정 밸브를 열어서 응축수 및 기름을 충분히 배출한다.
㉰ 각 단의 압력을 0으로 하여 놓고 정지시킨다.
㉱ 주밸브를 잠근다.
㉲ 냉각수 밸브를 잠근다.
㉳ 전동기 스위치를 열어 둔다(스위치를 off 위치에 놓는다).

**45.** 도시가스 배관(도법 시행규칙 제2조) : 배관이란 도시가스를 공급하기 위하여 배치된 관으로서 본관, 공급관, 내관 또는 그 밖의 관을 말한다.

**46.** 가연성가스 및 독성가스 용기 표시 방법

가연성가스    독성가스

㉮ 가연성가스(액화석유가스용은 제외)는 빨간색 테두리에 검정색 불꽃 모양이다.
㉯ 독성가스는 빨간색 테두리에 검정색 해골 모양이다.
㉰ 액화석유가스 용기 중 부탄가스를 충전하는 용기는 부탄가스임을 표시한다.
㉱ 그 밖의 가스에는 가스명칭 하단에 용도(절단용, 자동차용 등)를 표시한다.

㉮ 내용적 2 L 미만의 용기는 제조자가 정하는 바에 따라 도색할 수 있다.

**47.** 용기의 상태에 따른 등급분류 중 3급
㉮ 깊이가 0.3 mm 미만이라고 판단되는 흠이 있는 것
㉯ 깊이가 0.5 mm 미만이라고 판단되는 부식이 있는 것

**48.** 용기에 의한 액화석유가스 사용시설 기준
㉮ 저장능력 100 kg 이하 : 용기, 용기밸브, 압력조정기가 직사광선, 눈, 빗물에 영향을 받지 않도록 조치
㉯ 저장능력 100 kg 초과 : 옥외에 용기 보관실 설치
㉰ 저장능력 250 kg 이상 : 과압안전장치 설치(자동절체기를 사용하여 용기를 집합한 경우에는 500 kg 이상)
㉱ 저장능력 500 kg 초과 : 저장탱크 또는 소형 저장탱크 설치

**49.** ㉮ 현저하게 우회하는 도로 : 이동거리가 2배 이상이 되는 경우
㉯ 번화가 : 도시의 중심부나 번화한 상점을 말하며, 차량의 너비에 3.5 m를 더한 너비 이하인 통로의 주위를 말한다.
㉰ 사람이 붐비는 장소 : 축제 시의 행렬, 집회 등으로 사람이 밀집된 장소

**50.** 부취제 측정 방법 : 오더미터법, 주사기법, 무취실법, 냄새주머니법

**51.** 고압가스 특정제조시설에서 재해가 발생할 경우 그 재해의 확대를 방지하기 위하여 가연성가스 설비 또는 독성가스의 설비는 통로, 공지 등으로 구분된 안전구역 안에 설치하며 안전구역의 면적은 2만 m² 이하로 한다.

**52.** 되메움 재료
㉮ 기초재료 : 배관의 침하를 방지하기 위하여 배관 하부에 모래 또는 19 mm 이상의 큰 입자가 포함되지 않은 재료를 0.1 m 이상 포설한 것
㉯ 침상재료 : 배관에 작용하는 하중을 수직방향 및 횡방향에서 지지하고 하중을 기초 아래로 분산하기 위하여 배관 하단에서 배관 상단 0.3 m까지 포설하는 모래 또는 흙
㉰ 되메움 재료 : 배관에 작용하는 하중을 분산해 주고 도로의 침하 등을 방지하기 위하여 침상재료 상단에서 도로 노면까지 암편이나 굵은 돌을 포함하지 아니하는 양질의 흙(유기질토(이탄 등), 실트, 점토질 등 연약한 흙은 사용하지 않는다.)

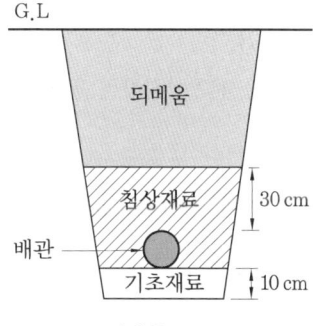

되메움 구조

**53.** 충전용기는 이륜차에 적재하여 운반하지 아니한다. 다만, 차량이 통행하기 곤란한 지역이나 그 밖에 시·도지사가 지정하는 경우에는 다음 기준에 적합한 경우에만 액화석유가스 충전용기를 이륜차(자전거는 제외)에 적재하여 운반할 수 있다.
㉮ 넘어질 경우 용기에 손상이 가지 아니하도록 제작된 용기운반 전용 적재함이 장착된 것인 경우
㉯ 적재하는 충전용기는 충전량이 20 kg 이하이고, 적재수가 2개를 초과하지 아니한 경우

**54.** LPG 압력조정기 제조자 검사설비 종류
㉮ 버어니어캘리퍼스, 마이크로메타, 나사게

이지 등 치수측정설비
㈏ 액화석유가스액 또는 도시가스 침적설비
㈐ 염수분무시험설비
㈑ 내압시험설비
㈒ 기밀시험설비
㈓ 안전장치 작동시험설비
㈔ 출구압력측정시험설비
㈕ 내구시험설비
㈖ 저온시험설비
㈗ 유량측정설비
㈘ 그 밖에 필요한 검사설비 및 기구

**55.** 전기방식시설의 유지관리 점검주기
㈎ 관대지전위(管對地電位) 점검 : 1년에 1회 이상
㈏ 외부 전원법 전기방식시설 점검 : 3개월에 1회 이상
㈐ 배류법 전기방식시설 점검 : 3개월에 1회 이상
㈑ 절연부속품, 역 전류방지장치, 결선(bond), 보호절연체 점검 : 6개월에 1회 이상

**56.** **재료시험의 종류** : 인장시험, 충격시험, 압궤시험

**57.** 지상에 설치한 저장탱크의 안전밸브는 지면으로부터 5 m 이상 또는 그 저장탱크의 정상부로부터 2 m 이상의 높이 중 더 높은 위치에 방출구가 있는 가스방출관을 설치한다. 그러므로 방출구 높이는 지면에서 저장탱크 정상부까지 높이 8 m에 정상부로부터 2 m를 더한 높이인 지면에서 10 m가 되어야 한다.

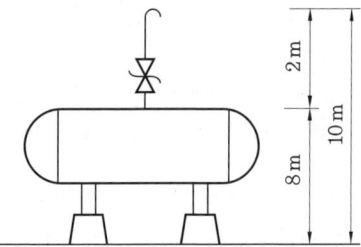

**58.** 출구압력에 따른 정압기용 압력조정기의 구분
㈎ 중압 : 0.1~1.0 MPa 미만
㈏ 준저압 : 4~100 kPa 미만
㈐ 저압 : 1~4 kPa 미만

**59.** 가스보일러의 연통의 호칭지름은 가스보일러 연통의 접속부 호칭지름과 동일한 것으로 하며, 연통과 가스보일러의 접속부 및 연통과 연통의 접속부는 내열실리콘, 내열실리콘 밴드 등(석고붕대는 제외한다)으로 마감조치하여 기밀이 유지되도록 한다.

**60.** 아세틸렌을 용기에 충전하는 때에는 미리 용기에 다공질물을 고루 채워 다공도가 75 % 이상 92 % 미만이 되도록 한 후 아세톤 또는 디메틸포름아미드를 고루 침윤시키고 충전한다.
참고 '다공물질'과 '다공질물'은 동일한 물질을 지칭하는 것으로 혼용하여 사용되는 용어이다.

---

## 제 4 과목  가스계측

**61.** 가스 크로마토그래피 분석장치의 컬럼(분리관)은 비활성 지지체인 규조토로 채워진다.

**62.** 품질검사 기준

| 구분 | 시약 | 검사법 | 순도 |
|---|---|---|---|
| 산소 | 동·암모니아 | 오르사트법 | 99.5 % 이상 |
| 수소 | 피로갈롤, 하이드로설파이드 | 오르사트법 | 98.5 % 이상 |
| 아세틸렌 | 발연황산 | 오르사트법 | 98 % 이상 |
| | 브롬시약 | 뷰렛법 | |
| | 질산은 시약 | 정성시험 | |

**63.** 산소 분석법
㉮ 염화 제1동의 암모니아성 용액에 의한 흡수법
㉯ 탄산동의 암모니아성 용액에 의한 흡수법
㉰ 알칼리성 피로갈롤 용액에 의한 흡수법
㉱ 티오황산나트륨(차아황산소다) 용액에 의한 흡수법
※ ②번 항목은 이산화탄소 분석법에 해당됨

**64.** 기계식 압력계의 종류 : 액주식(U자관, 경사관식 등), 링밸런스식(환상식), 피스톤식, 탄성식

**65.** 컬럼에 사용되는 액체 정지상은 휘발성이 낮아야 한다.

**66.** 가스미터(최대유량 1000 m³/h 이하인 것에 한함)의 사용공차[계량에 관한 법률 별표17] : 검정기준에서 정하는 최대허용오차의 2배 값

**67.** ㉮ 온수기에서 나오는 물의 온도 계산 : 5℃ 수돗물이 온수기에서 가열되어 욕조에 있는 50 L 물과 혼합되어 150 L, 42℃가 된 것이므로 열평형의 온도 계산식 $t_m = \dfrac{G_1 C_1 t_1 + G_2 C_2 t_2}{G_1 C_1 + G_2 C_2}$ 에서 온수기에서 나오는 물의 온도 $t_2$를 구한다 (온수기에서 나온 물($G_2$)은 100 L이다).
$G_1 C_1 t_1 + G_2 C_2 t_2 = t_m (G_1 C_1 + G_2 C_2)$ 이다.
$G_2 C_2 t_2 = \{t_m (G_1 C_1 + G_2 C_2)\} - G_1 C_1 t_1$
$\therefore t_2 = \dfrac{\{t_m (G_1 C_1 + G_2 C_2)\} - G_1 C_1 t_1}{G_2 C_2}$
$= \dfrac{\{42 \times (50 \times 1 + 100 \times 1)\} - (50 \times 1 \times 5)}{100 \times 1}$
$= 60.5 ℃$
㉯ 온수기로부터 물에 주는 열량 계산 : 물의 비중은 1이므로 물 1 L은 1 kg이다.
$\therefore Q = G_2 C \Delta t = 100 \times 1 \times (60.5 - 5)$
$= 5550 \text{ kcal}$

**68.** 루트(roots)형 가스미터의 특징
㉮ 대유량 가스 측정에 적합하다.
㉯ 중압가스의 계량이 가능하다.
㉰ 설치면적이 작다.
㉱ 여과기의 설치 및 설치 후의 유지관리가 필요하다.
㉲ 0.5 m³/h 이하의 적은 유량에는 부동의 우려가 있다.
㉳ 용량범위가 100~5000 m³/h로 대량 수용가에 사용된다.

**69.** 가스계량기와 화기 사이에 유지해야 하는 거리는 우회거리 2 m 이상으로 한다.

**70.** $Y = 1 - e^{-\frac{t}{T}}$ 을 정리하면
$1 - Y = e^{-\frac{t}{T}}$ 가 되며, 양변에 ln을 곱하면
$\ln(1 - Y) = -\dfrac{t}{T}$ 이다.
$\therefore t = -\ln(1 - Y) \times T$
$= -\ln(1 - 0.8) \times 20 = 32.188$ 초
여기서, $Y$ : 스텝응답
$t$ : 변화시간(초)
$T$ : 시정수

**71.** 서미스터 온도계 특징
㉮ 감도가 크고 응답성이 빨라 온도변화가 작은 부분 측정에 적합하다.
㉯ 온도 상승에 따라 저항치가 감소한다(저항온도계수가 부특성(負特性)이다).
㉰ 소형으로 협소한 장소의 측정에 유리하다.
㉱ 소자의 균일성 및 재현성이 없다.
㉲ 흡습에 의한 열화가 발생할 수 있다.
㉳ 측정범위는 -100~300℃ 정도이다.

**72.** 차압식 유량계에서 유량은 차압의 평방근에 비례한다.
$\therefore Q_2 = \sqrt{\dfrac{\Delta P_2}{\Delta P_1}} \times Q_1 = \sqrt{\dfrac{2}{1}} \times Q_1 = \sqrt{2} \, Q_1$

※ 압력차가 2배로 변하면 유량은 $\sqrt{2}$ 배로 변화한다.

**73.** **흡수분석법** : 채취된 가스를 분석기 내부의 성분 흡수제에 흡수시켜 체적변화를 측정하는 방식으로 오르사트(Orsat)법, 헴펠(Hempel) 법, 게겔(Gockel)법 등이 있다.

**74.** **PD 동작(비례 미분 동작)** : 비례 동작과 미분 동작을 합한 것으로 제어의 안정성이 높고, 변화 속도가 큰 곳에 크게 작용하지만 편차에 대한 직접적인 효과는 없다.

**75.** $E = \dfrac{I-Q}{I} \times 100$
$= \dfrac{98-100}{98} \times 100 = -2.040\%$

**76.** **비례 동작(P 동작)** : 동작신호에 대하여 조작량의 출력변화가 일정한 비례관계에 있는 제어로 잔류편차(off-set)가 생긴다.

**77.** **계측기기의 측정 방법**
㉮ 편위법 : 측정량과 관계있는 다른 양으로 변환시켜 측정하는 방법으로 정도는 낮지만 측정이 간단하다. 부르동관 압력계, 스프링식 저울, 전류계 등이 해당된다.
㉯ 영위법 : 기준량과 측정하고자 하는 상태량을 비교 평형시켜 측정하는 것으로 천칭을 이용하여 질량을 측정하는 것이 해당된다.
㉰ 치환법 : 지시량과 미리 알고 있는 다른 양으로부터 측정량을 나타내는 방법으로 다이얼게이지를 이용하여 두께를 측정하는 것이 해당된다.
㉱ 보상법 : 측정량과 거의 같은 미리 알고 있는 양을 준비하여 측정량과 그 미리 알고 있는 양의 차이로써 측정량을 알아내는 방법이다.

**78.** **유량계의 구분**
㉮ 용적식 : 오벌기어식, 루트(roots)식, 로터리 피스톤식, 로터리 베인식, 습식 가스미터, 막식 가스미터 등
㉯ 간접식 : 차압식(오리피스, 플로노즐, 벤투리식), 유속식(피토관), 면적식(로터미터), 전자식, 와류식 등
※ 격막식은 막식(다이어프램) 가스미터를 의미한다.

**79.** 일산화탄소(CO)의 누설검지 시험지는 염화팔라듐지를 사용하고 반응은 검은색(흑색)으로 변한다.

**80.** 비중은 단위가 없는 무차원이다.
/h이다.

## CBT 모의고사 6

**정답**

| | 1 | 2 | 3 | 4 | 5 | 6 | 7 | 8 | 9 | 10 |
|---|---|---|---|---|---|---|---|---|---|---|
| 연소공학 | ④ | ③ | ③ | ④ | ④ | ④ | ③ | ③ | ② | ③ |
| | 11 | 12 | 13 | 14 | 15 | 16 | 17 | 18 | 19 | 20 |
| | ③ | ③ | ② | ② | ② | ③ | ② | ② | ② | ③ |
| 가스설비 | 21 | 22 | 23 | 24 | 25 | 26 | 27 | 28 | 29 | 30 |
| | ④ | ① | ① | ② | ④ | ③ | ② | ④ | ④ | ② |
| | 31 | 32 | 33 | 34 | 35 | 36 | 37 | 38 | 39 | 40 |
| | ① | ③ | ③ | ① | ④ | ② | ② | ③ | ④ | ② |
| 가스안전관리 | 41 | 42 | 43 | 44 | 45 | 46 | 47 | 48 | 49 | 50 |
| | ② | ② | ④ | ① | ② | ① | ③ | ② | ④ | ④ |
| | 51 | 52 | 53 | 54 | 55 | 56 | 57 | 58 | 59 | 60 |
| | ④ | ④ | ① | ② | ③ | ④ | ① | ① | ② | ④ |
| 가스계측 | 61 | 62 | 63 | 64 | 65 | 66 | 67 | 68 | 69 | 70 |
| | ④ | ④ | ① | ② | ③ | ② | ④ | ④ | ④ | ④ |
| | 71 | 72 | 73 | 74 | 75 | 76 | 77 | 78 | 79 | 80 |
| | ③ | ④ | ③ | ④ | ④ | ① | ④ | ④ | ② | ④ |

## 제1과목 연소공학

**1. 증발연소** : 융점이 낮은 고체연료가 액상으로 용융되어 발생한 가연성 증기 및 가연성 액체의 표면에서 기화되는 가연성 증기가 착화되어 화염을 형성하고 이 화염의 온도에 의해 액체표면이 가열되어 액체의 기화를 촉진시켜 연소를 계속하는 것으로 가솔린, 등유, 경유, 알코올, 양초 등이 이에 해당된다.

**2. 총발열량과 진발열량**
  ㉮ 총발열량 : 고위발열량, 고발열량이라 하며 물의 증발잠열이 포함된 열량이다.
  $$\therefore H_h = H_L + 600(9H + W)$$
  ㉯ 진발열량 : 저위발열량, 저발열량, 참발열량이라 하며, 물의 증발잠열을 포함하지 않은 열량이다.
  $$\therefore H_L = H_h - 600(9H + W)$$

**3. 연소속도** : 가연물과 산소와의 반응속도(분자 간의 충돌속도)를 말하는 것으로 관의 단면적, 내염 표면적, 관의 염경 등이 영향을 준다.

**4. BLEVE(비등 액체 팽창 증기 폭발)** : 가연성 액체 저장탱크 주변에서 화재가 발생하여 기상부의 탱크가 국부적으로 가열되면 그 부분이 강도가 약해져 탱크가 파열된다. 이때 내부의 액화가스가 급격히 유출 팽창되어 화구(fire ball)를 형성하여 폭발하는 형태를 말한다.

**5. 등심연소(wick combustion)** : 연료를 심지로 빨아올려 대류나 복사열에 의하여 발생한 증기가 등심(심지)의 상부나 측면에서 연소하는 것으로 공급되는 공기의 유속이 낮을수록, 온도가 높을수록 화염의 높이는 높아진다.

**6. LPG의 특징**
  (1) 일반적인 특징
    ㉮ LP가스는 공기보다 무겁다.
    ㉯ 액상의 LP가스는 물보다 가볍다.
    ㉰ 액화, 기화가 쉽다.
    ㉱ 기화하면 체적이 커진다.
    ㉲ 기화열(증발잠열)이 크다.
    ㉳ 무색, 무취, 무미하다.
    ㉴ 용해성이 있다.
  (2) 연소 특징
    ㉮ 타 연료와 비교하여 발열량이 크다.
    ㉯ 연소 시 공기량이 많이 필요하다.
    ㉰ 폭발범위(연소범위)가 좁다.
    ㉱ 연소속도가 느리다.
    ㉲ 발화온도가 높다.
  (3) LPG의 주성분인 프로판($C_3H_8$)의 완전연소 반응식
    $$C_3H_8 + 5O_2 \rightarrow 3CO_2 + 4H_2O$$

**7. 공기비** : 과잉공기계수라 하며 완전연소에 필요한 공기량(이론공기량[$A_0$])에 대한 실제로 혼합된 공기량(실제공기량[$A$])의 비를 말한다.
$$\therefore m = \frac{A}{A_0} = \frac{A_0 + B}{A_0} = 1 + \frac{B}{A_0}$$

**8.** $\eta = \left\{1 - \left(\frac{1}{\epsilon}\right)^{k-1}\right\} \times 100$
$= \left\{1 - \left(\frac{1}{10}\right)^{1.4-1}\right\} \times 100 = 60.189\%$

**9. 층류 연소속도 측정법**
  ㉮ 비눗방울(soap bubble)법 : 미연소 혼합기로 비눗방울을 만들어 그 중심에서 전기점화를 시키면 화염은 구상화염으로 바깥으로 전파되고 비눗방울은 연소의 진행과 함께 팽창된다. 이때 점화 전후의 비눗방울 체적, 반지름을 이용하여 연소속도를 측정한다.
  ㉯ 슬롯 버너(slot burner)법 : 균일한 속도분포를 갖는 노즐을 이용하여 V자형의 화염

을 만들고, 미연소 혼합기 흐름을 화염이 둘러 싸여 있어 혼합기가 화염대에 들어갈 때까지 혼합기의 유선은 직선을 유지한다.
- ㉰ 평면 화염 버너(flat flame burner)법 : 미연소 혼합기의 속도분포를 일정하게 하여 유속과 연소속도를 균형화시켜 유속으로 연소속도를 측정한다.
- ㉱ 분젠 버너(bunsen burner)법 : 단위화염 면적당 단위시간에 소비되는 미연소 혼합기의 체적을 연소속도로 정의하여 결정하며, 오차가 크지만 연소속도가 큰 혼합기체에 편리하게 이용된다.

**10.** ㉮ 메탄올($CH_3OH$)의 완전연소 반응식
$CH_3OH + 1.5O_2 \rightarrow CO_2 + 2H_2O + Q$
㉯ 완전연소 발열량 계산 : 연소열과 생성열은 절댓값이 같고 부호가 반대이다.

[$CH_3OH$]  [$CO_2$]  [$H_2O$]
↓  ↓  ↓
$-50$ = $-95$ $-(60 \times 2)$ + $Q$
∴ $Q = 95 + (60 \times 2) - 50 = 165$ kcal

**11.** 탄화수소에서 탄소(C)수가 증가할 때
- ㉮ 증가하는 것 : 비등점, 융점, 비중, 발열량, 연소열, 화염온도
- ㉯ 감소하는 것 : 증기압, 발화점, 폭발하한값, 폭발범위값, 증발잠열, 연소속도

**12.** 분해폭발을 일으키는 물질 : 아세틸렌($C_2H_2$), 산화에틸렌($C_2H_4O$), 히드라진($N_2H_4$), 오존($O_3$)

**13.** ㉮ 공기 중 프로판의 완전연소 반응식
$C_3H_8 + 5O_2 + (N_2) \rightarrow 3CO_2 + 4H_2O + (N_2)$
㉯ 건조 연소가스량 계산 : 연소가스 중 수분($H_2O$)을 포함하지 않은 가스량이고, 질소는 산소량의 3.76배이다.(3.76배는 공기 중 체적비 질소 79 %, 산소 21 %의 비이다. 즉 $\frac{79}{21} = 3.76$이다.) 기체 연료 $1 Sm^3$가 완전연소하면 발생되는 $CO_2$, $H_2O$량($Sm^3$)은 연소반응식에서 몰수에 해당된다.
∴ $G_{0d} = CO_2 + N_2$
$= 3 + (5 \times 3.76) = 21.8 Sm^3/Sm^3$

**14.** 화염속도는 연소속도와 직접 관련이 있고 연소속도는 산소의 농도 및 혼합, 압력, 온도 등의 영향을 받으므로 다른 값을 가진다.

참고 **연소속도에 영향을 주는 인자**
- ㉮ 기체의 확산 및 산소와의 혼합
- ㉯ 연소용 공기 중 산소의 농도
- ㉰ 연소 반응물질 주위의 압력
- ㉱ 온도
- ㉲ 촉매

**15.** 각 항목의 옳은 설명
① 폭굉범위는 폭발(연소)범위 내에 존재하므로 폭발(연소)범위보다 좁다.
② 폭속(폭굉의 속도)은 가스인 경우 1000~3500 m/s 정도이다.(연소속도는 프로판 4.45 m/s, 부탄 3.65 m/s, 메탄 6.65 m/s 정도이다.)
④ 폭굉(detonation)의 정의 : 가스 중의 음속보다도 화염 전파속도가 큰 경우로서 파면 선단에 충격파라고 하는 압력파가 생겨 격렬한 파괴작용을 일으키는 현상이다.

**16.** ㉮ 공기 중 프로판($C_3H_8$)의 완전연소 반응식
$C_3H_8 + 5O_2 + (N_2) \rightarrow 3CO_2 + 4H_2O + (N_2)$
㉯ 프로판 1몰(mol)이 연소할 때 이론공기량($A_0$) 몰수 계산 : 프로판 1몰이 완전연소할 때 산소는 5몰이 필요하다.
∴ $A_0 = \frac{O_0}{0.21} = \frac{5}{0.21} = 23.809$ mol
㉰ 이론공기량 몰수를 이용하여 질량으로 계산 : 공기 1몰의 질량은 29 g이다.

∴ 이론공기량 질량 = 23.809 × 29
= 690.461 g

㉣ 공기비 계산

$$\therefore m = \frac{A}{A_0} = \frac{870}{690.461} = 1.26$$

㉤ 과잉공기율(%) 계산

$$\therefore 과잉공기율 = (m-1) \times 100$$
$$= (1.26-1) \times 100 = 26.0\%$$

**17.** 연소형태에 따른 가연물
  ㉮ 표면연소 : 목탄(숯), 코크스
  ㉯ 분해연소 : 종이, 석탄, 목재, 중유
  ㉰ 증발연소 : 가솔린, 등유, 경유, 알코올, 양초, 유황
  ㉱ 확산연소 : 가연성 기체(수소, 프로판, 부탄, 아세틸렌 등)
  ㉲ 자기연소 : 제5류 위험물(니트로셀룰로오스, 셀룰로이드, 니트로글리세린 등)

**18.** $\frac{100}{L_l} = \frac{V_1}{L_1} + \frac{V_2}{L_2}$ 에서 폭발하한계 $L_l$를 구한다.

$$\therefore L_l = \frac{100}{\frac{V_1}{L_1} + \frac{V_2}{L_2}} = \frac{100}{\frac{80}{5.0} + \frac{20}{2.5}} = 4.166\%$$

**19. 폭발범위** : 공기 중에서 점화원에 의해 폭발을 일으킬 수 있는 혼합가스 중의 가연성가스의 부피범위(%)이다.

**20. 위험과 운전 분석**(hazard and operability studies : HAZOP) **기법** : 공정에 존재하는 위험 요소들과 공정의 효율을 떨어뜨릴 수 있는 운전상의 문제점을 찾아내어 그 원인을 제거하는 위험성 평가기법이다.

## 제2과목 가스설비

**21.** 접촉분해공정에서 압력과 온도의 영향

| 구분 | | $CH_4$, $CO_2$ | $H_2$, CO |
|---|---|---|---|
| 압력 | 상승 | 증가 | 감소 |
|  | 하강 | 감소 | 증가 |
| 온도 | 상승 | 감소 | 증가 |
|  | 하강 | 증가 | 감소 |

**22.** 각종 가스 압축기의 윤활유
  ㉮ 산소 압축기 : 물 또는 묽은 글리세린수(10% 정도)
  ㉯ 공기 압축기, 수소 압축기, 아세틸렌 압축기 : 양질의 광유
  ㉰ 염소 압축기 : 진한 황산
  ㉱ LP가스 압축기 : 식물성유
  ㉲ 이산화황(아황산가스) 압축기 : 화이트유, 정제된 용제 터빈유
  ㉳ 염화메탄(메틸 클로라이드) 압축기 : 화이트유

**23.** 단열법의 종류
  ㉮ 상압 단열법 : 일반적으로 사용되는 단열법으로 단열공간에 분말, 섬유 등의 단열재를 충전하는 방법
  ㉯ 진공 단열법 : 고진공 단열법, 분말진공 단열법, 다층진공 단열법

**24. 희생양극법(유전양극법)** : 양극(anode)과 매설배관(cathode : 음극)을 전선으로 접속하고 양극 금속과 배관 사이의 전지작용(고유 전위차)에 의해서 방식전류를 얻는 방법이다. 양극 재료로는 마그네슘(Mg), 아연(Zn)이 사용되며 토양 중에 매설되는 배관에는 마그네슘이 사용된다.

**25. 원심식 압축기** : 케이싱 내에 모인 기체를 출구각이 90도인 임펠러가 회전하면서 기체의 원심력 작용에 의해 임펠러의 중심부에 흡입되어 외부로 토출하는 구조이다.

**26.** ㉮ 냉동기 성능계수(성적계수) : 저온체에서 제거하는 열량($Q_2$)과 열량을 제거하는 데 소요되는 일량($W$)의 비이다.
㉯ 성능계수 계산

$$\therefore COP_R = \frac{Q_2}{W} = \frac{Q_2}{Q_1 - Q_2} = \frac{T_2}{T_1 - T_2}$$

$$= \frac{273 - 5}{(273 + 35) - (273 - 5)} = 6.7$$

**27. 수소 저장합금**
㉮ 원자 중에서 수소 원자의 크기가 가장 작으므로 금속 원자들이 만드는 틈새 사이로 들어가 금속 원자와 강한 결합을 형성하는 원리를 이용하여 금속 표면에 수소를 흡착시킬 수 있는 합금을 수소 저장합금이라고 한다.
㉯ 금속과 수소가스가 반응하여 금속수소화물이 되고 저장된 수소는 필요에 따라 금속수소화물에서 방출시켜 이용한다.
㉰ 수소가 방출하면 금속수소화물은 원래의 수소저장합금으로 되돌아간다.
㉱ 수소저장합금에서 방출된 수소가스는 휘발유의 대체연료로 이용할 수 있는 차세대 대체 에너지이다.
㉲ 수소 저장합금의 종류
  ㉠ AB5형 : LaNi$_5$, CaCu$_5$ 등
  ㉡ AB2형 : MgZn$_2$, ZrNi$_2$ 등
  ㉢ AB형 : TiFe, TiCo 등
  ㉣ A2B형 : Mg$_2$Ni, Mg$_2$Cu 등
  ㉤ 고용체형 BCC합금 : Ti-V, V-Nb 등

**28.** ㉮ 밸브 스핀들부 중 그랜드 너트가 없는 밸브의 구성 : O링, 스템, 스템디스크, 스핀들, 로킹 핀(locking pin)
㉯ 용기밸브의 구성 부품 : 스템(stem), O링, 밸브시트, 개폐용 핸들, 그랜드 너트 등

**29.** ㉮ 피스톤 압출량은 피스톤 단면적 $\left(\frac{\pi}{4} \times D^2\right)$에 행정거리($L$)를 곱하면 피스톤 체적이 되고, 여기에 회전수($N$)와 체적효율($\eta_v$), 기통 수($n$)를 곱해 주며, 압출량의 단위시간은 회전수가 1분간 회전수이므로 시간당 압출량으로 계산할 때에는 60을 곱해준다.(1시간은 60분이기 때문이다.)
㉯ 피스톤 압출량 계산 : 피스톤 지름과 행정거리는 '미터(m)' 단위로 적용한다.

$$\therefore V = \left(\frac{\pi}{4} \times D^2\right) \times L \times n \times N \times \eta_v$$

$$= \left(\frac{\pi}{4} \times 0.15^2\right) \times 0.1 \times 4 \times 800 \times 0.85 \times 60$$

$$= 288.398 \, m^3/h$$

※ 파이($\pi$) 대신 '3.14'를 적용하면 풀이의 최종값과는 오차가 발생합니다.

**30.** $\sigma = \frac{W}{A} = \frac{8000}{\frac{\pi}{4} \times 50^2} = 4.07 \, kgf/mm^2$

**31. 라미네이션(lamination)** : 강재 제조 중에 원료의 조합, 가스빼기, 슬러그 제거 등의 불량에 의해 강재의 압연 제조 과정에서 동공(blow hole) 또는 슬러그가 존재하는 부분에 층을 형성하여 2매의 판처럼 갈라지는 현상을 말한다.

**32. 점도(점성계수)**
㉮ 점도(점성계수) : 유체에 유체마찰이 생기는 성질로 단위로는 푸아즈(poise : g/cm·s)를 사용한다.
㉯ 온도와의 관계 : 액체의 점성계수는 온도가 증가하면 감소하고, 기체의 경우는 반대로 증가한다.

㉰ 압력과의 관계 : 액체의 점성계수는 압력이 증가하면 함께 증가하고, 기체의 경우는 압력에 의해 점성계수가 거의 변화하지 않는다.

## 33. 사용금지재료 기준 : KGS AA317

| 긴급차단장치 또는 긴급차단장치의 부분 | 사용금지재료 |
|---|---|
| 긴급차단장치의 용접하는 부분 | 탄소함유량이 0.35% 이상인 강재 또는 저합금 강재 |
| • 설계압력(해당 긴급차단장치를 사용할 수 있는 최고압력으로 설계된 압력을 말한다. 이하 같다)이 1.6 MPa를 초과하는 긴급차단장치<br>• 독성가스용 긴급차단장치<br>• 두께가 16 mm를 초과하는 긴급차단장치 | • KS D 3503(일반구조용 압연강재)<br>• KS D 3515(용접구조용 압연강재)에 해당하는 재료 중 SM 400A, SM490A 또는 SM490YA<br>• KS D 3583(배관용 아크용접탄소강관) |
| 설계압력이 3 MPa를 초과하는 긴급차단장치 | KS D 3515(용접구조용 압연강재) |
| • 독성가스용 긴급차단장치<br>• 설계압력이 0.2 MPa 이상인 액화가스용 긴급차단장치<br>• 설계압력이 1 MPa를 초과하는 긴급차단장치<br>• 설계온도(당해 밸브를 사용할 수 있는 최고 또는 최저온도로 설계된 온도를 말한다. 이하 같다)가 0℃ 미만인 밸브 및 설계온도가 100℃(압축공기에 관계되는 것은 200℃, 설계압력이 0.2 MPa 미만인 것은 350℃)를 초과하는 긴급차단장치 | KS D 3507(배관용 탄소강관) |

| 긴급차단장치 또는 긴급차단장치의 부분 | 사용금지재료 |
|---|---|
| • 독성가스용 긴급차단장치<br>• 설계압력이 0.2 MPa 이상인 가연성가스용 긴급차단장치<br>• 설계온도가 0℃ 미만 또는 250℃를 초과하는 긴급차단장치 | • SPC-KFCA-D4302-5016(구상흑연주철품)<br>• SPC-KOSA0179-ISO 5922-5244(가단주철품)-흑심가단주철품<br>• SPC-KOSA0179-ISO 5922-5244(가단주철품)-펄라이트가단주철품<br>• SPC-KOSA0179-ISO 5922-5244(가단주철품)-백심가단주철품 |
| • 포스겐 및 시안화수소용 긴급차단장치<br>• 설계온도가 -5℃ 미만 또는 350℃를 초과하는 긴급차단장치 및 설계압력이 1.8 MPa를 초과하는 긴급차단장치 | • KGS AC111 부록 J에서 정한 덕타일 철주조품<br>• KGS AC111 부록 J에서 정한 맬리어블 철주조품 |

## 34. 탄소강을 냉간가공하면 인장강도, 경도는 증가하지만 신장(연신율), 충격치는 감소한다.

## 35. 내진등급 분류 : KGS GC203
㉮ 내진등급은 내진 특A등급, 내진 특등급, 내진 Ⅰ등급, 내진 Ⅱ등급으로 분류한다.
㉯ 중요도 등급은 특등급, 1등급, 2등급으로 분류한다.
㉰ 영향도 등급은 A등급, B등급으로 구분한다.
㉱ 중요도 등급 및 영향도 등급에 따른 내진 등급 분류

| 중요도 등급 | 영향도 등급 | 관리등급 | 내진등급 |
|---|---|---|---|
| 특 | A | 핵심시설 | 내진 특A |
| | B | - | 내진 특 |
| 1 | A | 중요시설 | 내진 특 |
| | B | - | 내진 Ⅰ |
| 2 | A | 일반시설 | 내진 Ⅰ |
| | B | - | 내진 Ⅱ |

**36.** 증기압축식 냉동기의 각 기기 역할(기능)
- ㉮ 압축기 : 저온, 저압의 냉매가스를 고온, 고압으로 압축하여 응축기로 보내 응축, 액화하기 쉽도록 하는 역할을 한다.
- ㉯ 응축기 : 고온, 고압의 냉매가스를 공기나 물을 이용하여 응축, 액화시키는 역할을 한다.
- ㉰ 팽창밸브 : 고온, 고압의 냉매액을 증발기에서 증발하기 쉽게 저온, 저압으로 교축 팽창시키는 역할을 한다.
- ㉱ 증발기 : 저온, 저압의 냉매액이 피냉각 물체로부터 열을 흡수하여 증발함으로써 냉동의 목적을 달성한다.

**37.** 조정압력 3.3 kPa 이하인 LPG용 안전장치 분출용량 : KGS AA434
- ㉮ 노즐 지름이 3.2 mm 이하일 때 140 L/h 이상
- ㉯ 노즐 지름이 3.2 mm 초과일 때 다음 계산식에 의한 값 이상
  $Q = 44 D$
  여기서, $Q$ : 안전장치 분출량(L/h)
  $D$ : 조정기의 노즐지름(mm)

**38.** 흡수식 냉동기 : 기계적인 일(압축기)을 사용하지 않고 고온도의 열을 발생기(고온재생기)에 직접 적용시켜 냉매와 흡수제를 분리시켜 냉동의 목적을 달성하는 장치로 증발기 내부는 진공으로 유지된다. 흡수식 냉동기의 4대 구성요소는 흡수기, 발생기, 응축기, 증발기이다.

**39.** 레이놀즈(Reynolds)식 정압기의 특징
- ㉮ 언로딩(unloading)형이다.
- ㉯ 다른 정압기에 비하여 크기가 크다.
- ㉰ 정특성은 극히 좋으나 안정성이 부족하다.

**40.** 재료의 허용전단응력(KGS AA111) : 재료의 허용전단응력은 설계온도에서 허용인장응력 값의 80 %(탄소강 강재는 85 %)로 한다.

---

### 제 3 과목  가스안전관리

**41.** 충전호스 설치기준
- ㉮ 충전기의 충전호스의 길이는 5 m 이내로 하고, 그 끝에 축적되는 정전기를 유효하게 제거할 수 있는 정전기 제거장치를 설치한다.
- ㉯ 충전호스에 과도한 인장력이 가해졌을 때 충전기와 가스주입기가 분리될 수 있는 안전장치를 설치한다.
- ㉰ 충전호스에 부착하는 가스주입기는 원터치형으로 한다.

**42.** 저장탱크 침하방지조치(KGS FP651) : 저장탱크(저장능력이 압축가스는 100 m³, 액화가스는 1톤 미만인 저장탱크는 제외)의 침하로 인한 위해를 예방하기 위하여 기준에 따라 주기적으로 침하 상태를 측정한다.
∴ 침하방지조치 대상은 저장능력이 압축가스는 100 m³ 이상, 액화가스는 1톤 이상인 저장탱크이다.

**43.** ㉮ 기체의 비중 : 표준상태(STP : 0℃, 1기압 상태)의 공기 일정 부피당 질량과 같은 부피의 기체 질량과의 비를 말한다.

∴ 기체 비중 = $\dfrac{\text{기체 분자량(질량)}}{\text{공기의 평균분자량(29)}}$

㉯ 각 가스의 분자량

| 가스 명칭 | 분자량 |
|---|---|
| 염소($Cl_2$) | 71 |
| 산화에틸렌($C_2H_4O$) | 44 |
| 황화수소($H_2S$) | 34 |
| 암모니아($NH_3$) | 17 |

※ 분자량이 공기의 평균분자량 29보다 작으면 공기보다 가벼운 가스, 29보다 크면 공기보다 무거운 가스이다.

**44.** ㉮ 최대안전틈새 : 내용적이 8 L이고 틈새깊이가 25 mm인 표준용기 안에서 가스가 폭발할 때 발생한 화염이 용기 밖으로 전파하여 가연성가스에 점화되지 않는 최대값
㉯ 가연성가스의 폭발등급 및 이에 대응하는 내압방폭구조의 폭발등급

| 최대안전틈새 범위(mm) | 0.9 이상 | 0.5 초과 0.9 미만 | 0.5 이하 |
|---|---|---|---|
| 가연성가스의 폭발등급 | A | B | C |
| 방폭전기기기의 폭발등급 | ⅡA | ⅡB | ⅡC |

**45.** ㉮ 암모니아($NH_3$)는 독성 및 가연성가스이며 저장능력 30톤은 30000 kg이다.
㉯ 독성 및 가연성가스의 보호시설별 안전거리

| 저장능력(kg) | 제1종 | 제2종 |
|---|---|---|
| 1만 이하 | 17 | 12 |
| 1만 초과 2만 이하 | 21 | 14 |
| 2만 초과 3만 이하 | 24 | 16 |
| 3만 초과 4만 이하 | 27 | 18 |
| 4만 초과 5만 이하 | 30 | 20 |
| 5만 초과 99만 이하 | 30 | 20 |
| 99만 초과 | 30 | 20 |

∴ 2종 보호시설과 유지거리는 16 m이다.

**46.** 헛불방지장치 : 온수기나 보일러 등의 연소기구 내에 물이 없으면 가스밸브가 개방되지 않고 물이 있을 경우에만 가스밸브가 개방되도록 하는 공연소 방지장치이다.

**47.** 방폭전기기기의 구조별 표시방법

| 명칭 | 기호 | 명칭 | 기호 |
|---|---|---|---|
| 내압 방폭구조 | d | 안전증 방폭구조 | e |
| 유입 방폭구조 | o | 본질안전 방폭구조 | ia, ib |
| 압력 방폭구조 | p | 특수 방폭구조 | s |

**48.** 운반차량 구조(KGS GC206) : 허용농도가 100만분의 200 이하인 독성가스 충전용기를 운반하는 경우에는 용기 승하차용 리프트와 밀폐된 구조의 적재함이 부착된 전용차량(이하 "독성가스 전용차량"이라 한다)으로 운반한다. 다만, 내용적이 1000 L 이상인 충전용기를 운반하는 경우에는 그렇지 않다.

**49.** 아세틸렌 충전작업 기준
㉮ 아세틸렌을 2.5 MPa 압력으로 압축하는 때에는 질소, 메탄, 일산화탄소 또는 에틸렌 등의 희석제를 첨가한다.
㉯ 습식 아세틸렌발생기의 표면은 70℃ 이하의 온도로 유지하고, 그 부근에서는 불꽃이 튀는 작업을 하지 아니한다.
㉰ 아세틸렌을 용기에 충전하는 때에는 미리 용기에 다공물질을 고루 채워 다공도가 75 % 이상 92 % 미만이 되도록 한 후 아세톤 또는 디메틸포름아미드를 고루 침윤시키고 충전한다.
㉱ 아세틸렌을 용기에 충전하는 때의 충전 중의 압력은 2.5 MPa 이하로 하고, 충전 후에는 압력이 15℃에서 1.5 MPa 이하로 될 때까지 정치하여 둔다.

㉺ 상하의 통으로 구성된 아세틸렌 발생장치로 아세틸렌을 제조하는 때에는 사용 후 그 통을 분리하거나 잔류가스가 없도록 조치한다.

**50.** 동체 및 맨홀 동체의 안지름(KGS AC113) : 동체 및 맨홀 동체의 안지름은 동체의 축에 수직한 동일면에서의 최대 안지름과 최소 안지름과의 차(이하 "진원도"라 한다)는 어떤 단면에 대한 기준 안지름의 1%를 초과하지 아니하도록 한다. 다만, 단면이 동체에 만들어진 구멍을 통과하는 경우는 그 단면에 대한 기준 안지름의 1%에 그 구멍지름의 2%를 더한 값을 초과해서는 아니하도록 한다.

**51.** 로딩암 설치(KGS FP111)
㉮ 로딩암은 배관부와 구동부로 구성한다.
㉯ 로딩암은 지면에 고정하여 설치한다. 다만, 이동형 로딩암을 사용하는 경우에는 로딩암이 장착된 트롤리(trolly)를 지면에 고정하여 설치한다.
㉰ 로딩암은 그 외면으로부터 작업반경 등을 고려하여 충분한 작업거리를 확보한다.
㉱ 가연성가스를 이입·이송하는 로딩암은 정전기 제거를 위하여 단독으로 접지하고, 이 경우 접지 저항치는 총합 100 Ω 이하로 한다.
㉲ 로딩암에 연결하는 항만 측의 배관부에는 긴급차단장치를 1개 이상 설치한다.
㉳ 가스를 충전하거나 이입하는 작업을 하고 있는 고압가스설비 주변에 제3자가 보기 쉬운 장소에 경계표지를 게시한다. 이 경우 해당 설비에 접근할 수 있는 방향이 여러 곳일 경우에는 각각의 방향에 게시한다. 표지에는 고압가스제조(충전·이입) 작업 중이라는 것 및 그 부근에서 화기사용을 절대 금지한다(가연성가스 또는 산소의 경우에 한정한다)는 주의문을 명확히 알 수 있도록 기재한다.

**52.** 입상관 및 횡지관 신축흡수 조치방법
㉮ 분기관은 1회 이상의 굴곡(90° 엘보 1개 이상)이 반드시 있어야 하며, 외벽 관통 시 사용하는 보호관의 내경은 분기관 외경의 1.2배 이상으로 한다.
㉯ 노출되는 배관의 연장이 10층 이하로 설치되는 경우 분기관의 길이를 0.5 m 이상으로 할 것
㉰ 노출되는 배관의 연장이 11층 이상 20층 이하로 설치되는 경우 분기관의 길이를 0.5 m 이상으로 하고, 곡관은 1개 이상 설치할 것
㉱ 노출되는 배관의 연장이 21층 이상 30층 이하로 설치되는 경우 분기관의 길이를 0.5 m 이상으로 하고, 곡관의 ㉰에 의한 곡관의 수에 매 10층마다 1개 이상 더한 수를 설치할 것
㉲ 분기관이 2회 이상의 굴곡(90° 엘보 2개 이상)이 있고 건축물 외벽 관통 시 사용하는 보호관의 내경을 분기관 외경의 1.5배 이상으로 할 경우에는 ㉯부터 ㉱까지의 기준에도 불구하고 분기관의 길이를 제한하지 않는다.
㉳ 배관이 외벽을 관통할 때 분기관은 가능한 한 보호관의 중앙에 위치하도록 실리콘 등으로 적절히 시공한다.
㉴ 횡지관의 연장이 30 m 초과 60 m 이하로 설치되는 경우에는 곡관 1개 이상 설치
㉵ 횡지관의 연장이 60 m를 초과하는 경우에는 ㉴에 따른 곡관의 수에 매 30 m마다 1개 이상 더한 수의 곡관을 설치
㉶ 횡지관의 길이가 30 m 이하인 경우에는 신축흡수조치를 하지 않을 수 있다.

**53.** 브롬화수소(HBr)의 특징
㉮ 분자량 81로 공기보다 무거운 무색의 불연성 기체로 악취(자극적인 냄새)가 있다.
㉯ TLV-TWA 3 ppm으로 독성가스이다.
㉰ 부식성이 있고, 공기 중의 습기에 의하여 흰 연기를 발한다.

㉣ 염화수소와 성질이 흡사하지만 산화되기 쉬운 점이 다르다.
㉤ 산, 알코올, 에테르, 케톤, 에스테르 등 산소를 함유하는 유기용매에 잘 녹는다.
㉥ 물에 용해하여 브롬화수소산이 되며 염산만큼 산성도는 강하지 않다.
㉦ 산소와 반응하여 물과 브롬을 생성하고, 오존과는 폭발적으로 반응하여 수소를 발생한다.
㉧ 각종 브롬화물의 합성, 브롬화수소산의 제조, 환원제, 촉매(유기합성), 의약품 원료로 사용된다.
㉨ 금속과 반응하여 수소가스를 생성하여 화재와 폭발의 위험성이 있다.

**54.** $W = \dfrac{V}{C} = \dfrac{50}{2.35} = 21.276 \, \text{kg}$

**55.** 고압가스를 운반하는 자는 시장·군수 또는 구청장이 지정하는 도로·시간·속도에 따라 운반한다.

**56.** 용접부 기계적 검사 중 용접부 다듬질(KGS AC112) : 고장력강(탄소강은 규격 최소인장강도가 $568.4 \, \text{N/mm}^2$ 이상인 것을 말한다.)을 사용하는 압력용기 등은 용접부 보강 덧붙임을 깎아낸다. 다만, 응력제거를 위하여 열처리를 하는 압력용기 등은 그러하지 아니하나.

**57.** 가스용 이형질이음관의 성능 기준
㉠ 내압성능 : 23±2℃의 온도에서 이음관의 내부에 물을 채우고 3.4 MPa(단, 생산단계검사의 경우에는 0.6 MPa)까지의 압력을 가하였을 때 파열과 이탈이 없는 것으로 한다.
㉡ 기밀성능 : 23±2℃의 온도에서 이음관의 양끝을 막은 상태에서 0.4 MPa 이상의 압력으로 1분 이상 유지한 상태에서 누출이 없는 것으로 한다.
㉢ 내구성능 : 이음관을 80±2℃의 온도에서 0.94 MPa의 압력을 가하고 170시간 이상 유지하였을 때 접합부에 이상이 없는 것으로 한다.
㉣ 내인장 성능 : 23±2℃의 온도에서 이음관을 100±10 mm/min 속도로 당겼을 때 접합부위에서 파단이 일어나지 않는 것으로 한다.
㉤ 내가스 성능 : 이음관의 비금속 부품은 이소옥탄에 넣어 40~50℃로 70시간 유지하였을 때 연화, 팽창 등 이상이 없고 질량 변화율이 -8~5 %인 것으로 한다.

**58.** 저장능력별 방류둑 설치 대상
㉠ 고압가스 특정제조
  ㉠ 가연성 가스 : 500톤 이상
  ㉡ 독성가스 : 5톤 이상
  ㉢ 액화 산소 : 1000톤 이상
㉡ 고압가스 일반제조
  ㉠ 가연성, 액화산소 : 1000톤 이상
  ㉡ 독성가스 : 5톤 이상
㉢ 냉동제조 시설(독성가스 냉매 사용) : 수액기 내용적 10000 L 이상
㉣ 액화석유가스 충전사업 : 1000톤 이상
㉤ 도시가스
  ㉠ 도시가스 도매사업 : 500톤 이상
  ㉡ 일반도시가스 사업 : 1000톤 이상

**59.** 독성가스 제독조치
㉠ 물 또는 흡수제로 흡수 또는 중화하는 조치
㉡ 흡착제로 흡착 제거하는 조치
㉢ 저장탱크 주위에 설치된 유도구에 의하여 집액구, 피트 등에 고인 액화가스를 펌프 등의 이송설비를 이용하여 안전하게 제조설비로 반송하는 조치
㉣ 연소설비(플레어스택, 보일러 등)에서 안전하게 연소시키는 조치

**60.** 고압가스 특정제조 허가 대상
㉠ 석유정제업자 : 저장능력 100톤 이상
㉡ 석유화학공업자 : 저장능력 100톤 이상, 처리능력 1만 $\text{m}^3$ 이상

㉰ 철강공업자 : 처리능력 10만 $m^3$ 이상
㉱ 비료생산업자 : 저장능력 100톤 이상, 처리능력 10만 $m^3$ 이상
㉲ 산업통상자원부 장관이 정하는 시설

---

## 제 4 과목  가스계측

**61.** 기체크로마토그래피 측정원리 : 운반기체(carrier gas)의 유량을 조절하면서 측정하여야 할 시료기체를 도입부를 통하여 공급하면 운반기체와 시료기체가 분리관을 통과하는 동안 분리되어 시료의 각 성분의 흡수력 차이(시료의 확산속도, 이동속도)에 따라 성분의 분리가 일어나고 시료의 각 성분이 검출기에서 측정된다.

**62.** 제베크 효과(Seebeck effect) : 2종류의 금속선을 접속하여 하나의 회로를 만들어 2개의 접점에 온도차를 부여하면 회로에 접점의 온도에 거의 비례한 전류(열기전력)가 흐르는 현상으로 열전대 온도계의 측정원리이다.

**63.** 기본단위의 종류

| 기본량 | 길이 | 질량 | 시간 | 전류 | 물질량 | 온도 | 광도 |
|---|---|---|---|---|---|---|---|
| 기본단위 | m | kg | s | A | mol | K | cd |

**64.** 공칭 저항값(표준 저항값)은 0℃일 때 50 Ω, 100 Ω의 것이 표준적인 측온 저항체로 사용된다.

**65.** 1 atm = 760 mmHg = 101.325 kPa이다.
∴ 절대압력 = 대기압 + 게이지압력
$= \left(\dfrac{750}{760} \times 101.325\right) + 325$
$= 424.991 \, kPa$

**66.** 적외선 가스분석계(적외선 분광 분석법) : 헬륨(He), 네온(Ne), 아르곤(Ar) 등 단원자 분자 및 수소($H_2$), 산소($O_2$), 질소($N_2$), 염소($Cl_2$) 등 대칭 2원자 분자는 적외선을 흡수하지 않으므로 분석할 수 없다.

**67.** ㉮ 압전기식 압력계 : 수정이나 전기석 또는 로셀염 등의 결정체의 특정 방향에 압력을 가하면 기전력이 발생하고 발생한 전기량은 압력에 비례하는 것을 이용한 것으로 가스 폭발이나 급격한 압력 변화 측정에 사용된다.
㉯ 부르동관식 압력계 : 2차 압력계 중에서 가장 대표적인 것으로 부르동관의 탄성을 이용하여 곡관에 압력이 가해지면 곡률반지름이 증대되고, 압력이 낮아지면 수축하는 원리를 이용한 것이다.

**68.** $N = 16 \times \left(\dfrac{T_r}{W}\right)^2 = 16 \times \left(\dfrac{85.4}{9.6}\right)^2 = 1266$단

**69.** 유량 계측 단위 : 단위 시간당 통과한 유량으로 질량유량과 체적유량으로 구분할 수 있다.
㉮ 질량유량의 단위 : kg/h, kg/min, kg/s, g/h, g/min, g/s 등
㉯ 체적유량의 단위 : $m^3/h$, $m^3/min$, $m^3/s$, L/h, L/min, L/s 등

**70.** 가스미터의 필요조건
㉮ 구조가 간단하고, 수리가 용이할 것
㉯ 감도가 예민하고 압력손실이 적을 것
㉰ 소형이며 계량용량이 클 것
㉱ 기차의 조정이 용이할 것
㉲ 내구성이 클 것

**71.** $E = \dfrac{I-Q}{I} \times 100 = \dfrac{5-4.75}{5} \times 100 = 5\%$

**72.** 시퀀스 제어(sequence control) : 미리 순서에 입각해서 다음 동작이 연속 이루어지는 제어로 자동판매기, 보일러의 점화 등이 있다.

**73. 융커스(Junker)식 열량계** : 기체 연료의 발열량 측정에 사용되며 시그마 열량계와 융커스식 유수형 열량계로 구분된다.

**74.** 입구와 출구 배관을 구분하여 설치하여야 한다.

**75. 오르사트법 가스분석 순서 및 흡수제**

| 순서 | 분석가스 | 흡수제 |
|---|---|---|
| 1 | $CO_2$ | KOH 30% 수용액 |
| 2 | $O_2$ | 알칼리성 피로갈롤용액 |
| 3 | CO | 암모니아성 염화 제1구리 용액 |

**76. 다이어프램식 압력계 특징**
㉮ 응답속도가 빠르나 온도의 영향을 받는다.
㉯ 극히 미세한 압력 측정에 적당하다.
㉰ 부식성 유체의 측정이 가능하다.
㉱ 압력계가 파손되어도 위험이 적다.
㉲ 연소로의 통풍계(draft gauge)로 사용한다.
㉳ 측정범위는 20~5000 $mmH_2O$이다.

**77.** ㉮ 방사고온계의 측정원리 : 스테판–볼츠만 법칙
㉯ 스테판–볼츠만 법칙 : 단위 표면적당 복사되는 에너지는 절대온도의 4제곱에 비례한다.

**78. 수소 불꽃 이온화 검출기**(FID : Flame Ionization Detector) : 불꽃으로 시료 성분이 이온화됨으로써 불꽃 중에 놓여진 전극 간의 전기 전도도가 증대하는 것을 이용한 것으로 $H_2$, $O_2$, $CO_2$, $SO_2$ 등은 감도가 없고 탄화수소에서 감도가 최고로 도시가스 매설배관의 누출유무를 확인하는 검출기로 사용된다.

**79. 흡수분석법** : 채취된 가스를 분석기 내부의 성분 흡수제에 흡수시켜 체적변화를 측정하는 방식으로 오르사트(Orsat)법, 헴펠(Hempel)법, 게겔(Gockel)법 등이 있다.

**80. 기차 불량(사용공차를 초과하는 고장) 원인**
㉮ 계량막에서의 누설
㉯ 밸브와 밸브 시트 사이에서의 누설
㉰ 패킹부에서의 누설

# CBT 모의고사 7

## 정답

| | 1 | 2 | 3 | 4 | 5 | 6 | 7 | 8 | 9 | 10 |
|---|---|---|---|---|---|---|---|---|---|---|
| 연소공학 | ② | ③ | ① | ① | ② | ② | ④ | ② | ② | ④ |
| | 11 | 12 | 13 | 14 | 15 | 16 | 17 | 18 | 19 | 20 |
| | ① | ① | ① | ④ | ③ | ① | ② | ② | ③ | ④ |
| 가스설비 | 21 | 22 | 23 | 24 | 25 | 26 | 27 | 28 | 29 | 30 |
| | ③ | ① | ② | ② | ③ | ③ | ③ | ② | ④ | ② |
| | 31 | 32 | 33 | 34 | 35 | 36 | 37 | 38 | 39 | 40 |
| | ④ | ④ | ④ | ③ | ② | ④ | ③ | ② | ④ | ① |
| 가스안전관리 | 41 | 42 | 43 | 44 | 45 | 46 | 47 | 48 | 49 | 50 |
| | ① | ④ | ② | ② | ② | ① | ② | ④ | ① | ① |
| | 51 | 52 | 53 | 54 | 55 | 56 | 57 | 58 | 59 | 60 |
| | ④ | ② | ③ | ② | ② | ① | ② | ① | ② | ④ |
| 가스계측 | 61 | 62 | 63 | 64 | 65 | 66 | 67 | 68 | 69 | 70 |
| | ① | ② | ③ | ③ | ③ | ③ | ④ | ③ | ③ | ② |
| | 71 | 72 | 73 | 74 | 75 | 76 | 77 | 78 | 79 | 80 |
| | ① | ④ | ① | ② | ③ | ② | ③ | ④ | ② | ② |

---

### 제1과목 연소공학

**1.** ㉮ 탄소(C)의 불완전연소 반응식
$$C + \frac{1}{2}O_2 \rightarrow CO$$
1 mol : 0.5 mol : 1 mol

㉯ 탄소(C) 1 mol이 100 % 불완전연소하면 일산화탄소(CO)는 1 mol이 발생한다.

**2.** ㉮ 1차 공기 : 액체 연료의 무화에 필요한 공기 또는 연소 전에 가연성기체와 혼합되어 공급되는 공기
㉯ 2차 공기 : 완전연소에 필요한 부족한 공기를 보충 공급하는 것

**3.** 정전기 제거 및 발생 방지 조치
㉮ 대상물을 접지한다.
㉯ 공기 중 상대습도를 70 % 이상으로 높인다.
㉰ 공기를 이온화한다.
㉱ 도전성 재료를 사용한다.

**4.** **불활성화(inerting : 퍼지작업)** : 가연성 혼합가스에 불활성 가스(아르곤, 질소 등) 등을 주입하여 산소의 농도를 최소산소농도(MOC) 이하로 낮추는 작업이다. 그러므로 가연성가스인 수소는 사용할 수 없다.

**5.** 저발열량(저위발열량, 진발열량) 기준 연소효율은 저발열량에 대한 실제 발생열량의 비이다.

$$\therefore 연소효율 = \frac{실제\ 발생열량}{저발열량} \times 100$$

$$= \frac{고발열량 - 증발잠열}{저발열량} \times 100$$

$$= \frac{50232 - 8372}{46046} \times 100$$

$$= 90.909 \%$$

**6.** ㉮ 4 L 용기에서의 공기압력 계산 : 보일의 법칙 $P_1V_1 = P_2V_2$에서 변화 후의 압력 $P_2$를 구한다.

$$\therefore P_2 = \frac{P_1V_1}{V_2} = \frac{1 \times 40}{4} = 10 기압$$

㉯ 산소의 분압 계산 : 성분부피는 산소가 차지하는 부피이므로 공기 4 L 중 산소가 차지하는 체적비 20 %를 적용한다.

$$\therefore P_{O_2} = 전압 \times \frac{성분부피}{전부피}$$

$$= 10 \times \frac{4 \times 0.2}{4} = 2 기압$$

**7.** SI단위 이상기체 상태방정식 $PV = GRT$에서 공기와 증기의 각각 압력 $P$를 구하여 합산한다.

$$\therefore P = P_1 + P_2 = \left(\frac{G_1R_1T_1}{V}\right) + \left(\frac{G_2R_2T_2}{V}\right)$$

$$= \left\{\frac{20 \times 0.287 \times (273 + 50)}{15}\right\}$$

$$+ \left\{\frac{5 \times 0.462 \times (273 + 50)}{15}\right\}$$

$$= 173.343 \text{ kPa}$$

**8.** ㉮ 프로판($C_3H_8$)의 완전연소 반응식
$C_3H_8 + 5O_2 \rightarrow 3CO_2 + 4H_2O$

㉯ 혼합기체(프로판+공기) 중 프로판 농도 계산

$$\therefore 프로판\ 농도 = \frac{프로판량}{혼합가스량} \times 100$$

$$= \frac{프로판량}{프로판량 + 공기량} \times 100$$

$$= \frac{22.4}{22.4 + \left(\frac{5 \times 22.4}{0.209}\right)} \times 100$$

$$= 4.012 \text{ vol \%}$$

**9.** **방폭관리사와 방폭관리 감독자** : KGS GC103
㉮ "방폭관리사(skilled personnel)" 다양한 종류의 방폭구조 관련 지식, 위험장소 구분 관련 지식, KGS code 기준 및 국가 법령의 요구 조건 관련 지식과 방폭 전기기기 설치 실무 관련 지식을 보유한 자를 말한다.
㉯ "방폭관리 감독자(technical person with executive function)"란 방폭 분야에 관한 충분한 지식, 현장 조건에 관한 정통한 지식 및 전기기기 설치에 관한 정통한 지식을 보유하고 폭발 위험장소 내 전기기기 점검 관리에 관한 총괄적 책임자 지위에서 방폭관리사를 관리하는 사람을 말한다.

**10.** 연소형태에 따른 가연물
- ㉮ 표면연소 : 목탄(숯), 코크스
- ㉯ 분해연소 : 종이, 석탄, 목재, 중유
- ㉰ 증발연소 : 가솔린, 등유, 경유, 알코올, 양초, 유황
- ㉱ 확산연소 : 가연성 기체(수소, 프로판, 부탄, 아세틸렌 등)
- ㉲ 자기연소 : 제5류 위험물(니트로셀룰로오스, 셀룰로이드, 니트로글리세린 등)

[참고] 분해연소 : 충분한 착화에너지를 주어 가열분해에 의해 연소하며 휘발분이 있는 고체연료(종이, 석탄, 목재 등) 또는 증발이 일어나기 어려운 액체연료(중유 등)가 이에 해당된다.

**11.** [보기] 설명 중 옳은 내용
- ㉡ 이산화탄소는 불연성가스로 가연성가스와 혼합되면 상대적으로 산소농도가 낮아져 연소가 안 된다.
- ㉢ 가연성가스와 혼합하는 공기의 양이 적으면 산소 부족으로 불완전연소가 발생한다.

**12.** ㉮ 냉동기의 성적계수
$$COP_R = \frac{Q_2}{W} = \frac{Q_2}{Q_1 - Q_2} = \frac{T_2}{T_1 - T_2}$$
㉯ 열펌프의 성능계수
$$COP_H = \frac{Q_1}{W} = \frac{Q_1}{Q_1 - Q_2} = \frac{T_1}{T_1 - T_2}$$
$$= COP_R + 1$$

**13.** 이상기체의 성질
- ㉮ 보일-샤를의 법칙을 만족한다.
- ㉯ 아보가드로의 법칙에 따른다.
- ㉰ 내부에너지는 온도만의 함수이다.
- ㉱ 온도에 관계없이 비열비는 일정하다.
- ㉲ 기체의 분자력과 크기도 무시되며 분자간의 충돌은 완전 탄성체이다.
- ㉳ 분자와 분자 사이의 거리가 매우 멀다.
- ㉴ 분자 사이의 인력이 없다.
- ㉵ 압축성인자가 1이다.

**14.** $\dfrac{100}{L} = \dfrac{V_1}{L_1} + \dfrac{V_2}{L_2} + \dfrac{V_3}{L_3} + \dfrac{V_4}{L_4}$ 에서 혼합가스 폭발하한계값 $L$을 구한다.

$$\therefore L = \frac{100}{\dfrac{V_1}{L_1} + \dfrac{V_2}{L_2} + \dfrac{V_3}{L_3}}$$
$$= \frac{100}{\dfrac{60}{5} + \dfrac{30}{3} + \dfrac{5}{2.1} + \dfrac{5}{1.8}} = 3.68\%$$

**15.** 최대안전틈새 범위 : 내용적이 8 L이고 틈새 깊이가 25 mm인 표준용기 내에서 가스가 폭발할 때 발생한 화염이 용기 밖으로 전파하여 가연성가스에 점화되지 아니하는 최대값으로 가연성가스의 폭발등급 및 이에 대응하는 내압방폭구조 폭발등급의 분류기준이 된다.

**16.** ㉮ 탄화수소($C_mH_n$)의 완전연소 반응식
$$C_mH_n + \left(m + \frac{n}{4}\right)O_2 \rightarrow mCO_2 + \frac{n}{2}H_2O$$
㉯ 프로판($C_3H_8$)의 완전연소 반응식
$$C_3H_8 + 5O_2 \rightarrow 3CO_2 + 4H_2O$$

**17.** 방폭전기기기의 구조별 표시방법

| 명칭 | 기호 | 명칭 | 기호 |
|---|---|---|---|
| 내압 방폭구조 | d | 안전증 방폭구조 | e |
| 유입 방폭구조 | o | 본질안전 방폭구조 | ia, ib |
| 압력 방폭구조 | p | 특수 방폭구조 | s |

**18.** 폭발범위(연소범위) : 공기 중에서 점화원에 의해 폭발을 일으킬 수 있는 혼합가스 중의 가연성가스의 부피범위(%)로 온도, 압력, 산소량의 영향을 받는다.

※ 발화지연시간 : 어느 온도에서 가열하기 시작하여 발화에 이르기까지의 시간으로 고온, 고압일수록, 가연성가스와 산소의 혼합비가 완전 산화에 가까울수록 발화지연시간은 짧아진다.

**19.** ㉮ 공기 중에서 아세틸렌의 폭발범위 : 2.5~81 %
㉯ 위험도 계산
$$\therefore H = \frac{U-L}{L} = \frac{81-2.5}{2.5} = 31.4$$

**20.** 안전성 평가 기법
㉮ 정성적 평가 기법 : 체크리스트(checklist) 기법, 사고예상 질문 분석(WHAT-IF) 기법, 위험과 운전 분석(HAZOP) 기법
㉯ 정량적 평가 기법 : 작업자 실수 분석(HEA) 기법, 결함수 분석(FTA) 기법, 사건수 분석(ETA) 기법, 원인 결과 분석(CCA) 기법
㉰ 기타 : 상대 위험순위 결정(dow and mond indices) 기법, 이상 위험도 분석(FMECA) 기법

---

### 제 2 과목  가스설비

**21.** 아세틸렌을 용기에 충전하는 때에는 미리 용기에 다공물질을 고루 채워 다공도가 75 % 이상 92 % 미만이 되도록 한 후 아세톤 또는 디메틸포름아미드를 고루 침윤시키고 충전한다.
※ '다공물질'을 '다공성물질', '다공질물' 등으로 표현하고 있다.

**22.** ㉮ 물의 전기분해 반응식 : $2H_2O \rightarrow 2H_2 + O_2$
㉯ 물($H_2O$) 1 kmol의 분자량은 18 kg/kmol이고, 기체의 체적은 22.4 $Nm^3$이다. $H_2O$ 2 kmol (36 kg)을 전기분해하면 산소 1 kmol이 발생하므로, 물 18 kg을 전기분해하면 0.5 kmol (11.2 $Nm^3$)의 산소기체가 발생한다.
㉰ 압축가스 저장능력 산정식을 이용하여 40 L 용기 1개당 충전량($m^3$) 계산 : 용기 내용적 40 L는 0.04 $m^3$이다.
$$\therefore Q = (10P+1)V$$
$$= \{(10 \times 13.4)+1\} \times 0.04 = 5.4 \, m^3$$
㉱ 충전용기 수 계산
$$\therefore 용기 \, 수 = \frac{발생된 \, 산소량}{용기 \, 1개당 \, 충전량}$$
$$= \frac{11.2}{5.4} = 2.074 = 3개$$
※ 용기 수 계산값에서 발생하는 소수는 크기와 관계없이 무조건 1개로 계산하여야 한다.

**23.** 정특성(靜特性) : 유량과 2차 압력의 관계
㉮ 로크업(lock up) : 유량이 0으로 되었을 때 2차 압력과 기준압력($P_s$)과의 차이
㉯ 오프셋(off set) : 유량이 변화했을 때 2차 압력과 기준압력($P_s$)과의 차이
㉰ 시프트(shift) : 1차 압력의 변화에 의하여 정압곡선이 전체적으로 어긋나는 것

**24.** 원심펌프의 특징
㉮ 원심력에 의하여 유체를 압송한다.
㉯ 용량에 비하여 소형이고 설치면적이 작다.
㉰ 흡입, 토출밸브가 없고 액의 맥동이 없다.
㉱ 기동 시 펌프 내부에 유체를 충분히 채워야 한다.
㉲ 고양정에 적합하다.
㉳ 서징 현상, 캐비테이션 현상이 발생하기 쉽다.
※ 공기 바인딩 현상이란 펌프 흡입측에서 공기가 함께 혼입되는 현상을 말한다.

**25.** LNG 기화장치의 종류
㉮ 오픈랙 기화기(ORV : Open Rack Vaporizer) : 베이스로드용으로 바닷물을 열원으로 사용하므로 초기시설비가 많으나 운전비용이 저렴하다.

㉯ 중간매체 기화기(IFV : Intermediate Fluid Vaporizer) : 베이스로드용으로 해수와 LNG 사이에 프로판과 같은 중간 열매체가 순환한다.
㉰ 서브머지드 기화기(SCV : Submerged Combustion Vaporizer) : 피크로드용으로 액중 버너를 사용한다. 초기시설비가 적으나 운전비용이 많이 소요된다.

**26.** ㉮ 입상관에서의 압력손실 단위 'mmH₂O'는 'kgf/m²'과 같으므로 여기에 중력가속도 $9.8\,m/s^2$을 곱하면 SI단위 'N/m²' 또는 '파스칼(Pa)'이 된다.
㉯ 압력손실 계산
∴ $H = 1.293 \times (S-1) \times h \times g$
$= 1.293 \times (1.5-1) \times 50 \times 9.8$
$= 316.785\,Pa$

**27.** 1단 감압식 저압조정기의 입구 및 조정압력
㉮ 입구압력 : $0.07 \sim 1.56\,MPa$
㉯ 조정압력 : $2.3 \sim 3.3\,kPa$

**28.** ㉮ 펌프의 동력 구하는 식

| 구분 | 수동력 | 축동력 |
|---|---|---|
| PS | $L_w = \dfrac{\gamma H Q}{75}$ | $L = \dfrac{\gamma H Q}{75\eta}$ |
| kW | $L_w = \dfrac{\gamma H Q}{102}$ | $L = \dfrac{\gamma H Q}{102\eta}$ |

㉯ 수동력은 이론적인 동력으로 효율이 100 %이고, 축동력은 전동기에 의해서 펌프를 운전하는 데 필요한 동력으로 손실이 발생하여 효율($\eta$)을 적용한다.

[참고] SI단위 축동력 계산식
$kW = \dfrac{\gamma H Q}{\eta}$
여기서, $\gamma$ : 액체의 비중량(kN/m³)
$Q$ : 송출유량(m³/s)
$H$ : 전양정(m)
$\eta$ : 효율

※ 송출유량의 단위시간이 '초(sec)'라는 것은 기억하길 바랍니다.

**29.** ㉮ 간극용적 : 피스톤이 상사점에 있을 때 실린더 내의 가스가 차지하는 것으로 톱 클리어런스와 사이드 클리어런스가 있다.
㉯ 압축비 : 왕복 내연기관에서는 실린더 체적과 간극 체적의 비로 나타내며, 일반적인 압축기(공기 압축기 등)에서는 최종압력과 흡입압력의 비로 압력비라고도 한다.

**30.** 강제기화방식은 기화기를 설치하여 액체상태의 LPG를 강제로 기화시켜야 하기 때문에 액라인은 반드시 필요하다.

**31.** ㉮ 일산화탄소(CO)는 고온·고압의 조건에서 철족(Fe, Ni, Co)의 금속에 대하여 침탄 및 카르보닐을 생성한다.
㉯ 니켈 크롬계 스테인리스강은 18-8 스테인리스강 또는 오스테나이트계 스테인리스강을 지칭하는 것으로 고온·고압 및 저온 장치에 적합하다.

**32.** 개스킷(gasket)은 플랜지 이음 시 사용하는 패킹제이다.

**33.** ㉮ 접촉분해공정에서 압력과 온도의 영향

| 구분 | | CH₄, CO₂ | H₂, CO |
|---|---|---|---|
| 압력 | 상승 | 증가 | 감소 |
| | 하강 | 감소 | 증가 |
| 온도 | 상승 | 감소 | 증가 |
| | 하강 | 증가 | 감소 |

㉯ 접촉분해공정에서 발생하는 가스 4종류 중 발열량이 높은 것이 메탄(CH₄)이고, 메탄 성분을 많게 하는 조건은 온도는 낮게, 압력은 높게 한다.

**34.** 원심펌프의 상사법칙

㉮ 유량 $Q_2 = Q_1 \times \left(\dfrac{N_2}{N_1}\right)$

∴ 유량은 회전수 변화에 비례한다.

㉯ 양정 $H_2 = H_1 \times \left(\dfrac{N_2}{N_1}\right)^2$

∴ 양정은 회전수 변화의 2승에 비례한다.

㉰ 동력 $L_2 = L_1 \times \left(\dfrac{N_2}{N_1}\right)^3$

∴ 동력은 회전수 변화의 3승에 비례한다.

※ 회전수가 변경되어 상사 조건이 되었을 때 양정은 회전수 변화의 2승에 비례하는 것이고, 회전수가 2승으로 변화되면 유량도 2승으로 변화된다.

**35.** ㉮ SI단위 'MPa'과 'N/mm$^2$'은 숫자 변화없이 변환이 가능하다.

㉯ SI단위 스케줄 번호 계산 : 허용응력($S$)은 인장강도를 안전율로 나눈 값이다.

$\therefore \text{Sch No} = 1000 \times \dfrac{P[\text{MPa}]}{S[\text{N/mm}^2]}$

$= 1000 \times \dfrac{6.5}{\frac{380}{4}} = 68.42$

㉰ 스케줄 번호는 보기에서 68.42보다 큰 80번을 선택한다.

**36.** ㉮ LPG는 석유계 저급탄화수소의 혼합물로 탄소수가 3개에서 5개 이하의 것을 말하며 프로판($C_3H_8$), 부탄($C_4H_{10}$), 프로필렌($C_3H_6$), 부틸렌($C_4H_8$), 부타디엔($C_4H_6$) 등이 포함되어 있다.

㉯ 에탄($C_2H_6$)은 탄소수가 2개로 LPG 성분에는 해당되지 않는다.

**37.** 강제기화기 사용 시 장점

㉮ 한랭 시에도 연속적으로 가스 공급이 가능하다.

㉯ 공급 가스의 조성이 일정하다.

㉰ 설치 면적이 작아진다.

㉱ 기화량을 가감할 수 있다.

㉲ 설비비 및 인건비가 절약된다.

**38.** 충전구 나사형식

㉮ 왼나사 : 가연성가스[단, 암모니아($NH_3$), 브롬화메탄($CH_3Br$)은 오른나사이다.]

㉯ 오른나사 : 가연성 이외의 것

**39.** 수소취성(탈탄작용)

㉮ 수소취성 : 수소($H_2$)는 고온, 고압하에서 강제 중의 탄소와 반응하여 메탄($CH_4$)이 생성되고 이것이 수소취성을 일으킨다.

㉯ 반응식 : $Fe_3C + 2H_2 \rightarrow 3Fe + CH_4$

㉰ 방지 원소 : 텅스텐(W), 바나듐(V), 몰리브덴(Mo), 티타늄(Ti), 크롬(Cr)

**40.** 냉동기 구성요소

㉮ 증기 압축식 : 압축기, 응축기, 팽창밸브, 증발기

㉯ 흡수식 : 흡수기, 발생기, 응축기, 증발기

---

## 제 3 과목  가스안전관리

**41.** 저장능력 산정식

㉮ 액화가스의 용기 및 차량에 고정된 탱크 저장능력 산정식 : $W = \dfrac{V}{C}$

㉯ 액화가스 저장탱크 저장능력 산정식 : $W = 0.9dV$

㉰ 압축가스의 저장탱크 및 용기 : $Q = (10P + 1)V$

참고 $C$값의 의미 : 저온용기 및 차량에 고정된 저온탱크와 초저온용기 및 차량에 고정된 초저온탱크에 충전하는 액화가스의 경우에는 그 용기 및 탱크의 상용온도 중 최고

온도에서의 그 가스의 비중(단위 : kg/L)의 수치에 10분의 9를 곱한 수치의 역수, 그 밖의 액화가스의 충전용기 및 차량에 고정된 탱크의 경우 가스 종류에 따르는 정수

## 42. 의료용가스 용기 표시방법
㉮ 용기의 상단부에 2 cm 크기의 백색(산소는 녹색) 띠를 두 줄로 표시한다.
㉯ 백색 띠의 하단과 가스 명칭 사이에 "의료용"이라고 표시한다.

## 43. 저장능력별 방류둑 설치 대상
㉮ 고압가스 특정제조
　㉠ 가연성 가스 : 500톤 이상
　㉡ 독성가스 : 5톤 이상
　㉢ 액화 산소 : 1000톤 이상
㉯ 고압가스 일반제조
　㉠ 가연성, 액화산소 : 1000톤 이상
　㉡ 독성가스 : 5톤 이상
㉰ 냉동제조 시설(독성가스 냉매 사용) : 수액기 내용적 10000 L 이상
㉱ 액화석유가스 충전사업 : 1000톤 이상
㉲ 도시가스
　㉠ 도시가스 도매사업 : 500톤 이상
　㉡ 일반도시가스 사업 : 1000톤 이상
※ 질소와 같은 비가연성, 비독성 액화가스는 방류둑 설치 대상에서 제외됨

## 44. 압력의 정의
㉮ 상용압력 : 내압시험압력 및 기밀시험압력의 기준이 되는 압력으로서 사용 상태에서 해당 설비 등의 각부에 작용하는 최고사용압력을 말한다.
㉯ 설계압력 : 고압가스 용기 등의 각부의 계산두께 또는 기계적 강도를 결정하기 위하여 설계된 압력을 말한다.
㉰ 설정압력 : 안전밸브의 설계상 정한 분출압력 또는 분출개시압력으로서 명판에 표시된 압력을 말한다.
㉱ 축적압력 : 내부유체가 배출될 때 안전밸브에 의하여 축적되는 압력으로서 그 설비 안에서 허용될 수 있는 최대압력을 말한다.
㉲ 초과압력 : 안전밸브에서 내부유체가 배출될 때 설정압력 이상으로 올라가는 압력을 말한다.

## 45. 태양광발전설비 집광판 설치 기준
㉮ 태양광발전설비 중 집광판은 캐노피의 상부, 건축물의 옥상 등 충전소 운영에 지장을 주지 않는 장소에 설치한다.
㉯ 집광판을 설치할 수 있는 캐노피는 불연성 재료로 하고, 캐노피의 상부 바닥면이 충전기의 상부로부터 3 m 이상 높이에 설치한다.
㉰ 충전소 내 지상에 집광판을 설치하려는 경우에는 충전설비, 저장설비, 가스설비, 배관, 자동차에 고정된 탱크 이입·충전장소의 외면으로부터 8 m 이상 떨어진 곳에 설치하고, 집광판은 지면으로부터 1.5 m 이상 높이에 설치한다.

## 46. 냄새나는 물질의 첨가
액화석유가스의 "공기 중의 혼합비율이 용량으로 1000분의 1의 상태에서 감지할 수 있는 냄새"는 다음 방법 중 어느 한 가지 측정방법 또는 이들과 같은 수준 이상의 정확도를 가진 측정방법으로 측정하여 액화석유가스가 혼합되어 있음을 감지할 수 있는 냄새로 한다.
㉮ 오더(odor)미터법(냄새측정기법)
㉯ 주사기법
㉰ 냄새주머니법
㉱ 무취실법

## 47. 내진설계 시 시설 종류 : KGS CC203

㉮ 핵심 시설 : 지진 피해 시 수급 차질이 심각하게 우려되는 시설, 대형사고 위험시설, 주거지에 인접한 대형 시설 등으로서, 재현 주기 4800년 지진에 대해 붕괴 방지 수준의 내진 성능을 확보하도록 관리하는 시설을 말한다.
㉯ 중요 시설 : 지진 피해 시 국지적으로 수급 차질이 우려되는 시설, 주거지에 인접한 소형 시설, 배관 차단 가능 시설 등으로서, 재현 주기 2400년 지진에 대해 붕괴 방지 수준의 내진 성능을 확보하도록 관리하는 시설을 말한다.
㉰ 일반 시설 : 핵심 시설, 중요 시설 이외의 소규모 시설, 안전 관련도가 비교적 낮은 시설, 기타 지진 피해 우려가 상대적으로 적은 시설 등으로서, 재현 주기 1000년 지진에 대해 붕괴 방지 수준의 내진 성능을 확보하도록 관리하는 시설을 말한다.

**48.** 내진등급 분류 : KGS GC203

| 중요도 등급 | 영향도 등급 | 관리등급 | 내진등급 |
|---|---|---|---|
| 특 | A | 핵심시설 | 내진 특A |
| | B | - | 내진 특 |
| 1 | A | 중요시설 | 내진 특 |
| | B | - | 내진 Ⅰ |
| 2 | A | 일반시설 | 내진 Ⅰ |
| | B | - | 내진 Ⅱ |

**49.** 경계표지 크기
㉮ 가로치수 : 차체 폭의 30 % 이상
㉯ 세로치수 : 가로치수의 20 % 이상
㉰ 정사각형 또는 이에 가까운 형상 : 600 cm² 이상
㉱ 적색 삼각기 : 400×300 mm(황색글씨로 "위험고압가스")

**50.** 차량에 고정된 탱크 소화설비 기준

| 구분 | 소화기의 종류 | | 비치 개수 |
|---|---|---|---|
| | 소화약제 | 능력단위 | |
| 가연성 가스 | 분말 소화제 | BC용, B-10 이상 또는 ABC용, B-12 이상 | 차량 좌우에 각각 1개 이상 |
| 산소 | 분말 소화제 | BC용, B-8 이상 또는 ABC용, B-10 이상 | 차량 좌우에 각각 1개 이상 |

**51.** 냉매가스에 따른 재료 제한
㉮ 암모니아 : 동 및 동합금
㉯ 염화메탄 : 알루미늄 및 알루미늄 합금
㉰ 프레온 : 2 %를 넘는 마그네슘(Mg)을 함유한 알루미늄 합금

**52.** 관의 굴곡 허용반경은 외경의 20배 이상으로 한다. 다만, 굴곡반경이 외경의 20배 미만일 경우에는 엘보를 사용한다.

**53.** 투입식 발생장치의 특징
㉮ 공업적으로 대량 생산에 적합하다.
㉯ 카바이드가 물속에 있으므로 온도상승이 느리다.
㉰ 불순가스 발생이 적다.
㉱ 카바이드 투입량에 의해 아세틸렌가스 발생량 조절이 가능하다.
㉲ 후기 가스가 발생할 가능성이 있다.
※ 투입식 아세틸렌 발생장치 : 물에 카바이드를 넣어 아세틸렌을 발생시키는 장치이다.

**54.** "수소용품"이란 연료전지(자동차관리법에 따른 자동차에 장착되는 연료전지는 제외한다), 수전해설비 및 수소추출설비로서 다음에 따른 것을 말한다. : KGS FU671
㉮ 연료전지 : 수소와 산소의 전기화학적 반응을 통하여 전기와 열을 생산하는 고정형(연료소비량이 232.6 kW 이하인 것을 말한

다) 및 이동형 설비와 그 부대설비
㉯ 수전해설비 : 물의 전기 분해에 의하여 그 물로부터 수소를 제조하는 설비
㉰ 수소추출설비 : 도시가스 또는 액화석유가스 등으로부터 수소를 제조하는 설비

**55.** 이상압력 통보설비 : 정압기 출구 측의 압력이 설정압력보다 상승하거나 낮아지는 경우에 이상 유무를 상황실에서 알 수 있도록 경보음(70 dB 이상) 등으로 알려주는 설비이다.

**56.** ㉮ 메탄($CH_4$)의 폭발범위 하한계에 해당하는 체적 계산 : $1\,m^3$는 1000 L이다.
∴ $V = (1 \times 1000) \times 0.05 = 50\,L$
㉯ 아보가드로의 법칙을 이용하여 메탄 체적을 질량으로 계산 : 메탄의 분자량은 16이고, 이상기체 1 mol이 차지하는 체적은 22.4 L이다.
16 g : 22.4 L = $x$[g] : 50 L
∴ $x = \dfrac{16 \times 50}{22.4} = 35.714\,g$

**57.** 공정 위험 분석(process hazard review : PHR) 기법 : 기존설비 또는 안전성향상계획서를 제출·심사 받은 설비에 대하여 설비의 설계·건설·운전 및 정비의 경험을 바탕으로 위험성을 평가·분석하는 방법을 말한다. 〈개정 20. 4. 29〉

**58.** ㉮ 산소 또는 천연메탄을 용기에 충전하는 때에는 압축기(산소압축기는 물을 내부윤활제로 사용한 것에 한정한다)와 충전용 지관 사이에 수취기를 설치하여 그 가스 중의 수분을 제거한다.
㉯ 드레인 세퍼레이터(drain separator)가 수취기를 지칭하는 것이다.

**59.** 1일의 냉동능력 1톤 계산
㉮ 원심식 압축기 : 압축기의 원동기 정격출력 1.2 kW
㉯ 흡수식 냉동설비 : 발생기를 가열하는 1시간의 입열량 6640 kcal
㉰ 그 밖의 것은 다음 식에 의한다.
$$R = \dfrac{V}{C}$$
여기서, $R$ : 1일의 냉동능력(톤)
$V$ : 피스톤 압출량($m^3$/h)
$C$ : 냉매 종류에 따른 정수

**60.** 치환농도
㉮ 가연성 가스설비 : 폭발하한계의 1/4 이하 (25 % 이하)
㉯ 독성가스설비 : TLV-TWA 기준농도 이하
㉰ 산소설비 : 산소농도 22 % 이하
㉱ 불연성 가스설비 : 치환작업을 생략할 수 있다.
㉲ 사람이 작업할 경우 산소농도 : 18~22 %

---

## 제 4 과목  가스계측

**61.** 차압식 유량계에서 유량은 차압의 평방근에 비례한다.
∴ $Q_2 = \sqrt{\dfrac{\Delta P_2}{\Delta P_1}} \times Q_1 = \sqrt{4} \times Q_1 = 2\,Q_1$
∴ 오리피스 유량계에서 압력차가 4배로 증가하면 유량은 2배로 증가한다.

**62.** 터빈식 유량계 : 유속식 유량계 중 축류식으로 유체가 흐르는 배관 중에 임펠러를 설치하여 유속 변화에 따른 임펠러의 회전수를 이용하여 유량을 측정하는 것으로 임펠러의 축이 유체의 흐르는 방향과 일치되어 있다.

**63.** 펄스(pulse) : 짧은 시간 동안에 큰 진폭을 발생하는 전압, 전류, 파동을 의미한다.

**64.** 가스미터의 분류
  ㉮ 실측식(직접식)
    ㉠ 건식 : 막식형(독립내기식, 클로버식)
    ㉡ 회전식 : 루트(roots)형, 오벌식, 로터리 피스톤식
    ㉢ 습식
  ㉯ 추량식(간접식) : 델타식(볼텍스식), 터빈식, 오리피스식, 벤투리식

**65.** 전자포획 이온화 검출기(ECD : Electron Capture Detector) : 방사선 동위원소로부터 방출되는 $\beta$선으로 캐리어가스가 이온화되어 생긴 자유전자를 시료 성분이 포획하면 이온 전류가 감소하는 것을 이용한 것이다.
  ㉮ 캐리어가스는 질소($N_2$), 헬륨(He)을 사용한다.
  ㉯ 유기할로겐 화합물, 니트로 화합물 및 유기 금속 화합물을 선택적으로 검출할 수 있다.
  ㉰ 할로겐 및 산소 화합물에서의 감도는 최고이며 탄화수소는 감도가 나쁘다.

**66.** 습식 가스미터의 특징
  ㉮ 계량이 정확하다.
  ㉯ 사용 중에 오차의 변동이 적다.
  ㉰ 사용 중에 수위조정 등의 관리가 필요하다.
  ㉱ 설치면적이 크다.
  ㉲ 기준용, 실험실용에 사용된다.
  ㉳ 용량범위는 0.2~3000 $m^3$/h이다.

**67.** 가스누출검지경보장치 기능
  ㉮ 가스의 누출을 검지하여 그 농도를 지시함과 동시에 경보를 울리는 것으로 한다.
  ㉯ 미리 설정된 가스농도(폭발하한계의 4분의 1 이하 값)에서 자동적으로 경보를 울리는 것으로 한다.
  ㉰ 경보를 울린 후에는 주위의 가스농도가 변화되어도 계속 경보를 울리며, 그 확인 또는 대책을 강구함에 따라 경보가 정지되도록 한다.
  ㉱ 담배연기 등 잡가스에 경보를 울리지 아니하는 것으로 한다.

**68.** 벤투리(venturi) 유량계의 특징
  ㉮ 압력차가 적고, 압력손실이 적다.
  ㉯ 내구성이 좋고, 정밀도가 높다.
  ㉰ 대형으로 제작비가 비싸다.
  ㉱ 구조가 복잡하다.
  ㉲ 좁은 장소에 설치하기 어렵고 교환이 어렵다.
  ㉳ 침전물의 생성 우려가 적다.

**69.** 서모스탯(thermostat) 검지기 : 가스와 공기의 열전도도가 다른 것을 측정원리로 한 것으로 전기적으로 자기가열한 서모스탯에 측정하고자 하는 가스를 접촉시키면 기체의 열전도도에 의해서 서모스탯으로부터 단위시간에 잃게 되는 열량은 가스의 종류 및 농도에 따라서 변화한다. 따라서 가열전류를 일정하게 유지하면 가스 중에 방열에 의한 서모스탯의 온도변화는 전기저항의 변화로서 측정할 수 있고 이것을 브리지회로에 조립하면 전위차가 생기면서 전류가 흘러 가스의 농도를 측정할 수 있다. 서미스터(thermistor) 가스검지기라 한다.

**70.** ㉮ 공기혼합물의 분자량 계산 : 산소($O_2$)의 분자량은 32, 질소($N_2$)의 분자량은 28이다.
  $\therefore M = (32 \times 0.21) + (28 \times 0.79) = 28.84$
  ㉯ 밀도 계산 : SI단위 이상기체 상태방정식 $PV = GRT$를 이용하여 25℃, 1 atm 상태의 공기 밀도(kg/$m^3$)를 구하며, 1 atm은 101.325 kPa을 적용한다.
  $$\therefore \rho = \frac{G}{V} = \frac{P}{RT} = \frac{101.325}{\frac{8.314}{28.84} \times (273 + 25)}$$
  $$= 1.179 \, kg/m^3$$

## 71. 가스 크로마토그래피의 특징
㉮ 여러 종류의 가스 분석이 가능하다.
㉯ 선택성이 좋고 고감도로 측정한다.
㉰ 미량 성분의 분석이 가능하다.
㉱ 응답속도가 늦으나 분리능력이 좋다.
㉲ 동일 가스의 연속측정이 불가능하다.
㉳ 캐리어가스는 검출기에 따라 수소, 헬륨, 아르곤, 질소를 사용한다.

## 72. 전자유량계
측정원리는 패러데이 법칙(전자유도법칙)으로 도전성 액체에서 발생하는 기전력을 이용하여 순간 유량을 측정한다.

## 73.
석유제품의 °API 비중의 기준온도는 60°F 이다.

## 74. 적분 동작(I 동작 : integral action)
제어량에 편차가 생겼을 때 편차의 적분차를 가감하여 조작단의 이동 속도가 비례하는 동작으로 잔류편차가 남지 않는다. 진동하는 경향이 있어 제어의 안정성은 떨어진다. 유량제어나 관로의 압력제어와 같은 경우에 적합하다.

## 75. 가스미터의 고장 종류
㉮ 부동(不動) : 가스는 계량기를 통과하나 지침이 작동하지 않는 고장
㉯ 불통(不通) : 가스가 계량기를 통과하지 못하는 고장
㉰ 기차(오차) 불량 : 사용공차를 초과하는 고장
㉱ 감도 불량 : 감도 유량을 통과시켰을 때 지침의 시도(示度) 변화가 나타나지 않는 고장

## 76. 유량 계측 단위
단위 시간당 통과한 유량으로 질량유량과 체적유량으로 구분할 수 있다.
㉮ 질량유량의 단위 : kg/h, kg/min, kg/s, g/h, g/min, g/s 등
㉯ 체적유량의 단위 : $m^3/h$, $m^3/min$, $m^3/s$, L/h, L/min, L/s 등

## 77. 캐리어가스의 종류
수소($H_2$), 헬륨(He), 아르곤(Ar), 질소($N_2$)

## 78.
㉮ 제어편차 : 제어계에서 목표값의 변화나 외란의 영향으로 목표값과 제어량의 차이에서 생긴 편차이다.
㉯ 제어편차 계산
∴ 제어편차 = 목표치 − 제어량
= 50 − 53 = −3 L/min

## 79. 분석계의 종류
㉮ 화학적 가스 분석계
㉠ 연소열을 이용한 것
㉡ 용액흡수제를 이용한 것
㉢ 고체흡수제를 이용한 것
㉯ 물리적 가스 분석계
㉠ 가스의 열전도율을 이용한 것
㉡ 가스의 밀도, 점도차를 이용한 것
㉢ 빛의 간섭을 이용한 것
㉣ 전기전도도를 이용한 것
㉤ 가스의 자기적 성질을 이용한 것
㉥ 가스의 반응성을 이용한 것
㉦ 적외선 흡수를 이용한 것
※ 오르사트법은 용액흡수제를 이용한 화학적 가스 분석계에 해당된다.

## 80. 피에조 전기 압력계(압전기식)
수정이나 전기석 또는 로셀염 등의 결정체의 특정 방향에 압력을 가하면 기전력이 발생하고 발생한 전기량은 압력에 비례하는 것을 이용한 것이다. 가스 폭발이나 급격한 압력 변화 측정에 사용된다.

# CBT 모의고사 8

## 정답

| | 1 | 2 | 3 | 4 | 5 | 6 | 7 | 8 | 9 | 10 |
|---|---|---|---|---|---|---|---|---|---|---|
| 연소공학 | ① | ③ | ③ | ③ | ③ | ④ | ① | ③ | ② | ③ |
| | 11 | 12 | 13 | 14 | 15 | 16 | 17 | 18 | 19 | 20 |
| | ④ | ② | ③ | ④ | ③ | ① | ① | ① | ② | ② |
| 가스설비 | 21 | 22 | 23 | 24 | 25 | 26 | 27 | 28 | 29 | 30 |
| | ③ | ③ | ② | ① | ② | ③ | ③ | ③ | ① | ③ |
| | 31 | 32 | 33 | 34 | 35 | 36 | 37 | 38 | 39 | 40 |
| | ④ | ③ | ① | ② | ② | ③ | ① | ① | ① | ④ |
| 가스안전관리 | 41 | 42 | 43 | 44 | 45 | 46 | 47 | 48 | 49 | 50 |
| | ② | ① | ④ | ② | ④ | ② | ③ | ② | ③ | ③ |
| | 51 | 52 | 53 | 54 | 55 | 56 | 57 | 58 | 59 | 60 |
| | ④ | ③ | ① | ③ | ② | ③ | ② | ② | ④ | ④ |
| 가스계측 | 61 | 62 | 63 | 64 | 65 | 66 | 67 | 68 | 69 | 70 |
| | ① | ② | ② | ③ | ② | ③ | ④ | ② | ② | ③ |
| | 71 | 72 | 73 | 74 | 75 | 76 | 77 | 78 | 79 | 80 |
| | ② | ③ | ③ | ② | ④ | ③ | ③ | ③ | ① | ① |

---

## 제1과목  연소공학

**1.** 각 연료의 인화점

| 구분 | 인화점 | 착화점 |
|---|---|---|
| 메탄 | $-188°C$ | $632°C$ |
| 가솔린 | $-20 \sim -43°C$ | $300°C$ |
| 벤젠 | $-11.1°C$ | $562°C$ |
| 에테르 | $-40°C$ | $180°C$ |

※ 각 물질의 인화점, 착화점 온도는 측정방법 및 조건 등에 의하여 오차가 있음

**2.** $\eta = \dfrac{W}{Q_1} \times 100 = \dfrac{T_1 - T_2}{T_1} \times 100$

$= \dfrac{(273+800)-(273+100)}{273+800} \times 100$

$= 65.237\%$

**3.** $\dfrac{100}{L} = \dfrac{V_1}{L_1} + \dfrac{V_2}{L_2} + \dfrac{V_3}{L_3} + \dfrac{V_4}{L_4}$ 에서

혼합가스 폭발하한계 $L$을 구한다.

$\therefore L = \dfrac{100}{\dfrac{V_1}{L_1} + \dfrac{V_2}{L_2} + \dfrac{V_3}{L_3} + \dfrac{V_4}{L_4}}$

$= \dfrac{100}{\dfrac{60}{5.0} + \dfrac{20}{3.0} + \dfrac{15}{2.1} + \dfrac{5}{1.8}} = 3.498\,v\%$

**4.** 방폭 전기기기의 구조별 표시방법

| 명칭 | 기호 | 명칭 | 기호 |
|---|---|---|---|
| 내압 방폭구조 | d | 안전증 방폭구조 | e |
| 유입 방폭구조 | o | 본질안전 방폭구조 | ia, ib |
| 압력 방폭구조 | p | 특수 방폭구조 | s |

**5.** **내압(耐壓) 방폭구조(d)** : 방폭 전기기기의 용기 내부에서 가연성가스의 폭발이 발생할 경우 그 용기가 폭발압력에 견디고, 접합면, 개구부 등을 통하여 외부의 가연성가스에 인화되지 아니하도록 한 구조

**6.** ㉮ 프로판($C_3H_8$)의 완전연소 반응식

$C_3H_8 + 5O_2 \rightarrow 3CO_2 + 4H_2O$

㉯ 이론공기량 계산

$22.4\,Sm^3 : 5 \times 22.4\,Sm^3 = 1\,Sm^3 : x(O_0)\,Sm^3$

$\therefore A_0 = \dfrac{O_0}{0.21} = \dfrac{1 \times 5 \times 22.4}{22.4 \times 0.21} = 23.809\,Sm^3$

**7.** 이상기체의 성질

㉮ 보일–샤를의 법칙을 만족한다.

- ⓝ 아보가드로의 법칙에 따른다.
- ⓓ 내부에너지는 온도만의 함수이다.
- ⓔ 온도에 관계없이 비열비는 일정하다.
- ⓜ 기체의 분자력과 크기도 무시되며 분자간의 충돌은 완전 탄성체이다.
- ⓗ 분자와 분자 사이의 거리가 매우 멀다.
- ⓢ 분자 사이의 인력이 없다.
- ⓐ 압축성인자가 1이다.
- ⓩ 액화나 응고가 되지 않으며, 절대온도 0도에서 부피는 0이다.
- ※ 실제 기체가 이상기체(완전 기체)에 가깝게 될 조건은 압력이 낮고(저압), 온도가 높을 때(고온)이다.

**8. 폭발범위** : 공기 중에서 점화원에 의해 폭발을 일으킬 수 있는 혼합가스 중의 가연성가스의 부피범위(%)이다.

**9. 과잉공기가 많은 경우(공기비가 큰 경우) 현상**
- ㉮ 연소실 내의 온도가 낮아진다.
- ㉯ 배기가스로 인한 손실열이 증가한다.
- ㉰ 배기가스 중 질소산화물(NOx)이 많아져 대기오염을 초래한다.
- ㉱ 열효율이 감소한다.
- ㉲ 연료소비량이 증가한다.
- ㉳ 연소가스량(배기가스량)이 증가하여 통풍 저하를 초래한다.

**10. 연소의 정의** : 연소란 가연성 물질이 공기 중의 산소와 반응하여 빛과 열을 발생하는 화학반응을 말한다.

**11.** ㉮ 프로판의 완전연소 반응식
$C_3H_8 + 5O_2 \rightarrow 3CO_2 + 4H_2O$

㉯ 용기 내 발생 압력 계산 : 용기의 내용적($V$) 조건이 없어 이상기체 상태방정식 $PV = nRT$을 이용하여 반응 후 압력을 구할 수 없으므로 반응 전 $P_1V_1 = n_1R_1T_1$, 반응 후 $P_2V_2 = n_2R_2T_2$로 각각 구분하여 비례식으로 구한다. 반응 전후의 체적과 기체상수는 같으므로 $V_1 = V_2$, $R_1 = R_2$이므로

$\dfrac{P_2}{P_1} = \dfrac{n_2T_2}{n_1T_1}$ 이 된다.

여기서, 반응 전 후의 몰수($n_1$, $n_2$)는 프로판의 완전연소 반응식에서 $n_1$은 $C_3H_8$ 1몰과 $O_2$ 5몰이고, $n_2$는 $CO_2$ 3몰과 $H_2O$ 4몰이다.

$\therefore P_2 = \dfrac{n_2T_2}{n_1T_1} \times P_1$

$= \dfrac{(3+4) \times (273+1000)}{(1+5) \times (273+27)} \times 1$

$= 4.95 \, \text{atm}$

[별해] 프로판과 산소의 반응 후의 압력은 용기 내용적이 제시되지 않아 이상기체 상태방정식 $PV = nRT$을 이용하여 구할 수 없기 때문에 반응 전의 조건으로 용기 내용적을 구하여 반응 후의 압력을 계산한다.

㉮ 연소 전의 조건으로 용기 내용적 계산

$\therefore V = \dfrac{nRT}{P}$

$= \dfrac{(1+5) \times 0.082 \times (273+27)}{1}$

$= 147.6 \, \text{L}$

㉯ 연소 후의 압력($P_2$) 계산

$\therefore P_2 = \dfrac{n_2RT_2}{V}$

$= \dfrac{(3+4) \times 0.082 \times (273+1000)}{147.6}$

$= 4.950 \, \text{atm}$

**12.** ㉮ 탄소(C)의 불완전연소 반응식

$C + \dfrac{1}{2}O_2 \rightarrow CO$

↓    ↓    ↓

1 mol : 0.5 mol : 1 mol

㉯ 탄소(C) 1 mol이 100% 불완전연소 하면 일산화탄소(CO)는 1 mol이 발생한다.

**13.** 1차 공기와 2차 공기 구분

① 1차 공기 : 액체 연료의 무화에 필요한 공기 또는 연소 전에 가연성기체와 혼합되어 공급되는 공기

② 2차 공기 : 완전연소에 필요한 부족한 공기를 보충 공급하는 공기

**14.** 위험과 운전 분석(hazard and operablity studies : HAZOP) 기법 : 공정에 존재하는 위험 요소들과 공정의 효율을 떨어뜨릴 수 있는 운전상의 문제점을 찾아내어 그 원인을 제거하는 위험성 평가기법이다.

**15.** $H = \dfrac{U-L}{L} = \dfrac{81.2 - 2.51}{2.51} = 31.35$

**16.** 정전기 제거 및 발생 방지 조치

㉮ 대상물을 접지한다.
㉯ 공기 중 상대습도를 70 % 이상으로 높인다.
㉰ 공기를 이온화한다.
㉱ 도전성 재료를 사용한다.

**17.** 폭발의 분류

㉮ 물리적 폭발 : 증기폭발, 금속선 폭발, 고체상 전이 폭발, 압력폭발 등
㉯ 화학적 폭발 : 산화폭발, 분해폭발, 촉매폭발, 중합폭발 등

**18.** 기체 연료의 정상연소 속도 및 폭굉속도

㉮ 정상연소 속도 : 0.1~10 m/s
㉯ 폭굉속도 : 1000~3500 m/s
[참고] 2016년 1회 06번 문제에서는 기체(가스)의 정상연소 속도를 0.03~10 m/s를 정답으로 처리하였음

**19.** 폭굉범위는 폭발범위 내에 존재하므로 폭굉하한계는 폭발하한계보다 높고, 폭굉상한계는 폭발상한계보다 낮다.

**20.** ㉮ 프로판($C_3H_8$)의 완전연소 반응식
$C_3H_8 + 5O_2 \rightarrow 3CO_2 + 4H_2O + Q$

㉯ 프로판($C_3H_8$)은 탄소(C) 원소가 3개, 수소(H) 원소가 8개로 이루어진 혼합물이며, 탄소(C) 1 mol이 연소할 때에는 탄소 원소 1개가 연소하는 것이고, 수소($H_2$) 1 mol이 연소할 때에는 수소 원소 2개가 연소하는 것이다. 프로판($C_3H_8$) 1 mol이 완전연소하면 수증기($H_2O$)는 4 mol이 발생하고, 분자량은 18이다.

㉰ 고위발열량($H_h$) 계산 : 물의 증발잠열이 포함된 것이 고위발열량, 포함되지 않은 것이 저위발열량이다.

$\therefore H_h = \dfrac{\text{탄소 발열량} + \text{수소 발열량} + \text{물의 증발잠열 (MJ/kmol)}}{\text{프로판 1 kmol 분자량}}$

$= \dfrac{(3 \times 360) + \left(\dfrac{8}{2} \times 280\right) + (4 \times 18 \times 2.5)}{44}$

$= 54.090 \text{ MJ/kg}$

---

## 제 2 과목  가스설비

**21.** ㉮ 피스톤 압출량 계산 : 안지름과 행정거리는 미터(m) 단위로 적용하고 체적효율은 언급이 없으므로 이론적인 토출량을 계산한다.

$\therefore V = \dfrac{\pi}{4} \times D^2 \times L \times n \times N$

$= \dfrac{\pi}{4} \times 0.2^2 \times 0.15 \times 4 \times 300$

$= 5.654 \text{ m}^3/\text{min}$

㉯ 축동력 계산 : 압력 단위는 'kgf/m$^2$', 토출량은 'm$^3$/s'로 변환하여 적용한다.

$\therefore \text{kW} = \dfrac{P \times V}{102 \times \eta}$

$= \dfrac{(0.2 \times 10 \times 10^4) \times 5.654}{102 \times 0.9 \times 60}$

$= 20.530 \text{ kW}$

※ 1 atm = 1.0332 kgf/cm² = 10332 kgf/m² 이므로 'kgf/cm²'에서 'kgf/m²'으로 변환할 때에는 1만을 곱한다.

**22.** 액셜 플로(Axial flow)식 정압기의 특징

㉮ 변칙 언로딩(unloading)형 이다.
㉯ 정특성, 동특성이 양호하다.
㉰ 고차압이 될수록 특성이 양호하다.
㉱ 극히 콤팩트하고 작동방식이 간단하다.

**23.** 점도(점성계수)

㉮ 점도 : 유체에 유체마찰이 생기는 성질로 단위로는 푸아즈(poise : g/cm·s)를 사용한다.
㉯ 온도와의 관계 : 액체의 점성계수는 온도가 증가하면 감소하고, 기체의 경우는 반대로 증가한다.
㉰ 압력과의 관계 : 액체의 점성계수는 압력이 증가하면 함께 증가하고, 기체의 경우는 압력에 의해 점성계수가 거의 변화하지 않는다.

**24.** 충전구의 나사형식

㉮ 가연성가스 : 왼나사(단, 암모니아와 브롬화메탄은 가연성가스이지만 오른나사를 적용한다.)
㉯ 가연성 이외의 가스 : 오른나사

**25.** 브롬화수소(HBr)의 특징

㉮ 분자량 81로 공기보다 무거운 무색의 불연성 기체로 악취(자극적인 냄새)가 있다.
㉯ TLV-TWA 3 ppm으로 독성가스이다.
㉰ 부식성이 있고, 공기 중의 습기에 의하여 흰 연기를 발한다.
㉱ 염화수소와 성질이 흡사하지만 산화되기 쉬운 점이 다르다.
㉲ 산, 알코올, 에테르, 케톤, 에스테르 등 산소를 함유하는 유기용매에 잘 녹는다
㉳ 물에 용해하여 브롬화수소산이 되며 염산만큼 산성도는 강하지 않다.
㉴ 산소와 반응하여 물과 브롬을 생성하고, 오존과는 폭발적으로 반응하여 수소를 발생한다.
㉵ 각종 브롬화물의 합성, 브롬화수소산의 제조, 환원제, 촉매(유기합성), 의약품 원료로 사용된다.
㉶ 금속과 반응하여 수소가스를 생성하여 화재와 폭발의 위험성이 있다.

**26.** 접촉분해공정에서 압력과 온도의 영향

| 구분 | | $CH_4$, $CO_2$ | $H_2$, $CO$ |
|---|---|---|---|
| 압력 | 상승 | 증가 | 감소 |
| | 하강 | 감소 | 증가 |
| 온도 | 상승 | 감소 | 증가 |
| | 하강 | 증가 | 감소 |

**27.** ㉮ 프로판($C_3H_8$)과 메탄($CH_4$)의 완전연소 반응식
- 프로판 : $C_3H_8 + 5O_2 \rightarrow 3CO_2 + 4H_2O$
- 메탄 : $CH_4 + 2O_2 \rightarrow CO_2 + 2H_2O$

㉯ 이론공기량비 계산 : 공기 중 산소의 체적비율은 변함이 없기 때문에 완전연소 반응식에서 필요로 하는 산소 몰수가 필요한 이론공기량이다.

∴ 이론공기량비 = $\dfrac{C_3H_8 공기량}{CH_4 공기량} = \dfrac{5}{2} = 2.5$ 배

**28.** 액화석유가스(LP가스)의 특징

㉮ LP가스는 공기보다 무겁다.
㉯ 액상의 LP가스는 물보다 가볍다.
㉰ 액화, 기화가 쉽고, 기화하면 체적이 커진다.
㉱ LNG보다 발열량이 크고, 연소 시 다량의 공기가 필요하다.
㉲ 기화열(증발잠열)이 크다.
㉳ 무색, 무취, 무미하다.
㉴ 용해성이 있다.
㉵ 액체의 온도 상승에 의한 부피변화가 크다.

**29.** 염소($Cl_2$) 가스는 상온에서 황록색, 자극성이 강한 독성가스이다.

**30.** 폴리에틸렌관(Polyethylene pipe)의 특징
- ㉮ 염화비닐관보다 가볍다.
- ㉯ 염화비닐관보다 화학적, 전기적 성질이 우수하다.
- ㉰ 내한성이 좋아 한랭지 배관에 알맞다.
- ㉱ 염화비닐관에 비해 인장강도가 1/5 정도로 작다.
- ㉲ 화기에 극히 약하다.
- ㉳ 유연해서 관면에 외상을 받기 쉽다.
- ㉴ 장시간 직사광선(햇빛)에 노출되면 노화된다.
- ㉵ 폴리에틸렌관의 종류 : 수도용, 가스용, 일반용

**31.** ㉮ 기체의 비중 : 표준상태(STP : 0℃, 1기압 상태)의 공기 일정 부피당 질량과 같은 부피의 기체 질량과의 비를 말한다.

$$\therefore 기체\ 비중 = \frac{기체\ 분자량(질량)}{공기의\ 평균분자량(29)}$$

㉯ 각 가스의 분자량

| 가스 명칭 | 분자량 |
|---|---|
| 염소($Cl_2$) | 71 |
| 질소($N_2$) | 44 |
| 산소($O_2$) | 34 |
| 암모니아($NH_3$) | 17 |

※ 분자량이 작은 것이 가벼운 가스에 해당된다.

**32.** 강제기화기 사용 시 특징(장점)
- ㉮ 한랭시에도 연속적으로 가스공급이 가능하다.
- ㉯ 공급가스의 조성이 일정하다.
- ㉰ 설치면적이 적어진다.
- ㉱ 기화량을 가감할 수 있다.
- ㉲ 설비비 및 인건비가 절약된다.

**33.** 공기액화 분리장치의 폭발원인
- ㉮ 공기 취입구로부터 아세틸렌의 혼입
- ㉯ 압축기용 윤활유 분해에 따른 탄화수소의 생성
- ㉰ 공기 중 질소 화합물(NO, $NO_2$)의 혼입
- ㉱ 액체공기 중에 오존($O_3$)의 혼입

**34.** 정압기의 기능 : 도시가스 압력을 사용처에 맞게 낮추는 감압기능, 2차 측의 압력을 허용범위 내의 압력으로 유지하는 정압기능 및 가스의 흐름이 없을 때는 밸브를 완전히 폐쇄하여 압력상승을 방지하는 폐쇄기능을 갖는다.

**35.** ㉮ 한국 냉동톤(1 RT)은 3320 kcal/h이다.
㉯ 냉동기에서 흡수 제거할 열량(잠열) 계산 : 물의 응고잠열은 79.68 kcal/kg이고, 물 20톤을 24시간 동안 얼음으로 만들었으므로 시간당 제거열량으로 구한다.

$$\therefore Q = G \times r = \frac{(20 \times 1000) \times 79.68}{24}$$
$$= 66400\ kcal/h$$

㉰ 냉동기 용량 계산

$$\therefore RT = \frac{흡수\ 제거할\ 열량}{3320}$$
$$= \frac{66400}{3320} = 20\ RT$$

**36.** ㉮ 동특성(動特性) : 부하변동에 대한 응답의 신속성과 안정성이 요구되는 것으로 응답속도가 빠르면 안정성이 나빠지고, 응답속도가 늦으면 안정성이 양호해진다.
㉯ 응답속도가 빠르면 압력변동이 심해지는 현상이 나타나기 때문에 안정성이 나빠지는 것이고, 압력이 상하로 크게 요동치는 것을 헌팅(hunting) 현상이라고 한다.
㉰ 헌팅(hunting) : 자동제어에서 시간 또는 신호의 지연이 큰 경우에 발생하는 것으로 제어의 지연에 의해 제어량이 주기적으로 변하여 난조상태로 되는 현상이다.

참고 부하변동에 대한 2차 압력의 응답 예

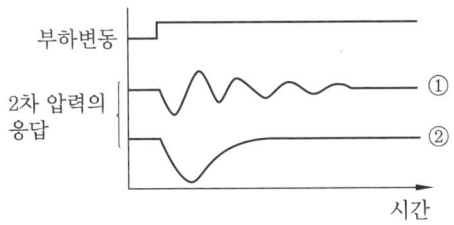

① 응답속도가 빠르지만, 안정성은 나쁘다.
② 응답속도가 늦지만, 안정성은 양호하다.

**37.** 수소화분해(수첨분해) 법(hydrogenation cracking process) : 고온, 고압하에서 탄화수소를 수소기류 중에서 열분해 또는 접촉분해 하여 메탄($CH_4$)을 주성분으로 하는 고열량의 가스를 제조하는 방법이다.

**38.** 암모니아 합성탑
　㉮ 암모니아 합성탑은 내압용기와 내부구조물로 되어 있다.
　㉯ 내부 구조물은 촉매를 유지하고 반응과 열교환을 행한다.
　㉰ 촉매는 산화철에 $Al_2O_3$ 및 $K_2O$를 첨가한 것이나 CaO 또는 MgO 등을 첨가한 것을 사용한다.

**39.** 베인펌프의 특징
　㉮ 연속 토출로 맥동현상이 적다.
　㉯ 베인의 마모로 인한 압력저하가 발생하지 않는다.
　㉰ 고장이 적고 유지보수가 용이하며 수명이 길다.
　㉱ 장시간 사용에도 성능이 안정적이다.
　㉲ 제작 시 높은 정도가 요구된다.
　㉳ 작동유의 점도에 제한이 있고, 오일의 오염에 주의하여야 한다.
　㉴ 흡입 진공도가 허용한도 이하이어야 한다.

**40.** 각 가스의 공기 중에서의 폭발범위값

| 가스 명칭 | 폭발범위값 |
|---|---|
| 수소($H_2$) | 4~75 % |
| 암모니아($NH_3$) | 15~28 % |
| 산화에틸렌($C_2H_4O$) | 3.0~80 % |
| 프로판($C_3H_8$) | 2.2~9.5 % |

## 제 3 과목　가스안전관리

**41.** 용기보관실과 사무실은 동일한 부지에 구분하여 설치하되 용기보관실 면적은 19 $m^2$, 사무실은 9 $m^2$ 이상으로 한다.

**42.** 저장능력별 방류둑 설치 대상
　㉮ 고압가스 특정제조
　　㉠ 가연성 가스 : 500톤 이상
　　㉡ 독성가스 : 5톤 이상
　　㉢ 액화 산소 : 1000톤 이상
　㉯ 고압가스 일반제조
　　㉠ 가연성, 액화산소 : 1000톤 이상
　　㉡ 독성가스 : 5톤 이상
　㉰ 냉동제조 시설(독성가스 냉매 사용) : 수액기 내용적 10000 L 이상
　㉱ 액화석유가스 충전사업 : 1000톤 이상
　㉲ 도시가스
　　㉠ 도시가스 도매사업 : 500톤 이상
　　㉡ 일반도시가스 사업 : 1000톤 이상

**43.** 저장탱크 침하방지조치(KGS FP112) : 저장탱크(저장능력이 압축가스는 100 $m^3$, 액화가스는 1톤 미만인 저장탱크는 제외)의 침하로 인한 위해를 예방하기 위하여 기준에 따라 주기적으로 침하상태를 측정한다.

## 44. 고압가스 특정제조 허가 대상
- ㉮ 석유정제업자 : 저장능력 100톤 이상
- ㉯ 석유화학공업자 : 저장능력 100톤 이상, 처리능력 1만 m³ 이상
- ㉰ 철강공업자 : 처리능력 10만 m³ 이상
- ㉱ 비료생산업자 : 저장능력 100톤 이상, 처리능력 10만 m³ 이상
- ㉲ 산업통상자원부 장관이 정하는 시설

## 45. 아세틸렌 충전작업 기준
- ㉮ 아세틸렌을 2.5 MPa 압력으로 압축하는 때에는 질소, 메탄, 일산화탄소 또는 에틸렌 등의 희석제를 첨가한다.
- ㉯ 습식 아세틸렌발생기의 표면은 70℃ 이하의 온도로 유지하고, 그 부근에서는 불꽃이 튀는 작업을 하지 아니한다.
- ㉰ 아세틸렌을 용기에 충전하는 때에는 미리 용기에 다공물질을 고루 채워 다공도가 75 % 이상 92 % 미만이 되도록 한 후 아세톤 또는 디메틸포름아미드를 고루 침윤시키고 충전한다.
- ㉱ 아세틸렌을 용기에 충전하는 때의 충전 중의 압력은 2.5 MPa 이하로 하고, 충전 후에는 압력이 15℃에서 1.5 MPa 이하로 될 때까지 정치하여 둔다.
- ㉲ 상하의 통으로 구성된 아세틸렌 발생장치로 아세틸렌을 제조하는 때에는 사용 후 그 통을 분리하거나 잔류가스가 없도록 조치한다.

## 46. 최대 충전량 계산
액화가스를 용기에 충전할 때 저장능력 산정식을 적용하며, 프로판의 충전정수는 2.35이다.

$$\therefore W = \frac{V}{C} = \frac{50}{2.35} = 21.276 \text{ kg}$$

## 47. 1일의 냉동능력 1톤 계산
- ㉮ 원심식 압축기 : 압축기의 원동기 정격출력 1.2 kW
- ㉯ 흡수식 냉동설비 : 발생기를 가열하는 1시간의 입열량 6640 kcal
- ㉰ 그 밖의 것은 다음 식에 의한다.

$$R = \frac{V}{C}$$

여기서, $R$ : 1일의 냉동능력(톤)
$V$ : 피스톤 압출량(m³/h)
$C$ : 냉매 종류에 따른 정수

## 48. 독성가스 제독조치 : KGS FP112
- ㉮ 물 또는 흡수제로 흡수 또는 중화하는 조치
- ㉯ 흡착제로 흡착 제거하는 조치
- ㉰ 저장탱크 주위에 설치된 유도구에 의하여 집액구, 피트 등에 고인 액화가스를 펌프 등의 이송설비를 이용하여 안전하게 제조설비로 반송하는 조치
- ㉱ 연소설비(플레어스택, 보일러 등)에서 안전하게 연소시키는 조치

## 49.
충전용기를 차량에 적재할 때에는 차량운행 중의 동요로 인하여 용기가 충돌하지 아니하도록 고무링을 씌우거나 적재함에 세워서 적재한다. 다만, 압축가스의 충전용기 중 그 형태 및 운반차량의 구조상 세워서 적재하기 곤란한 때에는 적재함 높이 이내로 눕혀서 적재할 수 있다.

## 50. 로딩암의 구조 및 성능 기준 : KGS AA236
- ㉮ 로딩암의 구조는 연결되었을 경우 누출이 없는 것으로 한다.
- ㉯ 로딩암의 구조는 가스의 흐름에 지장이 없는 유효면적을 가지는 것으로 한다.
- ㉰ 로딩암의 구조는 지지 구조물을 가지거나 또는 지지 구조물에 부착할 수 있는 것으로 한다.
- ㉱ 로딩암의 구조는 로딩암이 부드럽게 작동되도록 밸런스 유닛이 적절히 부착되어 있는 것으로 한다.

㉤ 로딩암의 외관은 형상이 균일하고 매끈하며 잔금 등 그 밖의 유해한 결함이 없는 것으로 한다.
㉥ 로딩암은 상용압력의 1.5배 이상의 수압으로 내압시험을 5분간 실시하여 이상이 없는 것으로 한다.
㉦ 로딩암은 상용압력의 1.1배 이상의 압력으로 기밀시험을 10분간 실시한 후 누출이 없는 것으로 한다.

### 51. 용접효율 : KGS AC111

| 용접이음매의 종류 | 방사선투과시험 비율(%) | 용접효율 |
|---|---|---|
| 맞대기 양면 용접 또는 이와 동등이라고 할 수 있는 맞대기 한면 용접 이음매 | 100 | 1.00 |
| | 100 미만 20 이상 | 0.85 |
| | 해당 없음 | 0.70 |
| 받침쇠를 사용한 맞대기 한면 용접이음매로 받침쇠를 남기는 것 | 100 | 0.90 |
| | 100 미만 20 이상 | 0.80 |
| | 해당 없음 | 0.65 |
| 상기 두번째를 제외한 맞대기 한면 용접 이음매 | 해당없음 | 0.60 |
| 층성동체의 층성재 또는 외통의 맞대기 한면 용접 이음매 | 해당 없음 | 0.65 |
| 양면 전두께 필렛 용접 이음매 | 해당 없음 | 0.55 |
| 플러그용접을 하는 한면 전두께 필렛 용접 이음매 | 해당 없음 | 0.50 |
| 플러그 용접을 하지 않은 한면 전두께 필렛 용접 이음매 | 해당 없음 | 0.45 |

### 52. 치환농도
㉮ 가연성 가스설비 : 폭발하한계의 1/4 이하 (25 % 이하)
㉯ 독성가스설비 : TLV-TWA 기준농도 이하
㉰ 산소설비 : 산소농도 22 % 이하
㉱ 불연성 가스설비 : 치환작업을 생략할 수 있다.
㉲ 사람이 작업할 경우 산소농도 : 18~22 %

### 53. 독성가스 제독제

| 가스종류 | 제독제 종류 |
|---|---|
| 염소 | 가성소다 수용액, 탄산소다 수용액, 소석회 |
| 포스겐 | 가성소다 수용액, 소석회 |
| 황화수소 | 가성소다 수용액, 탄산소다 수용액 |
| 시안화수소 | 가성소다 수용액 |
| 아황산가스 | 가성소다 수용액, 탄산소다 수용액, 물 |
| 암모니아, 산화에틸렌, 염화메탄 | 물 |

### 54.
가스계량기는 건축법 시행령에 따른 공동주택의 대피 공간, 방·거실 및 주방 등 사람이 거처하는 장소, 그 밖에 가스계량기에 나쁜 영향을 미칠 우려가 있는 장소에 설치하지 않는다.

### 55. 되메움 재료 및 다짐공정 : KGS FS551
㉮ 기초재료를 포설한 후 및 침상재료를 포설한 후에 다짐작업을 하고, 그 이후 되메움 공정에서는 배관상단으로부터 30 cm 높이로 되메움재료를 포설한 후마다 다짐작업을 한다. 다만, 포장되어 있는 차도에 매설하는 경우의 노반층의 다짐은 도로법에 따라 실시하고, 흙의 함수량이 다짐에 부적당할 경우에는 다짐작업을 하지 않는다.
㉯ 다짐작업은 콤팩터, 래머 등 현장상황에 맞는 다짐기계를 사용하여 하고, 불균등한 다짐이 되지 않도록 하기 위해 전면에 걸쳐 균등하게 실시한다. 다만, 폭 4 m 이하의 도로 등은 인력다짐으로 할 수 있다.

※ 되메움 작업에 사용하는 재료는 운반차량에서 직접 투입하면 매설되는 배관에 위해를 미칠 가능성이 있으므로 장비 등을 사용하여 포설하여야 한다.

**56.** 용접용기 재검사 주기 : LPG용 용접용기 제외

| 구분 | 15년 미만 | 15년 이상 ~20년 미만 | 20년 이상 |
|---|---|---|---|
| 500 L 이상 | 5년 | 2년 | 1년 |
| 500 L 미만 | 3년 | 2년 | 1년 |

**57.** 차량에 고정된 탱크 소화설비 기준

| 구분 | 소화기의 종류 | | 비치 개수 |
|---|---|---|---|
| | 소화약제 | 능력단위 | |
| 가연성 가스 | 분말 소화제 | BC용, B-10 이상 또는 ABC용, B-12 이상 | 차량 좌우에 각각 1개 이상 |
| 산소 | 분말 소화제 | BC용, B-8 이상 또는 ABC용, B-10 이상 | 차량 좌우에 각각 1개 이상 |

**58.** 특정고압가스 사용시설 역화방지장치 설치 : 수소화염 또는 산소·아세틸렌화염을 사용하는 시설의 분기되는 각각의 배관에는 가스가 역화되는 것을 효과적으로 차단할 수 있는 역화방지장치를 설치한다.

  참고 **역화방지장치** : 아세틸렌, 수소 그밖에 가연성가스의 제조 및 사용설비에 부착하는 건식 또는 수봉식(아세틸렌만 적용)의 역화방지장치로 상용압력이 0.1 MPa 이하인 것을 말한다.

**59.** 퓨즈콕에는 과류차단안전기구가 부착되어 있어 규정량 이상의 가스가 통과하면 자동으로 가스를 차단한다.

**60.** 초저온용기의 재료는 그 용기의 안전성을 확보하기 위하여 오스테나이트계 스테인리스강 또는 알루미늄합금으로 한다.

---

### 제 4 과목  가스계측

**61.** 오르사트법 가스분석 순서 및 흡수제

| 순서 | 분석가스 | 흡수제 |
|---|---|---|
| 1 | $CO_2$ | KOH 30 % 수용액 |
| 2 | $O_2$ | 알칼리성 피로갈롤 용액 |
| 3 | CO | 암모니아성 염화 제1구리 용액 |

**62.** 가스 크로마토그래피의 특징
  ㉮ 여러 종류의 가스분석이 가능하다.
  ㉯ 선택성이 좋고 고감도로 측정한다.
  ㉰ 미량성분의 분석이 가능하다.
  ㉱ 응답속도가 늦으나 분리 능력이 좋다.
  ㉲ 동일가스의 연속측정이 불가능하다.
  ㉳ 캐리어가스는 검출기에 따라 수소, 헬륨, 아르곤, 질소를 사용한다.

**63.** $N = 16 \times \left(\dfrac{T_r}{W}\right)^2$
  $= 16 \times \left(\dfrac{45}{6}\right)^2 = 900$

**64.** 자동제어계의 구성 요소
  ㉮ 검출부 : 제어대상을 계측기를 사용하여 검출하는 과정이다.
  ㉯ 조절부 : 2차 변환기, 비교기, 조절기 등의 기능 및 지시기록 기구를 구비한 계기이다.
  ㉰ 비교부 : 기준입력과 주피드백량과의 차를 구하는 부분으로서 제어량의 현재값이 목표치와 얼마만큼 차이가 나는가를 판단하는 기구이다.

㉠ 조작부 : 조작량을 제어하여 제어량을 설정치와 같도록 유지하는 기구이다.
㉤ 설정부 : 설정한 목표값을 되먹임 신호와 같은 종류의 신호로 바꾸는 역할을 한다.

### 65. 유량계의 구분
㉮ 용적식 : 오벌기어식, 루트(roots)식, 로터리 피스톤식, 로터리 베인식, 습식가스미터, 막식 가스미터 등
㉯ 간접식 : 차압식, 유속식, 면적식, 전자식, 와류식(델타식) 등
※ 토크 미터(torque meter) : 축의 비틀림 동력을 측정하는 계측기이다.

### 66. 기본단위의 종류

| 기본량 | 길이 | 질량 | 시간 | 전류 | 물질량 | 온도 | 광도 |
|---|---|---|---|---|---|---|---|
| 기본단위 | m | kg | s | A | mol | K | cd |

### 67. $h = \dfrac{V^2}{2g} = \dfrac{6^2}{2 \times 9.8} = 1.836 \text{ m}$

### 68. 터빈식 유량계
유속식 유량계 중 축류식으로 유체가 흐르는 배관 중에 임펠러를 설치하여 유속 변화에 따른 임펠러의 회전수를 이용하여 유량을 측정하는 것으로 임펠러의 축이 유체의 흐르는 방향과 일치되어 있다.

### 69. 플로트식 액면계
부력을 이용한 것으로 액면에 뜨는 물체의 위치를 직접 확인하여 액면을 측정하는 직접식 액면계로 부자식(浮子式) 액면계라 한다.

### 70.
입상배관으로 시공하였을 때 겨울철에 배관 내부의 수분이 응축되어 가스미터로 유입될 수 있고, 응결수가 동결되어 가스미터가 고장을 일으킬 수 있어 입상배관을 금지한다.

### 71. 면적식 유량계의 종류
부자식(플로트식), 로터미터

### 72. 유량 계측 단위
단위 시간당 통과한 유량으로 질량유량과 체적유량으로 구분할 수 있다.
㉮ 질량유량의 단위 : kg/h, kg/min, kg/s, g/h, g/min, g/s 등
㉯ 체적유량의 단위 : $m^3/h$, $m^3/min$, $m^3/s$, L/h, L/min, L/s 등
※ ft(피트 : feet)는 영국 등에서 사용하는 길이의 단위로 약 304.8 mm, 12인치에 해당된다.

### 73. 전자포획 이온화 검출기(ECD : Electron Capture Detector)
방사선 동위원소로부터 방출되는 $\beta$선으로 캐리어가스가 이온화되어 생긴 자유전자를 시료 성분이 포획하면 이온전류가 감소하는 것을 이용한 것이다.
㉮ 캐리어가스는 질소($N_2$), 헬륨(He)을 사용한다.
㉯ 유기할로겐 화합물, 니트로 화합물 및 유기금속 화합물을 선택적으로 검출할 수 있다.
㉰ 할로겐 및 산소 화합물에서의 감도는 최고이며 탄화수소는 감도가 나쁘다.

### 74. 습식 가스미터의 특징
㉮ 계량이 정확하다.
㉯ 사용 중에 오차의 변동이 적다.
㉰ 사용 중에 수위조정 등의 관리가 필요하다.
㉱ 설치면적이 크다.
㉲ 기준용, 실험실용에 사용된다.
㉳ 용량범위는 0.2~3000 $m^3/h$이다.

### 75. 벤투리(Venturi) 유량계의 특징
㉮ 압력차가 적고, 압력손실이 적다.
㉯ 내구성이 좋고, 정밀도가 높다.
㉰ 대형으로 제작비가 비싸다.

㉣ 구조가 복잡하다.
㉤ 좁은 장소에 설치하기 어렵고 교환이 어렵다.

**76.** 서모스탯(thermostat) 검지기 : 가스와 공기의 열전도도가 다른 것을 측정 원리로 한 것으로 전기적으로 자기가열한 서모스탯에 측정하고자 하는 가스를 접촉시키면 기체의 열전도도에 의해서 서모스탯으로부터 단위시간에 잃게 되는 열량은 가스의 종류 및 농도에 따라서 변화한다. 따라서 가열전류를 일정하게 유지하면 가스 중에 방열에 의한 서모스탯의 온도변화는 전기저항의 변화로서 측정할 수 있고 이것을 브릿지회로에 조립하면 전위차가 생기면서 전류가 흘러 가스의 농도를 측정할 수 있다.

**77.** 전자식 유량계 : 패러데이의 전자유도법칙을 이용한 것으로 도전성 액체의 유량을 측정한다.

**78.** 되먹임 제어는 피드백(feedback) 제어를 의미하는 것으로 제어량의 크기와 목표치의 비교를 피드백 신호에 의하여 제어량 값을 목표치에 일치하도록 정정동작을 행하므로 제어와 무관한 외기 온도는 제어 요소와 관계없는 사항이다.

**79.** 열전대 온도계 : 2종류의 금속선을 접속하여 하나의 회로를 만들어 2개의 접점에 온도차를 부여하면 회로에 접점의 온도에 거의 비례한 전류(열기전력)가 흐르는 현상인 제베크효과(Seebeck effect)를 이용한 것으로 열기전력은 전위차계를 이용하여 측정한다.

**80.** 탄성식 압력계의 종류 : 부르동관식, 다이어프램식, 벨로스식, 캡슐식

---

## CBT 모의고사 9

### 정답

| | 1 | 2 | 3 | 4 | 5 | 6 | 7 | 8 | 9 | 10 |
|---|---|---|---|---|---|---|---|---|---|---|
| 연소공학 | ③ | ② | ① | ① | ② | ④ | ③ | ③ | ② | ④ |
| | 11 | 12 | 13 | 14 | 15 | 16 | 17 | 18 | 19 | 20 |
| | ③ | ④ | ③ | ④ | ① | ① | ③ | ② | ② | ④ |
| 가스설비 | 21 | 22 | 23 | 24 | 25 | 26 | 27 | 28 | 29 | 30 |
| | ④ | ① | ① | ① | ④ | ② | ① | ① | ① | ③ |
| | 31 | 32 | 33 | 34 | 35 | 36 | 37 | 38 | 39 | 40 |
| | ④ | ① | ② | ② | ② | ④ | ② | ② | ① | ② |
| 가스안전관리 | 41 | 42 | 43 | 44 | 45 | 46 | 47 | 48 | 49 | 50 |
| | ④ | ④ | ① | ④ | ③ | ① | ③ | ① | ② | ④ |
| | 51 | 52 | 53 | 54 | 55 | 56 | 57 | 58 | 59 | 60 |
| | ③ | ③ | ③ | ① | ② | ② | ② | ② | ① | ① |
| 가스계측 | 61 | 62 | 63 | 64 | 65 | 66 | 67 | 68 | 69 | 70 |
| | ③ | ③ | ② | ② | ④ | ② | ② | ③ | ② | ④ |
| | 71 | 72 | 73 | 74 | 75 | 76 | 77 | 78 | 79 | 80 |
| | ② | ④ | ④ | ② | ③ | ① | ③ | ③ | ③ | ① |

### 제1과목 연소공학

**1.** 중합폭발 물질 : 시안화수소(HCN), 산화에틸렌($C_2H_4O$), 염화비닐($C_2H_3Cl$), 부타디엔($C_4H_6$) 등

**2.** 분해연소 : 충분한 착화에너지를 주어 가열분해에 의해 연소하며 휘발분이 있는 고체연료(종이, 석탄, 목재 등) 또는 증발이 일어나기 어려운 액체연료(중유 등)가 이에 해당된다.

**3.** 펄스(pulse) 연소 및 특징
㉮ 펄스 연소 : 가솔린기관 내의 연소와 같이 흡기, 연소, 팽창, 배기 과정을 반복하며 간헐적인 연소를 일정주기 반복하여 연소시키는 방식

㉯ 펄스 연소의 특징
  ㉠ 연소실로 연소가스 역류로 연소온도 상승이 제한적이다.
  ㉡ 연소기의 형상 및 구조가 간단하고 설비비가 저렴하다.
  ㉢ 저공기비 연소가 가능하고, 공기비 제어장치가 불필요하다.
  ㉣ 효율이 높아 연료가 절약된다.
  ㉤ 연소조절범위가 좁다.
  ㉥ 시동용 팬 설치가 필요하고, 소음이 발생한다.

**4.** 완전연소의 조건(수단)
  ㉮ 적절한 공기 공급과 혼합을 잘 시킬 것
  ㉯ 연소실 온도를 착화온도 이상으로 유지할 것
  ㉰ 연소실을 고온으로 유지할 것
  ㉱ 연소에 충분한 연소실과 시간을 유지할 것

**5.** ㉮ 탄화수소($C_mH_n$)의 완전연소 반응식
$$C_mH_n + \left(m + \frac{n}{4}\right)O_2 \rightarrow m\,CO_2 + \frac{n}{2}H_2O$$
㉯ $C_{10}H_{20}$(등유)의 완전연소 반응식
$$C_{10}H_{20} + 15O_2 \rightarrow 10CO_2 + 10H_2O$$
∴ 산소($O_2$)와 탄산가스($CO_2$)의 몰비는 15 : 10이다.
참고 등유는 탄소수가 C9~C18인 포화, 불포화탄화수소의 혼합물이다.

**6.** ㉮ 성분 중 가연성 성분의 완전연소 반응식
$$H_2 + \frac{1}{2}O_2 \rightarrow H_2O : 10\,\%$$
$$CO + \frac{1}{2}O_2 \rightarrow CO_2 : 15\,\%$$
$$CH_4 + 2O_2 \rightarrow CO_2 + 2H_2O : 25\,\%$$
㉯ 이론공기량 계산 : 가연성분 1 Nm³가 연소할 때 필요한 산소량(Nm³)은 연소반응식에서 산소몰수와 같고, 여기에 각 성분의 체적비를 적용하며, 연료량 10 Nm³를 마지막에 적용한

다. 공기 중 산소의 체적비는 21 %이다.
$$\therefore A_0 = \frac{O_0}{0.21}$$
$$= \frac{\left(\frac{1}{2} \times 0.1\right) + \left(\frac{1}{2} \times 0.15\right) + (2 \times 0.25)}{0.21} \times 10$$
$$= 29.762\,Nm^3$$

**7.** $COP_R = \dfrac{Q_2}{W} = \dfrac{Q_2}{Q_1 - Q_2} = \dfrac{T_2}{T_1 - T_2}$
$$= \frac{273 - 5}{(273 + 35) - (273 - 5)} = 6.7$$

**8.** 폭굉의 화염전파속도 : 1000~3500 m/s

**9.** BLEVE(Boiling Liquid Expanding Vapor Explosion) : 비등 액체 팽창 증기 폭발
참고 제시된 예제의 각 단어 의미
  ① Boiling : 비등, 끓어오르는
  ② Leak : 유출, 누출, 누설되다.
  ③ Expanding : 확장하다, 팽창하다.
  ④ Vapor : 증기

**10.** 내부에너지 변화($U_2$)는 물질의 내부에너지($U_1$)와 물질에 전달해준 열($q$) 및 일($W$) 합한 것이다.
$$\therefore U_2 = U_1 + q + W = 168 + 20 = 188\,kJ$$

**11.** 표준상태(0℃, 1기압)에서 프로판($C_3H_8$) 44 kg의 체적은 22.4 m³이다.
44 kg : 22.4 m³ = 5 kg : $x$[m³]
$$\therefore x = \frac{5 \times 22.4}{44} = 2.545\,m^3$$
별해 SI단위 이상기체 상태방정식 $PV = GRT$를 이용하여 계산 : 1기압은 101.325 kPa이고, 프로판의 분자량($M$)은 44이다.
$$\therefore V = \frac{GRT}{P} = \frac{5 \times \dfrac{8.314}{44} \times (273 + 0)}{101.325}$$
$$= 2.545\,m^3$$

※ 이상기체 상태방정식을 적용하여 풀이하는 방법은 온도와 압력이 표준상태가 아닌 경우에 적용할 수 있다.

**12.** $P = P_A + P_B$

$= \left(\dfrac{9000}{760} \times \dfrac{5}{5+1}\right) + \left(\dfrac{2400}{760} \times \dfrac{1}{5+1}\right)$

$= 10.39 \, \text{atm}$

**13.** 가연물의 구비조건

㉮ 발열량이 크고, 열전도율이 작을 것
㉯ 산소와 친화력이 좋고 표면적이 넓을 것
㉰ 활성화 에너지가 작을 것
㉱ 건조도가 높을 것(수분 함량이 적을 것)

**14.** 도시가스의 분류

㉮ 연소속도
  ㉠ A : 늦음
  ㉡ B : 중간
  ㉢ C : 빠름
㉯ 웨버지수
  ㉠ 4A, 5AN, 5A, 6A, 11A, 12A, 13A
  ㉡ 4B, 5B, 6B
  ㉢ 4C, 5C, 6C, 7C
※ 4, 13 등의 숫자는 웨버지수 4000, 13000을 의미한다.

**15.** 위험장소의 등급 분류

㉮ 1종 장소 : 상용상태에서 가연성 가스가 체류하여 위험하게 될 우려가 있는 장소, 정비보수 또는 누출 등으로 인하여 종종 가연성 가스가 체류하여 위험하게 될 우려가 있는 장소
㉯ 2종 장소
  ㉠ 밀폐된 용기 또는 설비 내에 밀봉된 가연성 가스가 그 용기 또는 설비의 사고로 인해 파손되거나 오조작의 경우에만 누출할 우려가 있는 장소
  ㉡ 확실한 기계적 환기조치에 의하여 가연성 가스가 체류하지 않도록 되어 있으나 환기장치에 이상이나 사고가 발생한 경우에는 가연성 가스가 체류하여 위험하게 될 우려가 있는 장소
  ㉢ 1종 장소의 주변 또는 인접한 실내에서 위험한 농도의 가연성 가스가 종종 침입할 우려가 있는 장소
㉰ 0종 장소 : 상용의 상태에서 가연성 가스의 농도가 연속해서 폭발하는 한계 이상으로 되는 장소(폭발한계를 넘는 경우에는 폭발한계 내로 들어갈 우려가 있는 경우를 포함)

**16.** 공급되는 공기유속이 낮을수록, 공기온도가 높을 때 화염의 높이는 커진다.

**17.** ㉮ 프로판($C_3H_8$), 부탄($C_4H_{10}$)의 완전연소 반응식

$C_3H_8 + 5O_2 \rightarrow 3CO_2 + 4H_2O$

$C_4H_{10} + 6.5O_2 \rightarrow 4CO_2 + 5H_2O$

㉯ 혼합가스의 폭발범위 하한값(LFL) 계산

$\therefore L = \dfrac{100}{\dfrac{V_1}{L_1} + \dfrac{V_2}{L_2}} = \dfrac{100}{\dfrac{50}{2.2} + \dfrac{50}{1.8}} = 1.98 \, \text{v\%}$

㉰ 최소산소농도계산 : 완전연소반응식에서 필요한 산소몰수는 체적비율 만큼 필요하다.

$\therefore \text{MOC} = \text{LFL} \times \dfrac{\text{산소몰수}}{\text{연료몰수}}$

$= 1.98 \times \dfrac{(5 \times 0.5) + (6.5 \times 0.5)}{(1 \times 0.5) + (1 \times 0.5)}$

$= 11.385 \, \%$

**18.** ㉮ 최소 점화에너지(MIE) : 가연성 혼합가스에 전기적 스파크로 점화시킬 때 점화하기 위한 최소한의 전기적 에너지를 말한다.
㉯ 가연성 물질 및 공기(혼합기)의 온도가 상승하면 최소 점화에너지는 작아진다.
㉰ 최소 점화에너지는 유속과는 무관하다.

**19.** 보일의 법칙 : 일정온도 하에서 일정량의 기체가 차지하는 부피는 압력에 반비례한다.
$P_1 \cdot V_1 = P_2 \cdot V_2$

**20.** 화재의 종류(분류)
- ㉮ A급 : 목재, 종이와 같은 일반 가연물의 화재
- ㉯ B급 : 석유류, 가스와 같은 인화성 물질의 화재
- ㉰ C급 : 전기 화재
- ㉱ D급 : 금속 화재

## 제 2 과목   가스설비

**21.** 유량특성 : 메인밸브의 열림과 유량과의 관계를 말한다.
- ㉮ 직선형 : 메인밸브의 개구부 모양이 장방향의 슬릿(slit)으로 되어 있으며 열림으로부터 유량을 파악하는데 편리하다.
- ㉯ 2차형 : 개구부의 모양이 삼각형(V자형)의 메인밸브로 되어 있으며 천천히 유량을 증가하는 형식으로 안정적이다.
- ㉰ 평방근형 : 접시형의 메인밸브로 신속하게 열(開) 필요가 있을 경우에 사용하며 다른 것에 비하여 안정성이 좋지 않다.

**22.** 가장 가벼운 수소가스는 폭발위험성이 있어 부양용 기구에 사용이 부적합하여 수소 다음으로 가볍고, 불활성가스에 해당되는 헬륨을 사용한다.

**23.** 윤활유 온도 상승 원인
- ㉮ 오일 펌프의 불량
- ㉯ 오일 쿨러의 불량
- ㉰ 습동부의 발열 과대
- ㉱ 기온, 수온의 상승

**24.** 공기 대신 산소와 혼합되면 폭발범위 상한계가 올라가는 현상이 발생한다.

참고 공기 및 산소 중의 폭발범위 비교

| 가스 종류 | 공기 중 | 산소 중 |
|---|---|---|
| 수소 | 4~75% | 4~94% |
| 아세틸렌 | 2.5~81% | 2.5~93% |
| 암모니아 | 15~28% | 15~79% |
| 일산화탄소 | 12.5~74% | 15.5~94% |

**25.** 도시가스 원료로 사용하는 천연가스(NG), LPG, 나프타 등은 냄새가 없어 누설 시 조기에 발견하기 어렵기 때문에 냄새가 나는 물질인 부취제를 첨가하여 누설을 조기에 발견하여 조치할 수 있도록 한다.

**26.** 포스겐($COCl_2$)의 특징
- ㉮ 분자량이 99로 공기보다 무겁다.
- ㉯ 자극적인 냄새(푸른 풀 냄새)가 난다.
- ㉰ TLV-TWA 0.1 ppm으로 맹독성가스이다.
- ㉱ 사염화탄소($COCl_4$)에 잘 녹는다.
- ㉲ 활성탄을 촉매로 일산화탄소와 염소를 반응시켜 제조한다.
- ㉳ 가열하면 일산화탄소와 염소로 분해된다.
- ㉴ 가수분해하여 이산화탄소와 염산이 생성된다.
- ㉵ 건조한 상태에서는 금속에 대하여 부식성이 없으나 수분이 존재하면 금속을 부식시킨다.
- ㉶ 건조제로 진한황산을 사용한다.

**27.** 암모니아 제조법
- ㉮ 하버-보쉬법(Harber-Bosch process) : 수소와 질소를 체적비 3 : 1로 반응시켜 암모니아를 공업적으로 제조하는 방법이다.
  - 반응식 : $3H_2 + N_2 \rightarrow 2NH_3$
- ㉯ 암모니아 합성공정의 종류
  - ㉠ 고압합성법 : 클라우드법, 캬자레법

ⓛ 중압합성법 : IG법, 뉴파우더법, 뉴데법, 동공시법, JCI법, 케미크법
ⓒ 저압합성법 : 구데법, 켈로그법

**28.** 펌프에서 발생하는 이상 현상
㉮ 캐비테이션(공동)현상
㉯ 수격(water hammering)작용
㉰ 서징(surging)현상
㉱ 베이퍼로크(vapor-lock) 현상

**29.** ㉮ 밀도($kg/m^3$)는 단위 체적당 질량이다.
㉯ 가스(기체)의 경우 압력을 가하면 질량은 일정하고, 체적이 감소된다. 그러므로 밀도는 커진다.

**30.** 전위 측정용 터미널 설치간격
㉮ 희생양극법, 배류법 : 300 m 이내
㉯ 외부전원법 : 500 m 이내

**31.** 정압기의 기본 구성요소
㉮ 다이어프램 : 2차 압력을 감지하고 2차 압력의 변동사항을 메인밸브에 전달하는 역할을 한다.
㉯ 스프링 : 조정할 2차 압력을 설정하는 역할을 한다.
㉰ 메인밸브(조정밸브) : 가스의 유량을 메인밸브의 개도에 따라서 직접 조정하는 역할을 한다.

**32.** 구리 및 구리합금을 사용 시 문제점
㉮ 아세틸렌 : 아세틸드가 생성되어 화합폭발의 원인
㉯ 암모니아 : 부식 발생
㉰ 황화수소 : 수분 존재 시 부식 발생

**33.** 진탕형 오토클레이브 : 횡형 오토클레이브 전체가 수평, 전후 운동을 하여 내용물을 혼합하는 것으로 이 형식을 일반적으로 사용한다.

**34.** 린데식 액화장치 : 단열팽창(줄-톰슨효과)을 이용한 것으로 열교환기, 팽창밸브, 액화기 등으로 구성된다.
※ 팽창기는 클라우드식 액화장치에 필요한 기기이다.

**35.** 용접결함의 종류 : 용입불량, 언더컷, 오버랩, 슬래그 섞임, 기공, 스패터, 피트

**36.** 글로브 밸브(glove valve)의 특징
㉮ 유체의 흐름에 따라 마찰손실(저항)이 크다.
㉯ 주로 유량 조절용으로 사용된다.
㉰ 유체의 흐름 방향과 평행하게 밸브가 개폐된다.
㉱ 밸브의 디스크 모양은 평면형, 반구형, 원뿔형 등의 형상이 있다.
㉲ 슬루스밸브에 비하여 가볍고 가격이 저렴하다.
㉳ 고압의 대구경 밸브에는 부적당하다.

참고 배관용 밸브의 특징
㉮ 글로브 밸브(스톱밸브) : 유량조절용으로 사용, 압력손실이 크다.
㉯ 슬루스 밸브(게이트 밸브) : 유로 개폐용으로 사용, 압력손실이 적다.
㉰ 버터플라이 밸브 : 액체 배관의 유로 개폐용으로 사용, 고압배관에는 부적당하다.

**37.** ㉮ 펌프 단수($Z$)는 언급이 없으므로 생략한다.
㉯ 비속도 계산

$$\therefore N_s = \frac{N \times \sqrt{Q}}{\left(\frac{H}{Z}\right)^{\frac{3}{4}}} = \frac{700 \times \sqrt{15}}{10^{\frac{3}{4}}}$$

$= 482.107 \, rpm \cdot m^3/min \cdot m$

**38.** 냉동능력
㉮ 1 한국 냉동톤 : 0℃ 물 1톤(1000 kg)을 0℃ 얼음으로 만드는데 1일 동안 제거하여야 할 열량으로 3320 kcal/h에 해당된다.

※ 1 RT를 열량(kcal/h)으로 환산 : 물의 응고 잠열은 79.68 kcal/kg이다.

∴ $Q = 1000(kg/일) \times 79.68(kcal/kg)$
$\times \dfrac{1}{24}(일/h) = 3320(kcal/h)$

㈏ 1 미국 냉동톤 : 32°F 물 2000 lb를 32°F 얼음으로 만드는데 1일 동안 제거하여야 할 열량으로 3024 kcal/h에 해당된다.

**39.** **전자유도탐사법** : 송신기로부터 매설관이나 케이블에 교류 전류를 흐르게 하여 그 주변에 교류 자장을 발생시켜 지표면에서 발생된 교류 자장을 수신기의 측정코일의 감도 방향성을 이용하여 평면위치를 측정하고 지표면으로부터 전위경도에 대해 심도를 탐사하는 방법으로 주로 매설된 가스배관을 탐사하는 기법으로 사용되고 있다.

**40.** **불소($F_2$)가스의 특징**

㈎ 조연성, 독성가스(TLV-TWA 0.1 ppm, LC50 185 ppm · 1 h · Rat)이다.

㈏ 연한 황색의 기체이며 심한 자극성이 있다.

㈐ 형석($CaF_2$), 빙정석($Na_3AlF_6$) 등으로 자연계에 존재한다.

㈑ 화합력이 매우 강하여 모든 원소와 결합한다. (가장 강한 산화제이다.)

㈒ 물과 반응하여 불화수소(HF)가 생성된다.
$2F_2 + 2H_2O \rightarrow 4HF + O_2$

㈓ 수소와는 차고 어두운 곳에서도 활발하게 발화하고, 폭발적으로 반응한다.

㈔ 황(S)이나 인(P)과는 액체 공기의 저온에서도 심하게 반응한다.

㈕ 고체 불소와 액체 수소와는 −252℃의 저온에서도 반응한다.

## 제 3 과목 가스안전관리

**41.** 용기에 의한 액화석유가스 사용시설 기준(KGS FU431)의 계량기 설치 기준을 적용받는 가스계량기 용량은 30 $m^3$/h 미만이다.

**42.** 초저온 용기의 용접부 충격시험

㈎ 충격시험 방법

㉠ 두께가 3 mm 이상으로서 스테인리스강으로 제조한 용기에 대하여 실시한다.

㉡ 충격시험은 KS B 0810(금속재료 충격시험방법)에 따라 실시한다.

㉢ 시험편은 액화질소 등 −150℃ 이하의 초저온 액화가스에 집어넣어 시험편의 온도가 −150℃ 이하로 될 때까지 냉각한다.

㉣ 냉각이 완료되면 시험편을 충격시험기에 부착하고 시험편의 파괴는 초저온 액화가스에서 꺼내어 6초 이내에 실시한다.

㈏ 판정기준 : 충격시험은 3개의 시험편의 온도를 −150℃ 이하로 하여 그 충격치의 최저가 20 J/$cm^2$ 이상이고 평균 30 J/$cm^2$ 이상인 경우를 적합한 것으로 한다.

**43.** 가스도매사업의 경우 밸브기지 안의 배관은 제외한다.

**44.** **내진등급 분류** : KGS GC203

㈎ 내진등급은 내진 특 A등급, 내진 특등급, 내진 I 등급, 내진 II 등급으로 분류한다.

㈏ 중요도 등급은 특등급, 1등급, 2등급으로 분류한다.

㈐ 영향도 등급은 A등급, B등급으로 구분한다.

㈑ 중요도 등급 및 영향도 등급에 따른 내진 등급 분류

| 중요도 등급 | 영향도 등급 | 관리등급 | 내진등급 |
|---|---|---|---|
| 특 | A | 핵심시설 | 내진 특A |
| | B | - | 내진 특 |
| 1 | A | 중요시설 | |
| | B | - | 내진 I |
| 2 | A | 일반시설 | |
| | B | - | 내진 II |

**45.** 용기 제조방법에 따른 C, P, S 함유량

| 구분 | 탄소(C) | 인(P) | 황(S) |
|---|---|---|---|
| 용접용기 | 0.33 % 이하 | 0.04 % 이하 | 0.05 % 이하 |
| 이음매 없는 용기 | 0.55 % 이하 | 0.04 % 이하 | 0.05 % 이하 |

**46.** 내진설계 대상

㉮ 저장탱크 및 압력용기

| 구분 | 비가연성, 비독성 | 가연성, 독성 | 탑류 |
|---|---|---|---|
| 압축 가스 | 1000 m³ 이상 | 500 m³ 이상 | 동체부 높이 5 m 이상 |
| 액화 가스 | 10000 kg 이상 | 5000 kg 이상 | |

㉯ 세로방향으로 설치한 동체의 길이가 5 m 이상인 원통형 응축기 및 내용적 5000 L 이상인 수액기, 지지구조물 및 기초와 연결부

㉰ ㉮호 중 저장탱크를 지하에 매설한 경우에 대하여는 내진설계를 한 것으로 본다.

**47.** 각 항목의 옳은 내용

① 의료용 산소 용기의 문자 색상은 녹색이다.(용기 도색이 백색이므로 백색 문자로 표시할 수 없다)

② 가연성가스(액화석유가스용은 제외) 및 독성가스는 각각 다음과 같이 표시한다.

가연성가스    독성가스

④ 선박용 액화석유가스 용기는 용기 상단부에 2 cm 크기의 백색 띠를 두줄로 표시하며, 백색 띠의 하단과 가스 명칭 사이에 "선박용"이라고 표시한다.

**48.** $P = \dfrac{0.01\,W_h}{D \times b} \times C = \dfrac{0.01 \times 100000}{400 \times 10} \times 4$

$= 1$ MPa

[참고] 접촉압력 계산식의 각 기호의 의미와 단위

㉮ 계산식 : $P = \dfrac{0.01\,W_h}{D \times b} \times C$

㉯ 각 기호의 의미와 단위

$P$ : 접촉압력(MPa)

$W_h$ : 폭발방지제의 중량+지지봉의 중량+후프링의 자중(N)

$D$ : 동체의 안지름(cm)

$b$ : 후프링의 접촉폭(cm)

$C$ : 안전율로서 4로 한다.

※ 접촉압력 계산식은 단위 정리가 이루어지지 않는 공식에 해당되지만, 공식 중의 분자 '0.01' 수치가 단위 정리가 될 수 있도록 상수값과 같이 적용한 것입니다.

**49.** 가스 종류별 용기 도색

| 가스 종류 | 용기 도색 | |
|---|---|---|
| | 공업용 | 의료용 |
| 산소($O_2$) | 녹색 | 백색 |
| 수소($H_2$) | 주황색 | - |
| 액화탄산가스($CO_2$) | 청색 | 회색 |
| 액화석유가스 | 밝은 회색 | - |
| 아세틸렌($C_2H_2$) | 황색 | - |
| 암모니아($NH_3$) | 백색 | - |
| 액화염소($Cl_2$) | 갈색 | - |
| 질소($N_2$) | 회색 | 흑색 |
| 아산화질소($N_2O$) | 회색 | 청색 |
| 헬륨(He) | 회색 | 갈색 |
| 에틸렌($C_2H_4$) | 회색 | 자색 |
| 사이클로 프로판 | 회색 | 주황색 |
| 기타의 가스 | 회색 | - |

**50.** 스커트는 액화석유가스 용기와 같이 용기가 넘어지지 않도록 용기 아랫부분에 부착되는 부분을 지칭하는 명칭이다.

**51.** 체류방지 조치 : 가연성가스 또는 독성가스를 냉매로 사용하는 냉매설비에는 냉매가스가 누출될 경우 그 냉매가스가 체류하지 아니하도록 다음 조치를 강구한다.
  ㉮ 냉동능력 1톤당 0.05 $m^2$ 이상의 면적을 갖는 환기구를 직접 외기에 닿도록 설치한다.
  ㉯ 해당 냉동설비의 냉동능력에 대응하는 환기구의 면적을 확보하지 못하는 때에는 그 부족한 환기구 면적에 대하여 냉동능력 1톤당 2 $m^3$/분 이상의 환기능력을 갖는 강제환기장치를 설치한다.

**52.** 특정고압가스의 종류
  ㉮ 법에서 정한 것(고법 제20조) : 수소, 산소, 액화암모니아, 아세틸렌, 액화염소, 천연가스, 압축모노실란, 압축디보란, 액화알진, 그밖에 대통령령이 정하는 고압가스
  ㉯ 대통령령이 정한 것(고법 시행령 16조) : 포스핀, 셀렌화수소, 게르만, 디실란, 오불화비소, 오불화인, 삼불화인, 삼불화질소, 삼불화붕소, 사불화유황, 사불화규소
  [참고] 특수고압가스의 종류
  ㉮ 특수고압가스(고법 시행규칙 제2조) : 압축모노실란, 압축디보란, 액화알진, 포스핀, 셀렌화수소, 게르만, 디실란 그밖에 반도체의 세정 등 산업통상자원부 장관이 인정하는 특수한 용도에 사용하는 고압가스
  ㉯ 특수고압가스(KGS FU212 특수고압가스 사용의 시설·기술·검사 기준) : 특정고압가스사용시설 중 압축모노실란, 압축디보레인, 액화알진, 포스핀, 셀렌화수소, 게르만, 디실란, 오불화비소, 오불화인, 삼불화인, 삼불화질소, 삼불화붕소, 사불화유황, 사불화규소를 말한다.

**53.** 정전기 제거설비 검사항목
  ㉮ 지상에서 접지 저항치
  ㉯ 지상에서의 접속부의 접속 상태
  ㉰ 지상에서의 절선 그밖에 손상부분의 유무

**54.** 합격 용기 등에 대한 각인 또는 표시 : 고법 시행규칙 별표 25
  ㉮ 납붙임 또는 접합용기에는 그 제조공정 중에 15 mm×15 mm 크기의 "KC"자의 표시를 한다.
  ㉯ 검사에 합격한 냉동기에 대하여는 6 mm×10 mm 크기의 "KC"자의 각인을 한다.
  ㉰ 저장탱크, 차량에 고정된 탱크, 기화장치 및 압력용기에는 "KC"자의 각인을 한다.
  [참고] ㉮ "KC"자 및 "R"자의 각인 모양

  ㉯ 법령 및 규정에는 "KC"자로 표현되고 있지 않고 있으며, 이해하기 쉽도록 편의상 표현한 것입니다.

**55.** 액화석유가스 충전압력 : 액법 시행규칙 별표 4
  ㉮ 접합 또는 납붙임용기와 이동식 부탄연소기용 용접용기
    ㉠ 가스의 압력 : 40℃에서 0.52 MPa 이하
    ㉡ 가스의 성분 : 프로판+프로필렌은 10 mol% 이하, 부탄+부틸렌은 90 mol% 이상
  ㉯ 이동식 프로판연소기용 용접용기
    ㉠ 가스의 압력 : 40℃에서 1.53 MPa 이하
    ㉡ 가스의 성분 : 프로판+프로필렌 90 mol% 이상

**56.** 다공도 기준 : KGS AC214
  ㉮ 용해제 및 다공물질을 고루 채워 다공도는 75 % 이상 92 % 미만으로 한다.
  ㉯ 다공질물의 다공도는 다공질물을 용기에 충전한 상태로 20℃에서 아세톤, 디메틸포름아미드 또는 물의 흡수량으로 측정한다.

㉓ 아세틸렌을 충전하는 용기는 밸브 바로 밑의 취입·취출 부분을 제외하고 다공질물을 빈틈없이 채운다. 다만, 다공질물이 고형일 경우에는 아세톤 또는 디메틸포름아미드를 충전한 다음 용기벽을 따라 용기 직경의 1/200 또는 3 mm를 초과하지 않는 틈이 있는 것은 무방하다.
㉔ 다공질물은 아세톤, 디메틸포름아미드 또는 아세틸렌으로 인해 침식되는 성분이 포함되지 않도록 한다.
㉕ 다공질물에 침윤시키는 아세톤의 품질은 KS M 1665(산업용 아세톤)에 따른 종류 1호 또는 이와 같은 수준 이상의 품질의 것으로 한다.
㉖ 다공질물에 침윤시키는 디메틸포름아미드의 품질은 품위 1급 또는 이와 같은 수준 이상의 품질의 것으로 한다.
※ '다공질물'과 '다공물질'은 같은 의미로 혼용하여 사용되는 용어이다.

**57.** 정압기실 주위에는 높이 1.5 m 이상의 경계책을 설치한다.

**58.** 수취기 : 가스 중의 포화수분이나 이음매가 불량한 곳, 가스배관의 부식구멍 등으로부터 지하수가 침입 또는 공사 중에 물이 침입하는 경우 가스 공급에 장애를 초래하므로 관로의 저부(低部)에 설치하여 수분을 제거하는 기기이다.
[참고] **도시가스 매설배관 수취기 설치 기준**
㉮ 물이 체류할 우려가 있는 배관에는 수취기를 콘크리트 등의 박스에 설치한다. 다만, 수취기의 기초와 주위를 튼튼히 하여 수취기에 연결된 수취배관의 안전확보를 위한 보호박스를 설치한 경우에는 콘크리트 등의 박스에 설치하지 아니할 수 있다.
㉯ 수취기의 입관에는 플러그나 캡(중압 이상의 경우에는 밸브)을 설치한다.

**59.** 경보를 발신한 후에는 원칙적으로 분위기 중 가스농도가 변화하여도 계속 경보를 울리고, 그 확인 또는 대책을 강구함에 따라 경보가 정지되는 것으로 한다.

**60.** 용기 및 저장탱크 등에 적정 압력이 유지되는 것은 지극히 정상적인 상태이므로 분출이나 누출과는 관계없는 사항이다.

## 제 4 과목    가스계측

**61.** $E = \dfrac{I-Q}{I} \times 100 = \dfrac{50-52}{50} \times 100$
$= -4.0\,\%$
※ 제시되는 시험용 및 기준용 계측기기의 단위와는 관계없이 주어진 값으로 계산하길 바랍니다.

**62.** 액체 압력식 온도계의 액체의 구비조건
㉮ 점성이 작을 것
㉯ 열팽창계수가 작을 것
㉰ 온에 따른 밀도 변화가 작을 것
㉱ 모세관 현상 및 표면장력이 작을 것
㉲ 휘발성이 작을 것
㉳ 화학적으로 안정할 것
[참고] **압력식 온도계의 종류 및 사용물질**
㉮ 액체 압력(팽창)식 온도계 : 수은, 알코올, 아닐린
㉯ 기체 압력식 온도계 : 질소, 헬륨
㉰ 증기 압력식 온도계 : 프레온, 에틸에테르, 염화메틸, 염화에틸, 톨루엔, 아닐린

**63.** 막식가스미터의 고장 종류
㉮ 부동(不動) : 가스는 계량기를 통과하나 지침이 작동하지 않는 고장

㉯ 불통(不通) : 가스가 계량기를 통과하지 못하는 고장

㉰ 기차(오차) 불량 : 사용공차를 초과하는 고장

㉱ 감도 불량 : 감도 유량을 통과시켰을 때 지침의 시도(示度) 변화가 나타나지 않는 고장

**64.** 차압식 유량계에서 유량은 차압의 평방근에 비례한다.

∴ $Q_2 = \sqrt{\dfrac{\Delta P_2}{\Delta P_1}} \times Q_1 = \sqrt{\dfrac{2}{1}} \times Q_1 = \sqrt{2}\, Q_1$

∴ 압력차가 2배로 변하면 유량은 $\sqrt{2}$ 배로 변화한다.(압력차가 4배로 변하면 유량은 2배로 변화한다.)

**65.** ㉮ 공기혼합물의 분자량 계산 : 산소($O_2$)의 분자량 32, 질소($N_2$)의 분자량 28이다.
∴ $M = (32 \times 0.21) + (28 \times 0.79) = 28.84$

㉯ 밀도 계산 : SI단위 이상기체 상태방정식 $PV = GRT$를 이용하여 25℃, 1 atm 상태의 공기 밀도(kg/m³)를 구하며, 1 atm은 101.325 kPa을 적용한다.

∴ $\rho = \dfrac{G}{V} = \dfrac{P}{RT} = \dfrac{101.325}{\dfrac{8.314}{28.84} \times (273+25)}$

$= 1.179\ \text{kg/m}^3$

**66.** L/rev : 계량실의 1주기 체적으로 단위는 L이다.

**67.** 석유제품의 °API 비중의 기준온도는 60°F이다.

**68.** 계측기기의 구비조건

㉮ 경년 변화가 적고, 내구성이 있을 것
㉯ 견고하고 신뢰성이 있을 것
㉰ 정도가 높고 경제적일 것
㉱ 구조가 간단하고 취급, 보수가 쉬울 것

㉲ 원격 지시 및 기록이 가능할 것
㉳ 연속측정이 가능할 것

**69.** ㉮ 시료 50 mL를 $CO_2$ 흡수액이 들어있는 피펫을 통과한 후 남은 부피가 40 mL이므로 흡수된 양은 10 mL이다.

㉯ 남은 시료 40 mL를 $O_2$ 피펫을 통과한 후 남은 부피가 20 mL이므로 흡수된 양은 20 mL이다.

㉰ 남은 시료 20 mL를 CO 피펫을 통과한 후 남은 부피가 17 mL이므로 흡수된 양은 3 mL이다.

㉱ 질소($N_2$) 조성 계산

∴ $N_2 = \dfrac{\text{시료 가스량} - \text{체적감량(흡수된 양)}}{\text{시료 가스량}} \times 100$

$= \dfrac{50 - (10 + 20 + 3)}{50} \times 100 = 34\ \%$

[별해] 시료 50 mL를 3가지 흡수 피펫을 통과시킨 후 최종적으로 남은 시료는 17 mL이고, 이것이 질소에 해당된다.

∴ $N_2 = \dfrac{\text{최종적으로 남은 시료 가스량}}{\text{시료 가스량}} \times 100$

$= \dfrac{17}{50} \times 100 = 34\ \%$

**70.** ㉮ 1 atm = 760 mmHg = 101.325 kPa
= 0.101325 MPa이다.

㉯ 절대압력 계산 : 1 MPa은 1000 kPa이다.
∴ 절대압력 = 대기압 + 게이지압력

$= \left(\dfrac{750}{760} \times 101.325\right) + (1.2 \times 10^3)$

$= 1299.991\ \text{kPa}$

**71.** 유량계의 구분

㉮ 용적식 : 오벌기어식, 루트(roots)식, 로터리 피스톤식, 로터리 베인식, 습식가스미터, 막식 가스미터 등

㉯ 간접식 : 차압식, 유속식, 면적식, 전자식, 와류식 등

## 72. 침종식 압력계의 특징

㉮ 액체 중의 침종의 상하 이동으로 압력을 측정하는 것으로 아르키메데스의 원리를 이용한 것이다.
㉯ 진동이나 충격의 영향이 비교적 적다.
㉰ 미소 차압의 측정이 가능하다.
㉱ 압력이 낮은 기체 압력을 측정하는데 사용된다.
㉲ 측정범위는 단종식이 100 mmH$_2$O, 복종식이 5~30 mmH$_2$O이다.

## 73. 열전대 온도계의 특징

㉮ 고온 및 원격 측정이 가능하다.
㉯ 냉접점이나 보상도선으로 인한 오차가 발생되기 쉽다.
㉰ 전원이 필요하지 않으며 원격지시 및 기록이 용이하다.
㉱ 온도계 사용한계에 주의하고, 영점보정을 하여야 한다.
㉲ 온도에 대한 열기전력이 크며 내구성이 좋다.
㉳ 장기간 사용하면 재질이 변화한다.
㉴ 측정범위와 사용 분위기 등을 고려하여야 한다.

## 74.
㉮ 제어편차 : 제어계에서 목표값의 변화나 외란의 영향으로 목표값과 제어량의 차이에서 생긴 편차이다.
㉯ 제어편차 계산
∴ 제어편차 = 목표치 − 제어량
= 50 − 53
= −3 L/min

## 75. 부르동관 압력계에 연결되는 관에 사이펀관을 설치하고, 사이펀관에 물을 넣어 증기가 직접 부르동관에 들어가지 않도록 조치한다.

참고 압력계에 설치되는 사이펀관

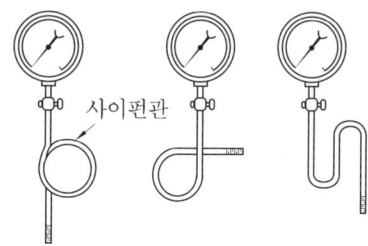

## 76. 광고온계 : 측정대상 물체에서 방사되는 빛과 표준전구에서 나오는 필라멘트의 휘도를 같게 하여 표준전구의 전류 또는 저항을 측정하여 온도를 측정하는 것으로 비접촉식 온도계이다.

## 77. 계량기 종류별 기호 : 계량법 시행규칙 별표1

| 종류 | 기호 | 종류 | 기호 |
|---|---|---|---|
| 수동저울 | A | 온수미터 | J |
| 지시저울 | B | 주유기 | K |
| 전자식저울 | C | LPG미터 | L |
| 분동 | D | 오일미터 | M |
| 전력량계 | G | 눈새김탱크 | N |
| 가스미터 | H | 적산열량계 | Q |
| 수도미터 | I | 요소수미터 | T |

## 78. 가스누출 경보기의 검지방법 : 반도체식, 접촉연소식, 기체 열전도도식

## 79. 건습구 습도계 특징

㉮ 2개의 수은 온도계를 사용하여 습도, 온도를 측정한다.
㉯ 휴대용으로 사용되는 통풍형 건습구 습도계와 자연 통풍에 의한 간이 건습구 습도계가 있다.
㉰ 구조가 간단하고 취급이 쉽다.

㉰ 가격이 저렴하고, 휴대하기 편리하다.
㉱ 헝겊이 감긴 방향, 바람에 따라 오차가 발생한다.
㉲ 물이 항상 있어야 하며, 상대습도를 바로 나타내지 않는다.
㉳ 정확한 습도를 측정하기 위하여 3~5 m/s 정도의 통풍(바람)이 필요하다.

**80.** 가스미터의 구비조건
  ㉮ 구조가 간단하고, 수리가 용이할 것
  ㉯ 감도가 예민하고 압력손실이 적을 것
  ㉰ 소형이며 계량용량이 클 것
  ㉱ 기차의 변동이 작고, 조정이 용이할 것
  ㉲ 내구성이 클 것

## CBT 모의고사 10

### 정답

| | 1 | 2 | 3 | 4 | 5 | 6 | 7 | 8 | 9 | 10 |
|---|---|---|---|---|---|---|---|---|---|---|
| 연소공학 | ④ | ④ | ② | ③ | ③ | ② | ① | ③ | ① | ① |
| | 11 | 12 | 13 | 14 | 15 | 16 | 17 | 18 | 19 | 20 |
| | ① | ① | ③ | ③ | ④ | ② | ① | ① | ④ | ③ |
| | 21 | 22 | 23 | 24 | 25 | 26 | 27 | 28 | 29 | 30 |
| 가스설비 | ③ | ④ | ② | ④ | ③ | ③ | ① | ② | ① | ④ |
| | 31 | 32 | 33 | 34 | 35 | 36 | 37 | 38 | 39 | 40 |
| | ① | ③ | ② | ② | ② | ② | ④ | ① | ④ | ② |
| | 41 | 42 | 43 | 44 | 45 | 46 | 47 | 48 | 49 | 50 |
| 가스안전관리 | ① | ④ | ② | ② | ④ | ② | ② | ③ | ① | ③ |
| | 51 | 52 | 53 | 54 | 55 | 56 | 57 | 58 | 59 | 60 |
| | ② | ② | ③ | ② | ④ | ② | ③ | ④ | ② | ④ |
| | 61 | 62 | 63 | 64 | 65 | 66 | 67 | 68 | 69 | 70 |
| 가스계측 | ③ | ② | ③ | ② | ④ | ④ | ④ | ④ | ② | ② |
| | 71 | 72 | 73 | 74 | 75 | 76 | 77 | 78 | 79 | 80 |
| | ③ | ① | ④ | ① | ③ | ③ | ② | ① | ③ | ④ |

## 제1과목 연소공학

**1.** 폭발범위에 영향을 주는 요소
  ㉮ 온도 : 온도가 높아지면 폭발범위는 넓어진다.
  ㉯ 압력 : 압력이 상승하면 일반적으로 폭발범위는 넓어진다.
  ㉰ 산소 농도 : 산소 농도가 증가하면 폭발범위는 넓어진다.
  ㉱ 불연성 가스 : 불연성 가스가 혼합되면 산소농도를 낮추며 이로 인해 폭발범위는 좁아진다.

**2.** ㉮ 혼합가스 각 성분의 몰(mol)수 계산 :
  $n = \dfrac{W}{M}$ 이고, 분자량($M$)은 수소($H_2$) 2, 질소($N_2$) 28, 암모니아($NH_3$) 17이다.
  ㉯ 혼합가스 부피 계산 : 절대단위 이상기체 상태방정식 $PV = nRT$ 에서 부피 $V$를 구한다.
  ∴ $V = \dfrac{nRT}{P}$
  $= \dfrac{\left(\dfrac{0.15}{2} + \dfrac{0.90}{28} + \dfrac{0.68}{17}\right) \times 0.082 \times (273 + 30)}{1}$
  $= 3.6559 \text{ L}$

**3.** 기체상수 $R = 0.08206$ L·atm/mol·K
  $= 82.06 \text{ cm}^3 \cdot \text{atm/mol} \cdot \text{K}$
  $= 1.987 \text{ cal/mol} \cdot \text{K}$
  $= 8.314 \times 10^7 \text{ erg/mol} \cdot \text{K}$
  $= 8.314 \text{ J/mol} \cdot \text{K}$
  $= 8.314 \text{ m}^3 \cdot \text{Pa/mol} \cdot \text{K}$
  $= 8314 \text{ J/kmol} \cdot \text{K}$

**4.** 내압(耐壓) 방폭구조(d) : 방폭 전기기기의 용기 내부에서 가연성가스의 폭발이 발생할 경우 그 용기가 폭발압력에 견디고, 접합면, 개구부 등을 통하여 외부의 가연성가스에 인화되지 아니하도록 한 구조이다.

**5.** 가연성가스는 일반적으로 압력이 증가하면 폭발범위는 넓어지나 일산화탄소(CO)와 수소($H_2$)는 압력이 증가하면 폭발범위는 좁아진다. 단, 수소는 압력이 10 atm 이상 되면 폭발범위가 다시 넓어진다.

**6.** 연소효율 $= \dfrac{\text{실제 발생열량}}{\text{저위발열량}} \times 100$

$= \dfrac{5500}{10000} \times 100 = 55\,\%$

**7. 결함수 분석(fault tree analysis : FTA) 기법** : 사고를 일으키는 장치의 이상이나 운전자 실수의 조합을 연역적으로 분석하는 것으로 정량적 평가기법이다.

**8.** ㉮ 공기 중 산소의 질량 비율 계산 : 공기 성분의 분자량은 질소가 28, 산소가 32이다.
∴ 산소의 질량 비율

$= \dfrac{\text{공기 중 산소의 질량}}{\text{공기의 질량}} \times 100$

$= \dfrac{32 \times 0.21}{(28 \times 0.79) + (32 \times 0.21)} \times 100 = 23.3\,\%$

㉯ 액체공기 100 kg 중 산소의 질량 계산
∴ 산소 질량 = 공기량 × 산소의 질량비
$= 100 \times 0.233 = 23.3$ kg

[별해] 공기 중 산소의 질량비는 23.2 %이다.
∴ 산소 질량 = 공기량 × 산소의 질량비
$= 100 \times 0.232 = 23.2$ kg

**9. 연소방식의 분류**
㉮ 적화식 : 연소에 필요한 공기를 2차 공기로 모두 취하는 방식
㉯ 분젠식 : 가스를 노즐로부터 분출시켜 주위의 공기를 1차 공기로 취한 후 나머지는 2차 공기를 취하는 방식
㉰ 세미분젠식 : 적화식과 분젠식의 혼합형으로 1차 공기율이 40 % 이하를 취하는 방식
㉱ 전1차 공기식 : 완전연소에 필요한 공기를 모두 1차 공기로 하여 연소하는 방식

**10.** 탄화수소의 탄소(C)수가 증가할 때
㉮ 증가하는 것 : 비등점, 융점, 비중, 발열량, 연소열, 화염온도
㉯ 감소하는 것 : 증기압, 발화점(착화점), 폭발하한값, 폭발범위값, 증발잠열, 연소속도

**11. 각 기체연료의 이론화염온도**

| 명칭 | 이론화염온도(℃) |
|---|---|
| 수소($H_2$) | 2182 |
| 프로판($C_3H_8$) | 2120 |
| 메탄($CH_4$) | 2005 |
| 일산화탄소(CO) | 2182 |

※ 이론화염온도는 측정조건에 따라 오차가 발생할 수 있는 것을 감안하기 바랍니다.

**12. 발화점(착화온도)이 낮아지는 조건**
㉮ 압력이 높을 때
㉯ 발열량이 높을 때
㉰ 열전도율이 작을 때
㉱ 산소와 친화력이 클 때
㉲ 산소농도가 높을 때
㉳ 분자구조가 복잡할수록
㉴ 반응활성도가 클수록

**13.** ㉮ 산소는 조연성이다.
㉯ 수소, 일산화탄소는 가연성이다.

**14. 자연발화온도(Autoignition temperature : AIT)** : 가연혼합기의 온도를 점차 높여가면 외부로부터 불꽃이나 화염 등을 가까이 접근하지 않더라도 발화에 이르는 최저온도이다. 가연성가스의 조성이 화학 양론적 농도(완전연소 조성)보다 약간 높을 때 가장 낮아진다.

**15.** ㉮ 프로판($C_3H_8$)의 완전연소 반응식
  $C_3H_8 + 5O_2 \rightarrow 3CO_2 + 4H_2O + Q$
  ㉯ 프로판($C_3H_8$)은 탄소(C) 원소가 3개, 수소(H) 원소가 8개로 이루어진 혼합물이며, 탄소(C) 1 mol이 연소할 때에는 탄소 원소 1개가 연소하는 것이고, 수소($H_2$) 1 mol이 연소할 때에는 수소 원소 2개가 연소하는 것이다.
  ㉰ 발열량($H$) 계산 : 탄소와 수소의 발열량이 1 mol에 대한 것이므로 1 kmol에 대한 발열량으로 변환하여 적용한다.
  $$\therefore H = \frac{탄소발열량 + 수소 발열량}{프로판 \ 1\,kmol \ 분자량}$$
  $$= \frac{(3 \times 97 \times 10^3) + \left(\frac{8}{2} \times 58 \times 10^3\right)}{44} \times 10$$
  $$= 118863.696 \ kcal$$

**16.** 제거소화 : 연소의 3요소 중 가연물질을 화재가 발생한 장소로부터 제거하여 소화시키는 방법으로 가스화재 시 가스 공급밸브 등을 차단하여 가스 공급을 중지하는 방법이 해당된다.

**17.** 카르노 사이클(Carnot cycle) : 2개의 단열과정과 2개의 등온과정으로 구성된 열기관의 이론적인 사이클이다.

**18.** ㉮ 혼합가스의 평균분자량($M$) 계산 : 분자량이 일산화탄소 28, 수소 2이고 각각의 고유분자량에 체적비를 곱한 값은 합산하며, 부피비 3 : 7은 일산화탄소 30 %, 수소 70 %의 비율이라는 것이다.
  $\therefore M = (28 \times 0.3) + (2 \times 0.7) = 9.8$
  ㉯ 밀도($\rho$) 계산 : 절대단위 이상기체 상태방정식 $PV = \frac{W}{M}RT$를 이용하여 구한다.
  $$\therefore \rho = \frac{W}{V} = \frac{PM}{RT} = \frac{50 \times 9.8}{0.082 \times (273 + 100)}$$
  $$= 16.0204 \ g/L$$

**19.** 점화원의 종류 : 전기불꽃(아크), 정전기, 단열압축, 마찰 및 충격불꽃 등

**20.** 과잉공기가 많은 경우(공기비가 큰 경우) 현상
  ㉮ 연소실 내의 온도가 낮아진다.
  ㉯ 배기가스로 인한 손실열이 증가한다.
  ㉰ 배기가스 중 질소산화물($NOx$)이 많아져 대기오염을 초래한다.
  ㉱ 열효율이 감소한다.
  ㉲ 연료소비량이 증가한다.
  ㉳ 연소가스량(배기가스량)이 증가하여 통풍 저하를 초래한다.

## 제 2 과목  가스설비

**21.** 냉매의 구비 조건
  ㉮ 응고점이 낮고 임계 온도가 높으며 응축, 액화가 쉬울 것
  ㉯ 증발 잠열이 크고 기체의 비체적이 적을 것
  ㉰ 오일과 냉매가 작용하여 냉동 장치에 악영향을 미치지 않을 것
  ㉱ 화학적으로 안정하고 분해하지 않을 것
  ㉲ 금속에 대한 부식성 및 패킹 재료에 악영향이 없을 것
  ㉳ 인화 및 폭발성이 없을 것
  ㉴ 인체에 무해할 것(비독성 가스일 것)
  ㉵ 액체의 비열은 작고, 기체의 비열은 클 것
  ㉶ 경제적일 것(가격이 저렴할 것)
  ㉷ 단위 냉동량당 소요 동력이 적을 것

**22.** ㉮ 라울(Raoult)의 법칙 : 일정한 온도에서 혼합용액 속의 각 성분의 분압은 혼합물의 몰분율에 비례한다.
㉯ A와 B가 같은 몰수로 혼합되었으므로 각각 1몰을 적용하여 증기압을 구한다.

$$\therefore P = \left(P_A \times \frac{n_A}{n_A + n_B}\right) + \left(P_B \times \frac{n_B}{n_A + n_B}\right)$$
$$= \left(2 \times \frac{1}{1+1}\right) + \left(10 \times \frac{1}{1+1}\right) = 6 \text{ MPa}$$

**23.** 알진(Arsine)의 특징

㉮ 분자식 : $AsH_3$, 분자량 : 77.95, 비점 : $-62$℃
㉯ 허용농도 : TLV-TWA 0.05 ppm, LC50 20 ppm
㉰ 무색의 독성가스, 극인화성 압축액화가스로 마늘냄새가 난다.
㉱ 열에 불안정하고, 물리적 충격에 민감하게 작용한다.
㉲ 산화제, 산, 할로겐, 암모니아 혼합물 등과 격렬히 반응하며, 빛에 노출 시 비소로 분해한다.
㉳ 전자 화합물, 유기물합성, 납산 배터리 등 제조에 이용한다.
참고 "알진"은 "아르신(Arsine)"이라고 불려진다.

**24.** 가스 조정기(regulator)의 기능(역할) : 가스의 공급압력(유출압력)을 사용량에 관계없이 일정하게 유지해 준다.

**25.** 슬루스 밸브(sluice valve)의 특징

㉮ 게이트밸브(gate valve) 또는 사절변이라 한다.
㉯ 리프트가 커서 개폐에 시간이 걸린다.
㉰ 밸브를 완전히 열면 밸브 본체 속에 관로의 단면적과 거의 같게 된다.
㉱ 쐐기형의 밸브 본체가 밸브 시트 안을 눌러 기밀을 유지한다.
㉲ 유로의 개폐용으로 사용한다.
㉳ 밸브를 절반 정도 열고 사용하면 와류가 생겨 유체의 저항이 커지기 때문에 유량조절에는 적합하지 않다.

**26.** 디보레인($B_2H_6$)의 특징

㉮ 분자량 27.7인 무색의 가스로 자극적인 냄새를 갖는다.
㉯ 비점이 $-92$℃로 압축가스로 취급된다.
㉰ 독성(TLV-TWA 0.1 ppm, LC50 80 ppm), 가연성(폭발범위 : 0.9~88 %)가스이다.
㉱ 극인화성가스, 산화하는 물질들과 격렬하게 반응하며, 공기 중에서 점화한다.
㉲ 열 또는 화염에 접촉 시 폭발적으로 반응하고, 습기에 접촉 시 수소가스가 생성된다.
㉳ 흡입하면 호흡기 계통에 손상을 일으키며 치명적이다.
㉴ 피부에 노출 시 심한 화상, 눈에 들어갔을 경우 심한 손상을 일으킨다.
㉵ 혼합금지 물질로는 물, 할로겐화합물, 알루미늄, 리튬, 산화된 표면들이다.
㉶ 소화제는 분말 소화약제, 이산화탄소, 분무주수, 내알코올포 등이다.
㉷ 제독제는 과망간칼륨, 수산화칼륨이 함유된 흡착제이다.

**27.** 분젠식 버너 : 가스를 노즐로부터 분출시켜 주위의 공기를 1차 공기로 취한 후 나머지는 2차 공기를 취하는 방식

**28.** ㉮ 분출부 유효면적을 계산할 때 적용하는 안전밸브 분출압력($P$)은 절대압력이므로 대기압은 0.1 MPa을 적용하며, 1 MPa = 약 10 kgf/cm$^2$에 해당된다. 산소의 분자량($M$)은 32이다.

㉰ 분출부 유효면적 계산

$$\therefore a = \frac{W}{230P\sqrt{\dfrac{M}{T}}}$$

$$= \frac{6000}{230 \times \{(8+0.1) \times 10\} \times \sqrt{\dfrac{32}{273+27}}}$$

$$= 0.986 \text{ cm}^2$$

㉱ 계산식의 각 기호의 의미와 단위

$a$ : 분출부 유효면적($cm^2$)
$W$ : 시간당 분출가스량(kg/h)
$P$ : 분출압력($kgf/cm^2 \cdot a$)
$M$ : 가스 분자량
$T$ : 분출 직전 가스의 절대온도(K)

※ 분출부 유효면적 계산식은 단위정리가 되지 않는 공식에 해당된다.

**29.** 정압기의 이상감압에 대처할 수 있는 방법

㉮ 저압배관의 루프(loop)화
㉯ 2차측 압력 감시장치 설치
㉰ 정압기 2계열 설치

**30.** LP가스를 이용한 도시가스 공급방식

㉮ 직접 혼입방식 : 종래의 도시가스에 기화한 LPG를 그대로 공급하는 방식이다.
㉯ 공기 혼합방식 : 기화된 LPG에 일정량의 공기를 혼합하여 공급하는 방식으로 발열량 조절, 재액화 방지, 누설 시 손실 감소, 연소 효율 증대 효과를 볼 수 있다.
㉰ 변성 혼입방식 : LPG의 성질을 변경하여 공급하는 방식이다.

[참고] LPG 강제기화 공급방식

㉮ 생가스 공급방식
㉯ 변성가스 공급방식
㉰ 공기혼합가스 공급방식

**31.** 열분해 공정(thermal cracking process) : 고온하에서 원유, 중유, 나프타 등 분자량이 큰 탄화수소를 가열하여 수소($H_2$), 메탄($CH_4$), 에탄($C_2H_6$), 에틸렌($C_2H_4$), 프로판($C_3H_8$) 등의 가스상의 탄화수소와 벤젠, 톨루엔 등의 조경유 및 타르, 나프탈렌 등으로 분해하고 고열량 가스(10000 $kcal/Nm^3$)를 제조하는 방법이다.

**32.** 정압기 입구에 수분 및 불순물 제거장치를 설치한다.

**33.** LPG 저장법

㉮ 가압식 저장법 : 상온에서 프로판은 약 7기압, 부탄은 약 2기압 이상으로 가압하면 액화하는 것을 이용한 것으로 저장탱크 등에 압축기나 펌프 등을 이용하여 LPG를 가압하여 저장하는 방법이다.
㉯ 저온식(냉동식) 저장법 : 냉동기를 이용하여 비점(프로판 $-42.1$℃, 부탄 $-0.5$℃) 이하로 온도를 유지시키면서 저장하는 방법이다.
㉰ 지하식 저장법 : 지하 암반층에 100 m 정도의 굴을 뚫고 여기에 LPG를 저장하는 방법이다.

**34.** 갈바닉(galvanic) 부식 : 전위차가 다른 두 금속을 전해질 속에 넣어 두 금속을 전선으로 연결하면 전류가 형성되며 전위가 낮은 금속(비금속 : mean metal)이 양극(anode), 전위가 높은 금속(귀금속 : noble metal)이 음극(cathode)이 되어 양극부가 부식이 촉진되는 현상이다.

**35.** 중간압력 계산 과정의 압력은 절대압력이므로 최종값도 절대압력이다. 그러므로 대기압 0.1 MPa을 적용하여 게이지압력으로 변환한다.

$$\therefore P_0 = \sqrt{P_1 \times P_2} = \sqrt{0.1 \times (1.5 + 0.1)}$$
$$= 0.4 \text{ MPa} \cdot a - 0.1 = 0.3 \text{ MPa} \cdot g$$

## 36. 냉동능력

㉮ 1 한국 냉동톤 : 0℃ 물 1톤(1000 kg)을 0℃ 얼음으로 만드는 데 1일 동안 제거하여야 할 열량으로 3320 kcal/h에 해당된다.
  ※ 1RT를 열량(kcal/h)으로 환산 : 물의 응고 잠열은 79.68 kcal/kg이다.
  ∴ $Q = 1000 \, kg/일 \times 79.68 \, kcal/kg \times \frac{1}{24} \, 일/h$
     $= 3320 \, kcal/h$

㉯ 1 미국 냉동톤 : 32°F 물 2000 lb를 32°F 얼음으로 만드는 데 1일 동안 제거하여야 할 열량으로 3024 kcal/h에 해당된다.

## 37. 희생 양극법(犧牲陽極法)
지중 또는 수중에 설치된 양극 금속과 매설배관을 전선으로 연결해 양극 금속과 매설배관 사이의 전지작용으로 부식을 방지하는 방법으로 양극 재료로는 마그네슘(Mg), 아연(Zn)이 사용된다.

## 38. 체절운전(체절양정)
유량이 0일 때 양정이 최대가 되는 운전 상태로 토출 측 밸브를 폐쇄하고 가동하였을 때 압력계에 지시되는 압력으로 확인할 수 있다.

## 39. 수소의 성질

㉮ 지구상에 존재하는 원소 중 가장 가볍다.
㉯ 무색, 무취, 무미의 가연성이다.
㉰ 열전도율이 대단히 크고, 열에 대해 안정하다.
㉱ 확산속도가 대단히 크다.
㉲ 고온에서 강재, 금속재료를 쉽게 투과한다.
㉳ 폭굉속도가 1400~3500 m/s에 달한다.
㉴ 폭발범위가 넓다.(공기 중 : 4~75 %, 산소 중 : 4~94 %)
㉵ 산소와 수소폭명기, 염소와 염소폭명기의 폭발반응이 발생한다.

## 40. 축랭기의 구조

㉮ 축랭기는 열교환기이다.
㉯ 축랭기 내부에는 표면적이 넓고 열용량이 큰 충전물(축랭체)가 들어 있다.
㉰ 축랭체로는 주름이 있는 알루미늄 리본이 사용되었으나 현재는 자갈을 이용한다.
㉱ 축랭기에서는 원료공기 중의 수분과 탄산가스가 제거된다.

# 제3과목 가스안전관리

## 41. 고압가스 제조자 또는 고압가스 판매자가 실시하는 용기의 안전점검 기준(고법 시행규칙 별표 18)
고압가스 판매자는 용기의 안전점검 확인 결과 부적합한 용기의 경우에는 고압가스 제조자에게 반송하여야 하며, 고압가스 제조자는 부적합한 용기를 수선하거나 보수하며, 수선·보수할 수 없는 용기는 폐기할 것

## 42. 독성가스 종류에 따라 구비할 보호구 수량 (KGS FP113)
보호구는 긴급작업에 종사하는 작업원에게 적절하게 배부할 수 있는 수량에 예비개수를 더한 수량 또는 상시 작업에 종사하는 작업원 10인당 3개의 비율로 계산한 수량(3개 미만인 경우 3개로 한다) 중 많은 쪽 수량 이상을 구비한다.

## 43. 독성가스 충전용기를 차량에 적재하여 운반하는 때에는 적재함에 세워서 운반하여야 한다.

## 44. 다른 설비와의 거리 기준 : KGS FP112

㉮ 가연성가스 제조시설과 가연성가스 제조시설 : 5 m 이상

④ 가연성가스 제조시설과 산소 제조시설 : 10 m 이상

### 45. 독성가스 제독제

| 가스 종류 | 제독제 종류 |
|---|---|
| 염소 | 가성소다 수용액, 탄산소다 수용액, 소석회 |
| 포스겐 | 가성소다 수용액, 소석회 |
| 황화수소 | 가성소다 수용액, 탄산소다 수용액 |
| 시안화수소 | 가성소다 수용액 |
| 아황산가스 | 가성소다 수용액, 탄산소다 수용액, 물 |
| 암모니아, 산화에틸렌, 염화메탄 | 물 |

### 46.
설비 내부에 사람이 들어가 수리를 할 경우 산소농도는 18~22 %를 유지하여야 한다. 그러므로 불연성가스인 이산화탄소 설비를 공기로 치환한 후에 작업을 시작하는 방법이 4가지 중에 옳은 방법이다.

### 47.
**저장설비 폭발방지장치 설치** : 주거지역이나 상업지역에 설치하는 저장능력 10톤 이상의 저장탱크에는 지정탱크의 안선을 확보하기 위하여 폭발방지장치를 설치한다. 다만, 안전조치를 한 저장탱크의 경우 및 지하에 매몰하여 설치한 저장탱크의 경우에는 폭발방지장치를 설치하지 아니할 수 있다.

### 48. 가스누출 부분의 수리가 불가능한 경우 조치사항
㉮ 상황에 따라 안전한 장소로 운반할 것
㉯ 부근의 화기를 없앨 것
㉰ 착화된 경우 용기 파열 등의 위험이 없다고 인정될 때는 소화할 것
㉱ 독성가스가 누출할 경우에는 가스를 제독할 것
㉲ 부근에 있는 사람을 대피시키고, 동행인은 교통통제를 하여 출입을 금지시킬 것
㉳ 비상연락망에 따라 관계 업소에 원조를 의뢰할 것
㉴ 상황에 따라 안전한 장소로 대피할 것

### 49. 용기 제조자의 수리범위
㉮ 용기 몸체의 용접
㉯ 아세틸렌 용기 내의 다공물질 교체
㉰ 용기의 스커트, 프로텍터 및 네크링의 교체 및 가공
㉱ 용기 부속품의 부품 교체
㉲ 저온 또는 초저온 용기의 단열재 교체

### 50. 방폭 전기기기의 구조별 표시방법

| 명칭 | 기호 | 명칭 | 기호 |
|---|---|---|---|
| 내압 방폭구조 | d | 안전증 방폭구조 | e |
| 유입 방폭구조 | o | 본질안전 방폭구조 | ia, ib |
| 압력 방폭구조 | p | 특수 방폭구조 | s |

### 51. 가스실비와 화기와의 거리 : KGS FP216, FP217
㉮ 고압전선(직류 750 V 초과하는 전선, 교류 600 V 초과하는 전선) : 5m 이상
㉯ 저압전선(직류 750 V 이하의 전선, 교류 600 V 이하의 전선) : 1 m 이상

### 52.
밸브를 가열할 때에는 열습포나 40℃ 이하의 더운물을 사용한다.

### 53.
용기밸브 개폐를 빠르게 하면 마찰에 의한 정전기가 발생할 가능성이 높아지고, 발생된 정전기는 점화원이 되어 폭발의 원인이 될 수 있기 때문에 서서히 해야 한다.

## 54. 도시가스의 압력 구분
㉮ 고압 : 1 MPa 이상의 압력(게이지압력)을 말한다. 다만, 액체 상태의 액화가스는 고압으로 본다.
㉯ 중압 : 0.1 MPa 이상 1 MPa 미만의 압력을 말한다. 다만, 액화가스가 기화되고 다른 물질과 혼합되지 아니한 경우에는 0.01 MPa 이상 0.2 MPa 미만의 압력을 말한다.
㉰ 저압 : 0.1 MPa 미만의 압력을 말한다. 다만, 액화가스가 기화되고 다른 물질과 혼합되지 아니한 경우에는 0.01 MPa 미만의 압력을 말한다.

## 55. 굴착현장 복구 기준 : KGS GC253
㉮ 파일을 뺀 자리는 충분히 메운다.
㉯ 가스배관의 주위에 매설물을 부설하고자 할 때에는 30 cm 이상 이격하여 설치한다.
㉰ 가스배관의 주위를 되메우기하거나 포장할 경우에는 배관 주위의 모래 채우기, 보호판·보호포 및 라인마크 설치, 가스배관 부속시설물의 설치 등은 굴착 전과 동일한 상태가 되도록 한다.
㉱ 되메우기를 하는 때에는 사후에 가스배관의 지반이 침하되지 않도록 필요한 조치를 한다.
㉲ 되메우기 작업은 다짐장비를 활용하여 기계다짐, 물다짐 등의 방법으로 충분한 다짐을 실시한다.
㉳ 되메움용 토사는 운반차로부터 직접 투입하지 않도록 한다.
㉴ 되메움 작업 중 장비, 버럭 등에 의해 노출된 가스배관 받침방호시설과 가스배관의 피복 등이 손상되지 않도록 한다.
㉵ 가스배관 주위의 모래 부설, 보호판, 검지공, 보호포, 전기부식방지조치 및 라인마크 등은 법의 관련 규정에 적합하게 조치한다.
㉶ 되메움 공사 완료 후 3개월 이상 침하 유무를 확인한다.

## 56. 독성가스 제독조치
㉮ 물 또는 흡수제로 흡수 또는 중화하는 조치
㉯ 흡착제로 흡착 제거하는 조치
㉰ 저장탱크 주위에 설치된 유도구에 의하여 집액구, 피트 등에 고인 액화가스를 펌프 등의 이송설비를 이용하여 안전하게 제조설비로 반송하는 조치
㉱ 연소설비(플레어스택, 보일러 등)에서 안전하게 연소시키는 조치

## 57. 보호대 설치기준 : KGS FU431
㉮ 보호대는 두께 0.12 m 이상의 철근콘크리트 및 호칭지름 100 A 이상의 배관용 탄소강관 또는 이와 동등 이상의 기계적 강도를 가진 강관으로 한다.
㉯ 보호대의 높이는 0.8 m 이상으로 한다.
㉰ 보호대는 차량의 충돌로부터 소형저장탱크를 보호할 수 있는 형태로 한다. 다만, 말뚝형태일 경우 말뚝은 2개 이상을 설치하고, 간격은 1.5 m 이하로 한다.
㉱ 보호대 기초
　㉠ 철근콘크리트제 보호대는 콘크리트 기초에 0.25 m 이상의 깊이로 묻고, 보호대를 바닥과 일체가 되도록 콘크리트를 타설한다.
　㉡ 강관 보호대는 콘크리트 기초에 묻거나 앵커볼트를 사용하여 콘크리트 기초에 고정한다.
㉲ 소형저장탱크와 보호대 간 거리는 보호대가 파손되어 전도되어도 전도된 보호대가 소형저장탱크에 닿지 않는 거리로 한다.
㉳ 보호대의 외면에는 야간식별이 가능하도록 야광 페인트로 도색하거나 야광 테이프 또는 반사지 등으로 표시한다.

## 58. 독성가스의 정의(고법 시행규칙 제2조) : 공기 중에 일정량 이상 존재하는 경우 인체에 유해한 독성을 가진 가스로서 허용농도(해당 가스

를 성숙한 흰쥐 집답에게 대기 중에서 1시간 동안 계속하여 노출시킨 경우 14일 이내에 그 흰쥐의 2분의 1 이상이 죽게 되는 가스의 농도를 말한다)가 100만분의 5000 이하인 것을 말한다.

**59.** 도시가스용 압력조정기 : 도시가스 정압기 이외에 설치되는 압력조정기로서 입구쪽 호칭지름이 50 A 이하이고, 최대표시유량이 300 $Nm^3/h$ 이하인 것을 말한다.

**60.** 재충전금지 용기 구조 및 치수 : KGS AC216
 ㉮ 재충전금지 용기란 최초 충전 후 1회 사용으로 내용 연한이 끝나 파기해야 하는 용기(부속품과 일체로 제조된 것을 말한다)를 말한다.
 ㉯ 용기 몸통에는 용기에 부착하는 부속품 및 부속물이 없는 구조로 한다.
 ㉰ 개구부 및 보강부는 용기의 길이 방향 축을 중심으로 용기의 바깥지름의 80 %를 직경으로 하는 원의 안쪽에 있는 구조로 한다.
 ㉱ 개구부의 수평면은 용기의 길이 방향 축에 대하여 수직인 구조로 한다. 다만, 용기 본체에 용접된 파열판식 안전장치는 그렇지 않다.
 ㉲ 용기와 용기 부속품을 분리할 수 없는 구조로 한다.
 ㉳ 용기 부속품은 밸브핸들이 부착되어 있거나 전용 개폐기구를 사용하여 개폐하는 구조로 한다.
 ㉴ 최고충전압력(MPa)의 수치와 내용적(L)의 수치와의 곱이 100 이하로 한다.
 ㉵ 최고충전압력이 22.5 MPa 이하이고, 내용적이 25 L 이하로 한다.
 ㉶ 최고충전압력이 3.5 MPa 이상인 경우에는 내용적이 5 L 이하로 한다.
 ㉷ 납붙임 부분은 용기 몸체 두께의 4배 이상의 길이로 한다.

## 제 4 과목   가스계측

**61.** 기계적 변환 방식의 분류
 ㉮ 직선변위 → 회전변위 : 지렛대, 톱니바퀴, 나사, 비틀림 금속 박편(탄성 지렛대식)
 ㉯ 힘 → 직선변위 → 회전변위 : 스프링과 중력을 이용
 ㉰ 온도 → 직선변위 : 바이메탈 이용
 ㉱ 전류 → 힘 또는 토크 : 전기계기에서 전류를 힘 또는 토크로 변환
 ※ ①, ②, ④번은 전기적 변환 방식에 해당된다.

**62.** $E = \dfrac{I-Q}{I} \times 100 = \dfrac{50-52}{50} \times 100$
   $= -4.0\%$

**63.** 기본단위의 종류

| 기본량 | 길이 | 질량 | 시간 | 전류 | 물질량 | 온도 | 광도 |
|---|---|---|---|---|---|---|---|
| 기본단위 | m | kg | s | A | mol | K | cd |

**64.** ㉮ 1 atm = 760 mmHg = 101.325 kPa
     = 0.101325 MPa이나.
 ㉯ 절대압력 계산 : 1 MPa은 1000 kPa이다.
 ∴ 절대압력 = 대기압 + 게이지압력
   $= \left(\dfrac{750}{760} \times 101.325\right) + (1.2 \times 10^3)$
   = 1299.991 kPa

**65.** 오르사트법 가스분석 순서 및 흡수제

| 순서 | 분석가스 | 흡수제 |
|---|---|---|
| 1 | $CO_2$ | KOH 30 % 수용액 |
| 2 | $O_2$ | 알칼리성 피로갈롤 용액 |
| 3 | CO | 암모니아성 염화 제1구리 용액 |

**66.** ㉮ 가스설비 성능 : 도시가스사용시설은 안전을 확보하기 위하여 최고사용압력의 1.1배 또는 8.4 kPa 중 높은 압력 이상에서 기밀성능을 가지는 것으로 한다.
㉯ 기밀시험 압력 = 2.0 × 1.1 = 2.2 kPa
∴ 기밀시험 압력은 8.4 kPa 이상이다.

**67.** 가스미터의 분류
㉮ 실측식(직접식)
  ㉠ 건식 : 막식형(독립내기식, 클로버식)
  ㉡ 회전식 : 루트(roots)형, 오벌식, 로터리피스톤식
  ㉢ 습식
㉯ 추량식(간접식) : 델타식(볼텍스식), 터빈식, 오리피스식, 벤투리식

**68.** 가스크로마토그래피의 장치 구성요소 : 캐리어가스, 압력조정기, 유량조절밸브, 압력계, 분리관(컬럼), 검출기, 기록계 등

**69.** 유량계의 구분
㉮ 용적식 : 오벌기어식, 루트(roots)식, 로터리 피스톤식, 로터리 베인식, 습식가스미터, 막식 가스미터 등
㉯ 간접식 : 차압식(오리피스식, 플로노즐, 벤투리식), 유속식(피토관), 면적식(로터미터), 전자식, 와류식 등

**70.** 액주식 액체의 구비조건
㉮ 점성이 적을 것
㉯ 열팽창계수가 적을 것
㉰ 항상 액면은 수평을 만들 것
㉱ 온도에 따라서 밀도변화가 적을 것
㉲ 증기에 대한 밀도변화가 적을 것
㉳ 모세관 현상 및 표면장력이 적을 것
㉴ 화학적으로 안정할 것
㉵ 휘발성 및 흡수성이 적을 것
㉶ 액주의 높이를 정확히 읽을 수 있을 것

**71.** 건습구 습도계 특징
㉮ 2개의 수은 온도계를 사용하여 습도, 온도를 측정한다.
㉯ 휴대용으로 사용되는 통풍형 건습구 습도계와 자연 통풍에 의한 간이 건습구 습도계가 있다.
㉰ 구조가 간단하고 취급이 쉽다.
㉱ 가격이 저렴하고, 휴대하기 편리하다.
㉲ 헝겊이 감긴 방향, 바람에 따라 오차가 발생한다.
㉳ 물이 항상 있어야 하며, 상대습도를 바로 나타내지 않는다.
㉴ 정확한 습도를 측정하기 위하여 3~5 m/s 정도의 통풍(바람)이 필요하다.

**72.** 습도의 구분
㉮ 절대습도 : 습공기 중에서 건조공기 1 kg에 대한 수증기의 양과의 비율로서 절대습도는 온도에 관계없이 일정하게 나타난다.
㉯ 상대습도 : 현재의 온도상태에서 현재 포함하고 있는 수증기의 양과의 비를 백분율(%)로 표시한 것으로 온도에 따라 변화한다.
㉰ 비교습도 : 습공기의 절대습도와 그 온도와 동일한 포화공기의 절대습도와의 비이다.

**73.** 분별 연소법 : 탄화수소는 산화시키지 않고 $H_2$ 및 CO만을 분별적으로 완전 산화시키는 방법이다.
㉮ 팔라듐관 연소법 : $H_2$를 분석하는 데 적당한 방법으로 촉매로 팔라듐 석면, 팔라듐 흑연, 백금, 실리카 겔 등이 사용된다.
㉯ 산화구리법 : 산화구리를 250℃로 가열하여 시료 가스 중 $H_2$ 및 CO는 연소되고 $CH_4$만 남는다. 메탄($CH_4$)의 정량 분석에 적합하다.

**74.** 경보를 발신한 후에는 원칙적으로 분위기 중 가스농도가 변화하여도 계속 경보를 울리고, 그 확인 또는 대책을 강구함에 따라 경보가 정지되는 것으로 한다.

**75.** 열전대 온도계의 측정 원리 : 2종류의 금속선을 접속하여 하나의 회로를 만들어 2개의 접점에 온도차를 부여하면 회로에는 접점의 온도에 거의 비례한 전류(열기전력)가 흐르는 현상인 제베크 효과(Seebeck effect)를 이용한 접촉식 온도계이다.

**76.** 외란의 종류(원인) : 가스 유출량, 탱크 주위의 온도, 가스 공급압력, 가스 공급온도, 목표값 변경 등

**77.** 계통적 오차는 오차의 원인을 알 수 있기 때문에 이를 제거할 수 있다.

**78.** 압력식 온도계의 종류 및 사용물질

㉮ 액체 압력(팽창)식 온도계 : 수은, 알코올, 아닐린
㉯ 기체 압력식 온도계 : 질소, 헬륨
㉰ 증기 압력식 온도계 : 프레온, 에틸에테르, 염화메틸, 염화에틸, 톨루엔, 아닐린

**79.** 가스크로마토그래피 검출기 종류

㉮ TCD : 열전도형 검출기
㉯ FID : 수소염 이온화 검출기
㉰ ECD : 전자포획 이온화 검출기
㉱ FPD : 염광 광도형 검출기
㉲ FTD : 일칼리성 이온화 검출기
㉳ DID : 방전이온화 검출기
㉴ AED : 원자방출 검출기
㉵ TID : 열이온 검출기
㉶ SCD : 황화학발광 검출기
㉷ PID : 광이온화 검출기

**80.** 불꽃 이온화 검출기(FID : Flame Ionization Detector) : 불꽃으로 시료 성분이 이온화됨으로써 불꽃 중에 놓여진 전극간의 전기 전도도가 증대하는 것을 이용한 것으로 탄화수소에서 감도가 최고이고 $H_2$, $O_2$, $CO_2$, $SO_2$ 등은 감도가 없다.

# CBT 모의고사 11

## 정답

| | 1 | 2 | 3 | 4 | 5 | 6 | 7 | 8 | 9 | 10 |
|---|---|---|---|---|---|---|---|---|---|---|
| 연소공학 | ② | ④ | ④ | ③ | ① | ③ | ① | ④ | ④ | ② |
| | 11 | 12 | 13 | 14 | 15 | 16 | 17 | 18 | 19 | 20 |
| | ① | ④ | ② | ④ | ① | ① | ③ | ③ | ③ | ② |
| 가스설비 | 21 | 22 | 23 | 24 | 25 | 26 | 27 | 28 | 29 | 30 |
| | ① | ② | ① | ④ | ③ | ④ | ① | ④ | ② | ① |
| | 31 | 32 | 33 | 34 | 35 | 36 | 37 | 38 | 39 | 40 |
| | ③ | ③ | ④ | ③ | ③ | ① | ④ | ① | ③ | ② |
| 가스안전관리 | 41 | 42 | 43 | 44 | 45 | 46 | 47 | 48 | 49 | 50 |
| | ③ | ② | ④ | ② | ① | ③ | ④ | ③ | ② | ④ |
| | 51 | 52 | 53 | 54 | 55 | 56 | 57 | 58 | 59 | 60 |
| | ② | ① | ② | ④ | ② | ② | ④ | ① | ② | ③ |
| 가스계측 | 61 | 62 | 63 | 64 | 65 | 66 | 67 | 68 | 69 | 70 |
| | ③ | ④ | ③ | ② | ④ | ② | ③ | ① | ④ | ① |
| | 71 | 72 | 73 | 74 | 75 | 76 | 77 | 78 | 79 | 80 |
| | ③ | ④ | ④ | ② | ③ | ④ | ① | ② | ② | ③ |

## 제1과목 연소공학

**1.** 이상기체의 성질

㉮ 보일 – 샤를의 법칙을 만족한다.
㉯ 아보가드로의 법칙에 따른다.
㉰ 내부에너지는 온도만의 함수이다.
㉱ 비열비는 온도에 관계없이 일정하다.
㉲ 기체의 분자력과 크기도 무시되며 분자간의 충돌은 완전 탄성체이다.
㉳ 분자와 분자 사이의 거리가 매우 멀다.
㉴ 분자 사이의 인력이 없다.
㉵ 압축성인자가 1이다.

**2.** 유황, 양초, 나프탈렌 등은 고체 상태이지만 증발연소를 한다.

**3.** 충류 연소속도가 크게 되는 경우
   ㉮ 압력이 높을수록
   ㉯ 온도가 높을수록
   ㉰ 열전도율이 클수록
   ㉱ 분자량이 작을수록
   ㉲ 비중이 작을수록
   ㉳ 비열이 작을수록

**4.** $\eta = \left\{1 - \left(\dfrac{1}{\epsilon}\right)^{k-1}\right\} \times 100$
$= \left\{1 - \left(\dfrac{1}{10}\right)^{1.4-1}\right\} \times 100 = 60.189\,\%$

**5. 분해연소** : 충분한 착화에너지를 주어 가열분해에 의해 연소하며 휘발분이 있는 고체연료(종이, 석탄, 목재 등) 또는 증발이 일어나기 어려운 액체연료(중유 등)가 이에 해당된다.

**6.** ㉮ 프로판의 완전 연소반응식
   $C_3H_8 + 5O_2 \rightarrow 3CO_2 + 4H_2O$
   ㉯ 이론공기량($Nm^3/kg$) 계산
   $44\,kg : 5 \times 22.4\,Nm^3 = 1\,kg : x(O_0)\,Nm^3$
   $\therefore A_0 = \dfrac{x(O_0)}{0.21} = \dfrac{5 \times 22.4 \times 1}{44 \times 0.21}$
   $= 12.121\,Nm^3/kg$

**7. 자연발화 방지 방법**
   ㉮ 통풍이 잘 되게 한다.
   ㉯ 저장실의 온도를 낮춘다.
   ㉰ 습도가 높은 것을 피한다.
   ㉱ 열의 축적을 방지한다.

**8. 증기폭발**(Vapor explosion) : 높은 열에너지를 갖는 고체 등이 저온의 물 등 액체와 접촉할 때 급격히 증기가 발생되고 이 증기의 압력에 의하여 기계적 파괴를 일으키는 현상이다.

**9. 정압비열, 정적비열의 관계식**
   ㉮ 정압비열, 정적비열, 기체상수 : $C_p - C_v = R$
   $\therefore C_v = C_p - R$
   ㉯ 정압비열 : $C_p = \dfrac{k}{k-1}R$
   ㉰ 정적비열 : $C_v = \dfrac{1}{k-1}R$

**10.** $\dfrac{100}{L} = \dfrac{V_1}{L_1} + \dfrac{V_2}{L_2} + \dfrac{V_3}{L_3}$ 에서
혼합가스 폭발하한계 $L$을 구한다.
$\therefore L = \dfrac{100}{\dfrac{V_1}{L_1} + \dfrac{V_2}{L_2} + \dfrac{V_3}{L_3}}$
$= \dfrac{100}{\dfrac{50}{5} + \dfrac{25}{3} + \dfrac{25}{2.1}} = 3.307\,\%$

**11. 공기비** : 과잉공기계수라 하며 완전연소에 필요한 공기량(이론공기량[$A_0$])에 대한 실제로 사용된 공기량(실제공기량[$A$])의 비를 말한다.
$\therefore m = \dfrac{A}{A_0} = \dfrac{A_0 + B}{A_0} = 1 + \dfrac{B}{A_0}$

**12.** ㉮ 옥탄의 분자기호는 '$C_8H_{18}$'이다.
   ㉯ 옥탄($C_8H_{18}$)의 완전연소 반응식
   ㉠ 1 mol 연소
   $C_8H_{18} + 12.5O_2 \rightarrow 8CO_2 + 9H_2O$
   ㉡ 2 mol 연소
   $2C_8H_{18} + 25O_2 \rightarrow 16CO_2 + 18H_2O$

**13. 최소 점화에너지**(MIE : Minimum Ignition Energy) : 가연성 혼합가스에 전기적 스파크로 점화시킬 때 점화하기 위한 최소한의 전기적 에너지를 말하는 것으로 유속과는 무관하다.
참고 최소점화 에너지가 낮아지는 조건
   ㉮ 연소속도가 클수록
   ㉯ 열전도율이 적을수록
   ㉰ 산소 농도가 높을수록
   ㉱ 압력이 높을수록
   ㉲ 가연성 기체의 온도가 높을수록

**14.** 용기 내 발생 압력 계산 : 용기의 내용적이 제시되지 않아 이상기체 상태방정식 $PV=nRT$로 압력($P$)를 구할 수 없으므로 반응 전의 상태를 '1', 반응 후의 상태를 '2'로 각각 구분하여 식을 정리한다. $\dfrac{P_2V_2}{P_1V_1}=\dfrac{n_2R_2T_2}{n_1R_1T_1}$에서 반응 전후의 체적과 기체상수는 같으므로 ($V_1=V_2$, $R_1=R_2$) 생략하고 다시 정리하면 $\dfrac{P_2}{P_1}=\dfrac{n_2T_2}{n_1T_1}$이 되고 여기서 $P_2$를 구한다.

제시된 프로판의 연소반응식에서 반응 전의 몰($n_1$)수는 $C_3H_8$ 2몰과 $O_2$ 5몰이고, 반응 후의 몰($n_2$)수는 $H_2O$ 6몰, $CO_2$ 4몰, $CO$ 2몰, $H_2$ 2몰이다.

$$\therefore P_2=\dfrac{n_2T_2}{n_1T_1}\times P_1$$
$$=\dfrac{(6+4+2+2)\times 2500}{(2+8)\times(273+25)}\times 3$$
$$=35.234\,\text{atm}$$

[별해] 연소 전의 조건으로 용기 내용적을 구하여 연소 후의 압력을 계산한다.

㉮ 연소 전의 조건으로 용기 내용적 계산

$$\therefore V=\dfrac{nRT}{P}$$
$$=\dfrac{(2+8)\times 0.082\times(273+25)}{3}$$
$$=81.453\,\text{L}$$

㉯ 연소 후의 압력($P_2$) 계산

$$\therefore P_2=\dfrac{n_2RT_2}{V}$$
$$=\dfrac{(6+4+2+2)\times 0.082\times 2500}{81.453}$$
$$=35.235\,\text{atm}$$

**15.** 증기압축 냉동 사이클의 구성

㉮ A→B 과정 : 등온팽창 과정으로 냉매액이 증발기에서 주변의 열을 회수하여 기화되면서 냉동이 실제적으로 이루어지는 과정이다.

㉯ B→C 과정 : 단열압축 과정으로 증발기에서 증발된 냉매가스를 압축기로 압축하여 고온, 고압으로 만드는 과정이다.

㉰ C→D 과정 : 정압응축 과정으로 압축기에서 고온, 고압으로 토출된 냉매가스를 응축기에서 냉각하여 액화시키는 과정이다.

㉱ D→A 과정 : 단열팽창 과정으로 냉매가스가 팽창밸브를 통과하여 온도와 압력이 감소하는 과정이다.

**16.** 폭굉유도거리가 짧아지는 조건(이유)

㉮ 정상 연소속도가 큰 혼합가스일수록
㉯ 관 속에 방해물이 있거나 관지름이 가늘수록
㉰ 압력이 높을수록
㉱ 점화원의 에너지가 클수록

**17.** 안전간격 : 내용적 8 L 정도의 구형 용기 안에 폭발성 혼합가스를 채우고 착화시켜 가스가 발화될 때 화염이 용기 외부의 폭발성 혼합가스에 화염을 전달시킬 수 없는 한계의 틈으로 안전간격이 작은 가스일수록 위험성이 크다.

**18.** ㉮ 메탄올($CH_3OH$)의 완전연소 반응식

$$CH_3OH + 1.5O_2 \rightarrow CO_2 + 2H_2O + Q$$

㉯ 연소열 계산 . 세시된 생성열은 마이너스(−) 값으로 적용한다.

[$CH_3OH$]   [$CO_2$]   [$H_2O$]
↓        ↓       ↓
$-50=(-95\times 1)+(-60\times 2)+Q$

$\therefore Q=(95\times 1)+(60\times 2)-50=165\,\text{kcal}$

**19.** 과열도 = 과열증기온도 − 포화증기온도
$= (273+350)-573 = 50$

**20.** 탄화수소($C_mH_n$)의 완전 연소반응식

$$C_mH_n + \left(m+\dfrac{n}{4}\right)O_2 \rightarrow mCO_2 + \dfrac{n}{2}H_2O$$

## 제 2 과목 가스설비

**21.** ㉮ 물의 전기분해 반응식 : $2H_2O \rightarrow 2H_2 + O_2$
㉯ 물($H_2O$) 1 kmol의 분자량은 18 kg/kmol이고, 기체의 체적은 22.4 $Nm^3$이다. $H_2O$ 2 kmol(36 kg)을 전기분해할 때 산소 1 kmol이 발생하므로, 물 18 kg을 전기분해하면 0.5 kmol(11.2 $Nm^3$)의 산소기체가 발생한다.
㉰ 압축가스 저장능력 산정식을 이용하여 40 L 용기 1개당 충전량($m^3$) 계산 : 용기 내용적 40 L는 0.04 $m^3$이다.
∴ $Q = (10P+1)V$
$= \{(10 \times 13.9)+1\} \times 0.04 = 5.6 \, m^3$
㉱ 충전용기 수 계산
∴ 용기 수 = $\dfrac{\text{발생된 산소량}}{\text{용기 1개당 충전량}} = \dfrac{11.2}{5.6}$
= 2개

**22.** 위험 감시 및 제어장치 설치 : KGS FS552
㉮ 경보장치 : 정압기 출구의 배관에 설치하고 가스 압력이 비정상적으로 상승할 경우 안전관리자가 상주하는 곳에 이를 통보할 수 있는 이상압력통보설비를 설치한다.
㉯ 출입문 개폐통보장치 : 정압기실의 출입문의 개폐 여부를 안전관리자가 상주하는 곳에 통보할 수 있는 경보설비를 설치한다.
㉰ 긴급차단장치 : 긴급차단밸브의 개폐 여부를 안전관리자가 상주하는 곳에 통보할 수 있는 경보설비를 설치한다.
㉱ 가스누출검지통보설비 : 누출된 가스를 검지하여 이를 안전관리자가 상주하는 곳에 통보할 수 있는 것으로 설치한다.

**23.** LP가스 용기에는 액화가스 상태로 충전되어 내부압력이 높지 않기 때문에 일반적으로 용접 용기로 제조되어 사용되고 있다.

**24.** 저온장치에서 이산화탄소($CO_2$)는 드라이아이스(고체탄산)가 되고, 수분은 얼음이 되어 밸브 및 배관을 폐쇄하므로 제거하여야 한다.

**25.** 원심펌프의 양수(揚水) 원리 : 임펠러(회전차)의 원심력을 압력에너지로 변환하여 유체를 압송한다.

**26.** 내진설계 시 시설 종류 : KGS CC203
㉮ 핵심 시설 : 지진 피해 시 수급 차질이 심각하게 우려되는 시설, 대형사고 위험시설, 주거지에 인접한 시설 등으로서, 재현 주기 4800년 지진에 대해 붕괴 방지 수준의 내진 성능을 확보하도록 관리하는 시설을 말한다.
㉯ 중요 시설 : 지진 피해 시 국지적으로 수급 차질이 우려되는 시설, 주거지에 인접한 소형 시설, 배관 차단 가능 시설 등으로서, 재현 주기 2400년 지진에 대해 붕괴 방지 수준의 내진 성능을 확보하도록 관리하는 시설을 말한다.
㉰ 일반 시설 : 핵심 시설, 중요 시설 이외의 소규모 시설, 안전 관련도가 비교적 낮은 시설, 기타 지진 피해 우려가 상대적으로 적은 시설 등으로서, 재현 주기 1000년 지진에 대해 붕괴 방지 수준의 내진 성능을 확보하도록 관리하는 시설을 말한다.

**27.** 냉동기 구성요소
㉮ 증기 압축식 : 압축기, 응축기, 팽창밸브, 증발기
㉯ 흡수식 : 흡수기, 발생기, 응축기, 증발기

**28.** 왕복동식 압축기의 특징
㉮ 고압이 쉽게 형성된다.
㉯ 급유식, 무급유식이다.

㉰ 용량조정범위가 넓다.
㉱ 용적형이며 압축효율이 높다.
㉲ 형태가 크고 설치면적이 크다.
㉳ 배출가스 중 오일이 혼입될 우려가 크다.
㉴ 압축이 단속적이고, 맥동현상이 발생된다.
㉵ 접촉부분이 많아 고장 발생이 쉽고 수리가 어렵다.
㉶ 반드시 흡입 토출밸브가 필요하다.

**29.** **내진등급 분류** : KGS GC203

| 중요도 등급 | 영향도 등급 | 관리등급 | 내진등급 |
|---|---|---|---|
| 특 | A | 핵심시설 | 내진 특A |
| | B | - | 내진 특 |
| 1 | A | 중요시설 | |
| | B | - | 내진 Ⅰ |
| 2 | A | 일반시설 | |
| | B | - | 내진 Ⅱ |

**30.** 2단 감압식 1차용 조정기의 조정압력은 57~83 kPa이다.

참고 **일반용 LPG 2단 감압식 1차용 조정기 압력**

| 구분 | 용량 100 kg/h 이하 | 용량 100kg/h 초과 |
|---|---|---|
| 입구압력 | 0.1~1.56 MPa | 0.3~1.56 MPa |
| 조정압력 | 57~83 kPa | 57~83 kPa |
| 입구 기밀시험압력 | 1.8 MPa 이상 | |
| 출구 기밀시험압력 | 150 kPa 이상 | |

**31.** **심랭 처리(sub-zero)** : 강을 담금질하여 상온으로 한 다음 0℃ 이하의 냉각제 중에 넣어 경도를 저하시키는 오스테나이트 조직을 마텐자이트 조직으로 변경시킬 목적으로 하는 열처리 방법이다.

**32.** **수소취성**
㉮ 수소($H_2$)는 고온, 고압하에서 강 중의 탄소와 반응하여 메탄이 생성되며, 이것이 수소취성(탈탄작용)을 일으키는 원인이 된다.
㉯ 수소취성 반응식
$Fe_3C + 2H_2 \rightarrow 3Fe + CH_4$
㉰ 수소취성 방지원소 : W, V, Mo, Ti, Cr

**33.** 금속은 전성 및 연성이 있어 변형을 시킬 수 있다.
참고 ㉮ 전성(展性) : 타격이나 압연작업에 의해 재료가 얇은 판으로 넓어지는 성질
㉯ 연성(延性) : 금속을 잡아당겼을 때 가는 선으로 늘어나는 성질로 부드러운 재료일수록 연성이 크고, 동일 재료에서는 고온이 될수록 연성이 크게 된다.

**34.** **충전구 나사형식**
㉮ 왼나사 : 가연성가스[단, 암모니아($NH_3$), 브롬화메탄($CH_3Br$)은 가연성가스이지만 오른나사를 적용한다.]
㉯ 오른나사 : 가연성 이외의 것

**35.** **정특성(靜特性)** : 유량과 2차 압력의 관계
㉮ 로크업(lock up) : 유량이 0으로 되었을 때 2차 압력과 기준압력($P_s$)와의 차이
㉯ 오프셋(off set) : 유량이 변화했을 때 2차 압력과 기준압력($P_s$)와의 차이
㉰ 시프트(shift) : 1차 압력의 변화에 의하여 정압곡선이 전체적으로 어긋나는 것

**36.** **탄소강 분류**
㉮ 탄소 함유량에 따라 저탄소강(0.3 % 이하), 중탄소강(0.3~0.6 %), 고탄소강(0.6 % 이상)으로 분류한다.
㉯ 탄소 함유량 0.3 % 이하의 것을 연강, 0.3 % 이상의 것을 경강이라 한다.

**37. LNG 기화장치**

㉮ ORV(Open Rack Vaporizer) : 베이스로드용 수직 병렬로 연결된 알루미늄 합금제의 핀튜브 내부에 LNG가, 외부에 바닷물을 스프레이하여 기화시키는 구조이다.

㉯ IFV(Intermediate Fluid Vaporizer : 중간매체법) : 베이스로드용으로 프로판($C_3H_8$), 펜탄($C_5H_{12}$) 등을 사용한다.

㉰ SCV(Submerged Combustion Vaporizer) : 피크로드용으로 액중 버너를 사용하여 천연가스 연소열을 이용하므로 운전비용이 많이 소요된다.

㉱ AAV(Ambient Air Vaporizer) : 대기온을 이용하는 방식으로 대기온도가 높은 지역에서 소규모용으로 피크 시에만 사용한다.

**38. 전기방식(電氣防蝕)** : 지중 및 수중에 설치하는 강재배관 및 저장탱크 외면에 전류를 유입시켜 양극반응을 저지함으로써 배관의 전기적 부식을 방지하는 것으로 금속에서 부식을 방지하기 위해서는 방식전류가 부식전류 이상으로 되어야 한다.

**39. 축봉장치**

㉮ 펌프 축이 케이싱을 관통하는 부분에 설치하는 장치로 일반적으로 그랜드 패킹을 사용하지만 내부 액이 누설되는 현상이 발생한다.

㉯ 펌프에서 이송하는 액체가 가연성, 독성, 부식성의 경우에는 축봉장치에서 누설이 허용되지 않으므로 메커니컬 실을 채택해야 한다.

**40. 가스누출 자동차단기의 과류차단성능** : KGS AA633

㉮ 과류차단성능이란 규정된 유량보다 많은 양의 가스가 통과할 때 가스를 자동차단하는 것이다.

㉯ 과류차단성능은 차단장치를 시험 장치에 연결하고 유량이 표시유량의 1.1배 범위 이내일 때 차단되는 것으로 하고, 가스계량기 출구 쪽 밸브를 일시에 완전 개방하여 10회 이상 작동하였을 때의 누출량이 매 회마다 200 mL 이하인 것으로 한다.

## 제 3 과목  가스안전관리

**41.** 안전구역 안의 고압가스설비(배관은 제외)의 외면으로부터 다른 안전구역 안에 있는 고압가스설비의 외면까지 유지하여야 할 거리는 30 m 이상으로 한다.

**42. 고정형 영상정보처리기기 설치〈신설 24. 7. 23〉(KGS FP331, FP332, FP333, FP334)** : 액화석유가스 충전시설에는 다음 장소의 운영 상태를 감시하기 위해 고정형 영상정보처리기기(이하 "영상정보처리기기"라 한다)를 설치하고, 24시간 촬영한 영상정보는 10일 이상 저장한다. 〈개정 24. 12. 5〉

㉮ 자동차에 고정된 탱크 이입·충전장소
㉯ 저장설비, 가스설비 및 충전설비 설치장소
㉰ 그 밖에 안전관리상 필요한 장소

**43.** 소형저장탱크를 기초에 고정하는 방식은 화재 등의 경우 쉽게 분리될 수 있는 것으로 한다.

**44. 용기의 내압력(耐壓力) 부족 원인**

㉮ 용기 재료의 불균일
㉯ 용기 내벽의 부식
㉰ 강재의 피로
㉱ 용접 부분의 불량
㉲ 용기 자체의 결함
㉳ 낙하, 충돌 등으로 용기에 가해지는 충격

㉔ 용기에 절단 및 구멍 등을 가공
㉕ 검사받지 않은 용기 사용

**45.** 사고의 통보 방법 등 : 액법 시행규칙 별표22
㉮ 사고의 종류별 통보 방법 및 기한

| 사고의 종류 | 통보 기한 | |
|---|---|---|
| | 속보 | 상보 |
| 사람이 사망한 사고 | 즉시 | 사고 발생 후 20일 이내 |
| 사람이 부상당하거나 중독된 사고 | 즉시 | 사고 발생 후 10일 이내 |
| 가스누출로 인한 폭발이나 화재사고 | 즉시 | |
| 가스시설이 손괴되거나 가스 누출로 인하여 인명 대피나 가스의 공급 중단이 발생한 사고 | 즉시 | |
| 액화석유가스 사업자 등의 저장탱크 또는 소형 저장탱크에서 가스가 누출된 사고 | 즉시 | |

㉯ 통보 내용에 포함되어야 할 사항 : 속보인 경우에는 ㉲항 및 ㉳항의 내용을 생략할 수 있다.
　㉠ 통보자의 소속·직위·성명 및 연락처
　㉡ 사고 발생 일시
　㉢ 사고 발생 장소
　㉣ 사고 내용
　㉤ 시설 현황
　㉥ 피해 현황(인명 및 재산)
※ 속보 : 전화 또는 팩스를 이용한 통보
　상보 : 서면으로 제출하는 상세한 통보

**46.** 합격 용기등에 대한 각인 또는 표시 : 고법 시행규칙 별표 25
㉮ 납붙임 또는 접합용기에는 그 제조공정 중에 15 mm×15 mm 크기의 "KC"자의 표시를 한다.

㉯ 검사에 합격한 냉동기에 대하여는 6 mm ×10 mm 크기의 "KC"자의 각인을 한다.
㉰ 저장탱크, 차량에 고정된 탱크, 기화장치 및 압력용기에는 "KC"자의 각인을 한다.
[참고] "KC"자 및 "R"자의 각인 모양

**47.** 가스계량기는 건축법 시행령에 따른 공동주택의 대피 공간, 방·거실 및 주방 등 사람이 거처하는 장소, 그 밖에 가스계량기에 나쁜 영향을 미칠 우려가 있는 장소에 설치하지 않는다.

**48.** 콕의 종류 및 구조
㉮ 퓨즈콕 : 가스유로를 볼로 개폐하고, 과류차단 안전기구가 부착된 것으로서 배관과 호스, 호스와 호스, 배관과 배관 또는 배관과 커플러를 연결하는 구조이다.
㉯ 상자콕 : 상자에 넣어 바닥, 벽 등에 설치하는 것으로서 3.3 kPa 이하의 압력과 1.2 m³/h 이하의 표시유량에 사용하는 콕이다.
㉰ 주물연소기용 노즐콕 : 주물연소기부품으로 사용하는 것으로서 볼로 개폐하는 구조이다.
㉱ 업무용 대형 연소기용 노즐콕 : 업무용 대형 연소기 부품으로 사용하는 것으로서 가스 흐름을 볼로 개폐하는 구조이다.

**49.** 상자콕, 퓨즈콕에는 과류차단안전기구가 부착되어 있어 규정량 이상의 가스가 통과하면 자동으로 가스를 차단한다.

**50.** 용접부 다듬질(KGS AC112) : 고장력강(탄소강은 규격 최소인장강도가 568.4 N/mm² 이상인 것을 말한다)을 사용하는 압력용기 등은 용접 보강 덧붙임을 깎아낸다. 다만, 응력제거를 위하여 열처리를 하는 압력용기 등은 그러하지 아니하다.

**51.** 각 항목의 옳은 내용
① 트리메틸아민[$(CH_3)_3N$] : 가연성가스(2.0~11.6%), 독성가스(TLV-TWA 10 ppm, LC50 7000 ppm)
③ 독성가스는 허용농도가 100만분의 5000 이하인 것
④ 액화가스의 설명
※ 가연성가스 : 폭발범위 하한이 10% 이하인 것과 폭발한계 상한과 하한의 차가 20% 이상인 것

**52.** 저장능력 산정 기준식
① 번 항목 : 액화가스 용기 저장능력 산정식
② 번 항목 : 액화가스 저장탱크 저장능력 산정식
③ 번 항목 : 압축가스 저장탱크, 용기 저장능력 산정식

**53.** ㉮ 액화산소 저장능력 계산
∴ $W = 0.9 dV = 0.9 \times 1.14 \times (10 \times 10^3)$
   $= 10260$ kg
㉯ 액화산소 저장설비와 보호시설별 안전거리

| 저장능력(kg, m³) | 제1종 | 제2종 |
|---|---|---|
| 1만 이하 | 12 | 8 |
| 1만 초과 2만 이하 | 14 | 9 |
| 2만 초과 3만 이하 | 16 | 11 |
| 3만 초과 4만 이하 | 18 | 13 |
| 4만 초과 | 20 | 14 |

㉰ 제1종 보호시설과 유지하여야 할 안전거리는 14 m 이상이 된다.

**54.** 냉매가스에 따른 재료 제한
㉮ 암모니아 : 동 및 동합금
㉯ 염화메탄 : 알루미늄 및 알루미늄 합금
㉰ 프레온 : 2%를 넘는 마그네슘(Mg)을 함유한 알루미늄 합금

**55.** 특정고압가스 중 독성가스인 것 : 액화암모니아, 액화염소, 압축모노실란, 압축디보란, 액화알진

**56.** ㉮ 산소·독성가스 및 가연성가스를 보관하는 용기보관실의 면적은 각 고압가스별로 10 m² 이상으로 한다.
㉯ 주차장 : 용기보관실 주위에 11.5 m² 이상의 부지를 확보
㉰ 사무실 면적 : 9 m² 이상

**57.** 독성가스 운반차량의 뒷면에는 두께가 5 mm 이상, 폭 100 mm 이상의 범퍼(SS400 또는 이와 동등 이상의 강도를 갖는 강재를 사용한 것에만 적용한다) 또는 이와 동등 이상의 효과를 갖는 완충장치를 설치한다. : KGS GC206
참고 SS400 : 일반구조용 압연강재로 '400'은 최저 인장강도를 나타낸다. KS 강종기호가 2017년 1월 1일부로 개정되어 'SS400'을 'SS275'로 표시하고 '275'는 최소 항복강도를 나타낸다.

**58.** 공동주택 등에 설치하는 압력조정기 : 도법 시행규칙 별표 6, KGS FS551 2.4.4.1
㉮ 중압 이상 : 150세대 미만
㉯ 저압 : 250세대 미만
㉰ 다만, 한국가스안전공사의 안전성평가를 받고 그 결과에 따라 안전관리 조치를 한 경우 규정세대수의 2배로 할 수 있다.

**59.** 배관망 전산화(도법 시행규칙 별표6, KGS FS551) : 도시가스사업자는 가스공급시설을 효율적으로 관리하기 위하여 배관·정압기 등의 설치도면·시방서(호칭지름 및 재질 등에 관한 사항 기재)·시공자·시공연월일 등을 전산화한다.

**60.** ㉮ 충전용기를 차에 실을 때에는 넘어지거나 부딪힘 등으로 충격을 받지 않도록 주의하여 취급하며, 충격을 최소한으로 방지하기 위하여 완충판을 차량 등에 갖추고 이를 사용한다.
㉯ 충전용기 등을 차에서 내릴 때에는 그 충전용기 등의 충격이 완화될 수 있는 완충판 위에서 주의하여 취급하며 이들을 항시 차량에 비치한다.

---

## 제 4 과목  가스계측

**61. 광고온계** : 측정대상 물체에서 방사되는 복사에너지의 휘도와 표준전구에서 나오는 필라멘트의 휘도를 같게 하여 표준전구의 전류 또는 저항을 측정하여 온도를 측정하는 것으로 비접촉식 온도계이다.

**62. 가스검지 시험지법**

| 검지가스 | 시험지 | 반응(변색) |
|---|---|---|
| 암모니아($NH_3$) | 적색리트머스지 | 청색 |
| 염소($Cl_2$) | KI-전분지 | 청갈색 |
| 포스겐($COCl_2$) | 해리슨시험지 | 유자색 |
| 시안화수소(HCN) | 초산벤젠지 | 청색 |
| 일산화탄소(CO) | 염화팔라듐지 | 흑색 |
| 황화수소($H_2S$) | 연당지 (초산납시험지) | 회흑색 |
| 아세틸렌($C_2H_2$) | 염화 제1구리착염지 | 적갈색 (적색) |

**63. 액면계의 구비조건**
㉮ 온도 및 압력에 견딜 수 있을 것
㉯ 연속 측정이 가능할 것
㉰ 지시 기록의 원격 측정이 가능할 것
㉱ 구조가 간단하고 수리가 용이할 것
㉲ 내식성이 있고 수명이 길 것
㉳ 자동제어 장치에 적용이 용이할 것

**64.** $E = \dfrac{I-Q}{I} \times 100$
$= \dfrac{100-95}{100} \times 100 = 5\%$

**65. 백금 – 백금·로듐(P-R) 열전대 특징**
㉮ 다른 열전대 온도계보다 안정성이 우수하여 고온 측정(0~1600℃)에 적합하다.
㉯ 산화성 분위기에 강하지만, 환원성 분위기에 약하다.
㉰ 내열도, 정도가 높고 정밀 측정용으로 주로 사용된다.
㉱ 열기전력이 다른 열전대에 비하여 작다.
㉲ 가격이 비싸다.
㉳ 단자 구성은 양극에 백금 – 백금로듐, 음극에 백금을 사용한다.

**66. 캐스케이드 제어** : 두 개의 제어계를 조합하여 제어량의 1차 조절계를 측정하고 그 조작 출력으로 2차 조절계의 목표값을 설정하는 방법으로 단일 루프 제어에 비해 외란의 영향을 줄이고 계 전체의 지연을 적게 하는 데 유효하기 때문에 출력 측에 낭비시간이나 지연이 큰 프로세스 제어에 이용되는 제어이다.

**67. 자기식 $O_2$ 계(분석기)** : 일반적인 가스는 반자성체에 속하지만 $O_2$는 자장에 흡입되는 강력한 상자성체인 것을 이용한 산소 분석기이다.

**68. 자동제어계의 구성 요소**
㉮ 검출부 : 제어대상을 계측기를 사용하여 검출하는 과정이다.
㉯ 조절부 : 2차 변환기, 비교기, 조절기 등의 기능 및 지시기록 기구를 구비한 계기이다.

㉰ 비교부 : 기준입력과 주피드백량과의 차를 구하는 부분으로서 제어량의 현재값이 목표치와 얼마만큼 차이가 나는가를 판단하는 기구
㉱ 조작부 : 조작량을 제어하여 제어량을 설정치와 같도록 유지하는 기구이다.
㉲ 설정부 : 설정한 목표값을 되먹임 신호와 같은 종류의 신호로 바꾸는 역할을 한다.

**69.** 질량유량 계산식 $M=\rho\frac{\pi}{4}D^2V$에서 지름 $D$를 구하며, 물의 밀도는 $1000\ kg/m^3$을 적용한다.

$$\therefore D=\sqrt{\frac{4M}{\pi\rho V}}=\sqrt{\frac{4\times 20}{\pi\times 1000\times 5}}$$
$$=0.071364\ m=71.364\ mm$$

**70.** 가스크로마토그래피 분석장치의 컬럼(분리관)은 비활성 지지체인 규조토로 채워진다.

**71. 서모스탯(thermostat)식** : 가스와 공기의 열전도도가 다른 특성을 이용한 가스검지기이다.

**72. 기차불량(사용공차를 초과하는 고장) 원인**
㉮ 계량막에서의 누설
㉯ 밸브와 밸브시트 사이에서의 누설
㉰ 패킹부에서의 누설

**73. 염광광도형 검출기**(FPD : flame photometric detector) : 수소염에 의하여 시료성분을 연소시키고 이때 발생하는 불꽃의 광도를 측정하여 황화합물과 인화합물을 선택적으로 검출한다.

**74.** ㉮ MAX $1.0\ m^3/h$ : 사용최대 유량이 시간당 $1.0\ m^3$이다.
㉯ 0.5 L/rev : 계량실의 1주기 체적이 0.5 L이다.
㉰ 가스유량 계산
∴ 가스유량 = $0.5\times 50 = 25\ L/h$

**75. 가스미터의 분류**
㉮ 실측식(직접식)
  ㉠ 건식 : 막식형(독립내기식, 그로바식)
  ㉡ 회전식 : 루트(roots)형, 오벌식, 로터리 피스톤식
  ㉢ 습식
㉯ 추량식(간접식) : 델타식(볼텍스식), 터빈식, 오리피스식, 벤투리식

**76. 품질검사 기준**

| 구분 | 시약 | 검사법 | 순도 |
|---|---|---|---|
| 산소 | 동·암모니아 | 오르사트법 | 99.5% 이상 |
| 수소 | 피로갈롤, 하이드로설파이드 | 오르사트법 | 98.5% 이상 |
| 아세틸렌 | 발연황산 | 오르사트법 | 98% 이상 |
| | 브롬시약 | 뷰렛법 | |
| | 질산은 시약 | 정성시험 | |

**77. 차압식 유량계**
㉮ 측정원리 : 베르누이 정리(방정식)
㉯ 종류 : 오리피스미터, 플로 노즐, 벤투리미터
㉰ 측정방법 : 조리개 전후에 연결된 액주계의 압력차(속도 변화에 의하여 생기는 압력차)를 이용하여 유량을 측정

**78.** ㉮ 1기압(atm)은 $10332\ kgf/m^2$에 해당되고, 비중량은 물($\gamma_1$) $1000\ kgf/m^3$, 수은($\gamma_2$) $13600\ kgf/m^3$을 적용한다.
㉯ U자형 마노미터의 압력차 $\Delta P=(\gamma_2-\gamma_1)\times h$에서 높이차 $h$를 구하며, 높이차의 단위가 cm이므로 1 m = 100 cm의 관계를 적용한다.

$$\therefore h = \frac{\Delta P}{\gamma_2 - \gamma_1} = \frac{0.2 \times 10332}{13600 - 1000} \times 100$$
$$= 16.4 \text{ cm}$$

**79.** 자동제어계의 동작 순서

㉮ 검출 : 제어대상을 계측기를 사용하여 측정하는 부분

㉯ 비교 : 목표값(기준입력)과 주피드백량과의 차를 구하는 부분

㉰ 판단 : 제어량의 현재값이 목표치와 얼마만큼 차이가 나는가를 판단하는 부분

㉱ 조작 : 판단된 조작량을 제어하여 제어량을 목표값과 같도록 유지하는 부분

**80.** 차압식 유량계 유량식 $Q = CA \dfrac{1}{\sqrt{1-\mathrm{m}^2}}$ $\sqrt{2g\dfrac{\Delta P}{\gamma}}$ 이고 조리개부 단면적 $A = \dfrac{\pi}{4}D^2$에서 압력차($\Delta P$)와 관지름($D$)만 변경되고 나머지 조건은 동일하므로 식을 다시 쓰면 $Q = \dfrac{\pi}{4}D^2\sqrt{\Delta P}$이다. 변경 전후를 구분하여 비례식으로 다시 쓰면 $\dfrac{Q_2}{Q_1} = \dfrac{\dfrac{\pi}{4}D_2^2\sqrt{\Delta P_2}}{\dfrac{\pi}{4}D_1^2\sqrt{\Delta P_1}}$ 이다.

$$\therefore Q_2 = \frac{\dfrac{\pi}{4}D_2^2\sqrt{\Delta P_2}}{\dfrac{\pi}{4}D_1^2\sqrt{\Delta P_1}} \times Q_1$$
$$= \frac{\dfrac{\pi}{4}\left(\dfrac{1}{2}D_1\right)^2\sqrt{2\Delta P_1}}{\dfrac{\pi}{4}D_1^2\sqrt{\Delta P_1}} \times Q_1$$
$$= \left(\frac{1}{2}\right)^2 \times \sqrt{2} \times Q_1$$
$$= 0.3535\, Q_1$$

◆ 실전문제에 수록된 문제 중 CBT 필기시험을 치른 수험자의 기억에 의존하여 복원한 문제 일부가 포함되어 있습니다.

◆ [CBT 실전문제 정답 및 해설]은 저자가 운영하는 카페에서 PDF로 다운로드하여 활용할 수 있습니다.

※ 저자 카페 : 가·에·위·공 자격증을 공부하는 모임(cafe.naver.com/gas21)

**2026 가스산업기사 필기 과년도 출제문제 해설**

2014년 1월 20일  1판 1쇄
2026년 1월 20일  4판 1쇄
(총20쇄)

저자 : 서상희
펴낸이 : 이정일

펴낸곳 : 도서출판 **일진사**
www.iljinsa.com
04317 서울시 용산구 효창원로 64길 6
대표전화 : 704-1616, 팩스 : 715-3536
이메일 : webmaster@iljinsa.com
등록번호 : 제1979-000009호(1979.4.2)

**값 28,000원**

ISBN : 978-89-429-2051-8

\* 불법복사는 지적재산을 훔치는 범죄행위입니다.
저작권법 제 97 조의 5 (권리의 침해죄)에 따라 위반자는 5년 이하의 징역 또는 5천만 원 이하의 벌금에 처하거나 이를 병과할 수 있습니다.